현대대수학

제 8 판

김응태 · 박승안

경문사

머 리 말

代數學은 언제나 구체적인 토대 위에서 기본 개념을 추출하여 公理系를 설정하고 이들 공리계 아래에서 연구하여 얻은 결과를 다시 구체적이고도 실제적인 자연과학, 공학, 정보과학, 암호학, 인문과학, 사회과학 등에서의 문제 해결에 적용하는 과정을 밟아가면서 발전하고 있다. 사실 '적용'과 '응용'은 언제나 '발명'과 '발견'을 전제로 하여 이루어진다. 現代代數學 (modern algebra)은 이러한 '발견'의 일을 담당하여 학문 발전에 대단히 중요한 역할을 하고 있다고 말할 수 있다.

이러한 관점에서 생각할 때, 현대대수학의 특색은 공리화하여 얻어진 형식적 체계인 대수적 체계의 이론적인 성질을 연역하여 대수적 구조를 규명하는 것이라고 볼 수 있다. 여기서, 공리계는 언제나 잘 알려진 구체적인 성질을 추상화함으로써 얻게 되므로, 현대대수학을 흔히 抽象代數學 (abstract algebra)이라고 말하기도 한다.

이 책은 학부 3, 4 학년생 또는 대학원생을 위한 교과서 또는 참고서로 엮은 책으로 독자가 이해하기 쉽고 강의하기에 편하도록 내용을 설명하였고 암호학과 부호이론을 공부하는 데 필요한 기초 사항도 논하였다. 원래 추상적인 개념을 처음 접할 때에는 적지 않은 저항을 느끼게 마련이므로 이러한 저항을 덜어 주기 위하여 구체적 예를 통하여 군, 환, 체, 벡터공간 등과 같은 새로운 개념을 이해하는 데 도움이 되도록 하였고, 정의와 정리의 뜻을 명확히 이해하고 활용할 수 있도록 여러 가지 유형의 예와 반례를 제시하여 독자로 하여금 공리론적 전개 과정을 이해하게 하고 대수적 개념을 스스로 익혀 나아갈 수 있도록 하였다.

이 책은 전체 7 개의 장으로 이루어져 있다.

제 1 장에서는 앞으로 이 책을 공부하는 데 기초가 되는 정수의 특성과 유리수, 실수, 복소수의 특성에 대하여 논한다.

제 2 장에서는 군, 부분군, 순환부분군, 대칭군, 준동형사상과 동형사상, 정규부분군과 잉여군, 동형정리, 군의 직적과 직합, 유한 Abel 군, 치환군, 정이면체군, 군의 자기동형군, 켤레류, 교환자부분군 등에 대하여 논하고 이에 대한 보기를 제시한다.

제 3 장에서는 환, 부분환, 체와 부분체, 준동형사상과 동형사상, 그리고 다항식환과 형식적 멱급수환, Boole 환, 행렬환, 분수체, 이데알과 잉여환, 동형정리, 환의 직합, 환과 체의 표수, 소이데알과 극대이데알, 벡터공간과 다원환에 대하여 논하고 여러 가지 보기를 제시한다.

제 4 장에서는 단항이데알 정역의 특성, 다항식환의 특성, 다항식의 인수분해, 기약다항식, 확대체, 유한체 그리고 삼차다항식과 사차다항식에 대하여 논한다.

제 5 장에서는 체의 유한 확대체, 대수적 확대체, 작도 가능성, 다항식의 분해체, 분리확대체, Galois 군, Galois 확대체, Galois 체, 원본 확대체, 그리고 가해군과 다항식의 가해성 등에 대한 이론과 보기를 상세히 논한다.

제 6 장에서는 군의 작용과 치환표현, 유한 p-군, Sylow 의 정리, Abel 군의 자기준동형환, 유클리드 정역과 유일인수분해 정역에 대하여 논한다.

제 7 장에서는 군과 환의 직적과 직합, 유한 Abel 군의 분류, 가해군의 특성, 벡터공간의 부분공간, 벡터공간의 동형정리, 선형변환 다원환, 벡터공간의 직합에 대하여 논한다.

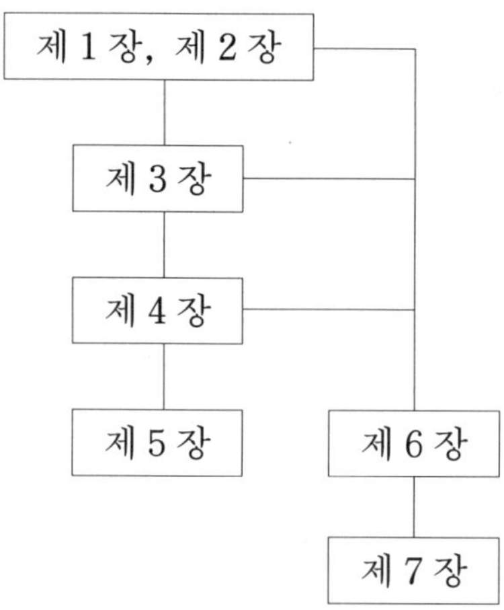

각 장의 앞에서는 그 장의 내용을 간단히 소개하고 또 끝에서는 대수학 연구에 공헌한 수학자를 소개하였고, http://kms.webhard.co.kr (아이디와 비밀번호: kyungmoon)에 본문에 대한 해설과 중요 연습문제의 모범답안, 보충문제 및 그 풀이를 올려놓아 학습에 도움이 되게 하였다.

이 책을 교재로 택하여 '현대대수학 I, II'를 강의하는 경우에는 다음과 같이 학기별로 나누어 강의하여도 좋을 것이다.

첫째 학기 : 제 2 장의 일부, 제 3 장, § 4.1 ~ § 4.2

둘째 학기 : § 4.3 ~ § 4.7, 제 5 장의 일부, 제 6 장의 일부

이 책의 첫 판은 1979 년에 출간된 '現代代數學'이다. 첫 판의 내용의 일부를 보완하여 1982 년에 같은 이름으로 출간하였으며 이를 1985 년에 전면 개편하여 '現代代數學, 제 2 판'을 세상에 내놓았고, 이를 다시 전면 개정하여 '現代代數學, 제 3 판'과 '現代代數學, 제 4 판'을 각각 1991 년과 1999 년에 출간하였고, 2005 년에 '현대대수학, 제 5 판', 2006 년에 '현대대수학, 제 6 판'을 출간하였으며 2009 년에 '현대대수학, 제 7 판'을 출간하였다.

금년에 새로 출간하는 '현대대수학, 제 8 판'에서는 '현대대수학, 제 7 판'의 본문의 내용과 연습문제를 대폭 수정·보완하였고 이론의 전개 순서도 일부 바꾸었다. 이 책을 집필하는 동안에 2009 년 가을 학기와 2010 년 봄 학기의 경원대학교 자연대학 수학정보학과에서의 강의와 2010 년 봄 학기와 가을 학기의 서울대학교 사범대학 수학교육과에서의 강의가 많은 도움을 주었기에 이러한 기회를 마련해 주신 신중상교수와 정상권교수께 감사드리며 이들 두 대학의 수강생에게 고마움을 표한다.

수학을 공부하는 데에는 영어, 불어, 독일어, 일어 등 외국어로 쓰인 책을 읽고 이해하는 일이 중요하다. 그러나, 더더욱 중요한 일은 수학적 문장을 우리나라 말과 글로 올바르게 표현하는 능력을 기르는 일이라고 생각한다. 지난 32 년 동안 '현대대수학'의 개정판을 여러 차례 출간한 이유 중의 하나는 우리나라 대수학의 土着化에 기여하기 위함이다.

2011 년 1 월

박 승 안

차　　례

제 3 장 환과 체

제 4 장 체와 다항식

제 5 장 확대체와 갈루아 이론

그리스 문자

$A\ \alpha$ (alpha)	$I\ \iota$ (iota)	$P\ \rho$ (rho)
$B\ \beta$ (beta)	$K\ \kappa$ (kappa)	$\Sigma\ \sigma$ (sigma)
$\Gamma\ \gamma$ (gamma)	$\Lambda\ \lambda$ (lambda)	$T\ \tau$ (tau)
$\Delta\ \delta$ (delta)	$M\ \mu$ (mu)	$\Upsilon\ \upsilon$ (upsilon)
$E\ \epsilon$ (epsilon)	$N\ \nu$ (nu)	$\Phi\ \varphi,\ \phi$ (phi)
$Z\ \zeta$ (zeta)	$\Xi\ \xi$ (xi)	$X\ \chi$ (chi)
$H\ \eta$ (eta)	$O\ o$ (omicron)	$\Psi\ \psi$ (psi)
$\Theta\ \theta$ (theta)	$\Pi\ \pi$ (pi)	$\Omega\ \omega$ (omega)

제 1 장

기초 사항

한 집합 위에 이항연산(들)이 정의되어 있으면서 이 연산(들)에 관하여 특정한 公理系를 만족시킬 때, 이 집합과 연산(들)을 함께 묶어 代數的 體系(algebraic system)라 하고

'이 집합은 대수적 구조(algebraic structure)를 가지고 있다'

고 한다. 그리고, 대수적 체계를 연구하는 학문을 代數學(algebra) 또는 現代代數學(modern algebra), 抽象代數學(abstract algebra)이라고 한다.

이 장에서는, 대수학을 공부하는 데 필요한 정수에 관한 정리와 실수와 복소수의 기본 성질에 대하여 논한다.

정수에 관한 정리의 증명은 다음 책을 참조하기 바란다.

김응태 · 박승안, 정 수 론, 제 8 판, 경문사, 2012년

§1.1 집합과 사상

두 집합 A, B에 대하여 B가 A의 부분집합(subset)일 때 이 사실을 $B \subseteq A$ 또는 $A \supseteq B$로 나타낸다. 특히, $B \subseteq \mathrm{A}$, $B \neq \mathrm{A}$인 경우에 B를 A의 진부분집합(proper subset)이라 하고 이 사실을 $B \subsetneq A$, $A \supsetneq B$ 또는 $B \subset \mathrm{A}$, $A \supset B$로 나타낸다. 그리고 공집합을 $\emptyset$로 나타낸다.

한 조건 p를 만족시키는 원소 x 전체의 집합을 $\{x \mid p(x)\}$로 나타내고, 집합 A의 원소 중에서 조건 p를 만족시키는 원소 x 전체의 집합을

$$\{x \in A \mid p(x)\} \quad 또는 \quad \{x \mid x \in A,\ p(x)\}$$

로 나타낸다. 그리고, 두 집합 A, B에 대하여 $A \cup B$, $A \cap B$, $A - B$는 각각 A, B의 합집합, 교집합, 차집합을 나타낸다.

집합 A에서 각 $i \in I$에 대하여 B_i가 A의 부분집합일 때, 모든 B_i에 속하는 원소 전체로 이루어진 집합을 이들 부분집합의 교집합이라 하고 이것을 $\cap\{B_i \mid i \in I\}$ 또는 $\cap_{i \in I} B_i$로 나타낸다.

공집합이 아닌 집합 $A_1, \cdots, A_n$에 대하여 원소 $a_1 \in A_1, \cdots, a_n \in A_n$을 이 순서대로 늘어놓아 괄호로 한 데 묶은 $(a_1, \cdots, a_n)$을 **순서 n조** (ordered n-tuple)라 하고, 특히 $n = 2$인 경우에 순서 n조를 **순서쌍** (ordered pair)이라고 한다. 그리고, 이와 같은 순서 n조 전체로 이루어진 집합을 $A_1, \cdots, A_n$의 **데카르트 곱**(Cartesian product) 또는 **곱집합**이라 하고 이 집합을 $A_1 \times \cdots \times A_n$으로 나타낸다. 즉,

$$A_1 \times \cdots \times A_n = \{(a_1, \cdots, a_n) \mid a_1 \in A_1, \cdots, a_n \in A_n\}$$

$$(a_1, \cdots, a_n) = (b_1, \cdots, b_n) \iff a_1 = b_1, \cdots, a_n = b_n$$

두 조건 p, q에 대한 조건문 'p이면, q이다.'가 참일 때 이 사실을

$$p \Longrightarrow q$$

로 나타낸다. 또, $p \Longrightarrow q$인 동시에 $q \Longrightarrow p$인 경우에 이 사실을

$$p \Longleftrightarrow q$$

로 나타내고 'p일 때 그리고 이때에만 q이다(p if and only if q)'라고

한다. 그리고, $p \Longleftrightarrow q$ 일 때, p 를 q 의 (q 이기 위한) **필요충분조건**이라 하고 두 조건 p, q 는 서로 **동치**(equivalent)라고 한다.

함수 $f : A \longrightarrow B$ 를 흔히 A 에서 B 로의 **寫像**(map, mapping)이라고 한다. 사상 f 에 의한 상 전체의 집합을 $\text{im } f$ 또는 $f(A)$ 로 나타내고 이것을 f 의 **상**(image)이라고 한다. 즉, $\text{im } f = f(A) = \{f(x) \mid x \in A\}$ 이다.

두 사상 $f : A \longrightarrow B$, $g : A \longrightarrow B$ 에서

$$\text{모든 원소 } x \in A \text{ 에 대하여 } f(x) = g(x)$$

일 때 f, g 는 서로 같다고 하고 이 사실을 $f = g$ 로 나타낸다.

두 사상 $f : A \longrightarrow B$, $g : B \longrightarrow C$ 에 대하여 사상

$$g \circ f : A \longrightarrow C, \quad (g \circ f)(x) = g(f(x))$$

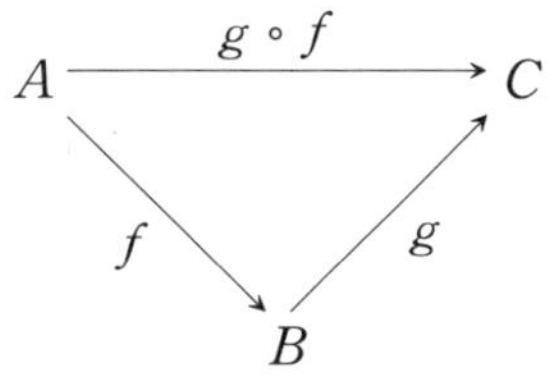

를 f, g 의 **합성사상**(합성함수, composite)이라고 한다. 사상 $f : A \longrightarrow A$ 와 양의 정수 n 에 대하여 $f^n : A \longrightarrow A$ 를 다음과 같이 귀납적으로 정의한다.

$$f^1 = f, \qquad f^{n+1} = f \circ f^n$$

그리고, 사상

$$1_A : A \longrightarrow A, \quad 1_A(x) = x$$

을 A 위의 **항등사상**(항등함수, identity map)이라고 한다.

정리 1.1.1 세 사상 $f : A \longrightarrow B$, $g : B \longrightarrow C$, $h : C \longrightarrow D$ 에 대하여 다음이 성립한다.

(1) $f \circ 1_A = f$, $1_B \circ f = f$ (2) $(h \circ g) \circ f = h \circ (g \circ f)$

증명 임의의 $a \in A$ 에 대하여

$$(f \circ 1_A)(a) = f(1_A(a)) = f(a),$$
$$(1_B \circ f)(a) = 1_B(f(a)) = f(a),$$
$$((h \circ g) \circ f)(a) = (h \circ g)(f(a)) = h(g(f((a))),$$
$$(h \circ (g \circ f))(a) = h((g \circ f)(a)) = h((g(f(a)))$$

이므로 정리가 성립한다.

정의 1.1.2 사상 $f : A \longrightarrow B$ 에서 임의의 원소 $x_1, x_2 \in A$ 에 대하여

$$x_1 \neq x_2 \Longrightarrow f(x_1) \neq f(x_2)$$

즉 $$f(x_1) = f(x_2) \Longrightarrow x_1 = x_2$$

일 때 f 를 **일대일 사상**(one-to-one map, injective map, injection)이라 하고, $\operatorname{im} f = B$ 일 때 f 를 A 에서 B **위로의 사상**(onto map, surjective map, surjection)이라고 한다. 또, $f : A \longrightarrow B$ 가 일대일 사상인 동시에 위로의 사상일 때 f 를 **일대일 대응**(one-to-one correspondence)이라고 한다.

정리 1.1.3 두 사상 $f : A \longrightarrow B$, $g : B \longrightarrow C$ 가 모두 일대일 [위로의] 사상이면, $g \circ f : A \longrightarrow C$ 는 일대일 [위로의] 사상이다.

그리고, 사상 $f : A \longrightarrow B$, $g : B \longrightarrow C$ 가 모두 일대일 대응이면, 합성 사상 $g \circ f : A \longrightarrow C$ 는 일대일 대응이다.

정리 1.1.4 사상 $f : A \longrightarrow B$, $g : B \longrightarrow C$ 에 대하여 다음이 성립한다.

(1) $g \circ f : A \longrightarrow C$ 가 일대일 사상이면, g 는 일대일 사상이다.

(2) $g \circ f : A \longrightarrow C$ 가 위로의 사상이면, f 는 위로의 사상이다.

특히, $C = A$ 일 때, $g \circ f = 1_A$, $f \circ g = 1_B$ 이면, f 와 g 는 일대일 사상이다.

정리 1.1.5 사상 $f : A \longrightarrow B$ 가 일대일 대응이면,

$$g \circ f = 1_A, \qquad f \circ g = 1_B$$

인 사상 $g : B \longrightarrow A$ 가 단 하나 존재한다. 이러한 사상 g 를 f 의 **역사상**(역함수, inverse map)이라 하고 g 를 f^{-1} 로 나타낸다. 즉,

$$f^{-1} \circ f = 1_A, \qquad f \circ f^{-1} = 1_B$$

$$f^{-1}(b) = a \Longleftrightarrow f(a) = b$$

실제로, 사상 $f : A \longrightarrow B$ 가 일대일 대응일 때, 각 원소 $b \in B$ 에 대하여 $b = f(a)$ 인 원소 $a \in A$ 가 단 하나 존재하므로 사상 $g : B \longrightarrow A$ 를

$$g(b) = a \Longleftrightarrow f(a) = b$$

로 정의할 수 있고 이때 $g \circ f = 1_A$, $f \circ g = 1_B$ 이다.

다음 정리가 성립함을 쉽게 확인할 수 있다.

정리 1.1.6 일대일 대응에 대하여 다음이 성립한다.

(1) 항등사상 $1_A : A \longrightarrow A$ 는 일대일 대응이고 $(1_A)^{-1} = 1_A$ 이다.

(2) 사상 $f : A \longrightarrow B$ 가 일대일 대응이면, f 의 역사상 $f^{-1} : B \longrightarrow A$ 는 일대일 대응이고 $(f^{-1})^{-1} = f$ 이다.

(3) 두 사상 $f : A \longrightarrow B$, $g : B \longrightarrow C$ 가 모두 일대일 대응이면, 합성사상 $g \circ f : A \longrightarrow C$ 는 일대일 대응이고 $(g \circ f)^{-1} = f^{-1} \circ g^{-1}$ 이다.

정의 1.1.7 두 집합 A, B 사이에 일대일 대응 $f : A \longrightarrow B$ 가 존재할 때, A, B 의 **濃度**(cardinality) 가 서로 같다고 하고 이 사실을 $|A| = |B|$ 로 나타낸다. 예를 들면, 정수 전체의 집합 $\mathbb{Z}$ 와 유리수 전체의 집합 $\mathbb{Q}$ 에 대하여 $|\mathbb{Z}| = |\mathbb{Q}| = \aleph_0$ 로 나타내고, 실수 전체의 집합 $\mathbb{R}$ 와 복소수 전체의 집합 $\mathbb{C}$ 에 대하여 $|\mathbb{R}| = |\mathbb{C}| = \aleph$ 로 나타낸다.

그리고, A 가 유한집합일 때, $|A|$ 는 A 의 원소 전체의 개수를 뜻한다.

정리 1.1.8 두 유한집합 A, B 에서 $|A| = n$, $|B| = m$ 일 때, 다음이 성립한다.

(1) A 에서 B 로의 사상 전체의 개수는 m^n 즉 $|B|^{|A|}$ 이다.

(2) A 에서 A 위로의 일대일 대응 전체의 개수는 $n!$ 이다.

증명 이제 $A = \{a_1, \cdots, a_n\}$ 이라고 하자.

(1) 사상 $f : A \longrightarrow B$ 는 A 의 n 개의 원소 $a_1, \cdots, a_n$ 의 f 에 의한 상 $f(a_1)$, $\cdots$, $f(a_n)$ 에 의하여 완전히 결정되고 $f(a_1)$, $\cdots$, $f(a_n)$ 은 각각 B 의 m 개의 원소 중의 하나이다. 따라서 (1) 이 성립한다.

(2) 사상 $f : A \longrightarrow A$ 가 일대일 대응이면 $f(a_1)$, $\cdots$, $f(a_n)$ 은 A 의 n 개의 원소 a_1, $\cdots$, a_n 의 순열이고, 또 $f(a_1)$, $\cdots$, $f(a_n)$ 이 a_1, $\cdots$, a_n 의 순열이면 $f : A \longrightarrow A$ 는 일대일 대응이다.

따라서 A 에서 A 위로의 일대일 대응 전체의 개수는 A 의 서로 다른 n 개의 원소 a_1, $\cdots$, a_n 을 일렬로 늘어놓은 순열 전체의 개수 $n!$ 과 같다.

정리 1.1.9 두 유한집합 A, B에서 $|A| = |B| = n \geq 1$일 때, 사상 $f : A \longrightarrow B$에 대하여 다음 세 조건은 서로 동치이다.

(1) f는 일대일 대응이다.

(2) f는 일대일 사상이다.

(3) f는 위로의 사상이다.

증명 먼저 f가 일대일 대응이면, f는 일대일 사상이고 위로의 사상이다. 이제 $A = \{a_1, \cdots, a_n\}$이라고 하자.

사상 $f : A \longrightarrow B$가 일대일 사상이면, n개의 원소 $f(a_1), \cdots, f(a_n)$은 모두 서로 다르고 또 $|B| = n$이므로 $\{f(a_1), \cdots, f(a_n)\} = B$이다.

따라서 f가 일대일 사상이면, f는 위로의 사상이고 또 일대일 대응이다.

그리고, f가 위로의 사상이면, $\{f(a_1), \cdots, f(a_n)\} = B$이고 $|B| = n$이므로 $f(a_1), \cdots, f(a_n)$은 모두 서로 다르다.

따라서 f가 위로의 사상이면, f는 일대일 사상이고 또 일대일 대응이다.

집합 A $(\neq \emptyset)$에서 순서쌍 $(x, y) \in A \times A$에 A의 단 한 개의 원소 z를 대응시키는 사상

$$f : A \times A \longrightarrow A, \quad f(x, y) = z$$

를 집합 A 위의 **이항연산**(binary operation) 또는 간단히 **연산**이라고 하고, $f(x, y)$를 x, y의 **합**(sum), **곱**(product) 또는 **합성**(composite)이라고 하며 $f(x, y) = z$이라는 사실을 $\circ$과 같은 기호를 사용하여

$$x \circ y = z$$

로 나타낸다. 그리고, f 대신에 $\circ$을 A 위의 연산이라 하고

'A 위에 연산 $\circ$이 **정의되어 있다**(defined)'

고 한다. 이항연산을 나타내는 기호로서는 $\circ$, $*$, $+$, $\times$, $\cdot$ 등이 쓰인다.

집합 A 위에 연산 $\circ$이 정의되어 있고 B가 A의 부분집합일 때, 임의의 원소 $a, b \in B$에 대하여 $a \circ b \in B$인 경우에

'B는 연산 $\circ$에 관하여 **닫혀 있다**(closed)'

고 한다.

§1.2 정 수

정수 전체의 집합 $\mathbb{Z} = \{\cdots, -2, -1, 0, 1, 2, 3, \cdots\}$ 위에는 덧셈과 곱셈이 정의되어 있고 순서관계 $<$ 가 정해져 있다. 이 절에서 논하는 정리에 대한 자세한 증명은 [1] 과 '해설 102'를 참조하기 바란다.

정리 1.2.1 정수 전체의 집합 $\mathbb{Z}$ 위에 덧셈과 곱셈이 정의되어 있고 또 이들 두 연산에 관하여 다음이 성립한다.

A.1 : $(a+b)+c = a+(b+c)$ (덧셈에 관한 결합법칙)

A.2 : $a+b = b+a$ (덧셈에 관한 교환법칙)

A.3 : 특정한 정수 $0 \in \mathbb{Z}$ 이 존재하여, 모든 정수 $a \in \mathbb{Z}$ 에 대하여 등식 $a+0 = 0+a = a$ 가 성립한다.

A.4 : 각 $a \in \mathbb{Z}$ 에 대하여 $a+(-a) = (-a)+a = 0$ 인 $-a \in \mathbb{Z}$ 가 단 하나 존재한다.

M.1 : $(ab)c = a(bc)$ (곱셈에 관한 결합법칙)

M.2 : $ab = ba$ (곱셈에 관한 교환법칙)

M.3 : 특정한 정수 $1 \in \mathbb{Z}$, $1 \neq 0$ 이 존재하여, 모든 정수 $a \in \mathbb{Z}$ 에 대하여 등식 $a1 = 1a = a$ 가 성립한다.

M.4 : $ab = 0$ 이면, $a = 0$ 또는 $b = 0$ 이다.

D : $a(b+c) = ab+ac$, $(a+b)c = ac+bc$ (분배법칙)

자연수 전체의 집합 $\mathbb{N}$ 은 양의 정수 전체의 집합과 일치한다.

앞으로, 부등식 '$a \leq b$'는 '$a < b$ 또는 $a = b$' 임을 뜻하고, 또 부등식 '$a \geq b$'는 '$a > b$ 또는 $a = b$' 임을 뜻한다.

O (정수의 整列性, well-ordering property) 양의 정수 전체의 집합 $\mathbb{N}$ 의 부분집합 S $(\neq \varnothing)$ 에는 最小元 l 이 존재한다.

즉, 모든 $s \in S$ 에 대하여 $l \leq s$ 인 원소 $l \in S$ 이 존재한다.

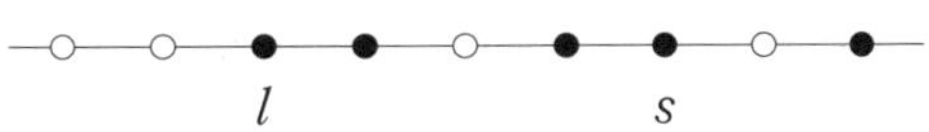

I (수학적 귀납법의 원리, Principle of mathematical induction) 양의 정수 전체의 집합 $\mathbb{N}$의 부분집합 S에 대하여 다음 조건이 성립한다고 하자.

(i) $1 \in S$

(ii) $n \in S$ 이면, $n+1 \in S$ 이다.

이 때, $S = \mathbb{N}$ 이다.

정리 1.2.2 (수학적 귀납법) 양의 정수 n에 관한 명제 $p(n)$에 대하여 다음 두 조건이 성립한다고 하자.

(i) $p(1)$은 참이다.

(ii) $p(n)$이 참이면, $p(n+1)$도 참이다.

이 때, 모든 양의 정수 n에 대하여 $p(n)$은 참이다.

정리 1.2.3 (제2수학적 귀납법) 양의 정수 n에 관한 명제 $p(n)$에 대하여 다음 두 조건이 성립한다고 하자.

(i) $p(1)$은 참이다.

(ii) $1 \le k < n$ 인 모든 정수 k에 대하여 $p(k)$가 참이면, $p(n)$도 참이다.

이 때, 모든 양의 정수 n에 대하여 $p(n)$은 참이다.

정수 a에 대하여 a의 절대값 $|a|$는 다음과 같이 정의된 정수이다.

$$|a| = \begin{cases} a & (a \ge 0 \text{ 일 때}), \\ -a & (a < 0 \text{ 일 때}) \end{cases}$$

정리 1.2.4 정수 전체의 집합 $\mathbb{Z}$는 다음과 같은 성질을 가지고 있다.

(1) $|ab| = |a||b|$

(2) (나눗셈 알고리즘, division algorithm) 두 정수 a, b $(b \neq 0)$에 대하여

$$a = bq + r, \qquad 0 \le r < |b|$$

인 두 정수 q, r가 존재하고 이와 같은 정수 q, r는 유일하게 결정된다.

이러한 q, r를 각각 a를 b로 나누었을 때의 **몫**, **나머지**라고 한다.

정의 1.2.5 두 정수 a, b 에 대하여

$$b = ac$$

인 정수 c 가 존재할 때, a 를 b 의 **약수**(divisor) 또는 **인수**(factor)라 하고 b 를 a 의 **배수**(multiple)라고 하며 이 사실을 $a \mid b$ 로 나타낸다. 또, 정수 a 의 배수 전체의 집합을 $a\mathbb{Z}$ 로 나타낸다. 즉, $a\mathbb{Z} = \{ax \mid x \in \mathbb{Z}\}$ 이다.

한편, $a \mid b$ 가 아닐 때, 이 사실을 $a \nmid b$ 로 나타낸다.

정리 1.2.6 두 정수 $a, b \in \mathbb{Z}$ 에 대하여 다음이 성립한다.

(1) $b\mathbb{Z} \subseteq a\mathbb{Z} \Longleftrightarrow a \mid b$

(2) $a\mathbb{Z} = b\mathbb{Z} \Longleftrightarrow a \mid b,\ b \mid a \Longleftrightarrow b = \pm a$

정리 1.2.7 정수 a 에 대하여 $a\mathbb{Z}$ 는 덧셈과 뺄셈에 관하여 닫혀 있다.

역으로, $\mathbb{Z}$ 의 부분집합 $S\ (\neq \emptyset)$ 가 덧셈과 뺄셈에 관하여 닫혀 있으면,

$$S = m\mathbb{Z}, \qquad m \geq 0$$

인 정수 m 이 단 하나 존재한다.

정의 1.2.8 두 정수 a, b 에 대하여, 다음 세 조건 (i), (ii), (iii) 를 만족시키는 정수 d 를 a, b 의 **최대공약수**(greatest common divisor)라 하고 또 다음 세 조건 (i)′, (ii)′, (iii)′ 을 만족시키는 정수 l 을 a, b 의 **최소공배수**(least common multiple)라고 한다.

(i) $d \geq 0$	(i)′ $l \geq 0$
(ii) $d \mid a,\ d \mid b$	(ii)′ $a \mid l,\ a \mid l$
(iii) $e \mid a,\ e \mid b$ 이면 $e \mid d$ 이다.	(iii)′ $a \mid c,\ b \mid c$ 이면, $l \mid c$ 이다.

그리고 두 정수 a, b 의 최대공약수를 (a, b) 또는 $\gcd\{a, b\}$ 로 나타내고, 최소공배수를 $[a, b]$ 또는 $\mathrm{lcm}\{a, b\}$ 로 나타낸다.

정리 1.2.9 두 정수 a, b 의 최대공약수 d 와 최소공배수 l 은 단 하나 존재하고, $a\mathbb{Z} + b\mathbb{Z} = \{ax + by \mid x, y \in \mathbb{Z}\}$ 이라고 할 때 다음이 성립한다.

(1) $a\mathbb{Z} + b\mathbb{Z} = d\mathbb{Z}$ 이고, 또 $d = as + bt$ 인 정수 s, t 가 존재한다.

(2) $a\mathbb{Z} \cap b\mathbb{Z} = l\mathbb{Z}$

정리 1.2.10 (유클리드의 알고리즘, Euclidean algorithm) 두 양의 정수 a, b에 대하여 $r_0 = a$, $r_1 = b$이라 하고 다음이 성립한다고 하자.

$$\begin{aligned} r_0 &= a_0 r_1 + r_2, & 0 &< r_2 < r_1 \\ r_1 &= a_1 r_2 + r_3, & 0 &< r_3 < r_2 \\ &\vdots & &\vdots \\ r_{n-1} &= a_{n-1} r_n + r_{n+1}, & 0 &< r_{n+1} < r_n \\ r_n &= a_n r_{n+1} \end{aligned}$$

$$\begin{array}{r|cc|l} a_0 & r_0 & r_1 & a_1 \\ & \underline{a_0 r_1} & \underline{a_1 r_2} & \\ & r_2 & r_3 & \\ & \vdots & \vdots & \\ a_{n-1} & r_{n-1} & r_n & a_n \\ & \underline{a_{n-1} r_n} & \underline{a_n r_{n+1}} & \\ & r_{n+1} & 0 & \end{array}$$

이 때, $(a,\ b) = r_{n+1}$이다. 그리고,

$$\begin{aligned} s_0 &= 1, \quad s_1 = 0, \quad s_i = s_{i-2} - a_{i-2}\, s_{i-1} \\ t_0 &= 0, \quad t_1 = 1, \quad t_i = t_{i-2} - a_{i-2}\, t_{i-1} \end{aligned} \qquad (2 \leq i \leq n+1)$$

이라고 하면, $(a,\ b) = a\, s_{n+1} + b\, t_{n+1}$이다.

보기 1.2.1 두 양의 정수 30, 8에 대하여 다음이 성립한다.

$$\begin{array}{r|cc|l} 3 & 30 & 8 & 1 \\ & \underline{24} & \underline{6} & \\ 3 & 6 & 2 & \\ & \underline{6} & & \\ & 0 & & \end{array}$$

a_i	3	1		
s_i	1	0	1	-1
t_i	0	1	-3	4

$$(30,\ 8) = 2, \qquad 30 \cdot (-1) + 8 \cdot 4 = 2$$

정의 1.2.11 두 정수 a, b의 최대공약수가 1일 때, 즉 $(a,\ b) = 1$일 때, a와 b는 **서로 소**(relatively prime)라고 한다.

정리 1.2.12 두 정수 a, b가 서로 소이기 위한 필요충분조건은 적당한 정수 s, t에 대하여 $as + bt = 1$인 것이다.

정리 1.2.13 정수 a, b, c와 양의 정수 m, n에 대하여 다음이 성립한다.

(1) $(a,\ c) = (b,\ c) = 1$일 때 그리고 이때에만 $(ab,\ c) = 1$이다.

(2) $(a,\ b) = 1$이면, $(a^m,\ b) = (a,\ b^n) = (a^m,\ b^n) = 1$이다.

정리 1.2.14 정수 a, b, c 에 대하여 다음이 성립한다.

(1) $(a, b) = 1$ 일 때, $a \mid bc$ 이면 $a \mid c$ 이다.

(2) $(a, b) = 1$ 일 때, $a \mid c$, $b \mid c$ 이면 $ab \mid c$ 이다.

정리 1.2.15 두 양의 정수 a, b 의 최대공약수가 d 일 때,

$$a = d\,a_1, \quad b = d\,b_1, \quad l = d\,a_1 b_1$$

이라고 하면, $(a_1, b_1) = 1$, $[a, b] = l$ 이고 또 $ab = dl$ 이다.

정의 1.2.16 정수 $a_1, \cdots, a_n$ $(n \geq 2)$ 에 대하여 세 조건 (i), (ii), (iii) 를 만족시키는 정수 d 를 $a_1, \cdots, a_n$ 의 **최대공약수**라 하고, 또 세 조건 (i)′, (ii)′, (iii)′ 을 만족시키는 정수 l 을 $a_1, \cdots, a_n$ 의 **최소공배수**라고 한다.

(i) $d \geq 0$	(i)′ $l \geq 0$
(ii) $d \mid a_i$ $(1 \leq i \leq n)$	(ii)′ $a_i \mid l$ $(1 \leq i \leq n)$
(iii) $e \mid a_i$ $(1 \leq i \leq n) \Longrightarrow e \mid d$	(iii)′ $a_i \mid c$ $(1 \leq i \leq n) \Longrightarrow l \mid c$

그리고, $a_1, \cdots, a_n$ 의 최대공약수를 $(a_1, \cdots, a_n)$ 또는 $\gcd\{a_1, \cdots, a_n\}$ 으로 나타내고, 최소공배수를 $[a_1, \cdots, a_n]$ 또는 $\operatorname{lcm}\{a_1, \cdots, a_n\}$ 으로 나타낸다.

정리 1.2.17 정수 $a_1, \cdots, a_n$ $(n \geq 2)$ 에 대하여 다음이 성립한다.

$$(a_1, \cdots, a_n) = ((a_1, \cdots, a_{n-1}), a_n),$$
$$[a_1, \cdots, a_n] = [[a_1, \cdots, a_{n-1}], a_n]$$

정리 1.2.18 정수 $a_1, \cdots, a_n$ $(n \geq 2)$ 의 최대공약수 d 와 최소공배수 l 은 단 하나 존재한다. 실제로,

$$a_1\mathbb{Z} + \cdots + a_n\mathbb{Z} = \{a_1 x_1 + \cdots + a_n x_n \mid x_1, \cdots, x_n \in \mathbb{Z}\}$$

이라고 할 때 다음이 성립한다.

(1) $a_1\mathbb{Z} + \cdots + a_n\mathbb{Z} = d\mathbb{Z}$

그리고, $d = a_1 s_1 + \cdots + a_n s_n$ 인 정수 $s_1, \cdots, s_n$ 이 존재한다.

(2) $a_1\mathbb{Z} \cap \cdots \cap a_n\mathbb{Z} = l\mathbb{Z}$

정의 1.2.19 정수 $a_1, \cdots, a_n$ $(n \geq 2)$ 에 대하여 $(a_1, \cdots, a_n) = 1$ 일 때, 이들 정수는 **서로 소**라고 한다. 또, 모든 i, j $(1 \leq i \neq j \leq n)$ 에 대하여 $(a_i, a_j) = 1$ 일 때, 이들 정수는 **쌍마다 서로 소**라고 한다.

정리 1.2.20 정수 $a_1, \cdots, a_n$ $(n \geq 2)$ 이 서로 소이기 위한 필요충분조건은 적당한 정수 $s_1, \cdots, s_n$ 에 대하여 $a_1 s_1 + \cdots + a_n s_n = 1$ 인 것이다.

정의 1.2.21 정수 p $(p \geq 2)$ 의 약수가 ± 1, $\pm p$ 뿐일 때, p를 **素數**(prime number)라고 한다.

한편, 정수 n $(n \geq 2)$ 이 素數가 아닐 때, 즉 $n = d\,e$, $1 < d \leq e < n$ 인 정수 d, e가 존재할 때 n을 **합성수**라고 한다.

정리 1.2.22 정수 p가 素數일 때, 두 정수 a, b에 대하여 $p \mid a\,b$ 이면 $p \mid a$ 또는 $p \mid b$ 이다.

정리 1.2.23 (唯一인수분해 정리) 정수 n (≥ 2) 은 단 한 가지 방법으로 素因數分解된다. 즉, n은 유한 개의 素數 $p_1, p_2, \cdots, p_s$ 의 곱

$$n = p_1\, p_2 \cdots p_s$$

로 나타내어진다. 그리고, 소인수(素數인 인수) 의 순서를 무시한다면 이와 같은 소인수분해는 한 가지뿐이다.

정수 n (≥ 2) 를 다음과 같이 나타낸 것을 n의 **표준분해**라고 한다.

$$n = {p_1}^{e_1} {p_2}^{e_2} \cdots {p_r}^{e_r} \quad (p_1, p_2, \cdots, p_r \text{는 서로 다른 素數, } e_i \geq 1)$$

정리 1.2.24 두 양의 정수 a, b를 다음과 같이 나타낼 수 있다.

$$a = {p_1}^{k_1} {p_2}^{k_2} \cdots {p_t}^{k_t}, \qquad b = {p_1}^{l_i} {p_2}^{l_2} \cdots {p_t}^{l_t}$$

$$(p_1, p_2, \cdots, p_t \text{는 서로 다른 素數이고 } k_i \geq 0,\ l_i \geq 0)$$

이 때, 각 i $(1 \leq i \leq t)$ 에 대하여 $m_i = \min\{k_i, l_i\}$, $n_i = \max\{k_i, l_i\}$ 이라고 하면, $(a, b) = {p_1}^{m_1} {p_2}^{m_2} \cdots {p_t}^{m_t}$, $[a, b] = {p_1}^{n_1} {p_2}^{n_2} \cdots {p_t}^{n_t}$ 이다.

정의 1.2.25 집합 A $(\neq \varnothing)$ 위에 정의된 관계 $\sim$가 다음 세 조건을 만족시킬 때, 이 관계를 A 위의 **동치관계**(equivalence relation)라고 한다.

E.1 : $a \sim a$ (반사율, reflexive law)

E.2 : $a \sim b$ 이면, $b \sim a$ 이다. (대칭율, symmetric law)

E.3 : $a \sim b$, $b \sim c$ 이면, $a \sim c$ 이다. (추이율, transitive law)

그리고, $a \sim b$ 일 때 a와 b는 서로 **동치**라 하고, 또 a와 동치인 A의 원소 전체의 집합을 a를 포함하는 **동치류**(equivalence class)라고 한다.

정리 1.2.26 집합 A 위에 동치관계 $\sim$가 정의되어 있을 때, 각 원소 $a \in A$에 대하여 a를 포함하는 동치류를 $\overline{a}$로 나타내면 다음이 성립한다.

(1) $a \sim b \Longleftrightarrow \overline{a} = \overline{b}$

(2) $\overline{a} = \overline{b} \Longleftrightarrow b \in \overline{a} \Longleftrightarrow a \in \overline{b}$

(3) 임의의 두 원소 $a, b \in A$ 에 대하여 $\overline{a} \cap \overline{b} = \varnothing$ 또는 $\overline{a} = \overline{b}$ 이다.

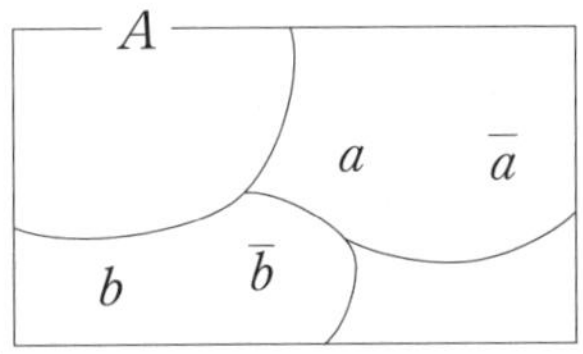

증명 (1) 먼저 $a \sim b$ 이라고 하자. 이 때, 임의의 $x \in \overline{a}$ 에 대하여 $x \sim a$ 이므로 $x \sim b$ 이고 따라서 $x \in \overline{b}$ 이므로 $\overline{a} \subseteq \overline{b}$ 이다. 그리고, $b \sim a$ 이므로 위의 증명에 의하여 $\overline{b} \subseteq \overline{a}$ 이고 따라서 $\overline{a} = \overline{b}$ 이다.

역으로, $\overline{a} = \overline{b}$ 이면, $a \in \overline{a} = \overline{b}$ 이므로 $a \sim b$ 이다.

(2) 먼저 $\overline{a} = \overline{b}$ 이면, $b \in \overline{b} = \overline{a}$ 이므로 $b \in \overline{a}$ 이다. 역으로 $b \in \overline{a}$ 이면, $b \sim a$ 즉 $a \sim b$ 이므로 (1)에 의하여 $\overline{a} = \overline{b}$ 이다.

마찬가지로, $\overline{a} = \overline{b} \Longleftrightarrow a \in \overline{b}$ 이다.

(3) $\overline{a} \cap \overline{b} \neq \varnothing$ 일 때, $c \in \overline{a} \cap \overline{b}$ 이라고 하면 $c \in \overline{a}$, $c \in \overline{b}$ 이므로 (2)에 의하여 $\overline{a} = \overline{c}$, $\overline{b} = \overline{c}$ 이고 따라서 $\overline{a} = \overline{b}$ 이다.

정의 1.2.27 양의 정수 n에 대하여 두 정수 a, b의 차가 n의 배수일 때, 즉 $n \mid (a-b)$ 일 때, a와 b는 법 n에 관하여 **합동**(congruent)이라고 하고 이 사실을 $a \equiv b \pmod{n}$ 으로 나타낸다. 즉,

$$a \equiv b \pmod{n} \Longleftrightarrow n \mid (a-b) \Longleftrightarrow a-b \in n\mathbb{Z}$$

정리 1.2.28 양의 정수 n 에 대하여 정수 전체의 집합 $\mathbb{Z}$ 위의 합동관계 $a \equiv b \pmod{n}$ 는 동치관계이다. 즉, 임의의 $a, b, c \in \mathbb{Z}$ 에 대하여 다음이 성립한다.

C.1 : $a \equiv a \pmod{n}$

C.2 : $a \equiv b \pmod{n}$ 이면, $b \equiv a \pmod{n}$ 이다.

C.3 : $a \equiv b \pmod{n}$, $b \equiv c \pmod{n}$ 이면, $a \equiv c \pmod{n}$ 이다.

정리 1.2.29 양의 정수 n 과 정수 a, b, c, d 에 대하여 $a \equiv c \pmod{n}$, $b \equiv d \pmod{n}$ 이면, $a+b \equiv c+d \pmod{n}$, $a\,b \equiv c\,d \pmod{n}$ 이다.
그리고, $a \equiv b \pmod{n}$ 이면, $(a,\ n) = (b,\ n)$ 이다.

정리 1.2.30 (Fermat 의 정리) 素數 p 에 대하여 다음이 성립한다.

(1) 모든 정수 a 에 대하여 $a^p \equiv a \pmod{p}$ 이다.

(2) $(a,\ p) = 1$ 인 정수 a 에 대하여 $a^{p-1} \equiv 1 \pmod{p}$ 이다.

정의 1.2.31 양의 정수 n 에 대하여 정수 $0, 1, \cdots, n-1$ 중에서 n 과 서로 소인 정수 전체의 개수를 $\varphi(n)$ 으로 나타낸다. 그리고, 이와 같이 정의된 함수 $\varphi : \mathbb{N} \longrightarrow \mathbb{R}$ 를 **Euler 의 φ 함수**라고 한다.

정수 $n\ (\geq 2)$ 의 표준분해가 $n = {p_1}^{e_1} \cdots {p_r}^{e_r}$ 일 때 다음이 성립한다.

$$\varphi(n) = \varphi({p_1}^{e_1}) \cdots \varphi({p_r}^{e_r}) = ({p_1}^{e_1} - {p_1}^{e_1 - 1}) \cdots ({p_r}^{e_r} - {p_r}^{e_r - 1})$$

정리 1.2.32 양의 정수 n 에 대하여 $\sum_{d|n} \varphi(d) = n$ 이다.
여기서, 총합 기호는 n 의 모든 양의 약수 d 에 대한 합을 나타낸다.

정리 1.2.33 (Euler 의 정리) 정수 $n\ (\geq 2)$ 에 대하여 정수 a 가 n 과 서로 소일 때, $a^{\varphi(n)} \equiv 1 \pmod{n}$ 이다.

§1.3 실수와 복소수

이 절에서는, 실수와 복소수의 연산에 관한 특성을 논한다.

정의 1.3.1 집합 F $(\neq \emptyset)$ 위에 덧셈 $+$과 곱셈 $\cdot$이 정의되어 있고 또 다음이 성립할 때, F를 **體**(영어 field, 독일어 Körper)라고 한다.

A.1 : $(a+b)+c = a+(b+c)$ (덧셈에 관한 결합법칙)

A.2 : $a+b = b+a$ (덧셈에 관한 교환법칙)

A.3 : 특정한 원소 $0 \in F$이 존재하여, 모든 원소 $a \in F$에 대하여 등식 $a+0 = 0+a = a$가 성립한다.

A.4 : 각 $a \in F$에 대하여 $a+b = b+a = 0$인 원소 $b \in F$가 존재한다. 원소 b를 a의 **덧셈에 관한 역원**(additive inverse)이라 하고 이것을 $-a$로 나타낸다. 즉, $a+(-a) = (-a)+a = 0$이다.

M.1 : $(a \cdot b) \cdot c = a \cdot (b \cdot c)$ (곱셈에 관한 결합법칙)

M.2 : $a \cdot b = b \cdot a$ (곱셈에 관한 교환법칙)

M.3 : 특정한 원소 $1 \in F$, $1 \neq 0$이 존재하여, 모든 원소 $a \in F$에 대하여 등식 $a \cdot 1 = 1 \cdot a = a$가 성립한다.

M.4 : 각 원소 $a \in F$, $a \neq 0$에 대하여 $ab = ba = 1$인 원소 $b \in F$가 존재한다. 원소 b를 a의 **곱셈에 관한 역원**(multiplicative inverse)이라 하고 이것을 a^{-1}로 나타낸다. 즉, $a \cdot a^{-1} = a^{-1} \cdot a = 1$이다.

D : $a \cdot (b+c) = a \cdot b + a \cdot c$, $(a+b) \cdot c = a \cdot c + b \cdot c$ (분배법칙)

체 F에서의 뺄셈과 나눗셈은 다음과 같이 정의된다.

$$a - b = a + (-b), \qquad a \div b = \frac{a}{b} = a \cdot b^{-1} \quad (b \neq 0)$$

실수 전체의 집합 $\mathbb{R}$와 유리수 전체의 집합 $\mathbb{Q}$는 흔히 사용하는 덧셈과 곱셈에 관하여 체를 이룬다. 이러한 의미에서 $\mathbb{R}$와 $\mathbb{Q}$를 각각 **實數體**(real number field), **有理數體**(rational number field)라고 한다.

실수체 $\mathbb{R}$ 안에서 이차방정식 $x^2+1=0$ 의 근은 존재하지 않는다. 이제 $i^2+1=0$, 즉 $i^2=-1$ 인 새로운 수 i 를 도입하여 $a+bi$ $(a, b \in \mathbb{R})$와 같은 꼴의 수를 생각하고 이러한 수를 복소수라 하고 복소수 전체의 집합을 $\mathbb{C}$ 로 나타낸다. 그리고 복소수 전체의 집합 $\mathbb{C}=\{a+bi \mid a, b \in \mathbb{R}\}$ 위에 상등관계 및 덧셈과 곱셈을 다음과 같이 정의한다.

$$a+bi=c+di \iff a=c,\ b=d$$
$$(a+bi)+(c+di)=(a+c)+(b+d)i,$$
$$(a+bi)(c+di)=(ac-bd)+(ad+bc)i$$

복소수 $\alpha=a+bi$ 에 대하여 다음과 같이 정한 $\overline{\alpha}$, $N(\alpha)$, $|\alpha|$ 를 각각 α 의 **켤레복소수**, **노름**(독일어, Norm), **절대값**(absolute value)이라고 한다.

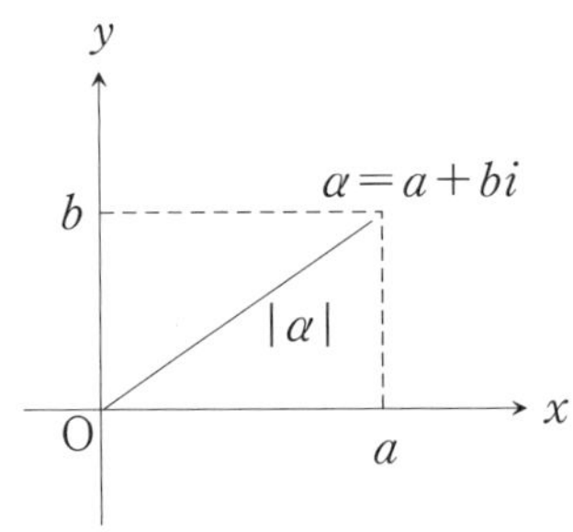

$$\overline{\alpha}=a-bi, \quad N(\alpha)=\alpha\overline{\alpha}=a^2+b^2,$$
$$|\alpha|=\sqrt{N(\alpha)}=\sqrt{a^2+b^2}$$

이 때, 임의의 두 복소수 $\alpha, \beta \in \mathbb{C}$ 에 대하여 다음이 성립한다.

(1) $N(\alpha)=0 \iff \alpha=0 \iff a=b=0$

(2) $\alpha=\overline{\alpha} \iff \alpha \in \mathbb{R}$

(3) $\overline{\alpha+\beta}=\overline{\alpha}+\overline{\beta}, \quad \overline{\alpha\beta}=\overline{\alpha}\,\overline{\beta}$

(4) $N(\alpha\beta)=\alpha\beta\,\overline{\alpha\beta}=\alpha\beta\,\overline{\alpha}\,\overline{\beta}=(\alpha\overline{\alpha})(\beta\overline{\beta})=N(\alpha)N(\beta)$

특히, $\alpha=a+bi \neq 0$ 일 때, $\alpha^{-1}=\dfrac{\overline{\alpha}}{N(\alpha)}=\dfrac{a}{a^2+b^2}+\dfrac{-b}{a^2+b^2}\,i$ 이다.

그러므로 복소수 전체의 집합 $\mathbb{C}$ 는 덧셈과 곱셈에 관하여 체를 이룬다. 이러한 의미에서 $\mathbb{C}$ 를 **複素數體**(complex number field)라고 한다.

정의 1.3.2 양의 정수 n 에 대하여 $n!=1\cdot 2\cdot \cdots \cdot n$ 을 n 의 **계승**(factorial)이라 하고 $0!=1$ 로 정한다. 또 정수 r $(0 \leq r \leq n)$ 에 대하여

$$\binom{n}{r}=\frac{n!}{r!\,(n-r)!}={}_n\mathrm{C}_r$$

를 **이항계수**(binomial coefficient)라고 한다.

정리 1.3.3 양의 정수 n과 정수 r $(0 \leq r < n)$에 대하여 다음 등식이 성립한다.

(1) $\binom{n}{r} = \binom{n}{n-r}$, $\quad \binom{n}{r} + \binom{n}{r+1} = \binom{n+1}{r+1}$

(2) $\binom{n}{r} = \dfrac{n!}{r!(n-r)!} = \dfrac{n\cdot(n-1)!}{r\cdot(r-1)!(n-r)!} = \dfrac{n}{r}\binom{n-1}{r-1}$

정리 1.3.4 (이항정리) 두 복소수 a, b에 대하여 다음이 성립한다.

$$(a+b)^n = \sum_{r=0}^{n}\binom{n}{r}a^{n-r}b^r = \sum_{r=0}^{n}\frac{n!}{r!(n-r)!}a^{n-r}b^r$$

다항정리에 대해서는 '해설 103'을 참조하기 바란다.

정리 1.3.5 두 실수 θ, ϕ에 대하여 다음이 성립한다.

(1) $\sin(-\theta) = -\sin\theta$, $\quad \cos(-\theta) = \cos\theta$

(2) $\sin(\theta+\phi) = \sin\theta\cos\phi + \cos\theta\sin\phi$,
$\cos(\theta+\phi) = \cos\theta\cos\phi - \sin\theta\sin\phi$

(3) $\sin^2\theta + \cos^2\theta = 1$, $\quad \sin 2\theta = 2\sin\theta\cos\theta$,
$\cos 2\theta = 2\cos^2\theta - 1 = 1 - 2\sin^2\theta$

(4) $\sin 3\theta = 3\sin\theta - 4\sin^3\theta$, $\quad \cos 3\theta = 4\cos^3\theta - 3\cos\theta$

위의 정리 (2), (3)에 의하여 다음 등식을 얻는다.

$$\begin{aligned}\cos 3\theta &= \cos(2\theta+\theta) = \cos 2\theta\cos\theta - \sin 2\theta\sin\theta \\ &= (2\cos^2\theta-1)\cos\theta - 2(1-\cos^2\theta)\cos\theta \\ &= 4\cos^3\theta - 3\cos\theta\end{aligned}$$

정의 1.3.6 임의의 실수 θ에 대하여 $e^{i\theta}$를

$$e^{i\theta} = \cos\theta + i\sin\theta$$

으로 정한다.

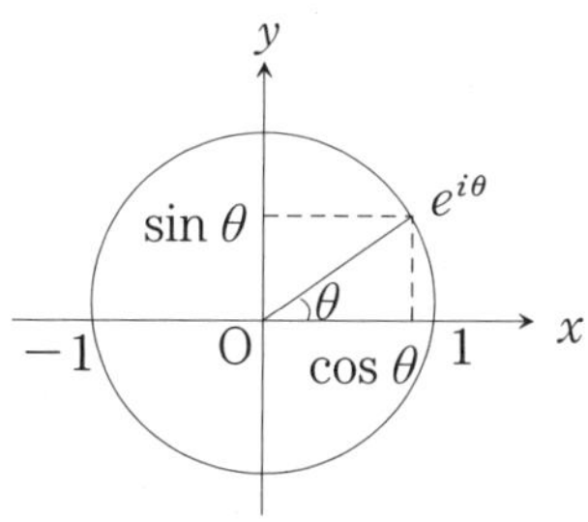

그리고, $e^{i\theta}$를 흔히 $\exp(i\theta)$로 나타낸다.

정리 1.3.7 두 실수 θ, ϕ 에 대하여 다음이 성립한다.

(1) $e^{i\theta} = 1 \iff \theta = 2\pi n \ (n \in \mathbb{Z})$

(2) $e^{i\theta} = e^{i\varphi} \iff \phi = \theta + 2\pi n \ (n \in \mathbb{Z})$

(3) $U = \{\alpha \in \mathbb{C} \mid |\alpha| = 1\}$ 이라고 하면, U 는 다음과 같다.

$$U = \{e^{\theta i} \mid \theta \in \mathbb{R}\} = \{e^{\theta i} \mid 0 \leq \theta < 2\pi\}$$

(4) $(\cos\theta + i\sin\theta)(\cos\phi + i\sin\phi) = \cos(\theta+\phi) + i\sin(\theta+\phi)$

(5) $(\cos\theta + i\sin\theta)^{-1} = \cos(-\theta) + i\sin(-\theta)$
$$= \cos\theta - i\sin\theta$$

(6) $e^{i\theta}e^{i\varphi} = e^{i(\theta+\varphi)}, \qquad (e^{i\theta})^{-1} = e^{-i\theta} = \overline{e^{i\theta}}$

증명 정의에 의하여 (1), (2), (3) 이 성립함을 알 수 있다 .

(4) 정리 1.3.5 에 의하여 다음 등식이 성립한다.

$$\begin{aligned}&(\cos\theta + i\sin\theta)(\cos\phi + i\sin\phi)\\ &= (\cos\theta\cos\phi - \sin\theta\sin\phi) + i(\cos\theta\sin\phi + \sin\theta\cos\phi)\\ &= \cos(\theta+\phi) + i\sin(\theta+\phi)\end{aligned}$$

(5) 위의 (4) 에 의하여

$$\begin{aligned}&(\cos\theta + i\sin\theta)(\cos(-\theta) + i\sin(-\theta))\\ &= \cos 0 + i\sin 0 = 1\end{aligned}$$

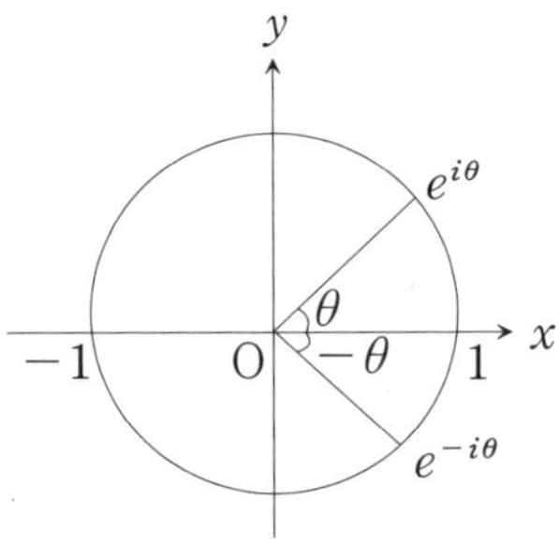

이므로 다음이 성립한다(정리 1.3.5 참조).

$$\begin{aligned}&(\cos\theta + i\sin\theta)^{-1}\\ &= \cos(-\theta) + i\sin(-\theta) = \cos\theta - i\sin\theta\end{aligned}$$

(6) 위의 (4), (5) 에 의하여 (6) 이 성립한다.

위의 정리로부터 다음 정리를 얻는다.

정리 1.3.8 (De Moivre 의 정리) 임의의 실수 θ 와 정수 n 에 대하여 다음 등식이 성립한다.

$$(\cos\theta + i\sin\theta)^n = \cos n\theta + i\sin n\theta \quad 즉 \quad (e^{i\theta})^n = e^{in\theta}$$

정리 1.3.9 양의 정수 n에 대하여 $\zeta = e^{\frac{2\pi i}{n}} = \cos\frac{2\pi}{n} + i\sin\frac{2\pi}{n}$이라고 할 때, 임의의 정수 k, j에 대하여 다음이 성립한다.

$$\zeta^k = \cos\frac{2k\pi}{n} + i\sin\frac{2k\pi}{n},$$
$$\zeta^k = 1 \iff n \mid k,$$
$$\zeta^k = \zeta^j \iff n \mid (k-j)$$
$$\iff k \equiv j \pmod{n}$$
$$\zeta^{-k} = \cos\frac{2k\pi}{n} - i\sin\frac{2k\pi}{n} = \overline{\zeta^k}$$

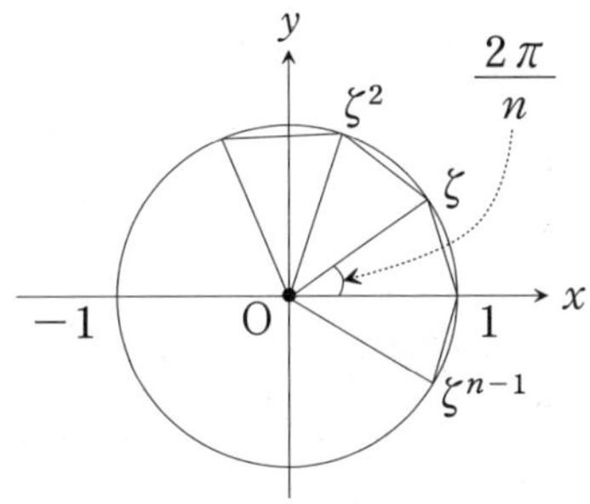

그리고, n차의 방정식 $x^n = 1$은 복소수체 $\mathbb{C}$ 안에서 서로 다른 n개의 근 $1, \zeta, \zeta^2, \cdots, \zeta^{n-1}$을 가진다.

증명 정리 1.3.7과 정리 1.3.8에 의하여 정리의 앞 부분이 성립한다. 또, 임의의 정수 k에 대하여

$$(\zeta^k)^n = (\zeta^n)^k = 1^k = 1$$

이므로 방정식 $x^n = 1$은 서로 다른 n개의 근 $1, \zeta, \cdots, \zeta^{n-1}$을 가진다(정리 4.3.11 참조).

양의 실수 a와 정수 $n\ (\geq 2)$에 대하여 $u^n = a$인 양의 실수 u가 단 하나 존재한다. 이러한 양의 실수를 $\sqrt[n]{a}$로 나타낸다.

복소수 $\alpha = a + bi \neq 0$를 다음과 같이 나타낼 수 있다.

$$\alpha = \sqrt{a^2+b^2}\left(\frac{a}{\sqrt{a^2+b^2}} + \frac{b}{\sqrt{a^2+b^2}}\,i\right)$$

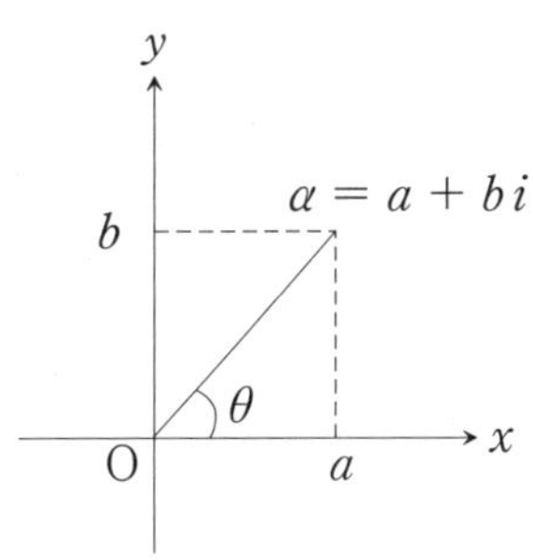

여기서,

$$\frac{a}{\sqrt{a^2+b^2}} = \cos\theta, \quad \frac{b}{\sqrt{a^2+b^2}} = \sin\theta$$

인 실수 θ가 존재하고 이때 다음이 성립한다.

$$\alpha = |\alpha|\,(\cos\theta + i\sin\theta)$$

복소수 $\alpha\ (\neq 0)$를 위와 같이 나타낸 것을 α의 **극형식**이라고 한다.

정리 1.3.10 정수 n (≥ 2) 에 대하여 $\zeta = \cos\dfrac{2\pi}{n} + i\sin\dfrac{2\pi}{n}$ 이라고 하면 다음이 성립한다.

(1) $\alpha = |\alpha|(\cos\theta + i\sin\theta) \neq 0$ 일 때, 방정식 $x^n = \alpha$ 는 복소수체 $\mathbb{C}$ 안에서 다음과 같은 서로 다른 n 개의 근을 가진다.

$$\sqrt[n]{|\alpha|}\,(\cos\frac{\theta}{n} + i\sin\frac{\theta}{n})\,\zeta^k \qquad (0 \leq k \leq n-1)$$

(2) 양의 실수 a 에 대하여 방정식 $x^n = a$ 는 복소수체 $\mathbb{C}$ 안에서 서로 다른 n 개의 근 $\sqrt[n]{a}\,\zeta^k$ $(0 \leq k \leq n-1)$ 을 가진다.

(3) 양의 실수 a 에 대하여 방정식 $x^n = -a$ 는 복소수체 $\mathbb{C}$ 안에서 서로 다른 n 개의 근 $\sqrt[n]{a}\,(\cos\dfrac{\pi}{n} + i\sin\dfrac{\pi}{n})\,\zeta^k$ $(0 \leq k \leq n-1)$ 을 가진다.

특히, n 이 홀수이면, 이들 근은 $-\sqrt[n]{a}\,\zeta^k$ $(0 \leq k \leq n-1)$ 과 일치한다.

증명 임의의 정수 k 에 대하여

$$\left(\sqrt[n]{|\alpha|}\,(\cos\frac{\theta}{n} + i\sin\frac{\theta}{n})\,\zeta^k\right)^n = |\alpha|\,(\cos\theta + i\sin\theta) = \alpha$$

이고 두 정수 k, j 에 대하여 $\zeta^k = \zeta^j \Longleftrightarrow k \equiv j \pmod{n}$ 이므로 정리의 (1) 이 성립한다. 그리고 a 가 양의 실수일 때,

$$a = a\,(\cos 0 + i\sin 0), \quad -a = a\,(\cos\pi + i\sin\pi)$$

이므로 (1) 에 의하여 (2) 와 (3) 이 성립한다.

위의 정리에서 방정식 $x^n = \alpha$ 의 n 개의 근을 α 의 **n 제곱근**이라 하고, $n = 2$ 인 경우에 n 제곱근을 **제곱근**이라고 한다. 또, $n = 2, 3, 4, \cdots$ 에 대한 α 의 n 제곱근을 통틀어 α 의 **거듭제곱근**(radical)이라고 한다.

양의 실수 a 에 대하여 $\sqrt[n]{a}$ 는 a 의 양의 실수인 n 제곱근이다. 그리고, n 이 홀수일 때, 양의 실수 a 에 대하여 $-a$ 의 실수인 n 제곱근이 단 하나 존재하고 이것을 $\sqrt[n]{-a}$ 로 나타내며 이때 $\sqrt[n]{-a} = -\sqrt[n]{a}$ 이다.

특히, 양의 실수 a 에 대하여 $\sqrt{a}$, $\sqrt{-1}$, $\sqrt{-a}$ 를 다음과 같이 정한다.

$$\sqrt{a} = \sqrt[2]{a}\,, \quad \sqrt{-1} = i, \quad \sqrt{-a} = \sqrt{a}\,\sqrt{-1} = \sqrt{a}\; i$$

보기 1.3.1 양의 실수 a에 대하여, 방정식 $x^2 = a$는 두 근 $\pm\sqrt{a}$를 가지며 방정식 $x^2 = -a$는 두 근 $\pm\sqrt{a}\, i$를 가진다.

보기 1.3.2 양의 실수 a에 대하여 방정식 $x^3 = a$는 서로 다른 세 근

$$\sqrt[3]{a},\ \sqrt[3]{a}\,\omega,\ \sqrt[3]{a}\,\omega^2 \qquad (\omega = \frac{-1+\sqrt{3}i}{2})$$

을 가지며, 방정식 $x^3 = -a$는 서로 다른 세 근 $-\sqrt[3]{a},\ -\sqrt[3]{a}\,\omega,\ -\sqrt[3]{a}\,\omega^2$을 가진다.

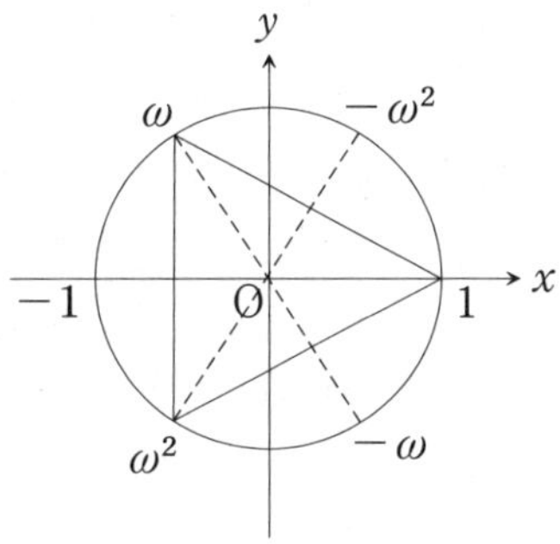

보기 1.3.3 양의 실수 a에 대하여 방정식 $x^4 = a$는 네 근 $\pm\sqrt[4]{a},\ \pm\sqrt[4]{a}\,i$를 가진다.

또, 양의 실수 a에 대하여 방정식 $x^4 = -a$는 다음과 같은 네 근을 가진다.

$$\sqrt[4]{a}\,(\cos\frac{\pi}{4} + i\sin\frac{\pi}{4})\, i^k \quad (0 \le k \le 3)$$

즉, $\pm\sqrt[4]{a}\,u,\ \pm\sqrt[4]{a}\,ui \qquad (u = \frac{1+i}{\sqrt{2}})$

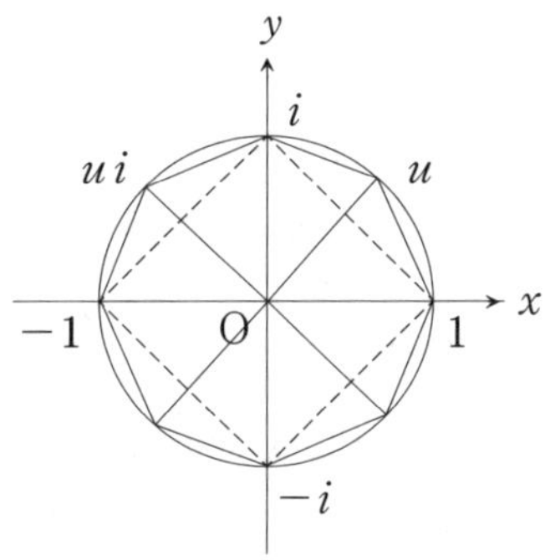

보기 1.3.4 복소수 i의 극형식은

$$i = 1\,(\cos\frac{\pi}{2} + i\sin\frac{\pi}{2})$$

이므로 i의 두 제곱근은 다음과 같다.

$$\pm\,(\cos\frac{\pi}{4} + i\sin\frac{\pi}{4}) \text{ 즉 } \pm\frac{1+i}{\sqrt{2}}$$

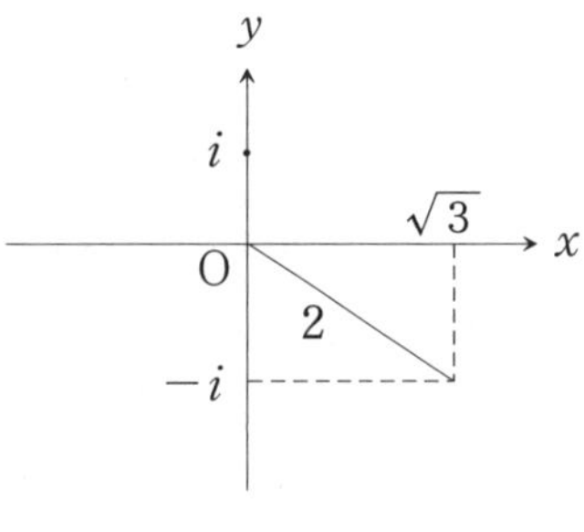

한편, $\sqrt{3} - i = 2\,(\cos\frac{-\pi}{6} + i\,\sin\frac{-\pi}{6})$ 이므로, 방정식 $x^3 = \sqrt{3} - i$의 세 근은 다음과 같다.

$$\sqrt[3]{2}\,(\cos\frac{(12k-1)\pi}{18} + i\,\sin\frac{(12k-1)\pi}{18}) \qquad (0 \le k \le 2)$$

가우스(Carl Friedrich Gauss, 1777~1855)

수많은 수학자들로부터 가장 위대한 수학자라고 칭송 받는 가우스는 1777년 독일의 Brunswik에서 태어났다. 가우스는 3세 때 복잡한 계산문제를 해결하였고 10세 때에 대수학과 해석학을 공부하였다. 그는 십대 소년시절에 통계 자료 처리에 이용되는 最小제곱법, 눈금 없는 자와 컴퍼스만을 이용한 정17각형의 작도가 가능하다는 사실의 증명, 정수론에서의 이차잉여에 관한 상반 법칙의 증명 등을 해결하였다.

가우스는 1801년에 '정수론 연구(Disquistiones Arithmeticae)'를 출간하였는데, 그는 이 책에서 자신이 연구한 결과를 조직적으로 정리하고 합동 관계에 관한 기호 등을 여러 가지 기초 개념을 수록하였다.

가우스는 Ceres 라는 행성의 궤도를 계산하는 과정에서 '실험적으로 얻어진 통계 자료에 나타난 변화는 가우스 분포(정규분포)의 곡선을 따른다'는 원리를 이용하였고 이 문제 해결에 최소 제곱법을 이용하였다. 이 업적으로 가우스는 25세가 되기 전에 과학적 천재로서의 명성을 얻었다.

가우스는 1809년에 괴팅겐(Göttingen) 대학의 천문학 교수가 되었고 이 대학의 새 관측소의 소장의 임무를 맡게 되었다. 그 후 10년간에 걸쳐 수학의 거의 모든 분야와 천문학, 역학, 測地學, 광학, 자기학 등에서 중요한 공헌을 하였다. 가우스는 물리학자인 빌헬름 베버(Wilhelm Weber)와 함께 최초의 실질적인 전신을 발명하기도 하였다. 가우스는 '복소수'라는 용어를 만들고 $\sqrt{-1}$ 대신에 기호 i를 대중화하였고 $\mathbb{Z}[i]=\{a+bi \mid a,b\in\mathbb{Z}\}$가 유클리드 정역이고 또 유일인수분해 정역임을 증명하였다(§6.6, §6.7 참조).

가우스는 아인슈타인(Eisenstein), 리만(Riemann), 쿰머(Kummer), 디리끌레(Dirichlet), 데데킨트(Dedekind)와 같은 수많은 훌륭한 제자를 배출하였으며, 1855년에 78세로 괴팅겐에서 세상을 떠났다. 브른스빅(Brunswik)에는 그의 彫像이 세워져 있는데, 그 밑바닥은 17개의 점들로 이루어진 별 모양으로 되어 있다. 독일 정부는 1989년에 가우스의 초상화와 가우스 분포의 곡선이 그려 있는 지폐를 발행하였다. 가우스에 대한 여러 가지 자료는

www.gap.dcs.st-and.ac.uk/~history/Mathematicians

에서 얻을 수 있다.

제 2 장

군

특정한 대수적 체계에 대한 公理系는 여러 가지 구체적인 예로부터 얻은 지식을 토대로 하여 설정된다. 대수적 체계 중에서도 가장 기본이 되는 것은 '群'이다.

이 장에서는 군에 대한 기본 개념과 정리에 대하여 논하고 이에 대한 구체적인 예를 제시한다. 이 장에서 §2.14는 제6장과 함께 논하여도 좋다.

유한군의 구조에 대해서는 제6장에서 논하고, 또 군의 여러 가지 특성에 대해서는 제7장에서 논한다.

참 고 문 헌

1. Artin, Michael, Algebra, Prentice Hall, Eaglewood Cliffs, New Jersey, 1991
2. Fraleigh, J., A first course in abstract algebra, 7th ed., Pearson Education, Inc., New York, 2003
3. Hungerford, Thomas W., Abstract algebra, an introduction, Saunders College Publishing, Philadelphia, 1990
4. Rotman, J.J., A first course in abstract algebra, 2nd ed., Prentice-Hall, Upper Saddle River, New Jercey, 2000

§2.1 군과 그 예

이 절에서는, '군'이라는 대수적 체계에 대하여 논하기로 한다.

정의 2.1.1 집합 $G\ (\neq \varnothing)$ 위에 이항연산 $\circ$이 정의되어 있고, 임의의 원소 $a, b, c \in G$에 대하여 다음이 성립할 때, $(G, \circ)$를 **群**(영어 group, 독일어 Gruppe, 불어 groupe)이라고 하며 'G는 연산 $\circ$에 관하여 군을 이룬다.'고 한다.

G.1 : $(a \circ b) \circ c = a \circ (b \circ c)$ (결합법칙)

G.2 : 특정한 원소 $e \in G$가 존재하여, 임의의 원소 $a \in G$에 대하여 등식 $a \circ e = e \circ a = a$가 성립한다.

원소 e를 G의 연산 $\circ$에 관한 **恒等元**(identity)이라고 한다.

G.3 : 각 $a \in G$에 대하여 $a \circ b = b \circ a = e$인 원소 $b \in G$가 존재한다.

이러한 원소 b를 a의 연산 $\circ$에 관한 **逆元**(inverse)이라 하고 이것을 a^{-1}로 나타낸다. 즉, $a \circ a^{-1} = a^{-1} \circ a = e$이다.

위의 정의에서 G.1, G.2, G.3를 군에 대한 **公理系**(system of axioms)라고 한다. 군에 대한 연산 기호로는 $\circ$, $*$, $\cdot$, $+$ 등이 쓰인다.

정의 2.1.2 군 $(G, \circ)$에서 임의의 두 원소 $a, b \in G$에 대하여 다음이 성립할 때, $(G, \circ)$를 **Abel 군**(abelian group) 또는 **可換群**(commutative group)이라고 한다.

G.4 : $a \circ b = b \circ a$ (교환법칙)

또한, Abel 군이 아닌 군을 **非Abel 군**(nonabelian group) 또는 **非가환군**(noncommutaitve group)이라고 한다(p. 154 참조).

정의 2.1.3 군 $(G, \circ)$에서 G가 무한집합일 때 이 군을 **無限群**(infinite group)이라 하고, G가 유한집합일 때 이 군을 **有限群**(finite group)이라고 하며 특히 $|G| = n$일 때 n을 유한군 G의 **位數**(order)라고 한다.

곱셈 $\cdot$에 관한 군을 **곱셈군**(multiplicative group)이라 하고 그 항등원을 e 또는 1로 나타낸다. 또, 덧셈 $+$에 관한 Abel 군을 **덧셈군**이라 하고 그 항등원을 0으로 나타낸다. 덧셈군에 대한 정의를 다시 쓰면 다음과 같다.

정의 2.1.4 집합 $A\ (\neq \varnothing)$ 위에 덧셈 $+$가 정의되어 있고 또 임의의 원소 $a, b, c \in A$에 대하여 다음 조건이 성립할 때, $(A, +)$를 **덧셈군**(additive group)이라고 한다.

A.1 : $(a+b)+c = a+(b+c)$ (결합법칙)

A.2 : $a+b = b+a$ (교환법칙)

A.3 : 특정한 원소 $0 \in A$이 존재하여, 모든 원소 $a \in A$에 대하여 등식 $a+0 = 0+a = a$가 성립한다.

원소 0을 A의 **零**(zero) 또는 **零元**(zero element)이라고 한다.

A.4 : 각 $a \in A$에 대하여 $a+b = b+a = 0$인 원소 $b \in A$가 존재한다. 이러한 원소 b를 a의 덧셈에 관한 **역원**이라 하고 이 원소를 $-a$로 나타낸다. 즉, $a+(-a) = (-a)+a = 0$이다.

덧셈군 A에서의 뺄셈 $a-b$는 덧셈을 이용하여 다음과 같이 정의한다.

$$a-b = a+(-b)$$

보기 2.1.1 정수 전체의 집합, 유리수 전체의 집합, 실수 전체의 집합, 복소수 전체의 집합을 각각 $\mathbb{Z}$, $\mathbb{Q}$, $\mathbb{R}$, $\mathbb{C}$로 나타낼 때, 이들 집합은 흔히 사용하는 덧셈에 관하여 덧셈군을 이룬다(정리 1.2.1, §1.3 참조). 한편,

$$\mathbb{Q}^* = \mathbb{Q}-\{0\},\quad \mathbb{R}^* = \mathbb{R}-\{0\},\quad \mathbb{C}^* = \mathbb{C}-\{0\}$$

이라고 하면, 이들 집합은 흔히 사용하는 곱셈에 관하여 Abel 군을 이룬다.

보기 2.1.2 양의 정수 n에 대하여 집합

$$\mathbb{Z}^n = \{(x_1, \cdots, x_n) \mid x_1, \cdots, x_n \in \mathbb{Z}\},$$
$$\mathbb{R}^n = \{(x_1, \cdots, x_n) \mid x_1, \cdots, x_n \in \mathbb{R}\}$$

는 다음과 같이 정의된 덧셈에 관하여 덧셈군을 이룬다.

$$(a_1, \cdots, a_n) + (b_1, \cdots, b_n) = (a_1+b_1, \cdots, a_n+b_n)$$

실제로, 이들 덧셈군의 영원은 $(0, \cdots, 0)$이고 또 각 원소 $(a_1, \cdots, a_n)$의 덧셈에 관한 역원은 $-(a_1, \cdots, a_n) = (-a_1, \cdots, -a_n)$이다.

보기 2.1.3 실수를 성분으로 가지는 n차의 정사각행렬(square matrix)

$$A = \begin{bmatrix} a_{11} & a_{12} & \cdots & a_{1n} \\ a_{21} & a_{22} & \cdots & a_{2n} \\ \vdots & \vdots & \cdots & \vdots \\ a_{n1} & a_{n2} & \cdots & a_{nn} \end{bmatrix}$$

를 간단히 $A = [a_{ij}]_{n\times n}$으로 나타낸다. 특히, 모든 성분이 0인 n차의 행렬을 **영행렬**이라 하고 이 행렬을 O_n 또는 O로 나타내며, 주대각선 위의 성분이 모두 1이고 나머지 성분이 모두 0인 n차의 행렬을 **항등행렬**(identity matrix)이라 하고 이 행렬을 I_n 또는 E_n으로 나타낸다.

실수를 성분으로 가지는 n차의 행렬 전체의 집합을 $\mathrm{Mat}_n(\mathbb{R})$로 나타내고, 또 이러한 행렬 $A = [a_{ij}]_{n\times n}, B = [b_{ij}]_{n\times n}$에 대하여

$$A+B = [a_{ij}+b_{ij}]_{n\times n}, \quad -A = [-a_{ij}]_{n\times n},$$
$$AB = [c_{ij}]_{n\times n}, \quad \text{여기서} \quad c_{ij} = \sum_{k=1}^{n} a_{ik}b_{kj} \quad (1 \le i, j \le n)$$

으로 정의하면, 임의의 $A, B, C \in \mathrm{Mat}_n(\mathbb{R})$에 대하여 다음이 성립한다.

$$\begin{aligned} &(A+B)+C = A+(B+C), && A+B = B+A \\ &A+O_n = O_n+A = A, && A+(-A) = (-A)+A = O_n \\ &(AB)C = A(BC), && AI_n = I_nA = A \\ &A(B+C) = AB+AC, && (A+B)C = AC+BC \end{aligned}$$

따라서 $\mathrm{Mat}_n(\mathbb{R})$는 덧셈에 관하여 덧셈군을 이룬다.

행렬 $A \in \mathrm{Mat}_n(\mathbb{R})$에 대하여

$$AB = BA = I_n$$

인 행렬 $B \in \mathrm{Mat}_n(\mathbb{R})$가 존재할 때, A를 **정칙행렬**(nonsingular matrix)이라고 한다. 또, 이 경우에 B를 A의 **역행렬**(inverse)이라 하고 이 행렬을 A^{-1}로 나타낸다.

실수를 성분으로 가지는 n 차의 정칙행렬 전체의 집합을 $\mathrm{GL}_n(\mathbb{R})$로 나타내면, 임의의 정칙행렬 $A, B \in \mathrm{GL}_n(\mathbb{R})$ 에 대하여 $(AB)^{-1} = B^{-1}A^{-1}$ 이므로 $AB \in \mathrm{GL}_n(\mathbb{R})$ 이고 또 분명히 $I_n{}^{-1} = I_n$, $(A^{-1})^{-1} = A$ 이므로 $I_n, A^{-1} \in \mathrm{GL}_n(\mathbb{R})$ 이다. 따라서 $\mathrm{GL}_n(\mathbb{R})$ 는 곱셈에 관하여 군을 이룬다.

이 곱셈군을 $\mathbb{R}$ 위의 n 차의 **一般線型群**(general linear group)이라고 한다.

실수를 성분으로 가지는 n 차의 행렬 A 의 **행렬식**(determinant)을 $\det A$ 로 나타낼 때, A가 정칙 행렬이기 위한 필요충분조건은 $\det A \neq 0$ 인 것이고, 따라서 다음이 성립한다.

$$\mathrm{GL}_n(\mathbb{R}) = \{A \in \mathrm{Mat}_n(\mathbb{R}) \mid \det A \neq 0\}$$

예를 들면, 행렬

$$A = \begin{bmatrix} a & b \\ c & d \end{bmatrix} \in \mathrm{Mat}_2(\mathbb{R})$$

에 대하여 $\det A = ad - bc$ 이고, $\det A \neq 0$ 일 때 A^{-1} 는 다음과 같다.

$$A^{-1} = \begin{bmatrix} \dfrac{d}{ad-bc} & \dfrac{-b}{ad-bc} \\ \dfrac{-c}{ad-bc} & \dfrac{a}{ad-bc} \end{bmatrix}$$

보기 2.1.4 공집합이 아닌 집합 X 에서 X 자신으로의 일대일 대응 $\sigma : X \longrightarrow X$ 를 흔히 X 위의 **치환**(permutation)이라고 한다(정의 1.1.2).

집합 $X\ (\neq \varnothing)$ 위의 치환 전체로 이루어진 집합을 $S(X)$ 로 나타내자.

분명히, 항등사상

$$1 : X \longrightarrow X, \quad 1(x) = x$$

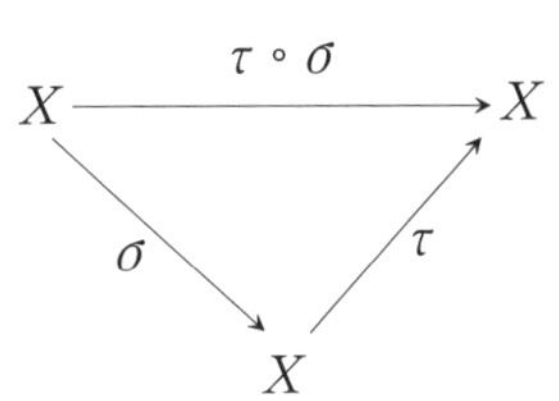

은 일대일 대응이므로 $1 \in S(X)$ 이다. 또, 두 치환 $\sigma, \tau \in S(X)$ 에 대하여 합성사상

$$\tau \circ \sigma : X \longrightarrow X, \quad (\tau \circ \sigma)(x) = \tau(\sigma(x))$$

는 일대일 대응이고 σ 의 역사상 $\sigma^{-1} : X \longrightarrow X$ 도 일대일 대응이므로 $\sigma \circ \tau$, $\sigma^{-1} \in S(X)$ 이다(정리 1.1.6).

그리고, 임의의 $\sigma, \tau, \rho \in S(X)$ 에 대하여 다음이 성립한다(정리 1.1.1).

$$(\sigma \circ \tau) \circ \rho = \sigma \circ (\tau \circ \rho), \qquad \sigma \circ 1 = 1 \circ \sigma = \sigma$$

따라서 $S(X)$ 는 합성연산 $\circ$ 에 관하여 군을 이룬다.

군 $S(X)$ 을 X 위의 **對稱群**(symmetric group)이라고 한다.

특히, 양의 정수 n 에 대하여 $X_n = \{1, 2, \cdots, n\}$ 위의 대칭군 $S(X_n)$을 S_n 으로 나타내고, 이 군을 ***n* 차의 대칭군**(symmetric group of degree n) 이라고 한다. 대칭군 S_n 은 위수 $n!$ 인 유한군이다(정리 1.1.8).

치환 $\sigma : X \longrightarrow X$ 는 각 원소 $x \in X$ 의 상 $\sigma(x)$ 에 의하여 결정되므로

$$\sigma = \begin{pmatrix} \cdots & x & \cdots \\ \cdots & \sigma(x) & \cdots \end{pmatrix}$$

와 같이 나타내면 편리하다. 특히, 치환 $\sigma \in S_n$ 는

$$\sigma = \begin{pmatrix} 1 & 2 & \cdots & n \\ \sigma(1) & \sigma(2) & \cdots & \sigma(n) \end{pmatrix},$$

$$\sigma = \begin{pmatrix} 2 & 1 & \cdots & n \\ \sigma(2) & \sigma(1) & \cdots & \sigma(n) \end{pmatrix}$$

$$\begin{array}{ccc} 1 & \xrightarrow{\sigma} & \sigma(1) \\ 2 & \longrightarrow & \sigma(2) \\ \vdots & \longrightarrow & \vdots \\ n & \longrightarrow & \sigma(n) \end{array}$$

과 같이 나타낼 수 있고, 또 $\sigma, \tau \in S_n$ 에 대하여 다음이 성립한다.

$$\tau \circ \sigma = \begin{pmatrix} 1 & 2 & \cdots & n \\ \tau(\sigma(1)) & \tau(\sigma(2)) & \cdots & \tau(\sigma(n)) \end{pmatrix}$$

$$\sigma^{-1} = \begin{pmatrix} \sigma(1) & \sigma(2) & \cdots & \sigma(n) \\ 1 & 2 & \cdots & n \end{pmatrix}$$

$$\begin{array}{ccc} 1 & \xleftarrow{\sigma^{-1}} & \sigma(1) \\ 2 & \longleftarrow & \sigma(2) \\ \vdots & \longleftarrow & \vdots \\ n & \longleftarrow & \sigma(n) \end{array}$$

대칭군 S_2 는 다음과 같은 두 치환으로 이루어진 Abel 군이다.

$$1 = \begin{pmatrix} 1 & 2 \\ 1 & 2 \end{pmatrix}, \qquad \sigma = \begin{pmatrix} 1 & 2 \\ 2 & 1 \end{pmatrix} = \begin{pmatrix} 2 & 1 \\ 1 & 2 \end{pmatrix} = \sigma^{-1}$$

한편, 대칭군 S_3 는 다음과 같은 6 개의 치환으로 이루어진 군이다.

$$1 = \begin{pmatrix} 1 & 2 & 3 \\ 1 & 2 & 3 \end{pmatrix}, \qquad \sigma = \begin{pmatrix} 1 & 2 & 3 \\ 2 & 3 & 1 \end{pmatrix}, \qquad \begin{pmatrix} 1 & 2 & 3 \\ 3 & 1 & 2 \end{pmatrix},$$

$$\tau = \begin{pmatrix} 1 & 2 & 3 \\ 1 & 3 & 2 \end{pmatrix}, \qquad \begin{pmatrix} 1 & 2 & 3 \\ 3 & 2 & 1 \end{pmatrix}, \qquad \begin{pmatrix} 1 & 2 & 3 \\ 2 & 1 & 3 \end{pmatrix}$$

그리고, 대칭군 S_3 에서 다음이 성립한다.

$$\sigma = \begin{pmatrix} 1 & 2 & 3 \\ 2 & 3 & 1 \end{pmatrix} = \begin{pmatrix} 2 & 1 & 3 \\ 3 & 2 & 1 \end{pmatrix} = \begin{pmatrix} 3 & 1 & 2 \\ 1 & 2 & 3 \end{pmatrix}$$

$$\sigma^2 = \begin{pmatrix} 2 & 3 & 1 \\ 3 & 1 & 2 \end{pmatrix} \circ \begin{pmatrix} 1 & 2 & 3 \\ 2 & 3 & 1 \end{pmatrix} = \begin{pmatrix} 1 & 2 & 3 \\ 3 & 1 & 2 \end{pmatrix} \qquad \begin{array}{l} 1 \xrightarrow{\sigma} 2 \xrightarrow{\sigma} 3 \\ 2 \longrightarrow 3 \longrightarrow 1 \\ 3 \longrightarrow 1 \longrightarrow 2 \end{array}$$

$$\sigma^{-1} = \begin{pmatrix} 2 & 3 & 1 \\ 1 & 2 & 3 \end{pmatrix} = \begin{pmatrix} 1 & 2 & 3 \\ 3 & 1 & 2 \end{pmatrix} = \sigma^2$$

$$\tau^2 = \begin{pmatrix} 1 & 2 & 3 \\ 1 & 3 & 2 \end{pmatrix} \circ \begin{pmatrix} 1 & 2 & 3 \\ 1 & 3 & 2 \end{pmatrix} = \begin{pmatrix} 1 & 2 & 3 \\ 1 & 2 & 3 \end{pmatrix} = 1$$

$$\tau^{-1} = \begin{pmatrix} 1 & 3 & 2 \\ 1 & 2 & 3 \end{pmatrix} = \begin{pmatrix} 1 & 2 & 3 \\ 1 & 3 & 2 \end{pmatrix} = \tau,$$

$$\sigma \circ \tau = \begin{pmatrix} 1 & 3 & 2 \\ 2 & 1 & 3 \end{pmatrix} \circ \begin{pmatrix} 1 & 2 & 3 \\ 1 & 3 & 2 \end{pmatrix} = \begin{pmatrix} 1 & 2 & 3 \\ 2 & 1 & 3 \end{pmatrix} \qquad \begin{array}{l} 1 \xrightarrow{\tau} 1 \xrightarrow{\sigma} 2 \\ 2 \longrightarrow 3 \longrightarrow 1 \\ 3 \longrightarrow 2 \longrightarrow 3 \end{array}$$

$$\tau \circ \sigma = \begin{pmatrix} 2 & 3 & 1 \\ 3 & 2 & 1 \end{pmatrix} \circ \begin{pmatrix} 1 & 2 & 3 \\ 2 & 3 & 1 \end{pmatrix} = \begin{pmatrix} 1 & 2 & 3 \\ 3 & 2 & 1 \end{pmatrix}$$

일반적으로, $n \geq 3$ 일 때 S_n 은 Abel 군이 아니다. 예를 들면,

$$\sigma = \begin{pmatrix} 1 & 2 & 3 & 4 & \cdots & n \\ 2 & 3 & 1 & 4 & \cdots & n \end{pmatrix}, \quad \tau = \begin{pmatrix} 1 & 2 & 3 & 4 & \cdots & n \\ 1 & 3 & 2 & 4 & \cdots & n \end{pmatrix}$$

에 대하여 $\sigma \circ \tau \neq \tau \circ \sigma$ 이다. 여기서,

$$\sigma \circ \tau = \begin{pmatrix} 1 & 2 & 3 & 4 & \cdots & n \\ 2 & 1 & 3 & 4 & \cdots & n \end{pmatrix}, \quad \tau \circ \sigma = \begin{pmatrix} 1 & 2 & 3 & 4 & \cdots & n \\ 3 & 2 & 1 & 4 & \cdots & n \end{pmatrix}$$

연 습 문 제 (2.1)

1. 덧셈군 $\mathbb{R}^2 = \{(x_1, x_2) \mid x_1, x_2 \in \mathbb{R}\}$ 에서 다음을 구하여라.

(1) $(3, 4) + (1, 5)$ (2) $-(1, 5)$ (3) $(3, 4) - (1, 5)$

2. 일반선형군 $\mathrm{GL}_2(\mathbb{R})$ 에서 다음을 구하여라.

(1) $\begin{bmatrix} 4 & 5 \\ 2 & 3 \end{bmatrix}\begin{bmatrix} 1 & 2 \\ 0 & 1 \end{bmatrix}$ (2) $\begin{bmatrix} 1 & 2 \\ 0 & 1 \end{bmatrix}\begin{bmatrix} 4 & 5 \\ 2 & 3 \end{bmatrix}$ (3) $\begin{bmatrix} 1 & 2 \\ 3 & 5 \end{bmatrix}^{-1}$

*3. $n \geq 2$ 일 때, $\mathrm{Mat}_n(\mathbb{R})$ 에서는 곱셈에 관한 교환법칙이 성립하지 않음을 밝혀라.

4. $n \geq 2$ 일 때, 일반선형군 $\mathrm{GL}_n(\mathbb{R})$ 는 Abel 군이 아님을 밝혀라.

5. 대칭군 S_3 에서 두 치환 $\sigma = \begin{pmatrix} 1 & 2 & 3 \\ 2 & 3 & 1 \end{pmatrix}$, $\tau = \begin{pmatrix} 1 & 2 & 3 \\ 1 & 3 & 2 \end{pmatrix}$ 에 대하여 σ^2, σ^3, $\sigma \circ \tau$, $\sigma^2 \circ \tau$, $\tau \circ \sigma$, $\tau \circ \sigma^2$ 를 구하여라.

*6. 두 실수 $a, b \in \mathbb{R}$, $a \neq 0$ 에 대하여 $T_{a,b}$ 를 다음과 같은 사상이라고 하자.

$$T_{a,b} : \mathbb{R} \longrightarrow \mathbb{R}, \quad T_{a,b}(x) = ax + b$$

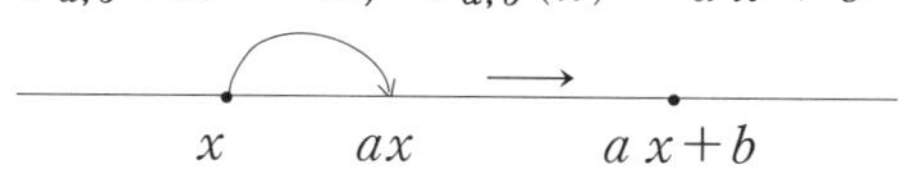

이 때, 집합 $\mathscr{A} = \{T_{a,b} \mid a \in \mathbb{R}^*, b \in \mathbb{R}\}$ 는 합성 연산 $\circ$ 에 관하여 군을 이룸을 밝히고, 또 이 군은 Abel 군이 아님을 밝혀라.

군 $\mathscr{A}$ 를 $\mathbb{R}$ 위의 **유클리드 변환군**이라고 한다.

*7. 구간 I ($I \subseteq \mathbb{R}$) 위에 정의된 實價(real-valued) 연속함수 전체의 집합을 $C(I)$ 로 나타내고, 두 연속함수 $f, g \in C(I)$ 에 대하여 f, g 의 합 $f+g$ 를 다음과 같이 정의된 연속함수라고 하자.

$$f+g : I \longrightarrow \mathbb{R}, \quad (f+g)(x) = f(x) + g(x)$$

이 때, $C(I)$ 는 이와 같이 정의된 연산에 관하여 덧셈군을 이룬다.

(1) 임의의 $f, g, h \in C(I)$ 에 대하여 다음이 성립함을 밝혀라.

$$f + g = g + f,$$
$$(f + g) + h = f + (g+h)$$

(2) 덧셈군 $C(I)$ 의 영원

$$0 : I \longrightarrow \mathbb{R}$$

을 정의하고, 각 $f \in C(I)$ 에 대하여 $-f : I \longrightarrow \mathbb{R}$ 를 정의하여라.

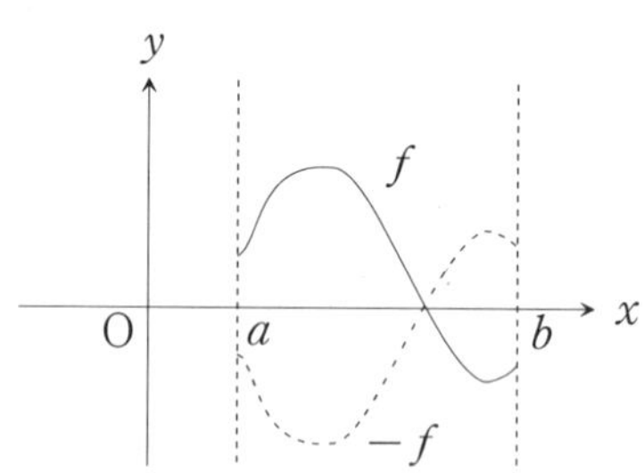

§2.2 군의 기본 성질

앞으로, 특별한 경우를 제외하고서는 군 $(G, \circ)$를 간단히 '군 G'라 하고 $a \circ b$를 간단히 ab로 나타내기로 한다.

정리 2.2.1 군 G에서 G의 항등원 e는 단 하나 존재하고, 또 각 원소 $a \in G$에 대하여 a의 역원 $a^{-1} \in G$는 단 하나 존재하며 $e^{-1} = e$이고 $(a^{-1})^{-1} = a$이다.

증명 두 원소 e와 e'을 G의 항등원이라고 하면, (G.2)에 의하여

$$e' = e e' = e$$

이므로 항등원은 단 하나 존재한다. 또, b와 c를 a의 역원이라고 하면,

$$c = c e = c (a b) = (c a) b = e b = b$$

이므로, a의 역원은 단 하나 존재한다.

또, $e e = e$이므로 $e^{-1} = e$이다. 그리고, $a^{-1} a = a a^{-1} = e$이고 a^{-1}의 역원 $(a^{-1})^{-1} \in G$는 단 하나 존재하므로 $(a^{-1})^{-1} = a$이다.

정리 2.2.2 군 G의 항등원이 e일 때, 원소 $a, b, c, x \in G$에 대하여 다음이 성립한다.

(1) $a b = a c$이면, $b = c$이다.
$b a = c a$이면, $b = c$이다. (消約법칙, cancellation law)

(2) $a a = a$이면, $a = e$이다.

(3) $a x = b$이면 $x = a^{-1} b$이고, 또 $x a = b$이면 $x = b a^{-1}$이다.

(4) $a x = a$이면 $x = e$ 이고, 또 $x a = a$이면 $x = e$이다.

(5) $a x = e$이면 $x = a^{-1}$ 이고, 또 $x a = e$이면 $x = a^{-1}$이다.

증명 (1) 원소 a의 역원 $a^{-1} \in G$가 존재하므로 $a b = a c$일 때,

$$a^{-1} (a b) = a^{-1} (a c), \quad (a^{-1} a) b = (a^{-1} a) c, \quad e b = e c$$

이므로 $b = c$ 이다. 마찬가지로, $b\,a = c\,a$ 이면, $b = c$ 이다.

(2) 원소 a 의 역원 $a^{-1} \in G$ 가 존재하므로 $a\,a = a$ 일 때,

$$a^{-1}(a\,a) = a^{-1}a, \quad (a^{-1}a)\,a = a^{-1}a, \quad e\,a = e$$

이고 따라서 $a = e$ 이다.

(3) 원소 a 의 역원 $a^{-1} \in G$ 가 존재하므로 $a\,x = b$ 일 때,

$$a^{-1}(a\,x) = a^{-1}b, \quad (a^{-1}a)\,x = a^{-1}b, \quad e\,x = a^{-1}b$$

이므로 $x = a^{-1}b$ 이다.

마찬가지로, $x\,a = b$ 이면, $x = b\,a^{-1}$ 이다.

(4), (5) 위의 (3) 에 의하여 (4), (5) 가 성립한다.

군 G 에서 원소 $a, b, c \in G$ 에 대하여 $(a\,b)\,c = a\,(b\,c)$ 이므로 이 결과를 간단히 $a\,b\,c$ 로 나타낸다.

일반적으로, 군 G 의 임의의 원소 $a_1, a_2, \cdots, a_n$ $(n \geq 3)$ 에 대하여 이들 원소를 이 순서대로 결합한 결과는 괄호로 묶는 방법에 관계없이 일정하다. 이러한 의미에서 이 결과를 $a_1\,a_2 \cdots a_n$ 으로 나타낸다.

정리 2.2.3 군 G 에서 두 원소 $a, b \in G$ 에 대하여

$$(a\,b)^{-1} = b^{-1}a^{-1}$$

이고 또 원소 $a_1, a_2, \cdots, a_n \in G$ $(n \geq 2)$ 에 대하여 다음이 성립한다.

$$(a_1\,a_2 \cdots a_n)^{-1} = {a_n}^{-1} \cdots {a_2}^{-1}\,{a_1}^{-1}$$

증명 두 원소 $a, b \in G$ 에 대하여

$$\begin{aligned}(a\,b)(b^{-1}a^{-1}) &= (a\,(b\,b^{-1}))\,a^{-1} \\ &= (a\,e)\,a^{-1} = a\,a^{-1} = e\end{aligned}$$

이므로 $(a\,b)^{-1} = b^{-1}a^{-1}$ 이다(정리 2.2.2 의 (5) 참조).

마찬가지로, 원소 $a_1, a_2, \cdots, a_n \in G$ 에 대하여 다음 등식이 성립함을 증명할 수 있다.

$$(a_1\,a_2 \cdots a_n)^{-1} = {a_n}^{-1} \cdots {a_2}^{-1}\,{a_1}^{-1}$$

정의 2.2.4 군 G에서 원소 $a \in G$와 양의 정수 n에 대하여 원소 $a^n \in G$을 다음과 같이 귀납적으로 정의한다.

(i) $a^1 = a$ (ii) $a^{n+1} = a^n a$

그리고, $a^0 = e$, $a^{-n} = (a^{-1})^n$으로 정의한다.

군 G의 임의의 원소 a와 양의 정수 m, n에 대하여 다음이 성립한다.

$$a^m a^n = a^{m+n}, \qquad (a^m)^n = a^{mn}, \qquad a^{-n} = (a^{-1})^n = (a^n)^{-1}$$

실제로, 첫째 등식은 $m+n$개의 a를 곱한 결과를 나타내고 둘째 등식은 mn개의 a를 곱한 결과를 나타낸다. 그리고 정리 2.2.3에 의하여 셋째 등식이 성립한다. 이 결과로부터 다음 정리가 성립함을 증명할 수 있다.

정리 2.2.5 군 G에서 임의의 원소 $a \in G$와 임의의 정수 m, n에 대하여 다음이 성립한다.

$$a^m a^n = a^{m+n}, \qquad (a^m)^n = a^{mn}, \qquad a^{-n} = (a^{-1})^n = (a^n)^{-1}$$

수학적 귀납법을 이용하여 다음 정리를 증명할 수 있다(문제 3 참조).

정리 2.2.6 군 G에서 두 원소 $a, b \in G$에 대하여 $ab = ba$이면, 모든 양의 정수 n에 대하여 $ab^n = b^n a$, $(ab)^n = a^n b^n$이다.

정리 2.2.7 군 G에서 모든 원소 $x \in G$에 대하여 $x^2 = e$ 즉 $x^{-1} = x$일 때, G는 Abel군이다.

증명 임의의 $a, b \in G$에 대하여 $a^{-1} = a$, $b^{-1} = b$, $(ab)^{-1} = ab$이므로 $ab = (ab)^{-1} = b^{-1}a^{-1} = ba$이다(정리 2.2.3).
따라서 G는 Abel군이다.

이제까지 논한 정리와 정리를 덧셈군에 대한 정의와 정리로 고쳐 쓰면 다음과 같다.

정리 2.2.8 덧셈군 A 에서 A 의 영원 0 은 단 하나 존재하고, 각 원소 $a \in A$ 에 대하여 $-a \in A$ 는 단 하나 존재하며 $-0 = 0$, $-(-a) = a$ 이다. 그리고 원소 $a, b, c \in A$ 에 대하여 다음이 성립한다.

(1) $a+b = a+c$ 이면, $b = c$ 이다. (소약법칙)

(2) $a+a = a$ 이면, $a = 0$ 이다.

(3) $a + x = b$ 이면, $x = b - a$ 이다.

(4) $a + x = a$ 이면 $x = 0$ 이고, 또 $a + x = 0$ 이면 $x = -a$ 이다.

(5) $-(a+b) = (-a) + (-b)$

정의 2.2.9 덧셈군 A 에서 원소 $a \in A$ 와 양의 정수 n 에 대하여 원소 $n \cdot a \in A$ 를 다음과 같이 귀납적으로 정의한다.

(i) $1 \cdot a = a$ (ii) $(n+1) \cdot a = n \cdot a + a$

그리고, $0 \cdot a = 0$, $(-n) \cdot a = n \cdot (-a)$ 로 정의한다.

혼동이 일어날 염려가 없을 때에는 $n \cdot a$ 를 na 로 나타내기로 한다.

정리 2.2.10 덧셈군 A 에서, 임의의 원소 $a, b \in A$ 와 임의의 정수 m, n 에 대하여 다음이 성립한다.

(1) $n \cdot (a+b) = n \cdot a + n \cdot b$, (2) $(m+n) \cdot a = m \cdot a + n \cdot a$

(3) $(mn) \cdot a = m \cdot (n \cdot a)$ (4) $1 \cdot a = a$

유한군 $(G, \circ)$ 에서 오른쪽 표와 같이 맨 위쪽의 가로줄과 맨 왼쪽의 세로줄에 G 의 원소를 같은 순서로 써놓아 연산표를 만들 수 있다.

$\circ$	e	a	$\cdots$	b	$\cdots$	c
e	e	a	$\cdots$	b	$\cdots$	c
a	a	$a \circ a$	$\cdots$	$a \circ b$	$\cdots$	$a \circ c$
$\vdots$	$\vdots$	$\vdots$	$\cdots$	$\vdots$	$\cdots$	$\vdots$
b	b	$b \circ a$	$\cdots$	$b \circ b$	$\cdots$	$b \circ c$
$\vdots$	$\vdots$	$\vdots$	$\cdots$	$\vdots$	$\cdots$	$\vdots$
c	c	$c \circ a$	$\cdots$	$c \circ b$	$\cdots$	$c \circ c$

군의 소약법칙에 의하여 다음이 성립한다.

$$a \circ b = a \circ c \Longrightarrow b = c \quad \text{즉} \quad b \neq c \Longrightarrow a \circ b \neq a \circ c$$

$$b \circ a = c \circ a \Longrightarrow b = c \quad \text{즉} \quad b \neq c \Longrightarrow b \circ a \neq c \circ a$$

따라서 앞의 표에서 각 행에 있는 원소는 모두 서로 다르고 또 각 열에 있는 원소도 모두 서로 다르다. 또, $(G, \circ)$ 가 Abel군일 때 그리고 이때에만 연산표는 주대각선에 관하여 대칭이다.

보기 2.2.1 집합 $G = \{e\}$ 가 연산 $\circ$에 관하여 위수 1인 군을 이룰 때, $e\,e = e$, $e^{-1} = e$ 이고 e 는 이 군의 항등원이다.

그리고, 집합 $G = \{e, a\}$ 가 연산 $\circ$에 관하여 위수 2인 군을 이룰 때, e 를 항등원이라고 하면 이 군의 연산표는 오른쪽 표와 같다.

$\circ$	e	a
e	e	a
a	a	e

보기 2.2.2 집합 $G = \{e, a, b\}$ 가 연산 $\circ$에 관하여 위수 3인 군을 이룰 때, e 를 항등원이라고 하면 이 군의 연산표의 제1행과 제1열은 오른쪽 표와 같으므로 $a \circ b = e$, $b \circ a = e$ 이어야 하고 따라서 다음이 성립한다.

$\circ$	e	a	b
e	e	a	b
a	a		e
b	b	e	

$$a^2 = a \circ a = b, \qquad b^2 = b \circ b = a$$

그러므로 $(G, \circ)$ 는 Abel 군이다.

$\circ$	e	a	b
e	e	a	b
a	a	b	e
b	b	e	a

보기 2.2.3 유클리드 평면 위에 놓여 있는 직사각형(정사각형이 아닌)을 공간도형으로 생각하여 이 직사각형을 자기 자신에 겹치도록 옮기는 회전이동은 다음 네 가지가 있다.

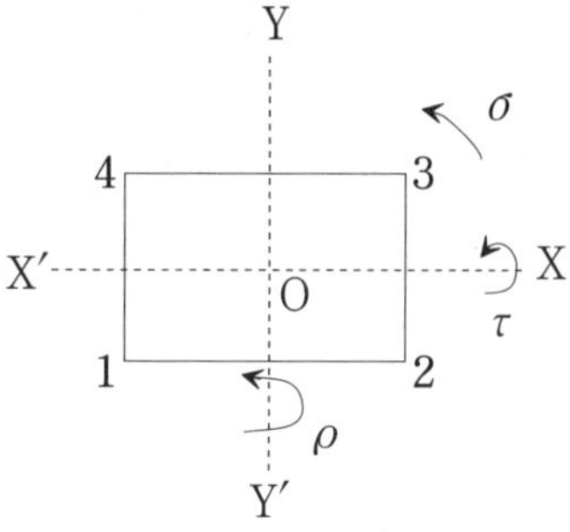

1 : 항등변환

σ : 중심 O를 지나 평면과 수직인 직선을 회전축으로 가지는 180°의 회전

τ : 직선 XX′을 회전축으로 가지는 180°의 회전이동

ρ : 직선 YY′을 회전축으로 가지는 180°의 회전이동

이 때, $V = \{1, \sigma, \tau, \rho\}$ 는 합성연산 $\circ$에 관하여 군을 이룬다.

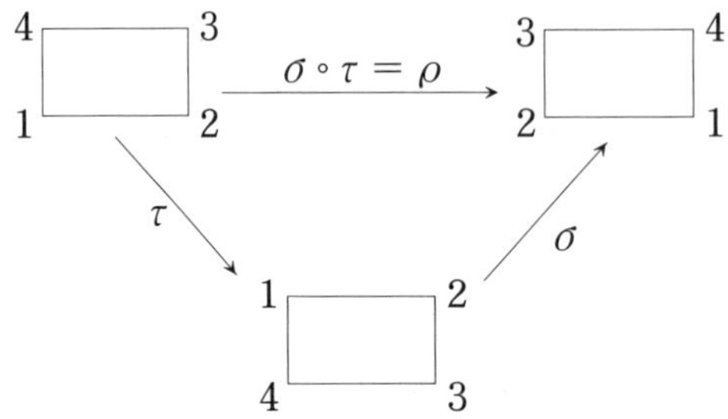

∘	1	σ	τ	ρ
1	1	σ	τ	ρ
σ	σ	1	ρ	τ
τ	τ	ρ	1	σ
ρ	ρ	τ	σ	1

$\sigma^2 = \tau^2 = \rho^2 = 1$

이와 같은 군 $V = \{1, \sigma, \tau, \rho\}$ 를 **Klein 의 四元群** (독일어 Viergruppe, 영어 four-group)이라고 한다. 군 V 는 위수 4 인 Abel 군이다(정리 2.2.7 참조).

한편, $i = \sqrt{-1}$ 이라고 하면,

$$i^2 = -1, \quad i^3 = -i, \quad i^4 = 1$$

이고 $U_4 = \{1, i, i^2, i^3\}$ 는 곱셈에 관하여 위수 4 인 Abel 군을 이룬다.

·	1	i	i^2	i^3
1	1	i	i^2	i^3
i	i	i^2	i^3	1
i^2	i^2	i^3	1	i
i^3	i^3	1	i	i^2

연 습 문 제 (2.2)

1. 군 G 에서 e 가 항등원일 때, 원소 $a, b, c \in G$ 에 대하여 다음이 성립함을 밝혀라.

(1) $a b = e$ 이면, $b a = e$ 이다.

(2) $a b c = e$ 이면, $b c a = e$ 이고 $c a b = e$ 이다.

(3) 양의 정수 n 에 대하여 $(a b)^n = e$ 이면, $(b a)^n = e$ 이다.

(4) $(a b)^2 = a^2 b^2$ 이면, $a b = b a$ 이다.

2. 군 G 에서 원소 $a, b, g \in G$ 와 양의 정수 n 에 대하여 다음이 성립함을 밝혀라.

(1) $(g a g^{-1})(g b g^{-1}) = g(a b) g^{-1}$, $\quad (g^{-1} a g)(g^{-1} b g) = g^{-1}(a b) g$

(2) $(g a g^{-1})^n = g a^n g^{-1}$, $\quad (g^{-1} a g)^n = g^{-1} a^n g$

(3) $(g a g^{-1})^{-1} = g a^{-1} g^{-1}$, $\quad (g^{-1} a g)^{-1} = g^{-1} a^{-1} g$

***3.** 정리 2.2.6 이 성립함을 밝혀라.

4. 집합 S ($\neq \varnothing$) 위에 연산 $\circ$이 정의되어 있고 이 연산에 관하여 결합법칙이 성립할 때, $(S, \circ)$를 **半群**(semigroup)이라고 한다.

다음 명제 중에서 참인 명제를 찾아라.

여기서 $\mathbb{Z}$와 $\mathbb{N}$은 각각 정수 전체의 집합, 양의 정수 전체의 집합이고 또 $S = \{a \in \mathbb{Z} \mid a < 0\}$, $T = \{x \in \mathbb{R} \mid x < 0\}$ 이다.

(1) 군 $(G, \circ)$는 반군이고 군 $(G, \circ)$에서 소약변칙이 성립한다.

(2) $\mathbb{Z}$에서 곱셈에 관하여 소약법칙이 성립한다.

(3) $\mathbb{N}$은 덧셈에 관하여 반군을 이룬다.

(4) $\mathbb{N}$에서 덧셈에 관하여 소약법칙이 성립한다.

(5) $\mathbb{N}$은 곱셈에 관하여 반군을 이룬다.

(6) $(S, +)$와 $(T, +)$는 반군이다.

(7) $(S, \cdot)$와 $(T, \cdot)$는 반군이지만 군이 아니다.

***5.** 반군 $(G, \circ)$에서 특정한 원소 $e \in G$가 존재하여 다음 두 조건이 성립할 때, $(G, \circ)$는 군임을 밝혀라.

(i) 모든 원소 $a \in G$에 대하여 $a \circ e = a$ 이다.

(ii) 각 원소 $a \in G$에 대하여 $a \circ a_r = e$ 인 원소 $a_r \in G$가 존재한다.

6. 반군 $(G, \circ)$에서 특정한 원소 $e \in G$가 존재하여 다음 두 조건이 성립할 때, $(G, \circ)$는 군임을 밝혀라.

(i) 모든 원소 $a \in G$에 대하여 $e \circ a = a$ 이다.

(ii) 각 원소 $a \in G$에 대하여 $a_l \circ a = e$ 인 원소 $a_l \in G$이 존재한다.

***7.** 반군 $(G, \circ)$에서 임의의 두 원소 $a, b \in G$에 대하여

$$a \circ x = b, \qquad y \circ a = b$$

을 만족시키는 원소 $x, y \in G$가 존재할 때, $(G, \circ)$는 군임을 밝혀라.

8. 반군 $(G, \circ)$에서 임의의 원소 $a, b \in G$에 대하여 등식

$$a \circ x = b \qquad [\, y \circ a = b \,]$$

를 만족시키는 원소 $x \in G$가 [$y \in G$가] 단 하나 존재하더라도 $(G, \circ)$는 군이 아닐 수 있음을 밝혀라.

§ 2.3 부분군

이 절에서는, 군의 특수한 부분집합에 대하여 논한다.

정의 2.3.1 군 $(G, \circ)$ 에서 G 의 부분집합 $H\ (\neq \varnothing)$ 가 G 의 연산 $\circ$ 에 관하여 군을 이룰 때, H 를 군 G 의 **부분군**(subgroup)이라고 한다.

군 G 에서 G 와 $\{e\}$ 는 G 의 부분군이다. 특히, G 의. 부분군 $\{e\}$ 를 G 의 **자명한 부분군**(trivial subgroup)이라 하고, G 가 아닌 부분군을 G 의 **眞부분군**(proper subgroup)이라고 한다.

군 G 에서 H, K 가 G 의 부분군일 때, $K \subseteq H$ 이면 K 는 군 H 의 부분군이다. 그리고, H 가 G 의 부분군인 동시에 K 가 H 의 부분군이면, K 는 G 의 부분군이다.

보기 2.3.1 덧셈군 $\mathbb{Z}$ 는 덧셈군 $\mathbb{Q}$ 의 부분군이고 또 $\mathbb{Z}$ 와 $\mathbb{Q}$ 는 덧셈군 $\mathbb{R}$ 의 부분군이다. 그리고,

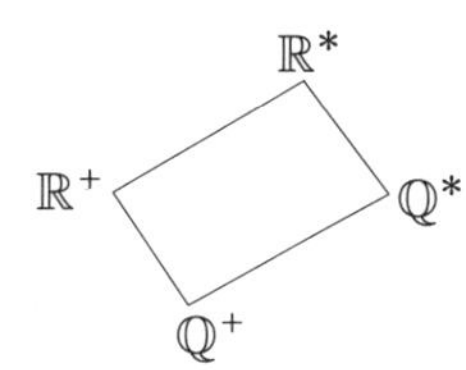

$$\mathbb{R}^+ = \{x \in \mathbb{R} \mid x > 0\}, \quad \mathbb{Q}^+ = \{u \in \mathbb{Q} \mid u > 0\}$$

이라고 하면, $\mathbb{R}^+$ 는 곱셈군 $\mathbb{R}^*$ 의 부분군이고 또 $\mathbb{Q}^+$ 는 곱셈군 $\mathbb{Q}^*$ 와 $\mathbb{R}^*$ 의 부분군이다.

한편, 곱셈군 $(\mathbb{R}^*, \cdot)$ 는 덧셈군 $(\mathbb{R}, +)$ 의 부분군이 아니다.

정리 2.3.2 군 G 에서 G 의 부분집합 $H\ (\neq \varnothing)$ 에 대하여 다음 세 조건은 서로 동치이다.

(1) H 는 G 의 부분군이다.

(2) $a, b \in H \Longrightarrow ab \in H,\ a^{-1} \in H$

(3) $a, b \in H \Longrightarrow ab^{-1} \in H$

그리고, H 가 G 의 부분군일 때 H 의 항등원은 G 의 항등원 e 와 일치하고 각 $a \in H$ 의 H 에서의 역원은 G 에서의 a 의 역원 a^{-1} 와 일치한다.

증명 (1) $\Longrightarrow$ (2) 이제 H를 G의 부분군이라고 하자.

먼저 H는 군이므로 임의의 $a, b \in H$에 대하여 $ab \in H$이다. 또, e와 e'을 각각 군 G, H의 항등원이라고 하면, 군 G에서 등식 $e'e' = e'$이 성립하므로 $e' = e$이고 따라서 $e \in H$이다(정리 2.2.2 의 (2)).

그리고, 각 원소 $a \in H$에 대하여 $a' \in H$를 군 H에서의 a의 역원이라고 하면, 군 G에서 등식 $aa' = e' = e$가 성립하므로 a'은 군 G에서의 a의 역원 a^{-1}와 같고 따라서 $a^{-1} \in H$이다(정리 2.2.2 의 (5)).

(2) $\Longrightarrow$ (3) 조건 (2)가 성립한다고 하자. 이 때, 임의의 원소 $a, b \in H$에 대하여 $a \in H, b^{-1} \in H$이고 따라서 $ab^{-1} \in H$이다.

(3) $\Longrightarrow$ (1) 조건 (3)이 성립한다고 하자. 먼저 G에서의 결합법칙은 H에서도 그대로 성립한다. 또, $H \neq \varnothing$이므로 한 원소 $h \in H$가 존재하고 따라서 $e = hh^{-1} \in H$이다. 그러므로 임의의 $a, b \in H$에 대하여

$$b^{-1} = eb^{-1} \in H, \qquad ab = a(b^{-1})^{-1} \in H$$

이므로, H는 G의 부분군이다(정의 2.3.1).

정리 2.3.3 군 G에서 G의 유한 부분집합 $H\ (\neq \varnothing)$에 대하여 조건

$$a, b \in H \Longrightarrow ab \in H$$

가 성립하면, H는 G의 부분군이다.

증명 이제 $H = \{a_1, \cdots, a_m\}$, $|H| = m$이라 하고 각 $a \in H$에 대하여

$$H_a = \{aa_1, \cdots, aa_m\}$$

이라고 하자. 이 때, 조건에 의하여 $H_a \subseteq H$이고, 정리 2.2.2 에 의하여

$$aa_i = aa_j \Longrightarrow a_i = a_j \quad \text{즉} \quad a_i \neq a_j \Longrightarrow aa_i \neq aa_j$$

이므로 $|H_a| = m = |H|$이고 따라서 $H_a = H$이다.

그런데, $a \in H = H_a$이므로 $aa_i = a$인 원소 $a_i \in H$가 존재하고 이때 정리 2.2.2 의 (4)에 의하여 $e = a_i \in H = H_a$이다. 그러므로 $aa_j = e$인 원소 $a_j \in H$가 존재하고 이때 $a^{-1} = a_j \in H$이다(정리 2.2.2 의 (5)).

따라서 정리 2.3.2 에 의하여 H는 G의 부분군이다.

보기 2.3.2 집합 $U = \{\alpha \in \mathbb{C}^* \mid |\alpha| = 1\}$ 즉 $U = \{e^{i\theta} \mid 0 \leq \theta < 2\pi\}$ 는 곱셈군 $\mathbb{C}^*$ 의 부분군을 이룬다(정리 1.3.7 참조).

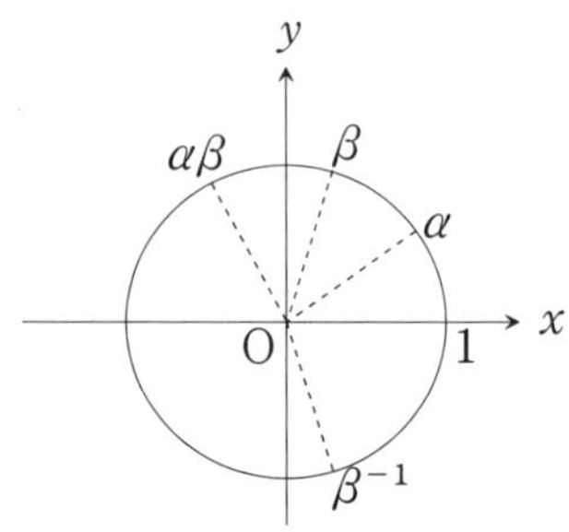

실제로, 임의의 $\alpha, \beta \in U$ 에 대하여

$$|\alpha\beta^{-1}| = |\alpha|\,|\beta|^{-1} = 1 \cdot 1^{-1} = 1$$

이므로 $\alpha\beta^{-1} \in U$ 이다.

보기 2.3.3 집합 $\mathrm{SL}_n(\mathbb{R}) = \{A \in \mathrm{GL}_n(\mathbb{R}) \mid \det A = 1\}$ 는 일반선형군 $\mathrm{GL}_n(\mathbb{R})$ 의 부분군을 이룬다. 실제로, 임의의 $A, B \in \mathrm{SL}_n(\mathbb{R})$ 에 대하여

$$\det(AB^{-1}) = (\det A)(\det B)^{-1} = 1 \cdot 1^{-1} = 1$$

이므로 $AB^{-1} \in \mathrm{SL}_n(\mathbb{R})$ 이다.

군 $\mathrm{SL}_n(\mathbb{R})$를 $\mathbb{R}$ 위의 n 차의 **特殊線型群**(special linear group)이라고 한다.

보기 2.3.4 다음 집합은 일반선형군 $\mathrm{GL}_2(\mathbb{R})$의 부분군을 이룬다.

$$G = \left\{ \begin{bmatrix} 1 & 0 \\ 0 & 1 \end{bmatrix}, \begin{bmatrix} -1 & 0 \\ 0 & -1 \end{bmatrix}, \begin{bmatrix} -1 & 0 \\ 0 & 1 \end{bmatrix}, \begin{bmatrix} 1 & 0 \\ 0 & -1 \end{bmatrix} \right\},$$

$$H = \left\{ \begin{bmatrix} 1 & 0 \\ 0 & 1 \end{bmatrix}, \begin{bmatrix} 0 & -1 \\ 1 & 0 \end{bmatrix}, \begin{bmatrix} -1 & 0 \\ 0 & -1 \end{bmatrix}, \begin{bmatrix} 0 & 1 \\ -1 & 0 \end{bmatrix} \right\}$$

보기 2.3.5 보기 2.2.3 에서 논한 Klein 의 사원군 $V = \{1, \sigma, \tau, \rho\}$ 에서

$$\sigma^2 = \tau^2 = \rho^2 = 1, \qquad \sigma \circ \tau = \rho$$

이므로 V 의 부분군 전체는 다음과 같다.

$$V, \ \{1, \sigma\}, \ \{1, \tau\}, \ \{1, \rho\}, \ \{1\}$$

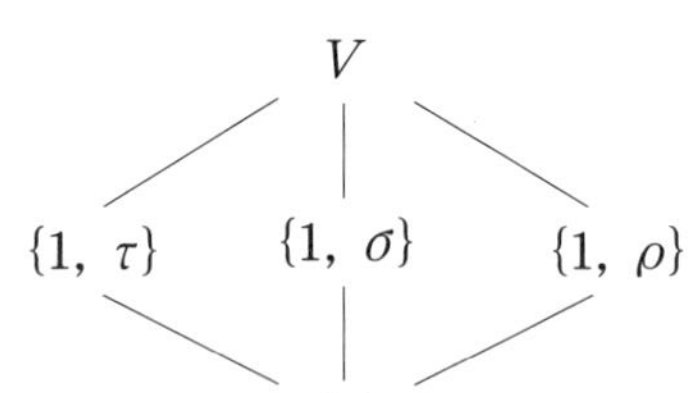

위의 그림과 같이, 군 G 의 모든 부분군 사이의 포함관계를 선으로 나타낸 그림을 G 의 부분군 전체에 대한 **Hasse 다이어그램** 또는 **格子圖**(lattice diagram)라고 한다. 여기서 두 부분군 H, K 에 대하여 $K \subsetneq H$ 이면서 $K \subsetneq L \subsetneq H$ 인 부분군 L 이 없을 때에만 H 에서 K 쪽으로 선을 긋는다.

정리 2.3.4 군 G에서 H와 K가 G의 부분군이면, $H \cap K$는 군 G의 부분군이다.

증명 (1) 분명히 $e \in H \cap K \neq \varnothing$ 이다. 그리고, $a, b \in H \cap K$ 이라고 하면, $a, b \in H$ 이고 $a, b \in K$ 이므로 $a b^{-1} \in H$, $a b^{-1} \in K$ 이고 따라서 $a b^{-1} \in H \cap K$ 이다(정리 2.3.2). 그러므로 $H \cap K$는 G의 부분군이다.

정의 2.3.5 군 G에서 G의 두 부분집합 $S, T\ (\neq \varnothing)$에 대하여 ST와 S^{-1}를 다음과 같이 정한다.

$$ST = \{ab \mid a \in S, b \in T\}, \qquad S^{-1} = \{a^{-1} \mid a \in S\}$$

군 G의 공집합이 아닌 부분집합 S, T, R에 대하여 다음이 성립한다.

$$\begin{aligned}(ST)R &= \{(ab)c \mid a \in S,\ b \in T,\ c \in R\} \\ &= \{a(bc) \mid a \in S,\ b \in T,\ c \in R\} = S(TR), \\ (ST)^{-1} &= \{(ab)^{-1} \mid a \in S,\ b \in T\} \\ &= \{b^{-1}a^{-1} \mid b \in T,\ a \in S\} = T^{-1}S^{-1}\end{aligned}$$

정리 2.3.6 군 G에서 G의 부분집합 $H\ (\neq \varnothing)$에 대하여 다음 세 조건은 서로 동치이다.

(1) H는 G의 부분군이다.

(2) $HH = H,\ \ H^{-1} = H$

(3) $HH^{-1} = H$

증명 (1) $\Longrightarrow$ (2) H가 G의 부분군일 때, 정리 2.3.2에 의하여

$$HH = \{ab \mid a \in H, b \in H\} \subseteq H, \quad H^{-1} = \{a^{-1} \mid a \in H\} \subseteq H$$

이고 임의의 $a \in H$에 대하여 $a = ae \in HH$, $a = (a^{-1})^{-1} \in H^{-1}$ 이므로 $H \subseteq HH$, $H \subseteq H^{-1}$ 이다. 따라서 $HH = H$, $H^{-1} = H$ 이다.

(2) $\Longrightarrow$ (3) $HH = H$, $H^{-1} = H$ 이면, $HH^{-1} = HH = H$ 이다.

(3) $\Longrightarrow$ (1) $HH^{-1} = H$ 이라고 하면, 임의의 원소 $a, b \in H$에 대하여 $ab^{-1} \in HH^{-1} = H$ 이므로 H는 G의 부분군이다(정리 2.3.2).

군 G의 두 부분군 H, K에 대하여

$$H = \{he \mid h \in H\} \subseteq HK, \quad K = \{ek \mid k \in K\} \subseteq HK$$

이므로 $H \cup K \subseteq HK$이지만, $H \cup K$와 HK는 G의 부분군이 아닐 수 있다(문제 4, 문제 5 참조).

정리 2.3.7 군 G에서 G의 부분군 H, K에 대하여 다음이 성립한다.

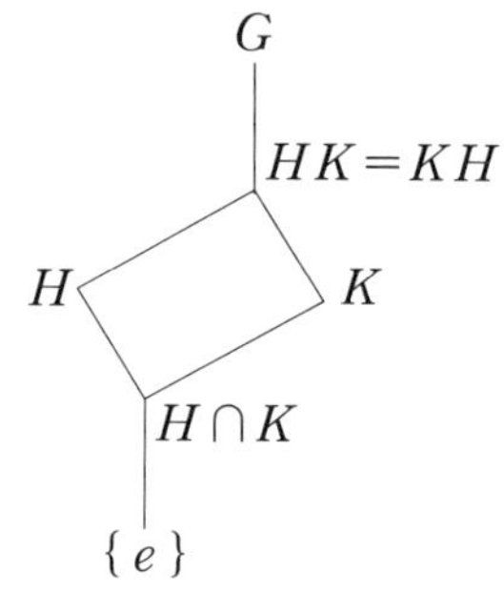

(1) HK가 G의 부분군이기 위한 필요충분조건은 $HK = KH$인 것이다.

(2) $G = HK$이면, $G = KH$이다.

(3) G가 Abel 군이면, HK는 G의 부분군이다.

증명 (1) 먼저 HK가 G의 부분군이면, 다음이 성립한다(정리 2.3.6).

$$HK = (HK)^{-1} = K^{-1}H^{-1} = KH$$

역으로, $HK = KH$이면, 정리 2.3.6에 의하여

$$\begin{aligned}(HK)(HK)^{-1} &= (HK)(K^{-1}H^{-1}) = H(KK^{-1})H^{-1}\\ &= H(KH) = H(HK) = (HH)K = HK\end{aligned}$$

이므로 HK는 G의 부분군이다.

(2), (3) 위의 (1)에 의하여 (2)와 (3)이 성립한다.

다음 두 정리는 앞의 정리를 덧셈군에 대한 정리로 고쳐 쓴 것이다.

정리 2.3.8 덧셈군 A에서 A의 부분집합 B ($\neq \varnothing$)에 대하여 다음 세 조건은 서로 동치이다.

(1) B는 A의 부분군이다.

(2) $a, b \in B \Longrightarrow a+b \in B, \ -a \in B$

(3) $a, b \in B \Longrightarrow a-b \in B$

특히, B가 유한 부분집합일 때, 조건 '$a, b \in B \Longrightarrow a+b \in B$'가 성립하면 B는 A의 부분군이다.

정리 2.3.9 덧셈군 A의 두 부분군 B, C에 대하여

$$B \cap C, \qquad B+C = \{b+c \mid b \in B, c \in C\}$$

는 A의 부분군이다.

정리 2.3.10 군 G에서, 원소 $a \in G$에 대하여

$$\langle a \rangle = \{a^i \mid i \in \mathbb{Z}\}$$

이라고 하면 다음이 성립한다.

(1) $\langle a \rangle$는 G의 부분군이고 $a \in \langle a \rangle$이다. 또, $\langle a \rangle$는 Abel 군이다.

(2) H가 a를 포함하는 G의 부분군이면, $\langle a \rangle \subseteq H$이다.

증명 (1) 먼저 $a \in \langle a \rangle \neq \varnothing$이고, 임의의 $a^i, a^j \in \langle a \rangle$에 대하여

$$a^i (a^j)^{-1} = a^i a^{-j} = a^{i-j} \in \langle a \rangle$$

이므로 $\langle a \rangle$는 G의 부분군이다. 또, 임의의 원소 $a^i, a^j \in \langle a \rangle$에 대하여

$$a^i a^j = a^{i+j} = a^j a^i$$

이므로 $\langle a \rangle$는 Abel 군이다(정리 2.2.5).

(2) H가 a를 포함하는 G의 부분군이면, 임의의 정수 $i \in \mathbb{Z}$에 대하여 $a^i \in H$이고 따라서 $\langle a \rangle \subseteq H$이다.

정의 2.3.11 군 G에서 원소 $a \in G$에 대하여 부분군

$$\langle a \rangle = \{a^i \mid i \in \mathbb{Z}\}$$

를 a에 의하여 **生成된**(generated) **循環部分群**(cyclic subgroup)이라고 한다. 그리고, 적당한 원소 $a \in G$에 대하여 $G = \langle a \rangle$일 때, G를 **循環群**(cyclic group)이라 하고 a를 G의 **生成元**(generator)이라고 한다.

마찬가지로, 덧셈군 A에서 원소 $a \in A$에 대하여 부분군

$$\langle a \rangle = \{i\,a \mid i \in \mathbb{Z}\}$$

를 a에 의하여 **생성된 순환부분군**이라고 한다.

그리고, 적당한 $a \in A$에 대하여 $A = \langle a \rangle$일 때, A를 **순환군**이라 하고 a를 A의 **생성원**이라고 한다.

보기 2.3.6 양의 정수 n에 대하여 $U_n = \{x \in \mathbb{C}^* \mid x^n = 1\}$은 곱셈군 $\mathbb{C}^*$의 부분군이다. 실제로, 임의의 $\alpha, \beta \in U_n$에 대하여

$$(\alpha\beta^{-1})^n = \alpha^n(\beta^n)^{-1} = 1 \cdot 1^{-1} = 1$$

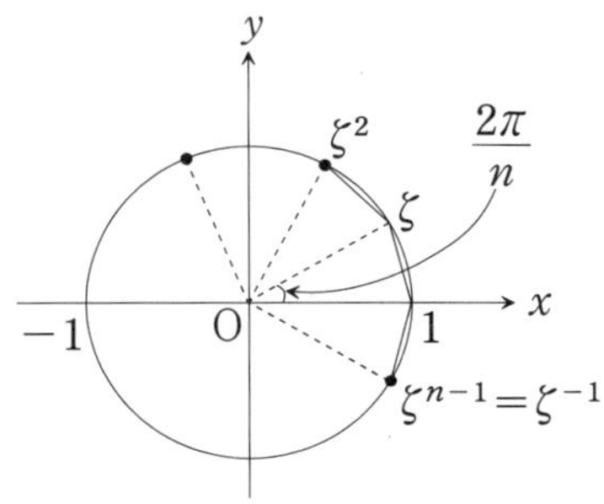

이므로 $\alpha\beta^{-1} \in U_n$이다. 그리고,

$$\zeta = \cos\frac{2\pi}{n} + i\sin\frac{2\pi}{n} \quad (i = \sqrt{-1})$$

이라고 하면, 정리 1.3.9에 의하여

$$U_n = \{1, \zeta, \cdots, \zeta^{n-1}\} = \langle\zeta\rangle, \quad \zeta^n = 1$$

이므로 U_n은 위수 n인 순환군이다.

순환군 U_n은 $U = \{e^{i\theta} \mid 0 \le \theta < 2\pi\}$의 부분군이기도 하다(보기 2.3.2). 예를 들어, $\zeta = \cos\frac{2\pi}{6} + i\sin\frac{2\pi}{6} = \frac{1+\sqrt{3}i}{2}$, $\omega = \zeta^2 = \frac{-1+\sqrt{3}i}{2}$일 때,

$$U_6 = \langle\zeta\rangle = \{1, \zeta, \zeta^2, \zeta^3, \zeta^4, \zeta^5\},$$
$$U_4 = \langle i\rangle = \{1, i, i^2, i^3\},$$
$$U_3 = \langle\omega\rangle = \{1, \omega, \omega^2\},$$
$$U_2 = \langle -1\rangle = \{1, -1\},$$
$$U_1 = \langle 1\rangle = \{1\}$$

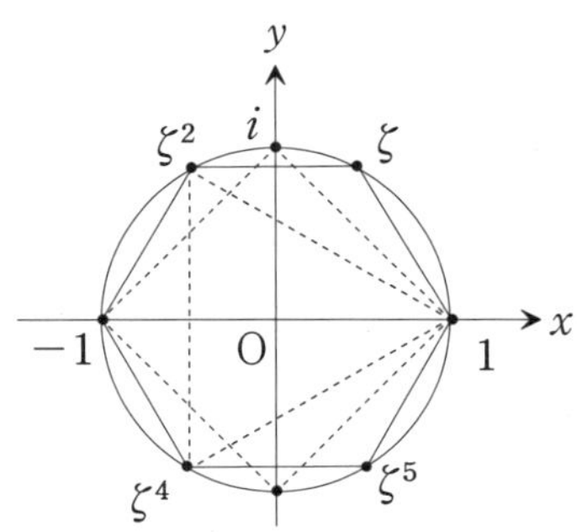

이고 U_6, U_3, U_2, U_1은 U_6의 부분군이다.

보기 2.3.7 Klein의 사원군 $V = \{1, \sigma, \tau, \rho\}$에서 $\sigma^2 = 1$, $\tau^2 = 1$, $\rho^2 = 1$이므로

$$\langle\sigma\rangle = \{1, \sigma\}, \quad \langle\tau\rangle = \{1, \tau\},$$
$$\langle\rho\rangle = \{1, \rho\}, \quad \langle 1\rangle = \{1\}$$

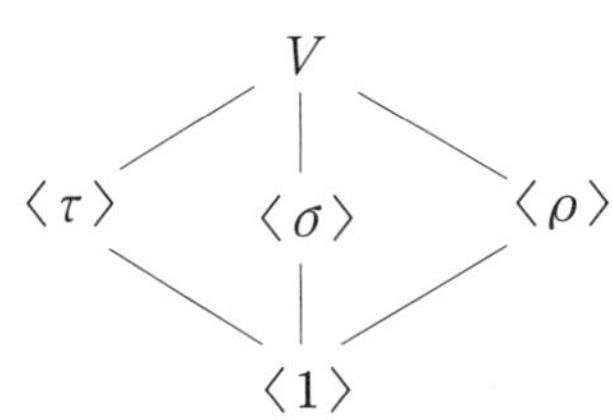

이고 따라서 V는 순환군이 아니다.

보기 2.3.8 덧셈군 $\mathbb{Z}$에서 정수 n에 대하여

$$\langle n\rangle = \{nx \mid x \in \mathbb{Z}\} = n\mathbb{Z}$$

이고, 특히 $\mathbb{Z} = \langle 1\rangle$이므로 $\mathbb{Z}$는 1을 생성원으로 가지는 순환군이다.

그리고, 양의 두 정수 m, n 의 최대공약수와 최소공배수를 각각 d, l 이라고 하면,

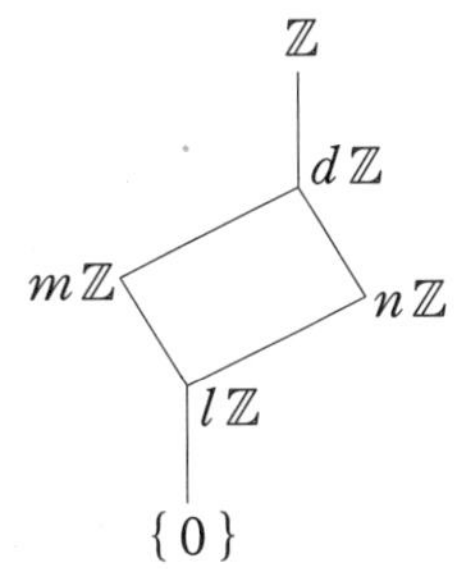

$$m\mathbb{Z}+n\mathbb{Z}=\{mx+ny \mid x, y\in\mathbb{Z}\}=d\mathbb{Z},$$
$$m\mathbb{Z}\cap n\mathbb{Z}=l\mathbb{Z}$$

이고 특히 m, n 이 서로 소이면 $m\mathbb{Z}+n\mathbb{Z}=\mathbb{Z}$, $m\mathbb{Z}\cap n\mathbb{Z}=mn\mathbb{Z}$ 이다(정리 1.2.9, 정리 1.2.15).

연 습 문 제 (2.3)

1. 군 $(G, \circ)$ 의 부분집합 $H\ (\neq\varnothing)$ 에 대하여 다음 명제는 거짓이다. 곱셈군 $\mathbb{R}^*$ 와 덧셈군 $\mathbb{Z}$ 에서 다음 두 명제에 대한 반례를 들어라.
   (1) 임의의 $a, b\in H$ 에 대하여 $a\circ b\in H$ 이면, H 는 G 의 부분군이다.
   (2) 임의의 $a\in H$ 에 대하여 $a^{-1}\in H$ 이면, H 는 G 의 부분군이다.

*2. 곱셈군 G 가 Abel 군일 때, 임의의 양의 정수 n 에 대하여

$$H=\{a\in G \mid a^n=e\},\quad K=\{a^n \mid a\in G\}$$

이라고 할 때, H 와 K 는 G 의 부분군을 이룸을 밝혀라.

3. 덧셈군 A 에서 임의의 양의 정수 n 에 대하여

$$B=\{a\in A \mid na=0\},\quad C=\{na \mid a\in A\}$$

이라고 할 때, B 와 C 는 A 의 부분군을 이룸을 밝혀라.

*4. 군 G 의 두 부분군 H, K 에 대하여 $H\cup K$ 가 군 G 의 부분군이면, $H\subseteq K$ 또는 $K\subseteq H$ 임을 증명하여라.

5. 일반선형군 $GL_2(\mathbb{R})$ 의 두 부분군

$$H=\left\{\begin{bmatrix}1&0\\0&1\end{bmatrix}, \begin{bmatrix}0&1\\1&0\end{bmatrix}\right\},\qquad K=\left\{\begin{bmatrix}1&0\\0&1\end{bmatrix}, \begin{bmatrix}1&0\\0&-1\end{bmatrix}\right\}$$

에 대하여 $HK\neq KH$ 임을 밝히고 HK 가 부분군이 아님을 밝혀라.

6. 일반선형군 $\mathrm{GL}_2(\mathbb{R})$ 에서 다음 집합이 부분군을 이룸을 밝혀라.

$$G = \{\begin{bmatrix} a & b \\ 0 & 1 \end{bmatrix} \mid a \in \mathbb{R}^*,\ b \in \mathbb{R}\},$$

$$H = \{\begin{bmatrix} 1 & b \\ 0 & 1 \end{bmatrix} \mid b \in \mathbb{R}\}, \qquad K = \{\begin{bmatrix} a & 0 \\ 0 & 1 \end{bmatrix} \mid a \in \mathbb{R}^*\}$$

그리고, $G = HK$, $H \cap K = \{I_2\}$ 임을 밝혀라.

7. 문제 2.1.6 에서 논한 변환군. $\mathscr{A} = \{T_{a,b} \mid a \in \mathbb{R}^*,\ b \in \mathbb{R}\}$ 에서

$$\mathscr{D} = \{T_{a,0} \mid a \in \mathbb{R}^*\}, \qquad \mathscr{T} = \{T_{1,b} \mid b \in \mathbb{R}\}$$

는 $\mathscr{A}$ 의 부분군이고 또 $\mathscr{A} = \mathscr{T} \circ \mathscr{D}$, $\mathscr{T} \cap \mathscr{D} = \{T_{1,0}\}$ 임을 밝혀라.

8. 문제 2.1.7 에서 논한 덧셈군 $C(I)$ 에서 임의의 $c \in I$ 에 대하여

$$A_c = \{f \in C(I) \mid f(c) = 0\}$$

이라고 할 때, A_c 는 $C(I)$ 의 부분군을 이룸을 밝혀라.

*9. 군 G 에서 H 가 부분군일 때, 임의의 원소 $g \in G$ 에 대하여

$$gHg^{-1} = \{ghg^{-1} \mid h \in H\}, \quad g^{-1}Hg = \{g^{-1}hg \mid h \in H\}$$

이라고 하면 gHg^{-1} 와 $g^{-1}Hg$ 는 G 의 부분군임을 밝혀라.

*10. 군 G $(\neq \{e\})$ 에서 다음과 같은 G 의 부분군 H, K 는 존재하지 않음을 밝혀라.

$$H \neq \{e\}, \quad K \neq \{e\}, \quad G = H \cup K, \quad H \cap K = \{e\}$$

11. 덧셈군 $\mathbb{Q}$ 는 순환군이 아님을 밝혀라.

*12. 곱셈군 $U = \{e^{i\theta} \mid 0 \leq \theta < 2\pi\}$ 는 순환군이 아님을 밝혀라.

13. 군 G 에서 각 $i \in I$ 에 대하여 H_i 가 G 의 부분군일 때,

$$H = \cap \{H_i \mid i \in I\}$$

이라고 하면 H 는 G 의 부분군임을 밝혀라.

§2.4 순환군

이 절에서는, 순환군의 특성에 대하여 논하기로 한다.

정의 2.4.1 군 G에서 원소 $a \in G$에 대하여 $a^m = e$인 양의 정수 m이 존재할 때, a를 **유한 位數**(finite order)를 가진 원소라 하고

$$a^n = a \cdots a = e \qquad (a\text{가 } n\text{개})$$

인 가장 작은 양의 정수 n을 a의 **位數**라고 한다(§1.2의 O참조). 한편, 모든 양의 정수 m에 대하여 $a^m \neq e$일 때, a는 **무한 위수**(infinite order)를 가진 원소라고 한다.

마찬가지로, 덧셈군 A에서 원소 $a \in A$에 대하여 $ma = 0$인 양의 정수 m이 존재할 때, a를 **유한 위수**를 가진 원소라 하고

$$na = a + \cdots + a = 0 \qquad (a\text{가 } n\text{개})$$

인 가장 작은 양의 정수 n을 a의 **위수**라고 한다. 한편, 모든 양의 정수 m에 대하여 $ma \neq 0$일 때, a는 **무한 위수**를 가진 원소라고 한다.

군 G에서 항등원 e의 위수는 1이고 위수 1인 원소는 e뿐이다. 마찬가지로, 덧셈군 A에서 0의 위수는 1이고 위수 1인 원소는 0뿐이다.

보기 2.4.1 위수 6인 순환군 $U_6 = \langle \zeta \rangle = \{1, \zeta, \zeta^2, \zeta^3, \zeta^4, \zeta^5\}$에서 $\zeta^3 = -1$이고 ζ의 위수는 6이다. 또,

$$(\zeta^2)^3 = \zeta^6 = 1, \quad (\zeta^3)^2 = \zeta^6 = 1,$$
$$(\zeta^4)^2 = \zeta^8 = \zeta^2, \quad (\zeta^4)^3 = \zeta^{12} = 1$$

이고 $1, \zeta, \zeta^2, \zeta^3, \zeta^4, \zeta^5$의 위수는 각각 1, 6, 3, 2, 3, 6이다.

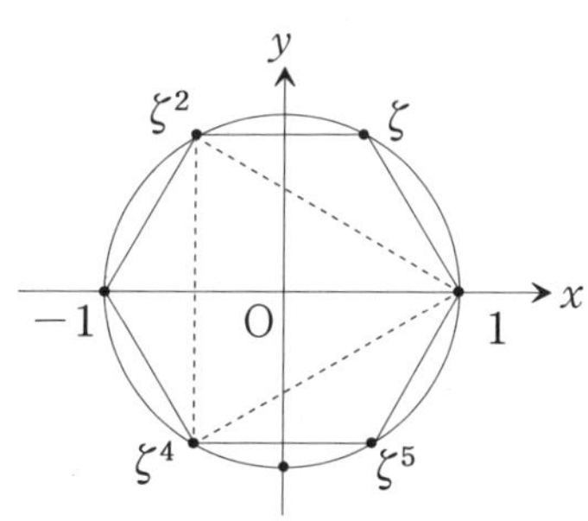

한편, 덧셈군 $\mathbb{Z}$, $\mathbb{Q}$, $\mathbb{R}$, $\mathbb{C}$에서 0이 아닌 원소는 모두 무한 위수를 가진다.

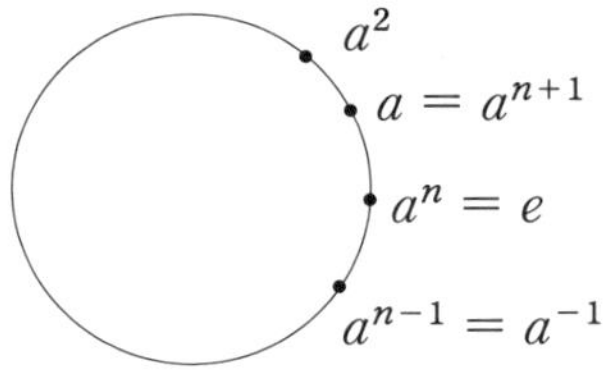

정리 2.4.2 군 G 에서 원소 $a \in G$ 의 위수가 n 일 때, 정수 i, j, m 에 대하여 다음이 성립한다.

(1) $a^i = e \iff n \mid i$

(2) $a^i = a^j \iff i \equiv j \pmod{n}$

(3) a^m 의 위수는 $\dfrac{n}{(m,\ n)}$ 이다. 특히, n 의 양의 약수 d 에 대하여 $n = md$ 이라고 하면, a^m 의 위수는 d 이다.

(4) $(m, n) = 1$ 일 때 그리고 이때에만 a^m 의 위수는 n 이다.

증명 (1) 먼저 $a^i = e$ 일 때, $i = nq + r,\ \ 0 \le r < n$ 이라고 하면

$$e = a^i = a^{nq+r} = (a^n)^q\, a^r = e^q\, a^r = a^r$$

이므로 n 의 最小性에 의하여 $r = 0$ 이고 따라서 $n \mid i$ 이다.

역으로, $n \mid i$ 일 때, $i = nq$ 이라고 하면 $a^i = a^{nq} = (a^n)^q = e^q = e$ 이다.

(2) 위의 (1)에 의하여 다음이 성립한다.

$$a^i = a^j \iff a^{i-j} = e \iff n \mid (i-j) \iff i \equiv j \pmod{n}$$

(3) 이제 $d = (m, n),\ m = dr,\ n = ds$ 이라고 하자.

이 때, $ms = drs = nr$ 이므로 다음이 성립한다.

$$(a^m)^s = a^{ms} = a^{nr} = (a^n)^r = e^r = e$$

그리고, 정수 i 에 대하여 $(a^m)^i = e$ 이라고 가정하면, $a^{mi} = e$ 이므로 위의 (1)에 의하여 $n \mid mi$ 이므로 $ds \mid dri$ 즉 $s \mid ri$ 이고 또 $(r, s) = 1$ 이므로 $s \mid i$ 이다(정리 1.2.14). 따라서 a^m 의 위수는 $s = \dfrac{n}{(m,\ n)}$ 이다.

(4) 위의 (3)에 의하여 (4)가 성립한다.

정리 2.4.3 군 G 에서 원소 $a \in G$ 의 위수가 n 일 때,

$$\langle a \rangle = \{e, a, \cdots, a^{n-1}\},\quad a^n = e$$

이고 따라서 a 의 위수와 순환부분군 $\langle a \rangle$ 의 위수는 일치한다.

증명 정리 2.4.2의 (2)에 의하여 n 개의 원소 $a^0, a, \cdots, a^{n-1}$ 은 모두 서로 다르므로 정리가 성립한다.

다음 정리는 앞의 두 정리를 덧셈에 관한 정리로 고쳐 쓴 것이다.

정리 2.4.4 덧셈군 A에서 원소 $a \in A$의 위수가 n일 때, 정수 i, j, m에 대하여 다음이 성립한다.

(1) $i\,a = 0 \iff n \mid i$

(2) $i\,a = j\,a \iff i \equiv j \pmod n$

(3) $m\,a$의 위수는 $\dfrac{n}{(m,\ n)}$이다.

(4) $(m, n) = 1$일 때 그리고 이때에만 $m\,a$의 위수는 n이다.

(5) 순환부분군 $\langle a \rangle$의 위수는 n이고 다음이 성립한다.

$$\langle a \rangle = \{0, a, \cdots, (n-1)\,a\}, \quad n\,a = 0$$

양의 정수 n에 대하여 정수 $0, 1, \cdots, n-1$ 중에서 n과 서로 소인 정수 전체의 개수를 $\varphi(n)$으로 나타낸다(정의 1.2.31 참조).

정리 2.4.5 위수 n인 순환군 $G = \langle a \rangle = \{e, a, \cdots, a^{n-1}\}$에 대하여 다음이 성립한다.

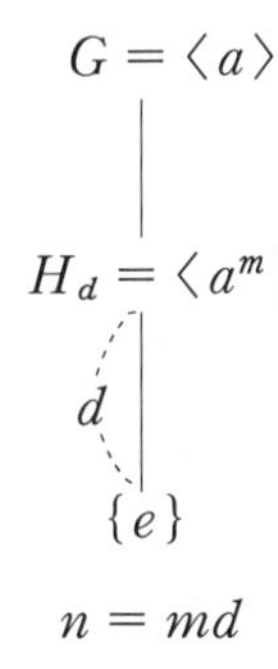

(1) G의 부분군은 모두 순환부분군이고 그 위수는 n의 양의 약수이다. 그리고, n의 임의의 양의 약수 d에 대하여 위수 d인 부분군은 단 하나 존재한다.

실제로, $n = m\,d$일 때, G의 위수 d인 부분군은

$$H_d = \langle a^m \rangle = \{e, a^m, a^{2m}, \cdots, a^{(d-1)\,m}\}$$

이고 또 $H_d = \{x \in G \mid x^d = e\}$이다.

(2) 정수 m에 대하여 a^m의 위수와 $\langle a^m \rangle$의 위수는 $\dfrac{n}{(m,\ n)}$이다.

그리고, 두 정수 m, k에 대하여

$$\langle a^m \rangle = \langle a^k \rangle \iff (m, n) = (k, n)$$

이고, 특히 $G = \langle a^m \rangle \iff (m, n) = 1$이다.

따라서 G의 생성원 전체의 개수는 $\varphi(n)$이다.

증명 (1) 이제 H를 G의 부분군이라고 하자.

먼저 $H = \{e\}$ 이면, $H = \langle a^0 \rangle = \langle a^n \rangle$ 이다.

다음에 $\{e\} \subsetneq H \subseteq G = \{e, a, \cdots, a^{n-1}\}$ 인 경우에 m을

$$a^m \in H, \qquad 1 \le m \le n-1$$

인 가장 작은 양의 정수라고 하자. 이 때, $\langle a^m \rangle \subseteq H$ 이다(정리 2.3.10). 그리고, 임의의 $a^k \in H$ 에 대하여 $k = mq + r$, $0 \le r < m$ 이라고 하면,

$$a^k = (a^m)^q a^r \quad \text{즉} \quad a^r = a^k (a^m)^{-q} \in H$$

이므로 m의 最小性에 의하여 $r = 0$ 이고 따라서 $a^k = (a^m)^q \in \langle a^m \rangle$ 이므로 $H \subseteq \langle a^m \rangle$ 이다. 그러므로 $H = \langle a^m \rangle$ 이다. 그리고, $a^n = e \in H$ 이므로 위의 증명에 의하여 $m \mid n$ 이고 또 $n = md$ 이라고 하면

$$H = \langle a^m \rangle = \{e, a^m, a^{2m}, \cdots, a^{(d-1)m}\}, \quad |H| = d$$

이고 d는 n의 양의 약수이다.

역으로, n의 임의의 양의 약수 d에 대하여 $n = md$ 이라 하고

$$H_d = \langle a^m \rangle = \{e, a^m, a^{2m}, \cdots, a^{(d-1)m}\}$$

이라고 하자. 이 때, H_d는 위수 d인 부분군이다.

그리고, 모든 원소 $x = a^{mi} \in H_d$ 에 대하여

$$x^d = (a^{mi})^d = (a^n)^i = e^i = e$$

이고, 또 $x = a^i \in G$ 가 $x^d = e$ 인 원소이면, $a^{id} = e$ 이므로 $n \mid id$ 즉 $md \mid id$ 이므로 $m \mid i$ 이고 따라서 $x = a^i \in \langle a^m \rangle = H_d$ 이다. 그러므로

$$H_d = \{x \in G \mid x^d = e\}$$

이고 위수 d인 부분군은 단 하나 뿐이다.

(2) 정수 m에 대하여 $\langle a^m \rangle$의 위수와 a^m의 위수는 일치하므로 $\langle a^m \rangle$의 위수는 $\dfrac{n}{(m, n)}$ 이다(정리 2.4.3, 정리 2.4.2). 따라서, $\langle a^m \rangle$, $\langle a^k \rangle$의 위수는 각각 $\dfrac{n}{(m, n)}$, $\dfrac{n}{(k, n)}$ 이므로 (1)에 의하여 다음이 성립한다.

$$\langle a^m \rangle = \langle a^k \rangle \Longleftrightarrow \frac{n}{(m, n)} = \frac{n}{(k, n)} \Longleftrightarrow (m, n) = (k, n)$$

보기 2.4.2 素數 p에 대하여 위수 p^n $(n \geq 1)$인 순환군 $G = \langle a \rangle$의 부분군 전체는 다음과 같다.

$$\langle a \rangle,\ \langle a^p \rangle,\ \cdots,\ \langle a^{p^{n-1}} \rangle,\ \langle a^{p^n} \rangle = \{e\}$$

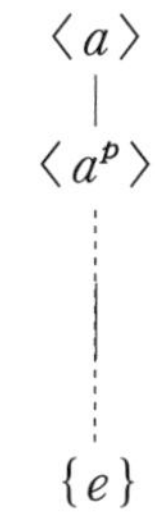

예를 들면, 위수 8인 순환군 $G = \langle a \rangle$의 부분군 전체는 다음과 같다.

$$\langle a \rangle, \qquad \langle a^2 \rangle = \{e, a^2, a^4, a^6\},$$
$$\langle a^4 \rangle = \{e, a^4\},\ \ \langle a^8 \rangle = \langle a^0 \rangle = \{e\}$$

여기서, $\langle a \rangle = \langle a^3 \rangle = \langle a^5 \rangle = \langle a^7 \rangle$, $\langle a^2 \rangle = \langle a^6 \rangle$이다.

또, 서로 다른 두 素數 p, q에 대하여 위수 pq인 순환군 $G = \langle a \rangle$의 부분군 전체는 다음과 같다.

$$\langle a \rangle,\ \langle a^p \rangle,\ \langle a^q \rangle,\ \langle a^{pq} \rangle = \{e\}$$

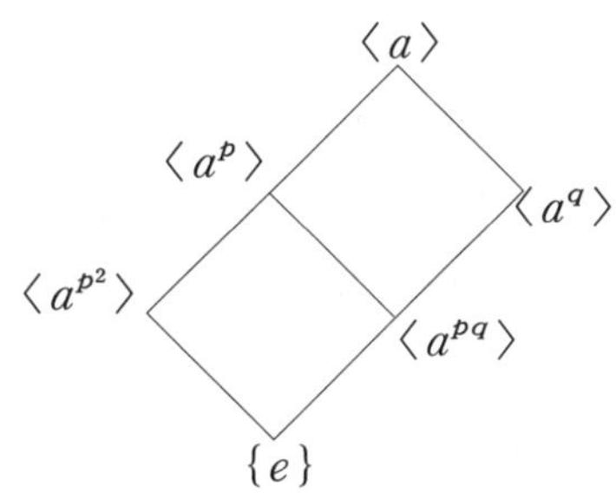

예를 들면, 위수 15인 순환군 $G = \langle a \rangle$의 부분군 전체는 다음과 같다.

$$\langle a \rangle, \qquad \langle a^3 \rangle = \{e, a^3, a^6, a^9, a^{12}\}.$$
$$\langle a^5 \rangle = \{e, a^5, a^{10}\}, \qquad \langle a^{15} \rangle = \{e\}$$

$$\langle a \rangle = \langle a^2 \rangle = \langle a^4 \rangle = \langle a^7 \rangle = \langle a^8 \rangle = \langle a^{11} \rangle = \langle a^{13} \rangle = \langle a^{14} \rangle$$
$$\langle a^3 \rangle = \langle a^6 \rangle = \langle a^9 \rangle = \langle a^{12} \rangle, \qquad \langle a^5 \rangle = \langle a^{10} \rangle$$

한편, 서로 다른 두 素數 p, q에 대하여 위수 $p^2 q$인 순환군 $G = \langle a \rangle$의 부분군 전체는 다음과 같다.

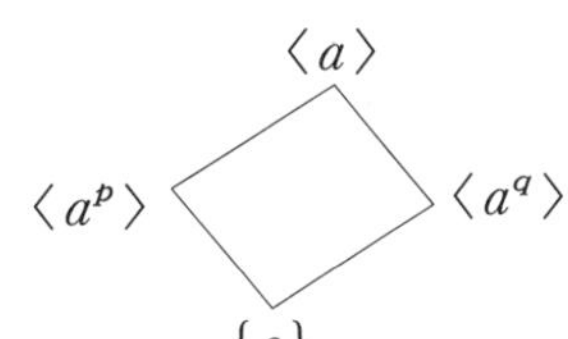

$$\langle a \rangle,\ \langle a^p \rangle,\ \langle a^{p2} \rangle$$
$$\langle a^q \rangle,\ \langle a^{pq} \rangle,\ \{e\}$$

그리고, 서로 다른 세 素數 p, q, r에 대하여 위수 pqr인 순환군 $G = \langle a \rangle$의 부분군 전체는 다음과 같다.

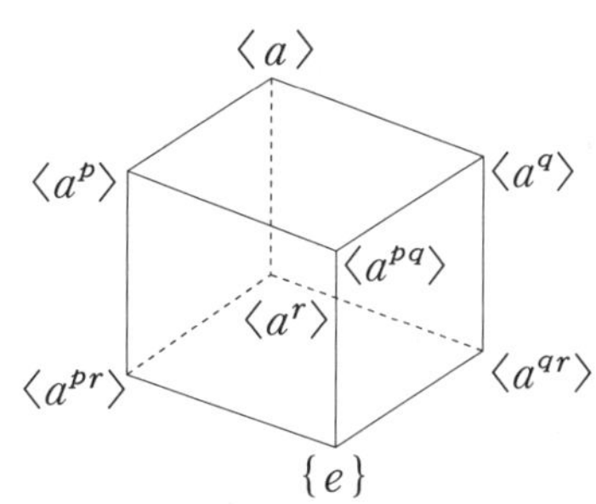

$$\langle a \rangle,\ \langle a^p \rangle,\ \langle a^q \rangle,\ \langle a^r \rangle,$$
$$\langle a^{pq} \rangle,\ \langle a^{pr} \rangle,\ \langle a^{qr} \rangle,\ \{e\}$$

정리 2.4.6 군 G에서 원소 $a \in G$가 무한 위수를 가진 원소일 때,

$$\cdots,\ a^{-2},\ a^{-1},\ e,\ a,\ a^2,\ \cdots$$

는 모두 서로 다르고 따라서 $\langle a \rangle$는 무한 순환군이다.

증명 서로 다른 두 정수 i, j $(i > j)$에 대하여 $a^i = a^j$이라고 가정하면, $a^{i-j} = e$이고 $i-j > 0$으로 되어 가정에 모순된다. 따라서 원소 $\cdots, a^{-2}, a^{-1}, e, a, a^2, \cdots$는 모두 서로 다르다.

정리 2.4.7 무한 순환군 $G = \langle a \rangle$에 대하여 다음이 성립한다.

(1) 두 정수 m, k에 대하여

$$\langle a^k \rangle \subseteq \langle a^m \rangle \iff m \mid k, \quad \langle a^m \rangle = \langle a^k \rangle \iff m = \pm k$$

이고, 특히 $G = \langle a^m \rangle \iff m = \pm 1$이다.

(2) G의 부분군은 모두 순환부분군이다. 실제로, G의 부분군은 모두

$$H = \langle a^m \rangle = \{ a^{mi} \mid i \in \mathbb{Z} \}, \quad m \geq 0$$

와 같은 꼴로 나타내어지고 이와 같은 정수 m은 단 하나뿐이다.

특히, $\langle a^0 \rangle = \{e\}$를 제외한 부분군은 모두 무한 순환부분군이다.

증명 (1) 두 정수 m, k에 대하여 다음이 성립한다(정리 2.3.10, 정리 1.2.6).

$$\langle a^k \rangle \subseteq \langle a^m \rangle \iff a^k \in \langle a^m \rangle \iff m \mid k$$
$$\langle a^m \rangle = \langle a^k \rangle \iff m \mid k,\ k \mid m \iff m = \pm k$$

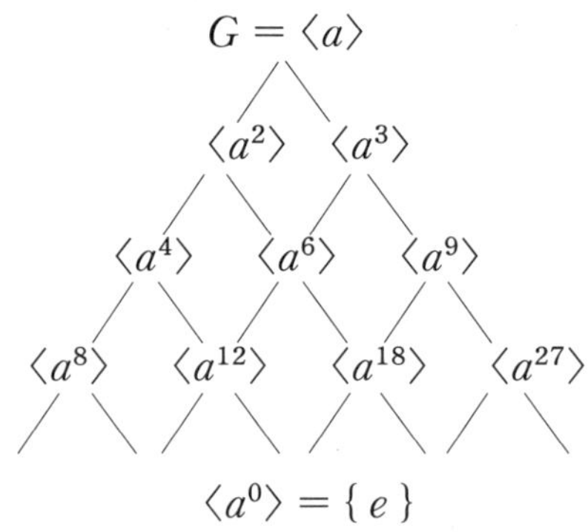

(2) 이제 H를 G의 부분군이라고 하자.

먼저 $H = \{e\}$이면, $H = \langle a^0 \rangle$이다. 다음에 $\{e\} \subsetneq H$이라고 하자. 이 때, $a^i \in H$, $a^i \neq e$이라고 하면, $i \neq 0$이고 $a^{-i} = (a^i)^{-1} \in H$이며 i 또는 $-i$는 양의 정수이다. 따라서 $a^m \in H$인 가장 작은 양의 정수 m이 존재하고 이때 $\langle a^m \rangle \subseteq H$이다(§1.2의 O).

한편, 임의의 $a^k \in H$ 에 대하여 $k = mq + r,\ 0 \le r < m$ 이라고 하면,

$$a^k = (a^m)^q a^r \quad 즉 \quad a^r = a^k (a^m)^{-q} \in H$$

이므로 m 의 最小性에 의하여 $r = 0$ 이고 따라서 $a^k = (a^m)^q \in \langle a^m \rangle$ 이므로 $H \subseteq \langle a^m \rangle$ 이다. 그러므로 $H = \langle a^m \rangle$ 이다.

그리고, (1) 에 의하여 이와 같은 양의 정수 m 은 단 하나뿐이다.

덧셈군 $\mathbb{Z}$ 는 1 을 생성원으로 가진 무한 순환군이므로 다음이 성립한다.

따름정리 2.4.8 덧셈군 $\mathbb{Z}$ 에서 두 정수 m, k 에 대하여

$$k\mathbb{Z} \subseteq m\mathbb{Z} \iff m \mid k,$$
$$m\mathbb{Z} = k\mathbb{Z} \iff m = \pm k$$

이고, $m\mathbb{Z} = \mathbb{Z} \iff m = \pm 1$ 이다. 또, $\mathbb{Z}$ 의 부분군은 모두 순환부분군이다.

실제로, $\mathbb{Z}$ 의 부분군은 모두

$$\langle m \rangle = m\mathbb{Z}, \quad m \ge 0$$

와 같은 꼴로 나타내어지고 또 $\langle 0 \rangle$ 을 제외한 부분군은 무한 순환부분군이다.

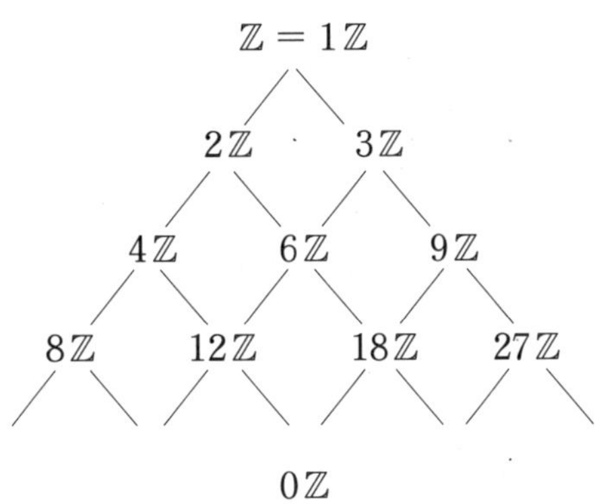

정리 2.4.9 군 G 에서 두 원소 a, b 에 대하여 $ab = ba$ 일 때, a 와 b 의 위수가 각각 m, n 이면 다음이 성립한다.

(1) ab 의 위수는 m, n 의 최소공배수 l 의 약수이다.

(2) m 과 n 이 서로 소이면, ab 의 위수는 mn 이다.

증명 (1) 이제 m, n 의 최소공배수를 l 이라고 하면, $m \mid l,\ n \mid l$ 이므로 정리 2.4.2 에 의하여 $a^l = e,\ b^l = e$ 이고 또 $ab = ba$ 이므로

$$(ab)^l = a^l b^l = ee = e$$

이고 따라서 ab 의 위수는 l 의 약수이다(정리 2.2.6, 정리 2.4.2).

(2) 먼저

$$(a\,b)^{mn} = (a^m)^n\,(b^n)^m = e^n\,e^m = e$$

이고, 따라서 r를 $a\,b$의 위수라고 하면 $r \mid m\,n$이다. 한편,

$$e = (a\,b)^{rm} = (a^m)^r\,b^{mr} = e^r\,b^{mr} = b^{mr},$$
$$e = (a\,b)^{rn} = a^{nr}\,(b^n)^r = a^{nr}\,e^r = a^{nr}$$

이므로 $n \mid r\,m$, $m \mid r\,n$이다. 그런데, $(m, n) = 1$이므로 $n \mid r$, $m \mid r$이고 따라서 $m\,n \mid r$이다(정리 1.2.14). 그러므로 $r = m\,n$이다.

앞의 정리에서 조건 '$a\,b = b\,a$'는 반드시 필요한 조건이다(문제 11).

보기 2.4.3 위수 6인 순환군 $G = \{e, a, a^2, a^3, a^4, a^5\}$에서 a^2, a^3, a^4의 위수는 각각 3, 2, 3이고 $a^2\,a^3$과 $a^2\,a^4$의 위수는 각각 6, 1이다.

연 습 문 제 (2.4)

***1.** 위수 12인 순환군 $U_{12} = \langle \zeta \rangle = \{1, \zeta, \zeta^2, \cdots, \zeta^{11}\}$의 부분군을 모두 구하고, 이들 부분군 전체에 대한 Hasse 다이어그램을 그려라.

2. 위수 40인 순환군 $G = \langle a \rangle = \{e, a, a^2, a^3, \cdots, a^{39}\}$의 부분군 전체에 대한 Hasse 다이어그램을 그려라.

3. 덧셈군 $\mathbb{Z}^2 = \{(x, y) \mid x, y \in \mathbb{Z}\}$에서 다음 부분군이 순환부분군인지를 판정하여라.

(1) $B = \{(2\,a, 3\,b) \mid a, b \in \mathbb{Z}\}$ (2) $C = \{(3\,k, 5\,k) \mid k \in \mathbb{Z}\}$

4. 위수 n인 순환군 $G = \langle a \rangle$에서 다음이 성립함을 밝혀라.

(1) 두 정수 m, k에 대하여 $m \mid k$이면, $\langle a^k \rangle \subseteq \langle a^m \rangle$이다.

(2) 두 정수 m, k에 대하여 $\langle a^k \rangle \subseteq \langle a^m \rangle$일 때, $m \mid n$이면 $m \mid k$이다.

***5.** 위수 n인 순환군 $G = \langle a \rangle$에서 d가 n의 양의 약수일 때, G의 원소 중에서 위수 d인 원소 전체의 개수는 $\varphi(d)$임을 밝혀라.

6. 위수 30 인 순환군 $G=\langle a\rangle$ 에서 위수 6 인 원소를 모두 구하여라.

7. 정수 p 가 素數일 때, 위수 p^3 인 순환군 $G=\langle a\rangle$ 에서 그 위수가 각각 p, p^2, p^3 인 원소의 개수를 구하여라.

***8.** 위수 n 인 순환군 $G=\langle a\rangle=\{e, a, \cdots, a^{n-1}\}$ 에서 임의의 정수 m 에 대하여 $d=(m, n)$ 이라고 할 때 다음이 성립함을 밝혀라.

(1) 모든 원소 $x\in G$ 에 대하여 $x^n=e$ 이다.

(2) 원소 $x\in G$ 에 대하여 $x^m=e$ 일 때 그리고 이때에만 $x^d=e$ 이다.

(3) 등식 $x^m=e$ 를 만족시키는 원소 $x\in G$ 전체의 개수는 m 이하이다.

***9.** 군 G 에서 원소 $a\in G$ 의 위수가 n 일 때, 다음이 성립함을 밝혀라.

(1) n 이 홀수이면, a^2 의 위수는 n 이고 $\langle a\rangle=\langle a^2\rangle$ 이다.

(2) n 이 짝수이면, a^2 의 위수는 $\dfrac{n}{2}$ 이고 $\langle a^2\rangle\subsetneq\langle a\rangle$ 이다.

(3) n 이 짝수일 때, $\langle a\rangle$ 의 원소 중에서 위수 2 인 원소는 $a^{\frac{n}{2}}$ 뿐이다.

(4) 임의의 원소 $g\in G$ 에 대하여 gag^{-1} 와 $g^{-1}ag$ 의 위수는 n 이다.

***10.** 군 G 에서 두 원소 $a, b\in G$ 에 대하여 ab 의 위수가 n 이면, 원소 ba 의 위수도 n 임을 밝혀라.

11. 일반선형군 $\mathrm{GL}_2(\mathbb{R})$ 에서

$$A=\begin{bmatrix}0&-1\\1&0\end{bmatrix},\quad B=\begin{bmatrix}0&1\\-1&1\end{bmatrix},\quad C=\begin{bmatrix}0&1\\1&0\end{bmatrix},\quad D=\begin{bmatrix}0&-1\\1&-1\end{bmatrix}$$

일 때, 다음이 성립함을 밝혀라.

(1) A, B 의 위수는 각각 4, 6 이지만 AB 는 무한 위수를 가진다.

(2) C, D 의 위수는 각각 2, 3 이지만 CD 의 위수는 2 이다.

***12.** 유한군 G 의 위수가 짝수일 때, 군 G 에는 위수 2 인 원소가 적어도 하나 존재함을 증명하여라.

***13.** 군 G 가 유한군일 때 그리고 이때에만 G 는 유한 개의 부분군을 가짐을 밝혀라.

§ 2.5 덧셈군 $\mathbb{Z}_n$ 과 곱셈군 $\mathbb{Z}_n^*$

각 양의 정수 n 에 대하여 정수 전체의 집합 $\mathbb{Z}$ 위에 정의된 합동관계 $a \equiv b \pmod{n}$ 는 동치관계이다(정리 1.2.28). 이 동치관계에 의하여 결정되는 동치류를 법 n 에 관한 **잉여류**(residue class)라고 한다. 집합 $\mathbb{Z}$ 의 법 n 에 관한 잉여류 전체로 이루어진 집합을 $\overline{\mathbb{Z}}_n$ 으로 나타내고, 정수 a 를 포함하는 잉여류를 $\bar{a}$ 로 나타내면 다음이 성립한다(정리 1.2.26).

$$\overline{\mathbb{Z}}_n = \{\bar{a} \mid a \in \mathbb{Z}\}, \qquad \bar{a} = \{a + nx \mid x \in \mathbb{Z}\} = a + n\mathbb{Z}$$

$$\bar{a} = \bar{b} \Longleftrightarrow a \equiv b \pmod{n} \Longleftrightarrow a - b \in n\mathbb{Z}$$

임의의 정수 a 를 n 으로 나누었을 때의 나머지를 r 라고 하면, $a \equiv r \pmod{n}$ 이므로 $\bar{a} = \bar{r}$ 이고 또 $\bar{0}, \bar{1}, \cdots, \overline{n-1}$ 는 서로 다르므로 $\overline{\mathbb{Z}}_n = \{\bar{0}, \bar{1}, \cdots, \overline{n-1}\}$ 이다. 그리고, 집합 $\overline{\mathbb{Z}}_n$ 위에 다음과 같이 정의된 덧셈과 곱셈은 잘 정의된 연산이다.

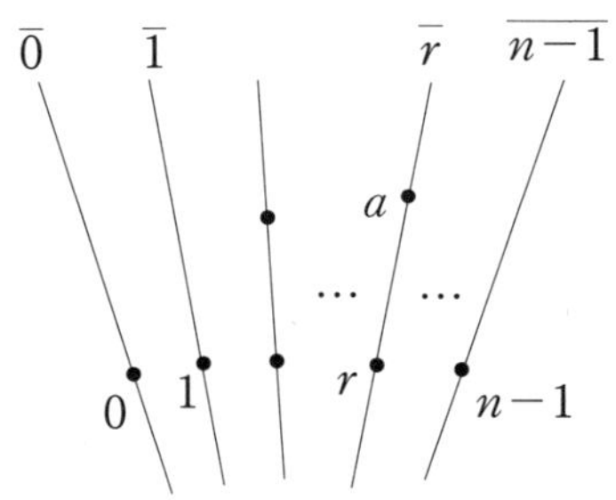

$$\bar{a} + \bar{b} = \overline{a+b}, \qquad \bar{a} \cdot \bar{b} = \overline{ab}$$

실제로, $\bar{a} = \bar{c}$, $\bar{b} = \bar{d}$ 이면, $a \equiv c \pmod{n}$ 이고 $b \equiv d \pmod{n}$ 이므로 $a+b \equiv c+d \pmod{n}$, $ab \equiv cd \pmod{n}$ 이고(정리 1.2.29) 따라서

$$\overline{a+b} = \overline{c+d}, \qquad \overline{ab} = \overline{cd}$$

이므로 $\bar{a} + \bar{b} = \bar{c} + \bar{d}$, $\bar{a} \cdot \bar{b} = \bar{c} \cdot \bar{d}$ 이다.

예를 들면, 집합 $\overline{\mathbb{Z}}_4 = \{\bar{0}, \bar{1}, \bar{2}, \bar{3}\}$ 의 덧셈표와 곱셈표는 다음과 같다.

$+$	$\bar{0}$	$\bar{1}$	$\bar{2}$	$\bar{3}$
$\bar{0}$	$\bar{0}$	$\bar{1}$	$\bar{2}$	$\bar{3}$
$\bar{1}$	$\bar{1}$	$\bar{2}$	$\bar{3}$	$\bar{0}$
$\bar{2}$	$\bar{2}$	$\bar{3}$	$\bar{0}$	$\bar{1}$
$\bar{3}$	$\bar{3}$	$\bar{0}$	$\bar{1}$	$\bar{2}$

$\cdot$	$\bar{0}$	$\bar{1}$	$\bar{2}$	$\bar{3}$
$\bar{0}$	$\bar{0}$	$\bar{0}$	$\bar{0}$	$\bar{0}$
$\bar{1}$	$\bar{0}$	$\bar{1}$	$\bar{2}$	$\bar{3}$
$\bar{2}$	$\bar{0}$	$\bar{2}$	$\bar{0}$	$\bar{2}$
$\bar{3}$	$\bar{0}$	$\bar{3}$	$\bar{2}$	$\bar{1}$

$\bar{1} + \bar{3} = \bar{4} = \bar{0}$,
$\bar{3} + \bar{2} = \bar{5} = \bar{1}$,
$\bar{2} + \bar{2} = \bar{0}$, $\bar{3} \cdot \bar{3} = \bar{1}$

특히, $n = 1$ 이면, $\overline{\mathbb{Z}}_n = \{\overline{0}\}$ 는 덧셈에 관하여 위수 1 인 군을 이룬다. 그리고, $n \geq 2$ 인 경우에 다음 정리가 성립한다(정리 1.2.1 참조).

정리 2.5.1 집합 $\overline{\mathbb{Z}}_n = \{\overline{0}, \overline{1}, \cdots, \overline{n-1}\}$, $n \geq 2$ 위에 덧셈과 곱셈을

$$\overline{a} + \overline{b} = \overline{a+b}, \qquad \overline{a} \cdot \overline{b} = \overline{a\,b}$$

으로 정의할 때, 임의의 $\overline{a}, \overline{b}, \overline{c} \in \overline{\mathbb{Z}}_n$ 에 대하여 다음이 성립한다.

(1) $(\overline{a}+\overline{b}) + \overline{c} = \overline{a} + (\overline{b} + \overline{c})$

(2) $\overline{a} + \overline{b} = \overline{b} + \overline{a}$

(3) $\overline{a} + \overline{0} = \overline{0} + \overline{a} = \overline{a}$

(4) $\overline{a} + (-\overline{a}) = (-\overline{a}) + \overline{a} = \overline{0}$
여기서 $-\overline{a} = \overline{-a} = \overline{n-a}$ 이다.

(5) $(\overline{a} \cdot \overline{b}) \cdot \overline{c} = \overline{a} \cdot (\overline{b} \cdot \overline{c})$

(6) $\overline{a} \cdot \overline{b} = \overline{b} \cdot \overline{a}$

(7) $\overline{1} \neq \overline{0}$, $\quad \overline{a} \cdot \overline{1} = \overline{1} \cdot \overline{a} = \overline{a}$

(8) $\overline{a} \cdot (\overline{b} + \overline{c}) = \overline{a} \cdot \overline{b} + \overline{a} \cdot \overline{c}$, $\quad (\overline{a} + \overline{b}) \cdot \overline{c} = \overline{a} \cdot \overline{c} + \overline{b} \cdot \overline{c}$

정리 2.5.2 집합 $\overline{\mathbb{Z}}_n = \{\overline{0}, \overline{1}, \cdots, \overline{n-1}\}$, $n \geq 2$ 위에 덧셈과 곱셈을 위의 정리 2.5.1 에서와 같이 정의할 때 다음이 성립한다.

(1) $\overline{\mathbb{Z}}_n$ 는 덧셈에 관하여 위수 n 인 순환군을 이루며 $\overline{\mathbb{Z}}_n = \langle \overline{1} \rangle$ 이다.

(2) 원소 $\overline{a} \in \overline{\mathbb{Z}}_n$, $\overline{a} \neq \overline{0}$ 에 대하여 $(a, n) = 1$ 일 때 그리고 이때에만 $\overline{a} \cdot \overline{a}^{-1} = \overline{1}$ 인 원소 $\overline{a}^{-1} \in \overline{\mathbb{Z}}_n$ 가 존재한다. 그리고,

$$\overline{\mathbb{Z}}_n^{\,*} = \{\overline{a} \in \overline{\mathbb{Z}}_n \mid (a, n) = 1\}$$

이라고 하면, $\overline{\mathbb{Z}}_n^{\,*}$ 는 곱셈에 관하여 위수 $\varphi(n)$ 인 Abel 군을 이룬다.

특히, p 가 素數일 때,

$$\overline{\mathbb{Z}}_p^{\,*} = \{\overline{1}, \cdots, \overline{p-1}\} = \overline{\mathbb{Z}}_p - \{\overline{0}\}$$

이고 $\overline{\mathbb{Z}}_p^{\,*}$ 는 곱셈에 관하여 위수 $p-1$ 인 Abel 군을 이룬다.

증명 (1) 정리 2.5.1 에 의하여 $\overline{\mathbb{Z}}_n$ 는 덧셈에 관하여 군을 이루고

$$\overline{m} = m \cdot \overline{1} = \overline{1} + \cdots + \overline{1} \qquad (1\text{가 } m\text{개})$$

이고 또 $n \cdot \overline{1} = \overline{n} = \overline{0}$ 이므로 $\overline{\mathbb{Z}}_n = \langle \overline{1} \rangle$ 이다.

(2) 원소 $\overline{a} \in \overline{\mathbb{Z}}_n$, $\overline{a} \neq \overline{0}$ 에 대하여 $(a, n) = 1$ 이면, $ab + nt = 1$ 인 정수 b, t 가 존재하고(정리 1.2.12) 이때 $ab \equiv 1 \pmod{n}$ 이므로 $\overline{\mathbb{Z}}_n$ 에서 $\overline{ab} = \overline{1}$ 이고 따라서 $\overline{a} \cdot \overline{b} = \overline{1}$ 즉 $\overline{b} = \overline{a}^{-1}$ 이다.

역으로, $\overline{\mathbb{Z}}_n$ 에서 $\overline{a} \cdot \overline{b} = \overline{1}$ 인 원소 $\overline{b} \in \overline{\mathbb{Z}}_n$ 가 존재하면, $\overline{ab} = \overline{1}$ 이므로 $ab \equiv 1 \pmod{n}$ 이고 따라서 $(ab, n) = (1, n) = 1$ 이므로 $(a, n) = 1$ 이다(정리 1.2.29, 정리 1.2.13). 그리고,

$$\overline{\mathbb{Z}}_n^{\,*} = \{\overline{a} \in \overline{\mathbb{Z}}_n \mid (a, n) = 1\}$$

이라고 하면, 임의의 원소 $\overline{a}, \overline{b} \in \overline{\mathbb{Z}}_n^{\,*}$ 에 대하여 $(a, n) = (b, n) = 1$ 이므로 $(ab, n) = 1$ 이고(정리 1.2.13) 따라서 $\overline{a} \cdot \overline{b} = \overline{ab} \in \overline{\mathbb{Z}}_n^{\,*}$ 이다.

또, $\overline{1} \in \overline{\mathbb{Z}}_n^{\,*}$ 이므로 정리 2.5.1 에 의하여 $\overline{\mathbb{Z}}_n^{\,*}$ 는 곱셈에 관하여 Abel군을 이루고 $|\overline{\mathbb{Z}}_n^{\,*}| = \varphi(n)$ 이다.

보기 2.5.1 덧셈군 $\overline{\mathbb{Z}}_8 = \{\overline{0}, \overline{1}, \overline{2}, \cdots, \overline{7}\}$ 에서

$$\overline{2} = \overline{1} + \overline{1}, \quad \overline{3} = \overline{1} + \overline{1} + \overline{1}, \quad \overline{4} = \overline{1} + \overline{1} + \overline{1} + \overline{1}, \quad \cdots$$

이므로 $\overline{\mathbb{Z}}_8 = \langle \overline{1} \rangle$ 이고, 또 다음이 성립한다.

$$\overline{1} + \overline{7} = \overline{0}, \quad -\overline{1} = \overline{7}, \quad -\overline{7} = \overline{1}, \quad \overline{4} + \overline{4} = \overline{0}, \quad -\overline{4} = \overline{4}$$

한편, 곱셈군 $\overline{\mathbb{Z}}_8^{\,*} = \{\overline{1}, \overline{3}, \overline{5}, \overline{7}\}$ 는 순환군이 아니고 그 부분군 전체는 다음과 같다.

$\overline{\mathbb{Z}}_8^{\,*}$,
$\langle \overline{3} \rangle = \{\overline{1}, \overline{3}\}$,
$\langle \overline{5} \rangle = \{\overline{1}, \overline{5}\}$,
$\langle \overline{7} \rangle = \{\overline{1}, \overline{7}\}$,
$\langle \overline{1} \rangle = \{\overline{1}\}$

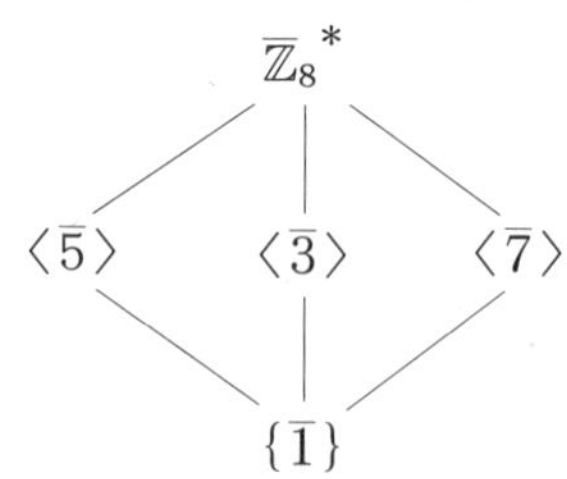

양의 정수 n에 대하여 $\mathbb{Z}_n = \{0, 1, \cdots, n-1\}$이라 하고 이 집합 위에 덧셈과 곱셈을 다음과 같이 정의하자.

$$a + b = r, \qquad a \cdot b = s$$

(r, s는 두 정수 a, b의 합과 곱을 n으로 나누었을 때의 나머지)

이 때, 집합 $\mathbb{Z}$에서 $a+b \equiv r \pmod{n}$, $ab \equiv s \pmod{n}$, $0 \le r,\ s < n$이고 집합 $\overline{\mathbb{Z}}_n$에서 $\overline{a} + \overline{b} = \overline{a+b} = \overline{r}$, $\overline{a} \cdot \overline{b} = \overline{ab} = \overline{s}$이다. 예를 들면, $\mathbb{Z}_3 = \{0, 1, 2\}$와 $\overline{\mathbb{Z}}_3 = \{\overline{0}, \overline{1}, \overline{2}\}$의 덧셈표와 곱셈표는 다음과 같다.

+	0	1	2
0	0	1	2
1	1	2	0
2	2	0	1

·	0	1	2
0	0	0	0
1	0	1	2
2	0	2	1

+	$\overline{0}$	$\overline{1}$	$\overline{2}$
$\overline{0}$	$\overline{0}$	$\overline{1}$	$\overline{2}$
$\overline{1}$	$\overline{1}$	$\overline{2}$	$\overline{0}$
$\overline{2}$	$\overline{2}$	$\overline{0}$	$\overline{1}$

·	$\overline{0}$	$\overline{1}$	$\overline{2}$
$\overline{0}$	$\overline{0}$	$\overline{0}$	$\overline{0}$
$\overline{1}$	$\overline{0}$	$\overline{1}$	$\overline{2}$
$\overline{2}$	$\overline{0}$	$\overline{2}$	$\overline{1}$

특히, $n = 1$이면, $\mathbb{Z}_n = \{0\}$은 덧셈에 관하여 위수 1인 군을 이루고, 정리 2.5.1, 정리 2.5.2에 의하여 다음 두 정리가 성립함을 알 수 있다.

정리 2.5.3 집합 $\mathbb{Z}_n = \{0, 1, \cdots, n-1\}$, $n \ge 2$ 위에서 덧셈과 곱셈을 다음과 같이 정의하자.

$$a + b = r, \quad a \cdot b = s$$

(r, s는 두 정수 a, b의 합과 곱을 n으로 나누었을 때의 나머지)

이 때, 임의의 $a, b, c \in \mathbb{Z}_n$에 대하여 다음이 성립한다.

(1) $(a+b) + c = a + (b+c)$

(2) $a + b = b + a$

(3) $a + 0 = 0 + a = a$

(4) $a + (-a) = (-a) + a = 0$

여기서 $-0 = 0$이고, $a \neq 0$이면 $-a = n-a$이다.

(5) $(a \cdot b) \cdot c = a \cdot (b \cdot c)$

(6) $a \cdot b = b \cdot a$

(7) $1 \neq 0, \qquad a \cdot 1 = 1 \cdot a = a$

(8) $a \cdot (b + c) = a \cdot b + a \cdot c, \qquad (a + b) \cdot c = a \cdot c + b \cdot c$

정리 2.5.4 집합 $\mathbb{Z}_n = \{0, 1, \cdots, n-1\}$, $n \geq 2$ 위에서 덧셈과 곱셈을 정리 2.5.3 에서와 같이 정의할 때 다음이 성립한다.

(1) $\mathbb{Z}_n$ 은 덧셈에 관하여 위수 n 인 순환군을 이루며 $\mathbb{Z}_n = \langle 1 \rangle$ 이다.

(2) 원소 $a \in \mathbb{Z}_n$, $a \neq 0$ 에 대하여 $(a, n) = 1$ 일 때 그리고 이때에만 $a \cdot a^{-1} = 1$ 인 원소 $a^{-1} \in \mathbb{Z}_n$ 가 존재한다. 그리고,

$$\mathbb{Z}_n^* = \{a \in \mathbb{Z}_n \mid (a, n) = 1\}$$

이라고 하면, $\mathbb{Z}_n^*$ 는 곱셈에 관하여 위수 $\varphi(n)$ 인 Abel 군을 이룬다.

특히 p 가 素數일 때,

$$\mathbb{Z}_p^* = \{1, \cdots, p-1\} = \mathbb{Z}_p - \{0\}$$

이고, $\overline{\mathbb{Z}}_p^*$ 는 곱셈에 관하여 위수 $p-1$ 인 Abel 군을 이룬다.

정리 2.5.4, 정리 2.5.2 와 정리 2.4.5 에 의하여 다음 정리가 성립한다.

정리 2.5.5 덧셈군 $\mathbb{Z}_n = \{0, 1, \cdots, n-1\}$, $n \geq 2$ 에서 다음이 성립한다.

(1) 덧셈군 $\mathbb{Z}_n$ 의 부분군은 모두 순환부분군이고 그 위수는 n 의 양의 약수이다. 그리고, n 의 임의의 양의 약수 d 에 대하여 위수 d 인 부분군은 단 하나 존재한다.

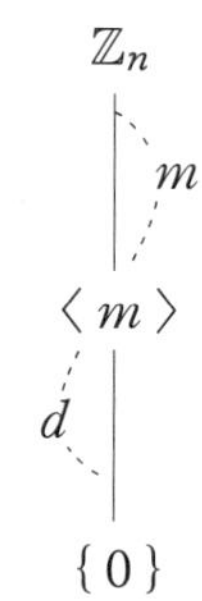

실제로, $n = md$ 일 때, 위수 d 인 부분군은

$$\langle m \rangle = \{0, m, 2m, \cdots, (d-1)m\}$$

이고 또 $\langle m \rangle = \{x \in \mathbb{Z}_n \mid dx = 0\}$ 이다.

여기서, $\langle n \rangle$ 은 $\langle 0 \rangle = \{0\}$ 을 뜻한다.

(2) 원소 m 의 위수와 부분군 $\langle m \rangle$ 의 위수는 $\dfrac{n}{(m, n)}$ 이다. 그리고,

$$\langle m \rangle = \langle k \rangle \iff (m, n) = (k, n)$$

이고, 특히 $\mathbb{Z}_n = \langle m \rangle \iff (m, n) = 1$ 이다.

마찬가지로, 덧셈군 $\overline{\mathbb{Z}}_n$, $n \geq 2$ 에 대해서도 위의 (1), (2) 와 유사한 결과가 성립한다.

보기 2.5.2 덧셈군 $\mathbb{Z}_{12} = \{0, 1, 2, \cdots, 11\}$는 위수 12인 순환군이고 따라서 그 부분군 전체는 다음과 같다.

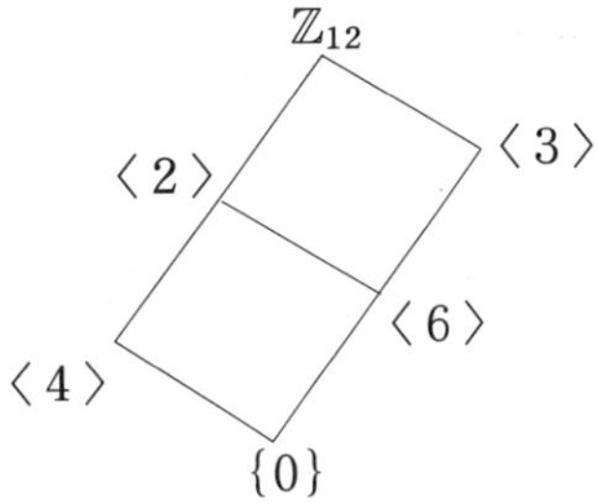

$$\langle 1 \rangle = \mathbb{Z}_{12}, \quad \langle 2 \rangle = \{0, 2, 4, 6, 8, 10\},$$
$$\langle 3 \rangle = \{0, 3, 6, 9\}, \quad \langle 4 \rangle = \{0, 4, 8\},$$
$$\langle 6 \rangle = \{0, 6\}, \qquad \langle 0 \rangle = \{0\}$$

한편, 곱셈군 $\mathbb{Z}_{12}^* = \{1, 5, 7, 11\}$의 부분군 전체는 다음과 같다.

$$\mathbb{Z}_{12}^*, \quad \langle 5 \rangle = \{1, 5\}, \quad \langle 7 \rangle = \{1, 7\},$$
$$\langle 11 \rangle = \{1, 11\}, \qquad \langle 1 \rangle = \{1\}$$

보기 2.5.3 곱셈군 $\mathbb{Z}_{26}^* = \{1, 3, 5, 7, 9, 11, 15, 17, 19, 21, 23, 25\}$는 위수 12인 Abel 군이다. 여기서 $\varphi(26) = \varphi(2)\,\varphi(13) = 12$이다.

유클리드의 알고리즘(정리 1.2.10)에 의하여 다음 결과를 얻는다.

3	26	7	1
	21	5	
2	5	2	2
	4	2	
	1	0	

3	1	2		
1	0	1	−1	3
0	1	−3	4	−11

$$(26, 7) = 1, \qquad 26 \cdot 3 + 7 \cdot (-11) = 1$$
$$7 \cdot (-11) \equiv 1 \pmod{26} \quad \text{즉} \quad 7 \cdot 15 \equiv 1 \pmod{26}$$

따라서 곱셈군 $\mathbb{Z}_{26}^*$에서 $7 \cdot 15 = 1$이므로 $7^{-1} = 15$, $15^{-1} = 7$이다.

곱셈군 $\mathbb{Z}_n^*$의 원소 $a \in \mathbb{Z}_n^*$와 곱셈군 $\overline{\mathbb{Z}}_n^*$의 원소 $\overline{a}$에 대하여

$$a^m = 1 \ (\mathbb{Z}_n^* \text{에서}) \iff \overline{a}^{\,m} = \overline{1} \ (\overline{\mathbb{Z}}_n^* \text{에서})$$
$$\iff a^m \equiv 1 \pmod{n} \ (\mathbb{Z} \text{에서})$$

이므로 $\mathbb{Z}_n^*$에서 a의 위수, $\overline{\mathbb{Z}}_n^*$에서 $\overline{a}$의 위수, 정수 a의 법 n에 관한 위수는 동일하다([1], 정의 5.1.1). 또, 곱셈군 $\mathbb{Z}_n^*$, $\overline{\mathbb{Z}}_n^*$가 위수 $\varphi(n)$인 순환군이기 위한 필요충분조건은 다음과 같은 g가 존재하는 것이다.

$$\mathbb{Z}_n^* = \langle g \rangle = \{1, g, \cdots, g^{\varphi(n)-1}\}, \qquad g^{\varphi(n)} = 1$$

$$\overline{\mathbb{Z}}_n^* = \langle \bar{g} \rangle = \{\bar{1}, \bar{g}, \cdots, \bar{g}^{\varphi(n)-1}\}, \qquad \bar{g}^{\varphi(n)} = \bar{1}$$

이와 같은 g가 존재할 때, g를 법 n에 관한 **원시근**(primitive root)이라고 한다. 실제로, 양의 정수 n이

$$2,\ 4,\ \ p^k,\ \ 2p^k \qquad\qquad (p \text{는 홀수인 素數}, \ k \ge 1)$$

일 때 그리고 이때에만 법 n에 관한 원시근이 존재한다([1], 정리 5.2.2, 정리 5.6.6). 특히, p가 素數일 때, 곱셈군 $\mathbb{Z}_p^* = \{1, \cdots, p-1\}$와 곱셈군 $\overline{\mathbb{Z}}_p^* = \{\bar{1}, \cdots, \overline{p-1}\}$는 위수 $p-1$인 순환군이다(보기 4.3.10 참조).

보기 2.5.4 곱셈군 $\overline{\mathbb{Z}}_7 = \{\bar{1}, \bar{2}, \bar{3}, \bar{4}, \bar{5}, \bar{6}\}$에서

$$\bar{3}^2 = \bar{2}, \quad \bar{3}^3 = \bar{6}, \quad \bar{3}^4 = \bar{4}, \quad \bar{3}^5 = \bar{5}, \quad \bar{3}^6 = \bar{1}$$

이므로 $\overline{\mathbb{Z}}_7^* = \langle \bar{3} \rangle$이다. 따라서 $\overline{\mathbb{Z}}_7^*$는 위수 6인 순환군이고 그 부분군 전체는 다음과 같다.

$$\overline{\mathbb{Z}}_7^*, \quad \langle \bar{3}^2 \rangle = \langle \bar{2} \rangle = \{\bar{1}, \bar{2}, \bar{4}\} = \langle \bar{4} \rangle,$$
$$\langle \bar{3}^3 \rangle = \{\bar{1}, \bar{6}\}, \quad \{\bar{1}\}$$

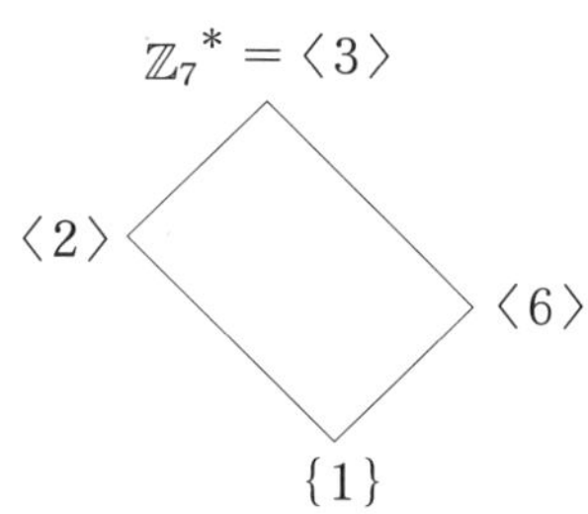

마찬가지로, $\mathbb{Z}_7^* = \{1, 2, 3, 4, 5, 6\} = \langle 3 \rangle$이고 $\mathbb{Z}_7^*$의 부분군 전체는 다음과 같다.

$$\mathbb{Z}_7^*, \quad \langle 3^2 \rangle = \langle 2 \rangle = \{1, 2, 4\} = \langle 4 \rangle,$$
$$\langle 3^3 \rangle = \{1, 6\}, \quad \{1\}$$

보기 2.5.5 곱셈군 $\mathbb{Z}_{15}^* = \{1, 2, 4, 7, 8, 11, 13, 14\}$에서

$$2^2 = 4, \ \ 2^3 = 8, \ \ 2^4 = 1,$$
$$7^2 = 4, \ \ 7^3 = 13, \ \ 7^4 = 1,$$
$$4^2 = 11^2 = 14^2 = 1$$

원소	1	2	4	7	8	11	13	14
위수	1	4	2	4	4	2	4	2

이므로 각 원소의 위수는 위의 표와 같다.

그리고 $\mathbb{Z}_{15}^*$의 순환부분군은 다음과 같다.

$$\langle 2 \rangle = \{1, 2, 4, 8\} = \langle 8 \rangle,$$
$$\langle 7 \rangle = \{1, 7, 4, 13\} = \langle 13 \rangle$$
$$\langle 4 \rangle = \{1, 4\}, \qquad \langle 11 \rangle = \{1, 11\},$$
$$\langle 14 \rangle = \{1, 14\}, \qquad \langle 1 \rangle = \{1\}$$

연 습 문 제 (2.5)

1. 다음 덧셈군의 생성원을 모두 구하여라.
그리고, 이 덧셈군의 부분군 전체에 대한 Hasse 다이어그램을 그려라.
(1) $\overline{\mathbb{Z}}_{12} = \{\overline{0}, \overline{1}, \overline{2}, \cdots, \overline{11}\}$ (2) $\mathbb{Z}_{30} = \{0, 1, 2, \cdots, 29\}$

2. 덧셈군 $\mathbb{Z}_{18} = \{0, 1, 2, \cdots, 17\}$에서 원소 3, 4, 5의 위수를 구하고 부분군 $\langle 3 \rangle$, $\langle 4 \rangle$, $\langle 5 \rangle$의 위수를 구하여라.

3. 다음 덧셈군의 부분군 전체에 대한 Hasse 다이어그램을 그려라.
(1) $\mathbb{Z}_{20} = \{0, 1, 2, \cdots, 19\}$ (2) $\mathbb{Z}_{30} = \{0, 1, 2, \cdots, 29\}$

*4. 곱셈군 $\mathbb{Z}_5^* = \{1, 2, 3, 4\}$가 순환군인지를 확인하여라.

5. 곱셈군 $\mathbb{Z}_8^* = \{1, 3, 5, 7\}$의 곱셈표와 곱셈군 $\mathbb{Z}_{12}^* = \{1, 5, 7, 11\}$의 곱셈표를 비교하여라.

6. 곱셈군 $\mathbb{Z}_{14}^* = \{1, 3, 5, 9, 11, 13\}$는 위수 6인 순환군임을 밝혀라.

*7. 곱셈군 $\mathbb{Z}_{11}^* = \{1, 2, \cdots, 10\}$에 대하여 $\mathbb{Z}_{11}^* = \langle 2 \rangle$임을 밝혀라.
그리고, 이 사실를 이용하여 $\mathbb{Z}_{11}^*$의 각 원소의 위수를 구하고, 또 $\mathbb{Z}_{11}^*$의 부분군 전체에 대한 Hasse 다이어그램을 구하여라.

8. 곱셈군 $\mathbb{Z}_{26}^*$에서 다음을 구하여라.
(1) $25 \cdot 11$ (2) 17^{-1} (3) $13 \cdot 17^{-1}$

§ 2.6 대칭군과 치환군

이 절에서는, 대칭군 S_n과 그 부분군에 대하여 논한다(보기 2.1.4 참조).

정의 2.6.1 치환 $\sigma \in S_n$가 서로 다른 r개의 문자 $i_1, i_2, \cdots, i_{r-1}, i_r$를

$$i_1 \longrightarrow i_2 \longrightarrow \cdots \longrightarrow i_{r-1} \longrightarrow i_r \longrightarrow i_1$$

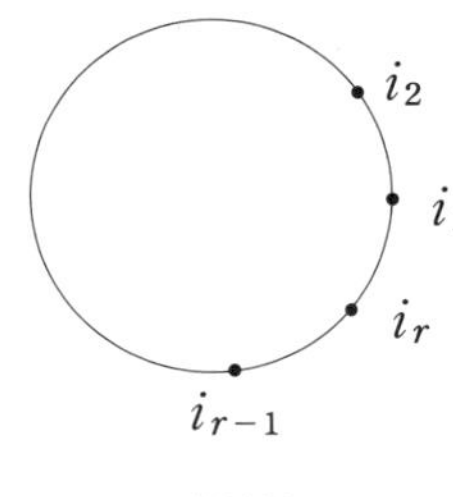

와 같이 순환적으로 변환시키고 나머지 문자는 (존재한다면) 고정시키는 치환일 때, σ를 **길이가 r인 순환치환**(cycle) 또는 **r항 순환치환**(r-cycle)이라 하고 σ를

$$(i_1\ i_2 \cdots i_r),\quad (i_2 \cdots i_r\ i_1),\quad \cdots,\quad (i_r\ i_1 \cdots i_{r-1})$$

으로 나타낸다. 특히, 2항 순환치환 $(i\ j)$를 **호환**(transposition)이라고 한다.

보기 2.6.1 대칭군 S_3에서 다음이 성립한다.

$$\begin{pmatrix} 1 & 2 & 3 \\ 2 & 3 & 1 \end{pmatrix} = (1\ 2\ 3) = (2\ 3\ 1) = (3\ 1\ 2),$$

$$\begin{pmatrix} 1 & 2 & 3 \\ 3 & 1 & 2 \end{pmatrix} = (1\ 3\ 2) = (2\ 1\ 3) = (3\ 2\ 1),$$

$$\begin{pmatrix} 1 & 2 & 3 \\ 1 & 3 & 2 \end{pmatrix} = (2\ 3) = (3\ 2),$$

$$\begin{pmatrix} 1 & 2 & 3 \\ 3 & 2 & 1 \end{pmatrix} = (1\ 3), \qquad \begin{pmatrix} 1 & 2 & 3 \\ 2 & 1 & 3 \end{pmatrix} = (1\ 2)$$

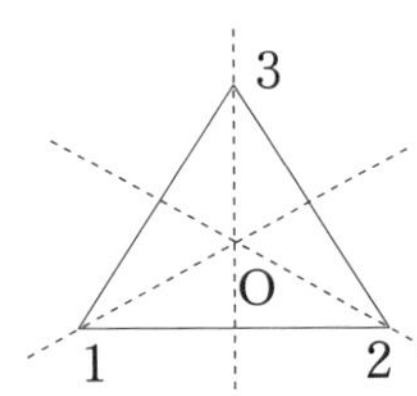

$$(1\ 2\ 3)^2 = (1\ 3\ 2) = (1\ 2\ 3)^{-1}, \qquad (1\ 2\ 3)^3 = 1,$$

$$(2\ 3)^2 = 1, \quad (2\ 3)^{-1} = (2\ 3), \quad (1\ 3)^2 = 1, \quad (1\ 3)^{-1} = (1\ 3),$$

$$(1\ 2)^2 = 1, \quad (1\ 2)^{-1} = (1\ 2),$$

$$(1\ 2\ 3) \circ (2\ 3) = (1\ 2), \qquad (2\ 3) \circ (1\ 2\ 3) = (1\ 3)$$

따라서 $S_3 = \{1, (1\ 2\ 3), (1\ 3\ 2), (2\ 3), (1\ 2), (1\ 3)\}$이고, 또 다음이 성립한다.

$$\langle (1\ 2\ 3) \rangle = \{1, (1\ 2\ 3), (1\ 3\ 2)\} = \langle (1\ 3\ 2) \rangle,$$
$$\langle (2\ 3) \rangle = \{1, (2\ 3)\}, \qquad \langle (1\ 3) \rangle = \{1, (1\ 3)\},$$
$$\langle (1\ 2) \rangle = \{1, (1\ 2)\}$$

정리 2.6.2 대칭군 S_n 에서 다음이 성립한다.

(1) $(i_1\ i_2\ \cdots\ i_r)$ 의 위수는 r 이고 $(i_1\ i_2\ \cdots\ i_r)^{-1} = (i_r\ \cdots\ i_2\ i_1)$ 이다.

(2) $(i\ j)^2 = 1, \quad (i\ j)^{-1} = (j\ i) = (i\ j)$

$(i\ j\ k)^2 = (i\ k\ j),\ (i\ j\ k)^3 = 1,\ (i\ j\ k)^{-1} = (i\ k\ j) = (i\ j\ k)^2$

(3) $\tau \circ \sigma \circ \tau^{-1} = \begin{pmatrix} \tau(1) & \cdots & \tau(i) & \cdots & \tau(n) \\ \tau(\sigma(1)) & \cdots & \tau(\sigma(i)) & \cdots & \tau(\sigma(n)) \end{pmatrix}$

(4) $\tau \circ (i_1\ i_2\ \cdots\ i_r) \circ \tau^{-1} = (\tau(i_1)\ \tau(i_2)\ \cdots\ \tau(i_r))$

증명 분명히 (1), (2)가 성립한다.

(3), (4) 치환 τ 에 대하여 $\{\tau(1), \cdots, \tau(n)\} = \{1, 2, \cdots, n\}$ 이고 또 각 문자 $i\ (1 \le i \le n)$ 에 대하여

$$(\tau \circ \sigma \circ \tau^{-1})(\tau(i)) = (\tau \circ \sigma)(\tau^{-1}(\tau(i))) = (\tau \circ \sigma)(i) = \tau(\sigma(i))$$

이므로 (3)이 성립한다. 그리고, (3)에 의하여 (4)가 성립한다.

보기 2.6.2 대칭군 S_4 에서 다음이 성립한다.

$$(1\ 2\ 3\ 4)^{-1} = (4\ 3\ 2\ 1) = (1\ 4\ 3\ 2),$$
$$(1\ 2\ 3)^2 = (1\ 3\ 2) = (1\ 2\ 3)^{-1},$$
$$(1\ 2) \circ (1\ 2\ 3\ 4) \circ (1\ 2)^{-1} = (2\ 1\ 3\ 4) = (1\ 3\ 4\ 2)$$

정의 2.6.3 대칭군 S_n 에서 두 치환 σ, τ 에 대하여

$$\sigma(i) \neq i \Longrightarrow \tau(i) = i$$

즉 $$\tau(j) \neq j \Longrightarrow \sigma(j) = j$$

일 때, σ 와 τ 는 **서로 소**(disjoint)라고 한다.

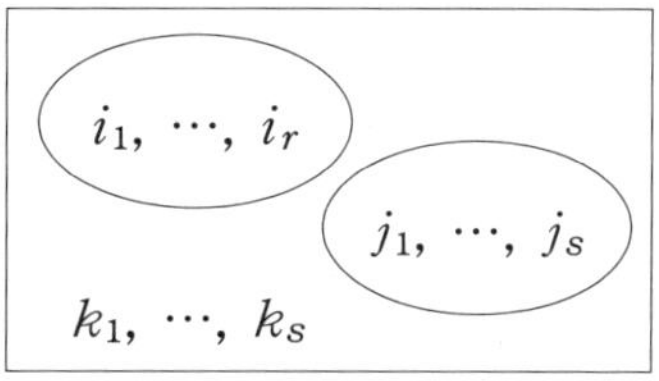

두 치환 σ, τ는 $\{i \mid \sigma(i) \neq i\} \cap \{j \mid \tau(j) \neq j\} = \varnothing$일 때 그리고 이때에만 서로 소이다. 특히, 두 순환치환 $\sigma = (i_1 \ \cdots \ i_r)$, $\tau = (j_1 \ \cdots \ j_s)$는 $\{i_1, \cdots, i_r\} \cap \{j_1, \cdots, j_s\} = \varnothing$ 일 때 그리고 이때에만 서로 소이다.

정리 2.6.4 대칭군 S_n에서 치환 σ, τ가 서로 소이면, $\sigma \circ \tau = \tau \circ \sigma$이다.

증명 가정에 의하여 $\sigma(i) = j \neq i$일 때, $\tau(i) = i$이고 또 σ는 치환이므로 $\sigma(j) \neq \sigma(i) = j$이고 따라서 $\tau(j) = j$이므로 다음이 성립한다.

$$(\sigma \circ \tau)(i) = \sigma(\tau(i)) = \sigma(i) = j,$$
$$(\tau \circ \sigma)(i) = \tau(\sigma(i)) = \tau(j) = j$$

마찬가지로, $\tau(i) = j \neq i$일 때, $(\sigma \circ \tau)(i) = j = (\tau \circ \sigma)(i)$이다.
그리고, $\sigma(i) = i = \tau(i)$이면, 다음이 성립한다.

$$(\sigma \circ \tau)(i) = \sigma(\tau(i)) = i, \quad (\tau \circ \sigma)(i) = \tau(\sigma(i)) = i$$

따라서 $\sigma \circ \tau = \tau \circ \sigma$이다.

대칭군 S_n에서 치환 $\sigma_1, \sigma_2, \cdots, \sigma_m$, $m \geq 2$의 어느 두 치환도 서로 소일 때, 이들 치환은 **쌍마다 서로 소**라고 한다.

대칭군 S_6에서 치환 $\sigma = \begin{pmatrix} 1 & 2 & 3 & 4 & 5 & 6 \\ 2 & 1 & 3 & 5 & 6 & 4 \end{pmatrix}$에 대하여

$$1 \longleftrightarrow 2, \quad 3 \longrightarrow 3, \quad 4 \longrightarrow 5 \longrightarrow 6 \longrightarrow 4$$

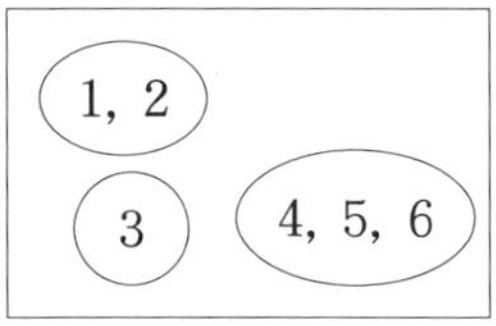

이므로 $\{1, 2, 3, 4, 5, 6\}$은 쌍마다 서로 소인 부분집합 $\{1, 2\}$, $\{3\}$, $\{4, 5, 6\}$으로 분할되고 치환 σ는 이들 부분집합에 대하여 각각 순환치환 $(1\ 2), (\ 3\ ), (4\ 5\ 6)$을 유도한다. 이러한 의미에서 σ를

$$\sigma = (1\ 2) \circ (\ 3\ ) \circ (4\ 5\ 6), \quad \sigma = (\ 3\ ) \circ (4\ 5\ 6) \circ (1\ 2)$$

으로 나타내거나 또는 1항 순환치환 $(\ 3\ )$을 생략하고

$$\sigma = (1\ 2) \circ (4\ 5\ 6), \qquad \sigma = (4\ 5\ 6) \circ (1\ 2)$$

으로 나타낸다(정리 2.6.4 참조). 일반적으로, 다음 정리가 성립한다.

정리 2.6.5 대칭군 S_n에서 치환 $\sigma \in S_n$는 다음과 같이 쌍마다 서로 소인 유한 개의 순환치환의 곱으로 나타내어진다.

$$\sigma = (i_1\ i_2 \cdots i_r) \circ (j_1\ j_2\ \cdots\ j_s) \circ \cdots \circ (l_1\ l_2 \cdots l_t)$$

$$(*) \qquad n = r + s + \cdots + t, \qquad 1 \leq r \leq s \leq \cdots \leq t \leq n$$

치환 σ를 이와 같이 나타낸 것을 σ의 **표준분해**(standard decomposition)라 하고, 이때 σ를 $\{r, s, \cdots, t\}$ **型의 치환**이라고 한다.

특히, $1 = (1) \circ (2) \circ \cdots \circ (n)$ 이므로 항등치환 1은 $\{1, 1, \cdots, 1\}$ 형이다.

대칭군 S_n의 원소를 그 형에 따라 분류하는 방법 전체의 개수는 n을 $(*)$와 같이 분할하는 방법의 개수 $p(n)$과 일치한다. 예를 들면, 3은

$$3 = 1 + 1 + 1, \qquad 3 = 1 + 2, \qquad 3 = 3$$

과 같이 분할되므로 $p(3) = 3$이다. 또, 다음이 성립한다('해설 206' 참조).

$$p(4) = 5, \quad p(5) = 7, \quad p(6) = 11, \quad p(7) = 15, \quad p(8) = 22$$

보기 2.6.3 대칭군 S_3의 원소를 그 형에 따라 분류하면 다음 표와 같다.

형	원 소	개수	위수
{1, 1, 1}	1	1	1
{1, 2}	(1 2), (1 3), (2 3)	3	2
{3}	(1 2 3), (1 3 2)	2	3

보기 2.6.4 대칭군 S_4의 원소를 그 형에 따라 분류하면 다음 표와 같다.

형	원 소	개수	위수
{1, 1, 1, 1}	1	1	1
{1, 1, 2}	(1 2), (1 3), (1 4), (2 3), (2 4), (3 4)	6	2
{1, 3}	(1 2 3), (1 3 2), (1 2 4), (1 4 2), (1 3 4), (1 4 3), (2 3 4), (2 4 3)	8	3
{2, 2}	(1 2)∘(3 4), (1 3)∘(2 4), (1 4)∘(2 3)	3	2
{4}	(1 2 3 4), (1 2 4 3), (1 3 2 4), (1 3 4 2), (1 4 2 3), (1 4 3 2)	6	4

다음 정리의 증명은 문제 8에서 논하기로 한다.

정리 2.6.6 대칭군 S_n에서 $\sigma_1, \cdots, \sigma_m$이 각각 r_1항 순환치환, $\cdots$, r_m항 순환치환일 때, $\sigma_1, \cdots, \sigma_m$이 쌍마다 서로 소이면 $\sigma = \sigma_1 \circ \cdots \circ \sigma_m$의 위수는 $r_1, \cdots, r_m$의 최소공배수와 같다.

특히, 대칭군 S_n에서 치환 σ가 $\{r, s, \cdots, t\}$ 형의 치환일 때, σ의 위수는 $r, s, \cdots, t$의 최소공배수와 같다.

보기 2.6.5 대칭군 S_8에서 세 순환치환

$$\sigma = (1\ 2),\quad \tau = (3\ 4),\quad \rho = (5\ 6\ 7)$$

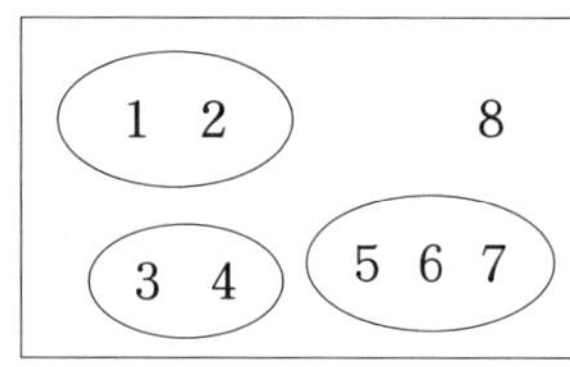

는 쌍마다 서로 소이다.

또, $\sigma \circ \tau = (1\ 2) \circ (3\ 4)$의 위수는 2이다.

한편, $\tau \circ \rho = (3\ 4) \circ (5\ 6\ 7)$의 위수와 $\sigma \circ \rho = (1\ 2) \circ (5\ 6\ 7)$의 위수는 6이다. 또, $\sigma \circ \tau \circ \rho = (1\ 2) \circ (3\ 4) \circ (5\ 6\ 7)$의 위수는 6이다.

정리 2.6.7 대칭군 S_n에서 다음이 성립한다.

(1) $(i_1\ i_2\ i_3\ \cdots\ i_r) = (i_1\ i_r) \circ \cdots \circ (i_1\ i_3) \circ (i_1\ i_2)$

(2) 각 치환 $\sigma \in S_n$는 호환의 곱으로 나타내어진다.

증명 분명히 등식 (1)이 성립한다. 또한, 정리 2.6.5에 의하여 각 치환 $\sigma \in S_n$는 순환치환의 곱으로 나타내어지므로 (1)이 성립한다.

보기 2.6.6 대칭군 S_3에 대하여 다음이 성립한다.

$$(1\ 2\ 3) = (1\ 3) \circ (1\ 2) = (2\ 3) \circ (1\ 2) \circ (2\ 3) \circ (1\ 2),$$
$$(1\ 2\ 3) = (2\ 3\ 1) = (2\ 1) \circ (2\ 3) = (1\ 2) \circ (2\ 3),$$
$$(1\ 3\ 2) = (1\ 2) \circ (1\ 3) = (3\ 1) \circ (3\ 2) = (1\ 3) \circ (2\ 3),$$

위의 보기에서와 같이, 치환 $\sigma \in S_n$를 호환의 곱으로 나타내는 방법은 여러 가지가 있으나, 이때 나타나는 호환의 개수가 짝수인지 홀수인지는

그 방법에 관계없이 일정하다('해설 206' 참조).

치환 $\sigma \in S_n$가 짝수 개의 호환의 곱으로 나타내어질 때 σ를 **우치환**(even permutation)이라 하고, 홀수 개의 호환의 곱으로 나타내어질 때 σ를 **기치환**(odd permutation)이라고 한다.

정리 2.6.8 대칭군 S_n, $n \geq 2$에서 우치환 전체의 집합을 A_n으로 나타내면, A_n은 S_n의 부분군을 이루고 또 $|A_n| = \dfrac{n!}{2}$이다.

증명 임의의 우치환 $\sigma, \tau \in A_n$에 대하여 분명히 $\tau \circ \sigma$도 우치환이므로 $\tau \circ \sigma \in A_n$이고, 따라서 A_n은 S_n의 부분군이다(정리 2.3.3 참조).

그리고, S_n에서 기치환 전체의 집합을 B_n이라고 하면,

$$S_n = A_n \cup B_n, \quad A_n \cap B_n = \varnothing$$

이고 우치환 $\sigma \in A_n$에 대하여 $\tau = (1\ 2) \circ \sigma \in B_n$, $(1\ 2) \circ \tau = \sigma$이므로

$$\phi : A_n \longrightarrow B_n, \quad \phi(\sigma) = (1\ 2) \circ \sigma$$

는 일대일 대응이다.

따라서 $|A_n| = |B_n|$이므로 $|A_n| = \dfrac{n!}{2}$이다.

정의 2.6.9 집합 $X\,(\neq \varnothing)$ 위의 대칭군 $S(X)$의 부분군을 집합 X 위의 **置換群**(permutation group)이라고 한다.

특히, 대칭군 S_n의 부분군을 ***n*차의 치환군**이라 하고 또 A_n을 ***n*차의 交代群**(alternating group)이라고 한다.

보기 2.6.7 교대군 A_3와 교대군 A_4는 각각 다음과 같다.

$$A_3 = \langle (1\ 2\ 3) \rangle = \{1, (1\ 2\ 3), (1\ 3\ 2)\} = \langle (1\ 3\ 2) \rangle,$$

$$\begin{aligned} A_4 = \{&1, (1\ 2\ 3), (1\ 3\ 2), (1\ 2\ 4), (1\ 4\ 2), (1\ 3\ 4), (1\ 4\ 3), \\ &(2\ 3\ 4), (2\ 4\ 3), (1\ 2) \circ (3\ 4), (1\ 3) \circ (2\ 4), (1\ 4) \circ (2\ 3)\} \end{aligned}$$

교대군 A_4의 원소의 위수는 1, 2 또는 3이다.

연 습 문 제 (2.6)

1. 대칭군 S_6 에서 다음 치환 σ 의 표준분해를 구하여라.

(1) $\sigma = \begin{pmatrix} 1 & 2 & 3 & 4 & 5 & 6 \\ 6 & 3 & 5 & 4 & 2 & 1 \end{pmatrix}$ (2) $\sigma = \begin{pmatrix} 1 & 2 & 3 & 4 & 5 & 6 \\ 2 & 3 & 4 & 1 & 6 & 5 \end{pmatrix}$

2. 대칭군 S_5 에서 치환 σ 의 역치환 σ^{-1} 를 구하여라.

(1) $\sigma = (1\ 2\ 3) \circ (4\ 5)$ (2) $\sigma = (1\ 2) \circ (3\ 4)$

3. 다음 치환의 위수를 구하여라.

*(1) $(1\ 2\ 3) \circ (4\ 2\ 3\ 5)$ *(2) $(1\ 2\ 5) \circ (2\ 4\ 5\ 3) \circ (1\ 2)$

(3) $(2\ 3) \circ (1\ 2\ 3) \circ (2\ 3)$ (4) $(1\ 2\ 3) \circ (1\ 3\ 4\ 2) \circ (1\ 2\ 3)^{-1}$

4. 대칭군 S_3 에서 다음과 같은 치환 σ, τ, ρ 를 구하여라.

$$\sigma \circ \rho \circ \tau = \tau \circ \rho \circ \sigma, \qquad \sigma \circ \tau \neq \tau \circ \sigma$$

5. 순환치환 $\sigma = (i_1\ i_2\ \cdots\ i_r)$ 에서 r 가 홀수이면 σ 는 우치환이고, r 가 짝수이면 σ 는 기치환임을 밝혀라.

***6.** 대칭군 S_n 에서 r 항 순환치환 전체의 개수는 $\dfrac{n!}{(n-r)!\,r}$ 임을 밝혀라.

7. 대칭군 S_5 의 원소를 그 형에 따라 분류한 표를 만들어라.

***8.** 치환군 S_n 에서 치환 $\sigma_1, \cdots, \sigma_m$ $(m \geq 2)$ 이 쌍마다 서로 소일 때, 다음이 성립함을 밝혀라.

(1) $\sigma_1 \circ \cdots \circ \sigma_m = 1$ 이면, $\sigma_1 = \cdots = \sigma_m = 1$ 이다.

(2) 임의의 양의 정수 k 에 대하여 $\sigma_1^{\,k}, \cdots, \sigma_m^{\,k}$ 은 쌍마다 서로 소이다.

그리고 위의 결과를 이용하여 정리 2.6.6 을 증명하여라.

***9.** 정수 p 가 素數일 때, 대칭군 S_p 에서 치환 $\sigma \in S_p$ 의 위수가 p 이면 σ 는 $(i_1\ i_2\ \cdots\ i_p)$ 와 같은 꼴의 p 항 순환치환임을 증명하여라.

§ 2.7 Lagrange 의 정리

이 절에서는, 유한군의 위수와 그 부분군의 위수 사이의 관계를 논한다.

정의 2.7.1 군 G 에서 H 가 G 의 부분군일 때, 원소 $a \in G$ 에 대하여

$$aH = \{ah \mid h \in H\}, \qquad Ha = \{ha \mid h \in H\}$$

를 각각 a 를 포함하는 G 에서의 H 의 **左잉여류**(left coset), **右잉여류**(right coset)이라 하고 a 를 그 **대표원**(representative)이라고 한다.

위의 정의에서 $eH = \{eh \mid h \in H\} = \{he \mid h \in H\} = He = H$ 이다. 이와 같이 $aH = Ha$ 인 경우에 이것을 간단히 **잉여류**라고 한다.

보기 2.7.1 대칭군 S_3 에서 $H = \{1, (2\ 3)\}$ 에 대하여 다음이 성립한다.

$$\begin{aligned}
&1 \circ H = H = \{1, (2\ 3)\} = (2\ 3) \circ H,\\
&(1\ 2) \circ H = \{(1\ 2), (1\ 2\ 3)\} = (1\ 2\ 3) \circ H,\\
&(1\ 3) \circ H = \{(1\ 3), (1\ 3\ 2)\} = (1\ 3\ 2) \circ H,\\
&H \circ 1 = H = \{1, (2\ 3)\} = H \circ (2\ 3),\\
&H \circ (1\ 2) = \{(1\ 2), (1\ 3\ 2)\} = H \circ (1\ 3\ 2),\\
&H \circ (1\ 3) = \{(1\ 3), (1\ 2\ 3)\} = H \circ (1\ 2\ 3)
\end{aligned}$$

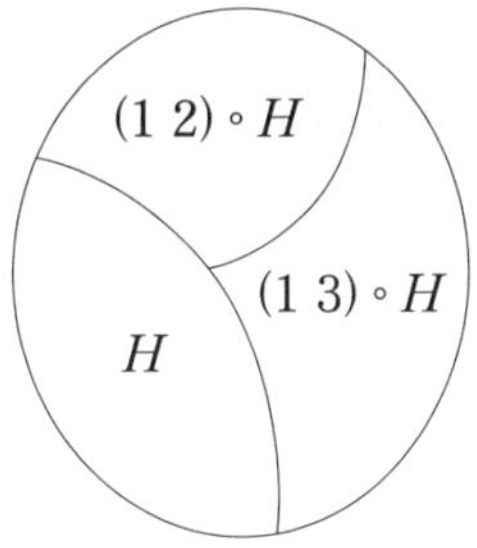

그러므로 S_3 에서 H 의 좌잉여류 전체의 집합과 우잉여류 전제의 집합은 각각 $\{H, (1\ 2) \circ H, (1\ 3) \circ H\}$, $\{H, H \circ (1\ 2), H \circ (1\ 3)\}$ 이다.

보기 2.7.2 군 G 가 Abel군이면, H 가 G 의 부분군일 때 모든 $a \in G$ 에 대하여 $aH = \{ah \mid h \in H\} = \{ha \mid h \in H\} = Ha$ 이다.

특히, 덧셈군 A 에서 B 가 부분군일 때, 모든 원소 $a \in A$ 에 대하여

$$a + B = \{a + x \mid x \in B\} = B + a$$

이고 특히 $0 + B = B + 0 = B$ 이다.

정리 2.7.2 군 G 에서 H 가 G 의 부분군일 때, 원소 $a \in G$ 에 대하여

$$\phi_a : H \longrightarrow aH, \quad \phi_a(h) = ah$$
$$\psi_a : H \longrightarrow Ha, \quad \psi_a(h) = ha$$

는 일대일 대응이고, 따라서 $|H| = |aH| = |Ha|$ 이다(정의 1.1.7).

증명 정리 2.2.2 에 의하면, 임의의 원소 $h_1, h_2 \in H$ 에 대하여

$$\phi_a(h_1) = \phi_a(h_2) \Longrightarrow a h_1 = a h_2 \Longrightarrow h_1 = h_2,$$
$$\psi_a(h_1) = \psi_a(h_2) \Longrightarrow h_1 a = h_2 a \Longrightarrow h_1 = h_2$$

이고 $\phi_a(H) = aH$, $\psi_a(H) = Ha$ 이므로 ϕ_a 와 ψ_a 는 일대일 대응이다.

정리 2.7.3 군 G 에서 H 가 G 의 부분군일 때, G 위의 관계

$$a \sim b \iff a^{-1}b \in H$$

는 동치관계이다. 그리고, 이 동치관계에 관하여 a 를 포함하는 동치류는 $aH = \{ah \mid h \in H\}$ 이고, 임의의 $a, b \in G$ 에 대하여 다음이 성립한다.

(1) $aH = bH \iff a^{-1}b \in H \iff b^{-1}a \in H$

(2) $aH = bH \iff b \in aH \iff$ 적당한 $h \in H$ 에 대하여 $b = ah$

$aH = bH \iff a \in bH \iff$ 적당한 $h \in H$ 에 대하여 $a = bh$

$aH = H \iff a \in H$

(3) 각 원소 $a \in G$ 에 대하여 $a \in aH$ 이고, $G = \cup\{aH \mid a \in G\}$ 이다. 또, 임의의 $a, b \in G$ 에 대하여 다음 중 하나 그리고 단 하나가 성립한다.

(i) $aH = bH$ (ii) $aH \cap bH = \varnothing$

증명 다음 세 조건이 성립하므로 $\sim$는 G 위의 동치관계이다(정의 1.2.25).

(i) 임의의 $a \in G$ 에 대하여 $a^{-1}a = e \in H$ 이고 따라서 $a \sim a$ 이다.

(ii) $a \sim b$ 이면, $a^{-1}b \in H$ 이고 H 는 부분군이므로 정리 2.3.2 에 의하여 $b^{-1}a = (a^{-1}b)^{-1} \in H$ 이고 따라서 $b \sim a$ 이다.

(iii) $a \sim b, b \sim c$ 이면, $a^{-1}b \in H$, $b^{-1}c \in H$ 이고 또 H 는 부분군이므로 $c^{-1}a = (a^{-1}b)(b^{-1}c) \in H$ 이고 따라서 $a \sim c$ 이다(정리 2.3.2).

그리고, 원소 $a \in G$ 에 대하여

$$a \sim x \iff a^{-1}x \in H \iff a^{-1}x = h \quad \text{즉} \quad x = ah \quad (h \in H)$$

이므로 a 를 포함하는 동치류는 $\{ah \mid h \in H\} = aH$ 이다.

따라서 정리 1.2.26 에 의하여 정리의 (1), (2), (3) 이 성립한다.

앞의 정리의 증명과 마찬가지 방법으로 다음 정리를 증명할 수 있다.

정리 2.7.4 군 G 에서 H 가 G 의 부분군일 때, G 위의 관계

$$a \sim b \iff ba^{-1} \in H$$

는 동치관계이다. 또, 이 동치관계에 관하여 $a \in G$ 를 포함하는 동치류는 $Ha = \{ha \mid h \in H\}$ 이고, 임의의 $a, b \in G$ 에 대하여 다음이 성립한다.

(1) $Ha = Hb \iff ab^{-1} \in H \iff ba^{-1} \in H$

(2) $Ha = Hb \iff b \in Ha \iff$ 적당한 $h \in H$ 에 대하여 $b = ha$

$Ha = Hb \iff a \in Hb \iff$ 적당한 $h \in H$ 에 대하여 $a = hb$

$Ha = H \iff a \in H$

(3) 각 원소 $a \in G$ 에 대하여 $a \in Ha$ 이고 $G = \cup \{Ha \mid a \in G\}$ 이다. 또, 임의의 $a, b \in G$ 에 대하여 다음 중 하나 그리고 단 하나가 성립한다.

(i) $Ha = Hb$ (ii) $Ha \cap Hb = \varnothing$

군 G 에서 부분군 H 의 서로 다른 좌잉여류 [우잉여류] 가 m 개 존재하면, H 의 서로 다른 우잉여류 [좌잉여류] 도 m 개 존재한다(문제 4). 또,

$$a_1H = H,\ a_2H, \cdots, a_mH \text{ 와} \qquad Hb_1 = H,\ Hb_2, \cdots, Hb_m$$

가 각각 G 에서의 H 의 서로 다른 좌잉여류 전체와 우잉여류 전체일 때, 다음이 성립한다.

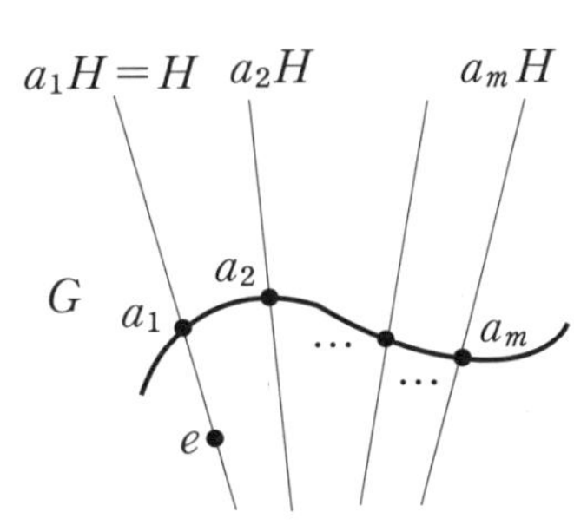

$$G = a_1H \cup a_2H \cup \cdots \cup a_mH,$$
$$a_iH \cap a_jH = \varnothing \quad (1 \le i \ne j \le m)$$
$$G = Hb_1 \cup Hb_2 \cup \cdots \cup Hb_m,$$
$$Hb_i \cap Hb_j = \varnothing \quad (1 \le i \ne j \le m)$$

이와 같은 분해를 군 G에서의 H의 **좌잉여류 분해 [우잉여류 분해]**라 하고, 각 m개의 좌잉여류 [우잉여류]에서 원소를 한 개씩 택하여 만든 집합을 G에서의 H의 **左代表系 [右대표계]**(transversal, complete system of representatives)라고 한다. 앞에서 $\{a_1, a_2, \cdots, a_m\}$과 $\{b_1, b_2, \cdots, b_m\}$은 각각 G에서의 H의 좌대표계, 우대표계이다.

정의 2.7.5 군 G에서 부분군 H의 좌잉여류 [우잉여류]가 유한 개 존재할 때, H를 **유한 指數**(finite index)를 가진 부분군이라고 한다.

특히, G에서의 H의 좌잉여류 [우잉여류] 전체의 개수가 m일 때, m을 G에서의 H의 **지수**(index)라 하고 m을 $|G:H|$로 나타낸다.

정리 2.7.6 (Lagrange의 정리) 유한군 G에서 H가 G의 부분군일 때, H의 위수 $|H|$와 지수 $|G:H|$는 $|G|$의 약수이고 다음이 성립한다.

$$|G| = |G:H||H|, \quad |G:H| = \frac{|G|}{|H|}$$

그리고, 유한군 G의 각 원소 a에 대하여 a의 위수는 $|G|$의 양의 약수이고 따라서 $a^{|G|} = e$이다.

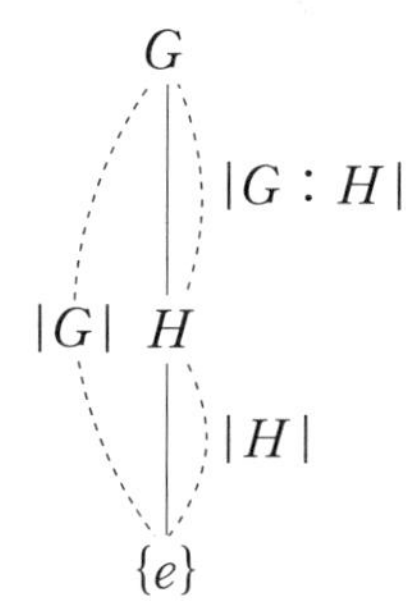

증명 유한군 G에서 부분군 H는 유한군이고 G에서의 H의 좌잉여류 [우잉여류]는 유한 개 존재한다. 이제 $|G:H| = m$이라 하고

$$G = a_1H \cup \cdots \cup a_mH, \quad a_iH \cap a_jH = \varnothing \quad (1 \le i \ne j \le m)$$

이라고 하면, 정리 2.7.2에 의하여 $|a_1H| = \cdots = |a_mH| = |H|$이므로

$$|G| = |a_1H| + \cdots + |a_mH| = m\,|H|$$

이고 따라서 $|G = |G:H||H|$이다.

그리고, 각 원소 $a \in G$에 대하여 a의 위수와 부분군 $\langle a \rangle$의 위수는 일치하므로(정리 2.4.3) a의 위수는 $|G|$의 양의 약수이다. 그리고 a의 위수를 d이라고 하면, 적당한 양의 정수 m에 대하여 $|G| = d\,m$이고 따라서 $a^{|G|} = (a^d)^m = e^m = e$이다.

보기 2.7.3 유한군 G가 위수 n인 순환군이면, n의 임의의 양의 약수 d에 대하여 위수 d인 부분군이 단 하나 존재한다(정리 2.4.5).

또, 유한군 G가 위수 n인 Abel 군이면, n의 임의의 양의 약수 d에 대하여 위수 d인 부분군이 적어도 하나 존재한다(문제 6.4.13, 정리 7.1.4).

일반적으로, Lagrange의 정리의 역은 성립하지 않는다(보기 2.9.7).

정리 2.7.7 군 $G\ (\neq \{e\})$에 대하여 다음이 성립한다.

(1) G의 위수가 素數 p이면, G는 순환군이고 G의 항등원을 제외한 원소의 위수는 p이며 G의 부분군은 G와 $\{e\}$뿐이다.

(2) G의 부분군이 G와 $\{e\}$뿐이면, G는 위수가 素數인 순환군이다.

증명 (1) 군 G의 위수가 素數 p일 때, $a \in G-\{e\}$이라고 하자.

이 때, $\{e\} \subsetneq \langle a \rangle \subseteq G$이고, Lagrange의 정리에 의하여 $\langle a \rangle$의 위수는 p의 약수이므로 $|\langle a \rangle| = p = |G|$이다. 따라서 $G = \langle a \rangle$이고 a의 위수는 p이다(정리 2.4.3). 그리고, G의 부분군은 G와 $\{e\}$뿐이다.

(2) 군 G의 부분군이 G와 $\{e\}$뿐이라고 하자.

이 때, 원소 $a \in G-\{e\}$를 택하면, $\{e\} \subsetneq \langle a \rangle \subseteq G$이므로 $G = \langle a \rangle$이다. 또, $G = \langle a \rangle$가 무한 순환군이라고 가정하면, $\{e\} \subsetneq \langle a^2 \rangle \subsetneq G$으로 되어 모순이 생긴다(정리 2.4.7). 따라서 $G = \langle a \rangle$는 유한 순환군이다.

이제 G의 위수가 합성수라고 가정하면, $|G| = md$, $1 < d \leq m < n$인 정수 m, d가 존재하고 이때 $\{e\} \subsetneq \langle a^m \rangle \subsetneq G$이므로 가정에 모순된다(정리 2.4.5). 따라서 G는 위수가 素數인 순환군이다.

보기 2.7.4 대칭군 S_3의 부분군의 위수는 6의 약수이고, 위수 2 또는 3인 군은 순환군이므로 S_3의 부분군 전체는 다음과 같다(보기 2.6.1 참조).

S_3, $\quad A_3 = \langle (1\ \ 2\ \ 3) \rangle$,

$\langle (2\ \ 3) \rangle = \{1, (2\ \ 3)\}$,

$\langle (1\ \ 3) \rangle = \{1, (1\ \ 3)\}$,

$\langle (1\ \ 2) \rangle = \{1, (1\ \ 2)\}$, $\langle 1 \rangle = \{1\}$

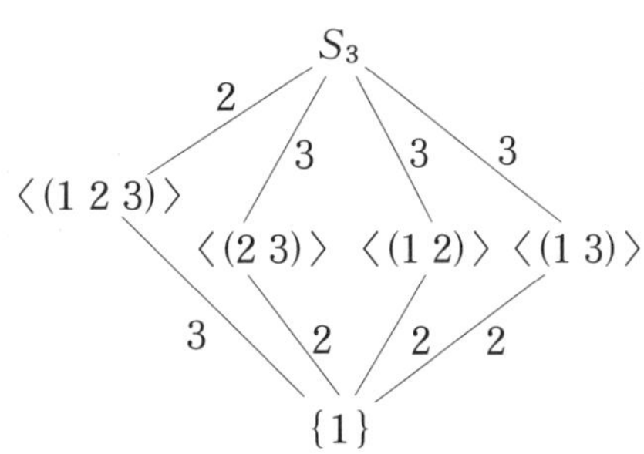

보기 2.7.5 집합 $Q_8 = \{\pm 1, \pm i, \pm j, \pm k\}$ 위에 곱셈을

$$i^2 = j^2 = k^2 = -1, \qquad (-1)^2 = 1,$$
$$ij = k = -ji, \qquad jk = i = -kj, \qquad ki = j = -ik$$

로 정하면, Q_8은 곱셈에 관하여 위수 8인 군을 이룬다.

곱셈군 Q_8을 **四元數群**(quaternion group)이라고 한다.

이 군에서 위수 2인 원소는 -1뿐이고 위수 4인 원소는 $\pm i$, $\pm j$, $\pm k$뿐이므로, 위수 2인 부분군은 $\langle -1 \rangle = \{1, -1\}$뿐이고 위수 4인 부분군은 $\langle i \rangle = \{\pm 1, \pm i\}$, $\langle j \rangle = \{\pm 1, \pm j\}$, $\langle k \rangle = \{\pm 1, \pm k\}$ 뿐이다. 따라서 Q_8은 순환군이 아니지만 Q_8의 진부분군은 모두 순환군이다.

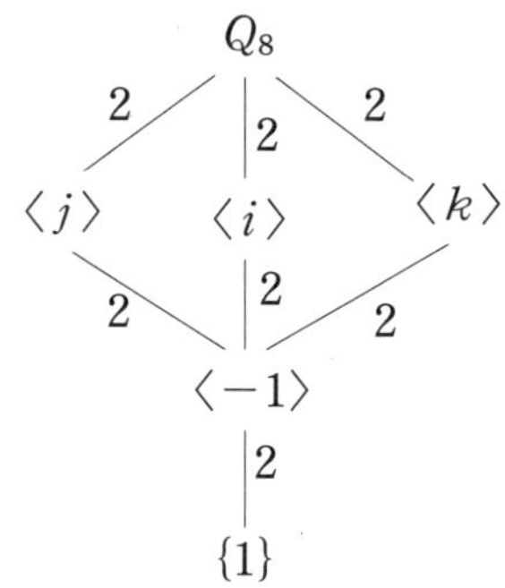

다음이 성립함을 밝힐 수 있다(문제 5 참조).

정리 2.7.8 유한군 G에서 두 부분군 H, K에 대하여 $K \subseteq H$일 때, 다음이 성립한다.

$$|G| = |G : H|\,|H : K|\,|K|, \quad |G : K| = |G : H|\,|H : K|$$

정리 2.7.9 군 G에서 H, K가 유한 부분군일 때 다음이 성립한다.

(1) HK에 포함되어 있는 K의 좌잉여류 전체의 개수는 $|H : H \cap K|$이고 $|HK| = \dfrac{|H|\,|K|}{|H \cap K|}$이다.

(2) $HK = KH$ 즉 HK가 G의 부분군이면,

$$|HK : K| = |H : H \cap K|$$

이고 또 $|HK : H| = |K : H \cap K|$이다.

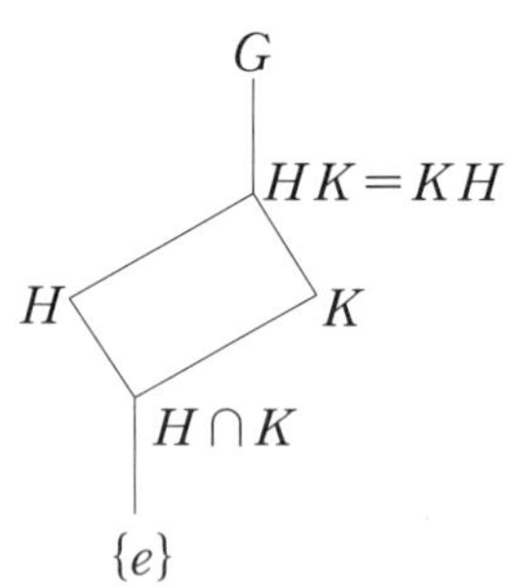

증명 (1) 먼저 H와 K는 유한 부분군이고

$$HK = \{hk \mid h \in H, k \in K\} = \cup \{hK \mid h \in H\}$$

이므로 HK는 유한집합이다. 그리고, HK에 포함된 K의 좌잉여류 전체의

집합을 $\mathscr{X}$ 라고 하면, $\mathscr{X} = \{hK \mid h \in H\}$ 이므로 $|HK| = |\mathscr{X}||K|$ 이다.

또, $H \cap K$ 는 유한군 H 의 부분군이므로 H 에서의 $H \cap K$ 의 좌잉여류 전체의 집합을 $\mathscr{Y}$ 라고 하면 다음이 성립한다(정리 2.7.6),

$$|\mathscr{Y}| = |H : H \cap K| = \frac{|H|}{|H \cap K|}$$

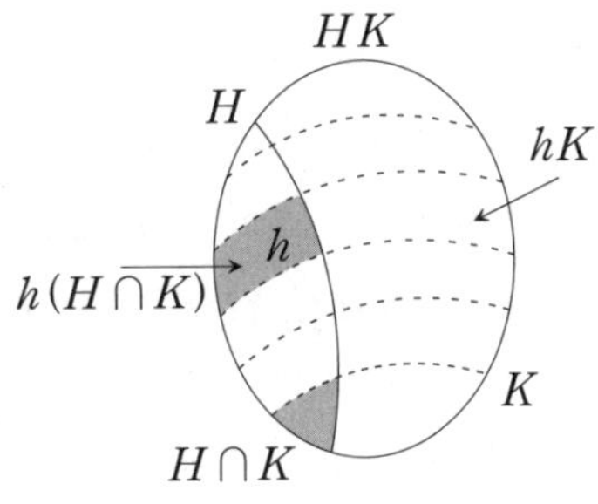

한편, 임의의 $h, h' \in H$ 에 대하여

$$\begin{aligned} & hK = h'K \\ \Longleftrightarrow\ & h^{-1}h' \in K \\ \Longleftrightarrow\ & h^{-1}h' \in H \cap K \\ \Longleftrightarrow\ & h(H \cap K) = h'(H \cap K) \end{aligned}$$

이므로

$$\phi : \mathscr{X} \longrightarrow \mathscr{Y}, \quad \phi(hK) = h(H \cap K)$$

는 잘 정의된 사상이고 ϕ 는 일대일 대응이다. 따라서 다음이 성립한다.

$$|\mathscr{X}| = |\mathscr{Y}| = |H : H \cap K|,$$
$$|HK| = |\mathscr{X}||K| = |H : H \cap K||K| = \frac{|H||K|}{|H \cap K|}$$

(2) $HK = KH$ 즉 HK 가 G 의 부분군이면, (1)과 정의 2.7.5 에 의하여 $|HK : K| = |\mathscr{X}| = |H : H \cap K|$ 이고 $|HK : H| = |K : H \cap K|$ 이다.

보기 2.7.6 군 G 의 부분군 H, K 의 위수가 각각 m, n 일 때, 부분군 $H \cap K$ 의 위수는 m, n 의 공약수이다. 특히 $(m, n) = 1$ 이면, $H \cap K = \{e\}$ 이고 따라서 $|HK| = |H||K|$ 이다.

또, G 의 서로 다른 두 부분군 H, K 의 위수가 素數 p 이면, $H \cap K = \{e\}$, $|H \cup K| = 2p - 1$ 이다.

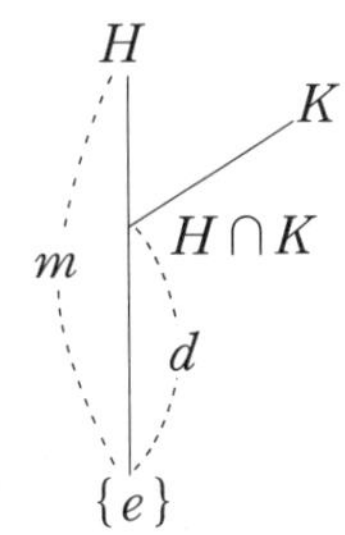

연 습 문 제 (2.7)

1. 대칭군 S_3 에서 부분군 $A_3 = \{1, (1\ 2\ 3), (1\ 3\ 2)\}$ 의 좌잉여류 전체와 A_3 의 우잉여류 전체를 구하고 이들을 비교하여라.

2. 유한군 G 에서 위수 n 인 원소가 존재하면, n 은 $|G|$ 의 약수임을 밝혀라.
또, 유한군 G 에서 위수 2 인 원소가 존재할 때 그리고 이때에만 $|G|$ 는 짝수임을 밝혀라.

*3. 素數 p 에 대하여 군 G 의 위수가 p^2 일 때, 다음이 성립함을 밝혀라.

(1) G 가 순환군이면, G 에는 위수 p 인 부분군이 단 하나 존재한다.

(2) G 가 순환군이 아니면, G 의 항등원을 제외한 원소의 위수는 모두 p 이고 또 G 의 위수 p 인 부분군 전체의 개수는 $p+1$ 이다.

*4. 군 G 에서 부분군 H 에 대하여

$$G = a_1 H \cup \cdots \cup a_m H, \qquad G = H b_1 \cup \cdots \cup H b_m$$

가 각각 G 에서의 H 의 좌잉여류 분해, 우잉여류 분해일 때,

$$G = H{a_1}^{-1} \cup \cdots \cup H{a_m}^{-1}, \qquad G = {b_1}^{-1} H \cup \cdots \cup {b_m}^{-1} H$$

는 각각 G 에서의 H 의 우잉여류 분해, 좌잉여류 분해임을 밝혀라.

5. Lagrange 의 정리를 이용하여 정리 2.7.8 이 성립함을 밝혀라.

6. 유한군 G 에서 H, K 가 G 의 부분군일 때, 다음이 성립함을 밝혀라.
여기서, p, q 는 서로 다른 素數이다.

*(1) $|H| = p$ 이면, $H \cap K = \{e\}$ 또는 $H \subseteq K$ 이다.

(2) $|H| = |K| = p$ 이면, $H = K$ 또는 $|H \cup K| = 2p - 1$ 이다.

(3) $|H| = p$, $|K| = q$ 이면, $H \cap K = \{e\}$ 이고 $|H \cup K| = p + q - 1$ 이다.

(4) $|G| = |H|\,|K|$ 일 때, $|H|$ 와 $|K|$ 가 서로 소이면 $H \cap K = \{e\}$ 이고 또 $G = HK$ 이다.

*7. Lagrange 의 정리를 이용하여 다음이 성립함을 밝혀라.

(1) 정수 p 가 素數일 때, 곱셈군 $\mathbb{Z}_p{}^* = \{1, \cdots, p-1\}$ 의 모든 원소 $a \in \mathbb{Z}_p{}^*$ 에 대하여 $a^{p-1} = 1$, $a^p = a$ 이다(Fermat 의 정리, 정리 1.2.30).

(2) $n \geq 2$ 일 때, 곱셈군 $\mathbb{Z}_n{}^*$ 의 모든 원소 $a \in \mathbb{Z}_n{}^*$ 에 대하여 $a^{\varphi(n)} = 1$ 이다(Euler 의 정리, 정리 1.2.33).

§2.8 준동형사상과 동형사상

곱셈군 $U_3 = \{1, \omega, \omega^2\}$ 와 덧셈군 $\mathbb{Z}_3 = \{0, 1, 2\}$ 에 대하여 다음과 같이 정의된 사상 $f : U_3 \longrightarrow \mathbb{Z}_3$ 를 생각해 보자.

$$f(1) = 0, \quad f(\omega) = 1, \quad f(\omega^2) = 2$$

이 때, U_3 의 임의의 두 원소 곱의 f 에 의한 상은 이들 두 원소의 f 에 의한 상의 합과 같고 또 f 는 일대일 대응이다(정의 1.1.2).

따라서 f 를 따라 U_3 의 곱셈표의 각 원소를 $\mathbb{Z}_3$ 의 원소로 바꾸어 놓고 연산기호 ·를 + 로 바꾸어 놓으면 $\mathbb{Z}_3$ 의 덧셈표를 얻는다.

$\cdot$	1	ω	ω^2
1	1	ω	ω^2
ω	ω	ω^2	1
ω^2	ω^2	1	ω

$+$	0	1	2
0	0	1	2
1	1	2	0
2	2	0	1

정의 2.8.1 두 군 $(G, \circ)$, $(\overline{G}, *)$ 에 대하여 사상 $f : G \longrightarrow \overline{G}$ 가 군의 연산을 보존시킬 때, 즉 임의의 원소 $a, b \in G$ 에 대하여

$$(*) \qquad f(a \circ b) = f(a) * f(b)$$

일 때, 사상 f 를 G 에서 H 로의 (**群**) **準同型寫像**(group-homomorphism)이라고 한다.

특히, 준동형사상 $f : G \longrightarrow \overline{G}$ 가 일대일 대응일 때, f 를 G 에서 $\overline{G}$ 위로의 (**群**) **同型寫像**(group-isomorphism)이라고 한다.

그리고, 동형사상 $f : G \longrightarrow \overline{G}$ 가 존재할 때, 군 $(G, \circ)$ 과 군 $(\overline{G}, *)$ 는 서로 **同型**인(isomorphic) 군이라 하고 이 사실을 $G \cong \overline{G}$ 로 나타낸다.

위의 정의에서 조건 $(*)$ 는 다음을 뜻한다.

(1) G, $\overline{G}$ 가 모두 곱셈군일 때, $\quad f(ab) = f(a)f(b)$

(2) G 는 곱셈군, $\overline{G}$ 는 덧셈군일 때, $\quad f(ab) = f(a) + f(b)$

(3) G 는 덧셈군, $\overline{G}$ 는 곱셈군일 때, $\quad f(a+b) = f(a)f(b)$

(4) G, $\overline{G}$ 가 모두 덧셈군일 때, $\quad f(a+b) = f(a) + f(b)$

군 동형사상 $f : G \longrightarrow \overline{G}$ 는 일대일 대응이므로 $G \cong \overline{G}$ 이면 $|G| = |\overline{G}|$ 이다(정의 1.1.7 참조).

보기 2.8.1 덧셈군 $\mathbb{R}$ 와 곱셈군 $\mathbb{R}^* = \mathbb{R} - \{0\}$, $\mathbb{R}^+ = \{x \in \mathbb{R} \mid x > 0\}$ 를 생각해 보자.

(1) 실수 e $(e > 1)$ 를 택하여 사상

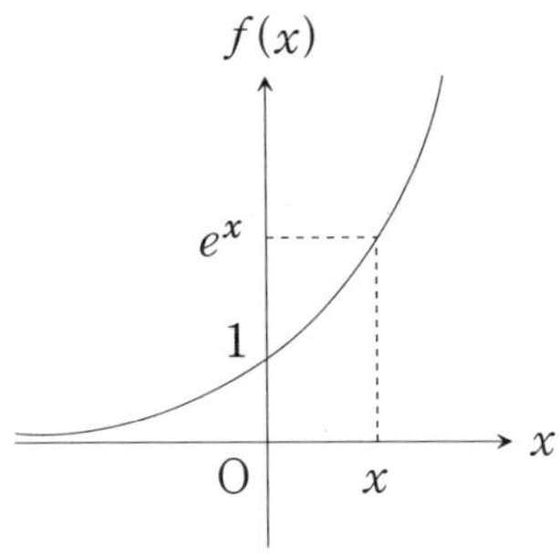

$$f : \mathbb{R} \longrightarrow \mathbb{R}^+, \quad f(x) = e^x$$

을 생각하면, 임의의 $x, y \in \mathbb{R}$ 에 대하여

$$f(x+y) = e^{x+y} = e^x e^y = f(x) f(y)$$

이므로 f 는 준동형사상이다. 또, 사상

$$g : \mathbb{R}^+ \longrightarrow \mathbb{R}, \quad g(x) = \log_e x$$

는 f 의 역사상이므로 f 는 일대일 대응이다(정리 1.1.4, 정리 1.1.5).

그러므로 f 는 동형사상이고, 덧셈군 $\mathbb{R}$ 와 곱셈군 $\mathbb{R}^+$ 는 동형이다.

(2) 사상 $\phi : \mathbb{R} \longrightarrow \mathbb{R}^*$ 를 덧셈군 $\mathbb{R}$ 에서 곱셈군 $\mathbb{R}^*$ 로의 준동형사상이라고 하면, 임의의 $x \in \mathbb{R}$ 에 대하여 $\dfrac{x}{2} \in \mathbb{R}$ 이고 또

$$\phi(x) = \phi\left(\frac{x}{2} + \frac{x}{2}\right) = \phi\left(\frac{x}{2}\right) \phi\left(\frac{x}{2}\right) = \phi\left(\frac{x}{2}\right)^2 > 0$$

이므로 $\mathrm{im}\, \phi = \{\phi(x) \mid x \in \mathbb{R}\} \subseteq \mathbb{R}^+ \subsetneq \mathbb{R}^*$ 이다.

따라서 덧셈군 $\mathbb{R}$ 에서 곱셈군 $\mathbb{R}^*$ 위로의 동형사상은 존재하지 않으므로, 덧셈군 $\mathbb{R}$ 와 곱셈군 $\mathbb{R}^*$ 는 동형이 아니다.

(3) 사상 $\psi : \mathbb{R}^+ \longrightarrow \mathbb{R}^*$ 를 곱셈군 $\mathbb{R}^+$ 에서 곱셈군 $\mathbb{R}^*$ 로의 준동형사상이라고 하면, 임의의 $x \in \mathbb{R}^+$ 에 대하여 $\sqrt{x} \in \mathbb{R}^+$ 이고 또

$$\psi(x) = \psi((\sqrt{x}^2)) = \psi(\sqrt{x})^2 > 0$$

이므로 $\mathrm{im}\, \psi = \{\psi(x) \mid x \in \mathbb{R}\} \subseteq \mathbb{R}^+ \subsetneq \mathbb{R}^*$ 이다.

따라서 곱셈군 $\mathbb{R}^+$ 에서 곱셈군 $\mathbb{R}^*$ 위로의 동형사상은 존재하지 않으므로, 곱셈군 $\mathbb{R}^+$ 와 곱셈군 $\mathbb{R}^*$ 는 동형이 아니다.

보기 2.8.2 두 덧셈군 $\mathbb{Z}_n = \{0, 1, \cdots, n-1\}$, $\overline{\mathbb{Z}}_n = \{\overline{0}, \overline{1}, \cdots, \overline{n-1}\}$ 는 동형이고, 따라서 $\mathbb{Z}_n \cong \overline{\mathbb{Z}}_n$ 이다. 또, $n \geq 2$ 일 때, 곱셈군 $\mathbb{Z}_n{}^*, \overline{\mathbb{Z}}_n{}^*$ 는 동형이고 따라서 $\mathbb{Z}_n{}^* \cong \overline{\mathbb{Z}}_n{}^*$ 이다. 실제로,

$$f : \mathbb{Z}_n \longrightarrow \overline{\mathbb{Z}}_n, \quad f(i) = \overline{i}\,,$$
$$g : \mathbb{Z}_n{}^* \longrightarrow \overline{\mathbb{Z}}_n{}^*, \quad g(i) = \overline{i}$$

는 동형사상이다(정리 2.5.2, 정리 2.5.4 참조).

정리 2.8.2 군 G, H, K 에 대하여 다음이 성립한다.

(1) 항등사상 $1_G : G \longrightarrow G$ 는 동형사상이다.

(2) $f : G \longrightarrow H$ 가 동형사상이면, f 의 역사상 $f^{-1} : H \longrightarrow G$ 는 동형사상이다.

(3) $f : G \longrightarrow H$ 와 $g : H \longrightarrow K$ 가 준동형사상이면, $g \circ f : G \longrightarrow K$ 는 준동형사상이다. 특히, f 와 g 가 동형사상이면, $g \circ f$ 는 동형사상이다.

증명 (1) 분명히 1_G 는 동형사상이다.

(2) 사상 $f : G \longrightarrow H$ 가 동형사상이라고 하자. 이 때, f 는 일대일 대응이므로 f 의 역사상 $f^{-1} : H \longrightarrow G$ 는 일대일 대응이다(정리 1.1.6). 그리고, 임의의 원소 $a', b' \in H$ 에 대하여 $f^{-1}(a') = a$, $f^{-1}(b') = b$ 이라고 하면, $f(a) = a'$, $f(b) = b'$ 이므로

$$f(ab) = f(a)\,f(b) = a'\,b'$$

이고 따라서

$$f^{-1}(a'\,b') = a\,b = f^{-1}(a')\,f^{-1}(b')$$

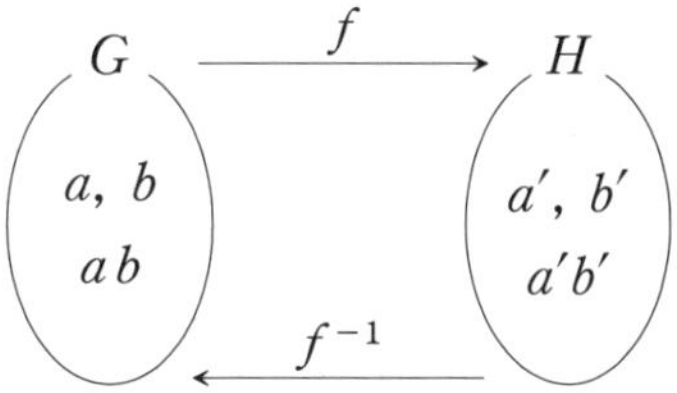

이므로 f^{-1} 는 준동형사상이다. 그러므로 f^{-1} 는 동형사상이다.

(3) 두 사상 $f : G \longrightarrow H, g : H \longrightarrow K$ 가 준동형사상이면, 임의의 원소 $a, b \in G$ 에 대하여

$$\begin{aligned}(g \circ f)(a\,b) &= g(f(a\,b)) = g(f(a)\,f(b)) \\ &= g(f(a)) \cdot g(f(b)) = (g \circ f)(a) \cdot (g \circ f)(b)\end{aligned}$$

이므로 $g \circ f : G \longrightarrow K$ 는 준동형사상이다.

특히, f 와 g 가 동형사상이면, f 와 g 는 준동형사상인 동시에 일대일 대응이므로 $g \circ f$ 는 준동형사상이고 일대일 대응이다(정리 1.1.6). 따라서 f 와 g 가 동형사상이면, $g \circ f$ 는 동형사상이다.

앞의 정리에 의하여 다음이 성립한다(정의 1.2.25 참조).

정리 2.8.3 군에 관한 동형관계는 동치관계이다. 즉, 군 G, H, K 에 대하여 다음이 성립한다.

(1) $G \cong G$

(2) $G \cong H$ 이면, $H \cong G$ 이다.

(3) $G \cong H$ 이고 $H \cong K$ 이면, $G \cong K$ 이다.

정리 2.8.4 순환군 $G = \langle a \rangle$ 에 대하여 다음이 성립한다.

(1) $G = \langle a \rangle$ 가 무한 순환군이면, 덧셈군 $\mathbb{Z}$ 에서 G 위로의 사상

$$f : \mathbb{Z} \longrightarrow G, \quad f(i) = a^i$$

는 동형사상이고 따라서 $G \cong (\mathbb{Z}, +)$ 이다.

(2) $G = \langle a \rangle$ 가 위수 n 인 순환군이면, 사상

$$f : \overline{\mathbb{Z}}_n \longrightarrow G, \quad f(\bar{i}) = a^i$$

는 동형사상이고 따라서 $G \cong \overline{\mathbb{Z}}_n \cong \mathbb{Z}_n$ 이다.

증명 (1) 임의의 정수 $i, j \in \mathbb{Z}$ 에 대하여

$$f(i+j) = a^{i+j} = a^i a^j = f(i)\, f(j)$$

이므로 f 는 준동형사상이고, 또 정리 2.4.6 에 의하여

$$f(i) = f(j) \iff a^i = a^j \iff i = j$$
$$\operatorname{im} f = \{f(i) \mid i \in \mathbb{Z}\} = \{a^i \mid i \in \mathbb{Z}\} = \langle a \rangle = G$$

이므로 f 는 일대일 대응이다. 그러므로 f 는 동형사상이다.

(2) 덧셈군 $\overline{\mathbb{Z}}_n$ 의 원소 $\bar{i}, \bar{j}$ 에 대하여 다음이 성립한다(정리 2.4.2).

$$\bar{i} = \bar{j} \iff i \equiv j \pmod{n} \iff a^i = a^j$$

따라서

$$f : \overline{\mathbb{Z}}_n \longrightarrow G, \; f(\bar{i}) = a^i$$

는 잘 정의된 사상이고 또 일대일 사상이다. 그리고

$$f(\bar{i} + \bar{j}) = f(\overline{i+j}) = a^{i+j} = a^i a^j = f(\bar{i})\, f(\bar{j})$$

이므로 f 는 준동형사상이고 또 $\operatorname{im} f = \{e, a, \cdots, a^{n-1}\} = G$ 이므로 f 는 동형사상이다. 그리고, $\overline{\mathbb{Z}}_n \cong \mathbb{Z}_n$ 이므로, (2) 가 성립한다(보기 2.8.2).

정의 2.8.5 위수 n 인 순환군은 모두 서로 동형이다. 이러한 의미에서 곱셈군 G 가 위수 n 인 순환군이라는 사실을 C_n 으로 나타낸다.

보기 2.8.3 양의 정수 n 에 대하여 곱셈군

$$U_n = \langle \zeta \rangle = \{1, \zeta, \cdots, \zeta^{n-1}\}, \qquad \zeta = \cos\frac{2\pi}{n} + i\sin\frac{2\pi}{n}$$

는 위수 n 인 순환군이므로 $U_n \cong C_n \cong \mathbb{Z}_n$ 이다(보기 2.3.6).

보기 2.8.4 군 G 가 위수 4 인 군이면, 다음 중 하나가 성립한다.

(i) $G \cong C_4 \cong \mathbb{Z}_4$ (ii) $G \cong V = \{1, \sigma, \tau, \rho\}$

실제로, Lagrange 의 정리에 의하여 G 의 원소의 위수는 1, 2 또는 4 이다. 그리고, G 에 위수 4 인 원소 g 가 존재하면, $G = \langle g \rangle \cong C_4$ 이다.

이제 G 에 위수 4 인 원소가 존재하지 않는다고 하자. 이 때, 항등원 e 를 제외한 원소의 위수는 모두 2 이므로 G 는 Abel 군이다(정리 2.2.7).

따라서 서로 다른 원소 $a, b \in G - \{e\}$ 를 택하여 $c = ab = ba$ 이라고 하면, $G = \{e, a, b, c\}$ 의 곱셈표는 오른쪽 표와 같으므로 $f : G \longrightarrow V$ 를

$\cdot$	e	a	b	c
e	e	a	b	c
a	a	e	c	b
b	b	c	e	a
c	c	b	a	e

$$f(e) = 1, \quad f(a) = \sigma, \quad f(b) = \tau, \quad f(c) = \rho$$

로 정하면, f 는 동형사상이고 따라서 $G \cong V$ 이다.

정리 2.8.6 사상 $f : G \longrightarrow \overline{G}$가 군 준동형사상일 때, 임의의 원소 $a, b \in G$에 대하여 다음이 성립한다(e, $\overline{e}$는 각각 G, $\overline{G}$의 항등원).

(1) $f(e) = \overline{e}$, $\quad f(a^{-1}) = f(a)^{-1}$,

$\quad f(a\,b^{-1}) = f(a)\,f(b)^{-1}$, $\quad f(a^{-1}b) = f(a)^{-1}f(b)$

(2) 모든 정수 n에 대하여 $f(a^n) = f(a)^n$이다.

증명 (1) 먼저 $f(e) = f(e\,e) = f(e)\,f(e)$이므로 $f(e) = \overline{e}$이고, 또

$$\overline{e} = f(e) = f(a\,a^{-1}) = f(a)\,f(a^{-1})$$

이므로 $f(a^{-1}) = f(a)^{-1}$이다(정리 2.2.2). 따라서 다음이 성립한다.

$$f(a\,b^{-1}) = f(a)\,f(b^{-1}) = f(a)\,f(b)^{-1},$$
$$f(a^{-1}\,b) = f(a^{-1})\,f(b) = f(a)^{-1}\,f(b)$$

(2) 정의에 의하여 $f(a^1) = f(a) = f(a)^1$이다.

이제 $n = k \geq 1$일 때, $f(a^k) = f(a)^k$이라고 가정하면

$$f(a^{k+1}) = f(a^k\,a) = f(a^k)\,f(a) = f(a)^k\,f(a) = f(a)^{k+1}$$

이고, 따라서 모든 양의 정수 n에 대하여 $f(a^n) = f(a)^n$이다.

그리고, $f(a^0) = f(e) = \overline{e} = f(a)^0$이고, 다음이 성립한다(정의 2.2.4).

$$f(a^{-n}) = f((a^{-1})^n) = f(a^{-1})^n = (f(a)^{-1})^n = f(a)^{-n}$$

따라서 모든 정수 n에 대하여 $f(a^n) = f(a)^n$이다.

정리 2.8.7 사상 $f : G \longrightarrow \overline{G}$가 군 준동형사상일 때, G의 부분군 H에 대하여

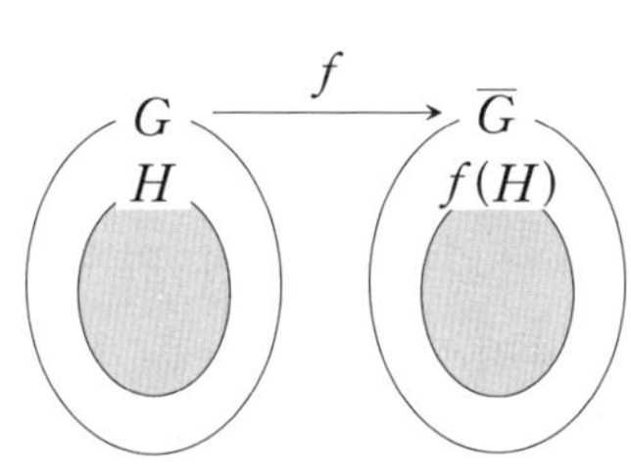

$$f(H) = \{f(x) \mid x \in H\}$$

이라고 하면 $f(H)$는 $\overline{G}$의 부분군이다. 특히,

$$\operatorname{im} f = f(G) = \{f(x) \mid x \in G\}$$

는 $\overline{G}$의 부분군이고 또 $f(H)$는 $f(G)$의 부분군이다.

부분군 $\operatorname{im} f$를 f에 의한 G의 **準同型像**(homomorphic image)이라고 한다.

증명 임의의 원소 $a, b \in H$ 에 대하여 $a b^{-1} \in H$ 이므로

$$f(a)\, f(b)^{-1} = f(a\, b^{-1}) \in f(H)$$

이고 따라서 $f(H)$ 는 $\overline{G}$ 의 부분군이다(정리 2.8.6, 정리 2.3.2). 그리고, $f(H) \subseteq f(G)$ 이므로 $f(H)$ 는 $f(G)$ 의 부분군이다(정의 2.3.1 아래).

정리 2.8.8 사상 $f: G \longrightarrow \overline{G}$ 가 군 준동형사상이면, 다음이 성립한다.

(1) 원소 $a \in G$ 의 위수가 n 이면, $f(a)$ 의 위수는 n 의 약수이다.

(2) G 가 Abel 군이면, $\operatorname{im} f$ 는 Abel 군이다.

(3) G 가 순환군이면, $\operatorname{im} f$ 는 순환군이다.

실제로, $G = \langle a \rangle$ 이면, $\operatorname{im} f = \langle f(a) \rangle$ 이다. 특히, $G = \langle a \rangle$ 가 위수 n 인 순환군이면, $\operatorname{im} f$ 는 유한 순환군이고 그 위수는 n 의 약수이다.

증명 (1) 원소 $a \in G$ 의 위수가 n 이면, $a^n = e$ 이므로

$$f(a)^n = f(a^n) = f(e) = \overline{e}$$

이고 따라서 $f(a)$ 의 위수는 n 의 약수이다(정리 2.4.2).

(2) 군 G 가 Abel군일 때, $\operatorname{im} f = \{f(a) \mid a \in G\}$ 이고 또 임의의 원소 $a, b \in G$ 에 대하여

$$f(a)\, f(b) = f(a\, b) = f(b\, a) = f(b)\, f(a)$$

이므로 $\operatorname{im} f$ 는 Abel군이다.

(3) $G = \langle a \rangle$ 일 때,

$$\operatorname{im} f = \{f(a^i) \mid i \in \mathbb{Z}\} = \{f(a)^i \mid i \in \mathbb{Z}\} = \langle f(a) \rangle$$

이므로 $\operatorname{im} f$ 는 순환군이다. 특히, $G = \langle a \rangle$ 가 위수 n 인 순환군이면, a 의 위수는 n 이므로 (1)에 의하여 $f(a)$ 의 위수는 n 의 약수이고 위의 결과에 의하여 $\operatorname{im} f = \langle f(a) \rangle$ 이므로 $\operatorname{im} f$ 의 위수는 n 의 약수이다.

보기 2.8.5 위수 n 인 순환군 $G = \langle a \rangle = \{e, a, \cdots, a^{n-1}\}, n \geq 2$ 에 대하여 사상 $f: G \longrightarrow G$ 가 준동형사상일 때, $f(a) = a^m \in G$ 이라고 하면 $f(a^i) = f(a)^i = a^{m\,i} = (a^i)^m$ 이다.

그리고, 각 정수 m에 대하여

$$f_m : G \longrightarrow G, \quad f_m(x) = x^m$$

을 생각하면, 임의의 원소 $x, y \in G$에 대하여

$$f_m(xy) = (xy)^m = x^m y^m = f_m(x) f_m(y)$$

이므로 f_m은 준동형사상이다. 그런데, 두 정수 m, k에 대하여

$$\begin{aligned} f_m = f_k &\iff f_m(a) = f_k(a) \\ &\iff a^m = a^k \iff m \equiv k \pmod{n} \end{aligned}$$

이므로(정리 2.4.2), G에서 G로의 준동형사상 전체의 집합은 다음과 같다.

$$X = \{f_0, f_1, \cdots, f_{n-1}\}, \qquad |X| = n$$

한편, $\operatorname{im} f_m = \{a^{mi} \mid i \in \mathbb{Z}\} = \langle a^m \rangle$이고, 또 정리 2.4.5에 의하여

$$\operatorname{im} f_m = G \iff \langle a^m \rangle = G \iff (m, n) = 1$$

이므로 $(m, n) = 1$일 때 그리고 이때에만 f_m은 동형사상이다(정리 1.1.9).

따라서 G에서 G 위로의 동형사상 전체의 집합은 다음과 같다.

$$Y = \{f_m \mid m \in \mathbb{Z}_n^*\}, \qquad |Y| = \varphi(n)$$

정리 2.8.9 군 준동형사상 $f : G \longrightarrow \overline{G}$가 일대일 사상일 때 다음이 성립한다,

(1) 원소 $a \in G$의 위수가 n이면, $f(a)$의 위수는 n이다.

(2) H가 G의 부분군이면, $H \cong f(H)$이다. 특히, $G \cong f(G)$이다.

증명 (1) 사상 f는 일대일 사상이므로 임의의 양의 정수 m에 대하여

$$f(a)^m = \overline{e} \iff f(a^m) = f(e) \iff a^m = e$$

이고, 따라서 (1)이 성립한다.

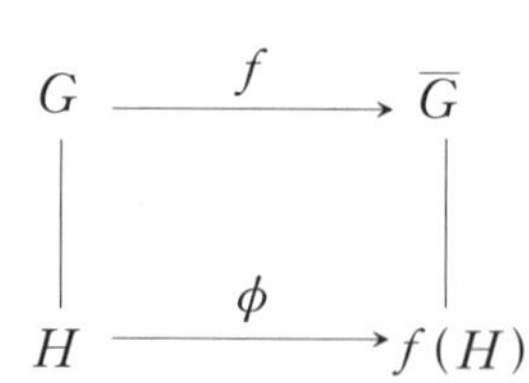

(2) $f(H)$는 $\overline{G}$의 부분군이고, 사상

$$\phi : H \longrightarrow f(H), \quad \phi(x) = f(x)$$

는 분명히 동형사상이므로 $H \cong f(H)$이다.

정리 2.8.10 군 G 에서 임의의 원소 $g \in G$ 에 대하여 두 사상

$$\alpha_g : G \longrightarrow G, \quad \alpha_g(x) = g\,x\,g^{-1}$$
$$\beta_g : G \longrightarrow G, \quad \beta_g(x) = g^{-1}x\,g$$

는 동형사상이고 $\beta_g = \alpha_{g^{-1}}$ 이다.

그리고, 임의의 원소 $g \in G$ 에 대하여 다음이 성립한다.

(1) $a \in G$ 의 위수가 n 이면, gag^{-1} 와 $g^{-1}ag$ 의 위수는 n 이다.

(2) H 가 G 의 부분군이면

$$gHg^{-1} = \{g\,h\,g^{-1} \mid h \in H\}, \quad g^{-1}Hg = \{g^{-1}h\,g \mid h \in H\}$$

는 G 의 부분군이고 $gHg^{-1} \cong H, \quad g^{-1}Hg \cong H$ 이다.

증명 임의의 원소 $a, b \in G$ 에 대하여

$$\alpha_g(a\,b) = g(a\,b)\,g^{-1} = (g\,a\,g^{-1})(g\,b\,g^{-1}) = \alpha_g(a)\,\alpha_g(b)$$

이므로 α_g 는 준동형사상이다. 그리고, $\alpha_g(a) = \alpha_g(b)$ 이라고 가정하면, $gag^{-1} = gbg^{-1}$ 이므로 $a = b$ 이고, 따라서 α_g 는 일대일 사상이다. 또한, 임의의 원소 $y \in G$ 에 대하여 $x = g^{-1}yg$ 이라고 하면,

$$\alpha_g(x) = g\,x\,g^{-1} = g\,(g^{-1}yg)\,g^{-1} = y$$

이므로 $\mathrm{im}\,\alpha_g = G$ 이다. 그러므로 α_g 는 동형사상이다.

그리고, 임의의 $x \in G$ 에 대하여

$$\beta_g(x) = g^{-1}xg = (g^{-1})\,x\,(g^{-1})^{-1} = \alpha_{g^{-1}}(x)$$

이므로 $\beta_g = \alpha_{g^{-1}}$ 이다. 따라서 β_g 는 동형사상이고, 또

$$\alpha_g(a) = g\,a\,g^{-1}, \qquad \beta_g(a) = g^{-1}a\,g,$$
$$\alpha_g(H) = g\,Hg^{-1}, \qquad \beta_g(H) = g^{-1}Hg$$

이므로 정리 2.8.9 에 의하여 (1), (2) 가 성립한다.

다음 정리는 정리 2.8.6 과 정리 2.8.7 을 덧셈군에 관한 정리로 고쳐 쓴 것이다.

정리 2.8.11 덧셈군 A, A' 에 대하여 $f: A \longrightarrow A'$ 가 준동형사상일 때, 다음이 성립한다($0, 0'$ 은 각각 A, A' 의 영원).

(1) $f(0) = 0'$, $f(-a) = -f(a)$,
$f(a-b) = f(a) - f(b)$

(2) 모든 정수 n 에 대하여 $f(na) = nf(a)$ 이다.

(3) 덧셈군 A 의 부분군 B 에 대하여 $f(B) = \{f(b) \mid b \in B\}$ 는 A' 의 부분군이다. 특히, $\mathrm{im}\, f = f(A) = \{f(a) \mid a \in A\}$ 는 A' 의 부분군이고 또 $f(B)$ 는 $f(A)$ 의 부분군이다.

보기 2.8.6 덧셈군 $\mathbb{Z}$ 에서 $f: \mathbb{Z} \longrightarrow \mathbb{Z}$ 가 준동형사상일 때, $f(1) = n$ 이라고 하면 임의의 정수 $m \in \mathbb{Z}$ 에 대하여 다음이 성립한다.

$$f(m) = f(m1) = mf(1) = mn$$

역으로, 각 정수 $n \in \mathbb{Z}$ 에 대하여 사상

$$f_n: \mathbb{Z} \longrightarrow \mathbb{Z}, \quad f_n(m) = nm$$

을 생각하면, 임의의 $a, b \in \mathbb{Z}$ 에 대하여

$$f_n(a+b) = n(a+b) = na + nb = f_n(a) + f_n(b)$$

이므로 f_n 은 준동형사상이고 $f_n(1) = n$ 이다.

그리고, 두 정수 $m, k \in \mathbb{Z}$ 에 대하여

$$f_m = f_k \iff f_m(1) = f_k(1) \iff m = k$$

이므로 $\mathbb{Z}$ 에서 $\mathbb{Z}$ 로의 준동형사상 전체의 집합은 $X = \{f_n \mid n \in \mathbb{Z}\}$ 이다.

한편, $\mathrm{im}\, f_n = \{ni \mid i \in \mathbb{Z}\} = n\mathbb{Z}$ 이다.

먼저 $n = 0$ 이면, 모든 정수 m 에 대하여 $f_0(m) = 0m = 0$ 이다.

이제 $n \neq 0$ 일 때, $f_n(m) = f_n(k)$ 이라고 가정하면 $nm = nk$ 이므로 $m = k$ 이다. 따라서 $n \neq 0$ 일 때, 준동형사상 $f_n: \mathbb{Z} \longrightarrow \mathbb{Z}$ 는 일대일 사상이므로 $\mathbb{Z} \cong n\mathbb{Z}$ 이다(정리 2.8.9). 또, 다음이 성립한다(따름정리 2.4.8).

$$\mathrm{im}\, f_n = \mathbb{Z} \iff n\mathbb{Z} = \mathbb{Z} \iff n = \pm 1$$

따라서 덧셈군 $\mathbb{Z}$ 에서 $\mathbb{Z}$ 위로의 동형사상은 f_1 과 f_{-1} 뿐이다.

보기 2.8.7 덧셈군 $\mathbb{Q}$ 에서 $f : \mathbb{Q} \longrightarrow \mathbb{Q}$ 가 준동형사상일 때, $f(1) = r$ 이라고 하면 임의의 정수 $n \in \mathbb{Z}$ 에 대하여

$$f(n) = f(n\,1) = n\,f(1) = n\,r$$

이고 임의의 $u \in \mathbb{Q}$ 에 대하여 $u = \dfrac{m}{n}$ $(m, n \in \mathbb{Z}, n > 0)$ 이라고 하면

$$n\,f(u) = f(n\,u) = f(m) = m\,r$$

이므로 $f(u) = \dfrac{m}{n} f(1) = r\,u$ 이다.

역으로, 임의의 $r \in \mathbb{Q}$ 에 대하여

$$f_r : \mathbb{Q} \longrightarrow \mathbb{Q}, \quad f_r(u) = r\,u$$

는 준동형사상이고 $f_r(1) = r$ 이다. 그리고, 두 유리수 $r, s \in \mathbb{Q}$ 에 대하여

$$f_r = f_s \Longleftrightarrow f_r(1) = f_s(1) \Longleftrightarrow r = s$$

이므로 $\mathbb{Q}$ 에서 $\mathbb{Q}$ 로의 준동형사상 전체의 집합은 $X = \{f_r \mid r \in \mathbb{Q}\}$ 이고, 특히, f_1 은 항등사상이다.

한편, $r = 0$ 이면, 모든 $u \in \mathbb{Q}$ 에 대하여 $f_0(u) = 0$ 이다.

다음에 $r \neq 0$ 인 경우에 분명히

$$\mathrm{im}\, f_r = \{r\,u \mid u \in \mathbb{Q}\} = \mathbb{Q}$$

이고 또한 $f_r(u) = f_r(v)$ 이면 $r\,u = r\,v$ 즉 $u = v$ 이므로 f_r 는 일대일 대응이다.

따라서 $\mathbb{Q}$ 에서 $\mathbb{Q}$ 로의 동형사상 전체의 집합은 $Y = \{f_r \mid r \in \mathbb{Q}^*\}$ 이다.

연습 문제 (2.8)

*1. 다음 명제 중에서 참인 명제를 찾아라.

(1) 두 군 G, H 에 대하여 $G \cong H$ 이면, $|G| = |H|$ 이다.

(2) 두 군 G, H 에 대하여 $|G| = |H|$ 이면, $G \cong H$ 이다.

(3) 곱셈군 $\mathbb{Q}^*$ 와 곱셈군 $\mathbb{R}^*$ 는 동형이다.

(4) 임의의 양의 정수 n 에 대하여 두 덧셈군 $\mathbb{Z}$, $n\mathbb{Z}$ 는 동형이다.

2. 보기 2.8.5 를 이용하여 위수 6 인 순환군 $G=\{e, a, a^2, a^3, a^4, a^5\}$ 에서 G 로의 준동형사상과 동형사상을 결정하여라.

3. 보기 2.8.5 의 결과를 이용하여 덧셈군 $\mathbb{Z}_n=\{0, 1, \cdots, n-1\}$, $n \geq 2$ 에서 $\mathbb{Z}_n$ 으로의 준동형사상과 동형사상을 결정하여라.

4. 보기 2.8.6 의 결과를 이용하여 무한순환군 $G=\langle a \rangle$ 에서 G 로의 준동형사상과 동형사상을 결정하여라.

*5. 덧셈군 $\mathbb{Z}$ 에서 덧셈군 A 로의 준동형사상 전체를 결정하여라.

*6. 덧셈군 $\mathbb{Z}$ 에서 덧셈군 $\mathbb{Q}$ 로의 준동형사상 전체를 결정하여라.
그리고, 덧셈군 $\mathbb{Q}$ 에서 덧셈군 $\mathbb{Z}$ 로의 준동형사상 전체를 결정하여라.

7. 실수체 $\mathbb{R}$ 위의 유클리드 변환군 $\mathscr{A}=\{T_{a,b} \mid a \in \mathbb{R}^*, b \in \mathbb{R}\}$ 에 대하여

$$\phi : \mathscr{A} \longrightarrow \mathrm{GL}_2(\mathbb{R}), \quad \phi(T_{a,b})=\begin{bmatrix} a & b \\ 0 & 1 \end{bmatrix}$$

는 일대일인 준동형사상임을 밝혀라(문제 2.1.6 참조).
그리고, $\mathrm{GL}_2(\mathbb{R})$ 의 부분군 중에서 $\mathscr{A}$ 와 동형인 부분군을 구하여라.

8. 덧셈군 $\mathbb{R}$ 에서 일반선형군 $\mathrm{GL}_2(\mathbb{R})$ 로의 사상

$$f : \mathbb{R} \longrightarrow \mathrm{GL}_2(\mathbb{R}), \quad f(a)=\begin{bmatrix} 1 & 0 \\ a & 1 \end{bmatrix}$$

는 일대일인 준동형사상임을 밝히고 또 $\mathrm{im}\, f$ 를 구하여라.

*9. 군 G 가 위수 n 인 Abel 군일 때, 정수 m 이 n 과 서로 소이면

$$f_m : G \longrightarrow G, \quad f_m(x)=x^m$$

은 동형사상임을 증명하여라.

*10. 덧셈군 $\mathbb{Z}^2=\{(m, n) \mid m, n \in \mathbb{Z}\}$ 에 대하여 다음 물음에 답하여라.

(1) 덧셈군 $\mathbb{Z}$ 에서 덧셈군 $\mathbb{Z}^2$ 으로의 준동형사상 전체를 결정하여라.

(2) 덧셈군 $\mathbb{Z}^2$ 에서 덧셈군 $\mathbb{Z}$ 로의 준동형사상 전체를 결정하여라.

§2.9 정규부분군과 잉여군

이 절에서는, 군 G의 특수한 부분군에 대하여 논한다.

정의 2.9.1 군 G에서 N이 G의 부분군이고 모든 $g \in G$에 대하여

$$gN = Ng$$

일 때, N을 군 G의 **正規부분군**(normal subgroup)이라 하고 이 사실을 $N \lhd G$ 또는 $G \rhd N$으로 나타낸다.

보기 2.9.1 군 G에서 $G \lhd G$, $\{e\} \lhd G$이다. 그리고, $N \lhd G$일 때, H가 $N \subseteq H$인 부분군이면 $N \lhd H$이다. 실제로, 이때 N은 H의 부분군이고 또 모든 $h \in H$에 대하여 $hN = Nh$이므로 $N \lhd H$이다.

보기 2.9.2 Abel군의 부분군은 모두 정규부분군이다(보기 2.7.2 참조). 특히, 덧셈군 $\mathbb{Z}$의 정규부분군은 다음과 같은 꼴이다(따름정리 2.4.8).

$$n\mathbb{Z} = \{nx \mid x \in \mathbb{Z}\}, \qquad n \geq 0$$

정리 2.9.2 군 G의 부분군 N에 대하여 $|G : N| = 2$이면 $N \lhd G$이다.

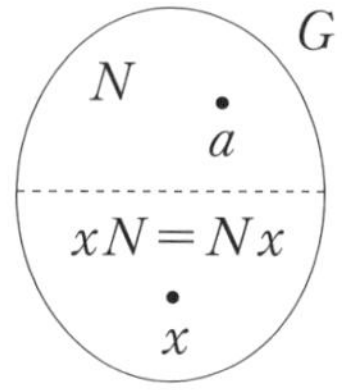

증명 $|G : N| = 2$일 때, 모든 $a \in N$에 대하여 $aN = N = Na$이고 또 모든 $x \in G-N$에 대하여

$$G = N \cup xN = N \cup Nx$$

이므로 $xN = Nx$이다. 따라서 $N \lhd G$이다.

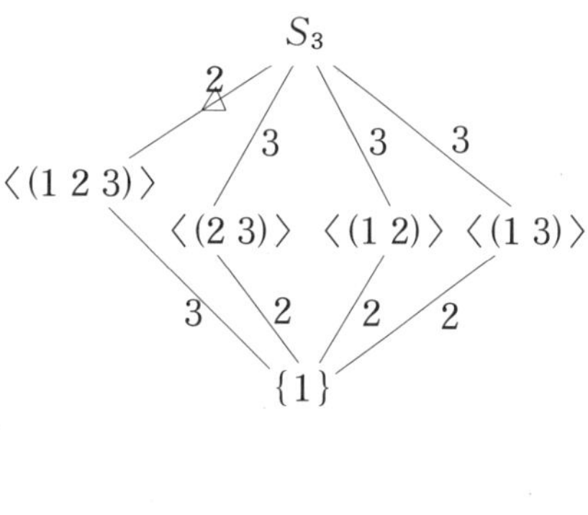

보기 2.9.3 대칭군 S_n, $n \geq 2$에서 $|S_n : A_n| = 2$이므로 $A_n \lhd S_n$이다.

그리고, 대칭군 S_3의 정규부분군은

$$S_3, \quad A_3, \quad \{1\}$$

뿐이다(보기 2.7.1, 보기 2.7.4 참조).

정리 2.9.3 군 G의 부분군 N에 대하여 다음 조건은 서로 동치이다.

(1) $N \lhd G$, 즉 모든 $g \in G$에 대하여 $gN = Ng$이다.

(2) 모든 $g \in G$에 대하여 $gNg^{-1} = N$이다.

(3) 모든 $g \in G$에 대하여 $gNg^{-1} \subseteq N$이다.

즉, 모든 $g \in G$와 $x \in N$에 대하여 $gxg^{-1} \in N$이다.

(2)' 모든 $g \in G$에 대하여 $g^{-1}Ng = N$이다.

(3)' 모든 $g \in G$에 대하여 $g^{-1}Ng \subseteq N$이다.

즉, 모든 $g \in G$와 $x \in N$에 대하여 $g^{-1}xg \in N$이다.

증명 (1) $\Longleftrightarrow$ (2) 모든 원소 $g \in G$에 대하여

$$gN = Ng \Longleftrightarrow gNg^{-1} = (Ng)\,g^{-1} \Longleftrightarrow gNg^{-1} = N$$

이므로 (1) $\Longleftrightarrow$ (2)이다.

(2) $\Longleftrightarrow$ (3) 먼저 (2)가 성립하면, 분명히 (3)이 성립한다.

역으로, (3)이 성립하면, 모든 원소 $g \in G$에 대하여 $gNg^{-1} \subseteq N$이고 또 $g^{-1}N(g^{-1})^{-1} \subseteq N$ 즉 $g^{-1}Ng \subseteq N$이므로 $N \subseteq gNg^{-1}$이고, 따라서 모든 $g \in G$에 대하여 $gNg^{-1} = N$이므로 (2)가 성립한다.

마찬가지 방법으로, (1), (2)', (3)'이 서로 동치임을 밝힐 수 있다.

정리 2.9.4 군 G에서

$$Z(G) = \{x \in G \mid \text{모든 } g \in G \text{에 대하여 } xg = gx\}$$

이라고 할 때, 다음이 성립한다.

(1) $Z(G) \lhd G$이고, N이 $N \subseteq Z(G)$인 G의 부분군이면 $N \lhd G$이다.

(2) G가 Abel군일 때 그리고 이때에만 $Z(G) = G$이다.

부분군 $Z(G)$를 G의 **中心**(영어 center, 독일어 Zentrum)이라 하고, $Z(G)$에 속해 있는 각 원소를 G의 **中心元**(central element)이라고 한다.

증명 (1) 모든 $g \in G$에 대하여 $eg = ge$이므로 $e \in Z(G) \neq \varnothing$이다. 또, $x, y \in Z(G)$일 때, 모든 $g \in G$에 대하여 $xg = gx$, $yg = gy$이므로

$$(xy)\,g = x(yg) = (xg)\,y = g(xy), \quad x^{-1}g = gx^{-1}$$

이고, 따라서 $xy, x^{-1} \in Z(G)$ 이다. 그러므로 $Z(G)$는 G의 부분군이다.

또한, 임의의 원소 $x \in Z(G)$와 $g \in G$에 대하여 $g^{-1}xg = x \in Z(G)$ 이므로 $Z(G) \lhd G$ 이다.

마찬가지로, N이 $N \subseteq Z(G)$인 G의 부분군이면, 임의의 원소 $x \in N$과 $g \in G$에 대하여 $g^{-1}xg = x \in N$ 이므로 $N \lhd G$ 이다.

(2) 정의에 의하여 (2)가 성립한다.

보기 2.9.4 대칭군 S_n, $n \geq 3$의 중심은 $Z(S_n) = \{1\}$ 이다(문제 2).

정리 2.9.5 군 G에서 $M \lhd G$, $N \lhd G$일 때 다음이 성립한다.

(1) H가 G의 부분군이면, HN은 G의 부분군이다.

(2) $(M \cap N) \lhd G$이고 또 $MN \lhd G$이다.

증명 (1) 모든 원소 $h \in H$에 대하여 $hN = Nh$이므로

$$HN = \cup\{hN \mid h \in H\} = \cup\{Nh \mid h \in H\} = NH$$

이고 따라서 HN은 G의 부분군이다(정리 2.3.7).

(2) 임의의 원소 $a \in M \cap N$와 $g \in G$에 대하여 $a \in M$, $a \in N$이므로

$$g^{-1}ag \in M, \qquad g^{-1}ag \in N$$

이고 따라서 $g^{-1}ag \in M \cap N$ 이므로 $(M \cap N) \lhd G$ 이다(정리 2.9.3).

(3) 위의 (1)에 의하여 MN은 G의 부분군이다. 또, 임의의 원소 $a \in M$, $b \in N$와 $g \in G$에 대하여 $g^{-1}ag \in M$, $g^{-1}bg \in N$이므로

$$g^{-1}(ab)g = (g^{-1}ag)(g^{-1}bg) \in MN$$

이고 따라서 $MN \lhd G$ 이다(정리 2.9.3).

정의 2.9.6 군 G $(\neq \{e\})$의 정규부분군이 G와 $\{e\}$뿐일 때, G를 **單純群**(simple group)이라고 한다.

보기 2.9.5 위수 60인 교대군 A_5는 단순군이다(보기 2.14.5 참조). 일반적으로, $n \geq 5$일 때 교대군 A_n은 단순군이다('해설 209' 참조).

정리 2.9.7 군 $G\ (\neq \{e\})$ 에 대하여 다음 세 조건은 서로 동치이다.

(1) G 의 위수는 素數이다.

(2) G 는 순환군인 동시에 단순군이다.

(3) G 는 Abel군인 동시에 단순군이다.

증명 정리 2.7.7 에 의하여 (1) $\Longrightarrow$ (2) 이고, 분명히 (2) $\Longrightarrow$ (3) 이다.

이제 G 가 Abel군인 동시에 단순군이라고 하자. 이 때, G 의 부분군은 G 와 $\{e\}$ 뿐이므로 정리 2.7.7 에 의하여 G 의 위수는 素數이다.

군 G 에서 $N \lhd G$ 일 때, 각 원소 $a \in G$ 에 대하여 a 를 포함하는 잉여류 $aN = Na$ 에 속하는 원소를 同一視하여(identify) aN 을 한 원소로 생각하고 G 에서의 N 의 잉여류 전체의 집합을 G/N 으로 나타내자. 즉

$$G/N = \{aN \mid a \in G\}, \quad aN = bN \Longleftrightarrow b \in aN$$

이 때, 집합 G/N 위에 다음과 같이 정의된 연산은 잘 정의된 연산이다.

$$(aN) \cdot (bN) = abN$$

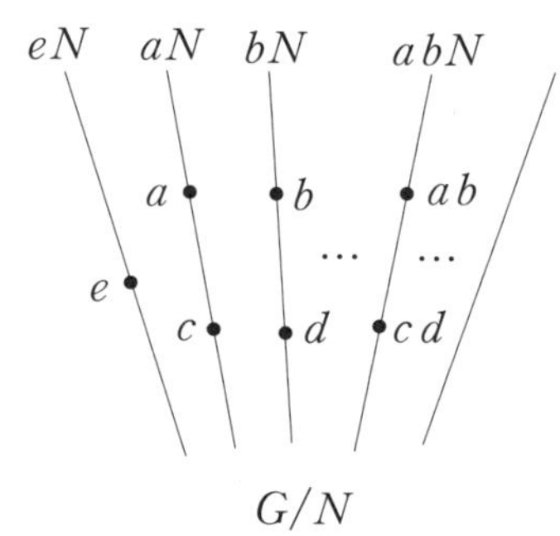

실제로, $aN = cN$, $bN = dN$ 이라고 하면, 적당한 원소 $n_1, n_2 \in N$ 에 대하여 $c = an_1$, $d = bn_2$ 이므로

$$cd = (an_1)(bn_2) = a(n_1 b)n_2$$

이고 또 $n_1 b \in Nb = bN$ 이므로 적당한 $n_3 \in N$ 에 대하여 $n_1 b = bn_3$ 이고 이때

$$cd = a(n_1 b)n_2 = a(bn_3)n_2 = ab(n_3 n_2), \qquad n_3 n_2 \in N$$

이므로 $abN = cdN$ 이고 따라서 $(aN)\cdot(bN) = (cN)\cdot(dN)$ 이다.

또, G/N 은 이와 같이 정의된 연산에 관하여 군을 이룬다. 실제로,

$$(aN \cdot bN) \cdot cN = (ab)cN = aN \cdot (bN \cdot cN),$$

$$aN \cdot eN = eN \cdot aN = aN, \qquad aN \cdot a^{-1}N = a^{-1}N \cdot aN = eN$$

이므로 군 G/N 의 항등원은 eN 이고 또 $(aN)^{-1} = a^{-1}N$ 이다.

정의 2.9.8 군 G에서 $N \triangleleft G$일 때, 집합 $G/N = \{aN \mid a \in G\}$는 다음과 같이 정의된 연산에 관하여 군을 이룬다.

$$(aN) \cdot (bN) = abN$$

이와 같이 정의된 군 G/N을 G의 N에 의한 **剩餘群**(factor group) 또는 **因子群** 또는 **商群**(quotient group)이라고 한다.

특히, $G/G = \{G\} \cong \{e\}$, $G/\{e\} = \{\{a\} \mid a \in G\} \cong G$이다.

정리 2.9.9 군 G에서 $N \triangleleft G$일 때, 다음이 성립한다.

(1) G가 유한군이면, 잉여군 G/N은 유한군이고 그 위수는 다음과 같다.

$$|G/N| = |G : N| = \frac{|G|}{|N|}, \quad |G/N| \,\Big|\, |G|$$

(2) G의 원소 a의 위수가 n이면, 잉여군 G/N의 원소 aN의 위수는 n의 약수이다.

(3) G가 Abel군이면, 잉여군 G/N은 Abel군이다.

특히, G가 순환군이면, 잉여군 G/N은 순환군이다.

증명 (1) Lagrange의 정리(정리 2.7.6)에 의하여 (1)이 성립한다.

(2) G의 원소 a의 위수가 n이면, $a^n = e$이고 따라서 잉여군 G/N에서 $(aN)^n = a^n N = eN$이므로 aN의 위수는 n의 약수이다(정리 2.4.2).

(3) G가 Abel군일 때, 임의의 원소 $aN, bN \in G/N$에 대하여

$$(aN) \cdot (bN) = abN = baN = (bN) \cdot (aN)$$

이므로 잉여군 G/N은 Abel군이다. 특히, $G = \langle a \rangle = \{a^i \mid i \in \mathbb{Z}\}$이면, $G/N = \{a^i N \mid i \in \mathbb{Z}\} = \{(aN)^i \mid i \in \mathbb{Z}\} = \langle aN \rangle$이다.

보기 2.9.5 대칭군 $S_n, n \geq 2$에서 $|S_n : A_n| = 2$이므로 $A_n \triangleleft S_n$이고 잉여군 $S_n/A_n = \{A_n, (1\ 2) \circ A_n\}$는 위수 2인 순환군이다.

보기 2.9.6 사원수군 $Q_8 = \{\pm 1, \pm i, \pm j, \pm k\}$은 Abel군이 아니지만, Q_8의 부분군은 모두 정규부분군이다(보기 2.7.5).

실제로, 위수 4 인 부분군

$$\langle i \rangle = \{\pm 1, \pm i\}, \quad \langle j \rangle = \{\pm 1, \pm j\}, \quad \langle k \rangle = \{\pm 1, \pm k\}$$

는 지수가 2 이므로 정규부분군이고 $Z(Q_8) = \{1, -1\}$ 이다. 잉여군

$$Q_8/\langle i \rangle = \{\langle i \rangle.\ j\langle i \rangle\},$$
$$Q_8/\langle j \rangle = \{\langle j \rangle.\ i\langle j \rangle\},$$
$$Q_8/\langle k \rangle = \{\langle k \rangle.\ i\langle k \rangle\}$$

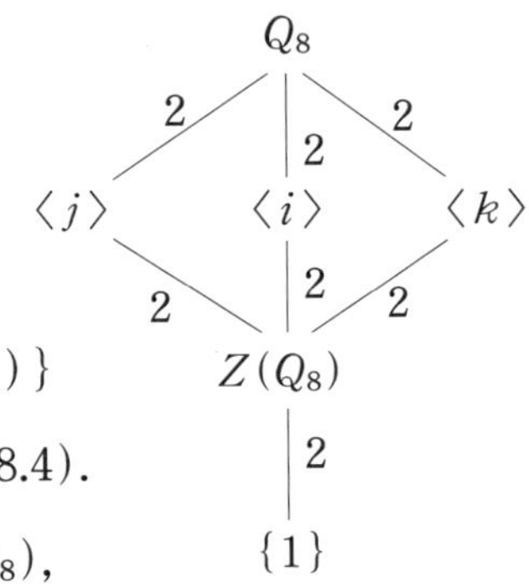

는 모두 위수 2 인 순환군이고, 잉여군

$$Q_8/Z(Q_8) = \{Z(Q_8), i\,Z(Q_8), j\,Z(Q_8), k\,Z(Q_8)\}$$

은 위수 4 인 Klein 의 사원군과 동형이다(보기 2.8.4).

$$(i\,Z(Q_8))^2 = i^2\,Z(Q_8) = (-1)\,Z(Q_8) = Z(Q_8),$$
$$(i\,Z(Q_8)\,(j\,Z(Q_8)\})) = k\,Z(Q_8),$$
$$(j\,Z(Q_8))\,(i\,Z(Q_8)) = (-k)\,Z(Q_8) = k\,Z(Q_8)$$

정리 2.9.10 군 G 에서 $N \lhd G$, $|G : N| = n$ 이면, 모든 원소 $a \in G$ 에 대하여 $a^n \in N$ 이다.

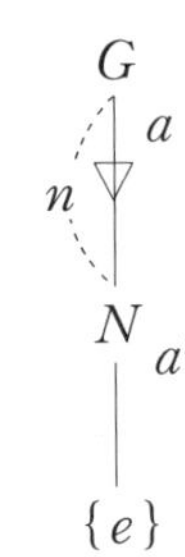

증명 잉여군 G/N 은 위수 n 인 군이므로 Lagrange 의 정리에 의하여 원소 $aN \in G/N$ 의 위수는 n 의 약수이고 따라서 $eN = (aN)^n = a^n N$ 이므로 $a^n \in N$ 이다.

보기 2.9.7 교대군 A_4 에는 위수 6 인 부분군이 존재하지 않는다.

$$A_4 = \{1, (1\ 2\ 3), (1\ 3\ 2), (1\ 2\ 4), (1\ 4\ 2), (1\ 3\ 4), (1\ 4\ 3), (2\ 3\ 4), (2\ 4\ 3), (1\ 2)\circ(3\ 4), (1\ 3)\circ(2\ 4), (1\ 4)\circ(2\ 3)\}$$

실제로, A_4 에 위수 6 인 부분군 N 이 존재한다면, $|A_4 : N| = 2$ 이므로 $N \lhd A_4$ 이고 따라서 임의의 $\sigma \in A_4$ 에 대하여 $\sigma^2 \in N$ 이다(정리 2.9.10). 특히, 8 개의 모든 3 항 순환치환 $(i\ j\ k)$ 에 대하여 $(i\ k\ j) \in A_4$ 이므로

$$(i\ j\ k) = (i\ k\ j)^2 \in N$$

이고, 따라서 $8 \le |N| = 6$ 으로 되어 모순이 생긴다.

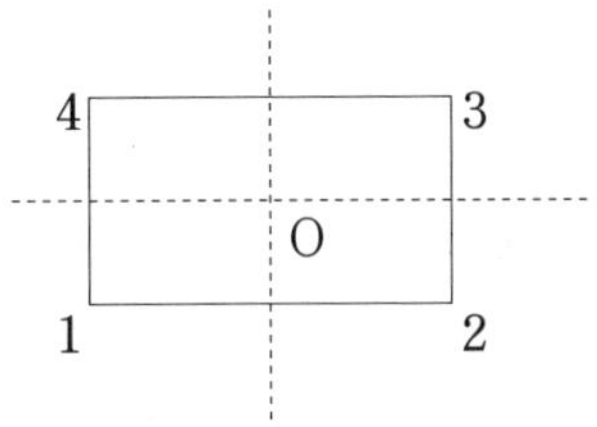

한편, 오른쪽 그림과 같이 직사각형의 꼭지점에 번호를 정하면, Klein 의 사원군 $V = \{1, \sigma, \tau, \rho\}$ 과 동형인 치환군

$$V_4 = \{1, (1\ 2)\circ(3\ 4), (1\ 3\circ(2\ 4), (1\ 4)\circ(2\ 3)\}$$

를 얻으며 $V_4 \subseteq A_4$ 이다. 그런데, 임의의 $\tau \in S_4$ 에 대하여

$$\tau\circ(i\ j)\circ(k\ l)\circ\tau^{-1} = (\tau(i)\ \tau(j))\circ(\tau(k)\ \tau(l))$$

이므로 $V_4 \lhd S_4$ 이고 또 $V_4 \lhd A_4$ 이다(정리 2.6.2 참조).

정리 2.9.11 군 G 에서 $N \subseteq Z(G)$ 인 부분군 N 에 대하여 잉여군 G/N 이 순환군이면, G 는 Abel 군이다.

증명 정리 2.9.4에 의하여 $N \lhd G$ 이므로 잉여군 G/N 이 정의된다. 또, $G/N = \langle aN \rangle$ 이라고 하면, $G/N = \{ (aN)^i \mid i \in \mathbb{Z}\} = \{ a^i N \mid i \in \mathbb{Z}\}$ 이므로 $G = \cup \{a^i N \mid i \in \mathbb{Z}\}$ 이다. 따라서 임의의 원소 $g, h \in G$ 는

$$g = a^i x, \qquad h = a^j y \qquad\qquad (i, j \in \mathbb{Z},\ x, y \in N)$$

와 같은 꼴로 나타내어지고 이때

$$gh = a^i x a^j y = a^i a^j x y = a^j a^i y x = a^j y a^i x = hg$$

이므로 G 는 Abel 군이다.

덧셈군의 잉여군은 다음과 같이 정의된다(정의 2.9.8, 정리 2.9.9 참조).

정의 2.9.12 덧셈군 A 에서 B 가 부분군일 때, A 의 B 에 의한 잉여군 $A/B = \{a+B \mid a \in A\}$ 는 다음과 같이 정의된 덧셈군이다.

$$a+B = c+B \iff a-c \in B$$
$$(a+B) + (c+B) = (a+c)+B$$

잉여군 A/B 의 항등원은 $0+B = B$ 이고 $-(a+B) = -a+B$ 이다. 그리고, 덧셈군 A 에서 $A/A \cong \{0\}$, $A/\{0\} \cong A$ 이다.

보기 2.9.8 양의 정수 n에 대하여 덧셈군 $\mathbb{Z}$의 $n\mathbb{Z}$에 의한 잉여군

$$\mathbb{Z}/n\mathbb{Z}=\{a+n\mathbb{Z} \mid a\in\mathbb{Z}\}, \qquad a+n\mathbb{Z}=\overline{a}$$

는 $\overline{\mathbb{Z}}_n=\{\overline{a} \mid a\in\mathbb{Z}\}=\{\overline{0}, \overline{1}, \cdots, \overline{n-1}\}$와 일치한다(정리 2.5.1).

보기 2.9.9 덧셈군 $\mathbb{Z}_n=\{0, 1, \cdots, n-1\}$, $n\geq 2$의 부분군은 모두 다음과 같은 꼴이다(정리 2.5.5). 여기서, m, d는 $n=md$인 양의 정수이다.

$$\langle m\rangle=\{0, m, 2m, \cdots, (d-1)m\}$$

그리고, 잉여군 $\mathbb{Z}_n/\langle m\rangle$은 위수 m인 순환군이다. 즉,

$$\mathbb{Z}_n/\langle m\rangle=\{0+\langle m\rangle, 1+\langle m\rangle, \cdots, m-1+\langle m\rangle\}\cong\mathbb{Z}_m$$

예를 들면, 덧셈군 $\mathbb{Z}_6=\{0, 1, 2, 3, 4, 5\}$에서 부분군 $\langle 3\rangle=\{0, 3\}$에 대하여 다음이 성립한다.

$$\mathbb{Z}_6/\langle 3\rangle=\{0+\langle 3\rangle, 1+\langle 3\rangle, 2+\langle 3\rangle\}\cong\mathbb{Z}_3$$

$$0+\langle 3\rangle=\langle 3\rangle=\{0, 3\}, \quad 1+\langle 3\rangle=\{1, 4\},$$

$$2+\langle 3\rangle=\{2, 5\}$$

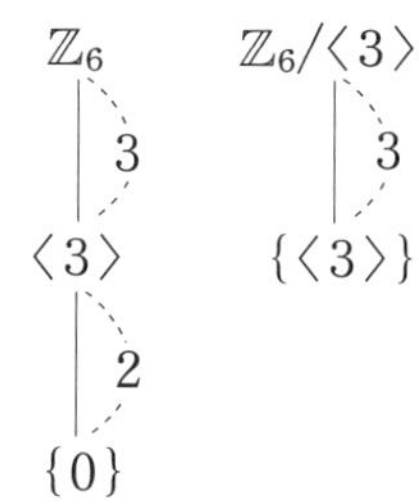

보기 2.9.10 덧셈군 $\mathbb{Q}$의 잉여군 $\mathbb{Q}/\mathbb{Z}=\{u+\mathbb{Z} \mid u\in\mathbb{Q}\}$는 무한군이지만 이 덧셈군의 각 원소는 모두 유한 위수를 가진다.

실제로, 각 원소 $\xi=u+\mathbb{Z}\in\mathbb{Q}/\mathbb{Z}$에 대하여

$$u=\frac{m}{n} \qquad (m, n\text{은 서로 소인 정수, } n\geq 1)$$

이라 하고 $m=qn+r$, $0\leq r<n$이라고 하면,

$$u-\frac{r}{n}=\frac{m}{n}-\frac{r}{n}=q\in\mathbb{Z}$$

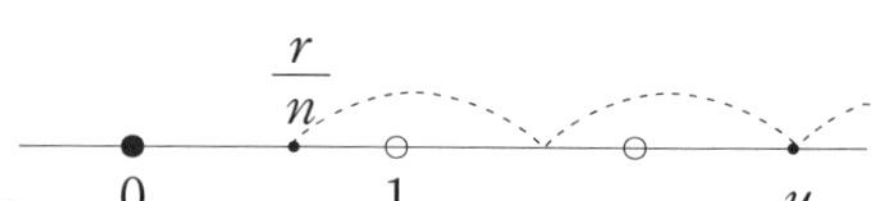

이므로 $\xi=\dfrac{r}{n}+\mathbb{Z}$이고 다음이 성립한다.

$$n\xi=n\left(\frac{r}{n}+\mathbb{Z}\right)=r+\mathbb{Z}=0+\mathbb{Z}$$

또, 정수 k에 대하여 $k\xi=0+\mathbb{Z}$이라고 하면, $\dfrac{kr}{n}+\mathbb{Z}=0+\mathbb{Z}$이므로 $\dfrac{kr}{n}\in\mathbb{Z}$ 즉 $n\mid kr$이고 정리 1.2.29에 의하여 $(r, n)=(m, n)=1$이므로 $n\mid k$이다(정리 1.2.14). 그러므로 ξ의 위수는 n이다.

연 습 문 제 (2.9)

1. 군 G 에서 $M \lhd G, N \lhd G$ 이고 $M \cap N = \{e\}$ 일 때, 임의의 원소 $a \in M$ 와 $b \in N$ 에 대하여 $ab = ba$ 임을 증명하여라.

*2. 대칭군 S_n, $n \geq 3$ 의 중심은 $Z(S_n) = \{1\}$ 임을 증명하여라.

3. 일반선형군 $GL_2(\mathbb{R})$의 중심은 $\{kI_2 \mid k \in \mathbb{R}^*\}$ 임을 밝혀라.

4. 군 G 에서 위수 d 인 부분군이 H 하나뿐이면, $H \lhd G$ 임을 밝혀라.

*5. 교대군 A_4 의 부분군 전체에 대한 Hasse 다이어그램을 구하여라.

*6. 군 G 의 부분군 N 과 중심 $Z(G)$ 에 대하여 다음이 성립함을 밝혀라.

(1) $N \lhd G$, $|N| = 2$ 이면, $N \subseteq Z(G)$ 이다.

(2) $N \subseteq Z(G)$ 일 때, 지수 $|G : N|$ 가 素數이면 G 는 Abel 군이다.

(3) 지수 $|G : Z(G)|$ 는 素數일 수 없다.

7. 서로 다른 두 素數 p, q 에 대하여 유한군 G 의 위수가 $|G| = pq$ 일 때, G 는 Abel 군이거나 또는 $Z(G) = \{e\}$ 임을 증명하여라.

*8. 곱셈군 $\mathbb{R}^*$ 에서 유한 지수를 가지는 부분군은 $\mathbb{R}^*$, $\mathbb{R}^+$ 뿐임을 밝혀라. 그리고, 덧셈군 $\mathbb{R}$ 에서 유한 지수를 가진 부분군은 $\mathbb{R}$ 자신뿐임을 밝혀라.

9. 군 G 의 부분군 H 에 대하여 $N_G(H) = \{g \in G \mid gHg^{-1} = H\}$ 이라고 할 때, 다음이 성립함을 밝혀라.

(1) $N_G(H) = \{g \in G \mid g^{-1}Hg = H\}$ 이고 $N_G(H)$ 는 G 의 부분군이다.

(2) $H \lhd N_G(H)$ 이고, 또 $H \lhd G \iff N_G(H) = G$ 이다.

부분군 $N_G(H)$ 를 G 에서의 H 의 **正規化 부분**군(normalizer)이라고 한다.

10. 군 G 에서 각 $i \in I$ 에 대하여 $N_i \lhd G$ 일 때, $N = \cap\{N_i \mid i \in I\}$ 이라고 하면 $N \lhd G$ 임을 밝혀라.

§ 2.10 군의 동형정리

이 절에서는, § 2.8 에 이어 군의 준동형사상에 대하여 논한다.

정리 2.10.1 사상 $f : G \longrightarrow \overline{G}$ 가 군 준동형사상일 때 다음이 성립한다.

(1) G 의 부분군 H 에 대하여

$$f(H) = \{f(x) \mid x \in H\}$$

는 $\overline{G}$ 의 부분군이다. 특히,

$$\text{im}\, f = f(G) = \{f(x) \mid x \in G\}$$

는 $\overline{G}$ 의 부분군이고, 또 $f(H)$ 는 $f(G)$ 의 부분군이다.

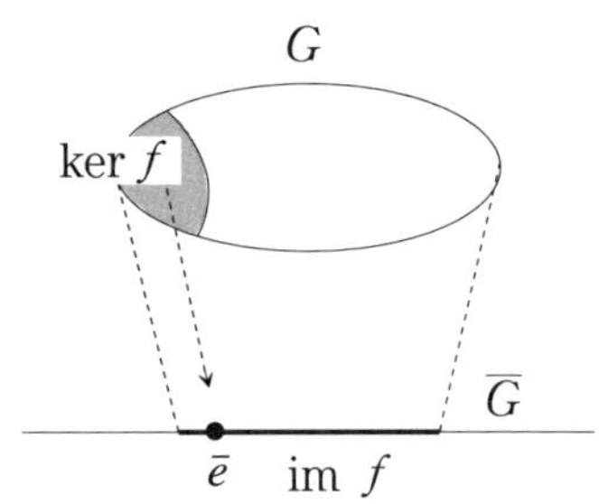

(2) $N \lhd G$ 이면, $f(N) \lhd f(G)$ 이다.

(3) $\ker f = \{x \in G \mid f(x) = \bar{e}\}$ 이라고 하면, $\ker f \lhd G$ 이다.

여기서, $\ker f$ 를 f 의 **核**(kernel)이라고 한다.

증명 (1) 이 결과는 정리 2.8.7 을 다시 쓴 것이다.

(2) $N \lhd G$ 일 때, (1)에 의하여 $f(N)$ 은 $f(G)$ 의 부분군이고 임의의 $a \in N$ 와 $x \in G$ 에 대하여 $x\,a\,x^{-1} \in N$ 이므로

$$f(x)\,f(a)\,f(x)^{-1} = f(x\,a\,x^{-1}) \in f(N)$$

이고 따라서 $f(N) \lhd f(G)$ 이다.

(2) 먼저 $f(e) = \bar{e}$ 이므로 $e \in \ker f \neq \varnothing$ 이다.

그리고, 임의의 $a, b \in \ker f$ 에 대하여

$$f(a\,b^{-1}) = f(a)\,f(b)^{-1} = \bar{e}\,\bar{e}^{-1} = \bar{e}$$

이므로 $a\,b^{-1} \in \ker f$ 이고, 따라서 $\ker f$ 는 G 의 부분군이다(정리 2.3.2).

또, 임의의 $a \in \ker f$ 와 $x \in G$ 에 대하여

$$f(x\,a\,x^{-1}) = f(x)\,f(a)\,f(x)^{-1} = f(x)\,\bar{e}\,f(x)^{-1} = \bar{e}$$

이므로 $x\,a\,x^{-1} \in \ker f$ 이고. 따라서 $\ker f \lhd G$ 이다(정리 2.9.3).

정리 2.10.2 군 준동형사상 $f : G \longrightarrow \overline{G}$ 에 대하여 다음이 성립한다.

(1) $\mathrm{im}\, f = G$ 일 때 그리고 이때에만 f 는 위로의 사상이다.

(2) $\ker f = \{e\}$ 일 때 그리고 이때에만 f 는 일대일 사상이다.

(3) $K = \ker f$ 이라고 할 때, 원소 $a, b \in G$ 에 대하여

$$f(a) = f(b) \iff b \in aK \iff aK = bK$$

이고 따라서 $\{x \in G \mid f(x) = f(a)\} = aK$ 이다.

증명 (1) 정의에 의하여 (1)이 성립한다(정의 1.1.2).

(2) 먼저 $\ker f = \{e\}$ 일 때, $f(a) = f(b)$ 이라고 가정하면

$$f(a)\,f(b)^{-1} = \overline{e} \quad 즉 \quad f(ab^{-1}) = \overline{e}$$

이므로 $ab^{-1} \in \ker f = \{e\}$ 이고 따라서 $ab^{-1} = e$ 즉 $a = b$ 이므로 f 는 일대일 사상이다. 역으로, f 가 일대일 사상일 때, $a \in \ker f$ 이라고 하면 $f(a) = \overline{e} = f(e)$ 이므로 $a = e$ 이고 따라서 $\ker f = \{e\}$ 이다.

(3) 다음이 성립한다(정리 2.7.3).

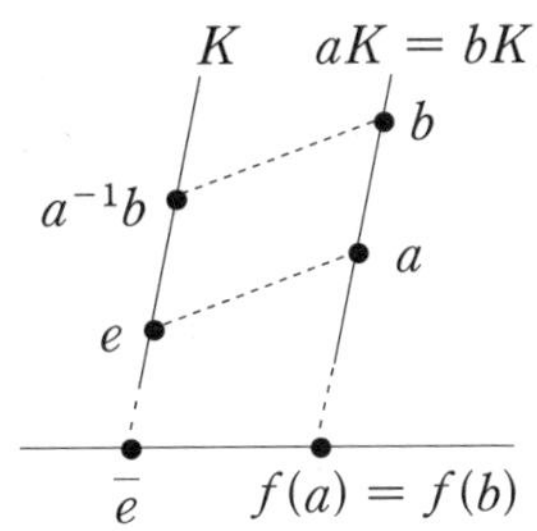

$$\begin{aligned} f(a) = f(b) &\iff f(a)^{-1} f(b) = \overline{e} \\ &\iff f(a^{-1}b) = \overline{e} \\ &\iff a^{-1}b \in K \\ &\iff aK = bK \end{aligned}$$

정리 2.10.3 군 G 에서 $N \lhd G$ 일 때, 사상

$$\pi : G \longrightarrow G/N, \quad \pi(x) = xN$$

는 군 G 에서 잉여군 G/N 위으로의 준동형사상이고 $\ker \pi = N$, $\mathrm{im}\, \pi = G/N$ 이다.

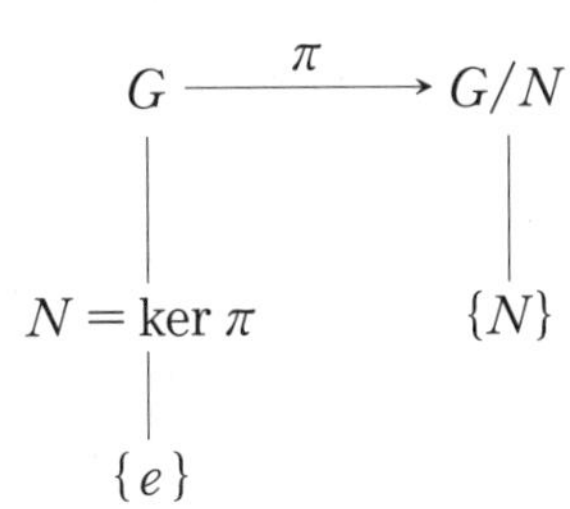

준동형사상 π 를 **標準준동형사상**(canonical homomorphism) 또는 **自然준동형사상**(natural homomorphims)이라고 한다.

증명 (1) 임의의 $a, b \in G$ 에 대하여

$$\pi(ab) = abN = (aN)(bN) = \pi(a)\,\pi(b)$$

이므로 π 는 준동형사상이고, 또 다음이 성립한다.

$$\ker \pi = \{x \in G \mid \pi(x) = eN\} = \{x \in G \mid xN = eN\} = N$$
$$\operatorname{im} \pi = \{\pi(x) \mid x \in G\} = \{xN \mid x \in G\} = G/N$$

정리 2.10.4 군 G 에서 $N \lhd G$ 일 때, H 가 $N \subseteq H$ 인 G 의 부분군 [정규부분군] 이면

$$H/N = \{xN \mid x \in H\}$$

는 잉여군 G/N 의 부분군 [정규부분군] 이다.

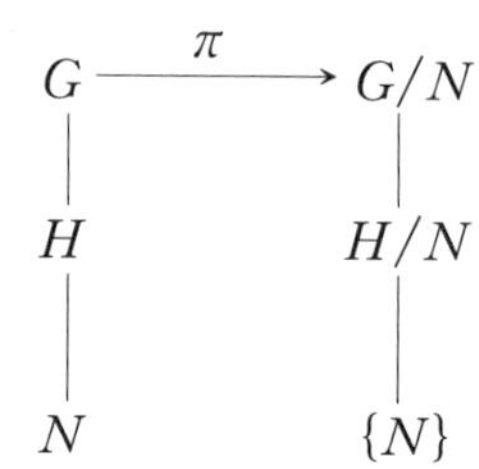

증명 표준준동형사상 $\pi : G \longrightarrow G/N$ 에 대하여

$$\pi(G) = G/N, \quad \pi(H) = \{xN \in G/N \mid x \in H\} = H/N$$

이므로 정리 2.10.1 에 의하여 정리가 성립한다.

다음 정리는 앞에서 얻은 정리를 덧셈군에 관한 정리로 고쳐 쓴 것이다.

정리 2.10.5 덧셈군 A, A' 에 대하여 $f : A \longrightarrow A'$ 가 준동형사상일 때,

$$\operatorname{im} f = \{f(a) \mid a \in A\}, \qquad \ker f = \{a \in A \mid f(a) = 0'\}$$

는 각각 A', A 의 부분군이고 또 다음이 성립한다.

(1) $\operatorname{im} f = A'$ 일 때 그리고 이때에만 f 는 위로의 사상이다.

(2) $\ker f = \{0\}$ 일 때 그리고 이때에만 f 는 일대일 사상이다.

(3) 원소 $a, b \in A$ 에 대하여 $f(a) = f(b) \iff a - b \in \ker f$ 이다.

정리 2.10.6 덧셈군 A 에서 B 가 A 의 부분군이면, $B \lhd A$ 이고 또 A 에서 잉여군 $A/B = \{a + B \mid a \in A\}$ 위로의 사상

$$\pi : A \longrightarrow A/B, \quad \pi(a) = a + B$$

는 준동형사상이며 $\ker \pi = B$, $\operatorname{im} \pi = A/B$ 이다. 또 C 가 $B \subseteq C$ 인 A 의 부분군이면, $C/B = \{c + B \mid c \in C\}$ 는 잉여군 A/B 의 부분군이다.

다음 同型定理(isomorphism theorem) 에 의하면, 군 G 의 준동형상은 G 의 적당한 정규부분군에 의한 잉여군과 동형이다.

정리 2.10.7 (제 1 동형정리) 사상 $f : G \longrightarrow \overline{G}$ 가 군 준동형사상일 때, $K = \ker f$ 이라고 하면 $K \lhd G$ 이고 또 $G/K \cong \operatorname{im} f = f(G)$ 이다.

실제로, 다음 사상은 동형사상이다.

$$\phi : G/K \longrightarrow \operatorname{im} f, \quad \phi(xK) = f(x)$$

특히, $K = \{e\}$ 이면, $G \cong \operatorname{im} f$ 이다.

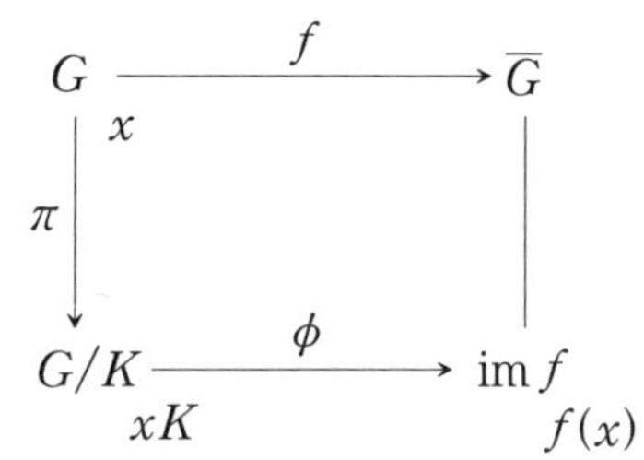

증명 정리 2.10.1 에 의하여 $K \lhd G$ 이고, 또 정리 2.10.3 에 의하여

$$aK = bK \iff f(a) = f(b) \iff \phi(aK) = \phi(bK)$$

이므로 $\phi : G/K \longrightarrow \operatorname{im} f$ 는 잘 정의된 사상이고 또 일대일 사상이다.

그리고, 임의의 $a, b \in G$ 에 대하여

$$\begin{aligned}\phi((aK)(bK)) &= \phi(abK) = f(ab) \\ &= f(a)\,f(b) = \phi(aK)\,\phi(bK)\end{aligned}$$

이므로 ϕ 는 준동형사상이고, 또

$$\operatorname{im} \phi = \{\phi(xK) \mid x \in G\} = \{f(x) \mid x \in G\} = \operatorname{im} f$$

이므로 ϕ 는 동형사상이다. 따라서 $G/K \cong \operatorname{im} f$ 이다.

보기 2.10.1 곱셈군 $\mathbb{R}^*$ 에서 $\mathbb{R}^*$ 로의 사상

$$f : \mathbb{R}^* \longrightarrow \mathbb{R}^*, \quad f(x) = x^2$$

를 생각하면, 임의의 $a, b \in \mathbb{R}^*$ 에 대하여

$$f(ab) = (ab)^2 = a^2 b^2 = f(a)\,f(b)$$

이므로 준동형사상이고 다음이 성립한다.

$$\ker f = \{1, -1\}, \quad \operatorname{im} f = \{y \mid y > 0\} = \mathbb{R}^+$$

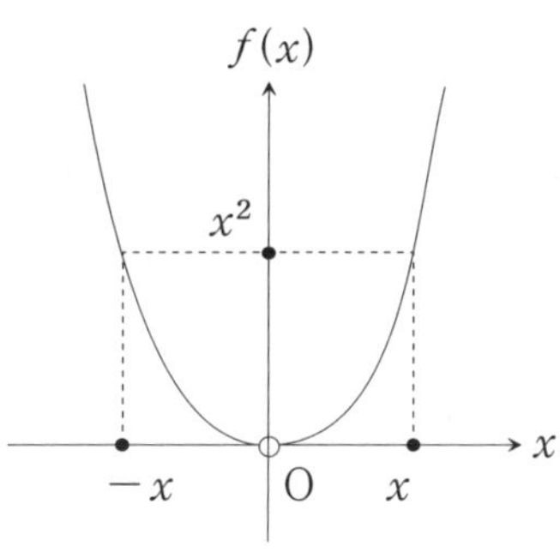

따라서 제 1 동형정리에 의하여 각 실수 $x \in \mathbb{R}^*$ 에 대하여 x 와 $-x$ 를 동일시하여 $x \ker f = \{x, -x\}$ 에 x^2 를 대응시키는 사상

$$\phi : \mathbb{R}/\ker f \longrightarrow \operatorname{im} f, \qquad \phi(x \ker f) = x^2$$

는 동형사상이고 따라서 $\mathbb{R}^*/\ker f \cong \operatorname{im} f$ 즉 $\mathbb{R}^*/\{1, -1\} \cong \mathbb{R}^+$ 이다.

보기 2.10.2 덧셈군 $\mathbb{R}$ 에서 곱셈군 $\mathbb{C}^*$ 로의 사상

$$f : \mathbb{R} \longrightarrow \mathbb{C}, \quad f(\theta) = e^{i\theta} = \cos\theta + i\sin\theta$$

는 준동형사상이다. 실제로, 임의의 $\theta_1, \theta_2 \in \mathbb{R}$ 에 대하여

$$f(\theta_1+\theta_2) = e^{i(\theta_1+\theta_2)} = e^{i\theta_1} e^{i\theta_2} = f(\theta_1) f(\theta_2)$$

이므로 f 는 준동형사상이고, 또 다음이 성립한다(정리 1.3.7).

$$\ker f = \{\theta \in \mathbb{R} \mid e^{i\theta} = 1\} = \{2\pi n \mid n \in \mathbb{Z}\} = 2\pi\mathbb{Z},$$
$$\text{im } f = \{e^{i\theta} \mid \theta \in \mathbb{R}\} = U$$

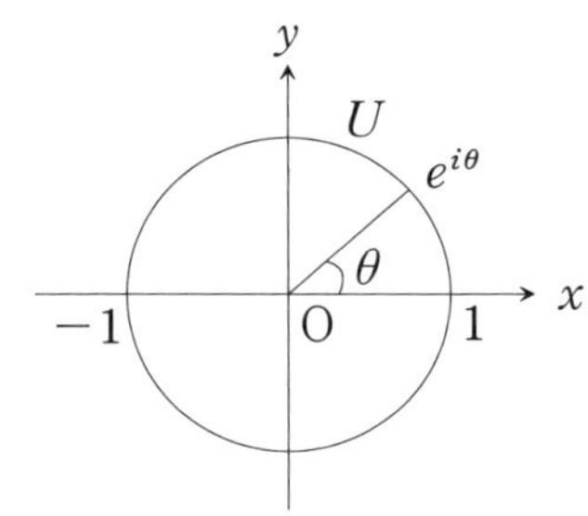

따라서 사상

$$\phi : \mathbb{R}/2\pi\mathbb{Z} \longrightarrow U, \ \phi(\theta+2\pi\mathbb{Z}) = e^{i\theta}$$

는 동형사상이고, $\mathbb{R}/2\pi\mathbb{Z} \cong U$ 이다

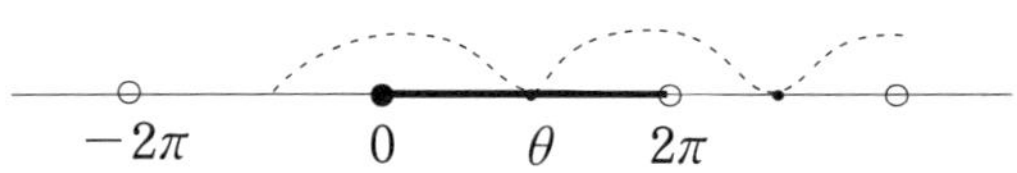

마찬가지로, 덧셈군 $\mathbb{R}$ 에서 일반선형군 $\mathrm{GL}_2(\mathbb{R})$ 으로의 사상

$$g : \mathbb{R} \longrightarrow \mathrm{GL}_2(\mathbb{R}), \quad g(\theta) = \begin{bmatrix} \cos\theta & -\sin\theta \\ \sin\theta & \cos\theta \end{bmatrix}$$

는 준동형사상이다. 실제로, 다음이 성립한다(정리 1.3.5 참조).

$$g(\theta_1)\, g(\theta_2) = \begin{bmatrix} \cos\theta_1 & -\sin\theta_1 \\ \sin\theta_1 & \cos\theta_1 \end{bmatrix} \begin{bmatrix} \cos\theta_1 & -\sin\theta_2 \\ \sin\theta_2 & \cos\theta_2 \end{bmatrix}$$
$$= \begin{bmatrix} \cos(\theta_1+\theta_2) & -\sin(\theta_1+\theta_2) \\ \sin(\theta_1+\theta_2) & \cos(\theta_1+\theta_2) \end{bmatrix} = g(\theta_1+\theta_2)$$

$$\ker g = \{\theta \in \mathbb{R} \mid f(\theta) = I_2\} = \{2\pi n \mid n \in \mathbb{Z}\} = 2\pi\mathbb{Z},$$
$$\text{im } g = \{\begin{bmatrix} \cos\theta & -\sin\theta \\ \sin\theta & \cos\theta \end{bmatrix} \mid 0 \le \theta < 2\pi\} = \mathrm{SO}(2)$$

그러므로 $\mathbb{R}/2\pi\mathbb{Z} \cong \mathrm{SO}(2)$ 이고 따라서 $U \cong \mathrm{SO}(2)$ 이다.

군 SO(2)를 2차의 **特殊直交群**(special orthogonal group)이라고 한다.

보기 2.10.3 군 G의 한 원소 a에 대하여 사상

$$f : \mathbb{Z} \longrightarrow G, \quad f(i) = a^i$$

는 덧셈군 $\mathbb{Z}$에서 G로의 준동형사상이고 다음이 성립한다(보기 2.9.2 참조).

$$\ker f = \{ i \in \mathbb{Z} \mid a^i = e \} = n\mathbb{Z}, \qquad n \geq 0$$
$$\operatorname{im} f = \{ a^i \mid i \in \mathbb{Z} \} = \langle a \rangle$$

따라서 $n = 0$이면, a는 무한 위수를 가지며 $\langle a \rangle \cong \mathbb{Z}$이다.

한편, $n \geq 1$이면, a의 위수는 n이고 또 $\langle a \rangle = \{ e, a, \cdots, a^{n-1} \}$이며 $\langle a \rangle \cong \mathbb{Z}/n\mathbb{Z} = \overline{\mathbb{Z}}_n \cong \mathbb{Z}_n$이다(보기 2.9.8).

정리 2.10.8 (대응정리, correspondence theorem) 사상 $f : G \longrightarrow \overline{G}$가 군 G에서 군 $\overline{G}$ 위로의(onto) 준동형사상일 때, $K = \ker f$이라고 하면 다음이 성립한다.

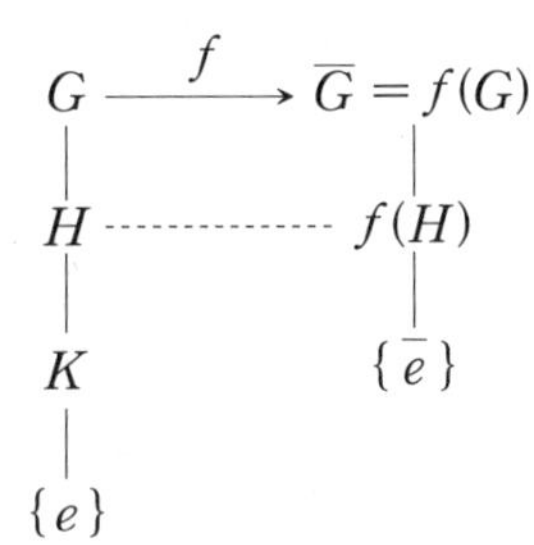

(1) G의 부분군 H에 대하여 $f(H)$는 $\overline{G}$의 부분군이다. 또, $H \lhd G$이면, $f(H) \lhd \overline{G}$이다.

(2) $\overline{G}$의 부분군 $\overline{H}$에 대하여 $\overline{H}$의 f에 의한 原象(pre-image)을

$$f^{-1}(\overline{H}) = \{ x \in G \mid f(x) \in \overline{H} \}$$

이라고 하면, $f^{-1}(\overline{H})$는 G의 부분군이고 또 $K \subseteq f^{-1}(\overline{H})$이다.

특히, $\overline{H} \lhd \overline{G}$이면, $K \subseteq f^{-1}(\overline{H}) \lhd G$이다.

(3) G의 부분군 H에 대하여 $f^{-1}(f(H)) = HK$이고, 특히 $K \subseteq H$이면 $f^{-1}(f(H)) = H$이다.

그리고, $\overline{G}$의 부분군 $\overline{H}$에 대하여 $f(f^{-1}(\overline{H})) = \overline{H}$이다.

(4) G에서 K를 포함하는 G의 부분군 [정규부분군] 전체의 집합과 $\overline{G}$의 부분군 [정규부분군] 전체의 집합을 각각 $\mathscr{X}$, $\mathscr{Y}$이라고 할 때, 두 사상

$$\Phi : \mathscr{X} \longrightarrow \mathscr{Y}, \quad \Phi(H) = f(H),$$
$$\Psi : \mathscr{Y} \longrightarrow \mathscr{X}, \quad \Psi(H) = f^{-1}(H)$$

는 일대일 대응이다.

증명 (1) 정리 2.10.1 에 의하여 (1)이 성립한다.

(2) $\overline{G}$의 부분군 $\overline{H}$에 대하여 $f(e)=\overline{e}\in\overline{H}$이므로 $e\in f^{-1}(\overline{H})\neq\varnothing$이다. 또, $a, b\in f^{-1}(\overline{H})$ 이라고 하면, $f(a), f(b)\in\overline{H}$ 이므로

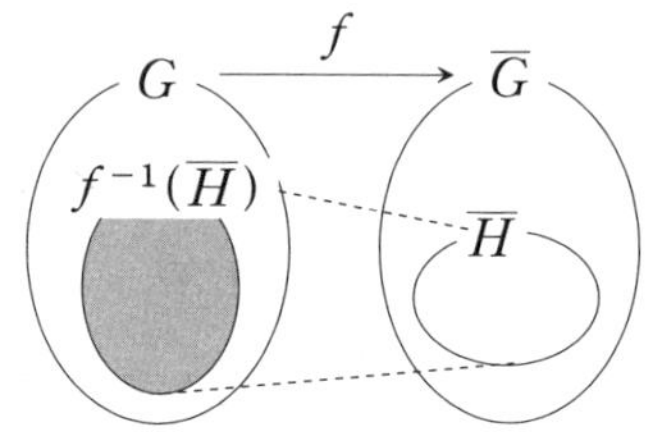

$$f(ab^{-1})=f(a)\,f(b)^{-1}\in\overline{H}$$

이고 따라서 $ab^{-1}\in f^{-1}(\overline{H})$ 이므로 $f^{-1}(\overline{H})$ 는 G의 부분군이다. 그리고, $a\in K=\ker f$ 이면 $f(a)=\overline{e}\in\overline{H}$ 이므로, $K\subseteq f^{-1}(\overline{H})$ 이다.

특히, $\overline{H}\lhd\overline{G}$ 일 때, $a\in f^{-1}(\overline{H})$ 이라고 하면 $f(a)\in\overline{H}$ 이므로 임의의 원소 $x\in G$ 에 대하여

$$f(xax^{-1})=f(x)\,f(a)\,f(x)^{-1}\in\overline{H}$$

이므로 $xax^{-1}\in f^{-1}(\overline{H})$ 이고. 따라서 $f^{-1}(\overline{H})\lhd G$ 이다.

(3) 위의 (1), (2) 에 의하여 $f^{-1}(f(H))$ 는 G의 부분군이다.

한편, 정리 2.10.2 에 의하여

$$\begin{aligned} x\in f^{-1}(f(H)) &\iff f(x)\in f(H) \\ &\iff \text{적당한 } h\in H \text{ 에 대하여 } f(x)=f(h) \\ &\iff \text{적당한 } h\in H \text{ 에 대하여 } x\in hK \end{aligned}$$

이므로 다음이 성립한다.

$$f^{-1}(f(H))=\cup\{hK\mid h\in H\}=HK$$

그리고, 가정에 의하여 $f(G)=\overline{G}$ 이므로, $\overline{G}$의 부분군 $\overline{H}$에 대하여 $f(f^{-1}(\overline{H}))=f(G)\cap\overline{H}=\overline{G}\cap\overline{H}=\overline{H}$ 이다.

(4) 앞의 결과에 의하여 임의의 $H\in\mathscr{X}$ 와 $\overline{H}\in\mathscr{Y}$ 에 대하여

$$\begin{aligned} (\Psi\circ\Phi)(H)&=\Psi(\Phi(H))=f^{-1}(f(H))=H, \\ (\Phi\circ\Psi)(\overline{H})&=\Phi(\Psi(\overline{H}))=f(f^{-1}(\overline{H}))=\overline{H} \end{aligned}$$

이므로 $\Psi\circ\Phi$ 는 $\mathscr{X}$ 위의 항등사상이고 $\Phi\circ\Psi$ 는 $\mathscr{Y}$ 위의 항등사상이다.

따라서 Φ와 Ψ는 일대일 대응이다(정리 1.1.4).

따름정리 2.10.9 군 G에서 $N \lhd G$일 때, H가 $N \subseteq H$인 G의 부분군 [정규부분군] 이면

$$H/N = \{xN \mid x \in H\}$$

는 잉여군 G/N의 부분군 [정규부분군] 이다.

그리고, 잉여군 G/N의 부분군 [정규부분군] 은 모두 이와 같은 꼴로 나타내어진다.

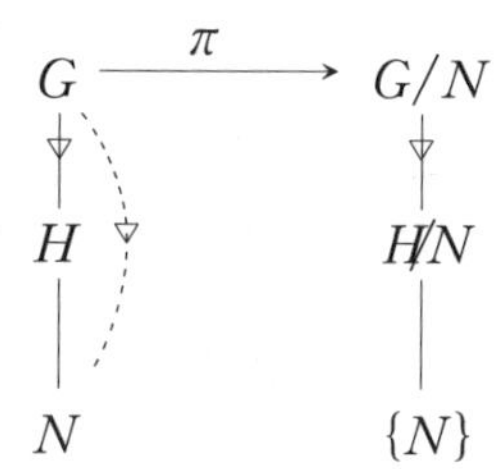

증명 군 G에서 $N \lhd G$일 때, 표준준동형사상 $\pi : G \longrightarrow G/N$는 군준동형사상이고 $\ker \pi = N$, $\operatorname{im} \pi = G/N$이다(정리 2.10.3).

따라서 대응정리에 의하여 따름정리가 성립한다.

보기 2.10.4 위수 8인 곱셈군 $G = \mathbb{Z}_{15}{}^* = \{1, 2, 4, 7, 8, 11, 13, 14\}$의 부분군 전체에 대한 Hasse 다이어그램은 아래 그림과 같다(보기 2.5.5).

$H = \langle 2 \rangle = \{1, 2, 4, 8\}$,

$\langle 7 \rangle = \{1, 4, 7, 13\}$,

$K = \{1, 4, 11, 14\}$

$H_1 = \langle 4 \rangle = \{1, 4\}$,

$K_1 = \langle 11 \rangle = \{1, 11\}$

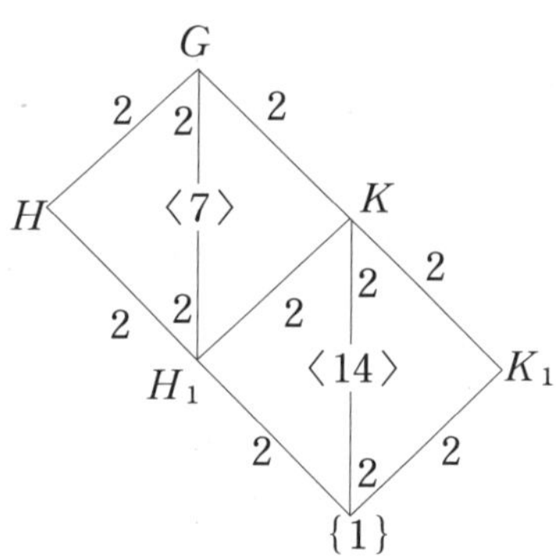

또, $H \cong C_4$, $K \cong V$이므로 H와 K는 동형이 아니지만, $G/H \cong G/K$이다.

또, $H_1 \cong K_1 \cong C_2$이지만,

$$G/H_1 \cong V, \quad G/K_1 \cong C_4$$

이므로 G/H_1과 G/K_1은 동형이 아니다.

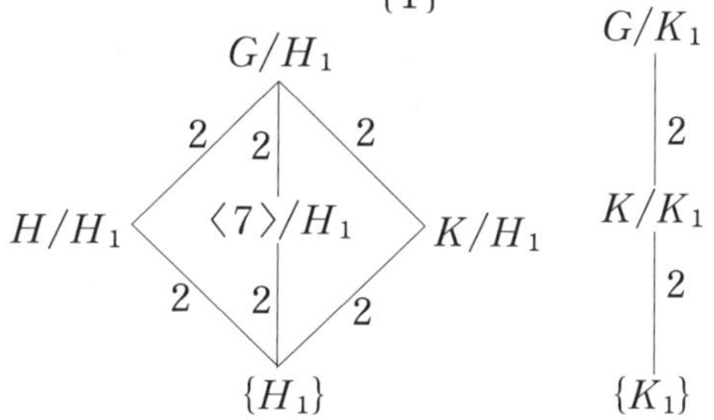

보기 2.10.5 덧셈군 $\mathbb{Z}$에서 $n\mathbb{Z} \subseteq m\mathbb{Z} \Longleftrightarrow m \mid n$이다(따름정리 2.4.8).

따라서 잉여군 $\mathbb{Z}/n\mathbb{Z} = \overline{\mathbb{Z}}_n = \{\overline{0}, \overline{1}, \cdots, \overline{n-1}\}$, $n \geq 2$의 부분군은 모두 다음과 같은 꼴로 나타내어진다.

$$m\mathbb{Z}/n\mathbb{Z} \quad (m\text{은 } n\text{의 양의 약수})$$

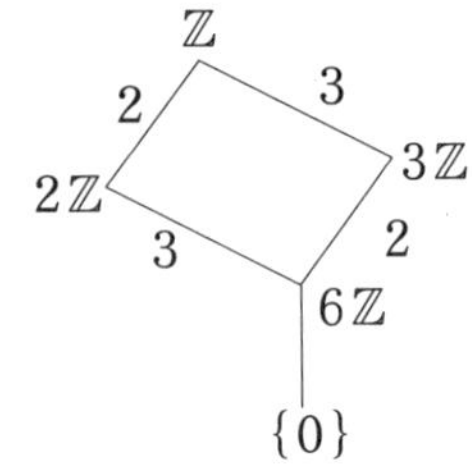

예를 들면, 덧셈군 $\mathbb{Z}$에서 $6\mathbb{Z}$를 포함하는 부분군 전체는 $\mathbb{Z}$, $2\mathbb{Z}$, $3\mathbb{Z}$, $6\mathbb{Z}$이므로 잉여군

$$\mathbb{Z}/6\mathbb{Z} = \overline{\mathbb{Z}}_6 = \{\bar{0}, \bar{1}, \bar{2}, \bar{3}, \bar{4}, \bar{5}\}$$

의 부분군 전체는 다음과 같다.

$$\mathbb{Z}/6\mathbb{Z}, \quad 2\mathbb{Z}/6\mathbb{Z} = \{\bar{0}, \bar{2}, \bar{4}\}, \quad 3\mathbb{Z}/6\mathbb{Z} = \{\bar{0}, \bar{3}\}, \quad 6\mathbb{Z}/6\mathbb{Z} = \{\bar{0}\}$$

이 책을 처음 읽을 때에는 아래 부분은 생략하여도 좋다.

정리 2.10.10 (제 2 동형정리) 군 G에서 $N \lhd G$일 때, G의 부분군 H에 대하여 다음이 성립한다.

$$(H \cap N) \lhd H, \quad H/(H \cap N) \cong HN/N$$

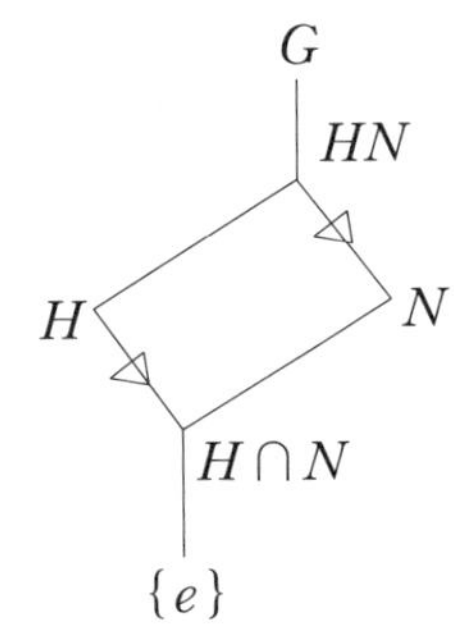

증명 표준준동형사상 $\pi : G \longrightarrow G/N$의 축소사상

$$\phi : H \longrightarrow G/N, \quad \phi(h) = \pi(h) = hN$$

는 준동형사상이고 다음이 성립한다.

$$\begin{aligned} \ker\phi &= H \cap \ker\pi = H \cap N \\ \operatorname{im}\phi &= \{hK \in G/N \mid h \in H\} \\ &= \{hnN \in G/N \mid h \in H, n \in N\} \\ &= \{xN \in G/N \mid x \in HN\} \\ &= HN/N \end{aligned}$$

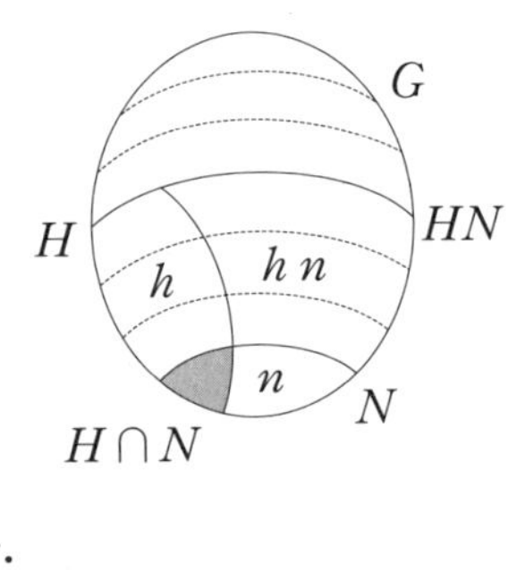

따라서 제 1 동형정리에 의하여 정리가 성립한다.

보기 2.10.6 대칭군 S_4에서, $V_4 \lhd S_4$이다(보기 2.9.7). 그리고,

$$H = \{\begin{pmatrix} 1 & 2 & 3 & 4 \\ i & j & k & 4 \end{pmatrix} \mid 1 \le i, j, k \le 3\}$$

이라고 하면, H는 S_4의 부분군이고 $H \cong S_3$이다. 한편, $V_4H \subseteq S_4$이고

또 $H \cap V_4 = \{1\}$ 이므로 정리 2.7.9 에 의하여

$$|V_4 H| = |V_4||H| = 4 \cdot 6 = 24 = |S_4|$$

이고 따라서 $V_4 H = S_4$ 이므로 제 2 동형정리에 의하여 다음이 성립한다.

$$S_4/V_4 = V_4 H/V_4 \cong H/(H \cap V_4) \cong H \cong S_3$$

정리 2.10.11 (제 3 동형정리) 군 G 에서 $N \lhd G$, $H \lhd G$, $N \subseteq H$ 일 때, $H/N \lhd G/N$ 이고 또 $\dfrac{G/N}{H/N} \cong G/H$ 이다.

증명 잉여군 G/N, G/H 가 정의되고, 또

$$f : G/N \longrightarrow G/H, \quad f(xN) = xH$$

는 잘 정의된 사상이다. 실제로, $N \subseteq H$ 이므로 다음이 성립한다.

$$aN = bN \Longrightarrow a^{-1}b \in N \subseteq H \Longrightarrow aH = bH$$

그리고, 임의의 $a, b \in G$ 에 대하여

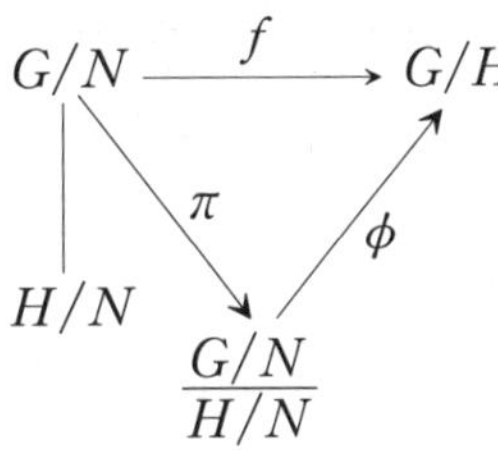

$$\begin{aligned} f(aN \cdot bN) &= f(abN) \\ &= abH = aH \cdot bH \\ &= f(aN)\, f(bN) \end{aligned}$$

이므로 f 는 준동형사상이고 다음이 성립한다.

$$\begin{aligned} \ker f &= \{xN \in G/N \mid xH = eH\} \\ &= \{xN \in G/N \mid x \in H\} = H/N, \\ \operatorname{im} f &= \{f(xN) \mid x \in G\} = \{xH \mid x \in G\} = G/H \end{aligned}$$

따라서 제 1 동형정리에 의하여 정리가 성립한다.

연 습 문 제 (2.10)

*1. 군 A 가 덧셈군일 때, 양의 정수 n 에 대하여

$$f : A \longrightarrow A, \quad f(a) = na$$

는 준동형사상임을 밝히고, 또 제 1 동형정리를 적용한 결과를 말하여라.

2. 군 G가 Abel 군일 때, 양의 정수 n에 대하여

$$f : G \longrightarrow G, \quad f(x) = x^n$$

는 준동형사상임을 밝히고,. 또 제1동형정리를 적용한 결과를 말하여라.

3. 곱셈군 $U = \{\alpha \in \mathbb{C} \mid |\alpha| = 1\}$과 양의 정수 n에 대하여 사상

$$f : U \longrightarrow U, \quad f(\alpha) = \alpha^n$$

가 준동형사상임을 밝히고, 또 $U/U_n \cong U$ 임을 밝혀라.

4. 사상 $f : G \longrightarrow \overline{G}$가 군 준동형사상일 때, 다음이 성립함을 증명하여라.

⑴ G가 유한군이면, $\ker f$와 $\operatorname{im} f$는 유한군이고 다음이 성립한다.

$$|\ker f|\,|\operatorname{im} f| = |G|$$

⑵ $\overline{G}$가 유한군이면, $\operatorname{im} f$는 유한군이고 $|\operatorname{im} f|$는 $|\overline{G}|$의 약수이다.

5. 위수 4인 순환군 $G = \langle a \rangle$와 Klein의 사원군 $V = \{1, \sigma, \tau, \rho\}$에 대하여 G에서 V로의 준동형사상과 V에서 G로의 준동형사상을 결정하여라.

6. 군 준동형사상 $f : G \longrightarrow \overline{G}$에 대하여 $K = \ker f$이라고 할 때, 군 G의 부분군 H에 대하여 $(H \cap K) \lhd H$, $H/(H \cap K) \cong f(H)$ 임을 밝혀라.

*7. 군 준동형사상 $f : G \longrightarrow \overline{G}$에 대하여 $K = \ker f$이라고 할 때, G의 정규부분군 N이 K에 포함되면 사상

$$\phi : G/N \longrightarrow \operatorname{im} f, \quad \phi(aN) = f(a)$$

는 G/N에서 $\operatorname{im} f$ 위로의 준동형사상이고 $\ker \phi = K/N$ 임을 밝혀라.

*8. 사상 $f : G \longrightarrow \overline{G}$가 군 G에서 군 $\overline{G}$ 위로의 준동형사상일 때, $\overline{G}$의 정규부분군 $\overline{N}$에 대하여 $N = \{x \in G \mid f(x) \in \overline{N}\}$이라고 하면 $N \lhd G$이고 또 $G/N \cong \overline{G}/\overline{N}$ 임을 밝혀라.

9. 사상 $f : G \longrightarrow A$가 군 G에서 Abel군 A로의 준동형사상일 때, 군 G의 부분군 N이 $\ker f$를 포함하는 부분군이면 $N \lhd G$ 임을 밝혀라.

§2.11 군의 직적과 직합

여러 개의 군으로부터 새로운 군을 만드는 방법에 대하여 생각해 보자.

정의 2.11.1 군 $G_1, \cdots, G_n$에 대하여, 곱집합

$$G_1 \times \cdots \times G_n = \{(x_1, \cdots, x_n) \mid x_1 \in G_1, \cdots, x_n \in G_n\}$$

는 다음과 같이 정의된 연산에 관하여 군을 이룬다.

$$(a_1, \cdots, a_n) \cdot (b_1, \cdots, b_n) = (a_1 b_1, \cdots, a_n b_n)$$

이 군을 $G_1, \cdots, G_n$의 (**外的인**) **直積**(external direct product)이라 하고 이 군을 $G_1 \times \cdots \times G_n$으로 나타낸다.

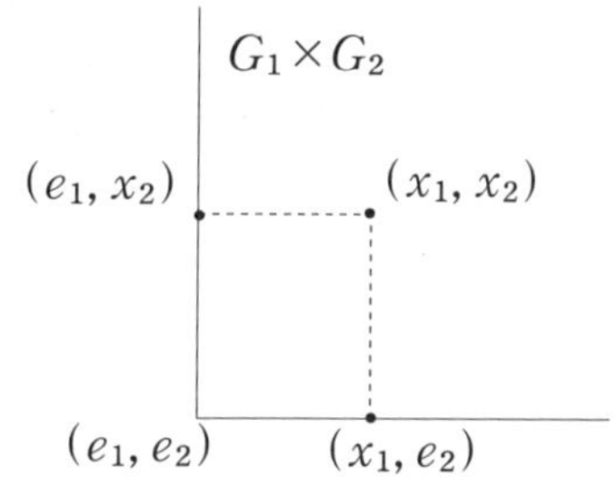

실제로, $G_1, \cdots, G_n$의 항등원이 각각 $e_1, \cdots, e_n$일 때, 직적 $G_1 \times \cdots \times G_n$의 항등원은 $e = (e_1, \cdots, e_n)$이고 분명히 $(a_1, \cdots, a_n)^{-1} = (a_1{}^{-1}, \cdots, a_n{}^{-1})$이다.

정리 2.11.2 군 $G_1, \cdots, G_n$에 대하여 다음이 성립한다.

(1) $G_1, \cdots, G_n$이 모두 유한군이면, 직적 $G_1 \times \cdots \times G_n$은 유한군이고 또 $|G_1 \times \cdots \times G_n| = |G_1| \cdots |G_n|$이다.

(2) $G_1, \cdots, G_n$이 모두 Abel 군일 때 그리고 이때에만 $G_1 \times \cdots \times G_n$은 Abel 군이다.

증명 (1) 정의에 의하여 (1)이 성립한다.

(2) $G_1 \times \cdots \times G_n$의 임의의 원소 $(a_1, \cdots, a_n), (b_1, \cdots, b_n)$에 대하여

$$\begin{aligned} & (a_1, \cdots, a_n)(b_1, \cdots, b_n) = (b_1, \cdots, b_n)(a_1, \cdots, a_n) \\ \Longleftrightarrow\ & (a_1 b_1, \cdots, a_n b_n) = (b_1 a_1, \cdots, b_n a_n) \\ \Longleftrightarrow\ & a_1 b_1 = b_1 a_1, \quad \cdots, \quad a_n b_n = b_n a_n \end{aligned}$$

이고, 따라서 (2)가 성립한다.

정리 2.11.3 군 $G_1, G_2, \overline{G}_1, \overline{G}_2$ 에 대하여 다음이 성립한다.

(1) $G_1 \times G_2 \cong G_2 \times G_1$

(2) $G_1 \cong \overline{G}_1$, $G_2 \cong \overline{G}_2$ 이면, $G_1 \times G_2 \cong \overline{G}_1 \times \overline{G}_2$ 이다.

증명 (1) 사상

$$f: G_1 \times G_2 \longrightarrow G_2 \times G_1, \quad f(a_1, a_2) = (a_2, a_1)$$

가 동형사상이므로 $G_1 \times G_2 \cong G_2 \times G_1$ 이다.

(2) 사상 $f_1: G_1 \longrightarrow \overline{G}_1$ 과 $f_2: G_2 \longrightarrow \overline{G}_2$ 가 동형사상이면,

$$f: G_1 \times G_2 \longrightarrow \overline{G}_1 \times \overline{G}_2, \quad f(x_1, x_2) = (f_1(x_1), f_2(x_2))$$

는 동형사상이므로 (2)가 성립한다(문제 1의 증명 참조).

정리 2.11.4 군 $G_1, \cdots, G_n$ 에 대하여 다음이 성립한다.

(1) $H_1, \cdots, H_n$ 이 각각 군 $G_1, \cdots, G_n$ 의 부분군일 때,

$$H_1 \times \cdots \times H_n = \{(h_1, \cdots, h_n) \mid h_1 \in H_1, \cdots, h_n \in H_n\}$$

은 $G_1 \times \cdots \times G_n$ 의 부분군이다.

(2) $N_1 \lhd G_1, \cdots, N_n \lhd G_n$ 일 때, $(N_1 \times \cdots \times N_n) \lhd (G_1 \times \cdots \times G_n)$ 이고 $(G_1 \times \cdots \times G_n)/(N_1 \times \cdots \times N_n) \cong (G_1/N_1) \times \cdots \times G_n/N_n$ 이다.

증명 (1) 임의의 $(a_1, \cdots, a_n), (b_1, \cdots, b_n) \in H_1 \times \cdots \times H_n$ 에 대하여

$$(a_1, \cdots, a_n)(b_1, \cdots, b_n) = (a_1 b_1, \cdots, a_n b_n) \in H_1 \times \cdots \times H_n,$$
$$(a_1, \cdots, a_n)^{-1} = (a_1^{-1}, \cdots, a_n^{-1}) \in H_1 \times \cdots \times H_n$$

이므로 $H_1 \times \cdots \times H_n$ 은 $G_1 \times \cdots \times G_n$ 의 부분군이다.

(2) $N_1 \lhd G_1, \cdots, N_n \lhd G_n$ 일 때, 다음 사상을 생각해 보자.

$$f: G_1 \times \cdots \times G_n \longrightarrow (G_1/N_1) \times \cdots \times (G_n/N_n),$$
$$f(x_1, \cdots, x_n) = (x_1 N_1, \cdots, x_n N_n)$$

임의의 원소 $(a_1, \cdots, a_n), (b_1, \cdots, b_n) \in G_1 \times \cdots \times G_n$ 에 대하여

$$\begin{aligned} f((a_1, \cdots, a_n)(b_1, \cdots, b_n)) &= f(a_1 b_1, \cdots, a_n b_n) \\ &= (a_1 b_1 N_1, \cdots, a_n b_n N_n) \\ &= (a_1 N_1, \cdots, a_n N_n)(b_1 N_1, \cdots, b_n N_n) \\ &= f(a_1, \cdots, a_n) f(b_1, \cdots, b_n) \end{aligned}$$

이므로 f 는 준동형사상이고, 또 다음이 성립한다.

$$\begin{aligned} \ker f &= \{(x_1, \cdots, x_n) \mid f(x_1, \cdots, x_n) = (e_1 N_1, \cdots, e_n N_n)\} \\ &= \{(x_1, \cdots, x_n) \mid (x_1 N_1, \cdots, x_n N_n) = (e_1 N_1, \cdots, e_n N_n)\} \\ &= \{(x_1, \cdots, x_n) \mid x_1 \in N_1, \cdots, x_n \in N_n\} = N_1 \times \cdots \times N_n \end{aligned}$$

$$\begin{aligned} \operatorname{im} f &= \{f(x_1, \cdots, x_n) \mid (x_1, \cdots, x_n) \in G_1 \times \cdots \times G_n\} \\ &= \{(x_1 N_1, \cdots, x_n N_n) \mid x_1 \in G_1, \cdots, x_n \in G_n\} \\ &= (G_1/N_1) \times \cdots \times (G_n/N_n) \end{aligned}$$

따라서 제1동형정리에 의하여 $(N_1 \times \cdots \times N_n) \lhd (G_1 \times \cdots \times G_n)$ 이고 $(G_1 \times \cdots \times G_n)/(N_1 \times \cdots \times N_n) \cong (G_1/N_1) \times \cdots \times (G_n/N_n)$ 이다.

정리 2.11.5 군 $G_1, \cdots, G_n$ 에 대하여 다음이 성립한다.

(1) 원소 $x_1 \in G_1, \cdots, x_n \in G_n$ 의 위수가 각각 $m_1, \cdots, m_n$ 일 때, 원소 $(x_1, \cdots, x_n) \in G_1 \times \cdots \times G_n$ 의 위수는 $m_1, \cdots, m_n$ 의 최소공배수와 같다.

(2) $G_1 = \langle a_1 \rangle, \cdots, G_n = \langle a_n \rangle$ 이 각각 위수 $m_1, \cdots, m_n$ 인 순환군일 때, $G_1 \times \cdots \times G_n$ 이 위수 $m_1 \cdots m_n$ 인 순환군이기 위한 필요충분조건은 $m_1, \cdots, m_n$ 이 쌍마다 서로 소인 것이다. 그리고, $m_1, \cdots, m_n$ 이 쌍마다 서로 소이면, $G_1 \times \cdots \times G_n = \langle (a_1, \cdots, a_n) \rangle$ 이다.

특히, $m_1, \cdots, m_n$ 이 쌍마다 서로 소이면, $C_{m_1} \times \cdots \times C_{m_n} \cong C_{m_1 \cdots m_n}$ 이다.

증명 여기서는 $n = 2$ 인 경우에 대하여 증명한다.
두 양의 정수 m_1, m_2 의 최대공약수와 최소공배수를 각각 d, l 이라고 하자. 이 때, $m_1 m_2 = d\, l$ 이다(정리 1.2.15).

(1) 원소 x_1, x_2 의 위수가 각각 m_1, m_2 일 때, $l = m_1 r$, $l = m_2 s$ 이라고 하면 다음이 성립한다.

$$(x_1, x_2)^l = ({x_1}^l, {x_2}^l) = ({x_1}^{m_1 r}, {x_2}^{m_2 s}) = ({e_1}^r, {e_2}^s) = (e_1, e_2)$$

그리고, 정수 k 에 대하여 $(x_1, x_2)^k = (e_1, e_2)$ 이라고 가정하면,

$$(e_1, e_2) = (x_1, x_2)^k = ({x_1}^k, {x_2}^k) \quad \text{즉} \quad {x_1}^k = e_1, \quad {x_2}^k = e_2$$

이므로 $m_1 \mid k$, $m_2 \mid k$ 이고 따라서 $l \mid k$ 이다(정리 2.4.2, 정의 1.2.8).

그러므로 (x_1, x_2) 의 위수는 l 이다.

(2) $G_1 = \langle a_1 \rangle$, $G_2 = \langle a_2 \rangle$ 이므로 a_1, a_2 의 위수는 각각 m_1, m_2 이고 따라서 (1) 에 의하여 원소 $(a_1, a_2) \in G_1 \times G_2$ 의 위수는 l 이다.

먼저 $d = 1$ 이면, $l = m_1 m_2$ 이고 또 $|G_1 \times G_2| = |G_1|\,|G_2| = m_1 m_2$ 이므로 $G_1 \times G_2 = \langle (a_1, a_2) \rangle$ 이다.

다음에 $d \geq 2$ 이라고 하자.

이 때, 임의의 원소 $(x_1, x_2) \in G_1 \times G_2$ 에 대하여 x_1, x_2 의 위수는 각각 m_1, m_2 의 약수이므로 ${x_1}^{m_1} = e_1$, ${x_2}^{m_2} = e_2$ 이고 따라서

$$(x_1, x_2)^l = ({x_1}^l, {x_2}^l) = (e_1, e_2)$$

이므로 (x_1, x_2) 의 위수는 l 의 약수이다. 한편, $d \geq 2$ 이므로 $l < m_1 m_2$ 이고 $|G_1 \times G_2| = m_1 m_2$ 이므로 $G_1 \times G_2$ 는 순환군이 아니다.

보기 2.11.1 순환군 $G = \langle a \rangle$, $H = \langle b \rangle$ 의 위수가 각각 20, 36 일 때, 원소 $a^6 \in G$ 와 원소 $b^{10} \in H$ 의 위수는 각각 $\dfrac{20}{(6, 20)} = 10$, $\dfrac{36}{(10, 36)} = 18$ 이다(정리 2.4.2). 따라서 원소 $(a^6, b^{10}) \in G \times H$ 의 위수는 $\dfrac{10 \cdot 18}{(10, 18)} = 90$ 이다.

보기 2.11.2 위수가 각각 2, 3 인 순환군 $G = \{e, a\}$, $H = \{1, b, b^2\}$ 에 대하여 $G \times H = \langle (a, b) \rangle \cong C_6$ 이다. 실제로, 다음이 성립한다.

$$(a, b)^1 = (a, b), \quad (a, b)^2 = (e, b^2), \quad (a, b)^3 = (a, 1),$$
$$(a, b)^4 = (e, b), \quad (a, b)^5 = (a, b^2), \quad (a, b)^6 = (e, 1)$$

다음 정의와 정리는 앞의 정의와 정리를 덧셈군에 관한 정의와 정리로 고쳐 쓴 것이다.

정의 2.11.6 덧셈군 $A_1, \cdots, A_n$에 대하여 곱집합

$$A_1 \times \cdots \times A_n = \{(a_1, \cdots, a_n) \mid a_1 \in A_1, \cdots, a_n \in A_n\}$$

는 다음과 같이 정의된 덧셈에 관하여 덧셈군을 이룬다(정리 2.11.2).

$$(a_1, \cdots, a_n) + (b_1, \cdots, b_n) = (a_1 + b_1, \cdots, a_n + b_n)$$

이 덧셈군을 $A_1, \cdots, A_n$의 **(外的인) 直合**(external direct sum)이라 하고 이 직합을 $A_1 \oplus \cdots \oplus A_n$ 또는 $A_1 \times \cdots \times A_n$으로 나타낸다.

실제로, 덧셈군 $A_1 \oplus \cdots \oplus A_n$의 영원은 $(0, \cdots, 0)$이고 또 각 원소 $(a_1, \cdots, a_n)$에 대하여 $-(a_1, \cdots, a_n) = (-a_1, \cdots, -a_n)$이다.

정리 2.11.7 덧셈군 $A_1, \cdots, A_n$이 모두 유한 덧셈군이면, $A_1 \oplus \cdots \oplus A_n$은 유한 덧셈군이고 또 $|A_1 \oplus \cdots \oplus A_n| = |A_1| \cdots |A_n|$이다.

정리 2.11.8 덧셈군 A_1, A_2, B_1, B_2에 대하여 다음이 성립한다.

(1) $A_1 \oplus A_2 \cong A_2 \oplus A_1$

(2) $A_1 \cong B_1, A_2 \cong B_2$이면, $A_1 \oplus A_2 \cong B_1 \oplus B_2$이다.

정리 2.11.9 덧셈군 $A_1, \cdots, A_n$에서 $B_1, \cdots, B_n$이 각각 $A_1, \cdots, A_n$의 부분군일 때,

$$B_1 \oplus \cdots \oplus B_n = \{(b_1, \cdots, b_n) \mid b_1 \in B_1, \cdots, b_n \in B_n\}$$

은 $A_1 \oplus \cdots \oplus A_n$의 부분군이고 또 다음이 성립한다.

$$(A_1 \oplus \cdots \oplus A_n)/(B_1 \oplus \cdots \oplus B_n) \cong (A_1/B_1) \oplus \cdots \oplus (A_n/B_n)$$

정리 2.11.10 덧셈군 $A_1, \cdots, A_n$에서 원소 $x_1 \in A_1, \cdots, x_n \in A_n$의 위수가 각각 $m_1, \cdots, m_n$이면, 원소 $(x_1, \cdots, x_n) \in A_1 \oplus \cdots \oplus A_n$의 위수는 $m_1, \cdots, m_n$의 최소공배수와 같다.

정리 2.11.11 덧셈에 관한 순환군 $A_1 = \langle a_1 \rangle, \cdots, A_n = \langle a_n \rangle$ 의 위수가 각각 $m_1, \cdots, m_n$ 일 때, $A_1 \oplus \cdots \oplus A_n$ 이 위수 $m_1 \cdots m_n$ 인 순환군이기 위한 필요충분조건은 $m_1, \cdots, m_n$ 이 쌍마다 서로 소인 것이다. 그리고, $m_1, \cdots, m_n$ 이 쌍마다 서로 소이면, $A_1 \oplus \cdots \oplus A_n = \langle (a_1, \cdots, a_n) \rangle$ 이다.

특히, 덧셈군 $\mathbb{Z}_{m_1} \oplus \cdots \oplus \mathbb{Z}_{m_n}$ 이 위수 $m_1 \cdots m_n$ 인 순환군이기 위한 필요충분조건은 $m_1, \cdots, m_n$ 이 쌍마다 서로 소인 것이다.

그리고, $m_1, \cdots, m_n$ 이 쌍마다 서로 소일 때, 사상

$$f : \mathbb{Z}_{m_1 \cdots m_n} \longrightarrow \mathbb{Z}_{m_1} \oplus \cdots \oplus \mathbb{Z}_{m_n}, \quad f(i) = i(1, \cdots, 1)$$

는 동형사상이고 따라서 $\mathbb{Z}_{m_1} \oplus \cdots \oplus \mathbb{Z}_{m_n} \cong \mathbb{Z}_{m_1 \cdots m_n}$ 이다.

보기 2.11.3 덧셈군 $\mathbb{Z}_2 = \{0, 1\}$, $\mathbb{Z}_3 = \{0, 1, 2\}$ 의 직합

$$\mathbb{Z}_2 \oplus \mathbb{Z}_3 = \{(0, 0), (0, 1), (0, 2), (1, 0), (1, 1), (1, 2)\}$$

는 $\mathbb{Z}_6 = \{0, 1, 2, 3, 4, 5\}$ 와 동형이다. 실제로, 다음 사상은 동형사상이다.

$$f : \mathbb{Z}_6 \longrightarrow \mathbb{Z}_2 \oplus \mathbb{Z}_3, \quad f(i) = i(1, 1)$$

$$f(0) = (0, 0), \qquad f(1) = (1, 1), \qquad f(2) = (0, 2),$$
$$f(3) = (1, 0), \qquad f(4) = (0, 1), \qquad f(5) = (1, 2)$$

보기 2.11.4 素數 p 에 대하여 덧셈군 $\mathbb{Z}_p = \{0, 1, \cdots, p-1\}$ 의 직합

$$\mathbb{Z}_p \oplus \cdots \oplus \mathbb{Z}_p = \{(i_1, \cdots, i_n) \mid i_1, \cdots, i_n \in \mathbb{Z}_p\}$$

는 위수 p^n 인 덧셈군이고 모든 $(i_1, \cdots, i_n) \in \mathbb{Z}_p \oplus \cdots \oplus \mathbb{Z}_p$ 에 대하여

$$p(i_1, \cdots, i_n) = (p\,i_1, \cdots, p\,i_n) = (0. \cdots, 0)$$

이므로 $(0, \cdots, 0)$ 을 제외한 원소의 위수는 모두 p 이다.

위수 p^2 인 덧셈군 $\mathbb{Z}_{p^2}$, $\mathbb{Z}_p \oplus \mathbb{Z}_p$ 는 동형이 아니다. 예를 들면,

$$\mathbb{Z}_2 \oplus \mathbb{Z}_2 = \{(0, 0), (0, 1), (1, 0), (1, 1)\}$$

는 Klein 의 사원군과 동형이고 $\mathbb{Z}_4 = \{0, 1, 2, 3\}$ 는 순환군이다.

보기 2.11.5 덧셈군 $\mathbb{Z} \oplus \mathbb{Z} = \{(a, b) \mid a, b \in \mathbb{Z}\} = \mathbb{Z}^2$ 에서 부분군

$$B = \langle (2, 3) \rangle = \{(2k, 3k) \mid k \in \mathbb{Z}\},$$
$$C = 2\mathbb{Z} \oplus 3\mathbb{Z} = \{(2a, 3b) \mid a, b \in \mathbb{Z}\}$$

에 의한 $\mathbb{Z} \oplus \mathbb{Z}$ 의 잉여군을 생각해 보자. 먼저

$$f : \mathbb{Z} \oplus \mathbb{Z} \longrightarrow \mathbb{Z}, \quad f(x, y) = 3x - 2y$$

는 준동형사상이다. 또, 2 와 3 은 서로 소이므로

$$(x,\ y) \in \ker f \iff 3x - 2y = 0 \quad \text{즉} \quad 3x = 2y$$
$$\iff x = 2k,\ y = 3k \quad (k \in \mathbb{Z})$$

이고 따라서 $\ker f = \{(2k, 3k) \mid k \in \mathbb{Z}\} = B$ 이다.

그리고, $3 \cdot 1 - 2 \cdot 1 = 1$ 이므로 모든 $m \in \mathbb{Z}$ 에 대하여

$$3m - 2m = m \quad \text{즉} \quad f(m, m) = m$$

이고 따라서 $\operatorname{im} f = \mathbb{Z}$ 이다.

그러므로 제 1 동형정리에 의하여 다음이 성립한다.

$$(\mathbb{Z} \oplus \mathbb{Z})/B \cong \mathbb{Z}$$

한편, 정리 2.11.9 에 의하여 다음이 성립한다.

$$(\mathbb{Z} \oplus \mathbb{Z})/C = (\mathbb{Z} \oplus \mathbb{Z})/(2\mathbb{Z} \oplus 3\mathbb{Z}) \cong (\mathbb{Z}/2\mathbb{Z}) \oplus (\mathbb{Z}/3\mathbb{Z})$$
$$\cong \overline{\mathbb{Z}}_2 \oplus \overline{\mathbb{Z}}_3 \cong \mathbb{Z}_2 \oplus \mathbb{Z}_3 \cong \mathbb{Z}_6$$
$$(\mathbb{Z} \oplus \mathbb{Z})/C = \{(0, 0)+C,\ (0, 1)+C,\ (0, 2)+C,\ (1, 0)+C,$$
$$(1, 1)+C,\ (1, 2)+C\} = \langle (1, 1)+C \rangle$$

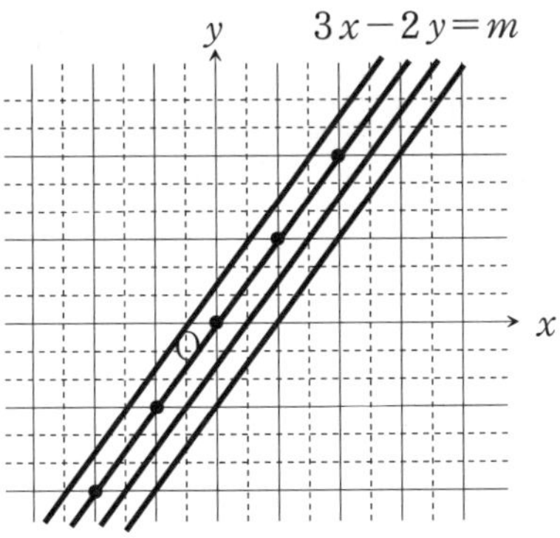

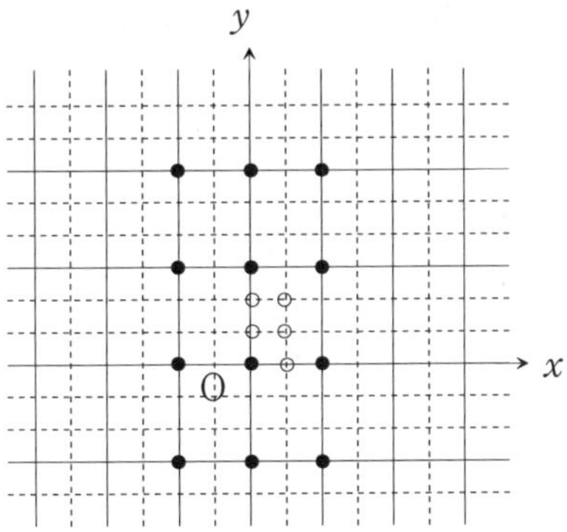

아래의 정리 2.11.12 와 정리 2.11.13 의 증명은 '§ 7.2' 에서 논한다

정리 2.11.12 素數 p 에 대하여 유한 Abel 군 A 의 위수가 p^n $(n \geq 1)$ 일 때, 다음과 같은 양의 정수 t 와 $n_1, \cdots, n_t$ 가 존재한다.

$$A \cong \mathbb{Z}_{p^{n_1}} \oplus \cdots \oplus \mathbb{Z}_{p^{n_t}}$$
$$n = n_1 + \cdots + n_t, \quad n_1 \geq \cdots \geq n_t \geq 1$$

위의 정리에서 양의 정수 t 와 $n_1, \cdots, n_t$ 는 A 에 의하여 유일하게 결정된다. 다시 말하면, 위수 p^n 인 두 유한 Abel 군 A, B 에 대하여

$$A \cong \mathbb{Z}_{p^{n_1}} \oplus \cdots \oplus \mathbb{Z}_{p^{n_t}}, \qquad B \cong \mathbb{Z}_{p^{m_1}} \oplus \cdots \oplus \mathbb{Z}_{p^{m_s}}$$
$$n = n_1 + \cdots + n_t, \qquad n_1 \geq \cdots \geq n_t \geq 1$$
$$n = m_1 + \cdots + m_s, \qquad m_1 \geq \cdots \geq m_s \geq 1$$

이면, $t = s$, $n_1 = m_1, \cdots, n_t = m_t$ 일 때 그리고 이때에만 $A \cong B$ 이다.

따라서 양의 정수 n 을

$$n = n_1 + \cdots + n_t, \qquad n_1 \geq \cdots \geq n_t \geq 1$$

와 같은 꼴로 분할하는 방법 전체의 개수를 $p(n)$ 으로 나타내면, 서로 동형이 아닌 위수 p^n 인 Abel 군 전체의 개수는 $p(n)$ 이다('해설 205' 참조).

보기 2.11.6 정수 3 을 양의 정수의 합으로 분할하는 방법 전체는

$$3 = 3, \qquad 3 = 2 + 1, \qquad 3 = 1 + 1 + 1 + 1$$

이므로 $p(3) = 3$ 이다. 그러므로 素數 p 에 대하여 위수 p^3 인 Abel 군은 $\mathbb{Z}_{p^3}$, $\mathbb{Z}_{p^2} \oplus \mathbb{Z}_p$, $\mathbb{Z}_p \oplus \mathbb{Z}_p \oplus \mathbb{Z}_p$ 중의 어느 하나와 동형이다.

보기 2.11.7 素數 p 에 대하여 위수 p^4 인 Abel 군은 덧셈군

$$\mathbb{Z}_{p^4}, \qquad \mathbb{Z}_{p^3} \oplus \mathbb{Z}_p, \qquad \mathbb{Z}_{p^2} \oplus \mathbb{Z}_{p^2},$$
$$\mathbb{Z}_{p^2} \oplus \mathbb{Z}_p \oplus \mathbb{Z}_p, \qquad \mathbb{Z}_p \oplus \mathbb{Z}_p \oplus \mathbb{Z}_p \oplus \mathbb{Z}_p$$

중의 어느 하나와 동형이다.

정리 2.11.13 (유한 Abel군의 기본 정리) 유한 Abel군 A ($\neq \{e\}$)의 위수가 n일 때 다음이 성립한다.

$$A \cong \mathbb{Z}_{p_1^{r_1}} \oplus \mathbb{Z}_{p_2^{r_2}} \oplus \cdots \oplus \mathbb{Z}_{p_s^{r_s}}, \quad n = p_1^{r_1} p_2^{r_2} \cdots p_s^{r_s}$$

여기서, n의 소인수 $p_1, p_2, \cdots, p_s$ 중에는 같은 것이 있을 수 있다.

정수 n (≥ 2)의 표준분해가 $n = p_1^{m_1} \cdots p_r^{m_r}$일 때, 서로 동형이 아닌 위수 n인 Abel군 전체의 개수는 $p(m_1) \cdots p(m_r)$이다.

보기 2.11.8 위수 72 ($= 2^3 \cdot 3^2$)인 Abel군을 분류하여 보자.

먼저 위수 2^3인 Abel군은 $\mathbb{Z}_8$, $\mathbb{Z}_4 \oplus \mathbb{Z}_2$, $\mathbb{Z}_2 \oplus \mathbb{Z}_2 \oplus \mathbb{Z}_2$ 중의 어느 하나와 동형이고 위수 3^2인 Abel군은 $\mathbb{Z}_9$, $\mathbb{Z}_3 \oplus \mathbb{Z}_3$ 중의 어느 하나와 동형이다. 따라서 위수 72인 Abel군은 다음 중의 어느 하나와 동형이다.

$$\begin{array}{lll} \mathbb{Z}_8 \oplus \mathbb{Z}_9, & \mathbb{Z}_4 \oplus \mathbb{Z}_2 \oplus \mathbb{Z}_9, & \mathbb{Z}_2 \oplus \mathbb{Z}_2 \oplus \mathbb{Z}_2 \oplus \mathbb{Z}_9, \\ \mathbb{Z}_8 \oplus \mathbb{Z}_3 \oplus \mathbb{Z}_3, & \mathbb{Z}_4 \oplus \mathbb{Z}_2 \oplus \mathbb{Z}_3 \oplus \mathbb{Z}_3, & \mathbb{Z}_2 \oplus \mathbb{Z}_2 \oplus \mathbb{Z}_2 \oplus \mathbb{Z}_3 \oplus \mathbb{Z}_3 \end{array}$$

여기서 다음이 성립한다(정리 2.11.11).

$$\mathbb{Z}_8 \oplus \mathbb{Z}_9 \cong \mathbb{Z}_{72}, \quad \mathbb{Z}_4 \oplus \mathbb{Z}_2 \oplus \mathbb{Z}_9 \cong \mathbb{Z}_{36} \oplus \mathbb{Z}_2 \cong \mathbb{Z}_4 \oplus \mathbb{Z}_{18}$$

군 G의 두 정규부분군 사이의 관계에 대하여 생각해 보자.

정리 2.11.14 군 G의 두 정규부분군 M, N에 대하여 $M \cap N = \{e\}$이면, 임의의 원소 $a \in M$, $b \in N$에 대하여 $ab = ba$이다.

증명 임의의 원소 $a \in M$, $b \in N$에 대하여 $a^{-1} \in M$, $b^{-1}ab \in M$이고 $a^{-1}b^{-1}a \in N$, $b \in N$이므로

$$a^{-1}b^{-1}ab = a^{-1}(b^{-1}ab) \in M,$$
$$a^{-1}b^{-1}ab = (a^{-1}b^{-1}a)\,b \in N$$

이고 따라서 $a^{-1}b^{-1}ab \in M \cap N = \{e\}$ 즉 $a^{-1}b^{-1}ab = e$이다.

그러므로 임의의 원소 $a \in M$, $b \in N$에 대하여 $ab = ba$이다.

정리 2.11.15 군 G의 두 정규부분군 N_1, N_2에 대하여

$$G = N_1 N_2 = \{a_1 a_2 \mid a_1 \in N_1, a_2 \in N_2\}, \quad N_1 \cap N_2 = \{e\}$$

일 때, 두 군 N_1, N_2의 직적 $N_1 \times N_2$에서 G로의 사상

$$f : N_1 \times N_2 \longrightarrow G, \quad f(a_1, a_2) = a_1 a_2$$

는 동형사상이고 따라서 $G \cong N_1 \times N_2$이다.

증명 먼저 $\operatorname{im} f = \{a_1 a_2 \mid a_1 \in N_1, a_2 \in N_2\} = N_1 N_2 = G$이므로, f는 위로의 사상이다. 한편, $N_1 \cap N_2 = \{e\}$이므로 정리 2.11.14에 의하여 임의의 원소 $a \in N_1$, $b \in N_2$에 대하여 $a b = b a$이다.

따라서 임의의 원소 $(a_1, a_2), (b_1, b_2) \in N_1 \times N_2$에 대하여

$$\begin{aligned} f((a_1, a_2)(b_1, b_2)) &= f(a_1 b_1, a_2 b_2) = a_1 b_1 a_2 b_2 \\ &= a_1 a_2 b_1 b_2 = f(a_1, a_2) f(b_1, b_2) \end{aligned}$$

이므로 f는 준동형사상이다. 그리고, $f(a_1, a_2) = e$이면, $a_1 a_2 = e$ 즉 $a_1 = {a_2}^{-1}$이므로 $a_1 \in N_1 \cap N_2 = \{e\}$이고 따라서 $a_1 = e$, $a_2 = e$이므로 $\ker f = \{(e, e)\}$이다. 따라서 f는 동형사상이고, $G \cong N_1 \times N_2$이다.

정의 2.11.16 군 G에서 G의 두 정규부분군 N_1, N_2에 대하여

$$G = N_1 N_2, \quad N_1 \cap N_2 = \{e\}$$

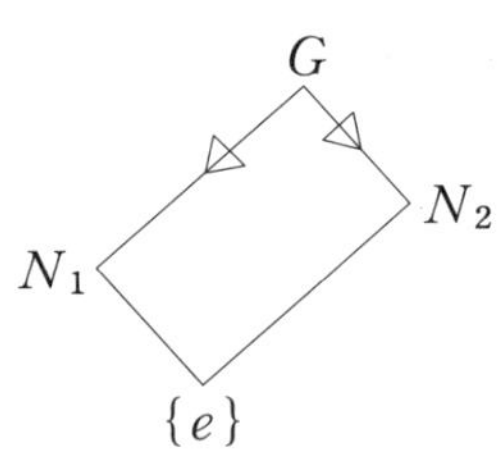

일 때, G는 두 군 N_1, N_2의 직적 $N_1 \times N_2$와 동형이다(정리 2.11.15). 이러한 의미에서 이 경우에 군 G를 두 부분군 N_1, N_2의 (**內的인**) **直積**(internal direct product)이라 하고 이 사실을

$$G = N_1 \dot{\times} N_2 \quad \text{또는} \quad G = N_1 \times N_2$$

로 나타낸다. 그리고, 이 경우에 G는 두 부분군 N_1, N_2의 **직적으로 분해된다**고 하고 N_1, N_2를 G의 **直積因子**(direct factor)라고 한다.

위의 정의에서 $G = N_1 N_2$이면 $G = N_2 N_1$이므로, $G = N_1 \dot{\times} N_2$이면

$G = N_2 \dot{\times} N_1$ 이다(정리 2.3.7 참조). 특히, $G = \{e\} \dot{\times} G = G \dot{\times} \{e\}$ 이다.

그리고, 유한군 G 에서 두 정규부분군 N_1, N_2 에 대하여 $G = N_1 \dot{\times} N_2$ 이면, $|G| = |N_1|\,|N_2|$ 이다.

정리 2.11.17 유한군 G 에 대하여 다음이 성립한다.

(1) $G = \langle a \rangle \dot{\times} \langle b \rangle$ 일 때, a 의 위수 m 과 b 의 위수 n 이 서로 소이면 $G = \langle a\,b \rangle$ 이고 따라서 G 는 위수 $m\,n$ 인 순환군이다.

(2) 순환군 $G = \langle a \rangle$ 의 위수가 n 일 때, 서로 소인 두 양의 정수 m, d 에 대하여 $n = m\,d$ 이면 $G = \langle a^m \rangle \dot{\times} \langle a^d \rangle$ 이다.

증명 (1) 먼저 $G = \langle a \rangle \dot{\times} \langle b \rangle$ 이므로 $\langle a \rangle \cap \langle b \rangle = \{e\}$ 이고 따라서 정리 2.11.14 에 의하여 $a\,b = b\,a$ 이고 또 m 과 n 은 서로 소이므로 $a\,b$ 의 위수는 $m\,n$ 이다(정리 2.4.9). 그리고, $|G| = m\,n$ 이므로 $G = \langle a\,b \rangle$ 이다.

(2) 두 부분군 $\langle a^m \rangle, \langle a^d \rangle$ 의 위수는 각각 d, m 이고 m 과 d 는 서로 소이므로 보기 2.7.6 에 의하여

$$\langle a^m \rangle \cap \langle a^d \rangle = \{e\}, \quad |\langle a^m \rangle \langle a^d \rangle| = d\,m = n = |G|$$

이고 따라서 $G = \langle a^m \rangle \langle a^d \rangle$ 이므로 $G = \langle a^m \rangle \dot{\times} \langle a^d \rangle$ 이다.

보기 2.11.9 위수 12 인 순환군 $G = \langle a \rangle = \{e, a, a^2, a^3, \cdots, a^{11}\}$ 는 두 부분군의 직적 $G = \langle a^4 \rangle \dot{\times} \langle a^3 \rangle$ 으로 분해된다. 여기서

$$\langle a^4 \rangle = \{e, a^4, a^8\}, \qquad \langle a^3 \rangle = \{e, a^3, a^6, a^9\}$$

정리 2.11.18 素數 p 에 대하여 유한군 G 가 위수 p^2 인 Abel 군이면, $G \cong C_{p^2} \cong \mathbb{Z}_{p^2}$ 또는 $G \cong C_p \times C_p \cong \mathbb{Z}_p \oplus \mathbb{Z}_p$ 이다.

증명 Lagrange 의 정리에 의하여 각 원소의 위수는 1, p 또는 p^2 이다.
먼저 위수 p^2 인 원소 g 가 존재하면, $G = \langle g \rangle \cong C_{p^2}$ 이다.
다음에 항등원 e 를 제외한 원소의 위수가 모두 p 이라고 하자.
이 때, 원소 $a \in G - \{e\}$ 를 택하여 $N_1 = \langle a \rangle$ 이라 하고 $b \in G - N_1$ 를

택하여 $N_2 = \langle b \rangle$ 이라고 하면, N_1, N_2 는 위수 p 인 정규부분군이고 또 $N_1 \cap N_2 = \{e\}$, $G = N_1 N_2$ 이므로 $G = N_1 \dot{\times} N_2$ 이다(보기 2.7.6).

따라서 이 경우에 $G \cong N_1 \times N_2 \cong C_p \times C_p$ 이다.

실제로, 素數 p 에 대하여 위수 p^2 인 군은 Abel 군이다(정리 2.14.12).

정리 2.11.19 군 G 에서 $N_1 \lhd G$, $N_2 \lhd G$ 일 때, 다음 세 조건은 서로 동치이다.

(1) $G = N_1 \dot{\times} N_2$ 즉 $G = N_1 N_2$, $N_1 \cap N_2 = \{e\}$

(2) 각 $x \in G$ 는 단 한 가지 방법으로 다음과 같은 꼴로 나타내어진다.

$$(*) \qquad x = a_1 a_2 \qquad (a_1 \in N_1, a_2 \in N_2)$$

(3) $G = N_1 N_2$ 이고, 또 $a_1 a_2 = e$ $(a_i \in N_i)$ 이면 $a_1 = a_2 = e$ 이다.

증명 (1) $\Longrightarrow$ (2) 조건 (1)이 성립한다고 하자. 이 때, $G = N_1 N_2$ 이므로 각 $x \in G$ 는 $(*)$ 와 같은 꼴로 나타내어진다. 그리고 원소 $a_1, b_1 \in N_1$ 와 $a_2, b_2 \in N_2$ 에 대하여 $x = a_1 a_2 = b_1 b_2$ 이라고 가정하면,

$$b_1^{-1} a_1 = b_2 a_2^{-1} \in N_1 \cap N_2 = \{e\}$$

이므로 $b_1^{-1} a_1 = b_2 a_2^{-1} = e$ 이고 따라서 $a_1 = b_1$, $a_2 = b_2$ 이다.

(2) $\Longrightarrow$ (3) 조건 (2)가 성립한다고 하자. 이 때, $G = N_1 N_2$ 이다.

그리고, $a_1 a_2 = e$ $(a_1 \in N_1, a_2 \in N_2)$ 이면,

$$a_1 a_2 = e\, e \qquad (e \in N_1,\ e \in N_2)$$

이므로 $a_1 = e, a_2 = e$ 이다. 따라서 (3)이 성립한다.

(3) $\Longrightarrow$ (1) 조건 (3)이 성립한다고 하자. 이 때, $G = N_1 N_2$ 이다.

그리고, $a \in N_1 \cap N_2$ 이라고 하면,

$$a\, a^{-1} = e \qquad (a \in N_1,\ a^{-1} \in N_2)$$

이므로 $a = e$ 이고 따라서 $N_1 \cap N_2 = \{e\}$ 이므로 (1)이 성립한다.

다음 정의와 정리는 앞의 정의와 정리를 덧셈군에 대한 정의와 정리로 고쳐 쓴 것이다.

정의 2.11.20 덧셈군 A에서 A의 두 부분군 B_1, B_2에 대하여

$$A = B_1 + B_2, \quad B_1 \cap B_2 = \{0\}$$

일 때, A를 부분군 B_1, B_2의 (**內的인**) **直合**(internal direct sum)이라 하고 이 사실을 $A = B_1 \dotplus B_2$ 또는 $A = B_1 \oplus B_2$로 나타낸다.

그리고, 덧셈군 A는 두 부분군 B_1, B_2의 **직합으로 분해된다**고 하고 B_1, B_2를 A의 **직합인자**(direct summand)라고 한다.

특히 $A = B_1 \dotplus B_2 = B_2 \dotplus B_1$이고 $A = A \dotplus \{0\} = \{0\} \dotplus A$이다. 또, 유한 덧셈군 A에 대하여 $A = B_1 \dotplus B_2$이면, $|A| = |B_1|\,|B_2|$이다.

정리 2.11.21 유한 덧셈군 A에 대하여 다음이 성립한다.

(1) $A = \langle a \rangle \dotplus \langle b \rangle$일 때, a의 위수 m과 b의 위수 n이 서로 소이면 $A = \langle a+b \rangle$이고 따라서 A는 순환군이다.

(2) 순환군 $A = \langle a \rangle$의 위수가 n일 때, 서로 소인 두 양의 정수 m, d에 대하여 $A = \langle m\,a \rangle \dotplus \langle d\,a \rangle$이다.

정리 2.11.22 덧셈군 A에서 B_1, B_2가 부분군일 때, 다음 세 조건은 서로 동치이다.

(1) $A = B_1 \dotplus B_2$ 즉 $A = B_1 + B_2,\ B_1 \cap B_2 = \{0\}$

(2) 각 $x \in A$는 단 한 가지 방법으로 다음과 같은 꼴로 나타내어진다.

$$x = a_1 + a_2 \qquad\qquad (a_1 \in B_1,\ a_2 \in B_2)$$

(3) $A = B_1 + B_2$이고, 또 $a_1 + a_2 = 0$ $(a_i \in B_i)$이면 $a_1 = a_2 = 0$이다.

보기 2.11.10 덧셈군 $\mathbb{Z}_{12} = \{0, 1, \cdots, 11\}$에 대하여 다음이 성립한다.

$$\mathbb{Z}_{12} = \langle 4 \rangle \dotplus \langle 3 \rangle, \quad \langle 4 \rangle = \{0, 4, 8\}, \quad \langle 3 \rangle = \{0, 3, 6, 9\}$$

$$1 = 4 + 9,\ \ 2 = 8 + 6,\ \ 3 = 0 + 3,\ \ 4 = 4 + 0, 5 = 8 + 9$$

일반적인 내적인 직적과 직합에 대해서는 §7.1에서 논하기로 한다.

연 습 문 제 (2.11)

*1. 사상 $f_1 : G_1 \longrightarrow \overline{G}_1$, $f_2 : G_2 \longrightarrow \overline{G}_2$가 군 준동형사상일 때,

$$f : G_1 \times G_2 \longrightarrow \overline{G}_1 \times \overline{G}_2, \quad f(x_1, x_2) = (f_1(x_1), f_2(x_2))$$

는 준동형사상임을 밝히고, 또 다음이 성립함을 밝혀라.

$$\ker f = \ker f_1 \times \ker f_2, \qquad \operatorname{im} f = \operatorname{im} f_1 \times \operatorname{im} f_2,$$
$$(G_1 \times G_2)/(\ker f_1 \times \ker f_2) \cong \operatorname{im} f_1 \times \operatorname{im} f_2$$

2. 군 G_1, G_2, G_3과 덧셈군 A_1, A_2, A_3에 대하여 다음이 성립함을 밝혀라.

(1) $G_1 \times G_2 \times G_3 \cong (G_1 \times G_2) \times G_3 \cong G_1 \times (G_2 \times G_3)$

(2) $A_1 \oplus A_2 \oplus A_3 \cong (A_1 \oplus A_2) \oplus A_3 \cong A_1 \oplus (A_2 \oplus A_3)$

3. 순환군 $G = \langle a \rangle$, $H = \langle b \rangle$의 위수가 각각 12, 20일 때, $G \times H$의 원소 (a^8, b^6)의 위수를 구하여라.

4. 덧셈군 $\mathbb{Z}_{18} \oplus \mathbb{Z}_{20}$의 원소 (15, 14)의 위수를 구하여라.

*5. 덧셈군 $\mathbb{Z}_2 \oplus \mathbb{Z}_2$의 부분군과 덧셈군 $\mathbb{Z}_3 \oplus \mathbb{Z}_3$의 부분군을 모두 구하여라.

*6. 군 동형사상 $f : \mathbb{Z}_{15} \longrightarrow \mathbb{Z}_3 \oplus \mathbb{Z}_5$를 결정하여라.
또 덧셈군 $\mathbb{Z}_3 \oplus \mathbb{Z}_5$의 부분군 전체에 대한 Hasse 다이어그램을 그려라.

7. 덧셈군 $\mathbb{Z}_4 \oplus \mathbb{Z}_6$과 덧셈군 $\mathbb{Z}_2 \oplus \mathbb{Z}_{12}$는 서로 동형임을 밝혀라.

*8. 덧셈군 $\mathbb{Z} \oplus \mathbb{Z}$의 부분군 $B = \langle (a, b) \rangle = \{k(a, b) \mid k \in \mathbb{Z}\}$에서 a, b가 서로 소인 정수일 때, $(\mathbb{Z} \oplus \mathbb{Z})/B \cong \mathbb{Z}$임을 밝혀라.

9. 덧셈군 $\mathbb{Z} \oplus \mathbb{Z}$의 부분군 $C = \langle (3, 6) \rangle = \{k(3, 6) \mid k \in \mathbb{Z}\}$에 대하여 $(\mathbb{Z} \oplus \mathbb{Z})/C \cong \mathbb{Z} \oplus \mathbb{Z}_3$임을 밝혀라.

*10. 군 G에서 $G = N_1 \dot{\times} N_2$이면, $G/N_1 \cong N_2$, $G/N_2 \cong N_1$임을 밝혀라.

11. 덧셈군 $\mathbb{Z}_{36} = \{0, 1, 2, \cdots, 35\}$을 두 부분군의 직합으로 분해하여라.

***12.** 두 군 G_1, G_2에 대하여 다음 사상은 모두 준동형사상임을 밝혀라.

$$\lambda_1 : G_1 \longrightarrow G_1 \times G_2, \quad \lambda_1(x_1) = (x_1, e_2)$$
$$\lambda_2 : G_2 \longrightarrow G_1 \times G_2, \quad \lambda_2(x_2) = (e_1, x_2)$$
$$\pi_1 : G_1 \times G_2 \longrightarrow G_1, \quad \pi_1(x_1, x_2) = x_1$$
$$\pi_2 : G_1 \times G_2 \longrightarrow G_2, \quad \pi_2(x_1, x_2) = x_2$$

그리고, 다음이 성립함을 밝혀라.

(1) $\overline{G}_1 = \{(x_1, e_2) \mid x_1 \in G_1\}$, $\overline{G}_2 = \{(e_1, x_2) \mid x_2 \in G_2\}$ 이라고 할 때, $G_1 \cong \overline{G}_1$, $G_2 \cong G_2$, $\overline{G}_1 \lhd G$, $\overline{G}_2 \lhd G$, $G_1 \times G_2 = \overline{G}_1 \dot{\times} \overline{G}_2$ 이다.

(2) 임의의 군 G와 임의의 준동형사상

$$f_1 : G \longrightarrow G_1, \quad f_2 : G \longrightarrow G_2$$

에 대하여 $\pi_1 \circ f = f_1$, $\pi_2 \circ f = f_2$ 인 준동형사상 $f : G \longrightarrow G_1 \times G_2$ 가 단 하나 존재한다.

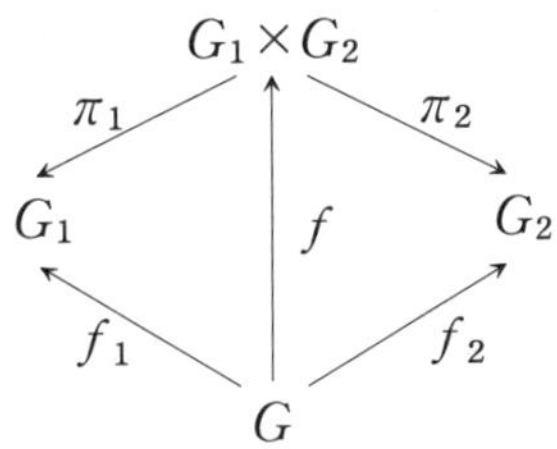

13. 두 덧셈군 A_1, A_2에 대하여 다음 사상은 모두 준동형사상이다.

$$\lambda_1 : A_1 \longrightarrow A_1 \oplus A_2, \quad \lambda_1(a_1) = (a_1, 0)$$
$$\lambda_2 : A_2 \longrightarrow A_1 \oplus A_2, \quad \lambda_2(a_2) = (0, a_2)$$

임의의 덧셈군 A와 임의의 준동형사상 $g_1 : A_1 \longrightarrow A$, $g_2 : A_2 \longrightarrow A$에 대하여 $g \circ \lambda_1 = g_1, g \circ \lambda_2 = g_2$ 인 준동형사상 $g : A_1 \oplus A_2 \longrightarrow A$가 단 하나 존재함을 밝혀라.

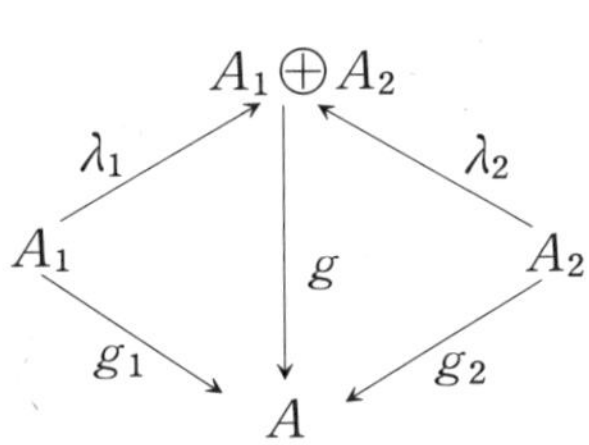

14. 위수가 2, 3, 4, ⋯, 10 인 Abel 군을 분류하여라.

15. 다음과 같은 위수를 가진 유한 Abel 군을 분류하여라.

(1) 16 (2) 48 (3) 360 (4) 882

16. 서로 동형이 아닌 위수 1260 인 유한 Abel 군 전체의 개수를 구하여라.

§ 2.12 치환군과 정이면체군

한 집합 X ($\neq \varnothing$) 위의 대칭군 $S(X)$ 의 부분군을 치환군이라고 하며, 특히 대칭군 S_n 의 부분군을 n 차의 치환군이라고 한다(정의 2.6.9).

정리 2.12.1 (Cayley의 정리) 군 G 는 적당한 집합 위의 치환군과 동형이다. 실제로, 각 원소 $g \in G$ 에 대하여

$$\phi_g : G \longrightarrow G, \quad \phi_g(x) = gx$$

는 G 위의 치환이고 사상

$$\phi : G \longrightarrow S(G), \quad \phi(g) = \phi_g$$

는 일대일인 준동형사상이므로 $G \cong \operatorname{im} \phi \subseteq S(G)$ 이다.

특히, $|G| = n$ 이면, G 는 적당한 n 차의 치환군과 동형이다.

증명 이제 $g, h \in G$ 이라고 하면, 임의의 원소 $x \in G$ 에 대하여

$$\phi_e(x) = ex = x = 1_G(x),$$
$$\phi_{gh}(x) = (gh)x = g(hx) = \phi_g(\phi_h(x)) = (\phi_g \circ \phi_h)(x)$$

이므로 $\phi_e = 1_G$, $\phi_g \circ \phi_h = \phi_{gh}$ 이고, 특히

$$\phi_g \circ \phi_{g^{-1}} = \phi_e = 1_G, \qquad \phi_{g^{-1}} \circ \phi_g = \phi_e = 1_G$$

이므로 ϕ_g 는 G 위의 치환이고 또 $(\phi_g)^{-1} = \phi_{g^{-1}}$ 이다.

따라서 사상

$$\phi : G \longrightarrow S(G), \quad \phi(g) = \phi_g$$

가 정의되고, 또 임의의 $g, h \in G$ 에 대하여

$$\phi(gh) = \phi_{gh} = \phi_g \circ \phi_h = \phi(g) \circ \phi(h)$$

이므로 ϕ 는 준동형사상이다.

그리고, $g \in \ker \phi$ 이라고 하면, $\phi(g) = \phi_g = 1_G$ 이므로 모든 원소 $x \in G$ 에 대하여 $\phi_g(x) = x$ 즉 $gx = x$ 이므로 $g = e$ 이다. 따라서 $\ker \phi = \{e\}$

이므로 ϕ는 일대일 사상이고 $G \cong \phi(G) \subseteq S(G)$ 이다(정리 2.8.10).

특히, $G = \{x_1, x_2, \cdots, x_n\}$ 일 때, 각 $g \in G$에 대하여 치환 ϕ_g를

$$\phi_g = \begin{pmatrix} x_1 & x_2 & \cdots & x_n \\ gx_1 & gx_2 & \cdots & gx_n \end{pmatrix}$$

으로 나타낼 수 있고 또

$$\Phi : S(X) \longrightarrow S_n, \quad \Phi\left(\begin{pmatrix} x_1 & x_2 & \cdots & x_n \\ x_{i_1} & x_{i_2} & \cdots & x_{i_n} \end{pmatrix}\right) = \begin{pmatrix} 1 & 2 & \cdots & n \\ i_1 & i_2 & \cdots & i_n \end{pmatrix}$$

는 동형사상이다. 따라서 $\psi = \Phi \circ \phi$ 이라고 하면, 사상 $\psi : G \longrightarrow S_n$는 일대일인 준동형사상이므로 $G \cong \psi(G) \subseteq S_n$ 이다.

보기 2.12.1 Klein의 사원군 $V = \{1, \sigma, \tau, \rho\}$에 대하여

$$x_1 = 1, \quad x_2 = \sigma, \quad x_3 = \tau, \quad x_4 = \rho$$

이라 하고 Cayley의 정리를 적용하면

$$\phi_{x_1} = \begin{pmatrix} x_1 & x_2 & x_3 & x_4 \\ x_1 & x_2 & x_3 & x_4 \end{pmatrix}, \qquad \phi_{x_2} = \begin{pmatrix} x_1 & x_2 & x_3 & x_4 \\ x_2 & x_1 & x_4 & x_3 \end{pmatrix},$$

$$\phi_{x_3} = \begin{pmatrix} x_1 & x_2 & x_3 & x_4 \\ x_3 & x_4 & x_1 & x_2 \end{pmatrix}, \qquad \phi_{x_4} = \begin{pmatrix} x_1 & x_2 & x_3 & x_4 \\ x_4 & x_3 & x_2 & x_1 \end{pmatrix}$$

이므로 다음 결과를 얻는다(보기 2.9.7).

$$\begin{aligned} V &\cong \{1, (x_1\, x_2) \circ (x_3\, x_4), (x_1\, x_3) \circ (x_2\, x_4), (x_1\, x_4) \circ (x_2\, x_3)\} \\ &\cong \{1, (1\ 2) \circ (3\ 4), (1\ 3) \circ (2\ 4), (1\ 4) \circ (2\ 3)\} = V_4 \end{aligned}$$

보기 2.12.2 위수 n인 순환군 $G = \langle a \rangle = \{e, a, \cdots, a^{n-1}\}$에 대하여 Cayley의 정리를 적용하면 다음 결과를 얻는다.

$$G \cong \left\langle \begin{pmatrix} e & a & \cdots & a^{n-2} & a^{n-1} \\ a & a^2 & \cdots & a^{n-1} & e \end{pmatrix} \right\rangle \cong \langle (1\ 2\ \cdots\ n) \rangle$$

Cayley의 정리에 의하면, 모든 군은 적당한 치환군과 동형이기는 하지만, 군의 구조를 연구하는 데 치환군만을 대상으로 할 수는 없다.

정리 2.12.2 군 G에서 G의 부분집합 $S\ (\neq \varnothing)$에 대하여

$$\langle S \rangle = \{ s_1^{\pm 1} \cdots s_m^{\pm 1} \mid s_1, \cdots, s_m \in S,\ m = 1, 2, 3, \cdots \}$$

이라고 하면 다음이 성립한다.

(1) $\langle S \rangle$는 G의 부분군이고, 또 $S \subseteq \langle S \rangle$이다.

(2) H가 $S \subseteq H$인 G의 부분군이면, $\langle S \rangle \subseteq H$이다.

증명 각 $s \in S$에 대하여 $s \in \langle S \rangle$이므로, $S \subseteq \langle S \rangle \neq \varnothing$이다. 그리고, $x, y \in \langle S \rangle$이라고 하면, 적당한 $a_1, \cdots, a_m, b_1, \cdots, b_n \in S$에 대하여

$$x = a_1^{\pm 1} \cdots a_m^{\pm 1}, \qquad y = b_1^{\pm 1} \cdots b_n^{\pm 1}$$

이고 이때

$$x\, y^{-1} = a_1^{\pm 1} \cdots a_m^{\pm 1} b_n^{\mp 1} \cdots b_1^{\mp 1} \in \langle S \rangle$$

이므로 $\langle S \rangle$는 부분군이다.

따라서 (1)이 성립하고, 또 분명히 (2)가 성립한다.

정의 2.12.3 군 G에서 G의 부분집합 $S\ (\neq \varnothing)$에 대하여 $\langle S \rangle$를 S에 의하여 **生成된**(generated) **부분군**이라고 한다. 특히, $G = \langle S \rangle$일 때, S를 G의 **生成系**(system of generators)라 하고 G는 S에 의하여 생성된다고 한다. 그리고, $S = \{a_1, \cdots, a_n\}$일 때 $\langle S \rangle$를 $\langle a_1, \cdots, a_n \rangle$으로 나타내고, 적당한 유한 개의 원소 $a_1, \cdots, a_n$에 대하여 $G = \langle a_1, \cdots, a_n \rangle$일 때 G를 **有限生成 군**(finitely generated group)이라고 한다.

군 G가 Abel군인 경우에 원소 $a_1, \cdots, a_n$에 대하여 다음이 성립한다.

$$\langle a_1, \cdots, a_n \rangle = \{ a_1^{i_1} \cdots a_n^{i_n} \mid i_1, \cdots, i_n \in \mathbb{Z} \}$$

정의 2.12.4 덧셈군 A가 적당한 유한 개의 원소 $a_1, \cdots, a_n$에 의하여 생성될 때, 즉

$$A = \langle a_1, \cdots, a_n \rangle = \{ i_1 a_1 + \cdots + i_n a_n \mid i_1, \cdots, i_n \in \mathbb{Z} \}$$

일 때, A를 **유한생성 덧셈군**이라고 한다.

보기 2.12.3 Klein 의 사원군 $V = \{1, \sigma, \tau, \rho\}$ 에서

$$\sigma^2 = \tau^2 = \rho^2 = 1, \quad \sigma \circ \tau = \rho, \quad \tau \circ \rho = \sigma, \quad \rho \circ \sigma = \tau$$

이므로 V 는 순환군은 아니고 $V = \langle \sigma, \tau \rangle = \langle \sigma, \rho \rangle = \langle \tau, \rho \rangle$ 이다.

보기 2.12.4 사원수군 $Q_8 = \{\pm 1, \pm i, \pm j, \pm k\}$ 에서

$$i^2 = j^2 = k^2 = -1, \qquad (-1)^2 = 1,$$
$$ij = k = -ji, \quad jk = i = -ki, \quad ki = j = -ik$$

이므로 Q_8 은 순환군이 아니고, $Q_8 = \langle i, j \rangle = \langle i, k \rangle = \langle j, k \rangle$ 이다.

정리 2.12.4 대칭군 S_n, $n \geq 3$ 에서 다음이 성립한다.

(1) S_n 은 호환 전체의 집합에 의하여 생성된다.

(2) $i \neq j$, $i \neq 1$, $j \neq 1$ 일 때, $(i\ j) = (1\ i) \circ (1\ j) \circ (1\ i)$ 이다.

(3) $i \geq 3$ 일 때, 호환 $(1\ i)$ 를 다음과 같이 나타낼 수 있다.

$$(1\ i) = (1\ 2) \circ (2\ 3) \circ \cdots \circ (i-1\ i)$$
$$\circ (i-2\ i-1) \circ \cdots \circ (2\ 3) \circ (1\ 2)$$

(4) $S_n = \langle (1\ 2), (1\ 3), \cdots, (1\ n) \rangle$

(5) $S_n = \langle (1\ 2), (2\ 3), \cdots, (n-1\ n) \rangle$

(6) $S_n = \langle (1\ 2\ 3\ \cdots\ n), (1\ 2) \rangle$

증명 정리 2.6.7 에 의하여 (1) 이 성립하고 직접 계산에 의하여 (2), (3) 이 성립함을 알 수 있다. 그리고, (1), (2) 에 의하여 (4) 가 성립하고 (4), (3) 에 의하여 (5) 가 성립한다.

다음에 $\sigma = (1\ 2\ 3 \cdots n)$, $\tau = (1\ 2)$ 이라고 할 때, 정리 2.6.2 에 의하여

$$\sigma \circ (1\ 2) \circ \sigma^{-1} = (2\ 3),$$
$$\sigma \circ (2\ 3) \circ \sigma^{-1} = (3\ 4),$$
$$\vdots$$
$$\sigma \circ (n-2\ n-1) \circ \sigma^{-1} = (n-1\ n)$$

이므로 (5) 에 의하여 (6) 이 성립한다.

보기 2.12.5 대칭군 S_3에서 다음이 성립한다.

$$S_3 = \langle (1\ 2), (2\ 3), (1\ 3) \rangle = \langle (1\ 2), (1\ 3) \rangle = \langle (1\ 2), (2\ 3) \rangle$$
$$(2\ 3) = (1\ 2) \circ (1\ 3) \circ (1\ 2),$$
$$(1\ 3) = (1\ 2) \circ (2\ 3) \circ (1\ 2)$$

정리 2.12.5 교대군 A_n, $n \geq 3$에 대하여 다음이 성립한다.

(1) A_n은 3항 순환치환 전체의 집합에 의하여 생성된다.

(2) $A_n = \langle (1\ 2\ 3), (1\ 2\ 4), \cdots, (1\ 2\ n) \rangle$

증명 (1) 먼저 3항 순환치환 $(i\ j\ k)$에 대하여 $(i\ j\ k) = (i\ k) \circ (i\ j)$이므로 $(i\ j\ k) \in A_n$이다.

이제 $\sigma \in A_n$이라고 할 때, σ는 짝수 개의 호환의 곱으로 나타내어지므로 이들 짝수 개의 호환을 차례로 둘씩 묶어 생각하면 σ는 서로 다른 문자 i, j, k, l에 대하여

$$\sigma = (i\ j) \circ (i\ k) \quad 또는 \quad \sigma = (i\ j) \circ (k\ l)$$

와 같은 꼴의 곱으로 나타내어지고 또

$$(i\ j) \circ (i\ k) = (i\ k\ j), \quad (i\ j) \circ (k\ l) = (i\ l\ k) \circ (i\ j\ k)$$

이므로 (1)이 성립한다.

(2) 정리 2.12.4에 의하면, 임의의 우치환 $\sigma \in A_n$는 짝수 개의 호환 $(1\ 2), (1\ 3), \cdots, (1\ n)$의 곱으로 나타내어진다. 또, $3 \leq i \neq j \leq n$일 때,

$$(1\ i) \circ (1\ 2) = (1\ 2\ i),$$
$$(1\ 2) \circ (1\ i) = (1\ 2\ i)^{-1},$$
$$(1\ i) \circ (1\ j) = (1\ i) \circ (1\ 2) \circ (1\ 2) \circ (1\ j) = (1\ 2\ i) \circ (1\ 2\ j)^{-1}$$

이므로 $A_n = \langle (1\ 2\ 3), (1\ 2\ 4), \cdots, (1\ 2\ n) \rangle$이다.

유클리드 평면 위에 놓여 있는 정n각형($n \geq 3$)을 공간도형으로 생각하고 이 도형을 그 자신에 겹치도록 옮겨놓는 공간에서의 회전이동 전체의 집합을 D_n으로 나타내면, D_n은 합성 연산 $\circ$에 관하여 군을 이룬다.

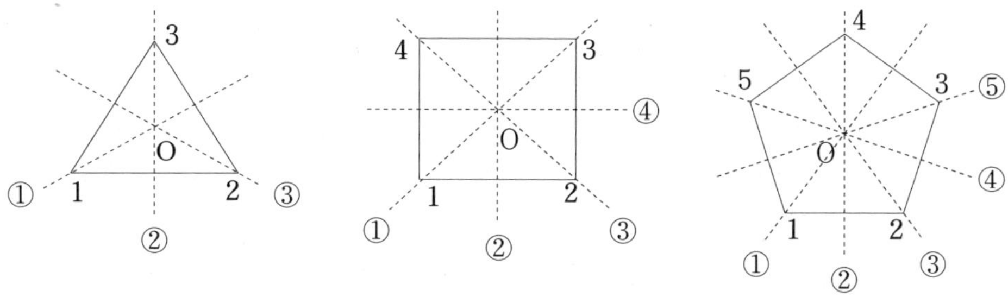

이러한 회전이동에 의하여 정 n 각형의 무게중심 O는 고정되므로, D_n 에 속하는 회전이동의 회전축은 다음과 같은 유형의 직선이다.

(a) 무게중심 O를 지나 평면에 수직인 직선

(b) n 이 홀수일 때 : 꼭지점과 이와 마주 보는 변의 중점을 이은 직선
n 이 짝수일 때 : 마주 보는 두 꼭지점을 중점을 이은 직선,
그리고 마주 보는 두 변의 중점을 이른 직선

먼저 (a) 형의 직선을 회전축으로 가지는 회전이동은 그 회전각의 크기가 0, $\dfrac{2\pi}{n}$, $\dfrac{4\pi}{n}$, $\cdots$, $\dfrac{2(n-1)\pi}{n}$ 이므로 이와 같은 회전이동은 n 개 있다. 여기서 항등변환을 1로 나타내고 회전각의 크기가 $\dfrac{2\pi}{n}$ 인 회전이동을 σ 로 나타내면, 이들 n 개의 회전이동은 각각 $1, \sigma, \sigma^2, \cdots, \sigma^{n-1}$ 이다.

그리고, (b) 형의 직선은 n 개 있으며, 이들 각 직선을 회전축으로 가지는 회전이동은 항등변환과 그 회전각의 크기가 180° 인 회전이동이 있다.

이제 위의 그림과 같이 꼭지점에 번호 $1, 2, \cdots, n$ 을 지정하고 꼭지점 1을 지나는 직선부터 시작하여 시계방향의 반대 방향으로 차례로 각 직선에 번호 ①, ②, $\cdots$, ⓝ 을 지정하고 이들 직선을 회전축으로 가지는 회전이동 중에서 그 회전각의 크기가 180° 인 회전이동을 각각 $\tau_1, \tau_2, \cdots, \tau_n$ 이라고 하면, $D_n = \{1, \sigma, \sigma^2, \cdots, \sigma^{n-1}, \tau_1, \tau_2, \cdots, \tau_n\}$ 이다.

군 D_n 을 위수 $2n$ 인 **正二面體群**(dihedral group)이라고 한다.

정이면체는 존재하지 않으나, 공간도형인 정다면체의 경우와 마찬가지로 정다각형을 공간도형으로 생각하여 이와 같이 부르는 것이다.

정이면체군 D_n 에서 σ 의 위수는 n 이므로 $\langle\sigma\rangle = \{1, \sigma, \cdots, \sigma^{n-1}\}$ 는 위수 n 인 부분군이고 또 $|D : \langle\sigma\rangle| = 2$ 이므로 $\langle\sigma\rangle \lhd D_n$ 이다,

한편, $\tau_1,\ \tau_2,\ \cdots,\ \tau_n$의 위수는 2이고 각 $i\ (1 \le i \le n-1)$에 대하여 $\tau_{i+1} = \sigma \circ \tau_i$이다.

따라서 $\tau = \tau_1$이라고 하면,

$$\tau^2 = 1, \quad \tau^{-1} = \tau$$
$$\tau_{i+1} = \sigma^i \circ \tau \quad (1 \le i \le n-1)$$

이고 또 $\tau \circ \sigma \circ \tau^{-1} = \sigma^{-1}$이므로 다음 결과를 얻는다.

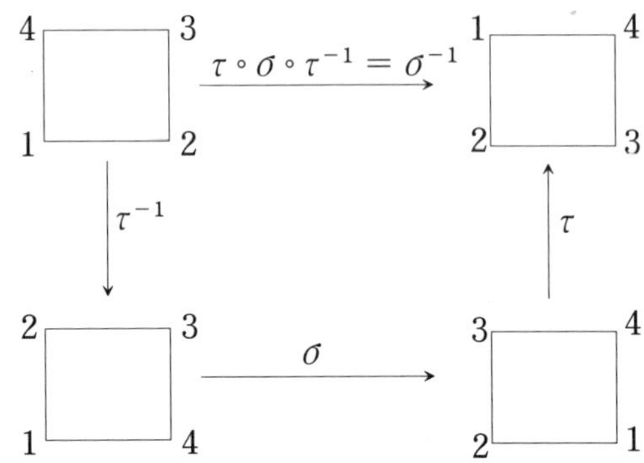

$$D_n = \langle \sigma, \tau \rangle = \{1, \sigma, \cdots, \sigma^{n-1}, \tau, \sigma \circ \tau, \cdots, \sigma^{n-1} \circ \tau\}, \quad n \ge 3$$
$$\sigma^n = 1, \qquad \sigma^i \ne 1\ (1 \le i \le n-1), \qquad \tau^2 = 1, \quad \tau \ne 1$$
$$\tau \circ \sigma \circ \tau^{-1} = \sigma^{-1}, \quad \tau \circ \sigma = \sigma^{-1} \circ \tau, \quad \sigma^{-1} = \sigma^{n-1}, \quad \tau^{-1} = \tau$$

이러한 의미에서 D_n을 다음과 같이 나타낸다.

$$D_n = \langle \sigma, \tau \mid \sigma^n = 1,\ \tau^2 = 1,\ \tau \circ \sigma \circ \tau^{-1} = \sigma^{-1} \rangle$$

보기 2.12.6 정삼각형의 세 꼭지점에 번호 1, 2, 3을 정하면, 정이면체군

$$D_3 = \{1, \sigma, \sigma^2, \tau, \sigma \circ \tau, \sigma^2 \circ \tau\}$$

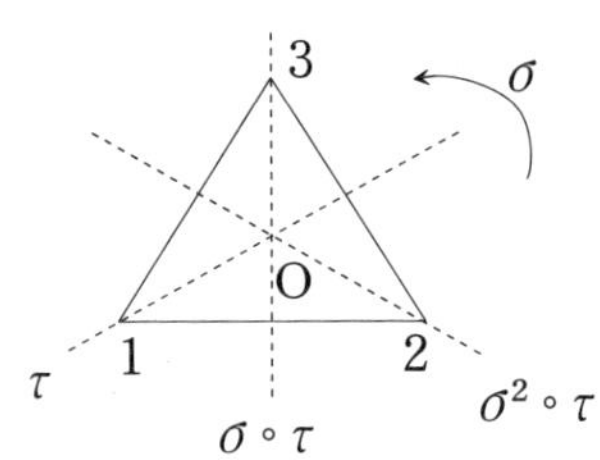

의 각 원소에 대하여 치환

$$1, \quad (1\ 2\ 3), \quad (1\ 3\ 2),$$
$$(2\ 3), \quad (1\ 2), \quad (2\ 3)$$

이 대응하므로 $D_3 \cong S_3$이다.

따라서 D_3의 부분군 전체에 대한 Hasse 다이어그램은 오른쪽 그림과 같다(보기 2.7.4).

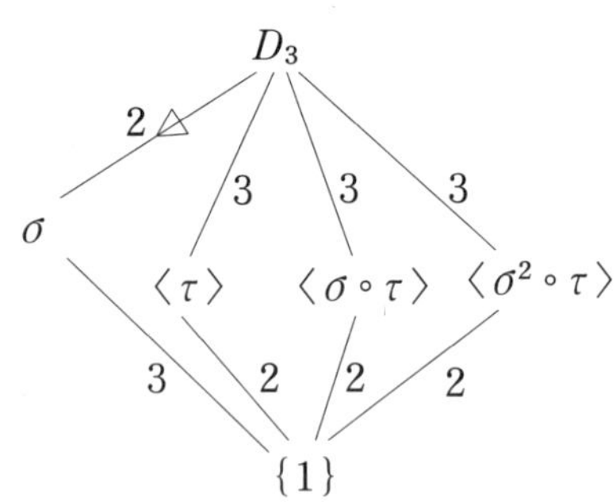

보기 2.12.7 정이면체군 $D_4 = \{1, \sigma, \sigma^2, \sigma^3, \tau, \sigma \circ \tau, \sigma^2 \circ \tau, \sigma^3 \circ \tau\}$를 생각해 보자. 위수 8인 군 D_4에서 위수 4인 원소는 $\sigma,\ \sigma^3$뿐이고

$$\langle \sigma \rangle = \{1, \sigma, \sigma^2, \sigma^3\} = \langle \sigma^3 \rangle$$

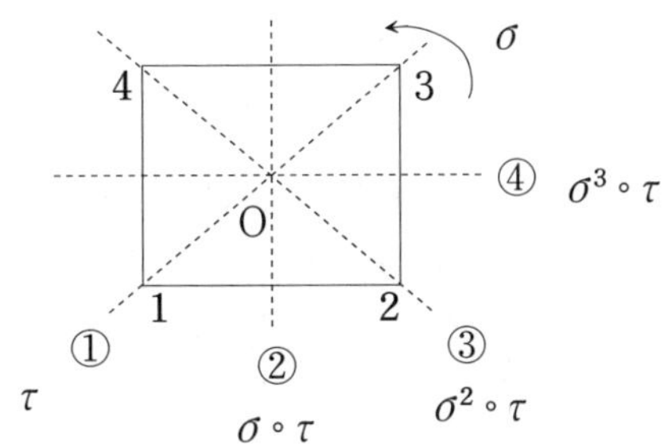

이며, 위수 2 인 원소는 σ^2, τ, $\sigma \circ \tau$, $\sigma^2 \circ \tau$, $\sigma^3 \circ \tau$ 뿐이므로 위수 2 인 부분군은 $\langle \sigma^2 \rangle$, $\langle \tau \rangle$, $\langle \sigma \circ \tau \rangle$, $\langle \sigma^2 \circ \tau \rangle$, $\langle \sigma^3 \circ \tau \rangle$ 뿐이다.

그리고, 위의 그림에서 Klein 의 사원군을 정의할 때와 같이 ①, ③을 회전축으로 가지는 회전이동과 ②, ④를 회전축으로 가지는 회전이동을 생각하면, 다음과 같은 위수 4 인 두 부분군을 얻는다.

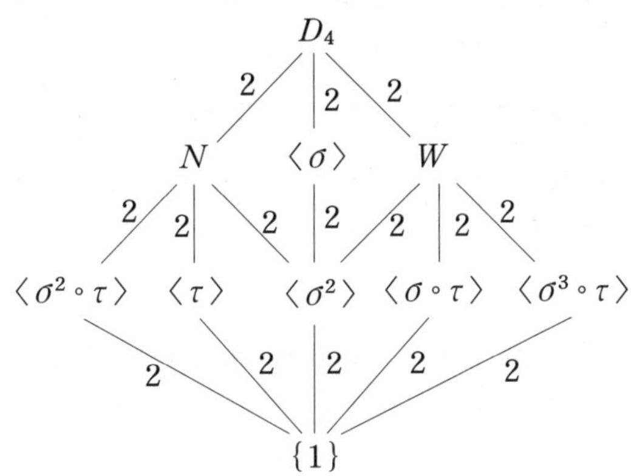

$$N = \{1, \tau, \sigma^2, \sigma^2 \circ \tau\},$$
$$W = \{1, \sigma \circ \tau, \sigma^2, \sigma^3 \circ \tau\}$$

따라서 D_4의 부분군 전체에 대한 Hasse 다이어그램은 위의 그림과 같고, D_4의 정규부분군은 D_4, $\langle \sigma \rangle$, N, W, $Z(D_4) = \langle \sigma^2 \rangle$, $\{1\}$ 뿐이다.

한편, $\langle \tau \rangle \lhd N$, $N \lhd D_4$ 이지만, $\langle \tau \rangle$는 D_4의 정규부분군이 아니다.

보기 2.12.8 정 n 각형의 각 꼭지점에 시계 방향의 반대 방향으로 차례로 $1, 2, \cdots, n$을 지정하면, $D_n = \langle \sigma, \tau \rangle$는 다음 치환군과 동형이다.

$$\left\langle \begin{pmatrix} 1 & 2 & \cdots & n-1 & n \\ 2 & 3 & \cdots & n & 1 \end{pmatrix}, \begin{pmatrix} 1 & 2 & \cdots & n-1 & n \\ 1 & n & \cdots & 3 & 2 \end{pmatrix} \right\rangle$$

특히, 아래 그림과 같이 정사각형의 꼭지점에 번호 $1, 2, 3, 4$를 정하면, 정이면체군 D_4와 동형인 다음 세 치환군을 얻는다.

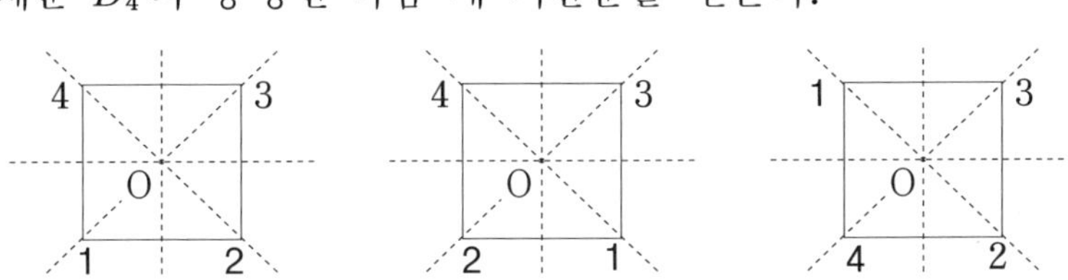

$$\begin{aligned} D &= \langle (1\ 2\ 3\ 4), (2\ 4) \rangle \\ &= \{1, (1\ 2\ 3\ 4), (1\ 3)\circ(2\ 4), (1\ 4\ 3\ 2), (2\ 4), \\ &\qquad (1\ 2)\circ(3\ 4), (1\ 3), (1\ 4)\circ(2\ 3)\}, \end{aligned}$$

$$(1\ 2)\circ D\circ(1\ 2)^{-1} = \langle (1\ 3\ 4\ 2), (1\ 4) \rangle,$$

$$(1\ 4)\circ D\circ(1\ 4)^{-1} = \langle (1\ 4\ 2\ 3), (1\ 2) \rangle$$

다음 정리가 성립함을 증명할 수 있다(문제 11 참조).

정리 2.12.6 홀수인 素數 p에 대하여 위수 $2p$인 군은 순환군이거나 또는 D_p와 동형이다. 즉, $G \cong C_{2p} \cong \mathbb{Z}_{2p}$ 또는 $G \cong D_p$이다.

특히, 군 G의 위수가 6이면, $G \cong C_6 \cong \mathbb{Z}_6$ 또는 $G \cong D_3 \cong S_3$이다.

공간도형인 정다면체(regular polyhedron)에는 다섯 가지 종류가 있다.

정다면체	정사면체	정육면체	정팔면체	정십이면체	정이십면체
꼭지점의 개수	4	8	6	20	12
모서리의 개수	6	12	12	30	30
면의 개수	4	6	8	12	20

한 정다면체의 각 면의 무게중심을 새로운 꼭지점으로 가지는 정다면체를 본래의 정다면체와 **쌍대적**(dual)이라고 한다. 실제로, 정사면체와 쌍대적인 정다면체는 정사면체이며, 정육면체와 정팔면체는 서로 쌍대적이고 정십이면체와 정이십면체는 서로 쌍대적이다. 쌍대적인 정다면체의 꼭지점의 개수, 면의 개수는 각각 본래 정다면체의 면의 개수, 꼭지점의 개수와 같고 이 두 정다면체의 모서리의 개수는 일치한다.

유클리드공간에서 정다면체를 그 자신에 겹치도록 놓는 회전이동 전체의 집합은 합성연산 $\circ$에 관하여 군을 이룬다. 이 군을 정다면체에 따라

정사면체군, 정육면체군, 정팔면체군, 정십이면체군, 정이십면체군

이라고 한다. 쌍대적인 정다면체에 대한 군은 동형이므로 다음이 성립한다.

(정육면체군) ≅ (정팔면체군), (정십이면체군) ≅ (정이십면체군)

보기 2.12.9 정사면체군은 다음 12가지 회전이동으로 이루어진 군이다.

(a) 한 꼭지점과 마주보는 면의 무게중심을 이은 직선을 회전축으로 가지는 0°, 120°, 240°의 회전이동 $1+2\times 4=9$ (가지)

(b) 마주보는 두 모서리의 중점을 이은 직선을 회전축으로 가지는 180° 의 회전이동 $1\times 3=3$ (가지)

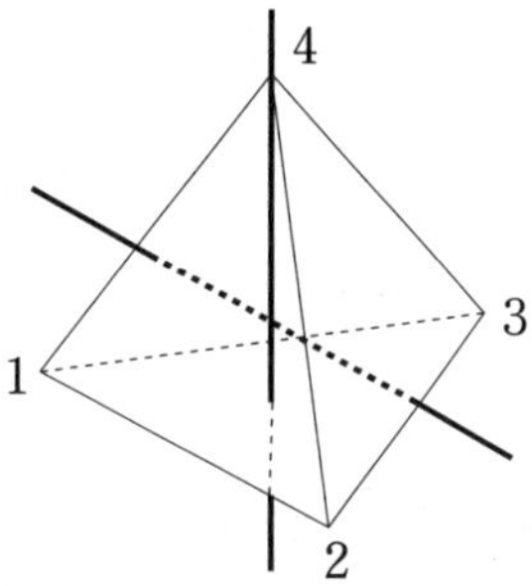

한편, 꼭지점에 번호를 정하여 각 회전이동에 대응하는 치환을 생각하면, (정사면체군) ≅ A_4 임을 알 수 있다.

보기 2.12.10 정육면체군은 다음 24가지 회전이동으로 이루어진 군이다.

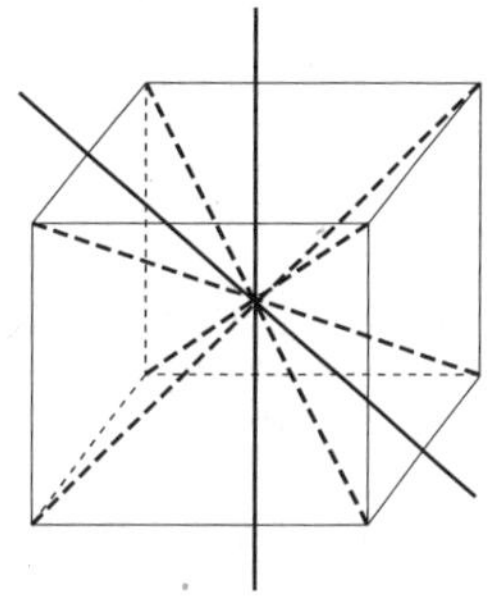

(a) 마주보는 두 꼭지점을 이은 직선을 회전축으로 가지는 0°, 120°, 240° 의 회전이동 $1+2\times 4=9$ (가지)

(b) 마주보는 두 면의 무게중심을 이은 직선을 회전축으로 가지는 90°, 180°, 270° 의 회전이동 $3\times 3=9$ (가지)

(c) 마주보는 두 모서리의 중점을 이은 직선을 회전축으로 가지는 180° 의 회전이동 $1\times 6=6$ (가지)

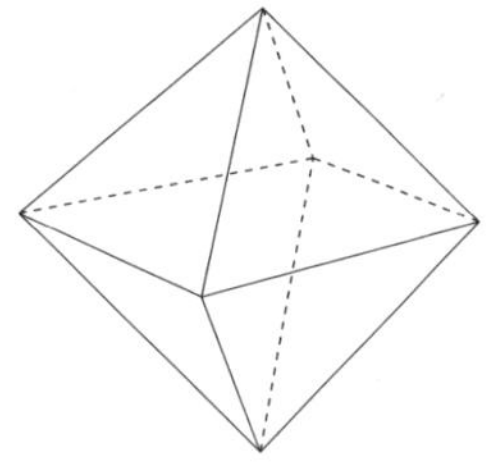

그런데 각 회전이동에 의하여 정육면체의 4개의 대각선은 대각선으로 변환되므로 (정육면체군) ≅ (정팔면체군) ≅ S_4 이다.

또, (정십이면체군) ≅ (정이십면체군) ≅ A_5 이라는 사실이 알려져 있다.

연 습 문 제 (2.12)

1. 곱셈군 $U=\{\alpha\in\mathbb{C}\mid |\alpha|=1\}$ 는 유한생성 Abel군이 아님을 밝혀라.

2. 덧셈군 $\mathbb{Q}$는 유한생성 덧셈군이 아님을 밝혀라.

3. 군 G에서 각 원소 $g \in G$에 대하여

$$\psi_g : G \longrightarrow G, \quad \psi_g(x) = x\,g$$

이라고 할 때, ψ_g는 G 위의 치환임을 밝혀라.

그리고, 두 원소 $g, h \in G$에 대하여 $\psi_g \circ \psi_h = \psi_{hg}$ 임을 밝혀라.

4. 사원수군 $Q_8 = \{\pm 1, \pm i, \pm j, \pm k\}$에서 $x = i,\ y = j,\ z = -1$이라고 할 때, 다음 관계식이 성립함을 밝혀라.

$$x^2 = y^2 = z, \quad z^2 = 1, \quad z \neq 1, \quad y\,x\,y^{-1} = x^{-1}$$

5. 대칭군 S_4에서 다음 치환을 $(1\ 2), (1\ 3), (1\ 4)$의 곱으로 나타내어라.

(1) $\sigma = (1\ 2\ 3\ 4)$ (2) $\sigma = (1\ 2\ 4) \circ (1\ 2\ 3)$

6. 정리 2.12.5를 이용하여 대칭군 $S_n,\ n \geq 3$의 부분군 중에서 그 지수가 2인 부분군은 A_n뿐임을 증명하여라.

7. 정이면체군 D_n의 중심 $Z(D_n)$을 구하여라.

8. 보기 2.12.8에서 논한 4차의 치환군 $D = \langle (1\ 2\ 3\ 4), (2\ 4) \rangle$의 부분군 전체에 대한 Hasse 다이그램을 구하여라.

그리고, $(1\ 2) \circ D \circ (1\ 2)^{-1}$와 $(1\ 4) \circ D \circ (1\ 4)^{-1}$의 원소를 구하여라.

9. 정이면체군 $D_5 = \langle \sigma, \tau \rangle$와 동형인 5차의 치환군을 하나만 구하여라.

10. 素數 p가 홀수일 때, 위수 $2p$인 정이면체군 D_p의 부분군 전체에 대한 Hasse 다이어그램을 구하여라.

*11. 정리 2.12.6이 성립함을 증명하여라.

*12. 위수 12인 정이면체군 $D_6 = \{1, \sigma, \cdots, \sigma^5, \tau, \sigma \circ \tau, \cdots, \sigma^5 \circ \tau\}$에 대하여 다음 물음에 답하여라.

(1) $\tau \circ \sigma, \tau \circ \sigma^2, \cdots, \tau \circ \sigma^5$을 $\sigma^i \circ \tau\ (0 \leq i \leq 5)$의 꼴로 나타내어라.

(2) $D_6 \cong S_3 \times C_2$이고, 또 D_6는 교대군 A_4와 동형이 아님을 밝혀라.

§2.13 군의 자기동형군

이 절에서는, 군 G 에서 G 위로의 동형사상에 대하여 논한다.

정의 2.13.1 군 G 에서 G 로의 준동형사상 $\sigma : G \longrightarrow G$ 를 **自己준동형사상**(endomorphism) 이라 하고 동형사상 $\sigma : G \longrightarrow G$ 를 G 의 **自己동형사상**(automorphism) 이라고 한다.

정리 2.13.2 군 G 의 자기동형사상 전체의 집합을 $\mathrm{Aut}\,(G)$ 로 나타내면, $\mathrm{Aut}\,(G)$ 는 합성 연산 $\circ$에 관하여 대칭군 $S(G)$ 의 부분군을 이룬다.

군 $\mathrm{Aut}\,(G)$ 를 G 의 **自己同型群**(autonorphism group) 이라고 한다.

증명 군 G 의 자기동형사상은 집합 G 위의 치환이므로 $\mathrm{Aut}\,(G) \subseteq S(G)$ 이다. 그리고, G 위의 항등사상 1_G 는 G 의 자기동형사상이고, 또 임의의 $\sigma, \tau \in \mathrm{Aut}\,(G)$ 에 대하여 $\sigma \circ \tau, \sigma^{-1} \in \mathrm{Aut}\,(G)$ 이다(정리 2.8.3 참조).

따라서 $\mathrm{Aut}\,(G)$ 는 대칭군 $S(G)$ 의 부분군이다.

정리 2.13.3 군 G 에서 임의의 원소 $g \in G$ 에 대하여

$$\alpha_g : G \longrightarrow G, \quad \alpha_g(x) = g\,x\,g^{-1}$$
$$\beta_g : G \longrightarrow G, \quad \beta_g(x) = g^{-1}x\,g$$

는 군 G 의 자기동형사상이다. 그리고, $\mathrm{Inn}\,(G) = \{\alpha_g \mid g \in G\}$ 이라고 하면, $\mathrm{Inn}\,(G)$ 는 $\mathrm{Aut}\,(G)$ 의 부분군이고 또 다음이 성립한다.

$$\mathrm{Inn}\,(G) \cong G/Z(G), \qquad \mathrm{Inn}\,(G) \lhd \mathrm{Aut}\,(G)$$

여기서, G 의 자기동형사상 α_g, β_g 를 G 의 **內部자기동형사상**(inner-automorphism) 이라 하고, 또 군 $\mathrm{Inn}\,(G)$ 를 G 의 **內部自己同型群**(inner-automorphism group) 이라고 한다.

증명 정리 2.8.10 에 의하여 α_g, β_g 는 G 의 자기동형사상이다.

그리고, $g, h \in G$ 이라고 할 때, 임의의 원소 $x \in G$ 에 대하여

$$\begin{aligned}(\alpha_g \circ \alpha_h)(x) &= \alpha_g(\alpha_h(x)) = g(h\,x\,h^{-1})\,g^{-1} \\ &= (g\,h)\,x\,(h^{-1}g^{-1}) = (g\,h)\,x\,(g\,h)^{-1} = \alpha_{gh}(x)\end{aligned}$$

이므로 $\alpha_g \circ \alpha_h = \alpha_{gh}$ 이다. 따라서 사상

$$\alpha : G \longrightarrow \mathrm{Aut}\,(G), \qquad \alpha(g) = \alpha_g$$

가 정의되고, 임의의 $g, h \in G$ 에 대하여

$$\alpha(g\,h) = \alpha_{gh} = \alpha_g \circ \alpha_h = \alpha(g) \circ \alpha(h)$$

이므로 $\alpha : G \longrightarrow \mathrm{Aut}\,(G)$ 는 준동형사상이다.

또, $\mathrm{im}\,\alpha = \mathrm{Inn}\,(G)$이므로 $\mathrm{Inn}\,(G)$ 는 $\mathrm{Aut}\,(G)$ 의 부분군이다. 한편,

$$\begin{aligned} g \in \ker\alpha &\Longleftrightarrow \text{모든 } x \in G \text{ 에 대하여 } g\,x\,g^{-1} = x \\ &\Longleftrightarrow g \in Z(G)\end{aligned}$$

이므로 $\ker\alpha = Z(G)$ 이고 .따라서 $\mathrm{Inn}\,(G) \cong G/Z(G)$ 이다.

또, $\sigma \in \mathrm{Aut}\,(G)$, $\alpha_g \in \mathrm{Inn}\,(G)$ 이라고 하면, 임의의 $x \in G$ 에 대하여

$$\begin{aligned}(\sigma \circ \alpha_g \circ \sigma^{-1})(x) &= \sigma(\alpha_g(\sigma^{-1}(x))) = \sigma(g\,\sigma^{-1}(x)\,g^{-1}) \\ &= \sigma(g)\cdot\sigma(\sigma^{-1}(x))\cdot\sigma(g^{-1}) \\ &= \sigma(g)\cdot x\cdot\sigma(g)^{-1} = \alpha_{\sigma(g)}(x)\end{aligned}$$

이므로 $\sigma \circ \alpha_g \circ \sigma^{-1} = \alpha_{\sigma(g)} \in \mathrm{Inn}\,(G)$ 이다.

따라서 $\mathrm{Inn}\,(G) \lhd \mathrm{Aut}\,(G)$ 이다.

보기 2.13.1 $n \geq 3$ 일 때 대칭군 S_n 의 중심은 $Z(S_n) = \{1\}$ 이므로 $\mathrm{Inn}\,(S_n) \cong S_n$ 이다(문제 2.9.2 참조).

보기 2.13.2 대칭군 S_3 의 자기동형군 $\mathrm{Aut}\,(S_3)$ 를 생각해 보자.

먼저 $S_3 \cong \mathrm{Inn}\,(S_3) \subseteq \mathrm{Aut}\,(S_3)$ 이므로 $6 = |\,\mathrm{Inn}\,(S_3)\,| \leq |\,\mathrm{Aut}\,(S_3)\,|$ 이다. 한편, 대칭군 S_3 에서 위수 2 인 원소는 $(1\ 2)$, $(1\ 3)$, $(2\ 3)$ 뿐이고 또 $S_3 = \langle (1\ 2), (1\ 3), (2\ 3) \rangle$ 이다.

그리고, $\sigma \in \mathrm{Aut}\,(S_3)$ 이라고 할 때, σ 는 집합 $\{(1\ 2), (1\ 3), (2\ 3)\}$

위의 치환을 유도하므로

$$\langle \sigma((1\ 2)), \sigma((1\ 3)), \sigma((2\ 3)) \rangle = S_3$$

이고 따라서 $|\mathrm{Aut}(S_3)| \leq 3! = 6$ 이므로 $|\mathrm{Inn}(S_3)| = |\mathrm{Aut}(S_3)| = 6$ 이다. 그러므로 $\mathrm{Aut}(S_3) = \mathrm{Inn}(S_3) \cong S_3$ 이다.

일반적으로, $n \geq 3$, $n \neq 6$ 인 경우에 $\mathrm{Aut}(S_n) = \mathrm{Inn}(S_n) \cong S_n$ 이고 또 $|\mathrm{Aut}(S_6) : \mathrm{Inn}(S_6)| = 2$, $\mathrm{Inn}(S_6) \cong S_6$ 이다([64], pp. 300 - 301).

군 G가 Abel군일 때, $G = Z(G)$ 이므로 $\mathrm{Inn}(G) = \{1\}$ 이다.

보기 2.13.3 덧셈군 $\mathbb{Z}$ 의 자기동형사상은

$$f_1 : \mathbb{Z} \longrightarrow \mathbb{Z}, \quad f_1(a) = a,$$
$$f_{-1} : \mathbb{Z} \longrightarrow \mathbb{Z}, \quad f_{-1}(a) = -a$$

뿐이므로 $\mathrm{Aut}(\mathbb{Z}) = \{f_1, f_{-1}\} \cong C_2$ 이다(보기 2.8.6 참조).

보기 2.13.4 위수 n 인 순환군 $G = \{e, a, \cdots, a^{n-1}\}$ 를 생각해 보자. 보기 2.8.5 에서 알아 본 바와 같이, 각 정수 m 에 대하여

$$\sigma_m : G \longrightarrow G, \quad \sigma_m(x) = x^m$$

는 자기 준동형사상이고

$$\mathrm{Aut}(G) = \{\sigma_m \mid m \in \mathbb{Z}_n^*\}$$

이며, $\mathrm{Aut}(G)$ 에서 곱셈군 $\overline{\mathbb{Z}}_n^*$ 로의 사상

$$\phi : \mathrm{Aut}(G) \longrightarrow \overline{\mathbb{Z}}_n^*, \qquad \phi(\sigma_m) = \overline{m}$$

는 일대일 대응이다. 그리고, 임의의 $\sigma_m, \sigma_k \in \mathrm{Aut}(G)$ 에 대하여

$$(\sigma_m \circ \sigma_k)(x) = \sigma_m(\sigma_k(x)) = \sigma_m(x^k) = x^{mk} = \sigma_{mk}(x)$$

이므로 $\sigma_m \circ \sigma_k = \sigma_{mk}$ 이다. 따라서

$$\phi(\sigma_m \circ \sigma_k) = \phi(\sigma_{mk}) = \overline{mk} = \overline{m} \cdot \overline{k} = \phi(\sigma_m) \cdot \phi(\sigma_k)$$

이므로 ϕ는 군 동형사상이고 따라서 $\mathrm{Aut}(G) \cong \overline{\mathbb{Z}}_n^* \cong \mathbb{Z}_n^*$ 이다.

보기 2.13.5 素數 p 에 대하여 G 가 위수 p 인 순환군이라고 하자.

이 때, 보기 2.13.4 에 의하여 $\mathrm{Aut}(G) \cong \mathbb{Z}_p{}^* = \{1, \cdots, p-1\}$ 이고, 또 곱셈군 $\mathbb{Z}_p{}^*$ 는 위수 $p-1$ 인 순환군이다(p.62 참조). 따라서 $\mathrm{Aut}(G)$ 는 위수 $p-1$ 인 순환군이다.

실제로, $\mathbb{Z}_p{}^* = \langle g \rangle = \{1, g, \cdots, g^{p-1}\}$ 인 원소 g 가 존재하고 이때

$$\sigma_g : G \longrightarrow G, \quad \sigma_g(x) = x^g$$

는 G 의 자기동형사상이고 $\mathrm{Aut}(G) = \langle \sigma_g \rangle$ 이다.

Abel 군의 자기동형군에 대해서는 § 6.5 를 참조하기 바란다.

연 습 문 제 (2.13)

1. 군 G 에서 임의의 원소 $g, h \in G$ 에 대하여

$$\beta_g : G \longrightarrow G, \quad \beta_g(x) = g^{-1} x g$$
$$\beta_h : G \longrightarrow G, \quad \beta_h(x) = h^{-1} x h$$

이라고 할 때, $\beta_h \circ \beta_g = \beta_{gh}$ 임을 밝혀라.

2. 교대군 A_3 의 자기동형군을 구하여라.

3. 곱셈군 $\mathbb{Z}_5{}^* = \{1, 2, 3, 4\}$ 에 대하여 $\mathbb{Z}_5{}^* = \langle 2 \rangle$ 임을 밝혀라. 또, 이 결과를 이용하여 위수 5 인 순환군 $G = \langle a \rangle$ 의 자기동형군을 결정하여라.

4. 곱셈군 $\mathbb{Z}_7{}^*$ 에 대하여 $\mathbb{Z}_7{}^* = \langle 3 \rangle$ 임을 밝혀라. 그리고, 이 결과를 이용하여 위수 7 인 순환군 $G = \langle a \rangle$ 의 자기동형군을 결정하여라.

***5.** Klein 의 사원군 $V = \{e, a, b, c\}$ 에 대하여 $\mathrm{Aut}(V) \cong S_3$ 임을 밝혀라.

6. 보기 2.8.7 을 이용하여 덧셈군 $\mathbb{Q}$ 에 대하여 $\mathrm{Aut}(\mathbb{Q}) \cong \mathbb{Q}^*$ 임을 밝혀라.

§2.14 켤레원소와 켤레류

이 절은 §6.1과 함께 논하여도 좋다.

정의 2.14.1 군 G에서 원소 $x \in G$에 대하여

$$gxg^{-1}.\quad g^{-1}xg = (g^{-1})\,x\,(g^{-1})^{-1} \qquad (g \in G)$$

를 x의 **켤레원소**(conjugate element)라 하고 이러한 원소 전체의 집합

$$\mathscr{C}_x = \{gxg^{-1} \mid g \in G\} = \{g^{-1}xg \mid g \in G\}$$

를 G에서의 x를 포함하는 **켤레류**(conjugate class)라고 한다.

정리 2.14.2 군 G 위에서 관계 $\sim$를 다음과 같이 정의하자.

$$x \sim y \Longleftrightarrow \text{적당한 } g \in G \text{에 대하여 } y = gxg^{-1}$$

이 때, 관계 $\sim$는 G 위의 동치관계이고, 원소 $x \in G$를 포함하는 동치류는 켤레류 $\mathscr{C}_x$이다. 또, 원소 $x, y \in G$에 대하여 다음이 성립한다.

(1) $\mathscr{C}_x = \mathscr{C}_y \Longleftrightarrow y = gxg^{-1}$인 원소 $g \in G$가 존재한다.

(2) $\mathscr{C}_x = \mathscr{C}_y \Longleftrightarrow y \in \mathscr{C}_x$, $\quad \mathscr{C}_x = \mathscr{C}_y \Longleftrightarrow x \in \mathscr{C}_y$

(3) 원소 $x \in G$에 대하여 $x \in \mathscr{C}_x$이고, $G = \cup\,\{\mathscr{C}_x \mid x \in G\}$이다.

또, 임의의 $x, y \in G$에 대하여 다음 중 하나 그리고 단 하나가 성립한다.

(i) $\mathscr{C}_x \cap \mathscr{C}_y = \varnothing$ (ii) $\mathscr{C}_x = \mathscr{C}_y$

증명 다음이 성립하므로 관계 $\sim$는 G 위의 동치관계이다(정의 1.2.25).

(i) $exe^{-1} = x$이므로 $x \sim x$이다.

(ii) $x \sim y$이면, 적당한 원소 $g \in G$에 대하여 $y = gxg^{-1}$이고 이때 $x = g^{-1}yg = (g^{-1})\,y\,(g^{-1})^{-1}$이므로 $y \sim x$이다.

(iii) $x \sim y$, $y \sim z$이면, 적당한 원소 $g, h \in G$에 대하여 $y = gxg^{-1}$, $z = hyh^{-1}$이므로 $z = h(gxg^{-1})h^{-1} = (hg)\,x\,(hg)^{-1}$이고 따라서 $x \sim z$이다.

원소 $x \in G$ 를 포함하는 동치류는 $\mathscr{C}_x = \{g\,x\,g^{-1} \mid g \in G\}$ 이다.
또, 위의 결과와 정리 1.2.26 에 의하여 (1), (2), (3) 이 성립한다..

정리 2.14.3 군 G 에서 원소 $x \in G$ 에 대하여

$$C_G(x) = \{g \in G \mid g\,x\,g^{-1} = x\}$$

이라고 하면, $C_G(x)$ 는 G 의 부분군이고 다음이 성립한다.

(1) $C_G(x) = \{g \in G \mid g\,x = x\,g\} = \{g \in G \mid g^{-1}x\,g = x\}$

(2) $C_G(g\,x\,g^{-1}) = g\,G(x)\,g^{-1}, \quad C_G(g^{-1}x\,g) = g^{-1}\,C_G(x)\,g$

부분군 $C_G(x)$ 를 G 에서의 x 의 **中心化 부분군**(centralizer)이라고 한다.

증명 먼저 $e\,x\,e^{-1} = x$ 이므로 $e \in C_G(x) \neq \varnothing$ 이다.
그리고 $g, h \in C_G(x)$ 이라고 하면, $g\,x\,g^{-1} = x,\ h\,x\,h^{-1} = x$ 이므로

$$(g\,h)\,x\,(g\,h)^{-1} = g\,(h\,x\,h^{-1})\,g^{-1} = g\,x\,g^{-1} = x,$$
$$g^{-1}x\,(g^{-1})^{-1} = g^{-1}x\,g = x$$

이고 따라서 $g\,h, g^{-1} \in C_G(x)$ 이다. 그러므로 $C_G(x)$ 는 G 의 부분군이다.

(1) $g\,x\,g^{-1} = x \Longleftrightarrow g\,x = x\,g \Longleftrightarrow g^{-1}x\,g = x$ 이므로 (1) 이 성립한다

(2) 원소 $h \in G$ 에 대하여 다음이 성립한다.

$$\begin{aligned} h \in C_G(g\,x\,g^{-1}) &\Longleftrightarrow h\,(g\,x\,g^{-1}) = (g\,x\,g^{-1})\,h \\ &\Longleftrightarrow (g^{-1}h\,g)\,x = x\,(g^{-1}h\,g) \\ &\Longleftrightarrow g^{-1}h\,g \in C_G(x) \Longleftrightarrow h \in g\,C_G(x)\,g^{-1} \end{aligned}$$

따라서 $C_G(g\,x\,g^{-1}) = g\,C_G(x)\,g^{-1}$ 이다.
마찬가지로, $C_G(g^{-1}x\,g) = g^{-1}\,C_G(x)\,g$ 이다.

정리 2.14.4 유한군 G 에서 원소 $x \in G$ 에 대하여 다음이 성립한다.

(1) $|\mathscr{C}_x| = |G : C_G(x)| = \dfrac{|G|}{|C_G(x)|}, \quad |\mathscr{C}_x| \,\big|\, |G|$

(2) $|\mathscr{C}_x| = 1 \Longleftrightarrow \mathscr{C}_x = \{x\} \Longleftrightarrow C_G(x) = G \Longleftrightarrow x \in Z(G)$

(3) 켤레류 $\mathscr{C}_x$ 에 속해 있는 원소의 위수는 모두 같다.

증명 (1) $X = \{gC_G(x) \mid g \in G\}$, $\mathscr{C}_x = \{gxg^{-1} \mid g \in G\}$ 이라고 하면, X 와 $\mathscr{C}_x$ 는 유한집합이고 $g, h \in G$ 에 대하여 다음이 성립한다.

$$\begin{aligned} gC_G(x) = hC_G(x) &\Longleftrightarrow h^{-1}g \in C_G(x) \\ &\Longleftrightarrow h^{-1}gxg^{-1}h = x \\ &\Longleftrightarrow gxg^{-1} = hxh^{-1} \end{aligned}$$

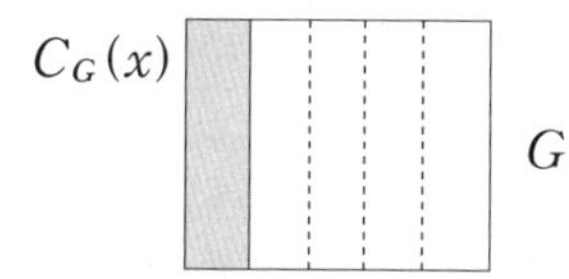

따라서

$$\phi : X \longrightarrow \mathscr{C}_x, \quad \phi(gC_G(x)) = gxg^{-1}$$

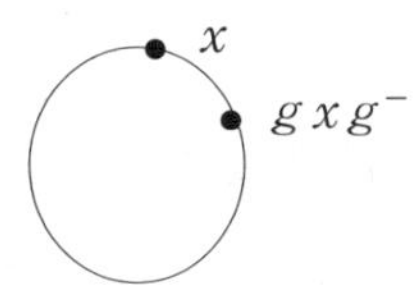

는 잘 정의된 사상이고 또 ϕ 는 일대일 대응이다.

따라서 $|\mathscr{C}_x| = |X| = |G : C_G(x)|$ 이므로 (1) 이 성립한다(정의 2.7.5).

(2) 정의에 의하여 (2) 가 성립한다(정리 2.14.3, 정리 2.9.4).

(3) 정리 2.8.10 에 의하여 (3) 이 성립한다.

앞에서 얻은 결과를 종합하면 다음 정리를 얻는다.

정리 2.14.5 유한군 G 에서 서로 다른 켤레류 전체를 $\mathscr{C}_1, \mathscr{C}_2, \cdots, \mathscr{C}_r$ 이라고 하자.

(1) $G = \mathscr{C}_1 \cup \mathscr{C}_2 \cup \cdots \cup \mathscr{C}_r$,

$$(*) \qquad |G| = |\mathscr{C}_1| + |\mathscr{C}_2| + \cdots + |\mathscr{C}_r|$$

(2) $x_i \in \mathscr{C}_i$ 일 때, $\mathscr{C}_{x_i} = \mathscr{C}_i$ 이고 다음이 성립한다.

$$|\mathscr{C}_i| = |G : C_G(x_i)| = \frac{|G|}{|C_G(x_i)|}, \qquad |\mathscr{C}_i| \,\Big|\, |G|$$

(3) G 가 Abel 군이면, $G = Z(G)$ 이고 다음이 성립한다.

$$|\mathscr{C}_1| = |\mathscr{C}_2| = \cdots = |\mathscr{C}_r| = 1, \quad r = |G|$$

한편, G 가 Abel 군이 아닐 때, 켤레류의 번호를 재조정하여

$$|\mathscr{C}_1| = \cdots = |\mathscr{C}_k| = 1, \quad |\mathscr{C}_{k+1}| \geq 2, \cdots, |\mathscr{C}_{k+t}| \geq 2, \quad k + t = r$$

이라고 하면, $|Z(G)| = k$ 이고 또 다음 등식이 성립한다.

$$(**) \qquad |G| = |Z(G)| + |\mathscr{C}_{k+1}| + \cdots + |\mathscr{C}_{k+t}|$$

위의 등식 $(*)$, $(**)$ 를 G 의 **類등식**(class equation)이라고 한다.

군 G의 부분군 N에 대하여 다음이 성립한다(정리 2.9.3).

$$\begin{aligned} N \lhd G &\iff \text{모든 } g \in G \text{와 } x \in N \text{에 대하여 } gxg^{-1} \in N \\ &\iff \text{모든 } x \in N \text{에 대하여 } \mathscr{C}_x = \{xgg^{-1} \mid g \in G\} \subseteq N \\ &\iff N = \cup \{\mathscr{C}_x \mid x \in N\} \end{aligned}$$

그리고, 켤레류들의 합집합 N이 G의 부분군을 이루면, $N \lhd G$이다.

보기 2.14.1 위수 8인 사원수군 $Q_8 = \{\pm 1, \pm i, \pm j, \pm k\}$과 위수 8인 정이면체군 $D_4 = \{1, \sigma, \sigma^2, \sigma^3, \tau, \sigma\circ\tau, \sigma^2\circ\tau, \sigma^3\circ\tau\}$의 켤레류는 각각 다음과 같다.

켤레류	원 소	개수
$\mathscr{C}_1$	1	1
$\mathscr{C}_2$	-1	1
$\mathscr{C}_3$	$i,\ -i$	2
$\mathscr{C}_4$	$j,\ -j$	2
$\mathscr{C}_5$	$k,\ -k$	2

켤레류	원 소	개수
$\mathscr{C}_1$	1	1
$\mathscr{C}_2$	σ^2	1
$\mathscr{C}_3$	$\sigma,\ \sigma^3$	2
$\mathscr{C}_4$	$\tau,\ \sigma^2\circ\tau$	2
$\mathscr{C}_5$	$\sigma\circ\tau,\ \sigma^3\circ\tau$	2

군 $G = Q_8$의 정규부분군은 켤레류의 합집합으로 나타내어진다.

$$\{1\} = \mathscr{C}_1,\quad Z(G) = \mathscr{C}_1 \cup \mathscr{C}_2,\qquad \langle i \rangle = \mathscr{C}_1 \cup \mathscr{C}_2 \cup \mathscr{C}_3,$$
$$\langle j \rangle = \mathscr{C}_1 \cup \mathscr{C}_2 \cup \mathscr{C}_4,\qquad \langle k \rangle = \mathscr{C}_1 \cup \mathscr{C}_2 \cup \mathscr{C}_5,$$
$$G = \mathscr{C}_1 \cup \mathscr{C}_2 \cup \mathscr{C}_3 \cup \mathscr{C}_4 \cup \mathscr{C}_5$$

정리 2.14.6 대칭군 S_n에서 σ가 $\{r, s, \cdots, t\}$ 형의 치환일 때, 치환 σ를 포함하는 켤레류는 $\{r, s, \cdots, t\}$ 형의 치환 전체로 이루어진 집합이다.

증명 치환 σ가

$$\sigma = (i_1\ i_2\ \cdots\ i_r)\circ(j_1\ j_2\ \cdots\ j_s)\circ\cdots\circ(l_1\ l_2\ \cdots\ l_t)$$

와 같은 꼴의 $\{r, s, \cdots, t\}$ 형의 치환일 때, 임의의 $\tau \in S_n$에 대하여

$$\tau\circ\sigma\circ\tau^{-1} = (\tau(i_1)\ \cdots\ \tau(i_r))\circ(\tau(j_1)\ \cdots\ \tau(j_s))\circ\cdots\circ(\tau(l_1)\ \cdots\ \tau(l_t))$$

이므로 $\tau\circ\sigma\circ\tau^{-1}$는 $\{r, s, \cdots, t\}$ 형이다(정리 2.6.2). 그리고, $\sigma' \in S_n$이

$$\sigma' = (i_1' \cdots i_r') \circ (j_1' \cdots j_s') \circ \cdots \circ (l_1' \cdots l_t')$$

와 같은 꼴의 $\{r, s, \cdots, t\}$ 형의 치환일 때,

$$\tau = \begin{pmatrix} i_1 & \cdots & i_r & j_1 & \cdots & j_s & l_1 & \cdots & l_t \\ i_1' & \cdots & i_r' & j_1' & \cdots & j_s' & l_1' & \cdots & l_t' \end{pmatrix}$$

이라고 놓으면 $\tau \circ \sigma \circ \tau^{-1} = \sigma'$ 이다. 따라서 정리가 성립한다.

보기 2.14.2 다음 표는 대칭군 S_3를 켤레류로 분할한 것이다(보기 2.6.3).

켤레류	형	원 소	개 수	위 수
$\mathscr{C}_1$	{1, 1, 1}	1	1	1
$\mathscr{C}_2$	{1, 2}	(1 2), (1 3), (2 3)	3	2
$\mathscr{C}_3$	{3}	(1 2 3), (1 3 2)	2	3

보기 2.14.3 다음 표는 대칭군 S_4를 켤레류로 분할한 것이다(보기 2.6.4).

켤레류	형	대표 원소	개 수	위 수
$\mathscr{C}_1$	{1, 1, 1, 1}	1	1	1
$\mathscr{C}_2$	{1, 1, 2}	(1 2)	6	2
$\mathscr{C}_3$	{1, 3}	(1 2 3)	8	3
$\mathscr{C}_4$	{2, 2}	(1 2)∘(3 4)	3	2
$\mathscr{C}_5$	{4}	(1 2 3 4)	6	4

$\mathscr{C}_2 = \{(1\ 2), (1\ 3), (1\ 4), (2\ 3), (2\ 4), (2\ 5)\}$,

$\mathscr{C}_3 = \{(1\ 2\ 3), (1\ 3\ 2), (1\ 2\ 4), (1\ 4\ 2),$
$(1\ 3\ 4), (1\ 4\ 3), (2\ 3\ 4), (2\ 4\ 3)\}$,

$\mathscr{C}_4 = \{(1\ 2) \circ (3\ 4), (1\ 3) \circ (2\ 4), (1\ 4) \circ (2\ 3)\}$,

$\mathscr{C}_5 = \{(1\,2\,3\,4), (1\,2\,4\,3), (1\,3\,2\,4), (1\,3\,4\,2), (1\,4\,2\,3), (1\,4\,3\,2)\}$

대칭군 S_4의 정규부분군은 S_4, A_4, $V_4 = \mathscr{C}_1 \cup \mathscr{C}_4$, $\{1\}$ 뿐이다.

다음 보기에서 알 수 있는 바와 같이 두 우치환 $\sigma, \sigma' \in A_n$이 같은 형의 치환이더라도 A_n에서 σ, σ'은 한 켤레류에 속하지 않을 수 있다.

보기 2.14.4 위수 12인 교대군 A_4의 켤레류는 다음과 같다.

켤레류	원 소	개 수
$\mathscr{C}_1$	1	1
$\mathscr{C}_2$	(1 2 3), (1 3 4), (1 4 2), (2 4 3)	4
$\mathscr{C}_3$	(1 3 2), (1 4 3), (1 2 4), (2 3 4)	4
$\mathscr{C}_4$	$(1\ 2)\circ(3\ 4)$, $(1\ 3)\circ(2\ 4)$, $(1\ 4)\circ(2\ 3)$	3

교대군 A_4의 정규부분군은 A_4, V_4, $\{1\}$ 뿐이다(보기 2.9.7 참조).

보기 2.14.5 위수 60인 교대군 A_5의 켤레류는 아래 표와 같다.

켤레류	대표 원소	개 수
$\mathscr{C}_1$	1	1
$\mathscr{C}_2$	(1 2 3)	20
$\mathscr{C}_3$	$(1\ 2)\circ(3\ 4)$	15
$\mathscr{C}_4$	(1 2 3 4 5)	12
$\mathscr{C}_5$	(1 3 4 5 2)	12

위의 표에서 1을 포함한 개수의 합이 60의 약수로 되는 것은 1과 60 뿐임을 알 수 있다(p. 144 참조). 따라서 A_5의 정규부분군은 $\{1\}$과 A_5 뿐이므로 교대군 A_5는 단순군이다('해설 209' 참조).

앞에서 논한 정의와 정리는 군의 부분집합에 대한 정리로 확장할 수 있다.

정의 2.14.7 군 G에서 $S\ (\neq \varnothing)$가 G의 부분집합 [부분군]일 때, 각 원소 $g \in G$에 대하여

$$gSg^{-1} = \{gxg^{-1} \mid x \in S\},$$
$$g^{-1}Sg = \{g^{-1}xg \mid x \in S\}$$

를 S의 **켤레부분집합**(conjugate subset) **[켤레부분군]**(conjugate subgroup)이라고 한다(정리 2.8.10 참조).

정리 2.14.8 군 G 에서 G 의 부분집합 $S\ (\neq \varnothing)$ 에 대하여

$$N_G(S) = \{g \in G \mid gSg^{-1} = S\}$$

이라고 하면, 다음이 성립한다.

(1) $N_G(S)$ 는 G 의 부분군이다.
특히, S 가 G 의 부분군이면, $S \lhd N_G(S)$ 이다.

(2) $N_G(S) = \{g \in G \mid g^{-1}Sg = S\}$

(3) $N_G(gSg^{-1}) = gN_G(S)g^{-1}, \quad N_G(g^{-1}Sg) = g^{-1}N_G(S)g$

부분군 $N_G(S)$ 를 G 에서의 S 의 **正規化 부분군**(normalizer)이라고 한다.

증명 (1) 먼저 $eSe^{-1} = S$ 이므로 $e \in N_G(S) \neq \varnothing$ 이다.
그리고 $g, h \in N_G(S)$ 이라고 하면, $gSg^{-1} = S$, $hSh^{-1} = S$ 이므로

$$\begin{aligned}(gh)S(gh)^{-1} &= (gh)S(h^{-1}g^{-1}) \\ &= g(hSh^{-1})g^{-1} \\ &= gSg^{-1} = S,\end{aligned}$$

$$g^{-1}S(g^{-1})^{-1} = g^{-1}Sg = S$$

이고 따라서 $gh, g^{-1} \in N_G(S)$ 이다. 그러므로 $N_G(S)$ 는 G 의 부분군이다.

특히, S 가 G 의 부분군이면, 임의의 원소 $x \in S$ 에 대하여 $xSx^{-1} = S$ 이므로 $S \subseteq N_G(S)$ 이고 또 모든 $g \in N_G(S)$ 에 대하여 $gSg^{-1} = S$ 이므로 $S \lhd N_G(S)$ 이다(문제 2.9.9 참조).

(2), (3) 정리 2.14.3 의 증명에서 x 와 $C_G(x)$ 를 각각 S 와 $N_G(S)$ 로 바꾸어 놓으면, (2), (3) 의 증명을 얻는다(문제 5 참조)

정리 2.14.9 유한군 G 에서 $S\ (\neq \varnothing)$ 가 G 의 부분집합 [부분군] 일 때, S 의 켤레부분집합 [켤레부분군] 전체로 이루어진 집합을 $\mathscr{C}_S$ 이라고 하면 다음 등식이 성립한다.

$$|\mathscr{C}_S| = |G : N_G(S)|$$

증명 정리 2.14.4 의 증명에서 x, $C_G(x)$, $\mathscr{C}_x$ 를 각각 S, $N_G(S)$, $\mathscr{C}_S$ 로 바꾸어 놓으면 이 정리의 증명을 얻는다(문제 5 참조).

정리 2.14.10 (Cauchy 의 정리) 유한군 G 에서 素數 p 가 $|G|$ 의 약수이면, G 에는 위수 p 인 원소가 존재한다.

증명 $|G| = pn$ 이라 하고 n 에 관한 귀납법으로 정리를 증명한다.

먼저 $n = 1$ 이면, G 는 위수 p 인 순환군이므로 G 의 항등원을 제외한 원소는 모두 위수 p 인 원소이다(정리 2.7.7). 이제 $n \geq 2$ 이라 하고 위수가 pm $(1 \leq m < n)$ 인 군에 대하여 정리가 성립한다고 하자.

(1) G 가 Abel 군인 경우

먼저 한 원소 $a \in G - \{e\}$ 의 위수가 p 의 배수일 때, 그 위수를 pk 이라고 하면 a^k 의 위수는 p 이다.

다음에 원소 $a \in G - \{e\}$ 의 위수가 p 의 배수가 아니라고 하자. 이 때, G 가 Abel 군이므로 잉여군 $G/\langle a \rangle$ 가 정의되고

$$|G/\langle a \rangle| = \frac{|G|}{|\langle a \rangle|} = pm, \quad 1 \leq m < n$$

이므로 귀납법 가정에 의하여 $G/\langle a \rangle$ 에는 위수 p 인 원소 $b\langle a \rangle$ 가 존재한다. 여기서, 원소 $b \in G$ 의 위수를 r 라고 하면, 잉여군 $G/\langle a \rangle$ 에서

$$(b\langle a \rangle)^r = b^r \langle a \rangle = e\langle a \rangle = \langle a \rangle$$

이므로 $p \mid r$ 이고 따라서 $r = ps$ 라고 하면 b^s 의 위수는 p 이다.

(2) G 가 Abel 군이 아닌 경우

이 경우에 G 의 류등식은

$$(*) \qquad |G| = |Z(G)| + |\mathscr{C}_{k+1}| + \cdots + |\mathscr{C}_{k+t}|,$$
$$|\mathscr{C}_{k+1}| \geq 2, \cdots, |\mathscr{C}_{k+t}| \geq 2, \quad t \geq 1$$

와 같은 꼴이고, 각 i $(k+1 \leq i \leq k+t)$에 대하여 $x_i \in \mathscr{C}_i$ 이라고 하면 다음이 성립한다(정리 2.14.5).

$$2 \leq |\mathscr{C}_i| = |G : C_G(x_i)| = \frac{|G|}{|C_G(x_i)|}, \qquad |C_G(x_i)| < |G|$$

먼저 $p \,\big|\, |\mathscr{C}_{k+1}|, \cdots, p \,\big|\, |\mathscr{C}_{k+t}|$ 이면, $(*)$ 에 의하여 $p \,\big|\, |Z(G)|$ 이므로 (1) 에 의하여 $Z(G)$ 에는 위수 p 인 원소가 존재하고 따라서 G 에 위수 p 인 원소가 존재한다.

한편, 적당한 i $(k+1 \leq i \leq k+t)$ 에 대하여 $p \nmid |\mathscr{C}_i|$ 이면,

$$|C_G(x_i)| = pm, \quad 1 \leq m < n$$

이므로 귀납법 가정에 의하여 $C_G(x_i)$ 에 위수 p 인 원소가 존재하고 따라서 G 에 위수 p 인 원소가 존재한다.

정의 2.14.11 素數 p 에 대하여 유한군 G 의 위수가 $|G| = p^n$ $(n \geq 0)$ 일 때, G 를 **유한 p-群**(finite p-group)이라고 한다.

군 G 가 유한 p-군일 때, G 의 부분군은 모두 유한 p-군이고 또 G 의 모든 원소의 위수는 p 의 거듭제곱이다(정리 2.7.6).

정리 2.14.12 군 G $(\neq \{e\})$ 가 유한 p-군일 때 다음이 성립한다.

(1) $\{e\} \subsetneq Z(G), \quad p \,\Big|\, |Z(G)|$

(2) G 가 Abel 군이 아니면, $|G : Z(G)| \geq p^2$ 이다.

(3) G 의 위수가 p^2 이면, G 는 Abel 군이고 따라서 $G \cong C_{p^2} \cong \mathbb{Z}_{p^2}$ 또는 $G \cong C_p \times C_p \cong \mathbb{Z}_p \oplus \mathbb{Z}_p$ 이다.

증명 (1) 먼저 G 가 Abel 군이면, $G = Z(G)$ 이므로 (1) 이 성립한다.
다음에 G 가 Abel 군이 아닐 때, G 의 류등식이 다음과 같다고 하자.

$$(*) \qquad |G| = |Z(G)| + |\mathscr{C}_{k+1}| + \cdots + |\mathscr{C}_{k+t}|,$$
$$|\mathscr{C}_{k+1}| \geq 2, \cdots, |\mathscr{C}_{k+t}| \geq 2, \quad t \geq 1$$

이 때, 정리 2.14.5 에 의하여 $|\mathscr{C}_{k+1}| \,\Big|\, |G|, \cdots, |\mathscr{C}_{k+t}| \,\Big|\, |G|$ 이고, 또 G 는 유한 p-군이므로 $p \,\Big|\, |\mathscr{C}_{k+1}|, \cdots, p \,\Big|\, |\mathscr{C}_{k+t}|$ 이다.
따라서 $(*)$ 에 의하여 $p \,\Big|\, |Z(G)|$ 이므로 $\{e\} \subsetneq Z(G)$ 이다.

(2) 먼저 $|G : Z(G)| = 1$ 이면 $G = Z(G)$ 이므로 G 는 Abel 군이다.
그리고, $|G : Z(G)| = p$ 이면, $|G/Z(G)| = p$ 이므로 잉여군 $G/Z(G)$ 는 위수 p 인 순환군이고 따라서 G 는 Abel 군이다(정리 2.7.7, 정리 2.9.11).
그러므로 G 가 Abel 군이 아니면, $|G : Z(G)| \geq p^2$ 이다.

(3) 위의 (1), (2) 와 정리 2.11.18 에 의하여 (3) 이 성립한다.

연 습 문 제 (2.14)

*1. 유한군 G 에서 원소 x 를 포함하는 켤레류 $\mathscr{C}$ 에 꼭 두 개의 원소가 존재하면, $C_G(x) \lhd G$, $\{e\} \subsetneqq C_G(x) \subsetneqq G$ 임을 밝혀라.

*2. 유한군 G 에 꼭 두 개의 켤레류가 존재하면, $|G| = 2$ 임을 밝혀라.

3. 대칭군 S_5 의 켤레류를 표로 나타내어라.

4. 위수 $2n$ 인 정이면체군 $D_n = \langle \sigma, \tau \rangle$ 의 켤레류 전체를 구하여라.

5. 정리 2.14.8 의 (2), (3) 을 증명하여라. 그리고, 정리 2.14.9 를 증명하여라.

6. 대칭군 S_4 에서 $G = S_4$, $H = \langle (1\ 2\ 3) \rangle = \{1, (1\ 2\ 3), (1\ 3\ 2)\}$ 이라고 할 때, $N_G(H)$ 를 구하고 H 의 켤레부분군을 모두 구하여라.

*7. 유한군 G 에서 H 가 $G \neq H$ 인 부분군일 때, G 의 원소 중에는 H 의 어떠한 켤레부분군에도 포함되지 않는 원소가 존재함을 밝혀라.

*8. 유한군 G 와 소수 p 에 대하여 다음 두 조건은 서로 동치임을 밝혀라.
   (1) G 는 유한 p-군이다.
   (2) G 의 모든 원소의 위수는 p 의 거듭제곱이다.

9. 군 G 의 부분집합 S $(\neq \varnothing)$ 에 대하여

$$C_G(S) = \{g \in G \mid \text{모든 } s \in S \text{에 대하여 } gs = sg\}$$

이라고 할 때, $C_G(S)$ 는 G 의 부분군임을 밝혀라.

부분군 $C_G(S)$ 를 G 에서의 S 의 **中心化 부분군**(centralizer)이라고 한다.

10. 군 G 에서 G 의 부분군 H 에 대하여 다음이 성립함을 밝혀라.
   (1) $Z(G) = C_G(G) \subseteq C_G(H)$, $C_G(H) \lhd N_G(H)$
   (2) 잉여군 $N_G(H)/C_G(H)$ 는 H 의 자기동형군 $\mathrm{Aut}(H)$ 의 한 부분군과 동형이다.

§2.15 교환자부분군

이 절의 내용은 §5.11 과 §7.3 에서 이용된다.

정의 2.15.1 군 G 에서 두 원소 $x, y \in G$ 에 대하여

$$[x, y] = x^{-1} y^{-1} x y$$

를 x, y 의 **交換子**(commutator)라고 한다.

책에 따라서는 $(x, y) = x y x^{-1} y^{-1}$ 를 x, y 의 교환자라 하기도 한다.

정리 2.15.2 군 G 에서 원소 $x, y, g \in G$ 에 대하여 다음이 성립한다.

(1) $[x, y] = e \iff x y = y x$

(2) $[x, y]^{-1} = [y, x]$

(3) $f : G \longrightarrow \overline{G}$ 가 준동형사상이면, $f([x, y]) = [f(x), f(y)]$ 이다.

(4) $g[x, y]g^{-1} = [gxg^{-1}, gyg^{-1}]$, $g^{-1}[x, y]g = [g^{-1}xg, g^{-1}yg]$

증명 (1) $[x, y] = e \iff x^{-1} y^{-1} x y = e \iff x y = y x$

(2) $[x, y]^{-1} = (x^{-1} y^{-1} x y)^{-1} = y^{-1} x^{-1} y x = [y, x]$

(3) $f([x, y]) = f(x^{-1} y^{-1} x y) = f(x^{-1}) f(y^{-1}) f(x) f(y)$

$= f(x)^{-1} f(y)^{-1} f(x) f(y) = [f(x), f(y)]$

(4) 정리 2.8.10 에 의하여

$$\alpha_g : G \longrightarrow G, \quad \alpha_g(x) = g x g^{-1}$$
$$\beta_g : G \longrightarrow G, \quad \beta_g(x) = g^{-1} x g$$

는 동형사상이므로 (3) 에 의하여 (4)가 성립한다.

정의 2.15.3 군 G 에서 교환자 전체에 의하여 생성된 부분군을 군 G 의 **交換子(部分)群**(commutator (sub) group) 또는 **誘導(部分)群**(derived (sub) group)이라 하고 이것을 G', $[G, G]$, $D(G)$ 로 나타낸다. 즉,

$$G' = [G, G] = D(G) = \langle [x, y] \mid x, y \in G \rangle$$

정리 2.15.4 군 G의 교환자부분군 G'에 대하여 다음이 성립한다.

(1) $G' = \{ [x_1, y_1] \cdots [x_m, y_m] \mid x_1, y_1, \cdots, x_m, y_m \in G, n = 1, 2, \cdots \}$

(2) G의 부분군 H가 G의 모든 교환자를 포함하면, $G' \subseteq H$이다.

증명 (1) 정리 2.12.2에 의하여 부분군 G'의 원소는

$$(*) \qquad [g_1, h_1]^{\pm 1} \cdots [g_m, h_m]^{\pm 1} \qquad (g_1, h_1, \cdots, g_m, h_m \in G)$$

의 꼴로 나타내어지고 $[g, h]^{-1} = [h, g]$이므로 위의 $(*)$는

$$[x_1, y_1] \cdots [x_m, y_m] \qquad (x_1, y_1, \cdots, x_m, y_m \in G)$$

와 같은 꼴로 나타내어진다(정리 2.15.2). 따라서 (1)이 성립한다.

(2) 정리 2.12.2에 의하여 (2)가 성립한다.

정리 2.15.5 군 G의 교환자부분군 G'에 대하여 다음이 성립한다.

(1) G가 Abel군일 때 그리고 이때에만 $G' = \{e\}$이다.

(2) $G' \lhd G$이고, 또 잉여군 G/G'은 Abel군이다.

증명 (1) 임의의 원소 $x, y \in G$에 대하여 $xy = yx \iff [x, y] = e$이므로 (1)이 성립한다(정리 2.15.2).

(2) $G' = \langle [x, y] \mid x, y \in G \rangle$이고 또 모든 원소 $x, y, g \in G$에 대하여 $g^{-1}[x, y]g = [g^{-1}xg, g^{-1}yg] \in G'$이므로 $G' \lhd G$이다(정리 2.9.3).

또, 잉여군 G/G'에서 임의의 $xG', yG' \in G/G'$에 대하여

$$\begin{aligned} &(xG')^{-1}(yG')^{-1}(xG')(yG') \\ &= (x^{-1}G')(y^{-1}G')(xG')(yG') \\ &= x^{-1}y^{-1}xyG' = [x, y]G' = G' \end{aligned}$$

이므로 $(xG')(yG') = (xG')(yG')$이고, 따라서 G/G'은 Abel군이다.

정리 2.15.6 군 G에서 $N \lhd G$일 때, 다음 두 조건은 서로 동치이다.

(1) 잉여군 G/N은 Abel군이다.

(2) 모든 $x, y \in G$에 대하여 $[x, y] \in N$이다.

(3) $G' \subseteq N$

증명 다음 조건은 서로 동치이므로 정리가 성립한다(정리 2.15.4 참조).

(a) 잉여군 G/N 은 Abel 군이다.

(b) 모든 $x, y \in G$ 에 대하여 $xN \cdot yN = yN \cdot xN$ 즉 $xyN = yxN$

(c) 모든 $x, y \in G$ 에 대하여 $(yx)^{-1}xy \in N$ 즉 $[x, y] \in N$

(d) $G' \subseteq N$

보기 2.15.1 대칭군 S_3 의 교환자부분군은 다음과 같다.

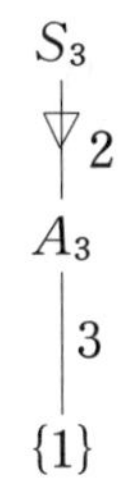

$$S_3' = A_3 = \{1, (1\ 2\ 3), (1\ 3\ 2)\}$$

실제로, $A_3 \lhd S_3$ 이고 잉여군 S_3/A_3 는 위수 2 인 Abel 군이므로 $S_3' \subseteq A_3$ 이고, S_3 는 Abel 군이 아니므로 $S_3' \neq \{1\}$ 이다. 따라서 $S_3' = A_3$ 이다.

연 습 문 제 (2.15)

1. 군 G 의 원소 x, y 에 대하여 다음 네 조건은 서로 동치임을 밝혀라.

$$[x, y] = e, \qquad xy = yx, \qquad y \in C_G(x), \qquad x \in C_G(y)$$

2. 사원수군 $Q_8 = \{\pm 1, \pm i, \pm j, \pm k\}$ 에 대하여 $Q_8' = Z(Q_8)$ 임을 밝혀라.

3. 위수 $2n$ 인 정이면체군 $D_n = \langle \sigma, \tau \rangle$ 의 교환자부분군을 구하여라.

***4.** 군 G 의 교환자부분군을 G' 이라 하고 $\pi : G \longrightarrow G/G'$ 를 표준준동형사상이라고 할 때, 임의의 Abel 군 A 와 임의의 준동형사상 $f : G \longrightarrow A$ 에 대하여 $f = \phi \circ \pi$ 인 준동형사상 $\phi : G/G' \longrightarrow A$ 가 단 하나 존재함을 밝혀라.

***5.** 군 G 의 부분군 N 에 대하여 $G' \subseteq N$ 일 때, $N \lhd G$ 이고 또 잉여군 G/N 은 Abel 군임을 밝혀라.

6. 군 G 의 정규부분군 G_1, G_2 에 대하여 잉여군 $G/G_1, G/G_2$ 가 모두 Abel 군이면, 잉여군 $G/(G_1 \cap G_2)$ 도 Abel 군임을 밝혀라.

아벨(Niels Henrik Abel, 1802~1829)

아벨은 19세기의 뛰어난 수학자 중의 한 사람으로 노르웨이의 조그만 마을에서 가난한 목사의 아들로 태어났다. 아벨은 16세 때부터 수학책을 읽기 시작하였고 18세 때 아버지를 여의고 가족의 생계를 맡아야 했으며 수학 공부를 계속하기 위하여 가정 교사나 그 밖의 여러 가지 일을 해야 했다.

아벨은 19세 때, 수백 년 동안 여러 수학자들이 풀지 못한 문제인

'일반적인 5차의 방정식에 대한 근의 공식이 존재하지 않는다.',

'Galois 군이 가환군인 다항식은 거듭제곱을 써서 풀 수 있다.'

는 것을 증명하였다.

아벨은 1822년에 Christiana 대학에 입학하였으나 수학은 거의 독학으로 연구하였다. 그는 Holmbe에게 인정을 받아 대학을 졸업한 후에 파리와 베를린에서 유학하였고 베를린에서는 A. Corelle를 도와 수학 논문지 'Jurnal für reine und angewante Mathematik'의 창간에 협력하였으나, 파리에서는 눈부신 활동에도 불구하고 크게 인정받지는 못하였다. 그는 1827년 5월에 본국으로 귀국한 후 직장을 얻지 못하여 가난에 허덕이면서 연구를 계속하였으나 결국 폐결핵으로 27세의 젊은 나이에 세상을 하직하였다.

아벨의 5차의 방정식의 근에 관한 논문은 이 분야 연구에 기초가 되고 있다. 그는 방정식에 관한 이론에 대한 업적 이외에도 해석학 분야에서 타원함수론, 타원적분론, Abel 적분론, 무한급수론 등에 뛰어난 업적을 남겼다. 이러한 그의 공적을 기리기 위하여 조르단(Camille Jordan)은 가환군에 'Abel 군'이라는 이름을 붙였다.

노르웨이 정부는 아벨의 업적을 기리기 위하여 다섯 가지 우표를 발행하였고 1948년에는 아벨의 초상화를 넣은 500크로네의 지폐를 발행하였다. 노르웨이는 2002년 1월 1일에 아벨 기념 재단(The Niels Henrik Abel memorial fund)을 설립하여 2003년부터 매년 국제적으로 탁월한 연구 업적을 발표한 수학자에게 Abel Prize를 수여하는데, 2003년에는 프랑스의 수학자 세르(Jean-Pierre Serre)가 수상하였고 2004년에는 영국의 수학자 아티야(Michael F. Atiyia)와 미국의 수학자 싱어(Isadore M. Singer)가 공동으로 수상하였다.

이에 관한 자세한 사항은 www.dnva.no/eng에서 찾아 볼 수 있다.

제 3 장

환과 체

환의 개념은 정수 전체의 집합 $\mathbb{Z}$ 의 덧셈과 곱셈에 관한 성질을 추상화한 것이라고 말할 수 있다.

이 장에서는, 제 2 장에서 논한 군에 관한 정의와 정리를 환과 체에 관한 정의와 정리로 확장하고 또 여러 가지 유형의 환에 대하여 논하며 벡터공간과 다원환에 대하여 간단히 논한다.

단항이데알 정역과 체 F 위의 다항식환 $F[x]$ 의 특성에 대해서는 제 4 장에서 논하고, 특수한 환과 정역에 대해서는 제 6 장에서 논하며 환의 일반적인 직합에 대해서는 제 7 장에서 논한다.

참 고 문 헌

1. 박승안, 암호학과 부호이론, 제 2 판, 경문사, 2008
2. Artin, Michael, Algebra, Prentice Hall, Eaglewood Cliffs, New Jersey, 1991
3. Fraleigh, J., A first course in abstract algebra, 7 th ed., Pearson Education, Inc., New York, 2003
4. Hungerford, Thomas W., Abstract algebra, an introduction, Saunders College Publishing, Philadelphia, 1990

§ 3.1 환과 체

이 절에서는, 두 이항연산이 정의되어 있는 대수적 체계에 대하여 논한다.

정의 3.1.1 집합 R $(\neq \varnothing)$ 위에 덧셈 $+$과 곱셈 $\cdot$이 정의되어 있고 다음이 성립할 때, $(R, +, \cdot)$를 **環**(영어 ring, 독일어 Ring, 불어 anneau)이라 하고 'R는 연산 $+$, $\cdot$에 관하여 환을 이룬다.'고 한다.

A : $(R,+)$는 덧셈군이다.

A.1 : $(a+b)+c = a+(b+c)$ (결합법칙)

A.2 : $a+b = b+a$ (교환법칙)

A.3 : 특정한 원소 $0 \in R$이 존재하여, 모든 원소 $a \in R$에 대하여 등식 $a+0 = 0+a = a$가 성립한다.

A.4 : 각 원소 $a \in R$에 대하여 a의 덧셈에 관한 역원 $-a \in R$가 존재한다. 즉, $a+(-a) = (-a)+a = 0$이다.

M.1 : $(a \cdot b) \cdot c = a \cdot (b \cdot c)$ (결합법칙)

D : $a \cdot (b+c) = a \cdot b + a \cdot c$, $(a+b) \cdot c = a \cdot c + b \cdot c$ (분배법칙)

위의 정의에서 조건 A.1 ~ A.4, M.1, D를 환에 대한 公理系라고 한다.

환 R에서 덧셈군 $(R, +)$를 환 R의 **덧셈군**이라 하고 또 0을 환 R의 **영원**(zero element) 또는 **영**이라고 한다.

환 R에서의 뺄셈은 덧셈을 이용하여 다음과 같이 정의한다.

$$a - b = a + (-b)$$

정의 3.1.2 환 R에서 모든 원소 $a, b \in R$에 대하여 다음이 성립할 때, R를 **可換環**(commutative ring)이라고 한다.

M.2 : $a \cdot b = b \cdot a$ (교환법칙)

또, 가환환이 아닌 환을 **非可換環**(noncommutative ring)이라고 한다.

정의 3.1.3 환 R 에서 다음 조건을 만족시키는 원소 $1 \in R$ 이 존재할 때, 1 을 R 의 **單位元**(identity)이라고 한다.

M.3 : 모든 원소 $a \in R$ 에 대하여 $a \cdot 1 = 1 \cdot a = a$ 이다.

정의 3.1.4 단위원 1 $(1 \neq 0)$ 을 가진 가환환 R 에서 다음이 성립할 때, R 를 **整域**(integral domain)이라고 한다.

M.3′ : $a \cdot b = 0 \Longrightarrow a = 0$ 또는 $b = 0$

정의 3.1.5 단위원 1 $(1 \neq 0)$ 을 가진 환 R 에서 다음이 성립할 때, R 를 **나눗셈환**(division ring)이라고 한다.

M.4 : 각 원소 $a \in R$, $a \neq 0$ 에 대하여 $a \cdot a^{-1} = a^{-1} \cdot a = 1$ 인 원소 $a^{-1} \in R$ 가 존재한다.
여기서, a^{-1} 를 a 의 곱셈에 관한 **역원**(inverse)이라 한다.

특히, 가환환인 나눗셈환을 **體**(영어 field, 독일어 Körper, 불어 corps)라 하고 가환환이 아닌 나눗셈환을 **斜體**(skew field)라고 한다(정의 1.3.1).

환 R 의 두 원소 a, b 의 곱 $a \cdot b$ 를 간단히 ab 로 나타내기도 한다.
체에서의 뺄셈과 나눗셈은 다음과 같이 정의된다.

$$a - b = a + (-b), \quad a \div b = \frac{a}{b} = a\,b^{-1} \quad (b \neq 0)$$

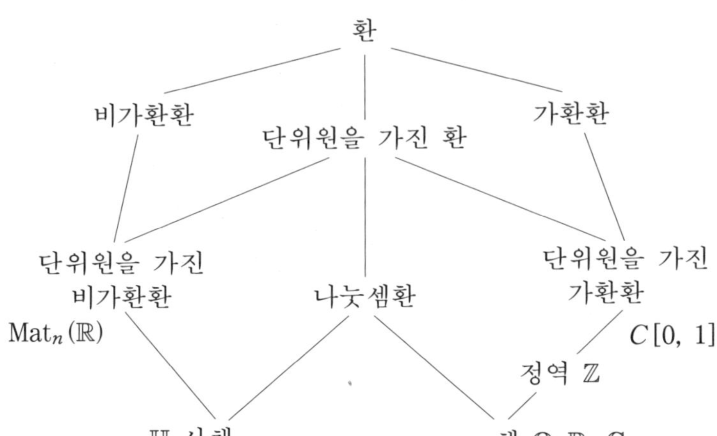

보기 3.1.1 정수 전체의 집합 $\mathbb{Z}$는 흔히 사용하는 덧셈과 곱셈에 관하여 단위원 1을 가진 가환환을 이룬다(정리 1.2.1). 가환환 $\mathbb{Z}$를 **整數環**(ring of integers)이라고 하며, 정수환 $\mathbb{Z}$는 정역이지만 체는 아니다.

유리수 전체의 집합 $\mathbb{Q}$, 실수 전체의 집합 $\mathbb{R}$, 복소수 전체의 집합 $\mathbb{C}$는 흔히 사용하는 덧셈과 곱셈에 관하여 체를 이룬다. 체 $\mathbb{Q}$, $\mathbb{R}$, $\mathbb{C}$를 각각 **有理數體**, **實數體**, **複素數體**라고 하며, 이들 체는 모두 정역이기도 하다.

특히, 복소수 전체의 집합 $\mathbb{C}$에서 각 복소수 $\alpha = a + b\,i$ $(a, b \in \mathbb{R})$에 대하여 $\overline{\alpha} = a - b\,i$, $N(\alpha) = \alpha\,\overline{\alpha}$를 각각 α의 켤레복소수, 노름이라고 하며, 임의의 $\alpha, \beta \in \mathbb{C}$에 대하여 다음이 성립한다(§1.3 참조).

(1) $N(\alpha) = 0 \Longleftrightarrow \alpha = 0$

(2) $\overline{\alpha + \beta} = \overline{\alpha} + \overline{\beta}$, $\overline{\alpha\beta} = \overline{\alpha}\,\overline{\beta}$

(3) $N(\alpha\beta) = N(\alpha)\,N(\beta)$

또, $\alpha = a + b\,i \neq 0$일 때, $\alpha^{-1} = \dfrac{\overline{\alpha}}{N(\alpha)} = \dfrac{a}{a^2+b^2} + \dfrac{-b}{a^2+b^2}\,i$ 이다.

보기 3.1.2 세 문자 i, j, k에 대하여

$$a_0 + a_1\,i + a_2\,j + a_3\,k \qquad (a_0, a_1, a_2, a_3 \in \mathbb{R})$$

와 같은 꼴의 형식적인 합(formal sum)을 (**實**) **四元數**(real quaternion)라고 하고 이러한 사원수 전체의 집합을 $\mathbb{H}$로 나타내고, $\mathbb{H}$의 두 원소

$$\xi = a_0 + a_1\,i + a_2\,j + a_3\,k, \qquad \eta = b_0 + b_1\,i + b_2\,j + b_3\,k$$

에 대하여 다음과 같이 정의하자.

$$\xi = \eta \Longleftrightarrow a_0 = b_0,\ \ a_1 = b_1,\ \ a_2 = b_2,\ a_3 = b_3$$
$$\xi + \eta = (a_0+b_0) + (a_1+b_1)\,i + (a_2+b_2)\,j + (a_3+b_3)\,k,$$
$$\begin{aligned}\xi\eta = &(a_0 b_0 - a_1 b_1 - a_2 b_2 - a_3 b_3) + (a_0 b_1 + a_1 b_0 + a_2 b_3 - a_3 b_2)\,i \\ &+ (a_0 b_2 - a_1 b_3 + a_2 b_0 + a_3 b_1)\,j + (a_0 b_3 + a_1 b_2 - a_2 b_1 + a_3 b_0)\,k\end{aligned}$$

여기서, 곱셈은 다음 등식과 분배법칙이 성립하도록 정의한 것이다.

$$a\,i = i\,a,\quad a\,j = j\,a,\quad a\,k = k\,a,\quad i^2 = j^2 = k^2 = -1 \quad (a \in \mathbb{R})$$
$$i\,j = k = -j\,i,\quad j\,k = i = -k\,j,\quad k\,i = j = -i\,k$$

이 때, $\mathbb{H}$는 단위원 1을 가진 환을 이루지만 가환환은 아니다.

이제 원소 $\xi = a_0 + a_1 i + a_2 j + a_3 k \in \mathbb{H}$에 대하여

$$\overline{\xi} = a_0 - a_1 i - a_2 j - a_3 k,$$
$$N(\xi) = \xi\,\overline{\xi} = {a_0}^2 + {a_1}^2 + {a_2}^2 + {a_3}^2 \in \mathbb{R}$$

를 각각 ξ의 **켤레원소**(conjugate), **노름**(norm)이라고 하면, 임의의 원소 $\xi, \eta \in \mathbb{H}$에 대하여 다음이 성립한다.

(1) $N(\xi) = 0 \iff \xi\,\overline{\xi} = 0 \iff \xi = 0$

(2) $\overline{\xi + \eta} = \overline{\xi} + \overline{\eta}, \quad \overline{\xi\eta} = \overline{\eta}\,\overline{\xi}$ (순서에 주의)

(3) $N(\xi\eta) = (\xi\eta)(\overline{\xi\eta}) = \xi\eta(\overline{\eta}\,\overline{\xi}) = \xi(\eta\overline{\eta})\,\overline{\xi} = N(\xi)\,N(\eta)$

따라서 $\xi = a_0 + a_1 i + a_2 j + a_3 k \neq 0$일 때,

$$\xi^{-1} = \frac{\overline{\xi}}{N(\xi)} = \frac{a_0 - a_1 i - a_2 j - a_3 k}{{a_0}^2 + {a_1}^2 + {a_2}^2 + {a_3}^2}$$

이므로 $\mathbb{H}$는 나눗셈환이지만 체가 아니다.

나눗셈환 $\mathbb{H}$를 실수체 $\mathbb{R}$ 위의 **해밀튼**($\mathbb{H}$amilton) **의 四元數環**(ring of quaternion) 이라고 한다.

여기서, 복소수 $\alpha = a_0 + a_1 i$를 사원수 $a_0 + a_1 i + 0j + 0k$와 동일시하여 $\mathbb{R} \subseteq \mathbb{C} \subseteq \mathbb{H}$이라고 생각한다.

보기 3.1.3 실수체 $\mathbb{R}$ 위의 n차의 행렬 전체의 집합을 $\mathrm{Mat}_n(\mathbb{R})$로 나타내고 이러한 행렬 $A = [a_{ij}]_{n\times n}, B = [b_{ij}]_{n\times n}$에 대하여

$$A + B = [a_{ij} + b_{ij}]_{n\times n}, \qquad -A = [-a_{ij}]_{n\times n},$$
$$AB = [c_{ij}]_{n\times n}, \qquad c_{ij} = \sum_{k=1}^{n} a_{ik} b_{kj} \quad (1 \leq i, j \leq n)$$

으로 정의하면, $\mathrm{Mat}_n(\mathbb{R})$는 덧셈과 곱셈에 관하여 단위원 I_n을 가진 환을 이룬다(보기 2.1.3 참조). 환 $\mathrm{Mat}_n(\mathbb{R})$를 실수체 $\mathbb{R}$ 위의 n차의 **全行列環**(full matrix ring)이라고 한다.

특히, $\mathrm{Mat}_1(\mathbb{R}) = \mathbb{R}$이라고 생각한다. 그리고, $n \geq 2$일 때, $\mathrm{Mat}_n(\mathbb{R})$는 가환환이 아니다(문제 2.1.2).

보기 3.1.4 구간 $I(I \subseteq \mathbb{R})$ 위에 정의된 實價(real-valued) 연속함수 전체로 이루어진 집합을 $C(I)$로 나타내고, 연속함수 $f, g \in C(I)$에 대하여 f, g의 합 $f+g$와 곱 $f \cdot g$를 다음과 같이 정의된 연속함수라고 하자.

$$f+g : I \longrightarrow \mathbb{R}, \quad (f+g)(x) = f(x) + g(x),$$
$$f \cdot g : I \longrightarrow \mathbb{R}, \quad (f \cdot g)(x) = f(x)\,g(x)$$

이 때, $C(I)$는 이와 같이 정의된 연산에 관하여 단위원을 가진 가환환을 이룬다(문제 2). 이 환의 영원과 단위원은

$$0 : I \longrightarrow \mathbb{R}, \quad 0(x) = 0,$$
$$1 : I \longrightarrow \mathbb{R}, \quad 1(x) = 1$$

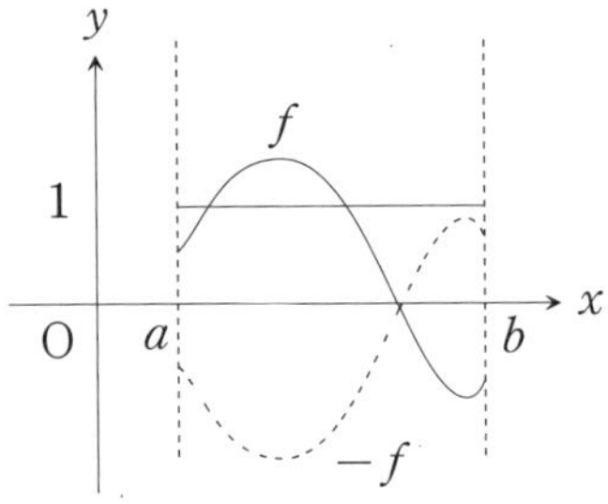

이고 각 $f \in C(I)$에 대하여 $-f$는 다음과 같이 정의된 함수이다.

$$-f : I \longrightarrow \mathbb{R}, \ (-f)(x) = -f(x)$$

가환환 $C(I)$를 구간 I 위의 **連續函數環**(ring of continuous functions)이라고 한다. 특히, 구간 I가 폐구간 $[a, b]$ 또는 $\mathbb{R}$일 때, $C(I)$를 각각 $C[a, b]$, $C(\mathbb{R})$로 나타낸다. 가환환 $C(I)$는 정역이 아니다.

예를 들어, $f, g \in C[0, 1]$의 그래프가 아래 그림과 같을 때, f와 g는 영함수가 아니지만 $f \cdot g$는 영함수이므로 $C[0, 1]$은 정역이 아니다.

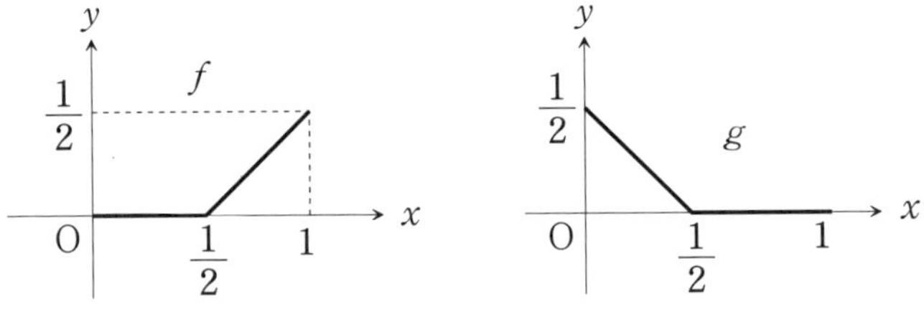

보기 3.1.5 환 R와 양의 정수 n에 대하여

$$R^n = \{(a_1, \cdots, a_n) \mid a_1, \cdots, a_n \in R\}$$

는 다음과 같이 정의된 연산에 관하여 환을 이룬다.

$$(a_1, \cdots, a_n) + (b_1, \cdots, b_n) = (a_1+b_1, \cdots, a_n+b_n),$$
$$(a_1, \cdots, a_n) \cdot (b_1, \cdots, b_n) = (a_1 b_1, \cdots, a_n b_n)$$

이 환의 영원은 $(0, \cdots, 0)$ 이고 $-(a_1, \cdots, a_n) = (-a_1, \cdots, -a_n)$ 이다.

환 R가 가환환이면 R^n은 가환환이고, 또 환 R가 단위원 1을 가진 환이면 R^n은 단위원 $(1, \cdots, 1)$을 가진 환이다(문제 3). 예를 들면,

$$\mathbb{Z}^2 = \{(a, b) \mid a, b \in \mathbb{Z}\}, \qquad \mathbb{R}^2 = \{(a, b) \mid a, b \in \mathbb{R}\}$$

는 모두 단위원 $(1, 1)$을 가진 가환환이지만 정역은 아니다(문제 3 참조).

정의 3.1.7 환 [체] $(R, +, \cdot)$에서 R가 무한집합일 때 이 환 [체]을 **無限環**(infinite ring) [**無限體**(infinte field)]이라 하고, 또 R가 유한집합일 때 이 환 [체]을 **有限環**(finite ring) [**有限體**(finite field)]이라고 한다.

특히, $|R| = n$일 때, n을 이 유한환 [유한체]의 **位數**(order)라고 한다.

앞의 보기 3.1.1 ~ 보기 3.1.4에서 논한 환은 모두 무한환이다.

그리고, 환 $R = \{0\}$의 위수는 1이다.

보기 3.1.6 집합 $\overline{\mathbb{Z}}_n = \{\overline{a} \mid a \in \mathbb{Z}\} = \{\overline{0}, \overline{1}, \cdots, \overline{n-1}\}$, $n \geq 2$는 다음과 같이 정의된 덧셈과 곱셈에 관하여 단위원 $\overline{1}$를 가진 가환환을 이루고 그 위수는 n이다(정리 2.5.1, 정리 2.5.2 참조).

$$\overline{a} = \overline{b} \iff a \equiv b \pmod{n} \iff a - b \in n\mathbb{Z}$$
$$\overline{a} + \overline{b} = \overline{a+b}, \qquad \overline{a} \cdot \overline{b} = \overline{ab}$$

환 $\overline{\mathbb{Z}}_n$를 정수환 $\mathbb{Z}$의 **법 n에 관한 잉여류環**이라고 한다.

특히, p가 素數일 때, $\overline{\mathbb{Z}}_p = \{\overline{0}, \overline{1}, \cdots, \overline{p-1}\}$는 위수 p인 유한체이다.

한편, n이 합성수일 때, $n = de$, $1 < d \leq e < n$이라고 하면 $\overline{\mathbb{Z}}_n$에서 $\overline{d} \cdot \overline{e} = \overline{0}$, $\overline{d} \neq \overline{0}$, $\overline{e} \neq \overline{0}$이므로 $\overline{\mathbb{Z}}_n$는 정역이 아니다.

체 $\overline{\mathbb{Z}}_2 = \{\overline{0}, \overline{1}\}$와 체 $\overline{\mathbb{Z}}_3 = \{\overline{0}, \overline{1}, \overline{2}\}$에 대하여 다음이 성립한다.

$+$	$\overline{0}$	$\overline{1}$
$\overline{0}$	$\overline{0}$	$\overline{1}$
$\overline{1}$	$\overline{1}$	$\overline{0}$

$\cdot$	$\overline{0}$	$\overline{1}$
$\overline{0}$	$\overline{0}$	$\overline{0}$
$\overline{1}$	$\overline{0}$	$\overline{1}$

$$\overline{1} + \overline{1} = \overline{0}, \quad -\overline{1} = \overline{1},$$
$$\overline{1} \cdot \overline{1} = \overline{1}, \quad \overline{1}^{-1} = \overline{1}$$

$+$	$\bar{0}$	$\bar{1}$	$\bar{2}$
$\bar{0}$	$\bar{0}$	$\bar{1}$	$\bar{2}$
$\bar{1}$	$\bar{1}$	$\bar{2}$	$\bar{0}$
$\bar{2}$	$\bar{2}$	$\bar{0}$	$\bar{1}$

$\cdot$	$\bar{0}$	$\bar{1}$	$\bar{2}$
$\bar{0}$	$\bar{0}$	$\bar{0}$	$\bar{0}$
$\bar{1}$	$\bar{0}$	$\bar{1}$	$\bar{2}$
$\bar{2}$	$\bar{0}$	$\bar{2}$	$\bar{1}$

$\bar{1}+\bar{2}=\bar{0}$,

$-\bar{1}=\bar{2}$, $\quad -\bar{2}=\bar{1}$,

$\bar{1}^{-1}=\bar{1}$, $\quad \bar{2}^{-1}=\bar{2}$

보기 3.1.7 집합 $\mathbb{Z}_n=\{0, 1, \cdots, n-1\}, n \geq 2$은 다음과 같이 정의된 덧셈과 곱셈에 관하여 단위원 1을 가진 가환환을 이루고 그 위수는 n이다(정리 2.5.3, 정리 2.5.4 참조).

$$a+b=r, \qquad a \cdot b=s$$

(r, s는 두 정수 a, b의 합과 곱을 n으로 나누었을 때의 나머지)

환 $\mathbb{Z}_n$을 **법 n에 관한 정수환**(ring of integers modulo n)이라고 한다.

특히, p가 素數일 때, $\mathbb{Z}_p=\{0, 1, \cdots, p-1\}$는 위수 p인 유한체이다.

한편, n이 합성수일 때, $n=de$, $1<d \leq e<n$이라고 하면, $\mathbb{Z}_n$에서 $d \cdot e=0$, $\ d \neq 0$, $\ e \neq 0$이므로 $\mathbb{Z}_n$은 정역이 아니다.

체 $\mathbb{Z}_2=\{0, 1\}$와 체 $\mathbb{Z}_3=\{0, 1, 2\}$에 대하여 다음이 성립한다.

$+$	0	1
0	0	1
1	1	0

$\cdot$	0	1
0	0	0
1	0	1

$1+1=0$, $\quad -1=1$

$1 \cdot 1=1$, $\quad 1^{-1}=1$

$+$	0	1	2
0	0	1	2
1	1	2	0
2	2	0	1

$\cdot$	0	1	2
0	0	0	0
1	0	1	2
2	0	2	1

$1+2=0$

$-1=2$, $\quad -2=1$

$1^{-1}=1$, $2^{-1}=2$

그리고, 가환환 $\mathbb{Z}_4=\{0, 1, 2, 3\}$의 덧셈표와 곱셈표는 다음과 같다.

$+$	0	1	2	3
0	0	1	2	3
1	1	2	3	0
2	2	3	0	1
3	3	0	1	2

$\cdot$	0	1	2	3
0	0	0	0	0
1	0	1	2	3
2	0	2	0	2
3	0	3	2	1

$1+3=0$,

$-1=3$, $\quad -3=1$

$2 \cdot 2=0$, $\quad 3^{-1}=3$

연 습 문 제 (3.1)

1. 복소수체 $\mathbb{C}$ 에서 $\alpha = 1+2i$, $\beta = 2-3i$ 일 때, $\alpha+\beta$, $\alpha\beta$ 와 α^{-1} 를 구하여라. 또, Hamilton 의 사원수환 $\mathbb{H}$ 에서 $\xi = 1-i+2j+3k$, $\eta = 1+2i$ 일 때, $\xi+\eta$, $\xi\eta$, ξ^{-1} 를 구하여라.

*2. 보기 3.1.4 에서 $C(I)$ 는 단위원을 가진 가환환임을 밝혀라.

*3. 보기 3.1.5 에서 환 R 가 가환환이면 R^n 은 가환환이고, 또 환 R 가 단위원을 가진 환이면 R^n 은 단위원을 가진 환임을 밝혀라.
그리고, 환 R 가 정역이더라도 R^2 은 정역이 아님을 밝혀라.

4. 가환환 $\mathbb{Z}^2 = \{(a,b) \mid a, b \in \mathbb{Z}\}$ 에서 다음을 구하여라.
(1) $(1, 0) + (1, 0)$ (2) $(1, 2)(3, 4)$ (3) $(2, 0)(0, 3)$

*5. 가환환 $\mathbb{Z}_{26} = \{0, 1, 2, \cdots, 25\}$ 에서 3^{-1}, 5^{-1}, 11^{-1} 를 구하여라.

6. 체 $\mathbb{Z}_7 = \{0, 1, 2, 3, 4, 5, 6\}$ 에서 다음을 구하여라.
(1) $4+6$ (2) $2-6$ (3) $5 \cdot 6$ (4) 4^{-1}

*7. 집합 $C = \{(a, b) \mid a, b \in R\}$ 는 다음과 같이 정의된 두 연산에 관하여 체를 이룸을 밝혀라.

$$(a, b) + (c, d) = (a+c, b+d),$$
$$(a, b) \cdot (c, d) = (ac-bd, ad+bc)$$

*8. 실수 전체의 집합 $\mathbb{R}$ 에서 다음이 성립한다.

$$(1-a) + (1-b) = 1 - (a+b-1),$$
$$(1-a)(1-b) = 1 - (a+b-ab)$$

이 결과를 이용하여, 실수 전체의 집합 $\mathbb{R}$ 는 다음과 같이 정의된 두 연산에 관하여 체를 이룸을 밝혀라.

$$a \oplus b = a+b-1, \qquad a \circ b = a+b-ab$$

§3.2 환의 기본 성질

앞으로, 환 R의 두 원소 a, b의 곱 $a \cdot b$를 간단히 ab로 나타내기로 한다. 환 R에서 $(R, +)$는 덧셈군이므로 다음이 성립한다(정리 2.2.8).

정리 3.2.1 환 R의 영원 0은 단 하나 존재하고, 또 각 $a \in R$에 대하여 a의 덧셈에 관한 역원 $-a \in R$는 단 하나 존재하며 $-0 = 0$이고 $-(-a) = a$이다, 그리고, 원소 $a, b, c \in R$에 대하여 다음이 성립한다.

(1) $a + b = a + c$이면, $b = c$이다.

(2) $a + a = a$이면, $a = 0$이다.

(3) $x + a = b$이면 $x = b - a$이고, 또 $x + a = 0$이면 $x = -a$이다.

(4) $-(a+b) = (-a) + (-b)$

정의 3.2.2 환 R에서 원소 a와 양의 정수 n에 대하여 $n \cdot a \in R$을

$$1 \cdot a = a, \qquad (n+1) \cdot a = n \cdot a + a$$

으로 정의하고 $0 \cdot a = 0$, $(-n) \cdot a = n \cdot (-a)$으로 정의한다.

혼동이 일어날 염려가 없을 때에는 $n \cdot a$를 na로 나타내기로 한다.

정의에 의하여 다음 정리가 성립한다(정리 2.2.10 참조).

정리 3.2.3 환 R에서 임의의 원소 $a, b \in R$와 임의의 정수 m, n에 대하여 다음이 성립한다.

(1) $n \cdot (a+b) = n \cdot a + n \cdot b$ (2) $(m+n) \cdot a = m \cdot a + n \cdot a$

(3) $(mn) \cdot a = m \cdot (n \cdot a)$ (4) $n \cdot (ab) = (n \cdot a)\, b = a\,(n \cdot b)$

특히, $1 \in R$일 때, $n \cdot a = (n \cdot 1)\, a$, $(m \cdot 1)(n \cdot 1) = (mn) \cdot 1$이다.

환 R에서 세 원소 a, b, c에 대하여 $(ab)\,c = a(bc)$이므로 이 결과를 간단히 abc로 나타낸다. 일반적으로, 임의의 원소 $a_1, a_2, \cdots, a_n$ $(n \geq 2)$

를 이 순서대로 곱한 결과를 $a_1 a_2 \cdots a_n$ 으로 나타낸다.

정의 3.2.4 환 R 에서 원소 a 와 양의 정수 n 에 대하여 원소 $a^n \in R$ 을 다음과 같이 정의한다.

(i) $a^1 = a$ (ii) $a^{n+1} = a^n a$

임의의 원소 $a \in R$ 와 양의 정수 m, n 에 대하여

$$a^m a^n = a^{m+n}, \qquad (a^m)^n = a^{mn}$$

이고, 또 다음 정리가 성립함을 알 수 있다(정리 1.3.3 참조).

정리 3.2.5 (이항정리, binomial theorem) 환 R 의 두 원소 a, b 에 대하여 $ab = ba$ 일 때, 모든 양의 정수 n 에 대하여 다음 등식이 성립한다.

$$(a+b)^n = \sum_{r=0}^{n} \binom{n}{r} a^{n-r} b^r$$

정리 3.2.6 환 R 에서 두 원소 $a, b \in R$ 에 대하여 다음이 성립한다.

(1) $a0 = 0a = 0$

(2) $a(-b) = (-a)b = -ab, \quad (-a)(-b) = ab$

특히, $1 \in R$ 일 때, $a(-1) = (-1)a = -a, \quad (-1)(-1) = 1$ 이다.

증명 (1) 먼저 $a0 = a(0+0) = a0 + a0$ 이므로 $a0 = 0$ 이고, 마찬가지로 $0a = (0+0)a = 0a + 0a$ 이므로 $0a = 0$ 이다(정리 3.2.1).

(2) 위의 (1)에 의하여

$$ab + a(-b) = a(b + (-b)) = a0 = 0$$

이므로 $a(-b) = -ab$ 이다. 마찬가지로, $(-a)b = -ab$ 이고, 따라서 $(-a)(-b) = -((-a)b) = -(-ab) = ab$ 이다.

환 R 가 단위원 1을 가진 환일 때, R 의 단위원은 하나 뿐이다. 실제로, $1'$ 을 단위원이라고 하면, $1' = 1 \cdot 1' = 1$ 이다. 그리고, $1 = 0$ 이면, 모든

원소 $a \in R$에 대하여 $a = a1 = a0 = 0$이므로 $R = \{0\}$이다.

앞으로, 단위원 1을 가진 환을 논할 때에는 '$1 \neq 0$'이라고 가정한다.

환 R에서 모든 원소 $a, b \in R$에 대하여 $ab = 0$일 때, 이 환을 **零環**(zero ring)이라고 한다. 특히, 단위원 1을 가진 환은 영환이 아니다.

정의 3.2.7 단위원 1을 가진 환 R에서 원소 $a \in R, a \neq 0$에 대하여

$$a \cdot b = b \cdot a = 1$$

인 원소 $b \in R$가 존재할 때, a를 R의 **單元**(unit, unit element)이라고 한다. 또, 이 경우에 b를 a의 곱셈에 관한 **역원**(inverse)이라 하고 원소 b를 a^{-1}로 나타낸다. 즉, $a a^{-1} = a^{-1} a = 1$이다.

그리고, 환 R에서 원소 $a \in R, a \neq 0$에 대하여

$$ab = 0 \quad \text{또는} \quad ba = 0$$

인 $b \in R, b \neq 0$가 존재할 때, a를 R의 **零因子**(zero-divisor)라고 한다.

위의 정의에서 a가 단원일 때, a^{-1}는 단 하나뿐이다(정리 2.2.1의 증명).

정리 3.2.8 단위원 1을 가진 환 R에서 R의 단원 전체의 집합을 $U(R)$로 나타내면, $U(R)$는 곱셈에 관하여 군을 이룬다.

곱셈군 $U(R)$를 환 R의 **單元群**(unit group)이라고 한다.

증명 분명히 $1 \cdot 1 = 1$ 즉 $1^{-1} = 1$이므로 $1 \in U(R) \neq \varnothing$이다.

그리고, 임의의 $a, b \in U(R)$에 대하여

$$(ab)(b^{-1}a^{-1}) = a(bb^{-1})a^{-1} = aa^{-1} = 1,$$
$$(b^{-1}a^{-1})(ab) = b^{-1}(a^{-1}a)b = b^{-1}b = 1$$

이므로 $(ab)^{-1} = b^{-1}a^{-1}$이고. 따라서 $ab \in U(R)$이다.

그러므로 $U(R)$는 곱셈에 관하여 닫혀 있다. 또, 분명히 $U(R)$에서도 곱셈에 관한 결합법칙이 성립한다. 그리고, 각 원소 $a \in U(R)$에 대하여 $a^{-1}a = aa^{-1} = 1$이므로 $a^{-1} \in U(R)$이고 $(a^{-1})^{-1} = a$이다.

그러므로 $U(R)$는 곱셈에 관하여 군을 이룬다.

나눗셈환과 체에 대한 정의에 의하여 다음 정리가 성립한다(정의 3.1.5).

정리 3.2.9 나눗셈환 R의 단원군은 $U(R)=R-\{0\}$ 이다.

특히, 체 F의 단원군 $F^*=F-\{0\}$는 Abel 군이다. 체 F의 단원군 $F^*=F-\{0\}$를 체 F의 **곱셈군**(multiplicative group) 이라고 한다.

보기 3.2.1 정수환 $\mathbb{Z}$의 단원군은 $U(\mathbb{Z})=\{1, -1\}$ 이고, 유리수체 $\mathbb{Q}$와 실수체 $\mathbb{R}$의 곱셈군은 각각 $\mathbb{Q}^*=\mathbb{Q}-\{0\}$, $\mathbb{R}^*=\mathbb{R}-\{0\}$ 이다.

그리고, Hamilton 의 사원수환 $\mathbb{H}$의 단원군은 $\mathbb{H}^*=\mathbb{H}-\{0\}$ 이다.

보기 3.2.2 가환환 $\overline{\mathbb{Z}}_n=\{\overline{0}, \overline{1}, \cdots, \overline{n-1}\}$, $n\geq 2$ 에서 다음이 성립한다.

(1) 원소 $\overline{a}\in\overline{\mathbb{Z}}_n$, $\overline{a}\neq\overline{0}$ 는 $(a, n)=1$ 일 때 그리고 이때에만 $\overline{\mathbb{Z}}_n$의 단원이고 따라서 $\overline{\mathbb{Z}}_n$의 단원군은 다음과 같다(정리 2.5.2).

$$U(\overline{\mathbb{Z}}_n)=\overline{\mathbb{Z}}_n^{\;*}=\{\overline{a}\in\overline{\mathbb{Z}}_n \mid (a, n)=1\}$$

(2) 원소 $\overline{a}\in\overline{\mathbb{Z}}_n$ $\overline{a}\neq\overline{0}$ 에 대하여 $(a, n)\neq 1$ 이면, $\overline{a}$는 영인자이다.

실제로, $d=(a, n)\neq 1$ 일 때, $n=b\,d$, $a=c\,d$ 이라고 하면 $\overline{a}\neq\overline{0}$ 이므로 $n\nmid a$ 이고 따라서 $1<d<n$, $1<b<n$ 이고 또

$$a\,b=c\,d\,b=n\,c \quad \text{즉} \quad a\,b\equiv 0 \pmod{n}$$

이므로 $\overline{\mathbb{Z}}_n$ 에서 $\overline{a}\cdot\overline{b}=\overline{0}$, $\overline{b}\neq\overline{0}$ 이다.

마찬가지로, 가환환 $\mathbb{Z}_n=\{0, 1, \cdots, n-1\}$, $n\geq 2$ 에서 다음이 성립한다.

(1) 원소 $a\in\mathbb{Z}_n$, $a\neq 0$ 는 $(a, n)=1$ 일 때 그리고 이때에만 a는 $\mathbb{Z}_n$의 단원이고 따라서 $\mathbb{Z}_n$의 단원군은 다음과 같다(정리 2.5.4).

$$U(\mathbb{Z}_n)=\mathbb{Z}_n^{\;*}=\{a\in\mathbb{Z}_n \mid (a, n)=1\}$$

(2) 원소 $a\in\mathbb{Z}_n$, $a\neq 0$ 에 대하여 $(a, n)\neq 1$ 이면, a는 영인자이다.

예를 들면, 가환환 $\mathbb{Z}_{12}$ 에서 $\mathbb{Z}_{12}$의 단원군은 $\mathbb{Z}_{12}^{\;*}=\{1, 5, 7, 11\}$ 이고

$$2\cdot 6=10\cdot 6=0, \qquad 3\cdot 4=3\cdot 8=9\cdot 4=0$$

이므로 $\mathbb{Z}_{12}$의 영인자 전체는 2, 3, 4, 6, 8, 9, 10 이다.

보기 3.2.3 실수체 $\mathbb{R}$ 위의 전행렬환 $\mathrm{Mat}_n(\mathbb{R})$ 에서 행렬 A 가 단원이라는 말은 A 가 정칙행렬임을 뜻하므로, $\mathrm{Mat}_n(\mathbb{R})$ 의 단원군은 실수체 $\mathbb{R}$ 위의 n 차의 일반선형군 $\mathrm{GL}_n(\mathbb{R})$ 과 일치한다(보기 2.1.3). 즉,

$$U(\mathrm{Mat}_n(\mathbb{R})) = \mathrm{GL}_n(\mathbb{R}) = \{A \in \mathrm{Mat}_n(\mathbb{R}) \mid \det A \neq 0\}$$

보기 3.2.4 실수체 $\mathbb{R}$ 위의 2 차의 전행렬환 $\mathrm{Mat}_2(\mathbb{R})$ 에서 행렬

$$A = \begin{bmatrix} a & b \\ c & d \end{bmatrix} \in \mathrm{Mat}_2(\mathbb{R}), \qquad A \neq O_2$$

에 대하여

$$\begin{bmatrix} a & b \\ c & d \end{bmatrix}\begin{bmatrix} d & -b \\ -c & a \end{bmatrix} = \begin{bmatrix} \det A & 0 \\ 0 & \det A \end{bmatrix}$$

이므로, $\det A \neq 0$ 이면 A 는 정칙행렬이고 $\det A = 0$ 이면 A 는 영인자이다. 따라서 $\mathrm{Mat}_2(\mathbb{R})$ 는 영행렬, 정칙행렬, 영인자로 이루어져 있다.

정리 3.2.10 단위원 1을 가진 가환환 R 에서 다음 조건은 서로 동치이다.

(1) R 는 정역이다. 즉, $ab = 0$ 이면, $a = 0$ 또는 $b = 0$ 이다.

(2) R 에는 영인자가 없다. 즉, $a \neq 0$, $b \neq 0$ 이면, $ab \neq 0$ 이다.

(3) $ab = ac$, $a \neq 0$ 이면, $b = c$ 이다.

증명 분명히 (1) $\Longleftrightarrow$ (2) 가 성립한다(정의 3.1.4 참조).

(1) $\Longleftrightarrow$ (3) 조건 (1) 이 성립할 때, $ab = ac, a \neq 0$ 이면 $a(b-c) = 0$, $a \neq 0$ 이므로 $b - c = 0$ 즉 $b = c$ 이고 따라서 (3) 이 성립한다.

또, 조건 (3) 이 성립할 때, $ab = 0$, $a \neq 0$ 이면 $ab = 0 = a0$, $a \neq 0$ 이므로 $b = 0$ 이고 따라서 (1) 이 성립한다.

정리 3.2.11 체 F 는 정역이다.

그리고, 유한환 R 가 정역이면, R 는 체이다.

증명 (1) 체 F 의 두 원소 a, b 에 대하여 $ab = 0$, $a \neq 0$ 이라고 하면, $a^{-1} \in F$ 가 존재하고 $a^{-1}(ab) = 0$, $(a^{-1}a)b = 0$ 이므로 $b = 0$ 이다.

(2) 유한환 R가 정역일 때, $S=R-\{0\}$이라 하고 각 원소 $a \in S$에 대하여 $S_a=\{as \mid s \in S\}$이라고 하자. 이 때, S는 유한집합이고,

$$S_a \subseteq S, \qquad ab=ac \Longrightarrow b=c$$

이므로 $S_a=S$이다. 한편, $1 \in S = S_a$이므로 $ab=ba=1$인 원소 $b \in S$가 존재하고, 따라서 R는 체이다.

정수환 $\mathbb{Z}$는 정역이지만 체는 아니다. 또, Wedderburn의 정리에 의하면, 유한환 R가 나눗셈환이면 R는 체이다([42], p. 183 참조).

연 습 문제 (3.2)

*1. 환 R에서 임의의 원소 $a, b, c \in R$에 대하여 다음이 성립함을 밝혀라.

(1) $(-a)^2=a^2$　　(2) $a(b-c)=ab-ac$

2. 환 R에서 임의의 원소 $a, b \in R$에 대하여 다음이 성립함을 밝혀라.

(1) $ab=ba \Longleftrightarrow (a+b)^2=a^2+2ab+b^2$

(2) $ab=ba \Longleftrightarrow a^2-b^2=(a+b)(a-b)$

3. 다음 가환환의 단원군을 구하고, 또 이 가환환의 영인자를 모두 구하여라.

(1) $\overline{\mathbb{Z}}_{18}=\{\overline{0}, \overline{1}, \overline{2}, \cdots, \overline{17}\}$　　(2) $\mathbb{Z}_{18}=\{0, 1, 2, \cdots, 17\}$

(3) ${\mathbb{Z}_2}^2=\{(0, 0), (0, 1), (1, 0), (1, 1)\}$

4. 가환환 $\mathbb{Z}^2=\{(a, b) \mid a, b \in \mathbb{Z}\}$에 대하여 다음 물음에 답하여라.

(1) $\mathbb{Z}^2$의 단원군을 구하고 $\mathbb{Z}^2$의 영인자 전체의 집합을 구하라.

(2) $\mathbb{Z}^2$의 단원도 아니고 영인자도 아닌 원소를 둘만 들어라.

5. 단위원 1을 가진 환 R에서 R의 단원은 영인자가 아님을 밝혀라.

*6. 정역 D에서 $S=\{a \in D \mid a \neq 0,\ a \notin U(D)\}$이라고 할 때, S는 곱셈에 관하여 닫혀 있으나 곱셈에 관하여 군을 이루지는 않음을 밝혀라.

§ 3.3 부분환과 부분체

이 절에서는, 환과 체의 특수한 부분집합에 대하여 논한다.

정의 3.3.1 환 R의 부분집합 $S\ (\neq \varnothing)$가 환 R의 두 연산에 관하여 환을 이룰 때 S를 환 R의 **部分環**(subring)이라고 한다.

그리고 체 F의 부분집합 $S\ (\neq \varnothing)$가 체 F의 두 연산에 관하여 체를 이룰 때, S를 체 F의 **部分體**(subfield)라고 한다.

환 R에서 R 자신과 $\{0\}$은 R의 부분환이다. 그리고, 환 R가 가환환이면, R의 부분환은 가환환이다. 또, 체 F에서 F 자신은 F의 부분체이고, 체 F의 부분체는 모두 F의 부분환이기도 하다.

보기 3.3.1 환 R에서 S가 R의 부분환일 때, T가 환 S의 부분환이면 T는 R의 부분환이다.

그리고, 체 E에서 K가 E의 부분체일 때, F가 체 K의 부분체이면 F는 체 E의 부분체이다.

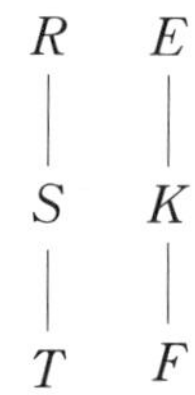

보기 3.3.2 정수환 $\mathbb{Z}$는 유리수체 $\mathbb{Q}$와 실수체 $\mathbb{R}$의 부분환이지만 부분체는 아니다. 또, $\mathbb{Q}$는 실수체 $\mathbb{R}$의 부분체이고 $\mathbb{R}$는 $\mathbb{C}$의 부분체이다.

정리 3.3.2 환 R의 부분집합 $S\ (\neq \varnothing)$가 R의 부분환이기 위한 필요충분조건은 다음 두 조건이 성립하는 것이다.

(i) S는 덧셈군 $(R, +)$의 부분군이다. 즉, $a, b \in S \Longrightarrow a-b \in S$

(ii) 임의의 원소 $a, b \in S$에 대하여 $ab \in S$이다.

증명 먼저 S가 부분환이면, 두 조건 (i), (ii)가 성립한다(정리 2.3.8). 다음에 두 조건 (i), (ii)가 성립한다고 하자. 이 때, 정리 2.3.8에 의하여 S는 $(R, +)$의 부분군이고, S는 곱셈에 관하여 닫혀 있다. 그리고, S에서 곱셈에 관한 결합법칙과 분배법칙이 성립하므로 S는 R의 부분환이다.

앞의 정리와 마찬가지로 다음 정리가 성립한다.

정리 3.3.3 체 F 의 부분집합 $S\ (\neq \varnothing)$ 가 F 의 부분체이기 위한 필요충분조건은 다음 조건이 성립하는 것이다.

(i) S 는 체 F 의 부분환이다. 즉, $a, b \in S \Longrightarrow a-b,\ ab \in S$

(ii) $1 \in S$ 이고, 또 $a \in S, a \neq 0$ 이면 $a^{-1} \in S$ 이다.

보기 3.3.3 정수환 $\mathbb{Z}$ 의 부분환은 모두

$$n\mathbb{Z} = \{nx \mid x \in \mathbb{Z}\}, \qquad n \geq 0$$

와 같은 꼴로 나타내어진다(따름정리 2.4.8).

특히, $n \geq 2$ 일 때, 부분환 $n\mathbb{Z}$ 의 단위원은 존재하지 않는다.

보기 3.3.4 가환환 $\mathbb{Z}^2 = \{(a, b) \mid a, b \in \mathbb{Z}\}$의 부분환

$$S_1 = \{(a, 0) \mid a \in \mathbb{Z}\}, \qquad S_2 = \{(0, b) \mid b \in \mathbb{Z}\}$$

는 $\mathbb{Z}^2$ 의 단위원 $(1, 1)$ 을 포함하지 않으나, S_1 은 단위원 $(1, 0)$ 을 가진 정역이고 S_2 는 단위원 $(0, 1)$ 을 가진 정역이다.

위의 보기에서와 같이, 단위원을 가진 환 R 에서 그 부분환에는 단위원이 없을 수 있고 또 부분환의 단위원이 R 의 단위원과 다를 수도 있다.

보기 3.3.5 가환환 $\mathbb{Z}_n = \{0, 1, \cdots, n-1\}$, $n \geq 2$ 에서 n 의 임의의 양의 약수 d 에 대하여 $n = md$ 이라고 하면

$$S = \{0, m, 2m, \cdots, (d-1)m\}$$

는 $\mathbb{Z}_n$ 의 부분환이고 $\mathbb{Z}_n$ 의 부분환은 모두 이와 같은 꼴로 나타내어진다 (정리 2.5.5 참조). 예를 들면, 가환환 $\mathbb{Z}_6 = \{0, 1, 2, 3, 4, 5\}$ 의 부분환은 $\mathbb{Z}_6$, $S = \{0, 2, 4\}$, $T = \{0, 3\}$, $\{0\}$ 뿐이다.

가환환 $\overline{\mathbb{Z}}_n = \{\overline{0}, \overline{1}, \cdots, \overline{n-1}\}$, $n \geq 2$ 에 대해서도 마찬가지 결과가 성립한다.

보기 3.3.6 정수 $m\ (\neq 1)$ 이 2, 3, 6, 12와 같이 완전제곱수가 아닌 양의 정수이거나 또는 음의 정수일 때, 다음 집합을 생각해 보자.

$$\mathbb{Q}(\sqrt{m}) = \{u + v\sqrt{m} \mid u, v \in \mathbb{Q}\}$$

먼저 $m > 0$ 이면 $\mathbb{Q} \subsetneq \mathbb{Q}(\sqrt{m}) \subsetneq \mathbb{R}$ 이고, $m < 0$ 이면 $\mathbb{Q} \subsetneq \mathbb{Q}(\sqrt{m}) \subsetneq \mathbb{C}$ 이다.

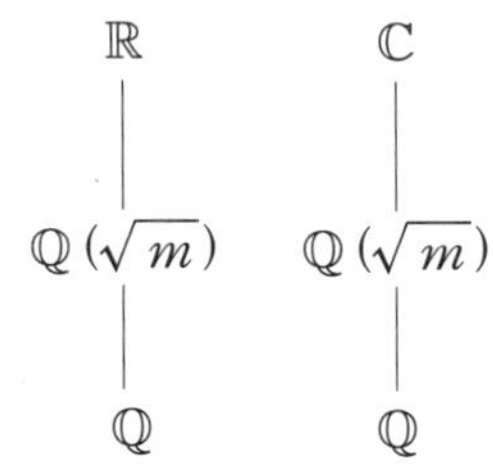

$(m > 0)$ $(m < 0)$

또, $\mathbb{Q}(\sqrt{m})$ 의 두 원소 $\xi = u+v\sqrt{m}$, $\eta = u' + v'\sqrt{m}$ 에 대하여 다음이 성립한다.

$$\begin{aligned} \xi + \eta &= (u+u') + (v+v')\sqrt{m} \in \mathbb{Q}(\sqrt{m}), \\ -\xi &= (-u) + (-v)\sqrt{m} \in \mathbb{Q}(\sqrt{m}), \\ \xi\eta &= (uu' + vv'm) + (uv' + u'v)\sqrt{m} \in \mathbb{Q}(\sqrt{m}) \end{aligned}$$

각 원소 $\xi = u+v\sqrt{m} \in \mathbb{Q}(\sqrt{m})$ 의 (대수적) **켤레원소**(conjugate) $\overline{\xi}$ 와 **노름**(norm) $N(\xi)$ 를 각각

$$\overline{\xi} = u - v\sqrt{m} \in \mathbb{Q}(\sqrt{m}), \qquad N(\xi) = \xi\overline{\xi} = u^2 - mv^2 \in \mathbb{Q}$$

으로 정의하면, 다음이 성립한다.

(1) $N(\xi) = 0 \iff \xi\overline{\xi} = 0 \iff \xi = 0 \iff u = v = 0$

(2) $\overline{\xi+\eta} = \overline{\xi} + \overline{\eta}, \qquad \overline{\xi\eta} = \overline{\xi}\,\overline{\eta}$

(3) $N(\xi\eta) = \xi\eta\overline{\xi\eta} = \xi\overline{\xi}\eta\overline{\eta} = N(\xi)N(\eta)$

그러므로 $\xi = u + v\sqrt{m} \in \mathbb{Q}(\sqrt{m})$, $\xi \neq 0$ 일 때, $N(\xi) \neq 0$ 이므로

$$\xi^{-1} = \frac{\overline{\xi}}{N(\xi)} = \frac{u}{u^2 - v^2 m} + \frac{-v}{u^2 - v^2 m}\sqrt{m} \in \mathbb{Q}(\sqrt{m})$$

이고, 따라서 $m > 0$ 이면 $\mathbb{Q}(\sqrt{m})$ 은 실수체 $\mathbb{R}$ 의 부분체이고 또 $m < 0$ 이면 $\mathbb{Q}(\sqrt{m})$ 은 복소수체 $\mathbb{C}$ 의 부분체이며, 유리수체 $\mathbb{Q}$ 는 체 $\mathbb{Q}(\sqrt{m})$ 의 부분체이다. 체 $\mathbb{Q}(\sqrt{m})$ 을 **二次體**(quadratic field)라고 한다.

한편,

$$\mathbb{Z}[\sqrt{m}] = \{a + b\sqrt{m} \mid a, b \in \mathbb{Z}\}$$

이라고 하면, $\mathbb{Z} \subsetneq \mathbb{Z}[\sqrt{m}] \subsetneq \mathbb{Q}(\sqrt{m})$ 이다.

그리고, $\mathbb{Z}[\sqrt{m}]$ 의 임의의 원소 ξ, η 에 대하여 $\xi \pm \eta, \xi\eta \in \mathbb{Z}[\sqrt{m}]$ 이므로 $\mathbb{Z}[\sqrt{m}]$ 은 $\mathbb{Q}(\sqrt{m})$ 의 부분환이고 따라서 $\mathbb{Z}[\sqrt{m}]$ 은 정역이다. 또, 원소 $\xi = a+b\sqrt{m} \in \mathbb{Z}[\sqrt{m}]$ 에 대하여 다음이 성립한다.

$$\overline{\xi} = a - b\sqrt{m} \in \mathbb{Z}[\sqrt{m}], \quad N(\xi) = \xi\overline{\xi} = a^2 - mb^2 \in \mathbb{Z}$$

특히, 두 원소 $\xi, \eta \in \mathbb{Z}[\sqrt{m}]$ 에 대하여 $\xi\eta = 1$ 이면,

$$N(\xi)\,N(\eta) = N(1) = 1, \quad N(\xi) \in \mathbb{Z}, \quad N(\eta) \in \mathbb{Z}$$

이므로 $N(\xi) = \pm 1$ 이다. 역으로, $N(\xi) = \pm 1$ 이면, $\xi\overline{\xi} = N(\xi) = \pm 1$ 이다. 따라서 $N(\xi) = \pm 1$ 일 때 그리고 이때에만 ξ 는 $\mathbb{Z}[\sqrt{m}]$ 의 단원이고, 또 $N(\xi) = \pm 1$ 이면 $\xi^{-1} = N(\xi)\,\xi$ 이다. 즉,

$$U(\mathbb{Z}[\sqrt{m}]) = \{a + b\sqrt{m} \in \mathbb{Z}[\sqrt{m}] \mid a^2 - mb^2 = \pm 1\}$$

예를 들면, 다음이 성립한다([1] 의 보기 8.4.4 참조).

$$\begin{aligned}
U(\mathbb{Z}[\sqrt{2}]) &= \{a + b\sqrt{2} \in \mathbb{Z}[\sqrt{2}] \mid a^2 - 2b^2 = \pm 1\} \\
&= \{\pm (1+\sqrt{2})^n \mid n \in \mathbb{Z}\}, \\
U(\mathbb{Z}[\sqrt{3}]) &= \{a+b\sqrt{3} \in \mathbb{Z}[\sqrt{3}] \mid a^2-3b^2 = \pm 1\} \\
&= \{\pm (2+\sqrt{3})^n \mid n \in \mathbb{Z}\} \\
U(\mathbb{Z}[\sqrt{-1}]) &= \{a+b\sqrt{-1} \in \mathbb{Z}[\sqrt{-1}] \mid a^2 + b^2 = 1\} \\
&= \{\pm 1, \pm\sqrt{-1}\} \\
U(\mathbb{Z}[\sqrt{-2}]) &= \{a+b\sqrt{-2} \in \mathbb{Z}[\sqrt{-2}] \mid a^2 + 2b^2 = 1\} \\
&= \{1, -1\}
\end{aligned}$$

그리고, $\xi = 1+2\sqrt{m} \in \mathbb{Z}[\sqrt{m}]$ 에 대하여 $N(\xi) = 1 - 4m \neq \pm 1$ 이므로 ξ 는 $\mathbb{Z}[\sqrt{m}]$ 의 단원이 아니고, 따라서 $\mathbb{Z}[\sqrt{m}]$ 은 체가 아니다.

정리 3.3.4 환 R 에서

$$C(R) = \{c \in R \mid \text{모든 } r \in R \text{ 에 대하여 } rc = cr\}$$

이라고 할 때, $C(R)$ 는 R 의 부분환이다.

환 R 의 부분환 $C(R)$ 를 R 의 **中心**(center)이라고 한다.

증명 모든 $r \in R$에 대하여 $r0 = 0 = 0r$이므로 $0 \in C(R) \neq \varnothing$이다. 그리고, $c, d \in C(R)$이라고 할 때, 모든 원소 $r \in R$에 대하여

$$r(c-d) = rc - rd = cr - dr = (c-d)r,$$

$$r(cd) = (rc)d = (cr)d = c(rd) = c(dr) = (cd)r$$

이므로 $c-d, cd \in C(R)$이다. 따라서 $C(R)$는 R의 부분환이다.

보기 3.3.7 Hamilton의 사원수환 $\mathbb{H}$에서 실수체 $\mathbb{R}$와 복소수체 $\mathbb{C}$는 모두 $\mathbb{H}$의 부분환이고, 또 $\mathbb{H}$의 중심은 $C(\mathbb{H}) = \mathbb{R}$이다.

정리 3.3.5 환 R에서 S, T가 부분환이면, $S \cap T$도 부분환이다.
그리고, 체 F에서 S, T가 부분체이면, $S \cap T$도 부분체이다.

증명 환 R에서 S, T가 부분환이라고 하자. 이 때, $0 \in S, 0 \in T$이므로 $0 \in S \cap T \neq \varnothing$이다. 이제 $a, b \in S \cap T$이라고 하자. 이 때, $a, b \in S$이므로 $a-b, ab \in S$이고 또 $a, b \in T$이므로 $a-b, ab \in T$이고 따라서 $a-b, ab \in S \cap T$이다(정리 3.3.2).

그러므로 정리 3.3.2에 의하여 $S \cap T$는 부분환이다.

마찬가지로, 체 F에서 S, T가 부분체이면, $S \cap T$가 부분체이다.

연 습 문제 (3.3)

*1. 정수 $b\ (\geq 2)$에 대하여 $R_b = \{\frac{a}{b^n} \mid a \in \mathbb{Z},\ n = 0, 1, 2, \cdots\}$는 유리수체 $\mathbb{Q}$의 부분환이지만 부분체는 아님을 밝히고 또 $\mathbb{Z} \subsetneq R_b \subsetneq \mathbb{Q}$임을 밝혀라.

2. 다음 명제 중에서 참인 것을 찾아라.

(1) 정수환 $\mathbb{Z}$의 부분환 중에서 1을 포함하는 부분환은 $\mathbb{Z}$ 자신뿐이다.

(2) 유리수체 $\mathbb{Q}$의 부분체는 $\mathbb{Q}$ 자신뿐이다.

(3) 유리수체 $\mathbb{Q}$의 부분환 중에서 1을 포함하는 부분환은 $\mathbb{Z}$와 $\mathbb{Q}$ 뿐이다.

*3. 다음이 성립함을 밝혀라.

(1) $\mathbb{Z}[\sqrt{12}] \subsetneq \mathbb{Z}[\sqrt{3}]$ (2) $\mathbb{Q}(\sqrt{12}) = \mathbb{Q}(\sqrt{3})$

4. 서로 다른 두 素數 p, q 에 대하여 $\mathbb{Q}(\sqrt{p}) \cap \mathbb{Q}(\sqrt{q}) = \mathbb{Q}$ 임을 밝혀라.

5. 다음 가환환의 부분환을 모두 구하여라.

(1) $\mathbb{Z}_{14} = \{0, 1, 2, 3, \cdots, 13\}$ (2) $\mathbb{Z}_{18} = \{0, 1, 2, 3, \cdots, 17\}$

*6. 보기 3.1.4 에서 논한 가환환 $C(\mathbb{R})$ 에서 미분가능한 함수 전체의 집합을 $D(\mathbb{R})$ 이라고 할 때, $D(\mathbb{R})$ 는 $C(\mathbb{R})$ 의 부분환임을 밝혀라.

7. 다음 집합은 전행렬환 $\mathrm{Mat}_2(\mathbb{R})$의 부분환임을 밝혀라.

(1) $R = \left\{\begin{bmatrix} a & b \\ 0 & c \end{bmatrix} \mid a, b, c \in \mathbb{R}\right\}$ (2) $S = \left\{\begin{bmatrix} a & 2b \\ b & a \end{bmatrix} \mid a, b \in \mathbb{R}\right\}$

8. 이차체 $\mathbb{Q}(\sqrt{2})$ 에서 $\xi = 3 + \sqrt{2}$, $\eta = 1 - 2\sqrt{2}$ 일 때 $\xi + \eta$ 와 $\xi\eta$, ξ^{-1} 를 구하여라.

그리고, 이차체 $\mathbb{Q}(\sqrt{-1})$ 에서 $\xi = 1 + 2\sqrt{-1}$, $\eta = 2 - 3\sqrt{-1}$ 일 때, $2\xi - \eta$, $\overline{\xi}$, ξ^{-1} 를 구하여라.

9. Hamilton 의 사원수환 $\mathbb{H}$ 에서

$$\mathbb{H}_0 = \{r_0 + r_1 i + r_2 j + r_3 k \mid r_0, r_1, r_2, r_3 \in \mathbb{Q}\}$$

는 $\mathbb{H}$ 의 부분환임을 밝히고, $\mathbb{H}_0$ 는 나눗셈환이지만 체는 아님을 밝혀라.

10. 전행렬환 $\mathrm{Mat}_2(\mathbb{R})$ 의 중심은 $\{kI_2 \mid k \in \mathbb{R}\}$ 임을 밝혀라.

11. 환 R 에서 각 $i \in I$ 에 대하여 S_i 가 R 의 부분환일 때,

$$S = \cap \{S_i \mid i \in I\}$$

는 R 의 부분환임을 밝혀라. 그리고, 체 F 에서 각 $i \in I$ 에 대하여 T_i 가 체 F 의 부분체일 때, $T = \cap \{T_i \mid i \in I\}$ 는 F 의 부분체임을 밝혀라.

§ 3.4 준동형사상과 동형사상

군의 경우와 마찬가지로, 환에 대해서도 준동형사상과 동형사상을 생각할 수 있다.

정의 3.4.1 환 R 에서 환 R' 으로의 사상 $f : R \longrightarrow R'$ 가 환의 두 연산을 보존시킬 때, 즉 임의의 원소 $a, b \in R$ 에 대하여

$$f(a+b) = f(a) + f(b),$$
$$f(ab) = f(a)f(b)$$

일때, f 를 R 에서 R' 으로의 (**環**) **準同型寫像**(ring-homomorphism)이라고 한다. 또, 준동형사상 $f : R \longrightarrow R'$ 가 일대일 대응일 때, f 를 R 에서 R' 위로의 (**環**) **同型寫像**(ring-isomorphism)이라고한다.

그리고, 환 동형사상 $f : R \longrightarrow R'$ 가 존재할 때, 환 R 와 환 R' 은 서로 **同型**인(isomorphic) 환이라 하고 이 사실을 $R \cong R'$ 으로 나타낸다.

위의 정의에서 $R \cong R'$ 이면, $|R| = |R'|$ 이다(정의 1.1.7 참조). 또한, $f : R \longrightarrow R'$ 가 환 준동형사상 [환 동형사상] 이면, f 는 덧셈군 $(R, +)$ 에서 덧셈군 $(R', +)$ 으로의 군 준형사상 [동형사상] 이다(정의 2.8.1).

보기 3.4.1 두 가환환 $\mathbb{Z}_n = \{0, 1, \cdots, n-1\}$, $\overline{\mathbb{Z}}_n = \{\overline{0}, \overline{1}, \cdots, \overline{n-1}\}$ 에 대하여 사상

$$f : \mathbb{Z}_n \longrightarrow \overline{\mathbb{Z}}_n, \quad f(i) = \overline{i}$$

는 환 동형사상이고 따라서 $\mathbb{Z}_n \cong \overline{\mathbb{Z}}_n$ 이다(보기 3.1.6, 보기 3.1.7 참조).

보기 3.4.2 집합 $C = \{(a, b) \mid a, b \in \mathbb{R}\}$ 는 다음과 같이 정의된 덧셈과 곱셈에 관하여 체를 이룬다(문제 3.1.7).

$$(a, b) + (c, d) = (a+c, b+d),$$
$$(a, b) \cdot (c, d) = (ac-bd, ad+bc)$$

그런데, 체 C 에서 복소수체 $\mathbb{C}$ 위로의 사상

$$f : C \longrightarrow \mathbb{C}, \quad f(a, b) = a+b\,i$$

는 환 동형사상이고 따라서 $C \cong \mathbb{C}$ 이다. 실제로,

$$\begin{aligned} f((a, b) + (c, d)) &= f(a+c, b+d) = (a+c) + (b+d)\,i \\ &= (a+b\,i) + (c+d\,i) = f(a, b) + f(c, d), \\ f((a, b)(c, d)) &= f(ac-bd, ad+bc) = ac-bd + (ad+bc)\,i \\ &= (a+b\,i)(c+d\,i) = f(a, b)\,f(c, d) \end{aligned}$$

이므로 f 는 환 준동형사상이고 또 분명히 f 는 일대일 대응이다.

정리 3.4.2 세 환 R, R', R'' 에 대하여 다음이 성립한다.

(1) 항등사상 $1_R : R \longrightarrow R$ 는 동형사상이다.

(2) $f : R \longrightarrow R'$ 가 동형사상이면, $f^{-1} : R' \longrightarrow R$ 도 동형사상이다.

(3) $f : R \longrightarrow R'$, $g : R' \longrightarrow R''$ 가 준동형사상이면, $g \circ f : R \longrightarrow R''$ 는 준동형사상이다. 특히, f 와 g 가 동형사상이면 $g \circ f$ 는 동형사상이다.

증명 이 정리의 증명은 본질적으로 정리 2.8.2 의 증명과 동일하다.

(1) 분명히 항등사상 $1_R : R \longrightarrow R$ 는 동형사상이다.

(2) 사상 $f : R \longrightarrow R'$ 가 동형사상이라고 하자. 이 때, f 는 일대일 대응이므로 f 의 역사상 $f^{-1} : R' \longrightarrow R$ 는 일대일 대응이다(정리 1.1.6). 또, 임의의 원소 $a', b' \in R'$ 에 대하여 $f^{-1}(a') = a, f^{-1}(b') = b$ 이라고 하면, $f(a) = a'$, $f(b) = b'$ 이므로

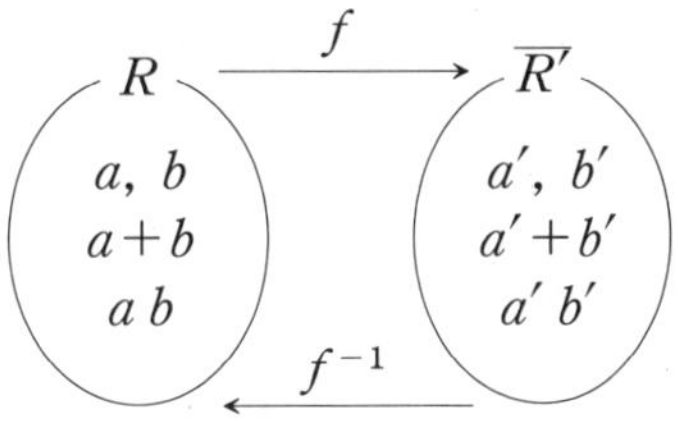

$$f(a+b) = f(a) + f(b) = a' + b',$$
$$f(ab) = f(a)\,f(b) = a'\,b'$$

이고 따라서

$$f^{-1}(a' + b') = a + b = f^{-1}(a') + f^{-1}(b'),$$
$$f^{-1}(a'\,b') = ab = f^{-1}(a')\,f^{-1}(b')$$

이므로 f^{-1} 는 준동형사상이다. 그러므로 f^{-1} 는 동형사상이다.

(3) f, g 가 준동형사상이면, 임의의 $a, b \in R$ 에 대하여 다음이 성립한다.

$$(g\circ f)(a+b) = g(f(a+b)) = g(f(a)+f(b))$$
$$= g(f(a)) + g(f(b)) = (g\circ f)(a) + (g\circ f)(b),$$
$$(g\circ f)(ab) = g(f(ab)) = g(f(a)f(b))$$
$$= g(f(a))\cdot g(f(b)) = (g\circ f)(a)\cdot (g\circ f)(b)$$

따라서 f 와 g 가 준동형사상이면, $g\circ f$ 는 준동형사상이다.

특히, f 와 g 가 동형사상이면, f 와 g 는 모두 일대일 대응이므로 $g\circ f$ 는 일대일 대응이고(정리 1.1.6) 따라서 $g\circ f$ 는 동형사상이다.

위의 정리로부터 다음 정리가 성립함을 알 수 있다(정의 1.2.25 참조).

정리 3.4.3 환에 관한 동형관계는 동치관계이다. 즉, 세 환 R, R', R'' 에 대하여 다음이 성립한다.

(1) $R \cong R$

(2) $R \cong R'$ 이면, $R' \cong R$ 이다.

(3) $R \cong R'$, $R' \cong R''$ 이면, $R \cong R''$ 이다.

정리 3.4.4 사상 $f: R \longrightarrow R'$ 가 환 준동형사상일 때, 임의의 $a, b \in R$ 에 대하여 다음이 성립한다($0, 0'$ 은 각각 R, R' 의 영원).

(1) $f(0) = 0'$, $\quad f(-a) = -f(a)$,

$f(a-b) = f(a) - f(b)$

(2) 모든 정수 n 에 대하여 $f(na) = nf(a)$ 이다.

(3) 모든 양의 정수 n 에 대하여 $f(a)^n = f(a)^n$ 이다.

증명 (1), (2) 환 준동형사상 f 는 덧셈군 $(R, +)$ 에서 덧셈군 $(R', +)$ 으로의 군 준동형사상이므로 (1), (2)가 성립한다(정리 2.8.11).

(3) 먼저 $f(a^1) = f(a) = f(a)^1$ 이다. 그리고, 양의 정수 k 에 대하여 $f(a^k) = f(a)^k$ 이라고 가정하면, 다음이 성립한다.

$$f(a^{k+1}) = f(a^k a) = f(a^k) f(a) = f(a)^k f(a) = f(a)^{k+1}$$

따라서 모든 양의 정수 n 에 대하여 $f(a)^n = f(a)^n$ 이다.

정리 3.4.5 사상 $f: R \longrightarrow R'$ 가 환 준동형사상일 때 다음이 성립한다.

(1) R 의 부분환 S 에 대하여 $f(S) = \{f(a) \mid a \in S\}$ 는 R' 의 부분환이다. 특히,

$$\operatorname{im} f = f(R) = \{f(a) \mid a \in R\}$$

는 R' 의 부분환이고 따라서 $f(S)$ 는 $f(R)$ 의 부분환이다.

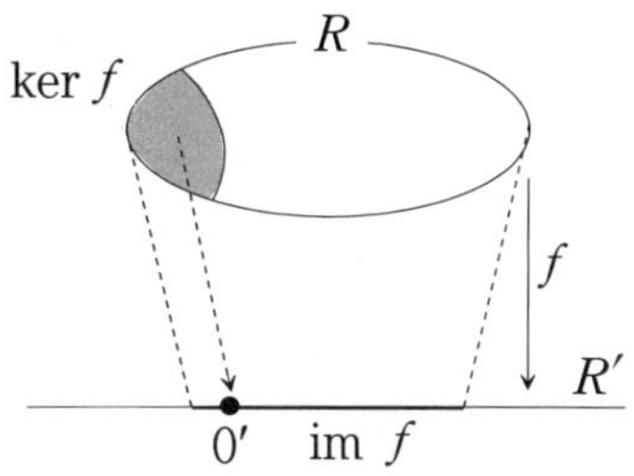

(2) $\ker f = \{x \in R \mid f(x) = 0'\}$ 이라고 하면, $\ker f$ 는 R 의 부분환이다.

여기서 $\operatorname{im} f$ 를 f 에 의한 R 의 **準同型像**(homomorphic image)이라 하고 $\ker f$ 를 f 의 **核**(kernel)이라고 한다.

증명 (1) 환 R 의 부분환 S 에 대하여 $f(S) = \{f(a) \mid a \in S\}$ 이고, 또 임의의 $a, b \in S$ 에 대하여 $a-b, ab \in S$ 이므로 다음이 성립한다.

$$f(a) - f(b) = f(a-b) \in f(S),$$
$$f(a)f(b) = f(ab) \in f(S)$$

따라서 $f(S)$ 는 R' 의 부분환이다(정리 3.3.2).

(2) 먼저 $f(0) = 0'$ 이므로 $0 \in \ker f \neq \varnothing$ 이다.

그리고, 임의의 $a, b \in \ker f$ 에 대하여

$$f(a-b) = f(a) - f(b) = 0' - 0' = 0',$$
$$f(ab) = f(a)f(b) = 0'0' = 0'$$

이므로 $a-b, ab \in \ker f$ 이다. 따라서 $\ker f$ 는 R 의 부분환이다.

환 준동형사상 $f: R \longrightarrow R'$ 는 덧셈군 $(R, +)$ 에서 덧셈군 $(R', +)$ 으로의 군 준동형사상이므로 다음 정리가 성립한다(정리 2.10.2).

정리 3.4.6 사상 $f: R \longrightarrow R'$ 가 환 준동형사상일 때 다음이 성립한다.

(1) $\operatorname{im} f = R'$ 일 때 그리고 이때에만 f 는 위로의 사상이다.

(2) $\ker f = \{0\}$ 일 때 그리고 이때에만 f 는 일대일 사상이다.

정리 3.4.7 사상 $f: R \longleftrightarrow R'$가 일대일인 환 준동형사상일 때, S가 R의 부분환이면 $S \cong f(S)$이고 특히 $R \cong f(R) = \operatorname{im} f$ 이다.

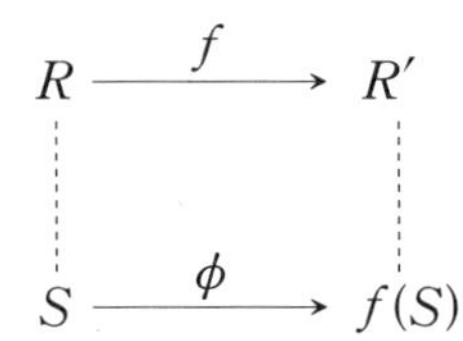

증명 정리 3.4.5에 의하여 $f(S)$는 R'의 부분환이다. 그리고, f는 일대일 사상이므로

$$\phi : S \longrightarrow f(S), \quad \phi(x) = f(x)$$

는 동형사상이고 따라서 $S \cong f(S)$ 이다.

정의 3.4.8 환 R의 원소 $a \in R$가 등식 $a^2 = a$를 만족시킬 때, a를 ***R*의 冪等元**(idempotent element)이라고 한다.

보기 3.4.3 환 R가 정역이거나 체이면, R의 멱등원은 0과 1뿐이다.
실제로, $a \in R$가 R의 멱등원이면, $a^2 = a$ 즉 $a(a-1) = 0$ 이므로 $a = 0$ 또는 $a = 1$ 이다.

정리 3.4.9 사상 $f: R \longrightarrow R'$가 환 준동형사상일 때 다음이 성립한다.

(1) R가 가환환이면, $\operatorname{im} f$는 가환환이다.

(2) R가 단위원 1을 가진 환이면, $f(1)$은 R'의 멱등원이다.

(3) R와 R'이 각각 단위원 $1, 1'$을 가진 환일 때, $f(1) = 1'$이면 R의 단원 $a \in R$에 대하여 $f(a)$는 R'의 단원이고 $f(a)^{-1} = f(a^{-1})$ 이다.

증명 (1) $\operatorname{im} f = \{f(a) \mid a \in R\}$이고 임의의 원소 $a, b \in R$에 대하여

$$f(a)\,f(b) = f(a\,b) = f(b\,a) = f(b)\,f(a)$$

이므로 $\operatorname{im} f$는 가환환이다.

(2) $f(1) = f(1^2) = f(1)^2$ 이므로 $f(1)$은 R'의 멱등원이다.

(3) 원소 $a \in R$가 단원일 때, $a\,a^{-1} = a^{-1}a = 1$ 이므로

$$f(a)\,f(a^{-1}) = f(a\,a^{-1}) = f(1) = 1',$$
$$f(a^{-1})\,f(a) = f(a^{-1}a) = f(1) = 1'$$

이고, 따라서 $f(a)$는 R'의 단원이고 $f(a)^{-1} = f(a^{-1})$ 이다.

보기 3.4.4 사상 $f : \mathbb{Z} \longrightarrow \mathbb{Z}$가 환 준동형사상이라고 하자(보기 2.8.6). 이 때, $f(1)$은 정수환 $\mathbb{Z}$의 멱등원이므로 $f(1) = 0$ 또는 $f(1) = 1$이다(보기 3.4.3) 그리고, 임의의 정수 $n \in \mathbb{Z}$에 대하여 다음이 성립한다.

$$f(n) = f(n1) = nf(1)$$

따라서 정수환 $\mathbb{Z}$에서 $\mathbb{Z}$로의 환 준동형사상은 다음 두 사상뿐이다.

(1) $f_0 : \mathbb{Z} \longrightarrow \mathbb{Z},\quad f_0(n) = 0$

(2) $f_1 : \mathbb{Z} \longrightarrow \mathbb{Z},\quad f_1(n) = n$

보기 3.4.5 사상 $f : \mathbb{Q} \longrightarrow \mathbb{Q}$를 환 준동형사상이라고 하자(보기 2.8.7). 이 때, $f(1)$은 유리수체 $\mathbb{Q}$의 멱등원이므로 $f(1) = 0$ 또는 $f(1) = 1$이다(보기 3.4.3). 그리고, 임의의 정수 $n \in \mathbb{Z}$에 대하여

$$f(n) = f(n \cdot 1) = nf(1)$$

이므로 임의의 $u \in \mathbb{Q}$에 대하여 $u = \dfrac{m}{n}$ $(m, n \in \mathbb{Z},\ n > 0)$이라고 하면,

$$nf(u) = f(nu) = f(m) = mf(1)$$

이므로 다음이 성립한다.

$$f(u) = \frac{m}{n} f(1) = uf(1) \qquad (\mathbb{Q} \text{ 안에서})$$

따라서 유리수체 $\mathbb{Q}$에서 $\mathbb{Q}$로 환 준동형사상은 다음 두 사상뿐이다.

(1) $f_0 : \mathbb{Q} \longrightarrow \mathbb{Q},\quad f_0(u) = 0$

(2) $f_1 : \mathbb{Q} \longrightarrow \mathbb{Q},\quad f_1(u) = u$

일반적으로, p와 양의 정수 k에 대하여 가환환 $\mathbb{Z}_{p^k}$의 멱등원은 $0, 1$뿐이고, 또 정수 n (≥ 2)의 표준분해가 $n = {p_1}^{e_1} \cdots {p_r}^{e_r}$일 때, 가환환 $\mathbb{Z}_n$의 멱등원 전체의 개수는 2^r이다('해설 304' 참조).

보기 3.4.6 가환환 $\mathbb{Z}_n = \{0, 1, \cdots, n-1\}$, $n \geq 2$에서 $f : \mathbb{Z}_n \longrightarrow \mathbb{Z}_n$를 환 준동형사상이라고 하면, $f(1)$은 $\mathbb{Z}_n$의 멱등원이고 또 원소 $i \in \mathbb{Z}_n$에 대하여 $f(i) = f(i \cdot 1) = i \cdot f(1)$이다.

역으로, $\mathbb{Z}_n$의 멱등원 a에 대하여 사상

$$f_a : \mathbb{Z}_n \longrightarrow \mathbb{Z}_n, \quad f_a(i) = i\,a$$

을 생각하면, 임의의 $i, j \in \mathbb{Z}_n$에 대하여

$$f_a(i+j) = (i+j)\,a = i\,a + j\,a = f_a(i) + f_a(j),$$
$$f_a(i\,j) = (i\,j)\,a = i\,j\,a^2 = (i\,a)(j\,a) = f_a(i)\,f_a(j)$$

이므로 f_a는 환 준동형사상이다(문제 2.8.3 참조).

예를 들면, 가환환 $\mathbb{Z}_{12} = \{0, 1, 2, \cdots, 11\}$에서

$$0^2 = 0, \quad 1^2 = 1, \quad 2^2 = 4, \quad 3^2 = 9, \quad 4^2 = 4, \quad 5^2 = 1$$
$$6^2 = 0, \quad 7^2 = 1, \quad 8^2 = 4, \quad 9^2 = 9, \quad 10^2 = 4, \quad 11^2 = 1$$

이므로 $\mathbb{Z}_{12}$의 멱등원 0, 1, 4, 9 뿐이고, 따라서 가환환 $\mathbb{Z}_{12}$에서 $\mathbb{Z}_{12}$로의 환준동형사상은 다음과 같은 4개가 존재한다.

$$f_0 : \mathbb{Z}_{12} \longrightarrow \mathbb{Z}_{12},\ f_0(i) = 0$$
$$f_1 : \mathbb{Z}_{12} \longrightarrow \mathbb{Z}_{12},\ f_1(i) = i$$
$$f_4 : \mathbb{Z}_{12} \longrightarrow \mathbb{Z}_{12},\ f_4(i) = 4\,i$$
$$\ker f_4 = \{0, 3, 6, 9\}, \quad \text{im } f_4 = \{0, 4, 8\}$$
$$f_9 : \mathbb{Z}_{12} \longrightarrow \mathbb{Z}_{12},\ f_9(i) = 9\,i$$
$$\ker f_9 = \{0, 4, 8\}, \quad \text{im } f_9 = \{0, 9, 6, 3\}$$

이들 사상 중에서 환 동형사상인 것은 f_1 뿐이다.

정리 3.4.10 환 R가 단위원 1을 가진 환일 때, 사상 $f : R \longrightarrow R'$가 환 동형사상이면 다음이 성립한다.

(1) $f(1)$은 R'의 단위원이다. 그리고, 원소 $a \in R$가 단원이면, $f(a)$는 R'의 단원이고 $f(a)^{-1} = f(a^{-1})$이다.

(2) $U(R') = \{f(a) \mid a \in U(R)\}, \quad U(R) \cong U(R')$

(3) 원소 $a \in R$, $a \neq 0$에 대하여 a가 R의 영인자일 때 그리고 이때에만 $f(a)$는 R'의 영인자이다.

증명 (1) 사상 f 는 환 동형사상이므로 $R' = \{f(a) \mid a \in R\}$ 이고, 또 $f(1) \neq f(0) = 0'$ 이다. 그리고, 모든 $a \in R$ 에 대하여

$$f(1)\,f(a) = f(1 \cdot a) = f(a) = f(a \cdot 1) = f(a)\,f(1)$$

이므로 $f(1)$ 은 R' 의 단위원이다. 그리고, 정리 3.4.9 에 의하여 $a \in R$ 가 단원이면, $f(a)$ 는 R' 의 단원이고 $f(a)^{-1} = f(a^{-1})$ 이다.

(2) 환 동형사상 $f : R \longrightarrow R'$ 의 역사상 $f^{-1} : R' \longrightarrow R$ 는 환 동형사상이므로 R' 의 단원 a' 에 대하여 $f^{-1}(a') = a$ 이라고 하면, (1) 에 의하여 a 는 R 의 단원이고 또 $f(a) = a'$ 이다.

따라서 $U(R') = \{f(a) \mid a \in U(R)\}$ 이고, 또

$$\phi : U(R) \longrightarrow U(R'), \quad \phi(a) = f(a)$$

는 군 동형사상이므로 $U(R) \cong U(R')$ 이다.

(3) 원소 $a, b \in R$ 에 대하여

$$a \neq 0 \iff f(a) \neq f(0) = 0',$$
$$a\,b = 0 \iff f(a\,b) = 0' \iff f(a)\,f(b) = 0'$$

이므로 a 가 R 의 영인자일 때 그리고 이때에만 $f(a)$ 는 R' 의 영인자이다.

앞의 정리와 정리 3.4.9 에 의하여 다음 정리가 성립한다.

정리 3.4.11 두 환 R, R' 이 동형일 때 다음이 성립한다.

(1) R 가 가환환이면, R' 은 가환환이이다.
(2) R 가 정역이면, R' 은 정역이다.
(3) R 가 나눗셈환이면, R' 은 나눗셈환이다.
(4) R 가 체이면, R' 은 체이다.

보기 3.4.7 복소수체 $\mathbb{C}$ 와 실수체 $\mathbb{R}$ 는 서로 동형이 아니다.

실제로, $f : \mathbb{C} \longrightarrow \mathbb{R}$ 가 환 동형사상이라고 가정하면, $f(1) = 1$ 이므로

$$f(\sqrt{-1}\,)^2 = f(\sqrt{-1}^{\,2}) = f(-1) = -f(1) = -1$$

이지만 실수체 $\mathbb{R}$ 안에는 이와 같은 $f(\sqrt{-1}\,)$ 은 존재하지 않는다.

연 습 문 제 (3.4)

1. 다음 사상 중에서 환 준동형사상인 사상을 찾아라.

(1) $f : \mathbb{R} \longrightarrow \mathbb{R},\ f(x) = x$ (2) $f : \mathbb{R} \longrightarrow \mathbb{R},\ f(x) = 2x$

(3) $f : \mathbb{R} \longrightarrow \mathbb{R},\ f(x) = -x$ (4) $f : \mathbb{R} \longrightarrow \mathbb{R},\ f(x) = -2x$

(5) $f : \mathbb{R} \longrightarrow \mathbb{R},\ f(x) = x^2$ (6) $f : \mathbb{R} \longrightarrow \mathbb{R},\ f(x) = x^3$

2. 정수환 $\mathbb{Z}$ 에서 유리수체 $\mathbb{Q}$ 로의 환 준동형사상을 모두 구하여라.
그리고, 유리수체 $\mathbb{Q}$ 에서 정수환 $\mathbb{Z}$ 로의 환 준동형사상을 모두 구하여라.

*3. 이차체 $\mathbb{Q}(\sqrt{m})$ 에 대하여 환 준동형사상 $f : \mathbb{Q}(\sqrt{m}) \longrightarrow \mathbb{Q}(\sqrt{m})$ 는 다음 세 가지 뿐임을 밝혀라.

(1) $f_0 : \mathbb{Q}(\sqrt{m}) \longrightarrow \mathbb{Q}(\sqrt{m}),\quad f_0(u+v\sqrt{m}) = 0$

(2) $f_1 : \mathbb{Q}(\sqrt{m}) \longrightarrow \mathbb{Q}(\sqrt{m}),\quad f_1(u+v\sqrt{m}) = u + v\sqrt{m}$

(3) $f_2 : \mathbb{Q}(\sqrt{m}) \longrightarrow \mathbb{Q}(\sqrt{m}),\quad f_1(u+v\sqrt{m}) = u - v\sqrt{m}$

4. 복소수체 $\mathbb{C}$ 에 대하여 다음 사상이 환 동형사상임을 밝혀라.

$$f : \mathbb{C} \longrightarrow \mathbb{C},\quad f(a+bi) = a-bi$$

5. 나눗셈환 $\mathbb{H}$ 에 대하여 다음 사상은 환 준동형사상이 아님을 밝혀라.

$$f : \mathbb{H} \longrightarrow \mathbb{H},\ f(a_0 + a_i i + a_2 j + a_3 k) = a_0 - a_i i - a_2 j - a_3 k$$

*6. 실수체 $\mathbb{R}$ 에서 전행렬환 $\mathrm{Mat}_2(\mathbb{R})$ 으로의 사상

$$f : \mathbb{R} \longrightarrow \mathrm{Mat}_2(\mathbb{R}),\quad f(a) = \begin{bmatrix} a & 0 \\ 0 & a \end{bmatrix}$$

는 환 준동형사상이고 또 일대일 사상임을 밝혀라. 그리고, 이 결과를 이용하여 $\mathbb{R} \cong R$ 인 $\mathrm{Mat}_2(\mathbb{R})$ 의 부분환 R 를 구하여라.

7. 가환환 $\mathbb{Z}_9 = \{0, 1, 2, \cdots, 8\}$ 의 멱등원을 모두 구하여라.
그리고, 환 준동형사상 $f : \mathbb{Z}_8 \longrightarrow \mathbb{Z}_8$ 를 모두 결정하여라.

8. 가환환 $\mathbb{Z}_6 = \{0, 1, 2, 3, 4, 5\}$ 의 멱등원을 모두 구하여라. 또, 가환환 $\mathbb{Z}_6$ 에서 가환환 $\mathbb{Z}_6$ 로의 환 준동형사상과 환 동형사상을 모두 결정하여라.

9. 정수환 $\mathbb{Z}$ 에서 환 R 로의 환 준동형사상 전체를 결정하여라.
또, 정수환 $\mathbb{Z}$ 에서 가환환 $\mathbb{Z}^2$ 으로의 환 준동형사상 전체를 결정하여라.

10. 가환환 $\mathbb{Z}^2 = \{(m,n) \mid m, n \in \mathbb{Z}\}$ 에 대하여 다음 물음에 답하여라.
(1) 가환환 $\mathbb{Z}^2$ 에서 환 R 로의 환 준동형사상 전체를 결정하여라.
(2) 가환환 $\mathbb{Z}^2$ 에서 정수환 $\mathbb{Z}$ 로의 환 준동형사상 전체를 결정하여라.
(3) 가환환 $\mathbb{Z}^2$ 에서 $\mathbb{Z}^2$ 으로의 환 준동형사상 전체를 결정하여라.

11. 단위원 1을 가진 환 R 에서 다음이 성립함을 밝혀라.
(1) 멱등원 $a \in R$ 가 단원이면, $a = 1$ 이다.
(2) R 가 나눗셈환일 때, R 의 멱등원은 0 과 1 뿐이다.

12. 사상 $f : R \longrightarrow R'$ 가 환 준동형사상일 때, 원소 $a \in R$ 가 R 의 멱등원이면 $f(a)$ 는 R' 의 멱등원임을 밝혀라.

13. 복소수체 $\mathbb{C}$ 와 유리수체 $\mathbb{Q}$ 는 서로 동형이 아님을 밝혀라.
그리고, 실수체 $\mathbb{R}$ 와 유리수체 $\mathbb{Q}$ 는 서로 동형이 아님을 밝혀라.

14. 이차체 $\mathbb{Q}(\sqrt{2})$, $\mathbb{Q}(\sqrt{3})$ 는 서로 동형이 아님을 밝혀라.

*15. 환 R 가 단위원을 가지지 않은 환일 때, 집합

$$R' = \mathbb{Z} \times R = \{(m, a) \mid m \in \mathbb{Z},\ a \in R\}$$

는 다음과 같이 정의된 덧셈과 곱셈에 관하여 단위원 $(1, 0)$ 을 가진 환임을 밝혀라.

$$(m, a) + (n, b) = (m+n,\ a+b),$$
$$(m, a) \cdot (n, b) = (mn,\ mb + na + ab)$$

그리고, 환 R 는 환 R' 의 한 부분환과 동형임을 밝혀라.

§ 3.5 다항식환

다항식은 고전적인 대수학과 현대 대수학을 연결해주는 중요한 개념이다. 여기서는 다항식을 不定元(indeterminate)을 도입하여 정의하기로 한다.

정의 3.5.1 환 R와 부정원 x에 대하여 다음과 같은 꼴의 형식적인 무한합(formal infinite sum)을 ***R* 위의** (x에 관한) **다항식**(polynomial)이라고 한다.

$$f(x) = a_0 + a_1 x + \cdots + a_n x^n + \cdots \qquad (a_i \in R)$$

(유한 개를 제외한 모든 i에 대하여 $a_i = 0$)

그리고, R 위의 x에 관한 다항식 전체의 집합을 $R[x]$로 나타낸다.

위의 정의에서 $a_0, a_1 x, \cdots, a_n x^n, \cdots$을 $f(x)$의 **항**(term)이라 하고 특히 a_0를 **상수항**이라고 하며 $a_0, a_1, \cdots, a_n, \cdots$을 $f(x)$의 **계수**(coefficient)라고 한다. 그리고, $i > n$인 모든 i에 대하여 $a_i = 0$일 때, $f(x)$를

$$f(x) = a_0 + a_1 x + \cdots + a_n x^n$$

나타낸다.

다항식 중에서 상수항을 제외한 계수가 모두 0인 다항식 $f(x) = a_0$를 **상수다항식**(constant polynomial)이라 하고, 특히 모든 계수가 0인 상수다항식을 **영다항식**(zero polynomial)이라고 한다. 환 R의 원소 a와 상수다항식 $f(x) = a$를 同一視하여(identify) $R \subseteq R[x]$이라고 생각한다.

환 R 위의 두 다항식 $f(x), g(x)$에 대하여 필요하다면 계수가 0인 항을 첨가하여 이들 두 다항식을 다음과 같은 꼴로 나타낼 수 있다.

$$f(x) = a_0 + a_1 x + \cdots + a_n x^n, \quad g(x) = b_0 + b_1 x + \cdots + b_n x^n$$

이 때, 상등관계와 합 $f(x) + g(x)$를 다음과 같이 정의한다.

$$f(x) = g(x) \iff a_0 = b_0, a_1 = b_1, \cdots, a_n = b_n$$
$$f(x) + g(x) = (a_0 + b_0) + (a_1 + b_1) x + \cdots + (a_n + b_n) x^n$$

그리고, R 위의 두 다항식

$$f(x) = a_0 + a_1 x + \cdots + a_n x^n, \quad g(x) = b_0 + b_1 x + \cdots + b_m x^m$$

에 대하여 곱 $f(x)\,g(x)$ 를 다음과 같이 정의한다.

$$f(x)\,g(x) = c_0 + c_1 x + \cdots + c_{n+m} x^{n+m},$$
$$c_i = \sum_{k=0}^{i} a_k b_{i-k} = a_0 b_i + a_1 b_{i-1} + \cdots + a_i b_0$$

정리 3.5.2 환 R 위의 x 에 관한 다항식 전체의 집합을 $R[x]$ 로 나타내면, $R[x]$ 는 앞에서 정의한 덧셈과 곱셈에 관하여 환을 이룬다.

환 $R[x]$ 를 R 위의 **多項式環**(polynomial ring)이라고 한다.

실제로, $R[x]$ 의 영원은 영다항식이고 $f(x) = a_0 + a_1 x + \cdots + a_n x^n$ 에 대하여 $-f(x) = -a_0 - a_1 x - \cdots - a_n x^n$ 이다. 그리고, 임의의 원소 $a, b \in R$ 에 대하여 $(a x^i)(b x^j) = a b x^{i+j}$ 이다.

환 R 는 다항식환 $R[x]$ 의 부분환이다. 그리고, 환 R 가 가환환이면, 다항식환 $R[x]$ 는 가환환이다.

또, R 가 단위원 1 을 가진 환이면, $R[x]$ 는 단위원 1 을 가진환이고. 이 경우에 $1x^i$ 을 간단히 x^i 로 쓴다.

$R[x]$
|
R

보기 3.5.1 다항식환 $\mathbb{Z}[x]$, $\mathbb{Q}[x]$, $\mathbb{R}[x]$, $\mathbb{C}[x]$ 는 모두 단위원을 가진 가환환이고, 또 가환환 $\mathbb{Z}_n = \{0, 1, \cdots, n-1\}$, $n \geq 2$ 위의 다항식환 $\mathbb{Z}_n[x]$ 는 단위원을 가진 가환환이다.

보기 3.5.2 체 $\mathbb{Z}_2 = \{0, 1\}$ 에서 $1+1=0$, $-1=1$ 이므로 다항식환 $\mathbb{Z}_2[x]$ 에서 $-f(x) = f(x)$ 이고 또 다음이 성립한다.

$$(x^2+x+1) + (x^2+1) = (1+1)x^2 + x + (1+1) = x,$$
$$(x+1)^2 = x^2 + (1+1)x + 1 = x^2 + 1,$$
$$(x^2+x+1)^2 = x^4 + x^2 + 1,$$
$$(x^3+x+1)(x+1) = x^4 + x^3 + x^2 + 1$$

```
     1 0 1 1
×)       1 1
-----------
     1 0 1 1
   1 0 1 1
-----------
   1 1 1 0 1
```

보기 3.5.3 체 $\mathbb{Z}_3 = \{0, 1, 2\}$ 에서 $-1 = 2$, $-2 = 1$ 이므로 다항식환 $\mathbb{Z}_3[x]$ 에서 다음이 성립한다.

$$(x^2+2x)+(x+1) = x^2+(2+1)x+1 = x^2+1,$$
$$(x-1)^2 = x^2-2x+1 = x^2+x+1,$$
$$(x^2+x+1)(x+2) = x^3+2$$

$$\begin{array}{rrrr} & 1 & 1 & 1 \\ \times) & & 1 & 2 \\ \hline & 2 & 2 & 2 \\ 1 & 1 & 1 & \\ \hline 1 & 0 & 0 & 2 \end{array}$$

보기 3.5.4 가환환 $\mathbb{Z}_6$ 위의 다항식환 $\mathbb{Z}_6[x]$ 에서 다음이 성립한다.

$$(2x^2+3x+1)+(4x^2+x) = (2+4)x^2+(3+1)x+1 = 4x+1$$
$$(2x)(3x^2) = (2\cdot 3)x^3 = 0 \quad (\text{영다항식})$$

정의 3.5.3 환 R 위의 다항식

$$f(x) = a_n x^n + \cdots + a_1 x + a_0, \quad n \geq 0, \quad a_n \neq 0$$

에서 n을 $f(x)$ 의 **차수**(degree)라 하고 또 n을 $\deg f(x)$ 로 나타낸다. 그리고, a_n을 $f(x)$ 의 **최고차 항의 계수**(leading coefficient)라 하고, 특히 $a_n = 1$ 일 때 $f(x)$ 를 **모닉 다항식**(monic polynomial)이라고 한다.

영다항식이 아닌 상수다항식 $f(x) = a$ $(a \neq 0)$ 의 차수는 0 이다.

영다항식의 차수는 $-\infty$ 로 정하고 임의의 음이 아닌 정수 n에 대하여 다음과 같이 약속하기로 한다.

$$n + (-\infty) = (-\infty) + n = -\infty,$$
$$(-\infty) + (-\infty) = -\infty, \qquad -\infty < n$$

정리 3.5.4 환 D가 정역일 때, $D[x]$ 에 대하여 다음이 성립한다.

(1) $\deg(f(x)g(x)) = \deg f(x) + \deg g(x)$

(2) $D[x]$ 는 정역이고, $D[x]$ 의 단원군은 D 의 단원군과 일치한다. 즉, $U(D[x]) = U(D)$ 이다.

특히, F 가 체일 때, $F[x]$ 는 정역이고 $U(F[x]) = F^* = F - \{0\}$ 이다.

증명 (1) 먼저 $f(x)$ 또는 $g(x)$ 가 영다항식이면, $f(x)g(x)$ 는 영다항식이므로 $\deg(f(x)g(x)) = -\infty = \deg f(x) + \deg g(x)$ 이다.

한편, $\deg f(x) = n \geq 0$, $\deg g(x) = m \geq 0$ 일 때, a_n 과 b_m 을 각각 $f(x), g(x)$ 의 최고차 항의 계수라고 하면 곱 $f(x)\, g(x)$ 의 최고차 항의 계수는 $a_n b_m \neq 0$ 이므로 다음이 성립한다.

$$\deg(f(x)\, g(x)) = n + m = \deg f(x) + \deg g(x)$$

(2) 앞의 (1) 에 의하여 $f(x), g(x) \in D[x]$ 가 모두 영다항식이 아니면, 곱 $f(x)\, g(x)$ 도 영다항식이 아니므로 $D[x]$ 는 정역이다(정리 3.2.10).

(3) 두 다항식 $f(x), g(x) \in D[x]$ 에 대하여

$$f(x)\, g(x) = g(x)\, f(x) = 1$$

이면, $\deg f(x) + \deg g(x) = 0$ 이므로 $\deg f(x) = 0$, $\deg g(x) = 0$ 이고 따라서 $f(x)$, $g(x)$ 는 모두 영다항식이 아닌 상수다항식이다.

그러므로 $D[x]$ 의 단원군과 D 의 단원군 $U(D)$ 는 일치한다.

보기 3.5.5 정수환 $\mathbb{Z}$ 위의 다항식환 $\mathbb{Z}[x]$ 는 정역이고, 또 $\mathbb{Z}[x]$ 의 단원군은 $U(\mathbb{Z}[x]) = U(\mathbb{Z}) = \{1, -1\}$ 이다. 그리고, 유리수체 $\mathbb{Q}$ 위의 다항식환 $\mathbb{Q}[x]$ 는 정역이고 $U(\mathbb{Q}[x]) = U(\mathbb{Q}) = \mathbb{Q}^*$ 이다.

또, p 가 素數일 때 $\mathbb{Z}_p$ 와 $\mathbb{Z}_p[x]$ 는 정역이고 $U(\mathbb{Z}_p[x]) = \mathbb{Z}_p{}^*$ 이다.

보기 3.5.6 환 R 가 정역이 아니면, $R[x]$ 도 정역이 아니다. 특히, 양의 정수 n 이 합성수일 때, $\mathbb{Z}_n$ 과 다항식환 $\mathbb{Z}_n[x]$ 는 정역이 아니다.

환 R 에서 S 가 R 의 부분환일 때, S 위의 다항식

$$f(x) = a_n x^n + \cdots + a_1 x + a_0$$

의 계수는 R 에 속하므로 $f(x) \in R[x]$ 이고 따라서 $S[x] \subseteq R[x]$ 이고 $S[x]$ 는 $R[x]$ 의 부분환이다.

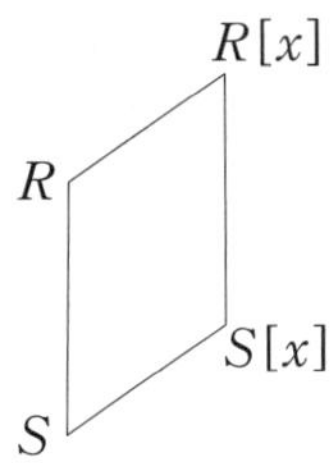

보기 3.5.7 정수환 $\mathbb{Z}$, 유리수체 $\mathbb{Q}$, 실수체 $\mathbb{R}$, 복소수체 $\mathbb{C}$ 에 대하여

$$\mathbb{Z}[x] \subsetneq \mathbb{Q}[x] \subsetneq \mathbb{R}[x] \subsetneq \mathbb{C}[x]$$

이고, 예를 들어 다항식환 $\mathbb{Z}[x]$ 는 다항식환 $\mathbb{Q}[x]$ 의 부분환이다.

정의 3.5.5 환 R와 부정원 $x_1, x_2, \cdots, x_n$에 대하여 순차적으로 정의된 다항식환 $R[x_1]$, $(R[x_1])[x_2]$, $\cdots$, $(\cdots((R[x_1])[x_2])\cdots)[x_n]$을 각각

$$R[x_1],\quad R[x_1, x_2],\quad \cdots,\quad R[x_1, x_2, \cdots, x_n]$$

으로 나타내고, 다항식환 $R[x_1, x_2, \cdots, x_n]$을 R 위의 $x_1, x_2, \cdots, x_n$에 관한 **다항식환**이라고 한다. 그리고, 또 $R[x_1, x_2, \cdots, x_n]$에 속하는 원소를 R 위의 $x_1, x_2, \cdots, x_n$에 관한 **다항식**이라고 한다.

다항식환 $R[x_1, x_2, \cdots, x_n]$에 속하는 다항식은 모두

$$f(x_1, x_2, \cdots, x_n) = \sum a_{i_1 i_2 \cdots i_n} {x_1}^{i_1} {x_2}^{i_2} \cdots {x_n}^{i_n} \qquad (a_{i_1 i_2 \cdots i_n} \in R)$$

과 같은 꼴로 나타내어지고, $R[x_1, x_2, \cdots, x_n]$에서의 곱셈은 분배법칙과 과 다음과 같은 지수법칙을 적용하여 계산한다.

$$({x_1}^{i_1} {x_2}^{i_2} \cdots {x_n}^{i_n})({x_1}^{j_1} {x_2}^{j_2} \cdots {x_n}^{j_n}) = {x_1}^{i_1+j_1} {x_2}^{i_2+j_2} \cdots {x_n}^{i_n+j_n}$$

위의 지수법칙은 다항식환 $R[x_1, x_2, \cdots, x_n]$에서 $x_1, x_2, \cdots, x_n$의 순서를 바꾸어도 좋다는 사실을 뜻한다. 예를 들면, $R[x, y] = R[y, x]$이다.

환 R가 가환환이면 $R[x_1, x_2, \cdots, x_n]$은 가환환이고, R가 단위원 1을 가진 환이면 $R[x_1, x_2, \cdots, x_n]$은 단위원 1을 가진 환이다. 또, S가 환 R의 부분환이면, $S[x_1, x_2, \cdots, x_n]$은 $R[x_1, x_2, \cdots, x_n]$의 부분환이다.

보기 3.5.8 유리수체 $\mathbb{Q}$ 위의 다항식환 $\mathbb{Q}[x, y]$에서 다항식

$$f(x, y) = x^2 y^3 + 2xy^3 - y^2 + x^4 y + 2y + x^2 - 3$$

에 대하여 다음이 성립한다.

$$f(x, y) = (x^2 + 2x)y^3 - y^2 + (x^4 + 2)y + (x^2 - 3),$$
$$f(x, y) = yx^4 + (y^3 + 1)x^2 + (2y^3)x^2 + (-y^2 + 2y - 3)$$

앞의 정리 3.5.4를 되풀이하여 적용하면 다음 정리를 얻는다.

정리 3.5.6 환 D가 정역 또는 체이면, $D[x_1, x_2, \cdots, x_n]$은 정역이다.

정의 3.5.7 가환환 R에서 S가 R의 부분환일 때, S 위의 다항식

$$f(x) = a_n x^n + a_{n-1} x^{n-1} + \cdots + a_1 x + a_0 \in S[x]$$

와 원소 $u \in R$에 대하여 $f(u)$는 다음과 같은 R의 원소를 나타낸다.

$$f(u) = a_n u^n + a_{n-1} u^{n-1} + \cdots + a_1 u + a_0 \in R$$

특히, $f(u) = 0$일 때, u를 R 안에서의 다항식 $f(x)$의 **근**(root) 또는 방정식 $f(x) = 0$의 근이라고 한다. 근을 **零點**(zero)이라고도 한다.

보기 3.5.9 유리수체 $\mathbb{Q}$ 위의 다항식 $f(x) = x^2 - 2$에 대하여

$$f(\sqrt{2}) = 2 - 2 = 0, \quad f(-\sqrt{2}) = 2 - 2 = 0$$

이므로 $f(x)$는 실수체 $\mathbb{R}$ 안에서 두 근 $\sqrt{2}$, $-\sqrt{2}$을 가진다.

정리 3.5.8 가환환 R에서 S가 R의 부분환이고 $u \in R$일 때, S 위의 두 다항식 $f(x), g(x) \in S[x]$에 대하여

$$k(x) = f(x) + g(x), \quad l(x) = f(x)\,g(x)$$

이라고 하면 $k(u) = f(u) + g(u)$, $l(u) = f(u)\,g(u)$이다.

그리고, 사상

$$\phi_u : S[x] \longrightarrow R, \quad \phi_u(f(x)) = f(u)$$

는 환 준동형사상이고 $S \subseteq \operatorname{im} \phi_u \subseteq R$이다.

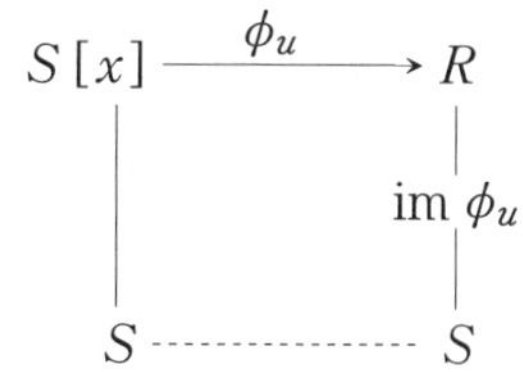

증명 정리의 처음 부분이 성립함을 쉽게 알 수 있다(문제 4 참조). 따라서 임의의 $f(x), g(x) \in S[x]$에 대하여

$$\phi_u(f(x)+g(x)) = f(u) + g(u) = \phi_u(f(x)) + \phi_u(g(x)),$$
$$\phi_u(f(x)\,g(x)) = f(u)\,g(u) = \phi_u(f(x))\,\phi_u(g(x))$$

이므로 ϕ_u는 환 준동형사상이다. 또, 임의의 원소 $a \in S$에 대하여 분명히 $\phi_u(a) = a$이고 따라서 $S \subseteq \operatorname{im} \phi_u \subseteq R$이다.

환 R가 단위원 1을 가진 가환환 일 때, R 위의 다항식 $f(x)$와 원소 $u \in R$에 대하여

$$f(x) = (x-u)\,g(x) + r$$

$$\begin{array}{r|l} & a_n x^{n-1} + \cdots \\ \hline x-u & a_n x^n + \cdots + a_1 x + a_0 \\ & a_n x^n - u\,a_n x^{n-1} \\ \hline & \vdots \\ \hline & r \end{array}$$

인 다항식 $g(x) \in R[x]$와 $r \in R$가 단 하나씩 존재한다. 여기서 $g(x)$와 r를 각각 $f(x)$를 $x-u$로 나누었을 때의 **몫**과 **나머지**라고 한다.

정리 3.5.9 (나머지 정리, 인수 정리) 단위원 1을 가진 가환환 R에서 S가 부분환일 때, 다항식 $f(x) \in S[x]$와 원소 $u \in R$에 대하여

$$f(x) = (x-u)\,g(x) + f(u)$$

인 다항식 $g(x) \in R[x]$가 존재한다.

특히, $u \in R$가 $f(x)$의 근일 때 그리고 이때에만

$$f(x) = (x-u)\,g(x)$$

인 다항식 $g(x) \in R[x]$가 존재한다.

증명 먼저 $S[x] \subseteq R[x]$이므로 $f(x)$와 $x-u$는 R 위의 다항식이고 다항식환 $R[x]$에서 두 다항식 $f(x)$와 $x-u$에 대하여

$$f(x) = (x-u)\,g(x) + r$$

인 $g(x) \in R[x]$와 $r \in R$가 존재한다. 이 때, 정리 3.5.8에 의하여

$$f(u) = (u-u)\,g(u) + r = 0 \cdot g(u) + r = r$$

이므로 $f(x) = (x-u)\,g(x) + f(u)$이다.

단위원 1을 가진 가환환 R 위에서

$$\begin{aligned} & a_n x^n + \cdots + a_1 x + a_0 \\ &= (x-u)(b_{n-1} x^{n-1} + \cdots + b_1 x + b_0) + r \end{aligned}$$

일 때, 이 등식의 우변을 전개하여 계수를 비교하면 다음 결과를 얻는다.

$$a_n = b_{n-1},\ a_{n-1} = b_{n-2} - u\,b_{n-1},\ \cdots,\ a_1 = b_0 - u\,b_1,\ a_0 = r - u\,b_0$$
$$b_{n-1} = a_n,\ b_{n-2} = a_{n-1} + u\,b_{n-1},\ \cdots,\ b_0 = a_1 + u\,b_1,\ r = a_0 + u\,b_0$$

오른쪽 표를 이용하여 $b_{n-1}, b_{n-2}, \cdots, b_1, b_0, r$ 를 구하는 방법을 **조립제법** (synthetic division) 이라고 한다.

a	a_n	a_{n-1}	a_{n-2}	$\cdots$	$\cdots$	a_1	a_0
		$u\,b_{n-1}$	$u\,b_{n-2}$	$\cdots$	$\cdots$	$u\,b_1$	$u b_0$
	b_{n-1} $(=a_n)$	b_{n-2}	b_{n-3}	$\cdots$	b_1	b_0	r

보기 3.5.10 유리수체 $\mathbb{Q}$ 위의 다항식

$$f(x) = x^5 - x^4 + 2x^3 + x - 3$$

를 $x-2$ 로 나누었을 때의 몫은

$$x^4 + x^3 + 4x^2 + 8x + 17$$

이고 나머지는 $f(2) = 31$ 이다.

2	1	−1	2	0	1	−3
		2	3	8	16	34
	1	1	4	8	17	31

보기 3.5.11 가환환 $\mathbb{Z}_4 = \{0, 1, 2, 3\}$ 위의 다항식

$$f(x) = x^4 + 3x^2 + x + 2$$

에 대하여 다음 등식이 성립한다.

$$f(x) = (x-2)(x^3 + 2x^2 + 3x + 3)$$

2	1	0	3	1	2
		2	0	2	2
	1	2	3	3	0

정의 3.5.10 가환환 R 위의 다항식 $f(x, y) = \sum a_{ij}\, x^i\, y^j \in R[x, y]$ 와 $u, v \in R$ 에 대하여 $f(u, v)$ 는 다음과 같은 R 의 원소를 나타낸다.

$$f(u, v) = \sum a_{ij}\, u^i\, v^j \in R$$

보기 3.5.12 유리수체 $\mathbb{Q}$ 위의 다항식환 $\mathbb{Q}[x, y]$ 에서 다항식

$$f(x, y) = x^2 y^3 + 2xy^3 - y^2 + x^4 y + 2y + x^2 - 3$$

에 대하여 $f(2, 1) = 4 + 4 - 1 + 16 + 2 + 4 - 3 = 26$ 이다.

정리 3.5.8 의 증명과 마찬가지 방법으로 다음 정리를 증명할 수 있다.

정리 3.5.11 가환환 R 에서 임의의 $u \in R$ 에 대하여 사상

$$\phi_{u,v} : R[x, y] \longrightarrow R, \quad \phi_{u,v}(f(x, y)) = f(u, v)$$

는 환 준동형사상이고, $\text{im}\ \phi_{u,v} = R$ 이다.

체 F 위의 다항식환 $F[x]$ 에 대해서는 제 4 장에서 상세히 논한다.

연 습 문 제 (3.5)

1. 다항식환 $\mathbb{Z}_2[x]$ 에서 다음 다항식을 간단히 하여라.

(1) $(x^2+x+1)+(x^2+1)$　　(2) $(x+1)^2(x^2+x+1)^2$

2. 다항식환 $\mathbb{Z}_3[x]$ 에서 다음 다항식을 간단히 하여라.

(1) $(2x+1)+(x+2)$　　(2) $(x+1)-(2x+2)$

(3) $(2x+1)(x+2)$　　(4) $(2x^2+x+1)(2x+1)$

3. 다항식환 $\mathbb{Z}_{10}[x]$ 에서 다음 다항식을 간단히 하여라.

(1) $(8x+7)+(4x+3)$　　(2) $(5x^3+6)(2x^2)$

***4.** 정리 3.5.8 의 처음 부분을 증명하여라.

***5.** 체 $\mathbb{Z}_3 = \{0, 1, 2\}$ 위에서 다항식 $f(x) = x^4 + 2x^3 + x^2 + 2x + 1$ 를 $x+2$ 로 나누었을 때의 몫과 나머지를 구하여라.

6. 가환환 $\mathbb{Z}_6$ 위에서 다항식 $f(x) = x^3 + 3x^2 + 2x + 1$ 를 $x+4$ 로 나누었을 때의 몫과 나머지를 구하여라.

7. 유리수체 $\mathbb{Q}$ 위의 다항식

$$f(x, y) = 5x^3y^2 + y^2 - x^3 + 2x^2y - 3x + 1$$

에 대하여 $f(0, 0)$ 과 $f(1, 1)$ 을 구하여라.

§3.6 형식적 멱급수환과 Boole 환

이 절에서는, 다항식의 개념을 확장하고 특수한 환에 대하여 논한다.

정의 3.6.1 환 R와 부정원 x에 대하여

$$\sum_{i=0}^{\infty} a_i x^i = a_0 + a_1 x + a_2 x^2 + \cdots + a_n x^n + \cdots \qquad (a_i \in R)$$

과 같은 꼴의 멱급수를 R 위의 (x에 관한) **형식적 멱급수**(formal power series)라 하고, 또 환 R 위의 형식적 멱급수 전체의 집합을 $R[[x]]$로 나타낸다.

형식적 멱급수는 수렴성과 관계없이 형식적으로 정의된 것이며, 환 R 위의 다항식 $a_0 + a_1 x + \cdots + a_n x^n$을 형식적 멱급수

$$a_0 + a_1 x + \cdots + a_n x^n + 0\, x^{n+1} + 0\, x^{n+2} + \cdots$$

과 동일시하여 $R \subsetneq R[x] \subsetneq R[[x]]$ 이라고 생각한다.

$R[[x]]$
|
$R[x]$
|
R

정리 3.6.2 환 R 위의 형식적 멱급수 전체의 집합 $R[[x]]$는 다음과 같이 정의된 덧셈과 곱셈에 관하여 환을 이룬다.

$$\sum_{i=0}^{\infty} a_i x^i = \sum_{i=0}^{\infty} b_i x^i \iff a_i = b_i \quad (i = 0, 1, 2, \cdots)$$

$$\sum_{i=0}^{\infty} a_i x^i + \sum_{i=0}^{\infty} b_i x^i = \sum_{i=0}^{\infty} (a_i + b_i)\, x^i,$$

$$\left(\sum_{i=0}^{\infty} a_i x^i\right)\left(\sum_{i=0}^{\infty} b_i x^i\right) = \sum_{i=0}^{\infty} c_i x^i, \qquad c_i = \sum_{k=0}^{i} a_k b_{i-k}$$

환 $R[[x]]$를 R 위의 **형식적 冪級數環**라고 한다.

실제로, 환 $R[[x]]$의 영원은 0이고, $-\sum_{k=0}^{i} a_i x^i = \sum_{k=0}^{i} (-a_i)\, x^i$이다. 그리고, 환 R와 다항식환 $R[x]$는 $R[[x]]$의 부분환이다.

환 R가 가환환이면, $R[[x]]$는 가환환이다. 또, R가 단위원 1을 가진 환이면, $R[[x]]$는 단위원 1을 가진 환이다.

보기 3.6.1 체 $\mathbb{Z}_2 = \{0, 1\}$ 위의 형식적 멱급수환 $\mathbb{Z}_2[[x]]$에서

$$A(x) = 1+x+x^2+x^3+ \cdots +x^n+\cdots, \quad B(x) = 1 + x^2$$

에 대하여 다음이 성립한다.

$$A(x) + B(x) = x + x^3 + \cdots + x^n + \cdots$$
$$A(x)\,B(x) = 1 + x + (1+1)\,x^2 + (1+1)\,x^3 + \cdots = 1 + x$$

정리 3.6.3 체 F 위의 형식적 멱급수환 $F[[x]]$는 정역이다.

또, 체 F 위의 형식적 멱급수 $A(x) = \sum_{i=0}^{\infty} a_i x^i$가 $F[[x]]$의 단원이기 위한 필요충분조건은 $a_0 \neq 0$인 것이다.

증명 체 F 위의 두 형식적 멱급수 $A(x) = \sum_{i=0}^{\infty} a_i x^i$, $B(x) = \sum_{i=0}^{\infty} b_i x^i$가 영이 아닐 때, $a_0, a_1, \cdots, a_i, \cdots$ 중에서 처음으로 0이 아닌 것을 a_r이라 하고 $b_0, b_1, \cdots, b_i, \cdots$ 중에서 처음으로 0이 아닌 것을 b_s이라고 하면

$$A(x)\,B(x) = a_r\,b_s\,x^{r+s} + \cdots, \qquad a_r\,b_s \neq 0$$

이므로 $A(x)\,B(x)$는 영이 아니다. 따라서 $F[[x]]$는 정역이다.

그리고, $A(x)\,B(x) = 1$이기 위한 필요충분조건은 다음이 성립하는 것이다.

$$\begin{gathered} a_0 b_0 = 1 \\ a_0 b_1 + a_1 b_0 = 0 \\ a_0 b_2 + a_1 b_1 + a_2 b_0 = 0 \\ \vdots \\ a_0 b_i + a_1 b_{i-1} + \cdots + a_i b_0 = 0 \\ \vdots \end{gathered}$$

먼저 $A(x)\,B(x) = 1$이면, 위의 첫째 등식이 성립하므로 $a_0 \neq 0$이다.

역으로, $a_0 \neq 0$ 이라고 하자. 이 때, $b_0 = a_0{}^{-1}$ 이라고 하면 앞의 첫째 등식이 성립하고 또 $b_1 = a_0{}^{-1}(-a_1 b_0)$ 이라고 하면 앞의 둘째 등식이 성립한다. 이와 같은 방법을 되풀이하면, $b_0, b_1, \cdots, b_i, \cdots$ 가 순차적으로 결정되고 이때 $A(x)\,B(x) = 1$ 이다.

체 F 위의 형식적 멱급수 $A(x)$ 가 단원일 때, $A(x)^{-1}$ 를 $\dfrac{1}{A(x)}$ 로 나타내고 또 $B(x)$ 에 대하여 $B(x)\,A(x)^{-1}$ 를 $\dfrac{B(x)}{A(x)}$ 로 나타낸다.

보기 3.6.2 체 F 위에서 $a \in F$ 와 양의 정수 r 에 대하여 다음이 성립한다.

$$(1-x)(1+x+x^2+x^3+\cdots) = 1$$

$$\frac{1}{1-x} = 1 + x + x^2 + x^3 + \cdots = \sum_{i=0}^{\infty} x^i$$

$$\frac{1}{1-ax} = 1 + a\,x + a^2\,x^2 + a^3\,x^3 + \cdots = \sum_{i=0}^{\infty} a^i\,x^i$$

$$\frac{1}{1-x^r} = 1 + x^r + x^{2r} + x^{3r} + \cdots = \sum_{i=0}^{\infty} x^{ri}$$

보기 3.6.3 체 $\mathbb{Z}_2 = \{0, 1\}$ 위에서 다음이 성립한다.

$$\begin{aligned}\frac{x^3}{1+x+x^3+x^4} &= x^3 + x^4 + x^5 + x^9 + x^{10} + x^{11} + \cdots \\ &= (x^3 + x^4 + x^5)(1 + x^6 + x^{12} + x^{18} + \cdots)\end{aligned}$$

$$\begin{array}{r l}
 & x^3 + x^4 + x^5 + x^9 + x^{10} + x^{11} + \cdots \\ \hline
1 + x + x^3 + x^4 \,) & x^3 \\
 & x^3 + x^4 \quad + x^6 + x^7 \\ \hline
 & x^4 \quad + x^6 + x^7 \\
 & x^4 + x^5 \quad + x^7 + x^8 \\ \hline
 & x^5 + x^6 \quad + x^8 \\
 & x^5 + x^6 \quad + x^8 + x^9 \\ \hline
 & x^9
\end{array}$$

환 R의 원소로 이루어진 **무한수열**(infinite sequence)

$$\{a_n\} : a_0, a_1, a_2, \cdots, a_n, \cdots$$

을 R 위의 무한수열이라 하고, 또 각 a_n을 이 무한수열의 **항**(term)이라고 한다. 그리고, R의 원소 c만으로 이루어진 무한수열

$$\{c\} : c, c, c, c, c, \cdots$$

를 **상수수열**(constant sequence)이라 하고, 특히 $\{0\}$을 **영수열**이라고 한다.

정리 3.6.4 환 R 위의 무한수열 전체의 집합을 R^ω로 나타낼 때, R^ω는 다음과 같이 정의된 덧셈과 곱셈에 관하여 환을 이룬다.

$$\{a_n\} = \{b_n\} \iff a_n = b_n \quad (n \geq 0)$$
$$\{a_n\} + \{b_n\} = \{a_n + b_n\}, \qquad \{a_n\} \cdot \{b_n\} = \{a_n b_n\}$$

환 R^ω를 R 위의 **무한수열環**(ring of infinite sequences)이라고 한다.

실제로, 환 R^ω의 영원은 영수열 $\{0\}$이고, $-\{a_n\} = \{-a_n\}$이다.

환 R가 가환환이면 R^ω는 가환환이다. 그리고, R가 단위원 1을 가진 환이면, R^ω는 단위원 $\{1\}$을 가진 환이다.

보기 3.6.4 체 $\mathbb{Z}_2 = \{0, 1\}$ 위의 무한수열

$$\{a_n\} : 1, 0, 1, 1, 0, 1, 0, 1, 1, 0, 1, 0, 1, 1, 0, \cdots$$
$$\{b_n\} : 1, 1, 1, 0, 0, 1, 1, 1, 0, 0, 1, 1, 1, 0, 0, \cdots$$

에 대하여 $-\{a_n\} = \{a_n\}$이고 다음이 성립한다.

$$\{a_n\} + \{b_n\} : 0, 1, 0, 1, 0, 0, 1, 0, 1, 0, 0, 1, 0, 1, 0, \cdots$$
$$\{a_n\}\{b_n\} : 1, 0, 1, 0, 0, 1, 0, 1, 0, 0, 1, 0, 1, 0, 0, \cdots$$

체 F 위의 무한수열 $\{a_n\}$에 대하여 형식적 멱급수

$$G(x) = \sum_{i=0}^{\infty} a_i x^i = a_0 + a_1 x + \cdots + a_n x^n + \cdots$$

를 $\{a_n\}$의 **생성함수**(generating function)라고 한다.

무한수열과 그 생성함수는 암호학에 이용된다([4], [48] 참조').

정의 3.6.5 단위원 1을 가진 환 R에서 모든 원소 $a \in R$가 멱등원일 때, 즉 $a^2 = a$일 때, R를 **Boole 환**(Boolean ring)이라고 한다.

정리 3.6.6 환 R가 Boole 환이면 다음이 성립한다.

(1) 모든 원소 $a \in R$에 대하여 $-a = a,\quad a + a = 0$이다.

(2) R는 가환환이다.

증명 (1) 모든 원소 $a \in R$에 대하여

$$a = a^2 = (-a)^2 = -a$$

이고 따라서 $a + a = 0$이다.

(2) 모든 원소 $a, b \in R$에 대하여

$$a + b = (a+b)^2 = a^2 + ab + ba + b^2 = a + ab + ba + b$$

이므로 $ab + ba = 0$이고 따라서 (1)에 의하여 $ab = -ba = ba$이다.

정리 3.6.7 체 $\mathbb{Z}_2 = \{0, 1\}$는 Boole 환이다.

그리고, Boole 환 R가 정역이면, $R \cong \mathbb{Z}_2 = \{0, 1\}$이다.

증명 분명히 체 $\mathbb{Z}_2 = \{0, 1\}$는 Boole 환이다.

그리고 Boole 환 R가 정역일 때, 임의의 원소 $a \in R, a \neq 0$에 대하여

$$a(1-a) = a - a^2 = a - a = 0$$

이므로 $e - a = 0$이고 따라서 $a = 1$이다.

그러므로 $R = \{0, 1\} \cong \mathbb{Z}_2$이다.

보기 3.6.5 환 R가 Boole 환일 때, 모든 양의 정수 n에 대하여 환 $R^n = \{(a_1, \cdots, a_n) \mid a_1, \cdots, a_n \in R\}$는 Boole 환이다(보기 3.1.5).

$$(a_1, \cdots, a_n) + (b_1, \cdots, b_n) = (a_1 + b_1, \cdots, a_n + b_n),$$
$$(a_1, \cdots, a_n) \cdot (b_1, \cdots, b_n) = (a_1 b_1, \cdots, a_n b_n)$$

실제로, R가 Boole 환일 때, R^n은 단위원 $(1, \cdots, 1)$을 가진 환이고 또 임의의 원소 $(a_1, \cdots, a_n) \in R^n$에 대하여 다음이 성립한다.

$$(a_1, \cdots, a_n)^2 = (a_1{}^2, \cdots, a_n{}^2) = (a_1, \cdots, a_n)$$

마찬가지로, R가 Boole 환일 때, 무한수열환 R^ω는 Boole 환이다.

체 $\mathbb{Z}_2 = \{0, 1\}$는 Boole 환이므로, 모든 양의 정수 n에 대하여

$$\mathbb{Z}_2{}^n = \{(a_1. \cdots, a_n) \mid a_1, \cdots, a_n \in \mathbb{Z}_2\},$$

은 Boole 환이고 무한수열환 $\mathbb{Z}_2{}^\omega$도 Boole 환이다.

아래 그림은 Boole 환

$$\begin{aligned} \mathbb{Z}_2{}^2 &= \{(0, 0), (0, 1), (1, 0), (1, 1)\}, \\ \mathbb{Z}_2{}^3 &= \{(0, 0, 0), (0, 0, 1), (0, 1, 0), (0, 1, 1), \\ &\quad (1, 0, 0), (1, 0, 1), (1, 1, 0), (1, 1, 1)\} \end{aligned}$$

을 나타낸다. 이 그림에서 두 원소는 그 성분 중에서 단 하나가 다를 때에만 선으로 이어져 있다.

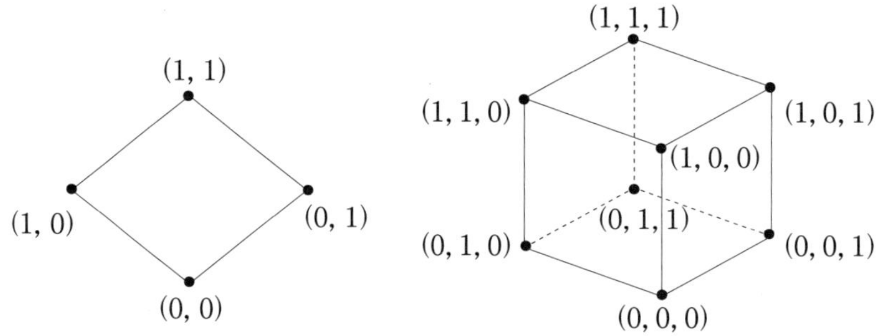

일반적으로, Boole 환 R가 유한환이면, 적당한 양의 정수 n에 대하여 $R \cong \mathbb{Z}_2{}^n$이고 $|R| = 2^n$이다.

한 집합 U의 부분집합과 이들 부분집합에 대한 연산을 논할 때에는 U를 **전체집합**(universal set)이라고 하며, U의 모든 부분집합으로 이루어진 집합을 U의 **멱집합**(power set)이라 하고 이 집합을 $\mathscr{P}(U)$로 나타낸다. 임의의 $A, B \in \mathscr{P}(U)$에 대하여 $A \cup B, A \cap B$는 $\mathscr{P}(U)$에 속하고 또 A의 여집합(complement) $A' = \{x \in U \mid x \notin A\}$도 $\mathscr{P}(U)$에 속한다.

그리고, 멱집합 $\mathscr{P}(U)$ 는 두 연산 $\cup, \cap$ 에 관하여 여러 가지 성질을 만족시킨다([7], §1.5 참조).

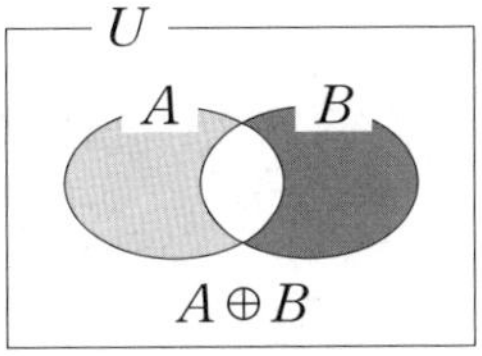

임의의 $A, B \in \mathscr{P}(U)$ 에 대하여

$$A \oplus B = (A \cap B') \cup (A' \cap B)$$

를 A 와 B 의 **대칭 차집합**(symmetric difference)이라고 한다. 다음 두 정리가 성립한다([7]의 §1.5).

정리 3.6.8 집합 U 의 멱집합 $\mathscr{P}(U)$ 는 다음과 같이 정의된 덧셈 $\oplus$ 과 곱셈 $\cdot$ 에 관하여 Boole 환을 이룬다.

$$A \oplus B = (A \cap B') \cup (A' \cap B), \quad A \cdot B = A \cap B$$

실제로, 임의의 $A, B, C \in \mathscr{P}(U)$ 에 대하여 다음이 성립한다.

$$(A \oplus B) \oplus C = A \oplus (B \oplus C), \qquad A \oplus B = B \oplus A,$$
$$A \oplus \varnothing = \varnothing \oplus A = A, \qquad A \oplus A = \varnothing,$$
$$(A \cdot B) \cdot C = A \cdot (B \cdot C), \qquad A \cdot B = B \cdot A,$$
$$A \cdot U = U \cdot A = A, \qquad A \cdot A = A$$
$$A \cdot (B \oplus C) = (A \cdot B) \oplus (A \cdot C), \quad (A \oplus B) \cdot C = (A \cdot C) \oplus (B \cdot C)$$

정리 3.6.9 유한집합 $U = \{x_1, \cdots, x_n\}$, $|U| = n$ 의 멱집합 $\mathscr{P}(U)$ 의 각 원소 A 에 대하여 $\phi(A) = (a_1, \cdots, a_n) \in \mathbb{Z}_2{}^n$ 을 다음과 같이 정하자.

$$a_i = \begin{cases} 1 & (x_i \in A \text{ 일 때}) \\ 0 & (x_i \notin A \text{ 일 때}) \end{cases}$$

이 때, $\phi : \mathscr{P}(U) \longrightarrow \mathbb{Z}_2{}^n$ 는 환 동형사상이다. 즉, ϕ 는 일대일 대응이고 임의의 $A, B \in \mathscr{P}(U)$ 에 대하여 다음이 성립한다.

$$\phi(A \oplus B) = \phi(A) + \phi(B), \quad \phi(A \cdot B) = \phi(A) \cdot \phi(B)$$

특히, $|\mathscr{P}(U)| = |\mathbb{Z}_2{}^n| = 2^n$ 이다.

보기 3.6.6 집합 $U = \{x_1, x_2, x_3, x_4, x_5\}$ 에서

$$A = \{x_1, x_2, x_5\}, \quad B = \{x_1, x_3\}$$

x_1 (○)	x_2 (○)	x_3	x_4	x_5 (○)
1	1	0	0	1

일 때, $A \oplus B = \{x_2, x_3, x_5\}$, $A \cdot B = \{x_1\}$ 이고 다음이 성립한다.

$$\phi(A) = (1, 1, 0, 0, 1), \qquad \phi(B) = (1, 0, 1, 0, 0)$$
$$\phi(A \oplus B) = (0, 1, 1, 0, 1) = (1, 1, 0, 0, 1) + (1, 0, 1, 0, 0),$$
$$\phi(A \cdot B) = (1, 0, 0, 0, 0) = (1, 1, 0, 0, 1) \cdot (1, 0, 1, 0, 0)$$

Boole 환과 관련된 사항에 대해서는 '해설 306'에서 논하기로 한다.

연 습 문 제 (3.6)

*1. 체 $\mathbb{Z}_2 = \{0, 1\}$ 위에서 다음 식을 형식적 멱급수로 나타내어라.

(1) $\dfrac{1}{1+x^2}$ (2) $\dfrac{1}{1+x+x^2}$ (3) $\dfrac{x^3}{1+x+x^3+x^4}$

2. 체 $\mathbb{Z}_3 = \{0, 1, 2\}$ 위에서 다음 식을 형식적 멱급수로 나타내어라.

(1) $\dfrac{1}{1+x}$ (2) $\dfrac{1}{1-2x^2}$ (3) $\dfrac{x}{1+2x+x^2}$

*3. Boole 환 ${\mathbb{Z}_2}^3$ 의 덧셈표와 곱셈표를 구하여라.
그리고, Boole 환 ${\mathbb{Z}_2}^3$ 의 단원과 영인자를 모두 구하여라.

4. Boole 환 ${\mathbb{Z}_2}^4$ 에서 다음을 구하여라.

(1) $(1, 0, 0, 0) + (1, 0, 0, 0)$ (2) $(1, 1, 1, 1) + (1, 0, 0, 0)$

(3) $(1, 0, 0, 0)(1, 0, 0, 0)$ (4) $(1, 0, 0, 0)(0,1, 1, 1)$

5. 보기 3.6.6 에서 $C = \{x_3, x_4, x_5\}$, $D = \{x_1, x_2, x_5\}$ 일 때, $\phi(C)$, $\phi(D)$ 와 $\phi(C \oplus D)$, $\phi(C \cdot D)$ 를 구하여라.

*6. 환 R 가 단위원 1을 가진 Boole 환일 때, 다음이 성립함을 밝혀라.

(1) R 의 단원은 1뿐이다.

(2) R 에서 0, 1 이외의 원소가 존재하는 경우에 이러한 원소는 모두 R 의 영인자이다.

§ 3.7 행렬환

환 R 의 n^2 개의 원소 a_{ij} $(1 \leq i, j \leq n)$ 를 정사각형의 모양으로 늘어놓은 것을 R 위의 **$n \times n$ 행렬** 또는 **n 차의 정사각행렬**이라고 한다.

$$A = \begin{bmatrix} a_{11} & a_{12} & \cdots & a_{1n} \\ a_{21} & a_{22} & \cdots & a_{2n} \\ \vdots & \vdots & \cdots & \vdots \\ a_{n1} & a_{n2} & \cdots & a_{nn} \end{bmatrix}$$

위의 행렬 A 에서 각 a_{ij} 를 A 의 (i, j) 성분이라 하고, 이 행렬을 간단히 $A = [a_{ij}]_{n \times n}$ 으로 나타낸다. 특히, 모든 성분이 0 인 행렬을 **영행렬**이라 하고 이것을 O_n 또는 O 로 나타낸다. 그리고, 행렬 $A = [a_{ij}]_{n \times n}$ 에서 $a_{11}, a_{22}, \cdots, a_{nn}$ 을 제외한 성분이 모두 0 일 때, A 를 **대각행렬**(diagonal matrix)이라 하고 이 행렬을 $A = \text{diag}\{a_{11}, a_{22}, \cdots, a_{nn}\}$ 으로 나타낸다. 특히, 단위원 1 을 가진 환 R 에서 $\text{diag}\{1, 1, \cdots, 1\}$ 을 **항등행렬**(identity matrix) 또는 **단위행렬**이라 하고 이것을 I_n, I 또는 E_n 으로 나타낸다.

정리 3.7.1 환 R 위의 n 차의 행렬 전체의 집합을 $\text{Mat}_n(R)$ 라고 하면, $\text{Mat}_n(R)$ 는 다음과 같이 정의된 덧셈과 곱셈에 관하여 환을 이룬다.

$$[a_{ij}]_{n \times n} = [b_{ij}]_{n \times n} \iff a_{ij} = b_{ij} \ (1 \leq i, j \leq n),$$
$$[a_{ij}]_{n \times n} + [b_{ij}]_{n \times n} = [a_{ij} + b_{ij}]_{n \times n},$$
$$[a_{ij}]_{n \times n}[b_{ij}]_{n \times n} = [c_{ij}]_{n \times n}, \qquad c_{ij} = \sum_{k=1}^{n} a_{ik} b_{kj}$$

환 $\text{Mat}_n(R)$ 를 R 위의 **n 차의 全行列環**(full matrix ring)이라 하고, 또 $\text{Mat}_n(R)$ 의 부분환을 R 위의 **n 차의 行列環**이라고 한다.

실제로, $\text{Mat}_n(R)$ 의 영원은 영행렬이고 $-[a_{ij}]_{n \times n} = [-a_{ij}]_{n \times n}$ 이다.

환 R 의 한 원소 a 만으로 이루어진 1×1 행렬 $[a]$ 를 원소 $a \in R$ 와 동일시하여 $\text{Mat}_1(R) = R$ 로 생각한다.

환 R가 단위원 1을 가진 환이라고 하자. 이 때, $\mathrm{Mat}_n(R)$는 단위원 I_n을 가진 환이다. 그리고, $n \geq 2$인 경우에 각 i, j $(1 \leq i, j \leq n)$에 대하여 (i, j) 성분만이 1이고 그 밖의 성분은 모두 0인 n차의 행렬을 E_{ij}로 나타내면 다음 등식이 성립한다.

$$E_{ij} = \begin{bmatrix} 0 & \cdots & 0 & \cdots & 0 & \cdots & 0 \\ \vdots & & \vdots & & \vdots & & \vdots \\ 0 & \cdots & 0 & \cdots & 1 & \cdots & 0 \\ \vdots & & \vdots & & \vdots & & \vdots \\ 0 & \cdots & 0 & \cdots & 0 & \cdots & 0 \\ \vdots & & \vdots & & \vdots & & \vdots \\ 0 & \cdots & 0 & \cdots & 0 & \cdots & 1 \end{bmatrix}$$

$$E_{ij} E_{jk} = E_{ik}, \qquad E_{ij} E_{lk} = O_n \qquad (1 \leq j \neq l \leq n)$$

특히, $E_{11} E_{12} = E_{12} \neq O_n = E_{12} E_{11}$이므로 $\mathrm{Mat}_n(R)$는 가환환이 아니다.

보기 3.7.1 $n \geq 2$일 때, n차의 전행렬환 $\mathrm{Mat}_n(\mathbb{Z})$, $\mathrm{Mat}_n(\mathbb{Q})$, $\mathrm{Mat}_n(\mathbb{R})$, $\mathrm{Mat}_n(\mathbb{C})$는 모두 가환환이 아니다.

가환환 $\mathbb{Z}_m = \{0, 1, \cdots, m-1\}$, $m \geq 2$ 위의 n차의 전행렬환 $\mathrm{Mat}_n(\mathbb{Z}_m)$은 m^{n^2}개의 행렬로 이루어진 환이다. 예를 들어, 전행렬환 $\mathrm{Mat}_2(\mathbb{Z}_6)$는 6^4개의 행렬로 이루어진 환이고 이 환에서 다음이 성립한다.

$$\begin{bmatrix} 1 & 2 \\ 3 & 0 \end{bmatrix} + \begin{bmatrix} 5 & 4 \\ 3 & 0 \end{bmatrix} = \begin{bmatrix} 0 & 0 \\ 0 & 0 \end{bmatrix}, \qquad -\begin{bmatrix} 1 & 2 \\ 3 & 0 \end{bmatrix} = \begin{bmatrix} 5 & 4 \\ 3 & 0 \end{bmatrix},$$
$$\begin{bmatrix} 1 & 3 \\ 2 & 1 \end{bmatrix} \begin{bmatrix} 1 & 3 \\ 4 & 2 \end{bmatrix} = \begin{bmatrix} 1 & 3 \\ 0 & 2 \end{bmatrix}, \qquad \begin{bmatrix} 1 & 2 \\ 1 & 2 \end{bmatrix} \begin{bmatrix} 2 & 2 \\ 2 & 2 \end{bmatrix} = \begin{bmatrix} 0 & 0 \\ 0 & 0 \end{bmatrix}$$

환 R에서 S가 R의 부분환일 때, 행렬 $A = [a_{ij}]_{n \times n}$가 환 S 위의 n차의 행렬이면 $a_{ij} \in S \subseteq R$이므로 A는 환 R 위의 행렬이고 따라서 $\mathrm{Mat}_n(S) \subseteq \mathrm{Mat}_n(R)$이므로 $\mathrm{Mat}_n(S)$는 $\mathrm{Mat}_n(R)$의 부분환이다.

보기 3.7.2 정수환 $\mathbb{Z}$, 유리수체 $\mathbb{Q}$, 실수체 $\mathbb{R}$, 복소수체 $\mathbb{C}$에 대하여

$$\mathrm{Mat}_n(\mathbb{Z}) \subsetneq \mathrm{Mat}_n(\mathbb{Q}) \subsetneq \mathrm{Mat}_n(\mathbb{R}) \subsetneq \mathrm{Mat}_n(\mathbb{C})$$

이고, 예를 들어 $\mathrm{Mat}_n(\mathbb{Z})$는 $\mathrm{Mat}_n(\mathbb{Q})$의 부분환이다.

정의 3.7.2 행렬 $A=[a_{ij}]_{n\times n}$에 대하여 각 (i, j) 성분이 a_{ji}인 n차의 행렬을 A의 **전치행렬**(transpose)이라 하고 이것을 A^T로 나타낸다. 즉,

$$A^T=[a_{ij}']_{n\times n}, \qquad a_{ij}'=a_{ji} \quad (1\le i, j\le n)$$

정의 3.7.3 환 $\boldsymbol{R}$ **위의** 행렬 $A=[a_{ij}]_{n\times n}$에서

$$\mathrm{tr}\, A=\sum_{i=1}^{n} a_{ii}=a_{11}+\cdots+a_{nn}$$

를 A의 **트레이스**(trace) 라고 한다,

정리 3.7.4 환 R가 가환환일 때, 두 행렬 $A, B\in \mathrm{Mat}_n(R)$에 대하여 다음이 성립한다.

$$(A^T)^T=A, \qquad (A+B)^T=A^T+B^T, \qquad (AB)^T=B^TA^T$$
$$\mathrm{tr}\, A^T=\mathrm{tr}\, A, \quad \mathrm{tr}\,(A+B)=\mathrm{tr}\, A+\mathrm{tr}\, B, \quad \mathrm{tr}\, AB=\mathrm{tr}\, BA$$

정의 3.7.5 환 R가 단위원 1을 가진 가환환일 때, R 위의 n차의 행렬 $A=[a_{ij}]_{n\times n}$에 대하여

$$\det A=\sum_{\sigma}(\mathrm{sgn}\,\sigma)\, a_{1j_1}a_{2j_2}\cdots a_{nj_n}\in R$$

를 A의 **행렬식**(determinant)이라고 한다. 여기서, 기호 $\sum_{\sigma}$은 모든 치환 $\sigma=\begin{pmatrix}1 & 2 & \cdots & n\\ j_1 & j_2 & \cdots & j_n\end{pmatrix}\in S_n$ 전체에 대한 합을 나타내며, σ가 우치환이면 $\mathrm{sgn}\,\sigma=1$이고 σ가 기치환이면 $\mathrm{sgn}\,\sigma=-1$이다.

그리고, $\det A$를 $|A|$로 나타내기도 한다.

이와 같이 정의한 행렬식에 대해서도, 실수체 $\mathbb{R}$ 위에서의 행렬식의 성질이 성립한다. 행렬식의 성질에 대해서는 '해설 307'을 참조하기 바란다.

그리고, 행렬 $A=[a_{ij}]_{n\times n}$의 행렬식 $\det A$를

$$\det A=a_{i1}A_{i1}+a_{i2}A_{i2}+\cdots+a_{in}A_{in} \qquad (1\le i\le n)$$

으로 전개할 때, A_{ij}를 A에서의 a_{ij}의 **여인수**(cofactor)라 하고 행렬

$$\text{adj } A = [A_{ij}]_{n\times n}{}^T = \begin{bmatrix} A_{11} & A_{21} & \cdots & A_{n1} \\ A_{12} & A_{22} & \cdots & A_{n2} \\ \vdots & \vdots & \cdots & \vdots \\ A_{1n} & A_{2n} & \cdots & A_{nn} \end{bmatrix}$$

을 A의 (고전적) **수반행렬**(classical adjoint)이라고 한다.

가환환 R 위의 행렬 $A = [a_{ij}]_{n\times n} \in \text{Mat}_n(R)$와 원소 $a \in R$에 대하여 aA를 $aA = [a\,a_{ij}]_{n\times n}$으로 정의하면, 임의의 행렬 $A, B \in \text{Mat}_n(R)$와 $a, b \in R$에 대하여 다음이 성립한다.

$$(a+b)A = aA + bA, \quad (ab)A = a(bA),$$
$$a(AB) = (aA)B = A(aB)$$

정리 3.7.6 환 R가 단위원 1을 가진 가환환일 때, R 위의 두 행렬 $A, B \in \text{Mat}_n(R)$에 대하여 다음이 성립한다.

(1) $\det A = \det A^T$

(2) $\det(AB) = (\det A)(\det B), \quad \det I_n = 1$

(3) $A(\text{adj } A) = (\text{adj } A)A = (\det A)I_n$

정의 3.7.7 환 R가 단위원 1을 가진 가환환이라고 하자.

행렬 A가 $\text{Mat}_n(R)$의 단원일 때, 즉 $AA^{-1} = A^{-1}A = I_n$인 행렬 $A^{-1} \in \text{Mat}_n(R)$가 존재할 때, A를 **정칙행렬**(non-singularmatrix)이라 하고 A^{-1}를 A의 **역행렬**(inverse)이라고 한다.

그리고, $\text{Mat}_n(R)$의 단원군을 $\text{GL}_n(R)$로 나타낸다.

위의 정리 3.7.6에 의하여 다음 정리와 두 따름정리가 성립한다.

정리 3.7.8 환 R가 단위원 1을 가진 가환환일 때, $A \in \text{Mat}_n(R)$가 $\text{Mat}_n(R)$의 단원이기 위한 필요충분조건은 $\det A \in U(R)$인 것이다. 즉,

$$\text{GL}_n(R) = \{A \in \text{Mat}_n(R) \mid \det A \in U(R)\}$$

그리고, $\det A \in U(R)$일 때, $A^{-1} = (\det A)^{-1} \text{adj } A$이다.

따름정리 3.7.9 체 F 위의 n 차의 행렬 $A \in \mathrm{Mat}_n(F)$ 가 정칙행렬이기 위한 필요충분조건은 $\det A \neq 0$ 인 것이다. 즉,

$$\mathrm{GL}_n(F) = \{A \in \mathrm{Mat}_n(F) \mid \det A \neq 0\}$$

군 $\mathrm{GL}_n(F)$ 를 체 F 위의 **一般線型群**(general linear group)이라 하고 $\mathbf{GL}_n(F)$ 의 **부분군을** 체 F 위의 **般線型群**(linear group)이라고 한다.

따름정리 3.7.10 정수환 $\mathbb{Z}$ 위의 n 차의 행렬 A 가 정칙행렬이기 위한 필요충분조건은 $\det A = \pm 1$ 인 것이다. 즉,

$$\mathrm{GL}_n(\mathbb{Z}) = \{A \in \mathrm{Mat}_n(\mathbb{Z}) \mid \det A = \pm 1\}$$

그리고, 가환환 $\mathbb{Z}_m = \{0, 1, \cdots, m-1\}$, $m \geq 2$ 위의 n 차의 행렬 A 가 정칙행렬이기 위한 필요충분조건은 $\det A \in {\mathbb{Z}_m}^*$ 인 것이다. 즉

$$\begin{aligned}\mathrm{GL}_n(\mathbb{Z}_m) &= \{A \in \mathrm{Mat}_n(\mathbb{Z}_m) \mid \det A \in {\mathbb{Z}_m}^*\} \\ &= \{A \in \mathrm{Mat}_n(\mathbb{Z}_m) \mid (\det A, m) = 1\}.\end{aligned}$$

보기 3.7.3 체 F 위의 전행렬환 $\mathrm{Mat}_2(F)$ 에서 $A \in \mathrm{Mat}_n(F)$, $A \neq O_2$ 일 때, $\det A \neq 0$ 이면 A 는 정칙행렬이고 $\det A = 0$ 이면 A 는 영인자이다(보기 3.2.4). 예를 들어, 체 $\mathbb{Z}_2 = \{0, 1\}$ 위의 전행렬환 $\mathrm{Mat}_2(\mathbb{Z}_2)$ 에 속해 있는 행렬 전체의 개수는 2^4 이고 이 중에서 정칙행렬의 개수는 6 이며 영인자 전체의 개수는 9 개이다. 또, $\mathrm{GL}_2(\mathbb{Z}_2)$ 는 다음과 같다.

$$\begin{aligned}\mathrm{GL}_2(\mathbb{Z}_2) &= \{\begin{bmatrix}1 & 0\\0 & 1\end{bmatrix}, \begin{bmatrix}1 & 1\\1 & 0\end{bmatrix}, \begin{bmatrix}0 & 1\\1 & 1\end{bmatrix}, \begin{bmatrix}1 & 1\\0 & 1\end{bmatrix}, \begin{bmatrix}0 & 1\\1 & 0\end{bmatrix}, \begin{bmatrix}1 & 0\\1 & 1\end{bmatrix}\} \\ &\cong S_3 = \{1, (1\ 2\ 3), (1\ 3\ 2), (2\ 3), (1\ 3), (1\ 2)\}\end{aligned}$$

보기 3.7.4 가환환 $\mathbb{Z}_{26}$ 위에서 다음과 같은 행렬을 생각해 보자.

$$A = \begin{bmatrix}4 & 5\\5 & 9\end{bmatrix}$$

먼저 $\det A = 4 \cdot 9 - 5 \cdot 5 = 11 \in {\mathbb{Z}_{26}}^*$ 이므로 A 는 정칙행렬이다.

그리고, $\mathbb{Z}_{26}$ 에서 $11^{-1} = 19$ 이므로 A^{-1} 는 다음과 같다(문제 3.1.5).

$$A^{-1} = (\det A)^{-1} \operatorname{adj} A = 19 \begin{bmatrix} 9 & -5 \\ -5 & 4 \end{bmatrix} = \begin{bmatrix} 15 & 9 \\ 9 & 24 \end{bmatrix}$$

정리 3.7.11 환 R 가 단위원 1 을 가진 가환환일 때,

$$\mathrm{SL}_n(R) = \{ A \in \mathrm{GL}_n(R) \mid \det A = 1 \}$$

이라고 하면, $\mathrm{SL}_n(R) \lhd \mathrm{GL}_n(R)$, $\mathrm{GL}_n(R)/\mathrm{SL}_n(R) \cong U(R)$ 이다.

특히, F 가 체일 때, $\mathrm{GL}_n(F)/\mathrm{SL}_n(F) \cong F^*$ 이다.

여기서, $\mathrm{SL}_n(F)$ 를 체 F 위의 n 차의 **特殊線型群**(special linear group)이라고 한다.

증명 정리 3.7.6 에 의하여, $\mathrm{GL}_n(R)$ 에서 곱셈군 $U(R)$ 로의 사상

$$\phi : \mathrm{GL}_n(R) \longrightarrow U(R), \qquad \phi(A) = \det A$$

는 준동형사상이고 $\ker \phi = \mathrm{SL}_n(R)$ 이다. 또, 임의의 $a \in U(R)$ 에 대하여 $A = \operatorname{diag}\{a, 1, \cdots, 1\}$ 이라고 하면, $A \in \mathrm{GL}_n(R)$ 이고 $\phi(A) = a$ 이므로 $\operatorname{im} \phi = U(R)$ 이다. 따라서 제 1 동형정리에 의하여 정리가 성립한다.

정리 3.7.12 환 R 가 단위원 1 을 가진 가환환일 때, 원소 $a \in U(R)$ 와 $b \in R$ 에 대하여 다음 사상은 R 위의 치환이다.

$$T_{a,b} : R \longrightarrow R, \quad T_{a,b}(x) = a\,x + b$$

그리고, 이와 같은 치환 전체의 집합

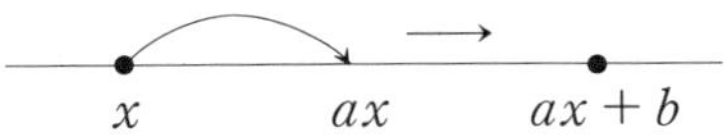

$$\mathscr{A} = \{ T_{a,b} \mid a \in U(R),\ b \in R \}$$

는 합성연산 $\circ$ 에 관하여 군을 이루고 다음이 성립한다.

$$\mathscr{A} \cong \left\{ \begin{bmatrix} a & b \\ 0 & 1 \end{bmatrix} \,\middle|\, a \in U(R),\ b \in R \right\}$$

여기서 각 $T_{a,b}$ 를 R 위의 **아핀변환**(affine transformation)이라 하고 또 $\mathscr{A}$ 를 R 위의 **아핀변환군**(affine transformation group)이라고 한다.

특히 실수체 $\mathbb{R}$ 위의 아핀변환을 **유클리드 변환**이라고 한다(문제 2.1.6).

증명 각 사상 $T_{a,b}$에 대하여 $T_{a,b}$의 역사상

$$T_{a,b}{}^{-1} : R \longrightarrow R,\ T_{a,b}{}^{-1}(x) = a^{-1}(x-b)$$

가 존재하므로 $T_{a,b}$는 R 위의 치환이고 $T_{a,b}{}^{-1} \in \mathscr{A}$이다(보기 2.1.4).

그리고, $T_{a,b}$, $T_{c,d} \in \mathscr{A}$이라고 할 때, 임의의 원소 $x \in R$에 대하여

$$\begin{aligned}(T_{a,b} \circ T_{c,d})(x) &= T_{a,b}(T_{c,d}(x)) = T_{a,b}(cx+d) \\ &= a(cx+d)+b = (ac)x + ad + b\end{aligned}$$

이므로 $T_{a,b} \circ T_{c,d} = T_{ac,ad+b} \in \mathscr{A}$이다. 또 $T_{1,0} : R \longrightarrow R$은 항등치환이고, 임의의 $T_{a,b} \in \mathscr{A}$에 대하여 $T_{1,0} \circ T_{a,b} = T_{a,b} \circ T_{1,0} = T_{a,b}$이다.

따라서 $\mathscr{A}$는 대칭군 $(S(R), \circ)$의 부분군을 이룬다.

또한, 사상

$$\phi : \mathscr{A} \longrightarrow \mathrm{GL}_2(R),\quad \phi(T_{a,b}) = \begin{bmatrix} a & b \\ 0 & 1 \end{bmatrix}$$

는 일대일 사상이고, 임의의 $T_{a,b}, T_{c,d} \in \mathscr{A}$에 대하여

$$\begin{aligned}\phi(T_{a,b})\,\phi(T_{c,d}) &= \begin{bmatrix} a & b \\ 0 & 1 \end{bmatrix}\begin{bmatrix} c & d \\ 0 & 1 \end{bmatrix} = \begin{bmatrix} ac & ad+b \\ 0 & 1 \end{bmatrix} \\ &= \phi(T_{ac,ad+b}) = \phi(T_{a,b} \circ T_{c,d})\end{aligned}$$

이므로 ϕ는 군 준동형사상이고. 따라서 정리가 성립한다(정리 2.8.9).

보기 3.7.5 가환환 $\mathbb{Z}_{26}$ 위에서 다음과 같은 아핀변환을 생각해 보자.

$$T_{7,10} : \mathbb{Z}_{26} \longrightarrow \mathbb{Z}_{26},\quad T_{7,10}(x) = 7x + 10$$

가환환 $\mathbb{Z}_{26}$에서 $7 \cdot 15 = 1$ 즉 $7^{-1} = 15$이다(보기 2.5.3). 따라서

$$T_{7,10}{}^{-1}(x) = 7^{-1}(x-10) = 15x - 15 \cdot 10 = 15x + 6$$

이므로 $T_{7,10}{}^{-1} = T_{15,6}$이다.

전행렬환 $\mathrm{Mat}_n(R)$의 멱등원을 **멱등행렬**이라고 한다. 체 F 위의 n차의 멱등행렬의 분류에 대해서는 정리 7.8.17을 참조하기 바란다.

연 습 문제 (3.7)

1. 체 $\mathbb{Z}_2 = \{0, 1\}$ 위의 전행렬환 $\mathrm{Mat}_2(\mathbb{Z}_2)$ 에서 다음을 구하여라.

(1) $\begin{bmatrix} 1 & 1 \\ 1 & 0 \end{bmatrix} + \begin{bmatrix} 0 & 1 \\ 1 & 1 \end{bmatrix}$ (2) $\begin{bmatrix} 1 & 1 \\ 1 & 0 \end{bmatrix}\begin{bmatrix} 0 & 1 \\ 1 & 1 \end{bmatrix}$ (3) $\begin{bmatrix} 1 & 1 \\ 0 & 1 \end{bmatrix}^{-1}$

2. 가환환 $\mathbb{Z}_{26}$ 위의 전행렬환 $\mathrm{Mat}_2(\mathbb{Z}_{26})$ 에서 다음을 구하여라.

(1) $\begin{bmatrix} 12 & 10 \\ 15 & 12 \end{bmatrix} + \begin{bmatrix} 20 & 17 \\ 15 & 16 \end{bmatrix}$ (2) $\begin{bmatrix} 3 & 0 \\ 1 & 7 \end{bmatrix}^{-1}$

3. 가환환 R 위의 전행렬환 $\mathrm{Mat}_2(R)$ 에서 다음 집합이 $\mathrm{Mat}_2(R)$ 의 부분환을 이루는지를 판정하여라.

(1) $S = \{\begin{bmatrix} a & b \\ b & a \end{bmatrix} \mid a, b \in R\}$ (2) $T = \{\begin{bmatrix} a & -b \\ b & a \end{bmatrix} \mid a, b \in R\}$

4. 가환환 $\mathbb{Z}_{26} = \{0, 1, 2, \cdots, 25\}$ 위의 아핀변환

$$T_{11,20} : \mathbb{Z}_{26} \longrightarrow \mathbb{Z}_{26}, \quad T_{11,20}(x) = 11x + 20$$

에 대하여 ${T_{11,20}}^{-1}$를 정의하고 $T_{11,20}(x) = 4$ 인 $x \in \mathbb{Z}_{26}$를 구하여라.

5. 체 $\mathbb{Z}_2 = \{0, 1\}$ 위의 전행렬환 $\mathrm{Mat}_2(\mathbb{Z}_2)$ 의 영인자 전체와 멱등행렬 전체를 구하여라.

***6.** 일반선형군 $\mathrm{GL}_n(\mathbb{R})$에서 다음 집합이 부분군을 이룸을 증명하여라.

(1) $\mathrm{O}(n) = \{A \in \mathrm{GL}_n(\mathbb{R}) \mid A^{-1} = A^T\}$

(2) $\mathrm{SO}(n) = \{A \in \mathrm{O}(n) \mid \det A = 1\}$

군 $\mathrm{O}(n)$, $\mathrm{SO}(n)$ 을 각각 **n차의 直交群**(orthogonal group), **특수직교군**(special orthogonal group)이라고 한다. 그리고, $\mathrm{O}(n)$ 에 속해 있는 행렬을 n차의 **직교행렬**이라고 한다([2]의 §5.3, §6.2 참조).

§3.8 정역의 분수체

정수환 $\mathbb{Z}$ 로부터 유리수체 $\mathbb{Q}$ 를 만드는 과정은 정수환 $\mathbb{Z}$ 가 정역이라는 사실에 근거한다. 일반적으로, 다음 정리가 성립한다.

정리 3.8.1 정역 D 에 대하여 $E = \{(a, b) \mid a, b \in D, b \neq 0\}$ 이라고 할 때, 다음과 같이 정의된 E 위의 관계 $\sim$는 동치관계이다.

$$(a, b) \sim (c, d) \iff a\,d = b\,c$$

동치관계 $\sim$ 에 관하여 $(a, b) \in E$ 를 포함하는 동치류를 $\frac{a}{b}$ 로 나타내고 동치류 전체의 집합을 F 로 나타내자. 즉,

$$F = \{\frac{a}{b} \mid a, b \in D,\ b \neq 0\}, \qquad \frac{a}{b} = \frac{c}{d} \iff a\,d = b\,c$$

이 때, F 위에 덧셈과 곱셈을

$$\frac{a}{b} + \frac{c}{d} = \frac{a\,d + b\,c}{b\,d}, \qquad \frac{a}{b} \cdot \frac{c}{d} = \frac{a\,c}{b\,d}$$

으로 정의하면, F 는 이들 두 연산에 관하여 체를 이룬다. 그리고,

$$\lambda : D \longrightarrow F, \quad \lambda(a) = \frac{a}{1}$$

는 일대일인 환 준동형사상이고 따라서 $D \cong \lambda(D) = \{\frac{a}{1} \mid a \in D\}$ 이다.

이와 같이 정의된 체 F 를 정역 D 의 **分數體**(field of fractions) 또는 **商體**(field of quotients) 라고 한다.

증명 다음 세 조건 (i), (ii), (iii) 가 성립한다.

(i) 모든 $(a, b) \in E$ 에 대하여 $a\,b = b\,a$ 이므로 $(a, b) \sim (a, b)$ 이다.

(ii) $(a, b) \sim (c, d)$ 이라고 하면, $a\,d = b\,c$ 이므로 $c\,b = d\,a$ 이고 따라서 $(c, d) \sim (a, b)$ 이다.

(iii) $(a, b) \sim (c, d)$, $(c, d) \sim (e, f)$ 이라고 하면, $a\,d = b\,c$, $c\,f = d\,e$ 이므로 $a\,d\,f = b\,c\,f = b\,d\,e$ 이고 또 $d \neq 0$ 이므로 $a\,f = b\,e$ 이고 따라서 $(a, b) \sim (e, f)$ 이다.

따라서 $\sim$ 는 E 위의 동치관계이다(정의 1.2.25).

집합 $F = \{\frac{a}{b} \mid a, b \in D, b \neq 0\}$ 에서

$$\frac{a}{b} = \frac{c}{d} \iff (a, b) \sim (c, d) \iff ad = cb$$

이고 임의의 원소 $\frac{a}{b}, \frac{c}{d} \in F$ 에 대하여 $b \neq 0, d \neq 0$ 이므로 $bd \neq 0$ 이고 따라서 $\frac{ad+bc}{bd} \in F$, $\frac{ac}{bd} \in F$ 이다.

그리고 $\frac{a}{b} = \frac{a'}{b'}$, $\frac{c}{d} = \frac{c'}{d'}$ 일 때,

$$\frac{a}{b} + \frac{c}{d} = \frac{ad+bc}{bd} = \frac{a'd' + b'c'}{b'd'} = \frac{a'}{b'} + \frac{c'}{d'},$$

$$\frac{a}{b} \cdot \frac{c}{d} = \frac{ac}{bd} = \frac{a'c'}{b'd'} = \frac{a'}{b'} \cdot \frac{c'}{d'}$$

이므로 F 위의 덧셈과 곱셈은 잘 정의된 연산이고, 또 이 두 연산에 관하여 다음이 성립함을 증명할 수 있다.

$$\left(\frac{a}{b} + \frac{c}{d}\right) + \frac{e}{f} = \frac{a}{b} + \left(\frac{c}{d} + \frac{e}{f}\right), \qquad \frac{a}{b} + \frac{c}{d} = \frac{c}{d} + \frac{a}{b},$$

$$\frac{a}{b} + \frac{0}{1} = \frac{0}{1} + \frac{a}{b} = \frac{a}{b},$$

$$\frac{a}{b} + \frac{-a}{b} = \frac{-a}{b} + \frac{a}{b} = \frac{0}{1} \quad \text{즉} \quad -\frac{a}{b} = \frac{-a}{b}$$

$$\left(\frac{a}{b} \cdot \frac{c}{d}\right) \cdot \frac{e}{f} = \frac{a}{b} \cdot \left(\frac{c}{d} \cdot \frac{e}{f}\right), \qquad \frac{a}{b} \cdot \frac{c}{d} = \frac{c}{d} \cdot \frac{a}{b}$$

$$\frac{a}{b} \cdot \frac{1}{1} = \frac{1}{1} \cdot \frac{a}{b} = \frac{a}{b}$$

$$\frac{a}{b} \neq \frac{0}{1} \text{ 일 때, } \frac{a}{b} \cdot \frac{b}{a} = \frac{b}{a} \cdot \frac{a}{b} = \frac{1}{1} \quad \text{즉} \quad \left(\frac{a}{b}\right)^{-1} = \frac{b}{a}$$

$$\frac{a}{b} \cdot \left(\frac{c}{d} + \frac{e}{f}\right) = \frac{a}{b} \cdot \frac{c}{d} + \frac{a}{b} \cdot \frac{e}{f}, \quad \left(\frac{a}{b} + \frac{c}{d}\right) \cdot \frac{e}{f} = \frac{a}{b} \cdot \frac{e}{f} + \frac{c}{d} \cdot \frac{e}{f}$$

$$\frac{a}{b} = \frac{0}{1} \iff a = 0, \qquad \frac{a}{b} = \frac{1}{1} \iff a = b$$

그러므로 F 는 체이다. 또, 체 F 에서 다음이 성립한다.

$$\frac{a}{b} = \frac{a}{1} \cdot \frac{1}{b} = \frac{a}{1} \cdot \left(\frac{b}{1}\right)^{-1}$$

그리고, 임의의 원소 $a, b \in D$ 에 대하여 다음이 성립한다.

$$\lambda(a+b) = \frac{a+b}{1} = \frac{a}{1} + \frac{b}{1} = \lambda(a) + \lambda(b),$$

$$\lambda(a\,b) = \frac{a\,b}{1} = \frac{a}{1} \cdot \frac{b}{1} = \lambda(a) \cdot \lambda(b), \quad \lambda(1) = \frac{1}{1}$$

$$\lambda(a) = \lambda(b) \iff \frac{a}{1} = \frac{b}{1} \iff a = b$$

따라서 λ는 일대일인 환 준동형사상이므로 $D \cong \lambda(D)$이다(정리 3.4.7).

앞의 정리에서 각 원소 $a \in D$와 원소 $\frac{a}{1} \in \lambda(D)$를 同一視하여 D와 $\lambda(D)$를 동일시하고, D를 분수체 F의 부분환으로 생각하기로 한다.

보기 3.8.1 유리수체 $\mathbb{Q}$의 정수환 $\mathbb{Z}$의 분수체이고 다음이 성립한다.

$$\mathbb{Q} = \{\frac{a}{b} \mid a, b \in \mathbb{Z}, b \neq 0\},$$

$$\frac{a}{b} = \frac{c}{d} \iff a\,d = b\,c$$

$$\frac{a}{b} + \frac{c}{d} = \frac{a\,d + b\,c}{b\,d},$$

$$\frac{a}{b} \cdot \frac{c}{d} = \frac{a\,c}{b\,d},$$

$$-\frac{a}{b} = \frac{-a}{b} = \frac{a}{-b}$$

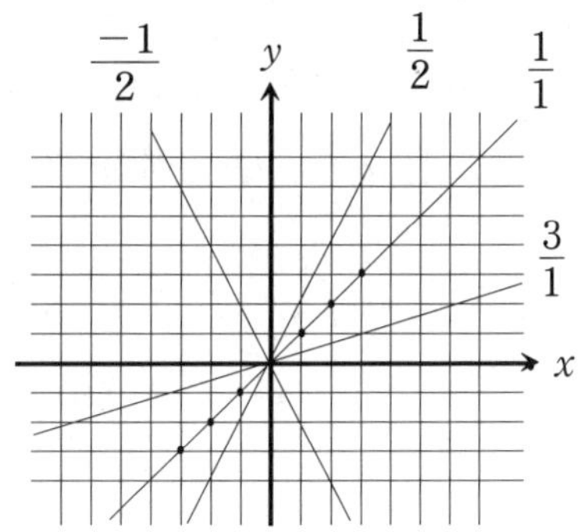

정리 3.8.2 체 K의 부분환 D가 정역일 때, F를 D의 분수체라고 하면

$$\phi : F \longrightarrow K, \quad \phi(\frac{a}{b}) = a\,b^{-1}$$

는 일대일인 환 준동형사상이고

$$F \cong \phi(F) = \{a\,b^{-1} \in K \mid a, b \in D, b \neq 0\}$$

이며 $\phi(F)$는 K의 부분체이다. 또, $D \subseteq \phi(F)$ 이다.

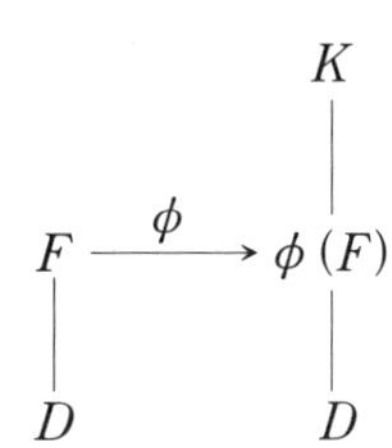

증명 두 원소 $\frac{a}{b}, \frac{c}{d} \in F$ 에 대하여

$$\frac{a}{b} = \frac{c}{d} \ (F\text{ 에서}) \iff a\,d = b\,c \qquad (D\text{ 에서})$$
$$\iff a\,b^{-1} = c\,d^{-1} \qquad (K\text{ 에서})$$
$$\iff \phi(\frac{a}{b}) = \phi(\frac{c}{d})$$

이므로 ϕ는 잘 정의된 사상이고 또 일대일 사상이며,

$$\phi(\frac{a}{b} + \frac{c}{d}) = \phi(\frac{a\,d+b\,c}{b\,d}) = (a\,d + b\,c)(b\,d)^{-1}$$
$$= a\,b^{-1} + c\,d^{-1} = \phi(\frac{a}{b}) + \phi(\frac{c}{d}),$$
$$\phi(\frac{a}{b} \cdot \frac{c}{d}) = \phi(\frac{a\,c}{b\,d}) = (a\,c)(b\,d)^{-1}$$
$$= a\,b^{-1}\,c\,d^{-1} = \phi(\frac{a}{b})\,\phi(\frac{c}{d})$$

이므로 ϕ는 환 준동형사상이다.

따라서 정리 3.4.7 에 의하여 $F \cong \phi(F)$ 이므로 $\phi(F)$ 는 체이고 $\phi(F)$ 는 체 K 의 부분체이다(정리 3.4.11).

또, 모든 $a \in D$ 에 대하여 $\phi(a) = \phi(\frac{a}{1}) = a$ 이므로 $D \subseteq \phi(F)$ 이다.

위의 정리에서 원소 $\frac{a}{b} \in F$ 를 원소 $a\,b^{-1} \in \phi(F)$ 와 동일시하여 F 와 $\phi(F)$ 를 동일시하고, $\phi(F)$ 를 K 안에서의 D 의 분수체라고 생각한다.

보기 3.8.2 이차체 $\mathbb{Q}(\sqrt{m}) = \{u + v\sqrt{m} \mid u, v \in \mathbb{Q}\}$ 에서 부분환

$$\mathbb{Z}[\sqrt{m}] = \{a + b\sqrt{m} \mid a, b \in \mathbb{Z}\}$$

는 정역이고, $\mathbb{Q}(\sqrt{m})$ 는 $\mathbb{Z}[\sqrt{m}]$ 의 분수체이다(보기 3.3.6).

실제로, $\mathbb{Z}[\sqrt{m}]$ 의 두 원소 $\xi = a+b\sqrt{m}$, $\eta = c+d\sqrt{m} \neq 0$ 에 대하여

$$\frac{\xi}{\eta} = \frac{a\,c - b\,d\,m}{c^2 - m\,d^2} + \frac{b\,c - a\,d}{c^2 - m\,d^2}\sqrt{m} \in \mathbb{Q}(\sqrt{m})$$

이고, 각 $\xi \in \mathbb{Q}(\sqrt{m})$ 는 적당한 정수 a, b, c, d $(b \neq 0, d \neq 0)$ 에 대하여 $\xi = \frac{a}{b} + \frac{c}{d}\sqrt{m} = \frac{a\,d + b\,c\sqrt{m}}{b\,d + 0\sqrt{m}}$ 와 같이 나타내어진다.

정의 3.8.3 환 D가 정역 또는 체일 때, 다항식환 $D[x]$는 정역이므로 그 분수체가 정의된다(정리 3.5.4). 이 분수체를 $D(x)$로 나타낸다. 즉,

$$D(x)=\{\frac{f(x)}{g(x)} \mid f(x), g(x)\in D[x],\ g(x)\neq 0\}$$

$$\frac{f(x)}{g(x)}=\frac{h(x)}{k(x)} \iff f(x)\,k(x)=g(x)\,h(x)$$

$$\frac{f(x)}{g(x)}+\frac{h(x)}{k(x)}=\frac{f(x)\,k(x)+g(x)\,h(x)}{g(x)\,k(x)},$$

$$\frac{f(x)}{g(x)}\cdot\frac{h(x)}{k(x)}=\frac{f(x)\,h(x)}{g(x)\,k(x)}, \qquad \frac{f(x)}{1}=f(x)$$

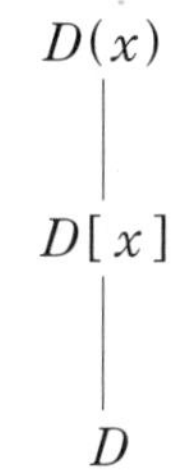

분수체 $D(x)$를 D 위의 **有理式體**라 하고 $D(x)$의 각 원소를 D 위의 (x에 관한) **유리식**(rational expression)이라고 한다.

여기서, D와 $D[x]$는 모두 유리식체 $D(x)$의 부분환이다.

보기 3.8.3 유리수체 $\mathbb{Q}$ 위의 유리식체 $\mathbb{Q}(x)$에서 다음이 성립한다.

$$\frac{x(x+1)}{x^2(x-1)}=\frac{x+1}{x(x-1)}, \qquad \frac{x^2-1}{x+1}=\frac{(x-1)(x+1)}{x+1}=x-1$$

$$\frac{1}{x-1}+\frac{x+2}{x^2-1}=\frac{x+1+x+2}{x^2-1}=\frac{2x+3}{x^2-1}, \quad \frac{x+1}{x}\cdot\frac{x(x^2+1)}{x^2-1}=\frac{x^2+1}{x-1}$$

보기 3.8.4 체 F가 정역 D의 분수체일 때, F 위의 유리식체 $F(x)$는 D 위의 유리식체 $D(x)$와 일치한다. 즉, $F(x)=D(x)$이다.

실제로, 유리식체 $F(x)$의 원소는 모두

$$\frac{\frac{a_n}{b_n}x^n+\cdots+\frac{a_1}{b_1}x+\frac{a_0}{b_0}}{\frac{c_m}{d_m}x^m+\cdots+\frac{c_1}{d_1}x+\frac{c_0}{d_0}} \qquad (a_i, b_i, c_j, d_j\in D)$$

와 같은 꼴이고, 이 식의 분자 분모에 $b_n\cdots b_1 b_0 d_m\cdots d_1 d_0$을 곱하여

$$\frac{k_n x^n+\cdots+k_1x+k_0}{h_m x^m+\cdots+h_1x+h_0} \qquad (k_i, h_i\in D)$$

와 같은 꼴로 나타낼 수 있다.

정의 3.8.4 환 D가 정역 또는 체일 때, 다항식환 $D[x_1, x_2, \cdots, x_n]$은 정역이므로 $D[x_1, x_2, \cdots, x_n]$의 분수체가 정의된다(정리 3.5.6 참조). 이 분수체를 $D(x_1, x_2, \cdots, x_n)$으로 나타내고, 이것을 D 위의 $x_1, x_2, \cdots, x_n$에 관한 **有理式體**라고 한다.

그리고, 유리식체 $D(x_1, x_2, \cdots, x_n)$의 각 원소

$$\frac{f(x_1, x_2, \cdots, x_n)}{g(x_1, x_2, \cdots, x_n)} \qquad (f, g \in D[x_1, x_2, \cdots, x_n], g \neq 0)$$

를 $x_1, x_2, \cdots, x_n$에 관한 **유리식**이라고 한다.

부정원 x에 관한 식 중에서,

$$\sqrt[3]{x}, \quad x^2+\sqrt{x^2+x}, \quad \sqrt{x+\sqrt[3]{x^2+1}}, \quad \frac{x+\sqrt{x+1}}{x^2+1}$$

와 같이 수나 부정원 x에 관한 거듭제곱과 거듭제곱근을 더하고 빼거나 곱하고 나누어 만든 식을 x에 관한 **무리식**이라 하고, 또 유리식과 무리식을 통틀어 **대수적 식**(algebraic expression)이라고 한다.

한편,

$$\sin^2 x + \cos x, \quad \frac{\sin x}{x}, \quad x^2 - \log\sqrt{x}, \; e^x + \log x + 1$$

과 같이 대수적 식이 아닌 식을 **초월적 식**(transcendental expression)이라고 한다.

위와 같은 분류 방법과는 달리, 부정원 x에 관한 식을 그 모양에 따라 분류하여

$$\frac{x^2+x+1}{x^3+x^2+1}, \quad \frac{x-1}{x^2+\dfrac{x+3}{x^2-5}}, \quad \frac{x+\sqrt{x+1}}{x^2+1}, \quad \frac{\sin x}{x}, \quad \frac{\log x}{e^x}$$

와 같이 분수의 꼴로 나타내어지는 식을 **분수식**이라고 한다.

물론, 유리식은 분수식의 일종이다.

다항식과 다항함수는 전혀 다르고 또 유리식과 유리함수도 전혀 다르다.

연 습 문 제 (3.8)

1. 체 $\mathbb{Z}_2 = \{0, 1\}$ 위의 유리식체 $\mathbb{Z}_2(x)$ 에서 다음을 간단히 하여라.

(1) $\dfrac{x^2+1}{x+1}$ (2) $\dfrac{x^2+1}{x+1} + \dfrac{x^2+1}{x+1}$ (3) $\dfrac{x+1}{x} + \dfrac{x}{x+1}$

2. 다음 유리식을 정수를 계수로 가지는 유리식으로 나타내어라.

(1) $\dfrac{x + \dfrac{1}{2}}{\dfrac{2}{3}x^2 + \dfrac{1}{6}x - 1}$ (2) $\dfrac{\dfrac{1}{10}x + \dfrac{2}{5}}{x^2 - \dfrac{3}{2}x + 1}$

3. 단위원 1을 가진 가환환 R에서 R의 부분집합 S가 다음 두 조건을 만족시킬 때, S를 R의 **곱셈집합**(multiplicative set)이라고 한다.

(i) $0 \notin S$, $1 \in S$ (ii) $s, t \in S \Longrightarrow st \in S$

(1) D가 정역일 때, $S = D - \{0\}$는 D의 곱셈집합임을 확인하여라.

(2) 각 정수 $b\ (\geq 2)$에 대하여 $S = \{b^n \mid n = 0, 1, 2, \cdots\}$는 정수환 $\mathbb{Z}$의 곱셈집합임을 밝혀라.

4. 정수 $b\ (\geq 2)$에 대하여

$$R_b = \{\frac{a}{b^n} \in \mathbb{Q} \mid a \in \mathbb{Z},\ n = 0, 1, 2, \cdots\}$$

는 유리수체 $\mathbb{Q}$의 부분환을 이룬다(문제 3.3.1). 다음이 성립함을 밝혀라.

(1) 유리수 $\mathbb{Q}$는 R_b의 분수체이다.

(2) $R_2 \cap R_3 = \mathbb{Z}$, $R_2 \subseteq R_6$, $R_3 \subseteq R_6$

***5.** 素數 p에 대하여 $S = \mathbb{Z} - p\mathbb{Z}$는 정수환 $\mathbb{Z}$의 곱셈집합임을 밝혀라. 또,

$$\mathbb{Q}_p = \{\frac{a}{s} \in \mathbb{Q} \mid a \in \mathbb{Z},\ s \in S\}$$

이라고 할 때, 다음이 성립함을 밝혀라.

(1) $\mathbb{Q}_p$는 유리수체 $\mathbb{Q}$의 부분환이지만 부분체는 아니고 $\mathbb{Z} \subsetneq \mathbb{Q}_p \subsetneq \mathbb{Q}$이다.

(2) 유리수체 $\mathbb{Q}$는 $\mathbb{Q}_p$의 분수체이다.

§ 3.9 이데알과 잉여환

이 절에서는, 환의 특수한 부분환에 대하여 논하기로 한다.

정의 3.9.1 환 R에서 R의 부분집합 I $(\neq \varnothing)$가 아래의 두 조건을 만족시킬 때 I를 R의 **이데알**(독일어 Ideal, 영어 ideal)이라고 한다.

(i) $(I, +)$는 $(R, +)$의 부분군이다. 즉, $a, b \in I \Longrightarrow a-b \in I$

(ii) 임의의 원소 $a \in I$, $r \in R$에 대하여 $r\,a, a\,r \in I$ 이다.

환 R에서 R와 $\{0\}$은 R의 이데알이다. 이데알 $\{0\}$을 R의 **零이데알**(zero ideal)이라고 한다. 환 R의 이데알은 R의 부분환이다(정리 3.3.2).

보기 3.9.1 정수환 $\mathbb{Z}$의 이데알은 모두 다음과 같은 꼴이다

$$n\,\mathbb{Z} = \{n\,x \mid x \in \mathbb{Z}\}, \qquad n \geq 0$$

실제로, $\mathbb{Z}$의 부분환은 모두 이와 같은 꼴이고(보기 3.3.3), 또 임의의 $x, r \in \mathbb{Z}$에 대하여 $r(n\,x) = n(r\,x) \in n\,\mathbb{Z}$이므로 $n\,\mathbb{Z}$는 이데알이다.

정리 3.9.2 단위원 1을 가진 환 R에서 I가 R의 이데알일 때, 다음이 성립한다.

(1) $1 \in I$ 이면, $I = R$ 이다.

(2) I가 단원을 포함하면, $I = R$ 이다.

증명 먼저 $1 \in I$ 이면, 임의의 원소 $r \in R$에 대하여 $r = r\,1 \in I$ 이므로 $I = R$ 이다. 그리고, 이데알 I가 R의 단원 u를 포함하면, $u^{-1} \in R$가 존재하고 따라서 $1 = u^{-1}\,u \in I$ 이므로 위의 결과에 의하여 $I = R$ 이다.

보기 3.9.2 환 R가 나눗셈환 또는 체일 때, R의 이데알은 R와 $\{0\}$뿐이다. 실제로, I가 R의 이데알일 때, $I \neq \{0\}$ 이면 I는 단원을 포함하므로 $I = R$ 이다(정리 3.2.9, 정리 3.9.2).

정리 3.9.3 환 R에서 R의 두 이데알 I, J에 대하여

$$I \cap J = \{a \mid a \in I, a \in J\},$$
$$I + J = \{a+b \mid a \in I, b \in J\}$$

이라고 할 때, 다음이 성립한다.

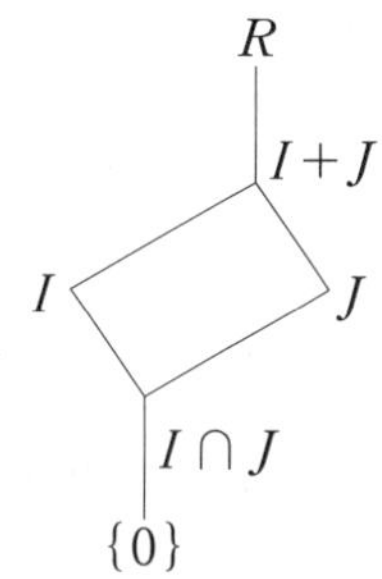

(1) $I \cap J$와 $I+J$는 R의 이데알이다.

(2) $I \cap J \subseteq I,\ \ I \cap J \subseteq J,\ \ I \subseteq I+J,\ \ J \subseteq I+J$

증명 (1) 분명히 $0 \in I \cap J \neq \varnothing$ 이다.

이제 $a, b \in I \cap J$ 이라 하고 $r \in R$ 이라고 하자.

이 때, $a, b \in I$ 이므로 $a-b \in I$ 이고 또 $ra, ar \in I$ 이다. 마찬가지로, $a, b \in J$ 이므로 $a-b \in J$ 이고 또 $ra, ar \in J$ 이다. 따라서 $a-b \in I \cap J$ 이고 또 $ra, ar \in I \cap J$ 이므로, $I \cap J$는 R의 이데알이다.

다음에 $0 = 0 + 0 \in I + J \neq \varnothing$ 이다. 그리고 $u, v \in I + J$ 이라고 하면, $u = a + b,\ v = c + d$ 인 원소 $a, c \in I$와 $b, d \in J$가 존재하고 이때

$$u-v = (a-c) + (b-d) \qquad (a-c \in I,\ b-d \in J)$$

이므로 $u-v \in I + J$ 이고 또 임의의 $r \in R$에 대하여

$$ru = ra + rb, \quad ur = ar + br \quad (ra, ar \in I,\ rb, br \in J)$$

이므로 $ru, ur \in I + J$ 이다. 따라서 $I + J$는 R의 이데알이다.

(2) 분명히 $I \cap J \subseteq I,\ \ I \cap J \subseteq J$ 이고, 임의의 $a \in I, b \in J$에 대하여

$$a = a + 0 \in I + J, \quad b = 0 + b \in I + J$$

이므로 $I \subseteq I+J,\ \ J \subseteq I+J$ 이다.

앞의 정리 3.9.3에 의하여 다음 정리가 성립한다.

정리 3.9.4 환 R에서 $I_1, \cdots, I_n$가 R의 이데알일 때,

$$I_1 \cap \cdots \cap I_n = \{a \mid a \in I_1, \cdots, a \in I_n\},$$
$$I_1 + \cdots + I_n = \{a_1 + \cdots + a_n \mid a_1 \in I_1, \cdots, a_n \in I_n\}$$

는 모두 R의 이데알이다.

정리 3.9.5 환 R가 단위원 1을 가진 가환환일 때, 각 원소 $a \in R$에 대하여

$$(a) = \{ar \mid r \in R\}$$

이라고 하면 다음이 성립한다.

(1) (a)는 R의 이데알이고, 또 $a \in (a)$이다.

(2) R의 이데알 I가 a를 포함하면, $(a) \subseteq I$이다.

이데알 (a)를 a에 의하여 생성된 **單項이데알**(principal ideal)이라 하고 이 이데알을 aR로 나타내기도 한다.

증명 이제 $u, v \in (a)$이라고 하면, 적당한 두 원소 $b, c \in R$에 대하여 $u = ab,\ v = ac$이고 이때 임의의 $r \in R$에 대하여

$$u - v = ab - ac = a(b - c) \in (a),$$
$$ru = ur = (ab)r = a(br) \in (a)$$

이므로 (a)는 R의 이데알이다. 그리고, $a = a1 \in (a)$이다.

또, R의 이데알 I가 a를 포함하면, 임의의 $r \in R$에 대하여 $ar \in I$이므로 $(a) \subseteq I$이다.

정리 3.9.6 환 R가 단위원 1을 가진 가환환일 때, 원소 $a_1, \cdots, a_n$에 대하여

$$(a_1, \cdots, a_n) = \{a_1 r_1 + \cdots + a_n r_n \mid r_1, \cdots, r_n \in R\}$$

이라고 하면 다음이 성립한다.

(1) $(a_1, \cdots, a_n)$은 R의 이데알이고, 이 이데알은 $a_1, \cdots, a_n$을 포함한다.

(2) R의 이데알 I가 $a_1, \cdots, a_n$을 포함하면, $(a_1, \cdots, a_n) \subseteq I$이다.

이데알 $(a_1, \cdots, a_n)$을 $a_1, \cdots, a_n$에 의하여 **생성된 이데알**이라고 한다.

증명 분명히

$$\begin{aligned}(a_1, \cdots, a_n) &= \{a_1 r_1 + \cdots + a_n r_n \mid r_1, \cdots, r_n \in R\} \\ &= (a_1) + \cdots + (a_n)\end{aligned}$$

이므로 정리 3.9.5와 정리 3.9.4에 의하여 정리가 성립한다.

정의 3.9.7 단위원 1을 가진 가환환 R에서 R의 이데알이 모두 단항 이데알일 때, R를 **단항이데알 환**(principal ideal ring)이라고 한다.

특히, 정역 D의 이데알이 모두 단항이데알일 때, D를 **단항이데알 정역**(principal ideal domain)이라 하고 이 사실을 **PID**로 나타낸다.

보기 3.9.3 체는 PID이다.

실제로, 체 F의 이데알은 $(1)=F$와 (0)뿐이다(보기 3.9.2 참조).

보기 3.9.4 정수환 $\mathbb{Z}$는 PID이다. 실제로, $\mathbb{Z}$의 이데알은 모두

$$(n)=n\mathbb{Z}=\{nx \mid x\in\mathbb{Z}\}, \qquad n\geq 0$$

과 같은 꼴의 단항이데알이다(보기 3.9.1).

그리고, 두 양의 정수 m, n의 최대공약수와 최소공배수를 각각 d, l이라고 하면

$$m\mathbb{Z}+n\mathbb{Z}=d\mathbb{Z}, \quad m\mathbb{Z}\cap n\mathbb{Z}=l\mathbb{Z}$$

이고, 또 m, n이 서로 소이면 $m\mathbb{Z}+n\mathbb{Z}=\mathbb{Z}$, $m\mathbb{Z}\cap n\mathbb{Z}=mn\mathbb{Z}$이다(보기 2.3.8).

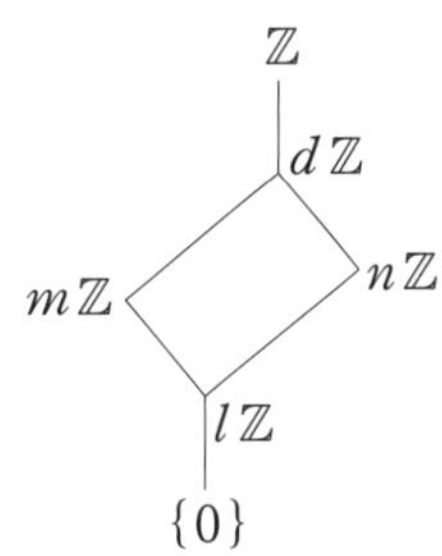

보기 3.9.5 가환환 $\mathbb{Z}_n=\{0, 1, \cdots, n-1\}, n\geq 2$은 단항이데알 환이다.

실제로, n의 임의의 양의 약수 d에 대하여 $n=md$이라고 하면

$$(m)=\{0, m, 2m, \cdots, (d-1)m\}$$

은 $\mathbb{Z}_n$의 이데알이고 또 $\mathbb{Z}_n$의 이데알은 모두 이와 같은 꼴로 나타내어진다(보기 3.3.5).

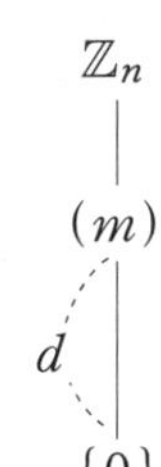

예를 들면, 가환환 $\mathbb{Z}_8=\{0, 1, 2, 3, \cdots, 7\}$의 이데알 전체는 다음과 같다.

$$\mathbb{Z}_8=(1), \quad (2)=\{0, 2, 4, 6\}, \quad (4)=\{0, 4\}, \quad (0)=\{0\}$$

마찬가지로, 가환환 $\overline{\mathbb{Z}}_n=\{\overline{0}, \overline{1}, \cdots, \overline{n-1}\}, n\geq 2$은 단항이데알 환이다.

정의 3.9.8 환 R의 원소 a가 적당한 양의 정수 m에 대하여 $a^m = 0$일 때, a를 R의 **冪零元**(nilpotent element)이라고 한다.

정리 3.9.9 환 R가 가환환일 때, 멱영원 전체의 집합을 $N(R)$로 나타내면 $N(R)$는 R의 이데알을 이룬다.

증명 이제 $a, b \in N(R)$이라고 하면,, 적당한 양의 정수 m, n에 대하여 $a^m = 0$, $b^n = 0$이고 R가 가환환이므로 다음이 성립한다(정리 3.2.5).

$$(a-b)^{m+n} = \sum_{i=0}^{m+n} a^{m+n-i}(-b)^i$$

그런데 $0 \le i \le n$이면 $a^{m+n-i} = 0$이므로 $a^{m+n-i}(-b)^i = 0$이고, 또 $n+1 \le i \le m+n$이면 $b^i = 0$이므로 $a^{m+n-i}(-b)^i = 0$이다.

따라서 $(a-b)^{m+n} = 0$이므로 $a-b \in N(R)$이다.

또한, 임의의 원소 $r \in R$에 대하여 $(ra)^m = r^m a^m = r^m 0 = 0$이므로 $ra = ar \in N(R)$이다. 그러므로 $N(R)$는 R의 이데알이다.

보기 3.9.6 환 R가 정역일 때, R의 멱영원은 0뿐이다.

보기 3.9.7 정수 n (≥ 2)의 표준분해가 $n = p_1^{e_1} \cdots p_r^{e_r}$일 때, 가환환 $\mathbb{Z}_n$의 멱영원 전체로 이루어진 이데알은 $(p_1 \cdots p_r)$이다(문제 5 참조).

예를 들면, 가환환 $\mathbb{Z}_{24} = \{0, 1, 2, \cdots, 23\}$에서 $24 = 2^3 \cdot 3$이므로, $\mathbb{Z}_{24}$의 멱영원 전체로 이루어진 이데알은 $(6) = \{0, 6, 12, 18\}$이다.

보기 3.9.8 환 R 위의 전행렬환 $\mathrm{Mat}_n(R)$의 멱영원을 **멱영행렬**이라고 한다. 환 R가 단위원 1을 가진 환일 때, 전행렬환 $\mathrm{Mat}_2(R)$에서

$$A = \begin{bmatrix} 0 & 0 \\ 1 & 0 \end{bmatrix}, \qquad B = \begin{bmatrix} 0 & 1 \\ 0 & 0 \end{bmatrix}$$

는 멱영행렬이지만 $A+B$는 멱영행렬이 아니다.

체 F 위의 전행렬환 $\mathrm{Mat}_n(F)$의 멱영행렬에 대해서는 '해설 309'를 참조하기 바란다.

환 R에서 I가 이데알일 때, I는 덧셈군 $(R, +)$의 부분군이므로 덧셈군

$$R/I = \{a+I \mid a \in R\}$$

가 정의된다(정리 2.9.12). 여기서

$$a+I = b+I \iff a-b \in I$$
$$(a+I) + (b+I) = (a+b)+I$$

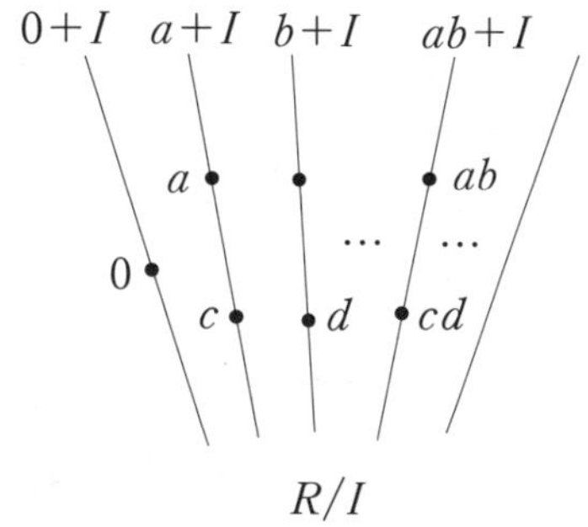

그리고, 집합 R/I 위의 다음과 같은 곱셈은 잘 정의된 연산이다.

$$(a+I)\cdot(b+I) = ab + I$$

실제로, $a+I = c+I$, $b+I = d+I$ 일 때, $a-c \in I$, $b-d \in I$ 이므로

$$ab - cd = (a-c)b + c(b-d) \in I \quad 즉 \quad ab + I = cd + I$$

이고 따라서 $(a+I)\cdot(b+I) = (c+I)\cdot(d+I)$ 이다.

또, 집합 R/I는 이와 같이 정의된 덧셈과 곱셈에 관하여 환을 이룬다. 실제로, R/I의 임의의 원소 $a+I, b+I, c+I$에 대하여 다음이 성립한다.

$$((a+I)\cdot(b+I))\cdot(c+I) = (a+I)\cdot((b+I)\cdot(c+I)),$$
$$(a+I)\cdot((b+I) + (c+I)) = (a+I)\cdot(b+I) + (a+I)\cdot(c+I),$$
$$((a+I) + (b+I))\cdot(c+I) = (a+I)\cdot(c+I) + (b+I)\cdot(c+I)$$

정의 3.9.10 환 R에서 I가 이데알일 때, 집합 $R/I = \{a+I \mid a \in R\}$는 다음과 같이 정의된 상등관계와 덧셈 및 곱셈에 관하여 환을 이룬다.

$$a+I = b+I \iff a-b \in I$$
$$(a+I) + (b+I) = (a+b)+I$$
$$(a+I)\cdot(b+I) = ab+I$$

환 R/I를 환 R의 이데알 I에 의한 **剩餘環** 또는 **因子環**(factor ring) 또는 **商環**(quotient ring)이라고 한다.

잉여환 R/I의 영원은 $0+I = I$이고 $-(a+I) = -a+I$이다.

환 R에서 R와 $\{0\}$은 이데알이고 $R/R \cong \{0\}$, $R/\{0\} \cong R$이다.

정리 3.9.11 환 R에서 I가 R의 이데알일 때 다음이 성립한다.

(1) R가 가환환이면, 잉여환 R/I는 가환환이다.

(2) R가 단위원 1을 가진 환일 때, $I \neq R$이면 잉여환 R/I는 단위원 $1+I$를 가진 환이고 $1+I \neq 0+I$이다.

증명 (1) R가 가환환일 때, 잉여환 R/I에서

$$(a+I)\cdot(b+I) = ab+I = ba+I = (b+I)\cdot(a+I)$$

이므로 R/I는 가환환이다.

(2) $I \neq R$이면, 정리 3.9.2에 의하여 $1 \notin I$이고 따라서 잉여환 R/I에서 $1+I \neq 0+I$이다. 그리고 임의의 원소 $a \in R$에 대하여

$$(a+I)\cdot(1+I) = a+I = (1+I)\cdot(a+I)$$

이므로 $1+I$는 R/I의 단위원이다.

보기 3.9.9 정수환 $\mathbb{Z}$에서 양의 정수 n에 대하여 잉여환

$$\mathbb{Z}/(n) = \mathbb{Z}/n\mathbb{Z} = \{a+n\mathbb{Z} \mid a \in \mathbb{Z}\}$$

에서 각 $a \in \mathbb{Z}$에 대하여 $\bar{a} = a+n\mathbb{Z}$이라고 하면, $\mathbb{Z}/(n)$은 가환환

$$\overline{\mathbb{Z}}_n = \{\bar{a} \mid a \in \mathbb{Z}\} = \{\bar{0}, \bar{1}, \cdots, \overline{n-1}\}$$

과 일치한다(보기 3.1.6, 보기 2.9.8).

보기 3.9.10 가환환 $\mathbb{Z}_n = \{0, 1, \cdots, n-1\}$, $n \geq 2$의 이데알은 모두

$$(m) = \{0, m, 2m, \cdots, (d-1)m\}$$

과 같은 꼴이다. 여기서, m과 d는 $n = md$인 양의 정수이다(보기 3.9.5). 그리고, $\mathbb{Z}_n/(m) \cong \mathbb{Z}_m$이다(보기 2.9.9 참조).

연 습 문제 (3.9)

1. 다음 가환환의 이데알을 모두 구하여라.

*(1) $\mathbb{Z}_{12} = \{0, 1, 2, \cdots, 11\}$　　(2) $\mathbb{Z}_{30} = \{0, 1, 2, \cdots, 29\}$

2. 가환환 $\mathbb{Z}^2$ 에서 $B = \{(2a, 3b) \mid a, b \in \mathbb{Z}\}$ 는 $\mathbb{Z}^2$ 의 이데알임을 밝히고 또 $C = \{(2k, 3k) \mid k \in \mathbb{Z}\}$ 는 $\mathbb{Z}^2$ 의 이데알이 아님을 밝혀라.

3. 환 R 의 부분환 S 와 이데알 I 에 대하여 $S+I = \{s+a \mid s \in S, a \in I\}$ 이라고 하면, $S+I$ 는 R 의 부분환임을 증명하여라.

4. 환 R 의 두 이데알 I, J 에 대하여 $I \cap J = \{0\}$ 일 때, 모든 원소 $a \in I$ 와 모든 원소 $b \in J$ 에 대하여 $ab = 0 = ba$ 임을 증명하여라.

*5. 보기 3.9.7 의 결과가 성립함을 밝혀라.
그리고, 가환환 $\mathbb{Z}_{50}$ 의 멱등원 전체로 이루어진 이데알을 구하여라.

6. 전행렬환 $\mathrm{Mat}_2(\mathbb{Z})$ 에서 각 양의 정수 n 에 대하여

$$\mathscr{I} = \{\begin{bmatrix} na & nb \\ nc & nd \end{bmatrix} \mid a, b, c, d \in \mathbb{Z}\}$$

는 $\mathrm{Mat}_2(\mathbb{Z})$ 의 이데알임을 증명하여라.

7. 환 R 가 단위원 1을 가진 Boole 환일 때, I 가 $I \neq R$ 인 R 의 이데알이면 잉여환 R/I 는 단위원 $1+I$ 를 가진 Boole 환임을 밝혀라.

*8. 환 R $(\neq \{0\})$ 의 이데알이 R 와 $\{0\}$ 뿐일 때, R 를 **單純環**(simple ring) 이라고 한다. 체 F 위의 전행렬환 $\mathrm{Mat}_n(F)$ 는 단순환임을 증명하여라.

*9. 전행렬환 $\mathrm{Mat}_2(\mathbb{R})$에서 다음 집합이 부분환을 이룸을 밝혀라.

$$R = \{\begin{bmatrix} a & b \\ 0 & u \end{bmatrix} \mid a \in \mathbb{Z}, b \in \mathbb{R}, u \in \mathbb{Q}\}$$

그리고,

$$J = \{\begin{bmatrix} 0 & b \\ 0 & 0 \end{bmatrix} \mid b \in \mathbb{Q}\}, \quad I = \{\begin{bmatrix} 0 & b \\ 0 & 0 \end{bmatrix} \mid b \in \mathbb{Z}\}$$

이라고 할 때, J 는 R 의 이데알이고 또 I 는 J 의 이데알이지만 I 는 R 의 이데알이 아님을 밝혀라.

§ 3.10 환의 동형정리

이 절에서는, 환에 대한 동형정리와 대응정리에 대하여 논한다(§ 2.10).

정리 3.10.1 사상 $f : R \longrightarrow R'$ 가 환 준동형사상일 때 다음이 성립한다.

(1) I 가 R 의 이데알이면 $f(I)$ 는 환 $f(R)$ 의 이데알이다.

(2) $I = \ker f = \{a \in R \mid f(a) = 0'\}$ 이라고 하면, I 는 R 의 이데알이고 또 두 원소 $a, b \in R$ 에 대하여 $f(a) = f(b) \Longleftrightarrow a + I = b + I$ 이다.

증명 (1) 정리 3.4.5 에 의하여 $f(I)$ 는 R' 의 부분환이다.
그리고, 임의의 $a \in I$ 와 $r \in R$ 에 대하여 $ra \in I, ar \in I$ 이므로

$$f(r)f(a) = f(ra) \in f(I),$$
$$f(a)f(r) = f(ar) \in f(I)$$

이므로 $f(I)$ 는 $f(R)$ 의 이데알이다(정의 3.9.1).

(2) 정리 3.4.5 에 의하여 I 는 R 의 부분환이다.
그리고, 임의의 $a \in I$ 와 $r \in R$ 에 대하여

$$f(ra) = f(r)f(a) = f(r)0' = 0',$$
$$f(ar) = f(a)f(r) = 0'f(r) = 0'$$

이므로 $ra, ar \in I$ 이고, 따라서 I 는 R 의 이데알이다.

정리 3.10.2 환 R 에서 I 가 R 의 이데알일 때, R 에서 잉여환 R/I 로의 사상

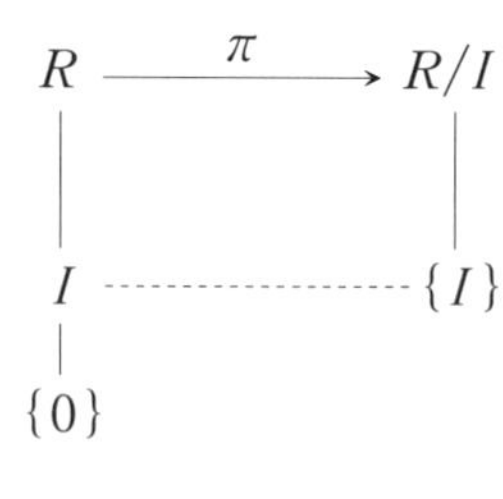

$$\pi : R \longrightarrow R/I, \quad \pi(x) = x + I$$

는 환 준동형사상이고 또 다음이 성립한다.

$$\operatorname{im}\pi = R/I, \quad \ker\pi = I$$

준동형사상 π 를 R 에서 잉여환 R/I 위로의 **표준준동형사상** 또는 **자연준동형사상**이라고 한다.

증명 임의의 $a, b \in R$ 에 대하여

$$\pi(a+b) = (a+b) + I = (a+I) + (b+I) = \pi(a) + \pi(b),$$
$$\pi(ab) = ab + I = (a+I)(b+I) = \pi(a)\pi(b)$$

이므로 π 는 환 준동형사상이다(정의 3.9.10). 그리고, 다음이 성립한다.

$$\operatorname{im}\pi = \{\pi(a) \mid a \in R\} = \{a+I \mid a \in R\} = R/I,$$
$$\ker\pi = \{a \in R \mid \pi(a) = 0+I\} = \{a \in R \mid a+I = 0+I\} = I$$

정리 3.10.3 환 R 에서 I 가 환 R 의 이데알일 때, S 가 $I \subseteq S$ 인 R 의 부분환 [이데알] 이면

$$S/I = \{s+I \in R/I \mid s \in S\}$$

는 잉여환 R/I 의 부분환 [이데알] 이다

증명 표준준동형사상 $\pi : R \longrightarrow R/I$ 에 대하여

$$\pi(R) = R/I, \qquad \pi(S) = \{s+I \in R/I \mid s \in S\} = S/I$$

이므로 S/I 는 잉여환 R/I 의 부분환 [이데알]이다(정리 3.4.5, 정리 3.10.1).

군의 경우와 마찬가지로, 환에 대해서도 동형정리와 대응정리가 성립한다.

정리 3.10.4 (제 1 동형정리) 사상 $f : R \longrightarrow R'$ 가 환 준동형사상일 때, $I = \ker f$ 이라고 하면 I 는 R 의 이데알이고 $R/I \cong \operatorname{im} f$ 이다. 실제로,

$$\phi : R/I \longrightarrow \operatorname{im} f, \quad \phi(x+I) = f(x)$$

는 환 동형사상이다.

특히, $I = \{0\}$ 이면, $R \cong \operatorname{im} f$ 이다.

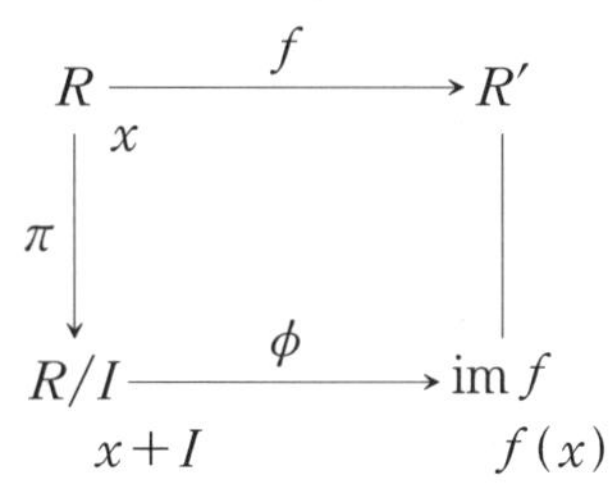

증명 정리 3.10.1 에 의하여 I 는 R 의 이데알이고 또

$$a+I = b+I \iff f(a) = f(b) \iff \phi(a+I) = \phi(b+I)$$

이므로 $\phi : R/I \longrightarrow \operatorname{im} f$ 는 잘 정의된 사상이고 또 일대일 사상이다.

그리고, 임의의 $a, b \in R$ 에 대하여

$$\begin{aligned}\phi((a+I)+(b+I)) &= \phi(a+b+I) = f(a+b) \\ &= f(a)+f(b) = \phi(a+I)+\phi(b+I), \\ \phi((a+I)(b+I)) &= \phi(ab+I) = f(ab) \\ &= f(a)f(b) = \phi(a+I)\,\phi(b+I)\end{aligned}$$

이고, 또

$$\operatorname{im}\phi = \{\phi(a+I) \mid a \in R\} = \{f(a) \mid a \in R\} = \operatorname{im} f$$

이므로 ϕ 는 동형사상이고, 따라서 $R/I \cong \operatorname{im} f$ 이다.

보기 3.10.1 실수체 $\mathbb{R}$ 위의 전행렬환 $\mathrm{Mat}_2(\mathbb{R})$ 에서

$$R = \{\begin{bmatrix} a & b \\ 0 & c \end{bmatrix} \mid a, b, c \in \mathbb{R}\}$$

는 부분환을 이룬다. 실제로, R 의 두 원소

$$A = \begin{bmatrix} a & b \\ 0 & c \end{bmatrix}, \qquad B = \begin{bmatrix} a' & b' \\ 0 & c' \end{bmatrix}$$

에 대하여

$$A \pm B = \begin{bmatrix} a \pm a' & b \pm b' \\ 0 & c \pm c' \end{bmatrix}, \qquad AB = \begin{bmatrix} aa' & ab+bc' \\ 0 & cc' \end{bmatrix}$$

는 모두 R 에 속한다. 그리고, 사상

$$f : R \longrightarrow \mathbb{R}, \quad f(\begin{bmatrix} a & b \\ 0 & c \end{bmatrix}) = a$$

을 생각하면,

$$\begin{aligned} f(A+B) &= a + a' = f(A) + f(B), \\ f(AB) &= aa' = f(A)\,f(B) \end{aligned}$$

이므로 f 는 환 준동형사상이고 또 다음이 성립한다.

$$\begin{aligned} \operatorname{im} f &= \{f(A) \mid A \in R\} = \{a \mid a \in \mathbb{R}\} = \mathbb{R} \\ \ker f &= \{A \in R \mid f(A) = 0\} = \{\begin{bmatrix} 0 & b \\ 0 & c \end{bmatrix} \mid b, c \in \mathbb{R}\} \end{aligned}$$

따라서 $\ker f$ 는 R 의 이데알이고 $R/\ker f \cong \mathbb{R}$ 이다.

보기 3.10.2 단위원 1을 가진 가환환 R의 원소 $a \in R$에 대하여

$$\phi_a : R[x] \longrightarrow R, \quad \phi_a(f(x)) = f(a)$$

는 환 준동형사상이고 $\operatorname{im} \phi_a = R$이다(정리 3.5.8).

한편, 정리 3.5.9에 의하여

$$\begin{aligned}\ker \phi_a &= \{f(x) \in R[x] \mid f(a) = 0\} \\ &= \{(x-a)\, g(x) \mid g(x) \in R[x]\} = (x-a)\end{aligned}$$

이므로 제 1 동형정리에 의하여 $R[x]/(x-a) \cong R$이다.

군의 경우와 마찬가지로 다음 두 정리를 증명할 수 있다(문제 7 참조).

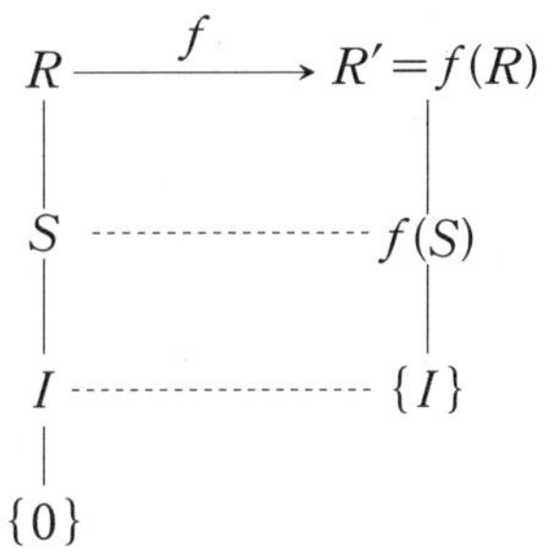

정리 3.10.5 (대응정리) 사상 $f : R \longrightarrow R'$가 환 R에서 환 R' 위로의(onto) 준동형사상일 때, $I = \ker f$이라고 하면 다음이 성립한다.

(1) R의 부분환 S에 대하여 $f(S)$는 R'의 부분환이다. 특히, S가 R의 이데알이면, $f(S)$는 R'의 이데알이다.

(2) R'의 부분환 S'에 대하여 S'의 f에 의한 原象을

$$f^{-1}(S') = \{x \in R \mid f(x) \in S'\}$$

이라고 하면, $f^{-1}(S')$는 R의 부분환이고 $I \subseteq f^{-1}(S')$이다.

특히, S'이 R'의 이데알이면, $f^{-1}(S')$는 R의 이데알이다.

(3) R의 부분환 S에 대하여 $f^{-1}(f(S)) = S + I$이다.

특히 $I \subseteq S$이면 $f^{-1}(f(S)) = S$이다.

그리고, R'의 부분환 S'에 대하여 $f(f^{-1}(S')) = S'$이다.

(4) R에서 I를 포함하는 R의 부분환 [이데알] 전체의 집합과 R'의 부분환 [이데알] 전체의 집합을 각각 $\mathscr{X}$, $\mathscr{Y}$이라고 할 때,

$$\begin{aligned}&\Phi : \mathscr{X} \longrightarrow \mathscr{Y}, \quad \Phi(S) = f(S), \\ &\Psi : \mathscr{Y} \longrightarrow \mathscr{X}, \quad \Psi(S') = f^{-1}(S')\end{aligned}$$

는 모두 일대일 대응이다.

따름정리 3.10.6 환 R에서 I가 R의 이데알일 때, S가 $I \subseteq S$인 R의 부분환 [이데알]이면

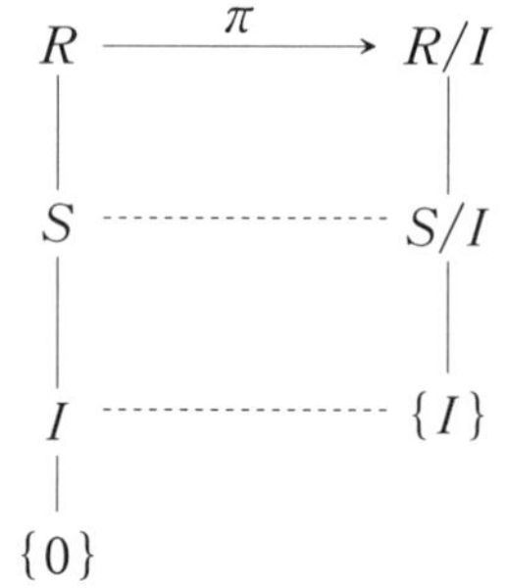

$$S/I = \{s+I \mid s \in S\}$$

는 잉여환 R/I의 부분환 [이데알]이다.

또, 잉여환 R/I의 부분환 [이데알]은 모두 이와 같은 꼴로 나타내어진다.

보기 3.10.3 정수환 $\mathbb{Z}$에서 양의 정수 n, m에 대하여 $m \mid n$일 때 그리고 이때에만 $n\mathbb{Z} \subseteq m\mathbb{Z}$이므로 잉여환 $\mathbb{Z}/n\mathbb{Z} = \overline{\mathbb{Z}}_n = \{\overline{0}, \overline{1}, \cdots, \overline{n-1}\}$의 이데알은 모두 다음과 같은 꼴이다(보기 2.10.5 참조).

$$m\mathbb{Z}/n\mathbb{Z} \qquad (m\text{은 } n\text{의 양의 약수})$$

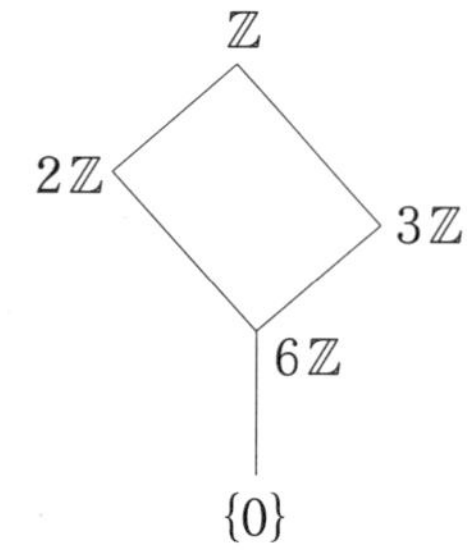

예를 들면, 잉여환 $\mathbb{Z}/6\mathbb{Z} = \overline{\mathbb{Z}}_6 = \{\overline{0}, \overline{1}, \overline{2}, \overline{3}, \overline{4}, \overline{5}\}$의 이데알 전체는 다음과 같다.

$$\mathbb{Z}/6\mathbb{Z} = \overline{\mathbb{Z}}, \quad 2\mathbb{Z}/6\mathbb{Z} = \{\overline{0}, \overline{2}, \overline{4}\},$$
$$3\mathbb{Z}/6\mathbb{Z} = \{\overline{0}, \overline{3}\}, \quad 6\mathbb{Z}/6\mathbb{Z} = \{\overline{0}\}$$

군의 경우와 마찬가지로 다음 두 정리를 증명할 수 있다(문제 8 참조). 앞으로, 이들 두 정리는 이용하지 않는다.

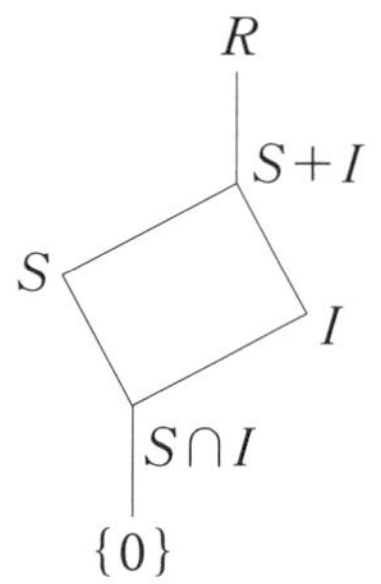

정리 3.10.7 (제2동형정리) 환 R에서 I가 R의 이데알일 때, S가 R의 부분환이면 $S \cap I$는 S의 이데알이고 다음이 성립한다.

$$S/S \cap I \cong (S+I)/I$$

정리 3.10.8 (제3동형정리) 환 R에서 R의 두 이데알 I, J에 대하여 $I \subseteq J$일 때, J/I는 잉여환 R/I의 이데알이고 다음이 성립한다.

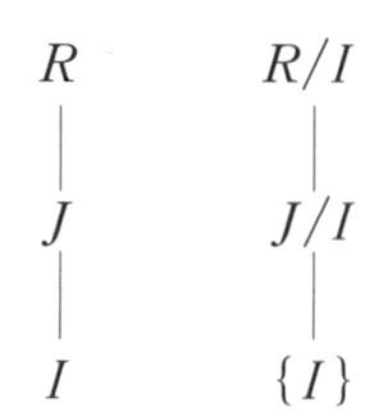

$$\frac{R/I}{J/I} \cong R/J$$

연 습 문 제 (3.10)

*1. 환 R가 단위원 1을 가진 환일 때, 체 F에서 R 위로의(onto) 환 준동형사상 $f : F \longrightarrow R$가 존재하면 f는 동형사상임을 밝혀라.

*2. 이차체 $\mathbb{Q}(\sqrt{m}) = \{a + b\sqrt{m} \mid a, b \in \mathbb{Q}\}$에 대하여 사상

$$f : \mathbb{Q}(\sqrt{m}) \longrightarrow \mathrm{Mat}_2(\mathbb{R}),\quad f(a+b\sqrt{m}) = \begin{bmatrix} a & mb \\ b & a \end{bmatrix}$$

가 환 준동형사상임을 밝히고, 제1동형정리를 적용한 결과를 말하여라.

3. 복소수체 $\mathbb{C} = \{a + bi \mid a, b \in \mathbb{Q}\}$에 대하여 사상

$$f : \mathbb{C} \longrightarrow \mathrm{Mat}_2(\mathbb{R}),\quad f(a+bi) = \begin{bmatrix} a & -b \\ b & a \end{bmatrix}$$

가 환 준동형사상임을 밝히고, 제1동형정리를 적용한 결과를 말하여라.

4. 유한환 R에서 환 R'으로의 사상 $f : R \longrightarrow R'$가 환 준동형사상일 때,

$$|\ker f|\,|\mathrm{im}\, f| = |R|$$

임을 밝혀라.

5. 다항식환 $\mathbb{Z}[x]$와 $\overline{\mathbb{Z}}_2 = \{\overline{0}, \overline{1}\}$에 대하여 사상

$$\phi : \mathbb{Z}[x] \longrightarrow \overline{\mathbb{Z}}_2,\quad \phi(f(x)) = \overline{f(0)}$$

는 환 준동형사상임을 밝혀라. 그리고,

$$\ker \phi = \{2a + x\,g(x) \mid a \in \mathbb{Z},\ g(x) \in \mathbb{Z}[x]\},\quad \mathrm{im}\, f = \overline{\mathbb{Z}}_2$$

임을 밝히고, 제1동형정리를 적용한 결과를 말하여라.

6. 잉여환 $\mathbb{Z}/18\mathbb{Z}$의 이데알을 모두 구하여라.

*7. 정리 3.10.5와 따름정리 3.10.6을 증명하여라.

*8. 정리 3.10.7과 정리 3.10.8을 증명하여라.

§3.11 환과 체의 표수

이 절에서는, 단위원 1을 가진 환과 체에 대하여 논한다.

정의 3.11.1 환 R가 단위원 1 $(1 \neq 0)$을 가진 환일 때,

$$m \cdot 1 = 1 + \cdots + 1 = 0 \qquad (1\text{이 } m\text{개})$$

인 양의 정수 m이 존재하는 경우에 이와 같은 양의 정수 중에서 가장 작은 양의 정수 n을 환 R의 **標數**(characteristic)라고 한다. 한편, 모든 양의 정수 m에 대하여 $m \cdot 1 \neq 0$일 때, R를 **표수 0**인 환이라고 한다.

위의 정의에서 R의 표수가 $n > 0$이면, $n \geq 2$이고 또 덧셈군 $(R, +)$에서의 1의 위수가 n이므로 정수 m에 대하여 $m \cdot 1 = 0 \Longleftrightarrow n \mid m$이다(정리 2.4.2). 한편, 환 R의 표수가 0이면, 덧셈군 $(R, +)$에서 1은 무한위수를 가지므로 정수 m에 대하여 $m \cdot 1 = 0 \Longleftrightarrow m = 0$이다.

정리 3.11.2 환 R가 단위원 1을 가진 환이라고 하자.

(1) R의 표수가 $n\ (\geq 2)$이면 모든 원소 $a \in R$에 대하여 다음이 성립한다.

$$n \cdot a = a + \cdots + a = 0 \qquad (a\text{가 } n\text{개})$$

(2) R가 유한환일 때, R의 표수를 n이라고 하면 $n \geq 2$이고 또 n은 $|R|$의 약수이다.

증명 (1) 모든 원소 $a \in R$에 대하여 다음이 성립한다(정리 3.2.3).

$$\begin{aligned} n \cdot a &= a + \cdots + a \\ &= 1a + \cdots + 1a = (1 + \cdots + 1)a \\ &= (n \cdot 1)a = 0a = 0 \end{aligned}$$

(2) 환 R의 표수는 덧셈군 $(R, +)$에서의 1의 위수이므로 Lagrange의 정리(정리 2.7.6)에 의하여 (2)가 성립한다.

보기 3.11.1 가환환 $\mathbb{Z}_n = \{0, 1, \cdots, n-1\}$, $n \geq 2$ 의 표수는 n 이고 따라서 모든 원소 $a \in \mathbb{Z}_n$ 에 대하여 $n \cdot a = 0$ 이다. 한편, 정수환 $\mathbb{Z}$ 와 체 $\mathbb{Q}$, $\mathbb{R}$, $\mathbb{C}$ 의 표수는 0 이고, Hamilton 의 사원수환 $\mathbb{H}$ 의 표수는 0 이다.

보기 3.11.2 환 R 가 단위원 1을 가진 환일 때, R 의 표수와 $R[x]$, $R[[x]]$, R^{ω}, $\mathrm{Mat}_n(R)$ 의 표수는 모두 일치한다.

예를 들면, $\mathbb{Z}[x]$, $\mathbb{Q}[x]$, $\mathbb{R}[x]$, $\mathbb{C}[x]$ 의 표수는 모두 0 이고, $\mathbb{Z}_n[x]$ 의 표수는 n 이다. 또, p 가 素數일 때, 체 $\mathbb{Z}_p = \{0, 1, \cdots, p-1\}$ 는 표수 p 인 유한체이고 다항식환 $\mathbb{Z}_p[x]$ 는 표수 p 인 무한환이다.

정리 3.11.3 환 R 가 정역이면, R 의 표수는 0 또는 素數이다.
특히, 체의 표수는 0 또는 素數이다.

증명 정역 R 의 표수가 n (≥ 2) 일 때, n 가 합성수이라고 가정하자.
이 때, $n = d\,e$, $1 < d \leq e < n$ 이라고 하면, 정리 3.2.3 에 의하여

$$0 = n \cdot 1 = (d \cdot 1)(e \cdot 1), \quad d \cdot 1 \neq 0, \ e \cdot 1 \neq 0$$

으로 되어 R 가 정역이라는 사실에 모순된다. 따라서 정리가 성립한다.

정리 3.11.4 환 R 가 단위원 1을 가진 환일 때 다음이 성립한다.

(1) R 의 표수가 n ($n \geq 2$) 이면, R 는 $\mathbb{Z}_n = \{0, 1, \cdots, n-1\}$ 과 동형인 부분환을 포함한다.

(2) R 의 표수가 0 이면, R 는 정수환 $\mathbb{Z}$ 와 동형인 부분환을 포함한다.

증명 (1) 다음과 같이 정의된 사상 f 는 환 준동형사상이다.

$$f : \mathbb{Z} \longrightarrow R, \quad f(i) = i \cdot 1$$

실제로, 임의의 $i, j \in \mathbb{Z}$ 에 대하여 다음이 성립한다(정리 3.2.3).

$$f(i+j) = (i+j) \cdot 1 = i \cdot 1 + j \cdot 1 = f(i) + f(j),$$
$$f(i\,j) = (i\,j) \cdot 1 = (i \cdot 1)(j \cdot 1) = f(i)\,f(j)$$

그러므로 $S = \mathrm{im}\, f = \{m \cdot 1 \mid m \in \mathbb{Z}\}$ 는 R 의 부분환이며, 환에 대한

제 1 동형정리에 의하여 $\ker f = \{m \in \mathbb{Z} \mid m \cdot 1 = 0\}$ 는 $\mathbb{Z}$ 의 이데알이고 $\mathbb{Z}/\ker f \cong S$ 이다.

한편, R 의 표수가 $n \geq 2$ 이면, 정수 m 에 대하여 $m \cdot 1 = 0 \Longleftrightarrow n \mid m$ 이므로 $\ker f = n\mathbb{Z}$ 이고 따라서 $S \cong \mathbb{Z}/\ker f = \mathbb{Z}/n\mathbb{Z} \cong \mathbb{Z}_n$ 이다.

그리고, R 의 표수가 0 이면, 정수 m 에 대하여 $m \cdot 1 = 0 \Longleftrightarrow m = 0$ 이므로 $\ker f = \{0\}$ 이고 따라서 $S \cong \mathbb{Z}$ 이다.

정리 3.11.5 체 F 에 대하여 다음이 성립한다.

(1) F 의 표수가 素數 p 이면, F 는 체 $\mathbb{Z}_p = \{0, 1, \cdots, p-1\}$ 와 동형인 부분체를 포함한다.

(2) F 의 표수가 0 이면, F 는 유리수체 $\mathbb{Q}$ 와 동형인 부분체를 포함한다.

증명 체의 표수는 素數 또는 0 이다(정리 3.11.3).

(1) 체 F 의 표수가 素數 p 이면, 정리 3.11.4 에 의하여 F 는 체 $\mathbb{Z}_p$ 와 동형인 부분체를 포함한다.

(2) 체 F 의 표수가 0 이라고 하자. 이 때, 정리 3.11.4 의 증명에 의하여 F 는 정수환 $\mathbb{Z}$ 와 동형인 부분환 $S = \{m \cdot 1 \mid m \in \mathbb{Z}\}$ 를 포함한다. 한편, 정수환 $\mathbb{Z}$ 의 분수체는 유리수체 $\mathbb{Q}$ 이고 또 F 안에서 S 의 분수체는

$$P = \{(m \cdot 1)(n \cdot 1)^{-1} \mid m, n \in \mathbb{Z},\ n \neq 0\}$$

이므로(정리 3.8.2) 사상

$$\phi : \mathbb{Q} \longrightarrow P, \quad \phi\left(\frac{m}{n}\right) = (m \cdot 1)(n \cdot 1)^{-1}$$

는 환 동형사상이고 따라서 $\mathbb{Q} \cong P$ 이다.

보기 3.11.3 단위원 1 을 가진 유한환 R 의 위수 $|R|$ 가 素數 p 이면, $R \cong \mathbb{Z}_p$ 이다. 실제로, 정리 3.11.2 에 의하여 R 의 표수는 $|R|$ 의 약수이므로 R 의 표수는 p 이고 따라서 정리 3.11.5 에 의하여 $R \cong \mathbb{Z}_p$ 이다.

보기 3.11.4 단위원 1 을 가진 환 R 의 위수가 6 이면, $R \cong \mathbb{Z}_6$ 임을 밝힐 수 있다(문제 4). 따라서 위수 6 인 체는 존재하지 않는다.

정의 3.11.6 체 F의 표수가 素數 p인 경우에 $\mathbb{Z}_p \subseteq F$이라고 생각하고 체 $\mathbb{Z}_p$를 F의 **素體**(prime field)라고 한다. 그리고, 체 F의 표수가 0인 경우에 $\mathbb{Q} \subseteq F$이라고 생각하고 유리수체 $\mathbb{Q}$를 F의 **素體**라고 한다.

보기 3.11.5 유리수체 $\mathbb{Q}$, 실수체 $\mathbb{R}$, 복소수체 $\mathbb{C}$의 표수는 0이고 그 소체는 유리수체 $\mathbb{Q}$이다. 한편, p가 素數일 때, 체 $\mathbb{Z}_p = \{0, 1, \cdots, p-1\}$ 위의 유리식체 $\mathbb{Z}_p(x)$는 표수 p인 무한체이고 그 소체는 $\mathbb{Z}_p$이다.

보기 3.11.6 체 F가 유한체이면, F의 표수는 적당한 素數 p이고 그 소체는 $\mathbb{Z}_p$이다.

정리 3.11.7 가환환 R의 표수가 素數 p일 때, 사상

$$\sigma_p : R \longrightarrow R, \quad \sigma_p(a) = a^p$$

는 환 준동형사상이고, 특히 R가 정역이면 σ_p는 일대일 사상이다.

증명 임의의 두 원소 $a, b \in R$에 대하여 다음이 성립한다(정리 3.2.5).

$$(a+b)^p = a^p + \binom{p}{1} a^{p-1} b + \cdots + \binom{p}{p-1} a\, b^{p-1} + b^p$$

여기서, $\binom{p}{i} = \dfrac{p\,!}{i\,!\,(p-i)\,!}$이고, 특히 $1 \le i \le p-1$일 때

$$p\,! = \binom{p}{i} i\,!\,(p-i)\,!, \qquad p \mid p\,!, \quad p \nmid i\,!, \quad p \nmid (p-i)\,!$$

이므로 $p \,\Big|\, \binom{p}{i}$이고 또 R의 표수는 p이므로 $\binom{p}{i} a^{p-i} b^i = 0$이다.

따라서 $(a+b)^p = a^p + b^p$이다. 그러므로 임의의 $a, b \in R$에 대하여

$$\sigma_p(a+b) = (a+b)^p = a^p + b^p = \sigma_p(a) + \sigma_p(b),$$
$$\sigma_p(a\,b) = (a\,b)^p = a^p\, b^p = \sigma_p(a)\,\sigma_p(b)$$

이므로 σ_p는 환 준동형사상이다. 특히, R가 정역인 경우에 $a^p = 0$이면 $a = 0$이므로 $\ker \sigma_p = \{0\}$이고 따라서 σ_p는 일대일 사상이다.

정리 3.11.8 유한체 F 의 표수가 素數 p 일 때, 그 소체는 $\mathbb{Z}_p$ 이고 사상

$$\sigma_p : F \longrightarrow F, \quad \sigma_p(u) = u^p$$

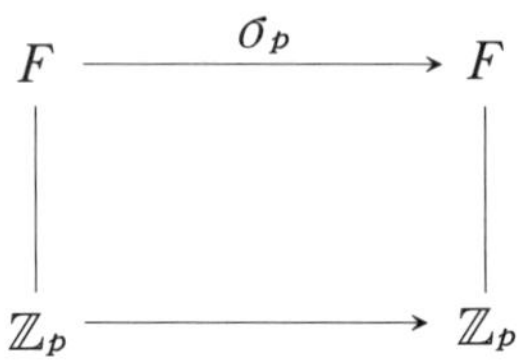

는 환 동형사상이다. 특히

$$\{u^p \mid u \in F\} = F$$

이고, 모든 $a \in \mathbb{Z}_p$ 에 대하여 $a^p = a$ 이다.

환 동형사상 σ_p 를 유한체 F 의 Frobenius **동형사상**이라고 한다.

증명 정리 3.11.7 에 의하여 σ_p 는 일대일인 환 준동형사상이고 F 는 유한체이므로 σ_p 는 위로의 사상이다(정리 1.1.9). 따라서 σ_p 는 환 동형사상이다.

그리고, $\mathbb{Z}_p$ 의 원소 $a = 1 + \cdots + 1$ 에 대하여

$$\sigma_p(a) = \sigma_p(1) + \cdots + \sigma_p(1) = 1 + \cdots + 1 = a$$

이므로 $a^p = a$ 이다(문제 2.7.7 참조).

정리 3.11.9 체 F 의 표수가 素數 p 일 때, 그 소체는 $\mathbb{Z}_p$ 이고 또 체 $\mathbb{Z}_p$ 위의 다항식 $f(x) = a_n x^n + \cdots + a_1 x + a_0 \in \mathbb{Z}_p[x]$ 에 대하여 다음이 성립한다.

(1) $f(x)^p = a_n(x^p)^n + \cdots + a_1 x^p + a_0 = f(x^p)$

(2) 원소 $u \in F$ 가 $f(x)$ 의 근이면, u^p 도 $f(x)$ 의 근이다.

증명 (1) 다항식환 $F[x]$ 는 표수 p 인 정역이므로, 정리 3.11.7 에 의하여 다항식 $f(x) = a_n x^n + \cdots + a_1 x + a_0 \in \mathbb{Z}_p[x]$ 에 대하여

$$\begin{aligned} f(x)^p &= (a_n x^n + \cdots + a_1 x + a_0)^p \\ &= (a_n x^n)^p + \cdots + (a_1 x)^p + {a_0}^p \\ &= {a_n}^p x^{pn} + \cdots + {a_1}^p x^p + {a_0}^p \end{aligned}$$

이고, 모든 i $(1 \leq i \leq n)$ 에 대하여 ${a_i}^p = a_i$ 이므로 다음이 성립한다.

$$f(x)^p = a_n(x^p)^n + \cdots + a_1 x^p + a_0 = f(x^p)$$

(2) $u \in F$가 $f(x)$의 근이면, (1)에 의하여 $f(u^p) = f(u)^p = 0^p = 0$ 이므로 u^p도 $f(x)$의 근이다.

보기 3.11.7 체 F의 표수가 素數 p일 때, 다음이 성립한다.

$$(x+1)^p = x^p + 1, \qquad (x-1)^p = x^p - 1$$

보기 3.11.8 다항식환 $\mathbb{Z}_2[x]$에서 다음이 성립한다.

$$(x+1)^4 = (x^2+1)^2 = x^4+1, \qquad (x^2+x+1)^2 = x^4+x^2+1$$

연 습 문 제 (3.11)

1. 다음 환의 표수를 말하여라.

(1) $\mathbb{Z}_4$ (2) $\mathbb{Z}_4[x]$ (3) $\mathbb{Q}(x)$ (4) $\mathrm{Mat}_n(\mathbb{R})$

2. 다음 체의 소체를 말하여라.

(1) $\mathbb{Q}(\sqrt{3})$ (2) $\mathbb{C}(x)$ (3) $\mathbb{Z}_2(x)$

3. 다음 중에서 참인 명제를 찾아라.

(1) Boole 환은 표수 2인 가환환이다.

(2) 다항식환 $\mathbb{Z}_2[x]$는 표수 2인 가환환이지만 Boole 환은 아니다.

(3) Boole 환 ${\mathbb{Z}_2}^2 = \{(0, 0), (0, 1), (1, 0), (1, 1)\}$는 표수 2인 가환환이지만 정역이 아니고 체도 아니다.

***4.** 실수체 $\mathbb{R}$ 위의 n차의 전행렬환 $\mathrm{Mat}_n(\mathbb{R})$의 부분환 중에는 유리수체 $\mathbb{Q}$와 동형인 부분환이 존재하고 실수체 $\mathbb{R}$와 동형인 부분환이 존재함을 밝혀라.

***5.** 단위원 1을 가진 환 R의 위수가 6이면, $R \cong \mathbb{Z}_6$임을 밝혀라.

6. 체 $\mathbb{Z}_p = \{0, 1, \cdots, p-1\}$ 위에서 다음 다항식을 간단히 하여라.

(1) $(ax+b)^p$ (2) $(x^2+x+1)^p$ (3) $(x-1)^{p^2}$

§3.12 환의 직합

군의 경우와 마찬가지로 환에 대해서도 직합을 정의할 수 있다(§2.11).

정의 3.12.1 환 $R_1, \cdots, R_n$에 대하여, 곱집합

$$R_1 \times \cdots \times R_n = \{(x_1, \cdots, x_n) \mid x_1 \in R_1, \cdots, x_n \in R_n\}$$

는 다음과 같이 정의된 덧셈과 곱셈에 관하여 환을 이룬다.

$$(a_1, \cdots, a_n) + (b_1, \cdots, b_n) = (a_1 + b_1, \cdots, a_n + b_n),$$
$$(a_1, \cdots, a_n) \cdot (b_1, \cdots, b_n) = (a_1 b_1, \cdots, a_n b_n)$$

이 환을 $R_1, \cdots, R_n$의 (外的인) **直合**(external direct sum)이라고 하고 이 환을 $R_1 \oplus \cdots \oplus R_n$ 또는 $R_1 \times \cdots \times R_n$으로 나타낸다.

실제로, 환 $R_1 \oplus \cdots \oplus R_n$의 영원은 $(0, \cdots, 0)$이고 또 $R_1 \oplus \cdots \oplus R_n$의 각 원소 $(a_1, \cdots, a_n)$에 대하여 $-(a_1, \cdots, a_n) = (-a_1, \cdots, -a_n)$이다.

특히, $R_1, \cdots, R_n$이 모두 유한환이면, $R_1 \oplus \cdots \oplus R_n$은 유한환이고 또 $|R_1 \oplus \cdots \oplus R_n| = |R_1| \cdots |R_n|$이다.

그리고, 보기 3.1.5에서 논한 환 R^n은 $R \oplus \cdots \oplus R$와 일치한다. 즉,

$$R^n = R \oplus \cdots \oplus R = \{(x_1, \cdots, x_n) \mid x_1, \cdots, x_n \in R\}$$

정리 3.12.2 환 $R_1, \cdots, R_n$이 모두 가환환일 때 그리고 이때에만 직합 $R_1 \oplus \cdots \oplus R_n$은 가환환이다.

증명 임의의 원소 $(a_1, \cdots, a_n), (b_1, \cdots, b_n) \in R_1 \oplus \cdots \oplus R_n$에 대하여

$$\begin{aligned} & (a_1, \cdots, a_n) \cdot (b_1, \cdots, b_n) = (b_1, \cdots, b_n) \cdot (a_1, \cdots, a_n) \\ \Longleftrightarrow\ & (a_1 b_1, \cdots, a_n b_n) = (b_1 a_1, \cdots, b_n a_n) \\ \Longleftrightarrow\ & a_1 b_1 = b_1 a_1, \ \cdots, \ a_n b_n = b_n a_n \end{aligned}$$

이므로 정리가 성립한다.

정리 3.12.3 환 $R_1, \cdots, R_n$ 이 단위원을 가진 환일 때, $R_1 \oplus \cdots \oplus R_n$ 은 단위원을 가진 환이고 그 단원군은 다음과 같다.

$$U(R_1 \oplus \cdots \oplus R_n) = U(R_1) \times \cdots \times U(R_n)$$

증명 환 $R_1, \cdots, R_n$ 의 단위원을 각각 $1_1, \cdots, 1_n$ 이라고 하자.
이 때, 임의의 원소 $(a_1, \cdots, a_n) \in R_1 \oplus \cdots \oplus R_n$ 에 대하여

$$(a_1, \cdots, a_n) \cdot (1_1, \cdots, 1_n) = (a_1 1_1, \cdots, a_n 1_n) = (a_1, \cdots, a_n),$$
$$(1_1, \cdots, 1_n) \cdot (a_1, \cdots, a_n) = (1_1 a_1, \cdots, 1_n a_n) = (a_1, \cdots, a_n)$$

이므로 $R_1 \oplus \cdots \oplus R_n$ 은 단위원 $(1_1, \cdots, 1_n)$ 을 가진 환이다.
그리고, $R_1 \oplus \cdots \oplus R_n$ 의 두 원소 $(a_1, \cdots, a_n)$, $(b_1, \cdots, b_n)$ 에 대하여

$$(a_1, \cdots, a_n) \cdot (b_1, \cdots, b_n) = (1_1, \cdots, 1_n),$$
$$(b_1, \cdots, b_n) \cdot (a_1, \cdots, a_n) = (1_1, \cdots, 1_n)$$

이기 위한 필요충분조건은 $a_1 b_1 = b_1 a_1 = 1_1, \ \cdots, \ a_n b_n = b_n a_n = 1_n$ 인 것이므로 원소 $(a_1, \cdots, a_n)$ 이 단원이기 위한 필요충분조건은 $a_1, \cdots, a_n$ 이 각각 $R_1, \cdots, R_n$ 의 단원인 것이다. 따라서 다음이 성립한다.

$$\begin{aligned} U(R_1 \oplus \cdots \oplus R_n) &= \{(a_1, \cdots, a_n) \mid a_1 \in U(R_1), \cdots, a_n \in U(R_n)\} \\ &= U(R_1) \times \cdots \times U(R_n) \end{aligned}$$

보기 3.12.1 두 정수 $m, n \ (\geq 2)$ 에 대하여 가환환 $\mathbb{Z}_m$ 과 $\mathbb{Z}_n$ 의 직합

$$\mathbb{Z}_m \oplus \mathbb{Z}_n = \{(i, j) \mid i \in \mathbb{Z}_m, \ j \in \mathbb{Z}_n\}$$

은 단위원 $(1, 1)$ 을 가진 가환환이고 다음이 성립한다.

$$|\mathbb{Z}_m \oplus \mathbb{Z}_n| = |\mathbb{Z}_m| \, |\mathbb{Z}_n| = m\, n,$$
$$U(\mathbb{Z}_m \oplus \mathbb{Z}_n) = {\mathbb{Z}_m}^* \times {\mathbb{Z}_n}^*, \qquad |{\mathbb{Z}_m}^* \times {\mathbb{Z}_n}^*| = \varphi(m)\, \varphi(n)$$

예를 들면, 다음이 성립한다.

$$\mathbb{Z}_2 \oplus \mathbb{Z}_3 = \{(0, 0), (0, 1), (0, 2), (1, 0), (1, 1), (1, 2)\},$$
$$U(\mathbb{Z}_2 \oplus \mathbb{Z}_3) = \{(1, 1), (1, 2)\} = {\mathbb{Z}_2}^* \times {\mathbb{Z}_3}^*$$

보기 3.12.2 素數 p에 대하여 직합

$$\mathbb{Z}_p \oplus \cdots \oplus \mathbb{Z}_p = \{(i_1, \cdots, i_n) \mid i_1, \cdots, i_n \in \mathbb{Z}_p\}$$

는 단위원 $(1, \cdots, 1)$을 가진 가환환이다.

그리고, 모든 원소 $(i_1, \cdots, i_n) \in \mathbb{Z}_p \oplus \cdots \oplus \mathbb{Z}_p$에 대하여

$$p(i_1, \cdots, i_n) = (p\,i_1, \cdots, p\,i_n) = (0, \cdots, 0)$$

이므로 이 환의 표수는 p이다(정의 3.11.1 참조).

한편, 가환환 $\mathbb{Z}_{p^n}$은 단위원 1을 가진 가환환이고 그 표수는 p^n이므로 $\mathbb{Z}_p \oplus \cdots \oplus \mathbb{Z}_p$와 $\mathbb{Z}_{p^n}$은 동형이 아니다.

군의 경우와 마찬가지로 다음 정리가 성립한다(문제 1 참조).

정리 3.12.4 환 R, R_1, R_2, R_1', R_2'에 대하여 다음이 성립한다.

(1) $R \oplus \{0\} \cong R, \qquad \{0\} \oplus R \cong R$

(2) $R_1 \oplus R_2 \cong R_2 \oplus R_1$

(3) $R_1 \cong R_1', R_2 \cong R_2'$이면, $R_1 \oplus R_2 \cong R_1' \oplus R_2'$이다.

정리 3.12.5 환 $R_1, \cdots, R_n$에서 다음이 성립한다.

(1) $S_1, \cdots, S_n$이 $R_1, \cdots, R_n$의 부분환이면,

$$S_1 \oplus \cdots \oplus S_n = \{(s_1, \cdots, s_n) \mid s_1 \in S_1, \cdots, s_n \in S_n\}$$

은 $R_1 \oplus \cdots \oplus R_n$의 부분군이다.

(2) $I_1, \cdots, I_n$이 각각 환 $R_1, \cdots, R_n$의 이데알일 때, $I_1 \oplus \cdots \oplus I_n$은 $R_1 \oplus \cdots \oplus R_n$의 이데알이고 다음이 성립한다.

$$(R_1 \oplus \cdots \oplus R_n)/(I_1 \oplus \cdots \oplus I_n) \cong R_1/I_1 \oplus \cdots \oplus R_n/I_n$$

증명 (1) 분명히 (1) 성립한다.

(2) $I_1, \cdots, I_n$이 각각 $R_1, \cdots, R_n$의 이데알일 때, 다음과 같이 정의된 사상 $f : R_1 \oplus \cdots \oplus R_n \longrightarrow R_1/I_1 \oplus \cdots \oplus R_n/I_n$는 환 준동형사상이다.

$$f(x_1, \cdots, x_n) = (x_1 + I_1, \cdots, x_n + I_n)$$

그리고, $\operatorname{im} f = R_1/I_1 \oplus \cdots \oplus R_n/I_n$ 이고 또

$$\begin{aligned}\ker f &= \{(x_1, \cdots, x_n) \mid x_1+I_1 = I_1, \ \cdots, \ x_n+I_n = I_n\} \\ &= \{(x_1, \cdots, x_n) \mid x_1 \in I_1, \ \cdots, \ x_n \in I_n\} = I_1 \oplus \cdots \oplus I_n\end{aligned}$$

이므로, 제 1 동형정리에 의하여 (2)가 성립한다.

보기 3.12.3 위수 8 인 가환환

$$\mathbb{Z}_2 \oplus \mathbb{Z}_4 = \{(0,0), (0,1), (0,2), (0,3), (1,0), (1,1), (1,2), (1,3)\}$$

에서 다음은 모두 $\mathbb{Z}_2 \oplus \mathbb{Z}_4$ 의 이데알이다(문제 2 참조).

$$\begin{aligned}\mathbb{Z}_2 \oplus (2) \ &= \{(0,0), (0,2), (1,0), (1,2)\} \\ \mathbb{Z}_2 \oplus \{0\} \ &= \{(0,0), (1,0)\} \cong \mathbb{Z}_2 \\ \{0\} \oplus \mathbb{Z}_4 \ &= \{(0,0), (0,1), (0,2), (0,3)\} \cong \mathbb{Z}_4 \\ \{0\} \oplus (2) &= \{(0,0), (0,2)\} \cong \mathbb{Z}_2\end{aligned}$$

그리고, 다음이 성립한다.

$$(\mathbb{Z}_2 \oplus \mathbb{Z}_4)/(\mathbb{Z}_2 \oplus (2)) \cong \mathbb{Z}_2/\mathbb{Z}_2 \oplus \mathbb{Z}_4/(2) \cong \{0\} \oplus \mathbb{Z}_2 \cong \mathbb{Z}_2,$$
$$(\mathbb{Z}_2 \oplus \mathbb{Z}_4)/(\{0\} \oplus (2)) \cong \mathbb{Z}_2/\{0\} \oplus \mathbb{Z}_4/(2) \cong \mathbb{Z}_2 \oplus \mathbb{Z}_2$$

정리 3.12.6 환 R 의 두 이데알 I, J 에 대하여 $I \cap J = \{0\}$ 일 때, 모든 원소 $a \in I$ 와 모든 원소 $b \in J$ 에 대하여 $ab = ba = 0$ 이다.

증명 모든 원소 $a \in I$ 와 모든 원소 $b \in J$ 에 대하여

$$ab \in I \cap J = \{0\}, \qquad ba \in I \cap J = \{0\}$$

이므로 $ab = 0$, $ba = 0$ 이다.

정리 3.12.7 환 R 에서 R 의 두 이데알 I_1, I_2 에 대하여

$$R = I_1 + I_2, \qquad I_1 \cap I_2 = \{0\}$$

일 때, I_1, I_2 의 외적인 직합 $I_1 \oplus I_2$ 에서 R 로의 사상

$$f : I_1 \oplus I_2 \longrightarrow R, \quad f(a_1, a_2) = a_1 + a_2$$

는 환 동형사상이고 따라서 $R \cong I_1 \oplus I_2$ 이다.

증명 가정에 의하여

$$\operatorname{im} f = \{a_1 + a_2 \mid a_1 \in I_1,\ a_2 \in I_2\} = I_1 + I_2 = R$$

이므로, f 는 위로의 사상이다. 그리고, $I_1 \cap I_2 = \{0\}$ 이므로, 정리 3.12.6 에 의하여 모든 원소 $a \in I_1$, $b \in I_2$ 에 대하여 $ab = ba = 0$ 이다.

따라서 임의의 $(a_1, a_2), (b_1, b_2) \in I_1 \oplus I_2$ 에 대하여

$$\begin{aligned} f((a_1, a_2) + (b_1, b_2)) &= f(a_1 + b_1, a_2 + b_2) \\ &= a_1 + b_1 + a_2 + b_2 = a_1 + a_2 + b_1 + b_2 \\ &= f(a_1, a_2) + f(b_1, b_2), \end{aligned}$$

$$\begin{aligned} f((a_1, a_2)(b_1, b_2)) &= f(a_1 b_1, a_2 b_2) = a_1 b_1 + a_2 b_2 \\ &= a_1 b_1 + a_1 b_2 + a_2 b_1 + a_2 b_2 \\ &= (a_1 + a_2)(b_1 + b_2) = f(a_1, a_2) f(b_1, b_2) \end{aligned}$$

이므로 f 는 환 준동형사상이다. 그리고 $(a_1, a_2) \in \ker f$ 이라고 하면, $f(a_1, a_2) = 0$ 즉 $a_1 + a_2 = 0$ 이므로 $a_1 = -a_2 \in I_1 \cap I_2 = \{0\}$ 이고 따라서 $a_1 = a_2 = 0$ 이므로 $\ker f = \{(0, 0)\}$ 이다.

그러므로 f 는 환 동형사상이고, 따라서 $R \cong I_1 \oplus I_2$ 이다.

정의 3.12.6 환 R 의 이데알 I_1, I_2 에 대하여

$$R = I_1 + I_2, \quad I_1 \cap I_2 = \{0\}$$

일 때, R 를 두 이데알 I_1, I_2 의 (內的인) **直合**(internal direct sum)이라 하고 이러한 사실을

$$R = I_1 \dotplus I_2 \quad \text{또는} \quad R = I_1 \oplus I_2$$

로 나타낸다. 그리고, R 는 두 이데알 I_1, I_2 의 **직합으로 분해된다**고 하고 I_1, I_2 를 R 의 **直合因子**(direct summand)라고 한다.

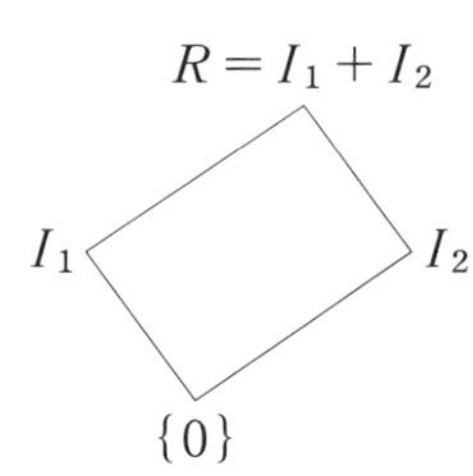

특히, $R = \{0\} \dotplus R = R \dotplus \{0\}$ 이고, $R = I_1 \dotplus I_2$ 이면 $R = I_2 \dotplus I_1$ 이다.

환 R 에서 $R = I_1 \dotplus I_2$ 일 때, 덧셈군 $(R, +)$ 는 부분군 I_1, I_2 의 직합이기도 하므로 다음 정리가 성립한다(정리 2.11.22 참조).

정리 3.12.7 환 R에서 I_1, I_2가 R의 이데알일 때, 다음 조건은 서로 동치이다.

(1) $R = I_1 \dotplus I_2$, 즉 $R = I_1 + I_2$, $I_1 \cap I_2 = \{0\}$

(2) 각 $x \in R$는 단 한 가지 방법으로 다음과 같은 꼴로 나타내어진다.

$$x = a_1 + a_2 \qquad\qquad (a_1 \in I_1,\ a_2 \in I_2)$$

(3) $R = I_1 + I_2$이고, 또 다음이 성립한다.

$$a_1 + a_2 = 0 \ \ (a_1 \in I_1,\ a_2 \in I_2) \implies a_1 = a_2 = 0$$

보기 3.12.4 가환환 $\mathbb{Z}_n = \{0, 1, \cdots, n-1\}, n \geq 2$에서 서로 소인 두 양의 정수 m, d에 대하여 $n = md$일 때, $\mathbb{Z}_n$은 두 이데알 (m), (d)의 직합 $\mathbb{Z}_n = (m) \dotplus (d)$으로 분해된다(정리 2.11.21 참조).

예를 들면, $\mathbb{Z}_{12} = \{0, 1, \cdots, 11\}$에서 다음이 성립한다(보기 2.11.10 참조).

$$\mathbb{Z}_{12} = (4) \dotplus (3) = \{0, 4, 8\} \dotplus \{0, 3, 6, 9\}$$

$$1 = 4 + 9, \quad 2 = 8 + 6, \quad 3 = 0 + 3, \quad 4 = 4 + 0, \quad 5 = 8 + 9$$

정리 3.12.8 (중국인의 나머지 정리) 단위원 1을 가진 환 R에서 R의 두 이데알 I, J에 대하여 $R = I + J$이라고 하자. 이 때, 사상

$$f : R \longrightarrow R/I \oplus R/J, \quad f(a) = (a+I, a+J)$$

는 위로의(onto) 환 준동형사상이고, 또 사상

$$\phi : R/I \cap J \longrightarrow R/I \oplus R/J, \quad \phi(a + I \cap J) = (a+I, a+J)$$

는 환 동형사상이고 $R/I \cap J \cong R/I \oplus R/J$이다.

증명 먼저 분명히 f는 환 준동형사상임을 알 수 있다. 그리고, $R = I + J$이므로 적당한 원소 $i \in I$, $j \in J$에 대하여 $i + j = 1$이다. 이제 각 원소 $(c+I, d+J) \in R/I \oplus R/J$에 대하여 $a = jc + id$이라고 하면,

$$a - c = jc + id - c = i(d-c) \in I \quad \text{즉} \quad c + I = a + I,$$

$$a - d = jc + id - d = j(c-d) \in J \quad \text{즉} \quad d + J = a + J$$

이고 따라서

$$f(a) = (a+I, a+J) = (c+I, d+J)$$

이므로 f 는 위로의 환 준동형사상이다. 또,

$$x \in \ker f \iff (x+I, x+J) = (0+I, 0+J) \iff x \in I \cap J$$

이므로 $\ker f = I \cap J$ 이다. 따라서 제1동형정리(정리 3.10.4)에 의하여 ϕ 는 동형사상이고 $R/I \cap J \cong R/I \oplus R/J$ 이다.

따름정리 3.12.9 (중국인의 나머지 정리) 두 정수 m, n (≥ 2) 이 서로 소라고 하자. 이 때, 사상

$$f : \mathbb{Z} \longrightarrow \mathbb{Z}/m\mathbb{Z} \oplus \mathbb{Z}/n\mathbb{Z}, \quad f(a) = (a+m\mathbb{Z}, a+n\mathbb{Z})$$

는 위로의(onto) 환 준동형사상이고, 다음 사상은 환 동형사상이다.

$$\phi : \mathbb{Z}/mn\mathbb{Z} \longrightarrow \mathbb{Z}/m\mathbb{Z} \oplus \mathbb{Z}/n\mathbb{Z},$$
$$\phi(a+mn\mathbb{Z}) = (a+m\mathbb{Z}, a+n\mathbb{Z})$$

그리고, 가환환 $\mathbb{Z}_{mn}$ 의 각 원소 a 에 대하여 a 를 m, n 으로 나누었을 때의 나머지를 각각 $\langle a \rangle_m$, $\langle a \rangle_n$ 이라고 하면, 사상

$$\psi : \mathbb{Z}_{mn} \longrightarrow \mathbb{Z}_m \oplus \mathbb{Z}_n, \quad \psi(a) = (\langle a \rangle_m, \langle a \rangle_n)$$

는 환 동형사상이고 따라서 다음이 성립한다.

$$\overline{\mathbb{Z}}_{mn} \cong \overline{\mathbb{Z}}_m \oplus \overline{\mathbb{Z}}_n, \qquad \overline{\mathbb{Z}}_{mn}{}^* \cong \overline{\mathbb{Z}}_m{}^* \times \overline{\mathbb{Z}}_n{}^*$$
$$\mathbb{Z}_{mn} \cong \mathbb{Z}_m \oplus \mathbb{Z}_n, \qquad \mathbb{Z}_{mn}{}^* \cong \mathbb{Z}_m{}^* \times \mathbb{Z}_n{}^*$$

증명 먼저 m, n 이 서로 소이므로 다음이 성립한다(보기 3.9.4).

$$m\mathbb{Z} + n\mathbb{Z} = \mathbb{Z}, \qquad m\mathbb{Z} \cap n\mathbb{Z} = mn\mathbb{Z}$$

그러므로 정리 3.12.8 에 의하여 f 는 위로의 환 준동형사상이고, 또한 $\ker f = mn\mathbb{Z}$ 이므로 ϕ 는 동형사상이다.

그리고 각 원소 $a \in \mathbb{Z}_{mn}$ 에 대하여

$$a \equiv \langle a \rangle_m \pmod{m} \quad \text{즉} \quad a+m\mathbb{Z} = \langle a \rangle_m + m\mathbb{Z} \quad (\mathbb{Z}/m\mathbb{Z} \text{ 에서})$$
$$a \equiv \langle a \rangle_n \pmod{n} \quad \text{즉} \quad a+n\mathbb{Z} = \langle a \rangle_n + n\mathbb{Z} \quad (\mathbb{Z}/n\mathbb{Z} \text{ 에서})$$

이므로 ψ 는 환 동형사상이고 따라서 마지막 결과를 얻는다(정리 3.12.3).

보기 3.12.5 다음 사상은 환 동형사상이다(문제 2.11.6 참조).

$$\psi : \mathbb{Z}_{15} \longrightarrow \mathbb{Z}_3 \oplus \mathbb{Z}_5, \quad \psi(a) = (\langle a \rangle_3, \langle a \rangle_5)$$

오른쪽 표에서 첫째 열과 첫째 행은 원소 $a \in \mathbb{Z}_{15}$ 에 대하여

$$\langle a \rangle_3 \in \mathbb{Z}_3, \quad \langle a \rangle_5 \in \mathbb{Z}_5$$

를 나타낸다. 그리고, 다음이 성립한다.

$\mathbb{Z}_3$ \ $\mathbb{Z}_5$	0	1	2	3	4
0	0	6	12	3	9
1	10	1	7	13	4
2	5	**11**	2	8	14

$$\begin{aligned}\psi(11) + \psi(12) &= (2, 1) + (0, 2) \\ &= (2, 3) = \psi(8) = \psi(11+12),\end{aligned}$$

$$\psi(11) \cdot \psi(12) = \psi(12) = \psi(11 \cdot 12) = (2, 1)(0, 2) = (0, 2)$$

앞의 따름정리는 두 정수 $m, n\ (\geq 2)$ 이 서로 소일 때 연립일차합동식

$$\begin{cases} x \equiv c & (\text{mod } m) \\ x \equiv d & (\text{mod } n) \end{cases}$$

는 법 mn 에 관하여 단 한 개의 해 $x \equiv a\ (\text{mod } mn)$ 를 가진다는 것을 뜻한다. 일반적으로, 다음 정리가 성립한다([1], 정리 3.5.3, 정리 3.5.4).

정리 3.12.10 (중국인의 나머지 정리) 정수 $m_1, \cdots, m_n\ (\geq 2)$ 이 쌍마다 서로 소일 때, $m = m_1 \cdots m_n$ 이라고 하면 사상

$$\phi : \overline{\mathbb{Z}}_m \longrightarrow \overline{\mathbb{Z}}_{m_1} \oplus \cdots \oplus \overline{\mathbb{Z}}_{m_n}, \quad \phi(a + m\mathbb{Z}) = (a + m_1\mathbb{Z}, \cdots, a + m_n\mathbb{Z})$$

는 환 동형사상이다. 그리고 각 원소 $a \in \mathbb{Z}_m$ 에 대하여 a 를 $m_1, \cdots, m_n$ 으로 나누었을 때의 나머지를 각각 $\langle a \rangle_{m_1}, \cdots, \langle a \rangle_{m_n}$ 이라고 하면, 사상

$$\psi : \mathbb{Z}_m \longrightarrow \mathbb{Z}_{m1} \oplus \cdots \oplus \mathbb{Z}_{mn}, \quad \psi(a) = (\langle a \rangle_{m_1}, \cdots, \langle a \rangle_{m_n})$$

는 환 동형사상이고, 따라서 다음이 성립한다.

$$\overline{\mathbb{Z}}_m \cong \overline{\mathbb{Z}}_{m_1} \oplus \cdots \oplus \overline{\mathbb{Z}}_{m_n}, \qquad \overline{\mathbb{Z}}_m{}^* \cong \mathbb{Z}_{m_1}{}^* \times \cdots \times \overline{\mathbb{Z}}_{m_n}{}^*$$

$$\mathbb{Z}_m \cong \mathbb{Z}_{m_1} \oplus \cdots \oplus \mathbb{Z}_{m_n}, \qquad \mathbb{Z}_m{}^* \cong \mathbb{Z}_{m_1}{}^* \times \cdots \times \mathbb{Z}_{m_n}{}^*$$

보기 3.12.6 $1800 = 2^3 \cdot 3^2 \cdot 5^2$ 이므로 다음이 성립한다.

$$\overline{\mathbb{Z}}_{1800} \cong \overline{\mathbb{Z}}_8 \oplus \overline{\mathbb{Z}}_9 \oplus \overline{\mathbb{Z}}_{25}, \quad \overline{\mathbb{Z}}_{1800}{}^* \cong \overline{\mathbb{Z}}_8{}^* \times \overline{\mathbb{Z}}_9{}^* \times \overline{\mathbb{Z}}_{25}{}^*$$

$$\mathbb{Z}_{1800} \cong \mathbb{Z}_8 \oplus \mathbb{Z}_9 \oplus \mathbb{Z}_{25}, \quad \mathbb{Z}_{1800}{}^* \cong \mathbb{Z}_8{}^* \times \mathbb{Z}_9{}^* \times \mathbb{Z}_{25}{}^*$$

일반적인 환의 직합에 대해서는 §7.1 에서 다시 논한다.

연 습 문 제 (3.12)

*1. 정리 3.12.4 가 성립함을 증명하여라.

*2. 두 환 R_1, R_2 가 단위원을 가진 환일 때, I 가 $R_1 \oplus R_2$ 의 이데알이면 R_1, R_2 의 적당한 이데알 I_1, I_2 에 대하여 $I = I_1 \oplus I_2$ 임을 밝혀라.

3. 다음 가환환의 이데알을 모두 구하여라.

*(1) $\mathbb{Z}_2 \oplus \mathbb{Z}_2$ *(2) $\mathbb{Z}_2 \oplus \mathbb{Z}_6$ (3) $\mathbb{Z}_3 \oplus \mathbb{Z}_3$

4. 가환환 $\mathbb{Z} \oplus \mathbb{Z}$ 에서 다음이 성립함을 밝혀라.

(1) 가환환 $\mathbb{Z} \oplus \mathbb{Z}$ 의 이데알은 모두 다음과 같은 꼴로 나타내어진다.

$$I = m\mathbb{Z} \oplus n\mathbb{Z} \qquad (m \geq 0,\ n \geq 0)$$

*(2) 이데알 $m\mathbb{Z} \oplus n\mathbb{Z}$ 는 가환환 $\mathbb{Z} \oplus \mathbb{Z}$ 의 단항이데알이다.

(3) $m \geq 1,\ n \geq 1$ 일 때, $(\mathbb{Z} \oplus \mathbb{Z})/(m\mathbb{Z} \oplus n\mathbb{Z}) \cong \mathbb{Z}_m \oplus \mathbb{Z}_n$ 이다.

5. 다음 환 동형사상을 결정하여라.

*(1) $f : \mathbb{Z}_{10} \longrightarrow \mathbb{Z}_2 \oplus \mathbb{Z}_5$ (2) $f : \mathbb{Z}_{12} \longrightarrow \mathbb{Z}_3 \oplus \mathbb{Z}_4$

*6. 단위원 1을 가진 가환환 R 에서 $e \in R$ 가 멱등원일 때, 즉 $e^2 = e$ 일 때, $f = 1 - e$ 이라고 하면 다음이 성립함을 증명하여라.

(1) f 는 멱등원이고 $e + f = 1,\ ef = 0$ 이다.

(2) R 는 두 이데알 eR, fR 의 직합이다. 즉, $R = eR \dotplus fR$ 이다.

§3.13 소이데알과 극대이데알

이 절에서는, 환의 특수한 이데알에 대하여 논하기로 한다.

환 R에 대하여 $R/\{0\} \cong R$이다.

정의 3.13.1 가환환 R에서 R의 이데알 P가 다음 두 조건을 만족시킬 때, P를 R의 **素이데알**(prime ideal)이라고 한다.

(i) $P \neq R$

(ii) $ab \in P \Longrightarrow a \in P$ 또는 $b \in P$

정의 3.13.2 환 (가환환 또는 비가환환) R에서 R의 이데알 M이 다음 두 조건을 만족시킬 때, M을 R의 **極大이데알**(maximal ideal)이라고 한다.

(i) $M \neq R$

(ii) I가 $M \subseteq I$인 R의 이데알이면, $I = M$ 또는 $I = R$

정리 3.13.3 환 R가 단위원 1을 가진 가환환이라고 하자.

이 때, R의 이데알 P $(\neq R)$가 R의 소이데알이기 위한 필요충분조건은 잉여환 R/P가 정역인 것이다.

특히, R가 정역일 때 그리고 이때에만 $\{0\}$은 R의 소이데알이다.

증명 잉여환 R/P는 단위원 $1+P$를 가진 가환환이다(정리 3.9.11). 그리고, 다음 두 조건은 서로 동치이므로 정리가 성립한다.

(1) 환 R에서 $ab \in P$이면, $a \in P$ 또는 $b \in P$이다.

(2) 잉여환 R/P에서

$$ab+P = 0+P \Longrightarrow a+P = 0+P \text{ 또는 } b+P = 0+P$$

정리 3.13.4 환 R가 단위원 1을 가진 환일 때, R의 이데알 M $(\neq R)$에 대하여 잉여환 R/M이 나눗셈환이면 M은 R의 극대이데알이다.

특히, R가 나눗셈환이면, $\{0\}$은 R의 극대이데알이다.

증명 먼저 $M \neq R$ 이므로 잉여환 R/M 은 단위원 $1+M \neq 0+M$ 를 가진 환이다. 잉여환 R/M 이 나눗셈환일 때, I 를 $M \subsetneq I \subseteq R$ 인 R 의 이데알이라고 하자. 이 때, 원소 $a \in I-M$ 를 택하면, R/M 에서 $a+M \neq 0+M$ 이므로 $a+M$ 의 곱셈에 관한 역원 $b+M \in R/M$ 이 존재하여

$$(a+M)(b+M) = 1+M \quad \text{즉} \quad ab+M = 1+M$$

이므로 적당한 원소 $m \in M$ 에 대하여 $ab-1=m$ 즉 $ab+m=1$ 이다. 그런데, $a \in I$ 이므로 $ab \in I$ 이고 또 $m \in M \subseteq I$ 이므로 $1 \in I$ 이고 따라서 $I=R$ 이다(정리 3.9.2). 그러므로 M 은 R 의 극대이데알이다.

정리 3.13.5 환 R가 단위원 1을 가진 가환환이라고 하자.
이 때, R 의 이데알 $M\ (\neq R)$ 이 R 의 극대이데알이기 위한 필요충분조건은 잉여환 R/M 이 체인 것이다.
특히, R가 체일 때 그리고 이때에만 $\{0\}$ 은 R 의 극대이데알이다.

증명 먼저 R 의 이데알 $M\ (\neq R)$ 이 R 의 극대이데알이라고 하자.
이 때, 잉여환 R/M 은 단위원 $1+M \neq 0+M$ 를 가진 가환환이다. 그리고, 잉여환 R/M 의 원소 $a+M \neq 0+M$ 에 대하여

$$I = (a) + M = \{ar+m \mid r \in R, m \in M\}$$

이라고 하면, I 는 R 의 이데알이고 $a \notin M, a \in I$ 이므로 $M \subsetneq I \subseteq R$ 이다. 한편, M 은 R 의 극대이데알이므로 $I=R$ 이고 따라서 $1 \in I$ 이므로 적당한 원소 $b \in R, m \in M$ 에 대하여 $ab+m=1$ 이고 이때 R/M 에서

$$(a+M)(b+M) = ab+M = 1+M$$

이므로 $a+M$ 은 R/M 의 단원이다. 따라서 R/M 은 체이다.
역으로, 잉여환 R/M 이 체이면, M 은 R 의 극대이데알이다(정리 3.13.4).

보기 3.13.1 환 R가 단위원 1을 가진 가환환이 아닌 경우에는 위의 정리는 성립하지 않는다. 예를 들어, 체 F 위의 전행렬환 $\mathrm{Mat}_n(F), n \geq 2$ 에서 $\{O_n\}$ 은 극대이데알이지만 $\mathrm{Mat}_n(F)/\{O_n\} \cong \mathrm{Mat}_n(F)$ 는 나눗셈환이 아니다(문제 3.9.8).

따름정리 3.13.6 환 R가 단위원 1을 가진 가환환일 때 다음이 성립한다.

(1) R의 극대이데알은 모두 소이데알이다.

(2) R가 유한환이면, R의 극대이데알과 소이데알은 일치한다.

(3) R가 Boole 환이면, R의 극대이데알과 소이데알은 일치한다.

증명 (1) 이제 M을 R의 극대이데알이라고 하자. 이 때, 정리 3.13.5에 의하여 잉여환 R/M은 체이고 따라서 R/M은 정역이다(정리 3.2.11). 그러므로 정리 3.13.3에 의하여 M은 R의 소이데알이다.

(2) P가 유한환 R의 소이데알이면, R/P는 유한환인 정역이므로 R/P는 체이고(정리 3.2.11) 따라서 P는 R의 극대이데알이다(정리 3.13.5). 그러므로 (1)에 의하여 (2)가 성립한다.

(3) P가 Boole 환 R의 소이데알이면, R/P는 Boole 환이고 정역이므로 $R/P \cong \mathbb{Z}_2$이고(문제 3.9.7, 정리 3.6.7) 따라서 R/P는 체이므로 P는 R의 극대이데알이다(정리 3.13.5). 그러므로 (1)에 의하여 (3)이 성립한다.

보기 3.13.2 정수환 $\mathbb{Z}$에서 (0)은 素이데알이지만 극대이데알은 아니다. 또, 정수 $p \in \mathbb{Z}$, $p \geq 2$에 대하여 다음 네 조건은 서로 동치이다.

(1) p는 素數이다.

(2) $\mathbb{Z}/(p) = \{\bar{0}, \bar{1}, \cdots, \overline{p-1}\}$는 체이다.

(3) (p)는 $\mathbb{Z}$의 극대이데알이다.

(4) $\mathbb{Z}/(p) = \{\bar{0}, \bar{1}, \cdots, \overline{p-1}\}$는 정역이다.

(5) (p)는 $\mathbb{Z}$의 素이데알이다.

실제로, 보기 3.1.6과 정리 3.13.5에 의하여 (1)$\Longleftrightarrow$(2)$\Longleftrightarrow$(3)이다. 또, 분명히 (2)$\Longrightarrow$(4)이고 정리 3.13.3에 의하여 (4)$\Longleftrightarrow$(5)이다. 한편, p가 합성수일 때, $p = de$, $1 < d \leq e < p$이라고 하면, $de \in (p)$, $d \notin (p)$, $e \notin (p)$이므로 (p)는 소이데알이 아니다. 따라서 (5)$\Longrightarrow$(1)이다.

보기 3.13.3 가환환 $\mathbb{Z}_n$, $n \geq 2$의 극대이데알과 소이데알은 일치한다. 특히, p가 素數일 때 체 $\mathbb{Z}_p$의 극대이데알과 소이데알은 $\{0\}$뿐이고, $k \geq 2$일 때 $\mathbb{Z}_{p^k}$의 극대이데알과 소이데알은 (p)뿐이다(보기 3.9.5).

그리고, 정수 n (≥ 2) 의 표준분해가 $n = p_1^{e_1} p_2^{e_2} \cdots p_r^{e_r}$ 일 때, $\mathbb{Z}_n$ 의 극대이데알과 소이데알은 $(p_1), (p_2), \cdots, (p_r)$ 뿐이다.

예를 들면, 가환환 $\mathbb{Z}_6 = \{0, 1, 2, 3, 4, 5\}$ 의 극대이데알과 소이데알은 $(2) = \{0, 2, 4\}$, $(3) = \{0, 3\}$ 뿐이다.

보기 3.13.4 체 F 의 원소 $a \in F$ 에 대하여

$$(x-a) = \{(x-a)\, g(x) \mid g(x) \in F[x]\}$$

이라고 하면, $F[x]/(x-a) \cong F$ 이므로 $(x-a)$ 는 $F[x]$ 의 극대이데알이다(보기 3.10.2). 마찬가지로, 정역 D 의 원소 $a \in D$ 에 대하여

$$(x-a) = \{(x-a)\, g(x) \mid g(x) \in D[x]\}$$

이라고 하면 $D[x]/(x-a) \cong D$ 이므로 $(x-a)$ 는 $D[x]$ 의 素이데알이다.

보기 3.13.5 연속함수환 $C[a, b]$ 에서 각 실수 $c \in [a, b]$ 에 대하여

$$\phi_c : C[a, b] \longrightarrow \mathbb{R}, \quad \phi_c(f) = f(c)$$

는 환 준동형사상이다. 실제로, $f, g \in C[a, b]$ 에 대하여 다음이 성립한다.

$$\phi_c(f+g) = (f+g)(c) = f(c) + g(c) = \phi_c(f) + \phi_c(g),$$
$$\phi_c(f \cdot g) = (f \cdot g)(c) = f(c)\, g(c) = \phi_c(f)\, \phi_c(g)$$

한편, 임의의 실수 $k \in \mathbb{R}$ 에 대하여 함수

$$f_k : [a, b] \longrightarrow \mathbb{R}, \quad f_k(x) = k$$

는 $C[a,b]$ 에 속하고 $\phi_c(f_k) = k$ 이므로 $\text{im}\, \phi_c = \mathbb{R}$ 이다. 그리고,

$$M_c = \ker \phi_c = \{f \in C[a, b] \mid f(c) = 0\}$$

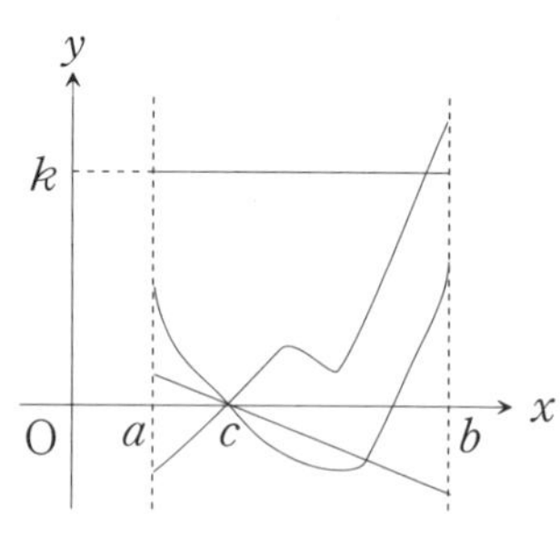

이라고 하면, M_c 는 $C[a, b]$ 의 이데알이고 $C[a, b]/M_c \cong \mathbb{R}$ 이므로 M_c 는 $C[a, b]$의 극대이데알이다.

더욱이, $C[a, b]$의 극대이데알은 모두 이와 같은 꼴로 나타내어진다('해설 3131').

이 절의 내용과 관련된 사항에 대해서는 '해설 3.132' 를 참조하기 바란다.

연 습 문 제 (3.13)

1. 정수환 $\mathbb{Z}$ 에서 I, J 가 $\{0\}$ 이 아닌 서로 다른 소이데알일 때, $I \cap J$ 는 $\mathbb{Z}$ 의 소이데알이 아님을 밝혀라.

2. 환 R 가 나눗셈환 또는 체일 때, R 의 극대이데알은 $\{0\}$ 뿐임을 밝혀라.

*3. 환 R 가 단위원 1을 가진 가환환일 때, R 의 소이데알 P 에 대하여 잉여환 R/P 가 유한환이면, P 는 R 의 극대이데알임을 밝혀라.

4. 다음 환의 이데알을 모두 구하고 또 극대이데알과 소이데알을 모두 구하여라.

(1) $\mathbb{Z}_{20} = \{0, 1, \cdots, 19\}$ (2) $\mathbb{Z}_2{}^2 = \{(0, 0), (0, 1), (1, 0), (1, 1)\}$

*5. 단위원 1을 가진 가환환 R 에서 $P\ (\neq R)$ 가 R 의 이데알일 때, P 가 R 의 소이데알이기 위한 필요충분조건은 $S = R - P$ 가 R 의 곱셈집합인 것임을 밝혀라(문제 3.8.3 참조).

*6. 素數 p 에 대하여 $S = \mathbb{Z} - p\mathbb{Z}$ 이라 하고

$$\mathbb{Q}_p = \{\frac{a}{s} \in \mathbb{Q} \mid a \in \mathbb{Z},\ s \in S\}, \quad M = \{\frac{b}{s} \in \mathbb{Q} \mid b \in p\mathbb{Z},\ s \in S\}$$

이라고 할 때, $\mathbb{Q}_p$ 는 유리수체 $\mathbb{Q}$ 의 부분환이다(문제 3.8.5 참조).

(1) M 은 가환환 $\mathbb{Q}_p$ 의 극대이데알임을 밝혀라.

(2) $U(\mathbb{Q}_p) = \mathbb{Q}_p - M$ 이고, 또 $\mathbb{Q}_p$ 의 극대이데알은 M 뿐임을 밝혀라.

*7. 다항식환 $\mathbb{Z}[x]$ 에서 $I = \{2a + xg(x) \mid a \in \mathbb{Z}, g(x) \in \mathbb{Z}[x]\}$는 $\mathbb{Z}[x]$ 의 극대이데알이고 (x) 는 극대이데알이 아님을 밝혀라(문제 3.10.5).

8. 체 F 위의 다항식환 $F[x, y]$ 에서

$$I = \{f(x, y) \in F[x, y] \mid f(0, 0) = 0\}$$

는 $F[x, y]$ 의 극대이데알임을 밝혀라.

*9. 환 R 가 단항이데알 정역일 때, $P\ (\neq \{0\})$ 가 R 의 소이데알이면 P 는 R 의 극대이데알임을 밝혀라.

§ 3.14 벡터공간과 다원환

이 절의 정리에 대한 자세한 증명은 [2]의 제2장을 참조하기 바란다.

정의 3.14.1 집합 V가 체 F에 대하여 다음 두 조건을 만족시킬 때, V를 F 위의 **벡터空間**(vector space over F) 또는 ***F*-벡터공간**이라고 한다.

(1) V 위에 덧셈이 정의되어 있고 $(V, +)$는 덧셈군이다.

(2) **스칼라 곱셈**(scalar multiplication)

$$F \times V \longrightarrow V, \quad (a, v) \longmapsto a \cdot v$$

가 정의되어 있고 또 임의의 $a, b \in F$와 $v, w \in V$에 대하여 다음이 성립한다.

(i) $a \cdot (v+w) = a \cdot v + a \cdot w$

(ii) $(a+b) \cdot v = a \cdot v + b \cdot w$

(iii) $(a\,b) \cdot v = a \cdot (b \cdot v)$

(iv) $1 \cdot v = v$

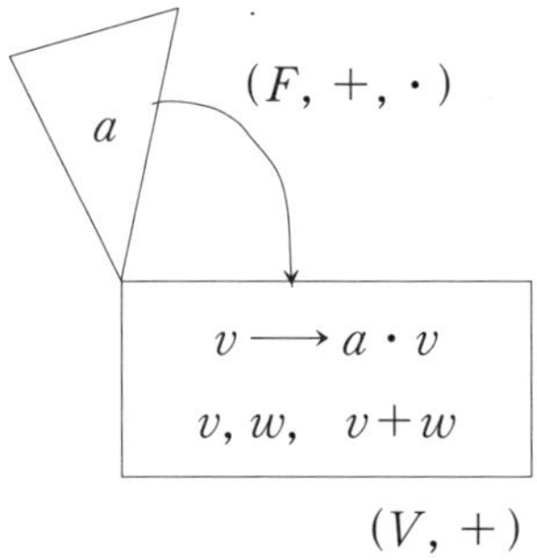

벡터공간 V의 원소 $v, w, \cdots$를 **벡터**(vector)라 하고, 특히 덧셈에 관한 항등원 0을 **영벡터**(zero vector)라고 한다. 그리고, 체 F를 **基礎體**(ground field)라 하고 체 F의 원소 $a, b, c, \cdots$를 **스칼라**(scalar)라고 한다.

앞으로 $a \cdot v$를 간단히 $a\,v$로 나타내기로 한다.

벡터공간의 정의에 의하여 다음이 성립함을 쉽게 알 수 있다.

정리 3.14.2 체 F 위의 벡터공간 V에서, 벡터 $v, w, u \in V$와 $a \in F$에 대하여 다음이 성립한다.

(1) $a\,0 = 0, \quad a(-v) = -\,a\,v,$

$0\,v = 0, \quad (-a)\,v = -\,a\,v, \quad (-1)\,v = -v$

(2) $a\,v = 0$이면, $a = 0$ 또는 $v = 0$이다.

정의 3.14.3 체 F 위의 벡터공간 V 의 부분집합 W $(\neq \varnothing)$ 가 V 에서의 덧셈과 스칼라 곱셈에 관하여 체 F 위의 벡터공간을 이룰 때, W 를 V 의 **부분공간**(subspace)이라고 한다.

벡터공간 V 에서 V 와 $\{0\}$ 는 V 의 부분공간이다.

정리 3.14.4 체 F 위의 벡터공간 V 에서, V 의 부분집합 W $(\neq \varnothing)$에 대하여 다음 네 조건은 서로 동치이다.

(1) W 는 V 의 부분공간이다.

(2) $w_1, w_2 \in W \Longrightarrow w_1 - w_2 \in W, \quad a \in F, w \in W \Longrightarrow a\,w \in W$

(3) $w_1, w_2 \in W \Longrightarrow w_1 + w_2 \in W, \quad a \in F, w \in W \Longrightarrow a\,w \in W$

정리 3.14.5 체 F 위의 벡터공간 V 의 부분공간 $W_1, \cdots, W_m$ 에 대하여

$$W_1 \cap \cdots \cap W_m = \{w \mid w \in W_1, \cdots, w \in W_m\},$$
$$W_1 + \cdots + W_m = \{w_1 + \cdots + w_m \mid w_1 \in W_1, \cdots, w_m \in W_m\}$$

는 V 의 부분공간이다.

정리 3.14.6 체 F 위의 벡터공간 V 에서 벡터 $v_1, \cdots, v_n$ 에 대하여

$$\langle v_1, \cdots, v_n \rangle = \{a_1 v_1 + \cdots + a_n v_n \mid a_1, \cdots, a_n \in F\}$$

이라고 하면 다음이 성립한다.

(1) $\langle v_1, \cdots, v_n \rangle$ 은 V 의 부분공간이고 또 $v_1, \cdots, v_n \in \langle v_1, \cdots, v_n \rangle$ 이다.

(2) V 의 부분공간 W 가 $v_1, \cdots, v_n$ 을 포함하면, $\langle v_1, \cdots, v_n \rangle \subseteq W$ 이다.

부분공간 $\langle v_1, \cdots, v_n \rangle$ 을 $v_1, \cdots, v_n$ 에 의하여 **생성된**(genrated, spanned) **부분공간**이라고 한다.

정의 3.14.7 체 F 위의 벡터공간 V 에서 $v_1, \cdots, v_n \in V$ 이라고 하자. 적어도 하나는 0 이 아닌(not all zero) $a_1, \cdots, a_n \in F$ 에 대하여

$$a_1 v_1 + \cdots + a_n v_n = 0$$

일 때, 벡터 $v_1, \cdots, v_n$ 은 **일차종속**(linearly dependent)이라고 한다.

한편, 벡터 $v_1, \cdots, v_n$ 이 일차종속이 아닐 때, 즉

$$a_1 v_1 + \cdots + a_n v_n = 0 \ (a_1, \cdots, a_n \in F) \Longrightarrow a_1 = \cdots = a_n = 0$$

일 때, 벡터 $v_1, \cdots, v_n$ 은 **일차독립**(linearly independent)이라고 한다.

정리 3.14.8 체 F 위의 벡터공간 V 에서 벡터 $v_1, \cdots, v_n, v \in V$ 에 대하여 다음이 성립한다.

(1) 적당한 정수 k $(1 \le k \le n)$에 대하여 $v_1, \cdots, v_k$ 가 일차종속이면, 벡터 $v_1, \cdots, v_n, v$ 는 일차종속이다.

(2) $v \in \langle v_1, \cdots, v_n \rangle$ 이면, $v_1, \cdots, v_n, v$ 는 일차종속이다.

(3) $v_1, \cdots, v_n, v$ 가 일차독립이면, $v \notin \langle v_1, \cdots, v_n \rangle$ 이다.

위의 정리에 의하여 다음 두 정리가 성립함을 알 수 있다.

정리 3.14.9 체 F 위의 벡터공간 V 에서 다음 두 조건은 동치이다.

(1) 벡터 $v_1, \cdots, v_n \in V$ 은 일차종속이다.

(2) $v_1 = 0$ 또는

적당한 j $(2 \le j \le n)$ 에 대하여 $v_j \in \langle v_1, \cdots, v_{j-1} \rangle$ 이다.

정리 3.14.10 체 F 위의 벡터공간 V 에서 다음 두 조건은 동치이다.

(1) 벡터 $v_1, \cdots, v_n \in V$ 은 일차독립이다.

(2) $v_1 \neq 0, \quad v_j \notin \langle v_1, \cdots, v_{j-1} \rangle \quad (2 \le j \le n)$

정의 3.14.11 체 F 위의 벡터공간 V 가 적당한 유한 개의 벡터에 의하여 생성될 때, V 를 **유한 생성**(finitely generated) 벡터공간이라고 한다.

그리고, 다음 두 조건을 만족시키는 집합 $\mathscr{B} = \{v_1, \cdots, v_n\}$ 가 존재할 때, $\mathscr{B}$ 를 V 의 (유한) **基底**(finite basis)라고 한다.

(i) $V = \langle v_1, \cdots, v_n \rangle = \{a_1 v_1 + \cdots + a_n v_n \mid a_1, \cdots, a_n \in F\}$

(ii) $v_1, \cdots, v_n$ 은 일차독립이다.

정리 3.14.12 체 F 위의 벡터공간 V에서 $\mathscr{B}=\{v_1, \cdots, v_n\}\subseteq V$에 대하여 다음 두 조건은 서로 동치이다.

(1) $\mathscr{B}$는 V의 기저이다.

(2) 각 벡터 $v\in V$는 단 한 가지 방법으로 $v_1, \cdots, v_n$의 일차결합

$$v=a_1 v_1+\cdots+a_n v_n \qquad (a_1, \cdots, a_n\in F)$$

의 꼴로 나타내어진다.

증명 (1) $\Longrightarrow$ (2) 집합 $\mathscr{B}$가 V의 기저라 하자. 이 때, $V=\langle v_1, \cdots, v_n\rangle$이므로 각 $v\in V$는 $v_1, \cdots, v_n$의 일차결합으로 나타낼 수 있다. 그리고,

$$v=a_1 v_1+\cdots+a_n v_n=b_1 v_1+\cdots+b_n v_n \qquad (a_i, b_i\in F)$$

이라고 가정하면, $(a_1-b_1) v_1+\cdots+(a_n-b_n) v_n=0$이고 $v_1, \cdots, v_n$은 일차독립이므로 $a_1-b_1=\cdots=a_n-b_n=0$ 즉 $a_1=b_1, \cdots, a_n=b_n$이다.

(2) $\Longrightarrow$ (1) 조건 (2)가 성립한다고 가정하자. 이 때, 각 벡터 $v\in V$는 $v_1, \cdots, v_n$의 일차결합으로 나타내어지므로 $V=\langle v_1, \cdots, v_n\rangle$이다. 또,

$$a_1 v_1+\cdots+a_n v_n=0 \qquad (a_1, \cdots, a_n\in F)$$

이라고 가정하면, $a_1 v_1+\cdots+a_n v_n=0=0 v_1+\cdots+0 v_n$이므로 조건 (2)에 의하여 $a_1=\cdots=a_n=0$이고 따라서 $v_1, \cdots, v_n$은 일차독립이다.

그러므로 $\mathscr{B}=\{v_1, \cdots, v_n\}$는 V의 기저이다.

정리 3.14.13 체 F 위의 벡터공간 $V\ (\neq\{0\})$가 유한 생성 벡터공간일 때, V는 유한 기저를 가지며 V의 유한 기저에 속하는 벡터의 개수는 기저에 관계없이 일정하다. 즉, $\mathscr{B}=\{v_1, \cdots, v_n\}$, $\mathscr{C}=\{w_1, \cdots, w_m\}$를 V의 기저라고 하면, $n=m$이다.

정의 3.14.14 체 F 위의 벡터공간 V가 $n\ (\geq 1)$개의 벡터로 이루어진 기저 $\mathscr{B}=\{v_1, \cdots, v_n\}$를 가질 때, V를 체 F 위의 ***n*차원 벡터공간**이라 하고 n을 V의 **차원**(dimension)이라고 한다.

그리고, 이 사실을 $n=\dim_F V$ 또는 $n=\dim V$로 나타낸다.

벡터공간 V가 유한 기저를 가질 때 V를 **유한차원**(finite dimensional) 벡터공간이라 하고, 또 유한 기저를 가지지 않는 벡터공간을 **무한차원**(infinite dimensional) 벡터공간이라고 한다.

한편, $V = \{0\}$ 인 경우에는 $\varnothing$를 기저라 하고 $\dim_F V = 0$으로 정한다.

정리 3.14.15 체 F 위의 벡터공간 V가 n (≥ 1) 개의 벡터 $v_1, \cdots, v_n$에 의하여 생성될 때, 즉 $V = \langle v_1, \cdots, v_n \rangle$일 때, $\dim_F V \leq n$이다.

따라서 V가 유한 생성 벡터공간이면, V는 유한차원 벡터공간이다.

보기 3.14.1 체 F와 양의 정수 n에 대하여 집합

$$F^n = \{(x_1, \cdots, x_n) \mid x_1, \cdots, x_n \in F\}$$

은 다음과 같이 정의된 두 연산에 관하여 체 F 위의 벡터공간을 이룬다.

$$(a_1, \cdots, a_n) + (b_1, \cdots, b_n) = (a_1 + b_1, \cdots, a_n + b_n)$$
$$a(a_1, \cdots, a_n) = (a\,a_1, \cdots, a\,a_n)$$

벡터공간 F^n에서

$$e_1 = (1, 0, \cdots, 0), \quad e_2 = (0, 1, \cdots, 0), \quad \cdots, \quad e_n = (0, 0, \cdots, 0, 1)$$

이라고 할 때, $\mathscr{B} = \{e_1, \cdots, e_n\}$는 F^n의 기저이고 따라서 $\dim_F F^n = n$이다. 기저 $\mathscr{B}$를 벡터공간 F^n의 **표준기저**(standard basis)라고 한다.

정리 3.14.16 체 F 위의 벡터공간 V가 n (≥ 1) 차원 벡터공간일 때 다음이 성립한다.

(1) V의 m개의 벡터가 일차독립이면, $m \leq n$이다.
즉, V의 $n+1$개의 벡터 $w_1, \cdots, w_n, w_{n+1}$은 일차종속이다.

(2) 벡터 $w_1, \cdots, w_n$이 일차독립이면, $\{w_1, \cdots, w_n\}$은 V의 기저이다.

(3) $V = \langle w_1, \cdots, w_n \rangle$이면, $\{w_1, \cdots, w_n\}$은 V의 기저이다.

(4) $m < n$일 때, V의 m개의 벡터 $w_1, \cdots, w_m$이 일차독립이면 이들 m개의 벡터에 r개의 적당한 벡터 $u_1, \cdots, u_r \in V$를 첨가하여 V의 기저 $\{w_1, \cdots, w_m, u_1, \cdots, u_r\}$를 얻을 수 있다(여기서 $m + r = n$).

정리 3.14.17 체 F 위의 벡터공간 V가 유한차원 벡터공간일 때, W가 V의 부분공간이면 $0 \leq \dim_F W \leq \dim_F V$ 이고 다음이 성립한다.

$$\dim_F W = 0 \iff W = \{0\},$$
$$\dim_F W = \dim_F V \iff W = V$$

보기 3.14.2 체 F가 환 R의 부분환일 때, R를 체 F 위의 벡터공간으로 볼 수 있다. 실제로, 임의의 원소 $x, y \in R$에 R에서의 합 $x+y \in R$를 합으로 정하고 $a \in F$와 $x \in R$에 대하여 R에서의 곱 $a\,x \in R$를 스칼라 배로 정하면, 환 R는 체 F 위의 벡터공간이다. 특히, 체 F가 체 K의 부분체일 때, K를 체 K 위의 벡터공간으로 볼 수 있고 또 체 F 위의 벡터공간으로 볼 수도 있다.

예를 들면, 복소수체 $\mathbb{C}$를 $\mathbb{C}$ 위의 벡터공간으로 볼 때 $\dim_{\mathbb{C}} \mathbb{C} = 1$이고, 또 복소수체 $\mathbb{C}$를 실수체 $\mathbb{R}$ 위의 벡터공간으로 생각하면, $\mathscr{B} = \{1, i\}$는 $\mathbb{C}$의 기저이고 따라서 $\dim_{\mathbb{R}} \mathbb{C} = 2$이다.

정의 3.14.18 집합 A $(\neq \varnothing)$에 대하여 다음 세 조건이 성립할 때, A를 체 F 위의 **多元環**(algebra) 또는 ***F*-多元環**이라고 한다.

(i) A는 덧셈과 곱셈에 관하여 단위원 1을 가진 환이다.

(ii) A는 덧셈과 스칼라 곱셈에 관하여 체 F 위의 벡터공간이다.

(iii) 임의의 $a \in F$와 $x, y \in A$에 대하여 $a\,(x\,y) = (a\,x)\,y = x\,(a\,y)$ 이다.

특히, $\dim_F A = n$일 때, A를 체 F 위의 ***n* 차원 다원환**이라고 한다

보기 3.14.3 체 F에 대하여 $F^n = \{(a_1, \cdots, a_n) \mid a_1, \cdots, a_n \in F\}$은 다음과 같이 정의된 연산에 관하여 체 F 위의 n차원 다원환을 이룬다.

$$(a_1, \cdots, a_n) + (b_1, \cdots, b_n) = (a_1+b_1, \cdots, a_n+b_n)$$
$$(a_1, \cdots, a_n)(b_1, \cdots, b_n) = (a_1\,b_1, \cdots, a_n\,b_n)$$
$$a\,(a_1, \cdots, a_n) = (a\,a_1, \cdots, a\,a_n)$$

보기 3.14.4 체 F 위의 다항식 전체의 집합 $F[x]$ 에서 덧셈과 곱셈을 §3.5에서와 같이 정의하고 또 임의의 $a \in F$ 와 다항식

$$f(x) = a_0 + a_1 x + \cdots + a_n x^n \in F[x]$$

에 대하여 스칼라 배 $a f(x)$ 를

$$a f(x) = a a_0 + a a_1 x + \cdots + a a_n x^n$$

으로 정하면, $F[x]$ 는 체 F 위의 무한차원 다원환을 이룬다(문제 3 참조).

보기 3.14.5 체 F 위의 형식적 멱급수 전체의 집합 $F[[x]]$ 는 다음과 같이 정의된 연산에 관하여 체 F 위의 다원환을 이룬다(정리 3.6.2).

$$\sum_{i=0}^{\infty} a_i x^i + \sum_{i=0}^{\infty} b_i x^i = \sum_{i=0}^{\infty} (a_i + b_i) x^i,$$

$$\left(\sum_{i=0}^{\infty} a_i x^i\right)\left(\sum_{i=0}^{\infty} b_i x^i\right) = \sum_{t=0}^{\infty} c_i x^i, \qquad c_i = \sum_{k=0}^{\infty} a_k b_{i-k}$$

$$a\left(\sum_{i=0}^{\infty} a_i x^i\right) = \sum_{i=0}^{\infty} a a_i x^i$$

보기 3.14.6 체 F 위의 무한수열 $\{a_n\}$ 전체의 집합 F^ω 는 다음과 같이 정의된 연산에 관하여 체 F 위의 다원환을 이룬다(정리 3.6.4).

$$\{a_n\} + \{b_n\} = \{a_n + b_n\},$$
$$\{a_n\} \cdot \{b_n\} = \{a_n b_n\},$$
$$a\{a_n\} = \{a a_n\}$$

보기 3.14.7 체 F 위의 n차의 행렬 전체의 집합 $\mathrm{Mat}_n(F)$ 는 다음과 같이 정의된 덧셈, 곱셈 그리고 스칼라 곱셈에 관하여 체 F 위의 n^2차원 다원환을 이룬다(정리 3.7.1).

$$[a_{ij}]_{n\times n} + [b_{ij}]_{n\times n} = [a_{ij} + b_{ij}]_{n\times n},$$

$$[a_{ij}]_{n\times n}[b_{ij}]_{n\times n} = [c_{ij}]_{n\times n}, \qquad c_{ij} = \sum_{k=1}^{n} a_{ik} b_{kj} \ (1 \leq i, j \leq n)$$

$$a[a_{ij}]_{n\times n} = [a\, a_{ij}]_{n\times n}$$

벡터공간의 여러 가지 특성에 대해서는 제 7 장에서 논하기로 한다.

벡터공간의 정의(정의 3.14.1) 에서 체 F 대신에 단위원 1을 가진 환 R로 바꾸어 벡터공간의 개념을 일반화할 수 있다. 이에 관련된 사항에 대해서는 '해설 314'를 참조하기 바란다.

연 습 문 제 (3.14)

1. 다음 명제 중에서 참인 명제를 찾아라(정의 1.1.7 참조).

   (1) V가 유리수체 $\mathbb{Q}$ 위의 유한차원 벡터공간이면, $|V| = |\mathbb{Q}| = \aleph_0$ 이다.

   (2) V가 실수체 $\mathbb{R}$ 위의 유한차원 벡터공간이면 $|V| = |\mathbb{R}| = \aleph$ 이다.

   (3) Hamilton 의 사원수환 $\mathbb{H} = \{a_0 + a_i i + a_2 j + a_3 k \mid a_0, a_1, a_2, a_3 \in \mathbb{R}\}$ 를 실수체 $\mathbb{R}$ 위의 벡터공간으로 생각하면, $\dim_{\mathbb{R}} \mathbb{H} = 4$ 이다

   (4) Hamilton 의 사원수환 $\mathbb{H} = \{a_0 + a_i i + a_2 j + a_3 k \mid a_0, a_1, a_2, a_3 \in \mathbb{R}\}$ 를 복소수체 $\mathbb{C}$ 위의 벡터공간으로 생각하면, $\dim_{\mathbb{C}} \mathbb{H} = 2$ 이다.

*2. 실수체 $\mathbb{R}$와 복소수체 $\mathbb{C}$를 유리수체 $\mathbb{Q}$ 위의 벡터공간으로 생각할 때, $\mathbb{R}$와 $\mathbb{C}$는 모두 유리수체 $\mathbb{Q}$ 위의 무한차원 벡터공간임을 밝혀라.

*3. 체 F 위의 벡터공간 $F[x]$는 무한차원 벡터공간임을 밝혀라.

4. 유한체 F의 위수가 q일 때, V가 체 F 위의 n차원 벡터공간이면

$$|V| = q^n$$

   임을 밝혀라.

5. 실수체 $\mathbb{R}$를 유리수체 $\mathbb{Q}$ 위의 벡터공간으로 생각할 때 다음을 증명하여라.

   (1) 임의의 무리수 a에 대하여 $1, a$는 일차독립이다.

   (2) $1, \sqrt{2}, \sqrt{3}$ 은 일차독립이다.

   (3) $1, \sqrt{2}, \sqrt{3}, \sqrt{6}$ 은 일차독립이다.

뇌테르(Emmy Nöther, 1882 ~ 1935)

여류 수학자 뇌테르는 수학자 힐버트(David Hilbert, 1862 ~ 1943) 의 제자로서, 1882 년에 독일의 에를랑겐(Erlangen)에서 태어났다. 뇌테르가 Erlangen 대학에 입학할 당시에 이 대학의 1000 여명의 학생 중에서 여학생은 단 두 명뿐이었다고 하며 뇌테르는 1907 년에 박사 학위를 받았다.

뇌테르의 아버지인 Max Nöther 는 Erlangen 대학의 교수로서 대수적 함수에 관한 연구로 유명하였다. 뇌테르는 아버지 주변에 모이는 여러 학자의 영향을 많이 받았으며, 1916 년에 괴팅겐(Göttingen)으로 옮겨 클라인(Klein) 과 힐버트(Hilbert) 의 지도 아래 연구 생활을 하였다.

세계 제 1 차 대전 중에 힐버트는 뇌테르를 괴팅겐 대학의 전임강사로 추천하였으나 오직 여자라는 이유로 거절 당하였고, 1922 년에 명예 조교수로 임명되어 대수학을 강의하였다. 뇌테르는 히틀러의 정치적 압력을 받아 유대인이라는 이유로 1933 년에 괴팅겐 대학에서 추방되어 미국으로 건너가 교수직을 얻었고 미국 프린스턴 고등연구원(Institute of advanced study in Princeton)에 강사로 자주 초빙받기도 하였으나, 얼마 후 수술 결과가 좋지 않아 1935 년에 사망하였다.

데데킨트(Dedekind)는 19 세기에 이데알(Ideal)이라는 개념을 도입하여 특정한 대수적 체계를 그 이데알들의 곱으로 분해하는 문제에 관한 이론을 수립하였다. 뇌테르는 추상적인 환에 대한 이데알 이론을 공리적으로 건설하려 하였으며, 특히 非可換 多元環(algebra)에 관한 연구에 빛나는 업적을 남겼다. 오늘날 이른바 Nöther 환은 대수적 기하학 연구에 중요한 역할을 한다.

수학자 봐일(Hermann Weyl) 은 뇌테르를 대수학 연구에서 무엇보다도 새롭고 획기적인 思考의 형태를 창시해낸 수학자라고 극찬하였다. 뇌테르의 강의는 그리 뛰어나지는 않았으나, 대단히 고무적이고 열성적이었다고 한다. 뇌테르의 제자들은 'Nöther boy' 로 알려졌고 많은 제자들이 훌륭한 수학자로 활동하였다.

Weyl 은 뇌테르가 괴팅겐 대학에서 수 년간(1930 ~ 1933) 에 걸쳐서 연구한 과학적 연구 업적과 학생들의 연구 활동에 미친 영향을 생각할 때 뇌테르는 가장 중심적인 역할을 한 수학자 중의 한 사람이라고 평가하였다.

뇌테르에 대한 자료는 www.gap-system.org/~history/Mathematicians 에서 얻을 수 있다.

제 4 장

체와 다항식

이 장에서는, 앞의 제 3 장에 이어 체 F 위의 다항식환 $F[x]$의 특성과 유한체 그리고 다항식의 근에 대하여 논한다.

실제로, 단항이데알 정역과 다항식환 $F[x]$에서의 최대공약수와 최소공배수에 대하여 논하고, 다항식의 유클리드 알고리즘과 소인수분해, 기약다항식과 체의 확대체, 유한체에 대하여 논하며 삼차다항식과 사차다항식의 근의 공식에 대하여 논한다.

체의 확대체에 대해서는 제 5 장에서 상세히 논하고, 여러 가지 유형의 정역에 대해서는 §6.7, §6.8에서 논한다.

참 고 문 헌

1. 박승안, 암호학과 부호이론, 제 2 판, 경문사, 2008
2. Fraleigh, J., A first course in abstract algebra, 7th ed., Pearson Education, Inc., New York, 2003
3. Rotman, J.J., A first course in abstract algebra, 2nd ed., Prentice-Hall, Upper Saddle River, New Jersey, 2000

§ 4.1 단항이데알 정역

이 절에서는, 단항이데알 정역의 특성에 대하여 논한다(정의 3.9.7). 여러 가지 유형의 정역에 대해서는 § 6.6 과 § 6.7 에서 논하기로 한다.

정의 4.1.1 단위원 1을 가진 가환환 R에서 두 원소 $a, b \in R$에 대하여

$$b = ac$$

인 원소 $c \in R$가 존재할 때, a를 b의 **약수**(divisor) 또는 **인수**(factor)라 하고 b를 a의 **배수**(multiple)라고 하며 이 사실을 $a \mid b$로 나타낸다.

한편, $a \mid b$가 아닐 때, 이 사실을 $a \nmid b$로 나타낸다.

그리고, R의 적당한 단원 $u \in U(R)$에 대하여 $b = au$일 때, a와 b는 **同伴元**(associate element)이라고 한다.

단위원 1을 가진 가환환 R에서 원소 a에 의하여 생성된 단항이데알 $(a) = \{ax \mid x \in R\}$는 a의 배수 전체로 이루어진 이데알이다.

보기 4.1.1 정수환 $\mathbb{Z}$는 단항이데알 정역이다(보기 3.9.4). 또한, $\mathbb{Z}$의 단원군은 $U(\mathbb{Z}) = \{1, -1\}$이므로 각 $a \in \mathbb{Z}$의 동반원은 a, $-a$뿐이다.

정리 4.1.2 정역 D에서 두 원소 $a, b \in D$에 대하여 다음이 성립한다.

(1) $a \mid a$, $a \mid 0$, $1 \mid a$

(2) $a \mid b$, $b \mid c$ 이면, $a \mid c$ 이다.

(3) $(b) \subseteq (a) \Longleftrightarrow b \in (a) \Longleftrightarrow a \mid b$

(4) $(a) = (b) \Longleftrightarrow a \mid b,\ b \mid a \Longleftrightarrow a$와 b는 동반원이다.

(5) $(a) = D \Longleftrightarrow a \mid 1 \Longleftrightarrow a$와 1은 동반원이다.

(6) $a \mid 1 \Longleftrightarrow a \in U(D)$

증명 (1), (2) 정의에 의하여 (1), (2)가 성립함을 알 수 있다.

(3) 먼저 $(b) \subseteq (a)$ 이면, $b \in (b) \subseteq (a)$ 이다.

역으로, $b \in (a)$ 이면, 적당한 $c \in D$ 에 대하여 $b = ac$ 이고 이때 임의의 원소 $x \in D$ 에 대하여 $bx = a(cx) \in (a)$ 이므로 $(b) \subseteq (a)$ 이다.

따라서 $(b) \subseteq (a) \Longleftrightarrow b \in (a)$ 이다. 그리고, $b \in (a) \Longleftrightarrow a \mid b$ 이다.

(4) 앞의 (3) 에 의하여 $(a) = (b) \Longleftrightarrow a \mid b,\ b \mid a$ 이다.

다음에 $a \mid b,\ b \mid a$ 이라고 하자. 이 때, 적당한 원소 $u, v \in D$ 에 대하여 $b = au,\ a = bv$ 이고 따라서 $a = bv = auv$ 이다.

그런데, $a = 0$ 이면, $b = 0$ 이므로 $b = a = a1$ 이다. 한편, $a \neq 0$ 이면, D 가 정역이므로 $uv = 1$ 이고 따라서 u 는 단원이고 또 $b = au$ 이다. 그러므로 어느 경우에나 a 와 b 는 동반원이다.

역으로, a 와 b 가 동반원이면, 적당한 단원 u 에 대하여 $b = au$ 이고 이때 $a = bu^{-1}$ 이므로 $a \mid b,\ b \mid a$ 이다. 따라서 (4) 가 성립한다.

(5) $D = (1)$ 이고 또 $1 \mid a$ 이므로 위의 (4) 에 의하여 (5) 가 성립한다.

(6) 먼저 $a \mid 1$ 이면, 적당한 원소 $c \in D$ 에 대하여 $1 = ac$ 이고 따라서 $a \in U(D)$ 이다. 역으로, $a \in U(D)$ 이면, $aa^{-1} = 1$ 이므로 $a \mid 1$ 이다.

보기 4.1.2 정수환 $\mathbb{Z}$ 는 정역이고 그 단원군은 $U(\mathbb{Z}) = \{1, -1\}$ 이다. 따라서 두 정수 $a, b \in \mathbb{Z}$ 에 대하여 $(a) = (b) \Longleftrightarrow b = \pm a$ 이다.

정의 4.1.3 정역 D 에서 원소 $a_1, \cdots, a_n \in D,\ n \geq 2$ 에 대하여 다음 두 조건을 만족시키는 $d \in D$ 가 존재할 때, d 를 이들 원소의 **최대공약수**(greatest common divisor)라 하고 이것을 $\gcd\{a_1, \cdots, a_n\}$ 으로 나타낸다.

(i) $d \mid a_i \quad (1 \leq i \leq n)$

(ii) 원소 $e \in D$ 에 대하여 $e \mid a_i\ (1 \leq i \leq n)$ 이면, $e \mid d$ 이다.

또, 다음 두 조건을 만족시키는 $l \in D$ 이 존재할 때, l 을 이들 원소의 **최소공배수**(least common multiple)라 하고 이것을 $1\mathrm{cm}\{a_1, \cdots, a_n\}$ 으로 나타낸다.

(i)′ $a_i \mid l \quad (1 \leq i \leq n)$

(ii)′ 원소 $c \in D$ 에 대하여 $a_i \mid c\ (1 \leq i \leq n)$ 이면, $l \mid c$ 이다.

정리 4.1.4 정역 D가 PID일 때, 원소 $a_1, \cdots, a_n \in D$, $n \geq 2$에 대하여 최대공약수 d와 최소공배수 l은 존재하고 다음이 성립한다.

(1) $(a_1, \cdots, a_n) = (d)$

또, 적당한 원소 $s_1, \cdots, s_n \in D$에 대하여 $d = a_1 s_1 + \cdots + a_n s_n$이다.

(2) $(a_1) \cap \cdots \cap (a_n) = (l)$

증명 (1) 이제 $I = (a_1, \cdots, a_n)$이라고 하자.

이 때, D는 PID이므로 적당한 $d \in D$에 대하여 $I = (d)$이다. 또,

$$d \in (d) = I = \{a_1 r_1 + \cdots + a_n r_n \mid r_1, \cdots, r_n \in D\}$$

이므로 적당한 원소 $s_1, \cdots, s_n \in D$에 대하여 $d = a_1 s_1 + \cdots + a_n s_n$이다.

그리고, $a_1, \cdots, a_n \in I = (d)$이므로 $d \mid a_1, \cdots, d \mid a_n$이다. 또, 원소 e에 대하여 $e \mid a_1, \cdots, e \mid a_n$이면, $d = a_1 s_1 + \cdots + a_n s_n$이므로 $e \mid d$이다.

그러므로 d는 $a_1, \cdots, a_n$의 최대공약수이고 (1)이 성립한다.

(2) 이제 $J = (a_1) \cap \cdots \cap (a_n)$이라고 하자.

이 때, D는 PID이므로 적당한 원소 $l \in D$에 대하여 $J = (l)$이다. 또, $l \in J$이므로 $l \in (a_1)$, $\cdots$, $l \in (a_n)$이고 따라서 $a_1 \mid l$, $\cdots$, $a_n \mid l$이다. 그리고, 원소 c에 대하여 $a_1 \mid c$, $\cdots$, $a_n \mid c$이면, $c \in (a_1)$, $\cdots$, $c \in (a_n)$이므로 $c \in (a_1) \cap \cdots \cap (a_n) = J = (l)$이고 따라서 $l \mid c$이다.

그러므로 l은 $a_1, \cdots, a_n$의 최소공배수이고 (2)가 성립한다.

앞의 정리에서 원소 $a_1, \cdots, a_n \in D$의 최대공약수와 최소공배수는 유일하게 결정되지는 않는다. 실제로, d와 d'이 이들 원소의 최대공약수이면, $d \mid d'$, $d' \mid d$이므로 d와 d'은 동반원이고 따라서 적당한 $u \in U(D)$에 대하여 $d' = ud$이다. 또, l과 l'이 이들 원소의 최소공배수이면 l과 l'은 동반원이므로 적당한 $v \in U(D)$에 대하여 $l' = vl$이다(정리 4.1.2).

특히, 원소 $a_1, \cdots, a_n \in D$의 최대공약수 d가 단원일 때, 즉 d와 1이 동반원일 때, $a_1, \cdots, a_n$은 **서로 소**(relatively prime)라 하고 또 이 사실을

$$\gcd\{a_1, \cdots, a_n\} = 1$$

로 나타내기로 한다.

보기 4.1.3 정수환 $\mathbb{Z}$는 PID이므로 정수 $a_1, \cdots, a_n$의 최대공약수 d와 최소공배수 l은 존재한다. 또한, $U(\mathbb{Z}) = \{1, \ -1\}$이므로 $d \geq 0, \ l \geq 0$으로 제한하면, d와 l은 유일하게 결정된다(정의 1.2.16 참조).

정수환 $\mathbb{Z}$의 경우와 마찬가지로, 다음 네 정리가 성립함을 쉽게 증명할 수 있다(문제 2 ~ 문제 4 참조).

정리 4.1.5 정역 D가 PID일 때, 두 원소 $a, b \in D$가 서로 소이기 위한 필요충분조건은 적당한 원소 $s, t \in D$에 대하여 $as + bt = 1$인 것이다.

정리 4.1.6 정역 D가 PID일 때, 원소 $a, b, c \in D$에 대하여 다음이 성립한다.

(1) $\gcd\{a, c\} = \gcd\{b, c\} = 1 \Longleftrightarrow \gcd\{ab, c\} = 1$

(2) a와 b가 서로 소일 때, $a \mid bc$이면 $a \mid c$이다.

(3) a와 b가 서로 소일 때, $a \mid c, b \mid c$이면 $ab \mid c$이다.

정리 4.1.7 정역 D가 PID일 때, 두 원소 $a, b \in D$의 최대공약수를 d이라 하고 $a = d\,a_1, \ b = d\,b_1, \ l = d\,a_1 b_1$이라고 하면 a_1과 b_1은 서로 소이고 l은 a와 b의 최소공배수이며 $ab = dl$이다.

연 습 문 제 (4.1)

1. 정역 D에서 0도 아니고 단원도 아닌 원소가 존재할 때, 이러한 원소 전체로 이루어진 집합은 곱셈에 관하여 닫혀 있음을 밝혀라.

*2. 정리 4.1.5를 증명하여라.

*3. 정리 4.1.5를 이용하여 정리 4.1.6을 증명하여라.

*4. 정리 4.1.6을 이용하여 정리 4.1.7을 증명하여라.

§4.2 체 위의 다항식환

정수환 $\mathbb{Z}$의 경우와 마찬가지로. 체 F 위의 다항식환 $F[x]$에 대하여 다음 정리가 성립한다(정리 1.2.4). 이러한 의미에서 정수환 $\mathbb{Z}$와 체 F 위의 다항식환 $F[x]$를 **유클리드 정역**(ED, Euclidean Domain)이라고 한다.

정리 4.2.1 체 F 위의 다항식환 $F[x]$는 정역이고 다음이 성립한다.

(1) $\deg(f(x)\,g(x)) = \deg f(x) + \deg g(x)$

(2) (나눗셈 알고리즘) 다항식 $f(x), g(x) \in F[x]$, $g(x) \neq 0$에 대하여

$$f(x) = q(x)\,g(x) + r(x),$$
$$r(x) = 0 \quad \text{또는} \quad 0 \leq \deg r(x) < \deg g(x)$$

인 다항식 $q(x), r(x) \in F[x]$가 단 하나씩 존재한다. 이와 같은 다항식 $q(x)$, $r(x)$를 각각 $f(x)$를 $g(x)$로 나누었을 때의 **몫**, **나머지**라고 한다.

증명 (1) 정리 3.5.4에 의하여 $F[x]$는 정역이고 (1)이 성립한다.

(2) 먼저 $\deg f(x) < \deg g(x)$인 경우에 $q(x) = 0$, $r(x) = f(x)$라고 놓고, $g(x) = a$ $(a \in F,\ a \neq 0)$인 경우에 $q(x) = a^{-1}f(x)$, $r(x) = 0$이라고 놓으면 (2)가 성립한다.

다음에 $1 \leq \deg g(x) \leq \deg f(x)$일 때,

$$f(x) = a_n x^n + \cdots + a_1 x + a_0, \quad a_n \neq 0,$$
$$g(x) = b_m x^m + \cdots + b_1 x + b_0, \quad b_m \neq 0$$

이라고 하면 ${b_m}^{-1} \in F$가 존재하므로

$$f(x) = ({b_m}^{-1} a_n x^{n-m})\,g(x) + h(x)$$

$$\begin{array}{r|l} & {b_m}^{-1} a_n x^{n-m} + \cdots \\ \hline g(x) & f(x) \\ & a_n x^n + \cdots \\ \hline & \qquad h(x) \\ & \qquad \vdots \\ \hline & \qquad r(x) \end{array}$$

인 다항식 $h(x) \in F[x]$가 존재하고 이때 $\deg h(x) \leq n-1 < n$이다.

다시 $h(x)$에 대하여 위의 절차를 되풀이하면,

$$h(x) = q_1(x)\,g(x) + r(x),$$
$$r(x) = 0 \quad \text{또는} \quad 0 \leq \deg r(x) < \deg g(x)$$

인 $q_1(x),\ r(x) \in F[x]$ 가 존재하고 여기서 $q(x) = b_m{}^{-1} a_n x^{n-m} + q_1(x)$ 이라고 하면, $f(x) = q(x)\,g(x) + r(x)$ 이다.

그리고, 이와 같은 두 다항식 $q(x), r(x)$ 는 단 하나뿐이다(문제 1).

보기 4.2.1 체 $\mathbb{Z}_5 = \{0, 1, 2, 3, 4\}$ 위에서 다항식

$$f(x) = x^3 + 2x^2 + x + 1$$

를 다항식 $g(x) = 2x^2 + x + 1$ 로 나누었을 때의 몫과 나머지는 각각 다음과 같다.

$$q(x) = 3x + 2, \quad r(x) = x + 4$$

$$\begin{array}{r|l} & \quad 3x+2 \\ \hline 2x^2+x+1 & x^3 + 2x^2 + x + 1 \\ & x^3 + 3x^2 + 3x \\ \hline & \quad 4x^2 + 3x + 1 \\ & \quad 4x^2 + 2x + 2 \\ \hline & \qquad\quad x + 4 \end{array}$$

보기 4.2.2 다항식환 $\mathbb{Z}[x]$ 에서는 정리 4.2.1 (2) 가 성립하지 않는다.

예를 들면, $x^3 + x + 1 = q(x)(2x+1) + r$ 인 다항식 $q(x) \in \mathbb{Z}[x]$ 와 $r \in \mathbb{Z}$ 는 존재하지 않는다.

체 F 위의 다항식환 $F[x]$ 는 정역이고 또 $U(F[x]) = F^* = F - \{0\}$ 이다. 그리고, $f(x) \in F[x]$ 에 의하여 생성된 단항이데알은

$$(f(x)) = \{f(x)\,h(x) \mid h(x) \in F[x]\}$$

이고 또 $F[x]$ 에 대하여 다음이 성립한다(정리 4.1.2, 정의 3.5.3 참조).

$f(x) \mid f(x),\ f(x) \mid 0$ 이고 모든 $a \in F^*$ 에 대하여 $a \mid f(x)$ 이다.

$f(x) \mid g(x),\ g(x) \mid h(x)$ 이면, $f(x) \mid h(x)$ 이다.

$(g(x)) \subseteq (f(x)) \iff g(x) \in (f(x)) \iff f(x) \mid g(x)$

$(f(x)) = (g(x)) \iff g(x) = a\,f(x), \quad a \in F^*$

$(f(x)) = F[x] \iff f(x) = a\ (a \in F^*) \iff \deg f(x) = 0$

$(f(x)) = \{0\} \iff f(x) = 0$ (영다항식) $\iff \deg f(x) = -\infty$

$\{0\} \subsetneq (f(x)) \subsetneq F[x] \iff \deg f(x) \geq 1$

한편, 정수환 $\mathbb{Z}$ 위의 다항식환 $\mathbb{Z}[x]$ 는 정역이고 그 단원군은 $\{1, -1\}$ 이므로 $\mathbb{Z}[x]$ 에서 $(f(x)) = (g(x)) \iff g(x) = \pm f(x)$ 이다(정리 4.1.2).

정리 4.2.2 체 F 위의 다항식환 $F[x]$ 는 PID 이다. 즉, 다항식환 $F[x]$ 의 이데알 I 는 모두 다음과 같은 꼴의 단항이데알이다.

$$I = (f(x)) = \{f(x)\,h(x) \mid h(x) \in F[x]\}$$

특히, $\{0\} \subsetneq I \subsetneq F[x]$ 이면, $I = (g(x))$ 인 모닉 다항식 $g(x) \in F[x]$, $\deg g(x) \geq 1$ 가 단 하나 존재한다.

증명 먼저 $I = \{0\}$ 이면 $I = (0)$ 이고, $I = F[x]$ 이면 $I = (1)$ 이다.

다음에 $\{0\} \subsetneq I \subsetneq F[x]$ 일 때, I 에 속하는 영다항식이 아닌 다항식 중에서 그 차수가 가장 작은 다항식을 $f(x)$ 이라고 하자.

이 때, $(f(x)) \subseteq I \subsetneq F[x]$ 이고(정리 3.9.5), 따라서 $\deg f(x) = n \geq 1$ 이다. 그리고, 임의의 $h(x) \in I$ 에 대하여

$$h(x) = q(x)\,f(x) + r(x),$$
$$r(x) = 0 \quad \text{또는} \quad 0 \leq \deg r(x) < \deg f(x)$$

이라고 하면, $r(x) = h(x) - q(x)\,f(x) \in I$ 이고 $f(x)$ 는 I 에 속하는 영다항식이 아닌 다항식 중에서 그 차수가 가장 작으므로 $r(x)$ 는 영다항식이고 $h(x) = q(x)\,f(x) \in (f(x))$ 이다. 따라서 $I = (f(x))$ 이다.

또, $f(x)$ 의 최고차 항의 계수가 a_n 일 때, $g(x) = a_n^{-1} f(x)$ 이라고 하면 $g(x) \in F[x]$, $\deg g(x) \geq 1$ 는 모닉 다항식이고 $I = (f(x)) = (g(x))$ 이다. 또한, 모닉 다항식 $h(x) \in F[x]$ 에 대하여 $I = (g(x)) = (h(x))$ 이면, 적당한 $a \in F^*$ 에 대하여 $h(x) = a\,g(x)$ 이므로 $h(x) = g(x)$ 이고 따라서 $I = (g(x))$ 인 모닉 다항식 $g(x)$ 는 단 하나뿐이다.

보기 4.2.3 정수환 $\mathbb{Z}$ 위의 다항식환 $\mathbb{Z}[x]$ 는 PID 가 아니다. 예를 들면,

$$I = (2, x) = \{2a + x\,g(x) \mid a \in \mathbb{Z},\ g(x) \in \mathbb{Z}[x]\}$$

는 $\mathbb{Z}[x]$ 의 단항이데알이 아니다(문제 3.13.7). 실제로 $I = (f(x))$ 이라고 가정하면, $2, x \in I$ 이므로 적당한 다항식 $h_1(x), h_2(x) \in \mathbb{Z}[x]$ 에 대하여

$$2 = f(x)\,h_1(x), \quad x = f(x)\,h_2(x)$$

이고 따라서 $f(x) = \pm 1$ 이므로 $I = \mathbb{Z}[x]$ 로 되어 모순이 생긴다.

앞의 정리 4.2.2와 정리 4.1.4에 의하여 다음 두 정리가 성립한다.

정리 4.2.3 체 F 위의 다항식 $f_1(x), \cdots, f_n(x) \in F[x]$, $n \geq 2$에 대하여 이들 다항식의 최대공약수 $d(x) = \gcd\{f_1(x), \cdots, f_n(x)\}$와 최소공배수 $l(x) = \operatorname{lcm}\{f_1(x), \cdots, f_n(x)\}$는 존재하고 다음이 성립한다.

(1) $(f_1(x), \cdots, f_n(x)) = (d(x))$이고, 또

$$d(x) = f_1(x)\, s_1(x) + \cdots + f_n(x)\, s_n(x)$$

인 다항식 $s_1(x), \cdots, s_n(x) \in F[x]$가 존재한다.

(2) $(f_1(x)) \cap \cdots \cap (f_n(x)) = (l(x))$

정리 4.2.4 체 F 위의 두 다항식 $f(x), g(x) \in F[x]$에 대하여 $f(x)$와 $g(x)$의 최대공약수 $d(x)$와 최소공배수 $l(x)$는 존재하고 다음이 성립한다.

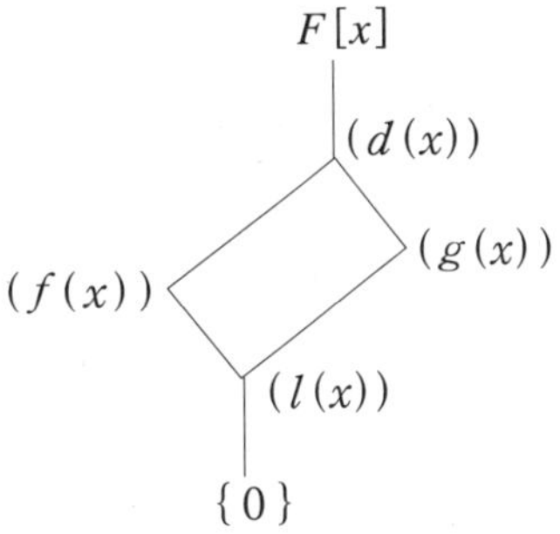

(1) $(f(x), g(x)) = (d(x))$이고, 또

$$d(x) = f(x)\, s(x) + g(x)\, t(x)$$

인 다항식 $s(x), t(x) \in F[x]$가 존재한다.

(2) $(f(x)) \cap (g(x)) = (l(x))$

체 F 위의 다항식환 $F[x]$의 단원군은 $F^* = F - \{0\}$이므로 다항식 $f_1(x), \cdots, f_n(x) \in F[x]$에 대하여 $d(x)$, $d'(x)$가 이들 다항식의 최대공약수이면, 적당한 단원 $a \in F^*$에 대하여 $d'(x) = a\, d(x)$이고 마찬가지로 $l(x)$, $l'(x)$가 이들 다항식의 최소공배수이면 적당한 단원 $b \in F^*$에 대하여 $l'(x) = b\, l(x)$이다. 체 F 위의 다항식 $f_1(x), \cdots, f_n(x)$ 중에서 적어도 하나가 영다항식이 아니면 이들 다항식의 최대공약수는 영다항식이 아니고 또 다항식 $f_1(x), \cdots, f_n(x)$이 모두 영다항식이 아니면 이들 다항식의 최소공배수는 영다항식이 아니다. 이러한 경우에

$$\gcd\{f_1(x), \cdots, f_n(x)\}, \quad \operatorname{lcm}\{f_1(x), \cdots, f_n(x)\}$$

는 각각 모닉인 최대공약수, 최소공배수를 나타낸다고 생각한다(정의 3.5.3).

정수환 $\mathbb{Z}$ 위의 다항식환 $\mathbb{Z}[x]$ 는 PID가 아니나 두 개 이상의 다항식의 최대공약수와 최소공배수는 존재하며 이들이 영다항식이 아닌 경우에는 그 최고차 항의 계수를 양의 정수라고 생각한다(정리 6.7.14 참조).

예를 들면, $\mathbb{Z}[x]$ 에서 $f(x) = 4x^2$, $g(x) = 6x(2x+1)$ 의 최대공약수와 최소공배수는 각각 $d(x) = 2x$, $l(x) = 12x^2(2x+1)$ 이다.

체 F 위의 다항식 $f_1(x), \cdots, f_n(x) \in F[x]$ 의 최대공약수가 1 일 때 이들 다항식은 **서로 소**라 하고, 또 모든 $i, j\ (1 \le i \ne j \le n)$ 에 대하여 $f_i(x)$, $f_j(x)$ 가 서로 소일 때 다항식 $f_1(x), \cdots, f_n(x)$ 은 **쌍마다 서로 소**라고 한다. 정리 4.1.5 ~ 정리 4.1.7 에 의하여 다음 네 정리가 성립한다.

정리 4.2.5 체 F 위의 두 다항식 $f(x)$, $g(x) \in F[x]$ 에 대하여 다음 두 조건은 서로 동치이다.

(1) $f(x)$ 와 $g(x)$ 는 서로 소이다.

(2) $f(x)s(x) + g(x)t(x) = 1$ 인 $s(x), t(x) \in F[x]$ 가 존재한다.

정리 4.2.6 체 F 위의 다항식 $f(x)$, $g(x)$, $h(x) \in F[x]$ 에 대하여

$$\gcd\{f(x),\ h(x)\} = \gcd\{g(x),\ h(x)\} = 1$$

일 때 그리고 이때에만 $\gcd\{f(x)g(x),\ h(x)\} = 1$ 이다.

정리 4.2.7 체 F 위의 두 다항식 $f(x), g(x) \in F[x]$ 가 서로 소일 때 다음이 성립한다.

(1) $f(x) \mid g(x)h(x)$ 이면, $f(x) \mid h(x)$ 이다.

(2) $f(x) \mid h(x)$, $g(x) \mid h(x)$ 이면, $f(x)g(x) \mid h(x)$ 이다.

정리 4.2.8 체 F 위의 모닉인 두 다항식 $f(x), g(x) \in F[x]$ 의 최대공약수가 $d(x)$ 일 때, $f(x) = d(x)f_1(x)$, $g(x) = d(x)g_1(x)$ 이라 하고 또 $l(x) = d(x)f_1(x)g_1(x)$ 이라고 하면 $f_1(x)$ 와 $g_1(x)$ 는 서로 소이고 $l(x)$ 는 $f(x)$ 와 $g(x)$ 의 최소공배수이며 $f(x)g(x) = d(x)l(x)$ 이다.

정수환 $\mathbb{Z}$ 의 경우와 마찬가지로 다음 정리가 성립한다(정리 1.2.10).

정리 4.2.9 (다항식에 대한 유클리드의 알고리즘, Euclidean algorithm)
체 F 위의 두 다항식 $f(x), g(x)$ 중에서 $g(x)$가 영다항식이 아닐 때, $r_0(x) = f(x)$, $r_1(x) = g(x)$ 이라 하고 다음이 성립한다고 하자.

$$\begin{aligned}
r_0(x) &= q_0(x)\, r_1(x) + r_2(x), & 0 \le \deg r_2(x) < \deg r_1(x)\\
r_1(x) &= q_1(x)\, r_2(x) + r_3(x), & 0 \le \deg r_3(x) < \deg r_2(x)\\
&\ \ \vdots & \vdots\\
r_{m-1}(x) &= q_{m-1}(x)\, r_m(x) + r_{m+1}(x), & 0 \le \deg r_{m+1}(x) < \deg r_m(x)\\
r_m(x) &= q_m(x)\, r_{m+1}(x)
\end{aligned}$$

이 때, 다항식 $r_{m+1}(x)$ 의 최고차 항의 계수가 a 이면, $f(x)$ 와 $g(x)$ 의 최대공약수는 $d(x) = a^{-1}\, r_{m+1}(x)$ 이다.

보기 4.2.4 유리수체 $\mathbb{Q}$ 위에서 두 다항식

$$f(x) = x^4 - 3x^2 - 2x + 4, \quad g(x) = x^3 - x^2 - x + 1$$

에 대하여 다음이 성립한다.

$$\begin{aligned}
&f(x) = (x+1)\, g(x) - x^2 - 2x + 3,\\
&g(x) = (-x+3)(-x^2 - 2x + 3) + 8(x-1)\\
&-x^2 - 2x + 3 = (-x - 3)(x-1)
\end{aligned}$$

1	1	0	−3	−2	4
	1	−1	−1	1	
1		1	−2	−3	4
		1	−1	−1	1
−1			−1	−2	3
			−1	1	
−3				−3	3
				−3	3
					0

1	−1	−1	1	−1
1	2	−3		
	−3	2	1	3
	−3	−6	9	
		8	−8	÷8
		1	−1	

따라서 $d(x) = \gcd\{f(x), g(x)\} = x - 1$ 이다.
그리고, 위의 등식에 의하여 다음이 성립한다.

$$\begin{aligned} 8(x-1) &= (x-3)(-x^2-2x+3)+g(x), \\ &= (x-3)\{f(x)-(x+1)g(x)\}+g(x) \\ &= (x-3)f(x)+(-x^2+2x+4)g(x) \end{aligned}$$

$$d(x) = x-1 = \left(\frac{1}{8}x-\frac{3}{8}\right)f(x)+\left(-\frac{1}{8}x^2+\frac{1}{4}x+\frac{1}{2}\right)g(x)$$

보기 4.2.5 체 $\mathbb{Z}_2 = \{0, 1\}$ 위에서 두 다항식

$$f(x) = x^4+x^3+x+1, \quad g(x) = x^3+x$$

에 대하여 다음이 성립한다.

$$\begin{aligned} f(x) &= (x+1)g(x)+(x^2+1), \\ g(x) &= x(x^2+1) \\ d(x) &= \gcd\{f(x), g(x)\} = x^2+1, \\ d(x) &= f(x)-(x+1)g(x) \end{aligned}$$

1	1 1 0 1 1	1 0 1 0	1
	1 0 1 0	1 0 1	
	1 1 1 1	0	
1	1 0 1 0		
	1 0 1		

정의 4.2.10 체 F가 체 K의 부분체일 때, K를 F의 **확대체**(extension, extension field)라고 한다.

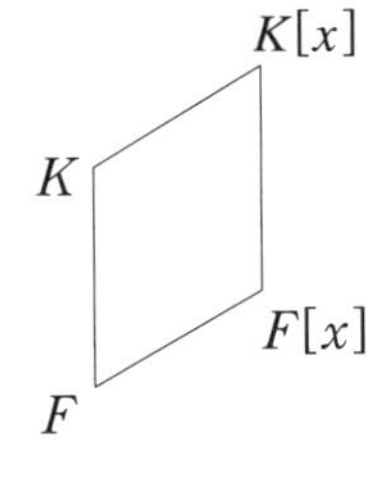

실수체 $\mathbb{R}$는 유리수체 $\mathbb{Q}$의 확대체이고, 복소수체 $\mathbb{C}$는 실수체 $\mathbb{R}$와 유리수체 $\mathbb{Q}$의 확대체이다.

체 K가 체 F의 확대체이면, $F[x] \subseteq K[x]$ 이고 따라서 $F[x]$는 $K[x]$의 부분환이다.

정리 4.2.11 체 K가 체 F의 확대체일 때, 다항식 $f(x), g(x) \in F[x]$의 $F[x]$에서의 최대공약수와 $K[x]$에서의 최대공약수는 일치한다.

증명 다항식환 $F[x]$에서 $f(x), g(x)$에 나눗셈 알고리즘을 적용하면,

$$f(x) = q(x)g(x)+r(x),$$
$$r(x) = 0 \quad \text{또는} \quad 0 \le \deg r(x) < \deg g(x)$$

인 $q(x), r(x) \in F[x]$가 존재하고 또 $F[x] \subseteq K[x]$이므로 위의 등식은 $K[x]$에서도 성립한다. 따라서 $K[x]$에서 $f(x), g(x)$에 유클리드의 알고

리즘을 적용할 때 나타나는 다항식은 $F[x]$ 에서 $f(x)$, $g(x)$ 에 유클리드 알고리즘을 적용할 때 나타나는 다항식과 일치하므로 정리가 성립한다.

연 습 문 제 (4.2)

***1.** 정리 4.2.1 에서 두 다항식 $q(x), r(x)$ 가 단 하나뿐임을 밝혀라.

2. 유리수체 $\mathbb{Q}$ 위에서 다음 두 다항식 $f(x)$, $g(x)$ 의 최대공약수 $d(x)$ 와 최소공배수 $l(x)$ 를 구하고, 또 $d(x) = f(x)\,s(x) + g(x)\,t(x)$ 인 두 다항식 $s(x)$, $t(x) \in \mathbb{Q}[x]$ 를 구하여라.

*(1) $f(x) = x^3 + 4x^2 + 3x - 8$, $g(x) = x^2 + x - 2$

*(2) $f(x) = x^4 - x^3 - x^2 + 1$, $g(x) = x^3 - 1$

(3) $f(x) = x^4 + x + 1$, $g(x) = x^2 + x + 1$

3. 체 $\mathbb{Z}_2 = \{0, 1\}$ 위에서 다음 두 다항식 $f(x)$, $g(x)$ 의 최대공약수 $d(x)$와 최소공배수 $l(x)$ 를 구하고, 또 $d(x) = f(x)\,s(x) + g(x)\,t(x)$ 인 두 다항식 $s(x)$, $t(x) \in \mathbb{Z}_2[x]$ 를 구하여라.

(1) $f(x) = x^4 + x + 1$, $g(x) = x^2 + x + 1$

(2) $f(x) = x^4 + 1$, $g(x) = (x^2 + 1)(x^4 + x^2 + 1)$

4. 체 $\mathbb{Z}_3 = \{0, 1, 2\}$ 위에서 다음 두 다항식 $f(x)$, $g(x)$의 최대공약수 $d(x)$ 와 최소공배수 $l(x)$ 를 구하고, 또 $d(x) = f(x)\,s(x) + g(x)\,t(x)$ 인 두 다항식 $s(x)$, $t(x) \in \mathbb{Z}_3[x]$ 를 구하여라.

(1) $f(x) = x^4 + 2x + 1$, $g(x) = x^2 + 2x + 1$

(2) $f(x) = x^2 + 1$, $g(x) = x^3 + x + 1$

***5.** 체 $\mathbb{Z}_5$ 위에서 두 다항식 $f(x) = x^3 + 3x + 1$, $g(x) = x^2 + 4x + 3$ 의 최대공약수와 최소공배수를 구하여라.

***6.** 체 F 위의 다항식환 $F[x, y]$ 는 PID 가 아님을 밝혀라.

§ 4.3 다항식의 소인수분해

이 절에서는, § 4.2 에 이어 체 F 위의 다항식환 $F[x]$ 에 대하여 논한다. 다음 정리는 정리 3.5.9 를 체에 대한 정리로 고쳐 쓴 것이다.

정리 4.3.1 (나머지 정리, 인수 정리) 체 K가 체 F의 확대체일 때, 다항식 $f(x) \in F[x]$ 와 원소 $u \in K$ 에 대하여

$$f(x) = (x-u)\,g(x) + f(u)$$

인 다항식 $g(x) \in K[x]$ 가 존재한다.

특히, $u \in K$ 가 $f(x)$ 의 근일 때 그리고 이때에만

$$f(x) = (x-u)\,g(x)$$

인 다항식 $g(x) \in K[x]$ 가 존재하는 것이다.

정리 4.3.2 정수를 계수로 가지는 다항식

$$f(x) = a_n x^n + \cdots + a_1 x + a_0, \quad n \geq 1$$

가 유리수체 $\mathbb{Q}$ 안에서 근 u를 가질 때, $u = \dfrac{b}{a}$ (a, b는 서로 소인 정수)이라고 하면 $a \mid a_n$, $b \mid a_0$ 이고, 특히 $a_n = 1$ 이면 u는 정수이다.

증명 가정에 의하여 $f(u) = 0$ 이므로

$$a_n\left(\frac{b}{a}\right)^n + a_{n-1}\left(\frac{b}{a}\right)^{n-1} + \cdots + a_1\left(\frac{b}{a}\right) + a_0 = 0$$

즉, $$a_n b^n + a_{n-1} a b^{n-1} + \cdots + a_1 a^{n-1} b + a_0 a^n = 0$$

이므로 다음 두 등식이 성립한다.

$$a\,(a_{n-1} b^{n-1} + \cdots + a_1 a^{n-2} b + a_0 a^{n-1}) = -a_n b^n,$$
$$b\,(a_n b^{n-1} + a_{n-1} a b^{n-2} + \cdots + a_1 a^{n-1}) = -a_0 a^n$$

따라서 정수환 $\mathbb{Z}$ 에서 $a \mid a_n b^n$, $b \mid a_0 a^n$ 이다. 한편, $(a, b) = 1$ 이므로 $(a, b^n) = 1$, $(b, a^n) = 1$ 이고 따라서 $a \mid a_n$, $b \mid a_0$ 이다(정리 1.2.13).

정의 4.3.3 체 F 위에서 $f(x) \in F[x]$, $\deg f(x) \geq 1$ 이라고 하자.

(1) 다항식 $g(x)$, $h(x) \in F[x]$ 에 대하여 $f(x) = g(x)\,h(x)$ 이면

$$g(x) = a \quad \text{또는} \quad h(x) = a \qquad\qquad (a \in F^*)$$

일 때, $f(x)$ 를 $F[x]$ 의 **旣約다항식**(irreducible polynomial)이라 하고 또 $f(x)$ 는 체 F 위에서 **旣約**이라고 한다.

(2) 다항식 $f(x)$ 가 체 F 위에서 旣約이 아닐 때, 즉.

$$f(x) = g(x)\,h(x),$$
$$1 \leq \deg g(x) \leq \deg h(x) < \deg f(x)$$

인 다항식 $g(x), h(x) \in F[x]$ 가 존재할 때, $f(x)$ 를 $F[x]$ 의 **可約다항식**(reducible polynomomial) 이라 하고 $f(x)$ 는 F 위에서 **可約**이라고 한다.

보기 4.3.1 체 F 위의 일차다항식은 모두 체 F 위에서 기약이다.

그리고, 다항식 $f(x) \in F[x]$, $\deg f(x) \geq 1$ 가 체 F 위에서 기약이면, 모든 $a \in F^*$ 에 대하여 $a\,f(x)$ 도 체 F 위에서 기약이다.

보기 4.3.2 양의 정수 m 에 대하여 $f(x) = x^2 + m$ 는 실수체 R 위에서 기약이고 또 유리수체 $\mathbb{Q}$ 위에서 기약이다. 실제로, 모든 실수 a 에 대하여 $f(a) = a^2 + m \geq 1$ 이므로 $f(x)$ 는 실수체 $\mathbb{R}$ 와 유리수체 $\mathbb{Q}$ 위에서 $f(x) = (x - u_1)(x - u_2)$ 와 같은 꼴로 나타내어지지 않는다.

한편, 복소수체 $\mathbb{C}$ 위에서 $f(x)$ 는 $f(x) = (x - \sqrt{-m}\,)(x + \sqrt{-m}\,)$ 와 같이 나타내어지므로 $f(x)$ 는 복소수체 $\mathbb{C}$ 위에서 기약이 아니다.

정리 4.3.4 체 F 위의 다항식 $f(x) \in F[x]$, $\deg f(x) \geq 2$ 가 체 F 안에서 근을 가지면, $f(x)$ 는 체 F 위에서 기약이 아니다.

특히, $f(x)$ 의 차수가 2 또는 3 일 때, $f(x)$ 가 체 F 안에서 근을 가지지 지 않으면 $f(x)$ 는 체 F 위에서 기약이다.

증명 다항식 $f(x)$ 가 근 $a \in F$ 를 가지면, 인수 정리에 의하여

$$f(x) = (x-a)\,g(x)$$

인 다항식 $g(x) \in F[x]$, $\deg g(x) \geq 1$가 존재하므로 $f(x)$는 체 F 위에서 기약이 아니다.

특히, $f(x)$의 차수가 2 또는 3일 때, $f(x)$가 체 F 위에서 기약이 아니면, $f(x)$는 F 위에서 앞에서와 같은 꼴로 나타내어지고 이때 $f(x)$는 근 $a \in F$를 가진다. 따라서 정리가 성립한다.

보기 4.3.3 양의 정수 $m\ (\neq 1)$이 완전제곱수가 아니라고 하자.

이 때, 다항식 $f(x) = x^2 - m$는 실수체 $\mathbb{R}$ 위에서

$$f(x) = (x - \sqrt{m})(x + \sqrt{m})$$

와 같이 나타내어지므로 $f(x)$는 실수체 $\mathbb{R}$ 위에서 기약이 아니다.

한편, 다항식 $f(x) = x^2 - m$는 유리수체 $\mathbb{Q}$ 위에서 기약이다. 실제로, $f(x)$가 유리수체 $\mathbb{Q}$ 안에서 근을 가진다면, 정리 4.3.2에 의하여 그 근은 정수이지만 모든 정수 a에 대하여 $f(a) = a^2 - m \neq 0$이다.

보기 4.3.4 다항식 $f(x) = x^3 - x + 1$는 유리수체 $\mathbb{Q}$ 위에서 기약이다.

실제로, 다항식 $f(x)$가 유리수체 $\mathbb{Q}$ 안에서 근을 가진다면, 정리 4.3.2에 의하여 그 근은 1 또는 -1이지만 $f(1) = 1 \neq 0$, $f(-1) = 1 \neq 0$이므로 ± 1은 $f(x)$의 근이 아니다.

보기 4.3.5 체 $\mathbb{Z}_2$ 위에서 $p(x) = x^2 + x + 1$는 기약이다. 실제로,

$$p(0) = 0^2 + 0 + 1 = 1 \neq 0, \quad p(1) = 1^2 + 1 + 1 = 1 \neq 0$$

이므로 $p(x)$는 체 $\mathbb{Z}_2$ 안에서 근을 가지지 않는다.

정리 4.3.5 체 F 위의 다항식 $p(x) \in F[x]$, $\deg p(x) \geq 1$에 대하여 다음 두 조건은 서로 동치이다.

(1) $p(x)$는 체 F 위에서 기약이다.

(2) 체 F 위의 다항식 $f(x)$, $g(x) \in F[x]$에 대하여 다음이 성립한다.

$$p(x) \mid f(x)\, g(x) \Longrightarrow p(x) \mid f(x) \text{ 또는 } p(x) \mid g(x)$$

증명 다항식 $p(x)$가 체 F 위에서 기약일 때, $p(x) \mid f(x)\,g(x)$ 이고 또 $p(x) \nmid f(x)$ 이면 $p(x)$ 와 $f(x)$ 는 서로 소이므로 정리 4.2.7 에 의하여 $p(x) \mid g(x)$ 이다.

한편, $p(x)$가 체 F 위에서 기약이 아니면,

$$p(x) = g(x)\,h(x),$$
$$1 \leq \deg g(x) \leq \deg h(x) < n$$

인 다항식 $g(x), h(x) \in F[x]$ 가 존재하고 이때 $p(x) \mid g(x)\,h(x)$ 이지만 $p(x) \nmid g(x), \quad p(x) \nmid h(x)$ 이다.

따라서 (1) 과 (2) 는 서로 동치이다.

정수환 $\mathbb{Z}$ 의 경우와 마찬가지로. 체 F 위의 다항식환 $F[x]$ 가 PID 이라는 사실을 이용하여 다음 정리를 증명할 수 있다(정리 1.2.23).

이러한 의미에서 $\mathbb{Z}$ 와 체 F 위의 다항식환 $F[x]$ 를 **유일인수분해 정역** (UFD, Unique Factorization Domain)이라고 한다(정의 6.7.6 참조).

정리 4.3.6 (유일인수분해 정리) 체 F 위의 다항식환 $F[x]$ 에서 다항식 $f(x) \in F[x]$, $\deg f(x) \geq 1$ 는 다음과 같은 꼴로 素因數分解된다.

$$f(x) = a\,p_1(x) \cdots p_k(x), \qquad a \in F$$
$$(\,p_1(x), \cdots, p_k(x) \in F[x] \text{ 는 모닉 기약다항식})$$

그리고, 기약인수(기약인 인수) $p_1(x), \cdots, p_k(x)$ 의 순서를 무시한다면, 이와 같은 소인수분해는 단 한 가지뿐이다.

다항식 $f(x)$ 의 서로 다른 모닉인 기약인수 전체가 $p_1(x), \cdots, p_r(x)$ 일 때, $f(x)$ 는 다음과 같은 꼴로 소인수분해된다.

$$f(x) = a\,p_1(x)^{e_1} \cdots p_r(x)^{e_r} \qquad (e_1 \geq 1,\ \cdots,\ e_r \geq 1)$$

이러한 인수분해를 $f(x)$ 의 **표준분해**라고 한다.

일반적으로, 정수와 다항식을 인수분해하는 일은 대단히 어려우며 이에 대한 알고리즘은 암호학과 부호이론에서 중요한 역할을 한다([3], [4] 참조).

정수의 경우와 마찬가지로, 다음 정리가 성립한다(정리 1.2.24).

정리 4.3.7 체 F 위의 두 다항식 $f(x)$, $g(x)$ 는 적당한 서로 다른 모닉 기약다항식 $p_1(x), \cdots, p_t(x)$ 에 대하여 다음과 같이 나타낼 수 있다.

$$f(x) = a\, p_1(x)^{k_1} \cdots p_t(x)^{k_t} \qquad (a \in F, \quad k_i \geq 0)$$
$$g(x) = b\, p_1(x)^{l_1} \cdots p_t(x)^{l_t} \qquad (b \in F, \quad l_i \geq 0)$$

이 때, $m_i = \min\{k_i,\ l_i\}$, $n_i = \max\{k_i,\ l_i\}$ $(1 \leq i \leq t)$ 이라고 하면, $f(x)$, $g(x)$ 의 최대공약수와 최소공배수는 각각 다음과 같다.

$$d(x) = p_1(x)^{m_1} \cdots p_t(x)^{m_t}, \quad l(x) = p_1(x)^{n_1} \cdots p_t(x)^{n_t}$$

정리 4.3.8 체 F 위의 다항식 $f(x) \in F[x]$, $\deg f(x) = n \geq 1$ 에 대하여 다음이 성립한다.

(1) $f(x)$ 는 체 F 안에서 n 개 이하의 근을 가진다.

(2) $f(x)$ 가 체 F 안에서 중복을 허락하여 n 개의 근 $u_1, \cdots, u_n$ 을 가지면, $f(x)$ 는 체 F 위에서 다음과 같이 인수분해된다.

$$f(x) = a(x - u_1) \cdots (x - u_n), \qquad a \in F$$

증명 (1) 먼저 $n = 1$ 일 때, $f(x) = ax + b$ $(a \neq 0)$ 이라고 하면 $f(x)$ 는 단 한 개의 근 $-\dfrac{b}{a} \in F$ 를 가지며 $f(x) = a\left(x + \dfrac{b}{a}\right)$ 이다.

이제 $n \geq 2$ 일 때, $n-1$ 차의 다항식에 대하여 (1) 이 성립한다고 하자.

이 때, $f(x)$ 가 근 $u_1 \in F$ 을 가진다면, 인수 정리(정리 4.3.1) 에 의하여

$$f(x) = (x - u_1)\, g(x)$$

인 $n-1$ 차의 다항식 $g(x) \in F[x]$ 가 존재한다. 따라서 귀납법 가정에 의하여 $g(x)$ 는 F 안에서 $n-1$ 개 이하의 근 $u_2, \cdots, u_r$ 를 가지며, 이때

$$g(x) = (x - u_2) \cdots (x - u_r)\, h(x)$$

인 $h(x) \in F[x]$ 가 존재하고 $h(x)$ 는 F 안에서 근을 가지지 않으므로

$$f(x) = (x - u_1)(x - u_2) \cdots (x - u_r)\, h(x)$$

이고 $r \leq n$ 이므로 $f(x)$ 는 F 안에서 n 개 이하의 근을 가진다.

(2) 앞의 (1)의 증명에 의하여 (2)가 성립함을 쉽게 알 수 있다.

따름정리 4.3.9 체 F 위의 두 n차의 다항식

$$f(x) = a_n x^n + \cdots + a_1 x + a_0, \qquad n \geq 1$$

$$g(x) = b_n x^n + \cdots + b_1 x + b_0, \qquad n \geq 1$$

가 체 F의 서로 다른 $n+1$개의 원소 a에 대하여 $f(a) = g(a)$이면 $f(x) = g(x)$이고 따라서 $a_i = b_i$ $(0 \leq i \leq n)$이다.

증명 이제 $f(x) \neq g(x)$이라고 가정하고 $h(x) = f(x) - g(x)$이라고 하면, $0 \leq \deg h(x) \leq n$이고 $h(x)$는 체 F 안에서 $n+1$개의 서로 다른 근을 가지므로 정리 4.3.8에 모순된다. 따라서 $f(x) = g(x)$이다.

보기 4.3.6 정수 p가 素數일 때, 체 $\mathbb{Z}_p = \{0, 1, \cdots, p-1\}$의 모든 원소 a에 대하여 $a^p = a$이므로 체 $\mathbb{Z}_p$ 위의 다항식 $f(x) = x^p - x$는

$$f(x) = x(x-1) \cdots (x-(p-1))$$

과 같이 일차다항식의 곱으로 인수분해된다(정리 3.11.8 참조).

정의 4.3.10 체 F 위의 다항식 $f(x) \in F[x]$, $\deg f(x) = n \geq 1$가 체 F 안에서 근 $u \in F$를 가질 때,

$$f(x) = (x-u)^m g(x), \quad g(u) \neq 0$$

인 양의 정수 m과 다항식 $g(x) \in F[x]$가 존재한다.

이 때, m을 근 u의 **重複度**(multiplicity)라 하고 u를 $f(x)$의 ***m*중근**이라고 한다. 특히, $m=1$일 때 u를 $f(x)$의 **單根**(simple root)이라 하고, $m \geq 2$일 때 u를 $f(x)$의 **중근**(multiple root)이라고 한다.

보기 4.3.7 다항식 $f(x) = (x-1)(x^2+1)^2$는 복소수체 $\mathbb{C}$ 안에서 단근 1과 두 이중근 i, $-i$를 가진다. 한편, 다항식 $g(x) = (x-1)(x^2+1)$는 복소수체 $\mathbb{C}$ 안에서 단근만을 가진다.

독일의 수학자 가우스(Carl Friedrich Gauss, 1777－1855) 는 1799 년에 다음 정리의 증명을 완성하였다(p. 22 참조). 이 정리는 예를 들어 복소수 함수론에서 논하는 리우빌(Liouville)의 정리를 이용하여 증명할 수 있다.

정리 4.3.11 (Gauss 의 정리, 대수학의 기본 정리) 복소수체 $\mathbb{C}$ 위에서 모든 n 차의 다항식 $f(x)$ 는 복소수체 $\mathbb{C}$ 안에서 중복을 허락하여 꼭 n 개의 근 $\alpha_1, \cdots, \alpha_n$ 을 가지며 이때 $f(x)$ 는 복소수체 $\mathbb{C}$ 위에서

$$f(x) = a(x-\alpha_1)\cdots(x-\alpha_n) \qquad (a \in \mathbb{C})$$

와 같이 일차다항식의 곱으로 인수분해된다.

정리 4.3.12 실수체 $\mathbb{R}$ 위의 n 차의 다항식

$$f(x) = a_n x^n + a_{n-1}x^{n-1} + \cdots + a_1 x + a_0, \quad n \geq 1$$

에 대하여 다음이 성립한다.

(1) 복소수 $\alpha = a + bi$ 가 $f(x)$ 의 근이면, $\overline{\alpha} = a - bi$ 도 $f(x)$ 의 근이다.

(2) $\alpha = a + bi$, $b \neq 0$ 가 $f(x)$ 의 e 중근이면, $\overline{\alpha}$ 도 $f(x)$ 의 e 중근이다.

(3) 실수체 $\mathbb{R}$ 위에서 다항식 $f(x)$ 는 일차다항식과 (또는) 기약인 이차다항식의 곱으로 인수분해된다.

특히, n 이 홀수이면, $f(x)$ 는 적어도 한 개의 실근(실수인 근)을 가진다.

증명 (1) 복소수 $\alpha = a + bi$ 가 $f(x)$ 의 근이면,

$$\begin{aligned} 0 = \overline{f(\alpha)} &= \overline{a_n\alpha^n + a_{n-1}\alpha^{n-1} + \cdots + a_1\alpha + a_0} \\ &= a_n\overline{\alpha}^n + a_{n-1}\overline{\alpha}^{n-1} + \cdots + a_1\overline{\alpha} + a_0 = f(\overline{\alpha}) \end{aligned}$$

이고 따라서 $\overline{\alpha} = a - bi$ 는 $f(x)$ 의 근이다(보기 3.1.1 참조).

(2) 허수 $\alpha = a + bi$, $b \neq 0$ 가 $f(x)$ 의 e 중근일 때, e 에 관한 귀납법으로 $\overline{\alpha}$ 도 $f(x)$ 의 e 중근임을 증명한다.

위의 (1)에 의하여 α 와 $\overline{\alpha}$ 는 $f(x)$ 의 근이고 $\alpha \neq \overline{\alpha}$ 이므로

$$f(x) = (x-\alpha)(x-\overline{\alpha})\,g(x) \quad 즉 \quad f(x) = (x^2 - 2ax + a^2 + b^2)\,g(x)$$

인 다항식 $g(x) \in \mathbb{C}[x]$ 가 존재한다. 한편, $x^2 - 2ax + a^2 + b^2$ 의 계수는 모두 실수이고 또 $f(x) \in \mathbb{R}[x]$ 이므로 $g(x) \in \mathbb{R}[x]$ 이다.

먼저 $e = 1$ 이면, α 는 $g(x)$ 의 근이 아니고 따라서 (1)에 의하여 $\overline{\alpha}$ 도 $g(x)$ 의 근이 아니므로 $\overline{\alpha}$ 의 중복도는 $e = 1$ 이다.

다음에 $e \geq 2$ 이면, α 는 다항식 $g(x)$ 의 $e-1$ 중근이므로 귀납법 가정에 의하여 $\overline{\alpha}$ 도 $g(x)$ 의 $e-1$ 중근이다. 따라서 $\overline{\alpha}$ 는 $f(x)$ 의 e 중근이다.

(3) 다항식 $f(x)$ 의 서로 다른 실근(실수인 근) 전체를 $a_1, \cdots, a_s$ 라 하고 허근(허수인 근) 전체를

$$\alpha_1 = b_1 + c_1 i,\quad \overline{\alpha}_1 = b_1 - c_1 i,\quad \cdots,\quad \alpha_t = b_t + c_t i,\quad \overline{\alpha}_t = b_t - c_t i$$

이라고 하자. 또, $a_1, \cdots, a_s$ 의 중복도를 각각 $d_1, \cdots, d_s$ 라 하고 $\alpha_1, \cdots, \alpha_t$ 의 중복도를 각각 $e_1, \cdots, e_t$ 이라고 하면 다음이 성립한다.

$$f(x) = a_n \prod_{j=1}^{s} (x - a_j)^{d_j} \prod_{k=1}^{t} (x - \alpha_k)^{e_k} (x - \overline{\alpha}_k)^{e_k}$$

한편, $(x-\alpha_k)(x-\overline{\alpha}_k) = x^2 - 2b_k x + b_k^2 + c_k^2$ 은 실수체 $\mathbb{R}$ 위에서 기약이므로(정리 4.3.4), $f(x)$ 는 실수체 $\mathbb{R}$ 위에서 다음과 같이 인수분해된다.

$$f(x) = a_n \prod_{j=1}^{s} (x - a_j)^{d_j} \prod_{k=1}^{t} (x^2 - 2b_k x + b_k^2 + c_k^2)^{e_k}$$

위의 등식에서 $n = d_1 + \cdots + d_s + 2(e_1 + \cdots + e_t)$ 이므로, n 이 홀수이면 $d_1 + \cdots + d_s \geq 1$ 이고 따라서 $f(x)$ 는 적어도 한 개의 실근을 가진다.

체 F 위의 유리식 $\dfrac{g(x)}{f(x)}$ 에서 다항식 $f(x)$ 의 표준분해가

$$f(x) = a\,p_1(x)^{e_1} \cdots p_r(x)^{e_r} \qquad (a \in F)$$

일 때, $\dfrac{g(x)}{f(x)}$ 는 체 F 위에서 다음과 같은 **부분분수**(partial fraction)의 꼴로 나타내어진다(해설 '403' 참조).

$$\frac{g(x)}{f(x)} = h(x) + \sum_{i=1}^{r} \left(\frac{d_{i1}(x)}{p_i(x)} + \frac{d_{i2}(x)}{p_i(x)^2} + \cdots + \frac{d_{ie_i}(x)}{p_i(x)^{e_i}} \right)$$

$$d_{ij}(x) = 0 \quad \text{또는} \quad 0 \leq \deg d_{ij}(x) < \deg p_i(x)$$

특히, 실수체 $\mathbb{R}$ 위의 다항식 $f(x) \in \mathbb{R}[x]$, $\deg f(x) \geq 1$ 는

$$f(x) = a(x-a_1)^{d_1} \cdots (x-a_s)^{d_s}(x^2+b_1x+c_1)^{e_1} \cdots (x^2+b_tx+c_t)^{e_t}$$

와 같은 꼴로 인수분해되고 따라서 실수체 $\mathbb{R}$ 위에서 다음이 성립한다.

$$\frac{g(x)}{f(x)} = h(x) + \sum_{i=1}^{s}\left(\frac{A_{i1}}{x_i - a_i} + \frac{A_{i2}}{(x-a_i)^2} + \cdots + \frac{A_{id_i}}{(x-a_i)^{d_i}}\right)$$
$$+ \sum_{j=1}^{t}\left(\frac{B_{j1}x + C_{j1}}{x^2+b_jx+c_j} + \frac{B_{j2}x + C_{j2}}{(x^2+b_jx+c_j)^2} + \cdots + \frac{B_{je_j}x + C_{je_j}}{(x^2+b_jx+c_j)^{e_j}}\right)$$

보기 4.3.8 유리수체 $\mathbb{Q}$ 위에서

$$\frac{4}{(x-1)(x+1)^2} = \frac{A}{x-1} + \frac{B}{x+1} + \frac{C}{(x+1)^2}$$

이라고 놓으면,

$$\frac{4}{(x-1)(x+1)^2} = \frac{A(x+1)^2 + B(x-1)(x+1) + C(x-1)}{(x-1)(x+1)^2}$$

이므로 다음 등식이 성립한다.

$$4 = A(x+1)^2 + B(x-1)(x+1) + C(x-1)$$
$$4 = (A+B)x^2 + (2A+C)x + (A-B-C)$$

즉, $\quad A+B=0,\ \ 2A+C=0,\ \ A-B-C=4$

따라서 $A=1$, $B=-1$, $C=-2$ 이다.

앞의 정리 4.3.8 을 이용하여 다음 정리를 증명하여 보자.

정리 4.3.13 체 K 의 곱셈군 $K^* = K - \{0\}$ 의 부분군 G 가 유한군이면 G 는 순환군이다. 특히, 유한체 K 의 곱셈군 K^* 는 순환군이다.

증명 이제 $|G| = n$ 이라 하고 n 의 각 양의 약수 d 에 대하여 G 의 원소 중에서 그 위수가 d 인 원소 전체의 집합을 B_d 이라고 하자. 이 때, Lagrange 의 정리에 의하여 G 의 모든 원소의 위수는 n 의 약수이므로

$$\sum_{d|n} |B_d| = n$$

이고 또 $\sum_{d|n} \varphi(d) = n$ 이므로 다음이 성립한다(정리 1.2.32).

$$(*) \qquad \sum_{d|n} |B_d| = \sum_{d|n} \varphi(d)$$

이제 $|B_d| \geq 1$ 이면, $|B_d| = \varphi(d)$ 임을 증명한다.

실제로 $|B_d| \geq 1$ 인 경우에 $a \in B_d$ 이라고 하자. 이 때, a 의 위수는 d 이므로 $\langle a \rangle$는 위수 d 인 순환부분군이고 따라서 $\langle a \rangle$의 원소는 모두 K 안에서 d 차의 다항식 $f(x) = x^d - 1$ 의 근이고, 또 정리 4.3.8 에 의하여 $f(x)$ 는 K 안에서 d 개 이하의 근을 가진다. 따라서 $\langle a \rangle$는 K 안에서의 $f(x)$ 의 근 전체로 이루어진 집합이다. 한편, B_d 의 각 원소는 $f(x)$ 의 근이므로 $B_d \subseteq \langle a \rangle$ 이고, 또 $\langle a \rangle$의 원소 중에서 위수가 d 인 원소 전체의 개수는 $\varphi(d)$ 이다(문제 2.4.5). 따라서 $|B_d| = \varphi(d)$ 이다.

위의 결과와 등식 $(*)$ 에 의하여, n 의 임의의 양의 약수 d 에 대하여 $|B_d| = \varphi(d)$ 임을 알 수 있다.

특히, $|B_n| = \varphi(n) \geq 1$ 이므로 $B_n \neq \emptyset$ 이고, 따라서 G 에는 위수 n 인 원소 a 가 존재하고 $G = \langle a \rangle$ 이다.

보기 4.3.9 양의 정수 n 에 대하여 복소수체 $\mathbb{C}$ 의 곱셈군 $\mathbb{C}^*$ 의 위수 n 인 부분군은 순환군 $U_n = \{x \in \mathbb{C} \mid x^n = 1\}$ 뿐이다(보기 2.3.6).

또, 곱셈군 $\mathbb{R}^*$ 의 유한 부분군은 $U_2 = \{1, -1\}$ 와 $U_1 = \{1\}$ 뿐이다.

보기 4.3.10 정수 p 가 素數일 때, 체 $\mathbb{Z}_p = \{0, 1, \cdots, p-1\}$ 의 곱셈군 $\mathbb{Z}_p{}^* = \{1, \cdots, p-1\}$ 는 위수 $p-1$ 인 순환군이다(p. 62 참조).

연 습 문 제 (4.3)

1. 다항식 $f(x) = 4x^3 - 2x^2 - x - 1$ 의 근 중에서 정수인 근을 구하여라.

2. 다항식 $f(x) = 2x^3 + 3x - 1$ 는 유리수체 $\mathbb{Q}$ 위에서 기약임을 밝혀라.

3. 다음 다항식을 유리수체 $\mathbb{Q}$ 위에서 기약다항식의 곱으로 인수분해하여라.

(1) $f(x) = x^4 + x^2 + 1$ (2) $f(x) = 2x^3 + x^2 - x - 2$

4. 체 $\mathbb{Z}_5$ 위에서 다항식 $f(x) = x^4 + x^3 + x^2 + x + 1$를 인수분해하여라.

5. 체 $\mathbb{Z}_{11} = \{0, 1, \cdots, 10\}$ 위의 다항식 $f(x) = 4x^2 + 7x + 8$의 표준분해는 $f(x) = 4(x+4)(x+6)$ 임을 밝혀라.

6. 가환환 $\mathbb{Z}_6 = \{0, 1, 2, 3, 4, 5\}$ 위에서 다음이 성립함을 확인하여라.

$$3x^2 + x + 3 = (x+2)(3x+1) + 1$$
$$3x^2 + x + 3 = (x+4)(3x+1) + 5$$

7. 가환환 $\mathbb{Z}_8 = \{0, 1, 2, \cdots, 7\}$ 위에서 다음이 성립함을 밝혀라.

$$x^2 - 1 = (x+1)(x-1), \qquad x^2 - 1 = (x+3)(x-3)$$

***8.** 양의 정수 n에 대하여 다항식 $f(x) = x^n - 1$를 실수체 $\mathbb{R}$ 위에서 기약다항식의 곱으로 인수분해하여라.

9. 실수체 $\mathbb{R}$ 위에서 다음 유리식을 부분분수의 꼴로 분해하여라.

(1) $\dfrac{x^3+2x+5}{(x+1)^2}$ (2) $\dfrac{x}{x^4+1}$ (3) $\dfrac{18x+18}{x(x-1)^2(x+2)}$

***10.** 실수체 $\mathbb{R}$의 부분집합 중에서 곱셈에 관하여 닫혀 있는 유한 부분집합을 모두 구하여라.

11. 체 F 위의 다항식 $p(x) \in F[x]$, $\deg p(x) \geq 1$가 모닉인 기약다항식일 때, 다항식 $f(x) \in F[x]$에 대하여 다음이 성립함을 밝혀라.

(1) $p(x) \nmid f(x) \iff \gcd\{p(x), f(x)\} = 1$

(2) $p(x) \mid f(x) \iff \gcd\{p(x), f(x)\} = p(x)$

***12.** 체 F의 확대체의 원소 $u \in K$가 체 F 위의 기약다항식 $p(x) \in F[x]$의 의 근일 때, u가 체 F 위의 다항식 $f(x) \in F[x]$의 근이면 $p(x) \mid f(x)$ 임을 밝혀라.

§ 4.4 기약다항식

먼저 유리수체 $\mathbb{Q}$ 위의 기약다항식에 대하여 논하기로 한다.

정의 4.4.1 정수를 계수로 가지는 n 차의 다항식

$$f(x) = a_n x^n + \cdots + a_1 x + a_0 \in \mathbb{Z}[x], \qquad n \geq 1$$

에서 계수 $a_n, \cdots, a_1, a_0$ 의 최대공약수를 $f(x)$ 의 **내용**(content)이라 하고 이것을 $c(f)$ 로 나타낸다. 그리고, $c(f) = 1$ 일 때, $f(x)$ 를 **원시다항식** (primitive polynomial)이라고 한다.

특히, $f(x)$ 가 모닉 다항식이면, $f(x)$ 는 원시다항식이다.

다항식 $f(x) = 6x^2 - 5x + 1$ 는 유리수체 $\mathbb{Q}$ 위에서

$$f(x) = 6\left(x-\frac{1}{2}\right)\left(x - \frac{1}{3}\right)$$

으로 인수분해되므로 정수환 $\mathbb{Z}$ 위에서 다음과 같이 인수분해된다.

$$f(x) = (2x-1)(3x-1)$$

다음 정리의 증명은 정리 6.7.13 에서 논하기로 한다.

정리 4.4.2 정수를 계수로 가지는 n 차의 다항식

$$f(x) = a_n x^n + \cdots + a_1 x + a_0 \in \mathbb{Z}[x], \quad n \geq 1$$

가 유리수체 $\mathbb{Q}$ 위에서 다음과 같이 인수분해된다고 하자.

$$f(x) = g(x)\, h(x)$$
$$1 \leq \deg\ g(x) = s < n, \quad 1 \leq \deg\ h(x) = t < n$$

이 때, $f(x)$ 는 정수환 $\mathbb{Z}$ 위에서 다음과 같이 인수분해된다.

$$f(x) = c(f)\, g_1(x)\, h_1(x),$$
$$\deg\ g_1(x) = s, \quad \deg\ h_1(x) = t$$

더욱이 $f(x)$ 가 모닉 다항식이면, $g_1(x)$ 와 $h_1(x)$ 는 모닉 다항식이다.

보기 4.4.1 유리수체 $\mathbb{Q}$ 위에서 $f(x)=x^4-2x^2+8x+1$ 는 기약이다.

실제로, $f(x)$ 가 유리수체 $\mathbb{Q}$ 위에서 기약이 아니면, $f(x)$ 는 유리수체 $\mathbb{Q}$ 위에서 일차 또는 이차의 인수를 가진다. 한편, $f(x)$ 가 유리수체 $\mathbb{Q}$ 위에서 일차의 인수를 가진다면, $f(x)$ 는 유리수체 $\mathbb{Q}$ 안에서 근을 가지며 그 근은 ± 1 이다(정리 4.3.2). 그러나, $f(1)=8\neq 0$, $f(-1)=-8\neq 0$ 이므로 $f(x)$ 는 일차의 인수를 가지지 않는다.

다음에 $f(x)$ 가 유리수체 $\mathbb{Q}$ 위에서 두 이차다항식의 곱으로 인수분해된다면, $f(x)$ 는 적당한 정수 a, b, c, d 에 대하여

$$f(x)=(x^2+ax+b)(x^2+cx+d)$$

와 같이 인수분해된다(정리 4.4.2). 그런데, 위의 등식의 계수를 비교하면,

$$a+c=0,\quad ac+b+d=-2,\quad ad+bc=8,\quad bd=1$$

이므로 $b=d=\pm 1$ 이고 따라서 $b(a+c)=8$ 즉 $0=8$ 로 되어 모순이 생긴다. 그러므로 $f(x)$ 는 유리수체 $\mathbb{Q}$ 위에서 기약이다.

정의 4.4.3 체 F 위의 n 차의 다항식

$$f(x)=a_n x^n+\cdots+a_1x+a_0,\quad n\geq 1$$

에 대하여 다항식

$$f^*(x)=x^n f\left(\frac{1}{x}\right)=a_0x^n+a_1x^{n-1}+\cdots+a_{n-1}x+a_n$$

를 $f(x)$ 의 **相反다항식**(reciprocal polynomial)이라고 한다.

정리 4.4.4 체 F 위의 n 차의 다항식

$$f(x)=a_n x^n+\cdots+a_1x+a_0,\quad n\geq 1$$

에서 $f(0)=a_0\neq 0$ 일 때 다음이 성립한다.

(1) $f^*(x)$ 의 상반다항식은 $f(x)$ 이다.

(2) $f^*(x)$ 가 체 F 위에서 기약이면, $f(x)$ 도 체 F 위에서 기약이다.

증명 (1) 이제 $g(x)=f^*(x)$ 이라고 하면,

$$g(x) = f^*(x) = a_0 x^n + \cdots + a_{n-1} x + a_n, \quad a_0 \neq 0$$

이므로 $f^*(x)$는 n차의 다항식이고 또 다음이 성립한다.

$$g^*(x) = x^n g\left(\frac{1}{x}\right) = a_n x^n + \cdots + a_1 x + a_0 = f(x)$$

(2) 다항식 $f(x)$가 체 F 위에서 기약이 아니라고 하면,

$$f(x) = h(x)\, k(x),$$
$$1 \leq \deg\ h(x) = s < n, \quad 1 \leq \deg\ k(x) = t < n$$

인 다항식 $h(x),\ k(x) \in F[x]$가 존재한다. 그런데, 이 경우에

$$f^*(x) = x^{s+t} f\left(\frac{1}{x}\right) = x^s h\left(\frac{1}{x}\right) x^t k\left(\frac{1}{x}\right) = h^*(x)\, k^*(x)$$
$$\deg\ f^*(x) = n, \quad \deg\ h^*(x) = s, \quad \deg\ k^*(x) = t$$

이므로 $f^*(x)$는 체 F 위에서 기약이 아니다. 따라서 (2)가 성립한다.

보기 4.4.2 유리수체 $\mathbb{Q}$ 위의 다항식

$$f(x) = x^3 + 4x^2 + 5x + 6 = (x+3)(x^2+x+2)$$

에 대하여 다음이 성립한다.

$$f^*(x) = 6x^3 + 5x^2 + 4x + 1 = (3x+1)(2x^2+x+1)$$

정의 4.4.5 체 F 위의 다항식 $f(x) = a_n x^n + \cdots + a_1 x + a_0$와 원소 $c \in F$에 대하여 $f(x+c)$는 다음과 같은 다항식을 나타낸다.

$$f(x+c) = a_n (x+c)^n + \cdots + a_1 (x+c) + a_0$$

위의 정의에 의하여 다음 정리가 성립함을 쉽게 알 수 있다.

정의 4.4.6 체 F 위의 다항식 $f(x) \in F[x]$, $\deg f(x) \geq 1$와 원소 $c \in F$에 대하여 $g(x) = f(x+c)$이라고 할 때, 다음이 성립한다.

(1) $f(x) = g(x-c)$

(2) $g(x)$가 체 F 위에서 기약이면, $f(x)$도 체 F 위에서 기약이다.

정리 4.4.7 (Eisenstein의 規準, criterion) 정수환 $\mathbb{Z}$ 위의 n 차의 다항식

$$f(x) = a_n x^n + a_{n-1} x^{n-1} + \cdots + a_1 x + a_0, \quad n \geq 1$$

에 대하여 다음이 성립한다.

(1) 적당한 素數 p 에 대하여 $p \nmid a_n$, $p \mid a_{n-1}$, $\cdots$, $p \mid a_1$, $p \mid a_0$, $p^2 \nmid a_0$ 이면, $f(x)$ 는 유리수체 $\mathbb{Q}$ 위에서 기약이다.

(2) 적당한 素數 p 에 대하여 $p \nmid a_0$, $p \mid a_1$, $\cdots$, $p \mid a_{n-1}$, $p \mid a_n$, $p^2 \nmid a_n$ 이면, $f(x)$ 는 유리수체 $\mathbb{Q}$ 위에서 기약이다.

증명 (1) 조건 (1)이 성립할 때, 다항식 $f(x)$ 가 유리수체 $\mathbb{Q}$ 위에서 기약이 아니라고 가정하자.

이 때, $f(x)$ 는 적당한 정수 $b_s, \cdots, b_1, b_0, c_t, \cdots, c_1, c_0$ 에 대하여 다음과 같이 인수분해된다(정리 4.4.2).

$$(*) \qquad f(x) = (b_s x^s + \cdots + b_1 x + b_0)(c_t x^t + \cdots + c_1 x + c_0),$$
$$1 \leq s < n, \quad 1 \leq t < n, \quad s + t = n$$

한편, 素數 p 에 대하여 $p \mid a_0$, $p^2 \nmid a_0$ 이고 $a_0 = b_0 c_0$ 이므로 b_0, c_0 중에서 단 하나만이 p 의 배수이다. 따라서 $p \mid b_0$, $p \nmid c_0$ 이라고 가정하여도 좋으며, 이 경우에 $a_n = b_s c_t$, $p \nmid a_n$ 이므로 $p \nmid b_s$, $p \nmid c_t$ 이다.

그러므로 $b_0, b_1, \cdots, b_s$ 에서 $p \mid b_0$, $p \nmid b_s$ 이므로 이들 중에서 처음으로 p 의 배수가 아닌 것을 b_r 이라고 하면, $p \nmid b_r$, $1 \leq r \leq s < n$ 이다. 그리고, 등식 $(*)$의 양변의 계수를 비교하면 다음 결과를 얻는다.

$$a_r = b_r c_0 + b_{r-1} c_1 + \cdots + b_0 c_r$$

여기서 필요하다면, $c_{t+1} = c_{t+2} = \cdots = 0$ 으로 놓는다.

그런데, 위의 등식에서 $p \nmid b_r c_0$, $p \mid b_{r-1}, \cdots, p \mid b_0$ 이므로, $p \nmid a_r$ 로 되어 가정에 모순된다. 따라서 $f(x)$ 는 유리수체 $\mathbb{Q}$ 위에서 기약이다.

(2) 조건 (2)가 성립할 때, $a_0 \neq 0$ 이고 $f(x)$ 의 상반다항식

$$f^*(x) = a_0 x^n + a_1 x^{n-1} + \cdots + a_{n-1} x + a_n$$

에 대하여 조건 (1)이 성립하므로 $f^*(x)$ 는 유리수체 $\mathbb{Q}$ 위에서 기약이고, 따라서 정리 4.4.4 에 의하여 $f(x)$ 는 유리수체 $\mathbb{Q}$ 위에서 기약이다.

보기 4.4.3 임의의 素數 p 와 양의 정수 n 에 대하여 다항식

$$f(x) = x^n - p, \qquad g(x) = x^n + p$$

는 유리수체 $\mathbb{Q}$ 위에서 기약이다(Eisenstein 의 규준).

특히, $n \geq 2$ 일 때, $\sqrt[n]{p}$ 는 무리수이다.

보기 4.4.4 다항식 $f(x) = x^4 + 1$ 는 유리수체 $\mathbb{Q}$ 위에서 기약이다.

실제로, $g(x) = f(x+1)$ 이라고 하면,

$$\begin{aligned} g(x) &= (x+1)^4 + 1 \\ &= x^4 + 4x^3 + 6x^2 + 4x + 2 \end{aligned}$$

$$\begin{array}{ccccccccc} & & & 1 & & 1 & & & \\ & & 1 & & 2 & & 1 & & \\ & 1 & & 3 & & 3 & & 1 & \\ 1 & & 4 & & 6 & & 4 & & 1 \end{array}$$

이고 $p = 2$ 에대하여

$$p \nmid 1,\ \ p \mid 4,\ \ p \mid 6,\ \ p \mid 4,\ \ p \mid 2,\ \ p^2 \nmid 2$$

이므로 $g(x)$ 는 유리수체 $\mathbb{Q}$ 위에서 기약이다.

따라서 $f(x)$ 는 유리수체 $\mathbb{Q}$ 위에서 기약이다(정리 4.4.6).

정리 4.4.8 (Gauss) 素數 p 에 대하여 다항식

$$\Phi_p(x) = \frac{x^p - 1}{x - 1} = x^{p-1} + x^{p-2} + \cdots + x + 1$$

는 유리수체 $\mathbb{Q}$ 위에서 기약이다.

증명 이제 $g(x) = \Phi_p(x+1)$ 이라고 하면 다음이 성립한다(정리 3.2.5).

$$\begin{aligned} g(x) &= \frac{(x+1)^p - 1}{x+1-1} \\ &= x^{p-1} + \binom{p}{1} x^{p-2} + \cdots + \binom{p}{p-2} x + \binom{p}{p-1} \end{aligned}$$

그런데, 정리 3.11.7 의 증명에 의하여 $1 \leq i \leq p-1$ 일 때 $p \,\Big|\, \binom{p}{i}$ 이고, 또 $\binom{p}{p-1} = p$ 이므로 $p \,\Big|\, \binom{p}{p-1}$, $p^2 \nmid \binom{p}{p-1}$ 이다.

그러므로 Eisenstein 의 규준에 의하여 $g(x)$ 는 유리수체 $\mathbb{Q}$ 위에서 기약이고, 따라서 $\Phi_p(x)$ 는 유리수체 $\mathbb{Q}$ 위에서 기약이다(정리 4.4.6).

정리 4.4.9 素數 p 와 양의 정수 k 에 대하여 다항식

$$\Phi_{p^k}(x) = \frac{x^{p^k}-1}{x^{p^{k-1}}-1} = x^{p^{k-1}(p-1)} + x^{p^{k-1}(p-2)} + \cdots + x^{p^{k-1}} + 1$$

는 유리수체 $\mathbb{Q}$ 위에서 기약이다.

증명 먼저 정리 4.4.8 에 의하여 $k=1$ 일 때 정리가 성립한다.

이제 $k \geq 2$ 일 때, $g(x) = \Phi_{p^k}(x+1)$ 이라 하고

$$(*) \qquad g(x) = x^q + a_1 x^{q-1} + \cdots + a_{q-1}x + a_q, \quad q = p^{k-1}(p-1)$$

이라고 하면, $a_q = g(0) = \Phi_{p^k}(1) = p$ 이므로 $p \mid a_q$, $p^2 \nmid a_q$ 이다. 한편,

$$g(x) = \Phi_{p^k}(x+1) = \frac{(x+1)^{p^k}-1}{(x+1)^{p^{k-1}}-1} = \frac{\sum_{i=1}^{p^k}\binom{p^k}{i}x^i}{\sum_{j=1}^{p^{k-1}}\binom{p^{k-1}}{j}x^j}$$

이고, 여기서 $1 \leq i < p^k$, $1 \leq j < p^{k-1}$ 일 때, 정리 1.3.3 에 의하여

$$i\binom{p^k}{i} = p^k\binom{p^k-1}{i-1}, \qquad j\binom{p^{k-1}}{j} = p^{k-1}\binom{p^{k-1}-1}{j-1}$$

이므로 $\binom{p^k}{i}$ 와 $\binom{p^{k-1}}{j}$ 는 p 의 배수이다.

따라서 적당한 다항식 $r(x), s(x) \in \mathbb{Z}[x]$ 에 대하여

$$g(x) = \frac{(x+1)^{p^k}-1}{(x+1)^{p^{k-1}}-1} = \frac{x^{p^k} + p \cdot r(x)}{x^{p^{k-1}} + p \cdot s(x)},$$

$$x^{p^k} + p \cdot r(x) = g(x)\, x^{p^{k-1}} + p \cdot g(x)\, s(x)$$

이므로 $(*)$ 에 의하여

$$\begin{aligned} p \cdot \{r(x) - g(x)\, s(x)\} &= g(x)\, x^{p^{k-1}} - x^{p^k} = (g(x) - x^{p^k - p^{k-1}})\, x^{p^{k-1}} \\ &= (x^q + a_1 x^{q-1} + \cdots + a_{q-1}x + a_q - x^q)\, x^{p^{k-1}} \\ &= (a_1 x^{q-1} + \cdots + a_{q-1}x + a_q)\, x^{p^{k-1}} \end{aligned}$$

이고 따라서 $a_1, a_2, \cdots, a_q$ 는 모두 p 의 배수이다.

그러므로 Eisenstein 의 규준에 의하여 $g(x)$ 는 유리수체 $\mathbb{Q}$ 위에서 기약이고, 따라서 $\Phi_{p^k}(x)$ 는 유리수체 $\mathbb{Q}$ 위에서 기약이다(정리 4.4.6).

보기 4.4.5 다음 다항식은 모두 유리수체 $\mathbb{Q}$ 위에서 기약이다.

$$\Phi_4(x) = \frac{x^4-1}{x^2-1} = x^2+1,$$

$$\Phi_8(x) = \frac{x^8-1}{x^4-1} = x^4+1,$$

$$\Phi_3(x) = \frac{x^3-1}{x-1} = x^2+x+1,$$

$$\Phi_9(x) = \frac{x^9-1}{x^3-1} = x^6+x^3+1,$$

$$\Phi_5(x) = \frac{x^5-1}{x-1} = x^4+x^3+x^2+x+1$$

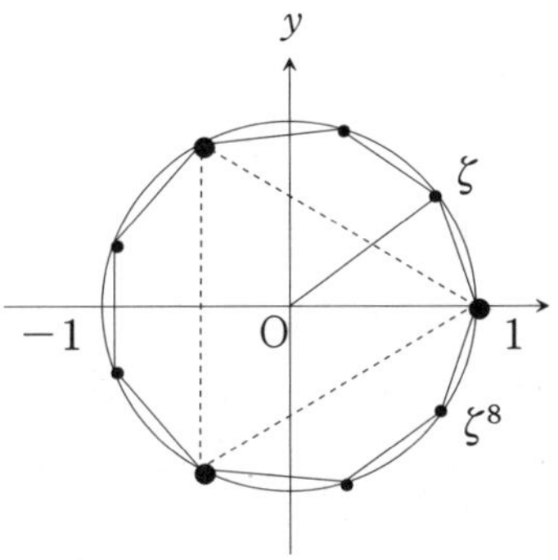

素數 p 에 대하여 체 $\mathbb{Z}_p = \{0,\ 1,\ \cdots,\ p-1\}$ 위의 모닉 n 차의 다항식

$$f(x) = x^n + a_{n-1}x^{n-1} + \cdots + a_1x + a_0$$

는 p^n 개 존재하고, 특히 p 개의 일차다항식 $f(x) = x+a \ (a \in \mathbb{Z}_p)$ 는 모두 $\mathbb{Z}_p$ 위에서 기약이다.

보기 4.4.6 체 $\mathbb{Z}_2 = \{0,\ 1\}$ 위에서 일차다항식은 $x,\ x+1$ 뿐이다.

또, 체 $\mathbb{Z}_2$ 위의 이차다항식은 $x^2,\ \ x^2+1,\ \ x^2+x,\ \ x^2+x+1$ 뿐이고

$$x \cdot x = x^2, \quad x(x+1) = x^2+x, \quad (x+1)^2 = x^2+1$$

이므로 체 $\mathbb{Z}_2$ 위의 기약인 이차다항식은 $p(x) = x^2+x+1$ 뿐이다.

한편, 체 $\mathbb{Z}_2$ 위의 3차의 다항식은 2^3 개 존재하고, 이 중에서 상수항이 0 인 2^2 개의 다항식 x^3+ax^2+bx는 기약다항식이 아니고, 또 상수항이 1 인 2^2 개의 다항식

$$x^3+1, \quad x^3+x+1, \quad x^3+x^2+1, \quad x^3+x^2+x+1$$

중에서 짝수 개의 항을 가진 첫째 다항식과 넷째 다항식은 1을 근으로 가지므로 기약이 아니다(정리 4.3.4).

따라서 체 $\mathbb{Z}_2$ 위의 기약인 삼차다항식은

$$p(x) = x^3+x+1, \quad q(x) = x^3+x^2+1$$

뿐이다.

보기 4.4.7 체 $\mathbb{Z}_2 = \{0,\ 1\}$ 위에서 4 차의 다항식은 2^4 개 존재한다. 그런데, 4 차의 다항식 $f(x)$ 가 $\mathbb{Z}_2$ 위에서 기약이 아니면, $f(x)$ 는 체 $\mathbb{Z}_2$ 위에서 적어도 한 개의 일차다항식을 인수로 가지거나 또는 두 개의 기약인 이차다항식의 곱으로 인수분해된다.

이제 $f(x)$ 가 일차다항식을 인수로 가지는 경우를 생각해 보자.

먼저 $f(0) = 0$ 이면, $f(x)$ 는 $f(x) = x^4 + a_3x^3 + a_2x^2 + a_1x$ 와 같은 꼴이고 이러한 다항식은 2^3 개 존재한다. 그리고, $f(0) = 1$, $f(1) = 0$ 인 다항식 $f(x)$ 는 다음 4 개의 다항식뿐이다.

$$x^4 + 1, \quad x^4 + x^2 + x + 1, \quad x^4 + x^3 + x + 1, \quad x^4 + x^3 + x^2 + 1$$

한편, 체 $\mathbb{Z}_2$ 위에서 기약인 이차다항식은 x^2+x+1 뿐이다(보기 4.4.6). 따라서 $f(x)$ 가 기약인 두 이차다항식의 곱으로 인수분해되는 경우는

$$f(x) = (x^2 + x + 1)^2 = x^4 + x^2 + 1$$

뿐이므로 체 $\mathbb{Z}_2$ 위에서 기약인 사차다항식은 다음 세 다항식뿐이다.

$$x^4 + x + 1, \quad x^4 + x^3 + 1, \quad x^4 + x^3 + x^2 + x + 1$$

보기 4.4.8 체 $\mathbb{Z}_3 = \{0,\ 1,\ 2\}$ 위에서 모닉 일차다항식은 x, $x+1$, $x+2$ 뿐이다. 체 $\mathbb{Z}_3$ 위에서 3^2 개의 모닉 이차다항식 중에서

$$\begin{aligned} &x\,x = x^2, && x(x+1) = x^2 + x, \\ &x(x+2) = x^2 + 2x, && (x+1)^2 = x^2 + 2x + 1, \\ &(x+2)^2 = x^2 + x + 1, && (x+1)(x+2) = x^2 + 2 \end{aligned}$$

는 체 $\mathbb{Z}_3$ 위에서 기약이 아니므로 체 $\mathbb{Z}_3$ 위에서 모닉 기약 이차다항식은

$$x^2 + 1, \quad x^2 + x + 2, \quad x^2 + 2x + 2$$

뿐이다.

그리고, 기약이 아닌 삼차다항식은 일차다항식 또는 이차다항식의 곱으로 인수분해되므로, 체 $\mathbb{Z}_3$ 위에서 모닉 기약 삼차다항식은 다음 8 개뿐이다.

$$\begin{aligned} &x^3 + 2x + 1, && x^3 + 2x + 2, && x^3 + x^2 + 2, \\ &x^3 + x^2 + x + 2, && x^3 + 2x^2 + 1, && x^3 + x^2 + 2x + 1, \\ &x^3 + 2x^2 + x + 1, && x^3 + 2x^2 + 2x + 2 \end{aligned}$$

연 습 문 제 (4.4)

*1. 다음 다항식은 유리수체 $\mathbb{Q}$ 위에서 기약인지를 판정하여라.

(1) $f(x) = x^3 - 2x - 15$ (2) $f(x) = 4x^3 - 2x^2 + x + 1$

(3) $f(x) = x^4 + 2x^2 - 3$ (4) $f(x) = x^5 - 4x + 2$

*2. 다음 다항식은 유리수체 $\mathbb{Q}$ 위에서 기약임을 증명하여라.

(1) $f(x) = x^4 + 2x + 2$ (2) $f(x) = x^4 + 2$

(3) $f(x) = x^4 - 10x^2 + 1$ (4) $f(x) = x^4 - x^2 + 1$

3. 다음 다항식을 유리수체 $\mathbb{Q}$ 위에서 인수분해하여라.

(1) $f(x) = x^3 + x^2 - 5x - 5$ *(2) $f(x) = x^4 - 3x - 2$

4. 서로 다른 素數 $p, q, \cdots, r$ 에 대하여 $a = pq\cdots r$ 이라고 할 때, 모든 양의 정수 n 에 대하여 다항식 $f(x) = x^n - a$, $g(x) = x^n + a$ 가 유리수체 $\mathbb{Q}$ 위에서 기약임을 밝히고, 또 $n \geq 2$ 일 때 $\sqrt[n]{a}$ 는 무리수임을 밝혀라.

5. 복소수 $\alpha \in \mathbb{C}$ 가 유리수를 계수로 가지는 n 차의 다항식 $f(x)$ 의 근이면, α 는 정수를 계수로 가지는 n 차의 다항식 $g(x)$ 의 근임을 밝혀라.

6. 다음 명제가 참임을 밝혀라.

*(1) 체 $\mathbb{Z}_2$ 위에서 다항식 $f(x) = x^5 + x^2 + 1$ 는 기약이다.

*(2) 체 $\mathbb{Z}_2$ 위에서 다항식 $f(x) = x^5 + x + 1$ 는 기약이 아니다.

(3) 체 $\mathbb{Z}_7$ 위에서 다항식 $f(x) = x^2 + 1$ 는 기약이다.

(4) 체 $\mathbb{Z}_{11}$ 위에서 다항식 $f(x) = x^3 - 9$ 는 기약이 아니다.

(5) 체 $\mathbb{Z}_{13}$ 위에서 다항식 $f(x) = x^3 - 9$ 는 기약이다.

*7. 정수 p 가 素數일 때, 체 $\mathbb{Z}_p$ 위의 모닉 이차다항식 $f(x) = x^2 + ax + b$ 중에서 기약인 다항식 전체의 개수는 $\dfrac{p(p-1)}{2}$ 임을 밝혀라.

§ 4.5 기약다항식과 확대체

체 F 위의 다항식환 $F[x]$ 는 단항이데알 정역이므로 $F[x]$ 의 이데알 I 는 적당한 다항식 $f(x) \in F[x]$ 에 대하여

$$I = (f(x)) = \{f(x)\,h(x) \mid h(x) \in F[x]\}$$

와 같은 꼴이며, 특히 $\{0\} \subsetneq I \subsetneq F[x]$ 일 때 $\deg f(x) \geq 1$ 이고 $f(x)$ 를 모닉 다항식이라고 가정하여도 좋다(정리 4.2.2). 또, 이때 잉여환

$$F[x]/I = \{h(x) + I \mid h(x) \in F[x]\}$$

는 단위원 $1 + I \neq 0 + I$ 를 가진 가환환이고 다음이 성립한다(정의 3.9.10).

$$h(x) + I = k(x) + I \Longleftrightarrow h(x) - k(x) \in I$$
$$(h(x) + I) + (k(x) + I) = h(x) + k(x) + I,$$
$$(h(x) + I) \cdot (k(x) + I) = h(x)\,k(x) + I$$

정리 4.5.1 체 F 위의 n 차의 모닉 다항식

$$f(x) = x^n + c_{n-1}x^{n-1} + \cdots + c_1 x + c_0$$

에 대하여 $I = (f(x))$ 이라고 하면, 잉여환 $F[x]/I$ 의 각 원소는 단 한 가지 방법으로

$$a_0 + a_1 x + \cdots + a_{n-1}x^{n-1} + I \qquad (a_0, a_1, \cdots, a_{n-1} \in F)$$

와 같은 꼴로 나타내어지고 따라서 다음이 성립한다.

$$F[x]/I = \{a_0 + a_1 x + \cdots + a_{n-1}x^{n-1} + I \mid a_0, a_1, \cdots, a_{n-1} \in F\}$$
$$c_0 + c_1 x + \cdots + c_{n-1}x^{n-1} + x^n + I = 0 + I$$

그리고, 사상

$$\phi : F \longrightarrow F[x]/I, \quad \phi(a) = a + I$$

는 환 준동형사상이고, 또

$$\overline{F} = \{a + I \in F[x]/I \mid a \in F\}$$

이라고 하면 $F \cong \overline{F}$ 이다.

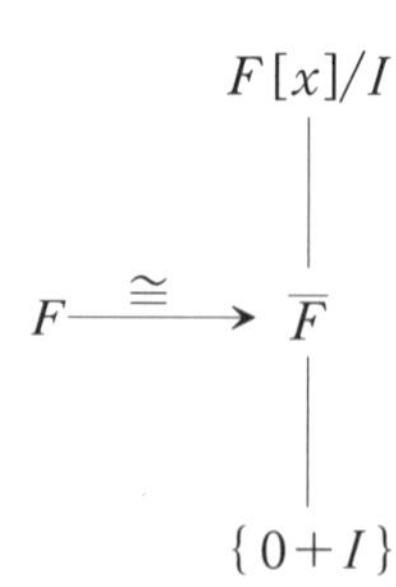

증명 먼저 $F[x]/I = \{h(x) + I \mid h(x) \in F[x]\}$ 이다. 그런데, 임의의 다항식 $h(x) \in F[x]$ 에 대하여

$$h(x) = q(x)\,f(x) + r(x), \qquad r(x) = a_0 + a_1 x + \cdots + a_{n-1} x^{n-1}$$

인 다항식 $q(x),\ r(x) \in F[x]$ 가 존재하고(정리 4.2.1), 이때

$$h(x) - r(x) = f(x)\,q(x) \in I$$

이므로 잉여환 $F[x]/I$ 에서 다음이 성립한다.

$$h(x) + I = r(x) + I = a_0 + a_1 x + \cdots + a_{n-1} x^{n-1} + I$$

그리고, 체 F 의 원소 $a_0, a_1, \cdots, a_{n-1},\ b_0, b_1, \cdots, b_{n-1}$ 에 대하여

$$a_0 + a_1 x + \cdots + a_{n-1} x^{n-1} + I = b_0 + b_1 x + \cdots + b_{n-1} x^{n-1} + I$$

이라고 가정하면,

$$(a_0 - b_0) + (a_1 - b_1)\,x + \cdots + (a_{n-1} - b_{n-1})\,x^{n-1} \in I = (\,f(x)\,)$$

이고 $\deg f(x) = n$ 이므로 다항식

$$(a_0 - b_0) + (a_1 - b_1)\,x + \cdots + (a_{n-1} - b_{n-1})\,x^{n-1}$$

은 영다항식이고 따라서

$$a_0 - b_0 = a_1 - b_1 = \cdots = a_{n-1} - b_{n-1} = 0$$

이므로 $a_0 = b_0,\ a_1 = b_1, \cdots, a_{n-1} = b_{n-1}$ 이다.

특히, 다음 등식이 성립한다.

$$c_0 + c_1 x + \cdots + c_{n-1} x^{n-1} + x^n + I = f(x) + I = 0 + I$$

그리고, 사상

$$\phi : F \longrightarrow F[x]/I, \quad \phi(a) = a + I$$

는 환 준동형사상이다. 실제로, 임의의 $a, b \in F$ 에 대하여 다음이 성립한다.

$$\phi(a+b) = a + b + I = (a + I) + (b + I) = \phi(a) + \phi(b),$$
$$\phi(ab) = ab + I = (a + I)(b + I) = \phi(a)\,\phi(b)$$

그리고, $\phi(a) = 0 + I$ 즉 $a + I = 0 + I$ 이라고 하면, $a \in I = (\,f(x)\,)$ 이므로 $a = 0$ 이다. 따라서 $\ker\phi = \{0\}$ 이므로 ϕ 는 일대일 사상이다.

그러므로 $F \cong \operatorname{im}\phi = \{a + I \mid a \in F\} = \overline{F}$ 이다(정리 3.4.7).

보기 4.5.1 체 F 위의 다항식 $f(x) = x^3 - 1$ 에 대하여 $I = (f(x))$ 이라고 할 때, 잉여환 $F[x]/I = \{a_0 + a_1 x + a_2 x^2 + I \mid a_0, a_1, a_2 \in F\}$ 에서 다음이 성립한다.

$$x^3 + I = 1 + I, \quad x^4 + I = x + I, \quad x^5 + I = x^2 + I,$$
$$(x^2 + I)(1 + x + I) = x^2 + x^3 + I = 1 + x^2 + I$$
$$(x - 1 + I)(x^2 + x + 1 + I) = x^3 - 1 + I = 0 + I$$

정리 4.5.2 체 F 위의 다항식 $p(x) \in F[x]$, $\deg p(x) = n \geq 1$ 에 대하여 다음이 성립한다.

(1) $p(x)$ 가 기약다항식이면, 잉여환 $F[x]/(p(x))$ 는 체이다.

(2) $p(x)$ 가 기약다항식이 아니면, 잉여환 $F[x]/(p(x))$ 는 정역이 아니고 따라서 체도 아니다.

증명 먼저 $I = (p(x))$ 이라고 하면, 잉여환 $F[x]/I$ 가 정의된다.

이제 $p(x)$ 가 기약다항식일 때, 잉여환 $F[x]/I$ 에서 $h(x) + I \neq 0 + I$ 이라고 하자. 이 때, $h(x) \notin I$ 즉 $p(x) \nmid h(x)$ 이고 $p(x)$ 는 기약다항식이므로 $\gcd\{p(x), h(x)\} = 1$ 이고 따라서

$$p(x)\, s(x) + h(x)\, t(x) = 1$$

인 다항식 $s(x)$, $t(x) \in F[x]$ 가 존재한다(정리 4.2.5). 그런데,

$$h(x)\, t(x) - 1 = -p(x)\, s(x) \in (p(x)) = I$$

이므로, 잉여환 $F[x]/I$ 에서

$$h(x)\, t(x) + I = 1 + I \quad \text{즉} \quad (h(x) + I)(t(x) + I) = 1 + I$$

이고 따라서 $h(x) + I$ 는 단원이다. 그러므로 $F[x]/(p(x))$ 는 체이다.

한편, $p(x)$ 가 기약다항식이 아니면,

$$p(x) = g(x)\, h(x), \quad 1 \leq \deg g(x) \leq \deg h(x) < n$$

인 다항식 $g(x), h(x) \in F[x]$ 가 존재하고 이때 잉여환 $F[x]/I$ 에서

$$(g(x) + I)(h(x) + I) = p(x) + I = 0 + I$$
$$g(x) + I \neq 0 + I, \quad h(x) + I \neq 0 + I$$

이므로 $F[x]/I$ 는 정역이 아니고 따라서 체도 아니다(정리 3.2.11).

정리 4.5.1 과 정리 4.5.2 로부터 다음 정리를 얻는다.

정리 4.5.3 체 F 위의 n 차의 모닉 기약다항식

$$p(x) = x^n + c_{n-1}x^{n-1} + \cdots + c_1 x + c_0$$

에 대하여 $I = (p(x))$ 이라 하고 $K = F[x]/I$ 이라고 하면, K 는 체이고 K 의 각 원소는 단 한 가지 방법으로

$$a_0 + a_1 x + \cdots + a_{n-1}x^{n-1} + I \qquad (a_0, a_1, \cdots, a_{n-1} \in F)$$

와 같은 꼴로 나타내어지고. 따라서 다음이 성립한다.

$$K = \{a_0 + a_1 x + \cdots + a_{n-1}x^{n-1} + I \mid a_0, a_1, \cdots, a_{n-1} \in F\}$$

$$c_0 + c_1 x + \cdots + c_{n-1}x^{n-1} + x^n + I = 0 + I$$

그리고, $\overline{F} = \{a + I \in K \mid a \in F\}$ 이라고 하면, $F \cong \overline{F}$ 이다.

위의 정리에서 $u = x + I$ 이라 하고 원소 $a \in F$ 와 원소 $a + I \in \overline{F}$ 를 동일시하여 F 와 $\overline{F}$ 를 동일시하면, K 는 체 F 의 확대체이다. 또, K 에서

$$\begin{aligned} & a_0 + a_1 x + a_2 x^2 + \cdots + a_{n-1}x^{n-1} + I \\ &= (a_0 + I) + (a_1 x + I) + (a_2 x^2 + I) + \cdots + (a_{n-1}x^{n-1} + I) \\ &= (a_0 + I) + (a_1 + I)(x + I) + \cdots + (a_{n-1} + I)(x + I)^{n-1} \\ &= a_0 + a_1 u + a_2 u^2 + \cdots + a_{n-1}u^{n-1} \end{aligned}$$

이므로

$$K = \{a_0 + a_1 u + \cdots + a_{n-1}u^{n-1} \mid a_0, a_1, \cdots, a_{n-1} \in F\}$$

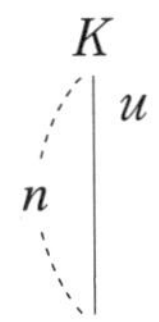

이고, K 는 $\mathscr{B} = \{1, u, \cdots, u^{n-1}\}$ 를 기저로 가지는 체 F 위의 n 차원 벡터공간이다(보기 3.14.2, 정리 3.14.12). 그리고,

$$p(u) = c_0 + c_1 u + \cdots + c_{n-1}u^{n-1} + u^n = 0$$

이므로 u 는 K 안에서 다항식 $p(x)$ 의 근이다. 그리고, K 의 두 원소

$$\xi = a_0 + a_1 u + \cdots + a_{n-1}u^{n-1}, \quad \eta = b_0 + b_1 u + \cdots + b_{n-1}u^{n-1}$$

에 대하여

$$\xi + \eta = (a_0 + b_0) + (a_1 + b_1)\,u + \cdots + (a_{n-1} + b_{n-1})\,u^{n-1}$$

이므로 덧셈군 $(K, +)$ 는 덧셈군

$$F^n = F \oplus \cdots \oplus F = \{(a_0, a_1, \cdots, a_{n-1}) \mid a_0, a_1, \cdots, a_{n-1} \in F\}$$

과 동형이다.

한편, 체 K의 두 원소 ξ, η의 곱 $\xi\eta$를 구할 때에는 이들을 u에 관한 다항식으로 생각하여 계산한 다음에 그 결과를 $p(u) = 0$을 이용하여

$$d_0 + d_1 u + \cdots + d_{n-1} u^{n-1} \qquad (d_0, d_1, \cdots, d_{n-1} \in F)$$

의 꼴로 나타낸다.

보기 4.5.2 체 F 위에서 임의의 원소 $a \in F$에 대하여 $p(x) = x - a$는 기약다항식이고 $F[x]/(p(x)) \cong F$ 이다(보기 3.10.2).

보기 4.5.3 실수체 $\mathbb{R}$ 위에서 $p(x) = x^2 + 1$는 기약이다(보기 4.3.2). 따라서 $K = \mathbb{R}[x]/(p(x))$는 체이고 다음이 성립한다.

$$K = \{a + bu \mid a,\ b \in \mathbb{R}\}, \quad u^2 = -1$$

$$(a + bu) + (c + du) = (a + c) + (b + d)\,u,$$

$$(a + bu)(c + du) = (ac - bd) + (ad + bc)\,u$$

$$K \cong \mathbb{C} = \{a + b\sqrt{-1} \mid a, b \in \mathbb{R}\}$$

보기 4.5.4 정수 $m\ (\neq 1)$이 완전제곱수가 아닌 양의 정수이거나 또는 음의 정수일 때, $p(x) = x^2 - m$는 유리수체 $\mathbb{Q}$ 위에서 기약이다(보기 4.3.3, 보기 4.3.2). 따라서 $K = \mathbb{Q}[x]/(p(x))$는 체이고 또 다음이 성립한다.

$$K = \{a + bu \mid a, b \in \mathbb{Q}\}, \quad u^2 = m$$

$$(a + bu) + (c + du) = (a + c) + (b + d)\,u,$$

$$(a + bu)(c + du) = (ac - bdm) + (ad + bc)\,u$$

$$K \cong \mathbb{Q}(\sqrt{m}) = \{a + b\sqrt{m} \mid a, b \in \mathbb{Q}\}$$

보기 4.5.5 유리수체 $\mathbb{Q}$ 위에서 다항식 $p(x) = x^3 - x + 1$ 는 기약이다 (보기 4.3.4). 따라서 $K = \mathbb{Q}[x]/(p(x))$ 는 체이고 또 다음이 성립한다.

$$K = \{a_0 + a_1 u + a_2 u^2 \mid a_0, a_1, a_2 \in \mathbb{Q}\}$$
$$p(u) = u^3 - u + 1 = 0 \quad 즉 \quad u^3 = -1 + u$$
$$u^4 = -u + u^2, \quad u^5 = -u^2 + u^3 = -1 + u - u^2$$

체 K 에서 $v = -1 + u + u^2$ 의 곱셈에 관한 역원을 구하기 위하여

$$f(x) = x^2 + x - 1$$

이라고 하면, $f(u) = v$ 이고 또 다음이 성립한다.

$$p(x) = (x-1)f(x) + x,$$
$$f(x) = (x+1)x - 1$$
$$x = (-x)(-1)$$

x	$x^3 \quad -x+1$	x^2+x-1	x
	x^3+x^2-x	x^2	
-1	$-x^2 \quad +1$	$x-1$	1
	$-x^2-x+1$	x	
-1	x	-1	
	x		
	0		

따라서

$$1 = (x+1)x - f(x)$$
$$= (x+1)\{p(x) - (x-1)f(x)\} - f(x)$$
$$= p(x)(x+1) - x^2 f(x)$$

이므로 $1 = p(u)(u+1) - u^2 f(u)$, $-u^2 v = 1$ 즉 $v^{-1} = -u^2$ 이다.

보기 4.5.6 체 $\mathbb{Z}_2 = \{0, 1\}$ 위에서 $p(x) = x^2 + x + 1$ 는 기약다항식이고 따라서 다음과 같은 위수 4 인 유한체 K 를 얻는다(보기 4.4.6).

$$K = \{a_0 + a_1 u \mid a_0, a_1 \in \mathbb{Z}_2\} = \{0, 1, \alpha, 1+\alpha\}$$
$$p(u) = \alpha^2 + \alpha + 1 = 0 \quad 즉 \quad \alpha^2 = -1 - \alpha = 1 + \alpha$$

$+$	0	1	α	$1+\alpha$
0	0	1	α	$1+\alpha$
1	1	0	$1+\alpha$	α
α	α	$1+\alpha$	0	1
$1+\alpha$	$1+\alpha$	α	1	0

$\cdot$	0	1	α	$1+\alpha$
0	0	0	0	0
1	0	1	α	$1+\alpha$
α	0	α	$1+\alpha$	1
$1+\alpha$	0	$1+\alpha$	1	α

유한체 $K = \{0,\ 1,\ \alpha,\ 1+\alpha\}$ 의 표수는 2 이고 그 소체는 $\mathbb{Z}_2 = \{0,\ 1\}$ 이다. 그리고, 체 K 에서 $p(\alpha) = \alpha^2 + \alpha + 1 = 0$ 이므로

$$\alpha^2 = 1 + \alpha, \quad \alpha^3 = \alpha(1+\alpha) = \alpha + \alpha^2 = 1$$

이고 따라서 $K^* = K - \{0\} = \{1, \alpha, \alpha^2\} = \langle \alpha \rangle$ 이므로 K 는 위수 3 인 순환군이다(정리 4.3.13 참조). 그리고

$$p(\alpha^2) = (\alpha^2)^2 + \alpha^2 + 1 = (\alpha^2 + \alpha + 1)^2 = p(\alpha)^2 = 0$$

이므로 α 와 α^2 는 $p(x)$ 의 근이고 따라서 $p(x)$ 는 K 위에서

$$p(x) = x^2 + x + 1 = (x - \alpha)(x - \alpha^2)$$

과 같이 인수분해된다. 덧셈군 $(K,\ +)$ 는 덧셈군

$$\mathbb{Z}_2 \oplus \mathbb{Z}_2 = \{(0,0),\ (0,1),\ (1,0),\ (1,1)\}$$

과 동형이지만 체 K 는 가환환 $\mathbb{Z}_2 \oplus \mathbb{Z}_2$ 와 동형이 아니다. 실제로 가환환 $\mathbb{Z}_2 \oplus \mathbb{Z}_2$ 의 모든 원소는 멱등원이므로 Boole 환이다(보기 3.6.5).

정리 4.5.4　체 F 위의 다항식 $p(x) \in F[x]$, $\deg p(x) = n \geq 1$ 에 대하여 다음 조건은 서로 동치이다.

(1) $p(x)$ 는 체 F 위에서 기약이다.
(2) 잉여환 $F[x]/(p(x))$ 는 체이다.
(3) $(p(x))$ 는 $F[x]$ 의 극대이데알이다.
(4) 잉여환 $F[x]/(p(x))$ 는 정역이다.
(5) $(p(x))$ 는 $F[x]$ 의 소이데알이다.

증명　정리 4.5.2 와 정리 3.13.5 에 의하여 (1) $\Longleftrightarrow$ (2) $\Longleftrightarrow$ (3) 이다. 또, 체는 정역이므로 (2) $\Longrightarrow$ (4) 이고 정리 4.5.2 에 의하여 (4) $\Longrightarrow$ (1) 이다.
그리고, 정리 3.13.3 에 의하여 (4) $\Longleftrightarrow$ (5) 이므로 정리가 성립한다.
여기서, 정리 4.3.5 에 의하여 (5) $\Longleftrightarrow$ (1) 이기도 하다.

유한체에 대해서는 § 4.6 에서 논하기로 한다.
다항식환의 잉여환에 대해서는 '해설 405' 에서 좀더 논하기로 한다.

연 습 문 제 (4.5)

1. 보기 4.5.5 의 체 $K = \{a_0 + a_1 u + a_2 u^2 \mid a_0, a_1, a_2 \in \mathbb{Q}\}$에서 다음 원소를 $a_0 + a_1 u + a_2 u^2$ $(a_0, a_1, a_2 \in \mathbb{Q})$ 의 꼴로 나타내어라.

(1) $2u^5 + u^6$ (2) $(1+u)^{-1}$ (3) $(1+u+u^2)^{-1}$

2. 다항식 $p(x) = x^4 + 1$ 는 유리수체 $\mathbb{Q}$ 위에서 기약이다(보기 4.4.5).
체 $K = \mathbb{Q}[x]/(p(x))$ 에서 다음 각 원소를

$$a_0 + a_1 u + a_2 u^2 + a_3 u^3 \quad (a_0, a_1, a_2, a_3 \in \mathbb{Q})$$

의 꼴로 나타내어라.

(1) $u^5 + u^6 + u^7$ (2) $u + 2u^4 + 3u^5$

*(3) $(1+u)^{-1}$ *(4) $(1+u^3)^{-1}$

3. 다항식 $p(x) = x^4 - 10x^2 + 1$ 는 유리수체 $\mathbb{Q}$ 위에서 기약이다(문제 4.4.2).
체 $K = \mathbb{Q}[x]/(p(x))$ 에서 다음 각 원소를

$$a_0 + a_1 u + a_2 u^2 + a_3 u^3 \quad (a_0, a_1, a_2, a_3 \in \mathbb{Q})$$

의 꼴로 나타내어라.

(1) $u^5 + 2u^6 + 3u^7$ (2) u^{-2} (3) $(1+u+u^2)^{-1}$

***4.** 체 F 위의 다항식 $p(x) \in F[x]$, $\deg p(x) = n \geq 1$ 에 대하여 다음이 성립함을 정의와 정리 4.2.2 를 이용하여 증명하여라.

(1) 다항식 $p(x)$ 가 F 위에서 기약이면, $F[x]$ 의 이데알 $(p(x))$ 는 $F[x]$ 의 극대이데알이다.

(2) 다항식 $p(x)$ 가 F 위에서 기약이 아니면, $F[x]$ 의 이데알 $(p(x))$ 는 $F[x]$ 의 소이데알이 아니고 따라서 극대이데알도 아니다.

§4.6 유한체

앞으로 증명할 정리 5.8.1에 의하면, 유한체 K의 표수가 素數 p일 때 K를 그 소체인 $\mathbb{Z}_p = \{0, 1, \cdots, p-1\}$ 위의 벡터공간으로 생각하면 K는 적당한 양의 정수 n에 대하여 ${\mathbb{Z}_p}^n = \{(x_1, \cdots, x_n) \mid x_1, \cdots, x_n \in \mathbb{Z}_p\}$와 동형이고 $|K| = p^n$이며 곱셈군 $K^* = K - \{0\}$는 위수 $p^n - 1$인 순환군이다(정리 4.3.13). 다음 정의는 정리 5.8.2에 그 근거를 두고 있다.

정의 4.6.1 임의의 素數 p와 양의 정수 n에 대하여 $q = p^n$이라고 할 때, 위수 p^n인 유한체가 존재하고 이러한 유한체는 본질적으로 단 하나뿐이며 유한체의 표수는 p이고 그 소체는 $\mathbb{Z}_p$이다.

이러한 유한체를 **위수** q인 **갈루아 체**(Galois field)라 하고 이 체를

$$\mathbb{F}_q \qquad \text{또는} \qquad \mathrm{GF}(q)$$

로 나타낸다. 특히, $\mathbb{F}_p = \mathbb{Z}_p = \{0, 1, \cdots, p-1\}$이고 또 $\mathbb{F}_p \subseteq \mathbb{F}_q$이다.

그리고, Galois 체 $\mathbb{F}_q$의 원소 α가 순환군 ${\mathbb{F}_q}^*$의 생성원일 때, 즉

$${\mathbb{F}_q}^* = \langle \alpha \rangle = \{1, \alpha, \cdots, \alpha^{q-2}\}, \quad \alpha^{q-1} = 1$$

일 때, α를 체 $\mathbb{F}_q$의 **원시원소**(primitive element)라 하고 또 $\mathbb{F}_q$의 원시원소를 근으로 가지는 체 $\mathbb{F}_p$ 위의 n차의 모닉 기약다항식을 체 $\mathbb{F}_p$ 위의 n차의 **원시다항식**(primitive polynomial)이라고 한다.

보기 4.6.1 보기 4.5.6에서 논한 위수 4인 Galois 체를 생각해 보자.

$$\mathbb{F}_4 = \{a_0 + a_1\alpha \mid a_0, a_1 \in \mathbb{F}_2\} = \{0, 1, \alpha, 1+\alpha\}$$

$$\alpha^2 + \alpha + 1 = 0 \quad \text{즉} \quad \alpha^2 = 1 + \alpha$$

$${\mathbb{F}_4}^* = \{1, \alpha, \alpha^2\} = \langle \alpha \rangle = \langle \alpha^2 \rangle$$

체 $\mathbb{F}_4$의 두 원소 α와 α^2은 $\mathbb{F}_4$의 원시원소이고, $p(x) = x^2 + x + 1$는 체 $\mathbb{F}_2$ 위의 2차의 원시다항식이다.

정리 4.6.2 素數 p 와 양의 정수 n 에 대하여 $q = p^n$ 이라고 할 때, Galois 체 $\mathbb{F}_q$ 에서 다음이 성립한다.

(1) 체 $\mathbb{F}_q$ 의 임의의 원소 u 에 대하여 $u^q = u$ 이고, 체 $\mathbb{F}_q$ 의 원소 전체는 다항식 $f(x) = x^q - x$ 의 근 전체와 일치한다.

(2) 체 $\mathbb{F}_q$ 의 원소 α 가 $\mathbb{F}_q$ 의 원시원소일 때, 정수 i 에 대하여 α^i 가 $\mathbb{F}_q$ 의 원시원소이기 위한 필요충분조건은 $(i,\ q-1) = 1$ 인 것이다.

(3) 체 $\mathbb{F}_p$ 위의 n 차의 다항식 $p(x)$ 가 원시다항식일 때, $\alpha \in F_q$ 를 $p(\alpha) = 0$ 인 원시원소라고 하면 $p(x)$ 는 체 F_q 안에서 서로 다른 n 개의 근 $\alpha, \alpha^p, \alpha^{p^2}, \cdots, \alpha^{p^{n-1}}$ 을 가지며 이들 근은 모두 $\mathbb{F}_q$ 의 원시원소이다.

(4) 체 $\mathbb{F}_q$ 의 원시원소 전체의 개수는 $\varphi(q-1)$ 이고, 또 체 $\mathbb{F}_p$ 위의 n 차의 원시다항식 전체의 개수는 $\dfrac{\varphi(q-1)}{n}$ 이다.

증명 (1) 분명히 $u = 0$ 이면, $u^q = 0 = u$ 이다. 그리고, $u \in F_q{}^*$ 이면, Lagrange 의 정리(정리 2.7.6) 에 의하여 $u^{q-1} = 1$ 이므로 $u^q = u$ 이다.

따라서 체 $\mathbb{F}_q$ 의 q 개의 원소는 모두 q 차의 다항식 $f(x) = x^q - x$ 의 근이므로, $\mathbb{F}_q$ 의 원소 전체는 $f(x) = x^q - x$ 의 근 전체와 일치한다.

(2) 체 $\mathbb{F}_q$ 의 원소 α 가 체 $\mathbb{F}_q$ 의 원시원소인 경우에 $\mathbb{F}_q{}^* = \langle \alpha \rangle$ 이므로 $\mathbb{F}_q{}^* = \langle \alpha^i \rangle \Longleftrightarrow (i, q-1) = 1$ 이므로 (2)가 성립한다(정리 2.4.2).

(3) 정리 3.11.9 에 의하여 $\alpha, \alpha^p, \alpha^{p^2}, \cdots, \alpha^{p^{n-1}}$ 은 $p(x)$ 의 근이고, 또한 $(p^i, q-1) = 1$ 이므로 (2) 에 의하여 이들 근은 $\mathbb{F}_q$ 의 원시원소이다.

한편, $0 \leq i \leq j \leq n-1$ 일 때, 정리 2.4.2 에 의하여

$$\begin{aligned}
\alpha^{p^i} = \alpha^{p^j} &\Longleftrightarrow (q-1) \mid (p^j - p^i) \\
&\Longleftrightarrow (p^n - 1) \mid p^i\,(p^{j-i} - 1) \\
&\Longleftrightarrow (p^n - 1) \mid (p^{j-i} - 1) \\
&\Longleftrightarrow p^{j-i} = 1 \Longleftrightarrow i = j
\end{aligned}$$

이므로 $\alpha, \alpha^p, \alpha^{p^2}, \cdots, \alpha^{p^{m-1}}$ 은 모두 서로 다르다.

(4) 위의 결과에 의하여 $\mathbb{F}_q$ 에는 $\varphi(q-1)$ 개의 원시원소가 존재하고 각 n 차의 원시다항식은 n 개의 원시원소를 근으로 가지므로 (4)가 성립한다.

앞의 정리에서 체 $\mathbb{F}_p$ 위의 n 차의 기약다항식은 Galois 체 $\mathbb{F}_q$ 안에서 서로 다른 n 개의 근을 가진다(정리 5.8.5 참조).

素數 p 에 대하여 체 $\mathbb{F}_p = \{0, 1, \cdots, p-1\}$ 위의 n 차의 기약다항식 $p(x)$ 를 이용하여 Galois 체 $\mathbb{F}_{p^n}$ 을 정할 수 있다(정리 4.5.3 참조).

보기 4.6.2 체 $\mathbb{F}_2$ 위에서 $p(x) = x^4 + x + 1$ 은 4차의 기약다항식이므로 다음과 같은 위수 2^4 인 Galois 체 $\mathbb{F}_{2^4}$ 를 얻는다(보기 4.4.7).

$$\mathbb{F}_{2^4} = \{a_0 + a_1\alpha + a_2\alpha^2 + a_3\alpha^3 \mid a_0, a_1, a_2, a_3 \in \mathbb{F}_2\},$$
$$p(\alpha) = \alpha^4 + \alpha + 1 = 0 \quad \text{즉} \quad \alpha^4 = 1 + \alpha$$

$$\begin{array}{lll}
\alpha = \alpha^{16}, & \alpha^2 = \alpha^{17}, & \alpha^3 = \alpha^{18}, \\
\alpha^4 = 1 + \alpha, & \alpha^5 = \alpha + \alpha^2, & \alpha^6 = \alpha^2 + \alpha^3, \\
\alpha^7 = 1 + \alpha + \alpha^3, & \alpha^8 = 1 + \alpha^2, & \alpha^9 = \alpha + \alpha^3, \\
\alpha^{10} = 1 + \alpha + \alpha^2, & \alpha^{11} = \alpha + \alpha^2 + \alpha^3, & \alpha^{12} = 1 + \alpha + \alpha^2 + \alpha^3, \\
\alpha^{13} = 1 + \alpha^2 + \alpha^3, & \alpha^{14} = 1 + \alpha^3, & \alpha^{15} = 1
\end{array}$$

$$\mathbb{F}_{2^4}{}^* = \langle \alpha \rangle = \{1, \alpha, \alpha^2, \cdots, \alpha^{14}\}, \quad \alpha^{15} = 1$$

원소 α 는 $\mathbb{F}_{2^4}$ 의 원시원소이고 $p(x)$ 는 체 $\mathbb{F}_2$ 위의 4차의 원시다항식이다. 또한, 8개의 원소 α, α^2, α^4, α^7, α^8, α^{11}, α^{13}, α^{14} 은 체 $\mathbb{F}_{2^4}$ 의 원시원소이고 이 중에서 α, α^2, α^4, α^8 은 $p(x)$ 의 근이다(정리 4.6.2 참조).

그런데, 체 $\mathbb{F}_2$ 위에서 4차의 기약다항식은

$$p(x), \quad q(x) = x^4 + x^3 + 1, \quad r(x) = x^4 + x^3 + x^2 + x + 1$$

뿐이다(보기 4.4.7). 그리고,

$$q(\alpha^7) = \alpha^{28} + \alpha^{21} + 1 = \alpha^{13} + \alpha^6 + 1 = 0,$$
$$(\alpha^7)^2 = \alpha^{14}, \quad (\alpha^{14})^2 = \alpha^{28} = \alpha^{13}, \quad (\alpha^{13})^2 = \alpha^{26} = \alpha^{11}$$

이므로 α^7, α^{11}, α^{13}, α^{14} 은 $q(x)$ 의 근이고 $q(x)$ 는 $\mathbb{F}_2$ 위의 원시다항식이다. 따라서 체 $\mathbb{F}_2$ 위의 4차의 원시다항식은 $p(x)$ 와 $q(x)$ 뿐이다. 한편,

$$r(\alpha^3) = 0, \quad (\alpha^3)^2 = \alpha^6, \quad (\alpha^3)^4 = \alpha^{12}, \quad (\alpha^3)^8 = \alpha^9$$

이므로 α^3, α^6, α^9, α^{12} 은 $r(x)$ 의 근이다.

그리고, α^5, α^{10}은 x^2+x+1의 근이고 0과 1은 각각 x, $x-1$의 근이다. 따라서 $f(x)=x(x^{15}-1)$이라고 하면, 체 $\mathbb{F}_2$ 위에서 $f(x)$는

$$f(x)=x(x-1)(x^2+x+1)\,p(x)\,q(x)\,r(x)$$

와 같이 기약다항식의 곱으로 인수분해된다.

보기 4.6.3 체 $\mathbb{F}_3=\{0,1,2\}$ 위에서 $p(x)=x^3+2x+1$는 기약이고 따라서 다음과 같은 위수 3^3인 Galois 체 $\mathbb{F}_{3^3}$를 얻는다(보기 4.4.8).

$$\mathbb{F}_{3^3}=\{a_0+a_1\alpha+a_2\alpha^2 \mid a_0,a_1,a_2\in\mathbb{F}_3\},$$

$$p(\alpha)=\alpha^3+2\alpha+1=0 \quad 즉 \quad \alpha^3=-1-2\alpha=2+\alpha$$

$$\begin{array}{llll}
\alpha^1=\alpha, & \alpha^2=\alpha^2, & \alpha^3=2+\alpha, & \alpha^4=2\alpha+\alpha^2,\\
\alpha^5=2+\alpha+2\alpha^2, & \alpha^6=1+\alpha+\alpha^2, & \alpha^7=2+2\alpha+\alpha^2, & \\
\alpha^8=2+2\alpha^2, & \alpha^9=1+\alpha, & \alpha^{10}=\alpha+\alpha^2, & \\
\alpha^{11}=2+\alpha+\alpha^2, & \alpha^{12}=2+\alpha^2, & \alpha^{13}=2, & \\
\alpha^{14}=2\alpha, & \alpha^{15}=2\alpha^2, & \alpha^{16}=1+2\alpha, & \\
\alpha^{17}=\alpha+2\alpha^2, & \alpha^{18}=1+2\alpha+\alpha^2, & \alpha^{19}=2+2\alpha+2\alpha^2, & \\
\alpha^{20}=1+\alpha+2\alpha^2, & \alpha^{21}=1+\alpha^2, & \alpha^{22}=2+2\alpha, & \\
\alpha^{23}=2\alpha+2\alpha^2, & \alpha^{24}=1+2\alpha+2\alpha^2, & \alpha^{25}=1+2\alpha^2, & \alpha^{26}=1
\end{array}$$

$$\mathbb{F}_{3^3}{}^*=\langle\alpha\rangle=\{1,\alpha,\alpha^2,\cdots,\alpha^{25}\},\quad \alpha^{26}=1$$

따라서 12개의 원소 α, α^3, α^5, α^7, α^9, α^{11}, α^{15}, α^{17}, α^{19}, α^{21}, α^{23}, α^{25}는 체 F_{3^3}의 원시원소이고, $p(x)$는 체 $\mathbb{F}_3$ 위의 3차의 원시다항식이며 α, α^3, α^9는 $p(x)$의 근이다. 또, 기약다항식 $q(x)=x^3+2x^2+x+1$에 대하여

$$\begin{aligned}
q(\alpha^5)&=\alpha^{15}+2\alpha^{10}+\alpha^5+1\\
&=2\alpha^2+2\alpha+2\alpha^2+2+\alpha+2\alpha^2+1=0,
\end{aligned}$$

$$(\alpha^5)^3=\alpha^{15},\qquad (\alpha^5)^9=\alpha^{45}=\alpha^{19}$$

이므로 α^5, α^{15}, α^{19}은 $q(x)$의 근이고 따라서 $q(x)$는 체 $\mathbb{F}_3$ 위의 3차의 원시다항식이다.

다음 다항식은 체 $\mathbb{F}_2$ 위의 원시다항식이다([48] 의 표 참조).

x^5+x^2+1,	x^6+x+1,	x^7+x+1,
$x^8+x^4+x^3+x^2+1$,	x^9+x^4+1,	$x^{10}+x^3+1$,
$x^{11}+x^2+1$,	$x^{12}+x^6+x^4+x+1$,	$x^{13}+x^4+x^3+x+1$,
$x^{14}+x^5+x^3+x+1$,	$x^{15}+x+1$,	$x^{16}+x^5+x^3+x^2+1$
$x^{17}+x^3+1$,	$x^{18}+x^5+x^2+x+1$,	$x^{19}+x^5+x^2+x+1$,
$x^{20}+x^3+1$,	$x^{21}+x^2+1$,	$x^{22}+x+1$,
$x^{23}+x^5+1$,	$x^{24}+x^4+x^3+x+1$,	$x^{25}+x^3+1$,
$x^{26}+x^6+x^2+x+1$,	$x^{27}+x^5+x^2+x+1$,	$x^{28}+x^3+1$,
$x^{29}+x^2+1$,	$x^{30}+x^6+x^4+x+1$,	$x^{31}+x^3+1$

정의 4.6.3 Galois 체 $\mathbb{F}_q$ 에서 α 가 $\mathbb{F}_q$ 의 원시원소일 때,

$$\mathbb{F}_q^{\,*}=\langle\alpha\rangle=\{\alpha^0,\alpha,\alpha^2,\cdots,\alpha^{q-2}\},\quad \alpha^{q-1}=1$$

이므로 각 원소 $u\in\mathbb{F}_q$ 에 대하여

$$u=\alpha^i,\qquad 0\le i\le q-2$$

인 정수 i 가 단 하나 존재한다. 여기서, i 를 (α 를 밑으로 가지는) u 의 **이산로그**(discrete logarithm) 또는 **지수**(index)라 하고 이것을 $i=\mathrm{ind}_\alpha u$ 로 나타낸다

정수 p 가 素數일 때, 체 $\mathbb{F}_p=\{0,1,\cdots,p-1\}$ 에서 원소 $g\in\mathbb{F}_p^{\,*}$ 가 체 $\mathbb{F}_p$ 의 원시원소이면

$$\mathbb{F}_p^{\,*}=\langle\, g\,\rangle=\{g^0,g,\cdots,g^{p-2}\},\quad g^{p-1}=1$$

이고 이 사실은 정수환 $\mathbb{Z}$ 에서

$$g^{p-1}\equiv 1 \pmod p,\quad g^i\not\equiv 1 \pmod p\quad (1\le i\le p-1)$$

임을 뜻하고 이는 g 가 법 p 에 관한 **원시근**(primitive root)임을 뜻한다. 그리고, 이 경우에 $(a,p)=1$ 인 정수 a 에 대하여 $\mathrm{ind}_g a$ 는 법 p 에 관한 (g 를 밑으로 가지는) a 의 이산로그를 뜻한다([1], 정의 5.3.1 참조).

보기 4.6.4 체 $\mathbb{F}_7 = \{0, 1, 2, 3, 4, 5, 6\}$ 에서

$$3^1 = 3, \quad 3^2 = 2, \quad 3^3 = 6, \quad 3^4 = 4, \quad 3^5 = 5, \quad 3^6 = 1$$

이므로 $\mathbb{F}_7^* = \{1, 2, 3, 4, 5, 6\} = \langle 3 \rangle$ 이고 다음이 성립한다.

$$\begin{aligned} &\mathrm{ind}_3\, 1 = 0, \quad \mathrm{ind}_3\, 2 = 2, \quad \mathrm{ind}_3\, 3 = 1, \\ &\mathrm{ind}_3\, 4 = 4, \quad \mathrm{ind}_3\, 5 = 5, \quad \mathrm{ind}_3\, 6 = 3 \end{aligned}$$

체 K 의 곱셈군 $K^* = K - \{0\}$ 에서 $D = \{a^2 \mid a \in K^*\}$ 는 K^* 의 부분군이다(문제 2.3.2). 부분군 D 에 속하는 원소를 K 의 **제곱수**(square)라고 한다.

보기 4.6.5 체 $\mathbb{F}_7 = \{0, 1, 2, 3, 4, 5, 6\}$ 에서

$$1^2 = 1, \quad (\pm 2)^2 = 4, \quad (\pm 3)^2 = 2$$

이므로 $\mathbb{F}_7$ 의 제곱수는 1, 2, 4 뿐이다.

정리 4.6.4 Galois 체 $\mathbb{F}_q$ 에서 α 를 $\mathbb{F}_q$ 의 원시원소라 하고 D 를 $\mathbb{F}_q$ 의 제곱수 전체의 집합이라고 할 때, q 가 짝수이면 $D = \mathbb{F}_q^*$ 이고 또 q 가 홀수이면 다음이 성립한다.

$$D = \langle \alpha^2 \rangle = \{\alpha^{2i} \mid 0 \le i < \frac{q-1}{2}\}, \quad |D| = \frac{q-1}{2}$$

증명 먼저 $\mathbb{F}_q^* = \langle \alpha \rangle$ 이므로 $D = \langle \alpha^2 \rangle$ 이고, α 의 위수는 $q-1$ 이므로 D 의 위수는 $\dfrac{q-1}{(2,\ q-1)}$ 이다(정리 2.4.2, 정리 2.4.3). 그러므로 q 가 짝수이면 $|D| = q-1$ 이므로 $D = \mathbb{F}_q^*$ 이고, 또 q 가 홀수이면 $|D| = \dfrac{q-1}{2}$ 이므로 정리가 성립한다.

정의 4.6.5 Galois 체 $\mathbb{F}_q$ 에서 q 가 홀수일 때, 각 원소 $a \in \mathbb{F}_q^*$ 에 대하여 $\chi(a)$ 를 다음과 같이 정한다.

$$\chi(a) = \begin{cases} 1 & (a\text{가 제곱수인 경우}) \\ -1 & (a\text{가 제곱수가 아닌 경우}) \end{cases}$$

素數 p가 홀수일 때, 체 $\mathbb{F}_p = \{0, 1, 2, \cdots, p\}$ 에서 $a \in \mathbb{F}_p$가 제곱수라는 말은 이차합동식 $x^2 \equiv a \pmod{p}$ 의 해가 존재함을 뜻하고 이는 a가 법 p에 관하여 **二次剩餘**(quadratic residue) 임을 뜻한다. 그리고, $\chi(a)$ 는 Legendre 기호 $\left(\frac{a}{p}\right)$ 와 일치한다([1] 의 정의 6.1.1, 정의 6.1.4).

보기 4.6.6 체 $\mathbb{F}_7$ 의 제곱수는 1, 2, 4 뿐이므로 다음이 성립한다.

$$\chi(1) = \left(\frac{1}{7}\right) = 1, \quad \chi(2) = \left(\frac{2}{7}\right) = 1, \quad \chi(3) = \left(\frac{3}{7}\right) = -1,$$
$$\chi(4) = \left(\frac{4}{7}\right) = 1, \quad \chi(5) = \left(\frac{5}{7}\right) = -1, \quad \chi(6) = \left(\frac{6}{7}\right) = -1$$

정리 4.6.6 Galois 체 $\mathbb{F}_q$ 에서 q가 홀수일 때, α를 $\mathbb{F}_q$ 의 원시원소라고 하면 다음이 성립한다.

(1) $\chi(1) = 1, \quad \chi(\alpha^i) = (-1)^i$

(2) $\alpha^{\frac{q-1}{2}} = -1, \quad \chi(-1) = (-1)^{\frac{q-1}{2}}$

(3) $\chi(-1) = \begin{cases} 1 & (q \equiv 1 \pmod 4 \text{ 인 경우}) \\ -1 & (q \equiv 3 \pmod 4 \text{ 인 경우}) \end{cases}$

증명 (1) 정리 4.6.4 에 의하여 Galois 체 $\mathbb{F}_q$ 의 제곱수 전체의 집합은

$$D = \langle \alpha^2 \rangle = \{\alpha^{2i} \mid 0 \le i < \frac{q-1}{2}\}$$

이고 따라서 (1) 이 성립한다.

(2) 위수 $q-1$ 인 순환군 $\langle \alpha \rangle$ 에서 위수 2 인 원소는 단 하나 존재하고 $\alpha^{\frac{q-1}{2}}$ 와 -1 의 위수는 2 이므로, $\alpha^{\frac{q-1}{2}} = -1$ 이다(문제 2.4.9 참조).

따라서 (1) 에 의하여 $\chi(-1) = (-1)^{\frac{q-1}{2}}$ 이다.

(3) 위의 (2) 에 의하여 (3) 이 성립한다.

이 절에서 논한 정의와 정리는 암호학, 부호이론, 디자인 이론 등에 이용된다([4], [5], [47], [48] 참조).

연 습 문 제 (4.6)

1. 체 $\mathbb{F}_2 = \{0, 1\}$ 위에서 3차의 기약다항식 $p(x) = x^3 + x + 1$를 이용하여 Galois 체 $\mathbb{F}_{2^3}$를 정하고, 체 $\mathbb{F}_2$ 위의 3차의 원시다항식을 모두 구하여라.

2. 체 $\mathbb{F}_2$ 위의 3차의 원시다항식 $q(x) = x^3 + x^2 + 1$를 이용하여 Galois 체 $\mathbb{F}_{2^3}$를 정하여라.

*3. 체 $\mathbb{F}_2$ 위의 4차의 기약다항식 $r(x) = x^4 + x^3 + x^2 + x + 1$는 원시다항식이 아니다(보기 4.6.2). 이제 $r(\beta) = 0$인 원소 β를 도입하여 Galois 체 $\mathbb{F}_{2^4}$를 정하고 $\langle \beta \rangle \neq \mathbb{F}_{2^4}$임을 확인하여라.

4. 체 $\mathbb{F}_2$ 위의 5차의 기약다항식 $p(x) = x^5 + x^2 + 1$를 이용하여 Galois 체 $\mathbb{F}_{2^5}$를 정하고, $p(x)$가 체 $\mathbb{F}_2$ 위의 원시다항식임을 밝혀라.

*5. 체 $\mathbb{F}_3$ 위의 원시다항식 $p(x) = x^2 + x + 2$를 이용하여 Galois 체 $\mathbb{F}_{3^2}$를 만들고 이 체의 원시원소를 모두 구하여라.

6. 체 $\mathbb{F}_3$ 위의 기약다항식 $q(x) = x^2 - 2$를 이용하여 Galois 체 $\mathbb{F}_{3^2}$를 정하고, $q(x)$가 체 $\mathbb{F}_3$ 위의 원시다항식이 아님을 밝혀라.

7. 체 $\mathbb{F}_5$ 위의 기약다항식 $q(x) = x^2 - 3$를 이용하여 Galois 체 $\mathbb{F}_{5^2}$를 정하고, $q(x)$가 체 $\mathbb{F}_5$ 위의 원시다항식이 아님을 밝혀라.

*8. 체 $\mathbb{F}_{17} = \{0, 1, \cdots, 16\}$에서 $\mathbb{F}_{17}{}^* = \langle 3 \rangle$임을 확인하여라. 그리고, 체 $\mathbb{F}_{17}$의 원시원소를 모두 구하고 체 $\mathbb{F}_{17}$의 제곱수를 모두 구하여라.

9. Galois 체 $\mathbb{F}_q$ 위의 모닉 이차다항식 $f(x) = x^2 + ax + b$ 중에서 기약인 다항식 전체의 개수는 $\dfrac{q(q-1)}{2}$ 임을 밝혀라.

§ 4.7 삼차다항식과 사차다항식

이 절에서는, 삼차다항식과 사차다항식에 대하여 논한다.

정리 4.7.1 체 F 위의 n 차의 다항식

$$f(x) = a_n x^n + a_{n-1} x^{n-1} + \cdots + a_1 x + a_0, \quad n \geq 1$$

가 F 의 적당한 확대체 K 안에서 중복을 허락하여 n 개의 근 $u_1, \cdots, u_n$ 을 가질 때 다음이 성립한다.

$$\sum_{i=1}^{n} u_i = u_1 + u_2 + \cdots + u_n = -\frac{a_{n-1}}{a_n},$$

$$\sum_{i<j} u_i u_j = u_1 u_2 + u_1 u_3 + \cdots + u_{n-1} u_n = \frac{a_{n-2}}{a_n},$$

$$\sum_{i<j<k} u_i u_j u_k = u_1 u_2 u_3 + u_1 u_2 u_4 + \cdots + u_{n-2} u_{n-1} u_n = -\frac{a_{n-3}}{a_n},$$

$$\vdots$$

$$u_1 u_2 \cdots u_n = (-1)^n \frac{a_0}{a_n}$$

증명 가정에 의하여 체 K 위에서

$$f(x) = a_n (x - u_1)(x - u_2) \cdots (x - u_n)$$

이므로 이 등식의 양변의 계수를 비교하면 정리의 등식을 얻는다.

정의 4.7.2 체 F 위의 n 차의 다항식 $f(x)$ 가 F 의 적당한 확대체 K 안에서 중복을 허락하여 n 개의 근 $u_1, \cdots, u_n$ 을 가질 때, 다음과 같은 D 를 $f(x)$ 또는 방정식 $f(x) = 0$ 의 **판별식**(discriminant)이라고 한다.

$$\begin{aligned} D = \prod_{i<j} (u_i - u_j)^2 = \{ &(u_1 - u_2)(u_1 - u_3) \cdots (u_1 - u_n) \\ &(u_2 - u_3) \cdots (u_2 - u_n) \\ &\vdots \\ &(u_{n-1} - u_n) \}^2 \end{aligned}$$

보기 4.7.1 체 F 위의 다항식 $f(x) = x^2 + bx + c$가 체 F의 적당한 확대체 K 안에서 근 u를 가지면, $v = -b - u \in K$도 $f(x)$의 근이다.

앞으로, D가 허수인 경우에 $\sqrt{D}$는 D의 두 제곱근 중에서 어느 하나를 나타낸다(정리 1.3.10 아래 부분).

보기 4.7.2 (이차다항식의 근의 공식) 복소수체 $\mathbb{C}$ 위의 이차다항식

$$f(x) = x^2 + bx + c$$

는 복소수체 $\mathbb{C}$ 안에서 두 근 u_1, u_2를 가지며 $f(x)$의 판별식은

$$D = (u_1 - u_2)^2 = (u_1 + u_2)^2 - 4u_1u_2 = b^2 - 4c$$

이고 또 $f(x)$의 두 근은 $\dfrac{-b \pm \sqrt{D}}{2}$ 이다.

예를 들면, 이차다항식 $f(x) = x^2 - ix + 1 + 3i$에 대하여

$$D = (-i)^2 - 4(1 + 3i) = -5 - 12i = (2 - 3i)^2$$

이므로, $\sqrt{D} = 2 - 3i$이라고 하면 $f(x)$의 두 근은 $\dfrac{i \pm \sqrt{D}}{2}$ 이다.

보기 4.7.3 두 복소수 q, r에 대하여 두 등식 $\alpha + \beta = q$, $\alpha\beta = r$를 만족시키는 복소수 α, β는 다항식 $f(x) = x^2 - qx + r$의 두 근이다.

정리 4.7.3 체 F 위의 n차의 다항식

$$f(x) = a_n x^n + a_{n-1} x^{n-1} + \cdots + a_1 x + a_0, \quad n \geq 1$$

와 원소 $k \in F$에 대하여 $g(x) = f(x-k)$이라고 할 때, $g(x)$가 F의 적당한 확대체 K 안에서 중복을 허락하여 n개의 근 $u_1, \cdots, u_n$을 가진다면, $f(x)$는 K 안에서 중복을 허락하여 n개의 근 $u_1-k, \cdots, u_n-k$를 가지며 $f(x)$의 판별식과 $g(x)$의 판별식은 일치한다.

특히, 체 F의 표수가 0일 때, $g(x) = f(x - \dfrac{a_{n-1}}{n a_n})$이라고 하면 $g(x)$의 x^{n-1}의 계수는 0이다.

증명 (1) 원소 $u \in K$ 가 $g(x)$ 의 근이면, $f(u-k) = g(u) = 0$ 이므로 $v = u - k$ 는 $f(x)$ 의 근이다. 그리고 $f(x) = g(x+k)$ 이므로 $v \in K$ 가 $f(x)$ 의 근이면 $u = v + k$ 는 $g(x)$ 의 근이고 이때 $v = u - k$ 이다.

그러므로 정리의 첫 부분이 성립한다.

그리고, $v_i = u_i - k$ 이라고 하면, $v_i - v_j = u_i - u_j$ 이므로

$$\prod_{i<j} (v_i - v_j)^2 = \prod_{i<j} (u_i - u_j)^2$$

이고 따라서 $f(x)$ 의 판별식과 $g(x)$ 의 판별식과 일치한다.

특히, 체 F 의 표수가 0 일 때, $n a_n \neq 0$ 이므로 $k = \dfrac{a_{n-1}}{n a_n} \in F$ 이고 또

$$g(x) = f(x-k) = c_n x^n + c_{n-1} x^{n-1} + \cdots + c_1 x + c_0$$

이라고 하면 정리 4.7.1 에 의하여

$$-\frac{c_{n-1}}{c_n} = u_1 + \cdots + u_n = v_1 + \cdots + v_n + nk = -\frac{a_{n-1}}{a_n} + nk = 0$$

이므로 $c_{n-1} = 0$ 이다.

보기 4.7.4 유리수체 $\mathbb{Q}$ 위의 다항식 $f(x) = x^3 + 6x^2 + 9x + 4$ 에 대하여 $g(x) = f(x-2)$ 이라고 하면,

$$g(x) = x^3 - 3x + 2 = (x-1)^2(x+2)$$

1	1	0	−3	2
		1	1	−2
	1	1	−2	0

이고 $g(x)$ 는 세 근 $x = 1$ (이중근), $x = -2$ 를 가지므로 $f(x)$ 는 세 근 $x = -1$ (이중근), $x = -4$ 를 가진다.

정리 4.7.4 체 F 가 표수 0 인 체일 때, 체 F 위의 삼차다항식

$$f(x) = x^3 + ax^2 + bx + c$$

에 대하여 $g(x) = f\left(x - \dfrac{a}{3}\right)$ 이라고 하면

$$g(x) = x^3 + qx + r \quad \left(q = b - \frac{a^2}{3},\ \ r = \frac{2a^3}{27} - \frac{ab}{3} + c\right)$$

이고 또 $f(x)$ 와 판별식과 $g(x)$ 의 판별식은 다음과 같다.

$$D = -4q^3 - 27r^2 = -27c^2 - 4a^3c - 4b^3 + a^2b^2 + 18abc$$

증명 체 F 는 표수 0 인 체이므로 $\mathbb{Q} \subseteq F$ 이다(정의 3.11.6 참조).
먼저 $g(x) = f(x - \frac{a}{3})$ 이라고 할 때, $g(x)$ 는 다음과 같다.

$$\begin{aligned} g(x) &= (x - \frac{a}{3})^3 + a(x - \frac{a}{3})^2 + b(x - \frac{a}{3}) + c \\ &= x^3 + (b - \frac{a^2}{3})x + \frac{2a^3}{27} - \frac{ab}{3} + c \\ &= x^3 + qx + r \end{aligned}$$

여기서, $q = b - \frac{a^2}{3}$, $r = \frac{2a^3}{27} - \frac{ab}{3} + c$ 이다.

이제 $g(x)$ 가 F 의 적당한 확대체 K 안에서 세 근 u_1, u_2, u_3 을 가진다고 하자. 이때,

$$u_1 + u_2 + u_3 = 0, \quad u_1u_2 + u_1u_3 + u_2u_3 = q, \quad u_1u_2u_3 = -r$$

이므로, 서로 다른 $i, j, k \in \{1, 2, 3\}$ 에 대하여

$$\begin{aligned} &u_i + u_j = -u_k, \\ &u_iu_j = q - (u_i + u_j)u_k = q + u_k^2, \\ &(u_i - u_j)^2 = (u_i + u_j)^2 - 4u_iu_j \\ &\qquad = u_k^2 - 4q - 4u_k^2 = -(3u_k^2 + 4q) \end{aligned}$$

이므로 $f(x)$ 의 판별식과 $g(x)$ 의 판별식은 다음과 같다(정리 4.7.3).

$$\begin{aligned} D &= (u_1 - u_2)^2(u_1 - u_3)^2(u_2 - u_3)^2 \\ &= -(3u_3^2 + 4q)(3u_2^2 + 4q)(3u_1^2 + 4q) \\ &= -27u_1^2u_2^2u_3^2 - 36q(u_1^2u_2^2 + u_1^2u_3^2 + u_2^2u_3^2) \\ &\quad -48q^2(u_1^2 + u_2^2 + u_3^2) - 64q^3 \\ &= -27r^2 - 36q\{(u_1u_2 + u_1u_3 + u_2u_3)^2 - 2u_1u_2u_3(u_1 + u_2 + u_3)\} \\ &\quad -48q^2\{(u_1 + u_2 + u_3)^2 - 2(u_1u_2 + u_1u_3 + u_2u_3)\} - 64q^3 \\ &= -27r^2 - 36q^3 - 48q^2(-2q) - 64q^3 \\ &= -4q^3 - 27r^2 \end{aligned}$$

그리고, $D = -27c^2 - 4a^3c - 4b^3 + a^2b^2 + 18abc$ 임을 알 수 있다.
판별식 D 는 $f(x)$ 의 계수 a, b, c 에 관한 식으로 나타내어진다.

정리 4.7.5 실수체 $\mathbb{R}$ 위의 삼차다항식 $f(x) = x^3 + ax^2 + bx + c$ 의 판별식을 D 이라고 하면 다음이 성립한다.

(1) $D > 0$ 일 때 그리고 이때에만 $f(x)$ 는 서로 다른 세 실근을 가진다.

(2) $D = 0$ 일 때 그리고 이때에만 $f(x)$ 의 세 근은 모두 실근이고 또 $f(x)$ 는 중근을 가진다.

(3) $D < 0$ 일 때 그리고 이때에만 $f(x)$ 는 한 실근과 서로 다른 두 허근을 가진다.

증명 정리 4.3.12 에 의하여 다항식 $f(x)$ 는 적어도 한 개의 실근을 가진다. 이 실근을 u_1 이라 하고 나머지 두 근을 u_2, u_3 이라고 하자.

먼저 세 근이 모두 실근이면 $D = (u_1 - u_2)^2 (u_1 - u_3)^2 (u_2 - u_3)^2 \geq 0$ 이고, 특히 이들 세 근이 서로 다르면 $D > 0$ 이고 또 이들 세 근 중에서 적어도 두 근이 같으면 $D = 0$ 이다.

다음에 u_2 가 허수일 때, $u_2 = a + bi \ (a, b \in \mathbb{R},\ b \neq 0)$ 이라고 놓으면 정리 4.3.12 에 의하여 $u_3 = \overline{u_2} = a - bi$ 이므로 다음이 성립한다.

$$\begin{aligned} D &= \{(u_1 - u_2)(u_1 - \overline{u_2})\}^2 (u_2 - \overline{u_2})^2 \\ &= \{{u_1}^2 - (u_2 + \overline{u_2})\, u_1 + u_2 \overline{u_2}\}^2 (2bi)^2 \\ &= -4b^2 \{{u_1}^2 - 2a u_1 + a^2 + b^2\}^2 \\ &= -4b^2 \{(u_1 - a)^2 + b^2\}^2 < 0 \end{aligned}$$

한편, D 에 대하여 $D > 0$, $D = 0$, $D < 0$ 중에서 하나만이 성립하므로, 위의 결과에 의하여 (1), (2), (3) 이 성립한다.

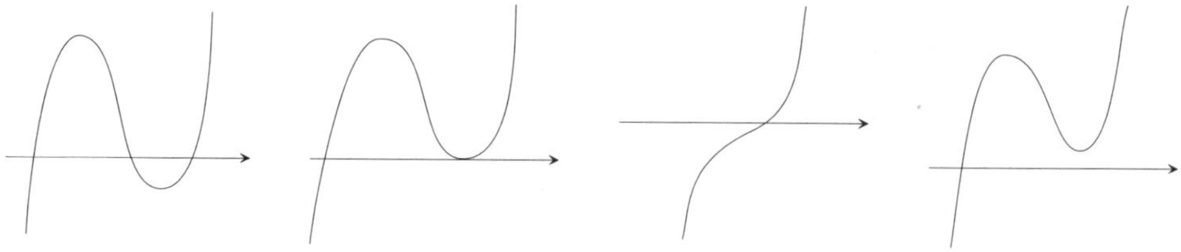

체 F 위에서의 x, y 에 관한 방정식

$$y^2 + dxy + ey = x^3 + ax^3 + bx + c$$

를 만족시키는 점 $(x, y) \in F^2$ 전체로 이루어진 집합

$$\{(x, y) \in F^2 \mid y^2 + dxy + ey = x^3 + ax^2 + bx + c\}$$

을 F 위의 **타원곡선**(elliptic curve)이라 하고 $f(x) = x^3 + ax^2 + bx + c$ 의 판별식을 이 타원곡선의 **판별식**이라고 한다. 타원곡선에 대한 이론은 정수의 인수분해 알고리즘과 암호체계에 이용된다('해설 4073', [3], [4] 참조).

이탈리아의 카르다노(Giralamo Cardano)는 복소수를 계수로 가지는 삼차다항식(cubic polynomial)의 근에 대한 공식을 구하였다(p. 322 참조).

정리 4.7.6 (카르다노의 방법) 복소수체 $\mathbb{C}$ 위의 삼차다항식

$$f(x) = x^3 + ax^2 + bx + c$$

에 대하여 $g(x) = f(x - \frac{a}{3}) = x^3 + qx + r$, $D = -4q^3 - 27r^2$ 이라 하고 $d = -\frac{D}{108} = \frac{r^2}{4} + \frac{q^3}{27}$ 이라고 할 때, 두 복소수 α, β 를

$$\alpha\beta = -\frac{q}{3}, \quad \alpha^3 = -\frac{r}{2} + \sqrt{d}, \quad \beta^3 = -\frac{r}{2} - \sqrt{d}$$

가 되도록 택하면, 복소수체 $\mathbb{C}$ 안에서 $g(x)$ 의 세 근은

$$u_1 = \alpha + \beta,\ u_2 = \alpha\omega + \beta\omega^2,\ u_3 = \alpha\omega^2 + \beta\omega \quad (\omega = \frac{-1 + \sqrt{3}\,i}{2})$$

이고 $f(x)$ 의 세 근은 $u_1 - \frac{a}{3}$, $u_2 - \frac{a}{3}$, $u_2 - \frac{a}{3}$ 이다.

증명 이제 $x = u + v$ 를 $g(x)$ 의 근이라고 하자. 이 때,

$$\begin{aligned} 0 = g(u+v) &= (u+v)^3 + q(u+v) + r \\ &= u^3 + v^3 + (3uv + q)(u+v) + r \end{aligned}$$

이므로, 연립방정식

$$\begin{cases} 3uv + q = 0 \\ u^3 + v^3 + r = 0 \end{cases} \quad \text{즉} \quad \begin{cases} uv = -\frac{q}{3} \\ u^3 + v^3 = -r \end{cases} \qquad ①$$

의 근 u, v 를 구하면 $g(x)$ 의 근을 얻는다. 그런데 ① 에 의하여

$$u^3 + v^3 = -r, \qquad u^3 v^3 = -\frac{q^3}{27}$$

이므로 u^3, v^3은 이차다항식 $x^2 + rx - \frac{q^3}{27}$의 근이고, 따라서 u^3와 v^3을 다음과 같이 놓을 수 있다(보기 4.7.3 참조).

$$u^3 = -\frac{r}{2} + \sqrt{\frac{r^2}{4} + \frac{q^3}{27}} = -\frac{r}{2} + \sqrt{d} \qquad ②$$

$$v^3 = -\frac{r}{2} - \sqrt{\frac{r^2}{4} + \frac{q^3}{27}} = -\frac{r}{2} - \sqrt{d} \qquad ③$$

이제 $u = \alpha$, $v = \beta$를 각각 ②, ③의 한 근이라고 하면 ②의 세 근은 α, $\alpha\omega$, $\alpha\omega^2$이고 ③의 세 근은 β, $\beta\omega$, $\beta\omega^2$이다($\omega = \frac{-1+\sqrt{3}i}{2}$). 한편, ①에 의하여 $uv = -\frac{q}{3}$이므로 α, β를 $\alpha\beta = -\frac{q}{3}$가 되도록 택하면

$$(\alpha\omega)(\beta\omega^2) = \alpha\beta = -\frac{q}{3}, \quad (\alpha\omega^2)(\beta\omega) = \alpha\beta = -\frac{q}{3}$$

이므로, $g(x)$의 세 근은

$$u_1 = \alpha + \beta, \quad u_2 = \alpha\omega + \beta\omega^2, \quad u_3 = \alpha\omega^2 + \beta\omega$$

이며 $f(x)$의 세 근은 $u_1 - \frac{a}{3}$, $u_2 - \frac{a}{3}$, $u_2 - \frac{a}{3}$이다(정리 4.7.3).

위의 증명에서 특히 $q = 0$인 경우에는 $d = \frac{r^2}{4}$이므로 $\sqrt{d} = -\frac{r}{2}$이라고 놓으면 $\alpha^3 = -r$, $\beta = 0$이다.

보기 4.7.5 다항식 $g(x) = x^3 + 6x + 7$에 대하여 다음이 성립한다.

$$D = -4 \cdot 6^3 - 27 \cdot 7^2 = -2187 < 0, \quad d = \frac{D}{108} = \frac{81}{4}, \quad \sqrt{d} = \frac{9}{2}$$

$$\alpha^3 = -\frac{r}{2} + \sqrt{d} = 1, \quad \beta^3 = -\frac{r}{2} - \sqrt{d} = -8, \quad \alpha\beta = -\frac{q}{3} = -2$$

한편, $\alpha = 1$, $\beta = -2$는 위의 세 등식을 만족시키므로 $g(x)$의 세 근은 다음과 같다.

$$\alpha + \beta = -1, \quad \alpha\omega + \beta\omega^2 = \frac{1 + 3\sqrt{3}i}{2}, \quad \alpha\omega^2 + \beta\omega = \frac{1 - 3\sqrt{3}i}{2}$$

보기 4.7.6 유리수체 $\mathbb{Q}$ 위의 다항식 $g(x) = x^3 - 7x + 6$ 에 대하여

$$D = -4q^3 - 27r^2 = 400 > 0$$

이므로 다항식 $g(x)$ 는 서로 다른 세 실근을 가진다(정리 4.7.5). 실제로, $g(x) = (x-1)(x-2)(x+3)$ 이므로 $g(x)$ 의 근은 $1, 2, -3$ 이다.

한편, $d = -\dfrac{D}{108} < 0$ 이므로 $\sqrt{d}$ 는 허수이고 따라서

$$\alpha^3 = -\frac{r}{2} + \sqrt{d}, \quad \beta^3 = -\frac{r}{2} - \sqrt{d}, \quad \alpha\beta = -\frac{q}{3} = \frac{7}{3}$$

인 α, β 는 모두 허수이므로 $g(x)$ 의 세 실근 $1, 2, -3$ 은 모두 두 허수의 합으로 표현된다. 이와 같이 서로 다른 세 실근을 가지는 삼차다항식에 정리 4.7.6 을 적용하여 근을 구할 때 이들 세 실근이 두 허수의 합으로 나타내어지는 경우를 **還元 불능인 경우**(casus irreducibilis) 라고 한다.

사차다항식(quartic polynomial) 의 근에 대한 공식은 1540 년대의 초에 페라리(Lodovico Ferrari) 가 구하였다(p. 322 참조).

다음 정리에서는 데카르트(René Descartes) 의 방법으로 사차다항식의 근을 구한다. 이 방법은 Ferrari 의 방법을 약간 변형한 것이다.

정리 4.7.7 (데카르트의 방법) 복소수체 $\mathbb{C}$ 위의 사차다항식

$$f(x) = x^4 + ax^3 + bx^2 + cx + d$$

에 대하여 $g(x) = f(x - \frac{a}{4})$ 이라고 하면, $g(x)$ 는

$$g(x) = x^4 + qx^2 + rx + s$$

와 같은 꼴이고 $g(x)$ 는 복소수체 $\mathbb{C}$ 안에서 네 근 u_1, u_2, u_3, u_4 를 가지며 $f(x)$ 는 네 근 $u_1 - \frac{a}{4}$, $u_2 - \frac{a}{4}$, $u_3 - \frac{a}{4}$, $u_4 - \frac{a}{4}$ 를 가진다.

그리고, $g(x)$ 의 네 근을 구하는 공식을 얻을 수 있다.

증명 정리 4.7.3 에 의하여 정리의 처음 부분이 성립한다.

먼저 $r=0$ 인 경우에는 보기 4.7.3 을 이용하여 $k+m=q$, $km=s$ 인 k, m 을 구할 수 있고 이때

$$g(x)=x^4+qx^2+s=(x^2+k)(x^2+m)$$

이므로 두 이차다항식 x^2+k, x^2+m 의 근을 구하면, $g(x)$ 의 근을 얻고 이로부터 $f(x)$ 의 근을 얻는다.

다음에 $r\neq 0$ 일 때, 복소수체 $\mathbb{C}$ 위에서 $g(x)$ 가 다음과 같이 인수분해된다고 하자.

$$\begin{aligned} g(x) &= x^4+qx^2+rx+s \\ &= (x^2+jx+k)(x^2+lx+m) \end{aligned} \qquad ①$$

이 때, $j=-l$ 이어야 하고 또 다음이 성립하여야 한다.

$$m-j^2+k=q,\quad jm-jk=r,\quad km=s \qquad ②$$

그런데 $r\neq 0$ 이므로 $j\neq 0$ 이고, 또 ② 의 처음 두 등식에 의하여

$$2mj=j^3+qj+r,\qquad 2kj=j^3+qj-r \qquad ③$$

이고, 이 두 등식과 ② 의 셋째 등식에 의하여 다음이 성립하여야 한다.

$$\begin{aligned} 4sj^2 &= 4kmj^2=(2kj)(2mj) \\ &= (j^3+qj-r)(j^3+qj+r) \\ &= (j^3+qj)^2-r^2=j^6+2qj^4+q^2j^2-r^2 \end{aligned}$$

즉,
$$j^6+2qj^4+(q^2-4s)j^2-r^2=0$$

따라서 정리 4.7.6 을 이용하여 j^2 에 관한 삼차방정식

$$(j^2)^3+2q(j^2)^2+(q^2-4s)j^2-r^2=0$$

의 근을 구하여 j 의 값을 구하고 이 j 의 값과 ③ 을 이용하여 k, m 의 값을 구할 수 있다. 이제 두 이차다항식 x^2+jx+k, x^2-jx+m 의 근을 구하면, $g(x)$ 의 네 근을 얻고 이로부터 $f(x)$ 의 네 근을 얻는다.

보기 4.7.7 유리수체 $\mathbb{Q}$ 위의 다항식 $g(x)=x^4-2x^2+8x-3$ 가

$$x^4-2x^2+8x-3=(x^2+jx+k)(x^2-jx+m)$$

와 같이 인수분해된다면 다음 등식이 성립하여야 한다.

$$j^6 - 4j^4 + 16j^2 - 64 = 0$$

즉
$$j^6 - 2^2 j^4 + 2^4 j^2 - 2^6 = 0$$

여기서, $j = 2$는 이 방정식의 한 근이고, $j = 2$일 때 다음이 성립한다.

$$2kj = j^3 + qj - r \quad 즉 \quad 4k = 8 - 4 - 8 = -4$$
$$2mj = j^3 + qj + r \quad 즉 \quad 4m = 8 - 4 + 8 = 12$$

그러므로 $k = -1$, $m = 3$이고, 또 $g(x) = (x^2 + 2x - 1)(x^2 - 2x + 3)$이므로 $g(x)$의 네 근은 $-1 \pm \sqrt{2}$, $1 \pm \sqrt{2}\,i$이다.

사차다항식의 근을 구하는 오일러의 방법에 대해서는 '해설 4071'에서 논하기로 한다. 일반적으로, 복소수를 계수로 가지는 5차 이상의 다항식의 근을 구하는 공식은 없다(§5.11 참조).

정리 4.7.8 체 F 위의 n차의 다항식

$$f(x) = a_n x^n + \cdots + a_1 x + a_0, \quad n \geq 1$$

에서 $f(0) = a_0 \neq 0$일 때, 다항식 $f(x)$가 F의 적당한 확대체 K 안에서 중복을 허락하여 n개의 근 $u_1, \cdots, u_n$을 가지면 $f(x)$의 상반다항식

$$f^*(x) = x^n f\left(\frac{1}{x}\right) = a_0 x^n + a_1 x^{n-1} + \cdots + a_{n-1} x + a_n$$

는 체 K 안에서 중복을 허락하여 n개의 근 $u_1^{-1}, \cdots, u_n^{-1}$를 가진다.

증명 먼저 $u \in K$가 $f(x)$의 근이면, $f(u) = 0 \neq f(0)$이므로 $u \neq 0$이고 따라서 $u^{-1} \in F$이고 $f^*(u^{-1}) = u^{-n} f(u) = 0$이므로 u^{-1}는 $f^*(x)$의 근이다.

한편, $g(x) = f^*(x)$이라고 하면, $g^*(x) = f(x)$이다(정리 4.4.4).

따라서 위의 증명에 의하여 $v \in K$가 $f^*(x)$의 근이면, v^{-1}는 $f(x)$의 근이고 이때 $u = v^{-1}$이라고 하면 $v = u^{-1}$이다. 따라서 정리가 성립한다.

위의 정리에서 $f^*(x) = \pm f(x)$인 경우에 u가 $f(x)$의 근이면 u^{-1}도 $f(x)$의 근이고, 또 $u = u^{-1}$이면 $u = \pm 1$이다(해설 '4072' 참조).

보기 4.7.8 다항식 $f(x) = x^5 - 2x^4 - 2x + 1$ 에 대하여 $f^*(x) = f(x)$ 이고 $f(x) = (x+1)(x^4 - 3x^3 + 3x^2 - 3x + 1)$ 이다.

한편, 방정식 $x^4 - 3x^3 + 3x^2 - 3x + 1 = 0$ 의 양변을 x^2 으로 나누면

$$x^2 - 3x + 3 + \frac{3}{x} + \frac{1}{x^2} = 0$$

이고, 또 $X = x + \dfrac{1}{x}$ 이라고 놓으면 $X^2 = x^2 + \dfrac{1}{x^2} + 2$ 이므로 이 방정식은 $X^2 - 3X + 1 = 0$ 으로 변형되고 따라서 $X = \dfrac{3 \pm \sqrt{5}}{2}$ 이다.

그러므로 방정식 $x + \dfrac{1}{x} = \dfrac{3 + \sqrt{5}}{2}$, $x + \dfrac{1}{x} = \dfrac{3 - \sqrt{5}}{2}$ 의 근을 구하면, $f(x)$ 의 근 -1, $\dfrac{3+\sqrt{5} \pm \sqrt{-2+6\sqrt{5}}}{4}$, $\dfrac{3-\sqrt{5} \pm \sqrt{2+6\sqrt{5}}\, i}{4}$ 을 얻는다.

보기 4.7.8 다항식 $f(x) = x^5 - 1$ 는 복소수체 $\mathbb{C}$ 안에서 서로 다른 근

$$1, \zeta, \zeta^2, \zeta^3, \zeta^4 \qquad (\zeta = \cos\frac{2\pi}{5} + i \sin\frac{2\pi}{5})$$

을 가지며, $f(x) = (x-1)(x^4 + x^3 + x^2 + x + 1)$ 이므로 ζ, ζ^2, ζ^3, ζ^4 은 방정식 $x^4 + x^3 + x^2 + x + 1 = 0$ 의 근이다.

한편, 이 방정식은

$$x^2 + x + 1 + \frac{1}{x} + \frac{1}{x^2} = 0$$

으로 변형되고 $X = x + \dfrac{1}{x}$ 이라고 놓으면 위의 방정식은 $X^2 + X - 1 = 0$ 으로 변형되므로 $X = \dfrac{-1 \pm \sqrt{5}}{2}$ 이다.

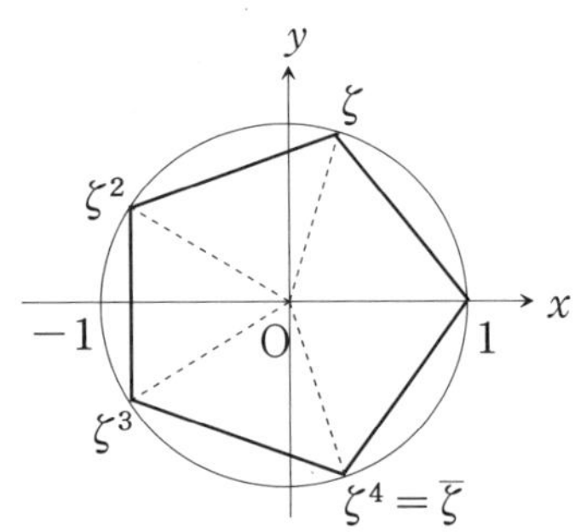

따라서 방정식 $x + \dfrac{1}{x} = \dfrac{-1 + \sqrt{5}}{2}$, $x + \dfrac{1}{x} = \dfrac{-1 - \sqrt{5}}{2}$ 의 근을 구하면 다음 결과를 얻는다.

$$\zeta = \frac{-1+\sqrt{5} + \sqrt{10+2\sqrt{5}}\, i}{4}, \quad \zeta^4 = \frac{-1+\sqrt{5} - \sqrt{10+2\sqrt{5}}\, i}{4},$$

$$\zeta^2 = \frac{-1-\sqrt{5} + \sqrt{10-2\sqrt{5}}\, i}{4}, \quad \zeta^3 = \frac{-1-\sqrt{5} - \sqrt{10-2\sqrt{5}}\, i}{4}$$

연 습 문 제 (4.7)

1. 복소수체 $\mathbb{C}$ 안에서 다음 다항식의 근을 구하여라.

(1) $f(x) = x^2 - (1+i)$ (2) $f(x) = x^3 + 8$

2. 다음과 같은 실수체 $\mathbb{R}$ 위의 다항식의 판별식을 구하여라.

*(1) $f(x) = x^3 + 6x^2 + 3x + 18$ (2) $f(x) = x^3 + 3x^2 + 9x + 14$

3. 복소수체 $\mathbb{C}$ 안에서 다음 다항식의 근을 구하여라.

(1) $f(x) = x^3 + 6x^2 + 3x + 18$ (2) $f(x) = x^4 - x^2 - 2$

***4.** 다항식 $f(x) = x^3 + ax^2 + bx + c$ 가 복소수체 $\mathbb{C}$ 안에서 세 근 α, β, γ 를 가질 때, 다음 식을 a, b, c 에 관한 식으로 나타내어라.

(1) $\alpha^2\beta\gamma + \alpha\beta^2\gamma + \alpha\beta\gamma^2$ (2) $\alpha^2(\beta+\gamma) + \beta^2(\gamma+\alpha) + \gamma^2(\alpha+\beta)$

(3) $\alpha^2 + \beta^2 + \gamma^2$ (4) $\alpha^3 + \beta^3 + \gamma^3$

***5.** 복소수체 $\mathbb{C}$ 안에서 다항식 $g(x) = x^3 - 3x - 1$ 의 근을 구하여라.

***6.** 보기 4.7.9 에서 $\cos\dfrac{2\pi}{5}$, $\sin\dfrac{2\pi}{5}$, $\cos\dfrac{4\pi}{5}$, $\sin\dfrac{4\pi}{5}$ 를 구하여라.

또, 실수체 $\mathbb{R}$ 위에서 $f(x) = x^5 - 1$, $g(x) = x^5 + 1$, $h(x) = x^{10} - 1$ 를 기약다항식의 곱으로 인수분해하여라.

***7.** 복소수체 $\mathbb{C}$ 안에서 다음 다항식의 근을 구하여라.

(1) $f(x) = x^5 - 4x^4 + x^3 - x^2 + 4x - 1$

(2) $f(x) = x^6 - x^5 + x^4 - 2x^3 + x^2 - x + 1$

***8.** 체 F 위의 n 차의 다항식 $f(x) \in F[x]$ 와 원소 $k \in F$, $k \neq 0$ 에 대하여 $g(x) = k^n f(k^{-1}x)$ 이라고 할 때, $f(x)$ 가 F 의 확대체 K 안에서 중복을 허락하여 n 개의 근 $u_1, \cdots, u_n$ 을 가진다면 $g(x)$ 는 K 안에서 중복을 허락하여 n 개의 근 $ku_1, \cdots, ku_n$ 을 가짐을 밝혀라.

카르다노(Girolamo Cardano, 1501 ~ 1576) 와 페라리(Lodovico Ferrari, 1522 ~ 1565)

카르다노(Giralamo Cardano,1501 ~ 1576)는 이탈리아 밀라노의 Duchy 에서 태어났다. 그의 아버지 Fazio Cardano 는 밀라노에서 변호사로 일하면서 Pavia 대학교와 밀라노에 있는 Piatti 재단에서 수학을 강의하였다.

카르다노는 처음에 아버지의 사무실에서 조수로 일하다가 Pavia 대학교에 입학하여 의학을 공부하였고 Padua 대학교에서 대학 공부를 마치고 1525 년 의학 박사 학위를 받아 몇 년 동안 Padua 근처에서 조그마한 병원을 열었으나 실패하였다. 그 후 그는 다행히 Piatti 재단에서 수학 강사로 일하게 되었고 1540 년에 이 강사 자리를 페라리에게 넘겨 주었다.

카르다노는 1539 년에 타르탈리아(Tartaglia, 말더듬이) 라는 별명으로 알려진 폰타나(Niccolò Fontana, 1500 ? ~ 1557) 에 접근하여 특수한 삼차다항식의 근을 구하는 방법을 전해 듣고 일반적인 삼차다항식의 근을 구하는 공식을 발견하여 1545 년에 그의 저서 '위대한 예술, 대수학의 규칙' 에 결과를 발표하였다.

페라리(Lodovico Ferrari, 1522 ~ 1565) 는 이탈리아의 볼로냐에서 태어났다. 그는 14 살에 하인 자격으로 카르다노의 집에 왔으나 페라리의 재능을 인정한 카르다노는 그를 비서로 일하게 하고 수학을 가르쳤다. 그는 1540 년 18 세의 나이에 카르다노의 후임으로 Piatti 재단에서 수학 강사로 일하게 되었다.

페라리는 사차다항식의 근에 대한 공식을 1540 년대 초에 해결하였으며, 그 결과는 카르다노의 삼차다항식의 근의 공식과 함께 1545 년에 카르다노의 저서 '위대한 예술, 대수학의 규칙' 에 발표되었다.

카르다노와 페라리의 일생에 대한 자료는

www.gap.dcs.st-and.ac.uk/~history/Mathematicians

에서 얻을 수 있다.

제 5 장

확대체와 갈루아 이론

이 장에서는 체의 확대에 대하여 논한다. 실제로, 유한 확대체와 대수적 확대체, 작도 가능성, 다항식의 분해체와 분리확대체, Galois 군, Galois 확대체, Galois 이론의 기본 정리, Galois 체에 대하여 논하고 원분확대체, 거듭제곱근에 의한 확대체, 가해군과 다항식의 가해성에 대하여 논한다.

이 장에서는, Galois 이론의 엄밀한 증명을 생략하는 대신에 많은 예를 통하여 이론을 이해하는 데 도움이 되도록 하였다.

참 고 문 헌

1. Artin, Michael, Algebra, Prentice Hall, Eaglewood Cliffs, New Jersey, 1991
2. Fraleigh, J., A first course in abstract algebra, 7 th ed., Pearson Education, Inc., New York, 2003
3. Hungerford, Thomas W., Abstract algebra, an introduction, Saunders College Publishing, Philadelphia, 1990
4. van der Waerden, B.L., Algebra, Vol. I, Ungar, New York, 1970

§ 5.1 유한 확대체

체 K가 체 F의 확대체일 때, K를 체 F 위의 벡터공간으로 볼 수 있다(보기 3.14.2). 이 경우에 K를 **F-벡터공간**이라 하고 K의 원소 $u_1, \cdots, u_n$이 F 위에서 일차독립 [일차종속] 일 때 원소 $u_1, \cdots, u_n$을 **F-일차독립** [**F-일차종속**] 이라고 한다(정의 3.14.7). 또, $\mathscr{B} = \{u_1, \cdots, u_n\}$가 F-벡터공간 K의 기저일 때, $\mathscr{B}$를 K의 **F-기저**라고 한다(정의 3.14.11).

정의 5.1.1 체 F의 확대체 K가 F-벡터공간으로 생각하여 유한차원 F-벡터공간일 때, K를 F의 **유한 확대체**(finite extension) 또는 **유한차원 확대체**라고 한다. 그리고, $\dim_F K = n$일 때, 이 사실을

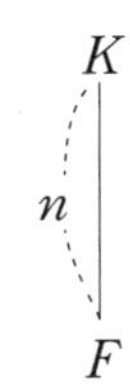

$$[K : F] = n$$

으로 나타내고 n을 F 위에서의 K의 **차수**(degree)라고 한다. 특히, $[K : F] = 1 \iff K = F$이다.

보기 5.1.1 복소수체 $\mathbb{C}$를 실수체 $\mathbb{R}$ 위의 벡터공간으로 생각할 때, $\{1, \sqrt{-1}\}$는 $\mathbb{C}$의 $\mathbb{R}$-기저이므로 $\mathbb{C}$는 $\mathbb{R}$의 유한 확대체이고 $[\mathbb{C} : \mathbb{R}] = 2$이다.

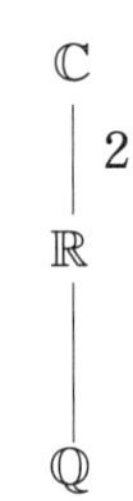

한편, 복소수체 $\mathbb{C}$와 실수체 $\mathbb{R}$는 유리수체 $\mathbb{Q}$ 위의 무한차원 벡터공간이므로 $\mathbb{C}$와 $\mathbb{R}$는 유리수체 $\mathbb{Q}$ 위의 무한차원 확대체이다(문제 3.14.2).

정리 5.1.2 체 $F \subseteq L \subseteq K$에서 L이 F의 유한 확대체이고 K가 L의 유한 확대체이면, K는 F의 유한 확대체이고 다음이 성립한다.

$$[K : F] = [K : L]\,[L : F]$$

실제로, $\mathscr{B} = \{u_1, \cdots, u_m\}$가 L의 F-기저이고 $\mathscr{C} = \{v_1, \cdots, v_n\}$가 K의 L-기저이면, $\mathscr{D} = \{u_i v_j \mid 1 \le i \le m,\ 1 \le j \le n\}$는 K의 F-기저이다.

증명 먼저 $\mathscr{C} = \{v_1, \cdots, v_n\}$ 는 K 의 L-기저이므로 각 $\xi \in K$ 는

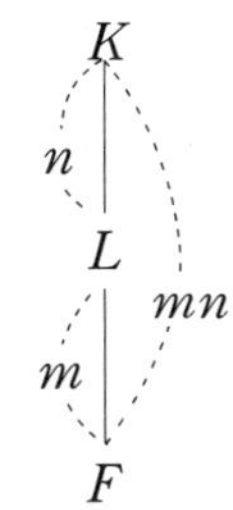

$$\xi = b_1 v_1 + \cdots + b_n v_n \qquad (b_1, \cdots, b_n \in L)$$

의 꼴로 나타내어진다. 그런데 $\mathscr{B} = \{u_1, \cdots, u_m\}$ 는 L 의 F-기저이므로 각 $b_j \in L$ 는

$$b_j = a_{1j} u_1 + \cdots + a_{mj} u_m \qquad (a_{1j}, \cdots, a_{mj} \in F)$$

의 꼴로 나타내어지므로 다음이 성립한다(정리 3.14.12).

$$\xi = \sum_{j=1}^{n} b_j v_j = \sum_{j=1}^{n} (\sum_{i=1}^{m} a_{ij} u_i) v_j = \sum_{i=1}^{m} \sum_{j=1}^{n} a_{ij} (u_i v_j)$$

그리고,

$$\sum_{i=1}^{m} \sum_{j=1}^{n} a_{ij} (u_i v_j) = 0 \qquad (a_{ij} \in F)$$

이라고 가정하면,

$$\sum_{j=1}^{n} (\sum_{i=1}^{m} a_{ij} u_i) v_j = 0, \qquad \sum_{i=1}^{m} a_{ij} u_i \in L \quad (1 \leq j \leq m)$$

인데 $\mathscr{C}$ 는 K 의 L-기저이므로 $\sum_{i=1}^{m} a_{ij} u_i = 0 \quad (1 \leq j \leq m)$ 이고 또 $\mathscr{B}$ 는 L 의 F-기저이므로 $a_{ij} = 0 \ (1 \leq i \leq m, 1 \leq j \leq n)$ 이다.

그러므로 $\mathscr{D}$ 는 K 의 F-기저이다(정의 3.14.11).

따라서 $[K : F] = nm = [K : L][L : F]$ 이다.

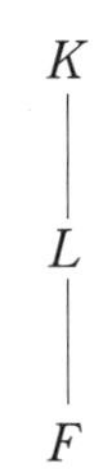

정리 5.1.3 체 $F \subseteq L \subseteq K$ 에서 체 K 가 F 의 유한 확대체이면, L 은 F 의 유한 확대체이고 또 K 는 L 의 유한 확대체이며 $[K : F] = [K : L][L : F]$ 이다.

증명 체 K 를 F-벡터공간으로 생각할 때, L 은 K 의 부분공간이므로 $\dim_F L \leq \dim_F K$ 이고, 따라서 L 은 F 의 유한 확대체이다(정리 3.14.17).

그리고, t 개의 원소 $u_1, \cdots, u_t \in K$ 가 L-일차독립이라고 할 때,

$$a_1 u_1 + \cdots + a_t u_t = 0 \qquad (a_1, \cdots, a_t \in F)$$

이라고 가정하면 $a_1, \cdots, a_t \in F \subseteq L$ 이므로 $a_1 = \cdots = a_t = 0$ 이고 따라서 $u_1, \cdots, u_t$ 는 F-일차독립이므로 $t \leq \dim_F K$ 이다(정리 3.14.16).

그러므로 $\dim_F K < t$ 인 정수 t 에 대하여 t 개의 원소 $u_1, \cdots, u_t \in K$ 는 L-일차독립이 아니므로 K 는 L 의 유한 확대체이다.

위의 결과와 정리 5.1.2 에 의하여 $[K : F] = [K : L][L : F]$ 이다.

앞의 두 정리에 의하여 다음 따름정리가 성립한다.

따름정리 5.1.4 체 $F = F_0 \subseteq F_1 \subseteq F_2 \subseteq \cdots \subseteq F_{m-1} \subseteq F_m = K$ 에 대하여 다음이 성립한다.

(1) 각 i $(1 \leq i \leq m)$ 에 대하여 F_i 가 F_{i-1} 의 유한 확대체이면, K 는 F 의 유한 확대체이고 다음이 성립한다.

$$(*) \qquad [K : F] = [F_m : F_{m-1}] \cdots [F_2 : F_1][F_1 : F]$$

(2) 체 K 가 F 의 유한 확대체이면. 각 i $(1 \leq i \leq m)$ 에 대하여 F_i 는 F_{i-1} 의 유한 확대체이고 또 등식 $(*)$ 가 성립한다.

정의 5.1.5 체 F 의 확대체 K 에서 원소 $u \in K$ 가 적어도 하나는 0 이 아닌 원소 $a_0, a_1, \cdots, a_m \in F$ 에 대하여 $a_0 + a_1 u + \cdots + a_m u^m = 0$ 일 때, 즉 u 가 영다항식이 아닌 다항식

$$(*) \qquad f(x) = a_0 + a_1 x + \cdots + a_m x^m \in F[x]$$

의 근일 때, u 를 F 위의 **대수적 원소**(algebraic element)라 하고 또 u 는 F 위에서 **대수적**(algebraic over F) 이라고 한다.

한편, $u \in K$ 가 체 F 위에서 대수적이 아닐 때, 즉 영다항식이 아닌 모든 다항식 $f(x) \in F[x]$ 에 대하여 $f(u) \neq 0$ 일 때, u 를 F 위의 **초월적 원소**(transcendental element)라 하고 u 는 F 위에서 **초월적**이라고 한다.

특히, 복소수 $\alpha \in \mathbb{C}$ 가 유리수체 $\mathbb{Q}$ 위에서 대수적일 때 α 를 **대수적 수**(algebraic number)라 하고, 또 $\alpha \in \mathbb{C}$ 가 유리수체 $\mathbb{Q}$ 위에서 초월적일 때 α 를 **초월수**(transcendental number)라고 한다.

위의 $(*)$ 에서 $f(x) = a_0$, $a_0 \neq 0$ 이라고 가정하면, $f(u) = a_0 \neq 0$ 으로 되어 모순이 생기므로 $\deg f(x) \geq 1$ 이다.

보기 5.1.2 체 F 의 원소는 모두 체 F 위에서 대수적이다.
실제로, 각 원소 $a \in F$ 는 다항식 $f(x) = x - a$ 의 근이다.

보기 5.1.3 실수 $u = 2 + \sqrt{3}$ 에 대하여 다음이 성립한다.

$$\begin{array}{c|c} u - 2 = \sqrt{3} & u^2 - 4u + 4 = 3 \\ (u-2)^2 = 3 & u^2 - 4u + 1 = 0 \end{array}$$

따라서 $u = 2 + \sqrt{3}$ 은 유리수체 $\mathbb{Q}$ 위의 다항식 $f(x) = x^2 - 4x + 1$ 의 근이므로 대수적 수이다.

마찬가지로, $2 - \sqrt{3}$ 은 $f(x)$ 의 근이므로 대수적 수이다.

보기 5.1.4 유리수는 유리수체 $\mathbb{Q}$ 위에서 대수적이므로 대수적 수이다.
한편, 원주율 π 와 실수

$$e = \sum_{i=0}^{\infty} \frac{1}{i\,!} = 1 + \frac{1}{1\,!} + \frac{1}{2\,!} + \cdots + \frac{1}{n\,!} + \cdots$$

는 유리수체 $\mathbb{Q}$ 위에서 초월적이라는 사실이 알려져 있다([53] 참조).

정리 5.1.6 체 K 가 체 F 의 확대체일 때, 원소 $u \in K$ 에 대하여

$$\phi_u : F[x] \longrightarrow K, \quad \phi_u(f(x)) = f(u)$$

는 환 준동형사상이다. 그리고,

$$F[u] = \{ f(u) \mid f(x) \in F[x] \}$$

이라고 하면, $F \subseteq F[u] \subseteq K$ 이고 또 $F[u]$ 는 정역이다.

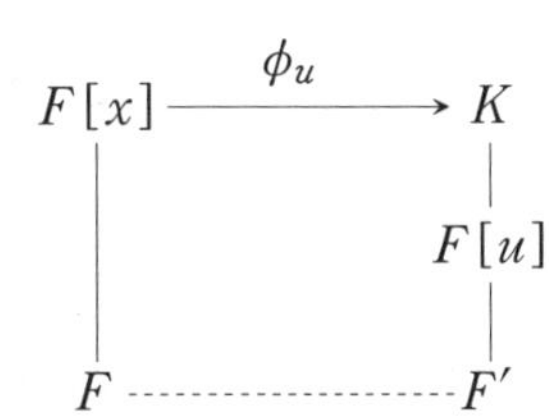

증명 정리 3.5.8 에 의하여 ϕ_u 는 환 준동형사상이다. 그리고,

$$\operatorname{im} \phi_u = \{ f(u) \mid f(x) \in F[x] \} = F[u]$$

이므로 $F[u]$ 는 K 의 부분환이고 모든 $a \in F$ 에 대하여 $\phi_u(a) = a$ 이므로 $F \subseteq F[u] \subseteq K$ 이다.

또, $F[u]$ 는 K 의 부분환이면서 1 을 포함하므로 $F[u]$ 는 정역이다.

정의 5.1.7 체 K가 체 F의 확대체이고 $u \in K$일 때, 체 K 안에서의 정역 $F[u] = \{f(u) \mid f(x) \in F[x]\}$의 분수체를

$$F(u)$$

로 나타내고, 또 체 $F(u)$를 체 F에 원소 u를 **첨가하여** (by adjoining) **얻은 확대체**라고 한다.

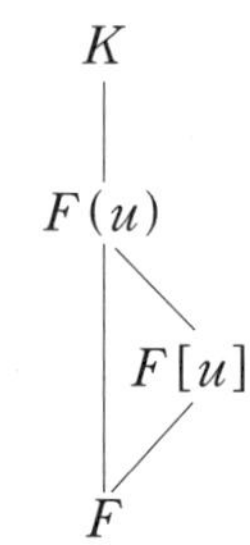

위의 정의에서 S가 체 F와 u를 포함하는 K의 부분체라고 하면, 임의의 다항식 $f(x) \in F[x]$에 대하여 $f(u) \in S$이므로 $F[u] \subseteq S$이고 따라서 $F(u) \subseteq S$이다. 그러므로 $F(u)$는 F와 u를 포함하는 K의 부분체 중에서 가장 작다. 특히, $u \in F \iff F(u) = F$이다.

정리 5.1.8 체 K가 체 F의 확대체이고 $u \in K$일 때 다음이 성립한다.

Ⅰ. 원소 $u \in K$가 체 F 위에서 대수적이면, 다음 세 조건을 만족시키는 다항식 $p(x) \in F[x]$가 단 하나 존재한다.

(i) $p(x)$는 모닉 다항식이고 또 $\deg p(x) \geq 1$이다.

(ii) $p(u) = 0$

(iii) $p(x)$는 체 F 위에서 기약이다.

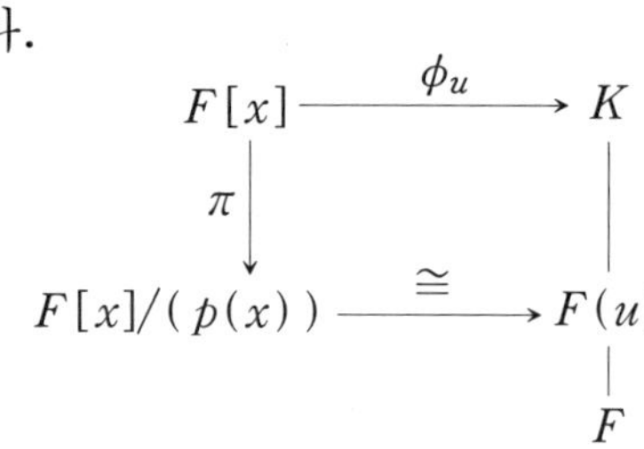

그리고, $\deg p(x) = n$일 때 다음이 성립한다.

(1) 다항식 $f(x) \in F[x]$에 대하여 $f(u) = 0$이면, $p(x) \mid f(x)$이다.

(2) $F(u) = F[u] \cong F[x]/(p(x))$

(3) $[F(u) : F] = n = \deg p(x)$,

$$F(u) = \{a_0 + a_1 u + \cdots + a_{n-1} u^{n-1} \mid a_0, a_1, \cdots, a_{n-1} \in F\}$$

Ⅱ. 원소 $u \in K$가 체 F 위에서 초월적이면,

$$F[u] \cong F[x], \quad F(u) \cong F(x)$$

이고 $F(u)$는 체 F의 유한 확대체가 아니다.

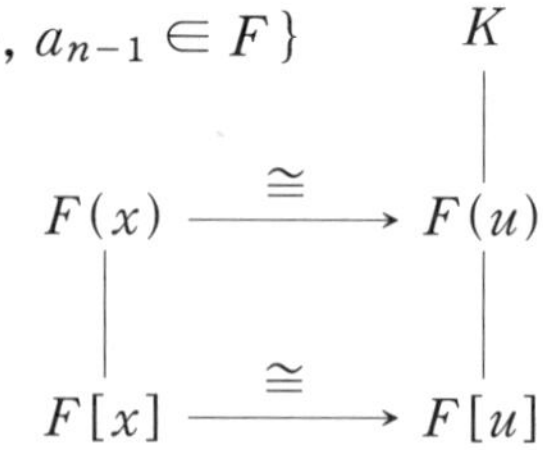

증명 사상

$$\phi_u : F[x] \longrightarrow K, \quad \phi_u(f(x)) = f(u)$$

는 환 준동형사상이고 다음이 성립한다(정리 5.1.6).

$$\ker \phi_u = \{f(x) \in F[x] \mid f(u) = 0\}, \quad \operatorname{im} \phi_u = F[u]$$

I. 먼저 $u \in K$ 가 F 위에서 대수적이라고 하자.

정의 5.1.5 에 의하여 $\{0\} \subsetneq \ker \phi_u \subsetneq F[x]$ 이므로 정리 4.2.2 에 의하여

$$\ker \phi_u = (p(x)) = \{p(x)\, h(x) \mid h(x) \in F[x]\}$$

인 모닉 다항식 $p(x) \in F[x]$, $\deg p(x) \geq 1$ 가 단 하나 존재한다.

특히, $p(u) = 0$ 이고 다항식 $f(x) \in F[x]$ 에 대하여 다음이 성립한다.

$$f(u) = 0 \Longleftrightarrow f(x) \in \ker \phi_u \Longleftrightarrow p(x) \mid f(x) \quad (F[x] \text{ 에서})$$

한편, 제 1 동형정리에 의하여

$$\Phi : F[x]/(p(x)) \longrightarrow F[u], \quad \Phi(f(x) + (p(x))) = f(u)$$

는 환 동형사상이므로 $F[x]/(p(x)) \cong F[u]$ 이고 또 $F[u]$ 는 정역이므로 $F[x]/(p(x))$ 는 정역이고 따라서 정리 4.5.2 에 의하여 $p(x)$ 는 F 위에서 기약이다. 그러므로 $F[x]/(p(x))$ 는 체이므로 $F[u]$ 는 체이고 또 $F(u) = F[u]$ 이다(정리 3.4.11). 따라서 $p(x)$ 는 세 조건 (i), (ii), (iii) 를 만족시키는 다항식이고, 또 정리의 (1), (2) 가 성립한다.

이제 $\deg p(x) = n$ 이라고 하자. 이 때, 임의의 $f(x) \in F[x]$ 에 대하여

$$f(x) = p(x)\, q(x) + r(x), \quad r(x) = a_0 + a_1 x + \cdots + a_{n-1} x^{n-1}$$

인 $q(x), r(x) \in F[x]$ 가 존재하고(정리 4.2.1) 다음이 성립한다.

$$\begin{aligned} f(u) &= p(u)\, q(u) + r(u) = 0 \cdot q(u) + r(u) \\ &= r(u) = a_0 + a_1 u + \cdots + a_{n-1} u^{n-1} \end{aligned}$$

다음에 $b_0, b_1, \cdots, b_{n-1} \in F$ 에 대하여 $b_0 + b_1 u + \cdots + b_{n-1} u^{n-1} = 0$ 이라고 가정하자. 이 때, $g(x) = b_0 + b_1 x + \cdots + b_{n-1} x^{n-1} \in F[x]$ 이라고 하면, $g(u) = 0$ 이고 따라서 $p(x) \mid g(x)$ 이고 또 $\deg g(x) < n$ 이므로

$g(x)$ 는 영다항식이고 따라서 $b_0 = b_1 = \cdots = b_{n-1} = 0$ 이다.

그러므로 $\{1, u, \cdots, u^{n-1}\}$ 은 $F(u)$ 의 F-기저이므로 다음이 성립한다.

$$[F(u) : F] = n = \deg p(x),$$
$$F(u) = \{a_0 + a_1 u + \cdots + a_{n-1} u^{n-1} \mid a_0, a_1, \cdots, a_{n-1} \in F\}$$

Ⅱ. 원소 $u \in K$ 가 F 위에서 초월적이라고 하자.

이 때, 정의 5.1.5 에 의하여

$$\ker \phi_u = \{f(x) \in F[x] \mid f(u) = 0\} = \{0\}$$

이고 따라서 $F[x] \cong \operatorname{im} \phi_u = F[u]$ 이다(정리 3.4.7), 그런데, 체 F 위의 유리식체 $F(x)$ 는 다항식환 $F[x]$ 의 분수체이고 $F(u)$ 는 체 K 안에서의 $F[u]$ 의 분수체이므로 $F(x) \cong F(u)$ 이다(정리 3.8.2 의 아래).

한편, $F[x]$ 는 체 F 위의 무한차원 벡터공간이다(문제 3.14.3). 따라서 $F(u)$ 는 체 F 의 유한 확대체가 아니다(정리 5.2.3 참조).

정의 5.1.9 체 F 의 확대체 K 의 원소 u 가 F 위에서 대수적일 때, 정리 5.1.8 의 세 조건 (i), (ii), (iii) 를 만족시키는 다항식 $p(x) \in F[x]$ 를 체 F 위의 u 의 **최소다항식**(minimum polynomial)이라 하고 또 $p(x)$ 를 $\operatorname{irr}(u, F)$ 또는 $\text{min.poly.}_F\, u$ 로 나타낸다.

보기 5.1.5 정수 m $(\neq 1)$ 이 완전제곱수가 아닌 양의 정수이거나 음의 정수일 때, $\sqrt{m}$ 은 $f(x) = x^2 - m$ 의 근이고 $f(x)$ 는 유리수체 $\mathbb{Q}$ 위에서 기약이다(보기 4.3.3, 보기 4.3.2). 따라서 다음이 성립한다.

$$\operatorname{irr}(\sqrt{m}, \mathbb{Q}) = x^2 - m, \qquad [\mathbb{Q}(\sqrt{m}) : \mathbb{Q}] = 2$$
$$\mathbb{Q}(\sqrt{m}) = \{a_0 + a_1\sqrt{m} \mid a_0, a_1 \in \mathbb{Q}\}$$

보기 5.1.6 실수 $\sqrt[3]{2}$ 은 $p(x) = x^3 - 2$ 의 근이고 $p(x)$ 는 유리수체 $\mathbb{Q}$ 위에서 기약이다(보기 4.4.3). 따라서 다음이 성립한다.

$$\operatorname{irr}(\sqrt[3]{2}, \mathbb{Q}) = p(x), \qquad [\mathbb{Q}(\sqrt[3]{2}) : \mathbb{Q}] = 3$$
$$\mathbb{Q}(\sqrt[3]{2}) = \{a_0 + a_1\sqrt[3]{2} + a_2\sqrt[3]{4} \mid a_0, a_1, a_2 \in \mathbb{Q}\}$$

보기 5.1.7 실수 $u = \sqrt{2} + \sqrt{3}$ 에 대하여 다음이 성립한다.

$u - \sqrt{2} = \sqrt{3}$	$u^2 - 1 = 2\sqrt{2}\,u$
$(u - \sqrt{2})^2 = 3$	$(u^2 - 1)^2 = 8\,u^2$
$u^2 - 2\sqrt{2}\,u + 2 = 3$	$u^4 - 10\,u^2 + 1 = 0$

그러므로 u 는 다항식 $p(x) = x^4 - 10\,x^2 + 1$ 의 근이다. 그런데, $p(x)$ 는 유리수체 $\mathbb{Q}$ 위에서 기약이고(문제 4.4.2) 따라서 다음이 성립한다.

$$\operatorname{irr}(u, \mathbb{Q}) = p(x), \qquad [\mathbb{Q}(u) : \mathbb{Q}] = 4,$$
$$\mathbb{Q}(u) = \{a_0 + a_1 u + a_2 u^2 + a_3 u^3 \mid a_0, a_1, a_2, a_3 \in \mathbb{Q}\}$$

위의 계산에 의하여 u, $-u$, $v = \sqrt{2} - \sqrt{3}$, $-v$ 가 모두 $p(x)$ 의 근임을 알 수 있고 따라서 $p(x)$ 는 이들 네 실수의 최소다항식이다.

보기 5.1.8 원주율 π 와 실수 $e = \sum_{i=0}^{\infty} \frac{1}{i\,!}$ 는 초월수이므로

$$\mathbb{Q}[\pi] \cong \mathbb{Q}[e] \cong \mathbb{Q}[x], \qquad \mathbb{Q}(\pi) \cong \mathbb{Q}(e) \cong \mathbb{Q}(x)$$

이고 따라서 $\mathbb{Q}(\pi)$ 와 $\mathbb{Q}(e)$ 는 유리수체 $\mathbb{Q}$ 의 유한 확대체가 아니다.

$\mathbb{R}$
|
$\mathbb{Q}(\pi)$
|
$\mathbb{Q}$

정리 5.1.10 체 F 의 확대체 K 에서 원소 $u \in K$ 가 F 위에서 대수적이고 또 체 F 위의 모닉 다항식 $p(x) \in F[x]$, $\deg p(x) \geq 1$ 에 대하여 $p(u) = 0$ 일 때, 다음 세 조건은 서로 동치이다.

(1) $p(x) = \operatorname{irr}(u, F)$, 즉 $p(x)$ 는 체 F 위에서 기약이다.

(2) 다항식 $f(x) \in F[x]$ 에 대하여 $f(u) = 0$ 이면, $p(x) \mid f(x)$ 이다.

(3) 영다항식이 아닌 다항식 $f(x) \in F[x]$ 에 대하여 $f(u) = 0$ 이면, $\deg p(x) \leq \deg f(x)$ 이다.

증명 (1) $\Longrightarrow$ (2) 조건 (1)이 성립할 때, 다항식 $f(x) \in F[x]$ 에 대하여 $f(u) = 0$ 이라고 하자. 이 때, $\gcd\{f(x), p(x)\} = 1$ 이라고 가정하면,

$$f(x)\,s(x) + p(x)\,t(x) = 1$$

인 다항식 $s(x), t(x) \in F[x]$ 가 존재하고(정리 4.2.5) 이때

$$f(u)\,s(u) + p(u)\,t(u) = 1$$

이므로 $0 = 1$을 얻게 되어 모순이 생긴다.

그러므로 $\gcd\{f(x), p(x)\} = p(x)$ 이고 따라서 $p(x) \mid f(x)$ 이다.

(2) $\Longrightarrow$ (3) 조건 (2)가 성립할 때, 영다항식이 아닌 다항식 $f(x) \in F[x]$에 대하여 $f(u) = 0$ 이면, $p(x) \mid f(x)$ 이므로 $\deg p(x) \le \deg f(x)$ 이다.

(3) $\Longrightarrow$ (1) 조건 (3)이 성립할 때, 다항식 $p(x)$가 체 F 위에서 기약이 아니라고 가정하자. 이 때,

$$p(x) = f(x)\,g(x),$$
$$1 \le \deg f(x) \le \deg g(x) < \deg p(x)$$

인 다항식 $f(x), g(x) \in F[x]$가 존재하고 이때 $0 = p(u) = f(u)\,g(u)$ 이므로 $f(u) = 0$ 또는 $g(u) = 0$으로 되어 조건 (3)에 모순된다.

보기 5.1.9 실수 $2 + \sqrt{3}$은 다항식 $p(x) = x^2 - 4x + 1 \in \mathbb{Q}[x]$의 근이다(보기 5.1.3). 한편, $2 + \sqrt{3}$은 유리수가 아니므로 $p(x)$는 $2 + \sqrt{3}$을 근으로 가지는 유리수체 $\mathbb{Q}$ 위의 다항식 중에서 그 차수가 가장 작다. 따라서 $\mathrm{irr}\,(2+\sqrt{3}, \mathbb{Q}) = p(x)$, $[\mathbb{Q}(2+\sqrt{3}) : \mathbb{Q}] = 2$ 이다.

연 습 문 제 (5.1)

1. 체 K가 유한체 F의 유한 확대체이면, K는 유한체임을 밝혀라.

2. 체 F의 확대체 K에서 K의 부분체 L_1, L_2가 모두 F의 유한 확대체일 때, 다음이 성립함을 밝혀라.

(1) $L_1 \cap L_2$는 F의 유한 확대체이다.

(2) $[L_1 : F]$와 $[L_2 : F]$가 서로 소이면, $L_1 \cap L_2 = F$ 이다.

***3.** 체 F의 확대체 K에 대하여 $[K : F]$가 素數일 때, 다음을 증명하여라.

(1) L이 $F \subseteq L \subseteq K$인 K의 부분체이면 $L = F$ 또는 $L = K$ 이다.

(2) 모든 원소 $u \in K - F$에 대하여 $F(u) = K$ 이다.

4. 체 K가 체 F의 유한 확대체이고 또 $p(x) \in F[x]$가 체 F위에서 기약인 모닉다항식일 때, $\deg p(x) = n \geq 2$이고 n과 $[K : F]$가 서로 소이면 $p(x)$는 체 K 안에서 근을 가지지 않음을 밝혀라.

***5.** 체 $F \subseteq L \subseteq K$에서 다음이 성립함을 증명하여라.

(1) $u \in K$가 체 F 위에서 대수적이면, u는 체 L 위에서 대수적이다.

(2) $u \in K$가 체 L 위에서 초월적이면, u는 체 F 위에서 초월적이다.

***6.** 체 K가 체 F의 확대체이고 $u \in K$일 때, 다음이 성립함을 밝혀라.

(1) 임의의 $a, b \in F$, $a \neq 0$에 대하여 $F(au+b) = F(u)$이다.

(2) $u \neq 0$일 때, $F(u^{-1}) = F(u)$이다.

7. 복소수 $\omega = \dfrac{-1+\sqrt{3}\,i}{2}$에 대하여 다음이 성립함을 확인하여라.

(1) $\mathrm{irr}(\omega, \mathbb{Q}) = \mathrm{irr}(\omega^2, \mathbb{Q}) = x^2+x+1$,

$\mathbb{Q}(\omega) = \mathbb{Q}(\sqrt{3}\,i)$, $\quad \mathbb{Q}(\omega^2) = \mathbb{Q}(\omega)$

(2) $\mathrm{irr}(\omega, \mathbb{R}) = x^2+x+1$, $\quad \mathbb{R}(\omega) = \mathbb{C}$

8. 보기 5.1.7에서 $\mathbb{Q}(\sqrt{2}+\sqrt{3}) = \mathbb{Q}(\sqrt{3}-\sqrt{2})$임을 밝혀라.

9. 다음과 같은 실수 u에 대하여 $\mathrm{irr}(u, \mathbb{Q})$와 $\mathbb{Q}(u)$를 결정하여라.

(1) $u = \sqrt{1+\sqrt{3}}$ $\quad$ (2) $u = \sqrt{3-\sqrt{6}}$ $\quad$ (3) $u = \sqrt[4]{8}$

***10.** 素數 p에 대하여 $\zeta = \cos\dfrac{2\pi}{p} + i\sin\dfrac{2\pi}{p}$이라고 할 때, 유리수체 $\mathbb{Q}$ 위에서의 ζ의 최소다항식과 $[\mathbb{Q}(\zeta) : \mathbb{Q}]$를 구하여라.

또, 모든 정수 i $(1 \leq i \leq p-1)$에 대하여 $\mathbb{Q}(\zeta^i) = \mathbb{Q}(\zeta)$임을 밝혀라.

11. 유리수체 $\mathbb{Q}$ 위에서 다항식 $p(x) = x^3 - x^2 + x + 2$가 기약임을 밝혀라.

그리고, $u \in \mathbb{C}$를 $p(x)$의 근이라 하고 $K = \mathbb{Q}(u)$이라고 할 때, 다음과 같은 원소 ξ를 $a_0 + a_1 u + a_2 u^2$ $(a_0, a_1, a_2 \in \mathbb{Q})$의 꼴로 나타내어라.

(1) $\xi = (u^2+u+1)(u^2-u)$ $\quad$ (2) $\xi = (u-1)^{-1}$

§ 5.2 대수적 확대체와 대수적 폐포

다음 정의는 확대체 $F(u)$ 의 정의를 일반화한 것이다(정의 5.1.7).

정의 5.2.1 체 F 의 확대체 K 의 원소 $u_1, \cdots, u_n$ 에 대하여 순차적으로 정의된 $F(u_1)$, $(F(u_1))(u_2)$, $\cdots$, $(\cdots((F(u_1))(u_2))\cdots)(u_n)$ 를 각각

$$F(u_1),\ F(u_1, u_2),\ \cdots,\ F(u_1, u_2, \cdots, u_n)$$

으로 나타내고, 또 $F(u_1, \cdots, u_n)$ 을 체 F 에 $u_1, \cdots, u_n$ 을 **첨가하여 얻은 확대체**라고 한다.

그리고, 적당한 원소 $u \in K$ 에 대하여 $K = F(u)$ 일 때, 체 K 를 F 의 **單純확대체**(simple extension) 이라고 한다.

위의 정의에서 체 $F(u_1 \cdots, u_n)$ 은 체 F 와 $u_1, \cdots, u_n$ 을 포함하는 K 의 부분체 중에서 가장 작은 부분체이다. 또, 체 $F(u_1 \cdots, u_n)$ 은 $u_1, \cdots, u_n$ 의 순서에 관계없이 일정하다. 예를 들면, $F(u_1, u_2) = F(u_2, u_1)$ 이다.

보기 5.2.1 다음과 같은 유리수체 $\mathbb{Q}$ 의 확대체를 생각해 보자.

$$K = \mathbb{Q}(\sqrt{2}, \sqrt{3}) = \mathbb{Q}(\sqrt{2})(\sqrt{3}) = \mathbb{Q}(\sqrt{3})(\sqrt{2})$$

먼저 $\sqrt{2}, \sqrt{3} \in K$ 이므로 $\sqrt{6} = \sqrt{2}\sqrt{3} \in K$ 이고 따라서 $\mathbb{Q}(\sqrt{2})$, $\mathbb{Q}(\sqrt{3})$, $\mathbb{Q}(\sqrt{6})$ 은 모두 K 의 부분체이고 다음이 성립한다(보기 5.1.5).

$$\begin{aligned}
&\operatorname{irr}(\sqrt{2}, \mathbb{Q}) = x^2 - 2, \qquad [\mathbb{Q}(\sqrt{2}) : \mathbb{Q}] = 2,\\
&\operatorname{irr}(\sqrt{3}, \mathbb{Q}) = x^2 - 3, \qquad [\mathbb{Q}(\sqrt{3}) : \mathbb{Q}] = 2,\\
&\operatorname{irr}(\sqrt{6}, \mathbb{Q}) = x^2 - 6, \qquad [\mathbb{Q}(\sqrt{6}) : \mathbb{Q}] = 2,\\
&\mathbb{Q}(\sqrt{2}) = \{a + b\sqrt{2} \mid a, b \in \mathbb{Q}\},\\
&\mathbb{Q}(\sqrt{3}) = \{a + b\sqrt{3} \mid a, b \in \mathbb{Q}\},\\
&\mathbb{Q}(\sqrt{6}) = \{a + b\sqrt{6} \mid a, b \in \mathbb{Q}\}
\end{aligned}$$

그리고 $\mathbb{Q} \subseteq \mathbb{Q}(\sqrt{2}) \cap \mathbb{Q}(\sqrt{3}) \subseteq \mathbb{Q}(\sqrt{2})$ 이고 또 $[\mathbb{Q}(\sqrt{2}) : \mathbb{Q}] = 2$

이므로 $\mathbb{Q}(\sqrt{2}) \cap \mathbb{Q}(\sqrt{3}) = \mathbb{Q}$ 또는 $\mathbb{Q}(\sqrt{2}) = \mathbb{Q}(\sqrt{3})$ 이다(문제 5.1.3).

그런데, $\sqrt{3} \in \mathbb{Q}(\sqrt{2})$ 이라고 가정하면, 적당한 유리수 a, b 에 대하여 $\sqrt{3} = a + b\sqrt{2}$ 이고 이때

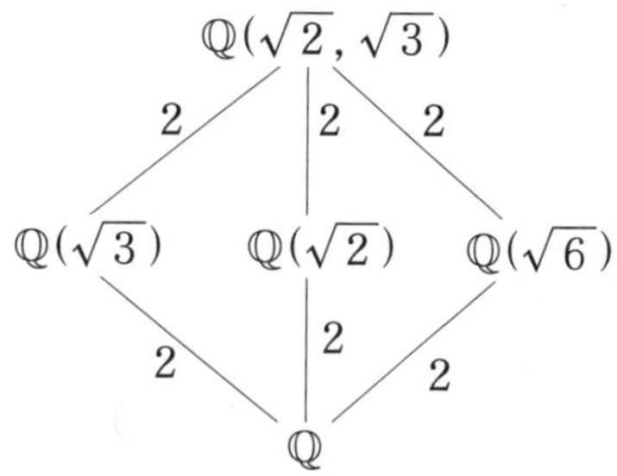

$$a^2 + 2b^2 + 2ab\sqrt{2} = 3$$

이므로 $a^2+2b^2 = 3,\ 2ab = 0$ 이지만 이러한 a, b 는 존재하지 않는다.

따라서 $\sqrt{3} \notin \mathbb{Q}(\sqrt{2})$ 이므로 $\mathbb{Q}(\sqrt{2}) \cap \mathbb{Q}(\sqrt{3}) = \mathbb{Q}$ 이다(문제 3.3.4).

그리고, $\sqrt{3}$ 은 $\mathbb{Q}(\sqrt{2})$ 위의 다항식 $x^2 - 3$ 의 근이므로, $\sqrt{3}$ 은 $\mathbb{Q}(\sqrt{2})$ 위에서 대수적이고 또 $\sqrt{3} \notin \mathbb{Q}(\sqrt{2})$ 이므로 다음이 성립한다.

$$\operatorname{irr}(\sqrt{3}, \mathbb{Q}(\sqrt{2})) = x^2 - 3, \qquad [\mathbb{Q}(\sqrt{2})(\sqrt{3}) : \mathbb{Q}(\sqrt{2})] = 2$$

$$[K : \mathbb{Q}] = [\mathbb{Q}(\sqrt{2})(\sqrt{3}) : \mathbb{Q}(\sqrt{2})]\,[\mathbb{Q}(\sqrt{2}) : \mathbb{Q}] = 2 \cdot 2 = 4$$

또한, $\mathscr{B} = \{1, \sqrt{2}\}$ 는 $\mathbb{Q}(\sqrt{2})$ 의 $\mathbb{Q}$-기저이고 $\mathscr{C} = \{1, \sqrt{3}\}$ 는 K 의 $\mathbb{Q}(\sqrt{2})$-기저이므로 $\mathscr{D} = \{1, \sqrt{2}, \sqrt{3}, \sqrt{6}\}$ 는 K 의 $\mathbb{Q}$-기저이고 다음이 성립한다(정리 5.1.2).

$$K = \{a_0 + a_1\sqrt{2} + a_2\sqrt{3} + a_3\sqrt{6} \mid a_0, a_1, a_2, a_3 \in \mathbb{Q}\}$$

실제로, $K = \mathbb{Q}(\sqrt{2}, \sqrt{3}) = \mathbb{Q}(\sqrt{2} + \sqrt{3})$ 이다(문제 3, 보기 5.1.7 참조).

정의 5.2.2 체 F 의 확대체 K 에서 K 의 모든 원소가 F 위에서 대수적일 때, K 를 F 의 **대수적 확대체**(albegraic extension)이라고 한다.

정리 5.2.3 체 K 가 체 F 의 확대체일 때 다음이 성립한다.

(1) K 가 F 의 유한 확대체이면, K 는 F 의 대수적 확대체이다.

실제로, K 가 F 의 유한 확대체이면, 모든 원소 $u \in K$ 는 체 F 위에서 대수적이고 $[F(u) : F] = \deg \operatorname{irr}(u, F) \le [K : F]$ 이다.

(2) 원소 $u \in K$ 가 F 위에서 대수적이면, $F(u)$ 는 F 의 유한 확대체이고 따라서 $F(u)$ 는 F 의 대수적 확대체이다.

증명 (1) $[K : F] = m$ 이라고 하면, 임의의 원소 $u \in K$ 에 대하여 K 의 $m+1$ 개의 원소 $1, u, \cdots, u^m$ 은 F-일차종속이므로(정리 3.14.16) 적어도 하나는 0이 아닌 원소 $a_0, a_1, \cdots, a_m \in F$ 에 대하여 다음이 성립한다.

$$a_0 1 + a_1 u + \cdots + a_m u^m = 0$$

이제 $f(x) = a_0 + a_1 x + \cdots + a_m x^m \in F[x]$ 이라고 하면, u 는 $f(x)$ 의 근이므로 u 는 F 위에서 대수적이다. 그리고, $p(x) = \text{irr}(u, F)$ 이라고 하면, $p(x) \mid f(x)$ 이므로 다음이 성립한다(정리 5.1.8),

$$[F(u) : F] = \deg p(x) \leq \deg f(x) \leq m = [K : F]$$

(2) 원소 $u \in K$ 가 F 위에서 대수적이면, $F(u)$ 는 F 의 유한 확대체이고 따라서 (1)에 의하여 $F(u)$ 는 F 의 대수적 확대체이다(정리 5.1.8).

정리 5.2.4 체 $F \subseteq L \subseteq K$ 에서 원소 $u \in K$ 가 F 위에서 대수적이면, u 는 L 위에서도 대수적이고 $[L(u) : L] \leq [F(u) : F]$ 이다.

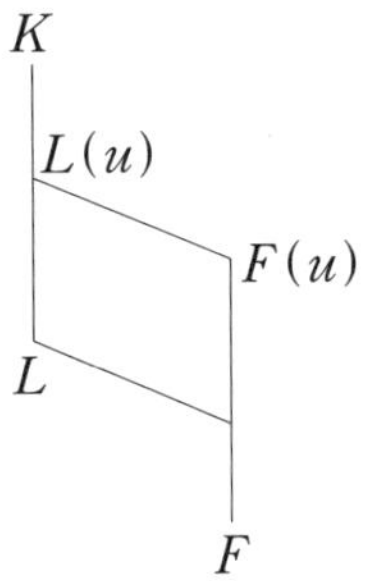

증명 원소 $u \in K$ 가 F 위에서 대수적일 때,

$$p(x) = \text{irr}(u, F) = x^n + a_{n-1}x^{n-1} + \cdots + a_1 x + a_0$$

이라고 하자. 이 때, $a_0, a_1, \cdots, a_{n-1} \in F \subseteq L$ 이므로 $p(x) \in L[x]$ 이고 또 $p(u) = 0$ 이므로 u 는 L 위에서 대수적이다.

그리고, $q(x) = \text{irr}(u, L)$ 이라고 하면, 정리 5.1.8에 의하여 $q(x) \mid p(x)$ 이므로 $[L(u) : L] = \deg q(x) \leq \deg p(x) = [F(u) : F]$ 이다.

정리 5.2.5 체 K 가 체 F 의 확대체일 때 다음이 성립한다.

(1) 체 K 가 F 의 유한 확대체이면, 체 K 는 F 의 대수적 확대체이고 또 적당한 원소 $u_1, \cdots, u_m \in K$ 에 대하여 $K = F(u_1, \cdots, u_m)$ 이다.

(2) 원소 $u_1, \cdots, u_n \in K$ 이 F 위에서 대수적이면, $F(u_1, \cdots, u_n)$ 은 F 의 유한 확대체이고 따라서 F 의 대수적 확대체이며 다음이 성립한다.

$$[F(u_1, \cdots, u_n) : F] \leq [F(u_1) : F]\,[F(u_2) : F] \cdots [F(u_n) : F]$$

증명 (1) 체 K가 F의 유한 확대체일 때, 정리 5.2.3에 의하여 K는 F의 대수적 확대체이다. 또 $\mathscr{C} = \{u_1, \cdots, u_m\}$를 K의 F-기저라고 하면,

$$K = \{a_1 u_1 + \cdots + a_m u_m \mid a_1, \cdots, a_m \in F\}$$

이므로 $K \subseteq F(u_1, \cdots, u_m) \subseteq K$이고 따라서 $K = F(u_1, \cdots, u_m)$이다.

(2) K의 원소 $u_1, \cdots, u_n$이 F 위에서 대수적일 때,

$$F_i = F(u_1, \cdots, u_i) \qquad (1 \leq i \leq n)$$

이라고 하면 다음과 같은 K의 부분체로 이루어진 열을 얻는다.

$$F \subseteq F_1 \subseteq F_2 \subseteq \cdots \subseteq F_{n-1} \subseteq F_n = F(u_1, \cdots, u_n) \subseteq K$$

그런데, 각 i $(1 \leq i \leq n-1)$에 대하여

$$F_i(u_{i+1}) = F(u_1, \cdots, u_i)(u_{i+1}) = F(u_1, \cdots, u_i, u_{i+1}) = F_{i+1}$$

이고 u_{i+1}은 F 위에서 대수적이므로 정리 5.2.4에 의하여 u_{i+1}은 F_i 위에서 대수적이고 또

$$[F_{i+1} : F_i] = [F_i(u_{i+1}) : F_i] \leq [F(u_{i+1}) : F]$$

이므로 다음이 성립한다(따름정리 5.1.4).

$$\begin{aligned} [F_n : F] &= [F_n : F_{n-1}] \cdots [F_2 : F_1][F_1 : F] \\ &\leq [F(u_n) : F] \cdots [F(u_2) : F][F(u_1) : F] \end{aligned}$$

그러므로 $F_n = F(u_1, \cdots, u_n)$은 F의 유한 확대체이고 따라서 F_n은 F 위의 대수적 확대체이기도 하다.

정리 5.2.6 체 K가 체 F의 확대체일 때 다음이 성립한다.

(1) 원소 $u, v \in K, u \neq 0$가 체 F 위에서 대수적이면, $u+v, u-v$와 uv, $u^{-1}v$는 모두 F 위에서 대수적이다.

(2) K의 원소 중에서 F 위의 대수적 원소 전체의 집합을 K_F라고 하면, $F \subseteq K_F$이며 K_F는 K의 부분체이고 K_F는 F의 대수적 확대체이다.

(3) 원소 $v \in K$가 F 위에서 초월적일 때, 원소 $u \in K, u \neq 0$가 F 위에서 대수적이면 $u+v$, $u-v$, uv, $u^{-1}v$는 F 위에서 초월적이다.

증명 (1) 원소 $u, v \in K$, $u \neq 0$ 가 F 위에서 대수적이라고 하자. 이때, 정리 5.2.5에 의하여 $F(u, v)$ 는 F 의 대수적 확대체이고 $u \pm v$, uv, $u^{-1}v$ 는 모두 $F(u, v)$ 에 속하므로 이들 원소는 F 위에서 대수적이다.

(2) 위의 (1)에 의하여 K_F 는 K 의 부분체이다. 또, 체 F 의 원소는 F 위에서 대수적이므로 $F \subseteq K_F$ 이다(보기 5.1.2). 그리고, K_F 의 원소는 모두 F 위에서 대수적이므로 K_F 는 F 위의 대수적 확대체이다.

(3) K_F 는 K 의 부분체이므로 (3)이 성립한다.

정의 5.2.7 체 K 가 체 F 의 확대체일 때, 체 K 의 원소 중에서 F 위의 대수적 원소 전체로 이루어진 체 K_F 를 K 안에서의 F 의 **대수적 閉包**(algebraic closure)라고 한다. 특히, 복소수체 $\mathbb{C}$ 안에서의 유리수체 $\mathbb{Q}$ 의 대수적 폐포 $\mathbb{A}$, 즉 대수적 수 전체로 이루어진 체 $\mathbb{A}$ 를 **代數的 數體**(algebraic number field)라고 한다.

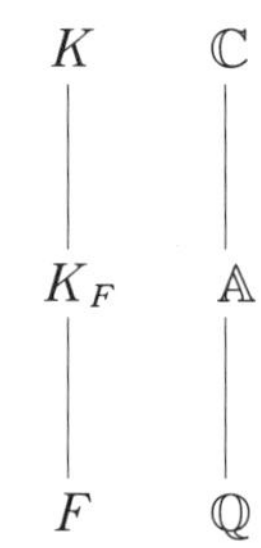

위의 정의에서 K_F 는 F 의 대수적 확대체이다(정리 5.2.6).

복소수 α 가 대수적 수이면, α 는 유리수를 계수로 가지는 n 차의 다항식

$$f(x) = r_n x^n + r_{n-1} x^{n-1} + \cdots + r_1 x + r_0 \in \mathbb{Q}[x]$$

의 근이고 따라서 α 는 정수를 계수로 가지는 n 차의 다항식

$$g(x) = a_n x^n + a_{n-1} x^{n-1} + \cdots + a_1 x + a_0 \in \mathbb{Z}[x]$$

의 근이다(문제 4.4.5). 한편, 각 양의 정수 n 에 대하여 정수를 계수로 가지는 n 차의 다항식 전체로 이루어진 집합의 농도는 $\aleph_0$ 이고 이러한 n 차의 다항식은 복소수체 $\mathbb{C}$ 안에서 중복을 허락하여 n 개의 근을 가진다.

따라서 $|\mathbb{A}| = |\mathbb{Z}| = \aleph_0$ 이지만, $|\mathbb{C}| = \aleph$ 이다(정의 1.1.7).

보기 5.2.2 모든 유리수와 $\sqrt{2}, \sqrt{3}$ 은 모두 대수적 수므로, 예를 들어 $\dfrac{\sqrt{2}}{5}$, $\sqrt{2} \pm \sqrt{3}$, $2\sqrt{2} \pm 5\sqrt{3}$, $\sqrt{2}\sqrt{3}$ 은 모두 대수적 수이다.

한편, π 는 초월수이므로 $1 + \pi$, $\sqrt{2} + \pi$, 4π, $\sqrt{\pi}$ 는 모두 초월수이다.

보기 5.2.3 체 F의 확대체 K에서 원소 $u \in K$가 F 위에서 초월적일 때, 체 $F(u)$ 안에서의 F의 대수적 폐포는 F이다(문제 10 참조).

정의 5.2.8 체 F 위의 모든 다항식 $f(x) \in F[x]$, $\deg f(x) \geq 1$가 F 안에서 근을 가질 때, 체 F를 **대수적 閉體**(algebraically closed field)라 하고 또 체 F는 **대수적으로 닫혀 있다**(algebraically closed)고 한다.

정리 5.2.9 체 F에 대하여 다음 두 조건은 동치이다.

(1) F는 대수적 폐체이다.

(2) 모든 다항식 $f(x) \in F[x]$, $\deg f(x) = n \geq 1$는 F 위에서

$$(*) \qquad f(x) = a(x-u_1)\cdots(x-u_n), \qquad a \in F$$

와 같이 일차다항식의 곱으로 인수분해된다.

증명 조건 (1)이 성립할 때, 다항식 $f(x) \in F[x]$, $\deg f(x) = n \geq 1$는 근 $u_1 \in F$을 가지므로 인수 정리(정리 4.3.1)에 의하여

$$f(x) = (x-u_1)\,g(x)$$

인 다항식 $g(x) \in F[x]$가 존재한다. 또, $\deg g(x) \geq 1$이면 조건 (1)에 의하여 $g(x)$는 근 $u_2 \in F$를 가지므로 $g(x) = (x-u_2)\,h(x)$인 다항식 $h(x) \in F[x]$가 존재하고 이때 $f(x) = (x-u_1)(x-u_2)\,h(x)$이다.

이러한 과정을 되풀이하면, $f(x)$는 F 위에서 $(*)$와 같이 일차다항식의 곱으로 인수분해되므로 (2)가 성립한다.

역으로, 조건 (2)가 성립하면, 임의의 $f(x) \in F[x]$, $\deg f(x) = n \geq 1$는 F 위에서 $(*)$와 같이 일차다항식의 곱으로 인수분해되고 이때 $f(x)$는 체 F 안에서 $u_1, \cdots, u_n$을 근으로 가지므로 (1)이 성립한다.

보기 5.2.4 복소수체 $\mathbb{C}$는 대수적 폐체이다(정리 4.3.11 참조).

한편, 복소수체 $\mathbb{C}$는 유리수체 $\mathbb{Q}$ 위의 유한 확대체가 아니고 또 대수적 확대체도 아니다(보기 5.1.1, 보기 5.2.2).

보기 5.2.5 대수적 수체 $\mathbb{A}$는 대수적 폐체이고, $\mathbb{A}$는 유리수체 $\mathbb{Q}$의 대수적 확대체이지만 유한 확대체는 아니다(정리 5.2.6, 문제 11 참조).

연 습 문 제 (5.2)

1. 보기 5.2.1 에서 다음이 성립함을 밝혀라.

(1) $\sqrt{6} \notin \mathbb{Q}(\sqrt{2})$, (2) $\mathbb{Q}(\sqrt{2}) \cap \mathbb{Q}(\sqrt{6}) = \mathbb{Q}$ (3) $\sqrt{2} \notin \mathbb{Q}(\sqrt{3})$

2. 체 $K = \mathbb{Q}(\sqrt{3}, \sqrt{5})$ 에 대하여 $|K : \mathbb{Q}|$를 구하여라.

***3.** 서로 다른 두 유리수 u, v에 대하여 $\sqrt{u} + \sqrt{v} \neq 0$이라고 할 때,

$$\mathbb{Q}(\sqrt{u}, \sqrt{v}) = \mathbb{Q}(\sqrt{u} + \sqrt{v})$$

임을 밝혀라.

4. 체 $K = \mathbb{Q}(\sqrt[3]{2}, \sqrt{5})$ 에 대하여 다음 물음에 답하여라.

(1) K의 $\mathbb{Q}(\sqrt[3]{2})$-기저와 K의 $\mathbb{Q}(\sqrt{5})$-기저를 구하여라.

(3) K의 $\mathbb{Q}$-기저와 $[K : \mathbb{Q}]$를 구히여라.

***5.** 체 K가 체 F의 유한 확대체일 때, S가 $F \subseteq S \subseteq K$인 K의 부분환이면 S는 K의 부분체임을 밝혀라.

6. 체 K가 체 F의 대수적 확대체일 때, 원소 $u \in K$에 대하여 다음이 성립함을 밝혀라.

(1) $F(u^2) = F(u)$ 또는 $[F(u) : F(u^2)] = 2$이다.

(2) $[F(u) : F]$가 홀수이면, $F(u^2) = F(u)$ 이다.

(3) 위의 (1)에서 두 가지 경우에 대한 예를 들어라.

***7.** 체 F의 확대체 K에서 두 원소 $u, v \in K$가 F 위에서 대수적이라고 할 때, $[F(u) : F] = m$, $[F(v) : F] = n$이면 다음이 성립함을 밝혀라.

(1) $[F(u, v) : F] \leq mn$

(2) m과 n이 서로 소이면, $[F(u, v) : F] = mn$이다.

8. 체 $F \subseteq L \subseteq K$ 에 대하여 성립함을 밝혀라.

*(1) 체 K가 F의 대수적 확대체이면, L은 F의 대수적 확대체이고 또 K는 L의 대수적 확대체이다.

(2) 체 K가 L의 대수적 확대체이고 또 L이 F의 대수적 확대체이면, K는 F의 대수적 확대체이다.

9. 체 K가 체 F의 확대체일 때, 다음 명제 중에서 참인 명제를 찾아라.

(1) 원소 $u \in K$가 F 위에서 대수적이면, 모든 정수 n에 대하여 u^n은 F 위에서 대수적이다.

(2) 원소 $u \in K$와 적당한 양의 정수 m에 대하여 u^m이 F 위에서 대수적이면, u는 F 위에서 대수적이다.

(3) 원소 $u \in K$가 F 위에서 초월적이면, 모든 양의 정수 n에 대하여 u^n은 F 위에서 초월적이다.

(4) 원소 $u \in K$와 적당한 양의 정수 m에 대하여 u^m이 F 위에서 초월적이면, u는 F 위에서 초월적이다.

*10. 체 F 위의 유리식체

$$F(x) = \{ \frac{f(x)}{g(x)} \mid f(x),\ g(x) \in F[x],\ g(x) \neq 0 \}$$

안에서의 F의 대수적 폐포는 F임을 밝혀라.

그리고, 이 결과를 이용하여 보기 5.2.3이 성립함을 밝혀라.

*11. 보기 5.2.5가 성립함을 밝혀라.

12. 체 F의 확대체 K가 대수적 폐체일 때, K 안에서의 F의 대수적 폐포 K_F는 대수적 폐체임을 밝혀라.

13. 체 K가 체 F의 유한 확대체이면, K 안에서의 F의 대수적 폐포 K_F는 K와 일치함을 밝혀라.

14. 체 F가 대수적 폐체일 때, K가 F의 대수적 확대체이면 $K = F$임을 밝혀라.

§5.3 작도 가능성

유클리드 평면 위에 서로 다른 두 점 P, Q가 주어져 있을 때, 눈금 없는 자(straightedge)를 써서 이 두 점을 지나는 직선 $\overleftrightarrow{PQ}$와 선분 $\overline{PQ}$를 작도할 수 있고 또 컴퍼스(compass)를 이용하여 점 P를 중심으로 하고 $\overline{PQ}$를 반지름으로 가지는 원 $C(P; Q)$와 점 Q를 중심으로 하고 $\overline{QP}$를 반지름으로 가지는 원 $C(Q; P)$를 작도할 수 있다.

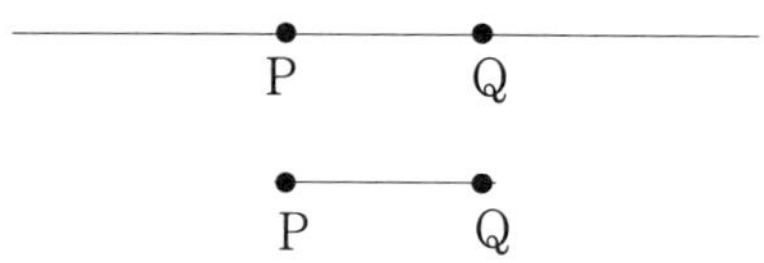

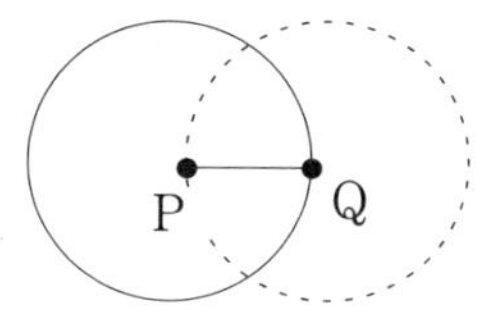

이와 같이, 유클리드 평면 위에서 눈금 없는 자와 컴퍼스를 사용하여 그릴 수 있는 도형을 **작도가능한 도형**(constructible figure)이라고 한다.

작도할 때에는 다음과 같은 세 기본 작도 [Ⅰ], [Ⅱ], [Ⅲ]를 유한 번 시행한다.

[Ⅰ] 한 점 P를 지나 주어진 직선 l에 수직인 직선 $\overleftrightarrow{PQ}$를 작도하기

(i) $P \notin l$인 경우

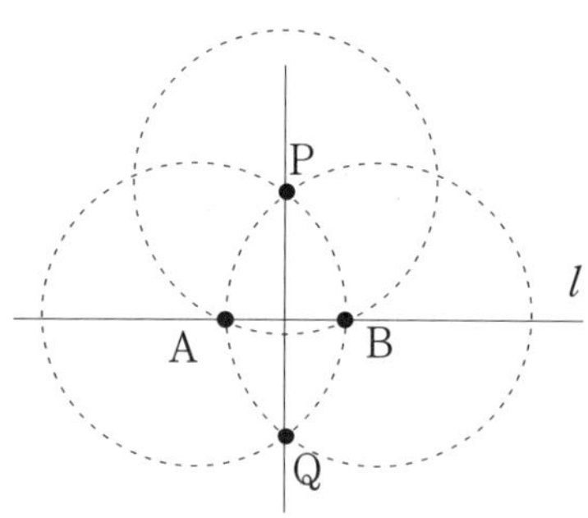

(ii) $P \in l$인 경우

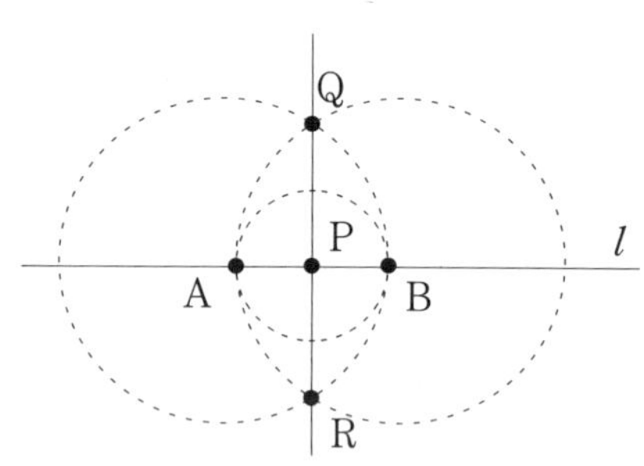

위의 그림에서 A는 직선 l 위의 임의의 점이고 $B \in C(P; A) \cap l$이다. 그리고, 첫째 그림에서 $Q \in C(A; P) \cap C(B; P)$이고 또 둘째 그림에서 $Q \in C(A; B) \cap C(B; A)$이며, 또 $\overleftrightarrow{PQ}$는 $\overline{AB}$의 수직이등분선이다.

[Ⅱ] 주어진 직선 l과 이 직선 위에 있지 않은 점 P에 대하여, 점 P를 지나 직선 l에 평행한 직선 m을 작도하기(기본 작도 [Ⅰ] 이용)

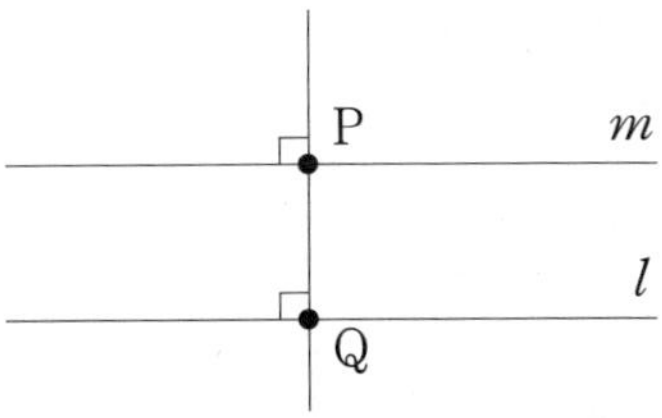

[Ⅲ] 주어진 두 점 A, B와 직선 l에 대하여, 점 P가 직선 l 위에 있을 때 직선 l 위에서 $\overline{PQ}=\overline{AB}$인 점 Q를 작도하기(기본 작도 [Ⅰ] 이용)

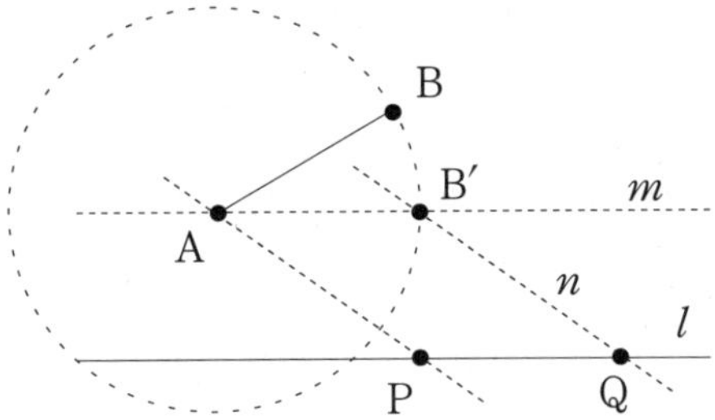

$A \in m, \quad m // l,$

$B' \in C(A;B) \cap m,$

$n // \overleftrightarrow{AP},$

$Q = n \cap l$

유클리드 평면 위에 두 점 E, E′이 주어져 있을 때, 세 기본 작도를 이용하면 이 평면 위에 직교좌표계를 설정할 수 있다.

실제로, 오른쪽 그림과 같이 $\overleftrightarrow{EE'}$을 x축으로 택하고 또 기본 작도 [Ⅰ]를 이용하여 $\overline{EE'}$의 수직이등분선을 작도하여 이것을 y축으로 택한 다음에 x축과 y축의 교점 O를 원점으로 택하고

$$|\overline{OE}| = 1$$

이라고 하면 직교좌표계가 정해진다.

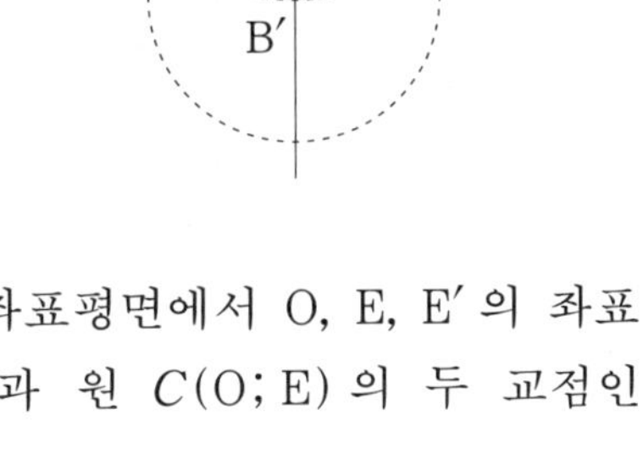

이와 같은 직교좌표계가 도입되어 있는 좌표평면에서 O, E, E′의 좌표는 각각 $(0,0)$, $(1,0)$, $(-1,0)$이고, y축과 원 $C(O;E)$의 두 교점인 B, B′의 좌표는 각각 $(0,1)$, $(0,-1)$이다.

그리고 $\overline{OB}=1$, $\overline{BA}=\overline{BB'}=2$이므로 원 $C(B;B')$와 원 $C(B';B)$의 두 교점인 A, A′의 좌표는 각각 $(\sqrt{3},0)$, $(-\sqrt{3},0)$이다.

좌표평면에서 두 점 E, E′ 으로부터 시작하여 눈금 없는 자와 컴퍼스만을 써서 세 기본 작도 [Ⅰ], [Ⅱ], [Ⅲ] 를 유한 번 시행하여 얻게 되는 점이 작도가능한 점이다. 여기서, E, E′ 도 작도가능한 점으로 생각한다.

정리 5.3.1 좌표평면 위에서 다음이 성립한다.

(1) 점 $P(u, 0)$ 가 작도가능하면, $P'(-u, 0)$ 과 $Q(0, u)$ 는 작도가능하다.

(2) 점 $Q(0, u)$ 가 작도가능하면, $P(u, 0)$ 과 $Q'(0, -u)$ 는 작도가능하다.

(3) 점 $P(u, v)$ 가 작도가능할 때 그리고 이때에만 $P_1(u, 0)$, $P_2(0, v)$ 는 작도가능하다.

증명 분명히 $u \neq 0, v \neq 0$ 인 경우에 대해서만 증명하면 된다.

(1) 점 $P(u, 0)$ 가 작도가능할 때, 원 $C(O; P)$ 를 작도하면 이 원은 x 축과 $P'(-u, 0)$ 에서 만나고 또 이 원은 y 축과 $Q(0, u)$ 에서 만나므로 P′ 과 Q 는 작도가능하다.

(2) 점 $Q(0, u)$ 가 작도가능할 때, 원 $C(O; Q)$ 는 x 축과 $P(u, 0)$ 에서 만나고 또 y 축과 $Q'(0, -u)$ 에서 만나므로 P 와 Q′ 은 작도가능하다.

(3) 점 $P(u, v)$ 가 작도가능할 때, 기본 작도 [Ⅱ] 를 이용하여 점 P 를 지나 y 축에 평행한 직선을 작도하면 이 직선은 x 축과 P_1 에서 만나므로 P_1 은 작도가능하고, 또 점 P 를 지나 x 축에 평행한 직선을 작도하면 이 직선은 y 축과 P_2 에서 만나므로 P_2 는 작도가능하다.

역으로, 두 점 $P_1(u, 0)$, $P_2(0, v)$ 가 작도가능할 때, P_1 을 지나 y 축에 평행한 직선과 P_2 를 지나 x 축에 평행한 직선을 작도하면 이 두 직선은 점 $P(u, v)$ 에서 만나므로 점 P 는 작도가능하다.

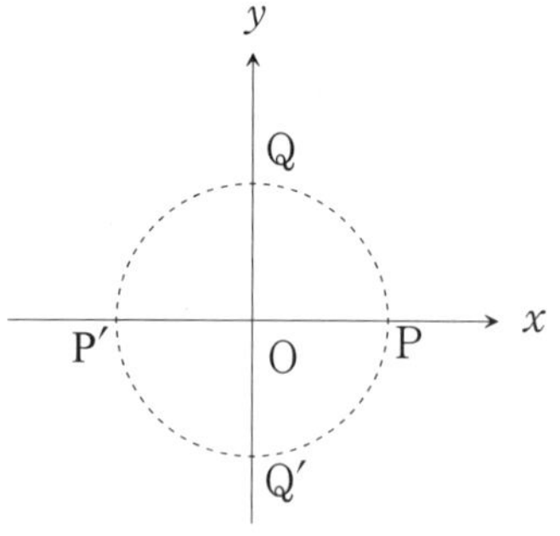

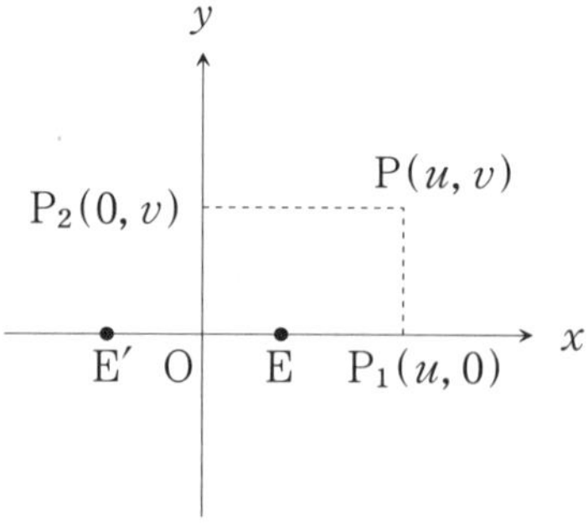

정의 5.3.2 실수 u 에 대하여 좌표평면 위의 점 $\mathrm{P}(u, 0)$ 가 작도가능한 점일 때, u 를 **작도가능한 실수**라고 한다.

보기 5.3.1 앞에서 본 바와 같이, 좌표평면 위에서

$$\mathrm{O}(0, 0),\quad \mathrm{E}(1, 0),\quad \mathrm{E}'(-1, 0),\quad \mathrm{A}(\sqrt{3}, 0),\quad \mathrm{A}'(-\sqrt{3}, 0)$$

는 작도가능한 점이므로 $0,\ 1,\ -1,\ \sqrt{3},\ -\sqrt{3}$ 은 작도가능하다.

위의 정의와 정리 5.3.1 에 의하여 두 다음 정리가 성립한다.

정리 5.3.3 실수 u 에 대하여 다음 세 조건은 서로 동치이다.

(1) u 는 작도가능한 실수이다.
(2) $\mathrm{P}(u, 0)$ 는 작도가능한 점이다.
(3) $\mathrm{Q}(0, u)$ 는 작도가능한 점이다.

정리 5.3.4 두 실수 u, v 에 대하여 다음이 성립한다.

(1) u 가 작도가능하면, $-u$ 는 작도가능하다.
(2) 점 $\mathrm{P}(u, v)$ 가 작도가능할 때 그리고 이때에만 u, v 는 작도가능하다.

보기 5.3.2 좌표평면 위에서, 크기가 θ 인 각 $\angle \mathrm{XOE}$ 가 작도가능할 때, 점 $\mathrm{A}(\cos\theta, \sin\theta)$ 는 작도가능하고 따라서 $\cos\theta$ 와 $\sin\theta$ 는 작도가능하고 이 각의 이등분선을 작도할 수 있으므로 $\cos\dfrac{\theta}{2}, \sin\dfrac{\theta}{2}$ 도 작도가능하다.

그리고, $\cos\theta$ 가 작도가능하면, $\mathrm{P}(\cos\theta, 0)$ 와 $\mathrm{A}(\cos\theta, \sin\theta)$ 는 작도가능하므로 $\sin\theta$ 는 작도가능하고 또 크기가 θ 인 각도 작도가능하다.

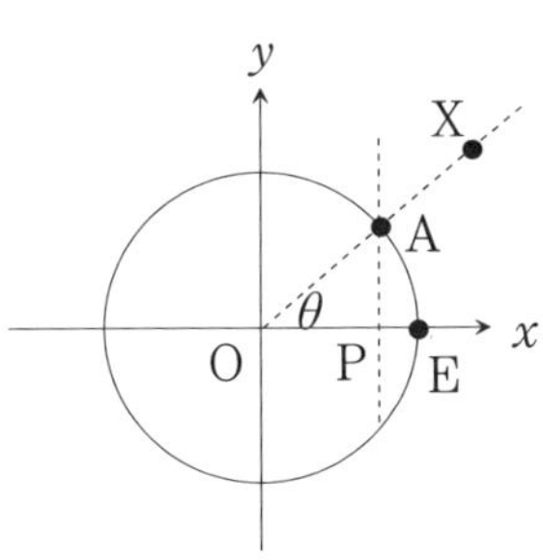

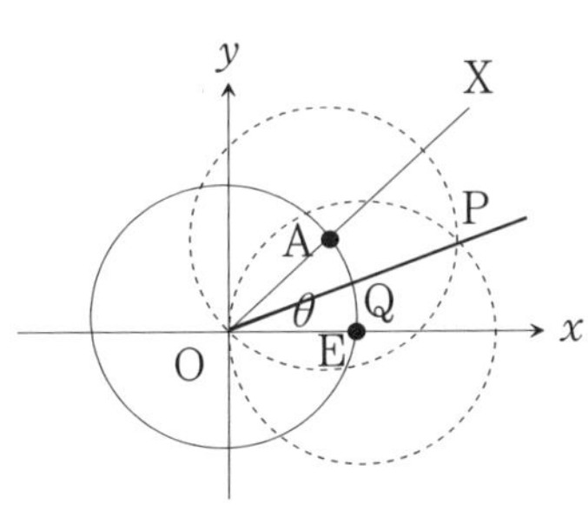

정리 5.3.5 작도가능한 실수 전체의 집합을 K라고 하면, 다음이 성립한다.

(1) K는 실수체 $\mathbb{R}$의 부분체이고 또 $\mathbb{Q} \subseteq K \subseteq \mathbb{R}$이다.

(2) $u \in K$, $u \geq 0$이면, $\sqrt{u} \in K$이다.

증명 (1) 먼저 $u, v \in K$, $u > 0$, $v > 0$일 때, 다음이 성립함을 증명한다.

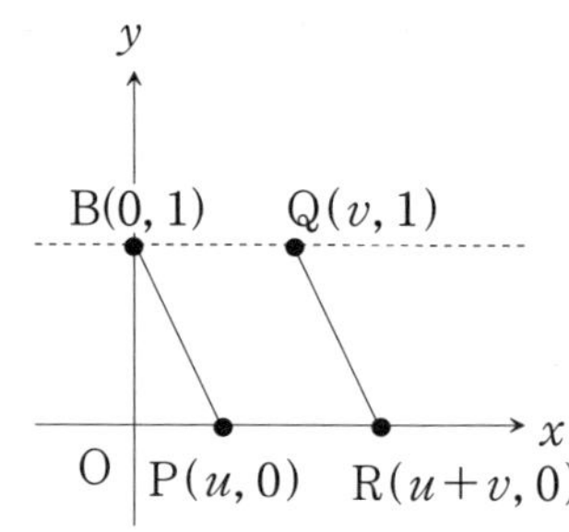

(a) 좌표평면 위에서 B(0, 1), P(u, 0)를 작도하고 점 B를 지나 x축에 평행한 직선을 그어 이 직선 위에 점 Q(v, 1)을 택하고 점 Q에서 $\overleftrightarrow{\mathrm{BP}}$에 평행한 직선을 그으면, 이 직선은 x축과 점 R($u+v$, 0)에서 만나므로 $u+v$는 작도가능하다.

또, 점 P′($-u$, 0)는 작도가능하므로 $-u$는 작도가능하다(정리 5.3.1).

그리고, 위의 그림에서 P를 P′($-u$, 0)으로 바꾸어 놓으면, R의 좌표는 ($-u+v$, 0)이므로 $(-u)+v$는 작도가능하다. 또,

$$-u - v = -(u+v), \qquad u - v = -(-u+v)$$

이므로 $(-u) + (-v)$와 $u + (-v)$는 작도가능하다(정리 5.3.4).

(b) 먼저 $u = 1$이면, $uv = v$이므로 uv는 작도가능하다.

이제 $u \neq 1$이라고 하자. 좌표평면 위에서 E(1, 0), P(u, 0), Q(0, v)를 작도하고 점 P를 지나 $\overleftrightarrow{\mathrm{EQ}}$에 평행한 직선을 그어 이 직선과 y축의 교점을 R라고 하면, $\triangle\mathrm{OEQ} \backsim \triangle\mathrm{OPR}$이므로 R의 좌표는 (0, uv)이고 따라서 uv는 작도가능하다. 그리고,

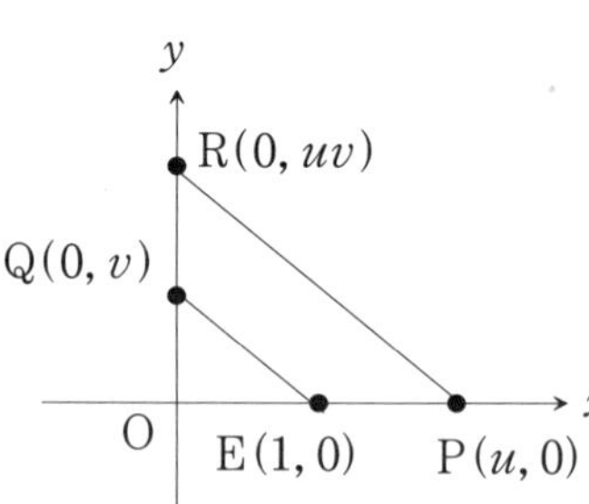

$$(-u)v = u(-v) = -(uv),$$
$$(-u)(-v) = uv$$

이므로 $(-u)v$, $u(-v)$, $(-u)(-v)$는 작도가능하다(정리 5.3.4).

(c) 먼저 $u = 1$이면, $u^{-1} = 1$이므로 u^{-1}는 작도가능하다.

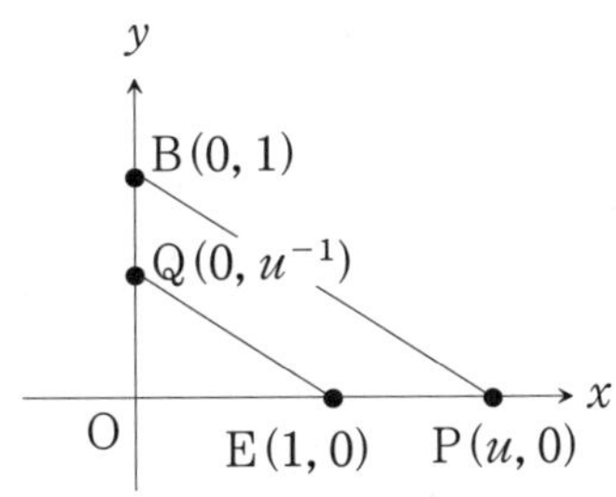

이제 $u \neq 1$ 이라고 하자. 좌표평면 위에서 E(1, 0), P(u, 0), B(0, 1) 이라 하고 점 E를 지나 $\overleftrightarrow{BP}$ 에 평행한 직선을 그어 이 직선과 y축의 교점을 Q라고 하면, $\triangle$OPB $\backsim$ $\triangle$OEQ 이므로 점 Q의 좌표는 $(0, u^{-1})$ 이고 따라서 u^{-1} 는 작도 가능하다.

또, $(-u)^{-1} = -u^{-1}$ 이므로 $(-u)^{-1}$ 는 작도가능하다.

그리고 $u = 0$ 이면, 분명히 $u+v, uv$ 는 작도가능하다. 이 사실과 앞의 (a), (b), (c)에 증명에 의하여 임의의 $u, v \in K$ 에 대하여 $u+v, uv \in K$ 이고 또 임의의 $u \in K, u \neq 0$ 에 대하여 $u^{-1} \in K$ 이므로, K는 실수체 $\mathbb{R}$ 의 부분체이다. 그리고, $1 \in K$ 이므로 $\mathbb{Q} \subseteq K \subseteq \mathbb{R}$ 이다(정리 3.11.5 참조).

(2) 먼저 $u = 0$ 이면, $\sqrt{u} = 0$ 이므로 $\sqrt{u}$ 는 작도가능하다.

이제 $u \in K$, $u > 0$ 이라고 하자. 좌표평면 위에서 E(1, 0), P($1+u$, 0)를 작도하고 기본작도 [I]를 이용하여 $\overline{OP}$ 의 중점 M을 작도하여 E에서 x축에 수직인 직선과 원 C(M; O)를 그려 이 직선과 원의 교점을 Q라고 하면, $\triangle$ OEQ $\backsim$ $\triangle$ QEP 이므로

$$\frac{\overline{OE}}{\overline{EQ}} = \frac{\overline{QE}}{\overline{EP}} \quad \text{즉} \quad \overline{EQ}^2 = u$$

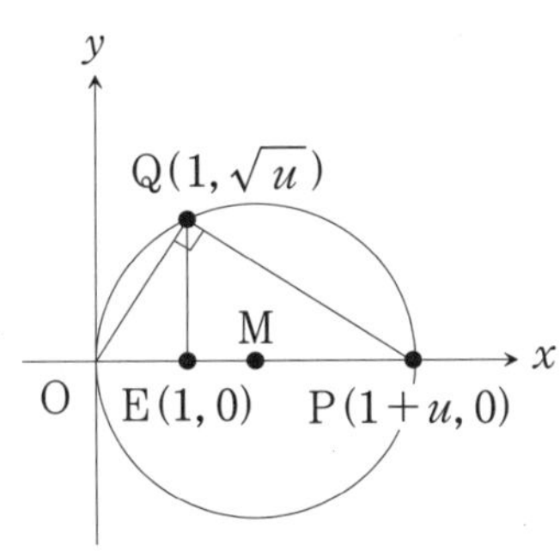

이고, 따라서 Q의 좌표는 $(1, \sqrt{u})$ 이므로 $\sqrt{u}$ 는 작도가능하다.

보기 5.3.3 다음 두 그림은 유리수와 무리수 $\sqrt{2}, \sqrt{3}, \sqrt{5}, \cdots$ 를 차례로 작도하는 방법을 보여준다.

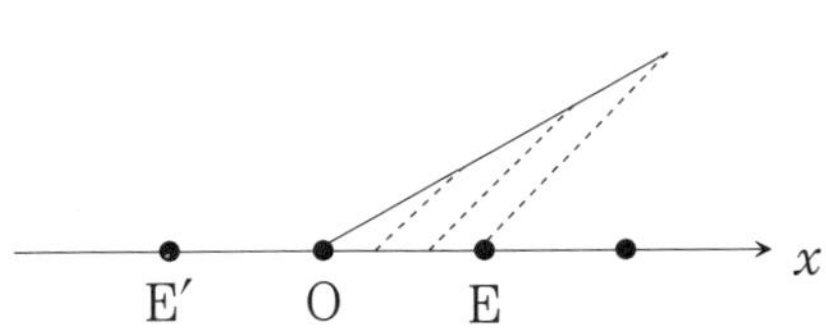

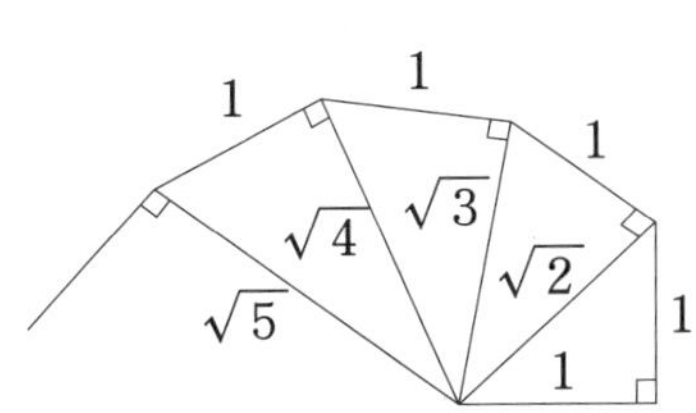

정리 5.3.6 체 F가 실수체 $\mathbb{R}$의 부분체일 때, 좌표평면 위의 점 A, B, C, D의 좌표가 모두 F에 속하는 실수이면 다음이 성립한다.

(1) 직선 $\overleftrightarrow{AB}$와 원 $C(A;B)$의 방정식은 각각 다음과 같은 꼴로 나타낼 수 있다.

$$ax+by+c=0 \qquad (a, b, c \in F)$$
$$x^2+y^2+mx+ny+q=0 \qquad (m, n, q \in F)$$

(2) $\overleftrightarrow{AB} \neq \overleftrightarrow{CD}$일 때, $P(u_1, u_2) \in \overleftrightarrow{AB} \cap \overleftrightarrow{CD}$이면 $u_1, u_2 \in F$이다.

(3) $P(u_1, u_2) \in \overleftrightarrow{CD} \cap C(A;B)$이면, 적당한 실수 $u \in F, u \geq 0$에 대하여 $u_1, u_2 \in F(\sqrt{u})$, $[F(\sqrt{u}) : F] \leq 2$이다.

(4) $C(A;B) \neq C(C;D)$일 때, $P(u_1, u_2) \in C(A;B) \cap C(C;D)$이면 적당한 실수 $u \in F, u \geq 0$에 대하여 $u_1, u_2 \in F(\sqrt{u})$, $[F(\sqrt{u}) : F] \leq 2$이다.

증명 (1) 두 점 $A(a_1, a_2), B(b_1, b_2)$에 대하여 직선 $\overleftrightarrow{AB}$의 방정식은

$$\begin{vmatrix} x & y & 1 \\ a_1 & a_2 & 1 \\ b_1 & b_2 & 1 \end{vmatrix} = 0$$

즉 $$(a_2-b_2)x+(b_1-a_1)y+(a_1b_2-a_2b_1)=0$$

이고, 여기서 $a=a_2-b_2,\ b=b_1-a_1,\ c=a_1b_2-a_2b_1$ 이라고 놓으면, $a, b, c \in F$이고 또 이 직선의 방정식은 다음과 같다.

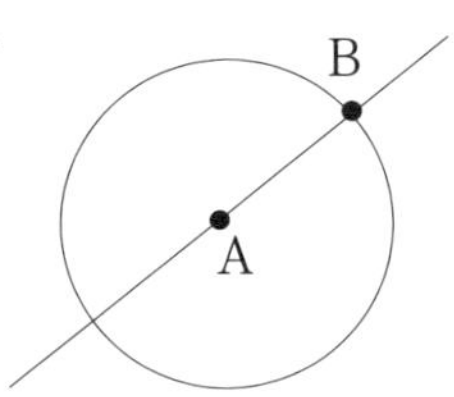

$$ax+by+c=0$$

그리고, 원 $C(A;B)$의 방정식은

$$(x-a_1)^2+(y-a_2)^2=(b_1-a_1)^2+(b_2-a_2)^2$$

즉 $$x^2+y^2-2a_1x-2a_2y-b_1^2-b_2^2+2a_1b_1+2a_2b_2=0$$

이고, 여기서 $m=-2a_1,\ n=-2a_2,\ q=-b_1^2-b_2^2+2a_1b_1+2a_2b_2$ 이라고 놓으면 $m, n, q \in F$이고 또 이 원의 방정식은 다음과 같다.

$$x^2+y^2+mx+ny+q=0$$

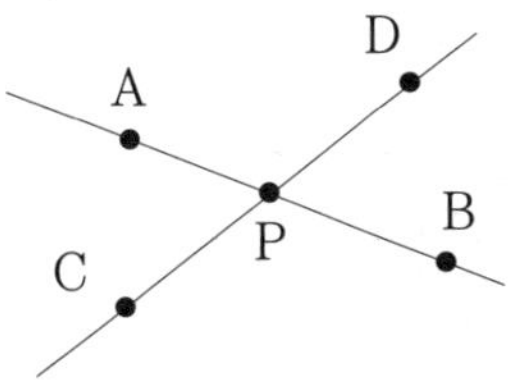

(2) 위의 (1)에 의하여 $\overleftrightarrow{\mathrm{AB}}$, $\overleftrightarrow{\mathrm{CD}}$의 방정식은 다음과 같은 꼴이다.

$$a x + b y + c = 0 \qquad (a, b, c \in F)$$
$$a' x + b' y + c' = 0 \quad (a', b', c' \in F)$$

여기서 $\overleftrightarrow{\mathrm{AB}} \neq \overleftrightarrow{\mathrm{CD}}$일 때, $\mathrm{P}(u_1, u_2) \in \overleftrightarrow{\mathrm{AB}} \cap \overleftrightarrow{\mathrm{CD}}$이라고 하면

$$u_1 = \frac{b c' - c b'}{a b' - b a'}, \qquad u_2 = \frac{c a' - a c'}{a b' - b a'}$$

이고 따라서 $u_1, u_2 \in F$이다.

(3) 위의 (1)에 의하여 직선 $\overleftrightarrow{\mathrm{CD}}$와 원 $C(\mathrm{A}; \mathrm{B})$의 방정식은

$$a x + b y + c = 0 \qquad (a, b, c \in F)$$
$$x^2 + y^2 + m x + n y + q = 0 \qquad (m, n, q \in F)$$

와 같은 꼴이고, 이때 $\mathrm{P}(u_1, u_2) \in \overleftrightarrow{\mathrm{CD}} \cap C(\mathrm{A}; \mathrm{B})$이면 다음이 성립한다.

$$a u_1 + b u_2 + c = 0 \qquad \cdots\cdots\cdots ①$$
$${u_1}^2 + {u_2}^2 + m u_1 + n u_2 + q = 0 \qquad \cdots\cdots\cdots ②$$

먼저 ①에서 $b \neq 0$일 때, $u_2 = -\frac{a}{b} u_1 - \frac{c}{b}$이고 이것을 ②에 대입하면

$$(1 + \frac{a^2}{b^2}) {u_1}^2 + (\frac{2 a c}{b^2} + m - \frac{n a}{b}) u_1 + \frac{c^2}{b^2} - \frac{n c}{b} + q = 0$$

을 얻으며 위의 u_1에 관한 이차방정식의 계수는 모두 F에 속하므로 u_1은

$$(*) \qquad u_1 = r_1 \pm r_2 \sqrt{u} \qquad (r_1, r_2 \in F, \quad u \in F, u \geq 0)$$

와 같은 꼴이고 따라서 u_2는 다음과 같은 꼴이다.

$$(**) \qquad u_2 = s_1 \pm s_2 \sqrt{u} \qquad (s_1, s_2 \in F, \quad u \in F, u \geq 0)$$

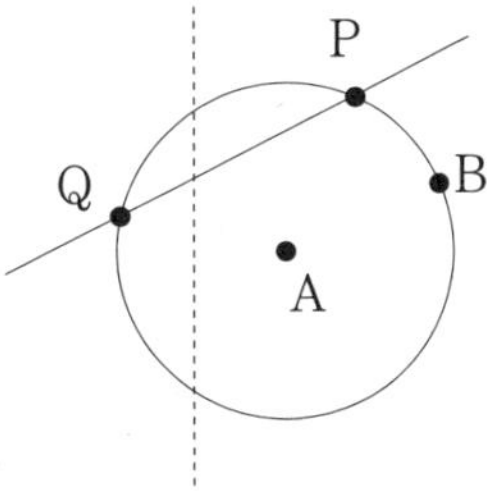

한편, ①에서 $b = 0$일 때, $u_1 = -\frac{c}{a}$이고 이것을 ②에 대입하면

$${u_2}^2 + n u_2 + \frac{c^2}{a^2} - \frac{m c}{a} + q = 0$$

을 얻으며 위의 u_2에 관한 방정식의 계수는

모두 F에 속하므로 u_2는 (**)와 같은 꼴이다. 따라서 어느 경우에나 $u_1, u_2 \in F(\sqrt{u})$이다. 그런데, $\sqrt{u} \in F$이면 $F(\sqrt{u}) = F$이고, $\sqrt{u} \notin F$이면 $(\sqrt{u})^2 = u \in F$이므로 $[F(\sqrt{u}) : F] = 2$이다.

(4) 앞의 (1)에 의하여 두 원 $C(\mathrm{A}; \mathrm{B}), C(\mathrm{C}; \mathrm{D})$의 방정식은 각각

$$x^2 + y^2 + mx + ny + q = 0 \qquad (m, n, q \in F)$$
$$x^2 + y^2 + m'x + n'y + q' = 0 \qquad (m', n', q' \in F)$$

와 같은 꼴이고, $\mathrm{P}(u_1, u_2) \in C(\mathrm{A}; \mathrm{B}) \cap C(\mathrm{C}; \mathrm{D})$이라고 하면

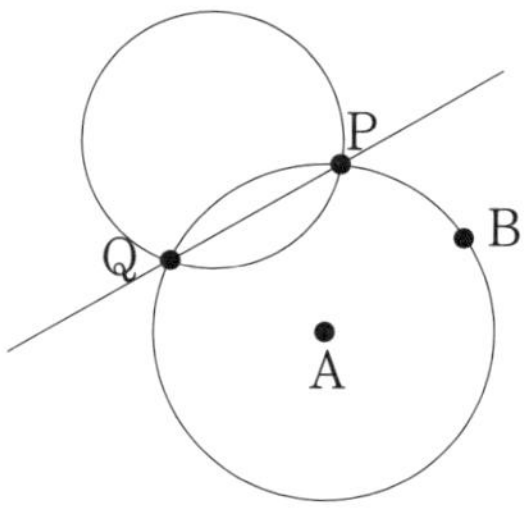

$$u_1^{\,2} + u_2^{\,2} + mu_1 + nu_2 + q = 0,$$
$$(m-m')u_1 + (n-n')u_2 + (q-q') = 0$$

이고 $m-m', n-n', q-q' \in F$이다.

따라서 (3)에 의하여 (4)가 성립한다.

정리 5.3.7 실수 u에 대하여 다음 두 조건은 서로 동치이다.

(1) u는 작도가능한 실수이다.

(2) 다음과 같은 음이 아닌 실수 $u_1, u_2. \cdots, u_n$이 존재한다.

$$u_1 \in \mathbb{Q},\ u_2 \in \mathbb{Q}(\sqrt{u_1}),\ \cdots,\ u_{i+1} \in \mathbb{Q}(\sqrt{u_1}, \cdots, \sqrt{u_i}) \qquad (1 \le i \le n-1)$$
$$u \in \mathbb{Q}(\sqrt{u_1}, \cdots, \sqrt{u_{n-1}}, \sqrt{u_n})$$

증명 (1) $\Longrightarrow$ (2) 이제 u가 작도가능한 실수이라고 하자. 이 때, 좌표평면 위에서 두 점 O(0, 0), E(1, 0)로부터 시작하여 다음과 같은 과정을 유한 번 시행하여 점 $\mathrm{P}(u, 0)$가 작도된다.

(a) 두 점 O, E 또는 이미 작도된 점을 이용하여 두 점 A, B를 지나는 직선 $\overleftrightarrow{\mathrm{AB}}$를 작도한다

(b) 두 점 O, E 또는 이미 작도된 점을 이용하여 두 점 A, B에 대하여 원 $C(\mathrm{A}; \mathrm{B})$를 작도한다.

(c) 위에서 얻은 두 직선, 직선과 원 또는 두 원이 만나는 점을 구한다.

먼저 두 점 O, E로부터 유리수를 모두 작도할 수 있다(정리 5.3.5). 또한 두 점 A, B의 좌표가 유리수일 때(즉, 유리수체 $\mathbb{Q}$에 속할 때), 직선 $\overleftrightarrow{\mathrm{AB}}$과 원 $C(\mathrm{A};\mathrm{B})$의 방정식은 유리수를 계수로 가지는 방정식이고 이와 같은 두 직선의 교점의 좌표 그리고 직선과 원 또는 두 원의 교점의 좌표는 적당한 유리수 $u_1 \in \mathbb{Q}$, $u_1 \geq 0$에 의한 확대체 $\mathbb{Q}(\sqrt{u_1})$에 속한다(정리 5.3.6).

다음 단계의 작도에서 두 점 A, B의 좌표가 $F_1 = \mathbb{Q}(u_1)$에 속할 때, 직선 $\overleftrightarrow{\mathrm{AB}}$과 원 $C(\mathrm{A};\mathrm{B})$의 방정식은 F_1의 원소를 계수로 가지는 방정식으로 나타낼 수 있고, 또 이와 같은 꼴의 두 직선의 교점의 좌표 그리고 직선과 원 또는 두 원의 교점의 좌표는 적당한 실수 $u_2 \in F_1$, $u_2 \geq 0$에 의한 확대체 $F_1(\sqrt{u_2}) = \mathbb{Q}(\sqrt{u_1}, \sqrt{u_2})$에 속한다.

이러한 과정을 유한 번 시행하여 점 $\mathrm{P}(u, 0)$를 작도하게 되므로 마지막 단계의 확대체를 F_n이라고 하면 적당한 실수 $u_n \in F_{n-1}$, $u_n \geq 0$에 대하여 $F_n = F_{n-1}(u_n)$이고 $u \in F_n$이다. 따라서 (2)가 성립한다.

(2) $\Longrightarrow$ (1) 조건 (2)가 성립한다고 하자. 이 때, 모든 유리수는 작도가능하며 $u_1 \in \mathbb{Q}$, $u_1 \geq 0$이므로 정리 5.3.5에 의하여 $\sqrt{u_1}$은 작도가능하고 따라서 체 $F_1 = \mathbb{Q}(\sqrt{u_1})$에 속하는 모든 실수는 작도가능하다.

이제 각 i $(1 \leq i \leq n-1)$에 대하여 $\mathbb{Q}(\sqrt{u_1}, \cdots, \sqrt{u_i})$에 속하는 실수는 모두 작도가능하다고 가정하면, $u_{i+1} \in \mathbb{Q}(\sqrt{u_1}, \cdots, \sqrt{u_i})$, $u_{i+1} \geq 0$이므로 $\sqrt{u_{i+1}}$은 작도가능하고 따라서 $\mathbb{Q}(\sqrt{u_1}, \cdots, \sqrt{u_i}, \sqrt{u_{i+1}})$에 속하는 실수는 모두 작도가능하다(정리 5.3.5).

그러므로 귀납법에 의하여 $\mathbb{Q}(\sqrt{u_1}, \cdots, \sqrt{u_{n-1}}, \sqrt{u_n})$에 속하는 실수는 모두 작도가능하고 따라서 u는 작도가능하다.

정리 5.3.8 실수 u가 작도가능하면, u는 대수적 수이고 적당한 정수 $m \geq 0$에 대하여 $[\mathbb{Q}(u) : \mathbb{Q}] = \deg \operatorname{irr}(u, \mathbb{Q}) = 2^m$이다.

증명 실수 u가 작도가능한 실수이라고 하자. 이 때, 정리 5.3.7에 의하여 다음과 같은 음이 아닌 실수 $u_1, u_2. \cdots, u_n$이 존재한다.

$$u_1 \in \mathbb{Q}, \qquad u_{i+1} \in \mathbb{Q}(\sqrt{u_1}, \cdots, \sqrt{u_i}) = F_i \quad (1 \le i \le n-1)$$
$$u \in \mathbb{Q}(\sqrt{u_1}, \cdots, \sqrt{u_{n-1}}, \sqrt{u_n}) = F_n$$

여기서 $F_1 = \mathbb{Q}(\sqrt{u_1})$ 이므로 $[F_1 : \mathbb{Q}] \le 2$ 이고 각 i $(1 \le i \le n-1)$에 대하여 $F_{i+1} = F_i(\sqrt{u_{i+1}})$ 이므로 $[F_{i+1} : F_i] \le 2$ 이다. 한편,

$$[F_n : \mathbb{Q}] = [F_n : F_{n-1}][F_{n-1} : F_{n-2}] \cdots [F_2 : F_1][F_1 : \mathbb{Q}]$$

이므로 $[F_n : \mathbb{Q}]$ 는 2의 거듭제곱이다(따름정리 5.1.4).

그리고, $u \in F_n$ 이므로 $\mathbb{Q}(u) \subseteq F_n$ 이고. 따라서 u 는 $\mathbb{Q}$ 위에서 대수적이고 $[\mathbb{Q}(u) : \mathbb{Q}]$ 는 $[F_n : \mathbb{Q}]$ 의 약수이다.

그러므로 적당한 양의 정수 m 에 대하여 $[\mathbb{Q}(u) : \mathbb{Q}] = 2^m$ 이다.

이제 그리스 시대 때부터 내려온 三大 작도불능 문제를 논해 보자.

정리 5.3.9 (Wantzel, 1837년) 눈금 없는 자와 컴퍼스만을 사용하여 그 부피가 주어진 정육면체의 부피의 2배인 정육면체의 한 모서리의 길이를 작도할 수 없다.

증명 주어진 정육면체의 모서리의 길이를 1이라고 하면, 그 부피는 1이므로 부피가 이 도형의 부피의 2배인 정육면체의 모서리의 길이는 $\sqrt[3]{2}$ 이다. 한편, $\operatorname{irr}(\sqrt[3]{2}, \mathbb{Q}) = x^3 - 2$ 이므로 $[\mathbb{Q}(\sqrt[3]{2}) : \mathbb{Q}] = 3$ 이고 따라서 정리 5.3.8에 의하여 $\sqrt[3]{2}$ 은 작도불가능하다.

정리 5.3.10 (Lindemann) 눈금 없는 자와 컴퍼스만을 사용하여 주어진 원과 같은 넓이를 가진 정사각형의 한 변의 길이를 작도할 수 없다.

증명 주워진 원의 반지름의 길이를 1이라고 하면, 이 원의 넓이는 π 이므로 작도하려는 정사각형의 한 변의 길이는 $\sqrt{\pi}$ 이다. 그런데, $\sqrt{\pi}$ 가 대수적 수이면, $\pi = (\sqrt{\pi})^2$ 도 대수적 수이어야 하나, π 는 초월수이므로 $\sqrt{\pi}$ 도 초월수이다(문제 5.2.9).

따라서 정리 5.3.8에 의하여 $\sqrt{\pi}$ 는 작도불가능하다.

정리 5.3.11 (Wantzel, 1837년) 눈금 없는 자와 컴퍼스만을 사용하여 그 크기가 60°인 각을 삼등분할 수 없다.

증명 이제 $\theta = 20°$ 이라고 하자. 이 때, 정리 1.3.5에 의하여

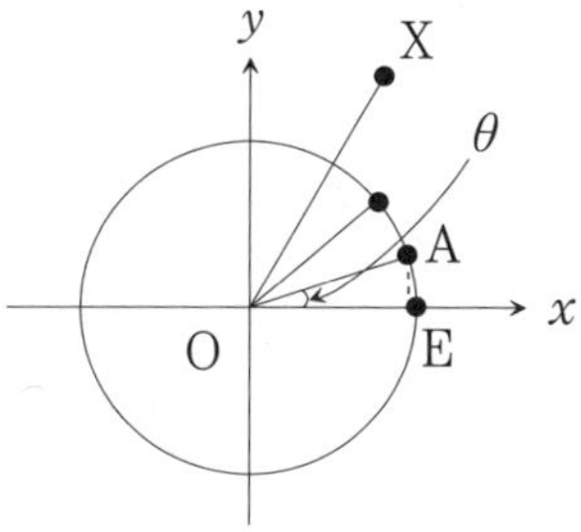

$$\frac{1}{2} = \cos 3\theta = 4\cos^3\theta - 3\cos\theta,$$

$$8\cos^3\theta - 6\cos\theta - 1 = 0$$

이므로 $\cos\theta$ 는 $f(x) = 8x^3 - 6x - 1$ 의 근이다. 한편, $f(x)$ 가 유리수체 $\mathbb{Q}$ 안에서 근을 가진다면 그 근은 $\pm\frac{1}{8}$, $\pm\frac{1}{4}$, $\pm\frac{1}{2}$, ± 1 중에서 찾을 수 있으나 이들은 모두 $f(x)$ 의 근이 아니다(정리 4.3.2).

따라서 $f(x)$ 는 유리수체 $\mathbb{Q}$ 위에서 기약이다. 그러므로

$$\operatorname{irr}(\cos\theta, \mathbb{Q}) = x^3 - \frac{3}{4}x - \frac{1}{8}, \qquad [\mathbb{Q}(\cos\theta) : \mathbb{Q}] = 3$$

이므로 정리 5.3.8에 의하여 $\cos\theta$ 는 작도할 수 없다.

그러므로 크기가 $\theta = 20°$인 각을 작도할 수 없으므로, 크기가 60°인 각을 삼등분하는 작도는 불가능하다(보기 5.3.2 참조).

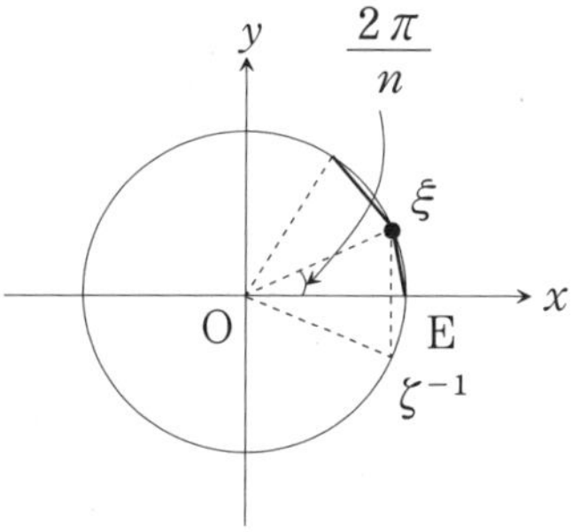

주어진 원에 내접하는 정 n각형($n \geq 3$)을 작도하는 문제는 그 원주를 n등분하는 문제와 같고 또한 크기가 $\frac{2\pi}{n}$ 인 각을 작도하는 문제와 같으며 이 문제는 $\cos\frac{2\pi}{n}$를 작도하는 문제와 같다(보기 5.3.2). 그런데, 주어진 원을 좌표평면 위의 단위원으로 생각하고 또 점 $P(u, v)$를 복소평면 위의 점 $z = u + vi$에 대응시키면,

$$1, \zeta, \cdots, \zeta^{n-1} \qquad \left(\zeta = \cos\frac{2\pi}{n} + i\sin\frac{2\pi}{n}\right)$$

는 정 n각형의 꼭지점을 나타내며 이들 복소수는 다항식 $f(x) = x^n - 1$의 근이고 또 $\zeta + \zeta^{-1} = 2\cos\frac{2\pi}{n}$ 이다.

정리 5.3.12 정 n각형에 대하여 다음이 성립한다(여기서, $n \geq 3$).

(1) 모든 정수 k (≥ 2)에 대하여 정 2^k각형은 작도가능하다.

그리고, 정 n각형이 작도가능하면, 모든 음이 아닌 정수 k ($k \geq 0$)에 대하여 정 $2^k n$각형은 작도가능하다.

(2) 정 n각형이 작도가능하면, n의 약수 d (≥ 3)에 대하여 정 d각형은 작도가능하다.

(3) 각 i ($1 \leq i \leq r$)에 대하여 정 n_i각형이 작도가능할 때, $n_1, \cdots, n_r$가 쌍마다 서로 소이면 정 $n_1 \cdots n_r$각형은 작도가능하다.

(4) n의 표준분해가 $n = p_1^{e_1} \cdots p_r^{e_r}$일 때, 정 n각형이 작도가능하기 위한 필요충분조건은 각 i ($1 \leq i \leq r$)에 대하여 정 $p_i^{e_i}$각형이 작도가능한 것이다.

증명 (1) 정 4각형은 작도가능하고, 또 임의의 주어진 각의 이등분선을 작도할 수 있으므로 분명히 (1)이 성립한다(보기 5.3.2 참조).

(2) 정 n각형이 작도가능할 때, $n = dm$이라고 하면 크기가 $\dfrac{2\pi}{n}$인 각을 작도할 수 있으므로 크기가 $\dfrac{2\pi}{n} \cdot m$ 즉 $\dfrac{2\pi}{d}$인 각을 작도할 수 있고 따라서 정 d각형을 작도할 수 있다.

(3) 정 m각형과 정 n각형이 작도가능하고 또 m과 n이 서로 소라고 하자. 이 때, 적당한 두 정수 s, t에 대하여

$$ms + nt = 1 \qquad \text{즉} \qquad \frac{2\pi}{mn} = \frac{2\pi}{n}s + \frac{2\pi}{m}t$$

이고 크기가 각각 $\dfrac{2\pi}{m}$, $\dfrac{2\pi}{n}$인 각을 작도할 수 있으므로, 크기가 $\dfrac{2\pi}{mn}$인 각을 작도할 수 있고 따라서 정 mn각형을 작도할 수 있다.

이 결과를 이용하여 귀납적으로 (3)을 증명할 수 있다.

(4) 위의 (2)와 (3)에 의하여 (4)가 성립한다.

앞으로 논할 정리 5.9.9에 의하면, 홀수인 素數 p와 정수 k (≥ 2)에 대하여 정 p^k각형은 작도불가능하고 또 p가 $p = 2^{2^\lambda} + 1$ ($\lambda \geq 0$)와 같은 꼴의 Fermat 素數일 때 그리고 이때에만 정 p각형은 작도가능하다.

현재까지 알려진 Fermat 素數는 3, 5, 17, 257, 65537 뿐이다([1], § 2.3).

앞의 사실과 정리 5.3.12 에 의하여 다음 정리가 성립한다.

정리 5.3.13 정수 n (≥ 3) 이 다음 중에서 어느 하나와 같은 꼴일 때 그리고 이때에만 정 n 각형은 작도가능하다.

(1) $n = 2^m \quad (m \geq 2)$

(2) $n = 2^k p_1 \cdots p_r \qquad (p_1, \cdots, p_r$ 는 서로 다른 Fermat 素數, $k \geq 0)$

보기 5.3.4 정오각형의 작도 방법을 생각해 보자(보기 4.7.8 참조).

먼저 $\zeta = \cos\dfrac{2\pi}{5} + i\sin\dfrac{2\pi}{5}$ 이라고 할 때,

$$\zeta^4 + \zeta^3 + \zeta^2 + \zeta + 1 = 0 \quad \text{즉} \quad \zeta^2 + \zeta + 1 + \frac{1}{\zeta} + \frac{1}{\zeta^2} = 0$$

이고 따라서 $\eta = \zeta + \dfrac{1}{\zeta} = 2\cos\dfrac{2\pi}{5}$ 이라고 하면

$$\eta^2 + \eta - 1 = 0, \qquad \eta > 0$$

이므로 $\eta = \dfrac{-1+\sqrt{5}}{2}$ 이다.

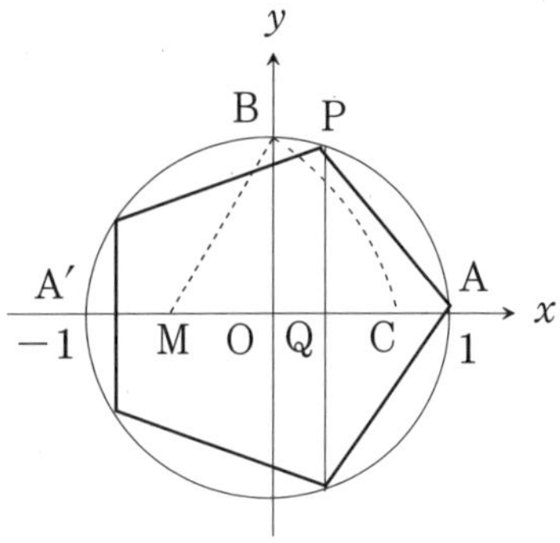

오른쪽 그림에서

$$\overline{\mathrm{OM}} = \overline{\mathrm{MA'}} = \frac{1}{2}, \quad \overline{\mathrm{MC}} = \overline{\mathrm{MB}}$$

이라고 할 때,

$$\overline{\mathrm{OQ}} = \cos\frac{2\pi}{5} = \frac{-1+\sqrt{5}}{4},$$

$$\overline{\mathrm{AP}}^2 = \left(1 - \frac{-1+\sqrt{5}}{4}\right)^2 + 1^2 - \left(\frac{-1+\sqrt{5}}{4}\right)^2 = \frac{5-\sqrt{5}}{2},$$

$$\overline{\mathrm{CB}}^2 = 1^2 + \left(\frac{\sqrt{5}}{2} - \frac{1}{2}\right)^2 = \frac{5-\sqrt{5}}{2}$$

이므로 $\overline{\mathrm{AP}} = \overline{\mathrm{CB}}$ 이다. 따라서 정오각형의 한 변을 다음과 같이 작도한다.

① $\overline{\mathrm{OA'}}$ 의 중점 M 을 작도한다.

② x 축 위에 $\overline{\mathrm{MC}} = \overline{\mathrm{MB}}$ 인 점 C 를 작도한다.

③ 원 위에서 $\overline{\mathrm{AP}} = \overline{\mathrm{CB}}$ 인 점 P 를 작도한다.

정 17 각형의 작도 방법에 대해서는 제 4 판의 §6.9 를 참조하기 바란다.

보기 5.3.5 정삼각형과 정오각형은 작도가능하고, 또 3과 5는 서로 소이므로 정 15 각형도 작도가능하다. 실제로,

$$3 \cdot 2 + 5 \cdot (-1) = 1 \qquad 즉 \qquad \frac{2\pi}{15} = \frac{2\pi}{5} \cdot 2 + \frac{2\pi}{3} \cdot (-1)$$

이므로 정 15 각형의 한 변에 대응하는 중심각의 크기는 정오각형의 한 변에 대응하는 중심각의 크기 $\frac{2\pi}{5}$ 의 두 배인 $\frac{2\pi}{5} \cdot 2$ 에서 정삼각형의 한 변에 대응하는 중심각의 크기 $\frac{2\pi}{3}$ 를 뺀 것이다.

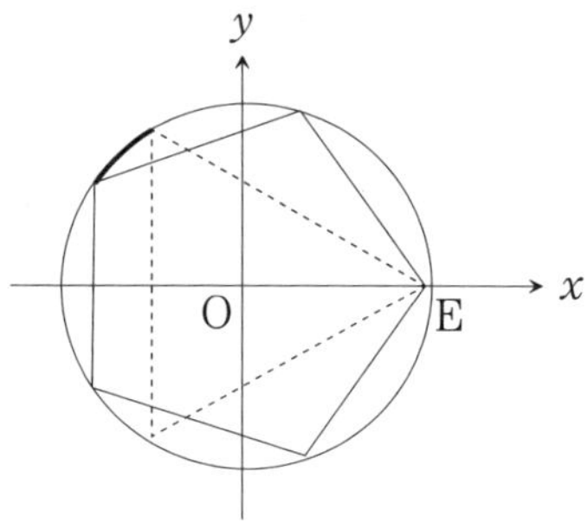

연 습 문 제 (5.3)

*1. 다음 실수는 작도가능한 실수임을 밝혀라.

(1) $\sqrt{2} + \sqrt{3}$ (2) $\sqrt[4]{3}$ (3) $\sqrt{3+\sqrt[4]{2}}$

2. 원에 내접하는 정육각형과 정삼각형을 작도하는 방법을 이용하여 그 크기가 90° 인 각과 45° 인 각을 삼등분할 수 있음을 밝혀라.

3. 정 4 각형, 정 8 각형과 정 6 각형, 정 12 각형을 작도하여라.

4. 양의 정수 n 의 값이 다음과 같을 때, 정 n 각형이 작도가능한 도형인지를 판정하여라.

(1) $n = 7$ (2) $n = 9$ (3) $n = 30$ (4) $n = 84$
(5) $n = 100$ (6) $n = 120$ (7) $n = 180$ (8) $n = 360$

*5. 양의 정수 m 에 대하여 $m \equiv 0 \pmod 3$ 일 때 그리고 이때에만 크기가 $m°$ 인 각을 작도할 수 있음을 밝혀라.

§ 5.4 다항식의 분해체

이 절에서는, 체 F 의 특정한 확대체에 대하여 논한다.

정의 5.4.1 체 F 위의 다항식 $f(x) \in F[x], \deg f(x) = n \geq 1$ 에 대하여 다음 두 조건을 만족시키는 F 의 확대체 K 를 F 위에서의 $f(x)$ 의 **分解體**(splitting field) 또는 **根體**(root field)라고 한다.

(i) $f(x)$ 는 K 위에서 다음과 같이 일차다항식의 곱으로 인수분해된다.

$$f(x) = a(x-u_1) \cdots (x-u_n), \qquad a \in F$$

(ii) $K = F(u_1, \cdots, u_n)$

즉, 체 F 위에서의 $f(x)$ 의 분해체 K 는 체 F 와 $f(x)$ 의 모든 근을 포함하는 체 중에서 가장 작은 체이다.

보기 5.4.1 유리수체 $\mathbb{Q}$ 위의 다항식 $f(x) = x^2 + 1$ 는 복소수체 $\mathbb{C}$ 안에서 두 근 $i, -i$ 를 가진다. 복소수체 $\mathbb{C}$ 의 부분체 중에서 유리수체 $\mathbb{Q}$ 와 $i, -i$ 를 포함하는 가장 작은 체는

$$\mathbb{Q}(i, -i) = \mathbb{Q}(i) = \{a + bi \mid a, b \in \mathbb{Q}\}$$

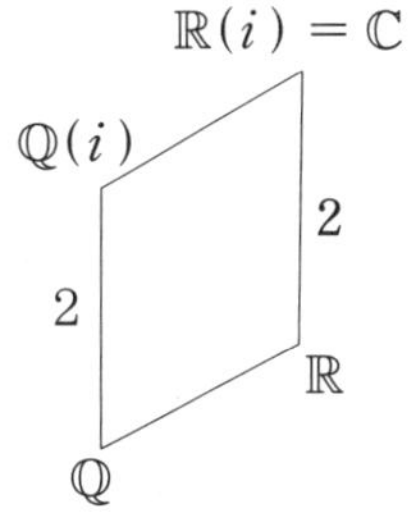

이고 $f(x)$ 는 $\mathbb{Q}(i)$ 위에서 $f(x) = (x-i)(x+i)$ 으로 인수분해되므로 $\mathbb{Q}(i)$ 는 유리수체 $\mathbb{Q}$ 위에서의 $f(x)$ 의 분해체이고 $[\mathbb{Q}(i) : \mathbb{Q}] = 2$ 이다.

한편, 복소수체 $\mathbb{C}$ 의 부분체 중에서 실수체 $\mathbb{R}$ 와 $i, -i$ 를 포함하는 가장 작은 체는

$$\mathbb{R}(i, -i) = \mathbb{R}(i) = \{a + bi \mid a, b \in \mathbb{R}\} = \mathbb{C}$$

이고 $f(x)$ 는 $\mathbb{C}$ 위에서 $f(x) = (x-i)(x+i)$ 와 같이 인수분해되므로, 복소수체 $\mathbb{C}$ 는 실수체 $\mathbb{R}$ 위에서의 $f(x)$ 의 분해체이고 $[\mathbb{C} : \mathbb{R}] = 2$ 이다.

다음 정리가 성립함을 알 수 있다(정리 4.5.3 과 아래 부분 참조).

정리 5.4.2 체 F 위의 모닉 다항식 $p(x) \in F[x]$, $\deg p(x) = n \geq 1$ 가 기약다항식일 때, 다음과 같은 F 의 확대체 K 와 원소 $u \in K$ 가 존재한다.

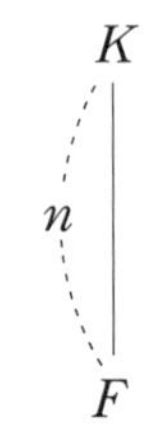

$$K = F(u), \qquad [K : F] = \deg p(x) = n,$$
$$p(u) = 0, \qquad \operatorname{irr}(u, F) = p(x),$$
$$K = \{a_0 + a_1 u + \cdots + a_{n-1} u^{n-1} \mid a_0, a_1, \cdots, a_{n-1} \in F\}$$

정리 5.4.3 체 F 위의 다항식 $f(x) \in F[x]$, $\deg f(x) = n \geq 1$ 에 대하여 F 위에서의 $f(x)$ 의 분해체 K 는 존재하고 $[K : F] \leq n!$ 이다.

증명 먼저 $n = 1$ 일 때, $f(x)$ 는 $f(x) = ax + b$ $(a, b \in F,\ a \neq 0)$ 와 같은 꼴이고 $u = -\dfrac{b}{a} \in F$ 이라고 하면 $F(u) = F$ 이고 또

$$f(x) = a(x - u), \qquad a \in F$$

이므로 F 는 $f(x)$ 의 분해체이고 $[F : F] = 1$ 이다.

이제 $n \geq 2$ 이라 하고, $n-1$ 차 이하의 모든 다항식에 대하여 정리가 성립한다고 가정하자. 이 때, 다항식 $f(x) \in F[x]$, $\deg f(x) = n$ 에 대하여 $p(x) \in F[x]$ 를 $f(x)$ 의 모닉인 기약인수라 하고

$$f(x) = p(x)\,q(x), \qquad q(x) \in F[x]$$

이라고 하면, 정리 5.4.2 에 의하여 다음과 같은 F 의 확대체 F_1 과 원소 $u_1 \in F_1$ 이 존재한다.

$$F_1 = F(u_1), \quad [F_1 : F] = \deg p(x) \leq n, \quad p(u_1) = 0$$

그리고, 인수 정리(정리 4.3.1)에 의하여 $p(x)$ 는 체 F_1 위에서

$$p(x) = (x - u_1)\,p_1(x), \qquad p_1(x) \in F_1[x]$$

으로 인수분해된다. 이제 $g(x) = p_1(x)\,q(x)$ 이라고 하면,

$$f(x) = (x - u_1)\,g(x), \quad g(x) \in F_1[x], \quad \deg g(x) = n - 1$$

이고 귀납법 가정에 의하여 F_1 위에서의 $g(x)$ 의 분해체 K 가 존재하고 K 위에서 다음이 성립한다.

$$g(x) = a(x-u_2)\cdots(x-u_n) \qquad (a \in F)$$
$$K = F_1(u_2, \cdots, u_n), \quad [K : F_1] \leq (n-1)!$$

따라서 다항식 $f(x)$ 는 K 위에서

$$f(x) = a(x-u_1)(x-u_2)\cdots(x-u_n) \qquad (a \in F)$$

으로 인수분해되고

$$K = F_1(u_2, \cdots, u_n) = F(u_1)(u_2, \cdots, u_n) = F(u_1, u_2, \cdots, u_n)$$

이므로 K 는 F 위에서의 $f(x)$ 의 분해체이고 또 다음이 성립한다.

$$[K : F] = [K : F_1][F_1 : F] \leq (n-1)!\, n = n!$$

앞의 정리 5.4.3 의 증명에서와 같이 하여 얻은 $f(x)$ 의 분해체는 유일하게 결정되지는 않으나, $f(x)$ 의 분해체는 모두 동형이다(정리 5.4.7 참조).

유리수체 $\mathbb{Q}$ 위의 n 차의 다항식 $f(x) \in \mathbb{Q}[x]$ 가 복소수체 $\mathbb{C}$ 안에서 중복을 허락하여 n 개의 근 $u_1, \cdots, u_n$ 을 가질 때, $K = \mathbb{Q}(u_1, \cdots, u_n)$ 이라고 하면, $f(x)$ 는 K 위에서

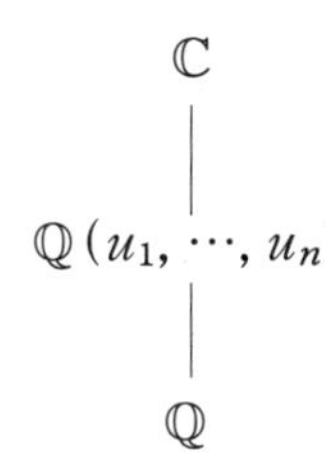

$$f(x) = a(x-u_1)\cdots(x-u_n) \qquad (a \in \mathbb{Q})$$

와 같이 인수분해되므로 K 는 $\mathbb{Q}$ 위에서의 $f(x)$ 의 분해체이다.

보기 5.4.2 다항식 $f(x) = x^3-1$ 는 복소수체 $\mathbb{C}$ 안에서 세 근

$$1, \quad \omega, \quad \omega^2 \qquad (\omega = \frac{-1+\sqrt{3}i}{2})$$

을 가지며 이들 근은 모두 $\mathbb{Q}(\omega)$ 에 속하므로, $K = \mathbb{Q}(\omega)$ 는 유리수체 $\mathbb{Q}$ 위에서의 $f(x)$ 의 분해체이다. 한편,

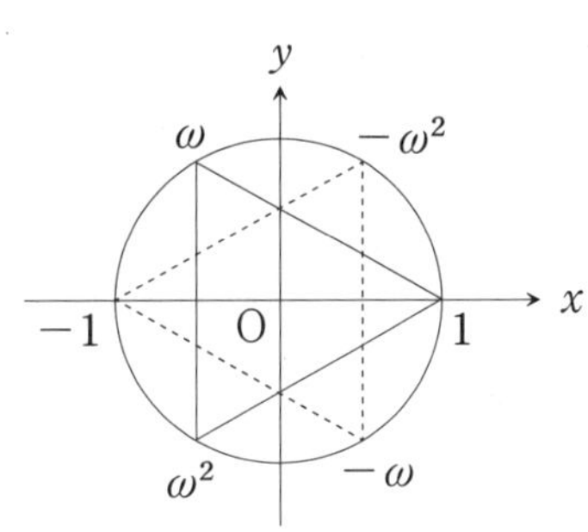

$$f(x) = (x-1)(x^2+x+1)$$

이므로 ω 는 $p(x) = x^2+x+1$ 의 근이고 이 다항식은 유리수체 $\mathbb{Q}$ 위에서 기약이다(정리 4.4.8). 따라서

$$\text{irr}\,(\omega, \mathbb{Q}) = x^2 + x + 1, \quad [K : \mathbb{Q}] = 2$$

이고 $\{1, \omega\}$ 는 K 의 $\mathbb{Q}$-기저이므로 $K = \{a_0 + a_1\omega \mid a_0, a_1 \in \mathbb{Q}\}$ 이다.

또, 다항식 $g(x) = x^3 + 1$ 는 복소수체 $\mathbb{C}$ 안에서 세 근 $-1, -\omega, -\omega^2$ 를 가진다(보기 1.3.2 참조). 따라서 $K = \mathbb{Q}(\omega)$ 는 유리수체 $\mathbb{Q}$ 위에서의 다항식 $g(x) = x^3 + 1$ 과 $h(x) = x^6 - 1 = (x^3-1)(x^3+1)$ 의 분해체이기도 하다. 그리고, $K = \mathbb{Q}(\omega) = \mathbb{Q}(\sqrt{3}i)$ 이다(문제 5.1.7).

보기 5.4.3 다항식 $f(x) = x^3 - 2$ 는 복소수체 $\mathbb{C}$ 안에서 세 근

$$\sqrt[3]{2}, \quad \sqrt[3]{2}\,\omega, \quad \sqrt[3]{2}\,\omega^2 \qquad \left(\omega = \frac{-1+\sqrt{3}i}{2}\right)$$

을 가지므로 $K = \mathbb{Q}(\sqrt[3]{2}, \sqrt[3]{2}\,\omega, \sqrt[3]{2}\,\omega^2)$ 는 유리수체 $\mathbb{Q}$ 위에서의 $f(x)$ 의 분해체이다. 그런데,

$$\sqrt[3]{2} \in K, \qquad \omega = \frac{\sqrt[3]{2}\,\omega}{\sqrt[3]{2}} \in K$$

이므로 $\mathbb{Q}(\sqrt[3]{2}, \omega) \subseteq K$ 이고 또 $\sqrt[3]{2}, \sqrt[3]{2}\,\omega, \sqrt[3]{2}\,\omega^2$ 은 모두 $\mathbb{Q}(\sqrt[3]{2}, \omega)$ 에 속하므로 $K = \mathbb{Q}(\sqrt[3]{2}, \omega)$ 이며 $\mathbb{Q}(\sqrt[3]{2})$ 와 $\mathbb{Q}(\omega)$ 는 K 의 부분체이다.

한편, $f(x)$ 는 유리수체 $\mathbb{Q}$ 위에서 기약이다(보기 4.4.3). 따라서

$$\text{irr}\,(\sqrt[3]{2}, \mathbb{Q}) = f(x) = x^3 - 2, \quad [\mathbb{Q}(\sqrt[3]{2}) : \mathbb{Q}] = 3$$
$$\mathbb{Q}(\sqrt[3]{2}) = \{a_0 + a_1\sqrt[3]{2} + a_2\sqrt[3]{4} \mid a_0, a_1, a_2 \in \mathbb{Q}\}$$

이고 또 ω 는 유리수체 $\mathbb{Q}$ 위의 기약다항식 $p(x) = x^2 + x + 1$ 의 근이므로 다음이 성립한다.

$$\text{irr}\,(\omega, \mathbb{Q}) = x^2 + x + 1 = p(x),$$
$$[\mathbb{Q}(\omega) : \mathbb{Q}] = 2,$$
$$\mathbb{Q}(\omega) = \{a_0 + a_1\omega \mid a_0, a_1 \in \mathbb{Q}\}$$

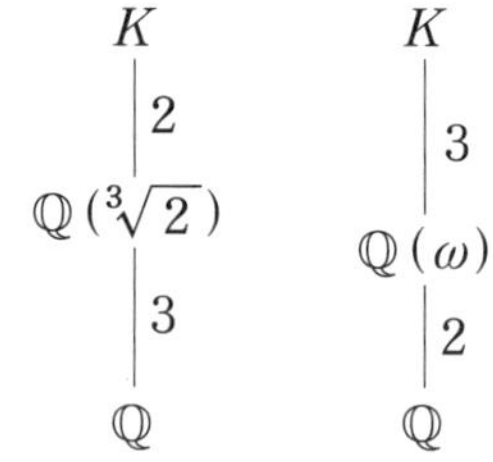

그리고, $\omega \notin \mathbb{Q}(\sqrt[3]{2}) \subseteq \mathbb{R}$ 이므로 $p(x)$ 는 $\mathbb{Q}(\sqrt[3]{2})$ 위에서도 기약이므로

$$\text{irr}\,(\omega, \mathbb{Q}(\sqrt[3]{2})) = p(x), \qquad [K : \mathbb{Q}(\sqrt[3]{2})] = 2$$

이고 또 $K = \mathbb{Q}(\sqrt[3]{2})(\omega)$ 이므로 다음이 성립한다.

$$[K : \mathbb{Q}] = [K : \mathbb{Q}(\sqrt[3]{2})][\mathbb{Q}(\sqrt[3]{2}) : \mathbb{Q}] = 2 \cdot 3 = 6$$

또, $6 = [K : \mathbb{Q}] = [K : \mathbb{Q}(\omega)][\mathbb{Q}(\omega) : \mathbb{Q}]$ 이므로 $[K : \mathbb{Q}(\omega)] = 3$ 이다. 또, $\mathscr{B} = \{1, \sqrt[3]{2}, \sqrt[3]{4}\}$ 는 $\mathbb{Q}(\sqrt[3]{2})$ 의 $\mathbb{Q}$-기저이고 $\mathscr{C} = \{1, \omega\}$ 는 K 의 $\mathbb{Q}(\sqrt[3]{2})$-기저이므로 $\mathscr{D} = \{1, \sqrt[3]{2}, \sqrt[3]{4}, \omega, \sqrt[3]{2}\omega, \sqrt[3]{4}\omega\}$ 는 K 의 $\mathbb{Q}$-기저이고 따라서 $K = \mathbb{Q}(\sqrt[3]{2}, \omega)$ 는 다음과 같다.

$$K = \{a_0 + a_1\sqrt[3]{2} + a_2\sqrt[3]{4} + a_3\,\omega + a_4\sqrt[3]{2}\,\omega + a_5\sqrt[3]{4}\,\omega \mid a_i \in \mathbb{Q}\}$$

정리 5.4.4 체 F 위의 다항식 $f(x) \in F[x], \deg f(x) \geq 1$ 에 대하여 체 K가 F 위에서의 $f(x)$ 의 분해체일 때, 체 L이 $F \subseteq L \subseteq K$ 인 K의 부분체이면 K는 L 위에서의 $f(x)$ 의 분해체이다.

증명 체 K가 $f(x)$ 의 분해체이면, $f(x)$ 는 체 K 위에서

$$(*) \qquad f(x) = a(x-u_1)\cdots(x-u_n), \qquad a \in F$$

과 같이 일차다항식의 곱으로 인수분해되고 $K = F(u_1, \cdots, u_n)$ 이다.

이 때, L이 $F \subseteq L \subseteq K$ 인 K의 부분체이면, $f(x)$ 는 L 위의 다항식이고 또 $f(x)$ 는 K 위에서 $(*)$ 와 같이 일차다항식의 곱으로 인수분해되고

$$K = F(u_1, \cdots, u_n) \subseteq L(u_1, \cdots, u_n) \subseteq K$$

이므로 $K = L(u_1, \cdots, u_n)$ 이다.

따라서 K는 L 위에서의 $f(x)$ 의 분해체이다.

이제 다항식의 분해체가 모두 동형임을 증명한다(정리 5.4.7 참조).

이 절을 처음일 때에는 아래 모든 정리의 증명을 생략하여도 좋다.

정의 5.4.5 사상 $\sigma : F \longrightarrow F'$ 가 체 F 에서 체 F' 으로의 준동형사상일 때, F 위의 다항식

$$f(x) = a_0 + a_1x + \cdots + a_nx^n \in F[x]$$

에 대하여 $f^\sigma(x)$ 는 다음과 같이 정의된 F' 위의 다항식이다.

$$f^\sigma(x) = \sigma(a_0) + \sigma(a_1)\,x + \cdots + \sigma(a_n)\,x^n \in F'[x]$$

정리 5.4.6 사상 $\sigma : F \longrightarrow F'$ 가 체 F 에서 체 F' 위로의 동형사상일 때, 다음이 성립한다.

(1) 다음 사상은 환 $F[x]$ 에서 환 $F'[x]$ 위로의 환 동형사상이다.

$$\phi_\sigma : F[x] \longrightarrow F'[x], \ \phi_\sigma(f(x)) = f^\sigma(x)$$

또, 다항식 $p(x) \in F[x]$ 가 체 F 위에서 기약일 때 그리고 이때에만 다항식 $p^\sigma(x) \in F'[x]$ 는 체 F' 위에서 기약이다.

(2) 다항식 $f(x) \in F[x]$, $\deg f(x) \geq 1$ 에 대하여 다음 사상은 잉여환 $F[x]/(f(x))$ 에서 잉여환 $F'[x]/(f^\sigma(x))$ 위로의 환 동형사상이다.

$$\Phi_\sigma : F[x]/(f(x)) \longrightarrow F'[x]/(f^\sigma(x)),$$
$$\Phi_\sigma(g(x) + (f(x))) = g^\sigma(x) + (f^\sigma(x))$$

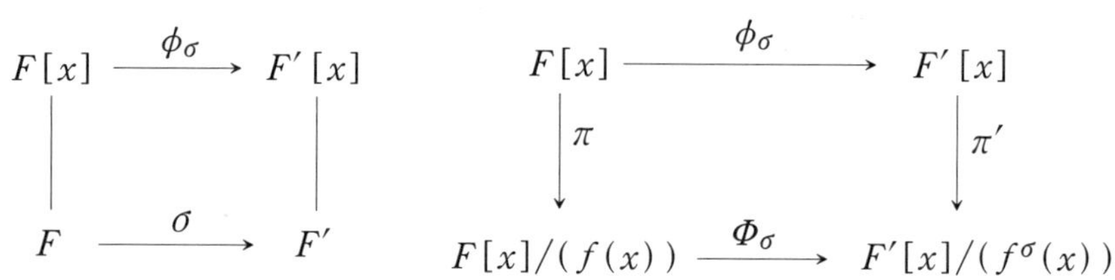

증명 (1) 임의의 두 다항식 $f(x)$, $g(x) \in F[x]$ 에 대하여

$$\phi_\sigma(f(x)+g(x)) = f^\sigma(x) + g^\sigma(x) = \phi_\sigma(f(x)) + \phi_\sigma(g(x)),$$
$$\phi_\sigma(f(x)\,g(x)) = f^\sigma(x)\,g^\sigma(x) = \phi_\sigma(f(x))\,\phi_\sigma(g(x))$$

이므로 ϕ_σ 는 환 준동형사상이고 또 분명히 ϕ_σ 는 일대일 대응이므로 ϕ_σ 는 환 동형사상이다.

그리고, 다항식 $p(x) \in F[x]$ 에 대하여

$$p(x) = g(x)\,h(x) \iff p^\sigma(x) = g^\sigma(x)\,h^\sigma(x)$$

이므로 $p(x)$ 가 F 위에서 기약일 때 그리고 이때에만 $p^\sigma(x)$ 는 F' 위에서 기약이다.

(2) 위의 (1) 에서 정의한 사상 $\phi_\sigma : F[x] \longrightarrow F'[x]$ 는 환 동형사상이므로 잉여환 $F[x]/(f(x))$, $F'[x]/(f^\sigma(x))$ 에 대하여 다음이 성립한다.

$$
\begin{aligned}
& g(x) + (f(x)) = h(x) + (f(x)) \\
\Longleftrightarrow\ & g(x) - h(x) \in (f(x)) \\
\Longleftrightarrow\ & g^{\sigma}(x) - h^{\sigma}(x) \in (f^{\sigma}(x)) \\
\Longleftrightarrow\ & g^{\sigma}(x) + (f^{\sigma}(x)) = h^{\sigma}(x) + (f^{\sigma}(x))
\end{aligned}
$$

따라서 정리에서와 같이 사상 $\Phi_{\sigma} : F[x]/(f(x)) \longrightarrow F'[x]/(f^{\sigma}(x))$ 를 정의할 수 있고, 또 Φ_{σ} 가 환 동형사상임을 쉽게 확인할 수 있다.

정리 5.4.7 사상 $\sigma : F \longrightarrow F'$ 가 체 F 에서 체 F' 위로의 동형사상일 때, F 위의 다항식 $f(x) \in F[x]$, $\deg f(x) = n \geq 1$ 에 대하여 K 를 F 위에서의 $f(x)$ 의 분해체라 하고 K'을 F' 위에서의 $f^{\sigma}(x)$ 의 분해체라고 하면 $K \cong K'$ 이다. 실제로, 다음과 같은 동형사상 $\bar{\sigma} : K \longrightarrow K'$ 가 존재한다.

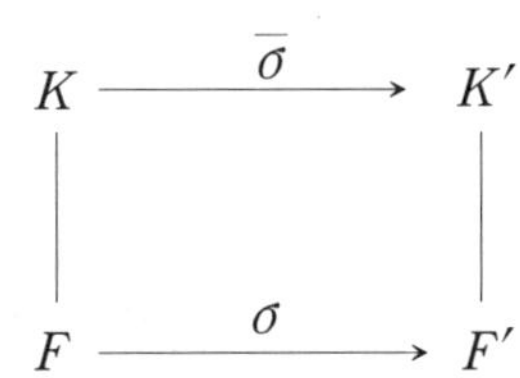

$$\bar{\sigma}(a) = \sigma(a) \qquad (a \in F)$$

특히, 체 F 위의 다항식 $f(x) \in F[x]$, $\deg f(x) = n \geq 1$ 에 대하여 K 와 K' 을 F 위에서의 $f(x)$ 의 분해체라고 하면, $K \cong K'$ 이다.

증명 이 정리를 $m = [K : F]$ 에 관한 수학적 귀납법으로 증명한다.

먼저 $m = 1$ 이면, $K = F$ 이므로 $f(x)$ 는 F 위에서

$$f(x) = a(x-u_1)\cdots(x-u_n) \qquad (a \in F)$$

와 같이 인수분해되고 따라서 $f^{\sigma}(x)$ 는 체 F' 위에서

$$f^{\sigma}(x) = \sigma(a)(x-\sigma(u_1))\cdots(x-\sigma(u_n)) \qquad (\sigma(a) \in F')$$

와 같이 인수분해되므로 $K' = F'$, $[K' : F'] = 1$ 이다.

따라서 $m = 1$ 인 경우에 $\bar{\sigma} = \sigma$ 이라고 놓으면 정리가 성립한다.

다음에 $m \geq 2$ 이라고 하자. 이 경우에 $f(x)$ 는 $u \in K - F$ 인 근 u 를 가지며 이때 $p(x) = \operatorname{irr}(u, F)$, $\deg p(x) = r$ 이라고 하면

$$F \subsetneq F(u) \subseteq K, \qquad [F(u) : F] = r \geq 2$$

이고 $f(x) = p(x)g(x)$ 인 다항식 $g(x) \in F[x]$ 가 존재한다(정리 5.1.8).

그런데, 정리 5.4.6 에 의하여

$$f^{\sigma}(x) = p^{\sigma}(x)\, g^{\sigma}(x), \quad \deg p^{\sigma}(x) = \deg p(x) = r$$

이고 $p(x)$ 는 F 위에서 기약이므로 $p^{\sigma}(x)$ 는 F' 위에서 기약이다. 한편, K' 은 F' 위에서의 $f^{\sigma}(x)$ 의 분해체이므로 $p^{\sigma}(x)$ 는 $u' \in K' - F'$ 인 근 u' 을 가지며

$$F' \subsetneq F'(u') \subseteq K', \quad [F'(u') : F'] = r \geq 2$$

이고 또 다음 두 사상은 동형사상이다(정리 5.1.8의 증명 참조).

$$\phi : F[x]/(p(x)) \longrightarrow F(u), \quad \phi(g(x) + (p(x))) = g(u)$$
$$\phi' : F'[x]/(p^{\sigma}(x)) \longrightarrow F(u'), \quad \phi'(g'(x) + (p^{\sigma}(x))) = g'(u')$$

그리고, 정리 5.4.6 에 의하여 사상

$$\Phi_{\sigma} : F[x]/(p(x)) \longrightarrow F'[x]/(p^{\sigma}(x)).$$
$$\Phi_{\sigma}(g(x) + (p(x))) = g^{\sigma}(x) + (p^{\sigma}(x))$$

는 동형사상이므로 $\Phi = \phi' \circ \Phi_{\sigma} \circ \phi^{-1}$ 이라고 하면 $\Phi : F(u) \longrightarrow F'(u')$ 는 동형사상이고 다음이 성립한다.

(i) $\Phi(u) = \phi'(\Phi_{\sigma}(x + (p(x))) = \phi'(x + (p^{\sigma}(x))) = u'$

(ii) 모든 $a \in F$ 에 대하여 $\Phi(a) = \sigma(a)$ 이다.

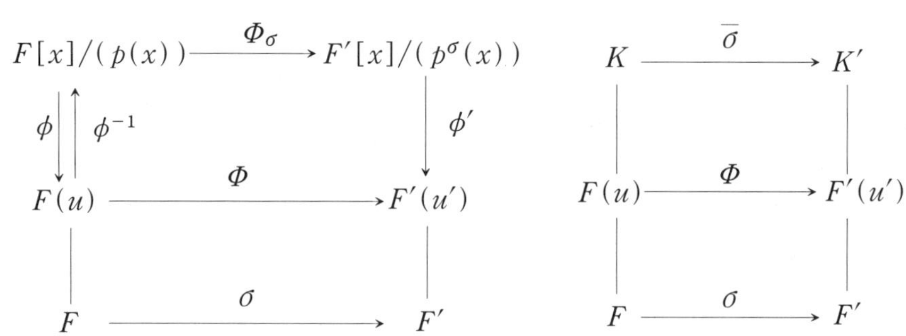

그런데 $[F(u) : F] = r \geq 2$ 이므로

$$[K : F(u)] = \frac{[K : F]}{[F(u) : F]} = \frac{m}{r} < m = [K : F]$$

이고 또 $F \subseteq F(u)$ 이므로, $f(x)$ 를 체 $F(u)$ 위의 다항식으로 생각할 때

K는 $F(u)$ 위에서의 $f(x)$의 분해체이다(정리 5.4.4 참조). 따라서 귀납법 가정에 의하여 다음과 같은 동형사상 $\overline{\sigma} : K \longrightarrow K'$가 존재한다.

$$\overline{\sigma}(b) = \Phi(b) \qquad\qquad (b \in F(u))$$

그리고, 모든 $a \in F$에 대하여 $\overline{\sigma}(a) = \Phi(a) = \sigma(a)$이다

연 습 문 제 (5.4)

1. 다음 다항식의 유리수체 $\mathbb{Q}$ 위에서의 분해체 K와 $[K : \mathbb{Q}]$를 구하여라.

(1) $f(x) = x^4 - 1 = (x^2-1)(x^2+1)$

(2) $f(x) = x^4 - 5x^2 + 6 = (x^2-2)(x^2-3)$

2. 다음 다항식의 유리수체 $\mathbb{Q}$ 위에서의 분해체 K와 $[K : \mathbb{Q}]$를 구하여라.

(1) $f(x) = x^2 - 7$　　(2) $f(x) = x^2 + 7$

3. 다음 다항식의 유리수체 $\mathbb{Q}$ 위에서의 분해체 K와 $[K : \mathbb{Q}]$를 구하여라.

(1) $f(x) = x^3 - 5$　　(2) $f(x) = x^3 + 5$

(3) $f(x) = x^3 - 7x + 6$　　(4) $f(x) = (x^2-3)(x^2-5)$

4. p가 素數일 때, 다항식 $f(x) = x^p - 1$의 유리수체 $\mathbb{Q}$ 위에서의 분해체 K와 $[K : \mathbb{Q}]$를 구하여라.

***5.** Galois 체 $\mathbb{F}_4$는 $\mathbb{F}_2 = \{0, 1\}$ 위에서의 $p(x) = x^2+x+1$의 분해체임을 밝히고, 또 $\mathbb{F}_4$는 $\mathbb{F}_2$ 위에서의 $f(x) = x^4 - x$의 분해체임을 밝혀라.

6. 체 F의 유한 확대체 K에 대하여 $[K : F] = 2$일 때, K는 체 F 위에서의 한 이차다항식의 분해체임을 증명하여라.

***7.** 체 K가 체 F 위에서의 $f(x) \in F[x]$, $\deg f(x) = m \geq 1$의 분해체이고 E가 체 K 위에서의 $g(x) \in F[x]$, $\deg g(x) = n \geq 1$의 분해체이면, E는 체 F 위에서의 $f(x)\,g(x) \in F[x]$의 분해체임을 밝혀라.

§ 5.5 분리확대체

이 절에서는 체 F 위의 다항식 $f(x)$ 가 그 분해체 안에서 단근만을 가질 조건에 대하여 논하기로 한다(정의 4.3.10 참조).

정의 5.5.1 체 F 위의 다항식 $f(x) = a_0 + a_1 x + \cdots + a_n x^n$ 에 대하여

$$f'(x) = \sum_{i=1}^{n} i\, a_i\, x^{i-1} = a_1 + 2\, a_2\, x + \cdots + n\, a_n\, x^{n-1} \in F[x]$$

를 다항식 $f(x)$ 의 **형식적 미분**(formal derivative)이라고 한다.

정의에 따라 다음 정리가 성립함을 증명할 수 있다(문제 1 참조)

정리 5.5.2 체 F 위의 두 다항식 $f(x), g(x) \in F[x]$ 와 원소 $a \in F$ 에 대하여 다음이 성립한다.

(1) $(f(x)+g(x))' = f'(x) + g'(x)$, $\quad (a\, f(x))' = a\, f'(x)$

(2) $(f(x)\, g(x))' = f'(x)\, g(x) + f(x)\, g'(x)$

정리 5.5.3 체 F 위의 다항식 $f(x) \in F[x]$, $\deg f(x) = n \geq 1$ 에 대하여 K 를 체 F 위에서의 $f(x)$ 의 분해체라고 하면 다음이 성립한다.

(1) $\gcd\{f(x), f'(x)\} \neq 1$ 일 때 그리고 이때에만 $f(x)$ 는 K 안에서 중근을 가진다.

(2) $\gcd\{f(x), f'(x)\} = 1$ 일 때 그리고 이때에만 $f(x)$ 는 K 안에서 단근만을 가진다. 즉, $\gcd\{f(x), f'(x)\} = 1$ 일 때 그리고 이때에만 n 차의 다항식 $f(x)$ 는 K 안에서 서로 다른 n 개의 근을 가진다.

증명 다항식환 $F[x]$ 에서의 $f(x), f'(x)$ 의 최대공약수를 $d(x)$ 라고 하면, $K[x]$ 에서의 $f(x), f'(x)$ 의 최대공약수도 $d(x)$ 이다(정리 4.2.11).

먼저 $f(x)$ 가 K 안에서 중근 $u \in K$ 를 가진다고 하면, 적당한 다항식 $g(x) \in K[x]$ 에 대하여

$$f(x) = (x-u)^2 g(x)$$

이고,

$$f'(x) = 2(x-u) g(x) + (x-u)^2 g'(x)$$

이므로 $K[x]$ 에서 $(x-u) \mid f(x)$, $(x-u) \mid f'(x)$ 이고 따라서 최대공약수의 정의에 의하여 $(x-u) \mid d(x)$ 이므로 $\deg d(x) \geq 1$ 즉 $d(x) \neq 1$ 이다.

역으로, $\deg d(x) \geq 1$ 이라고 하자. 이 때, $d(x) \mid f(x)$ 이므로 K 안에 $d(x)$ 의 근 $u \in K$ 가 존재하고 $d(u) = 0$ 이고 $f(u) = 0$ 이므로

$$f(x) = (x-u) g(x)$$

인 다항식 $g(x) \in K[x]$ 가 존재한다(정리 4.3.1). 한편,

$$f'(x) = g(x) + (x-u) g'(x)$$

이고 또 $d(x) \mid f'(x)$ 이므로 $f'(u) = 0$ 이다. 그러므로

$$0 = f'(u) = g(u) + (u-u) g'(u) = g(u)$$

이므로 적당한 다항식 $q(x) \in K[x]$ 에 대하여 $g(x) = (x-u) q(x)$ 이고 따라서 $f(x) = (x-u)^2 q(x)$ 이므로 $f(x)$ 는 K 안에서 중근 u 를 가진다.

그러므로 정리의 (1), (2)가 성립한다.

보기 5.5.1 유리수체 $\mathbb{Q}$ 위의 다항식 $f(x) = x^3 - 3x + 2$ 에 대하여

$$f'(x) = 3x^2 - 3, \qquad \gcd\{f(x), f'(x)\} = x-1$$

이므로, 유리수체 $\mathbb{Q}$ 위에서의 $f(x)$ 의 분해체 안에서 $f(x)$ 는 중근 1을 가진다.

실제로, 다음이 성립한다.

$$f(x) = (x-1)^2 (x+2)$$

x	$x^3 - 3x + 2$	$3x^2 - 3$	$\div 3$
	$x^3 - x$	$x^2 - 1$	x
$\div 2$	$-2x + 2$	$x^2 - x$	
	$x - 1$	$x - 1$	1
		$x - 1$	
		0	

보기 5.5.2 유리수체 $\mathbb{Q}$ 위의 기약다항식 $p(x) = x^3 - x + 1$ 에 대하여

$$p'(x) = 3x^2 - 1$$

이고 $\gcd\{p(x), p'(x)\} = 1$ 이다(보기 4.3.4). 따라서 유리수체 $\mathbb{Q}$ 위에서의 $p(x)$ 의 분해체 안에서 $p(x)$ 는 서로 다른 3개의 근을 가진다.

보기 5.5.3 체 F 의 표수가 素數 p 일 때, $f(x) = x^p - 1$ 에 대하여

$$f(x) = (x-1)^p$$

이므로 $f(x)$ 는 체 F 안에서 p 중근 1을 가진다(보기 3.11.7). 실제로,

$$f'(x) = p\,x^{p-1} = 0 \qquad \text{(영다항식)}$$

이므로 $\gcd\{f(x), f'(x)\} = f(x)$ 이다.

정의 5.5.4 체 F 위의 다항식 $f(x) \in F[x]$, $\deg f(x) = n \geq 1$ 가 그 분해체 안에서 단근만을 가질 때, 즉 그 분해체 안에서 n 개의 서로 다른 근을 가질 때, $f(x)$ 를 F 위의 **分離다항식**(separable polynomial) 또는 F 위에서 **分離가능한 다항식**이라고 한다.

정의 5.5.5 체 F 의 확대체에 속하는 원소 u 가 F 위에서 대수적이면서 최소다항식 $\mathrm{irr}(u, F)$ 가 F 위의 분리다항식일 때, u 를 F 위의 **분리원소**(separable element) 또는 F 위에서 **분리가능한 원소**라고 한다.

또, 체 F 의 확대체 L 이 F 의 대수적 확대체이면서 L 의 모든 원소가 F 위의 분리원소일 때, L 을 F 의 **분리확대체**(separable extension) 또는 **분리가능한 확대체**라고 한다.

보기 5.5.4 다항식 $f(x) = (x^2+2)^3$ 는 유리수체 $\mathbb{Q}$ 위의 분리다항식이 아니지만, 다항식 $p(x) = x^2 + 2$ 는 유리수체 $\mathbb{Q}$ 위의 분리다항식이다.

정리 5.5.6 체 F 위의 다항식 $f(x) \in F[x]$, $\deg f(x) \geq 1$ 에 대하여 다음이 성립한다.

(1) $\gcd\{f(x), f'(x)\} = 1$ 일 때 그리고 이때에만 $f(x)$ 는 체 F 위의 분리다항식이다.

(2) $f(x)$ 가 F 위의 기약다항식일 때, $f(x)$ 가 F 위의 분리다항식이기 위한 필요충분조건은 $f'(x)$ 가 영다항식이 아닌 것이다.

증명 (1) 정리 5.5.3 에 의하여 (1) 이 성립한다.

(2) 이제 $f(x)$ 가 F 위의 기약다항식이라고 하자.

먼저 $f'(x)$ 가 영다항식이 아니면, $0 \leq \deg f'(x) < \deg f(x)$ 이므로 $f(x) \nmid f'(x)$ 이고 따라서 $\gcd\{f(x), f'(x)\} = 1$ 이다.

한편, $f'(x)$ 가 영다항식이면, $\gcd\{f(x), f'(x)\} \neq 1$ 이므로 (1) 에 의하여 $f(x)$ 는 F 위의 분리다항식이 아니다.

정리 5.5.7 체 F 의 표수가 0 일 때, F 위의 기약다항식은 모두 F 위의 분리다항식이고 또 체 F 의 대수적 확대체는 모두 F 의 분리확대체이다.

특히, 유리수체 $\mathbb{Q}$ 위의 기약다항식은 모두 $\mathbb{Q}$ 위의 분리다항식이고, 또 유리수체 $\mathbb{Q}$ 의 대수적 확대체는 모두 $\mathbb{Q}$ 의 분리확대체이다.

증명 체 F 의 표수가 0 일 때,

$$f(x) = a_n x^n + \cdots + a_1 x + a_0, \quad a_n \neq 0, \quad n \geq 1$$

를 체 F 위의 n 차의 기약다항식이라고 하면

$$f'(x) = n\, a_n x^{n-1} + \cdots + a_1, \quad n\, a_n \neq 0$$

이므로 $f'(x)$ 는 영다항식이 아니고 따라서 정리 5.5.6 에 의하여 $f(x)$ 는 F 위의 분리다항식이다.

그리고, 체 K 가 F 의 대수적 확대체일 때, 모든 원소 $u \in K$ 에 대하여 $\mathrm{irr}(u, F)$ 는 F 위의 분리다항식이므로 K 는 F 의 분리확대체이다.

정리 5.5.8 유한체 F 의 표수가 素數 p 일 때 다음이 성립한다.

(1) F 위의 n 차의 다항식 $f(x) = a_n x^n + \cdots + a_1 x + a_0$ 에 대하여 $f'(x)$ 가 영다항식이기 위한 필요충분조건은 $f(x)$ 가

$$f(x) = g(x)^p, \qquad g(x) \in F[x]$$

와 같은 꼴의 다항식인 것이다.

(2) F 위의 기약다항식은 모두 F 위의 분리다항식이다.

(3) F 의 대수적 확대체는 모두 F 의 분리확대체이다.

증명 (1) 먼저 $f'(x) = n\, a_n x^{n-1} + \cdots + 2\, a_2 x + a_1$ 가 영다항식이라고 하자. 이 때, 모든 i $(1 \leq i \leq n)$ 에 대하여 $i\, a_i = 0$ 이고 또 유한체 F 의

표수가 p 이므로 각 i $(1 \leq i \leq n)$ 에 대하여

$$p \mid i \quad 또는 \quad p \nmid i,\ a_i = 0$$

이므로 $f(x)$ 는 $f(x) = \sum_{j=0}^{m} a_{pj}\, x^{pj}$ 와 같은 꼴이다.

그런데, 정리 3.11.8 에 의하여 $F = \{u^p \mid u \in F\}$ 이므로

$$a_{pj} = b_j^{\,p} \qquad\qquad (0 \leq j \leq m)$$

인 원소 $b_j \in F$ 가 존재하고 이때 정리 3.11.9 에 의하여

$$f(x) = \sum_{j=0}^{m} a_{pj}\, x^{pj} = \sum_{j=0}^{m} b_j^{\,p}\, x^{pj} = (\sum_{j=0}^{m} b_j\, x^j)^p$$

이므로 $g(x) = \sum_{j=0}^{m} b_j\, x^j \in F[x]$ 이라고 하면 $f(x) = g(x)^p$ 이다.

역으로, 적당한 다항식 $g(x) \in F[x]$ 에 대하여 $f(x) = g(x)^p$ 이면, $f'(x) = p\,g(x)^{p-1}\,g'(x) = 0$ (영다항식) 이다.

(2) 체 F 위의 다항식 $f(x)$ 가 기약일 때, 위의 (1) 에 의하여 $f'(x)$ 는 영다항식이 아니므로 $f(x)$ 는 F 위의 분리다항식이다(정리 5.5.6).

(3) 체 K 가 F 의 대수적 확대체일 때, $u \in K$ 이라고 하면 (2) 에 의하여 $\mathrm{irr}\,(u, F)$ 는 F 위의 분리다항식이므로 K 는 F 의 분리확대체이다.

정의 5.5.9 체 F 위의 기약다항식이 모두 F 위의 분리다항식일 때, F 를 **完全體**(perfect field)라고 한다.

보기 5.5.5 체 F 가 대수적 폐체이면, F 위의 기약다항식은 일차다항식뿐이다(정리 5.2.9). 따라서 대수적 폐체는 완전체이다.

보기 5.5.6 표수가 0 인 체는 완전체이다(정리 5.5.7). 특히, 유리수체 $\mathbb{Q}$ 는 완전체이다. 또, 유한체는 모두 완전체이다(정리 5.5.8). 한편, 표수가 素數인 무한체 중에는 완전체가 아닌 체가 존재한다('해설 505' 참조).

체 F 의 표수가 0 이면, F 의 素體는 유리수체 $\mathbb{Q}$ 이므로 F 는 무한체이다. 무한체에 대해서는 다음 정리가 성립한다('해설 505' 참조).

정리 5.5.10 체 F가 무한체일 때, F의 확대체 L에 속하는 두 원소 u, v가 F 위의 분리원소이면 $F(u, v) = F(w)$ 인 원소 w가 존재하고 따라서 $F(u, v)$는 F의 단순 확대체이다.

연 습 문제 (5.5)

1. 정리 5.5.2가 성립함을 증명하여라.

***2.** 다음 다항식이 복소수체 $\mathbb{C}$ 안에서 중근을 가짐을 밝히고 그 근을 구하여라.

(1) $f(x) = x^3 - 3x + 2$ (2) $f(x) = x^3 + 6x^2 + 9x + 4$

3. 체 F의 표수가 素數 p일 때, 체 F 위의 다항식 $f(x) = x^p - x$는 F 위의 분리다항식임을 밝혀라.

***4.** 체 F의 표수 0일 때, 다항식 $f(x) \in F[x], \deg f(x) \geq 1$에 대하여

$$d(x) = \gcd\{f(x), f'(x)\}, \quad f(x) = d(x)\,g(x), \quad g(x) \in F[x]$$

이라고 하면, F 위에서의 $f(x)$의 분해체 K 안에서 $f(x)$와 $g(x)$는 동일한 근을 가지며 $g(x)$는 단근만을 가짐을 밝혀라.

5. 체 K 위의 다항식 $f(x) \in F[x], \deg f(x) = n \geq 1$에 대하여 K를 F 위에서의 $f(x)$의 분해체라 하고 L을 $F \subseteq L \subseteq K$인 체라고 할 때, $f(x)$가 F 위의 분리다항식이면 $f(x)$는 L 위의 분리다항식임을 밝혀라.

***6.** 체 $F \subseteq L \subseteq E$에 대하여 다음이 성립함을 증명하여라.

(1) 체 E가 체 F의 분리확대체이면, L은 F의 분리확대체이다.

(2) 체 E가 체 F의 분리확대체이면, E는 L의 분리확대체이다.

7. 체 F의 표수가 素數 p일 때, F 위의 n차의 기약다항식 $p(x) \in F[x]$에 대하여 $p \nmid n$이면 $p(x)$는 체 F 위에서 분리다항식임을 밝혀라.

8. 체 F의 표수가 素數 p일 때, K가 F의 유한 확대체이고 또 $p \nmid [K : F]$이면 K는 F의 분리확대체임을 밝혀라.

§ 5.6 Galois 군

이 절에서는, 주어진 체의 확대체와 관련된 군에 대하여 논한다.

정의 5.6.1 체 K 위의 사상 $\sigma : K \longrightarrow K$가 동형사상일 때, σ를 K의 **자기동형사상**(automorphism)이라고 한다.

체 K에서 사상 $\sigma : K \longrightarrow K$가 자기동형사상이면, 임의의 $u, v \in K$에 대하여 다음이 성립한다(정리 3.4.9).

$$\sigma(u \pm v) = \sigma(u) \pm \sigma(v), \qquad \sigma(u\,v) = \sigma(u)\,\sigma(v),$$
$$\sigma(1) = 1, \qquad \sigma(u^{-1}) = \sigma(u)^{-1} \qquad (u \neq 0 \text{ 일 때})$$

그리고, 자기동형사상 σ는 일대일 대응이므로 σ는 K 위의 치환이다. 항등사상 $1_K : K \longrightarrow K$를 간단히 1로 나타내기로 한다.

정리 5.6.2 체 K의 자기동형사상 전체의 집합을 Aut(K)로 나타내면, Aut(K)는 합성연산 $\circ$에 관하여 대칭군 $S(K)$의 부분군을 이룬다. 군 Aut(K)를 체 K의 **자기동형군**(automorphism group)이라고 한다.

증명 각 $\sigma \in$ Aut(K)는 K 위의 치환이므로 Aut$(K) \subseteq S(K)$이다. 그리고, 임의의 $\sigma, \tau \in$ Aut(K)에 대하여 합성사상

$$\tau \circ \sigma : K \longrightarrow K, \quad (\tau \circ \sigma)(u) = \tau(\sigma(u))$$

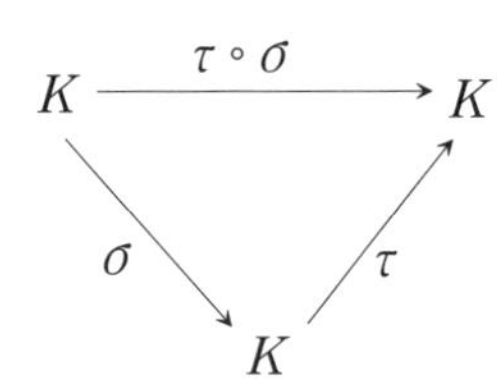

와 σ의 역사상 $\sigma^{-1} : K \longrightarrow K$는 모두 K의 자기동형사상이므로 $\tau \circ \sigma, \sigma^{-1} \in$ Aut(K)이다(정리 3.4.2) 그러므로 Aut(K)는 대칭군 $S(K)$의 부분군이다(정리 2.3.2).

보기 5.6.1 유리수체 $\mathbb{Q}$의 자기동형사상은 항등사상뿐이다(보기 3.4.5). 따라서 유리수체 $\mathbb{Q}$의 자기동형군은 Aut$(\mathbb{Q}) = \{1\}$이다.

보기 5.6.2 사상 $\sigma : \mathbb{R} \longrightarrow \mathbb{R}$를 실수체 $\mathbb{R}$의 자기동형사상이라고 하자. 이 때, $\sigma(1) = 1$이고 모든 유리수 $u \in \mathbb{Q}$에 대하여 $\sigma(u) = u$이다(보기 3.4.5). 그리고 양의 실수 x에 대하여 $\sqrt{x}$는 양의 실수이고

$$\sigma(x) = \sigma(\sqrt{x}^{\,2}) = \sigma(\sqrt{x})^2 > 0$$

이므로 두 실수 $x_1, x_2 \in \mathbb{R}$에 대하여 다음이 성립한다.

$$\begin{aligned} x_1 > x_2 &\Longrightarrow x_1 - x_2 > 0 \\ &\Longrightarrow \sigma(x_1) - \sigma(x_2) = \sigma(x_1 - x_2) > 0 \\ &\Longrightarrow \sigma(x_1) > \sigma(x_2) \end{aligned}$$

이제 실수 x에 대하여 $\sigma(x) < x$이라고 가정하면, 유리수의 稠密性에 의하여 $\sigma(x) < u < x$인 유리수 u가 존재하고 이때 $u = \sigma(u) < \sigma(x)$로 되어 모순이 생긴다. 마찬가지로, $x < \sigma(x)$일 수 없으므로 모든 실수 x에 대하여 $\sigma(x) = x$이고 따라서 $\mathrm{Aut}(\mathbb{R}) = \{1\}$이다.

정의 5.6.3 체 F의 확대체 K에서 다음 두 조건을 만족시키는 사상 $\sigma : K \longrightarrow K$를 K의 **F-자기동형사상**(F-automorphism)이라고 한다.

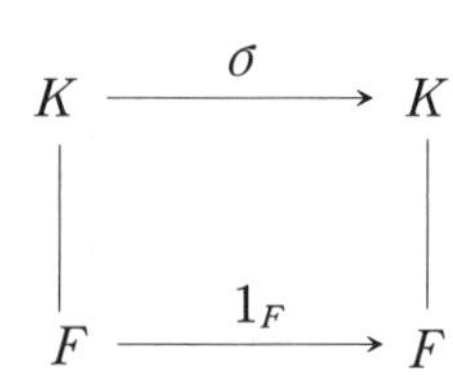

(i) σ는 K의 자기동형사상이다.

(ii) $\sigma|_F = 1_F$, 즉 $\sigma(a) = a \quad (a \in F)$

정리 5.6.4 체 K가 체 F의 확대체일 때, K의 F-자기동형사상 전체의 집합을 $\mathrm{Gal}(K/F)$라고 하면, $\mathrm{Gal}(K/F)$는 $\mathrm{Aut}(K)$의 부분군이다. 즉,

$$\mathrm{Gal}(K/F) = \{\sigma \in \mathrm{Aut}(K) \mid \sigma|_F = 1_F\}$$

군 $\mathrm{Gal}(K/F)$를 F 위에서의 K의 **갈루아 군**(Galois group)이라고 한다.

증명 이제 $\sigma, \tau \in \mathrm{Gal}(K/F)$이라고 하자. 이 때, $\tau \circ \sigma$와 σ^{-1}는 K의 자기동형사상이고 또 모든 $a \in F$에 대하여

$$(\tau \circ \sigma)(a) = \tau(\sigma(a)) = \tau(a) = a, \qquad \sigma^{-1}(a) = a$$

이므로 $\tau \circ \sigma, \sigma^{-1} \in \mathrm{Gal}(K/F)$이다.

따라서 $\mathrm{Gal}(K/F)$는 $\mathrm{Aut}(K)$의 부분군이다(정리 2.3.2 참조).

정리 5.6.5 체 F 의 확대체 K 에서 $\sigma \in \mathrm{Gal}\,(K/F)$ 일 때, 원소 $u \in K$ 가 F 위의 다항식 $f(x) \in F[x]$ 의 근이면 $\sigma(u)$ 도 $f(x)$ 의 근이다.

증명 다항식 $f(x) = a_0 + a_1 x + \cdots + a_n x^n$ 에 대하여

$$\begin{aligned}\sigma(f(u)) &= \sigma(a_0 + a_1 u + \cdots + a_n u^n)\\ &= \sigma(a_0) + \sigma(a_1)\,\sigma(u) + \cdots + \sigma(a_n)\,\sigma(u^n)\\ &= a_0 + a_1\,\sigma(u) + \cdots + a_n\,\sigma(u)^n = f(\sigma(u))\end{aligned}$$

이므로, 특히 $f(u) = 0$ 이면 $f(\sigma(u)) = 0$ 이다.

보기 5.6.3 이차체 $\mathbb{Q}(\sqrt{m}) = \{a + b\sqrt{m} \mid a, b \in \mathbb{Q}\}$ 위에서 임의의 원소 $\sigma \in \mathrm{Gal}\,(\mathbb{Q}(\sqrt{m})/\mathbb{Q})$ 에 대하여 $\sigma(a+b\sqrt{m}) = a + b\,\sigma(\sqrt{m})$ 이고, 또 $p(x) = \mathrm{irr}\,(\sqrt{m}, \mathbb{Q}) = x^2 - m$ 이다(보기 5.1.5).

한편, $p(x)$ 는 $\mathbb{Q}(\sqrt{m})$ 안에서 서로 다른 두 근 $\sqrt{m}, -\sqrt{m}$ 를 가지므로

$$\sigma(\sqrt{m}) = \sqrt{m} \qquad \text{또는} \qquad \sigma(\sqrt{m}) = -\sqrt{m}$$

이고 또 다음 두 사상은 $\mathbb{Q}(\sqrt{m})$ 의 $\mathbb{Q}$-자기동형사상이다(문제 3.4.3).

$$\begin{aligned}1 : \mathbb{Q}(\sqrt{m}) \longrightarrow \mathbb{Q}(\sqrt{m}), \quad & 1\,(a+b\sqrt{m}) = a + b\sqrt{m}\\ \sigma : \mathbb{Q}(\sqrt{m}) \longrightarrow \mathbb{Q}(\sqrt{m}), \quad & \sigma\,(a+b\sqrt{m}) = a - b\sqrt{m}\end{aligned}$$

그러므로 $\mathrm{Gal}\,(\mathbb{Q}(\sqrt{m})/\mathbb{Q}) = \{1, \sigma\} \cong S_2$ 이다.

보기 5.6.4 실수 $\sqrt[3]{2}$ 에 대하여 다음이 성립한다(보기 5.1.6).

$$\begin{aligned}&p(x) = \mathrm{irr}\,(\sqrt[3]{2}, \mathbb{Q}) = x^3 - 2,\\ &\mathbb{Q}(\sqrt[3]{2}) = \{a_0 + a_1\sqrt[3]{2} + a_2(\sqrt[3]{2})^2 \mid a_0, a_1, a_2 \in \mathbb{Q}\}\end{aligned}$$

이제 $\sigma \in \mathrm{Gal}\,(\mathbb{Q}(\sqrt[3]{2})/\mathbb{Q})$ 이라고 하면,

$$\sigma\,(a_0 + a_1\sqrt[3]{2} + a_2\sqrt[3]{2}) = a_0 + a_1\,\sigma(\sqrt[3]{2}) + a_2\,\sigma(\sqrt[3]{2})^2$$

이고 $\sigma(\sqrt[3]{2})$ 은 $p(x)$ 의 근이다. 그런데, $p(x)$ 의 근 중에서 $\mathbb{Q}(\sqrt[3]{2})$ 에 속하는 근은 $\sqrt[3]{2}$ 뿐이므로 $\sigma(\sqrt[3]{2}) = \sqrt[3]{2}$ 이고 따라서 $\sigma = 1$ 이다.

그러므로 $\mathrm{Gal}\,(\mathbb{Q}(\sqrt[3]{2})/\mathbb{Q}) = \{1\}$ 이다.

정의 5.6.6 체 F 위의 다항식 $f(x) \in F[x]$, $\deg f(x) \geq 1$ 에 대하여 K가 체 F 위에서의 $f(x)$ 의 분해체일 때, $\mathrm{Gal}(K/F)$ 를 체 F 위에서의 $f(x)$ 의 **갈루아 군**(Galois group)이라 하고 이 군을 G_f 로 나타낸다.

정리 5.6.7 체 F 위의 다항식 $f(x) \in F[x]$, $\deg f(x) \geq 1$ 에 대하여 K 를 체 F 위에서의 $f(x)$ 의 분해체라 하고 $R = \{u_1, \cdots, u_n\}$ 를 K 안에서의 $f(x)$ 의 서로 다른 근 전체로 이루어진 집합이라고 하자.

이 때, Galois 군 $G_f = \mathrm{Gal}(K/F)$ 는 집합 R 위의 치환군과 동형이고, 따라서 G_f 는 대칭군 S_n 의 한 부분군과 동형이며 $|G_f| \mid n!$ 이다.

증명 (1) 정리 5.6.5에 의하면, 각 $\sigma \in G_f$ 와 $u_i \in R$ 에 대하여 $\sigma(u_i)$ 는 $f(x)$ 의 근이므로 $\sigma(u_i) \in R$ 이다. 그런데, σ 는 일대일 사상이고 R 는 유한집합이므로 $\sigma(R) = \{\sigma(u_1), \cdots, \sigma(u_n)\} = R$ 이다(정리 1.1.9).

따라서 각 $\sigma \in G_f$ 에 대하여 축소사상

$$\sigma|_R : R \longrightarrow R, \quad \sigma|_R(u) = \sigma(u)$$

는 R 위의 치환이므로, $\mathrm{Gal}(K/F)$ 에서 대칭군 $S(R)$ 로의 사상

$$\phi : \mathrm{Gal}(K/F) \longrightarrow S(R), \quad \phi(\sigma) = \sigma|_R$$

가 정의되고 또 분명히 ϕ 는 군 준동형사상이다.

이제 $\sigma \in \ker\phi$ 이라고 하자. 이 때, 모든 $a \in F$ 에 대하여 $\sigma(a) = a$ 이고 $\sigma(u_i) = u_i$ $(1 \leq i \leq n)$ 이다. 한편, $K = F(u_1, \cdots, u_n)$ 이므로 이 사실은 모든 $u \in F$ 에 대하여 $\sigma(u) = u$ 임을 뜻하고 따라서 $\sigma = 1$ 이다.

그러므로 $\ker\phi = \{1\}$ 이므로 $G_f \cong \mathrm{im}\,\phi \subseteq S(R)$ 이다(정리 2.8.9).

한편, $|R| = n$ 이므로 $S(R) \cong S_n$ 이고 따라서 G_f 는 S_n 의 한 부분군과 동형이고 또 $|S_n| = n!$ 이므로 $|G_f| \mid n!$ 이다(정리 2.7.6).

정의 5.6.8 체 F 의 확대체에 속하는 두 원소 u, v 가 F 위에서 대수적이고 또 $\mathrm{irr}(u, F) = \mathrm{irr}(v, F)$ 일 때, u 와 v 를 F 위의 **대수적 켤레원소**(algebraic conjugate element)라고 한다.

정리 5.6.9 체 F 의 확대체 K 에서 원소 $u \in K$ 가 F 위에서 대수적일 때, 임의의 $\sigma \in \mathrm{Gal}(K/F)$ 에 대하여 u 와 $\sigma(u)$ 는 체 F 위의 대수적 켤레원소이다.

증명 원소 $u \in K$ 가 F 위에서 대수적일 때, $p(x) = \mathrm{irr}(u, F)$ 이라고 하면, u 는 $p(x) \in F[x]$ 의 근이므로 정리 5.6.5에 의하여 $\sigma(u)$ 도 $p(x)$ 의 근이므로 $\mathrm{irr}(\sigma(u), F) = p(x)$ 이다(정리 5.1.8).

따라서 u 와 $\sigma(u)$ 는 F 위의 대수적 켤레원소이다.

정리 5.6.10 체 F 의 확대체 K 에서 두 원소 $u, v \in K$ 가 F 위의 대수적 켤레원소이면, 다음과 같은 동형사상 $\phi : F(u) \longrightarrow F(v)$ 가 존재하고 따라서 $F(u) \cong F(v)$ 이다.

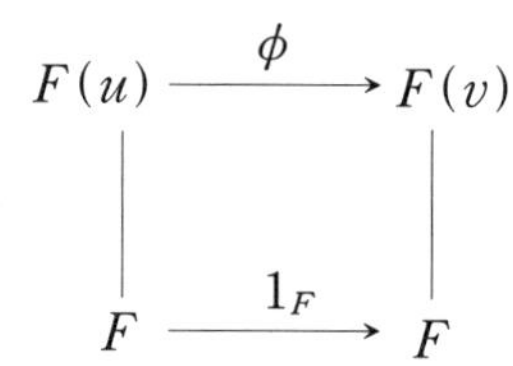

(i) $\phi(u) = v$ (ii) $\sigma|_F = 1_F$

증명 가정에 의하여 $\mathrm{irr}(u, F) = \mathrm{irr}(v, F) = p(x)$ 이고, 정리 5.1.8의 증명에 의하여 다음 두 사상은 동형사상이다.

$$\Phi_u : F[x]/(p(x)) \longrightarrow F(u), \quad \Phi_u(f(x) + (p(x))) = f(u)$$
$$\Phi_v : F[x]/(p(x)) \longrightarrow F(v), \quad \Phi_v(f(x) + (p(x))) = f(v)$$

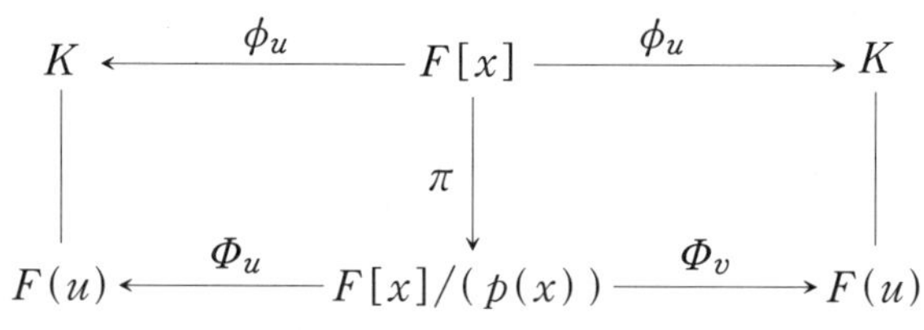

이 때, $\phi = \Phi_v \circ \Phi_u^{-1}$ 이라고 하면, $\phi : F(u) \longrightarrow F(v)$ 는 동형사상이므로 $F(u) \cong F(v)$ 이다. 그리고,

$$\phi(u) = \Phi_v(\Phi_u^{-1}(u)) = \Phi_v(x + (p(x))) = v$$

이고, 또 모든 $a \in F$ 에 대하여 다음이 성립한다.

$$\phi(a) = \Phi_v(\Phi_u^{-1}(a)) = \Phi_v(a + (p(x))) = a$$

정리 5.6.11 체 F 위의 다항식 $f(x) \in F[x]$, $\deg f(x) \geq 1$ 에 대하여 K가 F 위에서의 $f(x)$ 의 분해체일 때, 두 원소 $u, v \in K$가 F 위의 대수적 켤레원소이면 $\sigma(u) = v$ 인 $\sigma \in \mathrm{Gal}(K/F)$ 가 존재한다.

증명 두 원소 $u, v \in K$가 체 F 위의 대수적 켤레원소라고 하자.

이 때, $\mathrm{irr}(u, F) = \mathrm{irr}(v, F)$ 이고 정리 5.6.10 에 의하여 다음과 같은 동형사상 $\tau : F(u) \longrightarrow F(v)$ 가 존재한다.

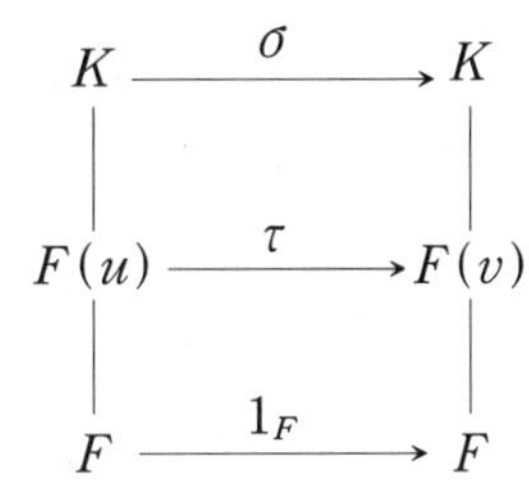

$$\tau(u) = v$$
$$\tau(a) = a \qquad (a \in F)$$

그런데 K는 F 위에서의 $f(x)$ 의 분해체이고 $F(u) \subseteq K$, $F(v) \subseteq K$이므로, K는 $F(u)$ 위에서의 $f(x)$ 의 분해체이고 또 K는 $F(v)$ 위에서의 $f(x)$ 의 분해체이다(정리 5.4.4). 따라서 다음과 같은 K의 자기동형사상 $\sigma : K \longrightarrow K$가 존재한다(정리 5.4.7).

$$\sigma(b) = \tau(b) \qquad (b \in F(u))$$

한편, $F \subseteq F(u)$ 이고 $u \in F(u)$ 이므로 다음이 성립한다.

$$\sigma(u) = \tau(u) = v$$
$$\sigma(a) = \tau(a) = a \qquad (a \in F)$$

따라서 $\sigma \in \mathrm{Gal}(K/F)$ 이고 $\sigma(u) = v$ 이다.

정리 5.6.12 체 F 위의 다항식 $f(x) \in F[x]$, $\deg f(x) = n \geq 1$ 에 대하여 K를 F 위에서의 $f(x)$ 의 분해체라고 하자.

이 때, $f(x)$ 가 F 위의 분리다항식이면, 즉 $f(x)$ 가 K 안에서 서로 다른 n 개의 근을 가지면, $|\mathrm{Gal}(K/F)| = [K : F]$ 이다.

증명 정리 5.4.3에 의하여 $1 \leq [K : F] \leq n!$ 이므로, K는 F의 유한확대체이다. 이 정리를 $d = [K : F]$ 에 관한 귀납법으로 증명하기로 한다.

먼저 $d = 1$ 이면, $K = F$ 이므로 $\mathrm{Gal}(K/F) = \mathrm{Gal}(K/K) = \{1\}$ 이고 따라서 $|\mathrm{Gal}(K/F)| = 1 = [K : F]$ 이다.

다음에 $d \geq 2$ 이라고 하자. 이 때, $f(x)$ 의 기약인수 중에서 그 차수가 가장 큰 다항식을 $p(x)$ 라 하고 $\deg p(x) = m$ 이라고 하면, $m \geq 2$ 이고 $p(x)$ 의 근은 모두 $f(x)$ 의 근이므로 가정에 의하여 $p(x)$ 는 K 안에서 m 개의 서로 다른 근 $u = u_1, \cdots, u_m$ 을 가진다.

한편, $[F(u) : F] = m \geq 2$ 이므로

$$[K : F(u)] = \frac{[K : F]}{[F(u) : F]} = \frac{d}{m} < d$$

이고, 또 K 는 $F(u)$ 위에서의 $f(x)$ 의 분해체이기도 하다(정리 5.4.4). 따라서 귀납법 가정에 의하여 다음 등식이 성립한다.

$$(*) \qquad |\operatorname{Gal}(K/F(u))| = [K : F(u)]$$

이제 $G = \operatorname{Gal}(K/F)$, $R = \{u_1, \cdots, u_m\}$ 이라고 하자. 이 때, $\sigma \in G$ 에 대하여 $\sigma(u)$ 는 $p(x)$ 의 근이므로 $\sigma(u) \in R$ 이고(정리 5.6.5), 각 u_i 에 대하여 u, u_i 는 F 위의 대수적 켤레원소이므로 $\sigma(u) = u_i$ 인 $\sigma \in G$ 가 존재한다(정리 5.6.11). 따라서 $R = \{\sigma(u) \mid \sigma \in G\}$ 이다. 그리고,

$$H = \{\sigma \in G \mid \sigma(u) = u\}, \qquad X = \{\sigma \circ H \mid \sigma \in G\}$$

이라고 하면, 분명히 H 는 G 의 부분군이고 또한 $|X| = |G : H|$ 이므로 $|G| = |G : H|\,|H| = |X|\,|H|$ 이다. 또, $\sigma, \tau \in G$ 에 대하여

$$\begin{aligned} \sigma \circ H = \tau \circ H &\iff \tau^{-1} \circ \sigma \in H \\ &\iff (\tau^{-1} \circ \sigma)(u) = u \\ &\iff \sigma(u) = \tau(u) \end{aligned}$$

이므로

$$\phi : X \longrightarrow R, \quad \phi(\sigma \circ H) = \sigma(u)$$

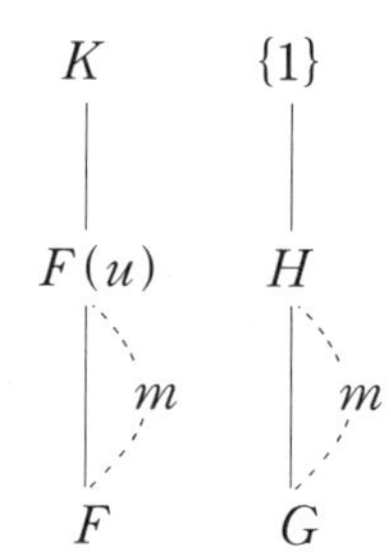

는 잘 정의된 일대일 사상이고, $R = \{\sigma(u) \mid \sigma \in G\}$ 이므로 ϕ 는 일대일대응이다. 따라서 $|X| = |R| = m$ 이므로 다음이 성립한다.

$$\begin{aligned} |G| &= |G : H|\,|H| = |X|\,|H| \\ &= m\,|H| = [F(u) : F]\,|H| \end{aligned}$$

한편, $\sigma \in \operatorname{Gal}(K/F(u))$ 이면, σ 는 $F(u)$ 의 모든 원소를 고정시키므로

특히 $\sigma(u) = u$ 이고 따라서 $\sigma \in H$ 이므로 $\mathrm{Gal}(K/F(u)) \subseteq H$ 이다.

그리고, $F(u)$ 의 각 원소는 단 한 가지 방법으로

$$v = a_0 + a_1 u + \cdots + a_{m-1} u^{m-1} \qquad (a_0, a_1, \cdots, a_{m-1} \in F)$$

의 꼴로 나타내어지므로 $\sigma \in H$ 이라고 하면,

$$\begin{aligned}\sigma(v) &= \sigma(a_0) + \sigma(a_1)\,\sigma(u) + \cdots + \sigma(a_{m-1})\,\sigma(u)^{m-1} \\ &= a_0 + a_1 u + \cdots + a_{m-1} u^{m-1} = v\end{aligned}$$

이고 따라서 $\sigma \in \mathrm{Gal}(K/F(u))$ 이므로 $H \subseteq \mathrm{Gal}(K/F(u))$ 이다.

그러므로 $H = \mathrm{Gal}(K/F(u))$ 이고, 따라서 $(*)$ 에 의하여

$$|H| = |\mathrm{Gal}(K/F(u))| = [K : F(u)]$$

이므로 다음이 성립한다.

$$|G| = [F(u) : F]\,|H| = [K : F(u)]\,[F(u) : F] = [K : F]$$

정리 5.6.13 체 F 위의 기약다항식 $p(x) \in F[x]$, $\deg p(x) = n \geq 1$ 에 대하여 K 를 F 위에서의 $p(x)$ 의 분해체라고 하자.

이 때, $p(x)$ 가 F 위의 분리다항식이면, 즉 $p(x)$ 가 K 안에서 서로 다른 n 개의 근 $u = u_1, \cdots, u_n$ 을 가지면 다음이 성립한다.

(1) 근 u_i 에 대하여 $\sigma(u) = u_i$ 인 $\sigma \in \mathrm{Gal}(K/F)$ 가 존재한다.

(2) $|\mathrm{Gal}(K/F)| = [K : F]$, $\quad n \,\Big|\, |\mathrm{Gal}(K/F)|$

증명 정리 5.6.12 의 증명에서 $f(x) = p(x)$ 인 경우에

$$\begin{aligned}&G = \mathrm{Gal}(K/F), \\ &R = \{u_1, \cdots, u_n\} = \{\sigma(u) \mid \sigma \in G\}, \\ &|G| = |G : H|\,|H| = n\,|H|\end{aligned}$$

이므로 정리가 성립한다.

체 F 의 표수가 0 이면 F 위의 기약다항식은 F 위의 분리다항식이고, 특히 유리수체 $\mathbb{Q}$ 위의 기약다항식은 $\mathbb{Q}$ 위의 분리다항식이다(정리 5.5.7).

보기 5.6.5 다항식 $f(x) = x^4 + 1$ 는 복소수체 $\mathbb{C}$ 안에서 네 근

$$u = \frac{1+i}{\sqrt{2}}, \quad ui, \quad -u, \quad -ui$$

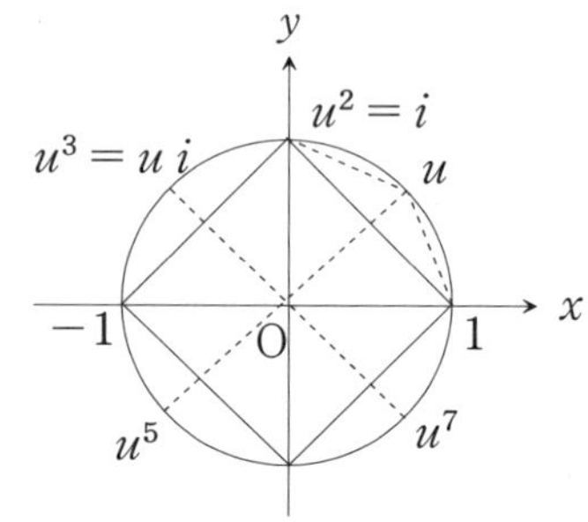

를 가진다(보기 1.3.3 참조). 그런데,

$$u^3 = ui, \quad u^5 = -u, \quad u^7 = -ui$$

이므로 이들 근은 모두 $\mathbb{Q}(u)$ 에 속하고 따라서 $K = \mathbb{Q}(u)$ 는 유리수체 $\mathbb{Q}$ 위에서의 $f(x) = x^4 + 1$ 의 분해체이다.

한편, $f(x) = x^4 + 1$ 는 유리수체 $\mathbb{Q}$ 위에서 기약이다(보기 4.4.4). 따라서

$$\text{irr}\,(u, \mathbb{Q}) = x^4 + 1, \qquad [\mathbb{Q}(u) : \mathbb{Q}] = 4$$
$$K = \mathbb{Q}(u) = \{a_0 + a_1 u + a_2 u^2 + a_3 u^3 \mid a_0, a_1, a_2, a_3 \in \mathbb{Q}\}$$

이고 Galois 군 $\text{Gal}\,(K/\mathbb{Q})$의 각 원소는 u 의 상에 의하여 결정된다. 그러므로 $\text{Gal}\,(K/\mathbb{Q})$는 항등사상 1과 다음과 같은 σ, τ, ρ 로 이루어진 군이다.

$$\sigma(u) = u^3, \qquad \tau(u) = u^5, \qquad \rho(u) = u^7$$
$$\sigma(a) = \tau(a) = \rho(a) = a \qquad (a \in \mathbb{Q})$$

이제 $u_1 = u, \quad u_2 = u^3 = ui, \quad u_3 = u^5 = -u, \quad u_4 = u^7 = -ui$ 이라고 하자. 이 때, $u^8 = 1$ 이므로

$$\sigma(u_1) = u^3 = u_2\,,$$
$$\sigma(u_2) = \sigma(u^3) = \sigma(u)^3 = (u^3)^3 = u^9 = u = u_1,$$
$$\sigma(u_3) = \sigma(u^5) = \sigma(u)^5 = (u^3)^5 = u^{15} = u^7 = u_4,$$
$$\sigma(u_4) = \sigma(u^7) = \sigma(u)^7 = (u^3)^7 = u^{21} = u^5 = u_3$$

이고, 마찬가지로 다음 표의 결과가 성립함을 일 수 있다.

	u_1	u_2	u_3	u_4
1	u_1	u_2	u_3	u_4
σ	u_2	u_1	u_4	u_3
τ	u_3	u_4	u_1	u_2
ρ	u_4	u_3	u_2	u_1

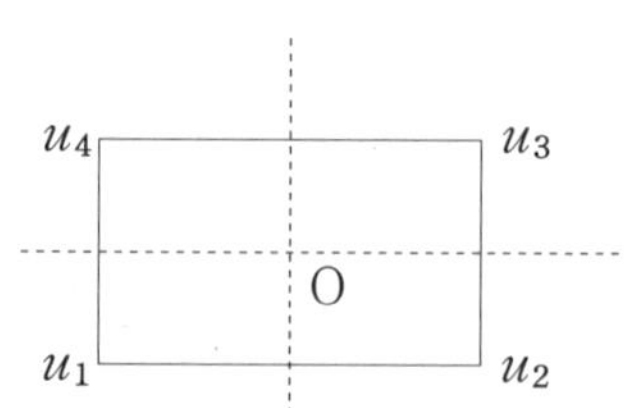

그리고, Galois 군 Gal $(K/\mathbb{Q})$ 는 다음과 같다(보기 2.9.7 참조).

$$\begin{aligned}\text{Gal}(K/\mathbb{Q}) &= \{1, \sigma, \tau, \rho\}\\ &\cong \{1, (1\ 2)\circ(3\ 4), (1\ 3)\circ(2\ 4), (1\ 4)\circ(2\ 3)\} = V_4\end{aligned}$$

한편, 다항식 $h(x) = x^8 - 1 = (x^4-1)(x^4+1)$ 는 복소수체 $\mathbb{C}$ 안에서 8개의 근 $\pm 1, \pm u, \pm i, \pm ui$ 를 가지며 이들 전체는 u^k $(0 \le k \le 7)$ 와 같으므로 $K = \mathbb{Q}(u)$ 에 속한다. 따라서 $K = \mathbb{Q}(u)$ 는 $h(x) = x^8 - 1$ 의 분해체이고 $h(x)$ 의 Galois 군은 $f(x)$ 의 Galois 군과 일치한다.

보기 5.6.6 유리수체 $\mathbb{Q}$ 위에서의 $f(x) = (x^2-2)(x^2-3)$ 의 분해체는 $K = \mathbb{Q}(\sqrt{2}, \sqrt{3})$ 이고 다음이 성립한다(보기 5.2.1).

$$K = \{a_0 + a_1\sqrt{2} + a_2\sqrt{3} + a_3\sqrt{6} \mid a_0, a_1, a_2, a_3 \in \mathbb{Q}\}$$
$$|\text{Gal}(K/\mathbb{Q})| = [K : \mathbb{Q}] = 4$$

따라서 Gal $(K/\mathbb{Q})$의 각 원소는 $\sqrt{2}$ 와 $\sqrt{3}$ 의 상에 의하여 결정된다. 한편,

$$K = \mathbb{Q}(\sqrt{2})(\sqrt{3}), \quad \text{irr}(\sqrt{3}, \mathbb{Q}(\sqrt{2})) = x^2 - 3$$

이고(보기 5.2.1), 또 다항식 $p(x) = x^2 - 3$ 는 K 안에서 두 근 $\sqrt{3}, -\sqrt{3}$ 을 가지므로 다음과 같은 $\sigma \in \text{Gal}(K/\mathbb{Q})$가 존재한다.

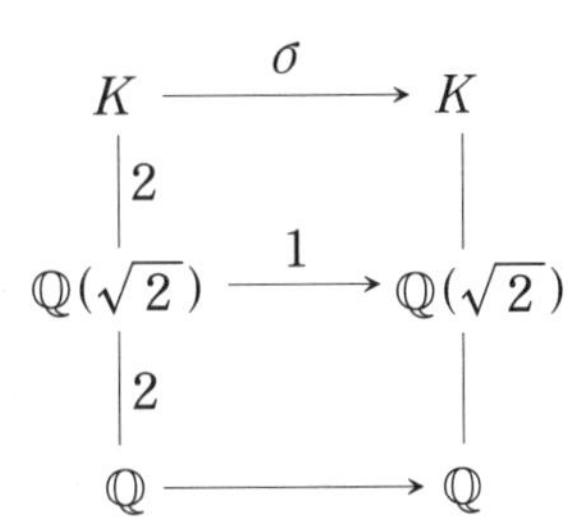

$$\sigma(\sqrt{3}) = -\sqrt{3},$$
$$\sigma(\sqrt{2}) = \sqrt{2}, \quad \sigma(a) = a \quad (a \in \mathbb{Q})$$

마찬가지로,

$$K = \mathbb{Q}(\sqrt{3})(\sqrt{2}), \quad \text{irr}(\sqrt{2}, \mathbb{Q}(\sqrt{3})) = x^2 - 2$$

이고 또 다항식 $q(x) = x^2 - 2$는 K 안에서 두 근 $\sqrt{2}, -\sqrt{2}$ 를 가지므로 다음과 같은 $\tau \in \text{Gal}(K/\mathbb{Q})$ 가 존재한다.

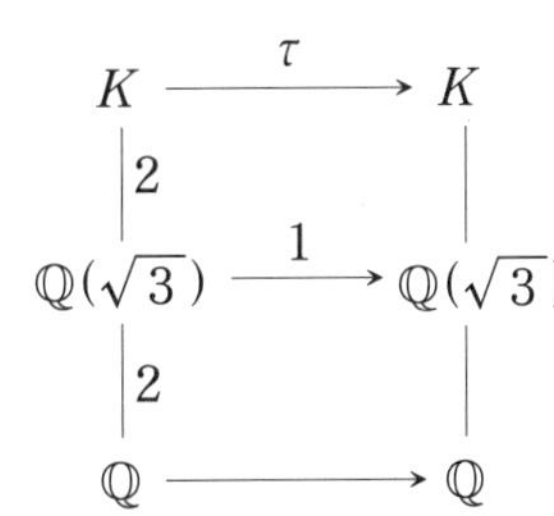

$$\tau(\sqrt{2}) = -\sqrt{2},$$
$$\tau(\sqrt{3}) = \sqrt{3}, \quad \sigma(a) = a \quad (a \in Q)$$

그런데,

$$(\sigma\circ\tau)(\sqrt{2}) = \sigma(\tau(\sqrt{2})) = \sigma(-\sqrt{2}) = -\sqrt{2},$$
$$(\sigma\circ\tau)(\sqrt{3}) = \sigma(\tau(\sqrt{3})) = \sigma(\sqrt{3}) = -\sqrt{3}$$
$$(\tau\circ\sigma)(\sqrt{2}) = \tau(\sigma(\sqrt{2})) = \tau(\sqrt{2}) = -\sqrt{2},$$
$$(\tau\circ\sigma)(\sqrt{3}) = \tau(\sigma(\sqrt{3})) = \tau(-\sqrt{3}) = -\sqrt{3}$$

이므로 $\sigma\circ\tau = \tau\circ\sigma$ 이다.

따라서 $\rho = \sigma\circ\tau$ 이라고 하면 다음 표를 얻는다.

	$\sqrt{2}$	$-\sqrt{2}$	$\sqrt{3}$	$-\sqrt{3}$	
1	$\sqrt{2}$	$-\sqrt{2}$	$\sqrt{3}$	$-\sqrt{3}$	1
σ	$\sqrt{2}$	$-\sqrt{2}$	$-\sqrt{3}$	$\sqrt{3}$	(3 4)
τ	$-\sqrt{2}$	$\sqrt{2}$	$\sqrt{3}$	$-\sqrt{3}$	(1 2)
ρ	$-\sqrt{2}$	$\sqrt{2}$	$-\sqrt{3}$	$\sqrt{3}$	(1 2)∘(3 4)

그러므로

$$\mathrm{Gal}(K/\mathbb{Q}) = \{1, \sigma, \tau, \rho\} \cong \{1, (3\ 4), (1\ 2), (1\ 2)\circ(3\ 4)\}$$

이고 $\mathrm{Gal}(K/\mathbb{Q})$ 는 Klein 의 사원군과 동형이다.

정리 5.6.14 체 K가 체 F의 유한 확대체이면, Galois 군 $\mathrm{Gal}(K/F)$는 유한군이고 또 $|\mathrm{Gal}(K/F)| \le [K:F]$ 이다.

증명 이 정리를 $d = [K:F]$ 에 관한 귀납법으로 증명한다.

먼저 $d = 1$ 이면, $K = F$ 이므로 $\mathrm{Gal}(K/F) = \mathrm{Gal}(K/K) = \{1\}$ 이고 따라서 $\mathrm{Gal}(K/F)$ 는 유한군이고 $|\mathrm{Gal}(K/F)| = 1 = [K:F]$ 이다.

이제 $d \ge 2$ 이라고 하자. 이 때, $F \subsetneq K$ 이므로 $u \in K - F$ 인 원소 u가 존재하고 u는 F 위에서 대수적이다(정리 5.2.3). 따라서

$$p(x) = \mathrm{irr}(u, F), \quad \deg p(x) = m$$

이라고 하면, $[F(u):F] = \deg p(x) = m \ge 2$ 이고 다음이 성립한다.

$$[K:F(u)] = \frac{[K:F]}{[F(u):F]} < d$$

그러므로 귀납법 가정에 의하여 다음이 성립한다.

$$(*) \qquad |\operatorname{Gal}(K/F(u))| \le [K : F(u)]$$

한편, $u = u_1, \cdots, u_k$를 K 안에서의 $p(x)$의 서로 다른 근 전체라 하고 $R = \{u_1, \cdots, u_k\}$이라고 하면, $|R| = k \le m$이다. 그리고

$$G = \operatorname{Gal}(K/F), \quad H = \operatorname{Gal}(K/F(u)), \quad R_1 = \{\sigma(u) \mid \sigma \in G\}$$

이라고 하면, 정리 5.6.12의 증명에 의하여 다음이 성립한다.

$$H = \{\sigma \in G \mid \sigma(u) = u\},$$
$$R_1 \subseteq R,$$
$$|G : H| = |R_1|,$$
$$|R_1| \le |R| = k \le m = [F(u) : F]$$

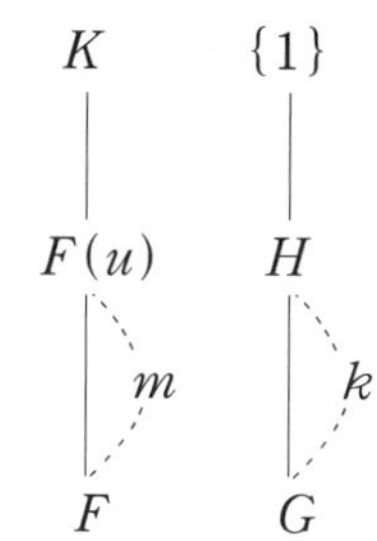

한편, $(*)$에 의하여

$$|H| = |\operatorname{Gal}(K/F(u))| \le [K : F(u)]$$

이므로 다음이 성립한다.

$$|G| = |G : H|\,|H| \le [K : F(u)]\,[F(u) : F] = [K : F]$$

연 습 문 제 (5.6)

*1. Galois 군 $\operatorname{Gal}(\mathbb{R}/\mathbb{Q})$와 Galois 군 $\operatorname{Gal}(\mathbb{C}/\mathbb{R})$를 결정하여라.

2. 체 K가 유리수체 $\mathbb{Q}$의 확대체일 때, $\operatorname{Gal}(K, \mathbb{Q}) = \operatorname{Aut}(K)$임을 증명하여라.

3. 다항식 $f(x) = x^4 - 1$에 대하여 유리수체 $\mathbb{Q}$ 위에서의 $f(x)$의 분해체 K와 Galois 군 $\operatorname{Gal}(K, \mathbb{Q})$를 결정하여라.

4. 다음 다항식의 유리수체 $\mathbb{Q}$ 위에서 분해체 K와 Galois 군 $\operatorname{Gal}(K, \mathbb{Q})$를 결정하여라.

(1) $f(x) = x^4 - 2$ (2) $g(x) = x^4 + 2$ (3) $h(x) = x^8 - 4$

5. 유리수체 $\mathbb{Q}$ 위의 기약다항식 $p(x) = x^4 - 10x^2 + 1$ 에 대하여 유리수체 $\mathbb{Q}$ 위에서의 $p(x)$ 의 분해체 K 와 Galois 군 $\text{Gal}(K, \mathbb{Q})$ 를 결정하여라.

6. $K = \mathbb{Q}(\sqrt{3}, \sqrt{5})$ 일 때, $\text{Gal}(K/\mathbb{Q})$를 구하여라.

***7.** 체 $K = \mathbb{Q}(\sqrt[3]{2}, \sqrt{3})$ 에 대하여 다음 물음에 답하여라.

(1) $[K : \mathbb{Q}]$ 를 구하고, K 의 $\mathbb{Q}$-기저를 하나만 구하여라.

(2) $\text{Gal}(K/\mathbb{Q}) = \text{Gal}(K/\mathbb{Q}(\sqrt[3]{2}))$ 임을 밝히고 $\text{Gal}(K/\mathbb{Q})$ 를 구하여라.

8. 유리수체 $\mathbb{Q}$ 위의 다항식 $f(x) = x^5 - 1$ 에 대하여 ζ를 $f(x)$ 의 한 허근이라 하고 $F = \mathbb{Q}(\zeta)$ 이라고 할 때, 다음 물음에 답하여라.

(1) 체 F 는 유리수체 $\mathbb{Q}$ 위에서의 $f(x)$ 의 분해체임을 밝혀라.

(2) Galois 군 $\text{Gal}(F/\mathbb{Q})$를 결정하여라.

(3) 체 $F = \mathbb{Q}(\zeta)$ 위에서의 다항식 $g(x) = x^5 - 7$ 의 분해체 K 를 결정하고, 또 Galois 군 $\text{Gal}(K/F)$ 를 결정하여라.

***9.** 다항식 $p(x) = x^3 + x^2 - 2x - 1$ 에 대하여 다음 물음에 답하여라.

(1) 다항식 $p(x)$ 는 유리수체 $\mathbb{Q}$ 위에서 기약임을 밝혀라.

(2) 복소수체 $\mathbb{C}$ 안에서 u를 $p(x)$ 의 한 근이라고 할 때, $v = u^2 - 2$ 도 $p(x)$의 근임을 확인하고 $p(x)$ 의 나머지 한 근 w를 u로 나타내어라.

(3) $K = \mathbb{Q}(u)$ 는 유리수체 $\mathbb{Q}$ 위에서의 $p(x)$ 의 분해체임을 밝히고, 또 Galois 군 $\text{Gal}(K/\mathbb{Q})$ 를 결정하여라.

***10.** 체 F 위에서 대수적인 원소 u에 대하여 $K = F(u)$ 이라 하고 u의 최소다항식 $p(x) = \text{irr}(u, F)$ 의 차수가 n 이라고 하자.

이 때, $p(x)$ 가 K 안에서 n 개의 서로 다른 근 $u = u_1, \cdots, u_n$ 을 가지면, K 는 F 위에서의 $p(x)$ 의 분해체임을 밝혀라.

그리고, 각 i $(1 \leq i \leq n)$ 에 대하여 $\sigma_i : K \longrightarrow K$ 를

$$\sigma_i(u) = u_i$$

인 F-자기동형사상이라고 하면, $\text{Gal}(K/F) = \{\sigma_1, \cdots, \sigma_n\}$ 임을 밝혀라.

§ 5.7 Galois 확대체

체 F 의 확대체 K 에서 $F \subseteq L \subseteq K$ 인 K 의 부분체 L 을 K 의 **中間體**(intermediate field)라고 한다. 여기서는, Galois 군 $\mathrm{Gal}(K/F)$ 의 부분군과 중간체 사이의 관계에 대하여 논하기로 한다.

정리 5.7.1 체 K 가 체 F 의 확대체일 때 다음이 성립한다.

(1) $F \subseteq L \subseteq K$ 인 K 의 부분체 L 에 대하여 $\mathrm{Gal}(K/L)$ 은 $\mathrm{Gal}(K/F)$ 의 부분군이다. 여기서, $\mathrm{Gal}(K/L)$ 은 다음과 같다.

$$\mathrm{Gal}(K/L) = \{\sigma \in \mathrm{Aut}(K) \mid \sigma|_L = 1_L\}$$

(2) 군 $\mathrm{Gal}(K/F)$ 의 부분군 H 에 대하여

$$K_H = \{u \in K \mid \text{모든 } \sigma \in H \text{ 에 대하여 } \sigma(u) = u\}$$

이라고 하면, K_H 는 K 의 부분체이다.

여기서 부분체 K_H 를 K 에서의 H 의 **不變體**(fixed field)라고 한다.

증명 (1) $\mathrm{Gal}(K/L)$ 은 $\mathrm{Aut}(K)$ 의 부분군이다(정리 5.6.4). 그리고, $\sigma \in \mathrm{Gal}(K/L)$ 이라고 하면, 모든 $u \in L$ 에 대하여 $\sigma(u) = u$ 이므로, 모든 $a \in F \subseteq L$ 에 대하여 $\sigma(a) = a$ 이고 따라서 $\sigma \in \mathrm{Gal}(K/F)$ 이다.

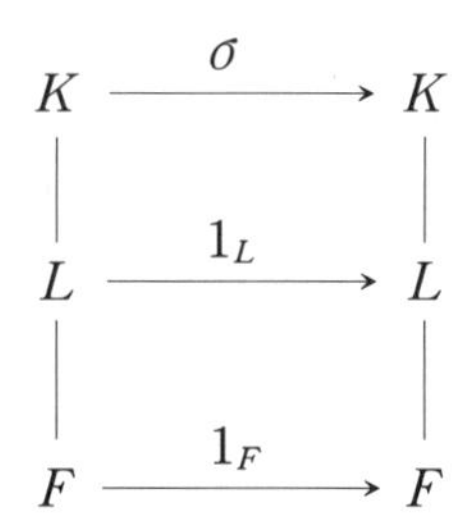

그러므로 $\mathrm{Gal}(K/L) \subseteq \mathrm{Gal}(K/F)$ 이므로, $\mathrm{Gal}(K/L)$ 은 $\mathrm{Gal}(K/F)$ 의 부분군이다.

(2) 이제 $u, v \in K_H$ 이라고 하면, 모든 $\sigma \in H$ 에 대하여

$$\sigma(u-v) = \sigma(u) - \sigma(v) = u-v,$$
$$\sigma(uv) = \sigma(u)\,\sigma(v) = uv$$

이므로 $u-v,\ uv \in K_H$ 이고 또한 $u \neq 0$ 일 때 $\sigma(u^{-1}) = \sigma(u)^{-1} = u^{-1}$ 이므로 $u^{-1} \in K_H$ 이다. 따라서 K_H 는 K 의 부분체이다(정리 3.3.3).

정리 5.7.2 체 K가 체 F의 확대체일 때, Galois 군 $G = \mathrm{Gal}(K/F)$의 부분군과 K의 중간체 사이에 다음과 같은 관계가 있다.

(1) $F \subseteq L \subseteq M \subseteq K$인 K의 부분체 L, M에 대하여 다음이 성립한다.

$$\{1\} = \mathrm{Gal}(K/K) \subseteq \mathrm{Gal}(K/M) \subseteq \mathrm{Gal}(K/L) \subseteq \mathrm{Gal}(K/F) = G$$

(2) $\{1\} \subseteq J \subseteq H \subseteq G$인 G의 부분군 H, J에 대하여 다음이 성립한다.

$$F \subseteq K_G \subseteq K_H \subseteq K_J \subseteq K_{\{1\}} = K$$

(3) $F \subseteq L \subseteq K$인 K의 부분체 L에 대하여 $L \subseteq K_{\mathrm{Gal}(K/L)}$이고, 또 G의 부분군 H에 대하여 $H \subseteq \mathrm{Gal}(K/K_H)$이다.

(4) $\mathrm{Gal}(K/K_G) = \mathrm{Gal}(K/F)$

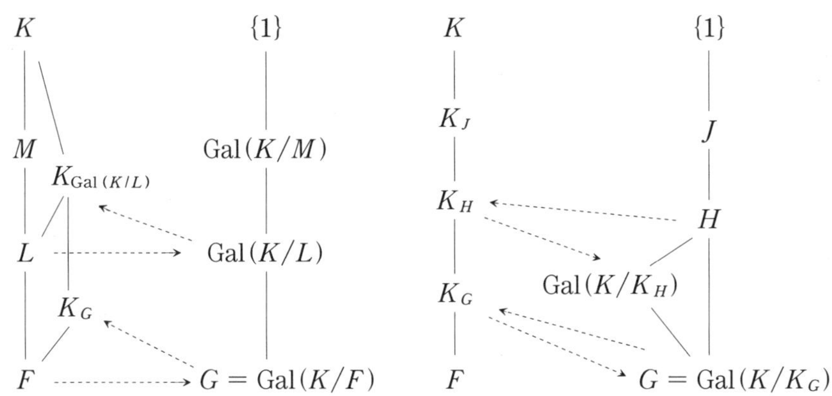

증명 (1) 정의에 의하여 $\mathrm{Gal}(K/K) = \{1\}$, $\mathrm{Gal}(K/F) = G$이다.

그리고, $F \subseteq L \subseteq M \subseteq K$이면 M은 L의 확대체이므로 정리 5.7.1에 의하여 $\{1\} \subseteq \mathrm{Gal}(K/M) \subseteq \mathrm{Gal}(K/L) \subseteq G$이다.

(2) 정의에 의하여 $K_{\{1\}} = K$, $F \subseteq K_G$이다.

그리고 $J \subseteq H$일 때, $u \in K_H$이라고 하면 임의의 원소 $\sigma \in H$에 대하여 $\sigma(u) = u$이므로, 특히 모든 원소 $\sigma \in J$에 대하여 $\sigma(u) = u$이고 따라서 $u \in K_J$이다. 그러므로 $K_H \subseteq K_J$이다.

(3) L이 $F \subseteq L \subseteq K$인 K의 부분체이면, 모든 원소 $\sigma \in \mathrm{Gal}(K/L)$와 모든 원소 $u \in L$에 대하여 $\sigma(u) = u$이므로 $u \in K_{\mathrm{Gal}(K/L)}$이다.

따라서 $L \subseteq K_{\mathrm{Gal}(K/L)}$이다.

다음에 H 가 G 의 부분군이면, 모든 $\sigma \in H$ 와 모든 $u \in K_H$ 에 대하여 $\sigma(u) = u$ 이므로 $\sigma \in \mathrm{Gal}\,(K/K_H)$ 이고 따라서 $H \subseteq \mathrm{Gal}\,(K/K_H)$ 이다.

(4) 모든 $\sigma \in \mathrm{Gal}\,(K/F)$ 와 모든 $u \in K_G$ 에 대하여 $\sigma(u) = u$ 이므로 $\sigma \in \mathrm{Gal}\,(K/K_G)$ 이고, 따라서 $\mathrm{Gal}\,(K/F) \subseteq \mathrm{Gal}\,(K/K_G)$ 이다. 또, (2) 에 의하여 $F \subseteq K_G \subseteq K$ 이므로 (1) 에 의하여 $\mathrm{Gal}\,(K/K_G) \subseteq \mathrm{Gal}\,(K/F)$ 이다.

그러므로 $\mathrm{Gal}\,(K/K_G) = \mathrm{Gal}\,(K/F)$ 이다.

정의 5.7.3 체 F 의 확대체 K 에 대하여 Galois 군 $G = \mathrm{Gal}\,(K/F)$ 의 불변체가 F 와 일치할 때, 즉 $K_G = F$ 일 때, K 를 F 의 **Galois 확대체** (Galois extension)라고 한다.

보기 5.7.1 아래의 체 K 는 유리수체 $\mathbb{Q}$ 의 Galois 확대체가 아니다.

$$K = \mathbb{Q}(\sqrt[3]{2}) = \{a_0 + a_1\sqrt[3]{2} + a_2\sqrt[3]{4} \mid a_0,\ a_1\ a_2 \in \mathbb{Q}\}$$

실제로, $G = \mathrm{Gal}\,(K/\mathbb{Q}) = \{1\}$ 이므로 $K_G = K \neq \mathbb{Q}$ 이다(보기 5.6.4).

정리 5.7.4 체 F 위의 다항식 $f(x) \in F[x]$, $\deg f(x) = n \geq 1$ 에 대하여 K 를 F 위에서의 $f(x)$ 의 분해체라고 할 때, $f(x)$ 가 F 위의 분리다항식이면 다음이 성립한다.

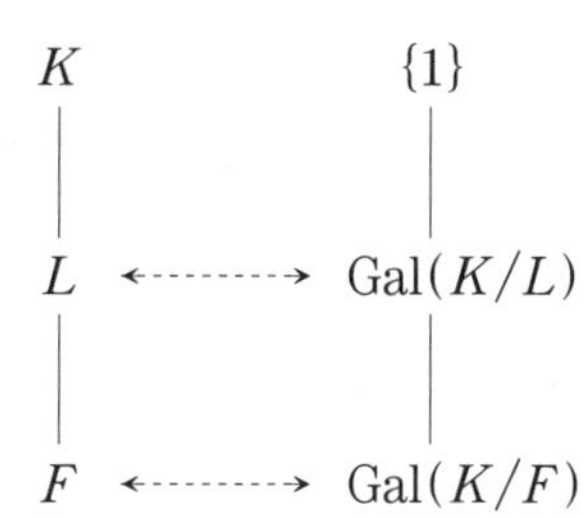

(1) $|\,\mathrm{Gal}\,(K/F)\,| = [\,K : F\,]$ 이고 또 K 는 F 의 Galois 확대체이다.

(2) $F \subseteq L \subseteq K$ 인 K 의 부분체 L 에 대하여 K 는 L 의 Galois 확대체이고, 또 $|\,\mathrm{Gal}\,(K/L)\,| = [\,K : L\,]$ 이다.

증명 (1) 정리 5.6.12 에 의하여 $|\,\mathrm{Gal}\,(K/F)\,| = [\,K : F\,]$ 이다.

또, 정리 5.7.2 에 의하여 $\mathrm{Gal}\,(K/K_G) = \mathrm{Gal}\,(K/F)$ 이고, $F \subseteq K_G \subseteq K$ 이므로 K 는 K_G 위에서의 $f(x)$ 의 분해체이기도 하다(정리 5.4.4).

그러므로 정리 5.6.12 에 의하여

$$|\,\mathrm{Gal}\,(K/K_G)\,| = [\,K : K_G\,]$$

이므로

$$[K : K_G] = |\,\mathrm{Gal}\,(K/K_G)\,| = |\,\mathrm{Gal}\,(K/F)\,| = [K : F],$$
$$[K : F] = [K : K_G]\,[K_G : F]$$

이고 따라서 $[K_G : F] = 1$ 이므로 $K_G = F$ 이다.

그러므로 K 는 F 의 Galois 확대체이다.

(2) 이제 L 을 $F \subseteq L \subseteq K$ 인 K 의 부분체라고 하면, 정리 5.4.4 에 의하여 K 는 L 위에서의 $f(x)$ 의 분해체이고 또 $f(x)$ 는 L 위의 분리다항식이다(문제 5.5.5). 따라서 (1) 에 의하여 (2) 가 성립한다.

정리 5.7.5 체 F의 표수가 0 일 때 다음이 성립한다.

(1) 체 F 위의 서로 다른 기약다항식 $p_1(x), \cdots, p_r(x)$ 에 대하여

$$g(x) = p_1(x) \cdots p_r(x)$$

이라고 할 때, K 를 체 F 위에서의 다항식 $g(x)$ 의 분해체라고 하면 $|\,\mathrm{Gal}\,(K/F)\,| = [K : F]$ 이고 또 K 는 F 의 Galois 확대체이다.

(2) 체 F 위의 다항식 $f(x) \in F[x]$, $\deg f(x) = n \geq 1$ 에 대하여 K 를 F 위에서의 $f(x)$ 의 분해체라고 하면, $|\,\mathrm{Gal}\,(K/F)\,| = [K : F]$ 이고 또 K 는 F 의 Galois 확대체이다.

증명 (1) 각 기약다항식 $p_i(x)$ 에 대하여 $\deg p_i(x) = d_i$ 이라고 하면, F 의 표수가 0 이므로 $p_i(x)$ 는 K 안에서 d_i 개의 서로 다른 근을 가지며 (정리 5.5.7), 서로 다른 두 기약다항식 $p_i(x), p_j(x)$ 는 K 안에서 공통인 근을 가지지 않는다(정리 5.1.8). 그러므로 $\deg g(x) = m$ 이라고 하면, 다항식 $g(x)$ 는 K 안에서 m 개의 서로 다른 근을 가지므로 $g(x)$ 는 F 위의 분리다항식이고 따라서 정리 5.7.4 에 의하여 (1) 이 성립한다.

(2) 체 F 위에서 $f(x)$ 의 표준분해가

$$f(x) = a\,p_1(x)^{e_1} \cdots p_r(x)^{e_r} \qquad (a \in F)$$

일 때, $g(x) = p_1(x) \cdots p_r(x)$ 이라고 하면 체 K 는 F 위에서의 $g(x)$ 의 분해체이기도 하다.

따라서 (1) 에 의하여 (2) 가 성립한다.

다음 정리의 자세한 증명은 생략하기로 한다.

정리 5.7.6 (Galois 이론의 기본 정리)

체 K 를 체 F 의 유한차원 Galois 확대체라고 하자.

이 때, $F \subseteq L \subseteq K$ 인 K 의 부분체 L 전체의 집합을 $\mathscr{X}$ 로 나타내고 또 Galois 군 $\mathrm{Gal}(K/F)$ 의 부분군 H 전체의 집합을 $\mathscr{Y}$ 로 나타내면, 두 사상

$$\Phi : \mathscr{X} \longrightarrow \mathscr{Y}, \quad \Phi(L) = \mathrm{Gal}(K/L)$$
$$\Psi : \mathscr{Y} \longrightarrow \mathscr{X}, \quad \Psi(H) = K_H$$

는 모두 일대일 대응이고 $\Phi^{-1} = \Psi$, $\Psi^{-1} = \Phi$ 이다. 즉, 모든 $L \in \mathscr{X}$ 에 대하여 $K_{\mathrm{Gal}(K/L)} = L$ 이므로 K 는 L 의 Galois 확대체이고 모든 $H \in \mathscr{Y}$ 에 대하여 $\mathrm{Gal}(K/K_H) = H$ 이다.

그리고, 이 대응에 대하여 다음이 성립한다.

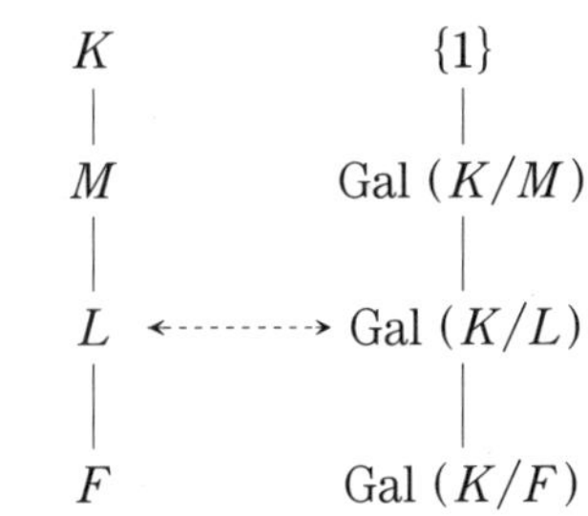

(1) 두 중간체 $L, M \in \mathscr{X}$에 대하여

$$L \subseteq M \iff \mathrm{Gal}(K/M) \subseteq \mathrm{Gal}(K/L)$$

이고, 또 $L \subseteq M$ 일 때 다음이 성립한다.

$$[M : L] = |\mathrm{Gal}(K/L) : \mathrm{Gal}(K/M)|,$$
$$[K : L] = |\mathrm{Gal}(K/L)|$$

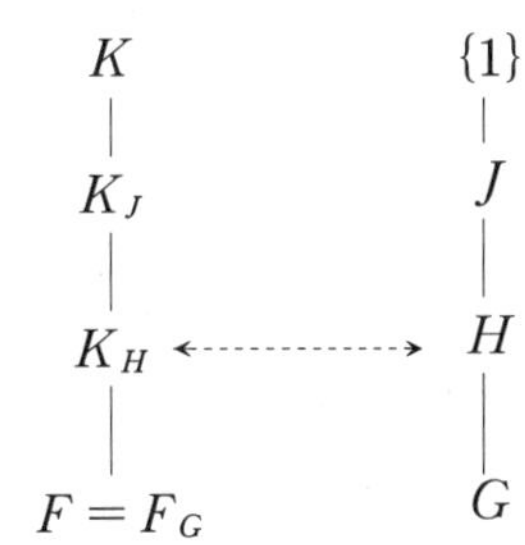

(2) 두 부분군 $H, J \in \mathscr{Y}$에 대하여

$$J \subseteq H \iff K_H \subseteq K_J$$

이고, 또 $J \subseteq H$ 일 때 다음이 성립한다.

$$|H : J| = [K_J : K_H],$$
$$|H| = [K : K_H]$$

(3) 중간체 $L \in \mathscr{X}$ 이 F 의 Galois 확대체일 때 그리고 이때에만

$$\mathrm{Gal}(K/L) \lhd \mathrm{Gal}(K/F)$$

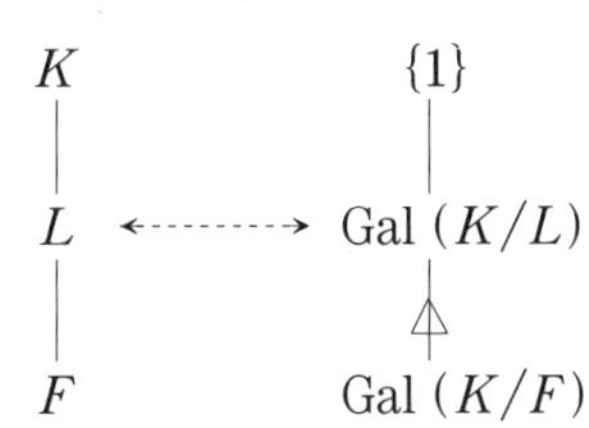

이고, 또 이 경우에 다음이 성립한다.

$$\mathrm{Gal}(L/F) \cong \frac{\mathrm{Gal}(K/F)}{\mathrm{Gal}(K/L)}$$

보기 5.7.2 유리수체 $\mathbb{Q}$ 위에서 기약인 다항식 $f(x) = x^4 + 1$는 복소수체 $\mathbb{C}$ 안에서 네 근 $u_1 = u = \dfrac{1+i}{\sqrt{2}}$, $u_2 = u\,i$, $u_3 = -u$, $u_4 = -u\,i$를 가지며 다항식 $f(x)$의 유리수체 $\mathbb{Q}$ 위에서의 분해체 K와 Galois 군 $\mathrm{Gal}(K/\mathbb{Q})$는 다음과 같다(보기 5.6.5).

$$K = \mathbb{Q}(u) = \{a_0 + a_1 u + a_2 i + a_3 u\,i \mid a_0, a_1, a_2, a_3 \in \mathbb{Q}\}$$
$$G = \mathrm{Gal}(K/\mathbb{Q}) = \{1, \sigma, \tau, \rho\} \cong V_4$$

	u_1	u_2	u_3	u_4
1	u_1	u_2	u_3	u_4
σ	u_2	u_1	u_4	u_3
τ	u_3	u_4	u_1	u_2
ρ	u_4	u_3	u_2	u_1

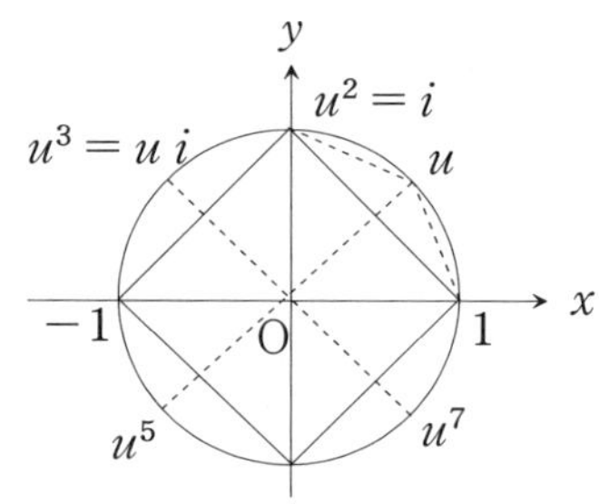

한편, $u_1 + u_2 = \sqrt{2}\,i$, $u_1 - u_2 = u_4 - u_3 = \sqrt{2}$ 이고 또

$$\sigma(u_1+u_2) = \sigma(u_1) + \sigma(u_2) = u_2 + u_1 = u_1 + u_2,$$
$$\tau(i) = \tau(u^2) = \tau(u)^2 = (-u)^2 = i,$$
$$\rho(u_1-u_2) = \rho(u_1) - \rho(u_2) = u_4 - u_3 = u_1 - u_2$$

이고 또 $\mathbb{Q}$, $\mathbb{Q}(\sqrt{2})$, $\mathbb{Q}(i)$, $\mathbb{Q}(\sqrt{2}\,i)$, K는 K의 부분체이다. 그러므로 Galois 군 $G = \mathrm{Gal}(K/\mathbb{Q})$의 각 부분군과 그 불변체는 다음과 같다.

$\{1\}$, $\quad K_{\{1\}} = K$

$\langle\sigma\rangle = \{1, \sigma\}$, $\quad K_{<\sigma>} = \mathbb{Q}(\sqrt{2}\,i) = \{a + b\sqrt{2}\,i \mid a, b \in \mathbb{Q}\}$

$\langle\tau\rangle = \{1, \tau\}$, $\quad K_{<\tau>} = \mathbb{Q}(i) = \{a + b\,i \mid a, b \in \mathbb{Q}\}$

$\langle\rho\rangle = \{1, \rho\}$, $\quad K_{<\rho>} = \mathbb{Q}(\sqrt{2}) = \{a + b\sqrt{2} \mid a, b \in \mathbb{Q}\}$

G, $\quad K_G = \mathbb{Q}$

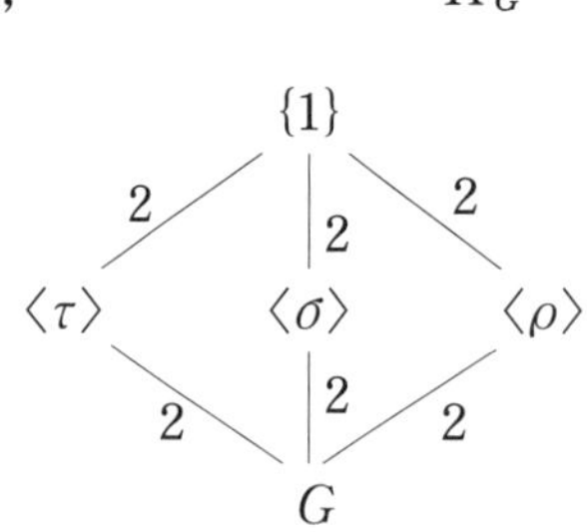

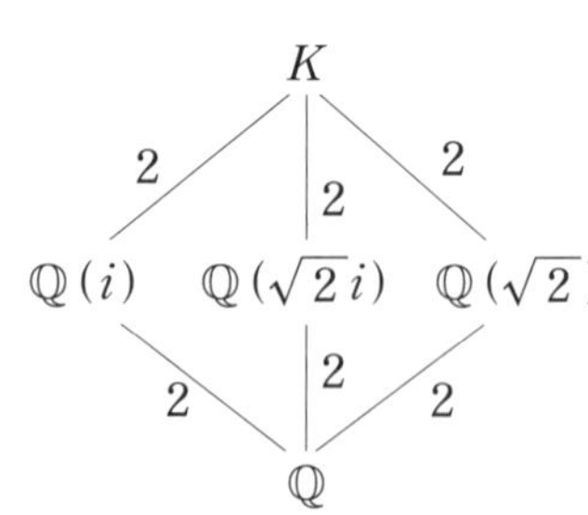

특히, 체 $K = \mathbb{Q}(u)$ 는 유리수체 $\mathbb{Q}$ 의 Galois 확대체이다.

또, $\langle\sigma\rangle, \langle\tau\rangle, \langle\rho\rangle$ 는 G 의 정규부분군이고 $\mathbb{Q}(\sqrt{2}\,i)$, $\mathbb{Q}(i)$, $\mathbb{Q}(\sqrt{2})$ 는 각각 유리수체 $\mathbb{Q}$ 위에서의 $x^2+2,\ x^2+1,\ x^2-2$ 의 분해체이며 이들 분해체는 모두 유리수체 $\mathbb{Q}$ 위의 Galois 확대체이다.

보기 5.7.3 유리수체 $\mathbb{Q}$ 위에서 $f(x) = (x^2-2)(x^2-3)$ 의 분해체 K 와 Galois 군 $\mathrm{Gal}(K/\mathbb{Q})$ 는 다음과 같다(보기 5.6.6).

$$K = \mathbb{Q}(\sqrt{2}, \sqrt{3}), \qquad [K : \mathbb{Q}] = 4,$$
$$K = \{a_0 + a_1\sqrt{2} + a_2\sqrt{3} + a_3\sqrt{6} \mid a_0, a_1, a_2, a_3 \in \mathbb{Q}\},$$
$$G = \mathrm{Gal}(K/\mathbb{Q}) = \{1, \sigma, \tau, \rho\}$$

	$\sqrt{2}$	$-\sqrt{2}$	$\sqrt{3}$	$-\sqrt{3}$
1	$\sqrt{2}$	$-\sqrt{2}$	$\sqrt{3}$	$-\sqrt{3}$
σ	$\sqrt{2}$	$-\sqrt{2}$	$-\sqrt{3}$	$\sqrt{3}$
τ	$-\sqrt{2}$	$\sqrt{2}$	$\sqrt{3}$	$-\sqrt{3}$
ρ	$-\sqrt{2}$	$\sqrt{2}$	$-\sqrt{3}$	$\sqrt{3}$

그리고, $\mathbb{Q}$, $\mathbb{Q}(\sqrt{2})$, $\mathbb{Q}(\sqrt{3})$, $\mathbb{Q}(\sqrt{6})$, K 는 모두 K 의 부분체이고, 또 $\sigma(\sqrt{2}) = \sqrt{2}$, $\tau(\sqrt{3}) = \sqrt{3}$, $\rho(\sqrt{6}) = \sqrt{6}$ 이다.

따라서 $G = \mathrm{Gal}(K/\mathbb{Q})$의 각 부분군과 그 불변체는 다음과 같다.

$$\{1\}, \qquad K_{\{1\}} = K$$
$$\langle\sigma\rangle = \{1, \sigma\}, \qquad K_{<\sigma>} = \mathbb{Q}(\sqrt{2}) = \{a + b\sqrt{2} \mid a, b \in \mathbb{Q}\}$$
$$\langle\tau\rangle = \{1, \tau\}, \qquad K_{<\tau>} = \mathbb{Q}(\sqrt{3}) = \{a + b\sqrt{3} \mid a, b \in \mathbb{Q}\}$$
$$\langle\rho\rangle = \{1, \rho\}, \qquad K_{<\rho>} = \mathbb{Q}(\sqrt{6}) = \{a + b\sqrt{6} \mid a, b \in \mathbb{Q}\}$$
$$G, \qquad K_G = \mathbb{Q}$$

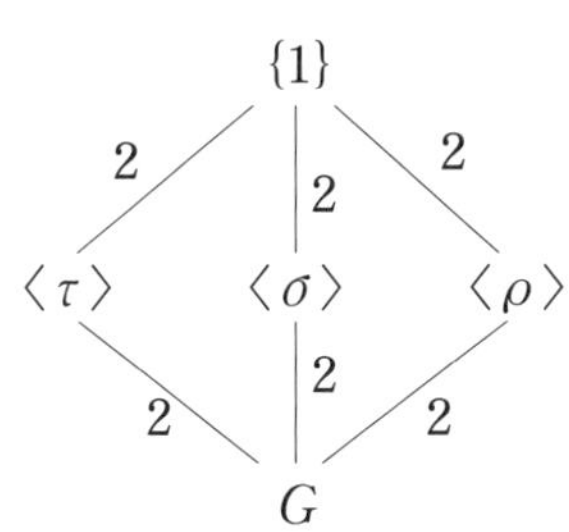

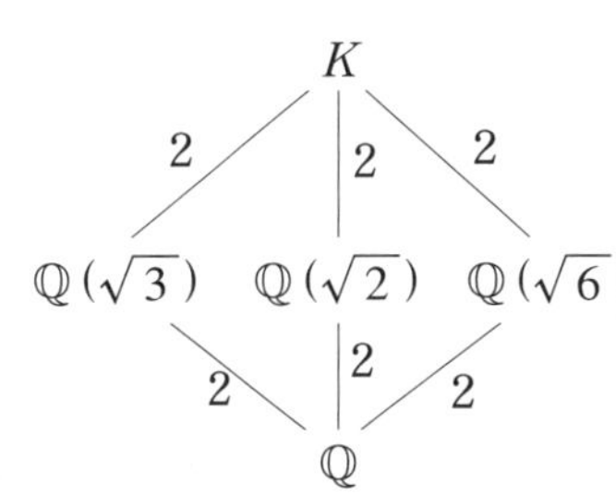

특히, K 는 유리수체 $\mathbb{Q}$ 의 Galois 확대체이다.

또, $\langle\sigma\rangle, \langle\tau\rangle, \langle\rho\rangle$ 는 G 의 정규부분군이고 $\mathbb{Q}(\sqrt{2})$, $\mathbb{Q}(\sqrt{3})$, $\mathbb{Q}(\sqrt{6})$ 은 각각 유리수체 $\mathbb{Q}$ 위에서의 x^2-2, x^2-3, x^2-6 의 분해체이며 이들 분해체는 모두 유리수체 $\mathbb{Q}$ 위의 Galois 확대체이다.

보기 5.7.4 다항식 $f(x) = x^3 - 2$ 는 복소수체 $\mathbb{C}$ 안에서 세 근

$$\sqrt[3]{2},\ \ \sqrt[3]{2}\,\omega,\ \ \sqrt[3]{2}\,\omega^2 \qquad \left(\omega = \frac{-1+\sqrt{3}\,i}{2}\right)$$

을 가지며 유리수체 $\mathbb{Q}$ 위에서의 $f(x)$ 의 분해체는 $K = \mathbb{Q}(\sqrt[3]{2}, \omega)$ 이고

$$[K : \mathbb{Q}] = 6, \quad [K : \mathbb{Q}(\sqrt[3]{2})] = 2, \quad [K : \mathbb{Q}(\omega)] = 3$$

이고 $f(x)$ 는 유리수체 $\mathbb{Q}$ 위에서 기약이다(보기 5.4.3).

Galois 군 $\mathrm{Gal}(K/\mathbb{Q})$ 의 각 원소는 $\sqrt[3]{2}$ 와 ω 의 상에 의하여 완전히 결정된다. 한편, $K = \mathbb{Q}(\omega)(\sqrt[3]{2})$ 이고 $\sqrt[3]{2}$ 은 $f(x)$ 의 근이므로

$$\mathrm{irr}(\sqrt[3]{2}, \mathbb{Q}(\omega)) = x^3 - 2$$

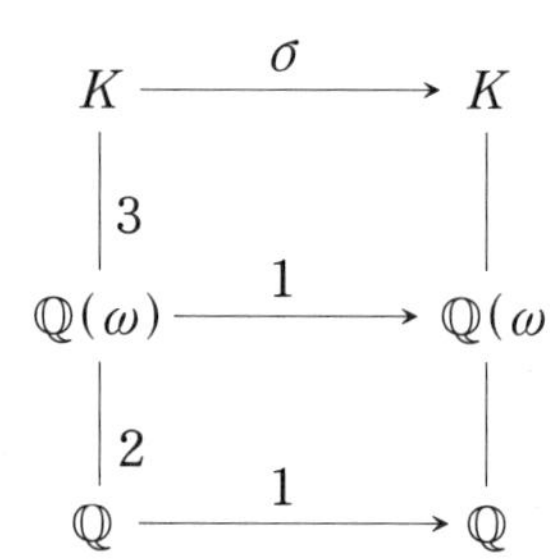

이고 이 다항식은 K 안에서 세 근 $\sqrt[3]{2}, \sqrt[3]{2}\,\omega, \sqrt[3]{2}\,\omega^2$ 을 가지므로 다음과 같은 $\sigma \in \mathrm{Gal}(K/\mathbb{Q})$ 가 존재한다.

$$\sigma(\sqrt[3]{2}) = \sqrt[3]{2}\,\omega,$$
$$\sigma(\omega) = \omega, \quad \sigma(a) = a \quad (a \in \mathbb{Q})$$

마찬가지로, $K = \mathbb{Q}(\sqrt[3]{2})(\omega)$ 이고

$$\mathrm{irr}(\omega, \mathbb{Q}(\sqrt[3]{2})) = x^2 + x + 1$$

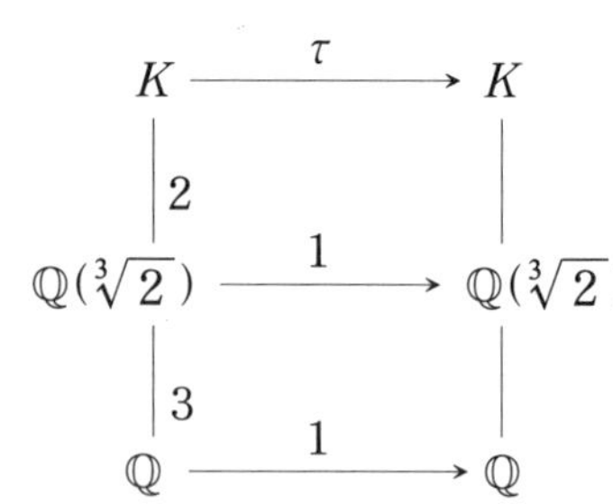

이므로 다음과 같은 $\tau \in \mathrm{Gal}(K/\mathbb{Q})$ 가 존재한다.

$$\tau(\omega) = \omega^2,$$
$$\tau(\sqrt[3]{2}) = \sqrt[3]{2}, \quad \tau(a) = a \quad (a \in \mathbb{Q})$$

이제 $u_1 = \sqrt[3]{2}$, $u_2 = \sqrt[3]{2}\,\omega$, $u_3 = \sqrt[3]{2}\,\omega^2$ 이라고 하면,

$$\sigma(u_1) = \sigma(\sqrt[3]{2}) = \sqrt[3]{2}\,\omega = u_2,$$

$$\sigma(u_2) = \sigma(\sqrt[3]{2}\,\omega) = \sigma(\sqrt[3]{2})\,\sigma(\omega) = \sqrt[3]{2}\,\omega^2 = u_3,$$
$$\sigma(u_3) = \sigma(\sqrt[3]{2}\,\omega^2) = \sigma(\sqrt[3]{2})\,\sigma(\omega^2) = \sqrt[3]{2}\,\omega^3 = \sqrt[3]{2} = u_1,$$
$$\tau(u_1) = \tau(\sqrt[3]{2}) = \sqrt[3]{2} = u_1,$$
$$\tau(u_2) = \tau(\sqrt[3]{2}\,\omega) = \tau(\sqrt[3]{2})\,\tau(\omega) = \sqrt[3]{2}\,\omega^2 = u_3,$$
$$\tau(u_3) = (\tau(\sqrt[3]{2}\,\omega^2) = \tau(\sqrt[3]{2})\,\tau(\omega^2) = \sqrt[3]{2}\,\omega^4 = \sqrt[3]{2}\,\omega = u_2$$

이므로 다음 결과를 얻는다.

	u_1	u_2	u_3	ω
1	u_1	u_2	u_3	ω
σ	u_2	u_3	u_1	ω
σ^2	u_3	u_1	u_2	ω
τ	u_1	u_3	u_2	ω^2
$\sigma\circ\tau$	u_2	u_1	u_3	ω^2
$\sigma^2\circ\tau$	u_3	u_2	u_1	ω^2

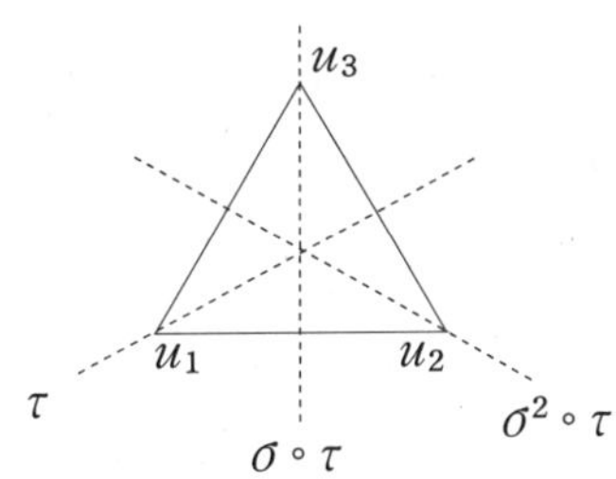

$$\text{Gal}(K/\mathbb{Q}) = \langle \sigma, \tau \rangle = \{1, \sigma, \sigma^2, \tau, \sigma\circ\tau, \sigma^2\circ\tau\} \cong D_3 \cong S_3$$

Galois 군 $G = \text{Gal}(K/\mathbb{Q})$ 의 부분군 전체는 다음과 같다(보기 2.12.6).

$$G, \qquad \langle\sigma\rangle = \{1, \sigma, \sigma^2\}, \qquad \langle\tau\rangle = \{1, \tau\},$$
$$\langle\sigma\circ\tau\rangle = \{1, \sigma\circ\tau\}, \quad \langle\sigma^2\circ\tau\rangle = \{1, \sigma^2\circ\tau\}, \quad \{1\}$$

그리고, 위의 표에 의하여

$$\sigma(\omega) = \omega, \qquad \tau(u_1) = u_1,$$
$$(\sigma\circ\tau)(u_3) = u_3, \qquad (\sigma^2\circ\tau)(u_2) = u_2$$

이므로 G 의 각 부분군의 불변체는 다음과 같다.

$$K\{1\} = K,$$
$$K_{<\sigma>} = \mathbb{Q}(\omega) = \{a + b\,\omega \mid a, b \in \mathbb{Q}\},$$
$$K_{<\tau>} = \mathbb{Q}(\sqrt[3]{2}) = \{a_0 + a_1\sqrt[3]{2} + a_2\sqrt[3]{4} \mid a_0, a_1, a_2 \in \mathbb{Q}\},$$
$$K_{<\sigma\circ\tau>} = \mathbb{Q}(\sqrt[3]{2}\,\omega^2) = \{a_0 + a_1\sqrt[3]{2}\,\omega^2 + a_2\sqrt[3]{4}\,\omega \mid a_0, a_1, a_2 \in \mathbb{Q}\},$$
$$K_{<\sigma^2\circ\tau>} = \mathbb{Q}(\sqrt[3]{2}\,\omega) = \{a_0 + a_1\sqrt[3]{2}\,\omega + a_2\sqrt[3]{4}\,\omega^2 \mid a_0, a_1, a_2 \in \mathbb{Q}\},$$
$$K_G = \mathbb{Q}$$

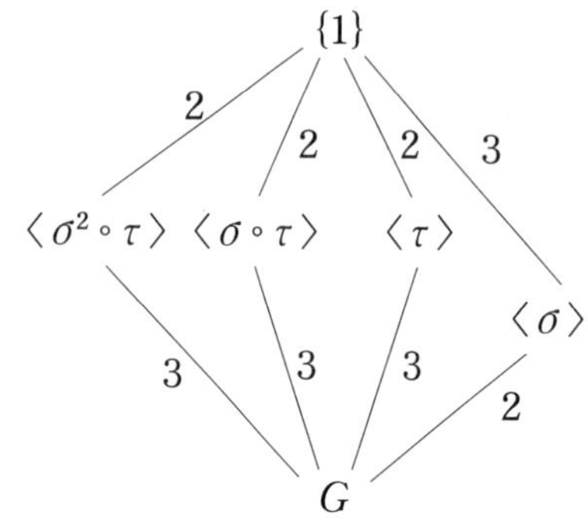

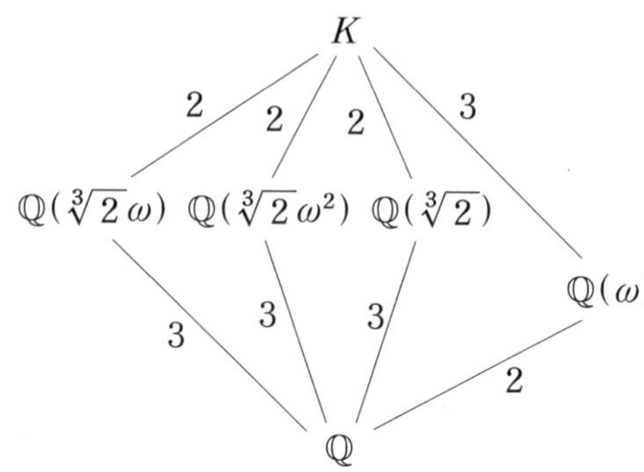

특히, $K_G = \mathbb{Q}$ 이므로 K 는 유리수체 $\mathbb{Q}$ 의 Galois 확대체이다.

그리고 $\langle \sigma \rangle \lhd G$ 이고 또 $\mathbb{Q}(\omega)$ 는 유리수체 $\mathbb{Q}$ 위의 Galois 확대체이다. 한편, $\mathbb{Q}(\sqrt[3]{2})$, $\mathbb{Q}(\sqrt[3]{2}\,\omega)$, $\mathbb{Q}(\sqrt[3]{2}\,\omega)$ 는 유리수체 $\mathbb{Q}$ 위의 Galois 확대체가 아니다(보기 5.7.1 참조).

다항식 $g(x) = x^3 + 2$ 는 유리수체 $\mathbb{Q}$ 위에서 기약이고 복소수체 $\mathbb{C}$ 안에서 세 근 $-\sqrt[3]{2}$, $-\sqrt[3]{2}\,\omega$, $-\sqrt[3]{2}\,\omega^2$ 을 가지므로 $K = \mathbb{Q}(\sqrt[3]{2}, \omega)$ 는 $g(x)$ 의 분해체이고 $g(x)$ 의 Galois 군은 $f(x)$ 의 Galois 군과 일치한다.

보기 5.7.5 유리체 $\mathbb{Q}$ 위의 다항식 $f(x) = x^4 - 2$ 는 복소수체 $\mathbb{C}$ 안에서 네 근 $\pm\sqrt[4]{2}$, $\pm\sqrt[4]{2}\,i$ 를 가지므로

$$K = \mathbb{Q}(\sqrt[4]{2}, \sqrt[4]{2}\,i) = \mathbb{Q}(\sqrt[4]{2}, i)$$

는 유리수체 $\mathbb{Q}$ 위에서의 $f(x)$ 의 분해체이고 $\mathbb{Q}(\sqrt[4]{2})$ 와 $\mathbb{Q}(i)$ 는 K 의 부분체이다. 그리고, $f(x)$ 는 유리수체 $\mathbb{Q}$ 위에서 기약이고(보기 4.4.3) $\sqrt[4]{2}$ 은 $f(x)$ 의 근이므로

$$\mathrm{irr}\,(\sqrt[4]{2}, \mathbb{Q}) = x^4 - 2, \quad [\mathbb{Q}(\sqrt[4]{2}) : \mathbb{Q}] = 4$$

이고, 또 $\mathrm{irr}\,(i, \mathbb{Q}) = x^2 + 1$, $[\mathbb{Q}(i) : \mathbb{Q}] = 2$ 이다.

한편, $i \notin \mathbb{Q}(\sqrt[4]{2}) \subseteq \mathbb{R}$ 이므로 다항식 $q(x) = x^2 + 1$ 는 $\mathbb{Q}(\sqrt[4]{2})$ 위에서도 기약이고, 또 $K = \mathbb{Q}(\sqrt[4]{2})(i)$ 이므로 다음이 성립한다.

$$\mathrm{irr}\,(i, \mathbb{Q}(\sqrt[4]{2})) = x^2 + 1, \qquad [K : \mathbb{Q}(\sqrt[3]{2})] = 2$$

$$[K : \mathbb{Q}] = [K : \mathbb{Q}(\sqrt[4]{2})]\,[\mathbb{Q}(\sqrt[4]{2}) : \mathbb{Q}] = 2 \cdot 4 = 8$$

그러므로 $\{1, \sqrt[4]{2}, \sqrt{2}, \sqrt[4]{8}, i, \sqrt[4]{2}\,i, \sqrt{2}\,i, \sqrt[4]{8}\,i\}$ 는 K 의 $\mathbb{Q}$-기저이고, $|\operatorname{Gal}(K/\mathbb{Q})| = [K : \mathbb{Q}] = 8$ 이다. 그리고, $G = \operatorname{Gal}(K/\mathbb{Q})$ 의 각 원소는 이에 의한 $\sqrt[4]{2}$ 와 i 의 상에 의하여 완전히 결정된다.

그리고, $[K : \mathbb{Q}] = 8$, $[\mathbb{Q}(i) : \mathbb{Q}] = 2$ 이므로 $[K : \mathbb{Q}(i)] = 4$ 이다. 그런데, $K = \mathbb{Q}(i)(\sqrt[4]{2})$ 이고

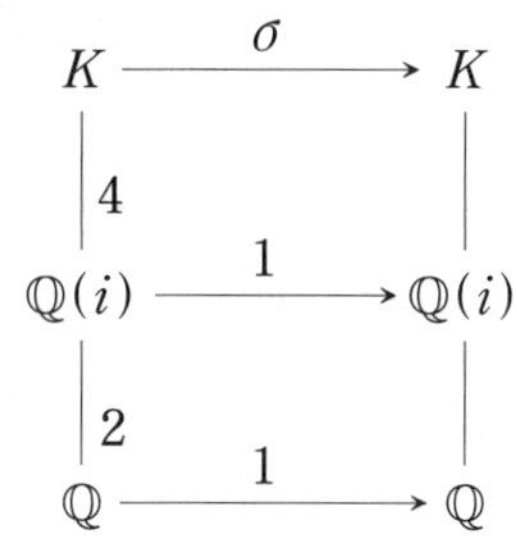

$$\operatorname{irr}(\sqrt[4]{2}, \mathbb{Q}(i)) = f(x) = x^4 - 2$$

이며, 이 다항식은 K 안에서 네 근 $\pm\sqrt[4]{2}$, $\pm\sqrt[4]{2}\,i$ 를 가지므로 다음과 같은 $\sigma \in \operatorname{Gal}(K/\mathbb{Q})$ 가 존재한다.

$$\sigma(\sqrt[4]{2}) = \sqrt[4]{2}\,i, \quad \sigma(i) = i$$

마찬가지로, $K = \mathbb{Q}(\sqrt[4]{2})(i)$ 이고

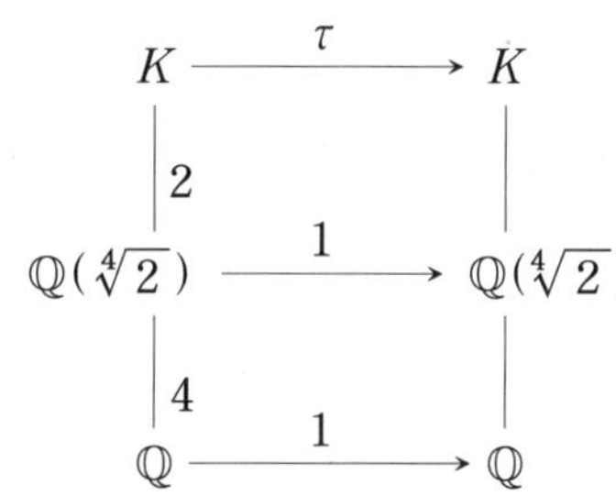

$$\operatorname{irr}(i, \mathbb{Q}(\sqrt[4]{2})) = x^2 + 1$$

이므로 다음과 같은 $\tau \in \operatorname{Gal}(K/\mathbb{Q})$ 가 존재한다.

$$\tau(\sqrt[4]{2}) = \sqrt[4]{2}, \quad \tau(i) = -i$$

이제 $u_1 = \sqrt[4]{2}$, $u_2 = u_1 i$, $u_3 = -u_1$, $u_4 = -u_2$ 이라고 놓으면, 다음이 성립함을 알 수 있다.

	u_1	u_2	u_3	u_4	i
1	u_1	u_2	u_3	u_4	i
σ	u_2	u_3	u_4	u_1	i
σ^2	u_3	u_4	u_1	u_2	i
σ^3	u_4	u_1	u_2	u_3	i
τ	u_1	u_4	u_3	u_2	$-i$
$\sigma\circ\tau$	u_2	u_1	u_4	u_3	$-i$
$\sigma^2\circ\tau$	u_3	u_2	u_1	u_4	$-i$
$\sigma^3\circ\tau$	u_4	u_3	u_2	u_1	$-i$

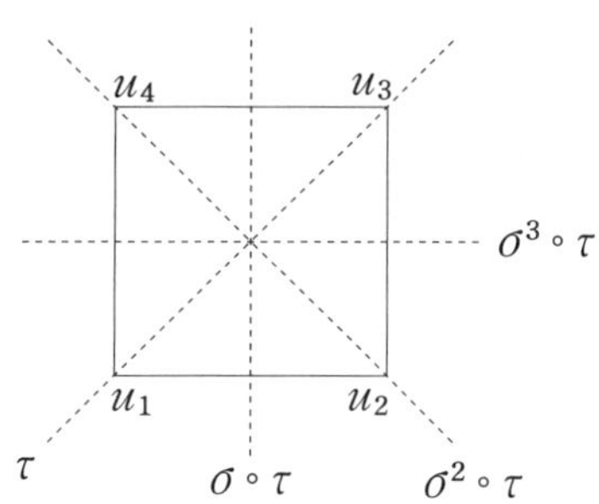

$$G = \langle \sigma, \tau \rangle = \{1, \sigma, \sigma^2, \sigma^3, \tau, \sigma\circ\tau, \sigma^2\circ\tau, \sigma^3\circ\tau\} \cong D_4$$

군 G의 부분군 전체에 대한 Hasse 다이어그램은 오른쪽 그림과 같다(보기 2.12.7).

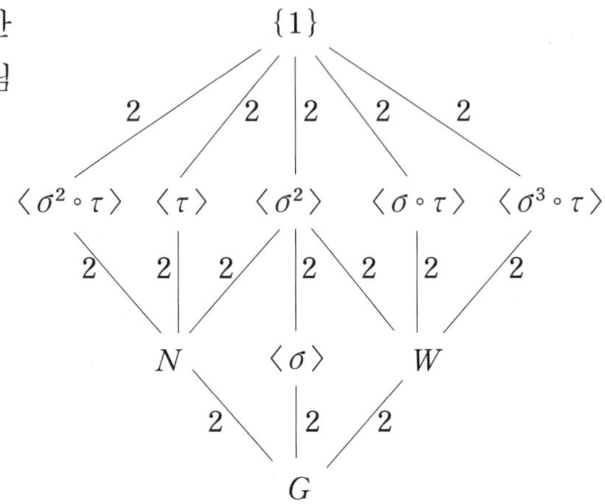

$$\langle \sigma \rangle = \{1, \sigma, \sigma^2, \sigma^3\}$$
$$N = \{1, \tau, \sigma^2, \sigma^2 \circ \tau\} = \langle \sigma^2, \tau \rangle$$
$$W = \{1, \sigma \circ \tau, \sigma^2, \sigma^3 \circ \tau\} = \langle \sigma^2, \sigma \circ \tau \rangle$$

그리고, 다음이 성립한다.

$$\sigma(i) = i,$$
$$\sigma^2(i) = i, \quad \sigma^2(u_1{}^2) = u_3{}^2 = u_1{}^2, \qquad u_1{}^2 = \sqrt{2},$$
$$\sigma^2(u_1 u_2) = u_3 u_4 = u_1 u_2, \qquad u_1 u_2 = \sqrt{2}\, i,$$
$$\tau(u_1) = u_1, \quad \tau(u_1{}^2) = u_1{}^2, \qquad u_1{}^2 = \sqrt{2},$$
$$(\sigma \circ \tau)(u_1 + u_2) = u_1 + u_2, \qquad u_1 + u_2 = \sqrt[4]{2}\,(1+i),$$
$$(\sigma \circ \tau)(u_1 u_2) = u_1 u_2, \; u_1 u_2 = \sqrt{2}\, i,$$
$$(\sigma^2 \circ \tau)(u_2) = u_2, \qquad u_2 = \sqrt[4]{2}\, i,$$
$$(\sigma^3 \circ \tau)(u_1 + u_4) = u_1 + u_4, \qquad u_1 + u_4 = \sqrt[4]{2}\,(1-i)$$

따라서 G의 각 부분군의 불변체는 다음과 같다.

$$K_{\{1\}} = K, \qquad K_G = \mathbb{Q},$$
$$K_{<\sigma>} = \mathbb{Q}(i) = \{a + b\, i \mid a, b \in \mathbb{Q}\},$$
$$K_{<\tau>} = \mathbb{Q}(\sqrt[4]{2}) = \{a_0 + a_1 \sqrt[4]{2} + a_2 \sqrt[4]{2} + a_3 \sqrt[4]{8} \mid a_0, a_1, a_2, a_3 \in \mathbb{Q}\},$$
$$K_{<\sigma \circ \tau>} = \mathbb{Q}(u_1 + u_2) = \mathbb{Q}(\sqrt[4]{2}\,(1+i)),$$
$$K_{<\sigma^2 \circ \tau>} = \mathbb{Q}(\sqrt[4]{2}\, i)$$
$$K_{<\sigma^3 \circ \tau>} = \mathbb{Q}(u_1 + u_4) = \mathbb{Q}(\sqrt[4]{2}\,(1-i)),$$
$$K_{<\sigma^2>} = \mathbb{Q}(\sqrt{2},\, i) = \{a_0 + a_1 \sqrt{2} + a_2 i + a_3 \sqrt{2}\, i \mid a_0, \cdots, a_3 \in \mathbb{Q}\},$$
$$K_N = \mathbb{Q}(\sqrt{2}) = \{a + b\sqrt{2} \mid a, b \in \mathbb{Q}\},$$
$$K_W = \mathbb{Q}(\sqrt{2}\, i) = \{a + b\sqrt{2}\, i \mid a, b \in \mathbb{Q}\}$$

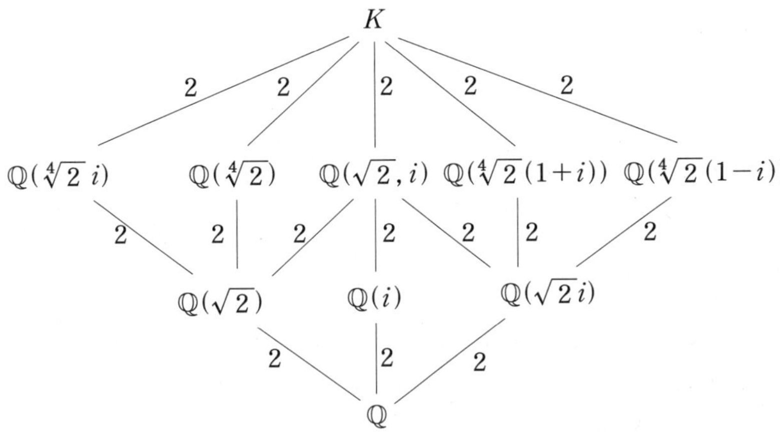

군 G 에서 $\langle \sigma \rangle$, N, W, $\langle \sigma^2 \rangle$ 은 모두 정규부분군이고, 또 K 의 부분체

$$\mathbb{Q}(i),\quad \mathbb{Q}(\sqrt{2}),\quad \mathbb{Q}(\sqrt{2}\,i),\quad \mathbb{Q}(\sqrt{2}, i)$$

는 유리수체 $\mathbb{Q}$ 의 Galois 확대체이다. 그리고, 다음이 성립한다.

$$\mathrm{irr}\,(\sqrt[4]{2}(1+i), \mathbb{Q}) = \mathrm{irr}\,(\sqrt[4]{2}(1-i), \mathbb{Q}) = x^4-8,$$
$$[\mathbb{Q}(\sqrt[4]{2}(1+i)) : \mathbb{Q}] = [\mathbb{Q}(\sqrt[4]{2}(1-i)) : \mathbb{Q}] = 4$$

한편, $u = \dfrac{1+i}{\sqrt{2}}$ 이라고 하면, $\sqrt{2}, i \in \mathbb{Q}(\sqrt{2}, i)$ 이므로 $u \in \mathbb{Q}(\sqrt{2}, i)$ 이고 따라서 $\mathbb{Q}(u) \subseteq \mathbb{Q}(\sqrt{2}, i)$ 이다. 또,

$$\mathrm{irr}\,(u, \mathbb{Q}) = x^4 + 1,$$
$$[\mathbb{Q}(u) : \mathbb{Q}] = 4 = [\mathbb{Q}(\sqrt{2}, i) : \mathbb{Q}]$$

이므로 $\mathbb{Q}(\sqrt{2}, i) = \mathbb{Q}(u)$ 이다.

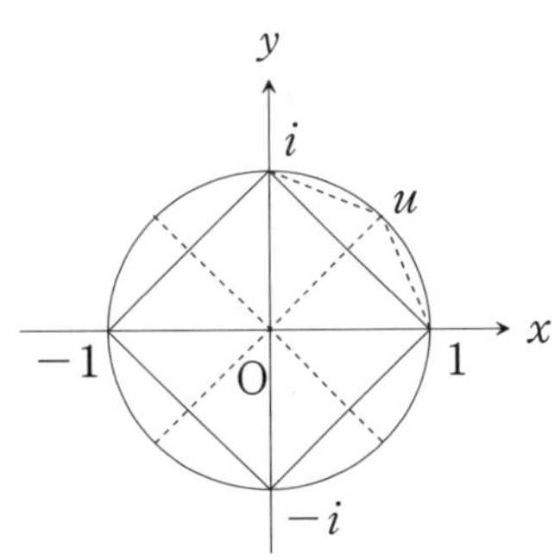

다항식 $g(x) = x^4 + 2$ 는 복소수체 $\mathbb{C}$ 안에서 네 근

$$\sqrt[4]{2}\,u,\ \sqrt[4]{2}\,u\,i,\ -\sqrt[4]{2}\,u,\ -\sqrt[4]{2}\,u\,i$$

를 가진다(보기 1.3.3 참조). 그리고, $K = \mathbb{Q}(\sqrt[4]{2}, i)$ 는 유리수체 $\mathbb{Q}$ 위에서의 $g(x)$ 의 분해체이고 따라서 유리수체 $\mathbb{Q}$ 위에서의 $g(x)$ 의 Galois 군은 $f(x) = x^4 - 2$ 의 Galois 군 $G = \mathrm{Gal}\,(K/\mathbb{Q})$ 와 일치한다.

연 습 문 제 (5.7)

1. 보기 5.7.4 에서 $\mathbb{Q}(\sqrt[3]{4}) = \mathbb{Q}(\sqrt[3]{2})$, $\mathbb{Q}(\sqrt[3]{4}\,\omega) = \mathbb{Q}(\sqrt[3]{2}\,\omega^2)$ 임을 밝히고 $\mathbb{Q}(\sqrt[3]{4}\,\omega^2) = \mathbb{Q}(\sqrt[3]{2}\,\omega)$ 임을 밝혀라.

***2.** 보기 5.7.6 에 대하여 다음 물음에 답하여라.

(1) $\mathbb{Q}(\sqrt[4]{8}) = \mathbb{Q}(\sqrt[4]{2})$, $\mathbb{Q}(\sqrt[4]{8}\,i) = \mathbb{Q}(\sqrt[4]{2}\,i)$ 임을 밝혀라.

(2) 체 $\mathbb{Q}(i)$ 위에서의 다항식 $f(x) = x^4-2$ 의 Galois 군을 구하여라.

(3) 체 $\mathbb{Q}(\sqrt{2})$ 위에서의 다항식 $f(x) = x^4-2$ 의 Galois 군을 구하여라.

(4) $K = \mathbb{Q}(\sqrt[4]{2}, i)$ 는 $\mathbb{Q}$ 위에서의 $f(x) = x^4+2$ 의 분해체임을 밝혀라.

***3.** 다항식 $f(x) = (x^2-2)(x^2-3)(x^2-5)$ 의 유리수체 $\mathbb{Q}$ 위에서의 분해체 $K = \mathbb{Q}(\sqrt{2}, \sqrt{3}, \sqrt{5})$ 에 대하여 다음 물음에 답하여라.

(1) $[K : \mathbb{Q}]$, $[K : \mathbb{Q}(\sqrt{2})]$, $[K : \mathbb{Q}(\sqrt{2}, \sqrt{3})]$ 를 구하여라. 그리고, K 의 $\mathbb{Q}$-기저를 하나만 구하여라.

(2) Galois 군 $G = \text{Gal}(K/\mathbb{Q})$ 를 구하여라. 또한, G 의 부분군 전체에 대한 Hasse 다이어그램을 그리고, G 의 각 부분군의 불변체를 구하여라.

4. 유리수체 $\mathbb{Q}$ 위의 다항식 $f(x) = x^3+3x^2+9x+14$ 에 대하여 다음 물음에 답하여라(보기 4.7.5 참조)

(1) $K = \mathbb{Q}(\sqrt{3}\,i)$ 가 유리수체 $\mathbb{Q}$ 위에서의 $f(x)$ 의 분해체임을 밝혀라.

(2) Galois 군 $\text{Gal}(K/\mathbb{Q})$ 를 결정하고 또 $\text{Gal}(K/\mathbb{Q}(\sqrt{3}\,i))$ 를 구하여라.

5. 유리수체 $\mathbb{Q}$ 위에서의 다항식 $f(x) = x^3-10$ 의 Galois 군을 결정하여라. 그리고, 체 $\mathbb{Q}(\sqrt{2})$ 위에서의 $f(x) = x^3-10$ 의 Galois 군을 구하여라.

***6.** 체 K 가 체 F 의 유한차원 Galois 확대체이고 또 Galois 군 $\text{Gal}(K/F)$ 가 위수 10 인 순환군일 때, $F \subseteq L \subseteq K$ 인 부분체 L 전체의 개수를 말하여라.

§ 5.8 Galois 체

이 절에서는, § 4.6 에서 논한 유한체에 대한 정리를 증명하고 유한체의 특성에 대하여 논한다.

정리 5.8.1 체 K가 유한체일 때, 다음이 성립한다.

(1) K의 표수는 적당한 素數 p이고, 그 소체는 $\mathbb{Z}_p = \{0, 1, \cdots, p-1\}$이며 적당한 양의 정수 n에 대하여 $[K : \mathbb{Z}_p] = n$이다. 또, $|K| = p^n$이고, K의 곱셈군 $K = K-\{0\}$는 위수 $p^n - 1$인 순환군이다.

(2) 적당한 素數 p와 양의 정수 n에 대하여 $|K| = p^n$이라고 하면, K의 표수는 p이고 그 소체는 $\mathbb{Z}_p$이며 $[K : \mathbb{Z}_p] = n$이다. 그리고, K의 모든 원소는 다항식 $f(x) = x^{p^n} - x \in \mathbb{Z}_p[x]$의 근이고 또 K는 $\mathbb{Z}_p$ 위에서의 $f(x)$의 분해체이다.

증명 (1) 유한체 K의 표수는 적당한 素數 p이고 이때 K의 소체는 $\mathbb{Z}_p$이다(보기 3.11.6). 그리고, K를 체 $\mathbb{Z}_p$ 위의 벡터공간으로 생각할 때, K는 체 $\mathbb{Z}_p$ 위의 유한차원 벡터공간이므로 적당한 양의 정수 n에 대하여 $[K : \mathbb{Z}_p] = n$이다. 따라서 $\mathscr{B} = \{v_1, \cdots, v_n\}$를 K의 $\mathbb{Z}_p$-기저라고 하면, 각 $u \in K$는 단 한 가지 방법으로

$$u = a_1 v_1 + \cdots + a_n v_n \qquad (a_1, \cdots, a_n \in \mathbb{Z}_p)$$

의 꼴로 나타내어지므로 $|K| = p^n$이다(정리 3.14.12).

그리고, 정리 4.3.13 에 의하여 곱셈군 K는 위수 $p^n - 1$인 순환군이다.

(2) 적당한 素數 p와 양의 정수 n에 대하여 $|K| = p^n$이라고 하자. 이 때, K의 표수를 素數 p'이라고 하면, 위의 (1)에 의하여 그 소체는 $\mathbb{Z}_{p'}$이고 또 적당한 양의 정수 n'에 대하여 $[K : \mathbb{Z}_{p'}] = n'$이다. 그런데 $p^n = |K| = p'^{n'}$이므로 $p' = p$, $n' = n$이다.

따라서 K의 표수는 p이고 그 소체는 $\mathbb{Z}_p$이며 $[K : \mathbb{Z}_p] = n$이다.

그리고, 곱셈군 K는 위수 p^n-1인 순환군이므로 모든 원소 $u \in K^*$는 등식 $u^{p^n-1}=1$ 즉 $u^{p^n}=u$를 만족시키고 따라서 0을 포함한 K의 모든 원소는 다항식 $f(x)=x^{p^n}-x$의 근이다.

이제 $K=\{u_1, u_2, \cdots, u_{p^n}\}$이라고 하면, $f(x)$는 K 위에서

$$f(x)=(x-u_1)(x-u_2)\cdots(x-u_{p^n})$$

으로 인수분해되고 또 $\mathbb{Z}_p \subseteq K$이므로 $K=\mathbb{Z}_p(u_1, u_2, \cdots, u_{p^n})$이다.

그러므로 K는 $\mathbb{Z}_p$ 위에서의 $f(x)$의 분해체이다(정의 5.4.1).

정리 5.8.2 임의의 素數 p와 양의 정수 n에 대하여 $q=p^n$이라고 할 때 다음이 성립한다.

(1) K를 체 $\mathbb{Z}_p$ 위에서의 $f(x)=x^q-x$의 분해체라고 하면, $f(x)$는 $\mathbb{Z}_p$ 위의 분리다항식이고 K는 위수 q인 유한체이며 K는 $f(x)$의 서로 다른 q개의 근 전체로 이루어져 있고 $[K:\mathbb{Z}_p]=n$이다.

(2) 위수 q인 유한체는 존재하고, 이와 같은 유한체는 모두 동형이다.

증명 (1) 먼저 $\mathbb{Z}_p \subseteq K$이므로 K의 표수는 p이다. 그리고,

$$f'(x)=q\,x^{q-1}-1=-1 \qquad (\mathbb{Z}_p \text{ 위에서})$$

이므로 $\gcd\{f(x), f'(x)\}=1$이고 따라서 $f(x)$는 $\mathbb{Z}_p$ 위의 분리다항식이다(정리 5.5.6). 따라서 $f(x)=x^q-x$는 K 안에서 서로 다른 q개의 근 $u_1, u_2, \cdots, u_q$를 가지며 이때 $K=\mathbb{Z}_p(u_1, u_2, \cdots, u_q)$이다.

이제 $E=\{u_1, u_2, \cdots, u_q\}$이라고 하자. 이 때,

$$E=\{u \in K \mid f(u)=0\}=\{u \in K \mid u^q=u\}, \quad |E|=q$$

이고, 모든 원소 $a \in \mathbb{Z}_p$에 대하여 $a^p=a$이므로 $a^q=a^{p^n}=a$이고 따라서 $\mathbb{Z}_p \subseteq E$이다(정리 3.11.8 참조).

그리고, $u, v \in E$이라고 할 때, 정리 3.11.7에 의하여

$$(u-v)^q=u^q-v^q=u-v,$$
$$(u\,v)^q=u^q\,v^q=u\,v$$

이므로 $u-v, uv \in E$ 이고 또 $u \neq 0$ 이면 $(u^{-1})^q = (u^q)^{-1} = u^{-1}$ 이므로 $u^{-1} \in E$ 이다. 따라서 E 는 K 의 부분체이다.

그러므로 $E \subseteq K = \mathbb{Z}_p(u_1, u_2, \cdots, u_q) \subseteq E$ 이므로 $K = E$ 이고 따라서 $|K| = q = p^n$ 이므로 $[K : \mathbb{Z}_p] = n$ 이다(정리 5.8.1).

(2) 위의 (1)에 의하여 위수 q 인 유한체는 존재한다.

그리고 K 와 L 을 위수 q 인 유한체라고 하면, 정리 5.8.1 에 의하여 K 와 L 은 모두 체 $\mathbb{Z}_p$ 위의 $f(x) = x^q - x$ 의 분해체이므로 정리 5.4.7 에 의하여 $K \cong L$ 이다.

앞의 정리에 의하면, 임의의 素數 p 와 양의 정수 n 에 대하여 $q = p^n$ 이라고 할 때 위수 q 인 유한체는 본질적으로 하나 뿐이다. 이러한 의미에서 위수 q 인 유한체를 **위수 q 인 갈루아 체**(Galois field)라 하고 이것을

$$\mathbb{F}_q \qquad \text{또는} \qquad \mathrm{GF}(q)$$

로 나타낸다(정의 4.6.1).

특히, $\mathbb{F}_p = \mathbb{Z}_p = \{0, 1, \cdots, p-1\}$ 이고, 또 $[\mathbb{F}_q : \mathbb{F}_p] = n$ 이다.

Galois 체 $\mathbb{F}_q$ 의 한 원소 u 에 대하여

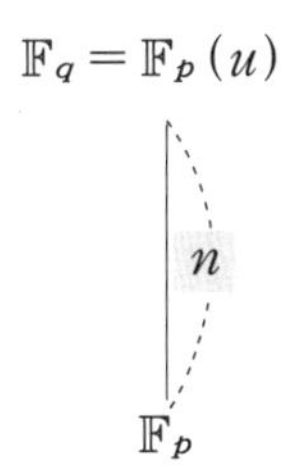

$$p(x) = \mathrm{irr}(u, \mathbb{F}_p) \in \mathbb{F}_p[x], \quad \deg p(x) = n$$

일 때,

$$[\mathbb{F}_p(u) : \mathbb{F}_p] = n = [\mathbb{F}_q : \mathbb{F}_p]$$

이므로 다음이 성립한다.

$$\mathbb{F}_q = \mathbb{F}_p(u),$$
$$\mathbb{F}_q = \{a_0 + a_1 u + \cdots + a_{n-1} u^{n-1} \mid a_0, a_1, \cdots, a_{n-1} \in \mathbb{F}_p\}$$

특히, $\mathbb{F}_q$ 의 원소 α 가 위수 $q-1$ 인 순환군 ${\mathbb{F}_q}^*$ 의 생성원일 때, 즉

$${\mathbb{F}_q}^* = \langle \alpha \rangle = \{1, \alpha, \alpha^2, \cdots, \alpha^{q-2}\}, \quad \alpha^{q-1} = 1$$

일 때, α 를 Galois 체 $\mathbb{F}_q$ 의 **원시원소**라 하고 α 의 $\mathbb{F}_p$ 위의 최소다항식 $p(x) = \mathrm{irr}(\alpha, \mathbb{F}_p)$ 를 체 $\mathbb{F}_p$ 위의 **원시다항식**이라고 한다(정의 4.6.1).

보기 5.8.1 보기 4.6.2 에서 논한 Galois 체 $\mathbb{F}_{2^4}$ 를 생각해 보자.

$$\mathbb{F}_{2^4} = \mathbb{F}_2(\alpha), \quad \text{irr}(\alpha, \mathbb{F}_2) = x^4 + x + 1 = p(x)$$
$$\mathbb{F}_{2^4}{}^* = \langle \alpha \rangle = \{1, \alpha, \alpha^2, \cdots, \alpha^{14}\}, \quad \alpha^{15} = 1$$

Galois 체 $\mathbb{F}_{2^4}$ 에서 4 개의 원시원소 $\alpha, \alpha^2, \alpha^4, \alpha^8$ 는 체 $\mathbb{F}_2$ 위의 4 차의 원시다항식 $p(x) = x^4 + x + 1$ 의 근이므로 다음이 성립한다.

$$\text{irr}(\alpha, \mathbb{F}_2) = \text{irr}(\alpha^2, \mathbb{F}_2) = \text{irr}(\alpha^4, \mathbb{F}_2) = \text{irr}(\alpha^8, \mathbb{F}_2) = p(x)$$

그리고, 4 개의 원시원소 α^7, α^{11}, α^{13}, α^{14} 는 체 $\mathbb{F}_2$ 위의 기약다항식 $q(x) = x^4 + x^3 + 1$ 의 근이므로 $q(x)$ 는 체 $\mathbb{F}_2$ 위의 4 차의 원시다항식이고 다음이 성립한다.

$$\text{irr}(\alpha^7, \mathbb{F}_2) = \text{irr}(\alpha^{11}, \mathbb{F}_2) = q(x), \quad \mathbb{F}_{2^4} = \mathbb{F}_2(\alpha^7) = \mathbb{F}_2(\alpha^{11})$$

한편, $\beta = \alpha^3$ 이라고 하면 $\beta^5 = \alpha^{15} = 1$ 이므로 β 는 원시원소가 아니지만, β 는 체 $\mathbb{F}_2$ 위의 기약다항식 $r(x) = x^4 + x^3 + x^2 + x + 1$ 의 근이고 따라서 다음이 성립한다(문제 4.6.3 참조).

$$\text{irr}(\beta, \mathbb{F}_2) = r(x), \quad \deg r(x) = 4, \quad \mathbb{F}_{2^4} = \mathbb{F}_2(\beta)$$

그리고, $f(x) = x^{16} - x$ 이라고 하면 다음이 성립한다.

$$\begin{aligned} f(x) &= x(x-\alpha)(x-\alpha^2)\cdots(x-\alpha^{15}) \\ &= x(x+1)(x^2+x+1)\,p(x)\,q(x)\,r(x) \end{aligned}$$

정리 5.8.3 素數 p 와 양의 정수 n 에 대하여 d 가 n 의 양의 약수이면, 적당한 다항식 $h(x) \in \mathbb{Z}[x]$ 에 대하여 다음 등식이 성립한다.

$$x^{p^n} - x = (x^{p^d} - x)\,h(x)$$

증명 이제 $n = de$ 이라고 하면,

$$p^n - 1 = (p^d)^e - 1 = (p^d - 1)\{(p^d)^{e-1} + \cdots + p^d + 1\}$$

이므로 적당한 양의 정수 s 에 대하여 $p^n - 1 = (p^d - 1)s$ 이고 이때

$$x^{p^n - 1} - 1 = (x^{p^d - 1} - 1)\{(x^{p^d - 1})^{s-1} + \cdots + x^{p^d - 1} + 1\}$$

이므로 정리가 성립한다.

정리 5.8.4 임의의 素數 p 와 양의 정수 n 에 대하여 $q = p^n$ 이라고 할 때, n 의 모든 양의 약수 d 에 대하여 $\mathbb{F}_{p^d}$ 은 Galois 체 $\mathbb{F}_q$ 의 부분체이고, 또 $\mathbb{F}_q$ 의 부분체는 모두 이와 같은 꼴이다.

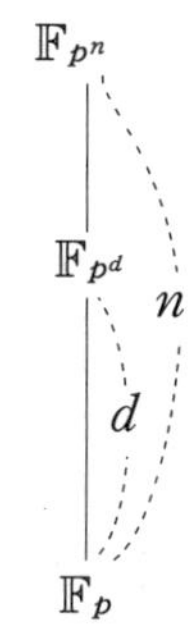

증명 먼저 $d \mid n$ 일 때, $\mathbb{F}_{p^n}$, $\mathbb{F}_{p^d}$ 은 각각 체 $\mathbb{F}_p$ 위의 다항식 $f(x) = x^{p^n} - x$, $g(x) = x^{p^d} - x$ 의 분해체이다 (정리 5.8.2). 그런데, 정리 5.8.3 에 의하여 $g(x) \mid f(x)$ 이므로 $g(x)$ 의 근은 모두 $f(x)$ 의 근이므로 $\mathbb{F}_{p^d}$ 은 $\mathbb{F}_{p^n}$ 의 부분체이다.

역으로, L 을 $\mathbb{F}_{p^n}$ 의 부분체라고 하면, 적당한 양의 정수 d 에 대하여 $L = \mathbb{F}_{p^d}$ 이고(정리 5.8.2 와 그 아래 부분) 이때 $[L : \mathbb{F}_p] = d$ 이므로

$$n = [\mathbb{F}_{p^n} : \mathbb{F}_p] = [\mathbb{F}_{p^n} : L][L : \mathbb{F}_p]$$

이고 따라서 $d \mid n$ 이다.

정리 5.8.5 임의의 素數 p 와 양의 정수 n 에 대하여 $q = p^n$ 이라 하고 $f(x) = x^q - x$ 이라고 할 때, 체 $\mathbb{F}_p$ 위의 d 차의 모닉 기약다항식 $p(x)$ 에 대하여 다음이 성립한다.

(1) $d \mid n$ 일 때 그리고 이때에만 $p(x) \mid f(x)$ 이다.

(2) $d \mid n$ 일 때, $p(x)$ 는 Galois 체 $\mathbb{F}_q$ 안에서 서로 다른 d 개의 근을 가진다.

증명 (1) 먼저 $d \mid n$ 일 때, K 를 $\mathbb{F}_p$ 위에서의 $p(x)$ 의 분해체라 하고 또 $u \in K$ 를 $p(x)$ 의 근이라고 하자. 이 때, $\mathrm{irr}\,(u, \mathbb{F}_p) = p(x)$ 이므로 $[\mathbb{F}_p(u) : \mathbb{F}_p] = d$ 이고 따라서 $\mathbb{F}_p(u) = \mathbb{F}_{p^d}$ 이므로 $\mathbb{F}_p(u)$ 는 $\mathbb{F}_p$ 위에서의 $g(x) = x^{p^d} - x$ 의 분해체이다(정리 5.8.1). 그러므로 u 는 $g(x)$ 의 근이고, 또 정리 5.8.3 에 의하여 $g(x) \mid f(x)$ 이므로 u 는 $f(x)$ 의 근이므로 $p(x) \mid f(x)$ 이다(정리 5.1.8).

다음에 $p(x) \mid f(x)$ 이라고 하자. 이 때, $\mathbb{F}_q$ 는 $f(x)$ 의 서로 다른 q 개의 근 전체로 이루어진 집합이므로 $p(x)$ 는 $\mathbb{F}_q$ 안에서 d 개의 근을 가진다. 그리고, $u \in \mathbb{F}_q$ 를 $\mathbb{F}_q$ 안에서의 $p(x)$ 의 근이라고 하면, $\mathbb{F}_p(u) \subseteq \mathbb{F}_q$ 이고

$$[\mathbb{F}_p(u) : \mathbb{F}_p] = \deg\ p(x) = d$$

이므로 $|\mathbb{F}_p(u)| = p^d$ 이고 따라서 $\mathbb{F}_p(u) = \mathbb{F}_{p^d}$ 이다.

그러므로 정리 5.8.4 에 의하여 $d \mid n$ 이다.

(2) $d \mid n$ 일 때, (1) 에 의하여 $p(x) \mid f(x)$ 이고 $f(x)$ 는 $\mathbb{F}_q$ 안에서 서로 다른 q 개의 근을 가지므로 $p(x)$ 는 $\mathbb{F}_q$ 안에서 서로 다른 d 개의 근을 가진다(정리 5.8.2).

정리 5.8.6 Galois 체 $\mathbb{F}_q$ 에 대하여 다음이 성립한다.

(1) K 가 Galois 체 $\mathbb{F}_q$ 의 유한 확대체일 때, $[K : \mathbb{F}_q] = m$ 이라고 하면 $K = \mathbb{F}_{q^m}$ 이고 K 는 $\mathbb{F}_q$ 의 단순 확대체이다.

(2) Galois 체 $\mathbb{F}_q$ 위에서 대수적인 원소 u, v 에 대하여 $\mathbb{F}_q(u, v)$ 는 $\mathbb{F}_q$ 의 단순 확대체이다. 즉, $\mathbb{F}_q(u, v) = \mathbb{F}_q(w)$ 인 원소 w 가 존재한다.

증명 (1) 이제 $\mathscr{B} = \{v_1, \cdots, v_m\}$ 를 K 의 $\mathbb{F}_q$-기저라고 하면, 각 원소 $u \in K$ 는 단 한 가지 방법으로

$$u = a_1 v_1 + \cdots + a_m v_m \qquad (a_1, \cdots, a_m \in \mathbb{F}_q)$$

의 꼴로 나타내어지므로 $|K| = q^m$ 이고 따라서 $K = \mathbb{F}_{q^m}$ 이다.

또한, 곱셈군 K^* 는 순환군이므로 적당한 원소 α 에 대하여 $K^* = \langle \alpha \rangle$ 이고 이때 $\mathbb{F}_q \subseteq K = \langle \alpha \rangle \cup \{0\}$ 이므로 $K = \mathbb{F}_q(\alpha)$ 이다.

(2) 두 원소 u, v 가 Galois 체 $\mathbb{F}_q$ 위에서 대수적이면, $\mathbb{F}_q(u, v)$ 는 $\mathbb{F}_q$ 의 유한 확대체이다(정리 5.2.5). 따라서 (1) 에 의하여 (2) 가 성립한다.

보기 5.8.2 Galois 체 $\mathbb{F}_{2^4}$ 를 생각해 보자(보기 5.8.1 참조).

$$\mathbb{F}_{2^4}{}^* = \langle \alpha \rangle = \{1, \alpha, \alpha^2, \cdots, \alpha^{14}\}, \qquad \alpha^{15} = 1$$
$$p(x) = \mathrm{irr}\ (\alpha, \mathbb{F}_2) = x^4 + x + 1, \quad \alpha^4 + \alpha + 1 = 0$$

체 $\mathbb{F}_{2^4}$ 의 부분체는 $\mathbb{F}_2 = \{0, 1\}$, $\mathbb{F}_{2^2}$, $\mathbb{F}_{2^4}$ 뿐이다. 한편,

$$\mathbb{F}_{2^2}{}^* = \{1, \alpha^5, \alpha^{10}\} = \langle \alpha^5 \rangle = \langle \alpha^{10} \rangle,$$
$$\mathbb{F}_{2^2} = \{0, 1, \alpha^5, \alpha^{10}\}$$

이고 또 $\mathrm{irr}\,(\alpha^5, \mathbb{F}_2) = \mathrm{irr}\,(\alpha^{10}, \mathbb{F}_2) = x^2+x+1$ 이다. 그리고, 이 다항식은 $f(x) = x^{16} - x$ 의 기약인수이다.

또, 다항식 $p(x)$ 는 체 $\mathbb{F}_{2^2}$ 위에서 다음과 같이 인수분해된다.

$$\begin{aligned} p(x) = x^4 + x + 1 &= (x+\alpha)(x+\alpha^4)(x+\alpha^2)(x+\alpha^8) \\ &= (x^2+x+\alpha^5)(x^2+x+\alpha^{10}) \end{aligned}$$

그리고, $\mathbb{F}_{2^4} = \mathbb{F}_{2^2}(\alpha) = \mathbb{F}_{2^2}(\alpha^2)$ 이고, 다음이 성립한다.

$$\mathrm{irr}\,(\alpha, \mathbb{F}_{2^2}) = x^2+x+\alpha^5, \qquad \mathrm{irr}\,(\alpha^2, \mathbb{F}_{2^2}) = x^2+x+\alpha^{10}$$

정리 5.8.7 임의의 素數 p 와 양의 정수 n 에 대하여 $q = p^n$ 이라고 할 때, Galois 체 $\mathbb{F}_q$ 에 대하여 다음이 성립한다.

(1) $\mathbb{F}_q$ 는 완전체이다.

즉, $\mathbb{F}_q$ 위의 기약다항식은 모두 $\mathbb{F}_q$ 위의 분리다항식이다.

(2) $\mathbb{F}_q$ 의 대수적 확대체는 모두 $\mathbb{F}_q$ 의 분리확대체이다.

(3) $\mathbb{F}_q$ 는 체 $\mathbb{F}_p$ 의 분리확대체이다.

증명 정리 5.5.8 에 의하여 (1), (2) 가 성립한다. 또한, $\mathbb{F}_q$ 는 $\mathbb{F}_p$ 의 유한 확대체이므로 대수적 확대체이고 따라서 (2) 에 의하여 (3) 이 성립한다.

정리 5.8.8 임의의 素數 p 와 양의 정수 m 에 대하여 $q = p^n$ 이라고 할 때, Galois 체 $\mathbb{F}_q$ 에서 다음이 성립한다.

(1) Galois 체 $\mathbb{F}_q$ 는 체 $\mathbb{F}_p$ 위의 Galois 확대체이다.

(2) $\mathrm{Gal}\,(\mathbb{F}_q/\mathbb{F}_p) = \langle \sigma_p \rangle = \{1, \sigma_p, \cdots, {\sigma_p}^{n-1}\}, \quad {\sigma_p}^n = 1$

여기서 σ_p 는 다음과 같이 정의된 Frobenius 동형사상이다.

$$\sigma_p : \mathbb{F}_q \longrightarrow \mathbb{F}_q, \quad \sigma_p(u) = u^p$$

(3) n 의 모든 양의 약수 d 에 대하여 $\langle {\sigma_p}^d \rangle$ 는 Galois 군 $\mathrm{Gal}\,(\mathbb{F}_q/\mathbb{F}_p)$ 의 부분군이고, 또 $\mathrm{Gal}\,(\mathbb{F}_q/\mathbb{F}_p)$ 의 부분군은 모두 이와 같은 꼴이다.

그리고, n 의 모든 양의 약수 d 에 대하여 $\mathbb{F}_{p^d}$ 는 $\mathbb{F}_q$ 의 부분체이고, 또 $\mathbb{F}_q$ 의 부분체는 모두 이와 같은 꼴이며 $\langle {\sigma_p}^d \rangle$ 의 불변체는 $\mathbb{F}_{p^d}$ 이다.

증명 (1), (2) Galois 체 $\mathbb{F}_q$ 는 $\mathbb{F}_p$ 위에서의 $f(x) = x^q - x$ 의 분해체이며 $[\mathbb{F}_q : \mathbb{F}_p] = n$ 이고 또 $f(x)$ 는 $\mathbb{F}_p$ 위의 분리다항식이다(정리 5.8.2). 따라서 정리 5.7.4 에 의하여

$$|\mathrm{Gal}(\mathbb{F}_q/\mathbb{F}_p)| = [\mathbb{F}_q : \mathbb{F}_p] = n$$

이고 또 $\mathbb{F}_q$ 는 $\mathbb{F}_p$ 의 Galois 확대체이다.

한편, 정리 3.11.8 에 의하여

$$\sigma_p : \mathbb{F}_q \longrightarrow \mathbb{F}_q, \quad \sigma_p(u) = u^p$$

는 $\mathrm{Gal}(\mathbb{F}_q/\mathbb{F}_p)$ 에 속하고, 또 모든 원소 $u \in \mathbb{F}_q$ 에 대하여

$${\sigma_p}^n(u) = u^{p^n} = u^q = u$$

이므로 ${\sigma_p}^n = 1$ (항등사상)이다. 그리고, $1 \leq r < n$ 인 정수 r 에 대하여 ${\sigma_p}^r = 1$ (항등사상)이라고 가정하면, 모든 원소 $u \in \mathbb{F}_q$ 에 대하여

$${\sigma_p}^r(u) = u \quad \text{즉} \quad u^{p^r} = u$$

이므로 체 $\mathbb{F}_q$ 의 q 개의 원소는 모두 다항식 $g(x) = x^{p^r} - x$ 의 근이고 이것은 $p^r < p^n = q$ 이라는 사실에 모순이 생긴다. 따라서 다음이 성립한다.

$$G = \mathrm{Gal}(\mathbb{F}_q/\mathbb{F}_p) = \langle \sigma_p \rangle = \{1, \sigma_p, \cdots, {\sigma_p}^{n-1}\}, \qquad {\sigma_p}^n = 1$$

(3) 정리 2.4.7 과 정리 5.8.4 에 의하여 (3) 의 앞 부분이 성립한다.

그리고, n 의 양의 약수 d 에 대하여

$$u \in \mathbb{F}_{p^d} \iff u^{p^d} = u \iff {\sigma_p}^d(u) = u$$

이므로 $\langle {\sigma_p}^d \rangle$ 의 불변체는 $\mathbb{F}_{p^d}$ 이다.

보기 5.8.3 정수 p 가 素數일 때, Galois 체 $\mathbb{F}_{p^{12}}$ 는 $\mathbb{F}_p$ 의 Galois 확대체이고 또

$$\sigma_p : \mathbb{F}_{p^{12}} \longrightarrow \mathbb{F}_{p^{12}}, \quad \sigma_p(u) = u^p$$

를 Frobenius 동형사상이라고 하면 다음이 성립한다.

$$G = \mathrm{Gal}(\mathbb{F}_{p^{12}}/\mathbb{F}_p) = \langle \sigma_p \rangle = \{1, \sigma_p, {\sigma_p}^2, \cdots, {\sigma_p}^{11}\}, \qquad {\sigma_p}^{12} = 1$$

그리고, Galois 군 $G = \langle \sigma_p \rangle$ 의 부분군 전체에 대한 Hasse 다이어그램과 이들 부분군의 불변체는 다음 그림과 같다(보기 2.4.8 참조).

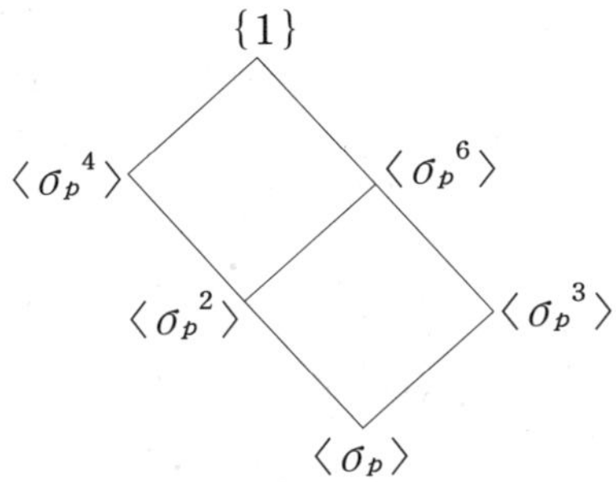

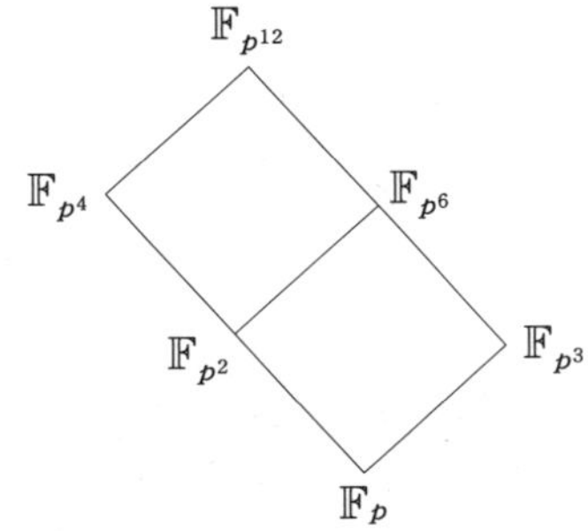

$$\langle \sigma_p{}^2 \rangle = \{1, \sigma_p{}^2, \sigma_p{}^4, \cdots, \sigma_p{}^{10}\}, \qquad \langle \sigma_p{}^3 \rangle = \{1, \sigma_p{}^3, \sigma_p{}^6, \sigma_p{}^9\},$$

$$\langle \sigma_p{}^4 \rangle = \{1, \sigma_p{}^4, \sigma_p{}^8\}, \qquad \langle \sigma_p{}^6 \rangle = \{1, \sigma_p{}^6\}$$

연습문제 (5.8)

*1. 체 $\mathbb{F}_3 = \{0, 1, 2\}$ 위에서 $p(x) = x^2 + x + 2$ 는 기약다항식이다. Galois 체 $\mathbb{F}_9$ 안에서 다항식 $p(x)$ 의 한 근을 α 라고 할 때,

$$\mathbb{F}_9{}^* = \langle \alpha \rangle = \{1, \alpha, \alpha^2, \cdots, \alpha^7\}, \quad \alpha^8 = 1$$

임을 밝히고, 다음 물음에 답하여라.

(1) Galois 체 $\mathbb{F}_9$ 의 원시원소를 모두 구하고 각 원시원소를 근으로 가지는 원시다항식을 구하여라.

(2) 체 $\mathbb{F}_3$ 위에서 $f(x) = x^9 - x$ 가

$$f(x) = x(x-1)(x+1)(x^2+1)(x^2+x+2)(x^2+2x+2)$$

와 같이 기약다항식의 곱으로 인수분해됨을 확인하여라.

2. 정수 p 가 素數일 때, Galois 체 $\mathbb{F}_{p^{18}}$ 의 부분체를 모두 구하여라.

3. Galois 체 $\mathbb{F}_{2^{30}}$ 의 부분체를 모두 구하여라. 그리고, Galois 군 $\mathrm{Gal}(\mathbb{F}_{2^{30}}/\mathbb{F}_2)$ 의 부분군 전체와 이들 부분군의 불변체를 구하여라.

§ 5.9 원분 확대체

이 절에서는, 체 F 위의 n 차의 다항식 $f(x) = x^n - a$ 의 분해체 K 와 Gal(K/F) 에 대하여 논한다. 이 절에서, n 은 양의 정수를 나타낸다.

정의 5.9.1 체 K 의 원소 u 가 다항식 $f(x) = x^n - 1$ 의 근일 때, 즉 $u^n = 1$ 일 때 u 를 K 에서의 單位元 1 의 ***n* 제곱근**(n-th root of unity) 이라고 한다.

보기 5.9.1 양의 정수 n 에 대하여

$$\zeta = e^{\frac{2\pi i}{n}} = \cos\frac{2\pi}{n} + i\sin\frac{2\pi}{n}$$

이라고 할 때, 복소수체 $\mathbb{C}$ 에서의 1 의 n 제곱근 전체의 집합을 U_n 이라고 하면 다음이 성립한다(정리 1.3.9).

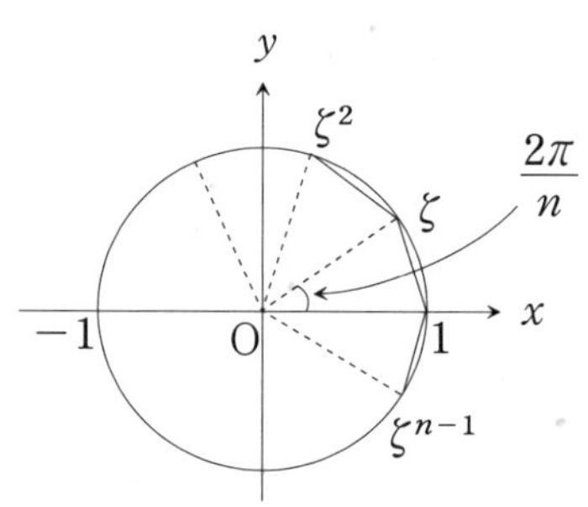

$$U_n = \langle \zeta \rangle = \{1, \zeta, \cdots, \zeta^{n-1}\}, \quad \zeta^n = 1$$

한편, 실수체 $\mathbb{R}$ 에서 1 의 세제곱근은 1 뿐이고 1 의 네제곱근은 ± 1 뿐이다.

정리 5.9.2 체 K 에서의 1 의 n 제곱근 전체의 집합을 U_n 이라고 할 때, U_n 은 곱셈에 관한 순환군을 이루고 $1 \le |U_n| \le n$ 이다.

증명 다항식 $f(x) = x^n - 1$ 는 K 안에서 n 개 이하의 서로 다른 근을 가지고 또 분명히 $1 \in U_n$ 이므로 $1 \le |U_n| \le n$ 이다(정리 4.3.8).

그리고 임의의 $u, v \in U_n$ 에 대하여

$$(u v^{-1})^n = u^n (v^n)^{-1} = 1 \cdot 1^{-1} = 1$$

이므로 $u v^{-1} \in U_n$ 이고 따라서 U_n 은 곱셈군 K^* 의 유한 부분군이다.

따라서 정리 4.3.13 에 의하여 U_n 은 순환군이다.

정의 5.9.3 체 K 에서의 단위원 1 의 n 제곱근 전체로 이루어진 순환군 U_n 의 위수가 n 일 때, 위수 n 인 원소 $\zeta \in U_n$ 를 K 에서의 단위원 1 의 **원시 n 제곱근**(primitive root of unity)이라고 한다.

보기 5.9.2 복소수체 $\mathbb{C}$ 에서 $\zeta = e^{\frac{2\pi i}{n}}$ 는 1 의 원시 n 제곱근이다. 한편, 실수체 $\mathbb{R}$ 안에는 원시 세제곱근과 원시 네제곱군이 존재하지 않는다.

정리 5.9.4 체 K 안에 1 의 원시 n 제곱근 ζ 가 존재할 때, 다음이 성립한다.

(1) 체 K 에서의 1 의 n 제곱근 전체의 집합 U_n 은 다음과 같다.

$$U_n = \langle \zeta \rangle = \{1, \zeta, \cdots, \zeta^{n-1}\}, \quad \zeta^n = 1, \quad |U_n| = n$$

(2) 체 K 에서의 1 의 원시 n 제곱근 전체의 집합은 다음과 같다.

$$P_n = \{\zeta^i \mid 0 \le i \le n-1, \ (i, n) = 1\}, \quad |P_n| = \varphi(n)$$

(3) n 의 임의의 양의 약수 d 에 대하여 $\zeta^{\frac{n}{d}}$ 은 K 에서의 1 의 원시 d 제곱근이고 또 K 에서의 1 의 d 제곱근 전체의 집합 U_d 는 다음과 같다.

$$U_d = \langle \zeta^{\frac{n}{d}} \rangle = \{1, \zeta^{\frac{n}{d}}, \cdots, \zeta^{\frac{n}{d}(d-1)}\}, \quad |U_d| = d$$

증명 (1) 정의 5.9.3 에 의하여 $U_n = \langle \zeta \rangle$ 이다.

(2), (3) 원소 $\zeta^i \in U_n$ 가 1 의 원시 n 제곱근이기 위한 필요충분조건은 ζ^i 의 위수가 n 인 것이고 이 조건은 $(i, n) = 1$ 임을 뜻하므로 정리 2.4.2 에 의하여 (2) 가 성립한다. 그리고 정리 2.4.5 에 의하여 (3) 이 성립한다.

정의 5.9.5 체 F 위에서의 다항식 $f(x) = x^n - 1$ 의 분해체 K 를 F 의 **제 n 圓分 확대체**(n-th cyclotomic extension)라고 한다.

그리고, K 안에 1 의 원시 n 제곱근이 존재하는 경우에 $\varphi(n)$ 개의 1 의 원시 n 제곱근 $\zeta_1, \zeta_2, \cdots, \zeta_{\varphi(n)}$ 을 근으로 가지는 $\varphi(n)$ 차의 다항식

$$\Phi_n(x) = (x - \zeta_1)(x - \zeta_2) \cdots (x - \zeta_{\varphi(n)})$$

를 체 F 위의 **제 n 圓分다항식**(n-th cyclotomic polynomial)이라고 한다.

체 F 의 표수가 0 이면 $\mathbb{Z} \subseteq \mathbb{Q} \subseteq F$ 이다(정의 3.11.6).

정리 5.9.6 체 F 의 표수가 0 일 때, F 의 제 n 원분 확대체 K 안에는 1 의 원시 n 제곱근이 존재하고 또 다음이 성립한다.

(1) $x^n - 1 = \prod_{d \mid n} \Phi_d(x)$

여기서, $\prod_{d \mid n}$ 는 n 의 양의 약수 d 전체에 대한 곱을 나타낸다.

(2) $\Phi_n(x) \in \mathbb{Z}[x]$ 이고 $\deg \Phi_n(x) = \varphi(n)$ 이다.

증명 다항식 $f(x) = x^n - 1$ 의 형식적 미분은 $f'(x) = n\,x^{n-1}$ 이므로 $\gcd\{f(x), f'(x)\} = 1$ 이고 따라서 $f(x)$ 는 K 안에서 n 개의 서로 다른 근을 가진다(정리 5.5.3). 그러므로 K 에는 1 의 원시 n 제곱근이 존재한다.

(1) 체 K 안에서의 1 의 n 제곱근 전체의 집합을 U_n 이라고 하면,

$$x^n - 1 = \prod_{\eta \in U_n} (x - \eta)$$

이고 η 의 위수는 n 의 양의 약수이며 n 의 각 양의 약수 d 에 대하여 η 가 1 의 원시 d 제곱근이기 위한 필요충분조건은 η 의 위수가 d 인 것이므로

$$\Phi_d(x) = \prod_{\substack{\eta \in U_n \\ \eta \text{의 위수는 } d}} (x - \eta)$$

이므로 다음 등식이 성립한다.

$$x^n - 1 = \prod_{\eta \in U_n} (x - \eta) = \prod_{d \mid n} \Big(\prod_{\substack{\eta \in U_n \\ \eta \text{의 위수는 } d}} (x - \eta) \Big) = \prod_{d \mid n} \Phi_d(x)$$

(2) 이제 n 에 관한 귀납법으로 $\Phi_n(x) \in \mathbb{Z}[x]$ 임을 증명한다.

먼저 $n = 1$ 일 때, $\Phi_1(x) = x - 1$ 이다.

이제 $n \geq 2$ 일 때, $k < n$ 인 양의 정수 k 에 대하여 $\Phi_k(x) \in \mathbb{Z}[x]$ 라고 가정하고 $g(x)$ 를 다음과 같은 다항식이라고 하자.

$$g(x) = \prod_{\substack{d \mid n \\ d \neq n}} \Phi_d(x)$$

이 때, $g(x) \in \mathbb{Z}[x] \subseteq \mathbb{Q}[x] \subseteq F[x]$ 이고 또 (1) 에 의하여 다음이 성

립한다.

$$(*) \qquad x^n - 1 = g(x)\,\Phi_n(x)$$

한편, 다항식환 $F[x]$ 에서 나눗셈 알고리즘(정리 4.2.1)에 의하여

$$x^n - 1 = g(x)\,h(x) + r(x)$$
$$r(x) = 0 \quad \text{또는} \quad 0 \le \deg r(x) < \deg g(x)$$

인 다항식 $h(x), r(x) \in F[x]$ 가 존재한다. 그런데 다항식환 $K[x]$ 에 대한 나눗셈 알고리즘에서 몫과 나머지는 유일하게 결정되고 $F[x] \subseteq K[x]$ 이므로, $(*)$에 의하여 $r(x)$ 는 영다항식이고 따라서 $\Phi_n(x) = h(x)$ 이다. 한편, $g(x) \in \mathbb{Z}[x]$ 의 최고차 항의 계수가 1이므로 $h(x) \in \mathbb{Z}[x]$ 이고, 따라서 $\Phi_n(x) = h(x) \in \mathbb{Z}[x]$ 이고 또 $\deg \Phi_n(x) = \varphi(n)$ 이다.

보기 5.9.3 素數 p 와 양의 정수 k 에 대하여

$$x^p - 1 = \Phi_1(x)\,\Phi_p(x), \qquad x^{p^2} - 1 = \Phi_1(x)\,\Phi_p(x)\,\Phi_{p^2}(x),$$
$$x^{p^k} - 1 = \Phi_1(x)\,\Phi_p(x) \cdots \Phi_{p^{k-1}}(x)\,\Phi_{p^k}(x) = (x^{p^{k-1}} - 1)\,\Phi_{p^k}(x)$$
$$\Phi_p(x) = \frac{x^p - 1}{x - 1} = x^{p-1} + \cdots + x + 1,$$
$$\Phi_{p^k}(x) = \frac{x^{p^k} - 1}{x^{p^{k-1}} - 1} = x^{p^{k-1}(p-1)} + x^{p^{k-1}(p-2)} + \cdots + x^{p^{k-1}} + 1$$

이고, $\Phi_{p^k}(x)$ 는 유리수체 $\mathbb{Q}$ 위에서 기약이다(정리 4.4.9 참조).

그리고,

$$\Phi_2(x) = x + 1, \quad \Phi_4(x) = x^2 + 1,$$
$$x^6 - 1 = \Phi_1(x)\,\Phi_2(x)\,\Phi_3(x)\,\Phi_6(x),$$
$$x^{12} - 1 = \Phi_1(x)\,\Phi_2(x)\,\Phi_3(x)\,\Phi_4(x)\,\Phi_6(x)\,\Phi_{12}(x)$$

이므로 다음이 성립한다.

$$\Phi_6(x) = \frac{x^6 - 1}{(x^3 - 1)(x + 1)} = x^2 - x + 1$$
$$\Phi_{12}(x) = \frac{x^{12} - 1}{(x^6 - 1)(x^2 + 1)} = x^4 - x^2 + 1$$

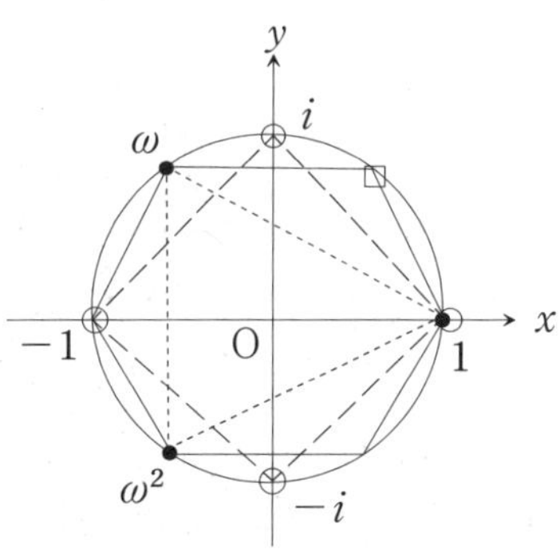

정리 5.9.7 체 F 의 제 n 원분 확대체 K 안에 1 의 원시 n 제곱근 ζ 가 존재할 때 다음이 성립한다.

(1) $K = F(\zeta)$, $|\mathrm{Gal}(K/F)| = [K : F]$
이고 또 K 는 F 의 Galois 확대체이다.

(2) Galois 군 $\mathrm{Gal}(K/F)$ 는 곱셈군 $\overline{\mathbb{Z}}_n{}^*$ 의 부분군과 동형인 Abel 군이고 또 $|\mathrm{Gal}(K/F)| \,\Big|\, \varphi(n)$ 이다.

증명 다항식 $f(x) = x^n - 1$ 는 서로 다른 n 개의 근 $1, \zeta, \cdots, \zeta^{n-1}$ 을 가지므로 다음이 성립한다(정리 5.9.4).

$$K = F(1, \zeta, \cdots, \zeta^{n-1}) = F(\zeta)$$

그리고 정리 5.7.4 에 의하여 $|\mathrm{Gal}(K/F)| = [K : F]$ 이고 K 는 F 의 Galois 확대체이다.

이제 $\sigma \in \mathrm{Gal}(K/F)$ 이라고 하자. 이 때, $\sigma(\zeta)$ 에 의하여 완전히 결정되고, 또 $\sigma(\zeta)$ 의 위수는 n 이므로 $\sigma(\zeta)$ 는 1 의 원시 n 제곱근이다. 따라서 $\sigma(\zeta)$ 는

$$\sigma(\zeta) = \zeta^i, \qquad (i, n) = 1$$

과 같은 꼴이므로 다음과 같은 사상이 정의된다(정리 5.9.4, 정리 2.5.2).

$$\phi : \mathrm{Gal}(K/F) \longrightarrow \overline{\mathbb{Z}}_n{}^*, \quad \phi(\sigma) = \bar{i}$$
$$\phi(\sigma) = \bar{i} \Longleftrightarrow \sigma(\zeta) = \zeta^i$$

그리고, $\sigma, \tau \in \mathrm{Gal}(K/F)$ 에 대하여 $\phi(\sigma) = \bar{i}$, $\phi(\tau) = \bar{j}$ 이라고 하면,

$$(\sigma \circ \tau)(\zeta) = \sigma(\tau(\zeta)) = \sigma(\zeta^j) = (\zeta^j)^i = \zeta^{ij}$$

이므로

$$\phi(\sigma \circ \tau) = \overline{i\,j} = \bar{i} \cdot \bar{j} = \phi(\sigma) \cdot \phi(\tau)$$

이고, 따라서 ϕ 는 준동형사상이다. 그리고, $\sigma \in \ker \phi$ 즉 $\phi(\sigma) = \bar{1}$ 이라고 하면, $\sigma(\zeta) = \zeta$ 이고 $K = F(\zeta)$ 이므로 $\sigma = 1$ (항등사상)이다.

따라서 ϕ 는 일대일인 준동형사상이므로 군에 대한 제 1 동형정리에 의하여 $\mathrm{Gal}(K/F) \cong \mathrm{im}\,\phi \subseteq \overline{\mathbb{Z}}_n{}^*$ 이다. 한편, 곱셈군 $\overline{\mathbb{Z}}_n{}^*$ 는 위수 $\varphi(n)$ 인 Abel 군이므로 $\mathrm{Gal}(K/F)$ 는 Abel 군이고 또 $|\mathrm{Gal}(K/F)| \,\Big|\, \varphi(n)$ 이다.

따름정리 5.9.8 임의의 素數 p 와 양의 정수 k 에 대하여 $n = p^k$ 이라고 할 때, K 를 유리수체 $\mathbb{Q}$ 의 제 n 원분 확대체라 하고 또 $\zeta \in K$ 를 1의 원시 n 제곱근이라고 하면 다음이 성립한다.

(1) $K = \mathbb{Q}(\zeta)$, $\operatorname{irr}(\zeta, \mathbb{Q}) = \Phi_n(x)$, $|\operatorname{Gal}(K/\mathbb{Q})| = [K : \mathbb{Q}] = \varphi(n)$ 이고 K 는 $\mathbb{Q}$ 의 Galois 확대체이다.

(2) $\operatorname{Gal}(K/F) \cong \overline{\mathbb{Z}}_n{}^*$

증명 체 K 의 표수는 0이므로 K 안에는 1의 원시 n 제곱근 ζ 가 존재한다(정리 5.9.6). 그리고, 정리 5.9.7에 의하여

$$K = \mathbb{Q}(\zeta), \quad |\operatorname{Gal}(K/\mathbb{Q})| = [K : \mathbb{Q}]$$

이고 또한 K 는 유리수체 $\mathbb{Q}$ 의 Galois 확대체이며 $\operatorname{Gal}(K/\mathbb{Q})$는 곱셈군 $\overline{\mathbb{Z}}_n{}^*$ 의 한 부분군과 동형이다. 한편, $n = p^k$ 인 경우에 제 n 원분다항식 $\Phi_n(x)$ 는 유리수체 $\mathbb{Q}$ 위에서 기약이고(정리 4.4.9) 또 $\Phi_n(\zeta) = 0$ 이므로 $\operatorname{irr}(\zeta, \mathbb{Q}) = \Phi_n(x)$ 이다(정리 5.1.8). 따라서

$$|\operatorname{Gal}(K/\mathbb{Q})| = [K : \mathbb{Q}] = \deg \Phi_n(x) = \varphi(n) = |\overline{\mathbb{Z}}_n{}^*|$$

이므로 $\operatorname{Gal}(K/\mathbb{Q}) \cong \overline{\mathbb{Z}}_n{}^*$ 이다.

모든 양의 정수 n 에 대하여 제 n 원분다항식 $\Phi_n(x)$ 는 유리수체 $\mathbb{Q}$ 위에서 기약임이 알려져 있고 따라서 위의 따름정리는 모든 양의 정수 n 에 대하여 성립한다. 한편, 양의 정수 n 이

$$2, \quad 4, \quad p^k, \quad 2p^k \qquad (p \text{ 는 홀수인 素數})$$

일 때 그리고 이때에만 곱셈군 $\overline{\mathbb{Z}}_n{}^*$ 는 위수 $\varphi(n)$ 인 순환군이다(p. 62).

실제로, 이 경우에

$$\overline{\mathbb{Z}}_n{}^* = \langle \overline{g} \rangle = \{\overline{g}^i \mid 0 \le i \le \varphi(n) - 1\},$$

인 g 가 존재하고 이때 다음이 성립한다(보기 2.13.5 참조).

$$\operatorname{Gal}(K/\mathbb{Q}) = \langle \sigma \rangle = \{\sigma^i \mid 0 \le i \le \varphi(n) - 1\},$$
$$\sigma(\zeta) = \zeta^g, \quad \sigma(a) = a \quad (a \in \mathbb{Q})$$

보기 5.9.4 체 K를 유리수체 $\mathbb{Q}$ 위의 제 8 원분확대체라 하고

$$\zeta = \cos\frac{2\pi}{8} + i\sin\frac{2\pi}{8} = \frac{1+i}{\sqrt{2}}$$

이라고 하자. 이 때, ζ는 1의 원시 8 제곱근이므로 $K = \mathbb{Q}(\zeta)$이고 1의 원소 8 제곱근 전체는 ζ, ζ^3, ζ^5, ζ^7이다(정리 5.9.4 참조).

한편, ζ는 $\Phi_8(x) = x^4 + 1$의 근이고 또 $\Phi_8(x)$는 유리수체 $\mathbb{Q}$ 위에서 기약이므로 다음이 성립한다.

$$\operatorname{irr}(\zeta, \mathbb{Q}) = \Phi_8(x) = x^4 + 1 = (x-\zeta)(x-\zeta^3)(x-\zeta^5)(x-\zeta^7)$$

$$K = \mathbb{Q}(\zeta) = \{a_0 + a_1\zeta + a_2 i + a_3\zeta i \mid a_0, a_1, a_2, a_3 \in \mathbb{Q}\}$$

$$\operatorname{Gal}(K/\mathbb{Q}) = \{1, \sigma, \tau, \rho\}$$

$$\sigma(\zeta) = \zeta^3 = \zeta i, \quad \tau(\zeta) = \zeta^5 = -\zeta, \quad \rho(\zeta) = \zeta^7 = -\zeta i$$

그리고, 다음과 같이 정의된 사상 ϕ는 동형사상이다.

$$\phi : \operatorname{Gal}(K/\mathbb{Q}) \longrightarrow \overline{\mathbb{Z}}_8{}^* = \{\bar{1}, \bar{3}, \bar{5}, \bar{7}\},$$

$$\phi(1) = \bar{1}, \quad \phi(\sigma) = \bar{3}, \quad \phi(\tau) = \bar{5}, \quad \phi(\rho) = \bar{7}$$

따라서 $\operatorname{Gal}(K/\mathbb{Q}) \cong \overline{\mathbb{Z}}_8{}^* \cong \overline{\mathbb{Z}}_8{}^*$이다.

보기 5.9.5 체 K를 유리수체 $\mathbb{Q}$ 위에서 제 12 원분 확대체라고 할 때,

$$\zeta = \cos\frac{2\pi}{12} + i\sin\frac{2\pi}{12} = \frac{\sqrt{3}+i}{2}$$

이라고 하면 1의 원시 12 제곱근은 ζ, ζ^5, ζ^7, ζ^{11}이고 또 ζ는

$$\Phi_{12}(x) = x^4 - x^2 + 1 = (x-\zeta)(x-\zeta^5)(x-\zeta^7)(x-\zeta^{11})$$

의 근이며 $\Phi_{12}(x)$는 $\mathbb{Q}$ 위에서 기약이다(보기 5.9.3, 문제 2 참조).

따라서 다음이 성립한다.

$$\operatorname{irr}(\zeta, \mathbb{Q}) = \Phi_{12}(x) = x^4 - x^2 + 1, \quad |\operatorname{Gal}(K/\mathbb{Q})| = [K : Q] = 4$$

$$K = \mathbb{Q}(\zeta) = \{a_0 + a_1\zeta + a_2\zeta^2 + a_3\zeta^3 \mid a_0, a_1, a_2, a_3 \in \mathbb{Q}\}$$

$$G = \operatorname{Gal}(K/\mathbb{Q}) = \{1, \sigma_5, \sigma_7, \sigma_{11}\} \cong \overline{\mathbb{Z}}_{12}{}^* = \{\bar{1}, \bar{5}, \bar{7}, \overline{11}\}$$

$$\sigma_5(\zeta) = \zeta^5, \quad \sigma_7(\zeta) = \zeta^7, \quad \sigma_{11}(\zeta) = \zeta^{11}$$

Galois 군 G 의 부분군 전체에 대한 Hasse 다이어그램은 아래의 그림과 같다. 여기서, $\langle \sigma_5 \rangle = \{1, \sigma_5\}$, $\langle \sigma_7 \rangle = \{1, \sigma_7\}$, $\langle \sigma_{11} \rangle = \{1, \sigma_{11}\}$ 이다. 또, $u = a_0 + a_1\zeta + a_2\zeta^2 + a_3\zeta^3 \in K$ 에 대하여 다음이 성립한다.

$$\sigma_5(u) = (a_0+a_2) - a_1\zeta - a_2\zeta^2 + (a_1+a_3)\zeta^3,$$
$$\sigma_7(u) = a_0 - a_1\zeta + a_2\zeta^2 - a_3\zeta^3,$$
$$\sigma_{11}(u) = (a_0+a_2) + a_1\zeta - a_2\zeta^2 - (a_1+a_3)\zeta^3,$$
$$\sigma_5(u) = u \iff u = a_0 + a_3\zeta^3$$
$$\sigma_7(u) = u \iff u = a_0 + a_2\zeta^2$$
$$\sigma_{11}(u) = u \iff u = a_0 - a_3(\zeta + \zeta^{-1})$$
$$\zeta^3 = i, \quad \zeta^2 = \frac{1+\sqrt{3}\,i}{2}, \quad \zeta + \zeta^{-1} = \sqrt{3}$$

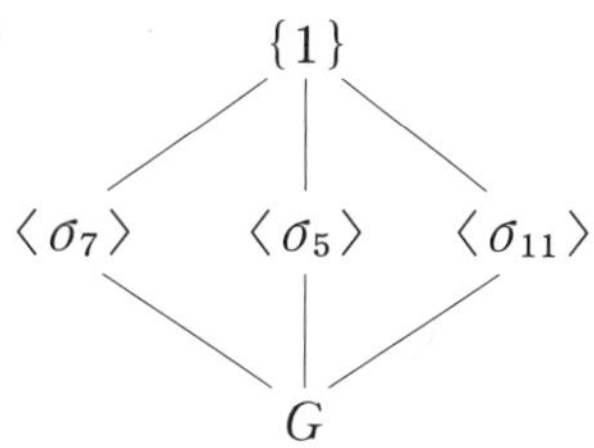

따라서 G 의 각 부분군의 불변체는 다음과 같다.

$$K_{\{1\}} = K, \quad K_{<\sigma_5>} = \mathbb{Q}(\zeta^3) = \mathbb{Q}(i),$$
$$K_{<\sigma_7>} = \mathbb{Q}(\zeta^2) = \mathbb{Q}(\sqrt{3}\,i),$$
$$K_{<\sigma_{11}>} = \mathbb{Q}(\zeta+\zeta^{-1}) = \mathbb{Q}(\sqrt{3}),$$
$$K_G = \mathbb{Q}$$

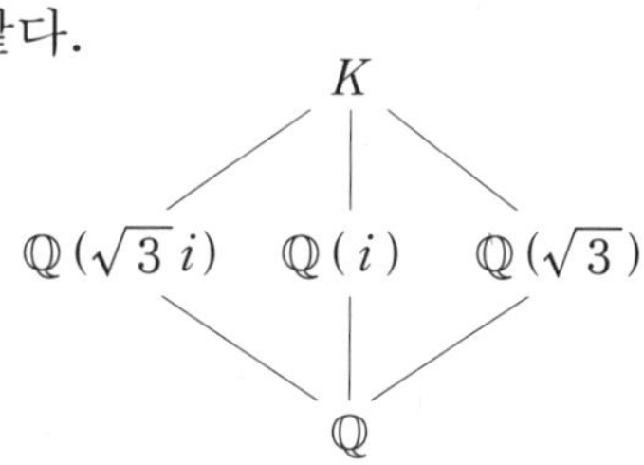

다음에 정 n 각형의 작도에 관한 정리를 증명하기로 하자

정리 5.9.9 홀수인 素數 p 와 양의 정수 k 에 대하여 다음이 성립한다.

(1) $k \geq 2$ 이면, 정 p^k 각형은 작도가능하지 않다.

(2) p 가 Fermat 素數일 때 그리고 이때에만 정 p 각형은 작도가능하다.

증명 (1) 체 K 를 유리수체 $\mathbb{Q}$ 의 제 p^k 원분 확대체라 하고

$$\zeta = \cos\theta + i\sin\theta, \qquad \theta = \frac{2\pi}{p^k}$$

이라고 하면, 따름정리 5.9.8 에 의하여

$$K = \mathbb{Q}(\zeta), \qquad \mathrm{irr}(\zeta, \mathbb{Q}) = \Phi_{p^k}(x)$$
$$|\,\mathrm{Gal}(K/\mathbb{Q})\,| = [K : \mathbb{Q}] = \varphi(p^k) = p^{k-1}(p-1)$$

이고 $\mathrm{Gal}(K/\mathbb{Q}) \cong \mathbb{Z}_{p^k}{}^*$ 이며 K 는 유리수체 $\mathbb{Q}$ 의 Galois 확대체이다.

한편, $\zeta + \zeta^{-1} = 2\cos\theta$ 이고 $\zeta\zeta^{-1} = 1$ 이므로 ζ 는 다항식

$$p(x) = x^2 - 2\cos\theta\, x + 1 \in \mathbb{Q}(\cos\theta)[x]$$

의 근이고, 또 ζ 는 허수이므로 $\zeta \notin \mathbb{Q}(\cos\theta) \subseteq \mathbb{R}$ 이다. 따라서 $p(x)$ 는 체 $\mathbb{Q}(\cos\theta)$ 위에서 기약이므로 $p(x) = \mathrm{irr}(\zeta, \mathbb{Q}(\cos\theta))$ 이다. 그리고 $\cos\theta = \frac{1}{2}(\zeta + \zeta^{-1}) \in \mathbb{Q}(\zeta) = K$ 이므로 K 이므로

$$\mathbb{Q}(\cos\theta)(\zeta) = \mathbb{Q}(\zeta)(\cos\theta) = K$$

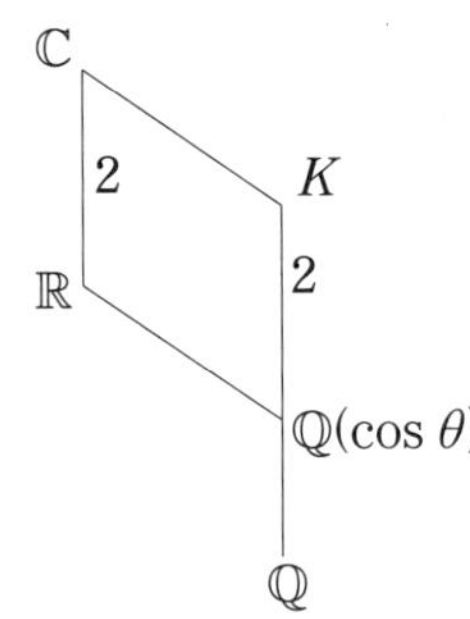

이므로 $[K : \mathbb{Q}(\cos\theta)] = 2$ 이다. 그리고

$$\mathbb{Q} \subseteq \mathbb{Q}(\cos\theta) \subseteq K$$

이므로 다음이 성립한다.

$$[K : \mathbb{Q}] = [K : \mathbb{Q}(\cos\theta)][\mathbb{Q}(\cos\theta) : \mathbb{Q}],$$
$$[\mathbb{Q}(\cos\theta) : \mathbb{Q}] = \frac{p^{k-1}(p-1)}{2}$$

한편, $k \geq 2$ 이면, $k-1 \geq 1$ 이고 p 는 홀수이므로 $[\mathbb{Q}(\cos\theta) : \mathbb{Q}]$ 는 2의 거듭제곱이 아니므로 정리 5.3.8 에 의하여 $\cos\theta$ 는 작도가능하지 않고 따라서 정 p^k 각형은 작도가능하지 않다.

(2) 먼저 정 p 각형이 작도가능하다고 가정하자. 이 때, $\cos\frac{2\pi}{p}$ 는 작도가능하고 (1) 의 증명에 의하여($k = 1$ 인 경우)

$$\left[\mathbb{Q}\left(\cos\frac{2\pi}{p}\right) : \mathbb{Q}\right] = \frac{p-1}{2}$$

이므로 정리 5.3.8 에 의하여 $\frac{p-1}{2} = 2^r$ 인 정수 r $(r \geq 0)$ 가 존재하고 이 때 $p = 2^{r+1} + 1$ 이므로 p 는 Fermat 素數이다(p. 354 참조).

역으로, p 가 $p = 2^m + 1$ $(m = 2^\lambda \geq 1)$과 같은 꼴의 Fermat 素數라고 하자. 이 때, $\zeta = \cos\frac{2\pi}{p} + i\sin\frac{2\pi}{p}$ 이라고 하면, (1) 의 증명에 의하여 다음이 성립한다($k = 1$ 인 경우).

$$K = \mathbb{Q}(\zeta), \quad \mathrm{irr}(\zeta, \mathbb{Q}) = \Phi_p(x) = x^{p-1} + \cdots + x + 1,$$
$$K = \{a_0 + a_1\zeta + \cdots + a_{p-2}\zeta^{p-2} \mid a_0, a_1, \cdots, a_{p-2} \in \mathbb{Q}\},$$
$$|\mathrm{Gal}(K/\mathbb{Q})| = [K : \mathbb{Q}] = p-1, \quad \mathrm{Gal}(K/\mathbb{Q}) \cong \overline{\mathbb{Z}}_p^{\,*}$$

그런데, $\overline{\mathbb{Z}_p}^*$ 는 위수 $p-1$ 인 순환군이므로

$$\overline{\mathbb{Z}_p}^* = \langle \overline{g} \rangle = \{\overline{1}, \overline{g}, \cdots, \overline{g}^{p-2}\}, \quad \overline{g}^{p-1} = \overline{1}$$

인 원소 $\overline{g}$ 가 존재하고 따라서 다음이 성립한다.

$$\mathrm{Gal}(K/\mathbb{Q}) = \langle \sigma \rangle = \{1, \sigma, \cdots, \sigma^{p-2}\}, \quad \sigma^{p-1} = 1$$
$$\sigma(\zeta) = \zeta^g, \qquad \sigma(a) = a \quad (a \in \mathbb{Q})$$

한편, $p-1 = 2^m$ 이므로 $\mathrm{Gal}(K/\mathbb{Q})$는 위수 2^m 인 순환군이고 따라서 각 i $(0 \le i \le m)$ 에 대하여 위수 2^{m-i} 인 부분군 $H_i = \langle \sigma^{2i} \rangle$가 단 하나 존재하고 다음이 성립한다(정리 2.4.5).

$$\mathrm{Gal}(K/\mathbb{Q}) = H_0 \supset H_1 \supset \cdots \supset H_{m-1} \supset H_m = \{1\}$$
$$|H_i : H_{i+1}| = 2 \qquad\qquad (0 \le i \le m-1)$$

그리고 각 i $(0 \le i \le m-1)$ 에 대하여 K 에서의 H_i 의 불변체를 F_i 라고 하면, Galois 이론의 기본 정리(정리 5.7.6)에 의하여 다음이 성립한다.

$$\mathbb{Q} = F_0 \subseteq F_1 \subseteq \cdots \subseteq F_{m-1} \subseteq F_m = K$$
$$[F_{i+1} : F_i| = 2 \qquad (0 \le i \le m-1)$$

한편, 위수 2^m 인 순환군 $\mathrm{Gal}(K/\mathbb{Q})$에는 위수 2 인 원소가 단 하나 존재하고(문제 2.4.9), 또 다음과 같이 정의된 $\tau \in \mathrm{Gal}(K/\mathbb{Q})$ 가 존재한다.

$$\tau(\zeta) = \zeta^{-1}, \qquad \tau(a) = a \quad (a \in \mathbb{Q})$$

따라서 $H_{m-1} = \langle \tau \rangle$ 이고, 또

$$\tau(\zeta + \zeta^{-1}) = \zeta + \zeta^{-1} = 2\cos\frac{2\pi}{p}$$

이므로 $F_{m-1} = \mathbb{Q}(\cos\frac{2\pi}{p})$ 이다.

먼저 $m = 1$ 이면, $p = 3$ 이고 $\cos\frac{2\pi}{p} = -\frac{1}{2}$ 은 작도가능한 실수이므로 정 p 각형은 작도가능하다.

이제 $m \ge 2$ 이라고 하자. 이 때,

$$\mathbb{Q} = F_0 \subseteq F_1 \subseteq \cdots \subseteq F_{m-1} = \mathbb{Q}(\cos\frac{2\pi}{p})$$

이고, 각 i $(0 \leq i \leq m-2)$ 에 대하여 $[F_{i+1} : F_i] = 2$ 이므로 다음과 같은 양의 실수 u_i 가 존재한다.

$$F_{i+1} = F_i(\sqrt{u_i}), \qquad u_i \in F_i \qquad (0 \leq i \leq m-2)$$

그리고, $\cos\frac{2\pi}{p} \in F_{m-1}$ 이므로 $\cos\frac{2\pi}{p}$ 는 작도가능한 실수이고, 따라서 정 p 각형은 작도가능하다(정리 5.3.7).

연 습 문 제 (5.9)

1. $\zeta = \cos\frac{2\pi}{5} + i\sin\frac{2\pi}{5}$, $K = \mathbb{Q}(\zeta)$ 이라고 할 때, 다음 물음에 답하여라.

(1) K 안에서 1 의 원시 5 제곱근 전체와 $\Phi_5(x)$, irr $(\zeta, \mathbb{Q})$ 를 구하여라.

(2) $\mathbb{Z}_5{}^* = \{\bar{1}, \bar{2}, \bar{3}, \bar{4}\} = \langle \bar{2} \rangle$임을 이용하여 Gal $(K/\mathbb{Q})$를 구하여라.

(3) Gal $(K/\mathbb{Q})$의 부분군 전체와 K 의 부분체 $\mathbb{Q}$, $\mathbb{Q}(\sqrt{5})$, K 사이의 관계를 말하여라.

***2.** 유리수체 $\mathbb{Q}$ 위에서 $\Phi_{12}(x)$ 가 기약임을 증명하여라

3. 체 K 를 실수체 $\mathbb{R}$ 위의 제5원분 확대체라고 할 때, $[K : \mathbb{R}] < \varphi(5)$ 임을 확인하여라.

***4.** 체 F 의 표수가 素數 p 일 때, 양의 정수 n 에 대하여 다음을 증명하여라.

(1) $n = p^k m$, $(m, p) = 1$ 일 때, K 를 체 F 의 제 n 원분 확대체라고 하면 K 는 체 F 의 제 m 원분 확대체이기도 하고 또 다음이 성립한다.

$$\{u \in K \mid u^n = 1\} = \{u \in K \mid u^m = 1\}$$

(2) $(n, p) = 1$ 일 때, K 를 체 F 의 제 n 원분 확대체라고 하면 K 에는 1 의 원시 n 제곱근이 $\varphi(n)$ 개 존재한다.

§5.10 거듭제곱근에 의한 확대체

복소수체 $\mathbb{C}$ 안에서 각 복소수 $\alpha\,(\neq 0)$ 에 대하여 α 의 서로 다른 n 개의 n 제곱근이 존재한다(정리 1.3.10 과 아래 부분 참조).

정의 5.10.1 양의 정수 n 과 체 K 의 원소 a 에 대하여, K 의 원소 u 가 다항식 $f(x) = x^n - a$ 의 근일 때, 즉 $v^n = a$ 일 때 v 를 K 에서의 a 의 **n 제곱근**(n-th root)이라고 한다. 특히, 0 의 n 제곱근은 0 뿐이다.

그리고, $n = 1, 2, 3, \cdots$ 에 대한 a 의 n 제곱근을 통틀어 a 의 **거듭제곱근**(radical)이라고 한다.

정의 5.10.2 체 F 의 적당한 확대체에 속하는 원소 $v_1, v_2, \cdots, v_r$ 와 양의 정수 $n_1, n_2, \cdots, n_r$ 에 대하여

(i) $F_r = F(v_1, v_2, \cdots, v_r)$

(ii) ${v_1}^{n_1} \in F,\quad {v_2}^{n_2} \in F(v_1),\ \cdots,\ {v_r}^{n_r} \in F(v_1, \cdots, v_{r-1})$

일 때, 체 F_r 를 F 의 **거듭제곱근에 의한 확대체**(extension by radical)라고 한다.

위의 정의에서 각 $i\ (1 \leq i \leq r)$ 에 대하여

$$F_0 = F,\quad F_i = F(v_1, \cdots, v_i),\quad {v_i}^{n_i} = a_i$$

이라고 하면,

$${v_i}^{n_i} = a_i \in F_{i-1},\quad F_i = F_{i-1}(v_i),\quad F = F_0 \subseteq F_1 \subseteq \cdots \subseteq F_r$$

이고 v_i 는 다항식 $f_i(x) = x^{n_i} - a_i \in F_{i-1}[x]$ 의 근이므로 v_i 는 F_i 안에서의 a_i 의 n_i 제곱근이고 $\operatorname{irr}(v, F_{i-1}) \mid f_i(x)$ 이다(정리 5.1.8). 따라서

$$[F_i : F_{i-1}] = [F_{i-1}(v_i) : F_{i-1}] \leq n_i \quad (1 \leq i \leq r)$$

이므로 F_r 는 F 의 유한 확대체이다(따름정리 5.1.4).

정의 5.10.3 체 F 위의 다항식 $f(x) \in F[x]$, $\deg f(x) \geq 1$ 에 대하여 K 를 체 F 위에서의 $f(x)$ 의 분해체라고 하자.

다음과 같은 F 의 거듭제곱근에 의한 확대체 F_r 가 존재할 때, $f(x)$ 는 F 위에서 **거듭제곱근을 써서 풀 수 있다**(solvable by radicals)고 한다.

$$F = F_0 \subseteq F_1 \subseteq \cdots \subseteq F_r, \qquad K \subseteq F_r$$
$$v_i^{n_i} = a_i \in F_{i-1}, \quad F_i = F_{i-1}(v_i) = F(v_1, \cdots, v_i) \quad (1 \leq i \leq r)$$

보기 5.10.1 복소수체 $\mathbb{C}$ 위의 이차다항식 $f(x) = x^2 + bx + c$ 에 대하여 $D = b^2 - 4c$ 이라고 하면, $f(x)$ 는 복소수체 $\mathbb{C}$ 안에서 두 근

$$u_1 = \frac{-b+\sqrt{D}}{2}, \quad u_2 = \frac{-b-\sqrt{D}}{2}$$

를 가진다(보기 4.7.2). 그러므로 $F = \mathbb{Q}(b, c)$ 이라고 하면, F 위에서의 $f(x)$ 의 분해체는 $K = F(u_1, u_2) = F(\sqrt{D})$ 이고 또

$$F_0 = F, \qquad F_1 = F_0(\sqrt{D})$$

이라고 하면 $\sqrt{D}^{\,2} = D \in F_0$ 이므로 F_1 은 F 의 제곱근에 의한 확대체이고 $K = F_1$ 이다. 따라서 $f(x)$ 는 F 위에서 제곱근을 써서 풀 수 있다.

일반적으로, 복소수체 $\mathbb{C}$ 위의 n 차의 다항식

$$f(x) = x^n + ax^{n-1} + \cdots + bx + c, \quad n \geq 1$$

에 대하여 $F = \mathbb{Q}(a, \cdots, b, c)$ 라 하고 K 를 F 위에서의 $f(x) \in F[x]$ 의 분해체라고 할 때, 정의 5.10.3 의 조건을 만족시키는 F 의 거듭제곱근에 의한 확대체 F_r 가 존재한다면,

$$v_i^{n_i} = a_i \in F_{i-1}, \quad F_i = F_{i-1}(v_i) \qquad (1 \leq i \leq r)$$
$$F_r = F(v_1, \cdots, v_r), \qquad K \subseteq F_r$$

이므로 $f(x)$ 의 모든 근은

$$\sum a_{i_1 i_2 \cdots i_r} v_1^{i_1} v_2^{i_2} \cdots v_r^{i_r} \qquad (a_{i_1 i_2 \cdots i_r} \in F)$$

와 같이 거듭제곱근 $v_1, v_2, \cdots, v_r$ 에 관한 식으로 나타내어진다.

그러므로 $f(x)$의 근을 나타내는 식에는 사인, 코사인과 같은 것은 들어 있지 않다.

보기 5.10.2 복소수체 $\mathbb{C}$ 위의 삼차다항식 $f(x) = x^3 + a\,x^2 + b\,x + c$ 에 대하여 $g(x) = f(x - \frac{a}{3})$ 이라 하고 또 D를 이를 두 다항식의 판별식이라고 할 때,

$$g(x) = x^3 + q\,x + r \qquad (q = b - \frac{a^2}{3},\ \ r = \frac{2\,a^3}{27} - \frac{a\,b}{3} + c)$$

$$D = -\,4\,q^3 - 27\,r^2$$

이고, 복소수체 $\mathbb{C}$ 안에서 $g(x)$의 세 근이 u_1, u_2, u_3이면, $f(x)$의 세 근은 $u_1 - \frac{a}{3}$, $u_2 - \frac{a}{3}$, $u_3 - \frac{a}{3}$ 이다(정리 4.7.6 참조). 그리고,

$$d = -\frac{D}{108} = \frac{q^3}{27} + \frac{r^2}{4}$$

이라 하고 두 복소수 α, β를

$$\alpha\,\beta = -\frac{q}{3},\ \ \alpha^3 = -\frac{r}{2} + \sqrt{d},\ \ \beta^3 = -\frac{r}{2} - \sqrt{d},$$

가 되도록 택하면, $g(x)$의 세 근은 다음과 같다.

$$\alpha + \beta,\ \ \alpha\,\omega + \beta\,\omega^2,\ \ \alpha\,\omega^2 + \beta\,\omega \qquad (\omega = \frac{-1+\sqrt{3}\,i}{2})$$

이제 $F = \mathbb{Q}(a, b, c)$ 이라고 하면 $q, r \in F$ 이다. 그리고 K를 F 위에서의 $g(x)$의 분해체라고 하면, $K = F(u_1, u_2, u_3)$ 이고 또 $f(x)$의 세 근은 K에 속하므로 K는 F 위에서의 $f(x)$의 분해체이기도 하다. 또,

$$F_0 = F,\ \ F_1 = F(\sqrt{d}\,),\ \ F_2 = F_1(\alpha),\ \ F_3 = F_2(\omega)$$

이라면 하면, F_3는 F의 거듭제곱근에 의한 확대체이고 $\beta \in F_2$이므로 $\alpha+\beta \in F_2$이고 따라서 $g(x)$의 세 근 $\alpha+\beta$, $\alpha\,\omega + \beta\,\omega^2$, $\alpha\,\omega^2 + \beta\,\omega$는 모두 F_3에 속하므로 $K \subseteq F_3$이다.

따라서 $g(x)$와 $f(x)$는 F 위에서 거듭제곱근을 써서 풀 수 있다.

특히, $f(x)$의 세 근이 실수이면 $K \subseteq \mathbb{R}$, $F_3 \not\subseteq \mathbb{R}$ 이므로 $K \subsetneq F_3$ 이다.

보기 5.10.3 복소수체 $\mathbb{C}$ 위의 사차다항식

$$f(x) = x^4 + a\,x^3 + b\,x^2 + c\,x + d$$

에 대하여

$$g(x) = f(x - \frac{a}{4}) = x^4 + q\,x^2 + r\,x + s$$

이라고 할 때, 복소수체 $\mathbb{C}$ 안에서 $g(x)$ 의 네 근이 u_1, u_2, u_3, u_4 이면 $f(x)$ 는 네 근은 $u_1 - \frac{a}{4}$, $u_2 - \frac{a}{4}$, $u_3 - \frac{a}{4}$, $u_4 - \frac{a}{4}$ 이다(정리 4.7.7).

이제 $F = \mathbb{Q}(a, b, c, d)$ 이라고 하면 $q, r, s \in F$ 이고, 또 K 를 F 위에서의 $g(x)$ 의 분해체라고 하면 K 는 F 위에서의 $f(x)$ 의 분해체이다.

먼저 $r = 0$ 이라고 하자. 이 때, $g(x)$ 는

$$g(x) = (x^2 + k)(x^2 + m) \qquad (k, m \in F)$$

과 같은 꼴로 변형되고 이때 $K = F(\sqrt{-k}, \sqrt{-m})$ 이다. 여기서 $\sqrt{-k}$ 와 $\sqrt{-m}$ 는 각각 $x^2 + k$, $x^2 + m$ 의 한 근을 나타낸다. 그리고,

$$F_0 = F, \quad F_1 = F(\sqrt{-k}), \quad F_2 = F_1(\sqrt{-m})$$

이라고 하면, F_2 는 F 의 거듭제곱근에 의한 확대체이고 $K = F_2$ 이므로 $g(x)$ 와 $f(x)$ 는 F 위에서 거듭제곱근을 써서 풀 수 있다.

다음에 $r \neq 0$ 이라고 하자. 이 때, j^2 에 관한 삼차방정식

$$(j^2)^3 + 2\,q\,(j^2)^2 + (q^2 - 4\,s)\,j^2 - r^2 = 0$$

의 근을 구하여 j 의 값을 구하고 이 j 의 값과

$$2\,m\,j = j^3 + q\,j + r, \quad 2\,k\,j = j^3 + q\,j - r$$

을 이용하여 k, m 의 값을 구하면

$$g(x) = (x^2 + j\,x + k)(x^2 + l\,x + m), \qquad l = -j$$

이고 이로부터 $g(x)$ 의 네 근을 얻는다.

따라서 보기 5.10.2 에서와 같이 체 F_1, F_2, F_3 를

$$F = F_0 \subseteq F_1 \subseteq F_2 \subseteq F_3, \quad j^2 \in F_3$$

가 되도록 정하고 $F_4 = F_3(j)$ 이라고 하면, $k, m \in F_4$ 이다. 그러므로

$$F_5 = F_4(\sqrt{j^2-4k}), \qquad F_6 = F_5(\sqrt{j^2-4m})$$

이라고 하면, F_6은 체 F의 거듭제곱근에 의한 확대체이고 $K \subseteq F_6$이다.

그러므로 $g(x)$와 $f(x)$는 F 위에서 거듭제곱근을 써서 풀 수 있다.

정리 5.10.4 양의 정수 n에 대하여 체 F 안에 1의 원시 n제곱근 ζ가 존재할 때, n차의 다항식 $f(x) = x^n - a \in F[x]$, $a \neq 0$에 대하여 K를 F 위에서의 $f(x)$의 분해체라 하고 $u \in K$를 $f(x)$의 한 근이라고 하면 $f(x)$는 K 안에서 n개의 서로 다른 근 $u, u\zeta, \cdots, u\zeta^{n-1}$을 가지며 다음이 성립한다.

(1) $K = F(u)$, $|\mathrm{Gal}(K/F)| = [K : F]$

이고 또 K는 F의 Galois 확대체이다.

(2) $\mathrm{Gal}(K/F)$는 순환군이고 $|\mathrm{Gal}(K/F)| \,\big|\, n$이다.

증명 (1) 정리 5.9.4에 의하여 K 안에서 1의 n제곱근 전체의 집합은

$$U_n = \langle \zeta \rangle = \{1, \zeta, \cdots, \zeta^{n-1}\}, \quad |U_n| = n$$

이고 각 $\zeta^i \in U_n$에 대하여

$$(u\zeta^i)^n = u^n(\zeta^i)^n = a \cdot 1 = a$$

이므로 $u, u\zeta, \cdots, u\zeta^{n-1} \in K$는 $f(x)$의 근이다. 또, 이들 n개의 근은 서로 다르다. 즉, $f(x)$는 F 위의 분리다항식이다. 따라서 정리 5.7.4에 의하여 $|\mathrm{Gal}(K/F)| = [K : F]$이고 K는 F의 Galois 확대체이다.

그리고, $\zeta \in U_n \subseteq F$이므로 $K = F(u, u\zeta, \cdots, u\zeta^{n-1}) = F(u)$이다.

(2) 이제 $\sigma \in \mathrm{Gal}(K/F)$이라고 하자.

이 때, $K = F(u)$이므로, σ는 $\sigma(u)$에 의하여 완전히 결정되고 또

$$(\sigma(u))^n = \sigma(u^n) = \sigma(a) = a$$

이므로 $\sigma(u) \in K$는 $f(x)$의 근이다. 따라서 각 $\sigma \in \mathrm{Gal}(K/F)$에 대하여 $\sigma(u) = u\zeta^i$인 $\zeta^i \in U_n$가 단 하나 존재하므로 다음 사상이 정의된다.

$$\phi : \mathrm{Gal}(K/F) \longrightarrow U_n, \ \phi(\sigma) = \zeta^i$$
$$\phi(\sigma) = \zeta^i \Longleftrightarrow \sigma(u) = u\zeta^i$$

한편, $\sigma, \tau \in \mathrm{Gal}(K/F)$ 에 대하여 $\phi(\sigma) = \zeta^i$, $\phi(\tau) = \zeta^j$ 이라고 하면,

$$(\sigma \circ \tau)(u) = \sigma(\tau(u)) = \sigma(u\zeta^j) = \sigma(u)\zeta^j = u\zeta^i\zeta^j$$

이므로 $\phi(\sigma \circ \tau) = \zeta^i\zeta^j = \phi(\sigma)\phi(\tau)$ 이므로 ϕ 는 군 준동형사상이다.

그리고, $\sigma \in \ker\phi$ 이라고 하면, $\phi(\sigma) = \zeta^0 = 1$ 이므로

$$\sigma(u) = u \cdot 1 = u$$

이고 또 $K = F(u)$ 이므로 $\sigma = 1$ 이다. 따라서 ϕ 는 일대일인 준동형사상이므로 $\mathrm{Gal}(K/F) \cong \mathrm{im}\,\phi \subseteq U_n$ 이다. 그런데, U_n 은 위수 n 인 순환군이므로 $\mathrm{Gal}(K/F)$ 는 순환군이고 그 위수는 n 의 약수이다.

보기 5.10.4 다항식 $p(x) = x^3 - 2$ 는 유리수체 $\mathbb{Q}$ 위에서 기약이고 또 복소수체 $\mathbb{C}$ 안에서 세 근

$$\sqrt[3]{2},\quad \sqrt[3]{2}\,\omega,\quad \sqrt[3]{2}\,\omega^2 \qquad \left(\omega = \frac{-1+\sqrt{3}\,i}{2}\right)$$

를 가진다. 그리고, K 를 유리수체 $\mathbb{Q}$ 위에서의 $p(x)$ 의 분해체라고 하면, 다음이 성립한다(보기 5.7.4 참조).

$$K = \mathbb{Q}(\sqrt[3]{2}, \omega) = \mathbb{Q}(\omega)(\sqrt[3]{2}),$$
$$[K : \mathbb{Q}] = [K : \mathbb{Q}(\omega)]\,[\mathbb{Q}(\omega) : \mathbb{Q}] = 3 \cdot 2 = 6$$
$$|\mathrm{Gal}(K/\mathbb{Q})| = [K : \mathbb{Q}] = 6$$
$$\mathrm{Gal}(K/\mathbb{Q}) = \langle \sigma, \tau \rangle = \{1, \sigma, \sigma^2, \tau, \sigma\circ\tau, \sigma^2\circ\tau\} \cong S_3$$
$$\sigma(\sqrt[3]{2}) = \sqrt[3]{2}\,\omega, \quad \sigma(\omega) = \omega, \quad \sigma(a) = a \quad (a \in \mathbb{Q})$$
$$\tau(\sqrt[3]{2}) = \sqrt[3]{2}, \quad \tau(\omega) = \omega^2, \quad \tau(a) = a \quad (a \in \mathbb{Q})$$

이제 $F = \mathbb{Q}(\omega)$ 이라고 하면, 체 F 에는 1 의 원시 세제곱근 ω 가 존재하므로 $1, \omega, \omega^2 \in F$ 이고, 또 K 는 F 위에서의 $p(x)$ 의 분해체이고, 다음이 성립한다.

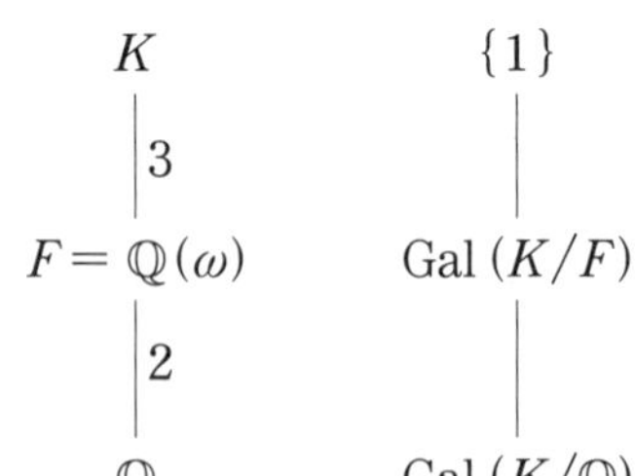

$$K = \mathbb{Q}(\omega)(\sqrt[3]{2}) = F(\sqrt[3]{2}),$$
$$|\mathrm{Gal}(K/F)| = [K : F] = 3$$
$$\mathrm{Gal}(K/F) = \langle \sigma \rangle = \{1, \sigma, \sigma^2\}$$
$$\cong U_3 = \{1, \omega, \omega^2\}$$

정리 5.10.5 체 F 의 표수가 0 일 때, 체 F_r 를 체 F 의 거듭제곱근에 의한 확대체라고 하면 다음과 같은 F 의 확대체 N 이 존재한다.

(i) $F \subseteq F_r \subseteq N$

(ii) N 은 F 의 Galois 확대체이고 F 의 거듭제곱근에 의한 확대체이다.

증명 가정에 의하여 다음과 같은 원소 $v_1, \cdots, v_r$ 와 양의 정수 $n_1, \cdots, n_r$ 가 존재한다.

$$F_0 = F, \quad v_i^{n_i} \in F_{i-1}, \quad F_i = F_{i-1}(v_i) \qquad (1 \leq i \leq r)$$
$$F = F_0 \subseteq F_1 \subseteq \cdots \subseteq F_r$$

이제

$$p_i(x) = \text{irr}\,(v_i, F) \qquad (1 \leq i \leq r)$$

이라 하고 N 을 F_r 위에서의 $g(x) = p_1(x) \cdots p_r(x)$ 의 분해체라 하자. 그리고, $R = \{u_1, \cdots, u_m\}$ 를 N 안에서의 $g(x)$ 의 근 전체의 집합이라고 하자. 이 때,

$$N = F_r(u_1, \cdots, u_m), \qquad F \subseteq F_r \subseteq N$$

이고, 각 i $(1 \leq i \leq r)$ 에 대하여 v_i 는 $p_i(x)$ 의 근이므로 v_i 는 $g(x)$ 의 근이고 따라서 $\{v_1, \cdots, v_r\} \subseteq R = \{u_1, \cdots, u_m\}$ 이다. 그러므로

$$\begin{aligned} N = F_r(u_1, \cdots, u_m) &= F(v_1, \cdots, v_r, u_1, \cdots, u_m) \\ &= F(u_1, \cdots, u_m) \end{aligned}$$

이므로 N 은 체 F 위에서의 $g(x)$ 의 분해체이기도 하다. 그런데 체 F 는 표수 0 인 체이므로, 정리 5.7.5 에 의하여 $|\text{Gal}\,(N/F)| = [N : F]$ 이고 N 은 F 의 Galois 확대체이다.

이제 다음이 성립한다고 하자.

$$\text{Gal}\,(N/F) = \{\sigma_1, \cdots, \sigma_n\}, \quad \sigma_1 = 1_N$$
$$|\text{Gal}\,(N/F)| = n$$

이 때, 각 v_i 와 각 $\sigma \in \text{Gal}\,(N/F)$ 에 대하여 v_i 와 $\sigma(v_i)$ 는 $p_i(x)$ 의 근이므로 $\sigma(v_i)$ 는 $g(x)$ 의 근이고 따라서 $\sigma(v_i) \in R$ 이다.

역으로, 각 $u \in R$ 에 대하여 u 는 다항식 $g(x)$ 의 근이므로 $g(x)$ 의 한 기약인수 $p_i(x)$ 의 근이고 이때 v_i 도 $p_i(x)$ 의 근이므로 정리 5.6.10 에 의하여 $\sigma(v_i) = u$ 인 $\sigma \in \mathrm{Gal}\,(N/F)$ 가 존재한다. 그러므로

$$\{\sigma_j(v_i) \mid 1 \le i \le r,\ 1 \le j \le n\} = R$$

이고 따라서 다음이 성립한다.

$$N = F(\sigma_1(v_1), \cdots, \sigma_1(v_r), \cdots, \sigma_n(v_1), \cdots, \sigma_n(v_r))$$

한편,

$$v_1^{n_1} \in F, \quad v_i^{n_i} \in F_{i-1} = F(v_1, \cdots, v_{i-1}) \qquad (2 \le i \le r)$$

이므로 각 j $(1 \le j \le n)$ 에 대하여

$$\begin{aligned} &\sigma_j(v_1)^{n_1} = \sigma_j(v_1^{n_1}) \in F, \\ &\sigma_j(v_i)^{n_i} = \sigma_j(v_i^{n_i}) \in F(\sigma_j(v_1), \cdots, \sigma_j(v_{i-1})) \qquad (2 \le i \le r) \end{aligned}$$

이므로 N 은 F 의 거듭제곱근에 의한 확대체이다.

보기 5.10.5 다음과 같이 정의된 체 F_2 는 유리수체 $\mathbb{Q}$ 의 거듭제곱근에 의한 확대체이다.

$$F = \mathbb{Q}, \qquad F_1 = F(\sqrt[3]{2}), \qquad F_2 = F_1(\sqrt{3})$$

한편,

$$\mathrm{irr}\,(\sqrt[3]{2}, F) = x^3 - 2, \qquad \mathrm{irr}\,(\sqrt{3}, F) = x^2 - 3$$

이므로, N 을 체 F 위에서의 다항식 $g(x) = (x^3-2)(x^2-3)$ 의 분해체이라고 하면 N 은 다음과 같다. 여기서 $\omega = \dfrac{-1+\sqrt{-3}}{2}$ 이다.

$$\begin{aligned} N &= F(\sqrt[3]{2}, \sqrt[3]{2}\,\omega, \sqrt[3]{2}\,\omega^2, \sqrt{3}, \sqrt{-3}) \\ &= F(\sqrt[3]{2}, \omega, \sqrt{3}) = F(\sqrt[3]{2}, \sqrt{-3}, \sqrt{3}) \end{aligned}$$

연 습 문 제 (5.10)

1. 다음 다항식은 유리수체 $\mathbb{Q}$ 위에서 제곱근을 써서 풀 수 있음을 밝혀라.

(1) $f(x) = x^2 + x + 2$　　　　(2) $f(x) = x^3 + 6x + 7$

***2.** 체 $F \subseteq L \subseteq K$ 에 대하여 다음이 성립함을 증명하여라.

(1) 체 K 가 F 의 거듭제곱근에 의한 확대체이면, K 는 L 의 거듭제곱근에 의한 확대체이다.

(2) 체 L 이 F 의 거듭제곱근에 의한 확대체이고 또 K 가 L 의 거듭제곱근에 의한 확대체이면, K 는 F 의 거듭제곱근에 의한 확대체이다.

3. 복소수를 계수로 가지는 이차다항식 $f(x) = x^2 - ix + 1 + 3i$ 에 대하여 다음이 성립함을 밝혀라.

(1) $f(x)$ 의 판별식은 $D = (2 - 3i)^2$ 이다.

(2) $f(x)$ 의 두 근은 $u_1 = 1 - i$, $u_2 = -1 + 2i$ 이다.

(3) $F = \mathbb{Q}(i)$ 이라고 할 때, F 는 체 F 위에서의 $f(x)$ 의 분해체이다.

(4) 체 F 위에서 $f(x)$ 는 제곱근을 써서 풀 수 있다.

***4.** 다항식 $f(x) = x^5 - 4x^4 + x^3 - x^2 + 4x - 1$ 에 대하여 다음이 성립함을 밝혀라(문제 4.7.7 참조).

(1) $K = \mathbb{Q}(\sqrt{3}, i)$ 는 유리수체 $\mathbb{Q}$ 위에서의 $f(x)$ 의 분해체이다.

(2) 유리수체 $\mathbb{Q}$ 위에서 $f(x)$ 는 제곱근을 써서 풀 수 있다.

5. 유리수체 $\mathbb{Q}$ 위의 다항식 $f(x) = x^5 - 2$ 에 대하여 다음이 성립함을 증명하여라.

(1) $\zeta = \cos\dfrac{2\pi}{5} + i\sin\dfrac{2\pi}{5}$, $F = \mathbb{Q}(\zeta)$, $K = F(\sqrt[5]{2})$ 이라고 할 때, K 는 유리수체 $\mathbb{Q}$ 위에서의 $f(x)$ 의 분해체이다.

(2) 유리수체 $\mathbb{Q}$ 위에서 $f(x)$ 는 거듭제곱근을 써서 풀 수 있다.

§ 5.11 가해군과 다항식의 가해성

이 절에서는 특별한 성질을 가진 군에 대하여 논한다.

정의 5.11.1 군 G의 유한 개의 부분군으로 이루어진 열

$$(*) \qquad G = G_0 \supseteq G_1 \supseteq G_2 \supseteq \cdots \supseteq G_{n-1} \supseteq G_n = \{e\}$$

에서 $G_i \triangleright G_{i+1}$ $(0 \le i < n-1)$일 때, $(*)$를 G의 **부분正規列**(subnormal series)이라 하고 또 잉여군 $G_0/G_1, G_1/G_2, \cdots, G_{n-1}/G_n$을 이 부분정규열의 **잉여군**이라고 한다. 그리고 $(*)$가 G의 부분정규열이라는 사실을 다음과 같이 나타낸다.

$$G = G_0 \triangleright G_1 \triangleright G_2 \triangleright \cdots \triangleright G_{n-1} \triangleright G_n = \{e\}$$

특히, $(*)$에서 모든 i $(0 \le i < n-1)$에 대하여 $G_i \triangleleft G$일 때, $(*)$를 G의 **正規列**(normal series)이라고 한다.

정의 5.11.2 군 G의 부분정규열

$$(*) \qquad G = G_0 \triangleright G_1 \triangleright G_2 \triangleright \cdots \triangleright G_{n-1} \triangleright G_n = \{e\}$$

에서 잉여군 G_i/G_{i+1} $(0 \le i \le n-1)$이 모두 Abel군일 때, $(*)$를 G의 **Abel 부분정규열**(abelian tower, abeliansubnormal series)이라고 한다.

그리고, G가 적어도 한 개의 Abel 부분정규열을 가질 때, G를 **可解群**(solvable group)이라고 한다.

보기 5.11.1 군 G가 Abel군이면, $G \triangleright \{e\}$는 Abel 부분정규열이므로 G는 가해군이다.

보기 5.11.2 대칭군 S_3, S_4는 가해군이다. 실제로,

$$S_3 \triangleright A_3 \triangleright \{1\}, \qquad S_4 \triangleright A_4 \triangleright V_4 \triangleright \{1\}$$

는 각각 S_3, S_4의 Abel 부분정규열이므로 S_3와 S_4는 가해군이다.

정리 5.11.3 $n \geq 5$ 일 때, S_n 과 A_n 은 가해군이 아니다.

증명 $n \geq 5$ 일 때, $G = S_n$ 또는 $G = A_n$ 이라 하고 G 가 가해군이라고 가정하자. 이 때, 다음과 같은 G 의 Abel 부분정규열이 존재한다.

$$G = G_0 \rhd G_1 \rhd G_2 \rhd \cdots \rhd G_{m-1} \rhd G_m = \{1\}$$

그런데 $n \geq 5$ 이므로 n 개의 문자 $1, 2, \cdots, n$ 중에서 서로 다른 5개의 문자 i, j, k, r, s 를 택하면 3항 순환치환 $\sigma = (i\ s\ j), \tau = (i\ r\ k)$ 는 A_n 에 속하므로 $\sigma, \tau \in G_0$ 이고 또 다음이 성립한다(정리 2.6.2).

$$\begin{aligned}[\sigma, \tau] &= (i\ s\ j)^{-1} \circ (i\ r\ k)^{-1} \circ (i\ s\ j) \circ (i\ r\ k) \\ &= (i\ s\ j)^{-1} \circ (i\ k\ r) \circ (i\ s\ j) \circ (i\ k\ r)^{-1} \\ &= (i\ j\ s) \circ (k\ s\ j) = (i\ j\ k)\end{aligned}$$

한편, G_0/G_1 은 Abel군이므로 정리 2.15.6에 의하여 $[\sigma, \tau] \in G_1$ 이고 따라서 모든 3항 순환치환은 G_1 에 속하므로 $A_n \subseteq G_1$ 이다(정리 2.12.5).

이와 같은 과정을 되풀이하면 모든 i $(0 \leq i \leq m)$ 에 대하여 $A_n \subseteq G_i$ 임을 알 수 있고, 특히 $A_n \subseteq G_m = \{1\}$ 로 되어 모순이 생긴다.

그러므로 S_n 과 A_n 은 가해군이 아니다.

일반적으로 $n \geq 5$ 일 때 교대군 A_n 은 단순군이다('해설 209'). 이 사실을 인정하면, S_n 의 정규부분군이 $\{1\}, A_n, S_n$ 뿐임을 알 수 있다(문제 1). 따라서 $n \geq 5$ 일 때, S_n 의 부분정규열은 $S_n \rhd A_n \rhd \{1\}$ 과 $S_n \rhd \{1\}$ 뿐이고 이들 부분정규열은 Abel 부분정규열이 아니므로 S_n 은 가해군이 아니며, A_n 의 부분정규열은 $A_n \rhd \{1\}$ 뿐이므로 A_n 은 가해군이 아니다.

정리 5.11.4 군 G 가 가해군일 때 다음이 성립한다.

(1) G 의 모든 부분군과 G 의 모든 군 준동형상은 가해군이다.

(2) G 의 모든 정규부분군 N 에 대하여 N 과 잉여군 G/N 은 가해군이다.

증명 (1) 군 G 가 가해군일 때,

$$G = G_0 \rhd G_1 \rhd \cdots \rhd G_{n-1} \rhd G_n = \{e\}$$

를 G 의 Abel 부분정규열이라고 하자.

먼저 G 의 부분군 H 에 대하여

$$(*) \qquad H = G_0 \cap H \supseteq G_1 \cap H \supseteq \cdots \supseteq G_{n-1} \cap H \supseteq G_n \cap H = \{e\}$$

를 생각하면, 각 i $(0 \leq i \leq n-1)$ 에 대하여

$$G_{i+1} \lhd G_i, \quad (G_i \cap H) \cap G_{i+1} = G_{i+1} \cap H$$

이므로 제2동형정리(정리 2.10.10)에 의하여

$$(G_{i+1} \cap H) \lhd (G_i \cap H),$$
$$(G_i \cap H)/(G_{i+1} \cap H) \cong (G_i \cap H)\, G_{i+1}/G_{i+1}$$

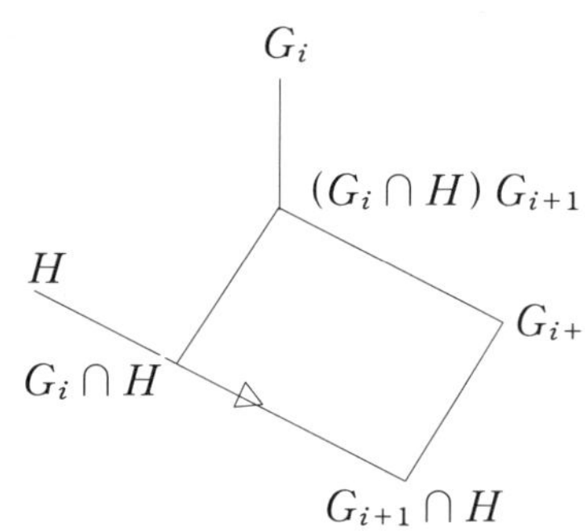

이고 또 Abel군 G_i/G_{i+1} 의 부분군인 $(G_i \cap H)\, G_{i+1}/G_{i+1}$ 은 Abel군이므로 $(G_i \cap H)/(G_{i+1} \cap H)$ 도 Abel군이다. 따라서 $(*)$ 는 H 의 Abel부분정규열이므로 H 는 가해군이다.

다음에 $f : G \longrightarrow \overline{G}$ 가 군 준동형사상이라고 하자.

이 때, 각 i $(0 \leq i \leq n-1)$에 대하여 $G_i \rhd G_{i+1}$ 이므로 정리 2.10.1 에 의하여 $f(G_i) \rhd f(G_{i+1})$ 이고 따라서 다음과 같은 $f(G)$ 의 부분정규열을 얻는다.

$$(**) \qquad f(G) = f(G_0) \rhd f(G_1) \rhd \cdots \rhd f(G_{n-1}) \rhd f(G_n) = \{\bar{e}\}$$

그런데, 각 G_i/G_{i+1} 은 Abel군이므로 정리 2.15.6 에 의하여 모든 원소 $x, y \in G_i$ 에 대하여 $[x, y] \in G_{i+1}$ 이고 따라서 정리 2.15.2 에 의하여

$$[f(x), f(y)] = f([x, y]) \in f(G_{i+1})$$

이므로 $f(G_i)/f(G_{i+1})$ 은 Abel군이다(정리 2.15.6).

그러므로 $(**)$ 는 $f(G)$ 의 Abel 부분정규열이므로 $f(G)$ 는 가해군이다.

(2) $N \lhd G$ 일 때, G 의 표준 준동형사상

$$\pi : G \longrightarrow G/N, \quad \pi(x) = x N$$

에 대하여 $\pi(G) = G/N$ 이므로 (1) 에 의하여 N 과 G/N 은 가해군이다.

정의 5.11.5 군 $G(\neq\{e\})$에서 다음 두 조건을 만족시키는 G의 정규부분군 M을 G의 **極大**(maximal) **정규부분군**이라고 한다.

(i) $M \lhd G$, $M \subsetneq G$

(ii) $N \lhd G$, $M \subseteq N \subseteq G$이면, $N = M$ 또는 $N = G$이다.

정의 5.11.6 군 $G\ (\neq\{e\})$의 부분정규열

$$G = G_0 \rhd G_1 \rhd G_2 \rhd \cdots \rhd G_{n-1} \rhd G_n = \{e\}$$

에서 각 $i\ (0 \leq i \leq n-1)$에 대하여 G_{i+1}이 G_i의 극대 정규부분군일 때, 위의 부분정규열을 G의 **組成列**(composition series)이라 하고 또 잉여군 $G_0/G_1,\ G_1/G_2,\ \cdots,\ G_{n-1}/G_n$을 이 **조성열의 잉여군**이라고 한다.

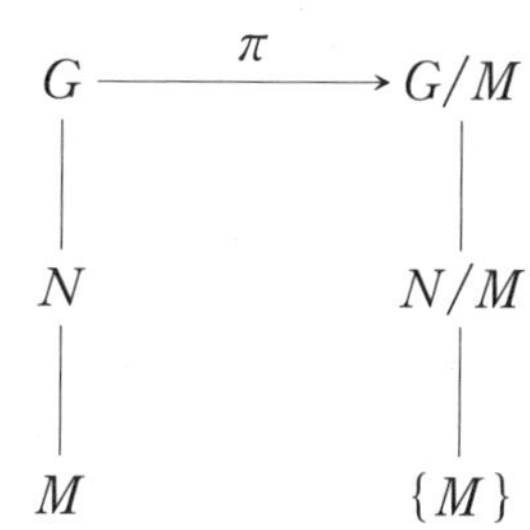

군 G에서 $M \lhd G$일 때, 잉여군 G/M의 정규부분군은 모두

$$N/M \qquad (N \lhd G,\ M \subseteq N \subseteq G)$$

과 같은 꼴이다(따름정리 2.10.9). 따라서 M이 G의 극대 정규부분군일 때 그리고 이때에만 G/M은 단순군이다(정의 2.9.6).

특히, 군의 조성열의 잉여군은 모두 단순군이다.

보기 5.11.3 다음은 모두 대칭군 S_4의 조성열이다.

$$S_4 \rhd A_4 \rhd V_4 \rhd \{1,\ (1\ 2)\circ(3\ 4)\} \rhd \{1\},$$
$$S_4 \rhd A_4 \rhd V_4 \rhd \{1,\ (1\ 3)\circ(2\ 4)\} \rhd \{1\},$$
$$S_4 \rhd A_4 \rhd V_4 \rhd \{1,\ (1\ 4)\circ(2\ 3)\} \rhd \{1\}$$

정리 5.11.7 군 $G\ (\neq\{e\})$에 대하여 다음 세 조건은 서로 동치이다.

(1) G의 위수가 素數이다.

(2) G는 순환군인 동시에 단순군이다.

(3) G는 Abel군인 동시에 단순군이다.

(4) G는 가해군인 동시에 단순군이다.

증명 정리 2.9.7 에 의하여 (1), (2), (3) 은 서로 동치이다.

군 G가 Abel군이면 가해군이다(보기 5.11.1). 그리고, G가 가해군인 동시에 단순군이면, $G \triangleright \{e\}$ 는 G의 Abel 부분정규열이고 따라서 G는 Abel 군이다. 그러므로 (3) 과 (4) 는 서로 동치이다.

정리 5.11.8 유한군 $G\ (\neq \{e\})$ 는 적어도 한 개의 조성열을 가진다.

증명 유한군 G에서 $\{e\} \triangleleft G$ 이고 또 G의 정규부분군은 유한 개 뿐이므로 이 중에서 극대인 정규부분군 G_1 이 존재한다. 그리고 $\{e\} \subsetneq G_1$ 이면, 마찬가지로 유한군 G_1의 극대 정규부분군 G_2가 존재한다.

이와 같은 과정을 유한 번 되풀이하면 G의 조성열을 얻는다.

정리 5.11.9 유한군 $G\ (\neq \{e\})$ 가 가해군이면, G의 모든 조성열

$$G = G_0 \triangleright G_1 \triangleright G_2 \triangleright \cdots \triangleright G_{n-1} \triangleright G_n = \{e\}$$

의 각 잉여군 G_i/G_{i+1} 은 그 위수가 素數인 순환군이다.

또, 유한군 $G\ (\neq \{e\})$ 의 조성열 중에서 모든 잉여군의 위수가 素數인 조성열이 존재하면, G는 가해군이다.

증명 유한군 $G(\neq \{e\})$ 가 가해군이면, 조성열

$$G = G_0 \triangleright G_1 \triangleright G_2 \triangleright \cdots \triangleright G_{n-1} \triangleright G_n = \{e\}$$

의 각 잉여군 G_i/G_{i+1} 은 Abel 군인 동시에 단순군이므로 정리 5.11.7 에 의하여 G_i/G_{i+1} 은 위수가 素數인 순환군이다.

그리고, 유한군 $G\ (\neq \{e\})$ 의 조성열 중에서 모든 잉여군의 위수가 素數인 조성열이 존재하면, 정리 2.7.7 에 의하여 각 잉여군은 순환군이고 Abel 군이므로 이 조성열은 Abel 부분정규열이고 따라서 G는 가해군이다.

가해군에 대해서는 §7.3 에서 좀더 상세히 논하기로 한다.

다음에는 체 F의 표수가 0 인 경우에 F 위의 다항식 $f(x) \in F[x]$, $\deg f(x) \geq 1$가 F 위에서 거듭제곱근을 써서 풀 수 있을 필요충분조건에 대하여 논하기로 한다(정의 5.10.3 참조).

정리 5.11.10 체 F의 표수가 0일 때, F 위의 다항식 $f(x) \in F[x]$, $\deg f(x) \geq 1$에 대하여 체 K를 F 위에서의 $f(x)$의 분해체라고 할 때, 다음 두 조건은 서로 동치이다.

(1) $f(x)$는 체 F 위에서 거듭제곱근을 써서 풀 수 있다.

(2) $f(x)$의 Galois 군 $\mathrm{Gal}(K/F)$는 가해군이다.

증명 정리의 (1)$\Longrightarrow$(2) 만을 증명하기로 한다(제 4 관, 정리 6.10.6 참조). 다항식 $f(x)$가 체 F 위에서 거듭제곱을 써서 풀 수 있다고 가정하자. 이 때, 다음 두 조건을 만족시키는 체 N이 존재한다(정리 5.10.5).

(i) N은 적당한 다항식 $g(x) \in F[x]$의 분해체이고, 또 N은 F의 Galois 확대체이다.

(ii) N은 체 F의 거듭제곱근에 의한 확대체이다. 즉, 다음과 같은 원소 $v_1, \cdots, v_r \in N$와 양의 정수 $n_1, \cdots, n_r$가 존재한다.

$$F_0 = F, \quad v_i^{n_i} \in F_{i-1}, \quad F_i = F_{i-1}(v_i) \quad (1 \leq i \leq r)$$
$$F = F_0 \subseteq F_1 \subseteq \cdots \subseteq F_r = N, \quad K \subseteq N = F(v_1, \cdots, v_r)$$

이제 $1\mathrm{cm}\{n_1, \cdots, n_r\} = m$이라 하고 L을 N의 제 m 원분 확대체라고 하면 L 안에는 1의 원시 m 제곱근 ζ가 존재한다(정리 5.9.6). 이 때, 체 $N(\zeta)$는 체 F 위에서의 다항식 $g(x)(x^m - 1) \in F[x]$의 분해체이고 따라서 $N(\zeta)$는 체 F의 Galois 확대체이다(정리 5.9.7 참조). 그리고, 각 i $(1 \leq i \leq r)$에 대하여 다음이 성립한다.

$$F_i = F(v_1, \cdots, v_i),$$
$$F_i(\zeta) = F(v_1, \cdots, v_i)(\zeta) = F(\zeta, v_1, \cdots, v_i)$$

따라서

$$F_0' = F(\zeta), \quad F_i' = F(\zeta, v_1, \cdots, v_i) \qquad (1 \leq i \leq r)$$

이라고 하면 다음과 같은 $N(\zeta)$의 부분체를 얻는다.

$$F \subseteq F_0' = F(\zeta) \subseteq F_1' \subseteq F_2' \subseteq \cdots\cdots \subseteq F_r' = N(\zeta)$$

그런데 $N(\zeta)$는 체 F의 Galois 확대체이므로, 각 i $(0 \leq i \leq r)$에 대하여 $N(\zeta)$는 F_i'의 Galois 확대체이다(정리 5.7.4). 그리고

$$H = \text{Gal}\,(F_r'/F), \quad H_i = \text{Gal}\,(F_r'/F_i') \qquad (0 \leq i \leq r)$$

이라고 하면 다음과 같은 H 의 부분군의 열을 얻는다.

$$H \supseteq H_0 \supseteq H_1 \supseteq \cdots \supseteq H_r = \{1\}$$

한편, $F_0' = F(\zeta)$ 는 F 의 제 m 원분 확대체이고, 또 F_0' 은 F 의 Galois 확대체이고 Gal (F_0'/F) 는 Abel 군이다(정리 5.9.7). 따라서

$$H = \text{Gal}\,(F_r'/F) \triangleright H_0 = \text{Gal}\,(F_r'/F_0'),$$
$$\text{Gal}\,(F_0'/F) \cong \text{Gal}\,(F_r'/F) / \text{Gal}\,(F_r'/F_0') = H/H_0$$

이므로 H/H_0 는 Abel 군이다(정리 5.7.6 (3) 참조). 그리고

$$F_1' = F(\zeta, v_1) = F_0'(v_i),$$
$$v_1^{n_1} \in F_0 \subseteq F_0' = F_0(\zeta),$$
$$F_{i+1}' = F(\zeta, v_1, \cdots, v_{i+1}) = F_i'(v_{i+1}),$$
$$v_{i+1}^{n_{i+1}} \in F_i \subseteq F_i' = F(\zeta, v_1, \cdots, v_i) \qquad (1 \leq i \leq r-1)$$

이고 F_i' 은 1의 원시 n_{i+1} 제곱근을 포함한다. 따라서 정리 5.9.7 에 의하여 F_{i+1}' 은 F_i' 의 Galois 확대체이고 또 다음이 성립한다(정리 5.7.6).

$$H_i = \text{Gal}\,(F_r'/F_i') \triangleright H_{i+1} = \text{Gal}\,(F_r'/F_{i+1}'),$$
$$\text{Gal}\,(F_{i+1}'/F_i') \cong \text{Gal}\,(F_r'/F_i') \,/\, \text{Gal}\,(F_r'/F_{i+1}') = H_i/H_{i+1}$$

한편, 정리 5.10.4 에 의하여 Gal (F_{i+1}'/F_i') 은 순환군이므로 H_i/H_{i+1} 은 순환군이다. 따라서

$$H \triangleright H_0 \triangleright H_1 \triangleright \cdots \triangleright H_r = \{1\}$$

는 군 H 의 Abel 부분정규열이므로 H 는 가해군이다.

그런데, $f(x)$ 의 F 위에서의 분해체 K 는 F 의 Galois 확대체이고 또 $K \subseteq N \subseteq N(\zeta) = F_r'$ 이므로 정리 5.7.6 에 의하여 다음이 성립한다.

$$\text{Gal}\,(F_r'/F) \triangleright \text{Gal}\,(F_r'/K),$$
$$\text{Gal}\,(K/F) \cong \text{Gal}\,(F_r'/F) / \text{Gal}\,(F_r'/K)$$

따라서 정리 5.11.4 에 의하여 Gal (K/F) 는 가해군이다.

정리 5.11.11 정수 p가 홀수인 素數일 때, 대칭군 S_p에서 치환 $\sigma \in S_p$의 위수가 p이고 $\tau \in S_p$가 호환이면, $\langle \sigma, \tau \rangle = S_p$이다.

증명 치환 σ의 위수는 p이므로 σ는 p항 순환치환이다(문제 2.6.9). 따라서 $\tau = (i\ j)$이라고 할 때, σ는

$$\sigma = (i\ i_1\ \cdots\ i_{p-1})$$

와 같은 꼴로 나타내어진다. 한편, $\{i, i_1, \cdots, i_{p-1}\} = \{1, 2, \cdots, p\}$이므로

$$j = i_t, \qquad 1 \leq t \leq p-1$$

인 정수 t가 존재하고, 이때 $\sigma^t(i) = i_t = j$이므로 σ^t는

$$\sigma^t = (i\ j\ k_1\ \cdots\ k_{p-2})$$

와 같은 꼴이고 그 위수는 p이다.

그러므로 필요하다면 문자 $1, 2, \cdots, p$의 순서를 바꾸어

$$i = 1, \quad j = 2, \quad k_1 = 3, \ \cdots, \ k_{p-2} = p$$

이라고 하면,

$$\sigma^t = (1\ 2\ \cdots\ p), \qquad \tau = (1\ 2)$$

이고 또 정리 2.12.4에 의하여

$$\langle \sigma^t, \tau \rangle = \langle (1\ 2\ \cdots\ p), (1\ 2) \rangle = S_p$$

이고 또 $S_p = \langle \sigma^t, \tau \rangle \subseteq \langle \sigma, \tau \rangle$이므로 $\langle \sigma, \tau \rangle = S_p$이다.

정리 5.11.12 홀수인 素數 p에 대하여 p차의 다항식 $p(x) \in \mathbb{Q}[x]$가 유리수체 $\mathbb{Q}$ 위에서 기약일 때, $p(x)$가 복소수체 $\mathbb{C}$ 안에서 꼭 두 개의 허근을 가진다면 유리수체 $\mathbb{Q}$ 위에서의 $p(x)$의 Galois 군은 대칭군 S_p와 동형이다.

특히, $p \geq 5$인 경우에 p차의 기약다항식 $p(x) \in \mathbb{Q}[x]$는 유리수체 $\mathbb{Q}$ 위에서 거듭제곱근을 써서 풀 수 없다.

증명 유리수체 $\mathbb{Q}$ 위에서 p차의 기약다항식 $p(x)$는 복소수체 $\mathbb{C}$ 안에서 서로 다른 p개의 근을 가진다(정리 5.5.7). 이들 p개의 근 중에서 u_1, u_2를 두 허근이라 하고 $u_3, \cdots, u_p$를 실근이라고 하면, 유리수체 $\mathbb{Q}$ 위

에서의 $p(x)$ 의 분해체 K 는 다음과 같다.

$$K = \mathbb{Q}(u_1, u_2, u_3, \cdots, u_p) = \mathbb{Q}(u_3, \cdots, u_p)(u_1, u_2)$$

그런데, 군 $G = \mathrm{Gal}(K/\mathbb{Q})$ 는 집합 $R = \{u_1, u_2, \cdots, u_p\}$ 위의 치환군과 동형이므로 G 는 p 차의 대칭군 S_p 의 한 부분군과 동형이고 $p \,\big|\, |G|$ 이다(정리 5.6.7, 정리 5.6.13). 한편, Cauchy 의 정리(정리 2.14.10)에 의하면, G 에는 위수 p 인 원소 σ 가 존재한다.

이제 $u_1 = a + bi$ $(a, b \in \mathbb{R})$이라고 하면, $u_2 = \overline{u_1} = a - bi$ 이므로 u_1 과 u_2 는 실수체 $\mathbb{R}$ 위에서 기약인 다항식

$$q(x) = x^2 - 2ax + a^2 + b^2$$

의 근이다.

그리고, $F = \mathbb{Q}(u_3, \cdots, u_p)$ 이라고 하면, $F \subseteq \mathbb{R}$ 이므로 다항식 $q(x)$ 는 F 위에서 기약이다. 따라서 u_1, u_2 는 체 F 위에서 대수적 켤레원소이고 또 $K = F(u_1, u_2)$ 는 체 F 위의 $p(x)$ 의 분해체이므로 다음 조건을 만족시키는 $\tau \in G$ 가 존재한다(정리 5.6.13).

$$\tau(u_1) = u_2, \qquad \tau(a) = a \quad (a \in F)$$

그런데,

$$\tau(u_k) = u_k \qquad\qquad (3 \le k \le p)$$

이고 또 $\tau(R) = R$ 이므로 $\tau(u_1) = u_2$, $\tau(u_2) = u_1$ 이다. 따라서 τ 는 R 위의 호환이다.

그러므로 정리 5.11.11 에 의하여 $S_p \cong \langle \sigma, \tau \rangle \subseteq G$ 이므로 $G \cong S_p$ 이다.

특히, $p \ge 5$ 일 때, S_p 는 가해군이 아니므로(정리 5.11.3), 정리 5.11.10 에 의하여 $p(x)$ 는 유리수체 $\mathbb{Q}$ 위에서 거듭제곱근을 써서 풀 수 없다.

보기 5.11.4 다항식 $p(x) = x^3 - 2$ 는 유리수체 $\mathbb{Q}$ 위에서 기약이다. 또, $p(x)$ 는 복소수체 $\mathbb{C}$ 안에서 꼭 두 개의 허근 $\sqrt[3]{2}\,\omega, \sqrt[3]{2}\,\omega^2$ 를 가지므로 $p(x)$ 의 유리수체 $\mathbb{Q}$ 위의 Galois 군은 S_3 와 동형이다(보기 5.7.4).

그리고 $p(x)$ 는 유리수체 $\mathbb{Q}$ 위에서 거듭제곱근을 써서 풀 수 있다.

보기 5.11.5 다항식 $f(x) = 2x^5 - 10x + 5$ 는 유리수체 $\mathbb{Q}$ 위에서 기약이다(Eisenstein 의 규준).

미분법을 이용하여, 함수 $y = f(x)$ 가

$$x = -1 \text{ 에서 극대값 } 13, \quad x = 1 \text{ 에서 극소값 } -3$$

을 가지며 이 함수의 그래프가 x 축과 꼭 세 점에서 만난다는 것을 알 수 있다.

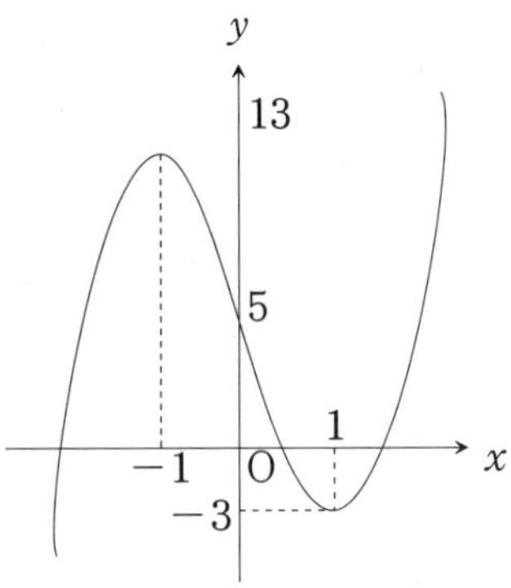

그러므로 $f(x)$ 는 3개의 실근과 2개의 허근을 가지므로 유리수체 $\mathbb{Q}$ 위에서 $p(x)$ 의 Galois 군은 S_5 와 동형이다. 그런데, S_5 는 가해군이 아니므로, $f(x)$ 는 $\mathbb{Q}$ 위에서 거듭제곱근을 써서 풀 수 없다.

복소수를 계수로 가지는 n 차의 다항식

$$f(x) = a x^n + \cdots + b x + c$$

에 대하여 $F = \mathbb{Q}(a, \cdots, b, c)$ 이라 하고 K 를 F 위에서의 $f(x)$ 의 분해체라고 하면, Gal (K/F) 는 대칭군 S_n 의 부분군과 동형이다.

먼저 $2 \le n \le 4$ 인 경우에 S_n 의 부분군은 모두 가해군이고 따라서 $f(x)$ 는 F 위에서 거듭제곱을 써서 풀 수 있다(보기 5.11.2, 정리 5.11.4).

한편, $n \ge 5$ 인 경우에 다항식 $f(x)$ 에 따라서는 Gal (K/F) 가 S_n 과 동형일 수 있고 S_n 은 가해군이 아니므로 이와 같은 다항식은 F 위에서 거듭제곱을 써서 풀 수 없다(정리 5.11.10 참조).

연 습 문 제 (5.11)

1. 일반적으로 $n \ge 5$ 일 때 교대군 A_n 은 단순군이다. 이 사실을 인정하고 $n \ge 5$ 일 때 S_n 의 정규부분군은 $\{1\}, A_n, S_n$ 뿐임을 밝혀라.

2. 다항식 $f(x) = x^5 - 10x + 5$ 가 유리수체 $\mathbb{Q}$ 위에서 거듭제곱근을 써서 풀 수 있는지를 판정하여라.

갈루아(Évariste Galois : 1811 ~ 1832)

갈루아는 파리의 교외인 Bourg-la-Reino에서 탄생하여 15세 때에 처음으로 수학을 공부하기 시작하여 매우 빠른 속도로 Legendre와 Lagrange의 저서를 독파하였고, 중학교 2학년생일 때(1828년) École Polytechnique에 입학시험을 보았으나 낙방하였다. 다음 해 3월에 순환 連分數에 관한 논문을 Annales de Gergonne에 발표하였다. 또 18세 때에 과학원에 방정식에 관한 논문을 제출하였으나 심사를 맡았던 Cauchy가 논문을 분실하여 평가를 받지 못하였다. 이해 다시 École Polytechnique에 입학시험을 보았으나 실패하였다. 실제로, 입학시험 치를 때에 갈루아는 기초적인 초등수학은 잘 알지 못하였고 자신의 머리 속에서 생각해 낸 어려운 문제로 답안을 만들어, 시험관이 그 답안을 잘 이해하지 못하였기 때문에 시험관의 무능력에 분개하여 시험관에게 지우개를 던져서 불합격했다고 한다.

그 후, 갈루아는 École Normal에 입학하여 수학을 계속하여 공부하였다. 그는 방정식에 관한 논문을 과학원에 제출하였으나 심사하던 Fourier의 급서로 인하여 그 논문이 다시 분실되어 심사를 받지 못하였다. 그 후 프랑스 혁명이 발발하여 혁명에 관심을 가지게 되었기 때문에 1830년에 퇴학 당하였다. 그 후에 Louis Philipe 정부에 반항하는 운동에 가담한 이유로 교도소 생활을 하였고, 가출옥한 기간에 어떤 불확실한 이유로 결투 끝에 피살되었다.

결투 전날 밤에 친구인 Auguste Chevalier에게 자신의 연구 결과의 개요를 써서 남겨 놓았다. 이 개요와 사망 전에 쓴 것들을 Joseph Liouville가 정리하여 'Jurnal de mathëmatiques pures et appliques' 제11권에 게재하였다. 이에 의하면 갈루아의 연구는 두 가지 면이 있음을 알 수 있다. 그 하나는 代數方程式의 해법에 관한 것으로서, 정규부분군, 동형사상, 단순군, 유한군 등과 같은 개념을 도입하여 방정식의 해법의 연구를 군의 연구에 전환시킨 것이다. 이것이 Galois 이론이다. 그의 또 다른 연구 분야는 Abel 적분에 관한 연구이다.

좀더 자세한 자료는

www-gap.dcs.st-and.ac.uk/~history/Mathematicians

에서 얻을 수 있다.

제 6 장

군과 환

이 장에서는,

군의 작용과 치환표현, 군의 작용과 집합,

유한 p-군, Sylow 의 정리

등 유한군의 구조에 대하여 논하고,

Abel 군의 자기준동형환,

유클리드 정역과 유일인수분해 정역

등 특수한 환에 대하여 논한다,

이 장을 처음 읽을 때에는 이 장의 일부를 생략하여도 좋다.

참 고 문 헌

1. 朴勝安, 有限群의 表現論, 경문사, 2004
2. Fraleigh, J., A first course in abstract algebra, 7 th ed., Pearson Education, Inc., New York, 2003
3. Rotman, J.J., A first course in abstract algebra, 2 nd ed., Prentice-Hall, Upper Saddle River, New Jersey, 2000
4. Suzuki, M., Group Theory I, II, Springer-Verlag, New York, 1982, 1984

§6.1 군의 작용과 치환표현

다음 두 정의에 대한 이론 전개는 평행하게 나아간다.

정의 6.1.1 군 G와 집합 $X\,(\neq \varnothing)$에 대하여 사상

$$G \times X \longrightarrow X, \quad (g, x) \longmapsto g \cdot x$$

가 다음 두 조건을 만족시킬 때, 이 사상을 X 위에서의 군 G의 **작용**(action) 또는 **G-작용**이라 하고 X를 **G-집합**(G-set)이라고 한다.

(i) $e \cdot x = x$ $\qquad$ (e는 G의 항등원, $x \in X$)

(ii) $(g\,h) \cdot x = g \cdot (h \cdot x)$ $\qquad$ ($g, h \in G$, $x \in X$)

이 때, 군 G는 이 작용을 통하여 (왼쪽에서) X에 **작용한다**고 한다.

정의 6.1.2 군 G와 집합 $X\,(\neq \varnothing)$에 대하여 사상

$$X \times G \longrightarrow X, \quad (x, g) \longmapsto x \cdot g$$

가 다음 두 조건을 만족시킬 때, 이 사상을 X 위에서의 군 G의 **작용** 또는 **G-작용**이라 하고 X를 **G-집합**이라고 한다.

(i) $x \cdot e = x$ $\qquad$ (e는 G의 항등원, $x \in X$)

(ii) $x \cdot (g\,h) = (x \cdot g) \cdot h$ $\qquad$ ($g, h \in G$, $x \in X$)

이 때, 군 G는 이 작용을 통하여 (오른쪽에서) X에 **작용한다**고 한다.

보기 6.1.1 군 G에 대하여 $X = G$이라고 할 때, G는 작용

$$G \times X \longrightarrow X, \quad (g, x) \longmapsto g \cdot x = g\,x$$

$$X \times G \longrightarrow X, \quad (x, g) \longmapsto x \cdot g = x\,g$$

를 통하여 각각 왼쪽과 오른쪽에서 X에 작용한다.

실제로, 임의의 $g, h \in G$와 $x \in X$에 대하여 다음이 성립한다.

$$e\,x = x, \qquad (g\,h)\,x = g\,(h\,x)$$

$$x\,e = x, \qquad x\,(g\,h) = (x\,g)\,h$$

보기 6.1.2 군 G에서 $X = G$이라 하고 원소 $x, g \in G$에 대하여

$$^{g}x = g\,x\,g^{-1}, \qquad x^{g} = g^{-1}\,x\,g$$

이라고 할 때, G는 작용

$$G \times X \longrightarrow X, \quad (g, x) \longmapsto g \cdot x = {}^{g}x$$
$$X \times G \longrightarrow X, \quad (x, g) \longmapsto x \cdot g = x^{g}$$

를 통하여 각각 왼쪽과 오른쪽에서 X에 작용한다.

실제로, 임의의 원소 $x, g, h \in G$에 대하여 다음이 성립한다.

$$^{e}x = e\,x\,e^{-1} = x, \qquad x^{e} = e^{-1}\,x\,e = x,$$
$$^{gh}x = (g\,h)\,x\,(g\,h)^{-1} = (g\,h)\,x\,h^{-1}\,g^{-1} = g\,(h\,x\,h^{-1})\,g^{-1} = {}^{g}({}^{h}x)$$
$$x^{gh} = (g\,h)^{-1}\,x\,(g\,h) = h^{-1}g^{-1}\,x\,g\,h = h^{-1}\,(g^{-1}\,x\,g)\,h = (x^{g})^{h}$$

보기 6.1.3 군 G의 부분집합 $S\ (\neq \varnothing)$와 $g \in G$에 대하여

$$^{g}S = g\,S\,g^{-1}, \qquad S^{g} = g^{-1}\,S\,g$$

이라 하고 $\mathscr{P}$를 G의 공집합이 아닌 부분집합 [부분군] 전체로 이루어진 집합이라고 할 때, G는 다음과 같은 작용을 통하여 $\mathscr{P}$에 작용한다.

$$G \times \mathscr{P} \longrightarrow \mathscr{P}, \quad (g, S) \longmapsto g \cdot S = {}^{g}S,$$
$$\mathscr{P} \times G \longrightarrow \mathscr{P}, \quad (S, g) \longmapsto S \cdot g = S^{g}$$

실제로, 임의의 $S \in \mathscr{P}$와 원소 $g, h \in G$에 대하여 다음이 성립한다.

$$^{e}S = S, \qquad ^{gh}S = {}^{g}({}^{h}S), \qquad S^{e} = S, \qquad S^{gh} = (S^{g})^{h}$$

보기 6.1.4 군 G가 작용

$$G \times X \longrightarrow X, \quad (g, x) \longmapsto g \cdot x$$

를 통하여 집합 X에 작용할 때, G의 부분군 H는 작용

$$H \times X \longrightarrow X, \quad (h, x) \longmapsto h \cdot x$$

를 통하여 왼쪽에서 X에 작용한다.

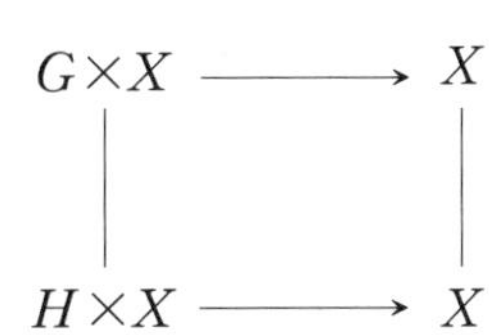

보기 6.1.5 군 G가 작용

$$G \times X \longrightarrow X, \quad (g, x) \longmapsto g \cdot x$$

를 통하여 집합 X에 작용할 때, X의 부분집합 Y $(\neq \varnothing)$에 대하여

$$y \in Y,\ g \in G \Longrightarrow g \cdot y \in Y$$

인 경우에 작용

$$G \times Y \longrightarrow Y, \quad (g, y) \longmapsto g \cdot y$$

를 통하여 G는 집합 Y에 작용한다.

$$\begin{array}{ccc} G\times X & \longrightarrow & X \\ \Big| & & \Big| \\ G\times Y & \longrightarrow & Y \end{array}$$

정의 6.1.3 군 G에서 대칭군 $S(X)$로의 준동형사상

$$\phi : G \longrightarrow S(X)$$

를 군 G의 **치환表現**(permutation representation)이라고 한다.

또, $\ker \phi = \{e\}$일 때, ϕ를 G의 **충실한**(faithful) 치환표현이라고 한다.

위의 정의에서 $\ker \phi = \{g \in G \mid \phi(g) = 1_X\}$는 G의 정규부분군이고 $G/\ker \phi \cong \operatorname{im} \phi$이다. 특히, $\ker \phi = \{e\}$이면, $G \cong \operatorname{im} \phi \subseteq S(X)$이다.

정리 6.1.4 군 G와 집합 X $(\neq \varnothing)$에 대하여 사상

$$G \times X \longrightarrow X, \quad (g, x) \longmapsto g \cdot x$$

가 군 G의 X 위에서의 작용일 때, 각 원소 $g \in G$에 대하여 사상

$$\phi_g : X \longrightarrow X, \quad \phi_g(x) = g \cdot x$$

는 X 위의 치환이고 또 사상

$$\phi : G \longrightarrow S(X), \quad \phi(g) = \phi_g$$

는 G의 치환표현이다.

증명 가정에 의하여, 임의의 $g, h \in G$와 $x \in X$에 대하여

$$\phi_e(x) = e \cdot x = x,$$
$$(\phi_g \circ \phi_h)(x) = \phi_g(\phi_h(x)) = g \cdot (h \cdot x) = (g\,h) \cdot x = \phi_{gh}(x)$$

이므로 $\phi_e = 1_X$, $\phi_g \circ \phi_h = \phi_{gh}$ 이다. 특히,

$$\phi_g \circ \phi_{g^{-1}} = \phi_e = 1_X, \qquad \phi_{g^{-1}} \circ \phi_g = \phi_e = 1_X$$

이므로, ϕ_g 는 X 위의 치환이고 ${\phi_g}^{-1} = \phi_{g^{-1}}$ 이다. 따라서 사상

$$\phi : G \longrightarrow S(X), \quad \phi(g) = \phi_g = \begin{pmatrix} \cdots & x & \cdots \\ \cdots & g \cdot x & \cdots \end{pmatrix}$$

가 정의되고, 또 임의의 원소 $g, h \in G$ 에 대하여

$$\phi(g\,h) = \phi_{gh} = \phi_g \circ \phi_h = \phi(g) \circ \phi(h)$$

이므로 ϕ 는 군 준동형사상이다.

정의 6.1.5 군 G 의 작용 $G \times X \longrightarrow X$ 에 의하여 정의되는 군 준동형사상

$$\phi : G \longrightarrow S(X), \quad \phi(g) = \phi_g$$

를 이 작용에 의하여 **정의된**(afforded) G 의 **치환表現**이라 하고 $\ker \phi$ 를 이 **작용의 핵**이라고 한다. 즉,

$$\begin{aligned} \ker \phi &= \{ g \in G \mid \phi(g) = 1_X \} \\ &= \{ g \in G \mid \text{모든 } x \in X \text{ 에 대하여 } g \cdot x = x \} \end{aligned}$$

특히, $\ker \phi = \{e\}$ 일 때, 이 작용을 군 G 의 **충실한 작용**(faithful action)이라 하고 또 군 G 는 X 에 **충실하게** (faithfully) **작용한다**고 말한다.

보기 6.1.6 군 G 는 다음과 같은 작용을 통하여 $X = G$ 에 작용한다.

$$G \times X \longrightarrow X, \quad (g, x) \longmapsto g \cdot x = g\,x$$

따라서 사상

$$\phi : G \longrightarrow S(X), \quad \phi(g) = \phi_g = \begin{pmatrix} \cdots & x & \cdots \\ \cdots & g\,x & \cdots \end{pmatrix}$$

는 G 의 치환표현이고 $\ker \phi$ 는 다음과 같다(정리 2.12.1 참조).

$$\ker \phi = \{ g \in G \mid \text{모든 } x \in X \text{ 에 대하여 } g\,x = x \} = \{e\}$$

따라서 ϕ 는 G 의 충실한 치환표현이고 $G \cong \phi(G) \subseteq S(X)$ 이다.

보기 6.1.7 군 G는 다음과 같은 작용을 통하여 $X = G$에 작용한다.

$$G \times X \longrightarrow X, \quad (g, x) \longmapsto g \cdot x = {}^g x$$

따라서 사상

$$\alpha : G \longrightarrow S(X), \quad \alpha(g) = \alpha_g = \begin{pmatrix} \cdots & x & \cdots \\ \cdots & g x g^{-1} & \cdots \end{pmatrix}$$

는 G의 치환표현이고 또 다음이 성립한다(정리 2.13.3 참조)

$$\ker \alpha = \{ g \in G \mid \text{모든 } x \in X \text{에 대하여 } g x g^{-1} = x \} = Z(G),$$
$$\operatorname{im} \alpha = \{ \alpha_g \mid g \in G \} = \operatorname{Inn}(G), \qquad G/Z(G) \cong \operatorname{Inn}(G)$$

보기 6.1.8 군 G가 집합 X 위의 치환군일 때, 분명히 G는 작용

$$G \times X \longrightarrow X, \quad \sigma \cdot x = \sigma(x)$$

를 통하여 X에 자연스럽게 작용한다. 따라서 사상

$$\phi : G \longrightarrow S(X), \quad \phi(\sigma) = \begin{pmatrix} 1 & 2 & \cdots & n \\ \sigma(1) & \sigma(2) & \cdots & \sigma(n) \end{pmatrix} = \sigma$$

는 G의 치환표현이고 또 $\ker \phi = \{1\}$이므로 G는 X에 충실하게 작용한다.

정리 6.1.6 군 G와 집합 X $(\neq \varnothing)$에 대하여 $\phi : G \longrightarrow S(X)$가 G의 치환표현일 때, 사상

$$G \times X \longrightarrow X, \quad (g, x) \longmapsto g \cdot x = \phi(g)(x)$$

는 G의 집합 X 위에서의 작용이다.

증명 임의의 원소 $g, h \in G$와 $x \in X$에 대하여

$$\begin{aligned} e \cdot x &= \phi(e)(x) = 1_X(x) = x, \\ (g h) \cdot x &= \phi(g h)(x) = (\phi(g) \circ \phi(h))(x) \\ &= \phi(g)(\phi(h)(x)) = g \cdot (h \cdot x) \end{aligned}$$

이므로 $G \times X \longrightarrow X$는 G의 작용이다.

치환 $\sigma : X \longrightarrow X$ 에 의한 $x \in X$ 의 상을 $\sigma(x)$ 로 나타내는 대신에

$$x^{\sigma} \quad 또는 \quad x\sigma$$

로 나타내기도 한다. 이와 같이, 치환기호 σ 를 원소 $x \in X$ 의 오른 쪽에 쓰는 표기법을 右側 表記法이라고 하자. 이 경우에 두 치환

$$\sigma : X \longrightarrow X, \quad \tau : X \longrightarrow X$$

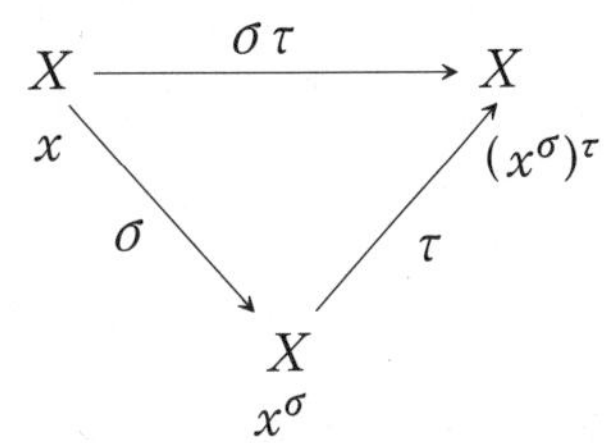

의 합성사상 $\sigma\tau : X \longrightarrow X$ 를

$$x^{\sigma\tau} = (x^{\sigma})^{\tau} \qquad (x \in X)$$

으로 정의하고 대칭군 $S(X)$ 와 S_n 을 각각

$$\Sigma(X), \quad \Sigma_n$$

으로 나타낸다. 여기서, $\sigma\tau = \tau \circ \sigma$ 이다.

군의 행렬表現에 대해서는 [6], [62]를 참조하기 바란다.

연 습 문 제 (6.1)

1. 군 G가 작용

$$X \times G \longrightarrow X, \quad (x, g) \longmapsto x \cdot g$$

을 통하여 X에 작용할 때, 각 원소 $g \in G$에 대하여 사상

$$\psi_g : X \longrightarrow X, \quad \psi_g(x) = x \cdot g$$

는 X 위의 치환임을 밝히고 $g, h \in G$에 대하여 $\psi_g \circ \psi_h = \psi_{hg}$ 임을 밝혀라.

2. 군 G의 집합 X 위의 작용 $G \times X \longrightarrow X$가 정의되어 있을 때, 다음 조건은 서로 동치임을 증명하여라.

(1) G는 X에 충실하게 작용한다.

(2) 모든 $x \in X$에 대하여 $g \cdot x = x$ 이면, $g = e$ 이다.

(3) 각 원소 $g \in G - \{e\}$에 대하여 $g \cdot x \neq x$ 인 $x \in X$가 존재한다.

(4) 원소 $g, h \in G, g \neq h$에 대하여 $g \cdot x \neq h \cdot x$ 인 $x \in X$가 존재한다.

§6.2 군의 작용과 집합

이 절에서는, 군 G 의 작용이 정의되어 있는 집합 X 에 대하여 논한다.

정의 6.2.1 군 G가 왼쪽에서 [오른쪽에서] 집합 X 에 작용할 때, 각 원소 $x \in X$ 에 대하여

$$\mathscr{O}_x = \{g \cdot x \mid g \in G\} = G \cdot x$$
$$[\mathscr{O}_x = \{x \cdot g \mid g \in G\} = x \cdot G]$$

를 x를 포함하는 **G-軌道**(G-orbit) 또는 간단히 **궤도**라 하고 또 $|\mathscr{O}_x|$를 이 궤도의 **크기**(size)라고 한다.

정리 6.2.2 군 G가 왼쪽에서 [오른쪽에서] 집합 X 에 작용할 때, 다음과 같이 정의된 X 위의 관계 $\sim$는 동치관계이다.

$$x \sim y \iff \text{적당한 } g \in G \text{ 에 대하여 } y = g \cdot x$$
$$[x \sim y \iff \text{적당한 } g \in G \text{ 에 대하여 } y = x \cdot g]$$

이 동치관계에 관하여 원소 $x \in X$를 포함하는 동치류는

$$\mathscr{O}_x = \{g \cdot x \mid g \in G\} \qquad [\mathscr{O}_x = \{x \cdot g \mid g \in G\}]$$

이고 또 임의의 $x, y \in X$ 에 대하여 다음이 성립한다.

(1) $\mathscr{O}_x = \mathscr{O}_y \iff y = g \cdot x \quad (g \in G) \qquad [y = x \cdot g \quad (g \in G)]$

(2) $x \in \mathscr{O}_y \iff \mathscr{O}_x = \mathscr{O}_y \iff y \in \mathscr{O}_x$

(3) 각 $x \in X$ 에 대하여 $x \in \mathscr{O}_x$ 이고, 또 임의의 $x, y \in X$ 에 대하여 다음 중에서 하나 그리고 단 하나가 성립한다.

(i) $\mathscr{O}_x \cap \mathscr{O}_y = \varnothing$ (ii) $\mathscr{O}_x = \mathscr{O}_y$

증명 다음 세 조건이 성립하므로 관계 $\sim$는 집합 X 위의 동치관계이다.

(i) 각 원소 $x \in X$ 에 대하여 $e \cdot x = x$ 이므로 $x \sim x$ 이다.

(ii) $x \sim y$ 이면, 적당한 $g \in G$ 에 대하여 $y = g \cdot x$ 이고 이때

$$g^{-1}\cdot y = g^{-1}\cdot(g\cdot x) = (g^{-1}g)\cdot x = e\cdot x = x$$

이므로 $y \sim x$ 이다.

(iii) $x \sim y,\ \ y \sim z$ 이면, 적당한 $g, h \in G$ 에 대하여 $y = g\cdot x,\ \ z = h\cdot x$ 이고 이때 $(hg)\cdot y = h\cdot(g\cdot x) = h\cdot y = z$ 이므로 $x \sim z$ 이다.

또, 원소 $x \in X$ 를 포함하는 동치류는 $\mathscr{O}_x = \{g\cdot x \mid g \in G\}$ 이고 따라서 정리의 (1), (2), (3) 이 성립한다(정리 1.2.26).

정리 6.2.3 군 G 가 왼쪽에서 [오른쪽에서] 집합 X 에 작용할 때, 각 원소 $x \in X$ 에 대하여

$$\mathrm{Stab}_G(x) = \{g \in G \mid g\cdot x = x\},\quad \mathscr{O}_x = \{g\cdot x \mid g \in G\}$$
$$[\mathrm{Stab}_G(x) = \{g \in G \mid x\cdot g = x\},\quad \mathscr{O}_x = \{x\cdot g \mid g \in G\}]$$

이라고 하면, 다음이 성립한다.

(1) $\mathrm{Stab}_G(x)$ 는 G 의 부분군이다.

(2) G 가 유한군일 때, $\mathscr{O}_x$ 의 크기는 다음과 같다.

$$|\mathscr{O}_x| = |G : \mathrm{Stab}_G(x)| = \frac{|G|}{|\mathrm{Stab}_G(x)|},\quad |\mathscr{O}_x| \,\Big|\, |G|$$

부분군 $\mathrm{Stab}_G(x)$ 를 G 에서의 x 의 **安定化 부분군**(stabilizer)이라고 한다.

증명 (1) 먼저 $e\cdot x = x$ 이므로 $e \in \mathrm{Stab}_G(x) \neq \varnothing$ 이다.

그리고, $g, h \in \mathrm{Stab}_G(x)$ 일 때

$$(gh)\cdot x = g\cdot(h\cdot x) = g\cdot x = x,$$
$$g^{-1}\cdot x = g^{-1}\cdot(g\cdot x) = (g^{-1}g)\cdot x = e\cdot x = x$$

이므로 $gh, g^{-1} \in \mathrm{Stab}_G(x)$ 이다. 따라서 $\mathrm{Stab}_G(x)$ 는 G 의 부분군이다.

(2) G 가 유한군일 때, $H = \mathrm{Stab}_G(x)$ 이라 하고 $Y = \{gH \mid g \in G\}$ 이라고 하면, Lagrange 의 정리에 의하여

$$|Y| = |G : H| = \frac{|G|}{|H|},\quad |Y| \,\Big|\, |G|$$

이고 또 원소 $g, h \in G$ 에 대하여 다음이 성립한다.

$$\begin{aligned} g\cdot x = h\cdot x &\iff h^{-1}\cdot(g\cdot x) = x \\ &\iff (h^{-1}g)\cdot x = x \\ &\iff h^{-1}g\in H \iff gH = hH \end{aligned}$$

그러므로

$$\phi : \mathscr{O}_x \longrightarrow Y,\quad \phi(g\cdot x) = gH$$

는 잘 정의된 사상이고 또 일대일 대응이다. 따라서 $|\mathscr{O}_x| = |Y|$ 이므로 (2)가 성립한다. 안정화 부분군 $\mathrm{Stab}_G(x)$를 G_x로 나타내기도 한다.

정의 6.2.4 군 G가 집합 X에 왼쪽에서 [오른쪽에서] 작용할 때 원소 $x\in X$에 대하여 다음이 성립한다.

$$\begin{aligned} |\mathscr{O}_x| = 1 &\iff \mathscr{O}_x = \{x\} \\ &\iff \text{모든 } g\in G \text{ 에 대하여 } g\cdot x = x \quad [x\cdot g = x\} \\ &\iff \mathrm{Stab}_G(x) = G \end{aligned}$$

이와 같은 경우에 x를 이 작용의 **不動點**(fixed point) 이라고 한다.

앞에서 얻은 결과를 종합하면 다음 정리를 얻는다.

정리 6.2.5 유한군 G가 왼쪽에서 [오른쪽에서] 유한집합 X에 작용할 때, X의 서로 다른 G-궤도 전체를 $\mathscr{O}_1, \cdots, \mathscr{O}_r$ 라 하고 또 이 작용의 부동점 전체의 집합을 X_0이라고 하면 다음이 성립한다.

(1) $X = \mathscr{O}_1 \cup \mathscr{O}_2 \cup \cdots \cup \mathscr{O}_r,\quad \mathscr{O}_i \cap \mathscr{O}_j = \varnothing \quad (1\le i\ne j\le r)$
$|X| = |\mathscr{O}_1| + |\mathscr{O}_2| + \cdots + |\mathscr{O}_r|$

(2) $x_i \in \mathscr{O}_i$ 일 때, $\mathscr{O}_{x_i} = \mathscr{O}_i$ 이고 다음 등식이 성립한다.

$$|\mathscr{O}_i| = |G : \mathrm{Stab}_G(x_i)| = \frac{|G|}{|\mathrm{Stab}_G(x_i)|},\quad |\mathscr{O}_i| \,\big|\, |G|$$

(3) $|\mathscr{O}_1| = \cdots = |\mathscr{O}_r| = 1$ 이면 $X = X_0$ 이고, 또

$$|\mathscr{O}_1| = \cdots = |\mathscr{O}_k| = 1,\ |\mathscr{O}_{k+1}| \ge 2,\ \cdots,\ |\mathscr{O}_{k+t}| \ge 2,\quad k+t = r$$

이면 $|X| = |X_0| + |\mathscr{O}_{k+1}| + \cdots + |\mathscr{O}_{k+t}|,\quad |X_0| = k$ 이다.

군 G는 다음과 같은 작용을 통하여 $X = G$에 작용한다(보기 6.1.2).

$$G \times X \longrightarrow X, \quad (g, x) \longmapsto {}^g x = g\,x\,g^{-1}$$
$$X \times G \longrightarrow X, \quad (x, g) \longmapsto x^g = g^{-1}\,x\,g$$

이 때, 원소 $x, g \in G$에 대하여

$${}^g x = g\,x\,g^{-1} = (g^{-1})^{-1} x (g^{-1}) = x^{g^{-1}},$$
$${}^g x = x \Longleftrightarrow g\,x\,g^{-1} = x \Longleftrightarrow g\,x = x\,g \Longleftrightarrow x^g = x$$

이므로 x를 포함하는 G-궤도와 G에서의 x의 안정화 부분군은 각각

$$\mathscr{C}_x = \{{}^g x \mid g \in G\} = \{x^g \mid g \in G\},$$
$$C_G(x) = \{g \in G \mid {}^g x = x\} = \{g \in G \mid x^g = x\}$$

이며, $\mathscr{C}_x$는 x를 포함하는 켤레류이고 $C_G(x)$는 G에서의 x의 中心化 부분군이다(정의 2.14.2, 정리 2.14.3). 그리고, 다음이 성립한다(정리 2.14.4).

$$|\mathscr{C}_x| = 1 \Longleftrightarrow \mathscr{C}_x = \{x\} \Longleftrightarrow C_G(x) = G \Longleftrightarrow x \in Z(G)$$

특히, G가 유한군일 때,

$$|\mathscr{C}_x| = |G : C_G(x)| = \frac{|G|}{|C_G(x)|}, \qquad |\mathscr{C}_x| \,\Big|\, |G|$$

이고(정리 2.14.4) 따라서 정리 6.2.5로부터 정리 2.14.5를 얻는다.

마찬가지로, 군 G에서 공집합이 아닌 G의 부분집합 [부분군] 전체로 이루어진 집합을 $\mathscr{P}$라고 할 때, G는 다음과 같은 작용을 통하여 $\mathscr{P}$에 작용한다(보기 6.1.3).

$$G \times \mathscr{P} \longrightarrow \mathscr{P}, \quad (g, S) \longmapsto {}^g S = g\,S\,g^{-1},$$
$$\mathscr{P} \times G \longrightarrow \mathscr{P}, \quad (S, g) \longmapsto S^g = g^{-1}\,S\,g$$

이 때, S를 포함하는 G-궤도와 G에서의 S의 안정화 부분군은 각각 다음과 같다(정의 2.14.8).

$$\mathscr{C}_S = \{{}^g S \mid g \in G\} = \{S^g \mid g \in G\},$$
$$N_G(S) = \{g \in G \mid {}^g S = S\} = \{g \in G \mid S^g = S\}$$

특히, 유한군 G에서 $|\mathscr{C}_S| = |G : N_G(S)|$이다(정리 2.14.9).

정리 6.2.2에 의하여 다음 정리가 성립한다.

정리 6.2.6 군 G의 집합 X 위에서의 작용

$$G \times X \longrightarrow X, \quad (g, x) \longmapsto g \cdot x$$

에 대하여 다음 조건은 서로 동치이다.

(1) X 자신이 G-궤도이다.

즉, 적당한 원소 $a \in X$에 대하여 $\mathcal{O}_a = \{g \cdot a \mid g \in G\} = X$이다.

(2) 임의의 $x \in X$에 대하여 $\mathcal{O}_x = \{g \cdot x \mid g \in G\} = X$이다.

(3) 임의의 $x, y \in X$에 대하여 $g \cdot x = y$인 원소 $g \in G$가 존재한다.

위의 한 조건이 성립할 때, 따라서 모든 조건이 성립할 때, 이 작용을 G의 **推移的 작용**(transitive action)이라 하고 또 G는 X에 **추이적으로**(transitively) **작용한다**고 한다.

정리 6.2.7 군 G에서 G의 부분군 H에 대하여 $X = \{xH \mid x \in G\}$이라고 할 때, 다음과 같이 정의된 G의 작용은 추이적 작용이다.

$$G \times X \longrightarrow X, \quad (g, xH) \longmapsto g \cdot xH = gxH$$

그리고, 이 작용에 의하여 정의된 치환표현

$$\phi : G \longrightarrow S(X), \quad \phi(g) = \phi_g = \begin{pmatrix} \cdots & xH & \cdots \\ \cdots & gxH & \cdots \end{pmatrix}$$

에 대하여 $\mathrm{Core}_G(H) = \ker \phi$이라고 하면 다음이 성립한다.

(1) $\mathrm{Core}_G(H) = \bigcap_{x \in G} xHx^{-1} = \bigcap_{x \in G} x^{-1}Hx, \quad \mathrm{Core}_G(H) \subseteq H$

(2) $\mathrm{Core}_G(H) \lhd G, \quad G/\mathrm{Core}_G(H) \cong \phi(G) \subseteq S(X)$

(3) $N \subseteq H,\ N \lhd G \Longrightarrow N \subseteq \mathrm{Core}_G(H)$

부분군 $\mathrm{Core}_G(H)$를 G에서의 H의 **核心**(core)이라고 한다.

증명 임의의 $g, h \in G$와 $xH \in X$에 대하여

$$e \cdot xH = exH = xH,$$
$$(gh) \cdot xH = (gh)xH = g(hxH) = g \cdot (h \cdot (xH))$$

이고, 또 X 의 한 원소 $H = eH$ 에 대하여

$$\{g \cdot H \mid g \in G\} = \{gH \mid g \in G\} = X$$

이므로 이 작용은 G 의 X 위에서의 추이적 작용이다.

이 작용에 의하여 정의된 치환표현을

$$\phi : G \longrightarrow S(X), \quad \phi(g) = \phi_g = \begin{pmatrix} \cdots & xH & \cdots \\ \cdots & gxH & \cdots \end{pmatrix}$$

이라고 하면 다음이 성립한다(정의 6.1.5),

$$\ker \phi = \{g \in G \mid \text{모든 } x \in G \text{에 대하여 } gxH = xH\},$$
$$gxH = xH \iff x^{-1}gx \in H \iff g \in xHx^{-1}$$

그러므로 $\mathrm{Core}_G(H) = \ker \phi$ 이라고 하면,

$$\mathrm{Core}_G(H) = \bigcap_{x \in G} xHx^{-1} = \bigcap_{x \in G} x^{-1}Hx \subseteq H$$

이고 따라서 제 1 동형정리(정리 2.10.7) 에 의하여 다음이 성립한다.

$$\mathrm{Core}_G(H) \lhd G, \quad G/\mathrm{Core}_G(H) \cong \phi(G) \subseteq S(X)$$

또, $N \subseteq H, N \lhd G$ 이면, 모든 $x \in G$ 에 대하여 $N = xNx^{-1} \subseteq xHx^{-1}$ 이므로 $N \subseteq \mathrm{Core}_G(H)$ 이다.

정리 6.2.8 유한군 G 에서 $|G : H| = n \geq 2$, $|G| \nmid n!$ 인 부분군 H 가 존재하면, G 는 단순군이 아니다.

증명 이제 $X = \{xH \mid x \in G\}$ 이라고 하면, $|X| = |G : H| = n \geq 2$ 이고 준동형사상

$$\phi : G \longrightarrow S(X), \quad \phi(g) = \phi_g = \begin{pmatrix} \cdots & xH & \cdots \\ \cdots & gxH & \cdots \end{pmatrix}$$

의 핵은 $\ker \phi = \mathrm{Core}_G(H)$ 이다(정리 6.2.7).

그런데, $\mathrm{Core}_G(H) = \{e\}$ 이라고 가정하면, ϕ 는 일대일 사상이므로

$$G \cong \phi(G) \subseteq S(X), \qquad S(X) \cong S_n$$

이고 또 $|S(X)| = n!$ 이므로 $|G| \,\big|\, n!$ 으로 되어 가정에 모순된다.

그러므로 $\{e\} \subsetneq \mathrm{Core}_G(H) \lhd G$ 이고 따라서 G 는 단순군이 아니다.

이 절의 내용과 관련된 사항에 대해서는 '해설 602'에서 논하기로 한다.

연 습 문 제 (6.2)

*1. 정리 6.2.3 에서 원소 $g \in G$ 에 대하여 다음이 성립한다.

$$\mathrm{Stab}_G(g \cdot x) = g\,\mathrm{Stab}_G(x)\,g^{-1} = {}^g\mathrm{Stab}_G(x)$$
$$[\mathrm{Stab}_G(x \cdot g) = g^{-1}\,\mathrm{Stab}_G(x)\,g = \mathrm{Stab}_G(x)^g]$$

2. 군 G 가 집합 X 에 추이적으로 작용할 때 다음이 성립함을 증명하여라.
   (1) 임의의 $x, y \in X$ 에 대하여 $\mathrm{Stab}_G(y) = g\,\mathrm{Stab}_G(x)\,g^{-1}$ 인 원소 $g \in G$ 가 존재한다.
   (2) G 가 유한군이면, X 는 유한집합이고 또 $|X| \,\big|\, |G|$ 이다.

*3. 군 G 가 집합 X 에 추이적으로 충실하게 작용할 때, G 의 정규부분군 N 이 한 원소 $x \in X$ 의 안정분군 $\mathrm{Stab}_G(x)$ 에 포함되면 $N = \{e\}$ 임을 밝혀라.

4. 군 G 가 유한집합 X, $|X| \geq 2$ 에 추이적으로 작용할 때, 다음 두 조건은 서로 동치임을 증명하여라.
   (1) 임의의 원소 $x \in X$ 에 대하여 $\mathrm{Stab}_G(x)$ 는 $Y = X - \{x\}$ 에 추이적으로 작용한다.
   (2) 집합 X 의 임의의 서로 다른 두 원소로 이루어진 두 순서쌍 (x_1, x_2), (y_1, y_2) 에 대하여 $g \cdot x_1 = y_1$, $g \cdot x_2 = y_2$ 인 원소 $g \in G$ 가 존재한다.

*5. 위수가 36 인 유한군 G 에는 위수 9 인 부분군 H 가 존재한다.
이 사실을 인정하고 위수 36 인 유한군 G 는 단순군이 아님을 밝혀라.

6. 위수가 99 인 유한군 G 는 단순군이 아님을 밝혀라.

*7. 유한 단순군 G 의 위수가 60 보다 클 때, G 에는 $1 < |G : H| \leq 5$ 인 부분군 H 가 존재하지 않음을 증명하여라.

§6.3 유한 p-군

이 절에서는, 군의 작용을 이용하여 유한 p-군에 대하여 논한다(§2.14).

정리 6.3.1 유한 p-군 $H\ (\neq \{e\})$가 유한집합 X에 작용할 때, X_0를 이 작용의 부동점 전체의 집합이라고 하면 다음이 성립한다.

$$|X| \equiv |X_0| \pmod{p}$$

특히, $p \nmid |X|$이면, 이 작용의 부동점이 적어도 하나 존재한다.

증명 X의 서로 다른 H-궤도 전체를 $\mathcal{O}_1, \cdots, \mathcal{O}_r$라 하고 정리 6.2.5를 이용하여 정리를 증명한다.

먼저 $|\mathcal{O}_1| = \cdots = |\mathcal{O}_r| = 1$이면, $X = X_0$이므로 $|X| = |X_0|$이고 따라서 $|X| \equiv |X_0| \pmod{p}$이다. 한편,

$$|\mathcal{O}_1| = \cdots = |\mathcal{O}_k| = 1,\ |\mathcal{O}_{k+1}| \geq 2,\ \cdots,\ |\mathcal{O}_{k+t}| \geq 2,\quad k+t=r$$

이면,

$$|X| = |X_0| + |\mathcal{O}_{k+1}| + \cdots + |\mathcal{O}_{k+t}|,\quad |X_0| = k$$

$$|\mathcal{O}_{k+1}| \,\Big|\, |H|,\ \cdots,\ |\mathcal{O}_{k+t}| \,\Big|\, |H|$$

이고 가정에 의하여 적당한 양의 정수 m에 대하여 $|H| = p^m \geq p$이므로 $p \,\Big|\, |\mathcal{O}_{k+1}|, \cdots, p \,\Big|\, |\mathcal{O}_{k+t}|$이고, 따라서 $|X| \equiv |X_0| \pmod{p}$이다.

특히, $p \nmid |X|$이면, $p \nmid |X_0|$이므로 $|X_0| \neq 0$이고 따라서 이 작용의 부동점이 적어도 하나 존재한다.

앞의 정리를 이용하여 Cauchy의 정리(정리 2.14.10)를 증명할 수 있다.

정리 6.3.2 (Cauchy의 정리) 유한군 G에서 素數 p가 $|G|$의 약수일 때, G에는 위수 p인 원소가 존재한다.

증명 군 G 의 항등원을 1 로 나타내고 다음과 같은 집합을 생각해 보자.

$$X = \{(x_1, \cdots, x_p) \mid x_1, \cdots, x_p \in G,\ x_1 \cdots x_p = 1\}$$

이 때, G 에서

$$x_1 \cdots x_{p-1}\, x_p = 1 \iff x_p = (x_1 \cdots x_{p-1})^{-1}$$

이므로 $|X| = |G|^{p-1}$, $p \,\big|\, |G|$ 이고 따라서 $|X| \equiv 0 \pmod{p}$ 이다.

한편, 원소 $a, b \in G$ 에 대하여 $ab = 1 \iff ba = 1$ 이다(문제 2.2.1). 따라서 각 정수 i $(1 \leq i \leq p-1)$ 에 대하여 다음이 성립한다.

$$\begin{aligned}(x_1, \cdots, x_p) \in X &\iff x_1 \cdots x_i\, x_{i+1} \cdots x_p = 1\\ &\iff x_{i+1} \cdots x_p\, x_1 \cdots x_i = 1\\ &\iff (x_{i+1}, \cdots, x_p, x_1, \cdots, x_i) \in X\end{aligned}$$

그러므로 $H = \{e, a, \cdots, a^{p-1}\}$ 를 위수 p 인 순환군이라고 할 때, 다음과 같이 정의된 사상 $H \times X \longrightarrow X$ 는 H 의 작용이다.

$$\begin{aligned}&e \cdot (x_1, \cdots, x_p) = (x_1, \cdots, x_p),\\ &a^i \cdot (x_1, \cdots, x_p) = (x_{i+1}, \cdots, x_p, x_1, \cdots, x_i) \quad (1 \leq i \leq p-1)\end{aligned}$$

한편, X_0 를 H-작용의 부동점 전체의 집합이라고 하면,

$$X_0 = \{(x, \cdots, x) \mid x \in G,\ x^p = 1\}$$

이고 $(1, \cdots, 1) \in X_0$ 이므로 $|X_0| \geq 1$ 이다. 그런데, 정리 6.3.2 에 의하여 $|X_0| \equiv |X| \equiv 0 \pmod{p}$ 이므로 $|X_0| \geq p$ 이다.

그러므로 G 에는 위수 p 인 원소 x 가 존재한다.

정리 6.3.3 군 G $(\neq \{e\})$ 가 유한 p-군일 때 다음이 성립한다.

(1) $\{e\} \subsetneq N \lhd G$ 이면, $\{e\} \subsetneq N \cap Z(G)$ 이다.

(2) $\{e\} \subsetneq Z(G)$, $\quad p \,\big|\, |Z(G)| \geq p$

(3) G 가 Abel 군이 아니면, $|G : Z(G)| \geq p^2$ 이다.

증명 (1) 이제 $\{e\} \subsetneq N \lhd G$ 일 때, $|N| = p^m$, $m \geq 1$ 이라 하고 또 $X = N - \{e\}$ 이라고 하자. 이 때, $|X| = |N| - 1$ 이므로 $p \nmid |X|$ 이다.

한편, 모든 $g \in G$ 에 대하여 $N^g = N$, $e^g = g^{-1}eg = e$ 이므로, 사상

$$X \times G \longrightarrow X, \quad (x, g) \longmapsto x^g = g^{-1}xg$$

는 X 위에서의 G 의 작용이다. 그리고, X_0 를 G-작용의 부동점 전체의 집합이라고 하면, 정리 6.3.1 에 의하여

$$|X_0| \equiv |X| \pmod{p}, \qquad |X| \not\equiv 0 \pmod{p}$$

이므로 $|X_0| \neq 0$ 이고 따라서 G-작용의 부동점 $x \in X_0$ 가 존재한다. 그런데, $x \in X_0$ 이면, 모든 원소 $g \in G$ 에 대하여 $x^g = x$, $x \in N - \{e\}$ 이므로 $x \in N \cap Z(G)$, $x \neq e$ 이고, 따라서 $\{e\} \subsetneqq N \cap Z(G)$ 이다.

(2) $\{e\} \subsetneqq G \lhd G$ 이므로 (1) 에 의하여 $\{e\} \subsetneqq G \cap Z(G) = Z(G)$ 이다.

(3) 위의 (1), (2) 에 의하여 (3) 이 성립한다(정리 2.14.12 의 증명 참조).

정리 6.3.4 유한 p-군 G 의 위수가 $|G| = p^n$ $(n \geq 1)$ 이면, 군 G 에 다음과 같은 정규부분군 $N_n, N_{n-1}, \cdots, N_1, N_0$ 가 존재한다.

$$G = N_n \rhd N_{n-1} \rhd \cdots \rhd N_1 \rhd N_0 = \{e\},$$
$$N_i \lhd G, \qquad |N_i| = p^i \qquad (0 \leq i \leq n)$$

특히, 유한 p-군은 가해군이다.

증명 먼저 $n = 1$ 이면, $|G| = p$ 이므로 정리가 성립한다.

다음에 $n \geq 2$ 일 때, 위수 p^{n-1} 인 유한 p-군에 대하여 정리가 성립한다고 가정하고 G 를 위수 p^n 인 유한 p-군이라고 하자.

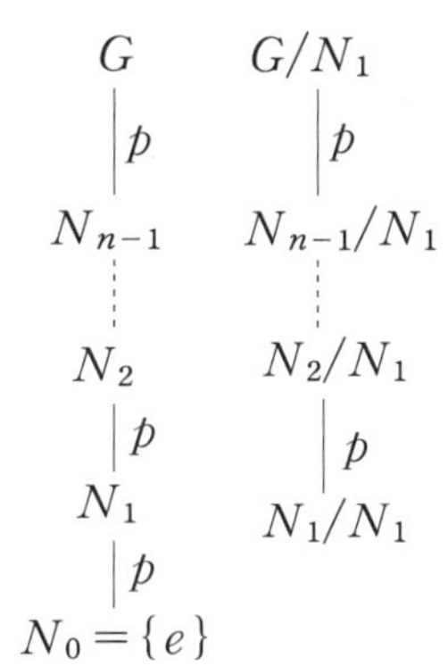

이 때, 정리 6.3.3 에 의하여 $\{e\} \subsetneqq Z(G)$ 이므로 $p \,\big|\, |Z(G)|$ 이고 따라서 Cauchy 의 정리에 의하여 위수 p 인 원소 $z \in Z(G)$ 가 존재한다.

여기서 $N_1 = \langle z \rangle$ 이라고 하면, $N_1 \subseteq Z(G)$ 이므로 $N_1 \lhd G$, $|N_1| = p$ 이다(정리 2.9.4).

한편, $|G/N_1| = p^{n-1}$ 이므로, 귀납법 가정과 따름정리 2.10.8 에 의하여 G 에는 다음과 같은 정규부분군 $N_{n-1}, \cdots, N_2, N_1$ 이 존재한다.

$$G/N_1 = N_{n-1}/N_1 \triangleright \cdots \triangleright N_2/N_1 \triangleright N_1/N_1,$$
$$N_i/N_1 \triangleleft G/N_1, \quad |N_i/N_1| = p^{i-1} \qquad (1 \le i \le n-1)$$

이제 $N_n = G$, $N_0 = \{e\}$ 이라고 하면, $N_n, N_{n-1}, \cdots, N_1, N_0$ 는 정리의 조건을 만족시키는 G 의 정규부분군이다.

그리고,

$$G = N_n \triangleright N_{n-1} \triangleright \cdots \triangleright N_1 \triangleright N_0 = \{e\}$$

에서 각 i $(1 \le i \le n)$ 에 대하여 잉여군 N_i/N_{i-1} 은 위수 p 인 순환군이므로 유한 p-군 G 는 가해군이다(정리 5.11.1).

연 습 문제 (6.3)

1. 유한 p-군 $G(\neq \{e\})$ 가 단순군일 조건을 구하여라.

2. 위수 8 인 사원수군 Q_8 과 정이면체군 $D_4 = \langle \sigma, \tau \rangle$ 에서 정리 6.3.5 의 조건을 만족시키는 정규부분군의 열을 세 가지씩 들어라.

***3.** 유한군 G 에서 G 의 부분군 H $(\neq \{e\})$ 가 유한 p-군이라고 하자. 이 때, $X = \{xH \mid x \in G\}$ 이라고 하면, 유한 p-군 H 는 작용

$$H \times X \longrightarrow X, \quad (h, xH) \longmapsto h \cdot xH = hxH$$

를 통하여 X 에 작용한다. 이 사실과 정리 6.3.1 을 이용하여 다음이 성립함을 밝혀라.

(1) $|N_G(H) : H| \equiv |G : H| \pmod{p}$

(2) $p \,\Big|\, |G : H|$ 이면, $H \subsetneq N_G(H)$ 이다.

***4.** 유한 p-군 G $(\neq \{e\})$ 에서 G 의 부분군 H 에 대하여 다음이 성립함을 밝혀라.

(1) $H \subsetneq G$ 이면, $H \subsetneq N_G(H)$ 이다.

(2) $|G : H| = p$ 이면, $H \triangleleft G$ 이다.

§ 6.4 Sylow 의 정리

이 절에서는 유한군의 구조를 연구하는 데 중요한 역할을 하는 Sylow 의 정리에 대하여 논한다. 다음 정리의 다른 증명은 [70]을 참조하기 바란다.

정리 6.4.1 (Sylow 의 정리 I) 유한군 G 에서 素數 p 에 대하여

$$|G| = p^n m, \qquad n \geq 0, \quad (m, p) = 1$$

일 때, 각 정수 s $(0 \leq s \leq n)$에 대하여 G 에는 위수 p^s 인 부분군이 존재한다.

증명 먼저 $|G| = 1$ 또는 $s = 0$ 인 경우에는 정리가 성립한다. 이제 $n \geq 1$, $1 \leq s \leq n$ 이라 하고 정리를 $|G|$ 에 관한 귀납법으로 증명한다.

(1) 먼저 $p \nmid |G : H|$ 인 진부분군 H $(\neq G)$ 가 존재한다고 하자. 이 때 $|H| = p^n k$, $1 \leq k < m$ 이므로 귀납법 가정에 의하여 H 에는 위수 p^s 인 부분군 P 가 존재하고 P 는 G 의 부분군이기도 하다.

(2) G 가 Abel 군이면, $G = Z(G)$ 이므로 $p \,\big|\, |Z(G)|$ 이다.

다음에 G 가 Abel 군이 아닐 때, G 의 모든 진부분군 H $(\neq G)$ 에 대하여 $p \,\big|\, |G : H|$ 이라고 하자. 이 때, 정리 2.14.5 에 의하여 G 의 류등식은

$$(*) \qquad |G| = |Z(G)| + |\mathscr{C}_{k+1}| + \cdots + |\mathscr{C}_{k+t}|,$$
$$|\mathscr{C}_{k+1}| \geq \cdots \geq |\mathscr{C}_{k+t}| \geq 2, \qquad t \geq 1$$

와 같은 꼴이고 또 각 i $(k+1 \leq i \leq k+t)$ 에 대하여 $x_i \in \mathscr{C}_i$ 라고 하면 $|\mathscr{C}_i| = |G : C_G(x_i)| \geq 2$ 이므로 $p \,\big|\, |\mathscr{C}_i|$ 이므로 $p \,\big|\, |Z(G)|$ 이다.

따라서 어느 경우에나 $p \,\big|\, |Z(G)|$ 이므로 Cauchy 의 정리(정리 2.14.10) 에 의하여 $Z(G)$ 에는 위수 p 인 원소 z 가 존재하고 $N = \langle z \rangle$ 이라고 하면, $N \subseteq Z(G)$ 이므로 $N \lhd G$ 이다(정리 2.9.4). 그러므로 잉여군 G/N 이 정의되고 $|G/N| = p^{n-1} m$ 이므로 귀납법 가정에 의하여 G/N 에는 위수 p^{s-1} 인 부분군 P/N 이 존재하고 이때 P 는 위수 p^s 인 G 의 부분군이다.

정의 6.4.2 유한군 G 에서 素數 p 에 대하여

$$|G| = p^n m, \quad n \geq 0, \quad (m, p) = 1$$

일 때, 각 정수 s $(0 \leq s \leq n)$ 에 대하여 위수가 p^s 인 G 의 부분군을 G 의 **p-부분군**(p-subgroup)이라 하고, 특히 위수가 p^n 인 G 의 부분군을 G 의 **Sylow p-부분군**(Sylow p-subgroup) 또는 **Sylow p-군**이라고 한다,

정의에 의하여 H 가 유한군 G 의 p-부분군이면 H 는 유한 p-군이다. 그리고, 정리 6.4.1 과 위의 정의에 의하여 다음 정리가 성립한다.

정리 6.4.3 유한군 G 에 대하여 다음이 성립한다.

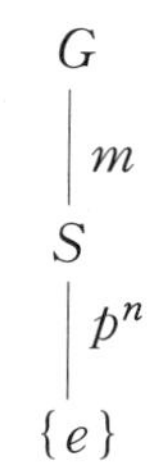

(1) G 에는 Sylow p-부분군이 존재한다.

(2) G 의 p-부분군 S 가 G 의 Sylow p-부분군이기 위한 필요충분조건은 $|G : S|$ 와 p 가 서로 소인 것이다.

정리 6.4.4 (Sylow 의 정리 II) 유한군 G 에서 G 의 부분군 S 가 G 의 한 Sylow p-부분군이라고 하면 다음이 성립한다.

(1) 임의의 $x \in G$ 에 대하여 $x^{-1}Sx$ 는 G 의 Sylow p-부분군이다.

(2) H 가 군 G 의 p-부분군이면, H 를 포함하는 G 의 Sylow p-부분군이 존재한다. 실제로, $H \subseteq x^{-1}Sx$ 인 원소 $x \in G$ 가 존재한다.

(3) G 의 Sylow p-부분군는 모두 S 의 켤레부분군이다.

증명 (1) 임의의 $x \in G$ 에 대하여 $S \cong x^{-1}Sx$ 이고 $|x^{-1}Sx| = |S|$ 이므로 $x^{-1}Sx$ 는 G 의 Sylow p-부분군이다(정리 2.8.10 참조).

(2) H 가 G 의 p-부분군일 때, $X = \{Sx \mid x \in G\}$ 이라고 하면 사상

$$X \times H \longrightarrow X, \quad (Sx, h) \longmapsto Sxh$$

는 유한 p-군 H 의 작용이다. 그런데, $|X| = |G : S|$, $p \nmid |X|$ 이므로 H-작용의 부동점 $Sx \in X$ 가 존재한다(정리 6.3.1 참조).

이 때, 모든 원소 $h \in H$ 에 대하여 $Sxh = Sx$ 즉 $xhx^{-1} \in S$ 이므로, $xHx^{-1} \subseteq S$ 이고 따라서 $H \subseteq x^{-1}Sx$ 이다.

특히, H가 G의 Sylow p-부분군이면, $H \subseteq x^{-1}Sx$, $|H| = |x^{-1}Sx|$ 이므로 $H = x^{-1}Sx$ 이고 따라서 H는 S의 켤레부분군이다.

(3) 위의 (1)과 (2)에 의하여 (3)이 성립한다.

정리 6.4.5 유한군 G에서 S를 G의 한 Sylow p-부분군이라 하고 $\mathrm{Syl}_p(G)$를 G의 Sylow p-부분군 전체의 집합이라고 하면 다음이 성립한다.

(1) $\mathrm{Syl}_p(G) = \{x^{-1}Sx \mid x \in G\} = \{xSx^{-1} \mid x \in G\}$

(2) $S \lhd G$일 때 그리고 이때에만 G의 Sylow p-부분군은 S뿐이다.

(3) G의 p-부분군 H에 대하여 $H \subseteq N_G(S)$ 이면 $H \subseteq S$ 이다.

증명 (1), (2) 정리 6.4.4에 의하여 (1)이 성립하고, 또

$$\begin{aligned} S \lhd G &\iff \text{모든 } x\text{에 대하여 } x^{-1}Sx = S \\ &\iff \mathrm{Syl}_p(G) = \{S\} \end{aligned}$$

이므로 (2)가 성립한다.

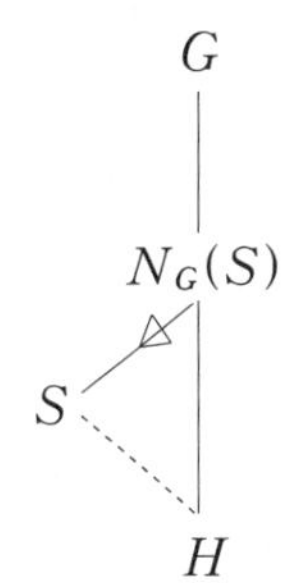

(3) 군 G의 p-부분군 H에 대하여, $H \subseteq N_G(S)$ 이라고 하자. 이 때, H는 $N_G(S)$의 p-부분군이므로 $N_G(S)$의 한 Sylow p-부분군에 포함된다(정리 6.4.4 참조). 그런데, $S \lhd N_G(S)$ 이므로 S는 $N_G(S)$의 Sylow p-부분군이고 또 $N_G(S)$의 Sylow p-부분군은 S뿐이다.

따라서 $H \subseteq S$ 이다.

유한 Abel군의 부분군은 정규부분군이므로 다음이 성립한다.

따름정리 6.4.6 유한군 G가 Abel군일 때, $|G|$의 각 소인수 p에 대하여 G의 Sylow p-부분군은 단 하나 존재한다.

정리 6.4.7 (Sylow의 정리 III) 유한군 G에서 G의 Sylow p-부분군 전체의 개수를 n_p이라 하고 또 S를 G의 한 Sylow p-부분군이라고 하면, 다음이 성립한다.

$$n_p = |G : N_G(S)|, \quad n_p \,\Big|\, |G : S|, \quad n_p \equiv 1 \pmod{p}$$

증명 먼저 $X = \mathrm{Syl}_p(G) = \{x^{-1}Sx \mid x \in G\}$ 이라고 하면, 정리 6.4.5와 정리 2.14.9에 의하여 $n_p = |X| = |\mathrm{Syl}_p(G)| = |G : N_G(S)|$ 이고 또 $|G : S| = |G : N_G(S)|\,|N_G(S) : S|$ 이므로 $n_p \,\Big|\, |G : S|$ 이다. 한편,

$$X \times S \longrightarrow X, \quad (P, s) \longmapsto P \cdot s = s^{-1}Ps$$

는 유한 p-군 S의 작용이다. 이제 X_0를 이 작용의 부동점 전체의 집합이라고 하면, 정리 6.3.1에 의하여 $|X| \equiv |X_0| \pmod{p}$ 이고 정리 6.4.5에 의하여 다음이 성립한다.

$$\begin{aligned} P \in X_0 &\Longleftrightarrow \text{모든 } s \in S \text{ 에 대하여 } s^{-1}Ps = P \text{ 이다.} \\ &\Longleftrightarrow S \subseteq N_G(P) \\ &\Longleftrightarrow S \subseteq P \Longleftrightarrow S = P \end{aligned}$$

그러므로 $X_0 = \{S\}$ 이므로 $|X_0| = 1$ 이고, 따라서 다음이 성립한다.

$$n_p \equiv |X| \equiv |X_0| \equiv 1 \pmod{p}$$

보기 6.4.1 대칭군 S_3에는 세 개의 Sylow 2-부분군

$$H_1 = \langle (1\ 2) \rangle, \qquad H_2 = \langle (1\ 3) \rangle, \qquad H_3 = \langle (2\ 3) \rangle$$

가 존재하고 $H_2 = (2\ 3) \circ H_1 \circ (2\ 3)^{-1}$, $H_3 = (1\ 3) \circ H_1 \circ (1\ 3)^{-1}$ 이다.

그리고, $A_3 = \{1, (1\ 2\ 3), (1\ 3\ 2)\} \lhd S_3$ 이므로 S_3에는 단 한 개의 Sylow 3-부분군 A_3가 존재한다.

보기 6.4.2 교대군 A_4의 위수는 $24 = 2^2 \cdot 3$ 이다. 그런데,

$$V_4 = \{1, (1\ 2) \circ (3\ 4), (1\ 3) \circ (2\ 4), (1\ 4) \circ (2\ 3)\} \lhd A_4$$

이므로 A_4에는 단 한 개의 Sylow 2-부분군 V_4가 존재한다.

그리고, A_4에는 다음과 같은 4개의 Sylow 3-부분군이 존재한다.

$$\begin{aligned} &P_1 = \langle (2\ 3\ 4) \rangle, \\ &P_2 = \langle (1\ 3\ 4) \rangle = (1\ 2) \circ P_1 \circ (1\ 2)^{-1}, \\ &P_3 = \langle (1\ 2\ 4) \rangle = (1\ 3) \circ P_1 \circ (1\ 3)^{-1}, \\ &P_4 = \langle (1\ 2\ 3) \rangle = (1\ 4) \circ P_1 \circ (1\ 4)^{-1} \end{aligned}$$

아래 보기에서 n_p는 유한군 G의 Sylow p-부분군의 개수를 나타낸다.

보기 6.4.3 위수 350인 유한군 G는 단순군이 아니다.

실제로, $350 = 2 \cdot 5^2 \cdot 7$ 이므로 S를 G의 Sylow 5-부분군이라고 하면, $|S| = 25$, $|G : S| = 14$ 이므로

$$n_5 \mid 14, \quad n_5 = 1 + 5k \quad (k \geq 0)$$

이고 따라서 $n_5 = 1$ 이므로 $\{e\} \subsetneq S \lhd G$ 이다.

그러므로 G는 단순군이 아니다.

보기 6.4.4 위수 56인 유한군 G는 단순군이 아님을 밝혀 보자.

먼저 $|G| = 56 = 2^3 \cdot 7$ 이므로 P와 Q를 각각 G의 Sylow 2-부분군, Sylow 7-부분군이라고 하면,

$$|P| = 8, \quad |Q| = 7, \quad |G : Q| = 8$$

이고 $n_7 \mid 8$, $n_7 = 1 + 7k$ $(k \geq 0)$ 이므로 $n_7 = 1$ 또는 $n_7 = 8$ 이다.

그런데, $n_7 = 1$ 이면, $\{e\} \subsetneq Q \lhd G$ 이므로 G는 단순군이 아니다.

다음에 $n_7 = 8$ 이라고 하자. 이 때, 군 G에는 8개의 Sylow 7-부분군 $Q_1 = Q, Q_2, \cdots, Q_8$ 이 존재하고 여기서 이들 부분군은 위수 7인 순환군이므로 $1 \leq i \neq j \leq 8$ 일 때, $Q_i \cap Q_j = \{e\}$ 이다(보기 2.7.6). 따라서

$$|Q_1 \cup Q_2 \cup \cdots \cup Q_8| = (7-1) \times 8 + 1 = 49,$$
$$(56 - 49) + 1 = 8 = |P|$$

이므로 유한군 G의 Sylow 2-부분군은 P뿐이다.

따라서 $\{e\} \subsetneq P \lhd G$ 이므로 G는 단순군이 아니다.

보기 6.4.5 위수 35인 유한군 G는 순환군임을 밝혀 보자..

먼저 $|G| = 35 = 5 \cdot 7$ 이므로 P와 Q를 각각 G의 Sylow 5-부분군, Sylow 7-부분군이라고 하면, P와 Q는 각각 위수 5, 7인 순환군이다. 또,

$$n_5 \mid 7, \quad n_5 \equiv 1 \pmod 7, \qquad n_7 \mid 5, \quad n_7 \equiv 1 \pmod 5$$

이므로 $n_5 = 1$, $n_7 = 1$ 이고 따라서 $P \lhd G$, $Q \lhd G$ 이다. 한편, 5와 7은

서로 소이므로 $P \cap Q = \{e\}$ 이다. 그러므로 $P = \langle a \rangle$, $Q = \langle b \rangle$ 이라고 하면, $ab = ba$ 이고, 따라서 ab 의 위수는 35 이다(정리 2.11.14, 정리 2.4.9).

그러므로 $G = \langle ab \rangle$ 이므로 G 는 위수 35 의 순환군이다.

보기 6.4.6 대칭군 S_4 의 부분군을 모두 구해 보자.

먼저 $|S_4| = 24 = 2^3 \cdot 3$ 이므로 S_4 의 Sylow 2-부분군의 위수는 8 이고 Sylow 3-부분군의 위수는 3 이다.

(a) 다음 세 부분군은 S_4 의 Sylow 2-부분군이다(보기 2.12.8).

$$\begin{aligned} D &= \langle (1\ 2\ 3\ 4), (2\ 4) \rangle \\ &= \{1, (1\ 2\ 3\ 4), (1\ 3) \circ (2\ 4), (1\ 4\ 3\ 2), \\ &\qquad (1\ 2) \circ (3\ 4), (1\ 3), (1\ 4) \circ (2\ 3), (2\ 4)\}, \\ (1\ 2) &\circ D \circ (1\ 2)^{-1} = \langle (1\ 3\ 4\ 2), (1\ 4) \rangle, \\ (1\ 4) &\circ D \circ (1\ 4)^{-1} = \langle (1\ 4\ 2\ 3), (1\ 2) \rangle \end{aligned}$$

그리고, $n_2 \mid 3$ 이므로 S_4 의 Sylow 2-부분군은 위의 세 부분군뿐이다.

(b) 다음 네 부분군은 S_4 의 Sylow 3-부분군이다.

$$\begin{aligned} P_1 &= \langle (2\ 3\ 4) \rangle = \{1, (2\ 3\ 4), (2\ 4\ 3\}, \\ P_2 &= \langle (1\ 3\ 4) \rangle = \{1, (1\ 3\ 4), (1\ 4\ 3\} = (1\ 2) \circ P_1 \circ (1\ 2)^{-1}, \\ P_3 &= \langle (1\ 2\ 4) \rangle = \{1, (1\ 2\ 4), (1\ 4\ 2\} = (1\ 3) \circ P_1 \circ (1\ 3)^{-1}, \\ P_4 &= \langle (1\ 2\ 3) \rangle = \{1, (1\ 2\ 3), (1\ 3\ 2\} = (1\ 4) \circ P_1 \circ (1\ 4)^{-1} \end{aligned}$$

그리고, $n_3 \mid 8$, $n_3 \equiv 1 \pmod 3$ 이므로 S_4 의 Sylow 3-부분군은 위의 네 부분군뿐이다.

(1) S_4 에서 위수 1 인 부분군과 24 인 부분군은 각각 $\{1\}$, S_4 뿐이다.

(2) S_4 의 위수 2 인 부분군은 다음과 같이 9 개가 존재한다(보기 2.6.4).

$$\langle (1\ 2) \rangle, \langle (1\ 3) \rangle, \langle (1\ 4) \rangle, \langle (2\ 3) \rangle, \langle (2\ 4) \rangle, \langle (3\ 4) \rangle,$$
$$\langle (1\ 2) \circ (3\ 4) \rangle, \langle (1\ 3) \circ (2\ 4) \rangle, \langle (1\ 4) \circ (2\ 3) \rangle$$

(3) S_4 에서 위수 4 인 부분군은 7 개가 존재하며 이들 부분군은 적당한 Sylow 2-부분군에 속한다. 실제로, 이들 중에서 세 부분군

$$R = \langle (1\ 2\ 3\ 4) \rangle, \quad \langle (1\ 3\ 4\ 2) \rangle, \quad \langle (1\ 4\ 2\ 3) \rangle,$$

은 순환군이고 다음 네 부분군은 Klein의 사원군과 동형이다(보기 2.8.4).

$$V_4 = \{1, (1\ 2)\circ(3\ 4), (1\ 3)\circ(2\ 4), (1\ 4)\circ(2\ 3)\} \lhd S_4$$
$$W = \{1, (1\ 3), (2\ 4), (1\ 3)\circ(2\ 4)\},$$
$$(1\ 2)\circ W\circ(1\ 2)^{-1} = \{1, (2\ 3), (1\ 4), (1\ 4)\circ(2\ 3)\},$$
$$(1\ 4)\circ W\circ(1\ 4)^{-1} = \{1, (3\ 4), (1\ 2), (1\ 2)\circ(3\ 4)\}$$

(4) S_4에서 위수 8인 부분군은 Sylow 2-부분군이고, 이러한 부분군은 다음과 같이 3개가 존재한다((a) 참조).

$$D = \langle (1\ 2\ 3\ 4), (2\ 4) \rangle, \quad (1\ 2)\circ D\circ(1\ 2)^{-1}, \quad (1\ 4)\circ D\circ(1\ 4)^{-1}$$

(5) S_4에서 위수 3인 부분군은 Sylow 3-부분군이고, 이러한 부분군은 다음 4개뿐이다((b) 참조).

$$P_1 = \langle (2\ 3\ 4) \rangle, \qquad P_2 = (1\ 2)\circ P_1\circ(1\ 2)^{-1},$$
$$P_3 = (1\ 3)\circ P_1\circ(1\ 3)^{-1}, \quad P_4 = (1\ 4)\circ P_1\circ(1\ 4)^{-1}$$

(6) S_4에서 다음 네 부분군은 위수 6인 부분군이다.

$$K_1 = \{1, (2\ 3\ 4), (2\ 4\ 3), (3\ 4), (2\ 4), (2\ 3)\},$$
$$K_2 = (1\ 2)\circ K_1\circ(1\ 2)^{-1},$$
$$K_3 = (1\ 3)\circ K_1\circ(1\ 3)^{-1}, .$$
$$K_4 = (1\ 4)\circ K_1\circ(1\ 4)^{-1}$$

위의 네 부분군은 각각 문자 1, 2, 3, 4를 고정시키는 치환 전체로 이루어진 부분군이고 이 네 부분군은 S_3와 동형이다.

또한, $P_i \lhd K_i$ $(1 \le i \le 4)$이고 S_4의 부분군 중에서 위수 6인 부분군은 K_1, K_2, K_3, K_4뿐이다(문제 1 참조).

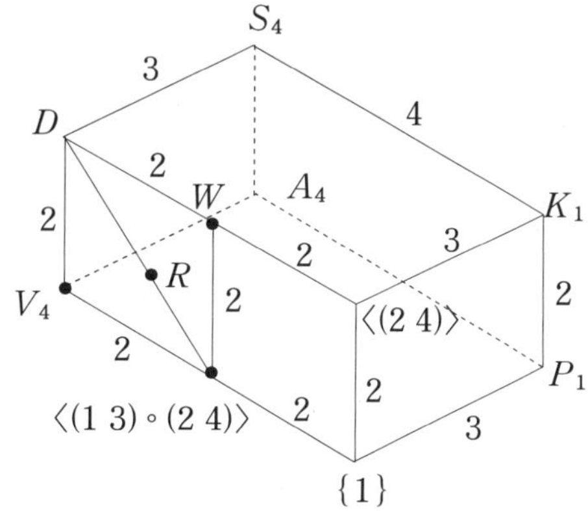

(7) S_4에서 위수 12인 부분군은 교대군 A_4뿐이다(문제 2.12.6).

정리 6.4.8 (Frattini의 논법) 유한군 G에서 $N \triangleleft G$일 때, S를 N의 Sylow p-부분군이라고 하면 $G = N_G(S)N$이다.

증명 이제 g를 G의 임의의 원소라고 하자. 이 때,

$$S \subseteq N, \quad S^g \subseteq N^g = N$$

이므로 S와 S^g는 N의 Sylow p-부분군이다. 따라서 정리 6.4.4에 의하여 $S^g = S^x$인 원소 $x \in N$가 존재하고 이때 $S^{gx^{-1}} = S$이므로 $g\,x^{-1} \in N_G(S)$ 즉 $g \in N_G(S)\,x$이다. 따라서 $G = N_G(S)\,N$이다.

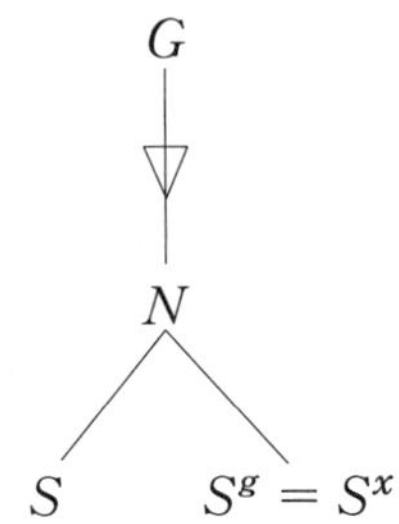

따름정리 6.4.9 유한군 G에서 S가 G의 Sylow p-부분군일 때, H가 $N_G(S) \subseteq H$인 G의 부분군이면 $N_G(H) = H$이다.

특히, $N_G(N_G(S)) = N_G(S)$이다.

증명 이제 $K = N_G(H)$이라고 하자. 이 때, $H \triangleleft K$이고 또 정리 2.14.8과 가정에 의하여

$$S \subseteq N_G(S) \subseteq H$$

이므로 S는 H의 Sylow p-부분군이고 따라서 정리 6.4.8에 의하여 $K = N_K(S)\,H$이다.

그러므로

$$K = N_K(S)\,H \subseteq N_G(S)\,H = H \subseteq K$$

이므로 $N_G(H) = K = H$이다.

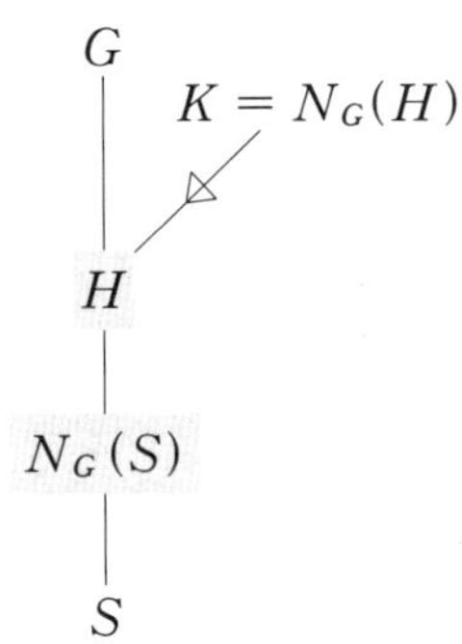

연 습 문 제 (6.4)

*1. 보기 6.4.6에서 $G = S_4$이라고 할 때 다음이 성립함을 밝혀라.

(1) $N_G(P_i) = K_i \quad (1 \le i \le 4)$

(2) G의 부분군 중에서 위수 6인 부분군은 K_1, K_2, K_3, K_4뿐이다.

2. 위수가 33 인 유한군은 순환군임을 증명하여라.

3. 위수 20 인 군은 단순군이 아님을 밝혀라.

*4. 서로 다른 두 素數 p, q $(p < q)$ 에 대하여 다음이 성립함을 밝혀라.

(1) 위수 pq 인 유한군은 단순군이 아니다.

(2) $q \not\equiv 1 \pmod{p}$ 일 때, 위수 pq 인 유한군은 순환군이다.

5. 위수가 45 인 유한군 G 에 대하여 P 와 Q 를 각각 G 의 Sylow 3-부분군 Sylow 5-부분군이라고 할 때, $G = P \dot{\times} Q$ 이고 G 는 Abel 군임을 밝혀라.

*6. 유한군 G 의 위수가 39 일 때, G 가 Abel 군인 경우와 그렇지 않은 경우에 대하여 G 의 Sylow 3-부분군 전체의 개수와 Sylow 13-부분군 전체의 개수를 구하여라.

7. 素數 p 에 대하여 유한군 G 의 위수가

$$|G| = p^n m \qquad (n \geq 1, \quad 1 < m < p)$$

일 때, G 의 Sylow p-부분군은 G 의 정규부분군임을 밝혀라.

*8. 素數 p 에 대하여 유한군 G 의 위수가 $|G| = (p-1)p(p+1)$ 일 때, G 의 Sylow p-부분군 전체의 개수는 1 또는 $p+1$ 임을 밝혀라.

9. 유한군 G 의 위수가 48 일 때, G 는 단순군이 아님을 밝혀라.

10. 유한군 G 의 위수가 96 일 때, G 는 단순군이 아님을 밝혀라.

11. 유한군 G 의 위수가 $5^3 \cdot 7^3$ 일 때, G 는 단순군이 아님을 밝혀라.

*12. 유한군 G 에서 S 가 G 의 Sylow p-부분군일 때, G 의 정규부분군 N 에 대하여 $S \cap N$ 은 N 의 Sylow p-부분군이고 또 SN/N 은 잉여군 G/N 의 Sylow p-부분군임을 밝혀라.

*13. 유한군 G 가 위수 n 인 Abel 군일 때, n 의 모든 양의 약수 d 에 대하여 위수 d 인 부분군이 존재함을 밝혀라.

§ 6.5 Abel 군의 자기준동형환

Abel 군의 연산 기호를 덧셈 기호 $+$ 로 나타내고 이 Abel 군을 덧셈군이라고 한다.

정리 6.5.1 두 덧셈군 A, B 에 대하여, A 에서 B 로의 준동형사상 전체의 집합을 $\mathrm{Hom}(A, B)$ 로 나타내고 임의의 $f, g \in \mathrm{Hom}(A, B)$ 에 대하여 $f+g$ 와 $-f$ 를 다음과 같이 정의된 준동형사상이라고 하자.

$$f+g : A \longrightarrow B, \quad (f+g)(a) = f(a) + g(a),$$
$$-f : A \longrightarrow B, \quad (-f)(a) = -f(a)$$

이 때, $\mathrm{Hom}(A, B)$ 는 이와 같이 정의된 덧셈에 관하여 덧셈군을 이룬다.

증명 먼저 $f, g \in \mathrm{Hom}(A, B)$ 일 때, 임의의 $a_1, a_2 \in A$ 에 대하여

$$\begin{aligned}(f+g)(a_1+a_2) &= f(a_1+a_2) + g(a_1+a_2)\\ &= f(a_1) + f(a_2) + g(a_1) + g(a_2)\\ &= f(a_1) + g(a_1) + f(a_2) + f(a_2)\\ &= (f+g)(a_1) + (f+g)(a_2),\\ (-f)(a_1+a_2) &= -f(a_1+a_2) = -\{f(a_1) + f(a_2)\}\\ &= \{-f(a_1)\} + \{-f(a_2)\}\\ &= (-f)(a_1) + (-f)(a_2)\end{aligned}$$

이므로 $f+g, -f \in \mathrm{Hom}(A, B)$ 이고 다음 사상은 준동형사상이다.

$$0 : A \longrightarrow B, \quad 0(a) = 0$$

또, $f, g, h \in \mathrm{Hom}(A, B)$ 이라고 할 때, 임의의 $a \in A$ 에 대하여 다음이 성립한다.

$$\begin{aligned}((f+g)+h)(a) &= (f+g)(a) + h(a) = f(a) + g(a) + h(a)\\ &= f(a) + (g+h)(a) = (f+(g+h))(a),\\ (f+g)(a) &= f(a) + g(a) = g(a) + f(a) = (g+f)(a),\end{aligned}$$

$$(f+0)(a) = f(a) + 0(a) = f(a) + 0 = f(a),$$
$$(0+f)(a) = 0(a) + f(a) = 0 + f(a) = f(a),$$
$$(f+(-f))(a) = f(a) + (-f)(a) = f(a) - f(a) = 0 = 0(a),$$
$$((-f)+f))(a) = (-f)(a) + f(a) = -f(a) + f(a) = 0 = 0(a)$$

따라서

$$(f+g)+h = f+(g+h), \quad f+g = g+f,$$
$$f + 0_A = 0_A + f = f, \qquad f+(-f) = (-f)+f = 0_A$$

이므로 Hom (A, B) 는 덧셈군을 이룬다,

덧셈군 A 에서 준동형사상 $f : A \longrightarrow A$ 를 A 의 자기준동형사상이라 하고, 동형사상 $f : A \longrightarrow A$ 를 A 의 자기동형사상이라고 한다(정의 2.13.1).

다음 두 사상은 A 의 자기준동형사상이다.

$$0_A : A \longrightarrow A, \quad 0_A(a) = 0$$
$$1_A : A \longrightarrow A, \quad 1_A(a) = a$$

정리 6.5.2 덧셈군 A 의 자기준동형사상 전체의 집합 Hom (A, A) 를 End (A) 로 나타내자. 그리고, 임의의 $f, g \in$ End (A) 에 대하여 $f+g$ 와 $f \circ g$ 를 다음과 같이 정의된 자기 준동형사상이라고 하자.

(i) $f+g : A \longrightarrow A, \quad (f+g)(a) = f(a) + g(a)$

(ii) $f \circ g : A \longrightarrow A, \quad (f \circ g)(a) = f(g(a))$

이 때, End (A) 는 이와 같이 정의된 덧셈 $+$ 와 곱셈 $\circ$ 에 관하여 단위원 1_A 를 가진 환을 이룬다.

환 End (A) 를 A 의 **自己準同型環**(ring of endomorphisms)이라고 한다.

증명 정리 6.5.2 에 의하여 End (A) 는 덧셈 $+$ 에 관한 덧셈군이다.

그리고, 임의의 $f, g \in$ End (A) 와 $a, b \in A$ 에 대하여

$$\begin{aligned}(f \circ g)(a+b) &= f(g(a+b)) = f(g(a)+g(b))\\ &= f(g(a) + f(g(b))\\ &= (f \circ g)(a) + (f \circ g)(b)\end{aligned}$$

이므로 $f \circ g \in \mathrm{End}(A)$ 이고 따라서 $\mathrm{End}(A)$ 위의 곱셈 $\circ$이 정의된다.

또, 임의의 $f, g, h \in \mathrm{End}(A)$ 와 임의의 $a \in A$ 에 대하여

$$\begin{aligned}
((f \circ (g+h))(a) &= f((g+h)(a)) = f(g(a)+h(a)) \\
&= f(g(a)) + f(h(a))) \\
&= (f \circ g)(a) + (f \circ h)(a) \\
&= (f \circ g + f \circ h)(a) \\
((f+g) \circ h))(a) &= (f+g)(h(a)) = f(h(a)) + g(h(a)) \\
&= (f \circ h)(a) + (g \circ h)(a) \\
&= (f \circ h + g \circ h)(a)
\end{aligned}$$

이므로

$$f \circ (g+h) = f \circ g + f \circ h, \qquad (f+g) \circ h = f \circ h + g \circ h$$

이고 또 다음 등식이 성립한다(정리 1.1.1).

$$h \circ (g \circ f) = (h \circ g) \circ f, \quad f \circ 1_A = 1_A \circ f = f$$

그러므로 $\mathrm{End}(A)$ 는 단위원 1_A 를 가진 환을 이룬다.

덧셈군 A 에서 자기준동형사상 $f \in \mathrm{End}(A)$ 가 A 의 자기동형사상이기 위한 필요충분조건은 f 가 일대일 대응인 것 즉 $f \circ f^{-1} = f^{-1} \circ f = 1_A$ 인 $f^{-1} \in \mathrm{End}(A)$ 가 존재하는 것이다. 그러므로 자기준동형환 $\mathrm{End}(A)$ 의 단원군은 A 의 자기동형군 $\mathrm{Aut}(A)$ 이다(정리 3.2.8, 정리 2.13.2 참조).

정리 6.5.3 덧셈군 A 에서 각 원소 $a \in A$ 에 대하여 사상

$$f_a : \mathbb{Z} \longrightarrow A, \quad f_a(m) = ma$$

는 준동형사상이고 $\mathrm{Hom}(\mathbb{Z}, A) = \{f_a \mid a \in A\}$ 이다. 그리고, 사상

$$\phi : \mathrm{Hom}(\mathbb{Z}, A) \longrightarrow A, \quad \phi(f) = f(1)$$

는 동형사상이고 따라서 $\mathrm{Hom}(\mathbb{Z}, A) \cong A$ 이다.

증명 사상 $f : \mathbb{Z} \longrightarrow A$ 가 준동형사상일 때, $f(1) = a$ 이라고 하면 임의의 $m \in \mathbb{Z}$ 에 대하여 다음이 성립한다(문제 2.8.5 참조).

$$f(m) = f(m1) = mf(1) = ma$$

역으로, 각 원소 $a \in A$ 에 대하여 사상

$$f_a : \mathbb{Z} \longrightarrow A, \quad f_a(m) = ma$$

을 생각하면, 임의의 정수 $m, n \in \mathbb{Z}$ 에 대하여

$$\begin{aligned} f_a(m+n) &= (m+n)a = ma + na \\ &= f_a(m) + f_a(n) \end{aligned}$$

이므로 f_a 는 준동형사상이고 $f_a(1) = a$ 이다.

따라서 $\mathrm{Hom}(\mathbb{Z}, A) = \{f_a \mid a \in A\}$ 이다. 그리고, 사상

$$\phi : \mathrm{Hom}(\mathbb{Z}, A) \longrightarrow A, \quad \phi(f) = f(1)$$

가 정의되고, $\mathrm{im}\,\phi = A$ 이다. 또, 임의의 $f, g \in \mathrm{Hom}(\mathbb{Z}, A)$ 에 대하여

$$\phi(f+g) = (f+g)(1) = f(1) + g(1) = \phi(f) + \phi(g)$$

이므로 ϕ 는 준동형사상이다.

그리고 $\phi(f) = \phi(g)$ 이면, $f(1) = g(1)$ 이므로 모든 $m \in \mathbb{Z}$ 에 대하여

$$f(m) = mf(1) = mg(1) = g(m)$$

이고 따라서 $f = g$ 이다. 그러므로 ϕ 는 일대일 사상이다.

따라서 $\mathrm{Hom}(\mathbb{Z}, A) \cong A$ 이다.

보기 6.5.1 덧셈군 $\mathbb{Z}$ 와 덧셈군 $\mathbb{Q}$ 에서, 각 유리수 $r \in \mathbb{Q}$ 에 대하여

$$f_r : \mathbb{Z} \longrightarrow \mathbb{Q}, \quad f_r(m) = mr$$

는 덧셈군 $\mathbb{Z}$ 에서 덧셈군 $\mathbb{Q}$ 로의 준동형사상이고 다음이 성립한다.

$$\mathrm{Hom}(\mathbb{Z}, \mathbb{Q}) = \{f_r \mid r \in \mathbb{Q}\} \cong \mathbb{Q}$$

한편, 덧셈군 $\mathbb{Z}$ 에서 각 정수 $n \in \mathbb{Z}$ 에 대하여

$$f_n : \mathbb{Z} \longrightarrow \mathbb{Z}, \quad f_n(m) = mn$$

는 자기준동형사상이고 다음이 성립한다(보기 2.8.6 참조).

$$\begin{aligned} &\mathrm{End}(\mathbb{Z}) = \{f_n \mid n \in \mathbb{Z}\} \cong \mathbb{Z} && (\text{환으로서}) \\ &\mathrm{Aut}(\mathbb{Z}) = \{f_1, f_{-1}\} \cong \{1, -1\} && (\text{군으로서}) \end{aligned}$$

보기 6.5.2 덧셈군 $\mathbb{Q}$에서 각 유리수 $r \in \mathbb{Q}$에 대하여

$$f_r : \mathbb{Q} \longrightarrow \mathbb{Q}, \quad f_r(u) = ru$$

는 자기 준동형사상이고 다음이 성립한다(보기 2.8.7 참조).

$$\begin{aligned} \mathrm{End}\,(\mathbb{Q}) &= \{f_r \mid r \in \mathbb{Q}\} \cong \mathbb{Q} \qquad (\text{환으로서}) \\ \mathrm{Aut}\,(\mathbb{Q}) &= \{f_r \mid r \in \mathbb{Q}\} \cong \mathbb{Q}^* \qquad (\text{군으로서}) \end{aligned}$$

한편, $\mathrm{Hom}\,(\mathbb{Q}, \mathbb{Z}) = \{0\}$ 이다(문제 2.8.6 참조).

보기 6.5.3 덧셈군 $\mathbb{Z} \oplus \mathbb{Z}$에서 각 $f \in \mathrm{End}\,(\mathbb{Z} \oplus \mathbb{Z})$에 대하여

$$f(1, 0) = (a, c), \quad f(0, 1) = (b, d)$$

일 때, 임의의 $(m, n) \in \mathbb{Z} \oplus \mathbb{Z}$에 대하여, $f(m, n) = (m', n')$ 이라고 하면

$$\begin{aligned} (m', n') = f(m, n) &= m f(1, 0) + n f(0, 1) \\ &= m(a, c) + n(b, d) \\ &= (ma+nb, mc+nd) \end{aligned}$$

이므로

$$m' = ma + nb, \quad n' = mc + nd$$

이고 따라서 다음이 성립한다.

$$\begin{bmatrix} m' \\ n' \end{bmatrix} = \begin{bmatrix} a & b \\ c & d \end{bmatrix} \begin{bmatrix} m \\ n \end{bmatrix}$$

역으로, 각 행렬

$$A = \begin{bmatrix} a & b \\ c & d \end{bmatrix} \in \mathrm{Mat}_2(\mathbb{Z})$$

에 대하여 사상 $f_A : \mathbb{Z} \oplus \mathbb{Z} \longrightarrow \mathbb{Z} \oplus \mathbb{Z}$를 다음과 같이 정의하자.

$$f_A : \mathbb{Z} \oplus \mathbb{Z} \longrightarrow \mathbb{Z} \oplus \mathbb{Z}, \quad f_A(m, n) = (m', n')$$

$$\begin{bmatrix} m' \\ n' \end{bmatrix} = A \begin{bmatrix} m \\ n \end{bmatrix}$$

이 때, f_A는 군 준동형사상임을 쉽게 알 수 있다.

따라서 $\text{End}(\mathbb{Z} \oplus \mathbb{Z}) = \{f_A \mid A \in \text{Mat}_2(\mathbb{Z})\}$ 이다.

그리고, 임의의 $A, B \in \text{Mat}_2(\mathbb{Z})$ 에 대하여 다음이 성립한다(문제 2).

$$f_A + f_B = f_{A+B}, \quad f_A \circ f_B = f_{AB}$$
$$f_A = f_B \Longleftrightarrow A = B$$

그러므로

$$\phi : \text{Mat}_2(\mathbb{Z}) \longrightarrow \text{End}(\mathbb{Z} \oplus \mathbb{Z}), \quad \phi(A) = f_A$$

는 환 동형사상이고 따라서 다음이 성립한다(정리 3.4.10 참조).

$$\text{End}(\mathbb{Z} \oplus \mathbb{Z}) \cong \text{Mat}_2(\mathbb{Z})$$
$$\text{Aut}(\mathbb{Z} \oplus \mathbb{Z}) \cong \text{GL}_2(\mathbb{Z}) = \{A \in \text{Mat}_2(\mathbb{Z}) \mid \det A = \pm 1\}$$

정리 6.5.5 환 R가 단위원 1을 가진 환일 때 다음이 성립한다.

(1) 각 원소 $a \in R$ 에 대하여 사상

$$\phi_a : R \longrightarrow R, \quad \phi_a(x) = a\,x$$

는 덧셈군 $(R, +)$ 의 자기준동형사상이고 또 사상

$$\phi : R \longrightarrow \text{End}(R), \quad \phi(a) = \phi_a$$

는 환 R 에서 환 $\text{End}(R)$ 으로의 환 준동형사상이다.

(2) $R' = \{\phi_a \mid a \in R\}$ 은 $\text{End}(R)$ 의 부분환이고 $R \cong R'$ 이다.

증명 (1) 임의의 원소 $r, s \in R$ 에 대하여

$$\phi_a(r+s) = a(r+s) = a\,r + a\,s = \phi_a(r) + \phi_a(s)$$

이므로 ϕ_a 는 덧셈군 $(R, +)$ 의 자기준동형사상이다. 따라서 사상

$$\phi : R \longrightarrow \text{End}(R), \quad \phi(a) = \phi_a$$

가 정의된다. 그리고, $a, b \in R$ 이라고 할 때, 임의의 $x \in R$ 에 대하여

$$\begin{aligned}\phi_{a+b}(x) &= (a+b)\,x = a\,x + b\,x \\ &= \phi_a(x) + \phi_b(x) = (\phi_a + \phi_b)(x)\end{aligned}$$
$$\phi_{ab}(x) = (a\,b)\,x = a\,(b\,x) = \phi_a(\phi_b(x)) = (\phi_a \circ \phi_b)(x)$$

이므로 End (R) 에서 다음이 성립한다.

$$\phi_{a+b} = \phi_a + \phi_b, \quad \phi_{ab} = \phi_a \circ \phi_b$$

따라서

$$\phi(a+b) = \phi_{a+b} = \phi_a + \phi_b = \phi(a) + \phi(b),$$
$$\phi(a\,b) = \phi_{ab} = \phi_a \circ \phi_b = \phi(a) \circ \phi(b)$$

이므로 ϕ 는 환 준동형사상이다.

(2) $R' = \{\phi_a \mid a \in R\}$ 이라고 하면, $R' = \operatorname{im}\phi$ 이므로 R' 은 End (R) 의 부분환이다. 그리고, $a \in \ker\phi$ 이라고 하면 $\phi_a = 0_R$ 이므로

$$a = a \cdot 1 = \phi_a(1) = 0$$

이므로 $\ker\phi = \{0\}$ 이다,

따라서 ϕ 는 일대일 사상이므로 $R \cong R'$ 이다.

특수한 두 덧셈군 사이의 준동형사상에 대해서는 '해설 605'에서 논한다.

연 습 문 제 (6.5)

1. 덧셈군 $\mathbb{Q}/\mathbb{Z} = \{u + \mathbb{Z} \mid u \in \mathbb{Q}\}$ 에 대하여 다음 물음에 답하여라.

(1) Hom $(\mathbb{Z}, \mathbb{Q}/\mathbb{Z})$ 를 구하여라.

(2) Hom $(\mathbb{Q}/\mathbb{Z}, \mathbb{Z}) = \{0\}$ 임을 밝혀라.

2. 보기 6.5.3 의 증명을 완성하여라.

3. 덧셈군 $\mathbb{Z}_n = \{0, 1, \cdots, n-1\}$, $n \geq 2$ 에 대하여

$$\text{End}\,(\mathbb{Z}_n) \cong \mathbb{Z}_n \qquad \text{Aut}\,(\mathbb{Z}_n) \cong \mathbb{Z}_n{}^*$$

임을 밝혀라(문제 2.8.3 참조).

§6.6 유클리드 정역

이 절에서는, §4.1 에 이어 특수한 정역에 대하여 논한다.

정의 6.6.1 정역 D에 대하여 다음 두 조건을 만족시키는 사상

$$\delta : D \longrightarrow W, \quad W = \{n \in \mathbb{Z} \mid n \geq 0\}$$

가 존재할 때, D를 **유클리드 整域**(Euclidean domain)이라 하고 δ를 **유클리드 노름**(Euclidean norm) 이라고 하며 유클리드 정역을 **ED**로 나타낸다.

(i) $a = 0 \iff \delta(a) = 0$

그리고, $a, b \in D$, $b \neq 0$ 이면, $\delta(a) \leq \delta(ab)$ 이다.

(ii) 원소 $a, b \in D$, $b \neq 0$ 에 대하여

$$a = bq + r, \qquad \delta(r) < \delta(b)$$

인 원소 $q, r \in D$가 존재한다.

보기 6.6.1 정수환 $\mathbb{Z}$는 ED 이고, 다음 사상은 유클리드 노름이다.

$$\delta : \mathbb{Z} \longrightarrow W, \quad \delta(a) = |a|$$

실제로, $a = 0 \iff |a| = 0$ 이고, $a, b \in \mathbb{Z}$, $b \neq 0$ 이면, $|b| \geq 1$ 이므로 $|ab| = |a|\,|b| \geq |a|$ 이고, 또 정수의 나눗셈 알고리즘(정리 1.2.4)에 의하여 $a = bq + r$, $|r| < |b|$ 인 정수 q, r가 존재한다.

보기 6.6.2 체 F는 ED 이고 여기서 다음 사상은 유클리드 노름이다.

$$\delta : F \longrightarrow W, \quad \delta(a) = \begin{cases} 0 & (a = 0 \text{ 일 때}), \\ 1 & (a \neq 0 \text{ 일 때}) \end{cases}$$

보기 6.6.3 체 F 위의 다항식환 $F[x]$는 ED 이고 여기서 다음 사상은 유클리드 정역이다. 실제로,

$$\delta : F[x] \longrightarrow W, \quad \delta(f(x)) = 2^{\deg f(x)} \qquad (\text{단, } 2^{-\infty} = 0)$$

실제로,

$$f(x)=0 \iff \deg f(x)=-\infty \iff \delta(f(x))=2^{-\infty}=0$$

이고, 또 두 다항식, $f(x)$, $g(x)\in F[x]$, $g(x)\neq 0$에 대하여

$$\begin{aligned}\delta(f(x)) &= 2^{\deg f(x)} \leq 2^{\deg f(x)+\deg g(x)}\\ &\leq 2^{\deg f(x)\,g(x)} \leq \delta(f(x)\,g(x))\end{aligned}$$

이며 정리 3.5.5에 의하여

$$f(x)=g(x)\,q(x)+r(x),$$
$$r(x)=0 \quad \text{또는} \quad 0\leq \deg r(x)<\deg g(x)$$

인 $q(x), r(x)\in F[x]$가 존재하고 이때 $\delta(r(x))<\delta(g(x))$이다.

정리 6.6.2 $m=-1, -2, 2, 3$일 때, 정역

$$\mathbb{Z}[\sqrt{m}]=\{a+b\sqrt{m} \mid a, b\in\mathbb{Z}\}$$

은 ED이다. 여기서, 다음 사상은 유클리드 노름이다.

$$\delta:\mathbb{Z}[\sqrt{m}]\longrightarrow W, \quad \delta(a+b\sqrt{m})=|a^2-mb^2|$$

증명 이차체 $\mathbb{Q}(\sqrt{m})=\{u+v\sqrt{m} \mid u, v\in\mathbb{Q}\}$의 원소 $\xi=u+v\sqrt{m}$에 대하여 $\overline{\xi}=u-v\sqrt{m}$, $N(\xi)=\xi\,\overline{\xi}=u^2-mv^2$이라고 하면, 임의의 원소 $\xi, \eta\in\mathbb{Q}(\sqrt{m})$에 대하여 다음이 성립한다(보기 3.3.6).

$$N(\xi)=0 \iff \xi=0, \qquad N(\xi\,\eta)=N(\xi)\,N(\eta)$$

특히, $\alpha=a+b\sqrt{m}\in\mathbb{Z}[\sqrt{m}]$일 때, $N(\alpha)=a^2-mb^2\in\mathbb{Z}$이다.

이제 $m=-1, -2, 2, 3$인 경우에

$$\delta:\mathbb{Z}[\sqrt{m}]\longrightarrow W, \quad \delta(\alpha)=|N(\alpha)|$$

가 $\mathbb{Z}[\sqrt{m}]$의 유클리드 노름임을 증명한다. 먼저

$$\delta(\alpha)=0 \iff N(\alpha)=0 \iff \alpha=0$$

이고, 또 $\alpha, \beta\in\mathbb{Z}[\sqrt{m}]$, $\beta\neq 0$이면 $\delta(\beta)\geq 1$이고 따라서

$$\delta(\alpha)\leq\delta(\alpha)\,\delta(\beta)=|N(\alpha)|\,|N(\beta)|=\delta(\alpha\beta)$$

이므로 정의 6.6.1의 조건 (i)가 성립한다.

다음에 원소 $\alpha, \beta \in \mathbb{Z}[\sqrt{m}]$, $\beta \neq 0$ 에 대하여

$$\frac{\alpha}{\beta} = u + v\sqrt{m} \in \mathbb{Q}(\sqrt{m})$$

일 때, x 와 y 를 각각 유리수 u, v 에 가장 가까운 정수라 하고

$$\gamma = x + y\sqrt{m} \in \mathbb{Z}[\sqrt{m}], \quad \varepsilon = \alpha - \beta\gamma \in \mathbb{Z}[\sqrt{m}]$$

이라고 하면,

$$\varepsilon = \alpha - \beta\gamma = \beta\left(\frac{\alpha}{\beta} - \gamma\right) = \beta\{(u-x) + (v-y)\sqrt{m}\},$$
$$N(\varepsilon) = N(\beta)\{(u-x)^2 - m(v-y)^2\}$$

이고 $0 \leq |u - x| \leq \frac{1}{2}$, $0 \leq |v - y| \leq \frac{1}{2}$ 이므로 다음이 성립한다.

$$m = -1,\ -2 \text{ 일 때, } \quad 0 \leq (u-x)^2 - m(v-y)^2 \leq \frac{1}{4} - \frac{m}{4} < 1,$$
$$m = 2, 3 \text{ 일 때, } \quad -\frac{3}{4} \leq -\frac{m}{4} \leq (u-x)^2 - m(v-y)^2 \leq \frac{1}{4}$$

따라서 $m = -1, -2, 2, 3$ 일 때,

$$\delta(\varepsilon) = |N(\varepsilon)| < |N(\beta)| = \delta(\beta)$$

이므로 정의 6.6.1 의 조건 (ii) 가 성립한다.

그러므로 이 경우에 $\mathbb{Z}[\sqrt{m}]$ 은 유클리드 정역이다.

정리 6.6.3 유클리드 정역 D 에서 δ 가 D 의 유클리드 노름일 때, 다음이 성립한다.

(1) 모든 원소 $a \in D$, $a \neq 0$ 에 대하여 $\delta(1) \leq \delta(a)$ 이다.

(2) 원소 $u \in D$ 가 단원일 때 그리고 이때에만 $\delta(u) = \delta(1)$ 이다.

따라서 D 의 단원군은 $U(D) = \{u \in D \mid \delta(u) = \delta(1)\}$ 이다.

증명 (1) 원소 $a \in D$, $a \neq 0$ 에 대하여 $\delta(1) \leq \delta(1a) = \delta(a)$ 이다.

(2) 원소 $u \in D$ 가 단원이면, $uu^{-1} = 1$ 인 원소 $u^{-1} \in D$ 가 존재하고 $u \neq 0$ 이므로 (1) 에 의하여 $\delta(1) \leq \delta(u) \leq \delta(uu^{-1}) = \delta(1)$ 이고 따라서 $\delta(u) = \delta(1)$ 이다. 역으로, $\delta(u) = \delta(1)$ 이면, $u \neq 0$ 이므로

$$1 = u\,q + r, \quad \delta(r) < \delta(u) = \delta(1)$$

인 원소 $q, r \in D$가 존재하고, 이때 (1)에 의하여 $r = 0$이므로 $u\,q = 1$이고 따라서 u는 D의 단원이다.

보기 6.6.4 정수 $m\ (\neq 1)$이 완전제곱수가 아닌 양의 정수이거나 또는 음의 정수일 때, 정역 $\mathbb{Z}[\sqrt{m}\,]$의 단원군은 다음과 같다(보기 3.3.6).

$$\begin{aligned} U(\mathbb{Z}[\sqrt{m}\,]) &= \{\alpha \in \mathbb{Z}[\sqrt{m}\,] \;\big|\; |\,N(\alpha)\,| = \pm 1\} \\ &= \{a + b\sqrt{m} \in \mathbb{Z}[\sqrt{m} \mid a^2 - b^2 m = \pm 1\} \end{aligned}$$

정리 6.6.4 유클리드 정역은 단항이데알 정역이다. 즉, ED $\Longrightarrow$ P ID이다.

증명 유클리드 정역 D에 대하여 δ를 유클리드 노름이라 하고 I를 D의 이데알이라고 하자. 먼저 $I = \{0\}$이면, $I = (\,0)$이다.

이제 $\{0\} \subsetneq I$이라고 하자. 이 때, 모든 $x \in I - \{0\}$에 대하여 $\delta(x) \geq 1$이므로 정수의 정렬성(§1.2, O)에 의하여 $I - \{0\}$에 속하는 원소 중에서 δ의 값이 최소인 원소 $b \in I - \{0\}$가 존재한다. 즉, 모든 $x \in I - \{0\}$에 대하여 $0 < \delta(b) \leq \delta(x)$이고 $\{0\} \subsetneq (\,b) \subseteq I$이다.

그리고, 임의의 $a \in I$에 대하여

$$a = b\,q + r, \quad \delta(r) < \delta(b)$$

인 원소 $q, r \in D$가 존재하고 이때 $r = a - b\,q \in I$이고 $\delta(\,b\,)$의 最小性에 의하여 $r = 0$이므로 $a = b\,q \in (\,b\,)$이다. 그러므로 $I = (\,b\,)$이다.

따라서 D는 단항이데알 정역이다.

보기 6.6.5 정수환 $\mathbb{Z}$와 체 F 위의 다항식환 $F[\,x\,]$는 ED이고 따라서 PID이다(보기 6.6.1, 보기 6.6.3 참조). 그리고, $m = -1, -2, 2, 3$일 때, 정역 $\mathbb{Z}[\sqrt{m}\,]$은 ED이고 따라서 PID이다(정리 6.6.2). 한편, 정역

$$R = \{a + b\,\frac{1 + \sqrt{-19}}{2} \mid a, b \in \mathbb{Z}\}$$

는 PID이지만 유클리드 정역은 아니다([71] 참조).

또 다항식환 $\mathbb{Z}[\,x\,]$는 PID가 아니고 따라서 ED도 아니다(보기 4.2.3).

정수의 경우와 마찬가지로 다음 정리가 성립한다(정리 1.2.10 참조)

정리 6.6.5 (유클리드의 알고리즘, Euclidean algorithm) 유클리드 정역 D에서 δ가 유클리드 노름일 때, 두 원소 $a, b \in D$, $b \neq 0$에 대하여 $r_0 = a$, $r_1 = b$이라 하고 다음이 성립한다고 하자.

$$\begin{aligned} r_0 &= a_0 r_1 + r_2, & 0 < \delta(r_2) < \delta(r_1) \\ r_1 &= a_1 r_2 + r_3, & 0 < \delta(r_3) < \delta(r_2) \\ &\vdots & \vdots\ . \\ r_{n-1} &= a_{n-1} r_n + r_{n+1} & 0 < \delta(r_{n+1}) < \delta(r_n) \\ r_n &= a_n r_{n+1} & \end{aligned}$$

a_0	r_0	r_1	a_1
	$a_0 r_1$	$a_1 r_2$	
	r_2	r_3	
	$\vdots$	$\vdots$	
a_{n-1}	r_{n-1}	r_n	a_n
	$a_{n-1} r_n$	$a_n r_{n+1}$	
	r_{n+1}	0	

이 때, $r_{n+1} = \gcd\{a, b\}$이다.

연 습 문 제 (6.6)

1. 정수환 $\mathbb{Z}$와 유리수체 $\mathbb{Q}$에 대하여 다음과 같이 정의된 사상이 유클리드 노름인지를 판정하여라.

(1) $\delta : \mathbb{Z} \longrightarrow W$, $\delta(a) = a^2$ (2) $\delta : \mathbb{Q} \longrightarrow W$, $\delta(a) = a^2$

2. 유클리드 정역 D의 유클리드 노름이 $\delta : D \longrightarrow W$일 때, 다음 명제가 참인지를 판정하여라.

(1) 임의의 양의 정수 m에 대하여 다음 사상은 D의 유클리드 노름이다.

$$\mu : D \longrightarrow W, \quad \mu(a) = m\,\delta(a)$$

(2) $S = \{a \in D \mid \delta(a) > \delta(1)\} \cup \{0\}$는 D의 이데알이다.

3. 유클리드 정역 D의 유클리드 노름이 δ일 때, 다음이 성립함을 밝혀라.

(1) 두 원소 $a, b \in D$가 동반원이면, $\delta(a) = \delta(b)$이다.

(2) D의 영원이 아닌 두 원소 $a, b \in D$에 대하여 $\delta(a) = \delta(ab)$이면, $(a) = (ab)$이다.

(3) $b \in D$, $b \neq 0$일 때, $b \in U(D)$이기 위한 필요충분조건은 모든 원소 $a \in D$, $a \neq 0$에 대하여 $\delta(a) = \delta(ab)$인 것이다.

§ 6.7 유일인수분해 정역

이 절에서는, § 6.6 에 이어 특수한 정역에 대하여 논한다.

정의 6.7.1 정역 D 에서 다음 두 조건을 만족시키는 원소 $p \in D$ 를 D 의 **素元**(prime element)이라고 한다.

(i) $p \neq 0, \quad p \notin U(D)$

(ii) $p \mid ab \Longrightarrow p \mid a$ 또는 $p \mid b$

그리고, D 에서 다음 두 조건을 만족시키는 원소 $r \in D$ 를 D 의 **旣約元**(irreducible element)이라고 한다.

(i) $r \neq 0, \quad r \notin U(D)$

(ii) $r = ab \Longrightarrow a$ 또는 b 는 단원

정역 D 에서 素元 [기약원]의 동반원은 素元 [기약원]이다.

보기 6.7.1 정수환 $\mathbb{Z}$ 에서 p 가 다음 두 조건을 만족시킬 때, p 는 $\mathbb{Z}$ 의 기약원이다.

(i) $p \neq 0, \quad p \neq \pm 1$

(ii) $p = ab \Longrightarrow a = \pm 1$ 또는 $b = \pm 1$

따라서 정수 $p\ (\geq 2)$ 가 $\mathbb{Z}$ 의 기약원이라는 말은 p 가 素數임을 뜻한다.

보기 6.7.2 체 F 위의 다항식환 $F[x]$ 의 단원군은 $F = F - \{0\}$ 이고, $f(x) \in F[x]$ 는 다음 두 조건을 만족시킬 때 $F[x]$ 의 기약원이다.

(i) $f(x) \notin F$ 즉 $\deg f(x) \geq 1$

(ii) 두 다항식 $g(x), h(x) \in F[x]$ 에 대하여 $f(x) = g(x)h(x)$ 이면, 적당한 $a \in F$ 에 대하여 $g(x) = a$ 또는 $h(x) = a$ 이다.

따라서 $F[x]$ 에서 기약원은 기약다항식을 뜻한다.

정리 6.7.2 정역 D에서 素元은 모두 기약원이다.

증명 원소 $p \in D$가 素元일 때, 원소 $a, b \in D$에 대하여 $p = a\,b$이라고 하자. 이 때, $p \mid a\,b$이고 p는 素元이므로 $p \mid a$ 또는 $p \mid b$이다.
그런데, $p \mid a$이면, 적당한 원소 $u \in D$에 대하여 $a = p\,u$이고 이때

$$p = a\,b = (p\,u)\,b = p(u\,b), \quad p \neq 0$$

이므로 $u\,b = 1$이고 따라서 b는 단원이다.
마찬가지로, $p \mid b$이면, a는 단원이다. 그러므로 p는 D의 기약원이다.

정리 6.7.3 정역 D에서 원소 $p \in D$가 $p \neq 0$, $p \notin U(D)$인 원소일 때, 다음 세 조건은 서로 동치이다.

(1) p는 D의 素元이다.
(2) 이데알 $(\,p\,)$는 D의 소이데알이다.
(3) 이데알 $D/(\,p\,)$는 정역이다.

증명 가정에 의하여 $\{0\} \subsetneq (\,p\,) \subsetneq D$이다(정리 3.9.2 참조).
그리고, 두 원소 $a, b \in D$에 대하여 다음 두 조건은 서로 동치이다.

(a) $p \mid a\,b$이면, $p \mid a$ 또는 $p \mid b$이다.
(b) $a\,b \in (\,p\,)$이면, $a \in (\,p\,)$ 또는 $b \in (\,p\,)$이다.

따라서 (1) $\Longleftrightarrow$ (2)이다. 또, 정리 3.13.3에 의하여 (2) $\Longleftrightarrow$ (3)이다.

정리 6.7.4 정역 D에서 원소 $r \in D$가 $r \neq 0$, $r \notin U(D)$인 원소일 때, 다음 세 조건은 서로 동치이다.

(1) r는 D의 기약원이다.
(2) $a \mid r$이면, a는 단원이거나 또는 a와 r는 동반원이다.
(3) $(\,r\,) \subseteq (\,a\,)$이면, $(a) = D$ 또는 $(\,a\,) = (\,r\,)$이다.

증명 (1) $\Longrightarrow$ (2) 원소 r가 D의 기약원일 때, 원소 $a \in D$에 대하여 $a \mid r$이라고 하면, 적당한 원소 $b \in D$에 대하여 $r = a\,b$이므로 정의 6.7.1에 의하여 a 또는 b는 단원이고, 따라서 a는 단원이거나 또는 a와 r는 동반원이다(정리 4.1.2).

(2) $\Longrightarrow$ (3) 조건 (2)가 성립할 때, 원소 $a \in D$에 대하여 $(r) \subseteq (a)$이라고 하자. 이 때, $r \in (a)$이므로 $a \mid r$이고 따라서 조건 (2)에 의하여 a는 단원이거나 또는 a와 r는 동반원이므로 $(a) = D$ 또는 $(a) = (r)$이다(정리 4.1.2).

(3) $\Longrightarrow$ (1) 조건 (3)이 성립할 때, 원소 $a, b \in D$에 대하여 $r = ab$이라고 하자. 이 때, $(r) \subseteq (a)$이므로 조건 (3)에 의하여 $(a) = D$ 또는 $(a) = (r)$이다. 먼저 $(a) = D$이면, a는 단원이다(정리 4.1.2). 그리고, $(a) = (r)$이면, 적당한 원소 $u \in D$에 대하여 $a = ru$이고 이때

$$r = (ru)\,b = r(ub), \qquad r \neq 0$$

이므로 $ub = 1$이고 b는 단원이다. 따라서 r는 D의 기약원이다.

단항이데알 정역에 대해서는 다음 정리가 성립한다.

정리 6.7.5 정역 D가 PID일 때, $p \neq 0$, $p \notin U(D)$인 원소 $p \in D$에 대하여 다음 조건은 서로 동치이다.

(1) p는 D의 기약원이다.

(2) (p)는 D의 극대이데알이다.

(3) 잉여환 $D/(p)$는 체이다.

(4) 잉여환 $D/(p)$는 정역이다.

(5) (p)는 D의 소이데알이다.

(6) p는 D의 素元이다.

증명 원소 p가 기약원일 때, D의 이데알 I에 대하여 $(p) \subseteq I \subseteq D$이라고 하자. 이 때, 가정에 의하여 D는 PID이므로 적당한 원소 $a \in D$에 대하여 $I = (a)$이고 따라서 $(p) \subseteq (a)$이므로 정리 6.7.4에 의하여 $I = (p)$ 또는 $I = D$이므로 I는 D의 극대이데알이다.

그러므로 (1) $\Longrightarrow$ (2)이다.

또, 정리 3.13.3에 의하여 (2) $\Longleftrightarrow$ (3)이고 체는 정역이므로 (3) $\Longrightarrow$ (4)이다. 그리고, 정리 3.13.3과 정리 6.7.3에 의하여 (4) $\Longleftrightarrow$ (5) $\Longleftrightarrow$ (6)이고 정리 6.7.2에 의하여 (6) $\Longrightarrow$ (1)이다.

보기 6.7.3 유클리드 정역은 PID 이므로, 유클리드 정역에서 기약원과 素元은 동일한 개념이다(정리 6.6.4, 정리 6.6.5).

예를 들면, 정수환 $\mathbb{Z}$ 의 기약원과 素元은 동일한 개념이고 또 체 F 위의 다항식환 $F[x]$ 는 PID 이므로 기약원과 素元은 동일한 개념이다.

정의 6.7.6 정역 D 에서 $a \neq 0$, $a \notin U(D)$ 인 원소 $a \in D$ 가

$$a = p_1 p_2 \cdots p_s \qquad (p_1, p_2, \cdots, p_s \text{ 는 } D \text{ 의 기약원})$$

와 같은 꼴로 나타내어질 때, D 를 **인수분해 정역**(Factorization Domain)이라 하고 이 사실을 FD 로 나타낸다.

또, 정역 D 가 다음 두 조건을 만족시킬 때, D 를 **唯一 인수분해 정역**(Unique Factorization Domain)이라 하고 이 사실을 **UFD** 로 나타낸다.

(i) D 는 인수분해 정역이다.

(ii) $a \neq 0$, $a \notin U(D)$ 인 원소 $a \in D$ 에 대하여

$$a = p_1 \cdots p_s = q_1 \cdots q_t \qquad (p_1, \cdots, p_s, q_1, \cdots, q_t \text{ 는 기약원})$$

이면, $t = s$ 이고 $p_1, \cdots, p_s$ 는 각각 $q_1, \cdots, q_s$ 중의 어느 하나와 동반원이다.

정리 6.7.7 환 R 에서 R 의 이데알들로 이루어진 열

$$I_1 \subseteq I_2 \subseteq I_3 \subseteq \cdots \subseteq I_n \subseteq \cdots$$

에 대하여 I 를 이들 이데알의 합집합이라고 하면, I 는 R 의 이데알이다.

증명 이제 $a, b \in I$, $r \in R$ 이라고 하자. 이 때, 적당한 i, j $(i \leq j)$ 에 대하여 $a \in I_i$, $b \in I_j$ 이고 따라서 $a, b \in I_j$ 이므로 $a - b \in I_j$ 이고 또한 $ra, ar \in I_j$ 이므로 $a-b, ra, ar \in I$ 이다. 따라서 I 는 R 의 이데알이다.

정리 6.7.8 단항이데알 정역은 UFD 이다. 즉, ED $\Longrightarrow$ PID $\Longrightarrow$ UFD

증명 정역 D 가 PID 이라고 하자.

먼저 $a \neq 0$, $a \notin U(D)$ 인 원소 $a \in D$ 가 유한 개의 기약원의 곱으로 나타낼 수 없는 원소라고 가정하자. 이 때, a 는 기약원이 아니고 따라서

$$a = bc, \qquad b \notin U(D), \quad c \notin U(D)$$

인 원소 $b, c \in D$가 존재하고 또 b와 c 중에서 적어도 하나는 유한 개의 기약원의 곱으로 나타낼 수 없다. 이러한 a의 인수를 a_2이라 하고 또 $a_1 = a$이라고 하면, b와 c는 단원이 아니므로 a_1과 a_2는 동반원이 아니고 따라서 $(a_1) \subsetneqq (a_2)$이다(정리 4.1.2).

이와 같은 과정을 되풀이하면, D의 이데알들로 이루어진 열

$$(a_1) \subsetneqq (a_2) \subsetneqq (a_3) \subsetneqq \cdots \subsetneqq (a_n) \subsetneqq \cdots$$

을 얻는다. 이제 I를 이들 이데알의 합집합이라고 하면, 정리 6.7.7에 의하여 I는 D의 이데알이고 또 D는 PID이므로 $I = (d)$인 원소 $d \in I$가 존재한다. 그런데, 적당한 양의 정수 m에 대하여 $d \in (a_m)$이고 따라서 $(d) \subseteq (a_m)$이므로 $(a_{m+1}) \subseteq I = (d) \subseteq (a_m)$으로 되어 모순이 생긴다.

그러므로 $a \neq 0, a \notin U(D)$인 원소 $a \in D$는 모두 유한 개의 기약원의 곱으로 나타내어진다.

다음에 $a \neq 0,\ \ a \in U(D)$인 원소 $a \in D$에 대하여

$$a = p_1 p_2 \cdots p_s = q_1 q_2 \cdots q_t \qquad (p_1, \cdots, p_s, q_1, \cdots, q_t \text{는 기약원})$$

이라고 하자. 정리 6.7.5에 의하여 기약원 p_1은 素元이고 $p_1 \mid q_1 q_2 \cdots q_t$이므로 적당한 q_j에 대하여 $p_1 \mid q_j$ 즉 $(q_j) \subseteq (p_1)$이고 또 (p_1)과 (q_j)는 D의 극대이데알이므로 $(p_1) = (q_j)$이다. 따라서 p_1과 q_j는 동반원이므로 적당한 단원 $u \in U(D)$에 대하여 $q_j = u p_1$이다(정리 4.1.2). 이제 필요하다면, $q_1, \cdots, q_t$의 순서를 재조정하여 $j = 1$이라고 하면, $q_1 = u p_1$이므로 $p_1 p_2 \cdots p_s = u p_1 q_2 \cdots q_t$이므로 $p_2 \cdots p_s = u q_2 \cdots q_t$이다.

이와 같은 과정을 되풀이하면, $t = s$이고 $p_1, \cdots, p_s$는 각각 $q_1, \cdots, q_s$ 중의 어느 하나와 동반원임을 알 수 있고, 따라서 D는 UFD이다.

보기 6.7.4 정수환 $\mathbb{Z}$는 ED이고 따라서 PID이고 UFD이다.
또, 체 F 위의 다항식환 $F[x]$는 ED이고 따라서 PID이고 UFD이다.

다음 정리가 성립함을 쉽게 알 수 있다(정리 1.2.22, 정리 4.3.7).

정리 6.7.9 정역 D가 UFD일 때, 두 원소 $a, b \in D$에 대하여 a와 b의 최대공약수 $\gcd\{a, b\}$와 최소공배수 $1\text{cm}\{a, b\}$가 존재한다.

실제로, 임의의 두 원소 $a, b \in D$에 대하여 a, b를

$$a = p_1^{k_1} p_2^{k_2} \cdots p_t^{k_t}, \qquad b = p_1^{l_1} p_2^{l_2} \cdots p_t^{l_t}$$

$$(p_1, \cdots, p_t \text{는 서로 동반원이 아닌 기약원이고 } k_i \geq 0, \quad l_i \geq 0)$$

와 같은 꼴로 나타낼 수 있고 이때 $m_i = \min\{k_i, l_i\}$, $n_i = \max\{k_i, l_i\}$이라고 하면, $\gcd\{a, b\} = p_1^{m_1} \cdots p_k^{m_k}$, $1\text{cm}\{a, b\} = p_1^{n_1} \cdots p_k^{n_k}$이다.

정리 6.7.10 정수 $m\ (\neq 1)$이 완전제곱수가 아닌 양의 정수이거나 또는 음의 정수일 때, 원소 $\beta \in \mathbb{Z}[\sqrt{m}]$에 대하여 $|N(\beta)|$가 素數이면 β는 $\mathbb{Z}[\sqrt{m}]$의 기약원이다.

증명 두 원소 $\gamma, \varepsilon \in \mathbb{Z}[\sqrt{m}]$에 대하여 $\beta = \gamma\varepsilon$이라고 가정하자. 이때, $N(\beta) = N(\gamma)N(\varepsilon)$이고 여기서 $|N(\beta)|$는 素數이고 또 $N(\gamma)$와 $N(\varepsilon)$는 양의 정수이다. 따라서 $N(\gamma) = \pm 1$ 또는 $N(\varepsilon) = \pm 1$이므로 γ 또는 ε는 단원이다(보기 3.3.6). 그러므로 β는 기약원이다.

정리 6.7.11 $m = -1, -2$일 때, $\mathbb{Z}[\sqrt{m}] = \{a + b\sqrt{m} \mid a, b \in \mathbb{Z}\}$에서 $\beta \in \mathbb{Z}[\sqrt{m}]$, $\beta \neq 0$이면 잉여환 $\mathbb{Z}[\sqrt{m}]/(\beta)$는 유한환이고, 특히 $N(\beta)$가 素數이면, β는 $\mathbb{Z}[\sqrt{m}]$의 기약원이고 잉여환 $\mathbb{Z}[\sqrt{m}]/(\beta)$는 유한체이다.

증명 $m = -1, -2$일 때 $\mathbb{Z}[\sqrt{m}]$은 ED이고 유클리드 노름은

$$\delta(a + b\sqrt{m}) = N(a + b\sqrt{m}) = a^2 - mb^2 \geq 0$$

이고 따라서 $\mathbb{Z}[\sqrt{m}]$은 PID이고 UFD이다.

먼저 $\beta \in \mathbb{Z}[\sqrt{m}]$, $\beta \neq 0$일 때, $\delta(\beta) > 0$이고 임의의 $\alpha \in \mathbb{Z}[\sqrt{m}]$에 대하여 $\alpha = \beta\gamma + \varepsilon$, $\delta(\varepsilon) < \delta(\beta)$인 원소 $\gamma, \varepsilon \in \mathbb{Z}[\sqrt{m}]$이 존재하고 이때 $\alpha - \varepsilon = \beta\gamma \in (\beta)$이므로 $\mathbb{Z}[\sqrt{m}]/(\beta)$에서 $\alpha + (\beta) = \varepsilon + (\beta)$이다.

한편, $\delta(\varepsilon) < \delta(\beta)$ 인 원소 $\varepsilon \in \mathbb{Z}[\sqrt{m}]$은 유한 개뿐이므로 $\mathbb{Z}[\sqrt{m}]/(\beta)$는 유한환이다.

특히, $N(\beta)$가 素數이면, 정리 6.7.10에 의하여 β는 기약원이고. 따라서 정리 6.6.5에 의하여 $\mathbb{Z}[\sqrt{m}]/(\beta)$는 체이므로 앞의 결과에 의하여 $\mathbb{Z}[\sqrt{m}]/(\beta)$는 유한체이다.

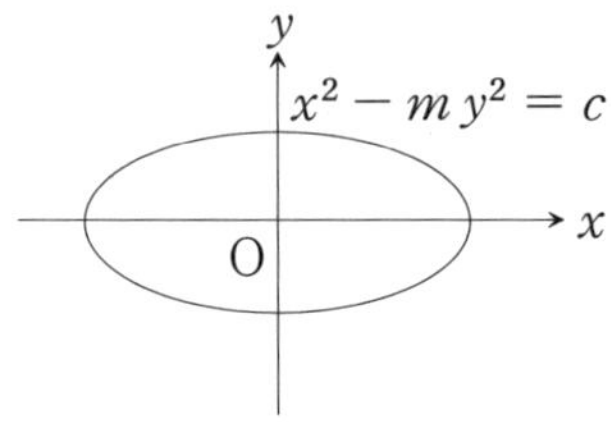

$m = -1, -2$

素數 p가 적당한 정수 a, b에 대하여 $a^2 + b^2 = p$이기 위한 필요충분조건은 $p = 2$ 또는 $p \equiv 1 \pmod 4$ 인 것이다([1], 정리 8.2.4 참조).

보기 6.7.5 유클리드 정역 $\mathbb{Z}[\sqrt{-1}]$에서 다음이 성립한다.

$$\delta(a + b\sqrt{-1}) = N(a + b\sqrt{-1}) = a^2 + b^2$$
$$U(\mathbb{Z}[\sqrt{-1}]) = \{\pm 1, \pm\sqrt{-1}\}$$

(1) 원소 $1 \pm \sqrt{-1}$, $1 \pm 2\sqrt{-1}$, $2 \pm \sqrt{-1}$에 대하여

$$N(1 \pm \sqrt{-1}) = 2, \quad N(1 \pm 2\sqrt{-1}) = 5, \quad N(2 \pm \sqrt{-1}) = 5$$

이므로 이들 원소는 모두 $\mathbb{Z}[\sqrt{-1}]$의 기약원이다(정리 6.7.10).

그리고, $\mathbb{Z}[\sqrt{-1}]$에서 2와 5는

$$2 = (1 + \sqrt{-1})(1 - \sqrt{-1}),\ 2 = (-1 + \sqrt{-1})(-1 - \sqrt{-1}),$$
$$5 = (1 + 2\sqrt{-1})(1 - 2\sqrt{-1}),\ 5 = (2 - \sqrt{-1})(2 + \sqrt{-1})$$

와 같이 두 기약원의 곱으로 인수분해되고 또

$$(1+\sqrt{-1})\sqrt{-1} = -1+\sqrt{-1},\ (1-\sqrt{-1})(-\sqrt{-1}) = -1-\sqrt{-1},$$
$$(1+2\sqrt{-1})(-\sqrt{-1}) = 2 - \sqrt{-1},\ (1-2\sqrt{-1})(\sqrt{-1}) = 2 + \sqrt{-1}$$

이므로 위의 두 인수분해는 본질적으로 동일하다.

(2) $\beta = 1+\sqrt{-1}$이라고 하면, $\delta(\beta) = 2$이므로 정리 6.6.11에 의하여 잉여환 $\mathbb{Z}[\sqrt{-1}]/(\beta)$는 유한체이고, 또 $\mathbb{Z}[\sqrt{-1}]$의 원소 중에서 δ의 값이 2보다 작은 원소는 0, ± 1, $\pm\sqrt{-1}$ 뿐이다. 그런데,

$$-1 - 1 = -2 \in (\beta), \quad \sqrt{-1} - 1 \in (\beta), \quad -\sqrt{-1} - 1 \in (\beta)$$

이므로 잉여환 $\mathbb{Z}[\sqrt{-1}]/(\beta)$ 에서

$$1+(\beta), \qquad -1+(\beta),$$
$$\sqrt{-1}+(\beta), \quad -\sqrt{-1}+(\beta)$$

는 모두 같으므로 다음이 성립한다.

$$\mathbb{Z}[\sqrt{-1}]/(\beta)$$
$$=\{0+(\beta),\ 1+(\beta)\}\cong\mathbb{F}_2$$

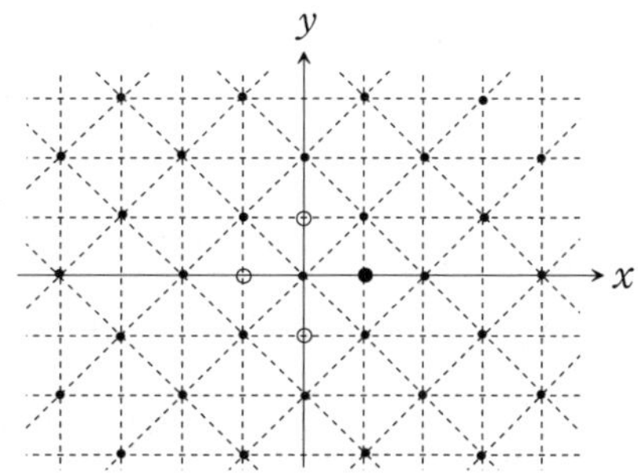

보기 6.7.6 정역 $\mathbb{Z}[\sqrt{-5}]=\{a+b\sqrt{-5}\mid a,b\in\mathbb{Z}\}$ 를 생각해 보자.

$$N(a+b\sqrt{-5})=a^2+5b^2, \quad U(\mathbb{Z}[\sqrt{-5}])=\{1,-1\}$$

먼저 $N(\sqrt{-5})=5$ 이므로 정리 6.7.10 에 의하여 $\sqrt{-5}$ 는 $\mathbb{Z}[\sqrt{-5}]$ 의 기약원이다. 그리고, 원소 $21\in\mathbb{Z}[\sqrt{-5}]$ 은

$$(*) \qquad 21=3\cdot 7, \quad 21=(1+2\sqrt{-5})(1-2\sqrt{-5})$$

와 같이 나타내어지고 $3,\ 7,\ 1+2\sqrt{-5},\ 1-2\sqrt{-5}$ 는 기약원이다.

실제로, $3=\xi\eta$ 이라고 하면,

$$9=N(3)=N(\xi)N(\eta), \qquad N(\xi)\neq 3$$

이므로 $N(\xi)=1$ 또는 $N(\eta)=1$ 이고 따라서 ξ 또는 η 는 단원이므로 3 은 $\mathbb{Z}[\sqrt{-5}]$ 의 기약원이다(보기 3.3.6). 마찬가지로, 7 은 기약원이다. 그리고, $1\pm 2\sqrt{-5}=\xi\eta$ 이라고 하면,

$$21=N(\xi)N(\eta), \qquad N(\xi)\neq 3, \qquad N(\xi)\neq 7$$

이므로 $N(\xi)=1$ 또는 $N(\eta)=1$ 이고 따라서 ξ 또는 η 는 단원이므로 $1\pm 2\sqrt{-5}$ 는 기약원이다.

그리고 분명히 이들 네 기약원은 어느 둘도 동반원이 아니므로 21 은 (*)와 같이 본질적으로 서로 다른 두 가지 방법으로 곱으로 나타내어진다. 그러므로 $\mathbb{Z}[\sqrt{-5}]$ 는 UFD 가 아니며, 따라서 $\mathbb{Z}[\sqrt{-5}]$ 는 ED 도 아니고 PID 도 아니다. 또한, $3\mid 21$ 즉 $3\mid(1+2\sqrt{-5})(1-2\sqrt{-5})$ 이지만,

$$3\nmid(1+2\sqrt{-5}), \quad 3\nmid(1-2\sqrt{-5})$$

이므로 기약원 3 은 素元이 아니다.

정수환 $\mathbb{Z}$는 ED이고 PID 이지만, $\mathbb{Z}$ 위의 다항식환 $\mathbb{Z}[x]$는 PID가 아니고 따라서 ED도 아니다(보기 6.6.5). 다항식 $f(x) \in \mathbb{Z}[x]$가 $\mathbb{Z}[x]$의 기약원일 때, $f(x)$를 $\mathbb{Z}[x]$의 **기약다항식**이라 하고 또 $f(x)$는 $\mathbb{Z}$ 위에서 **기약**이라고 한다. 그런데, $U(\mathbb{Z}[x]) = \{\pm 1\}$이므로 다음 두 조건이 성립할 때, $f(x)$는 $\mathbb{Z}[x]$의 기약다항식이다.

(i) $f(x) \neq 0, \quad f(x) \neq \pm 1$

(ii) $f(x) = g(x)\,h(x)$이면, $g(x) = \pm 1$ 또는 $h(x) = \pm 1$이다.

정수환 $\mathbb{Z}$ 위의 두 원시다항식에 대하여 다음이 성립한다(정의 4.4.1).

정리 6.7.12 (Gauss의 보조정리) 정수환 $\mathbb{Z}$ 위의 두 다항식

$$f(x) = a_0 + a_1 x + \cdots + a_n x^n, \quad a_n \neq 0, \quad n \geq 1$$
$$g(x) = b_0 + b_1 x + \cdots + b_m x^m, \quad b_m \neq 0, \quad m \geq 1$$

가 모두 원시다항식이면, 곱 $f(x)\,g(x)$도 원시다항식이다.

증명 두 다항식 $f(x), g(x)$가 원시다항식일 때, 다항식

$$f(x)\,g(x) = c_0 + c_1 x + \cdots + c_{n+m} x^{n+m}$$

가 원시다항식이 아니라고 가정하고 c를 $f(x)\,g(x)$의 내용이라고 하자.

이 때, p를 c의 소인수라고 하면, 모든 i $(0 \leq i \leq n+m)$에 대하여 $p \mid c_i$이지만, $c(f) = c(g) = 1$이므로 $f(x)$의 계수 중에는 p의 배수가 아닌 것이 존재하고 $g(x)$의 계수 중에는 p의 배수 아닌 것이 존재한다. 이제 $a_0, a_1, \cdots, a_n$과 $b_0, b_1, \cdots, b_m$ 중에서 처음으로 p의 배수가 아닌 것을 각각 a_r, b_s이라고 하면 다음이 성립한다.

$$p \mid a_0, \cdots, p \mid a_{r-1},\ p \nmid a_r, \quad p \mid b_0, \cdots, p \mid b_{s-1},\ p \nmid b_s,\ p \mid c_{r+s}$$
$$c_{r+s} = (a_0 b_{r+s} + \cdots + a_{r-1} b_{s+1}) + a_r b_s + (a_{r+1} b_{s-1} + \cdots + a_{r+s} b_0)$$

여기서 $i > n$이면 $a_i = 0$이라 놓고 $j > m$이면 $b_j = 0$이라고 놓는다.

따라서 위의 등식에서 $p \mid a_r b_s$이고 이 결과는 $p \nmid a_r$, $p \nmid b_s$라는 사실에 모순된다. 그러므로 $f(x)\,g(x)$는 원시다항식이다.

정리 6.7.13 정수환 $\mathbb{Z}$ 위의 다항식 $f(x) \in \mathbb{Z}[x]$, $\deg f(x) = n \geq 1$ 가 유리수체 $\mathbb{Q}$ 위에서 다음과 같이 인수분해된다고 하자.

$$f(x) = g(x)\, h(x)$$
$$1 \leq \deg g(x) = s < n, \quad 1 \leq \deg h(x) = t < n$$

이 때, $f(x)$ 는 정수환 $\mathbb{Z}$ 위에서 다음과 같이 인수분해된다.

$$f(x) = c(f)\, g_1(x)\, h_1(x), \quad \deg g_1(x) = s, \quad \deg h_1(x) = t$$

더욱이 $f(x)$ 가 모닉 다항식이면, $g_1(x)$ 와 $h_1(x)$ 는 모닉 다항식이다.

증명 적당한 정수 $a_i, b_i, c_j, d_j \in \mathbb{Z}$, $b_i \geq 1, d_j \geq 1$ 에 대하여

$$g(x) = \sum_{i=0}^{s} \frac{a_i}{b_i} x^i, \qquad h(x) = \sum_{i=0}^{t} \frac{c_i}{d_i} x^i$$

이라고 하자. 이 때, $b = b_0 b_1 \cdots b_s \geq 1$, $d = d_0 d_1 \cdots d_t \geq 1$ 이라 하고

$$g_0(x) = b\, g(x), \quad h_0(x) = d\, h(x)$$

이라고 하면, $b\,d\,f(x) = g_0(x)\, h_0(x)$ 이고 또

$$f_1(x) = \frac{1}{c(f)} f(x), \quad g_1(x) = \frac{1}{c(g_0)} g_0(x), \quad h_1(x) = \frac{1}{c(h_0)} h_0(x)$$

이라고 하면, $f_1(x), g_1(x), h_1(x) \in \mathbb{Z}[x]$ 는 모두 원시다항식이고 또

$$f(x) = c(f)\, f_1(x), \quad g_0(x) = c(g_0)\, g_1(x), \quad h_0(x) = c(h_0)\, h_1(x)$$

이므로 $b\,d\,c(f)\, f_1(x) = c(g_0)\, c(h_0)\, g_1(x)\, h_1(x)$ 이고 또 정리 6.7.12 에 의하여 $g_1(x)\, h_1(x)$ 는 원시다항식이므로

$$b\,d\,c(f) = c(g_0)\, c(h_0), \quad f_1(x) = g_1(x)\, h_1(x)$$

이고 따라서 $f(x) = c(f)\, g_1(x)\, h_1(x)$ 이다.

위의 정리에 의하면, 다항식 $f(x) \in \mathbb{Z}[x]$, $\deg f(x) \geq 1$ 가 원시다항식일 때, $f(x)$ 가 유리수체 $\mathbb{Q}$ 위에서 기약이면 $f(x)$ 는 $\mathbb{Z}$ 위에서 기약이다.

한편, 다항식 $f(x) \in \mathbb{Z}[x]$, $\deg f(x) \geq 1$ 가 원시다항식이 아닌 경우에 $f_1(x) = c(f)^{-1} f(x) \in \mathbb{Z}[x]$ 이라고 놓으면, $f(x) = c(f)\, f_1(x)$ 이므로

$f(x)$는 $\mathbb{Z}[x]$의 기약다항식이 아니다. 예를 들면, $f(x) = 8x^2 + 4x - 4$일 때, $f(x) = 4(2x^2 + x - 1)$이므로 $f(x)$는 $\mathbb{Z}$ 위에서 기약이 아니다.

양의 정수 p가 素數일 때 $f(x) = \pm p$는 $\mathbb{Z}[x]$의 기약다항식이다.

정수환 $\mathbb{Z}$가 UFD이고 유리수체 $\mathbb{Q}$ 위의 다항식환 $\mathbb{Q}[x]$가 UFD이라는 사실과 정리 6.7.13과 정리 6.7.9를 이용하여 다음을 증명할 수 있다

정리 6.7.14 정수환 $\mathbb{Z}$ 위의 다항식환 $\mathbb{Z}[x]$는 UFD이다.

따라서 다항식환 $\mathbb{Z}[x]$에서 두 개 이상의 다항식에 대하여 이들 다항식의 최대공약수 $d(x)$와 최소공배수 $l(x)$는 존재한다.

보기 6.7.6 다항식환 $\mathbb{Z}[x]$에서 두 다항식

$$f(x) = 4x^2 = 2^2 x^2, \quad g(x) = 12x^2 + 6x = 2 \cdot 3x(2x + 1)$$

의 최대공약수와 최소공배수는 $d(x) = 2x, l(x) = 2^2 \cdot 3x^2(2x+1)$이다.

정수환 $\mathbb{Z}$와는 UFD이고 유리수체 $\mathbb{Q}$는 $\mathbb{Z}$의 분수체이다. 일반적으로. 정역 D가 UFD일 때, F를 D의 분수체라고 하면 $F[x]$는 UFD이고 또 $D[x]$에 대하여 정리 6.7.13과 유사한 정리가 성립한다. 이 사실을 이용하면 정리 6.7.14와 마찬가지로 다음 정리가 성립함을 증명할 수 있다.

정리 6.7.15 정역 D가 UFD이면, 다항식환 $D[x]$는 UFD이다.

따름정리 6.7.16 체 F 위의 다항식환 $F[x_1, \cdots, x_n]$는 UFD이다.

증명 체 F 위의 다항식환 $F[x_1]$는 EU이고 PID이며 UFD이다.
따라서 정리 6.7.15에 의하여 $F[x_1, x_2] = F[x_1][x_2]$는 UFD이다.
이와 같은 과정을 되풀이하면, $F[x_1, \cdots, x_n]$가 UFD임을 알 수 있다.

보기 6.7.8 체 F 위의 다항식환 $F[x, y]$는 UFD이지만, $F[x, y]$는 PID가 아니고 따라서 EU도 아니다(보기 4.2.3).

연 습 문 제 (6.7)

*1. 정역 D 에서 원소 $a \in D$ 가 D 의 두 기약원 b, c 의 곱 $a = bc$ 으로 나타내어질 때, a 는 D 의 素元도 아니고 기약원도 아니며 이데알 (a) 는 D 의 소이데알도 아니고 극대이데알도 아님을 밝혀라.

2. 정역 D 가 UFD이면, D 에서 기약원과 素元은 동일한 개념임을 밝혀라.

3. 정역 $\mathbb{Z}[\sqrt{-1}]$ 에서 두 단항이데알 $I = (1+\sqrt{-1})$, $J = (2)$ 에 대하여 $\mathbb{Z}[\sqrt{-1}]/I \cong \mathbb{Z}_2$ 이지만 $\mathbb{Z}[\sqrt{-1}]/J$ 는 정역이 아님을 밝혀라.

*4. 정역 $\mathbb{Z}[\sqrt{2}]$ 에서 $\sqrt{2}$ 는 기약원이지만 2는 기약원이 아님을 밝혀라.
또, 정역 $\mathbb{Z}[\sqrt{2}]$ 에서 두 단항이데알 $I = (\sqrt{2})$, $J = (2)$ 에 대하여 $\mathbb{Z}[\sqrt{2}]/I \cong \mathbb{Z}_2$ 이지만 $\mathbb{Z}[\sqrt{2}]/J$ 는 정역이 아님을 밝혀라.

5. 유클리드 정역 $\mathbb{Z}[\sqrt{-1}]$ 에서 다음이 성립함을 밝혀라.

(1) $\mathbb{Z}[\sqrt{-1}]/(3) \cong \mathbb{F}_{3^2}$ (2) $\mathbb{Z}[\sqrt{-1}]/(1+2\sqrt{-1}) \cong \mathbb{F}_5$

6. 정역 $\mathbb{Z}[\sqrt{-5}]$ 에서 6을 두 가지 방법으로 기약원의 곱으로 나타내어라.

7. 다음 다항식 $f(x)$ 가 정역 D 에서 기약다항식인지를 판정하여라.

(1) $f(x) = 3x - 5$, $D = \mathbb{Z}[x]$ (2) $f(x) = 3x - 6$, $D = \mathbb{Z}[x]$
(3) $f(x) = 3x - 6$, $D = \mathbb{Q}[x]$ (4) $f(x) = 3x - 6$, $D = \mathbb{Z}_7[x]$

8. 다항식환 $\mathbb{Z}[x]$ 에서 다음과 같은 다항식 $f(x)$ 에 의하여 생성된 이데알 $(f(x))$ 가 $\mathbb{Z}[x]$ 의 素이데알인지 극대이데알인지를 판정하여라.

(1) $f(x) = 3x$ (2) $f(x) = x^2 - 4x + 3$ (3) $f(x) = x^2 + 3$

클라인(Christian Felix Klein, 1849 ~ 1926)

클라인(Klein)은 19세기 후반에 독일에서 활약한 지도적 수학자 중 한 사람으로, 그는 독일의 Düsseldorf에서 태어나 Bonn대학을 졸업하고 파리에서 연구생활을 하였다. 그는 1872년에 독일의 Erlangen대학의 교수가 되었으며 1886년에 Göttingen대학으로 옮긴 후 이 대학에서 여생을 보냈다.

Klein은 여러 분야의 수학 연구에 빛나는 업적을 남겼으나, 그는 본질적으로 기하학자이었다. 프랑스의 수학자 Galois는 치환군의 개념을 도입하여 대수적 방정식의 대수적 해법을 연구하였고, 그 후에 Galois의 이론은 Klein과 리(Sophus Lie, 1847 ~ 1899)에게 많은 영향을 주었다.

Lie가 연속성을 해석학에 도입하여 Lie連續群論을 전개한 데 반하여, Klein은 不連續群을 기하학에 응용함으로써 불연속군이 기하학 연구에 필수적임을 보였다. 클라인은 초등기하학이란 變換群에 의하여 不變인 도형의 성질을 연구하는 학문이라고 주장하고, 기하학에 통일된 원리를 제시하였다.

이러한 그의 이론을 Erlangen의 목록(Erlangen Program)에 정리해 놓았다.

즉, 클라인은 Erlangen대학 취임 강연에서 당시 알려져 있던 기하학의 각 분야에 대한 군론의 관점에서의 조감도를 제시하였던 것이다. 이것이 유명한 'Erlangen목록'이다. 유클리드 기하학, 非유클리드 기하학은 모두가 射影기하학(projective geometry)에 종속되는 기하학이라는 주장도 이 목록에 들어 있다.

이 목록에 의하면, 유클리드 기하학은 유클리드 변환에 의하여 불변인 도형의 성질을 연구하는 학문이며, 특정한 변환 전체로 이루어진 군이 射影變換群(projective group)인 경우에 이에 대응하는 기하학은 사영기하학이고 位相群(topological group)인 경우에 이에 대응하는 기하학이 위상기하학(topology)이다.

클라인은 수학교육의 개선에도 뜻을 두어 독일에서 수학교육과정의 개혁운동을 제창하여 유럽뿐만 아니라 미국의 수학 교육에도 많은 영향을 끼쳤다.

좀더 자세한 자료는

www.gap-system.org/~history/Mathematicians

에서 얻을 수 있다.

제 7 장

군, 환, 벡터공간

이 장에서는, 제 2 장 ~ 제 3 장에 이어

군과 환의 직적과 직합,

유한 Abel 군의 분류, 가해군,

선형사상과 선형변환, 벡터공간의 부분공간,

벡터공간의 동형정리, 선형변환 다원환,

벡터공간의 직합

에 대하여 논한다.

선형변환과 행렬의 유리 표준형과 Jordan 표준형에 대해서는 [2] 를 참조하기 바란다.

참 고 문 헌

1. 朴勝安, 有限群의 表現論, 경문사, 2004
2. 김응태 · 박승안, 선형대수학, 제 5 판, 경문사, 2010
3. Fraleigh, J., A first course in abstract algebra, 7th ed., Pearson Education, Inc., New York, 2003
4. Rotman, J.J., A first course in abstract algebra, 2nd ed., Prentice-Hall, Upper Saddle River, New Jersey, 2000
5. Suzuki, M., Group Theory I, II, Springer-Verlag, New York, 1982, 1984

§ 7.1 군과 환의 직적과 직합

이 절에서는, § 2.11 과 § 3.12 에 이어 군과 환에서의 직적과 직합에 대하여 논한다.

정리 7.1.1 군 G 에서 G 의 정규부분군 $N_1, \cdots, N_n$ 에 대하여 다음 두 조건이 성립한다고 하자.

(i) $G = N_1 \cdots N_n = \{ a_1 \cdots a_n \mid a_1 \in N_1, \cdots, a_n \in N_n \}$

(ii) $N_i \cap N_1 \cdots N_{i-1} N_{i+1} \cdots N_n = \{ e \} \qquad (1 \le i \le n)$

이 때, 외적인 직적 $N_1 \times \cdots \times N_n$ 에서 G 위로의 사상

$$f : N_1 \times \cdots \times N_n \longrightarrow G, \; f(a_1, \cdots, a_n) = a_1 \cdots a_n$$

는 동형사상이고 따라서 $G \cong N_1 \times \cdots \times N_n$ 이다.

증명 조건 (i) 에 의하여 $\operatorname{im} f = N_1 \cdots N_n = G$ 이므로 사상 f 는 위로의 사상이다. 그리고 $1 \le i \ne j \le n$ 일 때, 조건 (ii) 에 의하여

$$N_i \cap N_j \subseteq N_i \cap N_1 \cdots N_{i-1} N_{i+1} \cdots N_n = \{ e \}$$

이므로 $N_i \cap N_j = \{ e \}$ 이다. 그러므로 $1 \le i \ne j \le n$ 일 때, 임의의 원소 $a \in N_i$, $b \in N_j$ 에 대하여 $ab = ba$ 이다(정리 2.11.14).

따라서 임의의 $(a_1, \cdots, a_n), (b_1, \cdots, b_n) \in N_1 \times \cdots \times N_n$ 에 대하여

$$\begin{aligned} & f((a_1, \cdots, a_n)(b_1, \cdots, b_n)) = f(a_1 b_1, \cdots, a_n b_n) \\ & = a_1 b_1 \cdots a_n b_n = a_1 \cdots a_n b_1 \cdots b_n = f(a_1, \cdots, a_n) f(b_1, \cdots, b_n) \end{aligned}$$

이므로 f 는 준동형사상이다. 그리고, $(a_1, \cdots, a_n) \in \ker f$ 이라고 하면, $a_1 \cdots a_n = e$ 이므로 각 $i \ (1 \le i \le n)$ 에 대하여

$$a_i^{-1} = a_1 \cdots a_{i-1} a_{i+1} \cdots a_n \in N_i \cap N_1 \cdots N_{i-1} N_{i+1} \cdots N_n = \{ e \}$$

이고 따라서 $a_i^{-1} = e$ 즉 $a_i = e$ 이므로 $(a_1, \cdots, a_n) = (e, \cdots, e)$ 이다.

그러므로 $\ker f = \{ (e, \cdots, e) \}$ 이고, 따라서 f 는 동형사상이다.

정의 7.1.2 군 G에서 G의 정규부분군 $N_1, \cdots, N_n$에 대하여 다음 두 조건이 성립한다고 하자.

$$G = N_1 \cdots N_n,$$
$$N_i \cap N_1 \cdots N_{i-1} N_{i+1} \cdots N_n = \{e\} \quad (1 \le i \le n)$$

이 때, $G \cong N_1 \times \cdots \times N_n$이다(정리 7.1.1). 이러한 의미에서 이 경우에 G를 부분군 $N_1, \cdots, N_n$의 (內的인) **直積**이라 하고, G를

$$G = N_1 \dot{\times} \cdots \dot{\times} N_n \quad \text{또는} \quad G = N_1 \times \cdots \times N_n$$

으로 나타낸다. 그리고, G는 부분군 $N_1, \cdots, N_n$의 **직적으로 분해된다**고 하고 정규부분군 $N_1, \cdots, N_n$을 G의 **直積因子**(dirct factor)라고 한다.

정리 7.1.3 군 G에서 G의 정규부분군 $N_1, \cdots, N_n$에 대하여 다음 네 조건은 서로 동치이다.

(1) $G = N_1 \dot{\times} \cdots \dot{\times} N_n$

(2) $G = N_1 \cdots N_n, \qquad N_i \cap N_1 \cdots N_{i-1} = \{e\} \quad (2 \le i \le n)$

(3) 각 $x \in G$는 단 한 가지 방법으로 다음과 같은 꼴로 나타내어진다.

$$(*) \qquad x = a_1 \cdots a_n \qquad (a_1 \in N_1, \cdots, a_n \in N_n)$$

(4) $G = N_1 \cdots N_n$이고, 또 다음이 성립한다.

$$a_1 \cdots a_n = e \ (a_i \in N_i) \implies a_1 = \cdots = a_n = e$$

증명 (1) $\Longrightarrow$ (2) 조건 (1)이 성립하면, $G = N_1 N_2 \cdots N_n$이고 또 각 $i \ (2 \le i \le n)$에 대하여

$$N_i \cap N_1 \cdots N_{i-1} \subseteq N_i \cap N_1 \cdots N_{i-1} N_{i+1} \cdots N_n = \{e\}$$

이므로 $N_i \cap N_1 \cdots N_{i-1} = \{e\}$이고 따라서 (2)가 성립한다.

(2) $\Longrightarrow$ (3) 조건 (2)가 성립한다고 하자. 이 때, $G = N_1 \cdots N_n$이므로, 각 $x \in G$는 $(*)$와 같은 꼴로 나타내어진다. 한편, $1 \le j < i$일 때,

$$N_i \cap N_j \subseteq N_i \cap N_1 \cdots N_{i-1} = \{e\} \quad \text{즉} \quad N_i \cap N_j = \{e\}$$

이므로 임의의 $a \in N_i$, $b \in N_j$에 대하여 $ab = ba$이다(정리 2.11.14).

이제 $x = a_1 \cdots a_n = b_1 \cdots b_n \quad (a_i, b_i \in N_i)$ 이라고 하자. 이 때,

$$a_n b_n^{-1} = a_1^{-1} b_1 \cdots a_{n-1}^{-1} b_{n-1} \in N_n \cap N_1 \cdots N_{n-1} = \{e\}$$

이므로 $a_n^{-1} b_n = e$ 즉 $a_n = b_n$ 이고 따라서 $a_1 \cdots a_{n-1} = b_1 \cdots b_{n-1}$ 이다.
이러한 절차를 되풀이하면, 차례로 $a_{n-1} = b_{n-1}, \cdots, a_1 = b_1$을 얻는다.

(3) $\Longrightarrow$ (4) 조건 (3)이 성립한다고 하자. 이 때, $G = N_1 N_2 \cdots N_n$ 이다.
그리고 $a_1 \cdots a_n = e \ (a_i \in N_i)$ 이라고 가정하면,

$$a_1 \cdots a_n = e = e \cdots e \qquad (a_i, e \in N_i)$$

이므로 (3)에 의하여 $a_1 = \cdots = a_n = e$ 이다.

(4) $\Longrightarrow$ (1) 조건 (4)가 성립한다고 하자. 이 때, $G = N_1 \cdots N_n$ 이다.

다음에 각 $i \ (1 \le i \le n)$ 에 대하여 $a \in N_i \cap N_1 \cdots N_{i-1} N_{i+1} \cdots N_n$ 이라고 하면, $a \in N_i$ 이고 또 a는

$$a = a_1 \cdots a_{i-1} a_{i+1} \cdots a_n \qquad (a_j \in N_j, 1 \le j \ne i \le n)$$

의 꼴로 나타내어진다. 이 때,

$$\begin{aligned} e &= a_1 \cdots a_{i-1} a_{i+1} \cdots a_n a^{-1} \\ &= a_1 \cdots a_{i-1} a^{-1} (a a_{i+1} a^{-1}) \cdots (a a_n a^{-1}), \end{aligned}$$

$$a^{-1} \in N_i, \quad a a_{i+1} a^{-1} \in N_{i+1}, \quad \cdots, \quad a a_n a^{-1} \in N_n$$

이므로 $a = e$ 이다. 따라서 $N_i \cap N_1 \cdots N_{i-1} N_{i+1} \cdots N_n = \{e\}$ 이다.
그러므로 $G = N_1 \dot{\times} \cdots \dot{\times} N_n$ 이다.

정리 7.1.4 유한군 $G \ (\ne \{e\})$ 의 위수가 n 일 때, $n = p_1^{e_1} \cdots p_r^{e_r}$ 을 n 의 표준분해라 하고 각 $i \ (1 \le i \le r)$ 에 대하여 P_i 를 G 의 Sylow p_i-부분군이라고 하면 다음이 성립한다.

(1) 각 $i \ (1 \le i \le r)$ 에 대하여 $P_i \lhd G$ 이면, $G = P_1 \dot{\times} \cdots \dot{\times} P_r$ 이다.

(2) G 가 Abel 군이면, $G = P_1 \dot{\times} \cdots \dot{\times} P_r$ 이고 또 n 의 모든 양의 약수 d 에 대하여 위수 d 인 부분군이 존재한다.

증명 (1) 먼저 $r = 1$ 이면, $G = P_1$ 이다.
이제 $r \ge 2$ 이라고 하자. 이 때, $P_1 \lhd G$, $P_2 \lhd G$ 이므로 $P_1 P_2 \lhd G$ 이고

(정리 2.9.5), $|P_1|$과 $|P_2|$는 서로 소이므로 다음이 성립한다(정리 2.7.9).

$$P_1 \cap P_2 = \{e\}, \qquad |P_1 P_2| = {p_1}^{e_1} {p_2}^{e_2}$$

이와 같은 논법을 되풀이하면, 각 i $(1 \le i \le r)$에 대하여

$$P_i \cap P_1 \cdots P_{i-1} = \{e\}, \quad |P_1 \cdots P_{i-1} P_i| = {p_1}^{e_1} \cdots {p_i}^{e_i}$$

임을 알 수 있고, 따라서 7.1.3에 의하여 $G = P_1 \dot{\times} \cdots \dot{\times} P_r$이다.

(2) 유한 Abel군 G의 모든 부분군은 정규부분군이므로 $P_i \lhd G$이다. 따라서 위의 (1)에 의하여 $G = P_1 \dot{\times} \cdots \dot{\times} P_r$이다.

다음에 d가 n의 양의 약수일 때, $d = {p_1}^{d_1} \cdots {p_r}^{d_r}$ $(0 \le d_i \le e_i)$이라고 하자. 이 때, 각 i $(1 \le i \le r)$에 대하여 위수 ${p_i}^{e_i}$인 군 P_i에는 위수 ${p_i}^{d_i}$인 부분군 H_i가 존재한다(정리 6.4.1). 그런데, G가 Abel군이므로

$$H_i \lhd \mathrm{G}, \qquad |H_i| = {p_i}^{d_i} \qquad\qquad (1 \le i \le r)$$

이므로, (1)과 마찬가지 논법으로 $H = H_1 \cdots H_r$가 위수 $d = {p_1}^{d_1} \cdots {p_r}^{d_r}$인 부분군임을 밝힐 수 있다.

이제까지 논한 정의와 정리를 덧셈군에 대한 정의와 정리로 고쳐 쓰면 다음과 같다.

정의 7.1.5 덧셈군 A에서 A의 부분군 $B_1, \cdots, B_n$에 대하여 다음 두 조건이 성립한다고 하자.

(i) $A = B_1 + \cdots + B_n = \{a_1 + \cdots + a_n \mid a_1 \in B_1, \cdots, a_n \in B_n\}$

(ii) $B_i \cap (B_1 + \cdots + B_{i-1} + B_{i+1} + \cdots + B_n = \{0\} \qquad (1 \le i \le n)$

이 때, $A \cong B_1 \oplus \cdots \oplus B_n$이다. 이러한 의미에서 이 경우에 A를 부분군 $B_1, \cdots, B_n$의 (內的인) **直合**이라 하고 A를

$$A = B_1 \dotplus \cdots \dotplus B_n \quad \text{또는} \quad A = B_1 \oplus \cdots \oplus B_n$$

으로 나타낸다. 그리고, A는 부분군 $B_1, \cdots, B_n$의 **직합으로 분해된다**고 하고 $B_1, \cdots, B_n$을 A의 **직합因子**(direct summand)라고 한다.

정리 7.1.6 덧셈군 A에서 A의 부분군 $B_1, \cdots, B_n$에 대하여 다음 네 조건은 서로 동치이다.

(1) $A = B_1 \dotplus \cdots \dotplus B_n$

(2) $A = B_1 + \cdots + B_n, \quad B_i \cap (B_1 + \cdots + B_{i-1}) = \{0\} \quad (2 \leq i \leq n)$

(3) 각 $x \in A$는 단 한 가지 방법으로 다음과 같은 꼴로 나타내어진다.

$$x = a_1 + \cdots + a_n \qquad (a_1 \in B_1, \cdots, a_n \in B_n)$$

(4) $A = B_1 + \cdots + B_n$이고, 또 다음이 성립한다.

$$a_1 + \cdots + a_n = 0 \quad (a_i \in B_i) \Longrightarrow a_1 = \cdots = a_n = 0$$

다음에 환의 내적인 집합에 대하여 생각하기로 한다(§3.12 참조).

정리 7.1.7 환 R에서 R의 이데알 $I_1, \cdots, I_n$에 대하여 다음 두 조건이 성립한다고 하자.

(i) $R = I_1 + \cdots + I_n = \{a_1 + \cdots + a_n \mid a_1 \in I_1, \cdots, a_n \in I_n\}$

(ii) $I_i \cap (I_1 + \cdots + I_{i-1} + I_{i+1} + \cdots + I_n = \{0\} \qquad (1 \leq i \leq n)$

이 때, 외적인 직합 $I_1 \oplus \cdots \oplus I_n$에서 R로의 사상

$$f : I_1 \oplus \cdots \oplus I_n \longrightarrow R, \; f(a_1, \cdots, a_n) = a_1 + \cdots + a_n$$

는 환 동형사상이고 따라서 $R \cong I_1 \oplus \cdots \oplus I_n$이다.

증명 조건 (ii)에 의하여 $1 \leq i \neq j \leq n$일 때,

$$I_i \cap I_j \subseteq I_i \cap I_1 + \cdots + I_{i-1} + I_{i+1} + \cdots + I_n = \{0\}$$

이므로 $I_i \cap I_j = \{0\}$이고 따라서 임의의 원소 $a \in I_i$, $b \in I_j$에 대하여 $ab = ba = 0$이다(정리 3.12.6).

따라서 임의의 $(a_1, \cdots, a_n), (b_1, \cdots, b_n) \in I_1 \oplus \cdots \oplus I_n$에 대하여

$$\begin{aligned} & f((a_1, \cdots, a_n) + (b_1, \cdots, b_n)) = f(a_1 + b_1, \cdots, a_n + b_n) \\ &= a_1 + b_1 + \cdots + a_n + b_n = (a_1 + \cdots + a_n) + (b_1 + \cdots + b_n) \\ &= f(a_1, \cdots, a_n) + f(b_1, \cdots, b_n), \end{aligned}$$

$$
\begin{aligned}
&f((a_1, \cdots, a_n)(b_1, \cdots, b_n)) = f(a_1 b_1, \cdots, a_n b_n) \\
&= a_1 b_1 + \cdots + a_n b_n = (a_1 + \cdots + a_n)(b_1 + \cdots + b_n) \\
&= f(a_1, \cdots, a_n)\, f(b_1, \cdots, b_n)
\end{aligned}
$$

이므로 f 는 준동형사상이고 조건 (i) 에 의하여 다음이 성립한다.

$$\operatorname{im} f = I_1 + \cdots + I_n = R$$

한편, $(a_1, \cdots, a_n) \in \ker f$ 이라고 하면, $a_1 + \cdots + a_n = 0$ 이므로

$$-a_i = a_1 + \cdots + a_{i-1} + a_{i+1} + \cdots + a_n \qquad (i = 1, \cdots, n)$$

이고 따라서 (ii) 에 의하여 $a_i = 0$ 이므로 $(a_1, \cdots, a_n) = (0, \cdots, 0)$ 이다.

그러므로 $\ker f = \{(0, \cdots, 0)\}$ 이고, 따라서 f 는 동형사상이다.

정의 7.1.8 환 R 의 이데알 $I_1, \cdots, I_n$ 에 대하여

$$
\begin{aligned}
&R = I_1 + \cdots + I_n, \\
&I_i \cap (I_1 + \cdots + I_{i-1} + I_{i+1} + \cdots + I_n = \{0\} \qquad (1 \leq i \leq n)
\end{aligned}
$$

일 때, R 를 이데알 $I_1, \cdots, I_n$ 의 (內的인) **直合**이라 하고

$$R = I_1 \dotplus \cdots \dotplus I_n \quad \text{또는} \quad R = I_1 \oplus \cdots \oplus I_n$$

으로 나타낸다. 또, 이 경우에 R 는 이데알 $I_1, \cdots, I_n$ 의 **직합으로 분해된다**고 하고 이데알 $I_1, \cdots, I_n$ 을 R 의 **직합因子**라고 한다.

정리 7.1.6 에 의하여 정리가 성립한다.

정리 7.1.9 환 R 에서 $I_1, \cdots, I_n$ 이 R 의 이데알 때, 다음 네 조건은 서로 동치이다.

(1) $R = I_1 \dotplus \cdots \dotplus I_n$

(2) $R = I_1 + \cdots + I_n,\quad I_i \cap (I_1 + \cdots + I_{i-1}) = \{0\} \quad (2 \leq i \leq n)$

(3) 각 $x \in R$ 는 단 한 가지 방법으로 다음과 같은 꼴로 나타내어진다.

$$x = a_1 + \cdots + a_n \qquad (a_1 \in I_1, \cdots, a_n \in I_n)$$

(4) $R = I_1 + \cdots + I_n$ 이고, 또 다음이 성립한다.

$$a_1 + \cdots + a_n = 0 \ (a_i \in I_i) \Longrightarrow a_1 = \cdots = a_n = 0$$

§ 7.2 유한 Abel 군의 분류

이 절에서는, § 2.11 에서 논한 정리 2.11.12, 정리 2.11.13 을 증명한다.

덧셈군 A 에서 원소 $a \in A$ 의 위수가 n 이면, $\langle a \rangle = \{ i\,a \mid i \in \mathbb{Z} \}$ 에 대하여 다음이 성립한다(정리 2.4.5, 정리 2.8.4).

$$\langle a \rangle = \{0, a, \cdots, (n-1)\,a\} \cong \mathbb{Z}_n = \{0, 1, \cdots, n-1\}$$
$$i\,a = 0 \iff n \mid i,$$
$$i\,a = j\,a \iff i \equiv j \pmod{n}$$

그리고 덧셈군 A 의 원소 $a_1, \cdots, a_t$ 에 대하여

$$\begin{aligned}\langle a_1, \cdots, a_t \rangle &= \{ r_1\,a_1 + \cdots + r_t\,a_t \mid r_1, \cdots, r_t \in \mathbb{Z} \} \\ &= \langle a_1 \rangle + \cdots + \langle a_t \rangle\end{aligned}$$

이고, 또 정리 7.1.6 에 의하여 다음이 성립한다.

정리 7.2.1 덧셈군 A 에서 원소 $a_1, \cdots, a_t \in A$ 에 대하여 다음 네 조건은 서로 동치이다.

(1) $A = \langle a_1 \rangle \dot{+} \cdots \dot{+} \langle a_t \rangle$

(2) $A = \langle a_1, \cdots, a_t \rangle,$

$$\langle a_i \rangle \cap \langle a_1, \cdots, a_{i-1}, a_{i+1}, \cdots, a_t \rangle = \{0\} \qquad (1 \le i \le t)$$

(3) $A = \langle a_1, \cdots, a_t \rangle,\ \ \langle a_i \rangle \cap \langle a_1, \cdots, a_{i-1} \rangle = \{0\} \qquad (2 \le i \le t)$

(4) 각 원소 $a \in A$ 는

$$a = r_1\,a_1 + \cdots + r_t\,a_t \qquad (r_1, \cdots, r_t \in \mathbb{Z})$$

의 꼴로 나타내어지고 또

$$r_1\,a_1 + \cdots + r_t\,a_t = s_1\,a_1 + \cdots + s_t\,a_t \quad (r_i, s_i \in \mathbb{Z})$$

이면 $r_1\,a_1 = s_1\,a_1,\ \cdots,\ r_t\,a_t = s_t\,a_t$ 이다.

(5) $A = \langle a_1, \cdots, a_t \rangle$ 이고, 또 다음이 성립한다.

$$r_1\,a_1 + \cdots + r_t\,a_t = 0 \quad (r_i \in \mathbb{Z}) \Longrightarrow r_1\,a_1 = \cdots = r_t\,a_t = 0$$

素數 p 에 대하여 유한군 G 의 위수가 $|G| = p^n$ $(n \geq 0)$ 일 때, G 를 유한 p-군이라고 한다.

덧셈군 A 가 유한 p-군이면, Lagrange 의 정리(정리 2.7.6) 에 의하여 A 의 모든 원소의 위수는 p 의 거듭제곱이고 A 의 부분군과 A 의 잉여군도 모두 유한 p-군이다.

정리 7.2.2 덧셈군 A 가 유한 p-군일 때, 원소 $a_1 \in A$ 을 A 의 원소 중에서 그 위수가 가장 큰 원소라고 하자. 이 때, 잉여군

$$A/\langle a_1 \rangle = \{a + \langle a_1 \rangle \mid a \in A\}$$

의 원소 $b + \langle a_1 \rangle$ 의 위수가 p^r 이면, $b + \langle a_1 \rangle = a_2 + \langle a_1 \rangle$ 인 동시에 그 위수가 p^r 인 원소 $a_2 \in A$ 가 존재한다.

증명 이제 a_1 의 위수를 p^{n_1} 이라고 하자. 먼저 b 의 위수를 p^s 이라고 하면, $p^s \leq p^{n_1}$ 이므로 $s \leq n_1$ 이고 또 잉여군 $A/\langle a_1 \rangle$ 에서

$$p^s (b + \langle a_1 \rangle) = p^s b + \langle a_1 \rangle = 0 + \langle a_1 \rangle$$

이므로 $p^r \mid p^s$ 이고 따라서 $0 \leq r \leq s \leq n_1$ 이다. 한편, $A/\langle a_1 \rangle$ 에서

$$p^r (b + \langle a_1 \rangle) = 0 + \langle a_1 \rangle \quad \text{즉} \quad p^r b + \langle a_1 \rangle = 0 + \langle a_1 \rangle$$

이므로 $p^r b \in \langle a_1 \rangle$ 이고, 따라서 $p^r b = i\, a_1$ 인 정수 i 가 존재한다. 이 때,

$$\begin{aligned}(p^{n_1 - r}\, i)\, a_1 &= p^{n_1 - r} (i\, a_1) = p^{n_1 - r}\, p^r\, b \\ &= p^{n_1} b = p^{n_1 - s} (p^s b) = 0\end{aligned}$$

이므로 $p^{n_1} \mid p^{n_1 - r} i$ 즉 $p^r \mid i$ 이므로 적당한 정수 j 에 대하여 $i = p^r j$ 이고 이때 $p^r b = i\, a_1 = p^r j\, a_1$ 이다.

이제 $a_2 = b - j\, a_1 \in A$ 이라고 하고, a_2 의 위수를 p^t 이라고 하자.

이 때, $b + \langle a_1 \rangle = a_2 + \langle a_1 \rangle$ 이고, 또

$$p^r a_2 = p^r b - p^r j\, a_1 = 0$$

이므로 $p^t \mid p^r$ 이다. 그리고, 잉여군 $A/\langle a_1 \rangle$ 에서

$$\begin{aligned} p^t(b + \langle a_1 \rangle) &= p^t(a_2 + \langle a_1 \rangle) \\ &= p^t a_2 + \langle a_1 \rangle = 0 + \langle a_1 \rangle \end{aligned}$$

이므로 $p^r \mid p^t$ 이다. 따라서 a_2 의 위수는 p^r 이다.

정리 7.2.3 유한 p-군인 덧셈군 A 의 위수가 p^n $(n \geq 1)$ 일 때, A 는 다음 두 조건을 만족시키는 순환부분군 $\langle a_1 \rangle, \cdots, \langle a_t \rangle$ 의 직합

$$A = \langle a_1 \rangle \dotplus \cdots \dotplus \langle a_t \rangle$$

으로 분해된다.

(i) $\langle a_i \rangle \cong \mathbb{Z}_{p^{n_i}} \qquad (1 \leq i \leq t)$

(ii) $n = n_1 + \cdots + n_t, \quad n_1 \geq \cdots \geq n_t \geq 1$

특히, $A \cong \mathbb{Z}_{p^{n_1}} \oplus \cdots \oplus \mathbb{Z}_{p^{n_t}}$ 이다.

증명 정리를 n 에 관한 귀납법으로 증명한다.

먼저 $n = 1$ 이면, A 는 위수 p 인 순환군이므로 정리가 성립한다.

이제 $n \geq 2$ 이라 하고 $1 \leq k < n$ 인 정수 k 에 대하여 위수 p^k 인 덧셈군에 대하여 정리가 성립한다고 가정하자. 이 때, 원소 $a_1 \in A$ 를 덧셈군 A 의 원소 중에서 그 위수가 가장 큰 원소라 하고 a_1 의 위수를 p^{n_1} 이라고 하면, $\langle a_1 \rangle \cong \mathbb{Z}_{p^{n_i}}$, $1 \leq n_1 \leq n$ 이다.

그런데 $n_1 = n$ 이면, $A = \langle a_1 \rangle$ 이므로 정리가 성립한다.

다음에 $1 \leq n_1 < n$ 이라고 하자. 이 때, 잉여군

$$\overline{A} = A/\langle a_1 \rangle = \{\overline{a} \mid a \in A\}, \quad \overline{a} = a + \langle a_1 \rangle$$

는 덧셈군이고 $|\overline{A}| = p^{n-n_1}$, $1 \leq n - n_1 < n$ 이므로 귀납법 가정에 의하여 $\overline{A}$ 는 다음 두 조건을 만족시키는 순환부분군 $\langle \overline{b}_2 \rangle, \cdots, \langle \overline{b}_t \rangle$의 직합

$$\overline{A} = \langle \overline{b}_2 \rangle \dotplus \cdots \dotplus \langle \overline{b}_t \rangle, \quad \overline{b}_i = b_i + \langle a_1 \rangle$$

으로 분해된다.

(i)′ $\langle \overline{b}_i \rangle \cong \mathbb{Z}_{p^{n_i}} \quad (2 \leq i \leq t)$

(ii)′ $n - n_1 = n_2 + \cdots + n_t, \quad n_2 \geq \cdots \geq n_t \geq 1$

여기서 $\bar{b}_i = b_i + \langle a_1 \rangle$의 위수는 p^{n_i}이므로 b_i의 위수를 p^{s_i}이라고 하면 정리 7.2.2 의 증명에 의하여 $1 \le n_i \le s_i \le n_1$ 이다. 따라서

$$(*) \qquad n = n_1 + n_2 + \cdots + n_t, \quad n_1 \ge n_2 \ge \cdots \ge n_t \ge 1$$

이고 또 정리 7.2.2 에 의하여 각 i $(2 \le i \le t)$ 에 대하여

$$\bar{b}_i = a_i + \langle a_1 \rangle = \bar{a}_i$$

인 동시에 그 위수가 p^{n_i} 인 원소 $a_i \in A$ 가 존재하고 또 다음이 성립한다.

$$(**) \qquad \begin{aligned} &\bar{A} = A/\langle a_1 \rangle = \langle \bar{a}_2 \rangle \dotplus \cdots \dotplus \langle \bar{a}_t \rangle, \\ &\langle a_i \rangle \cong \langle \bar{a}_i \rangle \cong \mathbb{Z}_{p^{n_i}} \qquad (2 \le i \le t) \end{aligned}$$

이제 a를 A 의 임의의 원소라고 하면, $(**)$ 에 의하여 $a + \langle a_1 \rangle \in \bar{A}$ 는 단 한 가지 방법으로

$$a + \langle a_1 \rangle = r_2 \bar{a}_2 + \cdots + r_t \bar{a}_t \qquad (r_2, \cdots, r_t \in \mathbb{Z})$$

즉 $$a + \langle a_1 \rangle = r_2 a_2 + \cdots + r_t a_t + \langle a_1 \rangle \qquad (r_2, \cdots, r_t \in \mathbb{Z})$$

과 같은 꼴로 나타내어지고, 이때

$$a - (r_2 a_2 + \cdots + r_t a_t) \in \langle a_1 \rangle$$

이므로 적당한 정수 r_1 에 대하여

$$a - (r_2 a_2 + \cdots + r_t a_t) = r_1 a_1$$

즉 $$a = r_1 a_1 + r_2 a_2 + \cdots + r_t a_t$$

이므로 $A = \langle a_1, a_2, \cdots, a_t \rangle$ 이다.

다음에

$$r_1 a_1 + r_2 a_2 + \cdots + r_t a_t = 0 \qquad (r_1, \cdots, r_t \in \mathbb{Z})$$

이라고 가정하자. 이 때, $r_2 a_2 + \cdots + r_t a_t = -r_1 a_1 \in \langle a_1 \rangle$이므로

$$r_2 a_2 + \cdots + r_t a_t + \langle a_1 \rangle = 0 + \langle a_1 \rangle$$

즉 $$r_2 \bar{a}_2 + \cdots + r_t \bar{a}_t = \bar{0}$$

이므로 $(**)$ 에 의하여 $r_2 \bar{a}_2 = \cdots = r_t \bar{a}_t = \bar{0}$ 이다(정리 7.2.1).

한편, $a_2, \cdots, a_t$ 의 위수는 각각 $\bar{a}_2, \cdots, \bar{a}_t$ 의 위수와 같으므로, 앞의 등식에 의하여 $r_2 a_2 = \cdots = r_t a_t = 0$ 이고 따라서 $r_1 a_1 = 0$ 이다.

그러므로 정리 7.2.1 에 의하여 $A = \langle a_1 \rangle \dotplus \cdots \dotplus \langle a_t \rangle$ 이고, 또 $(*)$ 와 $(**)$ 에 의하여 정리가 성립한다.

앞의 정리에서 A 의 직합인자 $\langle a_1 \rangle, \cdots, \langle a_t \rangle$ 자체는 유일하게 결정되지 않으나 양의 정수 t 와 $n_1, \cdots, n_t$ 는 유일하게 결정된다.

다시 말하면, 위수 p^n 인 두 덧셈군 A, B 에 대하여

$$A \cong \mathbb{Z}_{p^{n_1}} \oplus \cdots \oplus \mathbb{Z}_{p^{n_t}}, \quad B \cong \mathbb{Z}_{p^{m_1}} \oplus \cdots \oplus \mathbb{Z}_{p^{m_s}}$$
$$n = n_1 + \cdots + n_t, \qquad n_1 \geq \cdots \geq n_t \geq 1$$
$$n = m_1 + \cdots + m_s, \qquad m_1 \geq \cdots \geq m_s \geq 1$$

일 때, $A \cong B$ 이기 위한 필요충분조건은

$$t = s, \quad n_1 = m_1, \cdots, n_t = m_t$$

인 것이다(증명 생략).

이러한 의미에서 위와 같은 위수 p^n 인 덧셈군 A 에 대하여 t 개의 정수

$$p^{n_1}, \quad \cdots, \quad p^{n_t} \quad (n = n_1 + \cdots + n_t, \qquad n_1 \geq \cdots \geq n_t \geq 1)$$

를 A 의 **不變因子**(invariant factor)라고 한다.

위의 사실에 의하여 다음 정리를 얻는다.

정리 7.2.4 素數 p 와 양의 정수 n 에 대하여

$$(*) \qquad n = n_1 + \cdots + n_t, \quad n_1 \geq \cdots \geq n_t \geq 1$$

일 때, 위수 p^n 인 유한 p-군인 덧셈군 A 의 불변인자가 $p^{n_1}, \cdots, p^{n_t}$ 이면

$$A \cong \mathbb{Z}_{p^{n_1}} \oplus \cdots \oplus \mathbb{Z}_{p^{n_t}}$$

이고 또 n 을 $(*)$ 와 같은 꼴로 분할하는 방법의 개수를 $p(n)$ 으로 나타내면 서로 동형이 아닌 위수 p^n 인 덧셈군 전체의 개수는 $p(n)$ 이다.

다음 정리는 정리 7.1.4 를 덧셈군에 관한 정리로 고쳐 쓴 것이다.

정리 7.2.5 유한 덧셈군 $A\ (\neq \{0\})$의 위수 n의 표준분해가

$$n = {p_1}^{m_1} \cdots {p_r}^{m_r}$$

일 때, 각 $i\ (1 \leq i \leq r)$에 대하여 P_i를 A의 (유일한) Sylow p_i-부분군이라고 하면 $A = P_1 \dotplus \cdots \dotplus P_r \cong P_1 \oplus \cdots \oplus P_r$이다.

위의 정리에서 각 P_i는 위수 ${p_i}^{m_i}$인 덧셈군이므로 정리 7.2.3에 의하여 다음 조건을 만족시키는 순환부분군 $\langle a_{i1} \rangle, \cdots, \langle a_{it_i} \rangle$의 직합

$$P_i = \langle a_{i1} \rangle \dotplus \cdots \dotplus \langle a_{it_i} \rangle$$

으로 분해된다.

(i) $\langle a_{ij} \rangle \cong \mathbb{Z}_{p^{n_{ij}}} \quad (1 \leq i \leq r,\ 1 \leq j \leq t_i)$

(ii) $m_i = n_{i1} + \cdots + n_{it_i}, \quad n_{i1} \geq \cdots \geq n_{it_i} \geq 1 \qquad (1 \leq i \leq r)$

이 때, $A = P_1 \dotplus \cdots \dotplus P_r$를 다음과 같이 쓸 수 있다.

$$A = \langle a_{11} \rangle \dotplus \cdots \dotplus \langle a_{1t_1} \rangle \dotplus \cdots \dotplus \langle a_{r1} \rangle \dotplus \cdots \dotplus \langle a_{rt_r} \rangle$$

여기서 A에 의하여 유일하게 결정되는

$${p_1}^{n_{11}}, \cdots, {p_1}^{n_{1t_1}}, \ \cdots,\ {p_r}^{n_{r1}}, \cdots, {p_r}^{n_{rt_r}}$$

를 유한 덧셈군 A의 **單因子**(elementary divisor)라고 한다. 특히, 덧셈군 A가 유한 p-군이면, A의 단인자는 A의 불변인자와 일치한다.

이제까지 얻은 결과를 종합하면 다음 정리를 얻는다.

정리 7.2.6 (유한 Abel 군의 기본 정리) 유한 덧셈군 $A\ (\neq \{0\})$의 위수가 n일 때 다음이 성립한다.

$$A \cong \mathbb{Z}_{{p_1}^{r_1}} \oplus \mathbb{Z}_{{p_2}^{r_2}} \oplus \cdots \oplus \mathbb{Z}_{{p_s}^{r_s}}, \quad n = {p_1}^{r_1} {p_2}^{r_2} \cdots {p_s}^{r_s}$$

여기서, n의 소인수 $p_1, p_2, \cdots, p_s$ 중에는 같은 것이 있을 수 있다.

위의 정리에서, ${p_1}^{r_1}$, ${p_2}^{r_2}$, $\cdots$ ${p_s}^{r_s}$은 유한 덧셈군 A의 단인자이다. 그리고, 직합인자의 순서는 바꾸어도 좋다.

앞의 정리와 정리 7.2.4 에 의하여 다음이 성립한다.

정리 7.2.7 정수 n (≥ 2)의 표준분해가 $n = p_1^{m_1} \cdots p_r^{m_r}$ 일 때, 서로 동형이 아닌 위수 n 인 덧셈군의 개수는 $p(m_1) \cdots p(m_r)$ 이다.

여기서 각 $p(m_i)$는 m_i를 양의 정수의 합으로 분할하는 방법의 개수를 나타낸다.

보기 7.2.1 덧셈군 $A = \mathbb{Z}_{45} \oplus \mathbb{Z}_{72}$ 에서

$$45 = 3^2 \cdot 5, \qquad 72 = 2^3 \cdot 3^2$$

이므로 $\mathbb{Z}_{45} \cong \mathbb{Z}_{3^2} \oplus \mathbb{Z}_5$, $\mathbb{Z}_{72} \cong \mathbb{Z}_{2^3} \oplus \mathbb{Z}_{3^2}$ 이다. 따라서

$$A \cong \mathbb{Z}_{3^2} \oplus \mathbb{Z}_5 \oplus \mathbb{Z}_{2^3} \oplus \mathbb{Z}_{3^2} \cong \mathbb{Z}_{2^3} \oplus \mathbb{Z}_{3^2} \oplus \mathbb{Z}_{3^2} \oplus \mathbb{Z}_5$$

이고, A 의 단인자는 2^3, 3^2, 3^2, 5 이다.

정리 7.2.8 (유한 Abel군의 기본 정리) 덧셈군 A 의 위수 n (≥ 2) 일 때, A 는 다음 두 조건을 만족시키는 순환부분군 $\langle a_1 \rangle, \cdots, \langle a_t \rangle$의 집합 $A = \langle a_1 \rangle \dotplus \cdots \dotplus \langle a_t \rangle$ 으로 분해된다.

(i) $\langle a_i \rangle \cong \mathbb{Z}_{e_i}$, $\quad |\langle a_i \rangle| = e_i \quad (1 \leq i \leq t)$

(ii) $e_t \mid e_{t-1}, \cdots, e_2 \mid e_1, \qquad e_i \geq 2 \quad (1 \leq i \leq t)$

특히, $A \cong \mathbb{Z}_{e_1} \oplus \cdots \oplus \mathbb{Z}_{e_t}$, $\quad n = |A| = e_1 \cdots e_t$ 이다.

증명 위수 n 의 표준분해가 $n = p_1^{m_1} \cdots p_r^{m_r}$ 일 때, 각 i $(1 \leq i \leq r)$ 에 대하여 P_i 를 A 의 Sylow p_i-부분군이라고 하면 정리 7.2.5 에 의하여

$$A = P_1 \dotplus \cdots \dotplus P_r$$

이고 또 P_i 는 다음 두 조건을 만족시키는 순환부분군 $\langle a_{i1} \rangle, \cdots, \langle a_{it_i} \rangle$ 의 직합 $P_i = \langle a_{i1} \rangle \dotplus \cdots \dotplus \langle a_{it_i} \rangle$ 으로 분해된다.

(i) $\langle a_{ij} \rangle \cong \mathbb{Z}_{p^{n_{ij}}} \quad (1 \leq i \leq r,\ 1 \leq j \leq t_i)$

(ii) $m_i = n_{i1} + \cdots + n_{it_i}, \quad n_{i1} \geq \cdots \geq n_{it_i} \geq 1 \quad (1 \leq i \leq r)$

이 때, 양의 정수 $t_1, \cdots, t_r$ 중에서 가장 큰 값을 t 라 하고 또 $t_i < t$ 인 경우에 $t_i < j \leq t$ 인 정수 j 에 대하여 $n_{ij} = 0$, $a_{ij} = 0$ 으로 놓으면,

$$\begin{aligned} P_i &= \langle a_{i1} \rangle \dotplus \cdots \dotplus \langle a_{it_i} \rangle \dotplus \{0\} \dotplus \cdots \dotplus \{0\} \\ &= \langle a_{i1} \rangle \dotplus \cdots \dotplus \langle a_{it_i} \rangle \dotplus \cdots \dotplus \langle a_{it} \rangle \end{aligned}$$

이고 여기서

$$\begin{array}{l} p_1^{n_{11}},\ p_1^{n_{12}},\ \cdots,\ p_1^{n_{1j}},\ \cdots,\ p_1^{n_{1t}}, \\ \qquad\qquad \vdots \\ p_i^{n_{i1}},\ p_i^{n_{i2}},\ \cdots,\ p_i^{n_{ij}},\ \cdots,\ p_i^{n_{it}}, \\ \qquad\qquad \vdots \\ p_r^{n_{r1}},\ p_r^{n_{r2}},\ \cdots,\ p_r^{n_{ri}},\ \cdots,\ p_r^{n_{rt}} \end{array}$$

와 같이 배열하고

$$e_j = p_1^{n_{1j}} p_2^{n_{2j}} \cdots p_r^{n_{rj}} \qquad (1 \leq j \leq t)$$

이라고 하면, $e_t \mid e_{t-1}, \cdots, e_2 \mid e_1$ 이고 또 다음이 성립한다.

$$\begin{aligned} A = P_1 \dotplus \cdots \dotplus P_r &= \langle a_{11} \rangle \dotplus \langle a_{12} \rangle \dotplus \cdots \dotplus \langle a_{1t} \rangle \\ &\quad \dotplus \cdots \dotplus \cdots \\ &\quad \dotplus \langle a_{r1} \rangle \dotplus \langle a_{r1} \rangle \dotplus \cdots \dotplus \langle a_{rt} \rangle \\ &= \langle a_{11} \rangle \dotplus \langle a_{21} \rangle \dotplus \cdots \dotplus \langle a_{r1} \rangle \\ &\quad \dotplus \cdots \dotplus \cdots \\ &\quad \dotplus \langle a_{1t} \rangle \dotplus \langle a_{2t} \rangle \dotplus \cdots \dotplus \langle a_{rt} \rangle \end{aligned}$$

그런데 각 j $(1 \leq j \leq t)$ 에 대하여 $p_1^{n_{1j}}, p_2^{n_{2j}}, \cdots, p_r^{n_{rj}}$ 는 쌍마다 서로소이므로 $a_j = a_{1j} + a_{2j} + \cdots + a_{rj}$ 이라고 하면, 정리 2.12.21 에 의하여

$$\begin{aligned} &\langle a_{1j} \rangle \dotplus \langle a_{2j} \rangle \dotplus \cdots \dotplus \langle a_{rj} \rangle = \langle a_j \rangle, \\ &|\langle a_j \rangle| = p_1^{n_{1j}} p_2^{n_{2j}} \cdots p_r^{n_{rj}} = e_j \end{aligned}$$

이므로 $A = \langle a_1 \rangle + \langle a_2 \rangle \dotplus \cdots \dotplus \langle a_t \rangle$ 이고 또 다음이 성립한다.

$$\begin{array}{lll} \langle a_i \rangle \cong \mathbb{Z}_{e_i}, & |\langle a_i \rangle| = e_i & (1 \leq i \leq t) \\ e_t \mid e_{t-1},\ \cdots,\ e_2 \mid e_1, & e_i \geq 2 & (1 \leq i \leq t) \end{array}$$

앞의 정리에서 유한 덧셈군 A에 대하여 양의 정수 t와 $e_1, \cdots, e_t$는 유일하게 결정된다(증명 생략). 이러한 정수 $e_1, \cdots, e_t$를 A의 **불변인자**라고 한다.

특히, 유한 덧셈군 A가 유한 p-군일 때, A의 불변인자는 앞에서 정의한 것과 일치하며 A의 단인자와도 일치한다(정리 7.2.6 의 위 부분 참조).

유한 덧셈군의 단인자를 알 때, 정리 7.2.8 의 증명에서와 같은 방법으로 그 불변인자 $e_1, \cdots, e_t$를 구할 수 있다. 역으로, 유한 덧셈군의 불변인자를 알면, 이로부터 단인자를 구할 수 있다.

보기 7.2.2 덧셈군 $A = \mathbb{Z}_{90} \oplus \mathbb{Z}_{20} \oplus \mathbb{Z}_6$에서

$$\begin{aligned} 90 &= 2 \cdot 3^2 \cdot 5, \\ 20 &= 2^2 \cdot 5, \\ 6 &= 2 \cdot 3 \end{aligned}$$

이므로 A의 단인자는 2^2, 2, 2, 3^2, 3, 5, 5 이다.

한편, 이들 단인자를

$$\begin{array}{lll} 2^2 & 2 & 2 \\ 3^2 & 3 & \\ 5 & 5 & \end{array}$$

와 같이 배열하면,

$$\begin{aligned} &2^2 \cdot 3^2 \cdot 5 = 180, \\ &2 \cdot 3 \cdot 5 = 30, \\ &2 = 2 \end{aligned}$$

이므로 180, 30, 2 는 A의 불변인자이고 다음이 성립한다.

$$\begin{aligned} A &= \mathbb{Z}_{90} \oplus \mathbb{Z}_{20} \oplus \mathbb{Z}_6 \\ &\cong \mathbb{Z}_{2^2} \oplus \mathbb{Z}_2 \oplus \mathbb{Z}_2 \oplus \mathbb{Z}_{3^2} \oplus \mathbb{Z}_3 \oplus \mathbb{Z}_5 \oplus \mathbb{Z}_5 \\ &\cong \mathbb{Z}_{2^2} \oplus \mathbb{Z}_{3^2} \oplus \mathbb{Z}_5 \oplus \mathbb{Z}_2 \oplus \mathbb{Z}_3 \oplus \mathbb{Z}_5 \oplus \mathbb{Z}_2 \\ &\cong \mathbb{Z}_{180} \oplus \mathbb{Z}_{30} \oplus \mathbb{Z}_2, \end{aligned}$$

$$2 \mid 30, \quad 30 \mid 180$$

보기 7.2.3 유한 덧셈군 A 의 불변인자가 750, 50, 10 일 때,

$$750 = 2 \cdot 3 \cdot 5^3, \quad 50 = 2 \cdot 5^2, \quad 10 = 2 \cdot 5$$

이므로 A 의 단인자는

$$2, \quad 2, \quad 2, \quad 3, \quad 5^3, \quad 5^2, \quad 5$$

이고, 또 다음이 성립한다.

$$\begin{aligned} A &\cong \mathbb{Z}_{750} \oplus \mathbb{Z}_{50} \oplus \mathbb{Z}_{10} \\ &\cong \mathbb{Z}_2 \oplus \mathbb{Z}_3 \oplus \mathbb{Z}_{5^3} \oplus \mathbb{Z}_2 \oplus \mathbb{Z}_{5^2} \oplus \mathbb{Z}_2 \oplus \mathbb{Z}_5 \\ &\cong \mathbb{Z}_2 \oplus \mathbb{Z}_2 \oplus \mathbb{Z}_2 \oplus \mathbb{Z}_3 \oplus \mathbb{Z}_{5^3} \oplus \mathbb{Z}_{5^2} \oplus \mathbb{Z}_5 \end{aligned}$$

Abel 군 A가 유한 개의 원소에 의하여 생성될 때, 이 군을 유한 생성 Abel 군이라고 한다(정의 2.12.4).

유한 생성 Abel 군에 대해서는 다음 정리가 성립한다.

정리 7.2.9 (유한 생성 Abel 군의 기본 정리) 군 A가 유한 생성 Abel 군일 때 다음이 성립한다.

$$A \cong \mathbb{Z}_{p_1{}^{r_1}} \oplus \mathbb{Z}_{p_2{}^{r_2}} \oplus \cdots \oplus \mathbb{Z}_{p_s{}^{r_s}} \oplus \mathbb{Z} \oplus \cdots \oplus \mathbb{Z}$$

여기서, 素數 $p_1, p_2 \cdots, p_s$ 중에는 같은 것이 있을 수 있다. 그리고, $p_1{}^{r_1}, p_2{}^{r_2}, \cdots, p_s{}^{r_s}$과 직합인자 $\mathbb{Z}$ 의 개수는 A 에 의하여 유일하게 결정된다.

직합인자 $\mathbb{Z}$ 의 개수를 A 의 **Betti 수**(Betti number)라고 한다.

§7.3 가해군

군 G 의 교환자(부분)군 $G' = \langle [x, y] \mid x, y \in G \rangle$ 을 $[G, G]$ 또는 $D(G)$ 으로 나타낸다(정의 2.15.3).

다음 정리는 정리 2.15.5, 정리 2.5.6 을 함께 쓴 것이다.

정리 7.3.1 군 G 의 교환자부분군 G' 에 대하여 다음이 성립한다.

(1) $G' \lhd G$ 이고 잉여군 G/G' 은 Abel 군이다.

(2) $N \lhd G$ 일 때, 잉여군 G/N 이 Abel 군이기 위한 필요충분조건은 $G' \subseteq N$ 인 것이다.

정리 7.3.2 군 G 의 부분군 H, K 에 대하여 다음이 성립한다.

(1) $H \subseteq K$ 이면, $[H, H] \subseteq [K, K]$ 즉 $H' \subseteq K'$ 이다.

특히, $[H, H] \subseteq [G, G]$ 즉 $H' \subseteq G'$ 이다.

(2) $f : G \longrightarrow \overline{G}$ 가 준동형사상일 때,

$$f([H, H]) = [f(H), f(H)] \quad \text{즉} \quad f(H') = H'$$

이고, 특히 $f([G, G]) = [f(G), f(G)]$ 즉 $f(G') = f(G)'$ 이다.

(3) 임의의 원소 $g \in G$ 에 대하여

$$^{g}[H, H] = [{}^{g}H, {}^{g}H], \qquad [H, H]^{g} = [H^{g}, H^{g}]$$

증명 (1) $H \subseteq K$ 일 때, 임의의 원소 $x, y \in H$ 에 대하여 $x, y \in K$ 이므로 $[x, y] \in [K, K]$ 이고 따라서 $[H, H] \subseteq [K, K]$ 이다(정리 2.15.4).

(2) 부분군 $[H, H]$ 의 원소는 다음과 같은 꼴이다(정리 2.15.4).

$$[x_1, y_1] \cdots [x_m, y_m] \qquad (x_1, y_1, \cdots, x_m, y_m \in H)$$

그런데, 정리 2.15.2 에 의하여

$$\begin{aligned} f([x_1, y_1] \cdots [x_m, y_m]) &= f([x_1, y_1]) \cdots f([x_n, y_n]) \\ &= [f(x_1), f(y_1)] \cdots [f(x_m), f(y_m)] \end{aligned}$$

이므로 $f([H, H])$ 의 원소는 $[f(x_1), f(y_1)] \cdots [f(x_m), f(y_m)]$ 과 같은 꼴로 나타내어지고 또 $f(H) = \{f(x) \mid x \in H\}$ 이다.

따라서 $f([H, H]) = [f(H), f(H)]$ 이다(정리 2.15.4).

(3) 임의의 원소 $g \in G$ 에 대하여

$$\alpha_g : G \longrightarrow G, \quad \alpha_g(x) = {}^g x = g\,x\,g^{-1}$$
$$\beta_g : G \longrightarrow G, \quad \beta_g(x) = x^g = g^{-1}\,x\,g$$

는 동형사상이므로 (2)에 의하여 다음이 성립한다(정리 2.8.10).

$$\alpha_g([H, H] = [\alpha_g(H), \alpha_g(H)] \quad \text{즉} \quad {}^g[H, H] = [{}^gH, {}^gH]$$
$$\beta_g([H, H]) = [\beta_g(H), \beta_g(H)] \quad \text{즉} \quad [H, H]^g = [H^g, H^g]$$

정리 7.3.3 군 G 에서 $N \lhd G$ 일 때 다음이 성립한다.

(1) $[N, N] \lhd G$ 즉 $N' \lhd G$

(2) $[G/N, G/N] = [G, G]N/N$ 즉 $(G/N)' = G'N/N$

증명 (1) $N \lhd G$ 이면, 모든 원소 $g \in G$ 에 대하여 $N^g = N$ 이고 따라서 $[N, N]^g = [N^g, N^g] = [N, N]$ 이므로 $[N, N] \lhd G$ 이다(정리 7.3.2).

(2) 표준준동형사상 $\pi : G \longrightarrow G/N$ 에 대하여 $\pi(G) = G/N$ 이므로

$$\pi([G, G]) = [\pi(G), \pi(G)] = [G/N, G/N],$$
$$\pi([G, G]) = \{xN \in G/N \mid x \in [G, G]\} = [G, G]N/N$$

이고 따라서 $[G/N, G/N] = G'N/N = [G, G]N/N$ 이다.

정의 7.3.4 군 G 에서 각 정수 i $(i \geq 0)$ 에 대하여 G 의 부분군 $G^{(i)}$ 를 다음과 같이 귀납적으로 정의한다.

$$G^{(0)} = G,$$
$$G^{(1)} = G' = [G, G],$$
$$G^{(2)} = G'' = [G', G'] = [G^{(1)}, G^{(1)}],$$
$$\vdots$$
$$G^{(i+1)} = G^{(i)\prime} = [G^{(i)}, G^{(i)}]$$

이와 같이 정의된 부분군 $G^{(i)}$를 G의 **제 i차 交換子(部分)群**이라 하고, 또 $G^{(i)}$를 G의 **제 i차 誘導(部分)群**(derived (sub)group)이라고도 하고 $D^i(G)$로 나타내기도 한다. 특히 $D^1(G) = D(G) = G'$ 이다. 또,

$$G = G^{(0)} \supseteq G^{(1)} \supseteq \cdots \supseteq G^{(i)} \supseteq G^{(i+1)} \supseteq \cdots$$

를 군 G의 **誘導列**(derived series) 또는 **交換子(部分)群列**이라고 한다.

위의 정의에서 G의 유도열은 $\{e\}$로 끝나지 않을 수 있다. 그리고, 한 정수 i에 대하여 $G^{(i)} = G^{(i+1)}$ 이면, $G^{(i)} = G^{(i+1)} = G^{(i+2)} = \cdots$ 이다.

정리 7.3.5 군 G에서 모든 정수 i $(i \geq 0)$에 대하여 $G^{(i)} \lhd G$ 이고 또 잉여군 $G^{(i)}/G^{(i+1)}$은 Abel 군이다.

증명 먼저 $G^{(0)} = G \lhd G$ 이다. 이제 i $(i \geq 0)$에 대하여 $G^{(i)} \lhd G$ 이라고 가정하면, 정리 7.3.3에 의하여 $G^{(i+1)} = [G^{(i)}, G^{(i)}] \lhd G$ 이다.

그러므로 모든 i $(i \geq 0)$에 대하여 $G^{(i)} \lhd G$ 이다.

또, $G^{(i+1)} = G^{(i)\prime}$ 이므로 잉여군 $G^{(i)}/G^{(i+1)}$은 Abel 군이다(정리 7.3.1).

이제 가해군의 특성에 대하여 생각해 보자(정의 5.11.2).

정리 7.3.6 군 G가 가해군이기 위한 필요충분조건은 적당한 음이 아닌 정수 n에 대하여 $G^{(n)} = \{e\}$ 인 것이다.

증명 군 G가 가해군이라 하고

$$G = G_0 \rhd G_1 \rhd \cdots \rhd G_{n-1} \rhd G_n = \{e\}$$

를 G의 Abel 부분정규열이라고 하자(정의 5.11.2).

먼저 $G^{(0)} = G = G_0$ 이다. 그리고, $G^{(i)} \subseteq G_i$ 라고 가정하면, 정리 7.3.2에 의하여 $G^{(i+1)} = G^{(i)\prime} \subseteq G_i'$ 이고 또 잉여군 G_i/G_{i+1}은 Abel 군이므로 정리 7.3.1에 의하여 $G_i' \subseteq G_{i+1}$ 이고 따라서 $G^{(i+1)} \subseteq G_{i+1}$ 이다.

그러므로 모든 i $(i \geq 0)$에 대하여 $G^{(i)} \subseteq G_i$ 이다.

특히, $G^{(n)} \subseteq G_n = \{e\}$ 이므로 $G^{(n)} = \{e\}$ 이다.

역으로, $G^{(n)} = \{e\}$ 이면, 정리 7.3.5 에 의하여 G 의 유도열

$$G = G^{(0)} \triangleright G^{(1)} \triangleright \cdots \triangleright G^{(n)} = \{e\}$$

는 G 의 Abel 부분정규열이고 따라서 G 는 가해군이다(정의 5.11.2).

보기 7.3.1 군 G 가 Abel 군이면, $G^{(1)} = G' = \{e\}$ 이므로 Abel 군은 가해군이다(정리 2.15.5). 그리고, ${S_3}^{(1)} = A_3$, ${S_3}^{(2)} = {A_3}^{(1)} = \{1\}$ 이므로 대칭군 S_3 는 가해군이다(보기 2.15.1).

정리 7.3.7 군 G 에서 모든 i $(i \geq 0)$ 에 대하여 다음이 성립한다.

(1) H 가 G 의 부분군이면, $H^{(i)} \subseteq G^{(i)}$ 이다.

(2) 사상 $f : G \longrightarrow G$ 가 준동형사상일 때, $f(G)^{(i)} = f(G^{(i)})$ 이다.

(3) $N \triangleleft G$ 일 때, $N^{(i)} \triangleleft G$ 이고 또 $(G/N)^{(i)} = G^{(i)}N/N$ 이다.

증명 (1) $H^{(0)} = H \subseteq G = G^{(0)}$ 이고, 또 $H^{(i)} \subseteq G^{(i)}$ 이라고 가정하면

$$H^{(i+1)} = [H^{(i)}, H^{(i)}] \subseteq [G^{(i)}, G^{(i)}] = G^{(i+1)}$$

이므로 모든 i $(i \geq 0)$ 에 대하여 $H^{(i)} \subseteq G^{(i)}$ 이다(정리 7.3.2 참조).

(2) 먼저 $f(G)^{(0)} = f(G) = f(G^{(0)})$ 이다. 또 $f(G)^{(i)} = f(G^{(i)})$ 이라고 가정하면, 다음이 성립한다(정리 7.3.2).

$$\begin{aligned} f(G)^{(i+1)} &= [f(G)^{(i)}, f(G^{(i)}]) = [f(G^{(i)}), f(G^{(i)})] \\ &= f([G^{(i)}, G^{(i)}]) = f(G^{(i+1)}) \end{aligned}$$

따라서 모든 i $(i \geq 0)$ 에 대하여 $f(G)^{(i)} = f(G^{(i)})$ 이다.

(3) 먼저 $N^{(0)} = N \triangleleft G$ 이다. 또한, 정수 i $(i \geq 0)$ 에 대하여 $N^{(i)} \triangleleft G$ 이라고 가정하면, $N^{(i+1)} = [N^{(i)}, N^{(i)}] \triangleleft G$ 이다(정리 7.3.3).

따라서 모든 정수 i $(i \geq 0)$ 에 대하여 $N^{(i)} \triangleleft G$ 이다.

그리고, 표준준동형사상 $\pi : G \longrightarrow G/N$ 에 대하여 $\pi(G) = G/N$ 이고 또 (2) 에 의하여 $\pi(G)^{(i)} = \pi(G^{(i)})$ 이므로 다음이 성립한다.

$$(GN/N)^{(i)} = \pi(G)^{(i)} = \pi(G^{(i)}) = G^{(i)}N/N$$

정리 7.3.8 군 G가 가해군이면, G의 모든 부분군은 가해군이고 또 G의 모든 준동형상은 가해군이다.

특히, 군 G가 가해군이면, G의 모든 정규부부군 N과 잉여군 G/N은 가해군이다.

증명 군 G가 가해군일 때, 정수 $n\ (\geq 0)$에 대하여 $G^{(n)} = \{e\}$이라고 하자(정리 7.3.6). 이 때, H가 G의 부분군이면, 정리 7.3.7에 의하여

$$H^{(n)} \subseteq G^{(n)} = \{e\} \quad 즉 \quad H^{(n)} = \{e\}$$

이므로 H는 가해군이다(정리 7.3.6). 또, $f: G \longrightarrow \overline{G}$가 준동형사상이면,

$$f(G)^{(n)} = f(G^{(n)}) = f(\{e\}) = \{\overline{e}\}$$

이므로 $f(G)$는 가해군이다(정리 7.3.6).

정리 7.3.9 군 G의 한 정규부분군 N에 대하여 N과 잉여군 G/N이 모두 가해군이면, G는 가해군이다.

증명 군 G의 한 정규부분군 N에 대하여 N과 잉여군 G/N이 모두 가해군이라 하고 적당한 정수 m, n에 대하여

$$N^{(m)} = \{e\}, \qquad (G/N)^{(n)} = \{eN\}$$

이라고 하자(정리 7.3.6). 이 때, 정리 7.3.7에 의하여

$$\{eN\} = (G/N)^{(n)} = G^{(n)}N/N$$

이므로 $G^{(n)} \subseteq N$이고 따라서 $G^{(n+m)} = (G^{(n)})^m \subseteq N^{(m)} = \{e\}$이다.

그러므로 G는 가해군이다(정리 7.3.6).

정리 7.3.10 군 G가 유한 p-군이면, G는 가해군이다.

증명 이 정리는 정리 6.3.4에서 증명한 바 있으나, 여기서는 유한 p-군의 위수에 관한 귀납법으로 정리를 증명한다.

먼저 $|G| = p^0$이면 $G = \{e\}$이므로 G는 가해군이고, 또한 $|G| = p^1$이면 G는 위수 p인 순환군이므로 G는 가해군이다(보기 7.3.1).

다음에 $|G| \geq p^2$ 라 하고 그 위수가 $|G|$ 보다 작은 유한 p-군이 모두 가해군이라고 하자. 이 때, 정리 2.14.12 에 의하여 $\{e\} \subsetneqq Z(G) \lhd G$ 이므로 $p \,\Big|\, |Z(G)|$ 이다. 한편, $Z(G)$ 는 Abel 군이므로 $Z(G)$ 는 가해군이며

$$|G/Z(G)| = \frac{|G|}{|Z(G)|} < |G|$$

이고 또 $G/Z(G)$ 는 유한 p-군이므로 귀납법 가정에 의하여 $G/Z(G)$ 는 가해군이다. 그러므로 정리 7.3.9 에 의하여 G 는 가해군이다.

정리 7.3.11 대칭군 S_n 과 교대군 A_n 에 대하여 다음이 성립한다.

(1) $n \geq 3$ 일 때, $S_n{}' = A_n$ 이다.

(2) $n \geq 5$ 일 때, 모든 i $(i \geq 1)$ 에 대하여 $S_n{}^{(i)} = A_n{}^{(i)} = A_n \neq \{1\}$ 이고 따라서 S_n 과 A_n 은 가해군이 아니다.

증명 (1) 잉여군 S_n/A_n 는 Abel 군이므로 $S_n{}' \subseteq A_n$ 이다(정리 7.3.1). 그리고 $n \geq 3$ 일 때, 서로 다른 세 문자 i, j, k 에 대하여

$$[(i\ j), (i\ k)] = (i\ j)^{-1} \circ (i\ k)^{-1} \circ (i\ j) \circ (i\ k) = (i\ j\ k)$$

이므로 $(i\ j\ k) \in S_n{}'$ 이다. 따라서 S_n 의 모든 3항 순환치환은 $S_n{}'$ 에 속하므로, 정리 2.12.5 에 의하여 $A_n \subseteq S_n{}'$ 이다. 그러므로 $S_n{}' = A_n$ 이다.

(2) $n \geq 5$ 일 때, 서로 다른 5개의 문자 i, j, k, r, s 에 대하여 3항 순환치환 $\sigma = (i\ s\ j)$, $\tau = (i\ r\ k)$ 는 A_n 에 속하고

$$\begin{aligned}[\sigma, \tau] &= \sigma^{-1} \circ \tau^{-1} \circ \sigma \circ \tau \\ &= (i\ j\ s) \circ (i\ k\ r) \circ (i\ s\ j) \circ (i\ k\ r)^{-1} \\ &= (i\ j\ s) \circ (k\ s\ j) = (i\ j\ k)\end{aligned}$$

이므로 $(i\ j\ k) \in A_n{}'$ 이고. 따라서 모든 3항 순환치환은 $A_n{}'$ 에 속하므로 정리 2.12.5 에 의하여 $A_n \subseteq A_n{}' \subseteq A_n$ 이고 따라서 $A_n{}' = A_n$ 이다.

한편, (1) 에 의하여 $S_n{}' = A_n$ 이므로 $S_n{}' = A_n = A_n{}'$ 이고 따라서 모든 i $(i \geq 1)$ 에 대하여 $S_n{}^{(i)} = A_n{}^{(i)} = A_n \neq \{1\}$ 이다.

그러므로 S_n 과 A_n 은 가해군이 아니다(정리 7.3.6).

보기 7.3.2 정리 7.3.11 에 의하여 $S_4^{(1)} = A_4$ 이고 A_4 의 정규부분군

$$V_4 = \{1, (1\ 2)\circ(3\ 4), (1\ 3)\circ(2\ 4), (1\ 4)\circ(2\ 3)\}$$

에 대하여 $A_4/V_4 \cong C_3$ 이므로 $A_4' \subseteq V_4$ 이다(정리 7.3.1). 한편,

$$[(1\ 2\ 3), (1\ 2\ 4)] = (1\ 3\ 2)\circ(1\ 3\ 4) = (1\ 2)\circ(3\ 4),$$
$$[(1\ 3\ 2), (1\ 3\ 4)] = (1\ 2\ 3)\circ(1\ 2\ 4) = (1\ 3)\circ(2\ 4),$$
$$[(1\ 4\ 3), (1\ 4\ 2)] = (1\ 3\ 4)\circ(1\ 3\ 2) = (1\ 4)\circ(2\ 3)$$

이므로 $V_4 \subseteq A_4'$ 이다. 그러므로 $A_4' = V_4$ 이다.

따라서 $S_4^{(1)} = A_4$, $S_4^{(2)} = V_4$, $S_4^{(3)} = \{1\}$ 이므로 S_4 는 가해군이다.

Feit 와 Thomson 이 증명한 정리에 의하면, 위수가 홀수인 유한군은 모두 가해군이다([27], [31]). 이 결과와 정리 5.11.7 에 의하면, Abel 군이 아닌 유한 단순군의 위수는 짝수이다.

군의 中心列과 冪零群에 대해서는 '해설 703'에서 논하기로 한다.

연 습 문 제 (7.3)

*1. 군 $G\ (\neq \{e\})$ 가 가해군일 때, 다음이 성립함을 증명하여라.

(1) $G' \neq G$

(2) 군 G 에는 Abel 군인 정규부분군 $N\ (\neq \{e\})$ 이 존재한다.

2. 위수 $2n$ 인 정이면체군 $D_n = \langle \sigma, \tau \rangle$ 의 교환자군열을 구하여라. 그리고, D_n 이 가해군임을 밝혀라.

*3. 유한군 G 의 위수가 20 일 때, G 의 Sylow 5-부분군은 정규부분군임을 밝히고, 또 G 는 가해군임을 증명하여라.

4. 유한군 G 의 위수가 다음과 같을 때, G 는 가해군임을 증명하여라.

(1) $|G| = 2^3 \cdot 11$ (2) $|G| = 459$

§7.4 선형사상과 선형변환

이 절에서는, 벡터공간 사이의 선형사상에 대하여 간단히 논한다.
이 절의 정리에 대한 자세한 증명은 [2] 의 제 3 장을 참조하기 바란다.

정의 7.4.1 체 F 위의 벡터공간 V, W에 대하여 사상 $T : V \longrightarrow W$가 다음 두 조건을 만족시킬 때, T를 V에서 W로의 **선형사상**(linear map) 또는 **F-준동형사상**(F-homomorphism)이라고 한다.

(i) $T(v_1+v_2) = T(v_1) + T(v_2) \qquad (v_1, v_2 \in V)$

(ii) $T(a\,v) = a\,T(v) \qquad (a \in F,\ v \in V)$

특히, V 에서 V 자신으로의 선형사상 $T : V \longrightarrow V$ 를 V 위의 **선형변환**(linear transformation) 또는 **線型作用素**(linear operator)라고 한다.

체 F 위의 벡터공간 V, W 에 대하여 선형사상 $T : V \longrightarrow W$가 일대일 대응일 때, T 를 (**벡터공간**) **동형사상** 또는 **F-동형사상**이라고 한다. 또한, V 에서 W 위로의 동형사상이 존재할 때, V 와 W 는 **동형인** 벡터공간이라 하고 이 사실을 $V \cong W$ 로 나타낸다.

선형사상 $T : V \longrightarrow W$ 는 덧셈군 $(V, +)$ 에서 덧셈군 $(W, +)$ 로의 준동형사상이므로 다음 두 정리가 성립한다(정리 2.8.2, 정리 2.8.3 참조).

정리 7.4.2 체 F 위의 벡터공간V, W, U에 대하여 다음이 성립한다.

(1) 항등사상 $1_V : V \longrightarrow V$ 는 동형사상이다.

(2) 사상 $T : V \longrightarrow W$가 동형사상이면, T의 역사상 $T^{-1} : W \longrightarrow V$ 는 동형사상이고 $(T^{-1})^{-1} = T$ 이다.

(3) 사상 $T : V \longrightarrow W, S : W \longrightarrow U$가 선형사상이면, $S \circ T : V \longrightarrow U$ 는 선형사상이다. 특히, $T : V \longrightarrow W$, $S : W \longrightarrow U$가 모두 동형사상이면, $S \circ T : V \longrightarrow U$ 는 동형사상이다.

정리 7.4.3 체 F 위의 벡터공간에 대한 동형관계는 동치관계이다. 즉, 체 F 위의 벡터공간 V, W, U 에 대하여 다음이 성립한다.

(1) $V \cong V$

(2) $V \cong W$ 이면, $W \cong V$ 이다.

(3) $V \cong W$, $W \cong U$ 이면, $V \cong U$ 이다.

군의 경우와 마찬가지로 다음 두 정리가 성립한다(정리 2.8.12, 정리 2.10.1).

정리 7.4.4 체 F 위의 벡터공간 V, W 에 대하여 사상 $T : V \longrightarrow W$ 가 선형사상일 때, 임의의 $v, v_1, \cdots, v_n \in V$ 과 $a_1, \cdots, a_n \in F$ 에 대하여 다음이 성립한다.

(1) $T(0) = 0,\quad T(-v) = -T(v),\quad T(v_1 - v_2) = T(v_1) - T(v_2)$

(2) $T(a_1 v_1 + \cdots + a_n v_n) = a_1 T(v_1) + \cdots + a_n T(v_n)$

정리 7.4.5 체 F 위의 두 벡터공간 V, W 에 대하여 $T : V \longrightarrow W$ 가 선형사상일 때, 다음이 성립한다.

(1) V의 부분공간 U에 대하여 $T(U) = \{T(u) \mid u \in U\}$ 는 W 의 부분공간이다. 특히,

$$\operatorname{im} T = T(V) = \{T(v) \mid v \in V\}$$

는 W 의 부분공간이고 또 $T(U)$ 는 $T(V)$ 의 부분공간이다.

(2) $\ker T = \{v \in V \mid T(v) = 0\}$ 는 V 의 부분공간이다.

여기서 $\operatorname{im} T$ 를 T의 **像공간**(image, rank space) 이라 하고, 또 $\ker T$ 를 T 의 **핵**(kernel) 또는 **退化공간**(null space)이라고 한다.

증명 (1) 먼저 $T(0) = 0$ 이므로 $0 \in T(U) \neq \varnothing$ 이다.
또, 임의의 $u_1, u_2 \in U$ 와 $a \in F$ 에 대하여 $u_1 + u_2 \in U$, $a u_1 \in U$ 이고

$$T(u_1) + T(u_2) = T(u_1 + u_2) \in T(U),$$
$$a T(u_1) = T(a u_1) \in T(U)$$

이므로 $T(U)$ 는 W 의 부분공간이다.

(2) 분명히 $T(0) = 0$ 이므로 $0 \in \ker T \neq \varnothing$ 이다.

그리고 $v_1, v_2 \in \ker T$, $a \in F$ 이라고 하면,

$$T(v_1 + v_2) = T(v_1) + T(v_2) = 0 + 0 = 0,$$
$$T(a\,v_1) = a\,T(v_1) = a\,0 = 0$$

이므로 $v_1 + v_2$, $a\,v_1 \in \ker T$ 이다. 따라서 $\ker T$ 는 V 의 부분공간이다.

선형사상 T 의 상공간 $\mathrm{im}\,T$ 와 핵 $\ker T$ 는 각각 군 준동형사상으로서의 상, 핵과 일치하므로 정리 2.10.2 에 의하여 정리가 성립한다.

정리 7.4.6 체 F 위의 두 벡터공간 V, W 에 대하여 $T : V \longrightarrow W$ 가 선형사상일 때 다음이 성립한다.

(1) $\mathrm{im}\,T = W$ 일 때 그리고 이때에만 T 는 위로의 사상이다.

(2) $\ker T = \{0\}$ 일 때 그리고 이때에만 T는 일대일 사상이다.

정리 7.4.7 체 F 위의 벡터공간 V, W 에 대하여 사상 $T : V \longrightarrow W$ 가 선형사상일 때, 다음이 성립한다.

(1) T 가 일대일 사상이면, V 의 부분공간 U 에 대하여 $U \cong T(U)$ 이고 특히 $V \cong T(V) = \mathrm{im}\,T$ 이다.

(2) $V = \langle v_1, \cdots, v_n \rangle$ 이면, $T(V) = \langle T(v_1), \cdots, T(v_n) \rangle$ 이다.

(3) T 가 일대일 사상일 때, V 의 벡터 $v_1, \cdots, v_n \in V$ 이 일차독립이면 벡터 $T(v_1), \cdots, T(v_n) \in W$ 은 일차독립이다.

증명 (1) 정리 7.4.5 에 의하여 V 의 부분공간 U 에 대하여 $T(U)$ 는 W 의 부분공간이다.

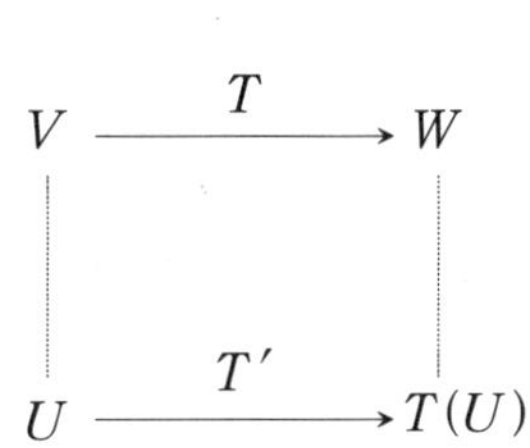

그런데, T 는 일대일 사상이므로 사상

$$T' : U \longrightarrow T(U),\ T'(u) = T(u)$$

는 동형사상이고 따라서 $U \cong T(U)$ 이다.

(2) $V = \{a_1 v_1 + \cdots + a_n v_n \mid a_1, \cdots, a_n \in F\}$ 이고

$$T(a_1 v_1 + \cdots + a_n v_n) = a_1 T(v_1) + \cdots + a_n T(v_n)$$

이므로, $T(V) = T(\langle v_1, \cdots, v_n \rangle) = \langle T(v_1), \cdots, T(v_n) \rangle$ 이다.

(3) 적당한 $a_1, \cdots, a_n \in F$ 에 대하여 $a_1 T(v_1) + \cdots + a_n T(v_n) = 0$ 이라고 가정하자. 이 때, $T(a_1 v_1 + \cdots + a_n v_n) = 0$ 이고 또 T 는 일대일 사상이므로 $a_1 v_1 + \cdots + a_n v_n = 0$ 이고 여기서 $v_1, \cdots, v_n$ 은 일차독립이므로 $a_1 = \cdots = a_n = 0$ 이다. 따라서 $T(v_1), \cdots, T(v_n)$ 은 일차독립이다.

정리 7.4.8 체 F 위의 두 유한차원 벡터공간 V, W 에 대하여 다음이 성립한다.

$$V \cong W \iff \dim_F V = \dim_F W$$

증명 먼저 $V \cong W$ 이면, 정리 7.4.7 에 의하여 $\dim_F V = \dim_F W$ 이다.

역으로, $\dim_F V = \dim_F W$ 일 때, $\mathscr{B} = \{v_1, \cdots, v_n\}$, $\mathscr{C} = \{w_1, \cdots, w_n\}$를 각각 V, W 의 기저라고 하면,

$$T : V \longrightarrow V, \quad T(\sum_{i=1}^{n} a_i v_i) = \sum_{i=1}^{n} a_i w_i$$

는 동형사상이고 따라서 $V \cong W$ 임을 알 수 있다.

유한차원 벡터공간의 기저에 속해 있는 벡터의 순서까지 고려하는 경우에 이 기저를 **순서 기저**(ordered basis) 라고 한다.

정의 7.4.9 체 F 위의 n 차원 벡터공간 V 에서 $\mathscr{B} = \{v_1, \cdots, v_n\}$ 가 V 의 순서 기저일 때, 각 벡터 $v \in V$ 는 단 한 가지 방법으로

$$v = a_1 v_1 + \cdots + a_n v_n \qquad (a_1, \cdots, a_n \in F)$$

의 꼴로 나타내어진다(정리 3.14.12). 이 때, $(a_1, \cdots, a_n) \in F^n$ 을 기저 $\mathscr{B}$ 에 관한 v 의 **좌표벡터**(coordinate vector)라 하고 $(v)_{\mathscr{B}}$ 로 나타낸다.

즉, $\quad (v)_{\mathscr{B}} = (a_1, \cdots, a_n) \iff v = a_1 v_1 + \cdots + a_n v_n$

정리 7.4.10 체 F 위의 유한차원 벡터공간 V에 대하여 다음이 성립한다.

$$V \cong F^n \iff \dim_F V = n, \qquad F^m \cong F^n \iff m = n$$

증명 체 F 위의 벡터공간 F^n 은 n 차원 벡터공간이므로 정리 7.4.8 에 의하여 정리가 성립한다. 특히, $\dim_F V = n$ 일 때, $\mathscr{B} = \{v_1, \cdots, v_n\}$ 를 V 의 순서 기저라 하고 $\mathscr{C} = \{e_1, \cdots, e_n\}$ 를 벡터공간 F^n 의 표준기저라고 하면, V 의 임의의 벡터 $v = a_1 v_1 + \cdots + a_n v_n$ 에 대하여

$$(v)_{\mathscr{B}} = (a_1, \cdots, a_n) = a_1 e_1 + \cdots + a_n e_n$$

이므로 사상

$$\phi_{\mathscr{B}} : V \longrightarrow F^n, \quad \phi_{\mathscr{B}}(v) = (v)_{\mathscr{B}}$$

는 동형사상이다.

정리 7.4.11 체 F 위의 벡터공간 V, W 에서 $\dim_F V = n$ 일 때, 선형사상 $T : V \longrightarrow W$ 에 대하여

$$n(T) = \dim_F \ker T, \qquad r(T) = \dim_F \operatorname{im} T$$

이라고 하면 $n(T) + r(T) = n = \dim_F V$ 이다.

여기서 $n(T)$, $r(T)$ 를 T 의 **退化차수**(nullity), **계급수**(rank)라고 한다.

증명 핵 $\ker T$ 는 n 차원 벡터공간 V의 부분공간이므로 $\ker T$ 는 유한차원 부분공간이고 또 $0 \leq n(T) \leq n$ 이다.

먼저 $n(T) = 0$ 인 경우에는, $\ker T = \{\mathbf{0}\}$ 이므로 정리 7.4.7 에 의하여 $V \cong \operatorname{im} T$ 이고 따라서 정리 7.4.8 에 의하여 $r(T) = \dim_F \operatorname{im} T = n$ 이므로 $n(T) + r(T) = 0 + n = n$ 이다.

그리고, $n(T) = n$ 인 경우에는, 분명히 $\ker T = V$, $\operatorname{im} T = \{\mathbf{0}\}$ 이므로 $r(T) = 0$ 이고 따라서 $n(T) + r(T) = n + 0 = n$ 이다.

다음에 $1 \leq n(T) < n$ 인 경우에 $n(T) = m$ 이라 하고 $\{w_1, \cdots, w_m\}$ 을 $\ker T$의 기저라고 하자. 이 때, 이 집합에 r 개의 벡터 $u_1, \cdots, u_r$를 첨가하여 V의 기저 $\mathscr{B} = \{w_1, \cdots, w_m, u_1, \cdots, u_r\}$ 를 얻을 수 있다(정리 3.14.16). 한편, 정리 7.4.7 에 의하여 다음이 성립한다.

$$\begin{aligned}\operatorname{im} T &= \langle T(w_1), \cdots, T(w_m), T(u_1), \cdots, T(u_r) \rangle \\ &= \langle 0, \cdots, 0, T(u_1), \cdots, T(u_r) \rangle = \langle T(u_1), \cdots, T(u_r) \rangle\end{aligned}$$

이제 적당한 $b_1, \cdots, b_r \in F$ 에 대하여 다음이 성립한다고 가정하자.

$$b_1 T(u_1) + \cdots + b_r T(u_r) = 0 \quad \text{즉} \quad T(b_1 u_1 + \cdots + b_r u_r) = 0$$

이 때, $b_1 u_1 + \cdots + b_r u_r \in \ker T$이므로 적당한 $a_1, \cdots, a_m \in F$ 에 대하여

$$b_1 u_1 + \cdots + b_r u_r = a_1 w_1 + \cdots + a_m w_m,$$
$$a_1 w_1 + \cdots + a_m w_m + (-b_1) u_1 + \cdots + (-b_r) u_r = 0$$

이므로 $a_1 = \cdots = a_m = 0, \quad b_1 = \cdots = b_r = 0$ 이다.

따라서 $T(u_1), \cdots, T(u_r)$ 는 일차독립이다.

그러므로 $\{T(u_1), \cdots, T(u_r)\}$ 는 $\operatorname{im} T$ 의 기저이므로 $r(T) = r$ 이다. 또, $n(T) = m$ 이므로 $n(T) + r(T) = m + r = n$ 이다.

연 습 문 제 (7.4)

1. 체F 위의 두 벡터공간 V, W 에서 $\dim_F V = \dim_F W = n$ 일 때, 선형사상 $T : V \longrightarrow W$ 에 대하여 다음 세 조건은 서로 동치임을 증명하여라.

(1) T는 동형사상이다.

(2) T는 일대일 사상이다. 즉, $\ker T = \{0\}$이다.

(3) T는 위로의 사상이다. 즉, $\operatorname{im} T = W$ 이다.

2. 체 F 위의 두 벡터공간 V, W 에서 $\dim_F V = \dim_F W = n$ 일 때, 선형사상 $T : V \longrightarrow W$ 에 대하여 다음이 성립함을 증명하여라.

(1) $S \circ T = 1_V$ 인 선형사상 $S : W \longrightarrow V$ 가 존재하면, T 는 동형사상이다.

(2) $T \circ S = 1_W$ 인 선형사상 $S : W \longrightarrow V$ 가 존재하면, T 는 동형사상이다.

***3.** 체 F 위의 벡터공간 V, W, U 가 모두 유한차원 벡터공간일 때, 선형사상 $T : V \longrightarrow W$, $S : W \longrightarrow U$ 에 대하여 다음이 성립함을 증명하여라.

(1) $r(S \circ T) \le r(S)$ 이고, 특히 $\operatorname{im} T = W$ 이면 $r(S \circ T) = r(S)$ 이다.

(2) $r(S \circ T) \le r(T)$ 이고, 특히 $\ker S = \{0\}$ 이면 $r(S \circ T) = r(T)$ 이다.

§7.5 벡터공간의 부분공간

체 F 위의 n차원 벡터공간 $F^n = \{(x_1, \cdots, x_n) \mid x_1, \cdots, x_n \in F\}$ 에서 영벡터가 아닌 벡터 $(a_1, \cdots, a_n)$ 에 대하여

$$\langle (a_1, \cdots, a_n) \rangle = \{ k(a_1, \cdots, a_n) \mid k \in F \}$$

는 F^n 의 1차원 부분공간이고 또 F^n 의 1차원 부분공간은 모두 이와 같은 꼴로 나타내어진다. 그리고, 벡터공간 F^n 의 영벡터가 아닌 두 벡터 $(a_1, \cdots, a_n)$, $(b_1, \cdots, b_n)$ 에 대하여 다음이 성립한다.

$$\langle (a_1, \cdots, a_n) \rangle = \langle (b_1, \cdots, b_n) \rangle$$

$\Longleftrightarrow$ 적당한 $k \in F - \{0\}$ 에 대하여

$$(b_1, \cdots, b_n) = k(a_1, \cdots, a_n)$$

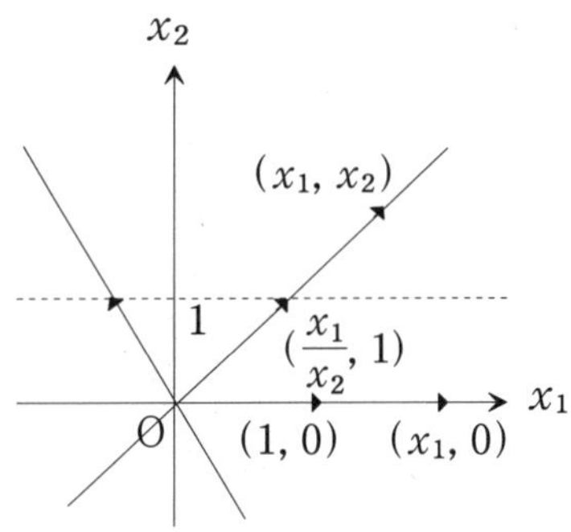

특히, 체 F 위의 2차원 벡터공간

$$F^2 = \{(x_1, x_2) \mid x_1, x_2 \in F\}$$

에서 벡터$(a_1, a_2) \neq (0, 0)$ 에 대하여

$$\langle (a_1, a_2) \rangle = \{ k(a_1, a_2) \mid k \in F \}$$

는 F^2 의 1차원 부분공간이고 또 F^2 의 1차원 부분공간은 모두 이와 같은 꼴로 나타내어진다. 그리고, F^2 의 벡터 $(x_1, x_2) \neq (0, 0)$ 에 대하여

$$\langle (x_1, x_2) \rangle = \begin{cases} \langle (\frac{x_1}{x_2}, 1) \rangle & (x_2 \neq 0 \text{ 인 경우}) \\ \langle (1, 0) \rangle & (x_2 = 0 \text{ 인 경우}) \end{cases}$$

이므로, F^2 의 1차원 부분공간은 단 한 가지 방법으로

$$\langle (x, 1) \rangle \quad (x \in F) \qquad \text{또는} \qquad \langle (1, 0) \rangle$$

으로 나타내어진다.

특히, Galois 체 $\mathbb{F}_q$ 위의 2차원 벡터공간 ${\mathbb{F}_q}^2$ 에는 $q+1$ 개의 1차원 부분공간이 존재한다.

보기 7.5.1 체 $\mathbb{F}_2=\{0, 1\}$ 위의 2차원 벡터공간

$$\mathbb{F}_2{}^2=\{(0, 0), (0, 1), (1, 0), (1, 1)\}$$

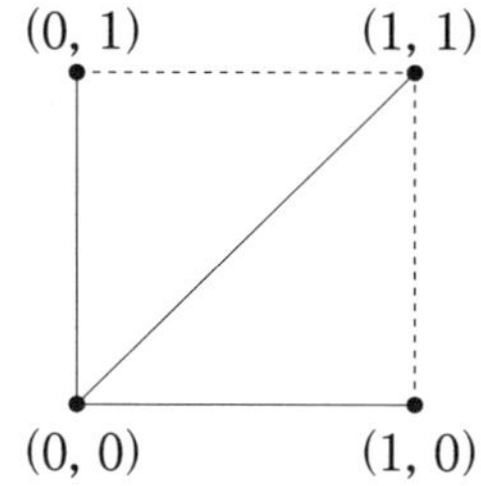

에는 다음과 같은 3개의1차원 부분공간이 존재한다.

$$\langle (0, 1)\rangle=\{(0, 0), (0, 1)\},$$
$$\langle (1, 1)\rangle=\{(0, 0), (1, 1)\},$$
$$\langle (1, 0)\rangle=\{(0, 0), (1, 0)\}$$

보기 7.5.2 체 $\mathbb{F}_3=\{0, 1, 2\}$ 위의 2차원 벡터공간

$$\mathbb{F}_3{}^2=\{(0, 0), (0, 1), (0, 2), (1, 0), (1, 1), (1, 2), (2, 0), (2, 1), (2, 2)\}$$

에는 다음과 같은 4개의 1차원 부분공간이 존재한다.

$$\langle (0, 1)\rangle=\{(0, 0), (0, 1), (0, 2)\}=\langle (0, 2)\rangle,$$
$$\langle (1, 1)\rangle=\{(0, 0), (1, 1), (2, 2)\}=\langle (2, 2)\rangle,$$
$$\langle (2, 1)\rangle=\{(0, 0), (2, 1), (1, 2)\}=\langle (1, 2)\rangle,$$
$$\langle (1, 0)\rangle=\{(0, 0), (1, 0), (2, 0)\}=\langle (2, 0)\rangle$$

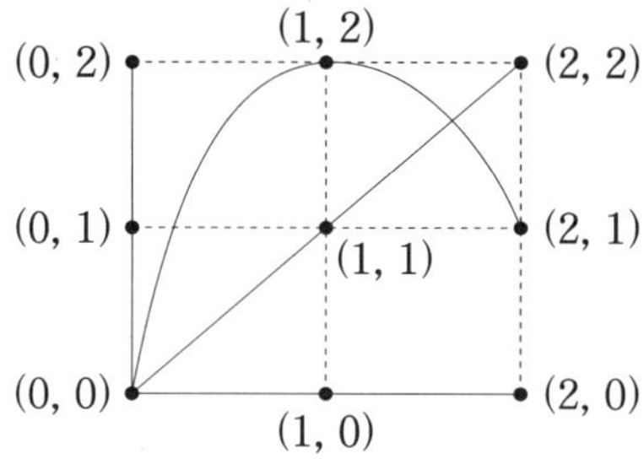

다음에 체 F 위의 3차원 벡터공간 $F^3=\{(x_1, x_2, x_3) \mid x_1, x_2, x_3 \in F\}$ 에서 벡터 $(a_1, a_2, a_3) \neq (0, 0, 0)$ 에 대하여

$$\langle (a_1, a_2, a_3)\rangle=\{k(a_1, a_2, a_3) \mid k \in F\}$$

는 벡터공간 F^3 의 1차원 부분공간이고 또 F^3 의 1차원 부분공간은 모두 이와 같은 꼴로 나타내어진다. 그리고, 체 F 위의 동차일차방정식

$$a_1x_1+a_2x_2+a_3x_3=0$$

의 해공간을 $[(a_1, a_2, a_3)]$ 라고 하면, $[(a_1, a_2, a_3)]$ 는 F^3 의 2차원 부분공간이고 F^3 의 2차원 부분공간은 모두 이와 같은 꼴로 나타내어진다.

더욱이, 벡터공간 F^3 의 영벡터가 아닌 벡터 (a_1, a_2, a_3), (b_1, b_2, b_3) 에 대하여 다음이 성립한다.

$$\begin{aligned}&\langle (a_1, a_2, a_3) \rangle = \langle (b_1, b_2, b_3) \rangle \\ \Longleftrightarrow\ &\text{적당한 } k \in F - \{0\} \text{ 에 대하여 } (b_1, b_2, b_3) = k(a_1, a_2, a_3) \\ \Longleftrightarrow\ &[(a_1, a_2, a_3)] = [(b_1, b_2, b_3)]\end{aligned}$$

따라서 F^3 의 벡터 $(x_1, x_2, x_3) \neq (0, 0, 0)$ 에 대하여

$$\langle (x_1, x_2, x_3) \rangle = \begin{cases} \langle (\frac{x_1}{x_3}, \frac{x_2}{x_3}, 1) \rangle & (x_3 \neq 0 \text{ 인 경우}) \\ \langle (\frac{x_1}{x_2}, 1, 0) \rangle & (x_3 = 0,\ x_2 \neq 0 \text{ 인 경우}) \\ \langle (1, 0, 0) \rangle & (x_3 = x_2 = 0,\ x_1 \neq 0 \text{ 인 경우}) \end{cases}$$

이므로 $\langle (x_1, x_2, x_3) \rangle$는 단 한 가지 방법으로

$$\begin{aligned}&\langle (x, y, 1) \rangle && (x, y \in F), \\ &\langle (x, 1, 0) \rangle && (x \in F), \\ &\langle (1, 0, 0) \rangle\end{aligned}$$

와 같은 꼴로 나타내어진다. 또, 벡터공간 F^3 의 2 차원 부분공간 $[(a_1, a_2, a_3)]$ 에 대해서도 마찬가지이다.

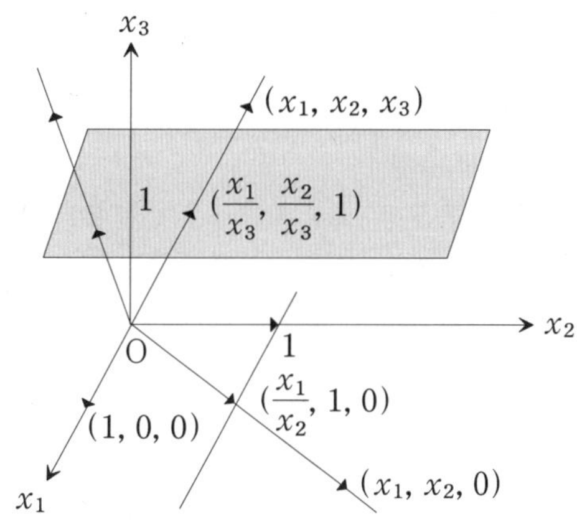

특히, Galois 체 $\mathbb{F}_q$ 위의 벡터공간 ${\mathbb{F}_q}^3$ 에는 $q^2 + q + 1$ 개의 1 차원 부분공간과 $q^2 + q + 1$ 개의 2 차원 부분공간이 존재한다.

보기 7.5.3 체 $\mathbb{F}_2 = \{0, 1\}$ 위의 3 차원 벡터공간

$$\begin{aligned}{\mathbb{F}_2}^3 = \{&(0, 0, 0), (0, 0, 1), (0, 1, 0), (0, 1, 1), \\ &(1, 0, 0), (1, 0, 1), (1, 1, 0), (1, 1, 1)\}\end{aligned}$$

에는 다음과 같은 7 개의 1 차원 부분공간과 7 개의 2 차원 부분공간이 존재한다.

$\langle (0,0,1) \rangle = \{(0,0,0), (0,0,1)\}$,
$\langle (0,1,0) \rangle = \{(0,0,0), (0,1,0)\}$,
$\langle (0,1,1) \rangle = \{(0,0,0), (0,1,1)\}$,
$\langle (1,0,0) \rangle = \{(0,0,0), (1,0,0)\}$,
$\langle (1,0,1) \rangle = \{(0,0,0), (1,0,1)\}$,
$\langle (1,1,0) \rangle = \{(0,0,0), (1,1,0)\}$,
$\langle (1,1,1) \rangle = \{(0,0,0), (1,1,1)\}$

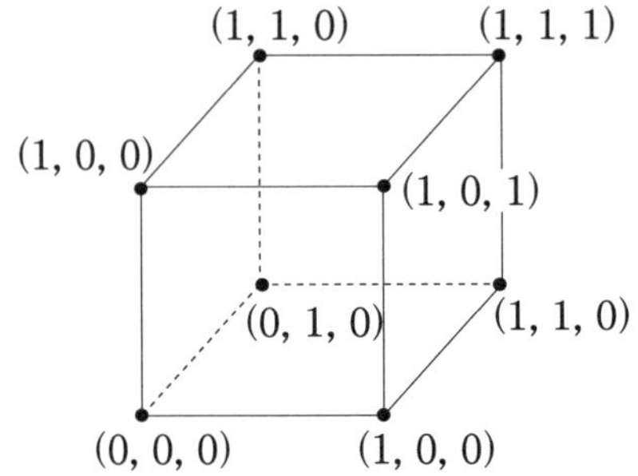

$$[(1,0,0)] = \{(0,0,0), (0,0,1), (0,1,0), (0,1,1)\},$$
$$[(1,1,0)] = \{(0,0,0), (0,0,1), (1,1,0), (1,1,1)\},$$
$$[(1,0,1)] = \{(0,0,0), (0,1,0), (1,0,1), (1,1,1)\},$$
$$[(0,1,0)] = \{(0,0,0), (0,0,1), (1,0,0), (1,0,1)\},$$
$$[(0,1,1)] = \{(0,0,0), (0,1,1), (1,0,0), (1,1,1)\},$$
$$[(1,1,1)] = \{(0,0,0), (0,1,1), (1,0,1), (1,1,0)\},$$
$$[(0,0,1)] = \{(0,0,0), (0,1,0), (1,0,0), (1,1,0)\}$$

보기 7.5.4 체 $\mathbb{F}_3 = \{0, 1, 2\}$ 위의 3차원 벡터공간 $\mathbb{F}_3^{\,3}$에는 13개의 1차원 부분공간과 13개의 2차원 부분공간이 존재한다.

예를 들면, $\langle (0,1,2) \rangle$와 $[(0,1,2)]$는 다음과 같다.

$$\langle (0,1,2) \rangle = \{(0,0,0), (0,1,2), (0,2,1)\} = \langle (0,2,1) \rangle$$
$$[(0,1,2)] = \{(0,0,0), (0,1,1), (0,2,2), (1,0,0), (1,1,1), (1,2,2), (2,0,0), (2,1,1), (2,2,2)\}$$

그리고, $2 \cdot 2 + 0 \cdot 1 + 2 \cdot 1 = 0$이므로 $(2,0,2) \in [(2,1,1)]$이다.

정리 7.5.1 Galois 체 $\mathbb{F}_q$ 위의 벡터공간 V가 n차원 벡터공간일 때, 각 정수 r $(0 \le r \le n)$에 대하여 V의 r차원 부분공간 전체의 개수를 $N_r(n, q)$로 나타내면 다음이 성립한다.

$$N_r(n,q) = \frac{(q^n - 1)(q^{n-1} - 1) \cdots (q^{n-r+1} - 1)}{(q^r - 1)(q^{r-1} - 1) \cdots (q - 1)} = N_{n-r}(n,q)$$

$$N_1(n,q) = \frac{q^n - 1}{q - 1} = 1 + q + \cdots + q^{n-1} = N_{n-1}(n,q)$$

증명 벡터공간 V 의 0차원 부분공간은 $\{0\}$ 뿐이고 n 차원 부분공간은 V 뿐이므로 $N_0(n, q) = N_n(n, q) = 1$ 이다.

다음에 $1 \leq r \leq n$ 이라고 하자.

이 때, W 를 V 의 r 차원 부분공간이라 하고 또 $\{v_1, v_2, \cdots, v_r\}$ 를 W 의 순서 기저라고 하면, 벡터 $v_1, v_2, \cdots, v_r$ 는 일차독립이고

$$W = \langle v_1, \cdots, v_r \rangle = \{a_1 v_1 + \cdots + a_r v_r \mid a_1, \cdots, a_r \in \mathbb{F}_q\}$$

이므로 $|W| = q^r$ 이고, 특히 $|V| = q^n$ 이다.

한편, V 에서 r 개의 벡터 $v_1, v_2, \cdots, v_r$ 가 일차독립이기 위한 필요충분조건은 다음이 성립하는 것이다(정리 3.14.9).

$$v_1 \neq 0, \quad v_2 \notin \langle v_1 \rangle, \quad v_3 \notin \langle v_1, v_2 \rangle, \ \cdots, \ v_r \notin \langle v_1, v_2, \cdots, v_{r-1} \rangle$$

벡터공간 V 에서 $v_1 \in V - \{0\}$ 인 벡터 v_1 을 택하는 방법은 $q^n - 1$ 가지이고 또 v_1 에 대하여 $v_2 \in V - \langle v_1 \rangle$ 인 벡터 v_2 를 택하는 방법은 $q^n - q$ 가지이다. 이와 같이

$$v_1 \in V - \{0\}, \quad v_2 \in V - \langle v_1 \rangle, \ \cdots, \ v_r \in V - \langle v_1, v_2, \cdots, v_{r-1} \rangle$$

인 벡터 $v_1, v_2, \cdots, v_r$ 를 이 순서대로 택하는 방법은

$$(q^n - 1)(q^n - q) \cdots (q^n - q^{r-1})$$

가지이고, 이때 $\{v_1, v_2, \cdots, v_r\}$ 는 r 차원 부분공간 $W = \langle v_1, v_2, \cdots, v_r \rangle$ 의 순서 기저이다. 마찬가지로, r 차원 부분공간 W 에서 W 의 순서 기저를 택하는 방법의 개수는 다음과 같다.

$$(q^r - 1)(q^r - q) \cdots (q^r - q^{r-1})$$

따라서 V 의 r 차원 부분공간 전체의 개수 $N_r(n, q)$ 는 다음과 같다.

$$N_r(n, q) = \frac{(q^n - 1)(q^{n-1} - 1) \cdots (q^{n-r+1} - 1)}{(q^r - 1)(q^{n-1} - 1) \cdots (q - 1)}$$

이 등식은 $r = 0$, $r = n$ 인 경유에도 성립한다. 또, 위의 등식에 의하여

$$N_{n-r}(n, q) = \frac{(q^n - 1)(q^{n-1} - 1) \cdots (q^{n-(n-r)+1} - 1)}{(q^{n-r} - 1)(q^{n-r-1} - 1) \cdots (q - 1)}$$

$$= \frac{(q^n - 1)(q^{n-1} - 1) \cdots (q^{r+1} - 1)}{(q^{n-1} - 1)(q^{n-r-1} - 1) \cdots (q - 1)}$$

이고, 또

$$(q^n-1)(q^{n-1}-1)\cdots(q^{n-r+1}-1)(q^{n-r}-1)(q^{n-r-1}-1)\cdots(q-1)$$
$$=(q^n-1)(q^{n-1}-1)\cdots(q^{r+1}-1)(q^r-1)(q^{r-1}-1)\cdots(q-1)$$

이므로 다음 등식이 성립한다.

$$N_{n-r}(n,q)=\frac{(q^n-1)(q^{n-1}-1)\cdots(q^{n-r+1}-1)}{(q^r-1)(q^{r-1}-1)\cdots(q-1)}=N_r(n,q)$$

素數 p 와 양의 정수 n 에 대하여 위수 p^n 인 덧셈군

$$A=\mathbb{Z}_p{}^n=\mathbb{Z}_p\oplus\mathbb{Z}_p\oplus\cdots\oplus\mathbb{Z}_p$$

는 체 $\mathbb{Z}_p=\{0,1,\cdots,p-1\}$ 위의 n 차원 벡터공간으로 볼 수 있고, 이때 각 정수 r $(0\le r\le n)$ 에 대하여 A 의 위수 p^r 인 부분군은 r 차원 부분공간이므로 A 의 위수 p^r 인 부분군 전체의 개수는 다음과 같다.

$$N_r(n,p)=\frac{(p^n-1)(p^{n-1}-1)\cdots(p^{n-r+1}-1)}{(p^r-1)(p^{r-1}-1)\cdots(p-1)}=N_{n-r}(n,p),$$
$$N_1(n,p)=1+p+\cdots+p^{n-1}=N_{n-1}(n,p)$$

연 습 문 제 (7.5)

*1. 체 $\mathbb{F}_{11}=\{0,1,2,\cdots,10\}$ 위의 2차원 벡터공간 $\mathbb{F}_{11}{}^2$ 의 1차원 부분공간을 모두 구하여라.

2. 체 $\mathbb{F}_5=\{0,1,2,3,4\}$ 위의 2차원 벡터공간 $\mathbb{F}_5{}^2$ 의 1차원 부분공간을 모두 구하여라.

*3. 체 $\mathbb{F}_3=\{0,1,2\}$ 위의 3차원 벡터공간 $\mathbb{F}_3{}^3$ 의 1차원 부분공간을 모두 구하고 또 2차원 부분공간을 모두 구하여라.

4. Galois 체 $\mathbb{F}_q$ 위의 4차원 벡터공간 $\mathbb{F}_q{}^4$ 에서 1차원 부분공간과 2차원 부분공간, 3차원 부분공간의 개수를 구하여라.

§7.6 벡터공간의 동형정리

이 절에서는, 군과 환의 경우와 마찬가지로 벡터공간에 대한 동형정리와 대응정리에 대하여 논한다.

정리 7.6.1 체 F 위의 벡터공간 V 에서 W 가 V 의 부분공간일 때, 집합

$$V/W = \{v+W \mid v \in V\}$$

는 다음과 같이 정의된 연산에 관하여 체 F 위의 벡터공간을 이룬다.

$$v_1+W = v_2+W \iff v_1-v_2 \in W,$$
$$(v_1+W) + (v_2+W) = (v_1+v_2)+W,$$
$$a(v+W) = av+W \qquad (a \in F)$$

이와 같이 정의된 벡터공간 V/W 를 V 의 W 에 의한 **剩餘空間** 또는 **因子 空間**(factor space) 또는 **商空間**(quotient space)이라고 한다.

증명 먼저 V/W 는 덧셈에 관하여 덧셈군을 이룬다(정의 2.9.12). 또한, 위에서와 같은 스칼라 곱셈은 잘 정의된다.

실제로, $v_1+W = v_2+W$ 이면, $v_1-v_2 \in W$ 이므로

$$av_1 - av_2 = a(v_1-v_2) \in W \quad 즉 \quad av_1+W = av_2+W$$

이고 따라서 $a(v_1+W) = a(v_2+W)$ 이다.

그리고, 정의 3.14.1 의 SM.1 ~ SM.4 가 성립하므로 V/W 는 체 F 위의 벡터공간이다.

정리 7.6.2 체 F 위의 벡터공간 V 에서 W 가 V 의 부분공간일 때,

$$\pi : V \longrightarrow V/W, \quad \pi(v) = v+W$$

는 선형사상이고 또 $\text{im}\ T = V/W$, $\ker T = W$ 이다.

선형사상 π 를 V 에서 잉여공간 V/W 위로의 **표준준동형사상** 또는 **자연준동형사상**이라고 한다.

증명 임의의 $v_1, v_2 \in V$ 와 $a \in F$ 에 대하여

$$\begin{aligned}\pi(v_1+v_2) &= v_1+v_2+W \\ &= (v_1+W)+(v_2+W) = \pi(v_1)+\pi(v_2), \\ \pi(a\,v_1) &= a\,v_1+W = a(v_1+W) = a\,\pi(v_1)\end{aligned}$$

이므로 π 는 선형사상이고 $\mathrm{im}\,\pi = V/W$, $\ker \pi = W$ 이다(정리 2.10.3).

정리 7.6.3 체 F 위의 벡터공간 V 에서 W 가 V 의 부분공간일 때, U 가 $W \subseteq U$ 인 V 의 부분공간이면 $U/W = \{u+W \mid u \in U\}$ 는 잉여공간 V/W 의 부분공간이다.

증명 표준준동형사상 $\pi : V \longrightarrow V/W$ 는 선형사상이고 또

$$\begin{aligned}\pi(V) &= V/W, \\ \pi(U) &= \{u+W \mid u \in U\} = U/W\end{aligned}$$

이므로 정리가 성립한다(정리 7.4.5).

정리 7.6.4 (제 1 동형정리) 체 F 위의 두 벡터공간 V, V' 에 대하여 $T : V \longrightarrow V'$ 가 선형사상일 때, $W = \ker T$ 이라고 하면 W 는 V 의 부분공간이고 또 다음이 성립한다.

$$V/W \cong \mathrm{im}\ T = T(V)$$

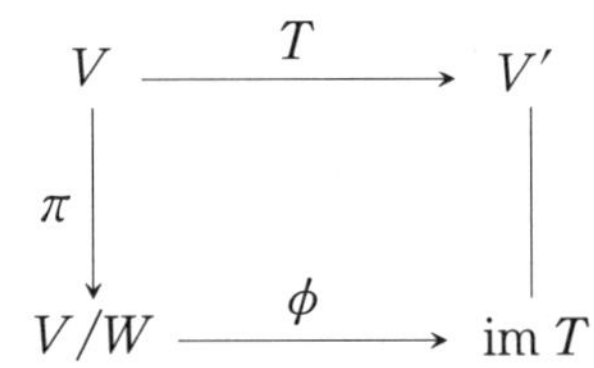

실제로,

$$\phi : V/W \longrightarrow \mathrm{im}\ T, \quad \phi(v+W) = T(v)$$

는 동형사상이다.

증명 먼저 W 는 V 의 부분공간이다(정리 7.4.5).

그리고, 임의의 $v_1, v_2 \in V$ 에 대하여

$$\begin{aligned}v_1+W = v_2+W &\iff v_1 - v_2 \in W \\ &\iff T(v_1-v_2) = 0 \iff T(v_1) = T(v_2) \\ &\iff \phi(v_1+W) = \phi(v_2+W)\end{aligned}$$

이므로 ϕ 는 잘 정의된 사상이고 또 일대일 사상이다.

그리고, 임의의 $v_1, v_2 \in V$ 와 $a \in F$ 에 대하여

$$\phi((v_1+W) + (v_2+W)) = \phi(v_1+W) + \phi(v_2+W),$$
$$\phi(a(v_1+W)) = a\,\phi(v_1+W)$$

이고 $\operatorname{im}\phi = \operatorname{im}T$ 이므로 ϕ 는 동형사상이고, 따라서 $V/W \cong \operatorname{im}T$ 이다.

다음 네 정리의 증명은 각각 정리 2.10.8, 따름정리 2.10.9, 정리 2.10.10, 정리 2.10.11 에 대한 증명과 유사하다('해설 706' 참조).

정리 7.6.5 (대응정리) 체 F 위의 두 벡터공간 V, V' 에 대하여 사상 $T : V \longrightarrow V'$ 가 V 에서 V' 위로의 선형사상일 때, 즉 $T(V) = V'$ 일 때, $W = \ker T$ 이라고 하면 다음이 성립한다.

(1) V 의 부분공간 U 에 대하여 $T(U)$ 는 V' 의 부분공간이다.

(2) V' 의 부분공간 U' 에 대하여 U' 의 原象을

$$T^{-1}(U') = \{u \in V \mid T(u) \in U'\}$$

이라고 하면, $T^{-1}(U')$ 은 V 의 부분공간이고 또 $W \subseteq T^{-1}(U')$ 이다.

(3) V 의 부분공간 U 에 대하여 $T^{-1}(T(U)) = U+W$ 이다.

특히 $W \subseteq U$ 이면, $T^{-1}(T(U)) = U$ 이다.

그리고, V' 의 부분공간 U' 에 대하여 $T(T^{-1}(U')) = U'$ 이다.

(4) $W \subseteq U$ 인 V 의 부분공간 U 전체의 집합을 $\mathscr{X}$ 라 하고 V' 의 부분공간 U' 전체의 집합을 $\mathscr{Y}$ 라고 할 때, 다음 두 사상은 일대일 대응이다.

$$\Phi : \mathscr{X} \longrightarrow \mathscr{Y}, \quad \Phi(U) = T(U),$$
$$\Psi : \mathscr{Y} \longrightarrow \mathscr{X}, \quad \Psi(U') = T^{-1}(U')$$

따름정리 7.6.6 체 F 위의 벡터공간 V 에서 W 가 V 의 부분공간일 때, $W \subseteq U$ 인 V 의 부분공간 U 에 대하여

$$U/W = \{u+W \mid u \in U\}$$

는 잉여공간 V/W 의 부분공간이고 또 잉여공간 V/W 의 부분공간은 모두 이와 같은 꼴이다.

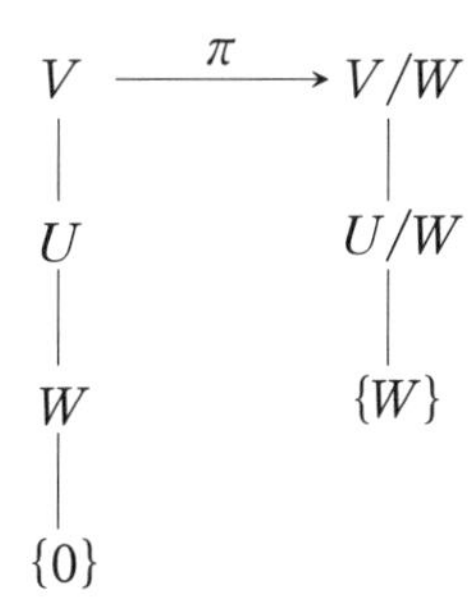

정리 7.6.7 (제 2 동형정리) 체 F 위의 벡터공간 V 에서 V 의 두 부분공간 W_1, W_2 에 대하여 다음이 성립한다.

$$W_1/(W_1 \cap W_2) \cong (W_1+W_2)/W_2$$

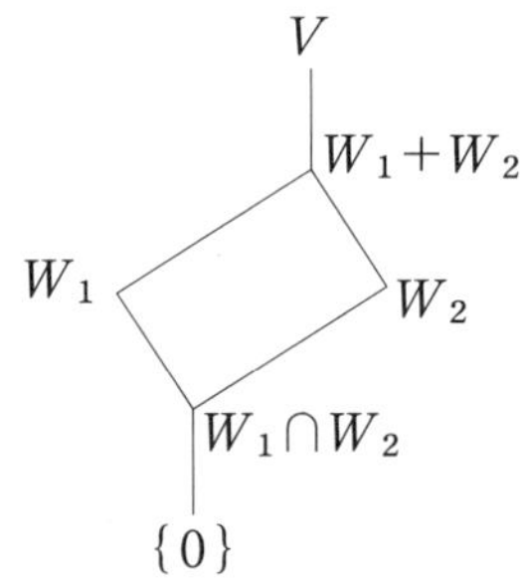

정리 7.6.8 (제 3 동형정리) 체 F 위의 벡터공간 V 에서 V 의 두 부분공간 W, U 에 대하여 $W \subseteq U$ 일 때, U/W 는 잉여공간 V/W 의 부분공간이고 또 $\dfrac{V/W}{U/W} \cong V/U$ 이다.

정리 7.6.9 체 F 위의 벡터공간 V 가 유한차원 벡터공간일 때, V 의 임의의 부분공간 W 에 대하여 $\dim_F W + \dim_F V/W = \dim_F V$ 이다.

실제로, W 의 기저 $\mathscr{C} = \{w_1, \cdots, w_m\}$ 에 적당한 벡터 $u_1, \cdots, u_r$ 를 첨가하여 만든 집합 $\mathscr{B} = \{w_1, \cdots, w_m\} \cup \{u_1, \cdots, u_r\}$ 를 V 의 기저라고 하면, $\{u_1+W, \cdots, u_r+W\}$ 는 잉여공간 V/W 의 기저이다.

증명 표준준동형사상 $\pi : V \longrightarrow V/W$ 는 선형사상이고 또 $\ker \pi = W$, $\operatorname{im} \pi = V/W$ 이므로 정리 7.4.11 에 의하여 정리가 성립한다.

정리 7.6.10 체 F 위의 유한차원 벡터공간 V 에서 V 의 두 부분공간 W_1, W_2 에 대하여 다음 등식이 성립한다.

$$\dim_F (W_1+W_2) = \dim_F W_1 + \dim_F W_2 - \dim_F (W_1 \cap W_2)$$

증명 제 2 동형정리에 의하여

$$W_1/(W_1 \cap W_2) \cong (W_1+W_2)/W_2$$

이므로 정리 7.4.8 과 정리 7.6.9 에 의하여

$$\dim_F W_1/(W_1 \cap W_2) = \dim_F (W_1+W_2)/W_2,$$

$$\dim_F W_1 - \dim_F (W_1 \cap W_2) = \dim_F (W_1+W_2) - \dim_F W_2$$

이고 따라서 정리의 등식이 성립한다.

§7.7 선형변환 다원환

두 벡터공간 사이의 선형사상에 대하여 다음이 성립한다.

정리 7.7.1 체 F 위의 두 벡터공간 V, W 에 대하여 V 에서 W 로의 선형사상 전체의 집합을 $\mathrm{Hom}_F(V, W)$ 로 나타내고, 또 임의의 두 선형사상 $T, S \in \mathrm{Hom}_F(V, W)$ 와 $a \in F$ 에 대하여 $T+S$, aT 를 다음과 같이 정의하자.

(i) $T+S : V \longrightarrow W, \quad (T+S)(v) = T(v) + S(v)$

(ii) $aT : V \longrightarrow W, \quad (aT)(v) = aT(v)$

이 때, $\mathrm{Hom}_F(V, W)$ 는 이와 같이 정의된 덧셈과 스칼라 곱셈에 관하여 체 F 위의 벡터공간을 이룬다.

증명 임의의 $v, w \in V$ 와 $k \in F$에 대하여 다음이 성립한다(정리 6.5.1).

$$\begin{aligned}(T+S)(v+w) &= T(v+w) + S(v+w)\\ &= T(v) + T(w) + S(v) + S(w)\\ &= T(v) + S(v) + T(w) + S(w)\\ &= (T+S)(v) + (T+S)(w)\\ (T+S)(kv) &= T(kv) + S(kv) = kT(v) + kS(v)\\ &= k\{T(v) + S(v)\} = k\{(T+S)(v)\}\\ (aT)(v+w) &= a(T(v+w)) = a(T(v) + T(w))\\ &= aT(v) + aT(w) = (aT)(v) + (aT)(w)\\ (aT)(kv) &= a(T(kv)) = a(kT(v)) = akT(v)\\ &= k(aT(v)) = k(aT)(v)\end{aligned}$$

그러므로 $T+S$, aT 는 선형사상이므로 집합 $\mathrm{Hom}_F(V, W)$ 위에 덧셈과 스칼라 곱셈이 정의된다. 그리고, 사상

$$0 : V \longrightarrow W, \quad 0(v) = 0$$

는 분명히 선형사상이고, 각 선형사상 $T : V \longrightarrow W$ 에 대하여

$$-T : V \longrightarrow W, \quad (-T)(v) = -T(v)$$

이라고 하면, $-T = (-1)T$ 이므로 $-T$ 는 선형사상이다.

그리고, 정리 6.5.1 의 증명에 의하여 $T, S, R \in \mathrm{Hom}_F(V, W)$ 에 대하여

$$(T+S)+R = T+(S+R), \quad T+S = S+T,$$
$$T+0 = 0+T = T, \quad T+(-T) = (-T)+T = 0$$

이고, 또 $a, b \in F$ 와 임의의 벡터 $v \in V$에 대하여

$$\begin{aligned}(a(T+S))(v) &= a((T+S)(v)) = a(T(v)+S(v)) \\ &= aT(v) + aS(v) = (aT)(v) + (aS)(v) \\ &= (aT+aS)(v), \\ ((a+b)T)(v) &= (a+b)T(v) = aT(v) + bT(v) \\ &= (aT)(v) + (bT)(v) = (aT+bT)(v), \\ ((ab)T)(v) &= (ab)T(v) = a(bT(v)) \\ &= a((bT)(v)) = (a(bT))(v), \\ (1T)(v) &= 1T(v) = T(v)\end{aligned}$$

이므로 다음이 성립한다.

$$a(T+S) = aT + aS, \quad (a+b)T = aT + bT$$
$$(ab)T = a(bT), \quad 1T = T$$

따라서 $\mathrm{Hom}_F(V, W)$ 는 체 F 위의 벡터공간이다(정의 3.14.1 참조).

정리 7.7.2 체 F 위의 벡터공간 V 위에서의 선형변환 $T : V \longrightarrow V$ 전체의 집합을 $\mathrm{End}_F(V)$ 로 나타내고 임의의 $T, S \in \mathrm{End}_F(V)$ 와 $a \in F$ 에 대하여 $T+S$, $T \circ S$, aT 를 다음과 같이 정의된 선형변환이라고 하자.

(i) $T+S : V \longrightarrow V, \quad (T+S)(v) = T(v) + S(v)$

(ii) $T \circ S : V \longrightarrow V, \quad (T \circ S)(v) = T(S(v))$

(iii) $aT : V \longrightarrow V, \quad (aT)(v) = aT(v)$

이 때, $\mathrm{End}_F(V)$ 는 이와 같이 정의된 연산에 관하여 체 F 위의 다원환을 이룬다. 이 다원환을 벡터공간 V 의 **선형변환 多元環**(algebra of linear transformations)이라고 한다.

여기서 $\mathrm{End}_F(V)$ 의 영원 0_V 와 단위원 1_V 는 각각 다음과 같이 정의된 선형변환이다.

$$0_V : V \longrightarrow V, \quad 0_V(v) = 0,$$
$$1_V : V \longrightarrow V, \quad 1_V(v) = v$$

증명 정리 7.7.1 에 의하여 $\mathrm{End}_F(V)$ 는 체 F 위의 벡터공간이다.

그리고, 임의의 $T, S \in \mathrm{End}_F(V)$ 에 대하여 $T \circ S \in \mathrm{End}_F(V)$ 이므로 $\mathrm{End}_F(V)$ 위의 곱셈 $\circ$ 은 잘 정의된 연산이다(정리 7.4.2). 또한, 임의의 $T, S, R \in \mathrm{End}_F(V)$ 에 대하여 다음이 성립한다(정리 6.5.2 의 증명 참조).

$$(T \circ S) \circ R = T \circ (S \circ R), \qquad T \circ 1_V = 1_V \circ T = T$$
$$T \circ (S+R) = T \circ S + T \circ R, \quad (T+S) \circ R = T \circ R + S \circ R$$

따라서 $\mathrm{End}_F(V)$ 는 연산 $+$, $\circ$ 에 관하여 단위원 1_V 를 가진 환이다.

더욱이 $T, S, R \in \mathrm{End}_F(V)$ 이라 하고 $a \in F$ 이라고 할 때, 임의의 벡터 $v \in V$ 에 대하여

$$(a(T \circ S))(v) = a((T \circ S)(v)) = a(T(S(v))),$$
$$((aT) \circ S)(v) = (aT)(S(v)) = a(T(S(v))),$$
$$(T \circ aS)(v) = T((aS)(v)) = T(aS(v)) = a(T(S(v)))$$

이므로 $a(T \circ S) = (aT) \circ S = T \circ (aS)$ 이다.

그러므로 $\mathrm{End}_F(V)$ 는 F-다원환이다(정의 3.14.18).

정의 7.7.3 체 F 위의 벡터공간 V 에서 선형변환 $T \in \mathrm{End}_F(V)$ 가 V 에서 V 위로의 동형사상일 때, 즉

$$T \circ T^{-1} = T^{-1} \circ T = 1_V$$

인 선형변환 $T^{-1} \in \mathrm{End}_F(V)$ 가 존재할 때, T 를 V 위의 **正則 선형변환**이라고 한다. 또, V 위의 정칙 선형변환 전체로 이루어진 군을 $\mathrm{GL}(V)$ 로 나타내고, $\mathrm{GL}(V)$ 를 V 의 **일반 선형변환군**(general linear transformation group)이라고 한다.

즉, 군 $\mathrm{GL}(V)$ 는 환 $\mathrm{End}_F(V)$ 의 단원군이다(정리 3.2.8 참조).

정의 7.7.4 체 F 위의 다원환 A, B에 대하여 사상 $\phi : A \longrightarrow B$가 환 준동형사상인 동시에 선형사상일 때, 즉 $x, y \in A$와 $a \in F$에 대하여

$$\phi(x+y) = \phi(x) + \phi(y), \quad \phi(x\,y) = \phi(x)\,\phi(y),$$
$$\phi(1) = 1, \quad \phi(a\,x) = a\,\phi(x)$$

일 때, ϕ를 **다원환 준동형사상**(agebra-homomorphism)이라고 한다.

그리고, 다원환 준동형사상 $\phi : A \longrightarrow B$가 일대일 대응일 때, 즉 ϕ가 환 동형사상인 동시에 벡터공간 동형사상일 때, 사상 ϕ를 다원환 A에서 다원환 B 위로의 **다원환 동형사상**(algebra isomorphism)이라고 한다.

또, 다원환 동형사상 $\phi : A \longrightarrow B$가 존재할 때, A와 B는 서로 **동형**인(isomorphic) 다원환이라 하고 이 사실을 $A \cong B$로 나타낸다.

정의 7.7.5 체 F 위의 n차원 벡터공간 V에서 $\mathscr{B} = \{v_1, \cdots, v_n\}$가 (순서) 기저일 때, 선형변환 $T : V \longrightarrow V$에 대하여

$$T(v_j) = \sum_{i=1}^{n} a_{ij}\,v_i \qquad (1 \le j \le n)$$

인 경우에 행렬 $A = [\,a_{ij}\,]_{n\times n}$를 T의 기저 $\mathscr{B}$에 관한 **행렬**이라 하고 이 행렬을 $[\,T\,]_{\mathscr{B}}$로 나타낸다. 즉,

$$A = \begin{bmatrix} a_{11} & a_{12} & \cdots & a_{1n} \\ a_{21} & a_{22} & \cdots & a_{2n} \\ \vdots & \vdots & \cdots & \vdots \\ a_{n1} & a_{n2} & \cdots & a_{nn} \end{bmatrix}$$
$$\uparrow \quad \uparrow \quad \uparrow$$
$$T(v_1) \;\; T(v_2) \;\; T(v_n)$$

$$[T]_{\mathscr{B}} = [a_{ij}]_{n\times n} \Longleftrightarrow T(v_j) = \sum_{i=1}^{n} a_{ij}\,v_i \quad (1 \le j \le n)$$

정리 7.7.6 체 F 위의 n차원 벡터공간 V에 대하여 다음이 성립한다.

$$\mathrm{End}_F(V) \cong \mathrm{Mat}_n(F) \qquad (F\text{-다원환으로서})$$
$$\dim_F \mathrm{End}_F(V) = n^2, \qquad \mathrm{GL}(V) \cong \mathrm{GL}_n(F)$$

실제로, $\mathscr{B} = \{v_1, \cdots, v_n\}$가 V의 (순서) 기저일 때, 사상

$$\Phi_{\mathscr{B}} : \mathrm{End}_F(V) \longrightarrow \mathrm{Mat}_n(F), \quad \Phi_{\mathscr{B}}(T) = [\,T\,]_{\mathscr{B}}$$

는 다원환 동형사상이다. 그리고, $T \in \mathrm{End}_F(V)$가 정칙 선형변환이기 위한 필요충분조건은 $[\,T\,]_{\mathscr{B}}$가 정칙행렬인 것이다.

또, T가 정칙 선형변환일 때 $[T^{-1}]_{\mathscr{B}} = [T]_{\mathscr{B}}^{-1}$ 이고, 사상

$$\phi_{\mathscr{B}} : \mathrm{GL}(V) \longrightarrow \mathrm{GL}_n(F), \quad \phi(T) = [T]_{\mathscr{B}}$$

는 군 동형사상이다.

증명 선형변환 $T, S \in \mathrm{End}_F(V)$ 에 대하여

$$[T]_{\mathscr{B}} = [a_{ij}]_{n \times n} = A, \qquad [S]_{\mathscr{B}} = [b_{ij}]_{n \times n} = B$$

이라고 하면, 각 벡터 $v_j \in \mathscr{B}$ 에 대하여 다음이 성립한다.

$$\begin{aligned}(T+S)(v_j) &= T(v_j) + S(v_j) \\ &= \sum_{i=1}^{n} a_{ij} v_i + \sum_{i=1}^{n} b_{ij} v_i = \sum_{i=1}^{n} (a_{ij}+b_{ij}) v_i\end{aligned}$$

$$(aT)(v_j) = aT(v_j) = a \sum_{i=1}^{n} a_{ij} v_i = \sum_{i=1}^{n} (a\, a_{ij}) v_i$$

$$\begin{aligned}(T \circ S)(v_j) &= T(S(v_j)) = T(\sum_{i=1}^{n} b_{ij} v_i) \\ &= \sum_{i=1}^{n} b_{ij} T(v_i) = \sum_{i=1}^{n} b_{ij} (\sum_{i=1}^{n} a_{ri} v_r) \\ &= \sum_{i=1}^{n} (\sum_{i=1}^{n} a_{ri} b_{ij}) v_r = \sum_{i=1}^{n} (\sum_{k=1}^{n} a_{ik} b_{kj}) v_i\end{aligned}$$

$$1_V(v_j) = v_j = \sum_{i=1}^{n} \delta_{ij} v_i$$

따라서

$$\begin{aligned}&[T+S]_{\mathscr{B}} = A + B = [T]_{\mathscr{B}} + [S]_{\mathscr{B}}, \qquad [aT]_{\mathscr{B}} = aA = a[T]_{\mathscr{B}} \\ &[T \circ S]_{\mathscr{B}} = AB = [T]_{\mathscr{B}}[S]_{\mathscr{B}}, \qquad [1_V]_{\mathscr{B}} = I_n\end{aligned}$$

이므로 $\Phi_{\mathscr{B}}$는 다원환 준형사상이다. 그리고, $[T]_{\mathscr{B}} = [S]_{\mathscr{B}}$ 이면,

$$T(v_j) = \sum_{i=1}^{n} a_{ij} v_i = S(v_j) \qquad (1 \le j \le n)$$

이므로 $T = S$ 이다. 또, 각 행렬 $A = [a_{ij}]_{n \times n} \in \mathrm{Mat}_n(F)$ 에 대하여

$$T(v_j) = a_{ij} v_i \qquad (1 \le j \le n)$$

인 선형변환 $T : V \longrightarrow V$가 존재하고 이때 $[T]_{\mathscr{B}} = A$ 이다.

따라서 $\Phi_{\mathscr{B}}$ 는 일대일 대응이므로, $\Phi_{\mathscr{B}}$ 는 다원환 동형사상이다.
그리고, $\dim_F \mathrm{End}_F(V) = \dim_F \mathrm{Mat}_n(F) = n^2$ 이다(정리 7.4.8).
한편, 선형변환 $T,\ S \in \mathrm{End}_F(V)$ 에 대하여

$$T \circ S = S \circ T = 1_V \iff [T]_{\mathscr{B}}[S]_{\mathscr{B}} = [S]_{\mathscr{B}}[T]_{\mathscr{B}} = I_n$$

이므로 T 가 정칙 선형변환일 때 그리고 이때에만 $[T]_{\mathscr{B}}$ 는 정칙행렬이다. 또, T 가 정칙 선형변환일 때, $[T^{-1}]_{\mathscr{B}} = [T]_{\mathscr{B}}^{-1}$ 이다. 그리고,

$$\phi_{\mathscr{B}} : \mathrm{GL}(V) \longrightarrow \mathrm{GL}_n(F), \quad \phi(T) = [T]_{\mathscr{B}}$$

가 군 동형사상이다(정리 3.4.10).

정리 7.7.7 체 F 위의 n 차원 벡터공간 V 에서 V 의 본래의 (순서) 기저 $\mathscr{B} = \{v_1, \cdots, v_n\}$ 와 새로운 (순서) 기저 $\mathscr{C} = \{w_1, \cdots, w_n\}$ 에 대하여

$$w_j = \sum_{i=1}^{n} p_{ij} v_i \qquad (1 \le j \le n)$$

$$v_j = \sum_{i=1}^{n} q_{ij} w_i \qquad (1 \le j \le n)$$

$$P = \begin{bmatrix} p_{11} & p_{12} & \cdots & p_{1n} \\ p_{21} & p_{22} & \cdots & p_{2n} \\ \vdots & \vdots & & \vdots \\ p_{n1} & p_{n2} & \cdots & p_{nn} \end{bmatrix}$$

일 때, $P = [p_{ij}]_{n\times n}$, $Q = [q_{ij}]_{n\times n}$ 이라고 하면 P 는 정칙행렬이고 $P^{-1} = Q$ 이다.
그리고, 모든 $T \in \mathrm{End}_F(V)$ 에 대하여 $[T]_{\mathscr{C}} = P^{-1}[T]_{\mathscr{B}}P$ 이다.

증명 각 $j\ (1 \le j \le n)$ 에 대하여

$$v_j = \sum_{i=1}^{n} q_{ij} w_i = \sum_{i=1}^{n} q_{ij} \left(\sum_{k=1}^{n} p_{ki} v_k\right) = \sum_{k=1}^{n} \left(\sum_{i=1}^{n} p_{ki} q_{ij}\right) v_k$$

$$w_j = \sum_{i=1}^{n} p_{ij} v_i = \sum_{i=1}^{n} p_{ij} \left(\sum_{k=1}^{n} q_{ki} w_k\right) = \sum_{k=1}^{n} \left(\sum_{i=1}^{n} q_{ki} p_{ij}\right) w_k$$

이고 또 $\mathscr{B}$ 와 $\mathscr{C}$ 는 V 의 기저이므로 다음이 성립한다(정리 3.14.12).

$$\sum_{i=1}^{n} p_{ki} q_{ij} = \delta_{kj}, \quad \sum_{i=1}^{n} q_{ki} p_{ij} = \delta_{kj} \qquad (1 \le j, k \le n)$$

따라서 $PQ = QP = I_n$ 이므로 P 는 정칙행렬이고 $P^{-1} = Q$ 이다. 그리고,

$$[T]_{\mathscr{B}} = [a_{ij}]_{n\times n} = A, \qquad [T]_{\mathscr{C}} = [b_{ij}]_{n\times n} = B$$

이라고 하면,

$$\begin{aligned} T(w_j) &= T(\sum_{i=1}^{n} p_{ij} v_i) = \sum_{i=1}^{n} p_{ij} T(v_i) \\ &= \sum_{i=1}^{n} p_{ij} (\sum_{k=1}^{n} a_{ki} v_k) = \sum_{k=1}^{n} (\sum_{i=1}^{n} a_{ki} p_{ij}) v_k, \\ T(w_j) &= \sum_{i=1}^{n} b_{ij} w_i = \sum_{i=1}^{n} b_{ij} (\sum_{k=1}^{n} p_{ki} v_k) = \sum_{k=1}^{n} (\sum_{i=1}^{n} p_{ki} b_{ij}) v_k \end{aligned}$$

이므로 다음이 성립한다.

$$\sum_{k=1}^{n} a_{ki} p_{ij} = \sum_{i=1}^{n} p_{ki} b_{ij} \qquad (1 \le j, k \le n)$$

따라서 $AP = PB$ 즉 $B = P^{-1}AP$ 이므로 $[T]_{\mathscr{C}} = P^{-1}[T]_{\mathscr{B}} P$ 이다.

정의 7.7.8 체 F 위의 n 차의 두 행렬 $A, B \in \mathrm{Mat}_n(F)$ 에 대하여

$$B = P^{-1}AP$$

인 정칙행렬 $P \in \mathrm{Mat}_n(F)$ 가 존재할 때, 두 행렬 A, B 는 서로 **닮은 행렬** (similar matrix)이라고 한다.

정리 7.7.9 체 F 위의 두 행렬 $A, B \in \mathrm{Mat}_n(F)$ 가 서로 닮은 행렬이면, $\det A = \det B$, $\operatorname{tr} A = \operatorname{tr} B$ 이다.

체 F 위의 n 차원 벡터공간 V 에서 $T \in \mathrm{End}_F(V)$ 이라고 할 때, V 의 두 기저 $\mathscr{B}, \mathscr{C}$ 에 대하여 $[T]_{\mathscr{C}} = P^{-1}[T]_{\mathscr{B}} P$ 인 정칙행렬 $P \in \mathrm{Mat}_n(F)$ 가 존재하고 이때 다음이 성립한다(정리 3.7.6, 정리 3.7.4).

$$\det [T]_{\mathscr{C}} = \det [T]_{\mathscr{B}}, \quad \operatorname{tr} [T]_{\mathscr{C}} = \operatorname{tr} [T]_{\mathscr{B}}$$

따라서 $\det [T]_{\mathscr{B}}$ 와 $\operatorname{tr} [T]_{\mathscr{B}}$ 는 V 의 기저 $\mathscr{B}$ 에 관계없이 일정하다.

정의 7.7.10 체 F 위의 n 차원 벡터공간 V 위의 선형변환 T 에 대하여 다음과 같이 정의된 $\det T$, $\operatorname{tr} T$ 를 T 의 **행렬식**, **트레이스**라고 한다.

$$\det T = \det [T]_{\mathscr{B}}, \qquad \operatorname{tr} T = \operatorname{tr} [T]_{\mathscr{B}} \quad (\mathscr{B} \text{ 는 } V \text{ 의 기저})$$

정의 7.7.3과 따름정리 3.7.11에 의하여 다음이 성립함을 알 수 있다.

정리 7.7.11 체 F 위의 n차원 벡터공간 V에 대하여

$$\mathrm{GL}(V) = \{T \in \mathrm{End}_F(V) \mid \det T \neq 0\} \cong \mathrm{GL}_n(F)$$

이고, 또

$$\mathrm{SL}(V) = \{T \in \mathrm{GL}(V) \mid \det T = 1\}$$

이라고 하면 다음이 성립한다.

$$\mathrm{SL}(V) \lhd \mathrm{GL}(V), \quad \mathrm{SL}(V) \cong \mathrm{SL}_n(F), \quad \mathrm{GL}(V)/\mathrm{SL}(V) \cong F^*$$

군 $\mathrm{SL}(V)$를 V의 **特殊線型變換群**(special linear group)이라고 한다.

정리 7.7.12 Galois 체 $\mathbb{F}_q$ 위의 n차원 벡터공간 V에 대하여 일반선형군 $\mathrm{GL}(V)$와 특수선형변환군 $\mathrm{SL}(V)$의 위수는 각각 다음과 같다.

$$|\mathrm{GL}(V)| = |\mathrm{GL}_n(\mathbb{F}_q)| = (q^n-1)(q^n-q)(q^n-q^2)\cdots(q^n-q^{n-1}),$$

$$|\mathrm{SL}(V)| = |\mathrm{SL}_n(\mathbb{F}_q)| = \frac{(q^n-1)(q^n-q)(q^n-q^2)\cdots(q^n-q^{n-1})}{q-1}$$

증명 정리 7.7.11에 의하여

$$\mathrm{GL}(V) \cong \mathrm{GL}_n(\mathbb{F}_q), \quad \mathrm{SL}(V) \cong \mathrm{SL}_n(\mathbb{F}_q)$$

이고 또 정리 3.7.11에 의하여

$$\mathrm{GL}_n(\mathbb{F}_q)/\mathrm{SL}_n(\mathbb{F}_q) \cong {\mathbb{F}_q}^*$$

이므로 다음이 성립한다.

$$|\mathrm{GL}(V)| \cong |\mathrm{GL}_n(\mathbb{F}_q)|, \quad |\mathrm{SL}(V)| \cong |\mathrm{SL}_n(\mathbb{F}_q)|,$$

$$|\mathrm{SL}(V)| = |\mathrm{SL}_n(\mathbb{F}_q)| = \frac{|\mathrm{GL}_n(\mathbb{F}_q)|}{q-1}$$

이제 $\mathscr{B} = \{v_1, v_2, \cdots, v_n\}$를 V의 고정된 순서 기저라고 하자. 이 때, 각 정칙 선형변환 $T \in \mathrm{GL}(V)$에 대하여 $\{T(v_1), T(v_2), \cdots, T(v_n)\}$은 V의 순서기저이다.

역으로, $\mathscr{C} = \{w_1, w_2, \cdots, w_n\}$ 가 V 의 순서기저이면,

$$T : V \longrightarrow V, \quad T\left(\sum_{i=1}^{n} a_i v_i\right) = \sum_{i=1}^{n} a_i w_i$$

는 정칙 선형변환이고 $T(v_i) = w_i \ (1 \le i \le n)$ 이다. 따라서 V 위의 정칙 선형변환 전체의 집합 $\mathrm{GL}(V)$ 과 V 의 순서기저 전체의 집합은 일대일로 대응한다.

그런데, $\mathscr{C} = \{w_1, w_2, \cdots, w_n\}$ 가 V 의 (순서) 기저이기 위한 필요충분조건은 다음이 성립하는 것이다(정리 3.14.10).

$$w_1 \neq 0, \quad w_2 \notin \langle w_1 \rangle, \quad w_3 \notin \langle w_1, w_2 \rangle, \ \cdots, \ w_n \notin \langle w_1, w_2, \cdots, w_{n-1} \rangle$$

또, 이 경우에 각 $i \ (1 \le i \le n)$ 에 대하여 $W_i = \langle w_1, w_2, \cdots, w_i \rangle$ 는 $\{w_1, w_2, \cdots, w_i\}$ 를 기저로 가지는 i 차원 부분공이므로, $|W_i| = q^i$ 이다. 특히, $|V| = q^n$ 이다.

한편, 벡터공간 V 에서 $w_1 \neq 0$ 인 벡터 w_1 을 택하는 방법은 $q^n - 1$ 가지이고 V 에서 $w_2 \notin \langle w_1 \rangle$ 인 벡터 w_2 를 택하는 방법은 $q^n - q$ 가지이며, V 에서 $w_3 \notin \langle w_1, w_2 \rangle$ 인 벡터 w_3 를 택하는 방법은 $q^n - q^2$ 가지이고 마찬가지로 V 에서 $w_n \notin \langle w_1, w_2, \cdots, w_{n-1} \rangle$ 인 벡터 w_n 을 택하는 방법은 $q^n - q^{n-1}$ 가지이다. 이와 같이 차례로 $w_1, w_2, \cdots, w_n$ 을 택하여 V 의 순서기저를 만드는 방법은

$$(q^n - 1)(q^n - q)(q^n - q^2) \cdots (q^n - q^{n-1})$$

이므로, 정리의 두 등식이 성립한다.

곱셈군 $\mathrm{GL}_n(\mathbb{F}_q)$, $\mathrm{SL}_n(\mathbb{F}_q)$ 를 각각

$$\mathrm{GL}_n(q), \quad \mathrm{SL}_n(q) \qquad \text{또는} \qquad \mathrm{GL}(n, q), \quad \mathrm{SL}(n, q)$$

로 나타내기도 한다.

§ 7.8 벡터공간의 직합

이 절에서는 벡터공간에서의 직합에 대하여 논한다.

정리 7.8.1 체 F 위의 벡터공간 $V_1, \cdots, V_n$ 에 대하여 곱집합

$$V_1 \times \cdots \times V_n = \{(v_1, \cdots, v_n) \mid v_1 \in V_1, \cdots, v_n \in V_n\}$$

는 다음과 같이 정의된 덧셈과 곱셈에 관하여 체 F 위의 벡터공간을 이룬다.

$$(v_1, \cdots, v_n) + (w_1, \cdots, w_n) = (v_1 + w_1, \cdots, v_n + w_n),$$
$$a(v_1, \cdots, v_n) = (a v_1, \cdots, a v_n)$$

이 벡터공간을 $V_1, \cdots, V_n$ 의 (外的인) **直合**(external direct sum)이라 하고 이것을 $V_1 \oplus \cdots \oplus V_n$ 으로 나타낸다.

실제로, $V_1 \times \cdots \times V_n$ 은 덧셈에 관하여 덧셈군을 이루고 정의 3.14.1 의 SM 1 ~ SM 4가 성립함을 쉽게 확인할 수 있다(정의 2.11.6 참조).

특히, 체 F 는 F 위의 벡터공간이고 $F^n = F \oplus \cdots \oplus F$ 이다.

정리 7.8.2 체 F 위의 두 벡터공간 V, W 에 대하여 다음이 성립한다.

(1) $V \oplus W \cong W \oplus V$

(2) $V \cong V'$, $W \cong W'$ 이면, $V \oplus W \cong V' \oplus W'$ 이다.

증명 (1) 분명히 사상

$$T : V \oplus W \longrightarrow W \oplus V, \quad T(v, w) = (w, v)$$

는 동형사상이고, 따라서 $V \oplus W \cong W \oplus V$ 이다.

(2) 두 사상 $T : V \longrightarrow V'$, $S : W \longrightarrow W'$ 가 동형사상일 때,

$$\phi : V \oplus W \longrightarrow V' \oplus W', \quad \phi(v, w) = (T(v), S(w))$$

가 동형사상임을 쉽게 알 수 있다.

따라서 (2)가 성립한다.

정리 7.8.3 체 F 위의 두 벡터공간 V, W가 유한차원 벡터공간일 때, $V \oplus W$는 유한차원 벡터공간이고 다음 등식이 성립한다.

$$\dim_F V \oplus W = \dim_F V + \dim_F W$$

증명 실제로 $\mathscr{B} = \{v_1, \cdots, v_m\}$, $\mathscr{C} = \{w_1, \cdots, w_n\}$를 각각 V, W의 기저라고 할 때,

$$\mathscr{D} = \{(v_1, 0), \cdots, (v_m, 0), (0, w_1), \cdots, (0, w_n)\},$$

가 $V \oplus W$의 기저임을 쉽게 알 수 있다.

정리 7.8.4 체 F 위의 벡터공간 V에서 두 부분공간 W_1, W_2에 대하여

$$V = W_1 + W_2 = \{w_1 + w_2 \mid w_1 \in W_1, w_2 \in W_2\},$$
$$W_1 \cap W_2 = \{0\}$$

일 때, 사상

$$T : W_1 \oplus W_2 \longrightarrow V, \quad T(w_1, w_2) = w_1 + w_2$$

는 동형사상이고 따라서 $V \cong W_1 \oplus W_2$이다.

증명 임의의 $(w_1, w_2), (u_1, u_2) \in W_1 \oplus W_2$에 대하여

$$\begin{aligned} T((w_1, w_2) + (u_1, u_2)) &= T(w_1 + u_1, w_2 + u_2) \\ &= w_1 + u_1 + w_2 + u_2 = w_1 + w_2 + u_1 + u_2 \\ &= T(w_1, w_2) + T(u_1, u_2), \end{aligned}$$

$$\begin{aligned} T(a(w_1, w_2)) &= T(a w_1, a w_2) = a w_1 + a w_2 \\ &= a(w_1 + w_2) = a T(w_1, w_2) \end{aligned}$$

이므로 T는 선형사상이다. 그리고,

$$\operatorname{im} T = \{w_1 + w_2 \mid w_1 \in W_1, w_2 \in W_2\} = W_1 + W_2 = V$$

이므로 T는 위로의 사상이다. 또 $T(w_1, w_2) = 0$이라고 하면,

$$w_1 + w_2 = 0 \quad \text{즉} \quad w_1 = -w_2 \in W_1 \cap W_2 = \{0\}$$

이므로 $w_1 = w_2 = 0$이고 따라서 $\ker T = \{(0, 0)\}$이다.

그러므로 T는 동형사상이고 $V \cong W_1 \oplus W_2$이다.

정의 7.8.5 체 F 위의 벡터공간 V 에서 두 부분공간 W_1, W_2 에 대하여 다음이 성립한다고 하자.

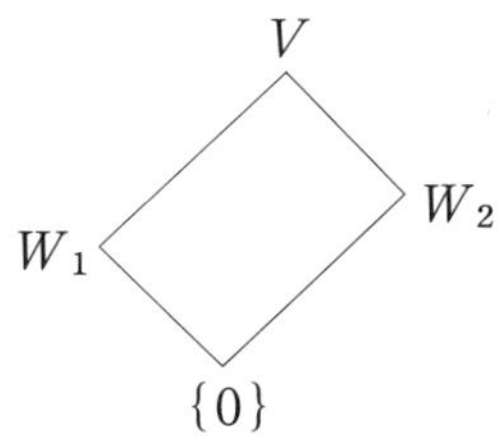

$$V = W_1 + W_2, \quad W_1 \cap W_2 = \{0\}$$

이 때,

$$T : W_1 \oplus W_2 \longrightarrow V, \quad T(w_1, w_2) = w_1 + w_2$$

는 동형사상이므로 $V \cong W_1 \oplus W_2$ 이다(정리 7.8.4).

이러한 의미에서 V 를 두 부분공간 W_1, W_2 의 (內的인) **直合**(internal direct sum)이라 하고 이 사실을

$$V = W_1 \dotplus W_2 \quad \text{또는} \quad V = W_1 \oplus W_2$$

로 나타내고, 또 벡터공간 V 는 두 부분공간 W_1, W_2 의 직합으로 분해된다고 하고 W_1, W_2 를 V 의 **直合因子**(direct summand)라고 한다.

앞으로, 벡터공간 V 가 두 부분공간 W_1, W_2 의 내적인 직합일 때, 이 사실을 $V = W_1 \oplus W_2$ 로 나타내기로 한다.

위의 정의에서 $V = W_1 \oplus W_2 = W_2 \oplus W_1$ 이고 또 다음이 성립한다.

$$V = \{0\} \oplus V = V \oplus \{0\}$$

벡터공간 V 가 두 부분공간 W_1, W_2 의 직합 $V = W_1 \oplus W_2$ 로 분해되면, 덧셈군 $(V, +)$ 는 두 부분군 W_1, W_2 의 직합으로 분해되고, 따라서 다음 정리가 성립한다(정의 2.11.17, 정리 2.11.19 참조).

정리 7.8.6 체 F 위의 벡터공간 V 에서 V 의 부분공간 W_1, W_2 에 대하여 다음 조건은 동치이다.

(1) $V = W_1 \oplus W_2$ 즉 $V = W_1 + W_2, \ W_1 \cap W_2 = \{0\}$

(2) 각 $v \in V$ 는 단 한 가지 방법으로 다음과 같은 꼴로 나타내어진다.

$$v = w_1 + w_2 \qquad (w_1 \in W_1, \ w_2 \in W_2)$$

(3) $V = W_1 + W_2$ 이고, 또 다음이 성립한다.

$$w_1 + w_2 = 0 \ \ (w_1 \in W_1, \ w_2 \in W_2) \Longrightarrow w_1 = w_2 = 0$$

정리 7.8.7 체 F 위의 유한차원 벡터공간 V 에서가 V 의 두 부분공간 W_1, W_2 에 대하여 다음 세 조건은 서로 동치이다.

(1) $V = W_1 \oplus W_2$

(2) $\mathscr{B}_1$, $\mathscr{B}_2$ 가 각각 W_1, W_2 의 기저이면, $\mathscr{B} = \mathscr{B}_1 \cup \mathscr{B}_2$ 는 V 의 기저이고 또 $\mathscr{B}_1 \cap \mathscr{B}_2 = \varnothing$ 이다.

(3) $V = W_1 + W_2$, $\dim_F V = \dim_F W_1 + \dim_F W_2$

증명 (1) $\Longrightarrow$ (2) $V = W_1 \oplus W_2$ 일 때,

$$\mathscr{B}_1 = \{v_1, \cdots, v_m\}, \quad \mathscr{B}_2 = \{u_1, \cdots, u_r\}$$

를 각각 W_1, W_2 의 기저라고 하자. 이때, 각 $v \in V$ 는 단 한 가지 방법으로

$$v = w_1 + w_2 \qquad (w_1 \in W_1,\ w_2 \in W_2)$$

의 꼴로 나타내어지고 또 w_1, w_2 는 단 한 가지 방법으로

$$w_1 = a_1 v_1 + \cdots + a_m v_m \qquad (a_1, \cdots, a_m \in F)$$
$$w_2 = b_1 u_1 + \cdots + b_r u_r \qquad (b_1, \cdots, b_r \in F)$$

의 꼴로 나타내어지므로, $v \in V$ 는 단 한 가지 방법으로

$$v_1 = a_1 v_1 + \cdots + a_m v_m + b_1 u_1 + \cdots + b_r v_r$$

의 꼴로 나타내어진다. 따라서 $\mathscr{B} = \mathscr{B}_1 \cup \mathscr{B}_2$ 는 V 의 기저이다.

그리고 $W_1 \cap W_2 = \{0\}$ 이므로 $\mathscr{B}_1 \cap \mathscr{B}_2 = \varnothing$ 이다.

(2) $\Longrightarrow$ (3) 조건 (2)가 성립하면,

$$V = \langle \mathscr{B} \rangle = \langle \mathscr{B}_1 \cup \mathscr{B}_2 \rangle = \langle \mathscr{B}_1 \rangle + \langle \mathscr{B}_2 \rangle = W_1 + W_2,$$
$$\dim_F V = |\mathscr{B}_2| = |\mathscr{B}_1| + |\mathscr{B}_2| = \dim_F W_1 + \dim_F W_2$$

이므로 (3)이 성립한다.

(3) $\Longrightarrow$ (1) 조건 (3)이 성립하면, 이 조건과 정리 7.6.10에 의하여

$$\dim_F (W_1 + W_2) = \dim_F V = \dim_F W_1 + \dim_F W_2,$$
$$\dim_F (W_1 + W_2) = \dim_F W_1 + \dim_F W_2 - \dim_F (W_1 \cap W_2)$$

이므로 $\dim_F (W_1 \cap W_2) = 0$ 이고 따라서 $W_1 \cap W_2 = \{0\}$ 이다.

그러므로 $V = W_1 + W_2$, $W_1 \cap W_2 = \{0\}$ 이므로 $V = W_1 \oplus W_2$ 이다.

정리 7.8.8 체 F 위의 유한차원 벡터공간 V에서 다음이 성립한다.

(1) $\mathscr{B} = \{v_1, \cdots, v_m, u_1, \cdots, u_r\}$가 V의 기저일 때,

$$V = \langle v_1, \cdots, v_m \rangle \oplus \langle u_1, \cdots, u_r \rangle$$

(2) V의 임의의 부분공간 W에 대하여 $V = W \oplus U$인 부분공간 U가 존재한다. 이러한 부분공간 U를 W의 **補공간**(complement)이라고 한다.

증명 (1) 정리 7.8.7에 의하여 (1)이 성립한다.

(2) 먼저 $V = \{0\} \oplus V = V \oplus \{0\}$이므로, $W = \{0\}$ 또는 $W = V$인 경우에 $V = W \oplus U$인 부분공간 U가 존재한다.

이제 $W \neq \{0\}$, $W \neq V$라고 하자. 이 때, W의 기저 $\mathscr{C} = \{v_1, \cdots, v_m\}$에 벡터 $u_1, \cdots, u_r$를 첨가하면, V의 기저 $\mathscr{B} = \{v_1, \cdots, v_m, u_1, \cdots, u_r\}$를 얻을 수 있다(정리 3.14.16 참조). 그런데, $W = \langle v_1, \cdots, v_m \rangle$이므로 $U = \langle u_1, \cdots, u_r \rangle$이라고 하면, (1)에 의하여 $V = W \oplus U$이다.

다음 정리는 정리 7.8.4를 일반화한 것이다.

정의 7.8.9 체 F 위의 벡터공간 V에서 V의 부분공간 $W_1, \cdots, W_n$에 대하여 다음 두 조건이 성립한다고 하자.

(i) $V = W_1 + \cdots + W_n = \{w_1 + \cdots + w_n \mid w_1 \in W_1, \cdots, w_n \in W_n\}$

(ii) $W_i \cap (W_1 + \cdots + W_{i-1} + W_{i+1} + \cdots + W_n = \{0\} \quad (1 \leq i \leq n)$

이 때, 사상

$$T : W_1 \oplus \cdots \oplus W_n \longrightarrow V, \quad T(w_1, \cdots, w_n) = w_1 + \cdots + w_n$$

는 동형사상이고 따라서 $V \cong W_1 \oplus \cdots \oplus W_n$이다.

증명 임의의 $(w_1, \cdots, w_n), (u_1, \cdots, u_n) \in W_1 \oplus \cdots \oplus W_n$에 대하여

$$\begin{aligned} &T((w_1, \cdots, w_n) + (u_1, \cdots, u_n)) \\ &= T(w_1 + u_1, \cdots, w_n + u_n) = w_1 + u_1 + \cdots + w_n + u_n \\ &= w_1 + \cdots + w_n + u_1 + \cdots + u_n = T(w_1, \cdots, w_n) + T(u_1, \cdots, u_n), \end{aligned}$$

$$T(a(w_1, \cdots, w_n)) = T(a w_1, \cdots, a w_n) = a w_1 + \cdots + a w_n$$
$$= a(w_1 + \cdots + w_n) = a T(w_1, \cdots, w_n)$$

이므로 T는 선형사상이다. 또, 조건 (i)에 의하여

$$\operatorname{im} T = \{w_1 + \cdots + w_n \mid w_1 \in W_1, \cdots, w_n \in W_n\}$$
$$= W_1 + \cdots + W_n = V$$

이므로 T는 위로의 사상이다. 그리고, $T(w_1, \cdots, w_n) = 0$이라고 하면, $w_1 + \cdots + w_n = 0$이므로 각 $i\ (1 \le i \le n)$에 대하여

$$w_i = -(w_1 + \cdots + w_{i-1} + w_{i+1} + \cdots + w_n)$$

이므로 조간 (ii)에 의하여

$$w_i \in W_i \cap (W_1 + \cdots + W_{i-1} + W_{i+1} + \cdots + W_n) = \{0\}$$

이고 따라서 $w_i = 0$이므로 $\ker T = \{(0, \cdots, 0)\}$이다.

그러므로 T는 동형사상이고 $V \cong W_1 \oplus \cdots \oplus W_n$이다

정의 7.8.10 체 F 위의 벡터공간 V에서 V의 부분공간 $W_1, \cdots, W_n$에 대하여 다음 두 조건이 성립한다고 하자.

$$V = W_1 + \cdots + W_n = \{w_1 + \cdots + w_n \mid w_1 \in W_1, \cdots, w_n \in W_n\},$$
$$W_i \cap (W_1 + \cdots + W_{i-1} + W_{i+1} + \cdots + W_n = \{0\} \quad (1 \le i \le n)$$

이 때, $V \cong W_1 \oplus \cdots \oplus W_n$이다(정리 7.8.9). 이러한 의미에서 이 경우에 V를 부분공간 $W_1, \cdots, W_n$의 (내적인) **直合**이라 하고, V를

$$V = W_1 \dotplus \cdots \dotplus W_n \quad \text{또는} \quad V = W_1 \oplus \cdots \oplus W_n$$

으로 나타낸다. 그리고, V는 부분공간 $W_1, \cdots, W_n$의 **직합으로 분해된다**고 하고 부분공간 $W_1, \cdots, W_n$을 V의 **직합인자**라고 한다.

앞으로, 벡터공간 V가 부분공간 $W_1, \cdots, W_n$의 내적인 집합일 때, 이 사실을 $V = W_1 \oplus \cdots \oplus W_n$으로 나타내기로 한다.

정의에 의하여 $V = W_1 \oplus \cdots \oplus W_n$일 때, 덧셈군 $(V, +)$는 그 부분군 $W_1, \cdots, W_n$의 직합이므로 정리 7.1.6에 의하여 다음 정리가 성립한다.

정리 7.8.11 체 F 위의 벡터공간 V 에서 V 의 부분공간 $W_1, \cdots, W_n$ 에 대하여 다음 네 조건은 서로 동치이다.

(1) $V = W_1 \oplus \cdots \oplus W_n$

(2) $V = W_1 + \cdots + W_n$,

$W_i \cap (W_1 + \cdots + W_{i-1}) = \{0\} \qquad (2 \le i \le n)$

(3) 각 $v \in V$ 는 단 한 가지 방법으로 다음과 같은 꼴로 나타내어진다.

$$v = w_1 + \cdots + w_n \qquad (w_1 \in W_1, \cdots, w_n \in W_n)$$

(4) $V = W_1 + \cdots + W_n$ 이고, 또 다음이 성립한다.

$$w_1 + \cdots + w_n = 0 \quad (w_i \in W_i) \Longrightarrow w_1 = \cdots = w_n = 0$$

정리 7.8.12 체 F 위의 유한차원 벡터공간 V 에서 $W_1, \cdots, W_n$ 를 V 의 부분공간이라고 할 때, 다음 네 조건은 서로 동치이다.

(1) $V = W_1 \oplus \cdots \oplus W_n$

(2) 각 W_i 의 임의의 기저 $\mathscr{B}_i$ 에 대하여 $\mathscr{B} = \mathscr{B}_1 \cup \cdots \cup \mathscr{B}_n$ 이라고 하면, $\mathscr{B}$는 V 의 기저이고 또 $1 \le i \ne j \le n$ 일 때 $\mathscr{B}_i \cap \mathscr{B}_j = \varnothing$ 이다.

(3) 각 W_i 의 적당한 기저 $\mathscr{C}_i$ 에 대하여 $\mathscr{C} = \mathscr{C}_1 \cup \cdots \cup \mathscr{C}_n$ 이라고 하면, $\mathscr{C}$ 는 V 의 기저이고 또 $1 \le i \ne j \le n$ 일 때 $\mathscr{C}_i \cap \mathscr{C}_j = \varnothing$ 이다.

(4) $V = W_1 + \cdots + W_n$, $\dim_F V = \dim_F W_1 + \cdots + \dim_F W_n$

증명 (1) $\Longrightarrow$ (2) $V = W_1 \oplus \cdots \oplus W_n$ 일 때, 각 W_i 의 임의의 기저 $\mathscr{B}_i$ 에 대하여 $\mathscr{B} = \mathscr{B}_1 \cup \cdots \cup \mathscr{B}_n$ 이라고 하자. 먼저 $1 \le j < i \le n$ 일 때,

$$W_i \cap W_j \subseteq W_i \cap (W_1 + \cdots + W_{i-1}) = \{0\}$$

이므로 $W_i \cap W_j = \{0\}$ 이고 따라서 $\mathscr{B}_i \cap \mathscr{B}_j = \varnothing$ 이다.

그리고, 각 $v \in V$ 는 단 한 가지 방법으로

$$v = w_1 + \cdots + w_n \qquad (w_1 \in W_1, \cdots, w_n \in W_n)$$

의 꼴로 나타내어지고(정리 7.8.11), 또 각 w_i 는 단 한 가지 방법으로 $\mathscr{B}_i$ 에 속해 있는 벡터들의 일차결합으로 나타내어지므로(정리 3.14.12) v 는

단 한 가지 방법으로 $\mathscr{B}$에 속해 있는 벡터들의 일차결합으로 나타내어진다. 따라서 $\mathscr{B}$는 V의 기저이다.

(2) $\Longrightarrow$ (3) 분명히 (2)가 성립하면 (3)이 성립한다.

(3) $\Longrightarrow$ (1) 조건 (3)이 성립한다고 하자. 이 때,

$$V = \langle \mathscr{C} \rangle = \langle \mathscr{C}_1 \rangle + \cdots + \langle \mathscr{C}_n \rangle = W_1 + \cdots + W_n$$

이고, 또 각 i $(1 \leq i \leq n)$에 대하여

$$W_i \cap (W_1 + \cdots + W_{i-1} + W_{i+1} + \cdots + W_n) = \{0\}$$

이므로 $V = W_1 \oplus \cdots \oplus W_n$이다. 실제로,

$$w \in W_i \cap (W_1 + \cdots + W_{i-1} + W_{i+1} + \cdots + W_n), \qquad w \neq 0$$

인 벡터 w가 존재한다고 가정하면, w는 $\mathscr{C}_i$에 속해 있는 벡터들의 자명하지 않은 일차결합(적어도 한 스칼라가 0이 아닌 일차결합)으로 나타내어지고 또 $\mathscr{C}_1 \cup \cdots \cup \mathscr{C}_{i-1} \cup \mathscr{C}_i \cup \cdots \cup \mathscr{C}_n$에 속해 있는 벡터들의 자명하지 않은 일차결합으로 나타내어진다. 그러나 이 사실은 $\mathscr{C}$가 V의 기저라는 사실에 모순된다. 그러므로 $V = W_1 \oplus \cdots \oplus W_n$이다.

(3) $\Longrightarrow$ (4) 조건 (3)이 성립한다고 하자. 이 때,

$$V = \langle \mathscr{C} \rangle = \langle \mathscr{C}_1 \rangle + \cdots + \langle \mathscr{C}_n \rangle = W_1 + \cdots + W_n,$$
$$\dim_F V = |\mathscr{C}_1| + \cdots + |\mathscr{C}_n| = \dim_F W_1 + \cdots + \dim_F W_n$$

이므로 (4)가 성립한다.

(4) $\Longrightarrow$ (3) 조건 (4)가 성립한다고 가정하고, 각 W_i의 적당한 기저 $\mathscr{C}_i$에 대하여 $\mathscr{C} = \mathscr{C}_1 \cup \cdots \cup \mathscr{C}_n$이라고 하자. 이 때,

$$V = W_1 + \cdots + W_n = \langle \mathscr{C}_1 \rangle + \cdots + \langle \mathscr{C}_n \rangle = \langle \mathscr{C} \rangle,$$
$$\dim_F V = \dim_F W_1 + \cdots + \dim_F W_n = |\mathscr{C}_1| + \cdots + |\mathscr{C}_n|$$

이므로

$$\dim_F V \leq |\mathscr{C}| \leq |\mathscr{C}_1| + \cdots + |\mathscr{C}_n| = \dim_F V$$

이고, 따라서 $\dim_F V = |\mathscr{C}| = |\mathscr{C}_1| + \cdots + |\mathscr{C}_n|$이므로 $\mathscr{C}$는 벡터공간 V의 기저이다(정리 3.14.16).

또, $1 \leq i \neq j \leq n$일 때, $W_i \cap W_j = \{0\}$이므로 $\mathscr{C}_i \cap \mathscr{C}_j = \varnothing$이다.

정의 7.8.13 체 F 위의 벡터공간 V에서의 선형변환 T가 등식 $T^2 = T$를 만족시킬 때, T를 **正射影**(projection) 또는 **冪等 선형변환**이라고 한다.

또, 체 F 위의 n차의 행렬 A가 등식 $A^2 = A$를 만족시킬 때, A를 **멱등행렬**(idempotent matrix)이라고 한다.

정리 7.8.14 체 F 위의 벡터공간 V가 부분공간 $W_1, \cdots, W_n$의 직합으로 분해될 때, 즉 $V = W_1 \oplus \cdots \oplus W_n$일 때, 각 i $(1 \le i \le n)$에 대하여 사상 T_i를

$$T_i : V \longrightarrow V, \ \ T_i(w_1 + \cdots + w_n) = w_i \qquad (w_i \in W_i)$$

로 정의하면 T_i는 정사영이고 또 다음이 성립한다.

$$\text{im}\, T_i = W_i, \quad \ker T_i = W_1 + \cdots + W_{i-1} + W_{i+1} + \cdots + W_n$$

증명 정리 7.8.11에 의하여 각 벡터 $v \in V$는 단 한 가지 방법으로

$$v = w_1 + \cdots + w_n \qquad (w_1 \in W_1, \cdots, w_n \in W_n)$$

의 꼴로 나타내어지므로 각 T_i는 잘 정의된 사상이다.

그리고 임의의 벡터 $v, u \in V$와 $a \in F$에 대하여

$$v = w_1 + \cdots + w_n, \quad u = u_1 + \cdots + u_n \qquad (w_i, u_i \in W_i)$$

이라고 하면, 각 i $(1 \le i \le n)$에 대하여

$$\begin{aligned} T_i(v+u) &= T_i((w_1+u_1) + \cdots + (w_n+u_n)) \\ &= w_i + u_i = T_i(v) + T_i(u), \end{aligned}$$

$$T_i(a v) = T_i((a w_1) + \cdots + (a w_n)) = a w_i = a T_i(v)$$

이므로 T_i는 선형변환이다. 또,

$$\begin{aligned} T_i^2(v) &= T_i(T_i(v)) = T_i(w_i) \\ &= T_i(0 + \cdots + w_i + \cdots + 0) = w_i = T_i(v) \end{aligned}$$

이므로 $T_i^2 = T_i$이다. 그리고, 다음이 성립함을 쉽게 알 수 있다.

$$\text{im}\, T_i = W_i, \quad \ker T_i = W_1 + \cdots + W_{i-1} + W_{i+1} + \cdots + W_n$$

정리 7.8.14 와 함께 다음 정리는 정사영의 특성을 말해 준다.

정리 7.8.15 체 F 위의 벡터공간 V 위에서 선형변환 $T : V \longrightarrow V$ 가 정사영일 때 다음이 성립한다.

$$V = \operatorname{im} T \oplus \ker T, \qquad \operatorname{im} T = \{w \in V \mid T(w) = w\}$$

증명 이제 $W_1 = \operatorname{im} T$, $W_2 = \ker T$ 이라고 하자.

먼저 $w \in W_1$ 이면 $w = T(v)$ 인 $v \in V$ 가 존재하고 이때

$$w = T(v) = T^2(v) = T(T(v)) = T(w)$$

이고, $T(w) = w$ 이면 $w \in W_1$ 이므로 $W_1 = \{w \in V \mid T(w) = w\}$ 이다.

한편, 임의의 벡터 $v \in V$에 대하여

$$v = T(v) + (v - T(v))$$

이며, 여기서 $T(v) \in \operatorname{im} T = W_1$ 이고 또

$$T(v - T(v)) = T(v) - T(T(v)) = T(v) - T(v) = 0$$

이므로 $v - T(v) \in \ker T = W_2$ 이다. 따라서 $V = W_1 + W_2$ 이다.

그리고, $w \in W_1 \cap W_2$ 이라고 하면, $w \in W_1$ 이므로 $w = T(w)$ 이고 또 $w \in W_2$ 이므로 $w = T(w) = 0$ 이다. 따라서 $W_1 \cap W_2 = \{0\}$이다.

그러므로 $V = W_1 \oplus W_2$ 이다.

정리 7.8.16 체 F 위의 n 차원 벡터공간 V 위에서의 선형변환 T 가 정사영(즉, $T^2 = T$)일 때, $r(T) = r$ 이라고 하면 다음이 성립한다.

(1) $r = 0$ 이면 $T = 0_V$ 이고, 또 $r = n$ 이면 $T = 1_V$ 이다.

(2) $1 \leq r < n$ 일 때, $\mathscr{C}_1$과 $\mathscr{C}_2$를 각각 $\operatorname{im} T$ 와 $\ker T$ 의 기저라고 하면 $\mathscr{C} = \mathscr{C}_1 \cup \mathscr{C}_2$ 는 V 의 기저이고 또 기저 $\mathscr{C}$ 에 관한 T 의 행렬 $[T]_{\mathscr{C}}$ 는 다음과 같다.

$$[T]_{\mathscr{C}} = \begin{bmatrix} I_r & O \\ O & O \end{bmatrix}$$

증명 먼저 $r = 0$ 이면, $\text{im } T = \{\mathbf{0}\}$, $\ker T = V$ 이므로 $T = 0_V$ 이다.

그리고, $r = n$ 이면, $\text{im } T = V$, $\ker T = \{\mathbf{0}\}$ 이므로 모든 벡터 $v \in V$ 에 대하여 $T(v) = v$ 이고 따라서 $T = 1_V$ 이다(정리 7.8.15 참조).

이제 $1 \leq r < n$ 이라고 하자. 이 때, 정리 7.8.15 에 의하여

$$V = \text{im } T \oplus \ker T, \qquad \text{im } T = \{w \in V \mid T(w) = w\},$$
$$\text{im } T \neq \{\mathbf{0}\}, \qquad \ker T \neq \{\mathbf{0}\}$$

이므로 $\mathscr{C}_1 = \{w_1, \cdots, w_r\}$, $\mathscr{C}_2 = \{u_1, \cdots, u_m\}$ 를 각각 $\text{im } T$ 와 $\ker T$ 의 기저라고 하면 $\mathscr{C} = \mathscr{C}_1 \cup \mathscr{C}_2$ 는 V 의 기저이고(정리 7.8.7), 또

$$T(w_i) = w_i \qquad (1 \leq i \leq r)$$
$$T(u_j) = 0 \qquad (1 \leq j \leq m)$$

이므로 (2) 의 등식이 성립한다.

체 F 위의 n 차의 행렬 $A \in \text{Mat}_n(F)$ 에 대하여 다음과 같이 정의된 사상은 선형변환이다.

$$L_A : F^n \longrightarrow F^n, \qquad (y_1, \cdots, y_n) = L_A(x_1, \cdots, x_n)$$
$$\begin{bmatrix} y_1 \\ \vdots \\ y_n \end{bmatrix} = A \begin{bmatrix} x_1 \\ \vdots \\ x_n \end{bmatrix}$$

그리고, 행렬A 가 멱등행렬일 때 그리고 이때에만 L_A 는 정사영이다.

따라서 정리 7.8.16 에 의하여 다음 정리가 성립한다.

정리 7.8.17 체 F 위의 n 차의 행렬 A 가 멱등행렬일 때, 즉 $A^2 = A$ 일 때, 다음 중에서 하나가 성립한다.

(1) $A = O_n$

(2) $A = I_n$

(3) 적당한 양의 정수 r $(1 \leq r < n)$ 와 정칙행렬 $P \in \text{Mat}_n(F)$ 에 대하여 $P^{-1}AP = \begin{bmatrix} I_r & O \\ O & O \end{bmatrix}$ 이다.

보기 7.8.1 체 F 위의 3차의 멱등행렬은 다음과 같이 분류된다. 여기서, $P \in \mathrm{Mat}_3(F)$ 는 임의의 정칙행렬이다.

(1) O_3

(2) I_3

(3) $P\begin{bmatrix}1&0&0\\0&0&0\\0&0&0\end{bmatrix}P^{-1}$

(4) $P\begin{bmatrix}1&0&0\\0&1&0\\0&0&0\end{bmatrix}P^{-1}$

연 습 문 제 (7.8)

1. 체 F 위의 벡터공간 V 의 부분공간 W_1, W_2 에 대하여

$$V = W_1 + W_2\,,\ \ W_1 \cap W_2 \neq \{0\}$$

이면, 각 벡터 $v \in V$ 에 대하여 v 는 여러 가지 방법으로

$$v = w_1 + w_2 \qquad\qquad (w_1 \in W_1,\ w_2 \in W_2)$$

와 같은 꼴로 나타내어짐을 밝혀라.

2. 체 F 위의 n 차원 벡터공간 V 에서 영벡터가 아닌 벡터 $v_1, \cdots, v_n \in V$ 에 대하여 다음 두 조건은 서로 동치임을 밝혀라.

(1) $\mathscr{B} = \{v_1, \cdots, v_n\}$ 는 V 의 기저이다.

(2) $V = \langle v_1 \rangle \oplus \cdots \oplus \langle v_n \rangle$

***3.** 체 F 위의 벡터공간 V 에서 V 의 세 부분공간 W_1, W_2, U 에 대하여 다음이 성립함을 밝혀라.

(1) $W_1 \subseteq U$ 일 때,

$$U \cap (W_1 + W_2) = W_1 + (U \cap W_2)$$

(2) $V = W_1 \oplus W_2$, $W_1 \subseteq U$ 일 때,

$$U = W_1 \oplus (U \cap W_2)$$

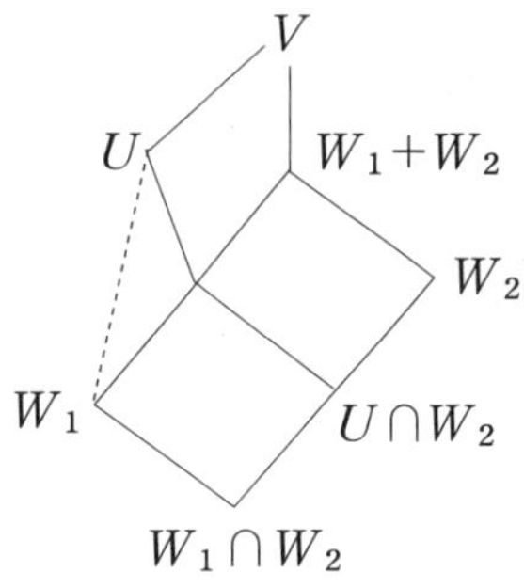

4. 체 F 위의 4차의 멱등행렬을 분류하여라.

번사이드(William Burnside, 1822 ~ 1927)

번사이드는 영국 London 에서 태어나서 1871 년에 케임브리지 대학에 입학하여 1875 년에 졸업한 후에 케임브리지 대학에서 강사로 임명되어 1885 년까지 근무하였다.

번사이드는 많은 분야에 대하여 150 편 이상의 연구 논문을 썼다. 그의 처음 논문 중에는 응용수학, 특히 流體力學에 관한 것이 많다. 그는 또 미분기하학, 타원함수론, 확률론에 관한 연구 논문도 발표하였다. 그리고 번사이드는 群論의 개척자로서 잘 알려져 있다. 그는 이 분야에서 50 편의 논문을 발표하였고, '군론(Theory of Groups)' 이라는 고전적인 저서를 발간하였다.

한 수학자가 위대한 수학자인지 아닌지를 판정하는 기준은 중요하고 가치 있는 문제에 대한 연구의 새 분야를 개척할 수 있는 미해결 문제를 만들어 제시할 수 있는 능력의 유무에 있다고 볼 수 있다. 이에 관한 한 번사이드는 뛰어난 지식을 가지고 있었다. 실제로,

'홀수 위수를 가지는 군은 가해군이다.'

라는 사실을 예상한 사람은 번사이드이다. 이 예상은 결국 50 년 후에 Feit 와 Thompson 의 255 페이지에 달하는 논문을 통해서 증명되었다. 번사이드의 또 다른 예상은 다음 세 성질을 가지는 유일한 군 $B_{m,n}$ 에 관한 것이다. 즉,

(i) 이 군은 m 개의 생성원을 가진다.

(ii) 이 군의 모든 원소 x 에 대하여 $x^n = 1$ 이다.

(iii) 위의 (i) (ii) 의 성질을 만족시키는 군은 $B_{m,n}$ 의 한 잉여군이다.

번사이드는 1902 년에 '모든 양의 정수 m, n 에 대하여 $B_{m,n}$ 은 유한군이다' 라고 예상하였다. 그는 영국의 학사원의 특별 회원(Fellow of Royal Society)으로 선출되었고 Royal 메달을 받았다. 또, 그는 London 수학회 평의회의 회장으로 일하기도 하였으며 이 수학회의 De Morgan 메달을 받기도 하였다.

좀더 자세한 자료는

www-gap.dcs.st-and.ac.uk/history/Mathematicians

에서 얻을 수 있다.

참 고 문 헌

1. 김응태 · 박승안, 정수론, 제 8 판, 경문사, 2012
2. 김응태 · 박승안, 선형대수학, 제 5 판, 경문사, 2010
3. 朴勝安, 代數學과 暗號學, 경문사, 1999
4. 박승안, 암호학과 부호이론, 제 2 판, 경문사, 2008
5. 박승안, 射影平面과 디자인, 제 3 판, http://kms.webhard.co.kr (아이디와 비밀번호: kyungmoon)
6. 朴勝安, 有限群의 表現論, 경문사, 2004
7. 박승안, 이산수학, 제 3 판, 경문사, 2012
8. Anderson, I., Combinatorial designs and tournaments, Clarendon Press, Oxford, 1997
9. Anderson, F.W. and Fuller K.R., Rings and categories of modules, Springer-Verlag, New York, 1974
10. Artin, E., Galois theory, 2 nd ed., University of Notre Dame Press, Notre Dame, Ind., 1965
11. Artin, Michael, Algebra, Prentice Hall, Eaglewood Cliffs, New Jersey, 1991
12. Becker, T. and Weispfenning, V., Gröbner bases, A computational approach to commutative algebra, Springer-Verlag, New York, 1993
13. Biggs, N.L., Discrete mathematics, Oxford University Press, 1989
14. Birkhoff, G. and MacLane, S., A survey of modern algebra, 4 th ed., Macmillan, New York, 1977
15. Blahut, R.E., Algebraic codes for data transformation, Cambridge University Press, 2003
16. Bourbaki, N., Eléments de Mathématique, Book II of Part I, Algèbre, Hermann, Paris, 1942-1958
17. Boyer, C.B. and U.C. Merzbach, A history of mathematics, John Wiley Sons, Inc., 1991,

18. Burnside, W., The theory of groups of finite order, 2 nd ed., Dover, New York, 1970

19. Cameron, P.J. and van Lint, J.H., Graph, codes and designs, London Math. Soc., Lecture Note series, Vol. 43, Cambridge Univ. Press, 1980

20. Cameron, P.J. and J.H. van Lint, Designs, graphs, codes and their links, Cambridge Univ. Press, 1991

21. Cox, D., Little, J. and O'Shea, D., Ideals, varieties and algorithm, 3 rd ed., Springer-Verlag, New York, 1992

22. Coxeter, H.S.M. and Moser, W.O., Generators and relations for discrete groups, 2 nd ed., Springer-Verlag, New York, 1965

23. Curtis, C.W., and Reiner, I., Representation theory of finite groups and associative algebras, Interscience, New York, 1962

24. Dean, R.A., Classical abstract algebra, Harper & Row, New York, 1990

25. Dixon, J.D., Problems in group theory, Dover, New York, 1973

26. Feferman, Solomon, Number systems, foundations of algebra and analysis, Addision-Wesley, Reading, Mass, 1963

27. Feit, W. and Thompson, J.G., Solvability of groups of odd order, Pac. J. Math., **13** (1963), 775 - 1029

28. Fraleigh, J., A first course in abstract algebra, 7 th ed., Pearson Education, Inc., New York, 2003

29. Fröhlich, A., and Taylor, M.J., Algebraic number theory, Cambridge University Press, Cambridge, 1991

30. Gallian, J.A., Contemporary abstract algebra, D.C. Heath and Company, Lexington, Mass., 1986

31. Gorenstein, D., Finite groups, Chelsea, New York, 1980

32. Hamming, R.W., Coding and information theory, Prentice-Hall, New York, 1980

33. Herstein, I.N., Noncommutative rings, Carus mathematical monographs, The Mathematical association of America, John Wiley and Sons, Inc., 1968

34. __________, Topics in algebra, 2 nd ed., Wiley, New York, 1975

35. Hill, R., A first course in coding theory, Clarendon Press, Oxford, 1986

36. Hungerford, Thomas W., Algebra, Springer-Verlag, New York, 1974

37. __________, Abstract algebra, an introduction, Saunders College Publishing, Philadelphia, 1990

38. Huppert, B., Endliche Gruppen, I. Springer-Verlag, Berlin, 1967

39. Huppert, B., and N. Blackburn, Finite groups II, Springer-Verlag, New York, 1982

40. Jacobson, N., Lectures in abstract algebra, I, II, III, Van Nostrand, Princeton, N.J., 1951, 1953, 1964

41. __________, Structure of rings, 2nd ed., American Mathematical Society, Providence, R.I., 1956, 1964

42. __________, Basic algebra I, II, Freeman, San Francisco, 1974, 1980

43. __________, Lie algebras, Freeman, Jone Wiley, New York, 1962

44. Janusz, G.J., Algebraic number fields, Academic Press, New York, 1973

45. Koblitz, N., A course in number theory and cryptology, 2 nd ed., Springer-Verlag, New York, 1994

46. __________, Algebraic aspects of cryptography, Springer-Verlag, New York, 1998

47. Lidl, R. and G. Pilz, Applied abstract algebra, 2 nd ed., Springer-Verlag, New York, 1998

48. Lidl, R. and Niederreiter, H., Finite fields, Encyclopedia of mathematics and its applications, Addison-Wesley, Reading, MA., 1983

49. McCoy, N.H. and Janusz, G.J., Introduction to modern algebra, 5 th ed., Wm. C. Brrown Publishers, Dubuque, Iowa, 1992

50. Montzkin, T., The Euclidean algorithm, Bull. Amer. Math. Soc., **55** (1949), 1142 - 1146

51. Nagao, H., Groups and designs, Iwanami Shoten, 1974

52. Niven, I. and Zuckerman, H.S., An introduction to the theory of numbers, Wiley, New York, 1972

53. Niven, I., Irrational numbers, Casus Monograph, No. 11, John Wiley, New York, 1956

54. Tsuzuku, T., Finite groups and finite geometries, Cambridge University Press, London, 1982.

55. Passman, D.S., Permutation groups, Benjamin, New York, 1968

56. Pomerance, C., editor, Cryptology and number theory, American Math. Soc., Providence, Rhode Island, 1990

57. Robinson, D.J.S., A course in the theory of groups, Springer-Verlag, New York, 1982

58. Rotman, J.J., Galois theory, 2 nd ed., Springer-Verlag, New York, 1998

59. __________, An introduction to the theory of groups, 4 th ed., Springer-Verlag, New York, 1995

60. __________, A first course in abstract algebra, 2 nd ed., Prentice-Hall, Upper Saddle River, New Jercey, 2000

61. __________, Introduction to homological algebra, 2 nd ed., Springer, 2000

62. Serre, J.P., Linear representations of finite groups, Springer, New York, 1977

63. Simmons, G.J., Contemporary cryptology-The science of information integrity, IEEE Press, New York, 1992

64. Suzuki, M., Group theory, I, II, Springer-Verlag, New York, 1981, 1986

65. van der Waerden, B.L., Modern algebra, 4 th ed., Ungar, New York, 1966

66. __________, Algebra, Vol. I, Ungar, New York, 1970

67. __________, A history of algebra, Springer-Verlag, New York, 1985

68. van Lint, J.H., Graphs, codes and designs, London Math. Soc., Lecture Note series, Vol. 43, Cambridge Univ. Press, Cambridge, 1980

69. van Lint, J.H., Introduction to coding theory, Springer-Verlag, New York, 1982

70. Wielandt, H., Ein Beweis für die Exixtenz der Sylow Gruppen, Arch. Math. **10** (1959), 401-402

71. Wilson, J.C., A principal ideal ring that is not a Euclidean ring, Math. Mag., **46** (1973), 34-38

72. Zassenhaus, H., The theory of groups, 2 nd ed., Chelsea, New York, 1958

기호 찾아보기

찾 아 보 기

[ㄹ]

[ㅁ]

[ㅂ]

[ㅅ]

[ㅎ]

□ 김 응 태 □

일본 광도고등사범학교 졸업
공주사범대학 전임강사
충남대학교 문리과대학 조교수
서울대학교 사범대학 수학교육과 교수
서울대학교 명예교수

저서 : 현대대수학 제 8 판(공저), 정수론 제 8 판(공저),
선형대수학 제 5 판(공저), 수학교육교재론(공저)

□ 박 승 안 □

서울대학교 사범대학 수학과 졸업(이학사)
서울대학교 대학원 수학과 졸업(이학석사)
University of Illinois at Urbana-Champaign 대학원 수학과
이학석사, 이학박사
서강대학교 이과대학 수학과 교수
University of Illinois at Urbana-Champaign 수학과 객원교수

현재 : 서강대학교 명예교수

저서 : 현대대수학 제 8 판 (공저), 정수론 제 8 판 (공저),
선형대수학 제 5 판 (공저), 유한군의 표현론,
대수학과 암호학, 사영평면과 디자인 제 2 판,
암호학과 부호이론 제 2 판, 이산수학 제 3 판

본문에 대한 해설과 일부 연습문제 및 보충문제의 풀이는
http://kms.webhard.co.kr(아이디, 비밀번호 kyungmoon)
에서 찾아볼 수 있습니다.

현대대수학, 제 8 판

2011년 1월 20일 발행
2017년 3월 2일 7쇄

저 자 : 김응태 · 박승안
발행자 : 조경희
발행처 : 경문사
서울특별시 마포구 와우산로 174
전화 : (02) 332-2004
FAX : (02) 336-5193
등록 1979. 11. 9. 제313-1979-23호

값 25,000원

ISBN 978-89-6105-408-9

www.kyungmoon.com